1999 2000

GEOGRAPHISCHES TASCHENBUCH

im Einvernehmen mit
DEUTSCHE GESELLSCHAFT FÜR GEOGRAPHIE
ÖSTERREICHISCHES IGU–NATIONALKOMITEE
VERBAND GEOGRAPHIE SCHWEIZ / ASSOCIATION SUISSE DE GÉOGRAPHIE

Begründet von Emil MEYNEN

herausgegeben von
A. DITTMANN und E. EHLERS

FRANZ STEINER VERLAG STUTTGART
1999

GEOGRAPHISCHES TASCHENBUCH

25. Ausgabe

1999/2000

herausgegeben von
A. DITTMANN und E. EHLERS

FRANZ STEINER VERLAG STUTTGART
1999

Herausgeber:

Dr. phil. Andreas Dittmann, Institut für Wirtschaftsgeographie der Universität Bonn, Meckenheimer Allee 166, D-53115 Bonn
Prof. Dr. phil. Eckart Ehlers, Geographisches Institut der Universität Bonn, Meckenheimer Allee 166, D-53115 Bonn

Anschrift des Verlages:

Birkenwaldstraße 44, D-70191 Stuttgart
(Postfach 10 10 61, D-70009 Stuttgart)
Tel. (0711) 25 82-0

ISBN 3-515-07460-0

Vorwort

Diese 25. Ausgabe des Geographischen Taschenbuches wird die letzte sein, die der Unterzeichnende Eckart Ehlers als Mitherausgeber betreut und begleitet. Im Jahre 1977/78 erfolgte auf Wunsch des damaligen Herausgebers – und Begründers – des Geographischen Taschenbuches, Professor Dr. Emil Meynen, die erste Mitherausgeberschaft, eine Kooperation, die insgesamt sechs Ausgaben oder über 10 Jahre währte. Ab 1989/90 lag dann die Herausgabe in der alleinigen Verantwortung des Unterzeichners Eckart Ehlers. Schon die 24. Ausgabe erfolgte jedoch in enger Kooperation mit meinem langjährigen Mitarbeiter Dr. Andreas Dittmann. Dieser hat nicht nur die vorliegende Edition verantwortlich betreut, sondern wird in Zukunft als alleiniger Herausgeber das Geographische Taschenbuch weiterführen.

Im Rückblick auf weit über 20 Jahre Herausgeberschaft hat das Geographische Taschenbuch nicht nur seine ursprüngliche Funktion, Kommunikation und Kooperation unter den deutschsprachigen Geographinnen und Geographen zu befördern, eingelöst. Es hat auch – trotz neuer Medien und Kommunikationstechnologien – seine Bedeutung als aktuelles, umfassendes und disziplinübergreifendes, Forschung und Lehre, Theorie und Praxis verbindendes Vademecum ungeschmälert erhalten.

25 Ausgaben oder über 50 Jahre Dokumentation der Entwicklung geographischer Wissenschaft und geographischer Institutionen in der deutschsprachigen Geographie: Das Geographische Tachenbuch ist mit jeder Neuausgabe nicht nur das immer wieder unverzichtbare Adressenverzeichnis einer breiten geographischen Kollegenschaft, wohl aller Geographischen Institute und darüber hinaus etlicher Institutionen der Praxis gewesen und geworden. Inzwischen stellen die 25 Bände des Geographischen Taschenbuches aber auch eine einmalige und umfassende Quelle disziplingeschichtlicher Entwicklungen seit dem Ende des Zweiten Weltkrieges dar. In diesem Zusammenhang sei vor allem auf die Ausgabe 1989/1990 verwiesen, in der – damals als Durchbruch erachtet – erstmals auch die Repräsentanz der DDR-Geographie möglich wurde. Das Vorwort zu jenem Band liest sich heute schon wie ein Text aus tiefer historischer Vergangenheit!

Dem Mitherausgeber Eckart Ehlers ist es an dieser Stelle ein Bedürfnis, allen, die an der Gestaltung und permanenten Aktualisierung des Geographischen Taschenbuches mitgewirkt haben, für viele Jahre guter und vertrauensvoller Zusammenarbeit zu danken. Besonderer Dank gilt dabei dem Franz Steiner-Verlag und seinem Leiter, Vincent Sieveking, für die stets angenehme und verständnisvolle Kooperation und die Bereitschaft, auf Wünsche und Anregungen der Herausgeber einzugehen. Ihm, aber auch Herrn Gregor Hoppen sowie insbesondere Frau Christine Felmik ist es zu verdanken, daß das Geographische Taschenbuch stets termingerecht und in ansprechend modernisierten Formen zu den Geographentagen erscheinen konnte. Daß dieses auch in Zukunft so bleiben möge, das ist der Wusch des ausscheidenden Mitherausgebers.

Wir, Eckart Ehlers und Andreas Dittmann, hoffen, daß das Geographische Taschenbuch auch in seiner 25. Ausgabe ein verläßlicher und umfassend informierender Wegbegleiter sein möge.

Bonn, im August 1999

Andreas Dittmann
Eckart Ehlers

INHALT

Anschriften von Behörden, Institutionen und Organisationen

BUNDESREPUBLIK DEUTSCHLAND

ÖSTERREICH

SCHWEIZ

PERSONALTEIL

Deutsche Geographentage nach 1945

Nr.	Jahr	Ort	Präsident	Vorsitzender des Ortsausschusses	Zeit
	1947	Bonn, Tagung d. Hochschullehrer d. Geographie	C. Troll		22.06.–26.08.
27	1948	München	W. Credner		26.09.–29.09.
28	1951	Frankfurt/M.	H. Louis	H. Lehmann	13.05.–16.05.
29	1953	Essen	H. Lehmann	A. Münker	26.05.–28.05.
30	1955	Hamburg	Th. Kraus	A. Kolb	01.08.–04.08.
31	1957	Würzburg	H. Wilhelmy	J. Büdel	29.07.–05.08.
32	1959	Berlin	J. Büdel	J. H. Schütze	20.05.–25.05.
33	1961	Köln	E. Otremba	K. Kayser Th. Kraus	22.05.–26.05.
34	1963	Heidelberg	W. Hartke	G. Pfeifer H. Graul	04.06.–07.06.
35	1965	Bochum	H. Schlenger	P. Busch P. Schöller	08.06.–11.06.
36	1967	Bad Godesberg	F. Monheim	E. Meynen	02.09.–05.09.
37	1969	Kiel	W. Meckelein	F. Wilhelm	21.07.–26.07.
38	1971	Erlangen-Nürnberg	P. Schöller	E. Wirth E. Weigt	01.06.–04.06.
39	1973	Kassel	C. Rathjens	P. Weber	11.06.–16.06.
40	1975	Innsbruck	H. Uhlig	A. Leidlmair	19.05.–25.05.
41	1977	Mainz	E. Wirth	H. Eggers	30.05.–02.06.
42	1979	Göttingen	G. Sandner	J. Hagedorn	05.06.–08.06.
43	1981	Mannheim	H. Hagedorn	Chr. Jentsch	05.10.–10.10.
44	1983	Münster	K. Lenz	H. Heineberg	24.05.–28.05.
45	1985	Berlin	W.D. Hütteroth	G. Kluczka	30.09.–05.10.
46	1987	München	W.D. Hütteroth	G. Heinritz	12.10.–16.10.
47	1989	Saarbrücken	A. Semmel	W. Brücher	02.10.–08.10.
48	1991	Basel	D. Barsch	H. Leser	23.09.–29.09.
49	1993	Bochum	D. Barsch	L. Lötscher	03.10.–08.10.
50	1995	Potsdam	G. Heinritz	H. Brunner	02.10.–07.10.
51	1997	Bonn	G. Heinritz	R. Grotz	06.10.–10.10.
52	1999	Hamburg	H.H. Blotevogel	J. Oßenbrügge	04.10.-09.10.
53	2001	Leipzig	M. Meurer	A. Mayr	01.10.–05.10.
54	2003	Bern			

Deutsche Schulgeographentage*

Nr.	Jahr	Ort	Vorsitzender des Ortausschusses	Vorsitzender des Verb. Dt. Schulgeogr.	Zeit
1	1949	Jugenheim	J. Wagner	J. Wagner	20.-22.4.
2	1950	Clausthal-Z.	J. Wagner	J. Wagner	30.5.-2.6.
3	1952	Schwäbisch-H.	J. Fischer	J. Wagner	14.-18.4.
4	1954	Trier	D. Börsch	J. Wagner	7.-11.6.
5	1956	Bamberg	J. Gandela	J. Wagner	22.-25.6.
6	1958	Osnabrück	E.F. Warnecke	J. Wagner	26.-30.5.
7	1960	Saarbrücken	H. Ried	J. Wagner	6.-9.6.
8	1962	Freiburg	K. Storm	H. Newe	11.-15.6.
9	1964	Flensburg	K. Weigand	H. Newe	18.-23.5.
10	1966	Passau	O. Zilk	W. W. Puls	30.5.-4.6.
11	1968	Kassel	E. Höhmann	W. W. Puls	3.-8.6.
12	1970	Oldenburg	H. Sternagel	W. W. Puls	17.-22.5.
13	1972	Ludwigshafen	F. Fleck	W. W. Puls	22.-27.5.
14	1974	Berlin	Th. Steinbrucker	W. W. Puls	3.-8.6.
15	1976	Düsseldorf	E. Lison	W. W. Puls	7.-10.6.
16	1978	Augsburg	W. Beckedorf	H. W. Friese	14.-20.5.
17	1980	Bremen	G. Feller/ G.Hoffmann	H. W. Friese	26.-31.5.
18	1982	Basel-Lörrach	H. Leser	H. W. Friese	1.-3.6.
19	1984	Trier	W. Blum	H. W. Friese	11.-17.6.
20	1986	Braunschweig	W. Klie	H. W. Friese	20.-25.5.
21	1988	Salzburg	F. Forster/J.Leitinger/W.Sitte	H. W. Friese	2.-8.10.
22	1990	Kiel	P. Fischer	H. W. Friese	4.-10.6.
23	1992	Karlsruhe	E. Schallhorn	D. Richter	8.-14.6.
24	1994	Dresden	F. Lüttwitz	D. Richter	19.-24.9.
25	1996	Greifswald	R. Meinecke	D. Richter	7.-11.10.
26	1998	Regensburg	R. Gareis	D. Richter	5.-10.10.
27	2000	Duisburg	E. Lison	E. Schallhorn	2.-7.10.

* (bis 1960 unter verschiedenen Bezeichnungen, z.B. „Jahresversammlung des Verbandes Deutscher Schulgeographen“)

Internationale Geographen-Kongresse nach 1945

Nr.	Jahr	Ort	Präsident	Zeit
16	1949	Lissabon	E. de Martonne	07.04.–30.04.
17	1952	Washington, D. C.	G. B. Cressey	08.08.–13.08.
18	1956	Rio de Janeiro	L. Dudley Stamp	09.08.–18.08.
19	1960	Stockholm	HansW:son Ahlmann	06.08.–13.08.
20	1964	London	C. Troll	20.07.–28.07.
21	1968	New Delhi	S. P. Chatterjee	01.12.–07.12.
22	1972	Montreal	St. M. Leszczycki	10.08.–17.08.
23	1976	Moskau	J. Dresch	29.07.–03.08.
24	1980	Tokyo	M. J. Wise	01.09.–05.09.
25	1984	Paris	A. L. Mabogunje	27.08.–31.08.
26	1988	Sydney	Peter Scott	21.08.–26.08.
27	1992	Washington, D. C.	R. J. Fuchs	09.08.–14.08.
28	1996	Den Haag	H. T. Verstappen	05.08.–10.08.
29	2000	Seoul	B. Messerli	14.08.–18.08.
30	2004	Glasgow		

Konferenzen der Internationalen Kartographischen Vereinigung

Nr.	Jahr	Ort	Präsident	Zeit
1	1962	Frankfurt/M.	E. Imhof	10.09.–15.09.
2	1964	Edinburgh	E. Imhof	30.07.–04.08.
3	1966	Amsterdam	D. E. O. Thackwell	17.04.–22.04.
4	1968	New Delhi	D. E. O. Thackwell	06.12.–14.12.
5	1970	Strea	K. A. Salichtchev	04.05.–09.05.
6	1972	Ottawa	K. A. Salichtchev	16.08.–25.08.
7	1974	Madrid	A. H. Robinson	28.04.–04.05.
8	1976	Moskau	A. H. Robinson	03.08.–10.08.
9	1978	Washington, D.C.	F. J. Ormeling	26.07.–02.08.
10	1980	Tokyo	F. J. Ormeling	25.08.–01.09.
11	1982	Warschau	F. J. Ormeling	29.07.–04.08.
12	1984	Perth	F. J. Ormeling	04.08.–13.08.
13	1987	Morelia/Mexiko	J. L. Morrison	12.10.–21.10.
14	1989	Budapest	D. R. F. Taylor	17.08.–24.08.
15	1991	Bournemouth	D. R. F. Taylor	23.09.–01.10.
16	1993	Köln	D. R. F. Taylor	03.05.–09.05.
17	1995	Barcelona	D. R. F. Taylor	03-09.–09.09.
18	1997	Stockholm	M. Wood	23.06.–27.06.
19	1999	Ottawa		

In Memoriam

ANDRESEN, Hans
Dr. phil.
Geb.: 23.02.1925
Gest.: 23.10.1997

BERNHARDT, Arnd
Dr. rer.nat., Sekretär der Kommission für Sächsisch-thüringische Landeskunde der Sächsischen Akademie der Wissenschaften zu Leipzig
Geb.: 13.02.1932 in Krumhermersdorf/Erzgeb.
Gest.: 08.06.1998

DÖRRIES, Käte
Dr., Wwe. von o. Prof. Dr. Hans Dörries
Gest.: 27.06.1999

EBINGER, Helmut
o. Prof. em. Dr. rer.nat., Didaktik der Geographie i. FB Erziehungswiss. d. Universität Hamburg
Geb.: 03.10.1913
Gest.: Feb. 1997

ERZ, Wolfgang
Dr. rer.nat., Dir. u. Prof., Leiter d. Fachbereichs Forschung u. Beratung d. Bundesamtes f. Naturschutz, Hon.-Prof. a. d. Bergischen Universität-GHS Wuppertal
Geb.: 24.12.1936 in Danzig
Gest.: 19.08.1998

FUGMANN, Ernst
Dr. rer.nat., Stud. Rat. an Hamb. Schulen u. Abgeordneter im Personalrat f. allg.bildende Schulen (Schulbehörde HH) 1971 i.R.
Geb.: 20.04.1905 in Sonneberg/Thür.
Gest.: 14.04.1998

GORMSEN, Erdmann
Prof. Dr. phil., em. o. Prof. f. Geographie Institut der Universität Mainz
Geb.: 08.10.1929 in Königsfeld
Gest.: 05.04.98

GRAUL, Hans
Prof. Dr. phil., em. o. Prof. am Geographischen Institut der Universität Heidelberg
Geb.: 04.07.1909 in Wien
Gest.: 02.05.1997

HEROLD, Alfred
Dr. rer.nat., a.o.Prof. f. Geographie a.d. Universität Würzburg
Geb.: 29.01.1929 in Biebelried bei Würzburg
Gest.: 02.06.1999

HETZEL, Wolfgang
Prof. i.R., Dr. phil., ehem. Leiter der Abt. für Afrikaforschung im Geographischen Institut der Universität Köln
Geb.: 26.01.1922 in Wörlitz
Gest.: 02.05.1999

MEUSEL, Hermann
Prof. Dr., Prof. em., Hrsg. "Flora", Martin Luther Universität Halle
Geb.: 02.11.1909

POSER, Hans
Prof. Dr. phil., Dr. rer.nat. h.c., o. Prof. am Geographischen Institut der Universität Göttingen
Geb.: 13.03.1907
Gest.: 04.11.1998

RICHTER, Gerold
Prof. Dr. rer.nat., o. Prof. f. physische Geographie an der Universität Trier, Hrsg. de „Forschungen zur deutschen Landeskunde“, Präsident der europäischen Gesellschaft für den Schutz des Bodens (ESSC)
Geb.: 23.12.1932 in Böhmisch-Leipa
Gest.: 12.02.1999

SAUERWEIN, Friedrich
Prof. Dr. phil. nat., Prof. i.R. f. Geographie u. ihre Didaktik a. d. Päd. Hochschule Heidelberg
Geb.: 27.09.1930
Gest.: im September 1997

SCHMIDT-RENNER, Gerhard
o. Prof. em., Dr. rer. Pol. Habil. et Dr. sc. Oec.
Geb.: 24.09.1911

SCHNEEMANN, Hildegard
Dr. phil.
Geb.: 30.03.1909 in Berlin
Gest.: 13.03.1998

STOOB, Heinz
o. Prof. Dr. phil., Lehrstuhlinh., (emer.), Mitg. d. Intern. Komm. f. Städtegesch. Des CISH, Hrsg. "Deutscher Städteatlas", "Westfälischer Städteatlas", "Deutsches Städte Buch", "Städteforschung"
Geb.: 03.12.1919 in Hamburg
Gest.: 13.03.1997

STORKEBAUM, Werner
Dr. phil., StDir. i.R. Hrsg. der "Wissenschaftlichen Länderkunden"
Geb.: 19.09.1925 in Oldenburg
Gest.: 03.05.1998

STORM, Carl
Doz. Dr. phil. habil., Doz. f. Geographie (Geo-Fakultät) a. d. Universität Freiburg
Geb.: 21.06.1910 in Zeitz
Gest.: 31.08.1998

VEIT, Manfred
M.A., Redakteur f. Geogr.-Geowiss., Verleger, Hg. u. Schriftleiter d. Wiss. Literaturanzeigers
Geb.: 22.01.1937 in Stuttgart
Gest.: 21.09.1997

WEISCHET, Wolfgang
Prof. Dr. rer.nat. em. o. Prof. f. Geographie
Geb.: 12.01.1921 in Ohligs-Solingen
Gest.: 13.01.1998

DOKUMENTATION

Geographische Zeitschriften, Jahrbücher und Schriftenreihen des deutschsprachigen Raumes 1997 und 1998

Begründet von Emil Meynen
und fortgeführt von Heinz Peter Brogiato

1. Allgemeine Informations- und Dokumentationsorgane

Geographisches Taschenbuch. Begr. v. Emil Meynen. [E. Ehlers u. A. Dittmann]. Verl.: F. Steiner, Postfach 101061, D-70009 Stuttgart. (1949 →). zweijährlich.
1997: 24. Ausg., 1997/1998

Karlsruher Geoinformatik Report. [A. Kilchenmann]. Schriftl.: Geogr. Inst. (Lehrstuhl II) d. Univ. Karlsruhe (TH), Kaiserstr. 12, D-76131 Karlsruhe. Selbstverlag. (1987 →). 1-4 x im Jahr

Kartographisches Taschenbuch. (ISSN 0936-5745). [J. Dodt u. W. Herzog i.A. d. Dt. Ges. f. Kartographie]. Red.: J. Dodt u. W. Herzog, Geogr. Inst. d. Ruhr-Univ., Universitätsstr. 150, D-44801 Bochum. Verl.: Kirschbaum, Siegfriedstr. 28, D-53179 Bonn. (1988 →). zweijährlich.
1998: Ausg. 1998/99

Orbis Geographicus. World Directory of Geography. Annuaire Géographique du Monde. [E. Ehlers et al.]. Verl.: F. Steiner, Postfach 101061, D-70009 Stuttgart. (1960 →).
1992: Ausg. 1992/93

Referateblatt zur Raumentwicklung. (ISSN 0341-2512). [Bundesamt für Bauwesen und Raumordnung]. Schriftl.: BBR, Am Michaelshof 8, D-53131 Bonn. Selbstverlag. 4 Lfg. im Jahr. (1979 →).

Rundbrief Geographie. [A. Mayr. u. S. Tzschaschel i.A. d. Verbandes der Geographen an Deutschen Hochschulen]. Schriftl.: Inst. f. Länderkunde, Schongauer Str. 9, D-04329 Leipzig. Selbstverlag. (1948 →). 6 x im Jahr.
1997: Nr. 139-144
1998: Nr. 145-151

2. Fachzeitschriften und Jahrbücher

Berichte zur deutschen Landeskunde. (ISSN 0005-9099). [Hrsg. i.A. d. Deutschen Akademie für Landeskunde u.d. Inst. für Länderkunde, Leipzig, von H. Gebhard, G. Heinritz, A. Mayr, H. Zepp u. H. Schmidt (federführend)]. Schriftl.: U. Wardenga, Inst. für Länderkunde, Schongauerstr. 9, D-04329 Leipzig. Verl.: Deutsche Akademie für Landeskunde, Schützenkuhle 26, D-24937 Flensburg. (1941 →). 4 x im Jahr.
1997: 71. Bd.
1998: 72. Bd.

DISP. Dokumente und Informationen zur schweizerischen Orts-, Regional- und Landesplanung. (ISSN 0251-3625). [Inst. f. Orts-, Regional- und Landesplanung]. Red.: M. Koch, ORL-Inst. d. ETH, Hönggerberg, CH-8093 Zürich. Selbstverlag. (1965 →). 4 x im Jahr.
1997: 33. Jahrg.
1998: 34. Jahrg.

Eiszeitalter und Gegenwart. Jahrbuch der Deutschen Quartärvereinigung. (ISSN 0424-7116). [Dt. Quartärvereinigung]. Schriftl.: J. Klostermann, Geolog. Landesamt NRW, De-Greiff-Str. 195, D-47803 Krefeld. Vertr.: Schweizerbart, Johannesstr. 3a, D-70176 Stuttgart. (1951 →). 1 x im Jahr
1997: 47. Bd.
1998: 48. Bd.

Die Erde. Zeitschrift der Gesellschaft für Erdkunde zu Berlin. (ISSN 0013-9998). [W.D. Blümel, A. Borsdorf, K. Lenz, H. Leser, K. Müller-Hohenstein]. Schriftl.: K. Gehrenkemper, Arno-Holz-Str. 14, D-12165 Berlin. Selbstverlag. (1853 bzw. 1866 →). 4 x im Jahr.
1997: 128. Jahrg.
1998: 129. Jahrg.

Erdkunde. Archiv für wissenschaftliche Geographie. Begr. von Carl Troll. (ISSN 0014-0015). [H.H. Blotevogel, E. Ehlers, P. Höllermann, M. Winiger]. Schriftl.: H. Böhm, Geogr. Inst. d. Univ. Bonn, Meckenheimer Allee 166, D-53115 Bonn. Verl.: Boss, Postfach 1150, D-47511 Kleve. (1947 →). 4 x im Jahr.
1997: Bd. 51
1998: Bd. 52

EUREG. Europäische Zeitschrift für Regionalentwicklung. [Akademie für Raumforschung u. Landesplanung (ARL) u. Association de Science Régionale de Langue Française (ASRDLF)]. (ISSN 0946-7815). Red.: A. Anker, ARL, Hohenzollernstr. 11, D-30161 Hannover. (1994 →). 1-2 x im Jahr.
1997: H. 5, 6
1998: H. 7

Europa Regional. (ISSN 0943-7142). [A. Mayr, F.-D. Grimm, H.J. Buchholz]. Schriftl.: E. Müller, Inst. f. Länderkunde, Schongauerstr. 9, D-04329 Leipzig. Selbstverlag. (1993 →). 4 x im Jahr
1997: 5. Jahrg.
1998: 6. Jahrg.

Geographica Helvetica. Schweizerische Zeitschrift für Geographie und Völkerkunde. [Geogr.-Ethnogr. Ges. Zürich u. Verband d. Scheizer Geographen]. Red.: H. Elsasser u. M. Wegmann, Geogr. Inst. d. Univ. Zürich-Irchel, Winterthurerstr. 190, CH-8057 Zürich. Verl.: Fotorotar AG, Gewerbestr. 18, CH-8132 Egg. (1946 →). 4 x im Jahr.
1997: 52. Jahrg.
1998: 53. Jahrg.

Geographische Rundschau. (ISSN 0016-7460). [Westermann-Schulbuchverlag]. Red.: R. Jüngst, Westermann-Schulbuchverlag, Georg-Westermann-Allee 66, D-38104 Braunschweig. Verl.: G. Westermann, Braunschweig. (1947 →). 11 x im Jahr.
1997: Jahrg. 49
1998: Jahrg. 50

Geographische Zeitschrift. Begr. v. Alfred Hettner. (ISSN 0016-7479). [E. Giese, G. Kohlhepp, J. Pohl, D. Soyez, E.W. Schamp (federführend)]. Schriftl.: E.W. Schamp, Inst. f. Wirtschafts- u. Sozialgeogr. d. Univ., Dantestr. 9, D-60325 Frankfurt a.M. Verl.: F. Steiner, Postfach 101061, D-70009 Stuttgart. (1895-1944, 1963 →). 4 x im Jahr.
1997: 85. Jahrg.
1998: 86. Jahrg.

Geographischer Jahresbericht aus Österreich. [H. Wohlschlägl]. Schriftl.: N Weixlbaumer, Inst. f. Geogr. d. Univ., Universitätsstr. 7/V, A-1010 Wien. Selbstverlag. (1897 →).
1997: 54. Bd. (1995): EU-Sonderband.
1998: 55. Bd. (1996): Forschungsberichte aus dem Institut für Geographie der Universität Wien (Auswahl).

Geoökodynamik. (ISSN 0720-454X). [O. Seuffert i.V. mit d. Ver. f. Erdkunde zu Darmstadt]. Schriftl.: G. Ollesch, Geogr. Inst. d. TH Darmstadt, Schnittspahnstr. 9, D-64287 Darmstadt. Verl.: Geoöko, W. Seuffert, Mainstr. 50, D-64625 Bensheim. (1980 →). 2-4 x im Jahr.
1997: Bd. 18
1998: Bd. 19

Geospektrum. Magazin für Angewandte Geowissenschaften und Geotechnologie. (ISSN 1433-2043). [Spektrum Akad. Verlag]. Red.: Landscape-Geoagentur, Weyerstr. 34-40, D-50676 Köln. Verl.: Spektrum Akad. Verl., Vangerowstr. 20, D-69115 Heidelberg. (1999 →).

Geowissenschaften. Organ der Alfred-Wegener-Stiftung. (ISSN 0933-0704). [A.-Wegener-Stiftung]. Red.: R. Thien, Bocholder Str. 228, D-45356 Essen. Verl.: Ernst & Sohn, Mühlenstr. 33-34, D-13187 Berlin. (1983 →). 12 x im Jahr.
1997: 15. Jahrg.
(damit Erscheinen eingestellt)

GIS. Geo-Informations-Systeme. Zeitschrift für raumbezogene Informationen und Entscheidungen. [Herbert Wichmann-Verlag]. (ISSN 0935-1523). Schriftl.: W. Steinborn, Rudolf-Hahn-Str. 152, D-53227 Bonn und D. Fritsch, Inst. f. Photogrammetrie d. Univ., Keplerstr. 11, D-70174 Stuttgart. Verl.: H. Wichmann, Im Weiher 10, D-69121 Heidelberg. (1988 →). 6 x im Jahr.
1997: Jahrg. 10
1998: Jahrg. 11

Hallesches Jahrbuch für Geowissenschaften. Reihe A: Geographie und Geoökologie. (ISSN 1432-3699). [K. Friedrich, M. Frühauf, C. Gläßer, W. Kühling, K.-H. Schmidt, D. Scholz]. Schriftl.: K.-H. Krause, Inst. f. Geogr. d. Martin-Luther-Univ. Halle-Wittenberg, Heinrich- und Thomas-Mann-Str. 26, D-06108 Halle. Selbstverlag. (1976 bzw. 1995 →).
1997: Bd. 19
1998: Bd. 20

Hercynia. N.F. Beiträge zur Erforschung und Pflege der natürlichen Ressourcen. (ISSN 0018-0637). [Univ.- u. Landesbibliothek Sachsen-Anhalt, Martin-Luither-Univ. Halle-Wittenberg; M. Frühauf, E.-G. Mahn, H. Schnelling, M. Schwab, W. Witsack]. Red.: D. Heidecke, Inst. für Zoologie, MLU, D-06099 Halle; M. Partzsch, Inst. für Geobotanik, Kröllwitzer Str. 44, D-06120 Halle. Vertr.: Univ.- u. Landesbibliothek Sachsen-Anhalt, August-Bebel-Str. 13, D-06108 Halle. (1927 bzw. N.F. 1963 →). 2 x im Jahr.
1997: Bd. 30 (1996/97)
1998: Bd. 31

HGG-Journal. [Heidelberger Geogr. Ges. durch H. Eichler, P. Meusburger]. (ISSN 0931-0061). Red.: W. Gamerith, Geogr. Inst. d. Univ., Im Neuenheimer Feld 348, D-69120 Heidelberg. Selbstverlag. (1987 →). 1-2 x im Jahr.
1997: H. 11: Regionale Konflikte – Globale Herausforderungen.
1998: H. 12: Geographie. Tradition und Fortschritt. Festschrift zum 50jährigen Bestehen der Heidelberger Geographischen Gesellschaft.
H. 13: Globaler Wandel – Welterbe.

Informationen und Materialien zur Geographie der Euregio Maas-Rhein. (ISSN 0343-494X). [Maas-Rhein-Institut für Angewandte Geographie, e.V.]. Schriftl.: Th. Schreiber, Maas-Rhein-Institut, Templergraben 55, D-52056 Aachen. Selbstverlag. (1977 →). 2 x im Jahr.
1997: H. 40, 41
1998: H. 42, 43

Informationen zur Raumentwicklung. (ISSN 1434-9590). [Bundesamt für Bauwesen und Raumordnung]. Schriftl.: W. Strubelt u. H.P. Gatzweiler, BBR, Postfach 200130, D-53131 Bonn. Selbstverlag. (1974 →). 12 x im Jahr.

Innsbrucker Jahresbericht. [Innsbrukker Geogr. Gesellschaft]. Schriftl.: J. Aistleitner, Inst. für Geogr. der Univ. Innsbruck, Innrain 52, A-6020 Innsbruck. Selbstverlag. (1972 →).
1995: Sonderheft: Geographische Forschung in Innsbruck.
1997: Jahresbericht 1995/1996
1999: Jahresbericht 1997/1998

Jahrbuch der Geographischen Gesellschaft von Bern. [Geogr. Gesellschaft von Bern]. Hallerstr. 12, CH-3012 Bern. Selbstverlag. (1879 →). zweijährlich.

1997: Bd. 60: Egli, Hans-Rudolf u.a. (Hrsg.): Spuren, Wege und Verkehr. Festschrift für Klaus Aerni zum Abschied vom Geographischen Institut.

Kartographische Nachrichten. Organ d. Dt. Ges. f. Kartogr., d. Schweizer. Ges. f. Kartogr. u.d. Österr. Kartogr. Komm. i.d. Österr. Geogr. Ges. (ISSN 0022-9164). Schriftl.: J. Dodt, Geogr. Inst. d. Ruhr-Univ., Universitätsstr. 150, D-44801 Bochum u. U. Fichtner, FH Anhalt, Strenzfelder Allee 28, D-06406 Bernburg. Verl.: Kirschbaum, Postf. 210209, D-53157 Bonn. (1951 →). 6 x im Jahr.
1997: 47. Jahrg.
1998: 48. Jahrg.

Koblenzer Geographisches Kolloquium. [H. Fischer, R. Graafen]. Schriftl. u. Vertr.: R. Esser, Geogr. Inst. d. Univ., Rheinau 1, D-56075 Koblenz. Selbstverlag. (1979 →). 1 x im Jahr u. Sonderhefte.
1997: 19. Jahrg.
1998: 20. Jahrg.

Kulturlandschaft. Zeitschrift für Angewandte Historische Geographie. (ISSN 0904-0435). [Arbeitsgruppe „Angewandte Historische Geographie"]. Red.: P. Burggraaff u.a., Sem. f. Histor. Geogr. d. Univ., Konviktstr. 11, D-53113 Bonn. Selbstverlag. (1991 →). 1-4 x im Jahr.
1997: Jahrg. 7
1998: Jahrg. 8

Marburger Geographische Gesellschaft. Jahrbuch. (ISSN 0931-6272). [Vorstand der Marburger Geogr. Ges.]. Schriftl.: J. Leib, FB Geogr. d. Philipps-Univ., Deutschhausstr. 10, D-35037 Marburg. Selbstverlag d. Marburger Geogr. Ges. (1986 →).
1997: Jahrbuch 1996
1998: Jahrbuch 1997

Mitteilungen der Fränkischen Geographischen Gesellschaft. Begr. v. O. Berninger u. J. Blüthgen. (ISSN 0071-8173). [H. Kopp]. Schriftl.: H. Schröder, Inst. f. Geogr. d. Univ., Kochstr. 4, D-91054 Erlangen. Komm.-Verl.: Palm & Enke, Universitätsstr. 16, D-91054 Erlangen. (1954 →). 1 x im Jahr.
1997: Bd. 44
1998: Bd. 45

Mitteilungen der Geographischen Gesellschaft in Hamburg
s. in Kap. 3 Serien und wissenschaftliche Reihen

Mitteilungen der Geographischen Gesellschaft in München. (ISSN 0072-0941). [R. Paesler u. K. Rögner i.A. d. Vorstandes]. Luisenstr. 37/III, D-80333 München. (1871 bzw. 1904 →). Selbstverlag. 1 x im Jahr.
1997: 82. Bd.
1998: 83. Bd.

Mitteilungen der Geographischen Gesellschaft zu Lübeck. [W. Schurig i.A. d. Vorstandes]. Schriftl.: P.-P. Kilian, Körnerstr. 19, D-23564 Lübeck. Komm.-Verl.: A. Adler, Hüxstr. 55, D-23552 Lübeck. (1882 →). unregelmäßig.
1994-1998: -

Mitteilungen der Österreichischen Geographischen Gesellschaft. [Österreichische Geogr. Ges.]. Schriftl.: M. Seger, Karl Schweighofer-Gasse 3, A-1070 Wien. Selbstverlag. (1857 →). 1 x im Jahr.
1997: Bd. 139
1998: Bd. 140

Orbis Terrarum. Internationale Zeitschrift für Historische Geographie der Alten Welt. (ISSN 1385-285X). [E. Simon u.a.]. Schriftl.: E. Olshausen u. H. Sonnabend, Histor. Inst. d. Univ. Stuttgart, Abt. Alte Geschichte, Keplerstr. 17, D-70117 Stuttgart. Verl.: F. Steiner, Postfach 101061, D-70009 Stuttgart. (1995 →). 1 x im Jahr.
1997: Bd. 3
1998: Bd. 4

Petermanns Geographische Mitteilungen. [O. Seuffert]. (ISSN 0031-6229). Red.: E. Benser, Justus-Perthes-Verlag, Gotha. Verl.: J.

Perthes, Justus-Perthes-Str. 3-5, D-99867 Gotha. (1855 →). 6 x im Jahr.
1997: Jahrg. 141
1998: Jahrg. 142

Photogrammetrie – Fernerkundung – Geoinformation (PFG). (ISSN 1432-8364). [Dt. Ges. für Photogrammetrie und Fernerkundung]. Schriftl.: K. Szangolies, Closewitzer Str. 44, D-07743 Jena. Verl.: E. Schweizerbart'sche Verlagsbuchhandlung, Johannesstr. 3A, D-70176 Stuttgart (1926 bzw. 1997 →). 6 x im Jahr.
1997: Jahrg. 1
1998: Jahrg. 2

Polarforschung. Organ der Deutschen Gesellschaft für Polarforschung. (ISSN 0032-2490). [Alfred-Wegener-Inst. f. Polar- und Meeresforschung u. Deutsche Ges. f. Polarforschung]. Schriftl.: D. Fütterer, Alfred-Wegener-Inst., Postfach 120161, D-2850 Bremerhaven u. E. Treude, Geogr. Inst. d. Univ., Postfach 1549, D-8600 Bamberg. Selbstverlag d. Dt. Ges. f. Polarforschung, Columbus-Center, D-2850 Bremerhaven. (1931 →). 2 x im Jahr.
1997: 65. Jahrg. (1995), Nr. 1 u. 2
1998: 65. Jahrg. (1995), Nr. 3

Raumforschung und Raumordnung. (ISSN 0034-0111). [Bundesamt für Bauwesen u. Raumordnung und Akademie f. Raumforschung u. Landesplanung]. Schriftl.: W. Strubelt, BBR, Am Michaelshof 8, D-53177 Bonn u. K. Becker, ARL, Hohenzollernstr. 11, D-30161 Hannover. Verl.: C. Heymann, Luxemburger Str. 449, D-50939 Köln. (1936 bzw. 1950 →). 6 x im Jahr.
1997: 55. Jahrg.
1998: 56. Jahrg.

Siedlungsforschung. Archäologie, Geschichte, Geographie. (ISSN 0175-0046). [K. Fehn u.a.]. Red.: P. Burggraaf, Sem. f. Histor. Geogr. d. Univ., Konviktstr. 11, D-53113 Bonn. Verlag Siedlungsforschung, Bonn. (1983 →). 1 x im Jahr.
1996: Bd. 14 (ersch. 1997)
1997: Bd. 15 (ersch. 1998)

Standort. Zeitschrift für Angewandte Geographie. (ISSN 0174-3635). [Deutscher Verband für Angewandte Geographie]. DVAG-Geschäftsstelle, Königstr. 68, D-53115 Bonn. Schriftl.: A. Marquardt-Kuron, Lessingstr. 38, D-53113 Bonn u. P.M. Klecker, Halfmannswiese 53d, D-44879 Bochum. Verl.: Springer, Postf. 105280, D-69042 Heidelberg. (1977 →). 4 x im Jahr.
1997: 21. Jahrg.
1998: 22. Jahrg.

Zeitschrift für Geomorphologie. N.F. Wiedergegr. v. Hans Mortensen. (ISSN 0372-8854). [W. Andres u.a.]. Schriftl.: K.-H. Pfeffer, Geogr. Inst. d. Univ., Hölderlinstr. 12, D-72074 Tübingen. Verl.: Gebr. Borntraeger, Johannesstr. 3A, D-70176 Stuttgart. (1925 bzw. 1957 →). 4 x im Jahr.
1997: Bd. 41
1998: Bd. 42

Zeitschrift für Gletscherkunde und Glazialgeologie. Begr. v. R. von Klebelsberg. (ISSN 0044-2836). [G. Patzelt u. M. Kuhn]. G. Patzelt, Univ. Innsbruck, Inst. f. Hochgebirgsforschung und M. Kuhn, Inst. f. Meteorologie und Geophysik, Innrain 52, A-6020 Innsbruck. Verl.: Univ.-Verl. Wagner, Postfach 165, A-6010 Innsbruck. (1906 bzw. 1949 →). 1-2 x im Jahr.
1997: Bd. 33
1998: Bd. 34

Zeitschrift für Wirtschaftsgeographie. Begr. von Irmfried Siedentop. (ISSN 0044-3751). [K. Vorlaufer u. W. Thomi]. Schriftl.: H. Schneider, Geogr. Inst. d. Univ., Universitätsstr. 1, D-40225 Düsseldorf. Verl.: Buchenverlag, Postfach 900126, D-60441 Frankfurt a.M. (1957 →). 4 x im Jahr.
1997: 41. Jahrg.
1998: 42. Jahrg.

ZPF. Zeitschrift für Photogrammetrie und Fernerkundung. (bis 1987: Bildmessung und Luftbildwesen). Organ der Deutschen Gesellschaft für Photogrammetrie und Fern-

erkundung. (ISSN 0937-9800). [Dt. Ges. f. Photogrammetrie u. Fernerkundung]. Hauptschriftl.: H.-P. Bähr, Inst. f. Photogrammetrie u. Fernerkundung d. Univ., Englerstr. 7, D-76131 Karlsruhe. Verl.: H. Wichmann, Postfach 102869, D-69018 Heidelberg. (1926 →). 6 x im Jahr.
1997: 65. Jahrg.
1998: 66. Jahrg.

3. Serien und wissenschaftliche Reihen

Abhandlungen der Akademie der Wissenschaften in Göttingen. Math.-Phys. Kl., III. F. [Akad. d. Wiss. in Göttingen, Theaterstr. 7, D-37073 Göttingen]. Verl.: Vandenhoeck & Ruprecht, Theaterstr. 13, D-37073 Göttingen. (1931 →).
1997: Nr. 47: Lüer, Gerd / Lass, Uta (Hrsg.): Erinnern und Behalten. Wege zur Erforschung des menschlichen Gedächtnisses.

Advances in Geoecology. (bis No. 26: Catena. Supplements). (ISSN 0722-0723). [Begr. v. H. Rohdenburg]. Verl.: Catena, Ärmelgasse 11, D-35447 Reiskirchen. (1982 →).
1997: No. 30: Auerswald, Karl / Stanjek, Helga / Bigham, Jerry M. (eds.): Soils and environment. Soil processes from mineral to landscape scale.
1998: No. 31: Blume, Hans-Peter et al. (eds.): Towards sustainable land use – furthering cooperation between people and institutions.

Aktuelle Beiträge zur Geographie, Raumforschung und Raumordnung. Arbeitskreis für Regionalforschung, Geschäftsführer: M. Sauberer, Friedenszeile 6, A-1130 Wien. Selbstverlag. (1992 →).
1994-1998: -

Arbeitsberichte der Arbeitsgemeinschaft Angewandte Geographie Münster e.V. (ISSN 0723-9777). [P. Neumann, P. Schnell, Th. Schwarze]. Schriftl. P. Neumann, AAG, Robert-Koch-Str. 26, D-48149 Münster. Selbstverlag. (1983 →).
1997: H. 28: Korda, Martin / Neumann, Peter (Hrsg.): Stadtplanung für Menschen mit Behinderungen. Ergebnisse eines gemeinsamen Forschungsprojekts von Stadtplanern und Sozialgeographen am Beispiel der Stadt Münster.
1998: H. 29: Reisch, Ursel: Die Baumberger Sandsteinroute. Akzeptanzanalyse und Bedeutung einer thematischen Radwanderroute für eine nachhaltige Regionalentwicklung mit Tourismus.

Arbeitsmaterial der Akademie für Raumforschung und Landesplanung. (ISSN 0946-7807). [Akademie für Raumforschung und Landesplanung]. ARL, Hohenzollernstr. 11, D-30161 Hannover. Vertr.: VSB Verlagsservice Braunschweig, Postfach 4738, D-38037 Braunschweig. (1977 →).
1997: Nr. 220: Europäische Raumordnungspolitik. Regionales Management und Marketing, Anforderungen an die Fortschreibung des Landesentwicklungsplans Baden-Württemberg (Regionalplanertagungen 1994 und 1996).
Nr. 235: Regionale Entwicklungskonzepte und Städtenetze. Von der Regionalplanung zur Regionalentwicklung.
Nr. 236: Landesentwicklung in Norddeutschland – Nordwestdeutschland und seine Regionen im Standortwettbewerb.
Nr. 237 Sicherung des Wirtschaftsstandortes Bayern durch Landesentwicklung.
Nr. 238: Das Prinzip der nachhaltigen Entwicklung in der räumlichen Planung. 19. Seminar für Landes- und Regionalplaner in Bayern.
Nr. 239: Großschutzgebiete. Chancen und Konflikte im Rahmen einer integrierten Regionalentwicklung. Am Beispiel insbesondere auch der Flußlandschaft Elbe.
Nr. 240: Stand, Probleme und Entwicklungen der Regionalplanung

und der regionalen Kooperation. 2. Regionalplanertagung Thüringen in Gera 1996.
Nr. 241: Die gescheiterte Fusion Berlin-Brandenburg. Regionalpolitische Rahmenbedingungen und Konsequenzen.
1998: Nr. 222: Modelle eines neuen Plantyps für Verdichtungsräume. Forschungsprojekt. Ltg.: Gottfried Schmitz.
Nr. 242: Regionalentwicklung und Verkehr. Regionalkolloquium Nordthüringen.
Nr. 243: Die regionalplanerische Bedeutung der Landwirtschaft. Fachliche Belange, regionale Ziele, Umsetzung in Regionale Entwicklungskonzepte und Regionale Raumordnungsprogramme. Regionalplanertagung Niedersachsen 1997.
Nr. 244: Interkommunale und regionale Kooperation. Variablen ihrer Funktionsfähigkeit.
Nr. 245: Sächsische Regionalplanung – eine Bilanz nach 5 Jahren. Anforderungen aus dem neuen Raumordnungsrecht und aus der Raumforschung. 4. Sächsische Regionalplanertagung am 7./8. Mai 1998 in Eibenstock.
Nr. 247: Instrumentarium von Raumordnung und Landesplanung zur Rohstoffsicherung in den Ländern Bremen, Hamburg, Niedersachsen und Schleswig-Holstein.
Nr. 248: Ländliche Räume in Niedersachsen – Aufgabenschwerpunkte und Handlungsansätze.
Nr. 250: Bodenschutz in der Raumordnung: Nachhaltigkeit und Management.
Nr. 251: Verkehr und, oder Telekommunikation: Konzept, Methode und Quantifizierung.

Beiträge der Akademie für Raumforschung und Landesplanung. (ISSN 0935-0772). [Akademie für Raumforschung und Landesplanung]. ARL, Hohenzollernstr. 11, D-30161 Hannover. Vertr.: VSB Verlagsservice Braunschweig, Postfach 4738, D-38037 Braunschweig. (1968 →).
(mit Bd. 132, 1996 Erscheinen eingestellt)

Bad Bentheimer Arbeitsberichte und Studien zur sozialräumlichen Bildungsforschung. (ISSN 0720-8537). [Forschungsstelle für Internationale Sozialräumliche Bildungsforschung und ihre Didaktik (FISB)]. Schriftl. u. Vertr.: H. Wagner, FISB, Postf. 1127, D-48442 Bad Bentheim. (1980 →).
1997: H. 6/7: Wagner, Herbert: Bildungsbiographien Lernbehinderter. Eine regionale Längsschnittuntersuchung der Bedingungen und Ergebnisse schulischer Sozialisation. (Raum und Stigma, IV)

Beiträge zur Stadt- und Regionalforschung. [H. Faßmann]. Institut für Stadt- und Regionalforschung, Postgasse 7-9, A-1010 Wien. Verlag der Österreichischen Akademie der Wissenschaften. (1975 →).
1997: Nr. 15: Faßmann, Heinz (Hrsg.): Die Rückkehr der Regionen. Beiträge zur regionalen Transformation Ostmitteleuropas.

ISR-Forschungsberichte. [H. Faßmann]. Institut für Stadt- und Regionalforschung, Postgasse 7-9, A-1010 Wien. Verlag der Österreichischen Akademie der Wissenschaften. (1991 →).
1995: Nr. 13: Faßmann, Heinz / Kohlbacher, Josef / Reeger, Ursula: Die „neue Zuwanderung“ aus Ostmitteleuropa – eine empirische Analyse am Beispiel der Polen in Österreich.
Nr. 14: Faßmann, Heinz (Hrsg.): Immobilien-, Wohnungs- und Kapitalmärkte in Ostmitteleuropa. Beiträge zur regionalen Transformationsforschung.
1997: Nr. 15: Faßmann, Heinz / Hintermann, Christiane: Migrationspotential Ostmitteleuropa. Struktur und Motivation potentieller Migranten aus Polen, der Slowakei, Tschechien und Ungarn.
Nr. 16: Jöns, Heike / Klagge, Britta: Bankwesen und Regionalstruktur in Ungarn. Eine Analyse der Filialnetzstrukturen und -strategien aus regionalwirtschaftlicher Perspektive.
1998: Nr. 17: Scherf, Konrad: Die metropolitane Region Berlin: Genese

und Niedergang, Revitalisierung und Innovation.
1999: Nr. 18: Faßmann, Heinz u.a.: Arbeitsmarkt Mitteleuropa. Die Rückkehr historischer Migrationsmuster.

Berichte zur Orts-, Regional- und Landesplanung. [ETH Zürich, Inst. für Orts-, Regional- und Landesplanung]. Schriftl.: M. Koch, ORL-Inst., ETH-Hönggerberg, CH-8093 Zürich. Verl.: Verlag der Fachvereine, ETH-Zentrum, CH-8092 Zürich. (1968 →).
1996: Nr. 101: Maurer, Jakob / Heer, Ernst / Scholich, Dietmar (Hrsg.): Planungssysteme – Planungskonzepte, wie weiter?
1997: Nr. 102: Jacsman, Janos / Schilter, René Ch.: Nutzung des Bodens für Sport, Erholung und Tourismus. Teil 1: Grundnutzungen.
1998: Nr. 103: Filippini, Paolo: Regional unemployment disparities: the case of the Swiss cantons.

Bundesamt für Bauwesen und Raumordnung. Arbeitspapiere. (ISSN 0945-4713). Schriftl.: BBR, Postfach 200130, D-53131 Bonn. Selbstverlag.
1996: Nr. 1: Dosch, Fabian: Ausmaß der Bodenversiegelung und Potentiale zur Entsiegelung. Handlungsansätze für einen nachhaltigen Bodenschutz.
Nr. 2: Stiens, Gerhard: Von der „staatsgeographischen" Landeskunde zur systematischen „Raumbeobachtung" als öffentlicher Einrichtung.
Nr. 3: Europa und die Raumentwicklung. Info-Dienst. Ausgewählte Literatur. Forschungsprojekte. Neuzugänge 1995 – Februar 1996.
Nr. 4: Walther, Uwe-Jens / Simbriger, Angelika: Variety as normality. Housing for single parent families.
Nr. 5: Böltken, Ferdinand (Bearb.): Neuabgrenzung von Raumordnungsregionen nach den Gebietsreformen in den neuen Bundesländern.
Nr. 7: Stiens, Gerhard: Städtevernetzung – ein wiederentdecktes Mittel wirtschaftsorientierter Raumordnung.
Nr. 8: Wittmann, Fred-Tore: Laufende Raumbeobachtung. Städtebaulich relevante Rahmendaten 1996.
Nr. 9: Heiland, Olaf / Kurnol, Jens: Projekt: Katalog neuartiger Vorhaben im ÖPNV.
Nr. 10: Gerlach, Helga: Mietenniveau in den neuen Bundesländern Ausgang des Jahres 1995. Ergebnisse der Laufenden BfLR-Umfrage.
Nr. 12: Kurnol, Jens: Die virtuelle Stadt – die Stadt der Zukunft. Multimedia und Chancen für eine nachhaltige Stadt- und Raumentwicklung.
1997: Nr. 1: Fuhrich, Manfred: Positionspapier zum Forschungsfeld „Städte der Zukunft" im Experimentellen Wohnungs- und Städtebau (ExWoSt).
Nr. 2: Fuhrich, Manfred: Strategiekatalog zum Forschungsfeld „Städte der Zukunft" im Experimentellen Wohnungs- und Städtebau (ExWoSt).
Nr. 3: Wiegandt, Claus-Christian: An den Grenzen des Wachstums. Eindrücke zur amerikanischen Stadtentwicklung Mitte der 90er Jahre. Abschlußbericht zur Forschungsreise durch die USA vom 16. Okt. bis zum 8. Dez. 1995.
Nr. 4: Lüschow, Jörg / Schalk, Hans Joachim / Untiedt, Gerhard: Langfristige regionale Arbeitsmarktentwicklung. Prognosen für die Bundesländer.
Nr. 5: Kurnol, Jens / Pütz, Thomas: Angebotsqualität des öffentlichen Verkehrs in der Region – das Beispiel Hessen.
Nr. 6: Bergmann, Eckhard u.a.: Räumliche Auswirkungen einer Mineralölsteuererhöhung.
Nr. 7: Osenberg, Hanno: Entwicklung der regionalen Wohnungsversorgung in den alten Bundesländern 1987-1995.
Nr. 8: Stiens, Gerhard: Regionalismus, Regionalbewußtsein und Regionalpolitik.
Nr. 9: Stiens, Gerhard: Entwicklungsdisparitäten im vereinten Deutschland und die neuen raumordnerischen Konzepte.
1998: Nr. 1: Rach, Diethard / Müller-Kleißler, Renate: Städtebauliche Entwicklungsmaßnahmen.

Nr. 2: Die Strukturpolitik der Europäischen Union nach 2000. Die räumlichen Auswirkungen der AGENDA 2000 auf die Bundesrepublik Deutschland und deren Regionen im europäischen Vergleich.
Nr. 3: Bergmann, Eckhard u.a.: Nachhaltige Stadtentwicklung. Herausforderungen an einen ressourcenschonenden und umweltverträglichen Städtebau.
Nr. 4: Huege, Petra / Zarth, Michael: Globalisierung der Wirtschaft. Regionale Auswirkungen und Handlungsorientierungen.
Nr. 5: Junker und Kruse, Stadtforschung – Stadtplanung, Dortmund: Entwicklung städtischer Zentren im internationalen Vergleich. Sondergutachten.
Nr. 6: Rohr-Zänker, Ruth / Müller, Wolfgang: Die Rolle von Nachbarschaften für die zukünftige Entwicklung von Stadtquartieren. Expertise.
Nr. 7: DIW (Bearb.): Beschäftigung und Bevölkerung in den Bundesländern. Modellprojektionen bis zum Jahr 2010.
Nr. 8: Gerlach, Helga (Bearb.): Mietenniveau Ende 1997 in Deutschland. Ergebnisse der jährlichen BBR-Umfrage.

Bundesamt für Bauwesen und Raumordnung. Berichte. (ISSN 1436-0055). Schriftl.: BBR, Postfach 200130, D-53131 Bonn. Selbstverlag. (1998 →).
1998: Bd. 1: Bertelsmeier, Friedhelm u.a. (Bearb.): Aktuelle Daten zur Entwicklung der Städte, Kreise und Gemeinden. Ausgabe 1998.

Bundesamt für Bauwesen und Raumordnung. Forschungen. (ISSN 1435-4659). (bis H. 87 s. Materialien zur Raumentwicklung). Schriftl.: W. Strubelt, H.-P. Gatzweiler u. G. Löffler, BBR, Postfach 200130, D-53131 Bonn. Selbstverlag. (1981 bzw. 1998 →).
1998: H. 88: Bausteine einer nachhaltigen Raumentwicklung. Brigitte Adam u.a.
H. 89: Rase, Wolf-Dieter: Visualisierung von Planungsinformationen. Modellierung und Darstellung immatrieller Oberflächen.
H. 90: Rothengatter, Werner u.a.: Verlagerungspotentiale in verkehrlich hoch belasteten Fernverkehrs-Korridoren. Endbericht zum Forschungsprojekt des BMBau.

Bundesamt für Bauwesen und Raumordnung: Werkstatt Praxis. (ISSN 1436-0063). Schriftl.: W. Strubelt, H.-P. Gatzweiler u. G. Löffler, BBR, Postfach 200130, D-53131 Bonn. Selbstverlag. (1998 →).
1998: Nr. 1: Großwohnsiedlungen von heute – attraktive Stadtteile für morgen. Bericht von der Auftaktveranstaltung zum Planspiel Leipzig-Grünau am 17. und 18. November 1997.
Nr. 2: Bärsch, Jürgen / Potter, Philip (Bearb.): Internationale Modellbeispiele Habitat II. Dokumentation und Auswertung.
Nr. 3: Schuler-Wallner, Gisela u.a. (Bearb.): Dauerhafte Wohnungsversorgung von Obdachlosen.
Nr. 4: Renner, Mechthild (Bearb.): Gute Beispiele aus dem Experimentellen Wohnungs- und Städtebau I.
Nr. 5: Görmar, Wilfried / Huege, Petra / Zarth, Michael: Regionalkonferenzen als neues Instrument der Raumordnung. Eine Dokumentation der bisherigen Erfahrungen.
Nr. 6: Leitfibel vorbeugender Hochwasserschutz. Modellvorhaben zum vorbeugenden Hochwasserschutz Rhein-Maas im Rahmen der transnationalen Zusammenarbeit in der Raumordnung (INTEREG IIC).

Erdkundliches Wissen. Schriftenreihe für Forschung und Praxis. [G. Kohlhepp, A. Leidlmair u. F. Scholz]. Verl.: F. Steiner, Postfach 101061, D-70009 Stuttgart. (1952 →).
1997: Bd. 121: Werlen, Benno: Sozialgeographie alltäglicher Regionalisierungen, Bd. 3: Geographien des Alltags – empirische Befunde.
Bd. 122: Cséfalvay, Zoltán: Aufholen durch regionale Differenzierung? Von der Plan- zur Marktwirtschaft – Ostdeutschland und Ungarn im Vergleich.
1998: Bd. 123: Herbers, Hiltrud: Arbeit und Ernährung in Yasin. Aspekte des Produktions-Reproduktions-

Zusammenhangs in einem Hochgebirgstal Nordpakistans.
Bd. 124: Nutz, Manfred: Stadtentwicklung in Umbruchsituationen. Wiederaufbau und Wiedervereinigung als Streßfaktoren der Entwicklung ostdeutscher Mittelstädte. Ein Raum-Zeit-Vergleich mit Westdeutschland.
Bd. 125: Giese, Ernst / Bahro, Gundula / Betke, Dirk: Umweltzerstörungen in Trockengebieten Zentralasiens. Ursachen, Auswirkungen, Maßnahmen.
Bd. 126: Vollmar, Rainer: Anaheim – Utopia Americana. Vom Weinland zum Walt Disney Land. Eine Stadtbiographie.

Erdwissenschaftliche Forschung. (ISSN 0170-3188). [Akademie der Wissenschaften und der Literatur, Mainz]. Schriftl.: W. Lauer, Endenicher Allee 7, D-53115 Bonn. Verl.: F. Steiner, Postfach 101061, D-70009 Stuttgart. (1968 →).
1997: Bd. 36: Deil, Ulrich: Zur geobotanischen Kennzeichnung von Kulturlandschaften. Vergleichende Untersuchungen in Südspanien und Nordmarokko.

ETI-Studien. [Ch. Becker, W. Schertler, A. Steinecke]. Schriftl.: N. Haart, Europ. Tourismus-Inst. a.d. Univ. Trier, Bruchhausenstr. 1, D-54290 Trier. Selbstverlag. (1992 →).
1997: Bd. 3: Steinecke, Albrecht / Treinen, Mathias (Hrsg.): Inszenierung im Tourismus – Trends, Modelle, Prognosen.

ETI-Texte. [Ch. Becker, W. Schertler, A. Steinecke]. Schriftl.: N. Haart, Europ. Tourismus-Inst. a.d. Univ. Trier, Bruchhausenstr. 1, D-54290 Trier. Selbstverlag. (1993 →).
1997: H. 12: Steinecke, Albrecht / Hallerbach, Bert (Hrsg.): Gästebefragung Rheinland-Pfalz 1996.
1999: H. 13: Haart, Norbert / Kern, Martina / Treinen, Mathias (Hrsg.): Neue Medien im Tourismus – Visionen oder Illusion?

Fernerkundung in Raumordnung und Städtebau. (ISSN 0176-1633). [Bundesamt f. Bauwesen und Raumordnung]. Schriftl.: BBR, Postfach 200130, D-53131 Bonn. Selbstverlag. (1952 →).
1994-1998: -

Forschungen zur Raumentwicklung. (ISSN 0341-244X). [Bundesamt f. Bauwesen und Raumordnung]. Schriftl.: W. Strubelt, BBR, Postfach 200130, D-53131 Bonn. Selbstverlag. (1975 →).
1997: Bd. 24: Osenberg, Hanno / Waltersbacher, Matthias: Wohnungsbestandspanel für die neuen Bundesländer. Ergebnisse der Eigentümerbefragung.
(fortgeführt als „Forschungen des BBR“)

Forschungs- und Sitzungsberichte der Akademie für Raumforschung und Landesplanung. (ISSN 0935-0780). [Akademie f. Raumforschung und Landesplanung]. Schriftl.: ARL, Hohenzollernstr. 11, D-30161 Hannover. Vertr.: VSB Verlagsservice Braunschweig, Postfach 4738, D-38037 Braunschweig. (1950 →).
1997: Bd. 202: Räumliche Disparitäten und Bevölkerungswanderungen in Europa. Regionale Antworten auf Herausforderungen der europäischen Raumentwicklung.
1998: Bd. 203: Deutschland in der Welt von morgen. Die Chancen unserer Lebens- und Wirtschaftsräume. Wissenschaftliche Plenartagung 1997.
Bd. 204: Regionale Verwaltungs- und Planungsstrukturen in Großstadtregionen.
Bd. 205: Nachhaltige Raumentwicklung. Szenarien und Perspektiven für Berlin/Brandenburg.
Bd. 206: Die Region ist die Stadt. Gemeinsame Jahrestagung 1998.

Frankfurter Geographische Hefte. (ISSN 0071-9234). [K. Wolf i.A. der Frankfurter Geographischen Gesellschaft]. Selbstverlag d. Frankfurter Geogr. Ges., Senckenberganlage 36, D-60325 Frankfurt a.M. (1927 →).
1997: H. 62: Cramer von Laue, Oda: Regionalentwicklung im Biosphärenreservat Rhön im Spannungs-

feld zwischen Bevölkerung und Experten. – Hermann, Marion: Umweltverträglicher und sozialverantwortlicher Tourismus im Biosphärenreservat Rhön.

Geocolleg. [W. Tietze, P. Biays, J. House, M. Yoshino]. Verl.: Gebr. Borntraeger, Johannesstr. 3A, D-70176 Stuttgart. (1975 →).
1998: Nr. 11: Tietze, Wolf (Hrsg.): Transrapid-Verkehr in Europa. Eine Vision für das 21. Jahrhundert.

Geoecological Research. [U. Schweinfurth]. Verl.: F. Steiner, Postfach 101061, D-70009 Stuttgart. (1972 →).
1997: Bd. 8: Schmidt-Vogt, Dietrich: Swidden farming and fallow vegetation in northern Thailand.

Geographia Religionum. Interdisziplinäre Schriftenreihe zur Religionsgeographie. [R. Henkel, K. Hoheisel, U. Köpf, G. Rinschede]. Schriftl.: J. Vossen, Inst. f. Geogr. d. Univ., Universitätsstr. 31, D-93040 Regensburg. Verl.: Dietrich Reimer, Charlottenstr. 13, D-10969 Berlin. (1985 →).
1997/98: -

Geographie im Kontext. (ISSN 1433-3244). [M. Büttner]. M. Büttner, Kiefernweg 40, D-44801 Bochum. Verl. P. Lang, Eschborner Landstr. 42-50, D-60489 Frankfurt a.M. (1997 →).
1997: Bd. 1: Büttner, Manfred (Hrsg.): Geisteshaltung und Stadtgestalt. Referate, gehalten auf dem Geographentag in Potsdam 1995.
1998: Bd. 2: Büttner, Manfred: Geographie und Theologie. Zur Geschichte einer engen Beziehung.
Bd. 3: Büttner, Manfred / Erdmann, Karl-Heinz (Hrsg.): Geisteshaltung und Umwelt – Stadt und Land (Teil 1). Beiträge zum Geographentag in Bonn 1997.
Bd. 4: Büttner, Manfred / Richter, Frank (Hrsg.): Geisteshaltung und Umwelt – Stadt und Land Teil 2. Beiträge zum Geographentag in Bonn 1997.
Bd. 5: Büttner, Manfred / Richter Frank (Hrsg.): Beziehungen zwischen Religion (Geisteshaltung) und wissenschaftlicher Umwelt (Theologie, Naturwissenschaft und Musikwissenschaft). Eine Standortbestimmung. Festschrift.

Geographische Bausteine. N.R. [Begr. v. Hermann Haack]. Verl.: Perthes, Justus-Perthes-Str. 3-5, D-99867 Gotha. (1913 bzw. 1967 →).
(seit 1996 fortgeführt als „Perthes Exkursionsführer" (s. Kap. 4) bzw. „Perthes Pädagogische Reihe" (s. Kap. 7)

Geographische Handelsforschung. [Arbeitskreis Geographische Handelsforschung i.d. Dt. Ges. für Geogr.]. Verl.: LIS-Verl., Theresienstr. 9, D-94036 Passau. (1998 →).
1998: Bd. 1: Pütz, Rainer: Einzelhandel im Transformationsprozeß. Das Spannungsfeld von lokaler Regulierung und Internationalisierung am Beispiel Polen.

Geoöko Plus. [O. Seuffert]. Verl.: Geoöko W. Seuffert, Mainstr. 50, D-64625 Bensheim. (1989 →).
1997: Bd. 4: Beckedahl, Heinrich R. / Seuffert, Otmar (Hrsg.): Human impact – geomorphic response.

Geostudien. [K.-G. Schneider]. Verl.: Geostudien, Dr. Schneider K.G., Mendelssohnstr. 5, D-51375 Leverkusen. (1977 →).
(Erscheinen mit Bd. 15, 1995 eingestellt)

Gesellschaft, Raum, Umwelt. (ISSN 1023-9677). [G. Bahrenberg, M.M. Fischer]. Verl.: G+B Verlag Fakultas, Littenstr. 106/107, D-10179 Berlin. (1998 →).
1998: Bd. 1: Mose, Ingo: Sanfter Tourismus.

IÖR-Schriften. (ISSN 0944-114X). [Institut für ökologische Raumentwicklung]. Red.: J. Rathmann, IÖR, Weberplatz 1, D-01217 Dresden. Selbstverlag. (1993 →).
1996: Bd. 15: Hobor, Bernd: Beschreibung und Bewertung der Bodenversiegelung in Städten.
Bd. 16: Erreichbarkeit großer Städte – eine Entwicklungsbedingung für ländliche Räume, Untersuchungsergebnisse aus Sachsen.

Bd. 17: Graute, Ulrich (ed.): Vision and strategies around the Baltic Sea 2010 and their relevance to Central and Eastern Europe.
Bd. 18: Richter, Gerhard: Zur Entwicklung des Umweltschutzes in Deutschland – Sachsen im 19. und 20. Jahrhundert.
Bd. 19: Roch, Isolde (Hrsg.): Umweltverträgliche regionale Entwicklung im Grenzraum und im ländlichen Raum.
1997: Bd. 20: Arlt, Günter / Lehmann, Iris / Stutzriemer, Sylke: Die ökologische Dimension des Stadt-Umland-Verkehrs. Teil: Flächeninanspruchnahmen in ostdeutschen Großstadtregionen.
Bd. 21: Meinel, Gotthard / Knapp, Claudia / Tittel, Eva-Maria: Bestimmung von Flächennutzungsänderungen mittels Satellitenbilddaten. Methodische Untersuchungen am Beispiel der Stadt-Umland-Regionen Dresden und Leipzig.
Bd. 22: Lintz, Gerd: Grundlagen der Koordination von Umweltpolitik, regionaler Wirtschaftspolitik und Raumplanung.
Bd. 23: Petzold, Hans (Hrsg.): „Fragen des neuzeitlichen Städtebaus." Das Cornelius Gurlitt-Colloquium 1997.
1998: Bd. 24: Roch, Isolde / Scott, James / Ziegler, Astrid: Umweltgerechte Entwicklung von Grenzregionen durch kooperatives Handeln.
Bd. 25: Heber, Bernd: Naturnahe Regenwasserbewirtschaftung in Siedlungsgebieten.
Bd. 26: Eichler, Klaus: Wohnungsmarktentwicklungen im regionalen Vergleich.
Bd. 27: Siegel, Bernd: Siedlungs- und Landschaftsentwicklung im Bereich der sächsischen Elbe – ein mittelmaßstäbliches Bewertungs- und Handlungskonzept.
Bd. 28: Netzband, Maik: Möglichkeiten und Grenzen der Fernerkundung zur Versiegelungskartierung in Siedlungsräumen.

Kartensammlung und Kartendokumentation. Begr. von Emil Meynen. [L. Zögner]. Verl.: Justus Perthes, Justus-Perthes-Str. 3-5, D-99867 Gotha. (Bd. 1, 1966 – Bd. 10, 1975, 11, 1995 →).
1996-98: -

Kleine Geographische Schriften. [Hanno Beck]. Red.: H. Beck, Dürenstr. 36, D-53173 Bonn. Verl.: Dietrich Reimer, Charlottenstr. 13, D-10969 Berlin. (1980 →).
1998: Bd. 9: Nitz, Hans-Jürgen: Allgemeine und vergleichende Siedlungsgeographie. (Ausgewählte Arbeiten; 2)

Landschaftsökologie und Umweltforschung, s. in Kap. 6 unter Braunschweig

Material zum Beruf des Geographen. [Deutscher Verband für Angewandte Geographie (DVAG), e.V.]. Geschäftsstelle: Königstr. 68, D-53115 Bonn. Verl.: Sven von Loga, Gerhard-vom-Rath-Str. 55, D-50968 Köln. (1978 →).
1992-1998: -

Material zur Angewandten Geographie. [Deutscher Verband für Angewandte Geographie (DVAG), e.V.]. Geschäftsstelle: Königstr. 68, D-53115 Bonn. Verl.: Sven von Loga, Gerhard-vom-Rath-Str. 55, D-50968 Köln. (1978 →).
1998: Bd. 34: Carmona-Schneider, Juan-J. / Klecker, Peter M. / Schirm, Magda (Hrsg.). Konversion – Chance für eine eigenständige Regionalentwicklung?

Materialien zur Fremdenverkehrsgeographie. (ISSN 0171-3612). [Ch. Becker]. Schriftl.: Ch. Becker, Univ. Trier, FB VI Geogr./Geowissenschaften, Geb. H, D-54286 Trier. Selbstverlag d. Geogr. Ges. Trier, Geb. H, D-54286 Trier. (1976 →).
1997: H. 38: Wachowiak, Helmut: Tourismus im Grenzraum. Touristische Nachfragestrukturen unter dem Einfluß von Staatsgrenzen am Beispiel der Grenzregion Deutschland-Luxemburg.
H. 39: Echtermeyer, Monika: Globale Computer-Reservierungssysteme und neue Informations- und Reservierungs-Technologien im interna-

tionalen Luftverkehr und Tourismus – unter besonderer Berücksichtigung des Reisemarktes Lateinamerika/Karibik.
H. 40: Boss, Anja u.a.: Nachhaltiges Verkehrskonzept als Chance zur Realisierung eines Qualitätstourismus mit Zukunft – am Beispiel ausgewählter Nordseeinseln.
H. 41: Hücherig, Rotraut: Tourismus im Ruhrgebiet. Der Beitrag der Internationalen Bauausstellung Emscher Park.
1998: H. 42: Bader-Nia, Tanja: Umweltbewußtsein und Tourismus. Der Einfluß eines veränderten Umweltbewußtseins auf die Angebots- und Nachfrageentwicklung, dargestellt am Beispiel Südtirols.
H. 43: Pinar, Ilyas: Binnentourismus in der Türkei. Traditionelle Formen und ihr Wandel durch den internationalen Tourismus.
H. 44: Thomas, Ursula: Europäische Tourismuspolitik.
H. 45: Stenger, Mario: Repräsentativerhebungen im Tourismus. Ein methodischer und inhaltlicher Vergleich.
H. 46: Mikus, Werner / Pecher, Franz-Karl: Nachhaltige Entwicklung an Tourismusstandorten. Evaluierung von Ansätzen, Aufgaben und Zielen in Fremdenverkehrsgebieten Oberbayerns.
H. 47: Flaßhoff, Wiebke: Die Entwicklung der Fremdenverkehrsförderung im Rahmen der Gemeinschaftsaufgabe „Verbesserung der regionalen Wirtschaftsstruktur".
1999: H. 48: Widmann, Torsten: Brauchtum und Tourismus: Die schwäbisch-alemannische Fastnacht in Villingen-Schwenningen.
H. 49: Kurorte der Zukunft. Neue Ansätze durch Gesundheitstourismus, Interkommunale Kooperation, Gütesiegel Gesunde Region und Inszenierung im Tourismus. Anja Brittner ...

Materialien zur Raumentwicklung. (bis H. 37: Seminare – Symposien – Arbeitspapiere; H. 85-87 u.d.T.: Forschungsberichte des BBR). (ISSN 0938-6335). [Bundesamt f. Bauwesen und Raumforschung]. Schriftl.: W. Strubelt, BBR, Am Michaelshof 8, D-53177 Bonn. Selbstverlag. (1981 →).
1997: H. 79: Fuhrich, Manfred / Bärsch, Jürgen / Potter, Philip: Umweltschonend Planen, Bauen und Wohnen. Ergebnisse des Forschungsfeldes Städtebauliche Qualitäten im Wohnungsneubau im Experimentellen Wohnungs- und Städtebau.
H. 80: Schmitz, Stefan u.a.: Entwicklung eines planungsrelevanten Emissionskatasters Straßenverkehr.
H. 81: Chancen für Nutzungsmischung aus der Sicht der Investoren. Eine Auswertung qualitativer Interviews. Red.: Jürgen Aring u.a.
H. 82: Systemische Planung. Am Beispiel des integrativen Parkraumkonzeptes Bremen-Steintor, begleitet durch Supervision/Teamberatung. Bearb.: Hille von Seggern u.a.
H. 83: Maretzke, Steffen (Bearb.): Regionalbarometer neue Länder. Dritter zusammenfassender Bericht.
H. 84: Holz-Rau, Christian: Siedlungsstrukturen und Verkehr. Forschungsvorhaben im Rahmen des „Experimentellen Städte- und Wohnungsbau".
1998: H. 85: Prognose der mittel- und langfristigen Nachfrage nach mineralischen Baurohstoffen. Ltg.: Kurt Fleckenstein.
H. 86: Geißler, Harald (Bearb.). Entlastung verkehrlich hoch belasteter Fremdenverkehrsregionen.
H. 87: Kutter, Eckhard / Stein, Axel (Bearb.): Minderung des Regionalverkehrs. Chancen von Städten und Raumordnung in Ostdeutschland. Forschungsbericht des DIW.
(fortgeführt als Forschungen des BBR)

Materialien zur Regionalentwicklung (MARE). [E. Dege u. D. Wiebe]. Verein zur Förderung regionalwissenschaftlicher Analysen e.V., Postfach 4363, D-24042 Kiel. Selbstverlag. (1977 →).
1992-1998. -

Mitteilungen der Geographischen Gesellschaft in Hamburg. (ISSN 0374-9061). [F.N. Nagel]. Schriftl.: F.N. Nagel, Inst. f. Geogr. u. Wirtschaftsgeogr. d. Univ., Bundesstr. 55, D-20146 Hamburg. Verl.: F.

Steiner, Postfach 101061, D-70009 Stuttgart. (1873 →). 1 x im Jahr.
1996: Bd. 86: Nagel, Frank Norbert (Hrsg.): Seewasserstraße Elbe. Beiträge von Sönke Möhl u. Carsten Rieckhoff.
1997: Bd. 87: Goldammer, Götz: Der Schaale-Kanal. Reliktforschung historischer Binnenkanäle zwischen Elbe und Ostsee.
1998: Bd. 88: Nordmeyer, Wiebke: Die Geographische Gesellschaft in Hamburg 1873-1918. Geographie zwischen Politik und Kommerz. Anh.: Verzeichnis der Publikationen in den Mitteilungen der Geographischen Gesellschaft in Hamburg 1873-1998.

ÖROK-Schriftenreihe. [Österreichische Raumordnungskonferenz]. Geschäftsführer: R. Schicker u. E. Kunze, ÖROK-Geschäftsstelle beim Bundeskanzleramt, Hohenstaufengasse 3, A-1010 Wien. Selbstverlag. (1972 →).
1996: Nr. 131: Literatur zur Raumforschung und Raumplanung in Österreich. ÖROK-Dokumentation 1996/1.
1997: Nr. 132: Hörmann, R. u.a. (Bearb.): Aktionsprogramme und Transnationale Netzwerke der EU.
Nr. 133: Literatur zur Raumforschung und Raumplanung in Österreich. ÖROK-Dokumentation 1996/2.
Nr. 134: Schremmer, Christof u.a. (Bearb.): Wirtschaftliche Entwicklungsperspektiven für die österreichischen Ballungsräume. Gutachten des ÖIR.
Nr. 135: Naturschutzrechtliche Festlegung in Österreich.
Nr. 136: Literatur zur Raumforschung und Raumplanung in Österreich. ÖROK-Dokumentation 1997/1.
1998: Nr. 137: Raumordnung in Österreich.
Nr. 138: Literatur zur Raumforschung und Raumplanung in Österreich. ÖROK-Dokumentation 1997/2.
Nr. 139: Faßmann, Heinz / Münz, Rainer (Bearb.): Haushaltsentwicklung und Wohnungsbedarf in Österreich 1991-2021.
Nr. 140: Zwischenbewertung der Interventionen der Ziel 2-Programme, des RESIDER II- und des RECHAR II-Programmes in der Programpreiode 1995-99 in Österreich.
Nr. 141: Zwischenevaluation des Ziel 1-Programms Burgenland. Bearb. vom ÖIR.
Nr. 142: Literatur zur Raumforschung und Raumplanung in Österreich. ÖROK-Dokumentation 1998/1.
1999: Nr. 143: Doubek, Claudia (Bearb.): Siedlungsstruktur und öffentliche Haushalte. Gutachten des ÖIR.

Örtliche und regionale Energieversorgungskonzepte. [Bundesamt für Bauwesen und Raumordnung u.a.]. BBR, Postfach 200130, D-53131 Bonn. Selbstverlag. (1985 →).
1996: Bd. 34: Umsetzung städtebaulicher Konzepte der Schadstoffminderung. Beiträge des ersten Forschungsseminars des Forschungsfeldes „Schadstoffminderung im Städtebau" im Rahmen des Experimentellen Wohnungs- und Städtebaus des BMBau. Red.: Doris Lorenz u. Gerhard Wagner.
1998: Bd. 35: Schadstoffminderung im Städtebau. Modellvorhaben Neubausiedlung Rieselfeld der Stadt Freiburg i.Br. Red.: Doris Lorenz u. Gerhard Wagner.
Bd. 36: Schadstoffminderung im Städtebau. Modellvorhaben dörfliche Bebauung Wiernsheim. Red.: Doris Lorenz u. Gerhard Wagner.

Petermanns Geographische Mitteilungen. Ergänzungshefte. (ISSN 0138-3094). [O. Seuffert]. Verl.: J. Perthes, Justus-Perthes-Str. 3-5, D-99867 Gotha. (1860 →).
1997: Nr. 293: Kostka, Robert (ed.): The Franz Josef Land Archipelago – remote sensing and cartography.
1998: Nr. 287: Goßmann, Hermann (Hrsg.): Patagonien und Antarktis – Geofernerkundung mit ERS-1-Radarbildern.
Nr. 288: Baume, Otfried / Marcinek, Joachim (Hrsg.): Gletscher und Landschaften des Elbrusgebietes: Beiträge zur glazialen, periglazialen und kryogenen Morphogenese im zentralen Kaukasus.

Nr. 290: Beckedahl, Heinrich Reinhard: Subsurface soil erosion phenomena in South Africa.

Publikationen der Ostschweizerischen Geographischen Gesellschaft. N.F. [M. Boesch]. Forschungsstelle f. Wirtschaftsgeogr. u. Raumplanung, Univ. St. Gallen. Tigerbergstr. 2, CH-9000 St. Gallen. Selbstverlag. (1984 →).

1989-1998: -

Relief, Boden, Paläoklima. (ISSN 0720-4876). [Hrsg. für die Kommission für Geomorphologie der Bayerischen Akademie der Wissenschaften in München von H. Bremer, K. Brunnacker, K. Heine, W. Lauer]. Schriftl.: H. Hagedorn, Geogr. Inst. d. Univ. Würzburg, Am Hubland, D-97074 Würzburg. Verl.: Gebr. Borntraeger, Johannesstr. 3a, D-70176 Stuttgart. (1981 →).

1998: Bd. 13: Zolitschka, Bernd: Paläoklimatische Bedeutung laminierter Sedimente: Holzmaar (Eifel, Deutschland), Lake C_2 (Nordwest-Territorien, Kanada) und Lago Grande di Monticchio (Basilicata, Italien).

Schriften der Gesellschaft für Regionalforschung und angewandte Geographie (GERAG) e.V. [Gesellschaft für Regionalforschung und angewandte Geographie, Postf. 3931, D-90020 Nürnberg]. Schriftl.: Inst. f. Wirtschafts- u. Sozialgeogr. d. Friedrich-Alexander-Univ. Erlangen-Nürnberg, Lange Gasse 20, D-90403 Nürnberg. Selbstverlag. (1982 →).

1997/98: -

Schriften zur Wirtschaftsgeographie und Wirtschaftsgeschichte. (ISSN 0934-8638). [K. Eckart]. K. Eckart, Univ. Duisburg, Fach Geogr., Lotharstr. 1, D-47057 Duisburg. Verl.: Rita Dadder, Scheidter Str. 5A, D-66133 Saarbrücken. (1988 →).

1997/98: -

Schriftenreihe „Forschung" des Bundesministers für Raumordnung, Bauwesen und Städtebau. (ISSN 0938-8117). Bundesminister für Raumordnung, Bauwesen und Städtebau, Deichmanns Aue, D-53179 Bonn. Selbstverlag. (1962 bzw. 1988 →).

1996: H. 497: Dezentrale Konzentration – Neue Perspektiven der Siedlungsentwicklung in den Stadtregionen?

H. 498: Frauengerechte Stadtplanung. Ein Beitrag zu einer „gender-sensitive" Planung der Stadt. Bearb.: Sabine Baumgart ...

H. 499: Lokale Agenda 21. Stand und Perspektiven der Umsetzung von Kapitel 28 in Deutschland.

Schriftenreihe zur Orts-, Regional- und Landesplanung. [ETH Zürich, Inst. f. Orts-, Regional- und Landesplanung]. Schriftl.: M. Koch, ORL-Inst., ETH-Hönggerberg, CH-8093 Zürich. Verl.: Verlag der Fachvereine, ETH-Zentrum, CH-8092 Zürich. (1979 →).

1997/98: -

Verhandlungen des Deutschen Geographentages. Tagungsbericht und wissenschaftliche Abhandlungen. [Hrsg. i.A. der Deutschen Gesellschaft für Geographie]. Verl.: F. Steiner, Postfach 101061, D-70009 Stuttgart. (1881 →).

1993: Bd. 48: Barsch, Heiner / Karrasch, Heinz (Hrsg.): Geographie und Umwelt. Erfassen – Nutzen – Wandeln – Schonen. 48. Deutscher Geographentag, Basel, 23.-28. September 1991.

1995: Bd. 49: Barsch, Heiner / Karrasch, Heinz (Hrsg.): 49. Deutscher Geographentag, Bochum, 4. bis 9. Oktober 1993.

Teilbd. 1: Hommel, Manfred (Hrsg.): Umbau alter Industrieregionen.

Teilbd. 2: Klink, Hans-Jürgen (Hrsg.): Ökologie und Umwelt – Analyse, Vorsorge, Erziehung.

Teilbd. 3: Beier, Christoph / Blenck, Jürgen (Hrsg.): Die Dritte Welt im Rahmen weltpolitischer und weltwirtschaftlicher Neuordnung.

1996: Bd. 50: Heinritz, Günter / Wießner, Reinhard (Hrsg.): Aufbruch im Osten. Umweltverträglich – sozialverträglich – wettbewerbsfähig. 50. Deutscher Deutscher Geographentag, Potsdam, 2. bis 5. Oktober 1995.

Teilbd. 1: Bork, Hans-Rudolf (Hrsg.): Raumentwicklung und Umweltverträglichkeit.
Teilbd. 2: Oßenbrügge, Jürgen (Hrsg.): Raumentwicklung und Sozialverträglichkeit.
Teilbd. 3: Kulke, Elmar (Hrsg.): Raumentwicklung und Wettbewerbsfähigkeit.
Teilbd. 4: Sandner, Gerhard (Hrsg.): Der Weg der deutschen Geographie. Rückblick und Ausblick.
1998: Bd. 51: Heinritz, Günter / Wießner, Reinhard (Hrsg.): Europa in einer Welt im Wandel. 51. Deutscher Geographentag, Bonn 6. bis 11. Oktober 1997.
Teilbd. 1: Gebhardt, Hans (Hrsg.): Europa im Globalisierungsprozeß von Wirtschaft und Gesellschaft.
Teilbd. 2: Winiger, Matthias (Hrsg.): Nachhaltigkeit als Leitbild der Umwelt- und Raumentwicklung in Europa.
Teilbd. 3: Dikau, Reinhard (Hrsg.): Global Change – Konsequenzen für die Umwelt.
Teilbad. 4: Boesler, Klaus-Achim (Hrsg.): Europa zwischen Integration und Regionalismus.

Wirtschaftsgeographie. [W. Gaebe, R. Grotz, H. Nuhn, E.W. Schamp, L. Schätzl]. Verl.: Lit-Verlag, Dieckstr. 56, D-48145 Münster. (1992 →).
1997: Bd. 11: Schlunze, Rolf D.: Japanese investment in Germany: a spatial perspective.
Bd. 12: Klagge, Britta: Internationalisierung des Bankwesens in Osteuropa.
1998: Bd. 13: Weikl, Christian: Internationalisierung deutscher Klein- und Mittelunternehmen. Eine empirische Analyse unter besonderer Berücksichtigung der Zielländer Großbritannien und Tschechische Republik.

ZALF-Berichte. (ISSN 0943-7266). [H.-R. Bork]. Schriftl.: C. Dalchow, Zentrum für Agrarlandschafts- und Landnutzungsforschung (ZALF) e.V., Eberswalder Str. 84, D-15374 Müncheberg. Selbstverlag. (1993 →).
1997: Nr. 27: Frielinghaus, Monika (Hrsg.): Merkblätter zur Bodenerosion in Brandenburg. Forschungsvorhaben.
Nr. 28: Hierold, Wilfried / Schmidt, Rolf (Hrsg.): Kennzeichnung und Bewertung von Böden für eine nachhaltige Landschaftsnutzung. Beiträge der Bodenkundlichen Tagung vom 18. November 1996 in Eberswalde, ... anläßlich der 60. Geburtstage von Rolf Schmidt und Jürgen Thiere.
Nr. 29: Quast, J. u.a.: Fischaufstiegsanlagen und ökomorphologischer Zustand der Hauptfließgewässer in Brandenburg.
Nr. 30: Philipp, Hans-Jürgen: Brandenburger Landbewohner und Agrarlandschaftsausschnitte. Ergebnisse einer explorativen Studie zur Gemarkungskenntnis, -nutzung und -bewertung.
Nr. 31: Wendroth, Ole / Nielsen, Donald R.: Land surface processes. Sampling the landscape and analyzing and modeling spatio-temporal patterns.
Nr. 32: Werner, Armin / Seyfarth, W. (Hrsg.): Erkenntnisse, Methoden und Lösungsansätze für eine dauerhafte Naturentwicklung in Mitteleuropa. 27. Jahrestagung der Gesellschaft für Ökologie vom 01.-06. September 1997 in Müncheberg.
1998: Nr. 33: Schalitz, Gisbert / Fechner, Manfred (Hrsg.): Extensivweide in Agrarlandschaften Nordostdeutschlands.
Nr. 34: Darkow, Günter / Bork, Hans-Rudolf (Hrsg.): Die Bewirtschaftung von Niederungsgebieten in Vergangenheit und Gegenwart.
Nr. 35: Dalchow, Claus / Bork, Hans-Rudolf / Schubert, P.: Forschung in Müncheberg/Mark. Bild- und Schriftzeugnisse zur Entwicklung seit 1928.
1999: Nr. 36: Käding, Edda: Engagement und Verantwortung. Hans Stubbe, Genetiker und Züchtungsforscher. Eine Biographie.

Zeitschrift für Geomorphologie. Supplementbände. (ISSN 0044-2798). [W. Andres u.a.]. Schriftl.: K.H. Pfeffer, Geogr. Inst. d. Univ. Tübingen, Hölderlinstr. 12, D-72074 Heidelberg. Verl.: Gebr. Borntraeger, Johannesstr. 3a, D-70176 Stuttgart. (1960 →).

1996: Bd. 106: Pfeffer, Karl-Heinz (ed.): Weathering – erosion – sedimentation. New studies in morphodynamics and processes.

Bd. 107: Meadows, Michael E. / Sala, Maria (eds.): Soil erosion and land degradation in regions of Mediterranean climate.

1997: Bd. 108: Williams, Paul W. (ed.): Tropical and subtropical karst. Essays dedicated to the memory of Dr. Marjorie Sweeting.

Bd. 110: Bremer, Hanna / Loczy, Dénes (eds.): Geomorphology and changing environments in Central Europe.

Bd. 111: Blümel, Wolf (ed.): Eolian dynamics. Landforms and processes = Äolische Dynamik. Formen und Prozesse. Proceedings.

1998: Bd. 109: Pfeffer, Karl-Heinz (ed.): International atlas of karst phenomena, sheets 13-17.

Bd. 112: Aurada, Klaus / Billwitz, Konrad / Lampe, Reinhard: Abbildung von Prozessen und Strukturen in Geosystemen.

1999: Bd. 113: Kostrzewski, Andrzej u.a. (Hrsg.): Vergletscherungen in europäischen Mittelgebirgen. Vorträge des Joseph-Partsch-Kolloquiums 1994.

Bd. 114: Fredi, Paola (ed.): Volcanic geomorphology. Proceedings of the fourth International Conference on Geomorphology, Bologna 1997.

4. Schriftenreihen länder- und landeskundlicher Ausrichtung

Beiträge zur Geographie Ostbayerns. [J. Obst]. Schriftl.: J. Obst, Inst. f. Geogr. d. Univ. Regensburg, D-93040 Regensburg. Selbstverlag. (1983 →).

1996: H. 30: Roller, Johannes: Verkehr und Einzelhandel in Hersbruck unter besonderer Berücksichtigung der Innenstadt.

H. 31: Rauh, Jürgen / Bauer, Thomas / Leipold, Ulrich: Kleinräumige Aktions- und Kommunikationsräume als Planungsgrundlage für die regionale Umstrukturierung der Mittelbayerischen Zeitung in den Landkreisen Neumarkt und Regensburg.

H. 32: Rauh, Jürgen / Hartschen, Jochen / Krause, Peter: Aktions- und kommunikationsräumliche Orientierung von Tageszeitungslesern im Landkreis Schwandorf.

1997: H. 33: Dietl, Thomas: Modellierung und Simulation der Standortsuche von filialisierten Einzelhandelsbetrieben. Mit der Entwicklung eines Flächeninformationssystems und praktischer Anwendung am Beispiel von Landshut.

H. 34: Bauer, Thomas: Regionale Medien als Spiegel regionalen Bewußtseins. Eine empirische Untersuchung zur Mediennutzung und zum aktionsräumlichen Verhalten im Landkreis Neumarkt.

Beiträge zur Regionalen Geographie. (bis Bd. 35: Beiträge zur Geographie). [A. Mayr, F. Grimm]. Schriftl.: E. Müller, Inst. f. Länderkunde, Schongauerstr. 9, D-04329 Leipzig. Selbstverlag. (1896 →).

1997: Bd. 43: Wiest, Karin: Die Neubewertung Leipziger Altbauquartiere und Veränderungen des Wohnmilieus: Gesellschaftliche Modernisierung und sozialräumliche Ungleichheiten.

Bd. 44: Mayr, Alois (Hrsg.): Regionale Transformationsprozesse in Europa. Festveranstaltung und Tagung anläßlich der 100-Jahr-Feier des Instituts für Länderkunde und Jahrestagung der Deutschen Akademie für Landeskunde.

Bd. 45: Müller, Evelin (Hrsg.): Großwohnsiedlungen in europäischen Städten. Probleme und Perspektiven aus der Sicht von Wissenschaft und Praxis.

1998: Bd. 46: Brade, Isolde / Grimm, Frank-Dieter (Hrsg.): Städtesysteme und Regionalentwicklung in Mittel- und Osteuropa. Rußland, Ukraine, Polen.

Bd. 47: Burdack, Joachim / Grimm, Frank-Dieter / Paul, Leo (Hrsg.): The political geography of current East-West relations. Papers presented at the 28th IGU-Congress, The Hague 1996.

Daten – Fakten – Literatur zur Geographie Europas. [A. Mayr u. F.-D. Grimm]. Schriftl.: E. Knappe, Institut für Länderkunde, Schongauerstr. 9, D-04329 Leipzig. Selbstverlag. (1994 →).

1997: H. 4: Brade, Isolde / Schulze, Monika: Rußland – aktuell.

1998: H. 5: Rößner, Thomas u.a.: Die mitteleuropäische West-Ost-Achse Sachsen- Schlesien-Galizien.

DL – Berichte und Dokumentationen. [Dokumentationszentrum für deutsche Landeskunde]. Schriftl.: H.P. Brogiato, Univ. Trier, Geb. H, D-54286 Trier. Selbstverlag. (1996 →).

1999: H. 2: Geographische Namen in ihrer Bedeutung für die landeskundliche Forschung und Darstellung. Referate des 8. Arbeitstreffens des AK Landeskundliche Institute in der Deutschen Akademie für Landeskunde in Trier, 21.-23. Mai 1998.

Erlanger Geographische Arbeiten. Sonderband. (ISSN 0170-5180). [Fränkische Geographische Gesellschaft durch H. Kopp]. Schriftl.: H. Schröder, Kochstr. 4, D-91054 Erlangen. Komm.-Verl.: Palm & Enke, Universitätsstr. 16, D-91054 Erlangen. (1974 →).

1998: Sonderband 25: Ermann, Ulrich: Regionale Wirtschaftsverflechtungen fränkischer Brauereien. Perspektiven für eine eigenständige und nachhaltige Regionalentwicklung.

Sonderband 26: Schneider, Manfred: Das Neue Fränkische Seenland. Die Umgestaltung eines peripheren ländlichen Raumes zu einer Ferienlandschaft.

Flensburger Regionale Studien. [W. Aschauer, U. Hahne, G. Kraack, M.J. Müller]. Schriftl.: M.J. Müller, Inst. f. Geogr. u. ihre Didaktik, Landeskunde u. Regionalforschung d. Bildungswiss. Universität Flensburg, Mürwiker Str. 77, D-24937 Flensburg. Selbstverlag. (1989 →).

1997/98: -

Forschungen zur deutschen Landeskunde. [O. Baume, A. Mayr, J. Pohl u. M.J. Müller, federführend, i.A. d. Deutschen Akademie für Landeskunde]. Schriftl.: R.-G. Schmidt, Univ. Trier, FB VI Geogr./Geowissenschaften, Geb. H, D-54286 Trier. Verl.: Dt. Akad. f. Landeskunde, Schützenkuhle 26, D-24937 Flensburg. (1885 →).

1997: Bd. 243: Blaschke, Thomas: Landschaftsanalyse und -bewertung mit GIS. Methodische Untersuchung zu Ökosystemforschung und Naturschutz am Beispiel der bayerischen Salzachauen.

1998: Bd. 244: Zepp, Harald / Müller, Manfred J.: Landschaftökologische Erfassungsstandards. Ein Methodenbuch. Bearb. vom AK Geoökolog. Kartierung u. Leistungsvermögen des Landschaftshaushalts der Dt. Akad. f. Landeskunde.

Bd. 245: Dollinger, Franz: Die Naturräume im Bundesland Salzburg. Erfassung chorischer Naturraumeinheiten nach morphodynamischen und morphogenetischen Kriterien zur Anwendung als Bezugsbasis in der Salzburger Raumplanung.

Bd. 248: Job, Hubert: Der Wanel der historischen Kulturlandschaft und sein Stellenwert in der Raumordnung.

Fränkische Landschaft – Arbeiten zur Geographie von Franken. [D. Busche]. Geogr. Inst. d. Univ., Am Hubland, D-97074 Würzburg. Verl.: Justus Perthes, Justus-Perthes-Str. 3-5, D-99867 Gotha. (1996 →).

1997/98: -

Historisch-landeskundliche Exkursionskarte von Niedersachsen, Maßstab 1:50000. Erläuterungshefte. Veröffentlichungen d. Inst. f. Histor. Landesforschung d. Univ. Göttingen, Reihe 2. [G. Streich]. Inst. f. Histor. Landesforschung d. Univ. Göttingen, Platz der Göttinger Sieben 5, D-37073 Göttingen.

Komm.-Verl.: Verlag für Regionalgeschichte, Postf. 102926, D-33529 Bielefeld. (1964 →).
1996: T. 13: Eichwalder, Karl (Bearb.): Blatt Höxter.
1997: T. 15: Meyer, Gerhard (Bearb.): Blatt Holzminden.

Informationen und Materialien zur Geographie der Euregio Maas-Rhein. Beihefte. [Maas-Rhein-Institut für Angewandte Geographie e.V.]. (ISSN 0177-8854). Schriftl.: Th. Schreiber, Maas-Rhein-Institut, Templergraben 55, D-52062 Aachen. Selbstverlag. (1985 →).
1997: H. 7: Zillinger, Sylvia: Regionalwirtschaftlicher Strukturwandel und individuelle Arbeitsplatzproblematik – untersucht am Beispiel der Region Heinsberg und der Zeche Sophia-Jacoba.

Jemen-Studien. [H. Kopp]. Schriftl.: H. Kopp, Inst. f. Geogr. d. Univ. Erlangen, Kochstr. 4/4, D-91054 Erlangen. Verl.: Dr. Ludwig Reichert, Tauernstr. 11, D-65199 Wiesbaden. (1984 →).
1999: Bd. 13: Kohler, Stefan: Institutionen in der Bewässerungs-Landwirtschaft im Jemen. Die Ursachen der Wasserübernutzung im Jemen und die Zukunftsperspektiven für die Bewässerungs-Landwirtschaft.

Kieler Arbeitspapiere zur Landeskunde und Raumordnung. (bis H. 22: Flensburger Arbeitspapiere zur Landeskunde und Raumordnung). (ISSN 0940-0389). [H. Achenbach, J. Bähr, A. Priebs, G. von Rohr]. Schriftl.: D. Stegmann, Geogr. Inst. d. Univ., Ludewig-Meyn-Str. 14, D-24118 Kiel. (1987 →).
1997: H. 36: Widderich, Sönke: Möglichkeiten und Grenzen der Sanierung des Historischen Zentrums von Havanna.
1998: H. 37: Breit, Günther: Das Kieler Ostufer. Bevölkerungsstrukturen und Existenzgrundlagen seit Beginn der Industrialisierung.
H. 38: Jürgens, Ulrich / Bähr, Jürgen: Johannesburg: Stadtgeographische Transformationsprozesse nach dem Ende der Apartheid.

Landschaftsführer des Westfälischen Heimatbundes. [Fachstelle Geographische Landeskunde des Westfälischen Heimatbundes]. Schriftl.: W. Feige, Kaiser-Wilhelm-Ring 3, D-48145 Münster. Selbstverlag. (1937 →).
1996-1998: -

Maghreb-Studien. (bis H. 3: Passauer Mittelmeerstudien. Sonderreihe). (ISSN 1436-137X). [H. Popp]. Schriftl.: H. Popp, Geogr. Inst. d. Techn. Univ. München, Arcisstr. 21, D-80290 München. Verl.: LIS-Verl., Theresienstr. 9, D-94036 Passau. (1990 →).
1998: H. 9: Weiss, Martin: Studienreisen nach Marokko. Angebote, Teilnehmerkreis, Reisemotive, Images.
H. 10: Berriane, Mohamed / Popp, Herbert (Hrsg.): Migrations internationales entre le Maghreb et l'Europe. Les effets sur les pays de destination et d'origine. Actes du 4ème colloque maroco-allemand de München 1997.
H. 11: Biernert, Ursula: Wüstentourismus in Südmarokko. Das Beispiel des Tafilalet.
1999: H. 7: Bencherifa, Abdellatif / Popp, Herbert: Remigration Nador III: Landwirtschaftliche Entwicklung in der Provinz Nador (Marokko) unter dem Einfluß der Arbeitsmigration. (Text dt./franz.)

Materialien zur Ostafrika-Forschung. [R. Jätzold u. B. Hornetz]. Univ. Trier, FB VI Geogr./Geowissenschaften, Geb. H, D-54286 Trier. Selbstverlag der Geogr. Ges. Trier, D-54286 Trier. (1979 →).
1997: H. 16: Hirsch, Susanne M.: Suggestions for possible ecologically and socially sustainable landuse planning and systems in the semiarid areas of the Huri Hills (Northern Kenya) with special reference to the limitations of rain-fed agriculture.
1998: H. 17: Azenga Keya, George: Impact of land use patterns and climate on the vegetation ecology of arid and semi-arid nomadic ecosystems of Northern Kenya.

Nahost und Nordafrika. Studien zu Politik und Wirtschaft, Neuerer Geschichte, Geographie und Gesellschaft. [Ş. Alp Bahadır, H. Hopfinger, H. Kopp, Th. Philipp]. Schriftl.: H. Hopfinger, Lehrstuhl Kulturgeogr., Kathol. Univ. Eichstätt, Ostenstr. 18, D-85072 Eichstätt. Verl.: Justus Perthes, Justus-Perthes-Str. 3-5, D-99867 Gotha. (1996 →).
1997: Bd. 5: Wasella, Jürgen: Vom „Fundamentalisten“ zum Atheisten. Die Dissidentenkarriere des Abdallah al-Qasimi.
1998: Bd. 4: Berriane, Mohamed / Laouina, Abdellah (eds.): Le développement du Maroc septentrionnal. Points de vues de géographes.

Norden. Schriftenreihe des Arbeitskreises für geographische Nordeuropaforschung. (ISSN 0176-4810). [E. Gläßer, R. Lindemann, J.-F. Venzke]. Schriftl.: J.-F. Venzke, Univ. Bremen, FB 8, Physiogeogr., Postfach 330440, D- 28334 Bremen. Selbstverlag. (1984 →).
1997: H. 12: Gläßer, Ewald u.a. (Hrsg.): NORDICA III. Die Øresund-Region sowie verschiedene Beiträge zur Human- und Physiogeographie Nordeuropas.

Passauer Mittelmeerstudien. [Arbeitskreis zur Erforschung der Mittelmeerländer an der Univ. Passau]. Univ. Passau, D-94030 Passau. Verl.: Passavia, Vornholzstr. 40, D-94036 Passau. (1989 →).
1995-98: -
Sonderreihe. s. Maghreb-Studien

Perthes Exkursionsführer. Schriftl. u. Verl.: J. Perthes, Justus-Perthes-Str. 3-5, D-99867 Gotha. (1997 →).
1997: Knolle, Friedhart u.a.: Der Harz. Geologische Exkursionen.
1998: Falk, Gregor C. / Lehmann, Dirk (Hrsg.): Schottland. Geographische Exkursionen.

Saarland-Hefte. [H. Quasten]. Inst. f. Landeskunde im Saarland, Univ. des Saarlandes, D-66041 Saarbrücken. Selbstverlag. (1991 →).
1992-1998: -

Sammlung geographischer Führer. [A. Leidlmair, H. Leser, E. Meynen (+), C. Schott (†)]. Verl.: Gebr. Borntraeger, Johannesstr. 3A, D-70176 Stuttgart. (1924 bzw. N.F., Bd. 5, 1969 →).
1997: Bd. 16: Erdmann, Claudia / Pfeffer, Karl-Heinz (Hrsg.): Eifel.

Schlern-Schriften. Begr. v. Raimund von Klebelsberg. [M. Cescutti u. J. Riedmann]. Verl.: Univ.-Verl. Wagner, Andreas-Hofer-Str. 13, A-6010 Innsbruck. (1923 →).
1998: Bd. 303: Joly, Wolfgang: Standschützen. Die Tiroler und Vorarlberger k.k. Standschützen-Formation im Ersten Weltkrieg.
Bd. 304: Fontana, Josef: Das Südtiroler Unterland in der Franzosenzeit (1796-1814). Voraussetzungen, Verlauf, Folgen.
Bd. 306: Videsott, Paul / Plangg, Guntram: Ennebergisches Wörterbuch / Vokabular Mareo. Ennebergisch – deutsch, mit einem rückläufigen Wörterbuch und einem deutsch-ennebergischen Index.
Bd. 307: Spiss, Romas: Landeck 1918-1945. Eine bisher nicht geschriebene Geschichte.

Siedlung und Landschaft in Westfalen. Begr. von W. Müller-Wille u. E. Bertelsmeier. [Geogr. Komm. f. Westfalen durch A. Mayr, K. Temlitz, H. Heineberg, H.-H. Walter, J. Werner]. Schriftl.: K. Temlitz, Robert-Koch-Str. 26, D-48149 Münster. Selbstverlag. (1955 →).
1997: Bd. 24: Schlusemann, Ralf: Ein GIS-gestütztes Verfahren zur Flächenausweisung für Windkraftanlagen.
1998: Bd. 25: Stockmann, Clara / Stockmann, Antonius: Die Saline „Gottesgabe“ in Rheine. Ein Beitrag zur Salzgewinnung und Salzvermarktung in Westfalen.

Spieker. Landeskundliche Beiträge und Berichte. Begr. von W. Müller-Wille u. E. Bertelsmeier. [Geogr. Komm. f. Westfalen durch A. Mayr, K. Temlitz, H. Heineberg, H.-H. Walter, J. Werner]. Schriftl.: K. Temlitz, Robert-Koch-Str. 26, D-48149

Münster. Selbstverlag. (1950-37.1995).
(Erscheinen mit H. 37, 1995 eingestellt)

Städte und Gemeinden in Westfalen. [Geogr. Komm. f. Westfalen durch A. Mayr u. K. Temlitz]. Schriftl.: K. Temlitz, Robert-Koch-Str. 26, D-48149 Münster. Verl.: Ardey, Piusallee 4, D-49147 Münster. (1994 →).
1997: Bd. 4: Heineberg, Heinz u.a. (Hrsg.): Der Kreis Paderborn.
1998: Bd. 5: Heineberg, Heinz / Temlitz, Klaus (Hrsg.): Der Kreis Olpe.
1999: Bd. 6: Heineberg, Heinz u.a. (Hrsg.): Der Hochsauerlandkreis.

Südwestdeutsche Schriften. [W. von Hippel, Ch. Jentsch, K. Schönhoven, P. Spieß]. Schriftl.: S. Lentz, Inst. f. Landeskunde u. Regionalforschung d. Univ. Mannheim, Schloß, D-68131 Mannheim. Selbstverlag. (1984 →).
1996: H. 21: Becker-Marx, Kurt / Jentsch, Christoph (Hrsg.): Es ist Zeit für den Oberrhein. Fehlstellen grenzüberschreitender Kooperation.
1997: H. 22: Finke, Merve: Siebenpfeiffers Verwaltungshandbuch (1831-1833).
H. 23: Wippel, Peter: Ökologische Agrarwirtschaft in Baden-Württemberg.
H. 24: Bleifuß, Gerhard: Baumwollfabrikanten in Württemberg – die Familie Otto und ihre Firmen 1814-1914.
H. 25: Müller, Carl-Jochen: Praxis und Probleme des Lastenausgleichs in Mannheim.
1998: H. 26: Grosser, Thomas / Schraut, Sylvia (Hrsg.): Flüchtlinge und Heimatvertriebene in Württemberg-Baden nach dem Zweiten Weltkrieg. Dokumente und Materialien zur ihrer Aufnahme und Eingliederung, Bd 1.

Themen der Landeskunde. Veröffentlichungsreihe aus dem Alemannischen Institut Freiburg im Breisgau. [K. Sonntag]. Alemannisches Institut, Mozartstr. 30, D-79104 Freiburg i.Br. Verl.: Konkordia, D-77815 Bühl. (1987 →).
1996: Bd. 4: Ohler, Norbert: Von Grenzen und Herrschaften. Grundzüge territorialer Entwicklungen im deutschen Südwesten. (3., durchges. u. erg. Aufl.)
Bd. 7: Huggle, Ursula: Für unser Müh' und Arbeit nit ein Korn. Dörflicher Alltag im 16. Jahrhundert. Eschbach bei Staufen unter der Herrschaft Rappoltstein. Dorfordnungen im Anhang.
1998: Bd. 9: Huggle, Ursula / Ohler, Norbert: Maße, Gewichte und Münzen. Historische Angaben zum Breisgau und zu angrenzenden Gebieten.

Tiroler Wirtschaftsstudien. Schriftenreihe der Jubiläumsstiftung der Kammer der gewerblichen Wirtschaft für Tirol. Schriftl.: A. Leidlmair. Verl.: Univ.-Verl. Wagner, Andreas-Hofer-Str. 13, A-6010 Innsbruck. (1955 →).
1997: Bd. 49: Wopfner, Hermann: Bergbauernbuch. Von der Arbeit des Tiroler Bauern, Bd. 3: Wirtschaftliches Leben. Aus dem Nachlaß hrsg. von Nikolaus Grass unter Mitarbeit von Dietrich Thaler.
Bd. 51: Eberharter, Veronika: Regionale Aspekte des Bildermarktes. Eine ökonomische Analyse anhand der Werke Bildener Künstler in Nord- und Südtirol.
1998: Bd. 34: Uhlig, Otto: Die Schwabenkinder aus Tirol und Vorarlberg (3. Aufl.).
1999: Bd. 52: Egg, Erich: Das Handwerk der Tiroler Zinngießer.

Tübinger Beiträge zur Geographischen Lateinamerika-Forschung. (ISSN 0932-1438). [G. Kohlhepp]. Schriftl.: H. Eck, Geogr. Inst. d. Univ. Tübingen, Hölderlinstr. 12, D-72074 Tübingen. Selbstverlag. (1986 →).
1998: H. 16: Löwen, Cicilian Luiza: Der Zusammenhang von Stadtentwicklung und zentralörtlicher Verflechtung der brasilianischen Stadt Ponta Grossa/Paraná. Eine Untersuchung zur Rolle von Mittelstädten in der Nähe einer Metropolitanregion.

Ulmer Geographische Hefte. Schriftenreihe zur geographischen Landeskunde der Region Donau-Iller. [H. Birkenfeld]. Schriftl.: H. Birkenfeld, Ruländerweg 44, D-89075 Ulm. Verl.: Armin Vaas, D-89129 Langenau. (1984 →).

1997: H. 11: Frey, Georg u.a.: Der Nägelesfelsen bei Blaubeuren. Charakterisierung eines Felsbiotops auf der Schwäbischen Alb.

1998: H. 12: Jankov, Peter: Naturbegegnungen – inmitten der Stadt. Vom Naturalienkabinett zum Naturkundlichen Bildungszentrum der Stadt Ulm. Festschrift zum 75jährigen Jubiläum.

Veröffentlichung des Alemannischen Instituts, Freiburg i.Br. Alemannisches Institut, Mozartstr. 30, D-79104 Freiburg i.Br. wechselnde Verlage. (1932 →).

1998: Bd. 65: Lorenz, Sönke / Deigendesch, Roland (Hrsg.): Vom Nutzwald zum Truppenübungsplatz. Das Münsinger Hart.

1999: Bd. 66: Gamert-Wallert, Ingrid / Lorenz, Sönke (Hrsg.): Das Schönbuch. Mensch und Wald in Geschichte und Gegenwart.

Veröffentlichungen aus dem Übersee-Museum Bremen, Reihe C = Deutsche Geographische Blätter, N.F. Übersee-Museum Bremen, Bahnhofsplatz 13, D-28195 Bremen. Selbstverlag. (1977 →).

(Erscheinen eingestellt, ab 1999 Neubeginn als Zeitschrift u.d.T. „Bremer geographische Blätter")

Veröffentlichungen des Instituts für Landeskunde im Saarland. [H.-W. Herrmann, W. Haubrichs, H. Quasten]. Schriftl.: J. Güth, Inst. f. Landeskunde im Saarland, Univ. des Saarlandes, Bau 35, D-66041 Saarbrücken. Selbstverlag. (1960 →).

1997/98: -

Werte der deutschen Heimat. (Bd. 18-51: Werte unserer Heimat). Ergebnisse der heimatkundlichen Bestandsaufnahme. (ISSN 0946-0527). [Inst. f. Länderkunde]. Schriftl.: L. Grundmann, Schongauerstr. 9, D-04329 Leipzig. Verl.: Böhlaus Nachf., Prellerstr. 2a, D-99423 Weimar. (1957 →).

1997: Bd. 57: Schmidt, Werner (Hrsg.): Das Feldberger Seengebiet. Ergebnisse der landeskundlichen Bestandsaufnahme in den Gebieten Feldberg, Fürstenwerder, Thomsdorf und Boitzenburg.

Bd. 58: Grundmann, Luise (Hrsg.): Rudolstadt und das mittlere Saaletal. Ergebnisse der landeskundlichen Bestandsaufnahme im Raum Remda, Rudolstadt und Orlamünde.

1998: Bd. 59: Schmidt, Werner (Hrsg.): Das östliche Vogtland. Ergebnisse der landeskundlichen Bestandsaufnahme in den Gebieten Treuen, Auerbach, Oelsnitz und Falkenstein.

1999: Bd. 60: Grundmann, Luise (Hrsg.): Das Müritzgebiet. Ergebnisse der landeskundlichen Bestandsaufnahme im Raum Waren, Klink, Federow und Rechlin.

Westfälische Geographische Studien. (ISSN 0943-1721). [Begr. von W. Müller-Wille, hrsg. von d. Geogr. Komm. f. Westfalen durch H. Heineberg, K. Temlitz, A. Mayr, H.-H. Walter, J. Werner]. Schriftl.: K. Temlitz, Robert-Koch-Str. 26, D-48149 Münster. Selbstverlag. (1949 →).

1998: Bd. 47: Heineberg, Heinz / Temlitz, Klaus (Hrsg.): Nachhaltige Raumentwicklung im Sauerland? Landschaftswandel, Wirtschaftsentwicklung, Nutzungskonflikte. Jahrestagung der Geographischen Kommission für Westfalen in Schmallenberg 1997.

Bd. 48: Heineberg, Heinz / Temlitz, Klaus (Hrsg.): Münsterland – Osnabrücker Land/Emsland – Twente. Entwicklungspotentiale und grenzübergreifende Kooperation in europäischer Perspektive. Jahrestagung der Geographischen Kommission für Westfalen in Münster und Osnabrück.

Bd. 49: Geisler, Jürgen: Innovative Unternehmen im Münsterland. Empirische Erhebung des Innovationsverhaltens und der Nutzuing technologieorientierter Infrastruktur zu Beginn der 90er Jahre.

Wiener Osteuropastudien. [A. Suppan]. Österreichisches Ost- u. Südosteu-

ropa-Institut, Josefsplatz 6, A-1010 Wien. Verl.: P. Lang, Postf. 940225, D-60460 Frankfurt a.M. (1994 →).
1997: Bd. 6: Brogiato, Heinz Peter: Tschechoslowakei – Tschechien – Slowakei. Literatur in westlichen Sprachen 1975-1995.
1998: Bd. 4: Carter, Francis W. et al. (eds.): Central Europe after the fall of the Iron Curtain. Geopolitical perspectives, spatial patterns and trends. (2nd. rev. ed.).
Bd. 7: Heuberger, Valeria u.a. (Hrsg.): Der Balkan – Friedenszone oder Pulverfaß?
Bd. 8: Jordan, Peter u.a. (Hrsg.): Österreich und der Tourismus von Opatija (Abbazia) vor dem Ersten Weltkrieg und zur Mitte der 1990er Jahre.
1999: Bd. 9: Heuberger, Valeria (Hrsg.): Der Islam in Europa.
Bd. 10: Vyslonzil, Elisabeth / Leifer, Paul (Hrsg.): Rußland – Sowjetunion – Rußland. Hundert Jahre russischer Außenpolitik
Bd. 11: Haslinger, Peter (Hrsg.): Grenze im Kopf. Beiträge zur Geschichte der Grenze in Ostmitteleuropa.

5. Laufende Atlanten und landeskundliche Kartenwerke

Afrika-Kartenwerk. Beihefte. [Hrsg. i.A. der DFG von U. Freitag, K. Kayser (†), W. Manshard, H. Mensching, L. Schätzl, J.H. Schultze (†)]. Red.: G.J. Bruschek. Verl.: Gebr. Borntraeger, Johannesstr. 3A, D-70176 Stuttgart.
1997/98: -

Atlas Ost- und Südosteuropa. Aktuelle Karten zu Ökologie, Bevölkerung und Wirtschaft. (Kartenblätter mit Begleitheften, Text dt., engl.) [Österreichisches Ost- und Südosteuropa-Institut]. Red.: P. Jordan, Josefsplatz 6, A-1010 Wien. Komm.-Verl.: Gebr. Borntraeger, Johannesstr. 3A, D-70176 Stuttgart. (1989 →).
1997: Nr. 5.3-MO1: Grimm, Frank-Dieter u.a.: Zentrensysteme in Mittel- und Osteuropa.
1998: Nr. 6.2-G5: Jordan, Peter / Mangott, Gerhard / Schappelwein, Karl: Die Wahlen der Jahre 1994-1997 in Mittel- und Südosteuropa.

Deutscher Städteatlas. [H. Stoob (†)]. Red.: Inst. f. vergleichende Städtegeschichte, Syndikatplatz 4/5, D-48143 Münster. Verl.: GSV Städteatlas Verlag, Driburger Str. 45, D-33184 Altenbeken. (1973 →).
1994-98: -

Geographische Landesaufnahme 1:200.000. Erläuterungshefte. [Bundesamt für Bauwesen und Raumordnung]. BBR, Postfach 200130, D-53131 Bonn. Selbstverlag. (1952 →).
1995-1998: -

Geographisch-landeskundlicher Atlas von Westfalen. Karten und Beihefte. [Landschaftsverband Westfalen-Lippe: Geographische Kommission für Westfalen]. Warendorfer Str. 24, D-48145 Münster. Verl.: Aschendorff, Postfach 1124, D-48001 Münster. (1985 →).
1997: Lfg. 9: Nr. 1: Liedtke, Herbert: Landschaften und Landschaftsnamen in Westfalen.
Nr. 2: Schütz, Hans-Uwe: Böden.
Nr. 3: Gorki, Hans Friedrich: Die Bevölkerungsentwicklung der Städte Westfalens 1818-1995.
Nr. 4: Averbeck, Claudia: Vertriebene, Deutsche aus der SBZ/DDR und Ausländer.
Nr. 5: Düsterloh, Diethelm: Produzierendes Gewerbe um 1850.

Geschichtlicher Atlas der Rheinlande. Beihefte. [F. Irsigler]. Red.: R. Strasser, FB III d. Univ. Trier, D-54286 Trier. Verl.: Rheinland-Verlag Köln, Postfach 2140, D-50250 Pulheim (in Komm. bei Dr. Rudolf Habelt, Am Buchenhang 1, D-53115 Bonn). (1982 →).
1998: Lfg. 6: H. II/1: Bosinski, Gerhard / Richter, Jürgen: Paläolithikum und Mesolithikum.
H. II/2: Richter, Jürgen u.a.: Neolithikum

H. II/3: Joachim, Hans-Eckart: Bronze- und Eisenzeit.
H. VII/8: Schmidt, Martin: Burtscheid. Eine Tuchmanufakturstadt um 1812.
H. VII/9: Zimmer, Dietrich: Die Wirtschaft im Jahre 1987. Beschäftigte nach Wirtschaftsabteilungen.
H. XII/4: Poettgen, Jörg: Glocken der Spätgotik. Werkstätten von 1380 bis 1550.

Geschichtlicher Atlas für das Land an der Saar. Erläuterungen zu den Karten. [Inst. f. Landeskunde im Saarland]. Schriftl.: J. Güth, Univ. des Saarlandes, Bau 35, D-66041 Saarbrücken. Selbstverlag. (1965 →).
1992-1998: -

Geschichtlicher Handatlas von Westfalen. Karten und Erläuterungstext. [Histor. Kommission für Westfalen]. Warendorfer Str. 24, D-48145 Münster. Verl.: Aschendorff, Postfach 1124, D-48001 Münster. (1975 →).
1995-1998: -

Hessischer Städteatlas. [Hessisches Amt für geschichtliche Landeskunde]. Red.: U. Braasch-Schwersmann, Hess. Amt. f. geschichtl. Landeskunde, Wilhelm-Röpke-Str. 6C, D-35032 Marburg. Selbstverlag. (1998 →).
1998: Lfg. 1: Braasch-Schwersmann, Ursula / Gräf, Holger Th.: Arolsen. – Butzbach. – Dieburg. – Hersfeld. – Homberg/Ohm. – Limburg. – Michelstadt. – Wetter.

Historischer Atlas von Bayern. [Kommission für bayer. Landesgeschichte bei der Bayer. Akad. d. Wissenschaften]. Marstallplatz 8, D-80539 München. Vertr.: M. Laßleben, Postfach 20, D-89183 Kallmünz.
Teil Altbayern (1950 →).
Reihe I
1997: H. 58: Herleth-Krentz, Susanne M. / Mayr, Gottfried: Das Landgericht Erding.
H. 59: Janker, Stephan M.: Grafschaft Haag.
Reihe II
1997: H. 5: Loibl, Richard: Der Herrschaftsraum der Grafen von Vornbach und ihrer Nachfolger.
Teil Franken. (1951 →).
Reihe I
1998: H. 32: Demattio, Helmut: Kronach.

Historischer Atlas von Mecklenburg. Karten und Erläuterungen. [Begr. von F. Engel, hrsg. von R. Schmidt]. Schückingstr. 36, D-35037 Marburg. Verl.: Böhlau, Theodor-Heuß-Str. 76, D-51149 Köln. (1960 →).
1989-98: -

ÖROK-Atlas zur räumlichen Entwicklung Österreichs. [Österreichische Raumordnungskonferenz]. Bearb. vom Österr. Inst. f. Raumplanung, Franz-Josefs-Kai 27, A-1010 Wien. Selbstverlag: ÖROK, Annagasse 5, A-1010 Wien. (1983 →). laufende Ergänzung.

Österreichischer Städteatlas. [Wiener Stadt- u. Landesarchiv u. Ludwig-Boltzmann-Inst. f. Stadtgeschichtsforschung]. Wiss. Gesamtleitung: F. Czeike, R. Banik-Schweitzer u. F. Opll. Red.: S.C. Pils, Ludwig-Boltzmann-Inst. f. Stadtgeschichtsforschung, Zweigstelle Wien, Doblhoffgasse 9/6, A-1010 Wien. Verl.: F. Deuticke, Schwarzenbergstr. 5, A-1010 Wien. (1982 →).
1997: 5. Lfg., Teil 2: Heilingsetzer, Georg: Eferding.
Laichmann, Michaela: Korneuburg.
Rigele, Brigitte: Maissau.
Rosner, Willibald: Retz.
Neumann, Dieter: Villach.

Rheinischer Städteatlas. [Landschaftsverband Rheinland u. Amt für rheinische Landeskunde]. Red.: M. Wensky, Endenicher Str. 133, D-53115 Bonn. Verl.: Rheinland-Verlag Köln, Postfach 2140, D-50250 Pulheim (in Komm. bei Dr. Rudolf Habelt, Am Buchenhang 1, D-53115 Bonn). (1972 →).
1998: Lfg. XIII: Nr. 69: Ritzerfeld, Ulrich: Erpel.
Nr. 70: Kanther, Michael A.: Hamborn.
Nr. 71: Wesoly, Kurt: Langenberg.
Nr. 72: Arie Nabrings: Neersen.
Nr. 73: Nitrowski, Christoph: Ringenberg.
Nr. 74: Kreiner, Ralf: Würselen.

Tirol-Atlas. Eine Landeskunde in Karten. [Hrsg. i.A. der Tiroler Landesregierung v. A. Leidlmair]. Kartographie: J. Aistleitner u. W. Keller, Inst. f. Geogr./Abt. Landeskunde, Univ. Innsbruck. Komm.-Verl.: Univ.-Verl. Wagner, Andreas-Hofer-Str. 13, A-6010 Innsbruck. (1969 →).
1997: 12. Lfg.: Begleittexte XIII.

Tübinger Atlas des Vorderen Orients (TAVO). Beihefte. [W. Röllig]. Altorientalisches Seminar, Schloß, D-72070 Tübingen. Verl.: Dr. L. Reichert, D-65199 Wiesbaden.
Reihe A: Naturwissenschaften (1977 →).
1998: Nr. 31/1-2: The capital area of Northern Oman. Tl. 2: Hannss, Christian: Basic features of the younger Caenozoic relief development on the seaside of Central Oman. – Kürschner, Harald: Natural and real vegetation of the Capital Area.
Reihe B: Geisteswissenschaften (1972 →).
1997: Nr. 74/1: Andrews, Peter A.: Nomad tent types in the Middle East.

Westfälischer Städteatlas. [W. Ehbrecht]. Red.: Inst. f. vergleichende Städtegeschichte, Syndikatplatz 4/5, D-48143 Münster. Verl.: GSV-Städteatlas-Verlag, Driburger Str. 45, D-33184 Altenbeken. (1975 →).
1997: Lfg. 5, Nr. 1: Klein, Hartmut: Bevergern.
Nr. 2: Stöwer, Herbert: Detmold.
Nr. 3: Wolf, Manfred: Freienohl.
Nr. 4: Kneppe, Cornelia: Hallenberg.
Nr. 5: Hanschmidt, Alwin: Rietberg.

6. Schriftenreihen geographischer Hochschulinstitute, Fachbereiche, Abteilungen u.ä.

AACHEN. Aachener Geographische Arbeiten. (ISSN 0587-4068). [F. Ahnert, H. Breuer, P. Gräf, D. Havlik, J. Schultz, F. Stang, R. Zschocke]. Schriftl.: C. Erdmann, Geogr. Inst. d. RWTH, Templergraben 55, D-52062 Aachen. Selbstverlag. (1969 →).
1997: H. 31: Ketzler, Gunnar: Vergleichende Untersuchungen der Temperaturverhältnisse in Städten unter besonderer Berücksichtigung der Temperaturänderungsraten.
H. 32: Koch, Andreas: Electronic Banking im Privatkundengeschäft. Eine system- und chaostheoretisch orientierte Untersuchung zur Sozial- und Wirtschaftsgeographie der Finanzdienstleistungen. Das Fallbeispiel EUREGIO Maas-Rhein.
H. 33: Juchelka, Rudolf: Die Aachener Innenstadt: Besucherstruktur, Reichweiteuntersuchungen und Einfluß verkehrslenkender Maßnahmen.

AUGSBURG. Augsburger Geographische Hefte. Schriftenreihe des Lehrstuhls für Physische Geographie der Universität Augsburg. (ISSN 0938-2437). [K. Fischer]. Schriftl.: K. Fischer, Lehrstuhl f. Phys. Geogr. d. Univ. Augsburg, Universitätsstr. 10, D-86135 Augsburg. Selbstverlag. (1979 →).
1997/98: -

AUGSBURG. Angewandte Sozialgeographie. Beiträge. (ISSN 0721-6327). [F. Schaffer]. Schriftl.: K. Thieme, Lehrstuhl für Sozial- und Wirtschaftsgeogr. d. Univ. Augsburg, Universitätsstr. 10, D-86135 Augsburg. Selbstverlag. (1982 →).
1997: Nr. 36: Heider, Manfred: Einzelhandel im Umbruch – neue Perspektiven der Standortberatung für die Stadt- und Regionalentwicklung, dargestellt am Wirtschaftsraum Augsburg.
Nr. 37: Schaffer, Franz (Hrsg.): Slowenien, Kroatien, Bosnien-Herzegowina – neue Staaten am Rande Mitteleuropas. (Ergebnisse eines Seminartages an der Universität Augsburg.)

AUGSBURG. Schriften zur Raumordnung und Landesplanung (SRL). [K. Goppel, F. Schaffer, K. Thieme, G. Troeger-Weiß]. Schriftl.: B. Jankowski, Fachgebiet Raumordnung u. Landesplanung d. Univ. Augsburg, Universitätsstr. 10, D-86135 Augsburg. Selbstverlag. (1997 →).

1997: Bd. 1: Goppel, Konrad / Thieme, Karin / Troeger-Weiß, Gabi (Hrsg.): Experimentelle Geographie und Planung. Festschrift für Franz Schaffer.

1998: Bd. 2: Troeger-Weiß, Gabi: Regionalmanagement. Ein neues Instrument der Landes- und Regionalplanung.

1999: Bd. 3: Saefken, Anne: Der Event in Regionen und Städtekooperationen – ein neuer Ansatz des Regionalmarketings?

Bd. 4: Hechtel, Daniela: Defizite und Verbesserungsmöglichkeiten beim Einsatz städtebaulicher Verträge – zur Anwendbarkeit „weicher" Methoden.

Bd. 5: Schaffer, Franz / Thiele, Karin: Lernende Regionen – Organisation, Management, Umsetzung.

BAMBERG. Bamberger Geographische Schriften. (ISSN 0344-6557; Sonderfolge: 0175-3894). [H. Becker, K. Garleff, W. Krings]. Schriftl.: A. Jahreiß, Fach Geogr. an der Univ. Bamberg, Am Kranen 12, D-96045 Bamberg. Selbstverlag. (1978 →).

1997: H. 16: Keck, Christian: Zeitschnitte durch die Stadtentwicklung von Halberstadt im 19. und 20. Jahrhundert. Fallstudie zur städtebaulichen Kontinuität einer traditionsreichen Mittelstadt des nordöstlichen Vorharzgebietes.

1998: H. 15: Garleff, Karsten / Stingl, Helmut (Hrsg.): Landschaftsentwicklung, Paläoökologie und Klimageschichte der Ariden Diagonale Südamerikas im Jungquartär.

Sonderfolge (1983 →).

1997: H. 5: Garleff, Karsten / Krisl, Peter: Beiträge zur fränkischen Reliefgeschichte. Auswertung kurzlebiger Großaufschlüsse im Rahmen von DFG-Projekten.

BAMBERG. Bamberger Wirtschaftsgeographische Arbeiten. (ISSN 0179-1672). [E. Treude]. Fach Wirtschaftsgeographie d. Univ. Bamberg, Am Kranen 12, D-96045 Bamberg. Selbstverlag. (1985 →).

1997: H. 9: Goller, Thomas: Determinanten der Bevölkerungsentwicklung einer Stadt. Ein „bevölkerungsgeographisches Wachstumsmodell" als Beitrag zur kommunalen Planung.

1999: H. 10: Schlauch, Jürgen: Entwicklung und Struktur der deutschen Molluskenfischerei und -kultur im trilateralen Vergleich mit Dänemerk und den Niederlanden.

BASEL. Basler Beiträge zur Geographie. [Geogr.-Ethnolog. Ges. Basel und Geogr. Inst. d. Univ. Basel]. Schriftl.: W. Gallusser u. H. Polivka, Geogr.-Ethnolog. Ges. Basel, Klingelbergstr. 16, CH-4056 Basel. Komm.-Verl.: Wepf & Co., Eisengasse 5, CH-4001 Basel. (1960 →).

1998: Bd. 45: Imhof, Madeleine: Migration und Stadtentwicklung. Aktualgeographische Untersuchungen in den Basler Quartieren Iselin und Matthäus.

BASEL. Basler Feldbuch – Berichte und Forschungen zur Humangeographie. [W. Gallusser]. Schriftl.: W. Gallusser, Klingelbergstr. 16, CH-4056 Basel. Komm.-Verl.: Wepf & Co., Eisengasse 5, CH-4001 Basel. (1981 →).

1995: Bd. 12: Šimko, Dušan / Plattner, Rolf M. (Hrsg.): Wohnen in der Stadt. Wohnen in Basel.

1997: Bd. 13: Buchmann, Willi (†): Schweizer Bürgergemeinden als Landschafts-Aktoren. Ihr Grundeigentum und dessen aktuelle Entwicklung am Beispiel von Bern, Chur und Solothurn. Hrsg. von Werner Gallusser.

1999: Bd. 14: Schneider-Sliwa, Rita u.a.: Aspekte umweltbewußten Wirtschaftens: dezentrales Kompostieren in der Stadt Basel.

Bd. 15: Šimko, Dušan / Plattner, Rolf M. (Hrsg.): Wohnen am Rande der Stadt.

BASEL. Physiogeographica. Basler Beiträge zur Physiogeographie. [H. Leser]. Geogr. Inst. d. Univ. Basel, Klingelbergstr. 16, CH-4056 Basel. Komm.-Verl.: Wepf & Co., Eisen-

gasse 5, CH-4001 Basel. (1979 →).
1997: Bd. 24: Unterseher, Erich: Ingenieurökologie und Landschaftsmanagement in zwei Agrarlandschaften der Region Basel (Hochrhein/Schweiz) und Feuerbachtal (Markgräfler Hügelland/Deutschland).
Bd. 25: Spycher, Boris: Skalenabhängigkeit von Boden-Pflanze-Beziehungen und Stickhstoffhaushalt auf einem Kalktrockenrasen im Laufener Jura (Region Basel).
1998: Bd. 26: Rempfler, Armin: Das Geoökosystem und seine schuldidaktische Aufarbeitung.

BASEL. Materialien zur Physiogeographie. [H. Leser]. Geogr. Inst. d. Univ. Basel, Klingelbergstr. 16, CH-4056 Basel. Selbstverlag. (1980 →).
1998: H. 20: Döbeli, Christian / Potschin, Marion: Überprüfung des Instrumentariums im Standortregelkreis für die Hochartis über drei Expeditionsjahre: „Erfahrungsband" SPE'90-92.
H. 21: Belser, Patrick: Erlebnispfad Ebenrain – Teil Boden. Begleitunterlagen.

BASEL. Stratus. [E. Parlow]. Schriftl.: D. Scherer, Inst. f. Meteorologie, Klimaökologie u. Fernerkundung, Dept. Geogr. der Univ. Basel, Spalenring 145, CH-4055 Basel. Vertr.: Wepf & Co., Eisengasse 5, CH-4001 Basel. (1994 →).
1998: H. 5: Wüthrich-Treubig, Michael P.: In situ measurements and remote sensing of soil moisture using time domain reflectometry, thermal infrared and active microwaves.

BAYREUTH. Arbeitsmaterialien zur Raumordnung und Raumplanung. [J. Maier]. Lehrstuhl Wirtschaftsgeogr. u. Regionalplanung d. Univ. Bayreuth, Universitätsstr. 30, D-95447 Bayreuth. Selbstverlag. (1979 →).
1997: H. 77: Jarosch, Detlef / Maier, Jörg: Unternehmensbiographien als Motivationsimpuls regionaler Wirtschaftsentwicklung.
H. 134: Monheim, Rolf (Hrsg.): „Autofreie" Innenstädte – Gefahr oder Chance für den Handel? Teil A: Allgemeine Gesichtspunkte, Aachen, Lübeck. Teil B: Nürnberg, Lüneburg, Marburg.
H. 159: Inner- und transurbane Netzwerke als Ansatzpunkt für kreative Milieus. Chris Collinge u.a.
H. 160: Oberfranken im Strukturwandel – ein Grenz- und Anpassungsraum.
H. 161: Wie steht es mit der Krise im ländlichen Raum? Kirchenpingarten und Plankenfels im Landkreis Bayreuth als Fall-Studien. Volker Dittmeier ...
H. 162: Strukturen und Prozesse im Handwerk der Stadt Schwabach. Volker Dittmeier ...
H. 163: Heller, Jochen: Vom Umdenken zum Umsteigen. Steigerungspotentiale des ÖPNV durch eine Marketingoffensive in Erlangen.
H. 164: Stettberger, Michael: Funktionaler Strukturwandel und Konsequenzen für die Flächennutzung. Eine Untersuchung am Beispiel der Textil- und Bekleidungsindustrie in ausgewählten Standorten Bayerns.
H. 165: Europa am Vorabend der Jahrtausendwende. Chancen einer nachhaltigen Regionalentwicklung. Volker Dittmeier ...
H. 166: Stadtmarketing und Stadt-Umland-Entwicklung in den Transformationsländern. 7. Kooperationsveranstaltung 1997 des Forschungs-Fünfecks der Universitäten Bayreuth, Bratislava, Maribor, Pécs und Plzeň. Anton Aubert ...
H. 167: Arbeitsmarktstrukturen für Bayreuther Diplom-Geographinnen und -Geographen. Angebots- und Nachfrage-Analyse. Petra Beermann ...
H. 168: Karl, Barbara: Nutzung und Bewertung eines innerstädtischen Einkaufsbereiches, untersucht am Beispiel der Stadt Halle/Saale.
1998: H. 169: Holzwarth, Martin / Maini, M. / Monheim, Rolf: Die Innenstädte von Florenz und Nürnberg: ein Vergleich der Nutzungen und Besucher.
H. 170: Beiträge zur Gründungsforschung: Existenzgründungen in Oberfranken 2. Thomas Koller...
H. 171: Ludwig, Jürgen: Bedeutung des Weinbaus für eine Region –

die Beispiele Steigerwald, Heilbronn und Bad Dürkheim.

H. 172: Landwirtschaft und gesellschaftliche Herausforderungen: Die Rolle der Bäuerin und das Problem der Hofnachfolge, dargestellt an Beispielen des Landkreises Kulmbach. Ergebnisse von zwei Zulassungsarbeiten ... von Stefanie Popp u. Anja Roth.

H. 173: Sieker, Thomas: Ökologische Gewerbeparks. Darstellung des Konzeptes und Überprüfung der Realisierungschancen unter besonderer Berücksichtigung der Stadt Coburg.

H. 174: Böck, Martin: Automobilrecycling. Vernetzung von bestehenden Verwertungsstrukturen zum Zweck der Optimierung des Gebrauchtteilehandels.

H. 175: Gugisch, Ingo: Neue Wege der Regionalplanung in Bayern. Das Konzept einer Machbarkeitsstudie und Übertragung auf das Biosphären-Reservat Rhön/Bayer. Teil.

H. 176: Heller, Jochen / Monheim, Rolf: Die Regensburger Altstadt im Spiegel ihrer Besucher und Betriebe.

H. 177: Monheim, Rolf / Bachleitner, Markus / Holzwarth, Martin: Struktur, Verhalten und Einstellungen der Besucher der Münchner City unter besonderer Berücksichtigung der Auswirkungen der neuen Ladenöffnungszeiten.

H. 178: Menchen, Nadine: Touristische Umfeldplanung nach dem Prinzip nachhaltiger Entwicklung: das Beispiel Obernsees.

H. 179: Rösch, Andreas: Kreative Milieus als Erklärungsansatz regionaler Entwicklung – dargestellt am Beispiel des Raumes Coburg.

H. 180: Bahrenberg, Gerhard / Mevenkamp, Nils / Monheim, Rolf: Nutzung und Bewertung von Stadtzentrum und Nebenzentren in Bremen.

H. 181: EU-Osterweiterung und Auswirkungen auf Oberfranken. Vorträge ... von Volker Dittmeier u.a.

1999: H. 182: Haverkamp, Ute: Existenzgründungsberatung auf Kreisebene – Wirkungsweisc und Optimierungsansätze. Empirische Untersuchung am Beispiel des Kreises Borken in NRW.

H. 183: Monheim, Rolf / Popien, Ralf: Neue ÖPNV-Konzepte für die Regensburger Altstadt im Zielkonflikt zwischen Attraktivität und Erreichbarkeit.

H. 184: Räumliche Auswirkungen der Gesundheitsreform und neue Strategien des Heilbad-Tourismus. Teil 1: Karg, Tanja: Der Städtenetzansatz und seine Übertragung auf die Kurorte in der Region Rhön-Saale. Teil 2: Beier, Markus: Auswirkungen der Gesundheitsreform sowie der Sparmaßnahmen im Bereich Kur und Rehabilitation auf die Heilbäder und Kurorte, dargestellt am Beispiel der Stadt Bad Kissingen.

BAYREUTH. Bayreuther Geowissenschaftliche Arbeiten. (ISSN 0933-9418). [Inst. f. Geowissenschaften d. Univ. Bayreuth]. Schriftl.: R. Monheim, Universitätsstr. 30, D-95447 Bayreuth. Verl.: Naturwiss. Ges. Bayreuth, D-95440 Bayreuth. (1980 →).

1997: Bd. 16: Ibrahim, Fouad / Ndagala, D. / Ruppert, Helmut (eds.): Coping with resource scarcity. Case studies from Tanzania and the Sudan.

1999: Bd. 19: Dittmaier, Volker / Maier, Jörg / Stettberger, Michael: Strukturwandel im Einzelhandel: Das Rotmain-Center und seine Auswirkungen auf die Bayreuther Innenstadt. Eine Panelstudie.

BERLIN. Abhandlungen – Anthropogeographie. Institut für Geographische Wissenschaften, Freie Universität Berlin. [G. Braun, U. Freitag, G. Kluczka, K. Lenz, G. Mielitz, W. Scharfe, F. Scholz]. Schriftl.: J. Janzen, Inst. f. Geogr. Wissenschaften d. Freien Univ., Malteserstr. 74-100, Haus K, D-12249 Berlin. Verl.: D. Reimer, Charlottenstr. 13, D-10969 Berlin. (1953 →).

1997: Bd. 55: Wu Ning: Ecological situation of high-frigid rangeland and its sustainability. A case study on the constraints and approaches in pastoral western Sichuan/China.

Bd. 56: Alff, Christina: Lebens- und Arbeitsbedingungen von Frauen im ländlichen Punjab/Pakistan. Eine empirische Fallstudie aus der Division Bahawalpur.

Bd. 57: Zimmermann, Jörg: Kleinproduktion in Pakistan. Die exportorientierte Sportartikelindustrie in Sialkot/Pakistan.
Bd. 58: Tekülve, Maria: Krise, Strukturanpassung und bäuerliche Strategien in Kabompo, Sambia.
1998: Bd. 59: Lehner, Emil: Methode zur Lösung lokaler Planungsprobleme im städtebaulichen Kontext.
1999: Bd. 60: Janzen, Jörg (Hrsg.): Räumliche Mobilität und Existenzsicherung. Fred Scholz zum 60. Geburtstag.
Bd. 61: Manderscheid, Angela: Lebens- und Wirtschaftsformen von Nomaden im Osten des tibetischen Hochlandes.
Bd. 62: Stern, Werner: Mobile Tierhaltung Nord-Somalias im Wandel.

BERLIN. Occasional Paper Geographie. [F. Scholz]. Schriftl.: Inst. für Geogr. Wissenschaften d. Freien Univ. Berlin, ZELF, Malteserstr. 74-100, Haus K, D-12249 Berlin. Selbstverlag. (1987 →).
1996: H. 8: Scholz, Fred (Hrsg.): Türkische Bevölkerung in Kreuzberg. Gewerbe, Handel, Wohnen (Kreuzberg-Projekt SS 1996).

BERLIN. Berliner Geographische Abhandlungen. [M. Böse, P.-J. Ergenzinger, D. Jäkel, H.-J. Pachur, W. Wöhlke]. Schriftl.: D. Jäkel, Inst. f. Geogr. Wissenschaften d. Freien Univ. Berlin, Geomorpholog. Laboratorium, Altensteinstr. 19, D-14195 Berlin. Selbstverlag. (1964 →).
1997/98: -

BERLIN. Berliner Geographische Abhandlungen. Beihefte. [P.-J. Ergenzinger, D. Jäkel, H.-J. Pachur, W. Wöhlke]. Schriftl.: K.-H. Schmidt, Inst. f. Geogr. Wissenschaften d. Freien Univ. Berlin, Geomorph. Laboratorium, Altensteinstr. 19, D-14195 Berlin. Selbstverlag. (1992 →).
1997/98: -

BERLIN. Manuskripte des Geographischen Instituts der Freien Univ. Berlin. Empirische, Theoretische und Angewandte Regionalforschung (METAR). (ISSN 0170-6268). [G. Braun]. Schriftl.: G. Braun u.a., Freie Univ. Berlin, FB Geowissenschaften, WE 2 Inst. f. Geogr. Wissenschaften, Anthropogeogr. u. Angew. Geogr., Malteserstr. 74-100, Haus K, D-12249 Berlin. Selbstverlag. (1978 →).
1998: Bd. 35: Braun, Gerhard / Scott, James (eds.): Cities of the future. Concepts for a sustainable urban planning. Examples from Berlin. Papers presented at the Geography Seminar: Americanisation of German Cities.

BERLIN. Institut für Tourismus. Berichte und Materialien. (ISSN 0934-4276). Schriftl.: K. Klemm, Freie Univ. Berlin, Inst. f. Tourismus, Altensteinstr. 44a, D-14195 Berlin. Verl.: W. Moser, Verl. f. universitäre Kommunikation, Argentinische Allee 37d, D-14163 Berlin. (1987 →).
1996: Nr. 15: Spode, Hasso (Hrsg.): Goldstrand und Teutonengrill. Kultur- und Sozialgeschichte des Tourismus in Deutschland 1945-1989.
1997: Nr. 16: Becker, Christoph (Hrsg.): Beiträge zur nachhaltigen Regionalentwicklung mit Tourismus. Ausgewählte Vorträge der 18.-20. Sitzung des Arbeitskreises „Freizeit- und Fremdenverkehrsgeographie".

BERLIN. Beiträge und Materialien zur Regionalen Geographie. (ISSN 0930-9616). [J. Bartel, K. Haserodt, K.J. Müller]. Schriftl.: G. Fliessbach u. M. Kamp, Inst. f. Geogr. der Techn. Univ. Berlin, Budapester Str. 44-46, D-10787 Berlin 30. Selbstverlag. (1987 →).
1997/98: -

BERLIN. Berliner Geographische Studien. (ISSN 0341-8537). [B. Hofmeister u. F. Voss]. Schriftl.: H. Weddeling, Inst. f. Geogr. d. Techn. Univ. Berlin, Rohrdamm 20-22, D-13629 Berlin. Vertr.: Universitätsbibliothek der Techn. Univ. Berlin, Str. des 17. Juni, D-10623 Berlin. (1977 →).
1996: Bd. 45: Albers, Christoph: Planificación comunal en el Alto Valle

de Rio Negroy Neuquén, Argentina. (span. Version von Bd. 43)

1997: Bd. 46: Chuchip, Kankhajane: Satellite data analysis and surface modeling for land use and land cover classification in Thailand.

Bd. 48: Li, Jianxin: Gewässerschutz in Shanghai.

1999: Bd. 47: Wagan, Mezemir F.: Integrated application of geographic information system and remote sensing in engineering and hydrogeographical problem-setting in selected areas in Ethiopia.

BERLIN. Berliner Geographische Arbeiten. (ISSN 1430-4775). [Geogr. Inst. d. Humboldt-Univ.]. Schriftl.: A. Klima, Geogr. Inst. d. Humboldt-Univ., Unter den Linden 6, D-10099 Berlin. Selbstverlag. (1932 →).

1997: H. 84: Nitz, Bernhard / Nass, Angelika (Hrsg.): Beiträge zu ausgewählten Fragen des Quartärs in Ost- und Mitteleuropa.

1998: H. 85: Peyke, Gerd / Schneider, Thomas (Hrsg.): Mendoza – Stadt und Oase am Fuße der Anden. Beiträge zur regionalen Geographie des argentinischen Westens.

H. 86: Kemper, Franz-Josef / Gans, Paul (Hrsg.): Ethnische Minoritäten in Europa und Amerika. Geographische Perspektiven und empirische Fallstudien.

BERLIN. Geographisches Institut der Humboldt-Universität. Arbeitsberichte. (ISSN 0947-0360). [Geogr. Inst. d. Humboldt-Univ.]. Schriftl.: K. Wessel, Geogr. Inst. d. Humboldt-Univ., Unter den Linden 6, D-10099 Berlin. Selbstverlag. (1994 →).

1997: H. 18: Elgert, Alexandra: Exkursionsführer: „Stadtentwicklung Berlins vom 17. bis 19. Jahrhundert am Beispiel des Bezirks Mitte".

H. 19: Elgert, Alexandra: Exkursionsführer: „Sozialer Wohnungsbau in den 20er Jahren am Beispiel Berlins".

H. 20: Kleßen, Reinhard / Ley, M. (Hrsg.): Exkursion nach Schweden 1996.

H. 21: Gewand, Oliver / Kemper, Franz-Josef: Räumliche Verteilung von Bevölkerungs- und Wohnungsmerkmalen in Berlin (Ost) und deren Veränderung in den 80er Jahren.

H. 22: Gärtner, Peter / Geschwandtner, D. / Schischmanow, A.: Deskriptive und vergleichende Reliefanalyse im brandenburgischen Tiefland. Ergebnisse konventioneller und GIS-gestützter Morphographie.

H. 23: Gärtner, Peter: Neue Befunde zur quartären Landschaftsentwicklung Südwestbrandenburgs.

H. 24: Schlaak, Norbert: Äolische Dynamik im brandenburgischen Tiefland seit dem Weichselspätglazial.

1998: H. 25: Lichtenberg, Thomas / Wolf, Anne: Akzeptanzstudien in zwei Großschutzgebieten auf Rügen.

H. 26: Häußer, Meike / Klima, Andreas / Kulke, Elmar (Hrsg.): Malaysia – wirtschaftsgeographische Hauptexkursion 1997.

H. 27: Kleßen, Reinhard (Hrsg.): Exkursionsführer für das nördliche Harzvorland insbesondere für das Helsunger Bruch.

H. 28: Vogenauer, Torsten / Schulz, Marlies: Untersuchung der demographischen Suburbanisierung in der Stadtregion Berlin

H. 29: Vogenauer, Torsten / Schulz, Marlies: Untersuchung von strukturveränderungen in ausgewählten Wohngebieten des Bezirkes Mitte in Berlin.

H. 30: Wessel, Karin (Hrsg.): Euregion Neisse. Aktionsräumliche Verflechtungen in der Teilregion Oberlausitz-Nordböhmen. (Ergebnisse eines Projektseminars).

H. 31: Nitz, Bernhard / Kleßen, Reinhard (Hrsg.): Exkursionsführer zur Hauptexkursion 1997: Beiträge zur Geologie und Geomorphologie ausgewählter deutscher Mittelgebirge. Betrachtungen zum Harz, Thüringer Wald, Odenwald und zur Schwäbischen Alb.

H. 32: Ammerl, T. u.a. (Hrsg.): Ökologische und ökonomische Fragen ausgewählter Landschaften auf Cuba.

H. 33: Klima, Andreas / Kulke, Elmar (Hrsg.): Mexiko – Bericht zur wirtschaftsgeographischen Hauptexkursion 1998.

H. 34: Nitz, Bernhard / Schulz, Marlis (Hrsg.): Mittel- und Nordkalifornien – Bericht zur Hauptexkursion Juli/August 1998.

H. 35: Gewand, Oliver u.a.: Demographische Segregation in deutschen Städten – Hannover, Leipzig und München. (Ergebnisse eines Projektseminars).

BERN. Geographica Bernensia. Schriften aus dem Geographischen Institut der Universität Bern. [H.-R. Egli]. Schriftl.: F. Jeanneret, Arbeitsgemeinschaft Geographica Bernensia, Haller Str. 12, CH-3012 Bern. Selbstverlag.

Reihe A: African Studies (1986 →).

1998: A 14: Wiesmann, Urs: Sustainable regional development in rural Africa: conceptual framework and case studies from Kenya.

1999: A 15: Guinand, Yves: Target group and development oriented participatory approach for agricultural research. The case of agroforestry in the East and Central African Highlands.

Reihe G: Grundlagenforschung (1975 →).

1996: G 46: Climate change in den trockenen Anden. – Jenny, Bettina / Kammer, Klaus: Jungquartäre Vergletscherungen. – Ammann, Caspar: Aktuelle Niederschlagsmuster.

1997: G 52: Hegg, Christoph: Zur Erfassung und Modellierung von gefährlichen Prozessen in steilen Wildbacheinzugsgebieten.

G 53: Gees, Andreas: Analyse historischer und seltener Hochwasser in der Schweiz. Bedeutung für das Bemessungshochwasser.

G 54: Siegenthaler, Reto: Bestimmung und Analyse troposphärischer Strahlungseffekte während Sommersmogphasen im Schweizer Mittelland mit Methoden der Fernerkundung.

1998: G 48: Hofer, Thomas: Floods in Bangladesh: a highland-lowland interaction?

G 49: Brügger, Robert: Die phänologische Entwicklung von Buche und Fichte. Beobachtung, Variabilität, Darstellung und deren Nachvollzug in einem Modell.

G 55: Mdaghri Alaoui, Abdallah: Transferts d'eau et de substances (bromures, clorures et bactériophages) dans les milieus non saturés à porosités bimodale: expérimentation et modélisation.

G 56: Treina, Michael: Die Innovations- und Wettbewerbsfähigkeit der kommerziellen Dienstleistungen im Espace Mittelland. Analyse – Diagnose – Strategien.

1999: G 58: Ryser, Martin: Osttibetische Bauernhäuser in ihrer Umgebung. Überblick über die tibetischen Siedlungs- und Wohnformen in einem Teilgebiet der chinesischen Provinz Sichuan.

Reihe P: Geographie für die Praxis (1975 →).

1997: P 34: Meier, B. / Messerli, P. / Schindler, A. (Hrsg.): In der Stadt zu Hause. Fünf empirische Beiträge zum Wohnen in Bern.

1998: P 32: Jeanneret, François: Internationale phänologische Bibliographie.

P 35: Martinec, Jaroslav / Rango, A. / Roberts, R.: Snowmelt Runoff Model (SRM). User's manual. (Updated edition1998, Version 4.0).

Reihe S: Geographie für die Schule (1975 →).

1999: S 16: Jeanneret, François: Alpes d'Europe et de Nouvelle-Zélande – une géographie comparative des paysages.

Reihe U: Skripten für den Universitätsunterricht (1975 →).

1998: U 23: Wanner, Heinz u.a.: Dynamik der Atmosphäre.

BERN. Berichte zu Entwicklung und Umwelt. [Geogr. Institut der Univ. und AG Geographica Bernensia]. Schriftl.: Hallerstr. 12, CH-3012 Bern. Selbstverlag

1998: Nr. 16: Zweifel, Helen: The realities of gender in sustainable land management. Basic concepts.

BIELEFELD. Bielefelder Geographische Arbeiten. [A. Braun, W. Hennings, U. Mai]. Verl.: Lit, Dieckstr. 73, D-48145 Münster. (1998 →).

1998: Bd. 1: Buchholt, Stefan: Gesellschaftliche Transformation, kulturelle Identität und soziale Beziehungen: Soziale Netzwerke in der Oberlausitz zwischen Modernisierung und Kontinuität.

BOCHUM. Bochumer Geographische Arbeiten. [Begr. v. P. Schöller, hrsg. vom Geogr. Inst. d. Ruhr-Univ.]. Schriftl.: J.-Cl. Müller, Geogr. Inst. d. Ruhr-Univ. Bochum, Universitätsstr. 150, D-44801 Bochum. Selbstverlag. (1965 →).

1997: H. 62: Herget, Jürgen: Die Flußentwicklung des Lippetals.

1998: H. 64: Jasper, Elmar: Verkehrspolitik in Heidelberg. Die politisch-administrative Bearbeitung der Verkehrsprobleme in Deutschlands „Bundeshauptstadt für Natur- und Umweltschutz 1996/97".

BOCHUM. Materialien zur Raumordnung. [Begr. v. Kh. Hottes, hrsg. vom Geogr. Inst. d. Ruhr-Univ.]. Schriftl.: H.-U. Weber, Geogr. Inst. d. Ruhr-Univ. Bochum, Universitätsstr. 150, D-44801 Bochum. Selbstverlag. (1969 →).

1997: H. 49: Held, Thomas / Herget, Jürgen (Hrsg.): Forum Angewandte Geographie: „Dezentrale Regenwasserbewirtschaftung".

1998: H. 51: Pirke, Klaus: „Ohne Drähte läuft da sowieso nichts ..." Mieterinteressen und Partizipation in der Erneuerung denkmalwerter Arbeitersiedlungen des Ruhrgebiets.

H. 52: Herget, Jürgen / Held, Thomas (Hrsg.): Forum Angewandte Geographie: „Fließgewässernaturierung".

1999: H. 53: Runkel, Tanja: Die Entwicklung eines Informationssystems zur Niederschlagsversickerung am Beispiel der Stadt Wuppertal.

BONN. Arbeiten zur Rheinischen Landeskunde. (ISSN 0373-7187). [W. Lauer, P. Höllermann, W. Matzat, K.-A. Boesler, J. Grunert]. Schriftl.: H.-J. Ruckert, Geogr. Inst. d. Univ. Bonn, Meckenheimer Allee 166, D-53115 Bonn. Komm.-Verl.: Ferd. Dümmler, Postfach 1480, D-53004 Bonn. (1952 →).

1997: H. 66: Stiehl, Eckart (Hrsg.): Die Stadt Bonn und ihr Umland. Ein geographischer Exkursionsführer. (2. Aufl. 1998)

1998: H. 67: Lee, Yong-Woo: Die Abfallwirtschaft in den Gemeinden Nordrhein-Westfalens.

H. 68: Waldhausen-Apfelbaum, Jeannette: Innerstädtische Zentrenstrukturen und ihre Entwicklung. Das Beispiel der Stadt Bonn.

BONN. Bonner Geographische Abhandlungen. (ISSN 0373-0468). [P. Höllermann, K.-A. Boesler, E. Ehlers, J. Grunert, M. Winiger, R. Grotz]. Schriftl.: H.-J. Ruckert, Geogr. Inst. d. Univ. Bonn, Meckenheimer Allee 166, D-53115 Bonn. Komm.-Verl.: Ferd. Dümmler, Postfach 1480, D-53004 Bonn. (1947 →).

1997: H. 96: Kemper, Franz-Josef: Wandel und Beharrung von regionalen Haushalts- und Familienstrukturen. Entwicklungsmuster in Deutschland im Zeitraum von 1871-1978.

1998: H. 97: Nüsser, Marcus: Nanga Parbat (NW-Himalaya). Naturräumliche Ressourcenausstattung und humanökologische Gefügemuster der Landnutzung.

H. 98: Bendix, Jörg: Ein neuer Methodenverbund zur Erfassung der klimatologisch-lufthygienischen Situation von Nordrhein-Westfalen. Untersuchungen mit Hilfe boden- und satellitengestützter Fernerkundung und numerischer Modellierung.

BONN. Colloquium Geographicum. (ISSN 0588-3253). [W. Lauer, K.-A. Boesler, E. Ehlers]. Schriftl.: H.-J. Rukkert, Geogr. Inst. d. Univ. Bonn, Mekkenheimer Alle 166, D-53115 Bonn. Verl.: Ferd. Dümmler, Postfach 1480, D-53004 Bonn. (1951 →).

1997: Bd. 23: Graafen, Rainer / Tietze, Wolf (Hrsg.): Raumwirksame Staatstätigkeit. Festschrift für Klaus-Achim Boesler zum 65. Geburtstag.

Bd. 24: Ehlers, Eckart (Hrsg.): Deutschland und Europa. Historische, politische und geographische Aspekte. Festschrift zum 51. Deutschen Geographentag Bonn 1997: „Europa in einer Welt im Wandel".

BONN. Bonner Beiträge zur Geographie. Materialien aus Forschung und Lehre. [R. Grotz]. Geogr. Inst. d. Univ. Bonn, Meckenheimer Allee 166, D-53115 Bonn. Selbstverlag. (1994 →).

1998: H. 7: Weikl, Christian / Braun, Boris: Das Internationalisierungsverhalten deutscher Klein- und Mittelunternehmen der Industrie. Ausgewählte Ergebnisse des Forschungsprojektes „Produktionsverlagerungen in Europa".

H. 8: Jagnow, Evelyn: Tourismus in Königswinter: Entwicklung, Gegenwartsanalyse und Perspektiven.

H. 9: Schüttemeyer, Anke: Eigen- und Fremdimage der Stadt Bonn. Eine empirische Untersuchung.

H. 10: Kraas, Frauke / Stadelbauer, Jörg: Fit ins Geographie-Examen. Hilfen auf dem Weg zum Studienabschluß in Bonn und Freiburg: Diplom, Magister, Staatsexamen. Hinweise für Abschlußarbeit, Klausur und mündliche Prüfung.

BRAUNSCHWEIG. Braunschweiger Geographische Studien. [W. Meibeyer]. Schriftl.: K.-W. Ohnesorge, Inst. f. Geogr. u. Geoökologie der Techn. Univ. Carolo-Wilhelmina, Langer Kamp 19c, D-38106 Braunschweig. Selbstverlag. (1964 bzw. 1980 →).

Sonderhefte (1976 →).

1996-1998: -

BRAUNSCHWEIG. Landschaftsökologie und Umweltforschung. (bis H. 16: Landschaftsgenese und Landschaftsökologie) (ISSN 0170-7299). [A. Herrmann u. O. Richter]. Schriftl.: M. Schöniger, Inst. f. Geogr. u. Geoökologie d. T.U. Carolo Wilhelmina, Langer Kamp 19c, D-38106 Braunschweig. Selbstverlag. (1977 →).

1997: H. 25: International Conference on Regionalization in Hydrology, 1997 Braunschweig: Extended abstracts.

H. 26: Seppelt, Ralf: Strategien für eine nachhaltige Landwirtschaft. Anwendung der Kontrolltheorie auf langfristige bioökonomische Prozesse.

H. 27: Nieschulz, Klaus-Peter / Heinrich, Willi: Mathematisch-bodenkundliche Regionalisierung des Bodenwasserhaushalts.

H. 28: Götz, Natalie von: Regionalisierung des Herbizidabbaus im Boden unter besonderer Berücksichtigung von Bentazon. Datenerhebung und Modellbildung.

H. 29: Kim, Man Kyu: Klima- und Landnutzungsänderungen und deren hydrologische Auswirkungen im Harz und Harzvorland. Wasserhaushaltsmodellierung mit modifiziertem Programmpaket BROOK90 (BROOKTOP).

1998: H. 30: Conrad, Rainer: Entwicklung eines Umweltinformationssystems.

H. 31: Kuhn, Martin: Untersuchungen zur Auswirkung der Variabilität von Bodeneigenschaften auf die Wasserflüsse.

BREMEN. Bremer Beiträge zur Geographie und Raumplanung. (ISSN 0720-9738). [G. Bahrenberg, W. Schramke, W. Taubmann, R. Tippkötter, J.-F. Venzke]. Schriftl.: Studiengang Geographie, FB 8, Univ. Bremen, Postfach 330440, D-28334 Bremen. Vertr.: Universitätsbuchhandlung Bremen, Bibliothekstr. 3, D-28359 Bremen. (1978 →).

1997: H. 31: Meyer zu Erbe, Fried: Der Konflikt zwischen Grünlandwirtschaft und Naturschutz unter Berücksichtigung der Projektierung des Großschutzgebietes Hammeniederung.

H. 32: Engert, Klaus: Kunst, Kultur und Kreativität in einer Metropole. Stadtgeographische und stadtwirtschaftliche Implikationen einer empirischen Untersuchung in Mailand.

1998: H. 33: Schuhkraft, S.: Zustandserfassung und ökologische Bewertung von Fließgewässern mit Hilfe eine Geoinformationssystems am Beispiel der Hache (Niedersachsen). (Text- und Anlagenband).

H. 34: Yong, L.: Die zentral-regionalen Beziehungen und die regionale Wirtschaftsentwicklung in der Volksrepublik China.

BREMEN. Materialien und Manuskripte. (ISSN 0720-9746). [G. Bahrenberg, W. Schramke, W. Taubmann, R. Tippkötter, J.-F. Venzke]. Schriftl.: Studiengang Geographie, FB 8, Univ. Bremen, Postfach 330440, D-28334 Bremen. Vertr.: Universitätsbuchhandlung Bremen, Bibliothekstr. 3, D-28359 Bremen. (1979 →).

1996-98: -

DARMSTADT. Darmstädter Geographische Studien. [H.-D. May]. Schriftl.: I.J. Demhardt, Geogr. Inst. d. Techn. Hochschule Darmstadt, Schnittspahnstr. 9, D-64287 Darmstadt. Selbstverlag. (1978 →).
1998: H. 11: May, Heinz-Dieter (Hrsg.): Untersuchungen zur stadtgeographischen Entwicklung von Darmstadt.

DORTMUND. Dortmunder Beiträge zur Raumplanung. [Inst. f. Raumplanung (IRPUD)]. Schriftl.: U. von Petz, IRPUD, Fakultät Raumplanung, Univ. Dortmund, D-44221 Dortmund. Vertr.: Dortmunder Vertrieb für Bau- u. Planungsliteratur, Gutenbergstr. 59, D-44139 Dortmund. (1976 →).
1997: Bd. 79: Heitkamp, Thorsten: Die Peripherie von Madrid. Raumplanung zwischen staatlicher Intervention und privater Investition.
Bd. 80: Schmals, Klaus M. (Hrsg.): Vor 50 Jahren ... auch die Raumplanung hat eine Geschichte!
Bd. 81: Kang, In-Won: Endogene Regionalentwicklung in Südkorea: Fallstudie Provinz Chungbuk.
Bd. 83: Zerweck, Daniel: Großstädtische Wohnstandorte. Die Bestimmung von Wohnortpräferenzen als Planungshilfe zur Stadtentwicklung am Beispiel Nürnberg
1998: Bd. 82: Krause, Karl-Jürgen: Raumplanung im griechischen Altertum.
Bd. 84: Wegener, Michael: Erkundungen zukünftiger Raumstrukturen.
Bd. 85: Hennings, Gerd / Müller, Sebastian: Kunstwelten. Künstliche Erlebniswelten und Planung.
Bd. 86: Voßebürger, Petra / Weber, Andrea: Planerischer Umgang mit Freizeitgroßprojekten. Bausteine zum Konfliktmanagement am Beispiel eines „Center Parcs"-Projektes.
Bd. 87: Held, Gerhard: Potentiale der kompakten Stadt. Eine institutionenökonomische Studie über die spanische Schuhstadt Elche.
1999: Bd. 77: Friedmann, John: Auf den Spuren der Raumplanung. Orientierungen.
Bd. 88: Schiewer, Heike: Stadtplanung in einer multikulturellen Gesellschaft. Planerisches Rollenverständnis und Planungsprozesse in Toronto/Kanada.
Bd. 89: Schmals, Klaus M. (Hrsg.): Was ist Raumplanung?

DORTMUND. Dortmunder Materialien zur Raumplanung. [Inst. f. Raumplanung (IRPUD), Fakultät Raumplanung, Univ. Dortmund, D-44221 Dortmund]. Vertr.: Dortmunder Vertrieb für Bau- u. Planungsliteratur, Gutenbergstr. 59, D-44139 Dortmund.
1997: M/25: Herzberg, Marcel: Raumordnung im nationalsozialistischen Deutschland.

DORTMUND. Dortmunder Beiträge zur Raumplanung. Projekte. [Inst. f. Raumplanung (IRPUD), Fakultät Raumplanung, Univ. Dortmund, D-44221 Dortmund]. Vertr.: Dortmunder Vertrieb für Bau- u. Planungsliteratur, Gutenbergstr. 59, D-44139 Dortmund.(1977 →).
1998: P/18: Öffentlicher Personennahverkehr im ländlichen Raum. Zukunftsperspektiven für den ÖPNV zwischen Güstrow, Waren und Parchim.

DRESDEN. Handreichung für den Geographiestudenten. Inst. f. Geogr. d. Techn. Univ. Dresden
1996: H. 1: Mannsfeld, Karl / Kaulfuß, Wolfgang / Grunewald, Karsten: Glossar der Geomorphologie.

DRESDEN. Dresdner Geographische Beiträge. (ISSN 1437-5931). [Inst. f. Geogr. d. Techn. Univ. Dresden]. Schriftl.: M. Kramer, Inst. für Geogr. der TU, D-01062 Dresden. Selbstverlag. (1997 →).
1997: H. 1: <ohne Stücktitel>
1998: H. 2: Killisch, Winfried (Hrsg.): Dresden – Beiträge zur Stadt- und Wohnungsmarktentwicklung
1999: H. 3: Grunewald, Karsten / Gebel, Michael: Stoffhaushaltliche Untersuchungen in kleinen Gewässereinzugsgebieten im unteren Berg- und Hügelland bzw. pleistozän bestimmten Tiefland Sachsens.
H. 4: Schmidt, Dieter: Das Extremkli-

ma der nordchilenischen Hochatacama unter besonderer Berücksichtigung der Höhengradienten.

DÜSSELDORF. Düsseldorfer Geographische Schriften. [A. Gerstenhauer, G. Glebe, E. Jordan, E. Sabelberg, H.G. Steinberg, K. Vorlaufer, N. Wein, G. Wenzens]. Schriftl.: M. Fey, Geogr. Inst. d. Univ. Düsseldorf, Universitätsstr. 1, D-40225 Düsseldorf. Selbstverlag. (1974 →).

1997: H. 35: Montag, Birgit: Geschlechtsspezifische Entwicklungen, Strukturen und Determinanten des thailändischen Arbeitsmarktes. Das Beispiel der Sekundärzentren Phuket und Chiang Mai.

H. 36: Neumann, Uwe: Auswirkungen und Prozeßabläufe der Erneuerung innerstädtischer Hafengebiete im Revitalisierungsprozeß britischer Städte. Dargestellt am Beispiel der Städte Manchester und Hull.

1998: H. 37: Glebe, Günter / Schneider, Helmut (Hrsg.): Lokale Transformationsprozesse in der Global City. Düsseldorf-Oberbilk – Strukturwandel eines citynahen Stadtteils.

DUISBURG. Duisburger Geographische Arbeiten. [H.H. Blotevogel, K. Eckart, W. Flüchter, W. Habrich, M. Sträßer, E. Wagner]. Gerhard-Mercator-Univ., FB 6, Fach Geogr., D-47048 Duisburg. Verl.: Dortmunder Vertrieb für Bau- und Planungsliteratur Froesler und Klewe, Gutenbergstr. 59, D-44139 Dortmund. (1978 →).

1998: Bd. 17: Hoppe, Wilfried: Bodenversalzungen und Trockenfeldbau in den nördlichen Great Plains. Geologische, geomorphologische, ökozonale und agrarstrukturelle Rahmenbedingungen von Dryland Salinity.

Bd. 18: Sträßer, Manfred: Klimadiagramm-Atlas der Erde, Bd 1: Europa und Nordamerika. Monats- und Jahresmittelwerte von Temperatur und Niederschlag für den Zeitraum 1961-1990.

EICHSTÄTT. Eichstätter Geographische Arbeiten. (bis Bd. 6: Arbeiten aus dem Fachgebiet Geographie der Katholischen Universität Eichstätt.) [K. Gießner, E. Grötzbach, I. Hemmer, H. Hopfinger, J. Steinbach]. Schriftl.: M. Rolshoven, Fachgebiet Geogr., Kathol. Univ., Ostenstr. 26, D-85072 Eichstätt. Komm.-Verl.: Geobuch-Verlag, Rosental 6, D-80331 München. (1985 →).

1998: Bd. 9: Grötzbach, Erwin (Hrsg.): Eichstätt und die Altmühlalb.

Bd. 10: Hopfinger, Helmut / Khadour, R. (Eds.): Economic development and investment policies in Syria. Wirtschaftsentwicklung und Investitionspolitik in Syrien.

ERFURT. Erfurter Geographische Studien. [Inst. f. Geogr. d. Päd. Hochsch. Erfurt]. Schriftl.: M. Deutsch, Inst. f. Geogr. d. Päd. Hochsch. Erfurt, Postf. 307, D-99006 Erfurt. Selbstverlag (1993 →).

1997: Bd. 5: Pörtge, Karl-Heinz (Hrsg.): Forschungen im Sudan. Ergebnisse der interdisziplinären Sudantagung im Februar 1996 in Erfurt.

Bd. 6: Ott, Thomas: Erfurt im Transformationsprozeß der Städte in den neuen Ländern. Ein regulationstheoretischer Ansatz.

1998: Bd. 7: Pörtge, Karl-Heinz / Deutsch, Mathias (Hrsg.): Aktuelle und historische Hochwasserereignisse. Beiträge zur Jahrestagung des AK Hydrologie im März 1997 in Erfurt.

ERLANGEN. Erlanger Geographische Arbeiten. (ISSN 0170-5172). [Hrsg. v.d. Fränkischen Geographischen Gesellschaft durch H. Kopp]. Schriftl.: H. Schröder, Kochstr. 4, D-91054 Erlangen. Komm.-Verl.: Palm & Enke, Universitätsstr. 16, D-91054 Erlangen. (1954 →).

1997: H. 59: Habbe, Karl-Albert: Die äolischen Sandablagerungen vor dem Stufenhang der Nördlichen Frankenalb. Probleme, Beobachtungen, Schlußfolgerungen.

1998: H. 60: Fickert, Thomas: Vergleichende Beobachtungen zu Solifluktions- und Frostmustererscheinungen im Westteil Hochasiens. Formen, Ausbildungen, Höhengrenzen.

ESSEN. Essener Geographische Arbeiten. [G. Henkel, D. Kelletat, W. Kreuer, G. Schellmann, W. Trautmann, H.-W. Wehling]. Schriftl.: G. Schellmann, Univ. Essen, FB 9, Inst. f. Geogr., Universitätsstr. 5, D-45141 Essen. Verl.: Klartext, Dickmannstr. 2, D-45143 Essen. (1982 →).
1997: Bd. 28: Henkel, Gerhard (Hrsg.): Das Dorf in Wissenschaft und Kunst. (10. Bleiwäscher Dorfsymposium).
1998: Bd. 29: Schellmann, Gerhard: Jungkänozoische Landschaftsgeschichte Patagoniens (Argentinien): Andine Vorlandvergletscherungen, Talentwicklung und marine Terrassen.

ESSEN. Essener Geographische Schriften. Inst. f. Geogr., Univ. GH Essen, Universitätsstr. 15, D-45117 Essen. Selbstverlag. (1993 →).
1997/98: -

FRANKFURT a.M. Frankfurter Geowissenschaftliche Arbeiten. Serie D: Physische Geographie. (ISSN 0173-1807). [FB Geowissenschaften d. Johann Wolfgang Goethe-Univ. Frankfurt]. Schriftl.: W.F. Bär, J.W. Goethe-Univ., Inst. f. Phys. Geogr., Senckenberganlage 36, D-60325 Frankfurt a.M. (1980 →).
1998: Bd. 23: Kirsch, Harald: Untersuchungen zur jungquartären Boden- und Reliefentwicklung im Bergland Nordthailands am Beispiel des Einzugsgebiets des Nam Mae Chan in der Provinz Chiang Rai.
1999: Bd. 25: Dittmann, Andreas / Wunderlich, Jürgen (Hrsg.): Geomorphologie und Paläoökologie. Festschrift für Wolfgang Andres zum 60. Geburtstag.

FRANKFURT a.M. Frankfurter Wirtschafts- und Sozialgeographische Schriften. (ISSN 0340-8345). [G. Gruber, H. Lamping, W. Lutz, E.W. Schamp]. Schriftl.: R. Müller, Inst. f. Wirtschafts- u. Sozialgeogr. d. Johann Wolfgang Goethe-Univ., Postf. 111932, D-60054 Frankfurt a.M. Selbstverlag. (1967 →).
1997: H. 68: Somé, Quinmalèmè Emmanuel: Das produzierende Kleingewerbe des ländlichen Afrikas in seinem institutionellen Umfeld. Entwicklungsbedingungen und Förderansätze am Beispiel Burkina Fasos und Kameruns.

FRANKFURT a.M. Wirtschaftsgeographische Werkstattberichte. [E.W. Schamp]. Schriftl.: Inst. f. Wirtschafts- u. Sozialgeogr. d. Johann Wolfgang Goethe-Univ., Postfach 111932, D-60054 Frankfurt a.M. Selbstverlag. (1991 →).
1997/98: -

FRANKFURT a.M. Materialien. (ISSN 0170-897X). [K. Wolf]. Schriftl.: F. Schymik, Inst. f. Kulturgeogr., Stadt- u. Regionalforschung, Senckenberganlage 36, D-60325 Frankfurt a.M. Selbstverlag. (1974 →).
1997: Nr. 20: Wolf, Klaus u.a.: Evaluierung einer wasserbezogenen Freizeiteinrichtung im großstädtischen Verdichtungsraum am Beispiel des Schultheis-Weihers in Offenbach am Main. Teil 1: Erhebung der Nachfrage im Zielgebiet; Teil 2: Ergebnisse der Befragung der Anwohner der angrenzenden Stadtteile Bürgel, Fechenheim und Rumpenheim. – Wolf, Klaus u.a.: Strukturanalyse des Fremdenverkehrs in Oberammergau.
Nr. 21: Wolf, Klaus / Tharun, Elke (Hrsg.): Einzelhandelsentwicklung (Vorträge einer Tagung am 24. November 1995) und Zielorientierte Regionale Geographie (Vorträge einer Tagung am 22. November 1996).
1998: Nr. 22: Schmedes, Claudia: Das hessische Dorferneuerungsprogramm im Spannungsfeld von administrativer Wirklichkeit und dörflichem Lebensraum.
Nr. 23: Körner, Wilfried: Der Frankfurter Grüngürtel als sozialer Raum: Diskurse, Raumbilder und Netzwerke – Das Beispiel Sossenheim.
Nr. 24: Wolf, Klaus / Tharun, Elke (Hrsg.): Verkehrsplanung und städtebauliche Entwicklung. Vorträge eines Symposiums in Frankfurt am Main im November 1997.

Nr. 25: Scheller, Jens Peter: Rhein-Main. Eine Region auf dem Weg zur politischen Existenz.

FRANKFURT a.M. Rhein-Mainische Forschungen. (ISSN 0080-2662). [W. Andres, G. Nagel, I. Schickhoff, E. Tharun, K. Wolf]. Schriftl.: F. Schymik, Inst. f. Kulturgeogr., Stadt- u. Regionalforschung, Senckenberganlage 36, D-60325 Frankfurt a.M. Selbstverlag. (1927 →).

1998: H. 115: Tharun, Elke (Hrsg.): Integration von Siedlung und Verkehr. Beiträge zur Diskussion.

1999: H. 116: Wolf, Klaus / Tharun, Elke (Hrsg.): Auf dem Weg zu einer neuen regionalen Organisation? Vorträge eines Symposiums in Frankfurt am Main am 20. November 1998.

FREIBURG/Br. APT-Berichte. [W. W. Drescher, R. Mäckel, J.B. Ries]. Inst. f. Phys. Geogr. d. Albert-Ludwigs-Univ. Freiburg, Werderring 4, D-79085 Freiburg i.Br. Selbstverlag. (1995 →).

1998: Nr. 8: Drescher, Axel Wolfgang / Ries, Johannes B. / Marzolff, I. (Hrsg.): Aktuelle geographische Forschung in Andalusien und Aragonien (Spanien).

FREIBURG/Br. Freiburger Geographische Hefte. (ISSN 0071-0048). [H. Goßmann]. Schriftl.: B. Metz u. H. Saurer, Inst. f. Phys. Geogr. d. Albert-Ludwigs-Univ. Freiburg, Werderring 4, D-79085 Freiburg i.Br. Selbstverlag. (1963 →).

1997: H. 51.: Meesenburg, Henning: Untersuchungen zum Säure-Base-Status eines episodisch sauren Fließgewässers im Schwarzwald.

Bd. 53: Hoppe, Pia: Geoökologische Untersuchungen zur Landschaftsdegradation in SO-Patagonien unter Einbezug von Satellitenbilddaten der Systeme Landsat-TM und ERS-1.

Bd. 55: Zollinger, Gaby: Stoffumsätze in topischen Geoökosystemen und ihre Mikroklima- und Wasserhaushalts-Randbedingungen im Einzugsbereich des Zunzinger Mattbaches (Markgräfler Hügelland, Südbaden).

GIESSEN. Gießener Geographische Schriften. [Hochschullehrer d. Geogr. Inst. d. Justus-Liebig-Univ. Gießen]. Schriftl.: P. Pohle, Senckenbergstr. 1, D-35390 Gießen. Selbstverlag. (1957 →).

1997: H. 74: Wollesen, Dirk: Landschaftsökologische Vergleichsstudie zur Nordeuropäischen Tundra (NW-Spitzbergen/N-Schweden). Systemanalyse und regionale landschaftsökologische Gebietskennzeichnung.

1998: H. 75: Christiansen, Thomas: Geographical information systems for regional rural development projects in developing countries. Potential and limitations of an innovative technology for the planning and management of a special type of technical cooperation project.

GÖTTINGEN. Göttinger Geographische Abhandlungen. (ISSN 0341-3780). [Vorstand d. Geogr. Inst. d. Univ. Göttingen]. Schriftl.: K.-H. Pörtge, Goldschmidtstr. 5, D-37077 Göttingen. Verl.: E. Goltze, Postfach 1944, D-37009 Göttingen. (1948 →).

1997: H. 100: Güßefeldt, Jörg / Spönemann, Jürgen (Hrsg.): Geographie in der Grundlagenforschung und Angewandte Geographie Göttinger Akzente.

1998: H. 105: Rost, Karl Tilman: Geomorphologische und paläoklimatische Untersuchungen in zentralchinesischen Gebirgen und Gebirgsvorländern.

GRAZ. Arbeiten aus dem Institut für Geographie der Karl-Franzens-Universität. [H. Wakonigg]. Red.: K. Szarawara, Inst. f. Geogr. d. Karl-Franzens-Univ. Graz, Heinrichstr. 36, A-8010 Graz. Selbstverlag. (1951 →).

1996: Bd. 34: Beiträge zur Lebensraumforschung und Geographie der Geisteshaltung.

1997: Bd. 35: Beiträge zur Geographie der Steiermark. Festschrift für Wilhelm Leitner.

1998: Bd. 36: Beiträge zur Lebensraumforschung und Geographie der Geisteshaltung.

GREIFSWALD. Greifswalder Geographische Arbeiten. (ISSN 0138-4996). [Inst. f. Geogr. d. Ernst-Moritz-Arndt-Univ.]. Friedrich-Ludwig-Jahn-Str. 16, D-17487 Greifswald. Selbstverlag. (1980 →).

1997: Bd. 14: Billwitz, Konrad (Hrsg.): Mecklenburg-Vorpommern: Grundzüge der Naturraumausstattung, -erkundung und -bewertung. Beiträge zur Fachsitzung 1 anläßlich des 25. Deutschen Schulgeographentages vom 07.10.-11.10.1996 in Greifswald.

Bd. 15: Aurada, Klaus D. / Newig, Jürgen (Hrsg.): Die Ostsee und ihr Einzugsgebiet. Wandel des Natur- und Kulturraumes. Beiträge zur Fachsitzung anläßlich des 25. Deutschen Schulgeographentages vom 07.10.-11.10.1996 in Greifswald.

1998: Bd. 16: Lampe, Reinhard (Hrsg.): Greifswalder Bodden und Oder-Ästuar – Austauschprozesse (GOAP). Synthesebericht des Verbundprojektes.

Sonderband: Asmus, Ivo / Porada, Haik Thomas / Schleinert, Dirk: Geographische und historische Beiträge zur Landeskunde Pommerns. Eginhard Wegner zum 80. Geburtstag.

GREIFSWALD. Greifswalder Beiträge zur Regional-, Freizeit- und Tourismusforschung. (bis H. 7: Greifswalder Beiträge zur Rekreationsgeographie, Freizeit- und Tourismusforschung). [Förderkreis Freizeit- u. Tourismusforschung]. Schriftl.: W. Albrecht, Inst. f. Geogr. d. Ernst-Moritz-Arndt-Univ., Friedrich-Ludwig-Jahn-Str. 16, D-17487 Greifswald. Selbstverlag. (1990 →).

1997: H. 8: Albrecht, Wolfgang (Hrsg.): Tourismus in Mecklenburg-Vorpommern: Die sieben Jahre nach der Wende.

GREIFSWALD. Greifswalder geographische Studienmaterialien. [K.D. Aurada, K. Billwitz, H. Klüter]. Inst. f. Geogr. d. Ernst-Moritz-Arndt-Univ., Friedrich-Ludwig-Jahn-Str. 16, D-17487 Greifswald. Selbstverlag. (1982 →).

1995: H. 4: Billwitz, Konrad u.a.: Exkursionsbericht Irkutsk – Baikal – Sajan 1994.

1997: H. 5: Billwitz, Konrad (Hrsg.): Landschaftsökologische Studien und methodische Handreichungen.

1998: H. 6: Billwitz, Konrad (Hrsg.): Exkursionsbericht Chakassien 1997.

HALLE. Hallesche Studien zur Geographie. (ISSN 3-86010-530-2). [K. Friedrich, M. Frühauf, C. Gläßer, W. Kühling, N. Protze, K.-H. Schmidt, D. Scholz]. Schriftl.: B. Tauché, Inst. für Geogr. der Martin-Luther-Univ. Halle-Wittenberg, Heinrich-und-Thomas-Mann-Str. 26, D-06108 Halle/S. Selbstverlag. (1998 →).

1998: Bd. 2: Winde, Frank: Schlammablagerungen in städtischen Fließgewässern. Ursachen, Schwermetallbelastung und Remobilisierbarkeit untersucht an Nebenarmen der Saale im Stadtgebiet von Halle.

1999: Bd. 1: Friedrich, Klaus / Frühauf, Manfred (Hrsg.): 125 Jahre Lehrstuhl für Geographie an der Martin-Luther-Universität Halle-Wittenberg 1873-1998.

HALLE. UZU-Schriftenreihe. N.F. [H. Ahrens, G.-J. Krauß, H. Foth, H. Müller, P. Wycisk]. Schriftl.: K.-P. Meinicke u. C. Schneider, Universitätszentrum für Umweltwissenschaften, MLU Halle-Wittenberg, Moritzburgring 10, D-06099 Halle/S. Selbstverlag. (1998 →).

1998: Bd. 2: Frühauf, Manfred / Hardenbicker, Ulrike (Hrsg.): Geowissenschaftliche Umweltforschung im mitteldeutschen Raum. Beiträge der 3. Tagung zur Geographischen Umweltforschung in Mitteldeutschland, 6.-7. November 1997, Halle/S.

HAMBURG. Arbeitsberichte und Ergebnisse zur Wirtschafts- und Sozialgeographischen Regionalforschung. [J. Lafrenz]. Inst. f. Geogr. d. Univ. Hamburg, Arbeitsbereich Wirtschaftsgeogr., Bundesstr. 55, D-20146 Hamburg. Selbstverlag. Vertr.: GeoCenter, Postf. 800830, D-70508 Stuttgart. (1975 →).

1997: H. 16: Böge, Wiebeke: Die Einteilung der Erde in Großräume. Zum Weltbild der deutschsprachigen Geographie seit 1871.

1998: H. 17: Wege, Martin: Berggebiete Spaniens als agrarwirtschaftliche Regionalsysteme. Eine agrargeographische Analyse zur Identifikation von Agrarentwicklungspotentialen.

HAMBURG. Beiträge zur Geographischen Regionalforschung in Lateinamerika. [G. Sandner, H.O. Spielmann, J. Lafrenz]. Schriftl.: Inst. f. Geogr. d. Univ. Hamburg, Arbeitsbereich Wirtschaftsgeogr., Bundesstr. 55, D-20146 Hamburg. Vertr.: GeoCenter, Postfach 800830, D-70508 Stuttgart. (1975 →).

1997: Bd. 10: Ratter, Beate M.W. / Sahr, Wolf-Dietrich (eds.): Land, sea and human effort in the Caribbean. Proceedings of the 28th International Geographical Congress, Symposium „The Caribbean Basin", The Hague August 7-8, 1996.

HAMBURG. Hamburger Geographische Studien. [Der Geschäftsführende Dir. d. Instituts für Geographie]. Schriftl.: K. Schipull, Inst. f. Geogr. d. Univ. Hamburg, Bundesstr. 55, D-20146 Hamburg. Selbstverlag. (1952 →).

1996-98: -

HAMBURG. Hamburger Vegetationsgeographische Mitteilungen. [D. Thannheiser]. Schriftl.: Inst. f. Geogr. der Univ. Hamburg, Bundesstr. 55, D-20146 Hamburg. Selbstverlag. (1986 →).

1995: H. 8: Möller, Ingo / Thannheiser, Dietbert: Literaturliste zur Angewandten Vegetationsgeographie/ Landschaftsökologie. – Koerth, Klaus: Monitoring von Makrobenthos im Schleswig-Holsteinischen Wattenmeer: Raum-Zeit-Muster und Methodenprüfung.

1996: H. 9: Petersen-Frey, Thorsten: Holzpflanzungen in der Lüneburger Heide, östlich von Schneverdingen – eine forstgeographische Sudie. – Oltmanns, Bernd: Untersuchungen zu Vegetationsveränderungen auf der Insel Memmert.

1997: H. 10: Pflüger, B.: Gletscher- und Inlandeis in Polargebieten. – Meemken, P.C.: Die Akzeptanz des Nationalparks Wattenmeer bei der einheimischen Bevölkerung. Untersucht am Beispiel der Insel Norderney.

1998: H. 11: Haacks, M.: Landschaftsökologisch-vegetationskundliche Vergleichsstudie der Dove und Gose Elbe in Hamburg. – Albig, A.: Vegetationskundliche und landschaftsökologische Untersuchungen bei Deinste südlich Stade.

1999: H. 12: Kieser, A.: Hemerobie und Nutzungsstrukturen von Siedlungsflächen in Nordrhein-Westfalen.

HANNOVER. Hannoversche Geographische Arbeiten. (bis 1990: Jahrbuch der Hannoverschen Geographischen Gesellschaft). [Geogr. Ges. zu Hannover u. Geogr. Inst. d. Univ.]. Schriftl.: Inst. f. Geogr. d. Univ., Schneiderberg 50, D-30167 Hannover. Verl.: Lit, Dieckstr. 56, D-48143 Münster. (1924 bzw. 1991 →).

1997: Bd. 53: Seeger, Heike: Ex-Post-Bewertung der Technologie- und Gründerzentren durch die erfolgreich ausgezogenen Unternehmen und Analyse der einzel- und regionalwirtschaftlichen Effekte.

1998: Sonderheft: Seedorf, Hans Heinrich: Das Land Niedersachsen. Eine Landeskunde in ihrer Geschichte und Präsentation.

HANNOVER. Geographische Arbeitsmaterialien. [L. Schätzl]. Abt. Wirtschaftsgeogr. d. Geogr. Inst. d. Univ. Hannover, Schneiderberg 50, D-30167 Hannover. Selbstverlag. (1983 →).

1997: Bd. 19: Backhaus, Angela / Seidel, Olof: Innovationen und Kooperationsbeziehungen von Industriebetrieben, Forschungseinrichtungen und unternehmensnahen Dienstleistern: Die Region Hannover – Braunschweig – Göttingen im interregionalen Vergleich.

HANNOVER. Geosynthesis. Veröffentlichungen der Abteilung Physische Geographie und Landschaftsökologie am Geographischen Institut der Universität Hannover. (ISSN 0939-4575). [Th. Mosimann]. Abt. Phys. Geogr. u. Landschaftsökolo-

gie d. Geogr. Inst., Univ. Hannover, Schneiderberg 50, D-30167 Hannover. Selbstverlag. (1990 →).
1997/98: -

HEIDELBERG. Heidelberger Geographische Arbeiten. [D. Barsch, H. Gebhardt, P. Meusburger]. Schriftl.: H. Musall u. S. Scherer, Geogr. Inst. d. Univ. Heidelberg, Im Neuenheimer Feld 348, D-69120 Heidelberg. Selbstverlag. (1956 →).
1997: H. 107: Würzner, Eckart: Vergleichende Fallstudie über potentielle Einflüsse atmosphärischer Umweltnoxen auf die Mortalität in Agglomerationen.
H. 108: Jäger, Stefan: Fallstudien von Massenbewegungen als geomorphologische Naturgefahr. Rheinhessen, Tully Valley (New York State), Yosemite Valley (Kalifornien).

HEIDELBERG. Heidelberger Geographische Bausteine. [D. Barsch, H. Gebhardt, P. Meusburger]. Schriftl.: H. Musall u. G. Olbrich, Geogr. Inst. d. Univ. Heidelberg, Im Neuenheimer Feld 348, D-69120 Heidelberg. Selbstverlag. (1986 →).
1997: H. 14: Mikus, Werner: Gewerbe und Umwelt. Determinanten, Probleme und Maßnahmen in den neuen Bundesländern am Beispiel von Döbeln/Sachsen.
H. 15: Hoyler, Michael / Freytag, Tim / Baumhoff, Ralph: Literaturdatenbank Regionale Bildungsforschung: Konzeption, Datenbankstrukturen in ACCESS und Einführung in die Recherche. Mit einem Verzeichnis ausgewählter Institutionen der Bildungsforschung und weiterführenden Recherchehinweisen.

HEIDELBERG. Hettner-Lectures. [H. Gebhardt, P. Meusburger]. Schriftl.: M. Hoyler, Geogr. Inst. d. Univ. Heidelberg, Im Neuenheimer Feld 348, D-69120 Heidelberg. Selbstverlag. (1998 →).
1998: Vol. 1: Explorations in critical human geography. Hettner-Lectures 1997 with Derek Gregory.

HEIDELBERG. Freiburger Studien zur geographischen Entwicklungsforschung. [H.-G. Bohle]. Südasien-Inst. d. Univ. Heidelberg, Im Neuenheimer Feld 330, D-69120 Heidelberg. Verl.: Breitenbach, Auf der Adt 14, D-66130 Saarbrücken (1993 →).
1997: Nr. 14: Graner, Elvira: The political ecology of community forestry in Nepal.
1998: Nr. 15: Schlottmann, Antje: Entwicklungsprojekte als „strategische Räume“. Eine akteursorientierte Analyse von sozialen Schnittstellen am Beispiel eines ländlichen Entwicklungsprojektes in Tanzania.
Nr. 16: Manshard, Walther: Als Geograph auf internationaler Bühne. Eine autobiographische Skizze.

INNSBRUCK. Innsbrucker Geographische Studien. [A. Borsdorf, G. Patzelt, J. Stötter]. Schriftl.: W. Keller, Geogr. Inst. d. Leopold-Franzens-Univ., Innrain 52, A-6020 Innsbruck. Selbstverlag. (1973 →).
1997: Bd. 27: Heller, Armin: Neue Typen der Agrarstruktur Österreichs. Automatische Gemeindeklassifikation mit Clusteranalyse in GIS.
1998: Bd. 28: Meißl, Gertraud: Modellierung der Reichweite von Felsstürzen. Falllbeispiele zur GIS-gestützten Gefahrenbeurteilung aus dem Bayerischen und Tiroler Alpenraum.
1999: Bd. 29: Vogt, Christine: Guatemalas verbotene Ressourcen. Eine handlungstheoretische Untersuchung.

INNSBRUCK. inngeo. Innsbrucker Materialien zur Geographie. [A. Borsdorf]. Schriftl.: W. Keller, Geogr. Inst. d. Leopold-Franzens-Univ., Innrain 52, A-6020 Innsbruck. Selbstverlag. (1995 →).
1997: F. 3: Borsdorf, Axel / Stadel, Christoph: Ecuador in Profilen. Landeskundliche Beobachtungen auf einer geographischen Exkursion.
F. 4: Malecek, Sabine: Mütter und Alltag. Lebensgestaltung und Alltagsmobilität von Müttern mit Kleinkindern in Innsbruck.
F. 5: Schoeffthaler, Gerhard: Die Parkplatzsituation in der Innsbrucker Innenstadt. Stadt- und Ver-

kehrsplanung am Institut für Geographie.
F. 6: Erhard, Andreas / Meißl, Gertraud: Namibia. Ein Exkursionsbericht.
1998: F. 7: Zollna, Michael: Die Region Untere Schranne. Sozioökonomischer Strukturwandel in Tirol nach 1945 unter besonderer Berücksichtigung des Fremdenverkehrs.

JENA. Jenaer Geographische Schriften. (ISSN 0944-9795). [W.A. Flügel, R. Mäusbacher, P. Sedlacek, B. Werlen]. Inst. f. Geogr. d. Friedrich-Schiller-Univ., Löbdergraben 32, D-07743 Jena. Selbstverlag. (1993 →).
1997: Bd. 5: David, Olaf: Entwurf und Implementation einer objektorientierten UNIX-Shell. Ein Prototyping-orientierter Ansatz.
Bd. 6: Thiemeyer, Heinrich: Untersuchungen zur spätpleistozänen und holozänen Landschaftsentwicklung im südwestlichen Tschadbecken (NE-Nigeria).
Bd. 7: Mäusbacher, Roland (Hrsg.): Degradierte Landschaften.

JENA. Jenaer Geographische Manuskripte. (ISSN 0944-9809). [W.A. Flügel, R. Mäusbacher, P. Sedlacek, B. Werlen]. Inst. f. Geogr. d. Friedrich-Schiller-Univ., Löbdergraben 32, D-07743 Jena. Selbstverlag. (1993 →).
1997: H. 8: Sedlacek, Peter: Einzelhandel und Kundenverhalten in der Stadt Roßlau.
H. 9: Freund, Jana / Ziege, Christian: Bevölkerungsentwicklung im Landkreis Weimarer Land 1995-2010. Projektstudie zur Schulentwicklungsplanung. 2 Bde.
H. 10: Rausch, Jochen / Sedlacek, Peter / Ziege, Christian: Soziodemographische Strukturen und Wohnwünsche in ausgewählten Siedlungstypen der Region Jena-Weimar-Apolda.
H. 11: Rositz-Report 4: Weiche Standortfaktoren.
H. 12: Kadner, Beate u.a.: Die Wohn- und Lebenssituation der Studierenden in Jena 1995.
H. 13: Kadner, Beate u.a.: Die Wohn- und Lebenssituation des Hochschulpersonals in Jena 1995.
H. 14: Kadner, Beate / Rausch, Jochen / Sedlacek, Peter: Hochschul- und Stadtentwicklung in Jena.
H. 15: Sedlacek, Peter: Regionale Forschungsschwerpunkte an der Friedrich-Schiller-Universiät Jena: Eine Dokumentation.
1998: H. 16: Sedlacek, Peter / Ziege, Christian: Rositz-Report 5: Endogene gewerbliche Potentiale?
H. 17: Sedlacek, Peter / Ziege, Christian: Rositz-Report 6: Die Wohn- und Lebenssituation in der Gemeinde Rositz 1996.
H. 18: Sedlacek, Peter / Werlen, Benno: Texte zur handlungstheoretischen Geographie.
H. 19: Mäusbacher, Roland: Stofftransport. Methodik, Modellierung, Regionale Aspekte. Vorträge der Tagung des Deutschen Arbeitskreises für Geomorphologie.
1999: H. 20: Schultz, Hans-Dietrich: Europa als geographisches Konstrukt.

KARLSRUHE. Karlsruher Schriften zur Geographie und Geoökologie. (ISSN 0939-6926). [M. Meurer, D. Burger]. Schriftl.: S. Steusloff, Inst. f. Geogr. u. Geoökologie I d. Univ. Karlsruhe, Kaiserstr. 12, D-76128 Karlsruhe. Selbstverlag. (1993 →).
1997: Bd. 6: Jenisch, Thomas O.: Pastorale Nutzungsmechanismen und nahinfrarot-reflexions-spektroskopisch (NIRS) ermittelte Qualität der Futterressourcen im Département Atacora/Benin (West-Afrika) unter dem Aspekt des Landschafts- und Ressourcenschutzes.
Bd. 7: Meurer, Manfred / Buttschardt, Tillmann K. (Hrsg.): Geoökologie in Lehre, Forschung und Anwendung. Beiträge zum 1. Kongreß für Geoökologie am 09.11.1996 an der Universität Karlsruhe (TH).

KARLSRUHE. Karlsruher Berichte zur Geographie und Geoökologie. [M. Meurer]. Schriftl.: S. Steusloff, Inst. f. Geogr. u. Geoökologie d. Univ. Karlsruhe I, Kaiserstr. 12, D-76128 Karlsruhe. Selbstverlag. (1991 →).

1996: H. 9: Dannenmaier, Susanne: Vegetationskundliche Analysen unterschiedlicher Brachflächen im SW-Niger.
1997: H. 8: Jehn, Karin: Regeneration von *Chionochloa rigida* – Tussockgrasland nach dem Abbrennen auf der Südinsel Neuseelands.
H. 10: Norra, Stefan: Anorganische Schadstoffbelastung in Stäuben, Straßensedimenten, Böden und Pflanzen entlang innerstädtischer Straßen. Am Beispiel von sechs Standorten in Karlsruhe.
1998: H. 11: Brandl, Georg: Die Entwicklung und die Auswirkungen des Tourismus auf Naxos (Griechenland).

KARLSRUHE. Karlsruher Geowissenschaftliche Schriften. [W. Böser, G. Hell, Chr. Herrmann, H. Kern, D.O. Müller, H. Musall, J. Neumann, H.-J. Zylka, B. Bürg, W. Denk, G. Schweinfurth, R. Hanauer]. FB Geoinformationswesen d. FH Karlsruhe, Moltkestr. 30, D-76133 Karlsruhe. Selbstverlag.
Reihe A: Kartographie und Geographie. (1983 →).
1997: Bd. 8: Wolf, Armin: Hatte Homer eine Karte? Beobachtungen über die Anfänge der europäischen Kartographie. Mit einer Karte von Gerd Schefcik: Homers Lokalisation der Fahrten des Odysseus.
1999: Bd. 7: Enderle, Christiane: Europa 1937-1989. Die territorialen Grenzveränderungen infolge des Zweiten Weltkrieges.
Bd. 10: Kirschenbauer, Sabine: Kartographische Analyse des Kartentyps „Waldfunktionenkarte".
Bd. 11: Kühnel, Ralph: Volkstumsgliederung in Böhmen mit Detailuntersuchungen der Gemeinden Czalositz und Malitschen, Bezirk Leitmeritz, 1910-1921.

KASSEL. Urbs et Regio. Kasseler Schriften zur Geographie und Planung. [P. Jüngst, K. Pfromm, H. Schulze-Göbel]. Vertr.: Gesamthochschulbibliothek Kassel, Mönckebergstr. 19, D-34125 Kassel. (1976 →).
1997: Bd. 65: Eisel, Ulrich / Schultz, Hans-Dietrich (Hrsg.): Geographisch denken.
Bd. 66: Wagner, Herbert (Hrsg.): Traumreisen im Kopf. Über geographische Schauplätzer bei imaginären Reisen in der Abenteuerliteratur Karl Mays.
1998: Bd. 68: Meder, Oskar: „Geld oder Liebe?" Umweltzerstörung aus beziehungsanalytischer Sicht.
Bd. 69: Boos-Krüger, Annegret: Bürgerbeteiligung in der hessischen Dorferneuerung. Beteiligungsstandards zur Sicherung des partizipativen Programmansatzes in einer zivilgesellschaftlich begründeten Planungs- und Handlungsperspektive.

KIEL. Kieler Geographische Schriften. Begr. von Oskar Schmieder. (ISSN 0723-9874). [J. Bähr, H. Klug, R. Stewig]. Schriftl.: S. Busch, Geogr. Inst. d. Univ. Kiel, Ludewig-Meyn-Str. 14, D-24118 Kiel. Selbstverlag. (1932 bzw. 1976 →).
1997: Bd. 93: Ulrich, Johannes / Kortum, Gerd: Otto Krümmel (1854-1912). Geograph und Wegbereiter der modernen Ozeanographie.
Bd. 94: Schenck, Freya S.: Strukturveränderungen spanisch-amerikanischer Mittelstädte untersucht am Beispiel der Stadt Cuenca, Ecuador.
1998: Bd. 95: Pez, Peter: Verkehrsmittelwahl im Stadtbereich und ihre Beeinflußbarkeit. Eine verkehrsgeographische Analyse am Beispiel von Kiel und Lüneburg.
Bd. 96: Stewig, Reinhard: Entstehung der Industrielandschaft in der Türkei, Teil 1: Entwicklung bis 1950.
Bd. 97: Higelke, Bodo (Hrsg.): Beiträge zur Küsten- und Meeresgeographie. Heinz Klug zum 65. Geburtstag gewidmet von Schülern, Freunden und Kollegen.
1999: Bd. 98: Jürgens, Ulrich: Einzelhandel in den Neuen Bundesländern – die Konkurrenzsituation zwischen Innenstadt und „Grüner Wiese", dargestellt anhand der Entwicklung in Leipzig, Rostock und Cottbus.
Bd. 99: Stewig, Reinhard: Entstehung der Industriegesellschaft in der Türkei. Teil 2: Entwicklung 1950-1980.

KLAGENFURT. Klagenfurter Geographische Schriften. [M. Seger u. F. Zimmermann]. Schriftl.: F. Zimmermann, Inst. f. Geogr. d. Univ. Klagenfurt, Universitätsstr. 65-67, A-9020 Klagenfurt. Selbstverlag. (1980 →).

1997: H. 14: Klammer, Dieter (Hrsg.): Berufsmöglichkeiten für Geographinnen und Geographen – eine Auswahl. Tagungsband.

H. 15: Jordan, Peter: Beiträge zur Fremdenverkehrsgeographie der nördlichen kroatischen Küste.

H. 16: Resch, Erich: Entwicklung und Chancen des Tourismus in Ländern der Dritten Welt am Beispiel von Kenia.

1998: H. 17: Pradhan, Pushkar K.: Market center and hinterland relation in Lalitpur district, Nepal.

KÖLN. Kölner Forschungen zur Wirtschafts- und Sozialgeographie. (ISSN 0452-2702). [E. Gläßer, R. Sternberg, G. Voppel]. Schriftl.: D. Möller, Wirtschafts- und Sozialgeogr. Inst. d. Univ. zu Köln, Albertus-Magnus-Platz, D-50923 Köln. Selbstverlag. (1963 →).

1998: Bd. 49: Hauer, Gabriele: Direktinvestitionen im tertiären Sektor – das Beispiel Sydney, Australien.

KÖLN. Working Paper. (ISSN 1434-3746). [Wirtschafts- u. Sozialgeogr. Inst. der Univ.]. Schriftl.: C. Tamásy, Wirtschafts- u. Sozialgeogr. Inst. der Univ. zu Köln, Albertus-Magnus-Platz, D-50923 Köln. Selbstverlag. (1998 →).

1998: No. 98-01: Sternberg, Rolf: Innovative linkages and proximity – empirical results from recent surveys of small and medium-sized enterprises in German regions.

KÖLN. Wirtschaftsgeographie und Wirtschaftsgeschichte. [E. Gläßer, J. Nipper, M.W. Schmied, G. Schulz]. Schriftl.: Wirtschafts- u. Sozialgeogr. Inst. der Univ. zu Köln, Albertus-Magnus-Platz, D-50923 Köln. Verl.: J. Eul, Brandsberg 6, D-53797 Lohmar. (1998 →).

1999: Bd. 1: Schmied, Martin W.: Der Bedarf des Erftkreises an Gewerbe- und Industrieflächen bis zum Jahre 2020.

KÖLN. Kölner Geographische Arbeiten. (ISSN 0454-1294). [H. Besler, H. Bremer, E. Brunotte, J. Nipper, U. Radtke, G. Schweizer, D. Soyez, O. Timmermann, D.J. Werner]. Schriftl.: M. Nutz, Geogr. Inst. d. Univ. zu Köln, Albertus-Magnus-Platz, D-50923 Köln. Selbstverlag. (1952 →).

1997: H. 68: Stegmann, Bernd-Achim: Großstadt im Image. Eine wahrnehmungsgeographische Studie zu raumbezogenen Images und zum Imagemarketing in Printmedien am Beispiel Kölns und seiner Stadtviertel.

1998: H. 69: Soyez, Dietrich / Bauer, Jutta (Hrsg.): Luftbildauswertung als angewandte Umweltforschung.

H. 70: Radtke, Ulrich (Hrsg.): Lumineszenzdatierung äolischer Sedimente. Beiträge zur Genese und Altersstellung jungquartärer Dünen und Lösse in Deutschland.

1999: H. 71: Höhmann, Marc: Flächenrecycling als raumwirksame Interaktion. Eine politisch-geographische Untersuchung über Entscheidungsstrukuren und Konfliktpotentiale räumlicher Veränderungen am Beispiel von Köln.

LEIPZIG. Beiträge zur Regionalen Geographie.

s. Kap. 4 Schriftenreihen länder- und landeskundlicher Ausrichtung

MAINZ. Mainzer Geographische Studien. (ISSN 0937-6267). [M. Domrös, E. Gormsen, W. Klaer]. Schriftl.: H. Lücke, Geogr. Inst. d. Univ. Mainz, Saarstr. 21, D-55099 Mainz. Selbstverlag. (1961 →).

1997/98: -

MAINZ. Mainzer Kontaktstudium Geographie. [G. Meyer]. Geogr. Inst. d. Univ., D-55099 Mainz. Selbstverlag. (1995 →).

1997: Bd. 3: Meyer, Günter (Hrsg.): Von der Plan- zur Marktwirtschaft. Wirtschafts- und sozialgeographische Entwicklungsprozesse in den neuen Bundesländern.

1999: Bd. 5: Pütz, Rainer (Hrsg.): Ostmitteleuropa im Umbruch. Wirtschafts- und sozialgeographische Aspekte der Transformation.

MANNHEIM. Mannheimer Geographische Arbeiten. [I. Dörrer, P. Frankenberg, P. Gans, G. Höhl, Ch. Jentsch, W. Thomi]. Schriftl.: S. Lentz, Geogr. Inst. d. Univ. Mannheim, Schloß, D-68131 Mannheim. Selbstverlag. (1977 →).
1997: H. 45: Anhuf, Dieter: Satellitenbildgestützte Vegetationsklassifikation der Côte d'Ivoire.
1998: H. 46: Anhuf, Dieter / Jentsch, Christoph (Hrsg.): Beiträge zur Landeskunde Südwestdeutschlands und angewandten Geographie.
H. 47: Gans, Paul / Lukhaup, Rainer (Hrsg.): Einzelhandelsentwicklung – Innenstadt versus periphere Standorte.
H. 48: Karlsen, Ann-Cathrin: Konsequenzen räumlicher Umstrukturierung von Bankfilialnetzen für das Kundenverhalten. Eine Untersuchung zur Standorttheorie tertiärer Einrichtungen am Beispiel einer norwegischen Großbank.
H. 49: Margraf, Otti / Lentz, Sebastian (Hrsg.): Quantitative Methoden und geographische Landschaftsforschung. Ergebnisse zur Modellierung von Landschaftselementen.

MANNHEIM. Materialien zur Geographie. [I. Dörrer, P. Frankenberg, P. Gans, G. Höhl, Ch. Jentsch, W. Thomi]. Schriftl.: S. Lentz, Geogr. Inst. d. Univ. Mannheim, Schloß, D-68131 Mannheim. Selbstverlag. (1985 →).
1997: H. 29: Ostermann, Michael: Die Grundzüge nationalsozialistischer Stadtplanung, dargestellt anhand ausgewählter Beispiele.
H. 30: Daub, Uwe: Die Kreisstadt Künzelsau als Mittelzentrum für ein ländlich geprägtes Umland. Ein geographischer Exkursionsführer.
H. 31: Bechtel, Torsten: Die sozioökonomischen Auswirkungen des Trekkingtourismus in Nepal, untersucht am Beispiel der Träger in organisierten Gruppen im Annapurnagebiet.
1998: H. 32: Kuppinger, Thomas: Wasserhaushalt und reale Vegetation in der Rheinniederung bei Philippsburg
Arbeitsberichte (1988 →).
1997: H. 16: Lentz, Sebastian: Vergleichstest kartographischer Software unter besonderer Berücksichtigung der Anforderungen im wissenschaftlichen Bereich.

MARBURG. Marburger Geographische Schriften. (ISSN 0341-9290). [H. Brückner, E. Buchhofer, W. Endlicher, G. Mertins, G. Miehe, H. Nuhn, A. Pletsch, U. Sailer-Fliege]. Schriftl.: W. Döpp, FB Geogr. d. Philipps-Univ., Deutschhausstr. 10, D-35037 Marburg/Lahn. Selbstverlag der Marburger Geogr. Ges. (1949 →).
1997: H. 131: Naumann, Martin: Das nordpatagonische Seengebiet Nahuel-Huapi (Argentinien). Biogeographische Struktur, Landnutzung seit dem 17. Jahrhundert und aktuelle Degradationsprozesse.
H. 132: Hoppe, Ralf: Räumliche Wirkungen und Diffusion der Mobilkommunikation in Deutschland. Dargestellt am Beispiel des Bündelfunkes.
H. 133: Gerhard, Ulrike: Erlebnis-Shopping oder Versorungseinkauf? Eine Untersuchung über den Zusammenhang von Freizeit und Einzelhandel am Beispiel der Stadt Edmonton, Kanada.

MARBURG. Arbeitsberichte zur wirtschaftsgeographischen Regionalforschung. [H. Nuhn]. FB Geogr. d. Philipps-Univ., Arbeitsbereich Wirtschaftsgeogr., Deutschhausstr. 10, D-35037 Marburg/Lahn. Verl.: Lit, Rothenburg 41, D-48143 Münster. (1992 →).
1998: Bd. 5: Nuhn, Helmut (Hrsg.): Thüringer Industriestandorte in der Systemtransformation. Technologisches Wissen und Regionalentwicklung.

MÜNCHEN. Münchener Geographische Abhandlungen. (ISSN 0932-3147). [O. Baume, J. Birkenhauer, H.-G. Gierloff-Emden, W. Mauser, K. Rögner, U. Rust, F. Wieneke].

Schriftl.: K.R. Dietz, Inst. f. Geogr. d. Univ. München, Luisenstr. 37, D-80333 München. Komm.-Verl.: GEOBUCH-Verlag, Rosental 6, D-80331 München.

Reihe A (1970 →).

1997: Bd. 48: Birkenhauer, Josef: Morphogenese rheno-danubischer Reliefregionen zwischen Oberkreide und Jüngsttertiär – ein Versuch zur Deutung des präquartären Reliefs.

1998: Bd. 49: Baume, Otfried (Hrsg.): Beiträge zur quartären Relief- und Bodenentwicklung (Marcinek-Festschrift).

Reihe B (1985 →).

1997: Bd. 25: Hera, Uwe: Gletscherschwankungen in den Nördlichen Kalkalpen seit dem 19. Jahrhundert.

1998: Bd. 26: Stolz, Roswitha: Die Verwendung der Fuzzy Logic Theorie zur wissensbasierten Klassifikation von Fernerkundungsdaten. Ein methodischer Ansatz zur Verbesserung von Landnutzungsklassifikationen in mesoskaligen heterogenen Räumen, dargestellt am Einzugsgebiet der Ammer.

Bd. 27: Schädlich, Stephan: Regionalisierung von aktueller Verdunstung mit Flächenparametern aus Fernerkundungsdaten.

Bd. 28: Strasser, Ulrich: Regionalisierung des Wasserhaushalts mit einem SVAT-Modell am Beispiel des Weser-Einzugsgebiets.

Bd. 29: Sass, Oliver: Die Steuerung von Steinschlagmenge und -verteilung durch Mikroklima, Gesteinsfeuchte und Gesteinseigenschaften im westlichen Karwendelgebirge (Bayerische Alpen).

MÜNCHEN. Münchener Geographische Hefte. (ISSN 0580-1443). [R. Geipel, H. Faßmann, G. Heinritz, H. Popp]. Schriftl.: K. Vorauer u. C. Pfaffenbach, Geogr. Inst. d. Techn. Univ. München, Arcisstr. 21, D-80290 München. Verl.: LIS, Theresienstr. 9, D-94036 Passau. (1953 →).

1997: H. 75: Heinritz, Günter / Wießner, Reinhard (Hrsg.): Dorfbewohner als Dorfentwickler. Kommunikative Strategien in der ländlichen Entwicklungsplanung.

H. 76: Wießner, Reinhard / Kovács, Zoltán (Hrsg.): Prozesse und Perspektiven der Stadtentwicklung in Ostmitteleuropa.

H. 77: Vorauer, Karin: Europäische Regionalpolitik – regionale Disparitäten. Theoretische Fundierung, empirische Befunde und politische Entwürfe.

1998: H. 78: Heinritz, Günter / Helbrecht, Ilse (Hrsg.): Sozialgeographie und Soziologie. Dialog der Disziplinen.

1999: H. 79: Miosga, Manfred: Europäische Regionalpolitik in Grenzregionen. Die Umsetzung der INTERREG-Initiative am Beispiel des nordrhein-westfälisch-niederländischen Grenzraumes.

MÜNCHEN. Münchner Studien zur Sozial- und Wirtschaftsgeographie. [H.-D. Haas, J. Schmude, K. Ruppert]. Schriftl.: R. Paesler, Inst. f. Wirtschaftsgeogr. d. Univ. München, Ludwigstr. 28, D-80539 München. Komm.-Verl.: M. Laßleben, Postfach 20, D-93183 Kallmünz. (1966 →).

1997: Bd. 39: Haas, Hans-Dieter (Hrsg.): Zur Raumwirksamkeit von Großflughäfen. Wirtschaftsgeographische Studien zum Flughafen München II.

Bd. 41: Bauer, Elisabeth-Maria: Die Hochschule als Wirtschaftsfaktor. Eine systemorientierte und empirische Analyse universitätsbedingter Beschäftigungs-, Einkommens- und Informationseffekte, dargestellt am Beispiele der Ludwig-Maximilian-Universität München.

MÜNCHEN. WRU-Berichte (Wirtschaftsraum – Ressourcen – Umwelt). (ISSN 0948-3845). [H.-D. Haas, J. Schmude, K. Ruppert]. Schriftl.: R. Paesler, Inst. f. Wirtschaftsgeogr. d. Univ. München, Ludwigstr. 28, D-80539 München. Selbstverlag. (1995 →).

1997: H. 9: Bleyer, Burkhard: Nachverdichtung und Flächenumnutzung am Rande von Verdichtungsräumen. Das Beispiel Münchner Umland.

H. 10: Hämel, Dietolf: Die Entwicklung des Kurortes Bad Endorf vor dem

Hintergrund der Gesundheitsreform.

H. 11: Büttendorf, Ulrike: Öko-Rating, Ranking, Unternehmenstest. Informationsinstrumente zur Bewertung der ökologischen Qualität von Unternehmern.

H. 12: Bengsch, Lars / Cleve, Thorsten: Entwicklungen, Potentiale und Wachstumsdeterminanten von High-Tech-Regionen. Untersucht am Beispiel technologieintensiver Branchen in Bayern und Colorado/USA.

1998: H. 13: Haas, Hans-Dieter / Werneck, Till (Hrsg.): Ausgewählte Beiträge zur Direktinvestitionsforschung.

MÜNCHEN. Wirtschaft und Raum. [H.-D. Haas]. Verl.: VVF-Verlag, Gabelsbergerstr. 15, D-80333 München. (1998 →).

1998: Bd. 1: Werneck, Till: Deutsche Direktinvestitionen in den USA. Determinanten und Wirkungen am Beispiel der Bundesstaaten Georgia, North Carolina and South Carolina.

Bd. 2: Heß, Martin: Glokalisierung, industrieller Wandel und Standortstruktur. Das Beispiel der EU-Schienenfahrzeugindustrie.

MÜNSTER. Münstersche Geographische Arbeiten. (ISSN 0176-1064). [U. Grabski-Kieron, H. Heineberg, C. Lienau, P. Weber]. Schriftl.: C. Lienau, Robert-Koch-Str. 26, D-48149 Münster. Selbstverlag. (1978 →).

1998: H. 40: Schukalla, Karl-Josef: Traditionelles Bodenrecht und ländliche Entwicklung in Malawi.

H. 41: Tiborski, Klaus: Kanalbauprojekte in Westfalen im 19. Jahrhundert.

MÜNSTER. Arbeiten aus dem Institut für Landschaftsökologie. Inst. f. Geogr. d. Univ. Münster, Robert-Koch-Str. 26, D-48149 Münster. Verl.: Hieronimus & Schmidt, Solingen. (1996 →).

1996: Bd. 1: Holtmeier, Friedrich-Karl (Hrsg.): Beiträge aus den Arbeitsgebieten am Institut für Landschaftsökologie.

Bd. 2: Broll, Gabriele / Bernhardt, Karl-Georg (Hrsg.): Aspekte der Angewandten Landschaftsökologie. Karl-Friedrich Schreiber zum 70. Geburtstag.

1997: Bd. 3: Mattes, Hermann (Hrsg.): Ökologische Untersuchungen zur Heuschreckenfauna in Brandenburg und Westfalen.

1998: Bd. 4: Schreiber, Henning J.: Waldgrenznahe Buchenwälder und Grasländer des Falakron und Pangäon in Nordostgriechenland. Syntaxonomie, Struktur und Dynamik.

MÜNSTER. Berichte aus dem Arbeitsgebiet Entwicklungsforschung. (ISSN 0178-3513). [C. Lienau]. Inst. f. Geogr. d. Univ. Münster, Robert-Koch-Str. 26, D-48149 Münster. Selbstverlag. (1979 →).

1997: H. 26: Szijj, Josef u.a.: Ökologisch-naturschützerische Wertanalyse des Nestos-Deltas in NO-Griechenland. Forschungen zur Ökologie und naturschützerische Wertanalyse.

H. 27: Lienau, Cay / Mattes, Hermann (Hrsg.): Natur und Wirtschaft in Nordost-Griechenland. Beiträge eines Symposiums am 28.-29.10.1995 in Münster zu Problemen des Naturschutzes und wirtschaftlicher Entwicklung im Nestosdelta und angrenzenden Gebieten.

H. 28: Lagopoulos, Alexandros-Phaidon / Lienau, Cay (Hrsg.): Single European market and regional development in East Macedonia and Thrace.

1998: H. 29: Hempel, Ludwig: Ägäis. Kalte und warme Regionalwinde über dem östlichen Mittelmeer und der Ägäis zwischen Griechenland und Nordafrika.

H. 30: Habeck, Joachim Otto: Seßhaftwerdung und Seßhaftmachung sibirischer Rentiernomaden. Siedlungsstruktur und Siedlungsgeschichte im Ewenkischen Autonomen Kreis.

MÜNSTER. Berichte des Arbeitsgebietes Stadt- und Regionalentwicklung am Institut für Geographie des Westfälischen Wilhelms-Universität Münster. [H. Heineberg u. A. Mayr]. Inst. f. Geogr. d. Univ. Münster, Robert-Koch-Str. 26, D-48149 Münster. Selbstverlag. (1991 →).

1996: H. 9: Heineberg, Heinz / Fritsch, Carola / Neubauer, Christoph: Akzeptanzanalyse Münster-Innenstadt 1996. Kunden- und Verkehrsverhalten im Vergleich zu den konkurrierenden Mittelzentren Emsdetten und Lüdinghausen. Ergebnisse einer repräsentativen Erhebung .

1997: H. 10: Heineberg, Heinz / Averbeck, Claudia / Sorge, Christian: Charterfluggastbefragung am Flughafen Münster/Osnabrück 1996. Akzeptanz, Einzugsbereich und Bewertung. Ergebnisse einer repräsentativen Erhebung.

H. 12: Ahrens, Sven / Heineberg, Heinz: Wirtschafts- und Strukturanalyse. Untersuchungen zu Wirtschaft und Standort des Kreises Coesfeld.

1998: H. 11: Bischoff, Carola (Bearb.): Arbeitsgebiet „Stadt- und Regionalentwicklung" 1976-1997.

H. 13: Heineberg, Heinz / Paßlick, Hermann (Hrsg.): Bedarfsanalyse für ein Nachtbuskonzept im Kreis Borken. (Studentisches Projekt).

H. 14: Thiesing, Simone / Heineberg, Heinz: Kundenpotentialanalyse „Bahnhof Grottenkamp". Empirische Grundlage für die Planung eines neuen Bahnhofs im Bereich des Wohngebietes Borghorst-Grottenkamp in der Stadt Steinfurt.

MÜNSTER. Schriften der Arbeitsstelle „Eine Welt/Dritte Welt-Initiativen". Inst. f. Geogr. d. Univ. Münster, Arbeitsstelle Eine Welt/Dritte Welt-Initiativen, Robert-Koch-Str. 26, D-48149 Münster. Selbstverlag. (1994 →).

1994: Bd. 1: Wacker, Dieter: Pachaya. Peruanische Campensinos bauen einen Staudamm.

1995: Bd. 2: Engelhard, Karl (Hrsg.): Umwelt und Erziehung. Eine Herausforderung für Wissenschaft, Politik und Schule.

1996: Bd. 3: Führing, Gisela: Begegnung als Irritation. Ein erfahrungsgeleiteter Ansatz in der entwicklungsbezogenen Didaktik.

1997: Bd. 4: Otto, Karl-Heinz: Umwelthandeln in der Schule. Das Beispiel „Abfall und Entsorgung".

1998: Bd. 5: Engelhard, Karl (Hrsg.): Umwelt und nachhaltige Entwicklung. Ein Beitrag zur lokalen Agenda 21.

Bd. 6: Führing, Gisela (Hrsg.): Lernen in weltweitem Horizont. Schulische Erfahrungen in Ostdeutschland. Bilanz der Fachstelle für entwicklungsbezogene Pädagogik des Comenius-Instituts.

NÜRNBERG. Nürnberger Wirtschafts- und Sozialgeographische Arbeiten. (ISSN 0546-9112). [E. Weigt, W. Ritter, R. Ruppert]. Schriftl.: Inst. f. Wirtschafts- und Sozialgeogr. d. Friedrich-Alexander-Univ. Erlangen-Nürnberg, Lange Gasse 20, D-90403 Nürnberg. Selbstverlag. (1957 →).

1998: Bd. 51: Schäfer, Christian: Kreuzfahrten – Die touristische Eroberung der Ozeane.

Bd. 52: Herbert, Michael: Kommunale Fehlentscheidungen erkennen und vermeiden.

OLDENBURG. Wahrnehmungsgeographische Studien zur Regionalentwicklung. [R. Krüger]. Schriftl.: R. Danielzyk, Fach Geogr., Univ. Oldenburg, D-26111 Oldenburg. Verl.: Bibliotheks- und Informationssystem d. Univ. Oldenburg, Postfach 2541, D-26015 Oldenburg. (1983 →).

1997: H. 16: Hasse, Jürgen: Mediale Räume.

1998: H. 17: Danielzyk, Rainer: Zur Neuorientierung der Regionalforschung – ein konzeptioneller Beitrag.

OLDENBURG. Oldenburger Geoökologische Studien. [G. Jung]. Verl.: Bibliotheks- und Informationssystem d. Univ. Oldenburg, Postfach 2541, D-26015 Oldenburg. (1998 →).

1998: Bd. 1: Löffler, Jörg: Geoökologische Untersuchungen zur Struktur mittelnorwegischer Hochgebirgsökosysteme.

OSNABRÜCK. OSG Osnabrücker Studien zur Geographie. (ISSN 0344-7820). [J. Deiters, G. Hard, N. de

Lange, W. Lükenga, H.-C. Poeschel, D. Stonjek, H.-J. Wenzel]. Schriftl.: N. de Lange, Univ. Osnabrück, Fachgebiet Geogr., D-49069 Osnabrück. Verl.: Univ.-Verl. Rasch Osnabrück, Lindenstr. 47, D-49565 Bramsche. (1978 →).
1997/98: -

OSNABRÜCK. OSG-Materialien. (ISSN 0935-6533). [Fachgebiet Geogr. d. Univ. Osnabrück]. OSG, D-49069 Osnabrück. Selbstverlag. (1984 →).
1997: Nr. 33: de Lange, Norbert (Hrsg.): Metadaten. Konzepte und Anwendungen in der raumbezogenen Datenverarbeitung.
Nr. 34: Stonjek, Diether (Hrsg.): Bericht einer Exkursion in die Tschechische Republik vom 15. bis 29. Juli 1996.
Nr. 35: de Lange, Norbert u.a.: Grundlagen von Geo-Informations-Systemen. Theoretische Grundlagen und Einführung in ARC/INFO anhand einer Projektaufgabe.
Nr. 36: Lohnert, Beate (Hrsg.): Afrikanische Beziehungen. Ökonomische, soziale und politische Zusammenschlüsse in Westafrika.
1998: Nr. 37: de Gijsel, Peter u.a. (Hrsg.): Strukturen und Probleme grenzüberschreitender Arbeitsmärkte. Eine Bestandsaufnahme aus Sicht deutscher und niederländischer Institutionen.
Nr. 38: Rolfes, Manfred (Hrsg.): Stadtteilimage und intra-urbane Migrations- und Segregationsprozesse in Angers (Frankreich). Ergebnisse eines deutsch-französischen Studienprojektes.
Nr. 39: Lohnert, Beate u.a. (Hrsg.): Lehre unter der Lupe. Evaluation der Studien- und Lehrsituation im Fachgebiet Geographie der Universität Osnabrück.
Nr. 40: Wenzel, Hans-Joachim (Hrsg.): Ernährungssicherheit und Entwicklungszusammenarbeit in Äthiopien und die Beispiele Shire/Tigray und South Gondar. Ergebnisse eines Studienprojekts.
Nr. 41: Klein, Ralf (Hrsg.): Wirtschaft, Natur, Kultur – Systemische Ansätze der Regionalforschung und Umwelterziehung in Nord-Ost-Griechenland. Ergebnisse eines Studienprojekts.
Nr. 42: Wenzel, Hans-Joachim / Woltering, Michael: Regionale Arbeitsmarktstrukturen und Politikansätze im Vergleich Niederlande/Deutschland. Ergebnisse eines Studienprojektes.
Nr. 43: Papenbrock, Manuela: Spargelanbau in der Region Füchtorf-Glandorf.

PADERBORN. Paderborner Geographische Studien. (ISSN 0935-9621). [H.K. Barth, D. Düsterloh, G. Fuchs, M. Hofmann, G. Müller, G. Römhild, W. Schlegel, A. Steinecke]. Schriftl.: J. Runge, FB 1, Fach Geogr. der Univ. Paderborn, D-33095 Paderborn. (1989 →).
1997: Bd. 6: Späth, Hans Joachim (Hrsg.): Desertifikation und Landnutzungspotentiale in Westafrika (Beispiele aus Mauretanien, Niger und Togo).
Bd. 10: Herget, Werner u.a.: La Acequia de Aynadamar y su entorno. Die Acequia de Aynadamar und ihr Umfeld. Die Opferung eines kulturellen Erbes auf dem Altar sektoraler Interessen.
1998: Bd. 11: Runge, Jürgen (Hrsg.): Geographische Forschungen in Afrika. Hans Karl Barth zum 60. Geburtstag.

PASSAU. Passauer Schriften zur Geographie. (ISSN 0942-900X). [B. Eitel, K. Rother]. Schriftl.: E. Vogl, Univ. Passau, Lehrstuhl I f. Geogr., Schustergasse 21, D-94032 Passau. Verl.: Universitätsverlag Passau, Ratzinger Weg 11, D-94065 Waldkirchen. (1984 →).
1997: H. 15: Breuer, Toni (Hrsg.): Geographische Forschung im Mittelmeerraum und in der Neuen Welt. Klaus Rother zum 65. Geburtstag.

PASSAU. Passauer Kontaktstudium Erdkunde. [Fach Geographie d. Univ. Passau]. Schustergasse 21, D-94032 Passau. Verl.: Universitätsverlag Passau, Ratzinger Weg 11, D-94065 Waldkirchen. (1987 →).
1997: Bd. 5: Bauriegel, Gerd (Hrsg.): Der Raum Niederbayern im Wandel.

POTSDAM. Potsdamer Geographische Forschungen. (ISSN 0904-9688). [H. Asche, H.-R. Bork u. W. Heller]. Schriftl.: H. Viehrig, Inst. f. Geogr. d. Univ. Potsdam, Postfach 601553, D-14415 Potsdam. Selbstverlag. (1991 →).

1997: Bd. 13: Blumenstein, Oswald: Geoökologische Aspekte des Evolutionsprozesses hemerober Geosysteme im jungpleistozänen Raum.

1998: Bd. 14: Hofmann, Hans-Jürgen: Aussiedler-Wohngebiete in niedersächsischen Städten. Eine Untersuchung zur Segregation von Aussiedlern aus Polen in Wolfsburg, Braunschweig und Hannover.

Bd. 15: Becker, Jörg: Die nichtdeutsche Bevölkerung in Ostdeutschland. Eine Studie zur räumlichen Segregation und Wohnsituation.

Bd. 16: Saupe, Gabriele u.a.: Erholung in der Bergbaufolgelandschaft? Vorstellungen, Erwartungen und Handeln. Ergebnisse von Befragungen in der Niederlausitz.

POTSDAM. Stoffdynamik in Geosystemen. (ISSN 0949-4731). [Arbeitsgruppe Stoffdynamik in Geosystemen in der Math.-Naturwiss. Fak. d. Univ. Potsdam]. Postfach 601553, D-14415 Potsdam. Selbstverlag. (1995 →).

1997: Bd. 2: Bechmann, Wolfgang u.a.: Neue Cocktails nur mit bewährten Rezepten? Beiträge zur Aufklärung hemerober Geosysteme.

POTSDAM. Praxis Kultur- und Sozialgeographie. (ISSN 0934-716X). [W. Heller (federf.), H. Asche, G. Beck, H.-J. Bürkner]. Schriftl.: W. Lindner, Inst. f. Geogr. d. Univ. Potsdam, Postfach 601553, D-14415 Potsdam. Selbstverlag. (1988 →).

1997: H. 17: Kuhr, Jens: Konzeption eines Geographischen Reiseführers als zielgruppenorientiertes Bildungsangebot.

H. 18: Motzenbäcker, Sabine: Regionale und globale Verflechtungen der biotechnologischen Industrie Südniedersachsens.

1998: H. 19: Tödter, Sven: Car-Sharing als Möglichkeit zur Reduzierung der städtischen Verkehrsbelastung. Eine vergleichende Untersuchung des Nutzer- und Anforderungsprofils des „Stadt-teil-autos" in Göttingen.

REGENSBURG. Regensburger Geographische Schriften. [T. Breuer, K. Heine, K. Hermes, J. Obst, G. Rinschede]. Schriftl.: H.-P. Niller, Inst. f. Geogr. d. Univ. Regensburg, Universitätsstr. 31, D-93040 Regensburg. Selbstverlag. (1971 →).

1997: H. 28: Breuer, Toni / Gläßer, Cornelia / Jürgens, Carsten (Hrsg.): Fernerkundung in urbanen Räumen. Beiträge der Frühjahrstagung des DGPF-Arbeitskreises „Interpretation von Fernerkundungsdaten" vom 17.-18. April 1997 in Regensburg.

1998: H. 27: Breuer, Toni (Hrsg.): Fremdenverkehrsgebiete des Mittelmeerraumes im Umbruch. Beiträge der Tagung des Arbeitskreises „Geographische Mittelmeerländer-Forschung vom 11.-13. Oktober 1996 in Regensburg.

H. 29: Barth, Hans-Jörg: Sebkhas als Ausdruck von Landschaftsdegradation im zentralen Küstentiefland der Ostprovinz Saudi-Arabiens.

H. 30: Mahr, Andrea: Lockerbraunerden und periglaziale Hangsedimente im Bayerischen Wald. Untersuchungen zu Paläoumwelt und Geomorphodynamik im Spätglazial und ihrem Einfluß auf die Pedogenese.

H. 31: Niller, Hans-Peter: Prähistorische Landschaften im Lößgebiet bei Regensburg. Kolluvien, Auenlehme und Böden als Archive der Paläoumwelt.

REGENSBURG. Regensburger Beiträge zur Regionalgeographie und Raumplanung. [R. Ehrig, D.J. Manske, E. Werner]. Schriftl. u. Vertr.: D.J. Manske, Inst. f. Geogr. d. Univ. Regensburg, Universitätsstr. 31, D-93053 Regensburg. Verl.: Laßleben, Postfach 20, D-93183 Kallmünz. (1988 →).

1995-98: -

SAARBRÜCKEN. Saarbrücker Geographische Arbeiten. (bis Bd. 43: Arbeiten aus dem Geographischen Institut der Universität des Saarlandes). (ISSN 0563-1491). [B. Aust, W. Brücher, D. Fliedner, W. Habicht, P. Müller, H. Quasten]. Schriftl.: B. Aust, Fachrichtung Geogr. d. Univ. d. Saarlandes, D-66041 Saarbrücken. Selbstverlag. (1956 →).

1997: Bd. 43: Barth, Bettina: Bodenerosionssimulation mit GIS. Untersuchungen auf repräsentativen saarländischen Ackerstandorten.

1998: Bd. 44: Saar-Lor-Lux, Umweltprobleme. Ergebnisse eines gemeinsamen Symposiums der Geographischen Institute der Universitäten Metz, Nancy und Saarbrükken.

Bd. 45: Schulz, Christian: Interkommunale Zusammenarbeit im Saar-Lor-Lux-Raum. Staatsgrenzenüberschreitende lokale Integrationsprozesse.

Sonderserie (1968 →).

1998: Sonderheft 7: Hunsicker, Frank: Grenzüberschreitendes Stadtbahnkonzept für den Verdichtungsraum Saarbrücken – Forbach.

SALZBURG. Salzburger Geographische Arbeiten. [H. Heuberger, E. Lendl, G. Müller, H. Riedl, J. Schramm, H. Slupetzky]. Schriftl.: F. Lackner u. H. Suida, Inst. f. Geogr. d. Univ. Salzburg, Hellbrunnerstr. 34, A-5020 Salzburg. Selbstverlag. (1969 →).

1996: Bd. 30: Hinterberger, Gabriela: Tendenzen der Cityentwicklung in der Stadt Salzburg.

1997: Bd. 31: Sitte, Wolfgang / Suida, Hermann (Hrsg.): Festschrift Guido Müller.

1998: Bd. 32: Stadel, Christoph (Hrsg.): Themes and issues of Canadian geography II / Beiträge zur Geographie von Kanada II.

Bd. 33: Riedl, Helmut / Weingartner, Herbert (Hrsg.): Beiträge zur Landeskunde von Griechenland VI.

SALZBURG. Salzburger Geographische Materialien. [H. Heuberger, G. Müller, H. Riedl, J. Schramm, H. Slupetzky]. Schriftl.: F. Lackner u. H. Suida, Inst. f. Geogr. der Univ. Salzburg, Hellbrunnerstr. 34, A-5020 Salzburg. Selbstverlag. (1968 →).

1996: H. 24: Dollinger, Franz / Strobl, Josef (Hrsg.): Angewandte geographische Informationsverarbeitung VIII. Beiträge zum GIS-Symposium vom 3.-5. Juli 1996.

H. 25: Lorup, Eric / Strobl, Josef (Hrsg.): IDRISI GIS '96 (CD-ROM).

1997: H. 26: Dollinger, Franz / Strobl, Josef (Hrsg.): Angewandte geographische Informationsverarbeitung IX. Beiträge zum GIS-Symposium vom 2.-4. Juli 1997.

1998: H. 27: Strobl, Josef / Best, Clive (eds.): Earth observation and geospatial web and internet workshop '98. Proceedings EOGEO'98 February 17-19th, 1998.

H. 28: Slupetzky, Heinz (ed.): 4th International Symposium' Glacier caves and cryokarst in Polar and high mountain regions', September 1-7, 1996.

ST. GALLEN. Publikationen der Forschungsstelle für Wirtschaftsgeographie und Raumplanung (FWR), Univ. St. Gallen. [M. Boesch]. FWR-HSG, Postfach 67, CH-9011 St. Gallen. Selbstverlag. (1976 →).

1997: Nr. 31: Schnell, Klaus-Dieter: Nachhaltige Raumordnung im Nichtsiedlungsgebiet. Zur Notwendigkeit einer kohärenten und aktiven Gestaltung des Aussenraumes.

1998: Nr. 32: Flückiger, Vera (Hrsg.): Euregio kontrovers. Der Bodenseeraum – ein Standort im Spannungsfeld der Interessen. Tagungsbericht.

STUTTGART. Stuttgarter Geographische Studien. (ISSN 0343-7906). [W.D. Blümel, Ch. Borcherdt, W. Gaebe, R. Hahn]. Schriftl.: J. Eberle u. K. Kulinat, Inst. f. Geogr. d. Univ. Stuttgart, Azenbergstr. 12, D-70174 Stuttgart. Selbstverlag. (1924 →).

1997: Bd. 126: Blümel, Wolf Dieter (Hrsg.): Beiträge zur Geomorphologie. 22. Tagung des Deutschen Arbeitskreises für Geomorphologie in Stuttgart 1996.

1998: Bd. 127: Meckelein, Wolfgang: Nordkaukasien. Eine landeskundliche Untersuchung. In Auszügen ausgewählt von Jörg Stadelbauer.

Bd. 128: Blümel, Wolf Dieter (Hrsg.): Beiträge zur Physischen Geographie Südwestdeutschlands.
Bd. 129: Kuntzer, Rolf: Raumplanung und Versorgungsstandorte. Beispiele aus dem Mittelbereich Schwäbisch Hall.

STUTTGART. Institut für Geographie / Diskussionsbeiträge. [W.D. Blümel, Ch. Borcherdt, W. Gaebe, R. Hahn]. Schriftl.: Inst. f. Geogr. d. Univ. Stuttgart, Azenbergstr. 12, D-70174 Stuttgart. Selbstverlag. (1994 →).
1997: H. 8: Sträb, Stefan: Wirtschaftlicher Strukturwandel im Gewerbegebiet. Stuttgart-Gaisburg/Wangen.
H. 9: Kaminske, Volker: Zielvorgaben und Umsetzungsprobleme in der Stadtplanung. Versuch einer Dokumentation am Beispiel der Karlsruher Innenstadt.
1998: H. 10: Preiss, Ilse: Weben am lokalen Netz. Untersuchungen zur Diffusion von Informations- und Kommunikations-Anwendungen auf lokaler Ebene am Beispiel von Weinstadt (http://www.weinstadt.de).

TRIER. Trierer Geographische Studien. [R. Baumhauer]. Schriftl.: R.-G. Schmidt, Univ. Trier, FB VI Geogr./ Geowissenschaften, Geb. H, D-54286 Trier. Selbstverl. d. Geogr. Ges. Trier, D-54286 Trier. (1976 →).
1997: H. 16: Baumhauer, Roland (Hrsg.): Aktuelle Forschungen aus dem Fachbereich VI Geographie/ Geowissenschaften.
1998: H. 17: Herzfeld, Ute Christine: The 1993-1995 surge of the Bering Glacier (Alaska).
H. 18: Kneisel, Christof u.a.: Legende für geomorphologische Kartierungen in Hochgebirgen (GMK Hochgebirge)
H. 19: Udelhoven, Thomas: Die raumzeitliche Dynamik des partikelgebundenen Schadstofftransportes bei Trockenwetterbedingungen in kleinen heterogenen Einzugsgebieten.
1999: H. 20: Hornetz, Berthold/ Sperling, Walter/Zimmer, Dietrich: Ralf Jätzold – Leben und Werk.

TRIER. Forschungsstelle Bodenerosion – Universität Trier. [G. Richter]. Schriftl.: R.-G. Schmidt, Univ. Trier, FB VI Geogr./Geowissenschaften, Geb. H, D-54286 Trier. Selbstverlag. (1975 →).
1996-1998: -

TRIER. Beiträge zur kartographischen Informationsverarbeitung. [J. Bollmann]. Schriftl.: T. Bräuninger, Univ. Trier, FB VI Geogr./Geowissenschaften, Geb. H, D-54286 Trier. Selbstverlag der Geogr. Ges. Trier, D-54286 Trier. (1991 →).
1997: Bd. 10: Bollmann, Jürgen (Hrsg.): Angewandte Kartographie. Studienprojekte zum Einsatz von Informationssystemen in Wissenschaft, Verwaltung und Privatwirtschaft.
Bd. 11: Tainz, Peter: Kommunikationsansätze zur Präsentation kartographischer Bildschirminformation.
Bd. 12: Rase, Wolf-Dieter: Polygongeometrie und Polygongraphik. Algorithmen und Programme für die Polygondarstellung mit GKS-Funktionen.

TRIER. Trierer Tourismus-Bibliographien. (ISSN 0943-5530). [Ch. Becker]. Schriftl.: Univ. Trier, FB VI Geogr./ Geowissenschaften, Geb. H, D-54286 Trier. Selbstverlag der Geogr. Ges. Trier, D-54286 Trier. (1993 →).
1997: H. 10: Weissenborn, Benno: Kulturtourismus.
1999: H. 11: Huber, Andrea: Feriengroßprojekte.

TÜBINGEN. Tübinger Geographische Studien. (ISSN 0564-4232). [D. Eberle, H. Förster, G. Kohlhepp, K.-H. Pfeffer]. Schriftl.: H. Eck, Geogr. Inst. d. Univ. Tübingen, Hölderlinstr. 12, D-72074 Tübingen. Selbstverlag. (1958 →).
1996: H. 116: Förster, Horst / Pfeffer, Karl-Heinz (Hrsg.): Interaktion von Ökologie und Umwelt mit der Ökonomie und Raumplanung.
H. 117: Czerny, Mirosława / Kohlhepp, Gerd (Hrsg.): Reestructuración económica y consecuencias regionales en América Latina.
1998: H. 120: Löwen, Cicilian Luiza: Der Zusammenhang von Stadtent-

wicklung und zentralörtlicher Verflechtung der brasilianischer Stadt Ponta Grossa/Paranà. Eine Untersuchung zur Rolle von Mittelstädten in der Nähe einer Metropolitanregion.

H. 121: Beck, Rolf Karl: Schwermetalle in Waldböden des Schönbuchs. Bestandsaufnahme – ökologische Verhältnisse – Umweltrelevanz.

TÜBINGEN. Kleinere Arbeiten aus dem Geographischen Institut an der Universität Tübingen. [D. Eberle, H. Förster, G. Kohlhepp, K.-H. Pfeffer]. Schriftl.: H. Eck, Geogr. Inst. d. Univ. Tübingen, Hölderlinstr. 12, D-72074 Tübingen. Selbstverlag. (1973 →).

1997: H. 16: Rosner, Hans-Joachim: Verarbeitung geographischer Daten. Methodische Bausteine zu Statistik und GIS.

1998: H. 18: Bandle, Simone: Regionalmarketing durch Tourismus in Südbrasilien, untersucht am Beispiel der Tourismusregion Gramado-Canela (Rio Grande do Sul).

H. 19: Klein, Florian: Concepts, possibilities and limitations of sustainable development planning in a peripheral region. The World Bank's PRODEAGRO Project in Mato Grosso, Brazil.

H. 20: Rothfuß, Rainer: Die Umsetzung des theoretischen Konzepts der nachhaltigen Entwicklung in die regionalpolitische Praxis eines Entwicklungslandes: „Governance for Sustainability“ als Strategie der Landesregierung des Bundesstaates Amapá, Brasilien.

TÜBINGEN. Tübinger geowissenschaftliche Arbeiten. Reihe D: Geoökologie und Quartärforschung. (ISSN 1430-1032). [E. Bibus]. Schriftl.: E. Bibus u. S. Thein, Geogr. Inst. d. Univ. Tübingen, Hölderlinstr. 12, D-72074 Tübingen. Selbstverlag. (1996 →).

1997: Bd. 2: Terhorst, Birgit: Formenschatz, Alter und Ursachenkomplexe von Massenverlagerungen an der schwäbischen Juraschichtstufe unter besonderer Berücksichtigung von Boden- und Deckschichtenentwicklung.

Bd. 3: Bibus, Erhard / Kösel, Michael: Paläoböden und periglaziale Deckschichten im Rheingletschergebiet von Oberschwaben und ihre Bedeutung für Stratigraphie, Reliefentwicklung und Standort. Exkursionsführer zur 16. Tagung des Arbeitskreises Paläopedologie der Deutschen Bodenkundlichen Gesellschaft vom 8.-10.5.1997 in Biberach a.d. Riß.

VECHTA. VSAG. Vechtaer Studien zur Angewandten Geographie und Regionalwissenschaft. [M Ehlers, Chr. Preu, H.-W. Windhorst]. Schriftl.: W. Klohn, Inst. f. Strukturforschung und Planung in agrarischen Intensivgebieten, Hochschule Vechta, Driverstr. 22, D-49377 Vechta. Verl.: Vechtaer Druckerei u. Verlag, D-49377 Vechta. (1990 →).

1997: Bd. 19: Klohn, Werner / Windhorst, Hans-Wilhelm: Kalifornien: Bevölkerung, Wirtschaft und Gesellschaft an der Schwelle zum 21. Jahrhundert.

1998: Bd. 20: Preu, Christoph (Hrsg.): Aktuelle Beiträge zur interdisziplinären Meeres- und Küstenforschung. Ansätze – Methoden – Perspektiven.

Bd. 21: Böckmann, Dorit: Die gesamtwirtschaftliche Bedeutung des Agrarsektors im Landkreis Vechta, unter besonderer Berücksichtigung der zugeordneten Wirtschaftsbereiche.

WIEN. Abhandlungen zur Geographie und Regionalforschung. [K. Husa, C. Vielhaber, H. Wohlschlägl]. Schriftl.: H. Wohlschlägl, Inst. f. Geogr. d. Univ. Wien, Universitätsstr. 7/V, A-1010 Wien. Selbstverlag. (1986 →).

1996-98: -

WIEN. Beiträge zur Bevölkerungs- und Sozialgeographie. [K. Husa, H. Wohlschlägl]. Schriftl.: K. Husa, H. Wohlschlägl, Inst. f. Geogr. d. Univ. Wien, Universitätsstr. 7/V, A-1010 Wien. Selbstverlag. (1991 →).

1997: Bd. 6: Aufhauser, Elisabeth / Wohlschlägl, Helmut (Hrsg.): Aktuelle Strömungen der Wirtschaftsgeographie im Rahmen der Humangeographie. Vortragsreihe am Institut für Geographie der Universität Wien.

Bd. 7: Mayrhofer, Maria: How „they" perceive „tourism". Another side of the touristic coin. An empirical case study in Goa, India.

1998: Bd. 8: Weixlbaumer, Norbert: Gebietsschutz in Europa. Konzeption – Perzeption – Akzeptanz. Ein Beispiel angewandter Sozialgeographie am Fall des Regionalparkkonzeptes in Friaul-Julisch Venetien.

WIEN. Wiener Geographische Schriften. [K. Arnold]. Schriftl.: K. Arnold u. Ch. Staudacher, Inst. f. Wirtschafts- und Sozialgeogr., Abt. Praxisorientierte Wirtschaftsgeogr. u. räumliche Integrationsforschung, Wirtschaftsuniv. Wien, Peter Jordan-Str. 6, A-1190 Wien. Verl.: Service Fachverlag, Augasse 2-6, A-1090 Wien. (1957 →).

1997: Bd. 65: Hofmayer, Albert: Räumliche versus nichträumliche Strukturmerkmale als Einflußgrößen des Versorgungsverhaltens. Eine vergleichende quantitative Analyse der Grundbedarfsdeckung im ländlichen Raum.

WIEN. Wiener Schriften zur Geographie und Kartographie. Begr. von Ferdinand Mayer. [I. Kretschmer u. K. Kriz]. Schriftl.: I. Kretschmer, Inst. f. Geogr. d. Univ. Wien, Universitätsstr. 7/V, A-1010 Wien. Selbstverlag. (1988 →).

1997: Bd. 10: Kretschmer, Ingrid / Desoye, Helmut / Kriz, Karel (Hrsg.): Kartographie und Namenstandardisierung. Tagungsband „Symposium über geographische Namen".

1998: Bd. 11: Kriz, Karel (Hrsg.): Hochgebirgskartographie – Silvretta '98. High mountain cartography.

WIEN. WSG-Diskussionspapiere. [M.M. Fischer]. Schriftl.: P. Staufer, Inst. f. Wirtschafts- u. Sozialgeogr. d. Wirtschafts-Univ. Wien, Augasse 2-6, A-1090 Wien. Selbstverlag (1988 →).

1997: Nr. 57: Fischer, Manfred M.: Computational neural networks. An attractive class of mathematical models for transportation research.

Nr. 58: Hartmann, Judith / Fischer, Manfred M.: Innovationsaktivitäten der Wiener Industrie: Zur Adoption neuer Produktionstechnologien in ausgewählten Branchen.

Nr. 59: Fischer, Manfred M.: Computational neural networks. A new paradigm for spatial analysis.

Nr. 60: Staufer, Petra / Fischer, Manfred M.: A neural network classifier for spectral pattern recognition: Online versus off-line backpropagation training.

1998: Nr. 61: Fischer, Manfred M. / Leung, Y.: A genetic algorithm based evolutiionary computational neural network for modelling spatial interaction data.

Nr. 62: Staufer, Petra / Fischer, Manfred M.: Optimization in an error backpropagation neural network environment with a performance test on a pattern classification problem.

Nr. 63: Fischer, Manfred M. / Hlaváčková-Schindler, K. / Reismann, M.: A global search procedure for parameter estimation in neural spatial interactive modelling.

WIEN. WSG-Forschungsberichte. [M.M. Fischer]. Schriftl.: P. Staufer, Inst. f. Wirtschafts- u. Sozialgeogr. d. Wirtschafts-Univ. Wien, Augasse 2-6, A-1090 Wien. Selbstverlag. (1992 →).

1997: H. 10: Freudensprung, P.: A high-speed passenger transport network to overcome peripherality. Case study Portugal.

H. 11: Koller, W.: Regional- und Branchendatenbank (RBDB): Bedienungsanleitung für BenutzerInnen und AdministratorInnen.

H. 12: Staufer, Petra: Überwachte Klassifikation multispektraler Fernerkundungsdaten mit 2-Layer Perception Netzen: Performanz und Stabilität lokaler Parameteroptimierungslogarithmen.

1998: H. 13: Pichler, W.: Räumliche Autokorrelationsanalyse und Geographische Informationssysteme.

H. 14: Hiebel, G.: LOC-ALLOC: Ein Softwarepaket zur Lösung von statisch-diskreten Standortallokationsproblemen.

WÜRZBURG. Würzburger Geographische Arbeiten. Mitteilungen der Geographischen Gesellschaft Würzburg. (ISSN 0510-9833). [D. Böhn, H. Hagedorn, H. Jäger, H.-G. Wagner]. Schriftl.: U. Glaser, Inst. f. Geogr. d. Univ. Würzburg, Am Hubland, D-97074 Würzburg. Selbstverlag. (1953 →).

1996: H. 91: Licht, Thomas: Böden, Flora und Fauna von Schafkoppeln.

1997: H. 92: Sponholz, Barbara / Baumhauer, Roland / Hagedorn, Horst (Hrsg.): Geowissenschaftliche Untersuchungen in Afrika III.

WÜRZBURG. Würzburger Geographische Manuskripte. (ISSN 0931-8623). [W. Pinkwart, K. Schliephake]. Schriftl.: K. Schliephake, Inst. f. Geogr. d. Univ. Würzburg, Am Hubland, D-97074 Würzburg. Selbstverlag. (1973 →).

1997: H. 39: Lück, Andreas H.: Wasserversorgung und Wasserhaushalt in Trockengebieten Namibias. Digitale Satellitenbildverarbeitung in der Regionalisierung hydrogeographischer Kenngrößen am Beispiel des Omaruru-Einzugsgebietes.

H. 40: Berghoff, Birgit: Geo-Informationssysteme – Grundlagen und praktische Anwendung für den GIS-Nutzer.

H. 41: Seventh International Symposium on Palaeolimology. Abstracts volume.

H. 42: Schliephake, Konrad: Nachfrageorientiertes Stadtbuskonzept für eine Mittelstadt (Beispiel Crailsheim).

1998: H. 43: Jacobeit, Jucundus / Beck, Christoph / Philipp, Andreas: Annual to decadal variability in climate in Europe. Objectives and results of the German contribution to the European Climate Research Project ADVICE.

H. 44: Böhn, Dieter (Hrsg.): Würzburg – City und Heuchelhof im Erdkundeunterricht.

H. 45: Böhn, Dieter (Hrsg.): Mainfranken im Erdkundeunterricht.

1999: H. 46: Schliephake, Konrad / Beck, Michael / Greindl, S. (Bearb.): Nachfrageorientierte Gestaltung des öffentlichen Personennahverkehrs im ländlichen Raum.

WUPPERTAL. Wuppertaler Geographische Studien. (ISSN 0722-6071). [D. Beckmann u.a.]. Bergische Univ.-GHS Wuppertal, Fach Geogr., Gaußstr. 20, Geb. L 13, D-42119 Wuppertal. Selbstverlag. (1980 →).

1993-1998: -

ZÜRICH. Schriftenreihen des Geographischen Instituts der Universität Zürich-Irchel, Winterthurer Str. 190, CH-8057 Zürich. Selbstverlag.

Anthropogeographie (1983 →).

1996-98: -

Geoprocessing (1983 →).

1998: Vol. 32: Brändli, Martin: Modelle und Algorithmen für die Extraktion geomorphologischer und hydrologischer Objekte aus digitalen Geländemodellen.

Vol. 33: Lippert-Stephan, E.M.: Exploratory visualization in environmental data analysis. (CD-Rom).

Vol. 35: Schneider, Bernhard: Geomorphologisch plausible Rekonstruktion der digitalen Repräsentation von Geländeoberflächen aus Höhenliniendaten.

1999: Vol. 34: Bucher, F.: Regionenbasierte Wahl und Parametrisierung von Interpolationsmodellen.

Physische Geographie (1981 →).

1997/98: -

Remote Sensing (1979 →).

1997: Vol. 29: Suter, Martin: Aspekte der interaktiven real-time-3D-Landschaftsvisualisierung.

1998: Vol. 30: Small, David: Generation of digital elevation models through spaceborne SAR Interferometry.

Vol. 31: Schaepman, M.: Calibration of a field spectroradiometer.

Vol. 32: Schläpfer, D.: Differential absorption methodology for imaging spectroscopy of atmospheric water vapor.

Sri Lanka Studies (1988 →).

1997: Vol. 6: Ulluwishewa, Rohana: Searching avenues for sustainable land use: the role of indigenous knowledge between market forcesand state's interventions.

1998: Vol. 7: Bitter, P. / Schmid, P.: Planning support project. Final report.

Vol. 8: Bitter, P. / Marti, M. / McCall, M.: Mapping for planning. A source book.

Wirtschaftsgeographie und Raumplanung (1987 →).

1997: Vol. 24: Janos, Endre / Odermatt André / Wachter, Daniel: Sozio-ökonomische Strukturen im Raum Zürich. Soziale und funktionale Entmischung im Raum Zürich: Ursachen, Probleme, Handlungsmöglichkeiten. (Eine Studie im Auftrag des Hochbaudepartements der Stadt Zürich).

Vol. 25: Elsasser, Hans / Diener-Roth, Daniela (Hrsg.): Wirtschaftsgeographie von der Praxis für die Praxis.

Vol. 26: Rangosch-du Moulin, Simone: Videokonferenzen als Ersatz oder Ergänzung von Geschäftsreisen.

1998: Vol. 27: Odermatt, André: Die Bundesstaatliche Finazordnung aus Sicht der Städte und Agglomerationen.

Vol. 28: König, Urs: Tourism in a warmer world. Implications of climate change due to enhanced greenhouse effect for the ski industry in the Australian Alps.

ZÜRICH. Kultur, Gesellschaft, Umwelt. Schriften zur Südasien- und Südostasien-Forschung. Geogr. Inst. der Univ. Zürich-Irchel, Abt. Anthropogeogr., Winterthurer Str. 190, CH-8057 Zürich. Verl.: Lit, Dieckstr. 73, D-48145 Münster. (1997 →).

1997: Bd. 1: Wälty, Samuel: Kintamani. Dorf, Land und Rituale: Entwicklung und institutioneller Wandel in einer Bergregion auf Bali.

1998: Bd. 2: Buchholt, Helmut: Zwischen Macht und Ohnmacht. Die chinesische Minderheit in Südostasien.

1999: Bd. 3: Kollmair, M.: Futterbäume in Nepal. Traditionelles Wissen, Stellenwert in kleinbäuerlichen Betrieben und räumliche Verteilung.

ZÜRICH. Zürcher Geographische Schriften. [H. Lang, A. Ohmura, D. Steiner]. Red.: D. Grebner, Geogr. Inst. d. ETH, Winterthurerstr. 190, CH-8057 Zürich. Selbstverlag. (1981 →).

1997: H. 67: Menzel, Lucas: Modellierung der Evapotranspiration im System Boden-Pflanze-Atmosphäre.

H. 68: Wild, Martin: The heat balance of the earth in GCM simulations of present and future climate.

H. 69: Schulla, Jörg: Hydrologische Modellierung von Flussgebieten zur Abschätzung der Folfen von Klimaänderungen.

H. 74: Gilgen, Hans / Wild, Martin / Ohmura, Atsumu: Global Energy Balance Archive GEBA. World Climate Program – Water; Project A7. Report 3: The GEBA Version 1997 Database.

1998: H. 66: Tschuck, Peter: Atmospheric blocking in a general circulation model.

H. 70: Hock, Regine: Modelling of glacier melt and discharge.

H. 71: Vitvar, Tomas: Water residence times and runoff generation in a small prealpine catchment.

H. 72: Haefliger, Marcel: Radiation balance over the Greenland ice sheet derived by NOAA AVHRR Satellite Data and in situ observations.

1999: H. 73: Ammann, Christof: On the applicability of relaxed eddy accumulation and common methods for measuring trace gas fluxes.

ZÜRICH. Berichte und Skripten. [H. Lang, A. Ohmura, D. Steiner]. Schriftl.: D. Grebner, Geogr. Inst. der ETH, Winterthurerstr. 190, CH-8057 Zürich. Selbstverlag. (1978 →).

1997: Nr. 60: Wahrenberger, Christoph / Rohrer, Mario / Lang, Herbert: Langjährige saisonale Wasserbilanzen des Landwassers und des Dischmabaches.

Nr. 61: Gurtz, Joachim u.a.: Untersuchung der Wasserbilanz des Bodensees.

1998: Nr. 62: Schlegel, Thomas u.a.: Interzeptionsverdunstung im hochalpinen Raum.

Nr. 63: Rotach, Mathias / Blatter, Heinz: Einführung in die Klimatologie. Vorlesung.

Nr. 64: Hofmann, P. u.a.: Bodenfeuchteuntersuchungen im hochalpinen Raum.

Nr. 65: Zierhofer, Wolfgang: „Waldsterben“ – Wissenschaft und Medi-

en in der Verantwortung. Eine fiktive Diskussionsrunde.
Nr. 66: Ohmura, Atsumo / Hoch, S. / de Haan, P.: Theoretische Klimatologie. Vorlesung.
Nr. 67: Rohmann, Martin / Menzel, Lucas: Räumliche Interpolation von Niederschlag, Lufttemperatur und Verdunstung. Grundlagen und Methoden.

7. Zeitschriften und Schriftenreihen zur Didaktik der Geographie und Schulgeographie

Augsburger Beiträge zur Didaktik der Geographie. [U. Wieczorek]. Lehrstuhl f. Didaktik d. Geogr. d. Univ. Augsburg, Universitätsstr. 10, D-86135 Augsburg. Selbstverlag. (1979 →).
1998: H. 11: Volkmann, Hermann J.: Via Claudia.
Materialien zur Geographiedidaktik. (1985 →).
1997: H. 6: Schneider, Thomas: Schätzen und Messen im Gelände. Einfache Methoden für topographische Orientierung und Geländeerfassung. (2., erw. Aufl.).
H. 8: Hirschberg, Dieter: Das Rieskrater-Museum in Informations-Arbeitsblättern. V. Themenkreis: Das Planetensystem, ...
H. 9: Wieczorek, Ulrich: Statistik in Geographie und ihrer Didaktik, Teil 1.

Bausteine + Materialien. Frankfurter Beiträge zur Didaktik der Geographie und des Sachunterrichts. [V. Albrecht, J. Hasse, E. Sulger]. Schriftl.: F. Kruckenmeyer, Inst. f. Didaktik d. Geogr. d. J.W. Goethe-Univ. Frankfurt a.M., Schumannstr. 58, D-60054 Frankfurt a.M. Selbstverlag. (1998 →).
1998: Bd. 1: Bischoff, Werner: Frankfurt am Main. Stadtentwicklung und Architektur. Beobachtung zur Beziehung von Wolkenkratzern zur Stadt.
Bd. 2: Scholz, Gerold (Hrsg.): Die Sache(n) des Sachunterrichts. Erkenntnistheoretische Orientierungen.
Bd. 3: Casselmann, Manuela: Ecological knowledge and the idea of social justice within the water rights debate in Arizona.
1999: Bd. 4: Albrecht, Volker (Hrsg.): Europa und die internationale Verständigung im Geographieunterricht in Slowenien. Ergebnisse empirischer Untersuchungen.

Geographie heute. Themen, Modelle, Materialien für die Unterrichtspraxis aller Schulstufen. (ISSN 0721-8400). [Friedrich-Verlag]. Red.: Christine Wenezl, Friedrich-Verl., Postf. 100150, D-30917 Seelze. Verl.: Friedrich, Postf. 100150, D-30917 Seelze. (1980 →). 10 x im Jahr + Jahresheft.
1997: Jahrg. 18
1998: Jahrg. 19

Geographie und ihre Didaktik. (ISSN 0343-7256). [H. Köck]. Schriftl.: G. Meier-Hilbert, Univ. Hildesheim, Marienburger Pl. 22, D-31141 Hildesheim. Selbstverlag. (1973 →). 4 x im Jahr.
1997: 25. Jahrg.
1998: 26. Jahrg.

Geographie und Schule. Fachliche Grundlagen,Unterrichtspraxis SI/SII, Materialien, Magazin. (ISSN 0171-8649). [D. Börsch, R. Hoffmann, H. Köck, N. v.d. Ruhren]. Schriftl.: A. Hüttermann, Schubartstr. 28, D-71672 Marbach. Verl.: Aulis, Deubner & Co., Antwerpener Str. 6-12, D-50672 Köln. (1979 →). 6 x im Jahr.
1997: 19. Jahrg.
1998: 20. Jahrg.

Geographiedidaktische Forschungen. [H. Haubrich, J. Nebel, H. Schrettenbrunner, A. Schultze i.A. des Hochschulverbandes für Geographie und ihre Didaktik]. Schriftl.: A. Seidl, Lehrstuhl Didaktik der Geogr., Regensburger Str. 160, D-90478 Nürnberg. Selbstverlag. (1977 →).
1997: Bd. 29: Haubrich, Hartwig / Schiller, Ulrich: Europawahrnehmung Jugendlicher.

1998: Bd. 30: Weinbrenner, Uta: Erziehung zu europäischer Solidarität durch geographische Schulbücher der Sekundarstufe I.
Bd. 31: Seidl, Albert: Die Diffusion und Adoption von Software für den Erdkundeunterricht.

GW Unterricht. [Verein „Forum Wirtschaftserziehung"]. Red.: G. Atschko, A. Erhard, E. Weber, Landstraßer Hauptstr. 1, A-1030 Wien. Selbstverlag. (1978 →). 4 x im Jahr.
1997: Nr. 65-68
1998: Nr. 69-72

Materialien zur Didaktik der Geographie. [H.-M. Cloß, P. Gaffga, G. Groß, W. Sperling]. Schriftl. u. Vertr.: Univ. Trier, FB VI Geogr./Geowissenschaften, Geb. H, D-54286 Trier. Selbstverl. d. Geogr. Ges. Trier, D-54286 Trier. (1977 →).
1998: H. 18: Brogiato, Heinz Peter: „Wissen ist Macht – Geographisches Wissen ist Weltmacht!" Die schulgeographischen Zeitschriften im deutschsprachigen Raum (1880-1945) unter besonderer Berücksichtigung des Geographischen Anzeigers. Text- und Registerband.

Materialien zur Didaktik der Geographie und Wirtschaftskunde. [C. Vielhaber u. H. Wohlschlägl]. Schriftl.: C. Vielhaber u. H. Wohlschlägl, Inst. f. Geogr. d. Univ. Wien., Universitätsstr. 7/V, A-1010 Wien. Selbstverlag. (1988 →).
1998: Bd. 14: Schmidt-Wulffen, Wulf-Dieter: Leben in Afrika – (k)ein Kinderspiel?

Materialien zur Regionalen Geographie und Regionalplanung. [Regionalverband Mittlerer Oberrhein u. Oberschulamt Karlsruhe]. Schriftl.: V. Kaminske, Regionalverband Mittlerer Oberrhein, Baumeisterstr. 2, D-76137 Karlsruhe. Selbstverlag. (1985 →).
1995-1998: -

Münchner Studien zur Didaktik der Geographie. [J. Birkenhauer]. Schriftl.: F. Frank u. G. Obermaier, Ludwig-Maximilians-Univ. München, Lehrstuhl f. Didaktik d. Geogr., Schellingstr. 9, D-80799 München. Selbstverlag. (1990 →).
1997: Bd. 8: Frank, Friedhelm / Kaminske, Volker / Obermaier, Gabriele (Hrsg.): Die Geographiedidaktik ist tot, es lebe die Geographiedidaktik. Festschrift zur Emeritierung von Josef Birkenhauer.
Bd. 9: Obermaier, Gabriele: Strukturen und Entwicklung des geographischen Interesses von Gymnasialschülern in der Unterstufe – eine bayernweite Untersuchung.
Bd. 10: Convey, Andrew / Nolzen, Heinz (Hrsg.): Geographie und Erziehung = Geography and education. Festschrift für Hartwig Haubrich zum Abschied von der Pädagogischen Hochschule Freiburg.

Natur – Raum – Gesellschaft. [V. Albrecht, J. Hasse, E. Sulger]. Schriftl.: R. Ladwig, Inst. f. Didaktik d. Geogr. d. J.W. Goethe-Univ. Frankfurt a.M., Schumannstr. 58, D-60054 Frankfurt a.M. Selbstverlag. (1998 →).
1998: Bd. 1: Albrecht, Volker / Mezösi, Gábor (Hrsg.): Ungarn in Europa. Gesellschaftlicher und raumstruktureller Wandel in Vergangenheit und Gegenwart.

Perthes Pädagogische Reihe. [G. Fuchs]. Verl.: Perthes, Justus-Perthes-Str. 3-5, D-99867 Gotha. (1996 →).
1996: Flath, Martina / Fuchs, Gerhard (Koord.): Umwelterziehung und Geographieunterricht.
1997: Köck, Helmut: Zum Bild des Geographieunterrichts in der Öffentlichkeit.
Flath, Martina / Fuchs, Gerhard (Koord.): „Globalisierung". Beispiele und Perspektiven für den Geographieunterricht.
Hennings, Werner: Stadt und städtisches Leben im fächerübergreifenden Unterricht.
Schmidt-Wulffen, Wulf: Schüler- und Alltagsorientierung.
Schmidt-Wulffen, Wulf D. / Schramke, Wolfgang (Hrsg.): Zukunftsfähiger Erdkundeunterricht. Trittsteine für Unterricht und Ausbildung.

Praxis Geographie. (ISSN 0171-5178). [Westermann-Schulbuchverlag]. Red.: D. Falk u. S. Haß, Westermann-Schulbuchverlag, Georg-Westermann-Allee 66, D-38104 Braunschweig. Verl.: Westermann, Braunschweig. (1971 →). 11 x im Jahr.
1997: Jahrg. 27
1998: Jahrg. 28

Regensburger Beiträge zur Didaktik der Geographie. [G. Preisler, G. Rinschede, W. Sturm, J. Vossen]. Schriftl.: Lehrstuhl für Didaktik d. Geogr., Inst. für Geogr. der Univ. Regensburg, D-93040 Regensburg. Selbstverlag. (1996 →).
1996: Bd. 1: Schülerexkursionen im Erdkundeunterricht I: Stadtrallye Regensburg, Stadtrallye Bad Abbach, Wochenmarkt in Landshut, Baumarkt in R.-Königswiesen, Verbaruchermarkt in Pentling.
1997: Bd. 2: Schülerexkursionen im Erdkundeunterricht II: Empirische Untersuchungen und Exkursionsbeispiele: Ergebnisse einer Lehrerbefragung, Schulfahrten ins Ausland, Kloster Weltenburg, Ziegelfabrik „Erlus", Ökologische Landwirtschaft.
1998: Bd. 3: Der Nahraum im Erdkundeunterricht. Nahraum, Freizeitverhalten von Schülern, Höhendarstellungen, Raffineriestandort Vohburg-Ingolstadt, Rollende Landstraße in Manching.
Bd. 4 Rinschede, Gisbert / Gareis, Josef (Hrsg.): Global denken – lokal handeln: Geographieunterricht! I. Tagungsband des 26. Deutschen Schulgeographentages in Regensburg 1998.
Bd. 5: Rinschede, Gisbert / Gareis, Josef (Hrsg.): Global denken – lokal handeln: Geographieunterricht! II. Tagungsband des 26. Deutschen Schulgeographentages in Regensburg 1998.

Schulgeographie in der Praxis. Schriftenreihe für den Geographie-Unterricht in der Sekundarstufe I. [W. Sperling, U. Theißen, E. Wagner]. Verl.: Aulis, Deubner & Co., Antwerpener Str. 6-12, D-50672 Köln. (1980 →).
1997/98: -

Vechtaer Materialien für den Geographieunterricht. Inst. f. Strukturforschung und Planung in agrarischen Intensivgebieten, Hochschule Vechta, Driverstr. 22, D-49377 Vechta. Selbstverlag. (1995 →).
1997: H. 4: Klohn, Werner / Windhorst, Hans-Wilhelm: Bevölkerung und Siedlung in den USA. (2. akt. Aufl. 1998)
1998: H. 2: Klohn, Werner / Windhorst, Hans-Wilhelm: Das agrarische Intensivgebiet Südoldenburg. Entwicklung, Strukturen, Probleme, Perspektiven. (2. völlig neu bearb. Aufl.)
H. 3: Klohn, Werner / Windhorst, Hans-Wilhelm: Die Landwirtschaft in Deutschland. (2. erw. Aufl.)
H. 5: Klohn, Werner / Windhorst, Hans-Wilhelm: Physische Geographie: Morphologie und Klima.
H. 6: Klohn, Werner / Windhorst, Hans-Wilhelm: Physische Geographie: Böden, Vegetation, Landschaftsgürtel

Zeitschrift für den Erdkundeunterricht. [Pädagogischer Zeitschriftenverlag]. (ISSN 0044-2461). Red.: U. Löbmann, Päd. Zeitschriftenverlag, Postfach 269, D-10107 Berlin. Verl.: Pädagogischer Zeitschriftenverlag, Postfach 269, D-10107 Berlin. (1949 →). 12 x im Jahr.
1997: 49. Jahrg.
1998: 50. Jahrg.
(damit Erscheinen eingestellt und verbunden mit „Geographie heute")

ANSCHRIFTEN VON BEHÖRDEN, INSTITUTIONEN UND ORGANISATIONEN

Bundesrepublik Deutschland

SPITZEN- UND DACHORGANISATIONEN DER GEOGRAPHIE

Deutsche Gesellschaft für Geographie e.V. (vorm. Zentralverband der deutschen Geographen e.V.

Geschichtl.: Gegründet 1951. Annahme der Gründungssatzungen durch d. Mitgliederversammlung des 28. Deutschen Geographentages, Frankfurt/Main, 16.5.1951. Eingetr. Verein mit Sitz in Bonn.

Anschrift: Geographisches Institut der Gerhard-Mercator-Universität-Gesamthochschule Duisburg, Lotharstr. 65, D-47048 Duisburg, Tel.: (0203) 379-2249, -2250, Fax: 379-3516.

Präsidium: Präsident: Prof. Dr. Hans Heinrich Blotevogel, Geographisches Institut der Gerhard-Mercator-Universität-Gesamthochschule Duisburg, Lotharstr. 65, D-47048 Duisburg, Tel.: (0203) 379-2249, -2250, Fax: 379-3516, e-mail: blotevogel@unidui.uni-duisburg.de — Vizepräsidenten: Dr. Klaus Kost, Ostpreußenstr. 108, D-45259 Essen, Tel.: (0201) 467549 – Dr. Dieter Richter, Breslauer Str. 26, D-30938 Burgwedel, Tel.: (05139) 1205, Fax: 2646 — Schriftführer: Dr. Gerald Wood, Geographisches Institut der Gerhard-Mercator-Universität-Gesamthochschule Duisburg, Lotharstr. 65, D-47048 Duisburg, Tel.: (0203) 379-4375, Fax: 379-3516, e-mail: G.Wood@uni-duisburg.de — Schatzmeister: Prof. Dr. Helmut Schrettenbrunner, Universität Erlangen-Nürnberg, Didaktik der Geographie, Regensburger Str. 160, Tel.: (0911) 5302-523, -524, -587, Fax: 4010212 — Vertreter der Teilverbände: Prof. Dr. Manfred Meurer, Karlsruhe (VGDH) – Prof. Dr. Ingrid Hemmer, Eichstätt (HGD) – Dipl.-Geogr. Klaus Mensing, Hamburg – Prof. Dr. Herbert Popp, München (Geographische Gesellschaften) – Dr. Eberhard Schallhorn, Bretten (VDSG)

Arbeitskreise der Deutschen Gesellschaft für Geographie

AK Anwandte Physische Geographie und Landschaftsökologie - Sprecher: Prof. Dr. Thomas Mosimann, Universität Hannover, Geographisches Institut, Schneiderberg 50, D-30167 Hannover, Tel.: 0511/762-3537, Fax: 0511/762-3984

AK Bevölkerungsgeographie – Sprecher: Prof. Dr. Paul Gans und Prof. Dr. Franz-Josef Kemper
Prof. Dr. Paul Gans, Universität Mannheim, Geographisches Institut, D-68131 Mannheim, Tel.: (0621) 292 5451, Fax: (0621) 292-3321
Prof. Dr. Franz-Josef Kemper, Humboldt-Universität Berlin, Geographisches Institut, Sitz: Chausseestr. 86, Unter den Linden 6, 10099 Berlin, Tel.: (030) 30875-650, Fax: (030) 30875-656

AK Bildungsgeographie – Sprecher: Prof. Dr. Jürgen Schmude und Dr. Manfred Nutz
Prof. Dr. Jürgen Schmude, Universität München, Institut für Wirtschaftsgeographie, Ludwigstraße 28, 80539 München, Tel.: (089) 2180-2231, Fax: (089) 2180-3809
Dr. Manfred Nutz, Universität Köln, Geographisches Institut, Albertus-Magnus-Platz, 50923 Köln, Tel.: (0221) 470-2591, Fax: (0221) 470-4917

AK Dorfentwicklung – Sprecher: Prof. Dr. Gerhard Henkel, Universität Essen, FB 9, Institut für Geographie, Universitätsstr. 5, 45117 Essen, Tel.: (0201) 183-3160, -3161, Fax: (0201) 183-2811

AK Geographie und Einzelhandel – Sprecher: Prof. Dr. Günter Heinritz, TU München, Geographisches Institut, 80290 München, Tel. (089) 2892-2811, Fax: 2892-2804; PD Dr. Kurt Klein, Universität Regensburg, Lehrstuhl für Wirtschaftsgeographie, 93040 Regensburg, Tel. (0941) 943-3594, -3617, Fax: 943-4951; Prof. Dr. Elmar Kulke (Geschäftsführung), Humboldt-Universität Berlin, Geogr. Institut, Unter den Linden 6, D-10099 Berlin, Sitz: Chausseestr. 86, Tel. (030) 30875-614, Fax: (030) 30875-656

AK Entsorgung und Rohstoffrecycling – Sprecher: Prof. Dr. Hans-Dieter Haas und Dipl.-Geogr. Thomas J. Mager
Prof. Dr. Hans-Dieter Haas, Universität München, Institut für Wirtschaftsgeographie, Ludwigstraße 28, 80539 München, Tel.: (089) 2180-2231, Fax: (089) 2180-3809
Dipl.-Geogr. Thomas J. Mager, Speckelsteinweg 31, 53913 Swisttal-Odendorf, Tel. und Fax: (02255) 4517

AK Freizeit- und Fremdenverkehrsgeographie – Vorsitzender: Prof. Dr. Christoph Becker, Universität Trier, Tarforster Plateau, 54228 Trier, Tel.: (0651) 201-2250

AK für genetische Siedlungsforschung in Mitteleuropa – 1. Vorsitzender: Prof. Dr. Klaus Fehn, Universität Bonn, Seminar für Historische Geographie, Konviktstraße 11, 53113 Bonn, Tel.: (0228) 73-7650

AK für genetische Siedlungsforschung in Mitteleuropa - 1. Vorsitzender: Prof. Dr. Klaus Fehn, Universität Bonn, Seminar für Historische Geographie, Konviktstrafle 11, D-53113 Bonn, Tel.: (0228) 73-7650

AK Geographiedidaktische Medienforschung – Sprecher: Prof. Dr. Hartmut Volkmann und Dr. Wolfgang Salzmann
Prof. Dr. Hartmut Volkmann, Ruhr-Universität Bochum, Geographisches Institut, Universitätsstr. 150, 44780 Bochum, Tel.: (0234) 7600-4417, -3377, Fax: (0234) 7094-180
Dr. Wolfgang Salzmann, Pestalozzistr. 90, 66280 Sulzbach, Tel.: (06897) 52228, Fax: (06897) 567413

AK Geographie der Geisteshaltung und Religion/Umwelt-Forschung) – 1. Vors. und Sprecher: Prof. Dr. Dr. Dr. M. Büttner, Kiefernweg 40, 44801 Bochum, Tel.: (0234) 9731964
2. Vorsitzender: Dr. K.-H. Erdmann (Bonn)

AK Geographie der Meere und Küsten – Sprecher: Dr. Jacobus L.A. Hofstede, Landesamt für Natur und Umwelt des Landes Schleswig-Holstein, Hamburger Chaussee 25, 24220 Flintbek, Tel.: (04347) 704437, Fax: (04347) 704402
Deutscher AK für Geomorphologie – 1. Vorsitzender: Prof. Dr. Roland Mäusbacher, Universität Jena, Institut für Geographie, Löbdergraben 32, 07743 Jena, Tel.: (03641) 632354, Fax: (03641) 632347, 425039
Stellvertreter: Prof. Dr. Jürgen Hagedorn (Göttingen), Prof. Dr. Manfred Frühauf (Halle)
Schriftführer: Dr. Karl-Heinz Pörtge (Erfurt)

AK Geographische Informationssysteme – Sprecher: Prof. Dr. Gerd Peyke, Dr. Wolf-Dieter Erb, Prof. Dr. Richard Dikau
Prof. Dr. Gerd Peyke, Humboldt-Universität Berlin, Geographisches Institut, Sitz: Chausseestr. 86, Unter den Linden 6, 10099 Berlin, Tel.: (030) 30875-600, -601, Fax: (030) 30875-635
Dr. Wolf-Dieter Erb, Universität Gießen, Geographisches Institut, Seckenbergstr. 1, 35390 Gießen, Tel.: (0641) 702-8262, Fax: (0641) 702-8211
Prof. Dr. Richard Dikau, Universität Bonn, Geographische Institute, Meckenheimer Allee 166, 53115 Bonn, Tel.: (0228) 73-7234, Fax: (0228) 73-5393

AK Hochschullehre – Sprecherin: Prof. Dr. Helga Schmidt, Universität Leipzig, Institut für Geographie, Johannisallee 19a, 04103 Leipzig, Tel.: (0341) 9732-790, Fax: (0341) 9732-799

AK Hydrologie – Sprecher: Akad.Dir. Dr. Karl-Heinz Pörtge, PH Erfurt) Mühlhausen, Institut für Geographie, Postfach 307, 99006 Erfurt, Tel.: (0361) 737-1066, Fax: (0361) 737-1932

AK Klima - Sprecher: Prof. Dr. Eberhard Parlow, Institut für Meteorologie, Klimatologie und Fernerkundung, Universität Basel, Spalenring 145, CH-4055 Basel, Tel.: (061) 272 -6480, FAX: 061/272-6923; stv. Sprecher: Prof. Dr. Gunter Menz, Friedrich-Schiller-Universität Jena, Institut für Geographie, Löbdergraben 32, D-07743 Jena. Tel.: (3641) 632-014, Fax: (3641) 632-727

AK Kommunikation und Telekommunikation – Sprecher: Prof. Dr. Peter Gräf, RWTH Aachen, Geographisches Institut, Templergraben 55, 52062 Aachen, Tel.: (0241) 80-6060, Fax: (0241) 8888-336

AK Lehrpläne – Sprecher: StD Dr. Dieter Richter, Breslauer Str. 26, 30938 Burgwedel, Tel.: (05139) 1205

AK Medizinische Geographie – Sprecher: Dr. Jürgen Schweikart, Dr. Thomas Kistemann, Harald Leisch

Prof. Dr. Jürgen Schweikart, Technische Fachhochschule Berlin, Fachbereich 7: Vermessungs- und Kartenwesen, Luxemburgerstr. 100, D-13353 Berlin, Tel.: (030) 4504-2038, -8441, Fax: (030) 4504-2632
Dr. Thomas Kistemann, Universität Bonn, Hygiene-Institut, 53105 Bonn
Dr. Harald Leisch, Universität Bonn, Geographische Institute, Meckenheimer Allee 166, D-53115 Bonn, Tel.: (0228) 73-2096, Fax: (0228)73-7230, e-mail: mailto:harald.leisch@athos.giub.uni-bonn.de Homepage: http://www.geographie.uni-trier.de:8080/~akmedgeo/

AK Geographie der Meere und Küsten - Sprecher: Dr. Jacobus L.A. Hofstede, Landesamt für Natur und Umwelt des Landes Schleswig-Holstein, Hamburger Chaussee 25, D-24220 Flintbek, Tel.: (04347) 704437, Fax: (04347) 704402

AK Norden, (AK für geographische Nordeuropaforschung) – Sprecher: Prof. Dr. Jörg-Friedhelm Venzke, Universität Bremen, FB 8, Studiengang Geographie, Postfach 330440, 28334 Bremen, Tel.: (0421) 218-2004, -7401, Fax: (0421) 218-3625

AK Polargeographie – Sprecher: Prof. Dr. Roland Mäusbacher, Universität Jena, Institut für Geographie, Löbdergraben 32, 07743 Jena, Tel.: (03641) 632354, Fax: (03641) 632347, 425039

AK Religionsgeographie – Sprecher: Prof. Dr. Reinhard Henkel, Prof. Dr. Gisbert Rinschede, Prof. Dr. Werner Kreisel
Geschäftsstelle: Prof. Dr. Reinhard Henkel, Universität Heidelberg, Institut für Geographie, Im Neuenheimer Feld 348, 69120 Heidelberg, Tel.: (06203) 85076, Fax:06221) 564996

AK Naturgefahren – Naturkatastrophen - Ansprechpartner: Prof. Dr. Richard Dikau, Prof. Dr. Jürgen Pohl, beide: Universität Bonn, Geographische Institute, Meckenheimer Allee 166, D-53115 Bonn, Tel.: (0228) 737234 (Dikau), (0228) 737382 (Pohl), Fax: (0228) 739099 (Dikau), (228) 735393 (Pohl)

AK Stadtzukünfte Sprecher: Prof. Dr. Lienhard Lötscher, Universität Bochum, Geographisches Institut, Universitätsstr. 150, D-44801 Bochum, Tel.: (0234) 700-3354, Fax: 7094-180; Dr. C. C. Wiegandt, BBR, Am Michaelshof 8, 53177 Bonn, Tel: (0228) 826 230, Fax: 8826 266

AK Südostasien - Ansprechpartner: PD Dr. Frauke Kraas, Universität Bonn, Geographische Institute, Meckenheimer Allee 166, D-53115 Bonn, Tel.: (0228) 73-7243, Fax: (0228) 73-7230; Prof. Dr. Dieter Uthoff, Universität Mainz, Geographisches Institut, Saarstr. 21, D-55099 Mainz, Tel.: (06131) 392846, Fax: (06131) 394736, PD Dr. Wolfgang Werner, Universität Heidelberg, Geographisches Institut, Im Neuenheimer Feld 348, D- 69120 Heidelberg, Tel.: (06221) 54-8953, Fax: (06221) 54-4996

AK Theorie und Quantitative Methodik in der Geographie – Sprecher: Prof. Dr. Klaus D. Aurada, Dr. Rudolf Giffinger, Dr. Otti Margraf
Prof. Dr. Klaus D. Aurada, Universität Greifswald, Geographisches Institut, Ludwig-Jahn-Str. 16, 17487 Greifswald, Tel.: (03834) 864500, Fax: (03834) 864501
Dr. Rudolf Giffinger, Technische Universität Wien, Institut für Stadt- und Regionalforschung, Karlsgasse 13, A-1040 Wien, Tel.: (0043-1) 58801-4342
Dr. Otti Margraf, Institut für Länderkunde, Schongauer Str. 9, 04329 Leipzig, Tel.: (0341) 255-6500, Fax: (0341) 255-6598

AK USA – Sprecher: Prof. Dr. Hans-Wilhelm Windhorst, Prof. Dr. Hans Dieter Laux
Geschäftsstelle: Prof. Dr. Hans-Wilhelm Windhorst, Hochschule Vechta, Postfach 1553, 49364 Vechta, Tel.: (04441) 15-348, Fax: (04441) 15-445
Prof. Dr. Hans Dieter Laux, Universität Bonn, Geographische Institute, Meckenheimer Allee 166, 53115 Bonn, Tel.: (0228) 73-5390, Fax: (0228) 73-5393

AK Zentraleuropa – Sprecher: Prof. Dr. Heinz Faßmann, TU München, Geographisches Institut, Arcisstr. 21, 80290 München, Tel.: (089) 289-22802, Fax: (089) 289-22804

Arbeitskreise der Deutschen Akademie für Landeskunde

AK Geoökologische Kartierung und Leistungsvermögen des Landschaftshaushalts – Sprecher: Prof. Dr. Harald Zepp, Ruhr-Universität Bochum, Geographisches Institut, Postfach 102148, 44721 Bochum, Tel.: (0234) 700-3313, Fax: (0234) 7094-469

AK Kulturlandschaftspflege – Sprecher: Prof. Dr. Klaus Fehn, Universität Bonn, Seminar für Historische Geographie, Konviktstraße 11, 53113 Bonn, Tel.: (0228) 73-7650

AK Landeskundliche Institute und Forschungsstellen – Sprecher: Prof. Dr. Alois Mayr, Institut für Länderkunde, Schongauer Str. 9, 04329 Leipzig, Tel.: (0341) 255-6500, Fax: (0341) 255-6598
Weitere Sprecher: Dr. Luise Grundmann (Leipzig), Prof. Dr. Manfred J. Müller (Flens-

burg), Prof. Dr. Heinz Quasten (Saarbrücken), Prof. Dr. Eugen Reinhard (Stuttgart) Karlsruhe)

AK Regionalität – Sprecher: Prof. Dr. Bernhard Butzin, Prof. Dr. Rainer Krüger, Prof. Dr. Jürgen Pohl

AK Regionalgeographische/landeskundliche Forschung - Sprecher: Prof.Dr. Hans Gebhardt, Universität Heidelberg, Geographisches Institut, Im Neuenheimer Feld 348, 69120 Heidelberg, Tel.: (06221)54-4547, Fax: (06221) 54-4996
Prof. Dr. Bernhard Butzin, Ruhr-Universität Bochum, Geographisches Institut, Universitätsstr. 150, 44780 Bochum, Tel.: (0234) 700-3436
Prof. Dr. Rainer Krüger, Universität Oldenburg, FB 3, Ammerländer Heerstr. 67-69, Tel.: (0441) 98059-14, Fax: (0441) 98059-18
Prof. Dr. Jürgen Pohl, Universität Bonn, Geographische Institute, Meckenheimer Allee 166, 53115 Bonn, Tel.: (0228) 73-7382, Fax: (0228) 73-5393

AK Zentralität – Sprecher: Prof. Dr. Hans Gebhardt, Universität Heidelberg, Geographisches Institut, Im Neuenheimer Feld 348, 69120 Heidelberg, Tel.: (06221) 54-4547, Fax: (06221) 54-4996

Facharbeitsgruppen des Deutschen Verbands für Angewandte Geographie

FAG Abfallwirtschaft – Sprecherin: Dipl.-Geogr. Andrea Everding, Meckenheimer Allee 89, 53115 Bonn, Tel.: (0228) 636865, Fax: (02241) 306101

FAG Europäische Integration – Sprecher: Dipl.-Geogr. Juan-J. Carmona-Schneider, ISA Consult GmbH, Brauhof 12, 44866 Bochum, Tel.: (02327) 982827, Fax: (02327) 982819

AK Feministische Geographie - Sprecherin: Katharina Fleischmann M.A., Lohmeyerstr. 19, D-10587 Berlin, Tel.: (030) 3421614, Dipl.Geogr.Ulrike Meyer-Hanschen, Naunynstr. 46, D-10999 Berlin, Tel. (030) 6141814

FAG GIS – Sprecherin: Dipl.-Geogr. Ruth Claus, Im Sonnenpütz 4, 53129 Bonn, Tel.: (0228) 235675

FAG Öffentlichkeitsarbeit – c) o DVAG-Geschäftsstelle, Königstr. 68, 53115 Bonn, Tel.: (0228) 9148811, Fax: (0228) 9148849

AK Öffentlichkeitsarbeit - c/o DVAG-Geschäftsstelle, Königstr. 68, D-53115 Bonn, Tel.: (0228) 9148811, Fax: (0228) 9148849

FAG Regionalentwicklung – Sprecher: Dipl.-Geogr. Rainer Danielzyk, Dr. Axel Priebs
Rainer Danielzyk, Blumenstr. 29, 26121 Oldenburg, Tel.: (0441) 76846, Fax: (0441) 7985346
Dr. Axel Priebs, Hastedter Osterdeich 194, 28207 Bremen, Tel.: (0421) 494685, Fax: (030) 494685

FAG Stadtplanung – Sprecher: Dipl.-Geogr. Andreas Sandermann, Forschungsgruppe Stadt + Dorf, Lützowstr. 102-104, 10785 Berlin, Tel.: (030) 264923-13, Fax: (030) 2628936

FAG Telekommunikation – Sprecher: Dipl.-Geogr. Andreas Koch, André Thurn
Dipl.-Geogr. Andreas Koch, Ashfordstr. 57, 53902 Bad Münstereifel
André Thurn, Boxgraben 34, 52064 Aachen, Tel.: (0241) 36824

AK Telekommunikation - Sprecher: Dipl.-Geogr. Andreas Koch , Ashfordstr. 57, D-53902 Bad Münstereifel, André Thurn, Boxgraben 34, D-52064 Aachen, Tel.: (0241) 36824

FAG Tourismus – Sprecherin: Dipl.-Geogr. Claudia Averbeck, Soester Str. 46, D-48155 Münster, Tel. (0251) 60463; Dipl.-Geogr. Daniela Möller, Albert-Schweitzer-Weg 40, D.-49716 Meppen, Tel. (05931) 86961

FAG Umweltverträglichkeitsprüfung – Sprecher: Burghard Rauschelbach, Cottastr. 35, 88048 Friedrichshafen, Tel.: (07541) 41007

FAG Verkehr – Sprecher: Dipl.-Geogr. Mathias M. Lehmann, Jürgen Primm
Dipl.-Geogr. Mathias M. Lehmann, Infrastruktur Consult, Postfach 110299, 44058 Dortmund, Tel.: (0231) 515703, Fax: (0231) 515739
Jürgen Primm, Semperstr. 30, 66123 Saarbrücken, Tel.: (0681) 373237

FAG Wirtschaftsförderung – Sprecher: Dipl.-Geogr. Ralf Bodenstedt, Im grünen Winkel 10, 59394 Nordkirchen, Tel. und Fax: (02596) 3135

FAG Wohnungswirtschaft – Sprecher: Dipl.-Geogr. Peter J.J. Elspass, Britzer Damm 15, 12347 Berlin, Tel.: (030) 6252954

Arbeitskreise im Bereich der Hochschulgeographie

AK China – Sprecher: Prof. Dr. Manfred Domrös, Prof. Dr. Wolfgang Taubmann
Prof. Dr. Manfred Domrös, Universität Mainz, Geographisches Institut, Saarstr. 21, 55122 Mainz, Tel.: (06131) 39-2296, Fax: (06131) 39-4735
Prof. Dr. Wolfgang Taubmann, Universität Bremen, FB 8, Studiengang Geographie,

Postfach 330440, 28334 Bremen, Tel.: (0421) 218-3682, -7401, Fax: (0421) 218-7183

AK Entwicklungsländerforschung - Sprecher: Prof. Dr. Fred Scholz, Freie Universität Berlin, Institut für Geographische Wissenschaften, Grunewaldstr. 35, D-12165 Berlin, Tel. (030)838- 4863 od. –4864

AK Feministische Geographie – Sprecherin: Lektorin Elisabeth Bäschlin, Universität Bern, Geographisches Institut, Hallerstr. 12, CH-3012 Bern, Tel.: (0041-31) 631-8867, Fax: (0041-31) 631-8511

AK Geographie und Gesellschaftstheorie – Sprecher: Prof. Dr. Jürgen Oßenbrügge, Universität Hamburg, Institut für Geographie, Bundesstr. 55, 20146 Hamburg, Tel.: (040) 4123-4963, Fax: (040) 4123-5270

AK Geopolitische Analysen – Sprecher: Prof. Dr. Klaus-Achim Boesler, Universität Bonn, Institut für Wirtschaftsgeographie, Meckenheimer Allee 166, 53115 Bonn, Tel.: (0228) 73-7519

AK Geopolitische Analysen - Sprecher: Prof. Dr. Klaus-Achim Boesler, Universität Bonn, Institut für Wirtschaftsgeographie, Meckenheimer Allee 166, D-53115 Bonn, Tel.: (0228)73-7519

AK Geschichte der Geographie – Sprecherin: Dr. Ute Wardenga, Institut für Länderkunde, Schongauer Str. 9, 04329 Leipzig, Tel.: (0341) 255-6510, Fax: (0341) 255-6598

AG Hochgebirgsökologie – Ansprechpartner: Prof. Dr. Michael Richter, Universität Erlangen-Nürnberg, Institut für Geographie, Kochstr. 4, 91054 Erlangen, Tel.: (09131) 85-2015, Fax: (09131) 85-2013

AK Industriegeographie – Sprecher: Prof. Dr. Eike W. Schamp, Universität Frankfurt am Main, Institut für Wirtschafts- und Sozialgeographie, Dantestraße 9, 60054 Frankfurt) Main, Tel.: (069) 798-8338, Fax: (069) 798-3548

AK Mittelmeerländer – Ansprechpartner: Prof. Dr. Toni Breuer, Universität Regensburg, Geographisches Institut, Universitätsstr. 31, 93053 Regensburg, Tel.: (0941) 943-3613, Fax: (0941) 943-4933

AK Wirtschaftsgeographie – Ansprechpartner: Prof. Dr. Elmar Kulke, Prof. Dr. Ludwig Schätzl
Prof. Dr. Wolf. Gaebe, Institut f. Geographie d. Universität Stuttgart Azenbergstr. 12, D-70174 Stuttgart, Tel.: (0711) 121-1450, Fax: (0711) 121-1455, e-mail: wolf.gaebe@po.uni-stuttgart.de;
Prof. Dr. Peter Sedlacek, Institut f. Geographie d. Universität Jena, Löbdergraben 32, D-07740 Jena, Tel.: (03641) 632-386, Fax: (03641) 632-347

AK Wohnungsmarktforschung – Sprecher: Prof. Dr. Ulrike Sailer-Fliege, Prof. Dr. Winfried Killisch
Prof. Dr. Ulrike Sailer-Fliege, Universität Marburg, Fachbereich Geographie, Deutschhausstr. 10, 35032 Marburg, Tel.: (06421) 28-4265, Fax: (06421) 28-8950
Prof. Dr. Winfried Killisch, TU Dresden, Institut für Geographie, Mommsenstr. 13, 01062 Dresden, Tel.: (0351) 463-6052, -3011

Arbeitskreis im Bereich der Schulgeographie

AK Physische Geographie im Unterricht – Sprecher: Dr. Michael Ernst, Dr. Josef Gareis
Dr. Michael Ernst, Winterbergstr. 10, 66119 Saarbrücken, Tel.: (0681) 582350
Dr. Josef Gareis, Hangstr. 9, 63768 Hösbach, Tel.: (06021) 69982

AK Lehrpläne und Lehrplanentwicklung - Sprecher: Dr. Michael Ernst, Winterbergstr. 10, D-66119 Saarbrücken, Tel.: (0681) 582350; Dr. Wolfgang Salzmann, Pestalozzistr. 90, D-66280 Sulzbach, Tel.: (06897) 52228, Fax: (06897) 567413

Geographische Fachgruppen in interdisziplinären Gesellschaften

Gesellschaft für Deutschlandforschung e.V., Fachgruppe Geographie und Raumplanung – Ansprechpartner: Prof. Dr. Karl Eckart, Universität-GH Duisburg, Fach Geographie, Lotharstr. 1, 47047 Duisburg, Tel.: (0203) 309-2244, Fax: (0203) 379-3516

Deutsche Gesellschaft für Osteuropakunde e.V., Fachgruppe Geographie – Ansprechpartner: Prof. Dr. Jörg Stadelbauer, Universität Freiburg, Institut für Kulturgeographie, Werderring 4, 79085 Freiburg, Tel.: (0761) 203-3577, Fax: (0761) 203-3575

Änderungen und Ergänzungen bitten wir an das Präsidium der Deutschen Gesellschaft für Geographie zu melden:Deutsche Gesellschaft für Geographie, c/o Gerhard Mercator Universität - Gesamthochschule – Duisburg, Fachbereich 6, Geographisches Institut, D-47048 Duisburg, Tel.: (0203) 379-2249 (Blotevogel), (0203) 379-4375 (Wood), Fax: (0203) 379-3516, e-mail: Blotevogel@uni-duisburg.de, G.Wood@uni-duisburg.de

Committee for IGU of the Federal Republic of Germany. Bis 1964: Nationalkomitee der Bundesrepublik Deutschland in der Internationalen Geographischen Union (IGU/UGI). Gegründet 1952. Zunächst in Personalunion mit dem Vorsitz des Zentralverbandes. Seit 1965 getrennter Vorsitz. Im Zusammenhang mit der Vereinigung der beiden deutschen Staaten erfolgte am 16. August 1990 auf der IGU-Regionalkonferenz in Beijing/Volksrepublik China der Zusammenschluß des ehemaligen IGU-Kommittees der DDR mit dem der Bundesrepublik Deutschland.

Vors.: Prof. Dr. Wolfgang Taubmann, Studiengang Geographie, FB 8, Universität Bremen, Postfach 330440, D-28334 Bremen, Tel.: (0421) 218-3682/-7418, Fax: 218-7183/-3625, e-mail: taubmann@uni-bremen.de

Sekr.: Prof. Dr. Eckart Dege, Geographisches Institut, Universität Kiel, D-24098 Kiel, Tel.: (0431) 880-2941, Fax: 880-4658, e-mail: dege@geographie.uni-kiel.de

Verband der Geographen an Deutschen Hochschulen e.V.

Geschichtl.: Gegründet 1925. erneuert 1948, seit 1968 e.V. mit Sitz in Bonn.

Anschrift: Geographisches Institut der Gerhard-Mercator-Universität-Gesamthochschule Duisburg, Lotharstr. 65, D-47048 Duisburg, Tel.: (0203) 379-2249, -2250, Fax: 379-3516

1. Vors.: Prof. Dr. Hans Heinrich Blotevogel, Geographisches Institut der Gerhard-Mercator-Universität-Gesamthochschule Duisburg, Lotharstr. 65, D-47048 Duisburg, Tel.: (0203) 379-2249, -2250, Fax: 379-3516, e-mail: blotevogel@unidui.uni-duisburg.de — 2. Vors. Prof. Dr. Manfred Meurer, Institut für Geographie der Universität Karlsruhe, Kaiserstr. 12, D-76131 Karlsruhe, Tel.: (0721) 6084367, Fax: 696761, e-mail: Manfred.Meurer@biogeo.uni-karlsruhe.de — Schriftführer: Dr. Gerald Wood, Geographisches Institut der Gerhard-Mercator-Universität-Gesamthochschule Duisburg, Lotharstr. 65, D-47048 Duisburg, Tel.: (0203) 379-4375, Fax: 379-3516, e-mail: G.Wood@uni-duisburg.de — Kassenwart: AOR Wolfgang Schmiedecken, Geographische Institute der Universität Bonn, Meckenheimer Allee 166, D-53115 Bonn, Tel.: (0228) 73-7481, -7290, Fax: 73-5394 — Beisitzer: Dr. Jussi Baade, Institut für Geographie der Universität Jena, Löbdergraben 32, D-07740 Jena, Tel.: (03641) 632-580, -337, Fax: 632-347 – PD Dr. Frauke Kraas, Geographische Institute der Universität Bonn, Meckenheimer Allee 166, D-53115 Bonn, Tel.: (0228) 73-7243, Fax: 73-7230 – Prof. Dr. Helga Schmidt, Institut für Geographie der Universität Leipzig, Johannisallee 19a, D-04103 Leipzig, Tel.: (0341) 97-32790, -32794, Fax: 97-32799 – Dr. Brigitta Schütt, Universität Trier, FB VI-Geographie/Geowissenschaften, D-54286 Trier, Tel.: (0651) 2014557, Fax: 2013976 — Bundesgeschäftsstelle: GEO-Büro, Meckenheimer Allee 166, D-53115 Bonn, Tel.: (0228) 695113, Fax: 695117

Hochschulverband für Geographie und ihre Didaktik e.V. (HGD) in der Deutschen Gesellschaft für Geographie (DGfG)

Vorsitzende: Prof. Dr. Ingrid Hemmer, Didaktik der Geographie, Katholische Universität Eichstätt, Ostenstr. 18, D-85072 Eichstätt, Tel.: (08421) 93-1394/1704, Fax: 93-1787, e-mail: ingrid hemmer@ku-eichstaett.de.

Beisitzerin: Prof. Dr. Notburga Protze, Didaktik der Geographie, Universität Halle-Wittenberg, Heinrich und Thomas Mann-Str. 26,D-06108 Halle/Saale, Tel.: (0345) 552-6007, Fax: 552-7142, e-mail: protze@geographie.uni-halle.de.

Beisitzer: Prof. Dr. Wolfgang Hassenpflug, Abt. Geographie, Universität Kiel, Olshausenstraße 75, D-24118 Kiel, Tel.: (0431) 8801258, Fax: 8801588, e-mail: Hassenpflug@ewf.uni-kiel.de.

Schriftführer: Prof. Dr. Johann-Bernhard Haversath, Didaktik der Geographie, Universität Gießen, Karl-Glöckner-Str. 21, D-35394 Gießen, Tel.: (0641) 9936-300/302, Fax: 9936-309, e-mail:johann-Bernhard.Haversath@geo.uni-giessen.de.

Kassenführer: Dr. Michael Hemmer, Didaktik der Geographie, Kath. Universität Eichstätt, Ostenstr. 18, D-85072 Eichstätt, Tel.: (08421) 93-1390/1704, Fax: 93-1787, e-mail: michael.hemmer@ku-eichstaett.de

Verband Deutscher Schulgeographen e.V.

1. Vorsitzender: StD Dr. Eberhard Schallhorn, Breslauer Str. 34, D-75015 Bretten, Tel. (07252) 957336, Fax: 957337, e-mail: Schallhorn.Bretten@t-online.de — 2. Vorsitzender: StD Dr. Frank-Michael Czapek, Im Moore 25, D-30167 Hannover, Tel./Fax: (0511) 704225 — 1. Schriftführer: OStR Hans-Peter Haas, Bismarckweg 15, D- 74821 Mosbach, Tel./Fax: (06261)7209, Fax: 972440 (D) — 2. Schriftführerin: OStR' Claudia Ninow, Leydenallee 98, D-12165 Berlin, Tel.: (030) 7911363, Fax: 8312251 — Schatzmeister: OStR

Gerhard Könecke, Im Kunfe 14, D-35410 Hungen, Tel./Fax: (06402) 1693 — Ehrenvorsitzende: OStD. a.D. Dr. Heinz-Werner Friese, Andréezeile 26B, D-14165 Berlin, Tel. (030) 8155352 – StD Dr. Dieter Richter, Breslauer Str. 26, 30938 Burgwedel, Tel.: (05139)1205, Fax: 2646.

ΔVorstände der Landesverbände:

Baden-Württemberg. 1. Vors.: StD Dr. Wilfried Nübler, Schönbergstr. 32, D-79194 Gundelfingen, Tel.: (0761) 582727, e-mail: wnuebler@t-online.de — 2. Vors.: StD Dr. Klaus Bühn, Grundbirnbaumweg 1, D-97999 Igersheim, Tel.: (07931) 41352 — Gf.: OStD Hans-Peter Haas, Bismarckweg 15, D-74821 Mosbach, Tel.: (06261) 7209, Fax: 972440 (d)

Bayern. 1. Vors.: StD Dr. Josef Gareis, Hangstr. 9, D-63768 Hösbach, Tel./Fax: (06021) 62207, oder 0171 8333323 — 2. Vors.: SR Dr. Martin Hartl, Roter-Brach-Weg 38, D-93049 Regensburg, Tel./Fax: (0941) 33051, e-mail: Martin.Hartl@t-online.de — Schatzmeister: OStR Hans Kronfeldner, Goethestr. 39, D-93152 Nittendorf, Tel.: (09404) 4784, Fax: 6114, e-mail: Hans.Kronfeldner@t-online.de — Schriftführerin: RLin Eva Gottstein, Pedettistr. 13, D-85072 Eichstätt, Tel.: (08421) 3225, Fax: 80683

Berlin. 1. Vors.: StD Dieter Gross, Argentinische Allee 8c, D-14163 Berlin, Tel.: (030) 80902656, Fax: 80902657, Internet: http://Home.t-online.de/home/Dieter.Gross, e-mail: Dieter.Gross@t-online.de — 2. Vors.: Elke Elsing, Harnackstr. 18, D-10365 Berlin, Tel.: (030) 5598888 — Kassenwart: StD' Eva-Maria Streidt, Nußhäherstr. 23, D-13505 Berlin, Tel.: (030) 4311123

Brandenburg. 1. Vors.: Dr. Reinhard Hoffmann, Hans-Grade-Ring 62, D-14480 Potsdam, Tel.: (0331) 614707 — 2. Vors.: Jörg Weigelt, Birkenallee 54, D-15232 Frankfurt/Oder, Tel.: (0335) 522773 — Schriftf.: Rita Werner, Prager St. 4, D-15234 Frankfurt/Oder, Tel.: (0335) 62683

Bremen. 1. Vors.: OStDir. Gerd Feller, Franklinstr. 101, D-28357 Bremen, Tel.: (0421) 274990 — 2. Vors.: SL Ansgar Bertram, Gustav-Deckwitz-Str. 67, D-28277 Bremen, Tel.: (0421) 826545 — Schriftf.: StD Hans-Heinrich Rogge, Woltmershauser Str. 382, D-28197 Bremen, Tel.: (0421) 546344

Hamburg. 1. Vors.: StD. Ulrich Brameier, Krupunder Grund 29, D-25469 Halstenbek, Tel.: (04101) 401142 — 2. Vors.: OStR Paul Cremer, Am Backofen 6, D-22339 Hamburg, Tel.: (040) 5383055 — Schriftf.: StR Bernd Kallweit, Goetenkamp 7, D-22927 Großhansdorf, Tel.: (04102) 64602

Hessen. 1. Vors.: Prof. Dr. Johann-Bernhard Haversath, Karl-Glöcknerstr. 21 G, D-35394 Gießen, Tel.: (0641) 99-36300/02, Fax: 99-36309 — 2. Vors.: OStD. Horst Schröder, Breslauer Str. 10, D-65830 Kriftel, Tel.: (069) 761917 — Schriftf.: StD Dr. Hartmut Schulze, Am Unteren Krümmershof 4a, D-34132 Kassel, Tel.: (0561) 406868

Mecklenburg-Vorpommern. 1. Vors.: Prof. Dr. Rolf Meincke, Lärchenweg 8, D-17498 Potthagen, Tel.: (03834) 507810 — 2. Vors.: Manfred Oschwald, Adolf Willbrandt-Str. 15, D-18055 Rostock, Tel.: (0381) 27763 — Schriftf.: Heidemarie Täubert, Goethe-Weg 8a D-17509 Lubmin, Tel: (038354) 30117

Niedersachsen. 1. Vors.: StD i. R., Wolfgang Fettköter, Kurt-Schumacher-Weg 4, D-37075 Göttingen, Tel.: (0551) 23929, Fax: 23058 — 2. Vors.: StD Klaus Wehrs, Roggenkamp 1, D-21335 Lüneburg, Tel.: (04131) 46671 — Schriftf.: Stud-Ref' Tanja Meyfarth, Akazienweg 56 A, D-37083 Göttingen, Tel./Fax: (0551) 71005

Nordrhein-Westfalen. 1. Vors.: StD.i. R. Eberhard Lison, Heideweg 111, D-40470 Düsseldorf , Tel.: (0211) 632235 — Schriftf.: LRSD i.R. Wiltrud Seiffert, Gilsingstr. 53, D-44789 Bochum, Tel.: (0234) 336526 — Kassenwart: OStR Manfred Engel, Vogelbachweg 20, D-33729 Bielefeld,Tel.: (0521) 392460

Rheinland-Pfalz. 1. Vors.: OStD Dr. Dieter Börsch, Am Mühlenberg 41, D-56182 Urbar, Tel.: (0261) 68013, Fax: 53959 — 2. Vors.: StD Ursula Steyer-Heidenreich, Am Vogelsberg 7, D-55618 Simmertal, Tel.: (06754) 1675 — Geschäftsf.: OStR. Georg Maeschig, Im Runnenwieschen 12, D-54568 Gerolstein, Tel.: (06591) 4550

Saarland. 1. Vors.: OStR Uwe Klomann, Vorm Wäldchen 48, D-66571 Eppelborn, Tel.: (06881) 8566 — 2. Vors.: StR Michael Becker, Schneiderstr. 22, D-66687 Wadern-Wadrill, Tel.: (06871) 4600 — Schriftf.: OStR Helmut Recktenwald, An der Ronnhöd 19,D-66740 Saarlouis, Tel.: (06831) 62663

Sachsen. 1. Vors.: Dr. Klaus Frey, Saalhausener Str. 33 c, D-01159 Dresden, Tel./Fax: (0351) 4120114 — 2. Vors.: Frank Prehl, Lindenstraße 34, D-08280 Aue, Tel.: (03771) 53798 — Schriftf.: Rene Wiedrich, Lessingstr. 42, D-09569 Oederau, Tel.: (037292) 20331

Sachsen-Anhalt. 1. Vors.: Heike Kopf, An der Wassermühle, D-39291 Grabow, Tel.: (03921) 6370 — 2. Vors.: Prof. Dr. Notburga Protze, Saalering 3, D-06120 Halle/Saale,Tel.: (0345)

5500844 — Schriftl.: Anette Friede, Kurt-Freund-Str. 24, D-06130 Halle/S., Tel.: (0345) 550296

Schleswig-Holstein. 1. Vors.: OStR Rolf Krüger, Weidenstieg 6, D-25337 Kölln-Reisiek, Tel./ Fax: (04121) 438479 — 2. Vors.: SR. Gottfried Bräuer, Japoppkamp 7, D-25421 Pinneberg, Tel./Fax: (04101) 68491 — Schriftf.: OStR Klaus Meyer-Lovis, Andreas-Hansen-Siedlung 10, D-25927 Neukirchen, Tel./Fax: (04664) 812

Thüringen. 1. Vors.: Priv.-Doz. Dr. Wolfgang Bricks, Scharnhorststr. 42, D-99099 Erfurt — 2. Vors.: Hannelore Oertel, Stauffenbergstr. 39, D-07747 Jena, Tel.: (036421) 27071 (d) — Schriftf.: Peter Köhler, Sauerdornweg 4, D-99097 Erfurt

Deutscher Verband für Angewandte Geographie (DVAG) e.V.

Geschichtl.: 1950 gegr., eingetragener Verein (Vereinsregister Darmstadt)

Geschäftsstelle: Königstr. 68, D-53115 Bonn, Tel.: (0228) 91488-11, Fax: 91488-49

Vorstandsmitglieder: Dipl. Geogr. Klaus Mensing (Vorsitzender), Ottenser Hauptstr. 26, D-22765 Hamburg, Tel. (040) 393964, (D) Convent-Planung und Beratung GmbH, Haubachstr. 74, D-22765 Hamburg, Tel. (040) 389964-0, Fax: 38612872, e-mail: convent@poweronline.net — Dipl.-Geogr. Anja Wellhausen (stellv. Vorsitzende), Im Sonnenpütz 4, D-53129 Bonn, Tel.: (0228) 9107502, e-mail: Tokesson@t-online.de, (D) Wissenschaftsladen, Buschstr. 85, D-53115 Bonn, Tel.: (0228) 2016121, Fax: 265287 — Dipl.-Geogr. Peter J. J. Elspaß, August-Bebel-Str. 72, D-14482 Potsdam, Tel.: (0331) 741721, (D) inbo architekten/ingenieure gmbH, Alt Moabit 108a, D-10559 Berlin, Tel.: (030) 39-11098, Fax: 39-94047, e-mail: inbo-berlin@t-online.de — Prof. Dr. Klaus Greve, Ippendorfer Allee 57, D-53127 Bonn, Tel.: (0228) 283011, Fax: 283093, (D) Universität, Geographisches Institut, Meckenheimer Allee 166, D-53115 Bonn, Tel.: (0228) 735-596, Fax: 735-393, e-mail: klaus.greve@uni-bonn.de — Prof. Dr. Klaus Kost, Ostpreußenstr. 108, D-45259 Essen, Tel. (0201) 467549, Fax: 1059279, (D) PCG - Project Consult GmbH, Heinrichstr. 3-5, D-45128 Essen, Tel.: (0201) 1059-20, Fax: 1059-279, e-mail: prco@compuserve.com — Dipl.-Geogr. Ulrike Kugler, Karl-Barth-Str. 24, D-53129 Bonn, Tel.: (0228) 9107403, e-mail: uzsf7k@ibm-rhrz.uni-bonn.de — Dipl.-Geogr. Mathias M. Lehmann, Körner Hellweg 47, D-44143 Dortmund, Tel. (0231) 515703, Fax: 515739, (D) Infrastruktur Consult, Körner Hellweg 47, D-44143 Dortmund, Tel. (0231) 515703, Fax: 515739, e-mail: Infrastruktur-ConsultMMLehmann@t-online.de — Dipl.-Geogr. und Rechtsanwalt Holger Schmitz, Kluckstr. 33, D-10785 Berlin, Tel.: (030) 2621390, (D) Anwaltsbüro Gaßner, Groth, Siederer & Coll., Beyerstr. 2, D-14469 Potsdam, Tel.: (0331) 298513-0, Fax: 298513-33, e-mail: GGS@GGS2.P.uunet.de — Sonja Vieten, Peter Rosegger-Str. 19a, D-40699 Erkrath, Tel.: (0211) 255213, Fax: 8113464, e-mail: vieten@uni-duesseldorf.de

Sprecher der Arbeitskreise

AK Bauen – Wohnen – Immobilien: Dipl.-Geogr. Peter J. J. Elspaß, August-Bebel-Str. 72, D-14482 Potsdam, Tel.: (0331) 741721, (D) inbo architekten/ingenieure gmbh, Alt Moabit 108a, D-10559 Berlin, Tel.: (030) 3911098, Fax: 3994047, e-mail: inbo-berlin@t-online.de

AK Europäische Integration: Dipl.-Geogr. Juan-J. Carmona-Schneider, Postkutschenweg 4, D-44803 Bochum, Tel.: (0234) 352349, (D) ISA CONSULT GmbH, Westring 26 a, D-44787 Bochum, Tel.: (0234) 9132226, Fax: 9132100, e-mail: jcarmona@isa-consult.de

AK Feministische Geographie: Katharina Fleischmann M.A., Lohmeyerstr. 19, D-10587 Berlin, Tel.: (030) 3421614, (D) Dipl.-Geogr. Ulrike Meyer-Hanschen, Naunynstr. 46, D-10999 Berlin, Tel.: (030) 6141814

AK GIS: Dipl.-Geogr. Ruth Claus, Marienhöhe 23, D-53424 Remagen-Rolandswerth, Tel.: (02228) 910970, Fax: 910971, e-mail: ruth.claus@gmx.net (D) BT-GIS Benndorf Technologie für Geoinformationssysteme, Euskirchener Str. 43, D-53121 Bonn, Tel.: (0228) 978510, Fax: 9785111, e-mail: claus@mail.bt-gis.de

AK Naturschutz: Dipl.-Geogr. Günter Mitlacher, Kleine Heeg 2, D-53359 Rheinbach, Tel.: (02226) 17866, Fax: 17866, (D) Naturschutz Consultant, Büro Mitlacher, Kleine Heeg 2, D-53359 Rheinbach, Tel.: (02226) 17866, Fax: 17866

AK Regionalentwicklung: Dr. Rainer Danielzyk, Blumenstr. 29, D-26121 Oldenburg, Tel.: (0441) 76846, Fax: (0441) 76846, (D) Technische Universität Dresden, Institut für Geographie, Lehrstuhl Raumordnung, Mommsenstr. 13, D-01062 Dresden, Tel.: (0351) 463-6060, Fax: (0351) 463-7745 — Dr. Axel Priebs, Walter-Gieseking-Str. 1, D-30159 Hannover, Tel.: (0511) 2831470, Fax: 2831470

AK Stadtplanung: Dipl.-Geogr. Heiner Schote, Neustadtwall 15 e, D-28199 Bremen, Tel.: (0421) 502510, (D) AFB-Bürgerschaftsfraktion, Martinistr. 47/49, D-28195 Bremen, Tel.: (0421) 17596-27, Fax: 17596-11

AK Telekommunikation: Dipl.-Geogr. Andreas Koch, Landgraben 31, D-52146 Würselen, Tel.: (02405) 897914, (D) RWTH Aachen, Geographisches Institut, Templergraben 55, D-52056 Aachen, Tel.: (0241) 806043, e-mail: 100041.3240@compuserve.com . André Thurn, Boxgraben 34, D-52064 Aachen, Tel.: (0241) 36824

AK Tourismus: Dipl.-Geogr. Claudia Averbeck, Soester Str. 46, D-48155 Münster, Tel.: (0251) 60463, (D) Pro T In, Projektionsbüro für Tourismus und Infrastruktur Claudia Averbeck und Annette Wilbers-Noetzel GbR, Lessingstr. 7, D-49716 Meppen, Tel.: (05931) 970097, Fax: 970098, e-mail: pro-t-in@t-online.de – Dipl.-Geogr. Daniela Möller, Albert-Schweitzer-Weg 40, D-49716 Meppen, Tel.: (05931) 86961, e-mail: Daniela.Moeller@t-online.de (D) Touristikverband Emsland e.V., Ordenierung 1, D-49716 Meppen, Tel.: (05931) 44-120, Fax: (05931) 44-344

AK Umweltplanung und Ressourcenmanagement: Burghard Rauschelbach, Cotta-Str. 35, D-88048 Friedrichshafen, Tel.: (07541) 41007, (D) Deutsche Gesellschaft für Technische Zusammenarbeit GmbH, Postfach 5180, D-65726 Eschborn, Tel.: (06196) 79-1174, Fax: 79-7151, e-mail: burghard.rauschelbach@gtz.de

AK Verkehr: Dipl.-Geogr. Mathias M. Lehmann, Körner Hellweg 47, D-44143 Dortmund, Tel.: (0231) 515703, Fax: 515739, (D) Infrastruktur-Consult, Postfach 110299, D-44058 Dortmund, Tel.: (0231) 515703, Fax: 515739, e-mail: Infrastruktur-ConsultMMLehmann@t-online.de — Jürgen Primm, Rennweg 52 a, D-90489 Nürnberg, Tel.: (0911) 3130384, (D) Icon Regio, Gesellschaft für Regional-, Verkehrsforschung Standortmarketing mbH, Thumenberger Weg 27, D-90491 Nürnberg, Tel.: (0911) 9593-162, Fax: 9593-160

AK Wirtschaftsförderung: Dipl.-Geogr. Henning Schröder, Zimmerstr. 11, 34497 Korbach, Tel.: (05631) 4708, (D) Kreisstadt Korbach, Amt für Wirtschaftsförderung, Stechbahn 1, D-34497 Korbach, Tel.: (05631) 53343, Fax: 53200 — Frank Osterhoff, Hugo-Schultz-Str. 36, D-44789 Bochum, Tel.: (0234) 309575

Sprecher der Foren (Forum)

Forum Berlin/Brandenburg: Dr. Christof Ellger, Delbrückstr. 35, D-12051 Berlin, Tel.: (030) 6269495, (D) Freie Universität Berlin, Institut für Geographische Wissenschaften, Malteserstr. 74-100, D-12249 Berlin, Tel.: (030) 7792-226, Fax: 76706436, e-mail: cellger@geog.fu-berlin.de

Forum Dresden/Ostsachsen: Dr. Peter Wirth, Am Steinbruch 16, D-01900 Großröhrsdorf, Tel.: (035952) 48530, (D) Institut für ökologische Raumentwicklung e.V. Dresden, Weberplatz 1, D-01217 Dresden, Tel.: (0351) 4679-232, Fax: 4679-212

Forum Halle / Leipzig: Dr. Günther Schönfelder, Ernst-von-Harnack-Hof 6, D-06120 Halle, Tel.: (0345) 5504247, Fax: (0345) 5504247, (D) Sächsische Akademie der Wissenschaften zu Leipzig, Kommission für Sächsisch-Thüringische Landeskunde, Karl-Tauchnitz-Str. 1, D-04107 Leipzig, Tel.: (0341) 7115339, Fax: 7115344

Forum Hamburg: Florian Kurt, Perthesweg 50, D-20535 Hamburg, Tel.: (040) 2008230, Fax: (040) 2008230, (D) urbanus GbR, Strukturentwicklung-Raumplanung-Verkehrsgestaltung-Marketing, An der Untertrave 81-83, D-23552 Lübeck, Tel.: (0451) 7062-666, Fax: 7062-667 — Matthias Winkler, Pogwischrund 10 g, D-22149 Hamburg, Tel.: (040) 6723767, e-mail: winkler@atlantis.geowiss.uni-hamburg.de

Forum Kurpfalz: Götz Junk, Ladenburger Str. 7, D-68723 Plankstadt, Tel.: (06202) 18107

Forum Region Magdeburg: Dipl.-Geogr. Matthias Stier, Michael-Lotter-Str. 2, D-39108 Magdeburg, (D) Ministerium für Wirtschaft und Technologie des Landes Sachsen-Anhalt, Wilhelm-Höpfer-Ring 4, D-39116 Magdeburg, Tel.: (0391) 567-4458. Dipl.-Geogr. Burkhard Rönick, Pestalozzistr. 1, D-39110 Magdeburg, Tel.: (0391) 733-9366, (D) Landeshauptstadt Magdeburg, Stadtplanungsamt, Lorenzweg 77-87, D-39090 Magdeburg, Tel.: (0391) 5668325, Fax: 5668292

Forum Mittelhessen: Dipl.-Geogr. Joachim Kothe, Hahnb ergstr. 14, D-35043 Marburg, Tel.: (06421) 46804, (D) Hessische Landgesellschaft (HLG), Wilhelmshöher Allee 157-159, D-34121 Kassel, Tel.: (0561) 3085-147, Fax: 3085-153

Forum Region München: Dipl.-Geogr. Elisabeth Liberda, Adalbertstr. 15, D-80799 München, Tel.: (089) 284107, e-mail: e.liberda@t-online.de — Dipl.-Geogr. Ralf Popien, Pestalozzistr. 40 c, D-80469 München, Tel.: (089) 267204, Fax: 267204, e-mail: rpopien@t-online.de

Forum Münsterland: Dipl.-Geogr. Christian Sorge, Lessingstr. 7, D-49716 Meppen, Tel.: (05931) 13000, e-mail: sorge@t-online.de, (D) Amt für Wirtschaftsförderung, Ordeniederung 1, D-49716 Meppen, Tel.: (05931) 44332, Fax: 44245, e-mail: emsland@t-online.de — Bereich Osnabrück: Dipl.-Geogr. Uwe Noetzel, Klusstr. 8, D-49074 Osnabrück, Tel.: (0541) 258489, e-mail: uwe.noetzel@geographie.uni-osnabrueck.de , (D) Universität Osnabrück, Fachbereich Geographie, Seminarstr. 20, D-49069 Osnabrück, Tel.: (0541)

9694647, Fax9694333

Forum Nordbayern / Franken: Dr. Konrad Schliephake, Mittlerer Steinbachweg 13, -D-97082 Würzburg, Tel.: (0931) 82423, Fax: 8885556, (D) Universität Würzburg, Geographisches Institut, Am Hubland, D-97074 Würzburg, Tel.: (0931) 888-5548,-5553

Forum Oberfranken: Dipl.-Geogr. Peter Belina, Ludwig-Crössmann-Str. 7, D-95326 Kulmbach, Tel.: (09221)4717, Fax: 4717, (D) Industrie-und Handelskammer für Oberfranken, Abt. Struktur, Statistik, Öffentlichkeitsarbeit, Bahnhofstr. 25-27, D-95444 Bayreuth, Tel.: (0921) 886-102,-121, Fax: 12778, e-mail: belina@bayreuth.ihk.de

Forum Oberrhein: Dipl.-Geogr. Thomas Balser, Badstr. 25, D-77652 Offenburg, Tel.: (0781) 70530, (D) TGO–Tarifverbund Ortenau GmH, Badstr. 20, D-77652 Offenburg, Tel.: (0781) 805-638, Fax: 805-634, e-mail: thomas.balser@f1lro020.ortenaukreis.de

Forum Rhein-Main: Dipl.-Geogr. Ralf Gutfleisch, Flensburger Str. 5, D-60435 Frankfurt/M. Tel.: (069) 566806, Fax: 566806, e-mail: gutfleis@stud.uni-frankfurt.e

Forum Rhein / Ruhr: Dipl.-Geogr. Johannes Peuling, Vogelbeerweg 8, D-44879 Bochum, Tel.: (0234) 474624, (D) ISA-Consult GmbH, Beratungsgesellschaft für Innovation, Strukturpolitik und Arbeit, Brauhof 12, D-44866 Bochum, Tel.: (02327) 982852, Fax: 982819

Forum Saar / Mosel / Pfalz: Rüdiger Bär M.A., Mühlenstr. 18 a, D-66111 Saarbrücken, Tel.: (0681) 372661, Fax: (0681) 501-4299, (D) Ministerium für Umwelt, Energie und Verkehr, Halbergstr. 50, D-66121 Saarbrücken, Tel.: (0681) 501-4185, Fax: 501-4299 — Frank Hömme, Schloßstr. 2, D-54340 Bekond, Tel.: (06502) 988201, Fax: 988202, (D) Büro für Raumanalyse+Raumentwicklung, Schloßstr. 2, D-54340 Bekond, Tel.: (06502) 988201, Fax: 988202, e-mail: frank.hoemme@t-online.de

Forum Schleswig-Holstein: Stephan Anemüller, Olshausener Str. 17, D-24118 Kiel, Tel.: (0431) 82546

Forum Südliches Niedersachsen: Dipl.-Geogr. A. Bela Bergemann, Leonard-Nelson-Str. 24, D-37073 Göttingen, Tel.: (0551) 46641, (D) Zweckverband Verkehrsbund Süd-Niedersachsen, Hainholzweg 3-5, D-37085 Göttingen, Tel.: (0551) 5472815, Fax: 5472820

Forum Südliches Rheinland: Dipl.-Geogr. Thomas J. Mager, Kreuzbergweg 20, D-53115 Bonn, Tel.: (0228) 693006, Fax: (0228) 693008, (D) Stadtverkehr Euskirchen GmbH, Bahnhofstr. 23, D-53879 Euskirchen, Tel.: (02251) 14140, Fax: 14149. Thomas Mennikken, Rheinallee 21, D-53173 Bonn, Tel.: (0228) 359346 — Gebiet Köln: Dipl.-Geogr. Anja Wellhausen, Im Sonnenpütz 4, D-53129 Bonn, Tel.: (0228) 9107502, e-mail: Tokesson@t-online.de — Gebiet Aachen: Dr. Rudi Juchelka, Wallstr. 22/24, D-52064 Aachen, Tel.: (0241) 27126, Fax: 27126, (D) RWTH Aachen, Geographisches Institut, Templergraben 55, D-52056 Aachen, Tel.: (0241) 80-6057, Fax: 8888309, e-mail: rudolf.juchelka@geo.rwth-aachen.de

Forum Thüringen: Ulrike Lilienbecker-Hecht, M.A., Adalbertstr. 15, D-99089 Erfurt, Tel.: (0361) 2111303, Fax: 2111304, (D) Lilienbecker GbR, Büro für Geographie und Kommunikation, Adalbertstr. 15, D-99089 Erfurt, Tel.: (0361) 2111303, Fax. 2111304, e-mail: Lilienbecker@t-online.de

Forum Weser-Ems: Andreas Gräfe, Nelkenstr. 28, D-26121 Oldenburg, Tel.: (0441) 8850684, (D) Breslauer Str. 24, D-26135 Oldenburg, Tel.: (0441) 203128, Fax: 203128 — Peter Spengemann, Strutthofs Kamp 27, D-26127 Oldenburg, Tel.: (0441) 63448.

Forum Württemberg: Dipl.-Geogr. Thomas Lepping, Friedrich-Ebert-Str. 81, D-71638 Ludwigsburg, Tel.: (07141) 870086 — Dipl.-Geogr. Ursel Habermann, Eugenstr. 38, D-72072 Tübingen, Tel.: (07071) 368251

Forum International: Dipl.-Geogr. David Voskuhl, 2, rue François Villon, F-31700 Blagnac, Tel.: (0033 – 5) 62741424, (D) Airbus Industrie Press Office AI/GC-I, 1, Rond Point Maurice Bellonte, F-31707 Blagnac Cedex, Tel.: (0033-5) 61934010, Fax: 6193-4834 oder 4849

Beirat: Frank Hömme, Schloßstr. 2, D-54340 Bekond, Tel.: (06502) 988201, Fax: 988202, (D) Büro für Raumanalyse + Raumentwicklung, Schloßstr. 2, D-54340 Bekond, Tel.: (06502) 988201, Fax: 988202, e-mail: frank.hoemme@t-online.de

Projektgruppe Öffentlichkeitsarbeit: Dipl.-Geogr. Elisabeth Liberda, Adalbertstr. 15, D-80799 München, Tel.: (089) 284107, e-mail: e.liberda@t-online.de — Dr. Ralf Popien, Pestalozzistr. 40 c, D-80469 München, Tel.: (089) 267204, Fax: 267204, e-mail: rpopien@t-online.de

Standort-Redaktion: Schriftleiter: Dipl.-Geogr. Arnulf Marquardt-Kuron, Lessingstr. 38, D-53113 Bonn, Tel.: (0228) 212123, Fax: 9148849 — stellvertretender Schriftleiter: Dr. Peter M. Klecker, Halfmannswiese 53 d, D-44879 Bochum, Tel.: (0234) 496627, e-mail: peter.m.klecker@ruhr-uni-bochum.de

GEOGRAPHISCHE GESELLSCHAFTEN

Obmann der Geographischen Gesellschaften in der Bundesrepublik Deutschland: Prof. Dr. H. Popp, Geographisches Institut der Techn. Universität, Arcisstr. 21, D-80290 München, Tel.: (089) 289-22801, Fax: 289-2804, e-mail: herbert.popp@lrz.tu-muenchen.de — Stellvertr.: Prof. Dr. Frankdieter Grimm, Institut für Länderkunde, Schongauer Str. 9, D-04329 Leipzig

AACHEN. Maas-Rhein Institut für Angewandte Geographie e.V., Templergraben. 55, D-52056 Aachen — Vors.: Prof. Dr. Th. Schreiber, Tel.: (0241) 803639 / 40, Fax: 8888-309

BERLIN. Gesellschaft für Erdkunde zu Berlin, gegr. 30.4.1828. Gst.: Arno-Holz-Str. 14, D-12165 Berlin, Tel.: (030) 7919001, Fax: 7933249 — Vors.: Dr. Dieter Biewald — Gen.-Sekr.: Dr. Kirsten Gehrenkemper

BOCHUM. Gesellschaft für Geographie und Geologie Bochum e.V., gegr. 1956. Vors.: Stud.Dir. Helga Korfmann, Kösliner Str. 16a, D-45770 Marl, Tel.: (02365) 18013

BONNER Geographische Gesellschaft (früher Gesellschaft für Erd- und Völkerkunde), Gst.: Meckenheimer Allee 166, D-53115 Bonn, Tel.: (0228) 737206 — Vors.: Priv. Doz. Dr. F. Kraas — Stellvertretender Vors.: Dr. H. Leisch — Gf.: Dr. M. Nüsser

BREMEN. Geographische Gesellschaft in Bremen, gegr. 1877 (ursprüngl. „Verein f. d. deutsche Nordpolfahrt"). Gst.: c/o Übersee-Museum, Bahnhofsplatz 13, D-28195 Bremen, Tel.: (0421) 361-9744 — Vors.: StDir. E. Bremser — Schriftf.: Dr. D. Heintze

DARMSTADT. Verein für Erdkunde zu Darmstadt, wiedergegr. 1979. (Erstgründung 1845) — 1. Vors.: Prof. Dr. O. Seuffert – (Pr) Mainstraße 50, D-64625 Bensheim, Tel.: (06251) 690282/3, Fax: 65553

ERLANGEN. Fränkische Geographische Gesellschaft e.V., gegr. 1954. Inst. f. Geogr. d. Univ., Kochstr. 4/4, D-91054 Erlangen, Tel.: (09131) 85-22645, Fax: 85-22013 — 1. Vors.: Prof. Dr. H. Kopp — Schriftf.: Prof. Dr. H. Schröder

ESSEN. Geographische Gesellschaft für das Ruhrgebiet, Essen. Erstgründung 1920 (-1941), wiedergegr. 30.3.1953. Gst.: Steinbeck 43, D-45239 Essen, Tel.: (0201) 409598, Fax: 409500 — 1. Vors.: StDir. a.D. Gustav Ihde — Schriftf.: Dr. Robert Marks — Ehrenvors.: Prof. Dr. Dieter Weis

FRANKFURT am Main. Frankfurter Geographische Gesellschaft, gegr. 1836. Gst.: Senckenberganlage 36, D-60325 Frankfurt, (Postfach 11 19 32, D-60054 Frankfurt), Tel.: (069) 7982-2913, Fax: 798-28382 — Vors.: Akad.Dir. Dr. F. Fuchs, Prof. Dr. G. Nagel, Prof. Dr. W. Lutz — Gen.Sekr.: Dr. J. B. Ries — Schatzmeisterin: Prof. Dr. I. Schickhoft — Schriftführerin: Dr. R. Bördlein

FREIBURG i. Br. Gesellschaft für Länder- und Völkerkunde in Freiburg i.Br., gegr. 1964. Gst.: Werderring 4, D-79085 Freiburg, Tel. (0761) 203-3564 — 1. Vors.: Prof. Dr. J. Stadelbauer — Stellv. Vors.: Dr. Ch. van Husen — Schriftf. Dr. Ch. Dittrich

HALLE. Verein für Erdkunde zu Halle. Domstraße 5, D-06108 Halle/Saale, Tel.: (0345) 5526050

HAMBURG. Geographische Gesellschaft in Hamburg, gegr. 1873. Gst.: Bundesstr. 55, D-20146 Hamburg, Tel.: (040) 4101714, Bibl.(040) 4123-4943, e-mail: wichers@uni-hamburg.de — Vorsitzender: Prof. Dr. Dieter Jaschke — stellvertretender Vorsitzender: Prof. Dr. Dietbert Thannheiser — Dipl.-Bibl.: L. Mohrdieck, H. Nielsen — Publ.: Mitteilungen der Geographischen Gesellschaft in Hamburg, hg. von Prof. Dr. Frank Norbert Nagel

HANNOVER. Geographische Gesellschaft zu Hannover, gegr. 1878. Gst.: Schneiderberg 50, D-30167 Hannover 1, Tel.: (0511) 762-2233, Fax: 762-3533 — Vors.: Prof. Dr. H.J. Buchholz — Schriftf.: Prof. Dr. A. Arnold

HEIDELBERG. Heidelberger Geographische Gesellschaft, gegr. 1948 als Verein der Freunde und Förderer der Geographie. Seit 1985 unter heutigem Namen. Geogr. Inst., Im Neuenheimer Feld 348, D-69120 Heidelberg, Tel.: (06221) 54-4570, -4578, Fax: 54-4996 — Vors.: Prof. Dr. H. Karrasch (1. Vors.), Dr. W. Gamerith (2.

Vors.), Th. Schwan (3. Vors.), Dr. K. Sachs (Schriftf.), Dipl.-Geogr. U. Krause (Kassenw.)

KARLSRUHE. Geographische Gesellschaft Karlsruhe (früher: Badische Geographische Gesellschaft), gegr. 1925. Kaiserstr. 12, D-76131 Karlsruhe, Tel.: (0721) 608-4367 — Vors.: Prof. Dr. M. Meurer, Dr. E. Schallhorn

KÖLN. Gesellschaft für Erdkunde zu Köln e.V., gegr. 1887. Gst.: Geogr. Inst. d. Universität Köln, Albertus-Magnus-Platz, D-50923 Köln , Tel.: (0221) 470-2261, Fax: 470-4917 — Vors.: Priv. Doz. Dr. M. Nutz — Schatzmeister: StD. Dr. B. Schemann — Schriftf.: Akad.Dir. Dipl.-Geogr. G. Ziegeler

LEIPZIG. Geographische Gesellschaft zu Leipzig e.V. gegr. 1861. Schongauerstr. 9, D-04329 Leipzig, Tel: (0341) 2556505, Fax: 2556598 — Vors.: Dr. sc. F. Grimm — Schriftf.: Dipl.-Geogr. Knabe

LÜBECK. Geographische Gesellschaft zu Lübeck e.V. Ehrenvors.: Dr. Walter Schurig, Kuckucksruf 23, D-23562 Lübeck, Tel.. (0451) 59 50 16 — 1. Vors.: Dr. Peter-Paul Kilian, Körnerstr. 19, D-2400 Lübeck 1, Tel.: (0451) 561 67 — 2. Vors.: Prof. Dr. Hermann Achenbach, Ulmenstr. 25, D-2301 Raisdorf, Tel.: (04307) 5896

MARBURG. Marburger Geographische Gesellschaft e.V. gegr. 1985. Gst. im Fachbereich Geographie, Deutschhausstraße 10, D-35037 Marburg, Tel.: (06421) 28-4261, Fax: 28-8950 — 1. Vors.: Prof.Dr. Alfred Pletsch, Körnerstr. 35, D-35039 Marburg, Tel.: (06421) 47523

MÜNCHEN. Geographische Gesellschaft in München e.V., gegr. 1869. Gst.: c/o Geographisches Institut der Technischen Universität München, Arcisstr. 21, D-80290 München — 1. Vors.: Prof. Dr. H. Popp, Geographisches Institut der TUM, Arcisstr. 21, D-80290 München, Tel.: (089) 28922-801, Fax: 28922-804 — Schriftltg.: Dr. R. Paesler, Wildmoosstr. 20a, D-82194 Gröbenzell, und Prof. Dr. K. Rögner, Geogr. Institut der Universität, Luisenstr. 37, D-80333 München.

STUTTGART. Gesellschaft für Erd-und Völkerkunde zu Stuttgart e.V., gegr. 1882. Gst.: Linden-Museum, Stuttgart, Postanschrift: Institut für Geographie d. Universität, Azenbergstr. 12, D-70174 Stuttgart , Tel.: (0711) 121-1483 (Prof. Borcherdt), -1450 (Sekr.), Fax: 121-1455 — Vors.: Prof. em. Dr. Ch. Borcherdt.

TRIER. Geographische Gesellschaft Trier e.V., gegr. 1974. Gst.: Universität Trier, D-54286 Trier — 1. Vors.: Prof. Dr. R. Baumhauer — Schriftf.: B. Hornetz. Tel.: (0651) 201-4532, -4512, Fax: 201-4558.

WÜRZBURG. Geographische Gesellschaft Würzburg e.V., gegr. 19.2.1925. Gst.: Am Hubland, D-97074 Würzburg, Tel.: (0931) 888-5553, Fax: 888-5556 — Vors.: Prof. Dr. H. Hagedorn — Gen.-Sekr.: Akad. Dir. Dr. W. Pinkwart — Schriftf. Dr. R. Glaser.

GEOGRAPHISCHE INSTITUTE AN HOCHSCHULEN

AACHEN. Geographisches Institut der Rhein.-Westf. Techn. Hochschule, Templergraben 55, D-52056 Aachen, Tel./Fax: (0241) 80-6047/8888 157, e-mail: havlik@geophys.rwth-aachen.de, 80-3640/8888 309, e-mail: helmut.breuer@geo.rwth-aachen.de, 80 6060/8888 336, e-mail: peter.graef@geo.rwth-aachen.de.

Geschichtl.: 1907 Dozentur f. Geographie. 1922–1936 pers. Ordinariat. 1936–1942 ao. Professur f. Geographie. 1952 wiederbegründet als ao. Professur für Geographie. 1963 umgewandelt in o. Professur. 1969 2. o. Professur für Geographie. 1974 3. o. Professur für Geographie (Physische Geographie). 1991 2.o.Professor weggefallen. Philosophische Fakultät.

Leitung/wiss. Mitarb.: Univ.-Prof. Dr. F. Ahnert (em.), Univ.-Prof. Dr. H. Breuer, Univ.Prof. Dr. P. Gräf, Univ.-Prof. Dr. D. Havlik, Univ.-Prof. Dr. J. Schultz, Univ.-Prof. Dr. F. Stang (em.), Univ.-Prof. Dr. R. Zschocke (i.R.), Prof. Dr. C. Erdmann (AOR), Prof. Dr. A. Wieger (AR), PD Dr. G. Köster, Prof. Dr. W. Schoop, AOR Dr. H.-E. Kroener, AOR Dr. S. Schacht, H. Espeter, Dr. R. Juchelka, M.A., Dr. G. Ketzler, M.A., Dipl.-Geogr. A. Koch, B. Sterman, M.A., Dipl.-Geogr. T. Reinecke.

AUGSBURG. Lehrstuhl für Didaktik der Geographie der Universität Augsburg, Universitätsstr. 10, D-86159 Augsburg.

Leitung/wiss. Mitarb.: Prof. Dr. U. Wieczorek, Prof. Dr. Dr. habil. H. Hillenbrand, Dr. Th. Schneider.

AUGSBURG. Lehrstuhl für Phys. Geographie d. Univ. Augsburg, Universitätsstr. 10, D-86135 Augsburg, Tel.: (0821) 598–2670, Fax: 598-2264, e-mail: Klaus.Fischer @geo.Uni-Augsburg.de

Leitung/wiss. Mitarb.: o. Prof. Dr. K. Fischer. Prof. Dr. G. Vorndran. Dr. K.-F. Wetzel (Wiss. Ass.a.Z.), Dr. U. Hera (Wiss. Ass. a.Z.), F. Ullrich (Wiss.Mitarb. a.Z.).

AUGSBURG. Lehrstuhl für Sozial- und Wirtschaftsgeographie der Universität Augsburg, Universitätsstr. 10, D-86159 Augsburg, Tel.: (0821) 598-2282, Fax: 598-2292, Internet: http://sozgeo3.geo.uni-augsburg.de, e-mail: franz.schaffer@geo.uni-augsburg.de

Leitung/wiss. Mitarb.: o. Prof. Dr. F. Schaffer. AOR Priv.-Doz. Dr. W. Poschwatta, Priv.-Doz. Dr. K. Thieme. Dipl.-Geogr. W. Hatz, Dipl.-Geogr. M. Weidner – Kartographie: Dipl.-Ing. (FH) B. Jankowski, Simone Kupies.

BAMBERG. Fach Geographie der Universität Bamberg, Postfach 1549, Am Kranen 12, D-96045 Bamberg, Tel.: (0951) 863-2316, -2380, Fax: 863-2317.

Geschichtl.: 1976 o. Prof. f. Geographie (Lehrstuhl I) i. d. Fak. Geschichts-und Geowissenschaften. 1978 o. Prof. f. Geographie (Lehrstuhl II), 1978 Prof. f. Wirtschaftsgeographie. 1980 Prof. f. Historische Geographie, 1992 Professur für Didaktik der Geographie (1996 eingezogen).

Leitung/wiss. Mitarb.: o. Prof. Dr. Hans Becker, o. Prof. Dr. Karsten Garleff, Prof. Dr. Wilfried Krings, Prof. Dr. Erhard Treude, Priv.-Doz. Dr. Joachim Burdack. Priv.-Doz. Dr. Frank Schäbitz, Dr. Oliver Bender, Dr. Daniel Göler, AR Dr. Astrid Jehreiß, StR i.H. Dr. Helga Liebricht, Dr. Harald Standl, M.A.

BAYREUTH. Fachgruppe Geowissenschaften der Univ. Bayreuth, Universitätsstr. 30, D-95447 Bayreuth (D-95440 Bayreuth) , Tel.: (0921) 55-0.

Geschichtl.: Seit 1974 Lehrstuhl f. Did. d. Geographie, seit 1976 Lehrstühle für Hydrologie, Bodenkunde/Bodengeographie und Kulturgeographie, seit 1977 Lehrstuhl für Wirtschaftsgeographie und Regionalplanung, Professur Geomorphologie, seit 1978 Professur Kulturgeographie (jetzt: Angewandte Stadtgeographie), seit 1979 Lehrstuhl für Biogeographie, Professur Geologie, seit 1980 Lehrstuhl für Regionale Entwicklungsforschung Professur Raumplanung, seit 1981 Professur Sozialgeographie, seit 1982 Professur Bodenkunde (jetzt Bodenphysik) , seit 1983 Professur Agrarökologie, Lehrstühle für Ökologische Chemie und Geochemie (jetzt: Umweltchemie und Ökotoxikologie) sowie für Geomorphologie, seit 1986 Lehrstuhl für Experimentelle Geowissenschaften. Fakultät für Biologie, Chemie und Geowissenschaften.

Leitung/wiss. Mitarb.: Prof. Dr. L. Bach, Priv.Doz. Dr. D. Dingwell, Prof. Dr. C. Engels, Prof. Dr. T. Foken, Prof. Dr. H. Frank, o.Prof. Dr. M. Hauhs, o. Prof. Dr. R. Herrmann, Prof. Dr. K. Hüser, Prof. Dr. B. Huwe, Prof. Dr. F.N. Ibrahim, Priv.-Doz. H. Keppler, Priv.-Doz. A. Kleber, Priv.-Doz. Dr. O. Klemm, Prof. Dr. D. Lenoir, Prof. Dr. S. Mackwell, o.Prof. Dr. J. Maier, o.Prof. Dr. E. Matzner, Prof. Dr. R. Monheim, o. Prof. Dr. K. Müller-Hohenstein, o. Prof. Dr. H.J. Nickel, Priv.-Doz. Dr. S. Peiffer, Prof. Dr. D. Rubie, Prof. Dr. Dr.h.c. H. Ruppert, Prof. Dr. K. Schäfer, Prof.Dr. F. Seifert, Prof. Dr. H. Stingl, o.Prof. Dr. W. Zech. – Dipl.-Geoök. T. Behrends, Dr. C. Beierkuhnlein, Dipl.-Geogr. V. Dittmeier, Dr. W. Durner, Dipl.-Biol. T. Engel, Dr. J. Förster, Dr. G. Guggenberger, Dpl.-Geoök. B. Haas, Dr. L. Haumaier, Dipl.-Biol. S. Hochwald, Dipl.-Geoök. P. Jaesche, Dr. B. John, Dipl.-Geoök. G. Kammerer, Dipl.-Geogr. A. Klee, Dipl.-Geogr. V. Knippel-Ruth, Dipl.-Geoök. D. Kolbe, Dr. M. McLachlan, Dipl.-Geoök. A. Miltner, Dr. K. Pecher, M. Piotrowsky-Fichtner, M.A., Dr. M. Reissinger, Dipl.-Geoök. A. Robien, Dipl.-Geoök. S. Schade, Dipl.-Geoök. M. Schillinger, Dr. D. Schmied, Dr. G. Schroth, StR z.A. G. Schrüfer, Dipl.-Geogr. M. Stettberger, Dr. W. Türk, Dr. S. Tröger, Dr. W. Weber, Dipl.-Geoök. W. Wilcke, Dr. E. Wittig.

BERLIN. Freie Universität Institut für Geographische Wissenschaften, Malteserstr. 74-100, D-12249 Berlin, Tel.: (030) 7792-424, -350, Fax: 76706-437.

Geschichtl: 1948 Geographisches Institut, entstanden aus dem Institut für Geomorphologie und Kartographie der Deutschen Akademie der Wissenschaften. 1990 Institut für Geographische Wissenschaften, gebildet aus dem Institut für Anthropogeographie, Angewandte Geographie und Kartographie, dem Institut für Physische Geographie und dem Institut für Schulgeographie.

Fakultät/Abteilung: Wissenschaftliche Einrichtung 2 im Fachbereich Geowissenschaften der Freien Universität Berlin.

Fachrichtung 1: Anthropogeographie und Angewandte Geographie. Tel.: (030) 7792-201, -223, -220, Fax: 76706-435, -436, -445. – Leitung/wiss. Mitarb.: Prof. Dr. G. Braun, Prof. Dr. G. Kluczka, Prof. Dr. K. Lenz (em), Prof. Dr. F. Scholz (ZELF). Priv.-Doz. apl. Prof.: Dr. R. Mennel, Dr. T. Rauch, Dr. F. Vetter, Dr. R. Vollmar, Dr. P. Waller. – Dr. Ch. Ellger, Dipl.-Geogr. A. Fasulo, Dipl.-Geogr. K. Fleischmann, Dipl.-Geogr. D. Geier, Dr. J. Janzen, Dipl.-Geogr. K. Koop, Dipl.-Geogr. R. Müller.

Fachrichtung 2: Physische Geographie. Tel.: (030) 7792-424, -252, Fax: 76706-437. Geomorphologisches Laboratorium, Altensteinstr. 19, D-14195 Berlin, Tel.: (030) 838-4882, Fax: 838-6263 – Leitung/wiss. Mitarb.: Prof. Dr. M. Böse, Prof. Dr. P. Ergenziger, Prof. Dr. H.-J. Pachur. Priv.-Doz. apl. Prof: Dr. K. Brosche, Dr. G. Schulz, Dr. M. Walther. – Dipl.-Met. B. Kozlowski, Dr. J. Hofmann, Dr. C. de Jong-Ergenzinger, Dipl.-Geogr. H. Kampmann, Dr. P. Obenauf, Dr. H.-P. Röper, Dr. B. Wünnemann, Dipl.-Geogr. D. Zellmer.

Fachrichtung 3: Schulgeographie. Tel.: (030) 7792-247, Fax: 76706-438. – Leitung/wiss. Mitarb.: Prof. D. Freising, Prof. G. Körber, Prof. Dr. G. Reindke (em.). – G. Hahn, G. Rohwer.

Fachrichtung 4: Kartographie. 7792-350, Fax: 76706-451. – Leitung/wiss. Mitarb.: Prof. Dr. U. Freitag, Prof. Dr. W. Scharfe. – Dipl.-Geogr. E. Leipner, Dipl.-Geogr. W. Pobanz, Dipl.-Gogr. R. Rissiek, Dipl.-Geogr. R. Schlimm, Dipl.-Ing. B. Wittek.

Geographische Bibliothek: Tel.: (030) 7792-205, -250

Kartensammlung: Tel.: (030) 7792-606, -609.

BERLIN. Humboldt-Universität, Geographisches Institut, Unter den Linden 6, D-10099 Berlin, Sitz: Chausseestr. 86, Tel.: (030) 30875-615, Fax: 30875-656, Internet: http://www2.rz.hu-berlin.de/geo/index.html

Geschichtl.: 1810 erste a.o. Professur f. Geographie, 1825 o. Professur, 1887 eigenständ. Geogr. Inst. (bis 1921 in Personalunion mit Inst. f. Meeresforschg. und Museum f. Meereskunde), 1947 Neugliederung in Geogr. Inst. mit ausschließl. phys.-geogr. Ausrichtg. a. d. Mathem.-Naturwiss. Fak. u. Inst. f. Pol. u. Ökon. Geogr. a. d. Wirtschaftswiss., später Philosoph. Fak., 1966 Vereinigung beider Institute a. d. Mathem.-Naturwiss. Fak., 1968 Zusammenlegung mit Methodik d. Geogr.-unterr. (ehem. Pädag. Fakultät) u. Lehrstuhl f. Geologie zur Sektion Geogr. der HU, 1990 fachl., organ. u. person. Umstrukturierung zum Fachbereich Geogr., seit 1994 Geogr. Instit., seit 1998 Bereiche Phys. Geogr. (Geomorph., Bodengeogr., Quartärforschg.; Klima- u. Vegetationsgeogr., Landschaftsökologie), Humangeogr. (Wirtschaftsgeogr.; Bevölkerungsgeogr.; Kulturgeogr.; Regionale Geogr. Deutschl., Angewandte Geogr./Raumplanung), Geoinformatik/Kartographie, Didaktik der Geogr., Bibliothek, Kartensammlung

Hochschullehrer/wiss. Mitarb.: Prof. Dr.phil.habil. Ludwig Ellenberg, Prof. Dr.rer.nat.habil. Wilfried Endlicher, Prof. Dr.phil.habil. Bodo Freund, Prof. Dr.rer.nat.habil. Manfred Hendl i.R., Prof. Dr.rer.nat.habil. Franz-Josef Kemper, Prof. Dr.rer.nat.habil. Elmar Kulke, Prof. Dr.rer.nat.habil. Joachim Marcinek i.R., Prof. Dr.sc.nat. Bernhard Nitz, Prof. Dr.phil.Dr.rer.nat.habil. Gerd Peyke, Prof. Dr.rer.nat.Dr.phil.habil. Hans-Dietrich Schultz, Prof. Dr.sc.nat. Marlies Schulz - Dipl.-Geogr. Christian Breßler, Dipl.-Geogr. Randi Carls, Dr.rer.nat. Frank Ebermann, Dipl.-Geogr. Alexandra Elgert, Dipl.-Geogr. Marion Freund, Dipl.-Lehrer Oliver Gewand, Dipl.-Geogr. Meike Häußer, Dipl.-Geogr. Martin Harsche, Dr.rer.nat. Dierk Heerwagen, Dipl.-Geogr. Holger Jahnke, Dipl.-Geogr. Olaf Juschus, Dr.rer.nat. Reinhard Kleßen, Dr.phil. Andreas Klima, Dr.paed. Bärbel Müller, Dr.rer.nat. Angelika Naß, Dr.paed. Helga Schlimme, Dr.rer.nat. Ines Schulz, Dr.rer.nat. Siegrid Seifert, Dipl.-Geogr. Olaf Schnur, Dr.paed. Wolfgang Unger, Dipl.-Geogr. Elke Volkmann, Dipl.-Geogr. Carsten Wehmeyer, Dr.rer.nat. Karin Wessel, Dipl.-Geogr. Barbara Zahnen, Dr.rer.nat. Lutz Zaumseil.

BERLIN. Institut für Geographie der Technischen Universität Berlin, Rohrdamm 20-22, D-13629 Berlin, Tel.: (010) 38006-106.

Geschichtl.: 1920 Dozentur. 1930–1942 o. Professur für Geographie. 1949–1962 Wahrnehmung d. Geographie durch Hon.-Prof. bzw. Lehrbeauftragten. 1962 Gründungsjahr. o. Professur und Inst. f. Geographie. 1980 Integration des Instituts für Geographie/Landeskunde der Päd. Hochschule Berlin-Lankwitz in die Technische Universität Berlin.

Fachbereich Umwelt und Gesellschaft.

Leitung/wiss. Mitarb.: Prof. Dr. K. Haserodt (Geogr.), Prof. Dr. K. Müller (Geogr. u. Landeskunde - Didaktik(), Prof. Dr. F. Voss (Geogr.). – Prof. Dr. B. Gabriel, Priv.-Doz. Dr. G. Janhofer. – em. Prof. Dr. J. Bartel, em. Prof. Dr. B. Hofmeister. – Wiss. Mitarb.: Dipl.-

Geogr. U. Kamp, Dipl.-Geogr. I. May, Dipl.-Geogr. H. Weddeling. – Kartographie: Dipl.-Ing. Dipl.-Geogr. F. Fliessbach. S. Hengstmann-Reusch. G. v. Frankenberg. Dipl.-Ing. H. J. Nitschke.

BERLIN. Abteilung für Geographie Nordamerikas am John-F.-Kennedy-Institut f. Nordamerika-Studien der Freien Universität Berlin, Lansstr. 7–9, D-14195 Berlin, Tel.: (030) 838-2869, Fax: 838-2882.

Geschichtl.: Gegründet Juni 1963, besetzt seit September 1966.

Leitung/wiss. Mitarb.: apl. Prof. Dr. Rainer Vollmar, em. o. Prof. Dr. K. Lenz.

BERLIN. Freie Universität, Landeskunde im Arbeitsbereich Recht u. Wirtschaft am Osteuropa-Institut, Garystr. 55, D-14195 Berlin, Tel.: (030) 838-2085, Fax: 838-3788.

Lehrkraft: Dr. F. Werner.

BIELEFELD. Universität, Fakultät für Theologie, Geographie, Kunst und Musik, Universitätsstraße, Postfach 100 131, D-33501 Bielefeld, Tel.: (0521) 106-3360 - 65, Fax: 106-8081, e-mail: Geographie@TGKM.Uni-Bielefeld.de, Akehl@TGKKM.Uni-Bielefeld de

Leitung/wiss. Mitarb.: Prof. Dr. Axel Braun, AOR Dr. Manfred Fröhlich, Prof. Dr. Ulrich Mai. Janianton Damanik, Priv.-Doz. Dr. Helmut Buchholt, Heike Delker, MA Barbara Eßer, Astrid Harloff, Priv.-Doz. Dr. Werner Hennings, Priv.-Doz. Dr. Tilmann Rhode-Jüchtern, Dipl.-Päd. Mathias Wanger, Dr. Helmut Weber. Sekretariat: Angelika Kehl.

BOCHUM. Geographisches Institut der Ruhr-Universität Bochum, Universitätsstr. 150, Haus NA 4–7. OG-Süd, D-44801 Bochum, (Postfach 10 21 48, D-44721 Bochum), Tel.: (0234) 700-1, -3377, -3313, -3354, -3433. Fax: 7094-180.

Geschichtl.: Gegründet 1964, o. Prof. f. Geographie 1964, 2. o. Prof. f. Geogr. 1966, 3. o. Prof. f. Geogr. 1966, 4. o. Prof. f. Geogr. 1970. Abt. f. Geowissenschaften u. Astronomie. ab 1968 Abt. f. Geowissenschaften. seit 1984 Fakultät für Geowissenschaften. Inst. f. Entwicklungsforsch. u. Entwicklungspolitik 1966, Forschungsabteilung für Raumordnung 1969.

Leitung/wiss. Mitarb.: Prof. Dr. H. Dürr, Prof. Dr. H.-J. Klink, Prof. Dr. L. Lötscher, Prof. Dr. D. Bronger, Prof. Dr. J. Dodt, Prof. Dr. H. Fleer, Prof. Dr. M. Hommel, Prof. Dr. E. Kroß, Prof. Dr. B. Marschner, Prof. Dr. J. Niggemann, Prof. Dr. H. Zepp. – Dr. J. Bleck, Dr. G. Duckwitz, Dr. D. Glatthaar, Dr. W. Herzog, Dr. St. Waluga, Dr. B. Vorhoff, Dr. U. Weber. – Dr. L. Basten, Dr. Chr. Beier, Dipl.-Geogr. M. Bürger, Dipl.-Geogr. B. Freis, Dr. Th. Held, Dipl.-Geogr. M. Jopp, Dipl.-Geogr. Chr. Lechtenbörger, Dr. T. Mansfeldt, Dipl.-Geogr. A. Pflitsch, Dr. B. Vorhoff.

BONN. Geographisches Institut der Rhein. Friedrich-Wilhelms-Universität Bonn, Mekkenheimer Allee 166, D-53115 Bonn, Tel.: (0228) 73-7290, Fax: (0228) 73-5393.

Geschichtl.: 1835 persönliches Ordinariat f. Geographie und Statistik, 1857 o. Professur f. Geographie. 1880 geogr. Apparat. 1911 Geographisches Seminar. 1923 Geographisches Institut. 1949 ao. Professur für Wirtschaftsgeographie. 1959 Institut für Wirtschaftsgeographie. 1963 Zusammenfassung d. Geographischen Inst., d. Inst. f. Wirtschaftsgeographie und des gleichzeitig errichteten Seminars für Historische Geographie unter der Bezeichnung „Geographische Institute d. Univ. Bonn“ unter Beibehaltung gemeinsamer Bibliothek, Kartensammlung etc. Bis 1932 Phil. Fak., seitdem nach Teilung dieser in eine Phil. und Naturwiss. Fak., beiden Fak. gleichzeitig angehörend (Federführung: Math.-Nat. Fak.).

Professoren: Prof. Dr. B. Diekkrüger, Prof. Dr. R. Dikau, Prof. Dr. E. Ehlers, Prof. Dr. K. Greve, Prof. Dr. R. Grotz, Prof. Dr. D. Klaus, Prof. Dr. H. D. Laux, Prof. Dr. G. Menz, Prof. Dr. D. Müller-Mahn, Prof. Dr. J. Pohl, Prof. Dr. M. Winiger, Prof. Dr. L. Zöller - Prof. Dr. P. Höllermann, Prof. Dr. W. Kuls, Prof. Dr. W. Lauer, Prof. Dr. W. Matzat, Prof. Dr. E. Mayer,

Wiss. Mitarb.: Dr. B. Braun (beurl., Vertr.: J. Geibel), Dr. T. Glade, PD Dr. W. Golte, PD Dr. F. Kraas, Dr. M. Nüsser, Dr. H.-J. Ruckert, W. Schmiedecken, Dr. L. Schrott (beurl., Vertr.: Dr. A. Lang), Dr. E. Stiehl, N.N.

Zentrale Einrichtungen: Geschäftszimmer: B. Franz, Bibliothek: I. Vogt-Schmickler, Kartographie: G. Storbeck, Fotographie: K. Lück, Labor: E. Mainz, DV-Management: N. Grötsch, Technik: H. Böttger.

BONN. Institut für Wirtschaftsgeographie, Meckenheimer Allee 166, D-53115 Bonn, Tel.: (0228) 73-7519.

Geschichtl.: 1949 ao. Professur f. Wirtschaftsgeographie am Geographischen Institut d. Universität. 1959 Inst. f. Wirtschaftsgeographie.

Professoren: Prof. Dr. H. Böhm, Prof. Dr. E. Ehlers, Prof. Dr. G. Grabher, Prof. Dr. H. Toepfer - Prof. Dr. H. Hahn; Wiss. Mitarb.: Dr. A. Dittmann, N.N., Kartographie: M. Gref.

BONN. Seminar für Historische Geographie, Konviktstr. 11, D-53113 Bonn, Tel.: (0228) 73-5871, Fax: 73-7650, e-mail: hist.geo@uni-b onnde

Geschichtl.: 1950 Abt. f. Hist. Geographie und antike Topographie. 1962 Lehrstuhl. 1963 Seminar für Hist. Geographie.

Leitung/wiss. Mitarb.: Univ. Prof. Dr. K. Fehn. – Dr. A. Dix. – Kartographie: S. Zöldi.

BONN. Rheinische Friedrich-Wilhelms-Universität Bonn, Pädagogische Fakultät, Römerstr. 164, D-53117 Bonn, Tel.: (0228) 550-212.

Lehrstuhl für Heimatkunde und Didaktik der Erdkunde: em. o. Univ. Prof. Dr. Auguste Schlarb.

BRAUNSCHWEIG. Institut für Geographie und Geoökologie der Technischen Universität Carolo-Wilhelmina, Langer Kamp 19c, D-38106 Braunschweig. Geschäftsführender Leiter: Prof. Dr. Jörg Richter, Tel.: (0531) 391–5607.

Geschichtl.: 1922 ao. Professur f. Geographie, 1956 1. o. Lehrstuhl, 1980 im Fachbereich Physik und Geowissenschaften.

Leitung/wiss. Mitarb.: Prof. Dr. O. Richter (Sekretariat, Tel.: (0531) 391-5606), AOR Dipl.-Geogr. Dr. B. Faust, AR Dr. R. Nieder – Dipl.-Phys. T. Eckelt, Dipl.-Ing. agr. Dr. M. Roelcke, Dipl.-Geogr. W. Rolland, Dipl.-Ing. agr. Dr. T. Streck – AR Dipl.-Stat. Dr. D. Söndgerath – Dipl.-Inform. Dr. B. Diekkrüger, Dipl.-Chem. N. v. Götz, Dipl.-Geogr. A. Lücke, Dipl.-Math. K.-P. Nieschulz.

Abteilung für Physische Geographie und Hydrologie: Leitung/wiss. Mitarb.: Prof. Dr. A. Herrmann (Sekretariat Tel.: (0531) 391-5606) – Dipl.-Geogr. Dr. M. Schöniger, Dipl.-Geogr. A. Benstem.

Abteilung für Sozial- und Wirtschaftsgeographie und Regionale Geographie: Prof. Dr. W. Meibeyer (Sekretariat Tel.: (0531) 391-5627), Hochschuldoz. Mag.-Geogr. Dr. G. Zimmermann, AOR Dipl.-Geogr. Dr. K.-W. Ohnesorge.

Sonderforschungsbereich 179: Wasser- und Stoffdynamik in Agrar-Ökosystemen. Sprecher: Prof. Dr. O. Richter, Geschäftsführer: Dr. B. Diekkrüger. Sekretariat: E. Muuß-Papenfuß, G. Ottmer (Tel.: (0531) 391-5608/5615), Wiss. Mitarb.: Dipl.-Geogr. Dr. M. Arning, Dipl.-Inform. R. Conrad, Dipl.-Ing. agr. T. Harden, Dipl.-Geogr. M. Kuhn, Dipl.-Ing. T. Kumke, Dipl.-Chem. J. Onigkeit, Dipl.-Phys. A. Pollex, Dipl.-Agr. U. Schröder, Dipl.-Math. R. Seppelt, Dipl.-Math. A. Stock, Dipl.-Ing. Dr. A. Szymanski, Dipl.-Chem. C. Zander.

BRAUNSCHWEIG. Seminar für Geographie und Geschichte und deren Didaktik der Technischen Universität. Pockelsstr. 11, D-38106 Braunschweig, Tel.: (0531) 391 34 59, Fax: 2861.

Leitung/wiss. Mitarb.: Prof. Dr. W. Meibeyer (Geogr. u. ihre Didaktik), AOR Dr. H. Amthauer, AOR Dr. K.-W. Ohnesorge

BREMEN. Studiengang Geographie im Fachbereich 8 (Sozialwissenschaften) der Universität Bremen, Bibliothekstr., Gebäude GW II, Postfach 330440, D-28334 Bremen, Sekretariat: Tel.: (0421) 218-4047, Fax: 218-7183.

Geschichtl.: 1973 Integration der PH Bremen in die Universität, 1974 Errichtung des Schwerpunktes Geographie im Fachbereich 1, 1982 eigener Studiengang im FB 8.

Leitung/wiss. Mitarb.: Prof. Dr. Gerhard Bahrenberg, Prof. Dr. Wolfgang Schramke, Prof. Dr. Wolfgang Taubmann, Prof. Dr. Rolf Tippkötter, Prof. Dr. Jörg-Friedhelm Venzke, N.N. – Dr. Jürgen Ehlers, Dipl.-Geogr. Andreas Farwick, Dipl.-Geogr. Markus Habig, Susanne Halfen, Dipl.-Geogr. Ralf Hartmann, Dr. Gerd König, Dipl.-Geogr. Simone Kunde, Dr. Ursula Lutze, Dipl.-Geogr. Nils Mevenkamp, Dipl.-Geogr. Sabine Rose, Dipl.-Geol. Susanne Schäftlein, Dipl.-Biol. Dr. Karin Steinecke, Dipl.-Geoök. Dr. Heidi Taubner, Anke Uhlenwinkel – Kartographie: Dipl.-Ing. Mathias Scheibner. – Labor: Iren Collet, Sabine Stahl.

Fachgebiet Physiographie und Polargeographie im Fachbereich 8, ehemals Fachbereich 5

Geschichtl.: Einrichtung des Fachgebietes Polargeographie 1986 im neugegründeten Fachbereich Geowissenschaften in Verbindung mit dem Ausbau der meeres- und polarbezogenen Forschung an der Universität Bremen zur Kooperation mit dem Alfred-Wegener-Institut für Polar- und Meeresforschung in Bremerhaven.

Leitung/wiss. Mitarb.: N.N.. – N.N. – Kartographie: Horst Belz.

CHEMNITZ. Lehrstuhl für Sozial- und Wirtschaftsgeographie der Techn. Universität Chemnitz, Reichenhainer Str. 39, D-09107 Chemnitz, Tel.: (0371) 531-4911, Fax: 531-4058.

Geschichtl.: Seit 1993 Lehrstuhl an der Phil. Fakultät

Leitung/wiss. Mitarb.: o.Prof. Dr. Peter Jurczek (1994). – Dipl.-Geogr. Gerhard Hänsel, Dipl.-Geogr. Marion Wildenauer. – Kartographie: Dipl.-Ing. Kathrin Heinold.

DARMSTADT. Geographisches Institut der Technischen Universität Darmstadt, Schnittspahnstr. 9, D-64287 Darmstadt, Tel.: (06151) 16-6104, -2719, Fax: 16-4980.

Geschichtl.: Seit 1893 Lehrauftrag für Geographie. 1925 Geographische Lehrsammlung. 1949 Geographisches Institut. 1966 o. Professur, Fachbereich Geowissenschaften und Geographie.

Leitung/wiss. Mitarb.: Prof. Dr. H.-D. May (1975), Prof. Dr. Manfred Schick (1966, i. R.), Prof. Dr. Otmar Seuffert (1977, i.R.)Dr. I. J. Demhardt, Dr. H.P. Harres, M. Kolmer, M.A., G. Ollesch, M.A. – Kartographie: Dipl.-Ing. U. Simons.

DORTMUND. Fachgebiet Geographische Grundlagen der Raumplanung d. Fakultät Raumplanung, Universität Dortmund, Postfach, D-44221 Dortmund, Tel.: (0231) 755 32 67 / 32 17. (Sekr.: Eva Gehrmann, Tel.: (0231) 755 32 17).

Leitung/wiss. Mitarb.: Univ.-Prof. Dr. V. Kreibich. – Dr. Gerd Held. Progr.: Reiner Löb.

DORTMUND. Institut für Geographie und ihre Didaktik im FB 16 der Universität Dortmund, Emil-Figge-Str. 50, D-44227 Dortmund (Postfach , D-44221 Dortmund) Tel.: (0231) 755-2810, Fax: 755-2918.

Leitung/wiss. Mitarb.: Prof. Dr. G. Cordes (Wirtschafts- u. Sozialgeogr.), Prof. Dr. V. Kaminske (Physische Geogr./Geoökologie), Prof. Dr. G. Thieme (Siedlungs- und Bevölkerungsgeogr.) – AOR Dr. F. Achilles, Wiss. Ang. Dr. H. Lüftner, AOR'in Dr. A. Reiche, AOR Dr. U. Theißen. – apl. Prof. Dr. Ch. Kleinert, Priv.-Doz. Dr. E. Schmidt-Kallert. – Prof. (em) Dr. H.F. Gorki, Prof. (em) Dr. H. Kersberg, Prof. (em) Dr. T. Schreiber.

DRESDEN. Institut für Geographie an der Techn. Universität Dresden, Mommsenstr. 13 (Dienstgeb.: Helmholtzstr. 10), D-01062 Dresden, Tel.: (0351) 463-2994, Fax: 463-7064.

Geschichtl.: 1874 an ehem. Hochschule o. Professur f. Geogr. 1947-1958 Lehrstuhl f. Geographie in Personalunion mit Inst. f. Verkehrsgeographie a. Hochschule f. Verkehrswesen. 1959 Inst. f. Geographie (Fak. f. Math. u. Naturwiss.) 1968/69 Auflösung des Institutes f. Geogr. (III. Hochschulreform der DDR), Fortbestand des Lehrstuhles im FB Kartographie in der Sektion Geodäsie/Kartographie. 1992 Angliederung der Sektion Geographie der Päd. Hochschule Dresden a.d. TU Dresden, Ausgliederung des Lehrstuhles Geogr. aus der Kartographie und Bildung eines Institutes für Geographie (Fak. f. Forst-, Geo- und Hydrowissenschaften).

Leitung/wiss. Mitarb.: Landschaftslehre: Prof. Dr. K. Mannsfeld. Physische Geographie: Prof. Dr. W. Kaulfuß (Leiter des Instituts). Allgemeine Physische Geographie: Prof. Dr. M. Kramer. Allgemeine Wirtschafts- und Sozialgeographie: Prof. Dr. W. Killisch. Wirtschafts- und Sozialgeographie: Prof. Dr. H. Kowalke. Raumordnung: Prof. Dr. B. Müller. Didaktik der Geographie N.N.

DÜSSELDORF. Geographisches Institut der Heinrich-Heine-Universität Düsseldorf, Universitätsstr. 1, D-40225 Düsseldorf , Tel.: (0211) 81-12045 Fax: 81-13464 (Sekr. Frau Angela Rennwanz).

Geschichtl.: 1968 Lehrstuhl für Geographie in der Naturwiss.-Philosoph. Fakultät. Seit 1969 Geographisches Institut in der Math.-Naturw. Fakultät. 1973 Lehrstuhl Geographie II, 1975 Lehrstuhl Geographie III, 1980 Eingliederung der „Geographie und ihre Didaktik" der Päd. Hochschule Rheinland, Abt. Neuss.

Leitung/wiss. Mitarb.: Univ.-Prof. Dr. Ekkehard Jordan,(P) Königsberger Str. 9, 42781 Haan, Tel.: (02129) 31312, Fax: (02129)958086) e-mail: Dr.Ejo@t-online.de., 1993 (Lehrstuhl für Physische Geographie), Univ.-Prof. Dr. Wolfgang Schirmer (Abt. Geologie), Univ.-Prof. Dr. Gerd Wenzens (Geomorphologie), Univ.-Prof. Dr. Karl Vorlaufer, 1987 (Lehrstuhl für Kulturgeographie und Entwicklungsforschung), Univ.-Prof. Dr. Günther Glebe (Stadtforschung), Univ.-Prof. Dr. Norbert Wein, 1975 (Lehrstuhl für Geographie und ihre Didaktik). – AOR Dipl.-Geogr. Dr. Manfred Fey, AR Dr.Dr.-Ing. Wilfried Linder. – Dipl.-Geogr. Heike Becker, Dr. Martina Fuchs, Dr. Birgit Montag, Dr. Ursula Schirmer (Geologie), Dr. Helmut Schneider. – Dipl.-Math. Michael Braitmeier, Claudia Dehling. Priv.Doz.Dr. Elmar Sabelberg. – Abt. Kartographie: Dipl.-Ing. Heide Elke Kleindin, Dipl.-Geogr. Khamis Massoud. – Bibliothek: Dipl.-Ing. Heinz-Peter Berg

DUISBURG. Fach Geographie im Fachbereich 6 der Gerhard-Mercator-Universität – Gesamthochschule Duisburg, Lotharstr. 1, D-47057 Duisburg (Postanschrift: D-47048 Duisburg), Tel.: (0203) 379-2250, Fax: 379-3516.

Geschichtl.: 1972 Eingliederung des Seminars für Geographie und ihre Didaktik der ehem. Päd. Hochschule Ruhr, Abt. Duisburg, in die neu gegründete Gesamthochschule. 1980 Fach Geographie im Fachbereich 6 der Universität – GH – Duisburg.

Leitung/wiss. Mitarb.: Univ.-Prof. Dr. Hans H. Blotevogel (Wirtschafts- u. Sozialgeogr. u. Angew. Geogr.), Univ.-Prof. Dr. Karl Eckart (Angewandte Geographie), Univ.-Prof. Dr. Winfried Flüchter (Kulturgeographie), Univ.-Prof. Dr. Wulf Habrich (Ökologie, Umwelterziehung), Univ.-Prof. Dr. Manfred Sträßer (Physische Geographie), em. o. Prof'in Dr. Erika Wagner (Kulturgeographie u. Didaktik der Geographie). – Dipl.-Geogr. Benedikt Deilmann, Dr. Uta Hohn, Dr. Wilfried Hoppe, AOR'in Dr. Karin Steinhäuser, AR Dr. Gerald Wood. – Kartographie: Dipl.-Ing. Ulrike Overbeck, Dipl.-Ing. Harald Krähe.

EICHSTÄTT. Fachgebiet Geographie an der Katholischen Universität Eichstätt, Ostenstr. 26, D-85072 Eichstätt, Tel.: (08421) 93-0 (Sekr.: 93-1302, -1378), Fax: 93-1787, e-mail: sandra.pfeifer@ku-eichstaett.de.

Geschichtl.: 1979 Lehrstuhl für Physische Geographie, 1980 Lehrstuhl für Kulturgeographie, Mathematisch-Geographische Fakultät.

Leitung/wiss. Mitarb.: o. Prof. Dr. K. Gießner (Phys. Geogr.), o.Prof. Dr. H. Hopfinger (Kulturgeogr.), Prof. Dr. H. Kutsch (Phys. Geogr., Landschaftsökologie), Prof. Dr. J. Steinbach (Wirtschaftsgeographie), Prof. Dr. I. Hemmer (Didaktik der Geographie). – AOR Dr. M. Rolshoven. M.A. Dr. D. Hauck, Priv.Doz. Dr. D. Faust, N.N. Dipl.-Geogr. Marc Boeckler, Dr. M. Hemmer, Dr. G. Mayer-Leixner, Dr. Christian Berndt.

ERLANGEN. Institut für Geographie der Friedrich-Alexander-Universität Erlangen-Nürnberg, Kochstr. 4/4, D-91054 Erlangen, Tel.: (09131) 85 22633, 85 22634, Fax: 85 2013, Internet: http://www.uni-erlangen.de/geographie

Geschichtl.: 1895 apl. Professur f. Geographie. 1899 Geographisches Seminar. 1908 o. Professur. 1912 Geographisches Institut. 1963 2. o. Lehrstuhl. 1971 3. o. Lehrstuhl. Bis 1928 Phil. Fak. 1928–1974 Naturwiss. Fak. 1974–1979 Fachbereich Geowissenschaften. 1979 Naturwiss. Fak. III.

Leitung/wiss. Mitarb.: Prof. Dr. W. Bätzing (Vorstand), Prof. Dr. P. Hümmer (Fachdidaktik), apl.Prof. Dr. E. Jungfer, o.Prof. Dr. H. Kopp (Vorstand), o. Prof. Dr. H. Kreutzmann (Vorstand), Prof. Dr. M. Richter, Priv.-Doz. Dr. U. Rösner, Prof. Dr. H. Schröder (Vorstand), o.Prof. Dr. U. Treter (Vorstand). – em.o.Prof. Dr. W. Hütteroth, em.o.Prof. Dr. F. Tichy, em.o.Prof. Dr. E. Wirth, Prof. i.R. Dr. K.-A. Habbe, Prof. i. R. I. Kühne. – Dr. M. Friederich, Dr. H. Herbers, Dr. P. Lindner, C. Riedel, Dr. C. Samimi, Akad.Dir. Dr. M. Schneider, H. Schröder, Dr. A. Stützer.

ESSEN. Zentralstelle für Umwelterziehung, Centre for Environmental Education, Institut im FB 9, Universität GH Essen, Universitätsstr. 15, D-45117 Essen, Tel.: (0201) 183-2430, Fax: 183-3981.

Leitung: Prof. Dr. Reinhold E. Lob, Mitarbeiter: Dipl. - Päd. Dr. Christa Henze, Dipl.- Geogr. Friedrich Schulte-Derne.

ESSEN. Universität – GHS, Fachbereich 9: Bio- und Geowissenschaften, Landschaftsarchitektur, Institut für Geographie, Universitätsstr. 15, D-45141 Essen , Tel.: (0201) 183-3522.

Geschichtl.: 1972 Eingliederung des Seminars für Geographie und ihre Didaktik der ehem. Päd. Hochschule Ruhr, Abt. Ess, in die neugegründete Gesamthochschule, 1986 Gründung des Instituts für Geographie im Fachbereich 9 der Universität-GHS Essen.

Leitung/wiss. Mitarb.: Prof. Dr. D. Kelletat (Physische Geographie), Prof. em. Dr. W. Kreuer (Geographie u. ihre Didaktik), Prof. Dr. G. Henkel (Geographie u. ihre Didaktik, Schwerp. Anthropogeographie), Prof. Dr. H.-W. Wehling (Geogr. Landeskunde von Altindustrieländern). – apl. Prof. Dr. W. Trautmann (Geographie u. ihre Didaktik) – Hochschuldozent Dr. G. Schellmann.

FLENSBURG. Bildungswissenschaftlichen Hochschule Flensburg - Universität, Institut für Geographie und ihre Didaktik, Landeskunde und Regionalforschung, Mürwiker Str. 77, D-24943 Flensburg, Tel.: (0461) 57013-21, Fax: 57013-12.

Leitung/wiss. Mitarb.: Prof. Dr. G. Beck (Dir.), Prof. Dr. M. J. Müller, Dr. W. Aschauer, Dr. U. Hahne, Dr. G. Kraack, OStR i.H. G. Riecken.

FRANKFURT/MAIN. Institut für Kulturgeographie, Stadt- und Regionalforschung der Johann Wolfgang Goethe-Universität Frankfurt, Senckenberganlage 36, D-60325 Frankfurt, (Postfach 11 19 32, D-60054 Frankfurt), Tel.: (069) 798-22403, Fax: (069) 798-28173, e-mail: Hauzar@em.uni-frankfurt.de.

Geschichtl.: Seit 1906 geographische Vorlesungen. 1906 Geographisches Institut. 1914 o. Professur f. Geographie. 1925 Abt. f. Rhein-Mainische Forschung. Seit 1962 o. Lehrstuhl f. Kulturgeographie und Länderkunde. Seit 1979 Institut fürKulturgeographie im Fachbereich 18 – Geographie. Institut für Physische Geographie im Fachbereich 17 – Geowissenschaften.

Leitung/wiss. Mitarb.: Prof. Dr. Klaus Wolf (1972), Prof. Dr. Elke Tharun (1983), Prof. Dr. Irmgard Schickhoff (1987), AOR Dr. Franz Schymik, Dipl.-Geogr. Dr. Ruth Bördlein, Dipl.-Geogr. Wilfried Körner, Dipl.-Geogr. Eva Reichhardt, Dipl.-Geogr. Jens Peter Scheller.

FRANKFURT/MAIN. Institut für Physische Geographie der Johann Wolfgang Goethe-Universität Frankfurt a.M., Senckenberganlage 36, D-60325 Frankfurt, (Postfach 11 19 32, D-60054 Frankfurt), Tel.: (069) 798-22401, -22402, -22913, Fax: 798-28382.

Leitung/wiss. Mitarb.: Prof. Dr. Wolfgang Andres, Prof. Dr. W. L. F. Brinkmann (Hydrologie), Prof. Dr. Günter Nagel, Prof. Dr. Norbert Stein, Prof. Dr. Heinrich Thiemeyer (Bodenkunde), Wiss. Ass. Dr. Klaus-Martin Moldenhauer, Wiss.Ass. Johannes B. Ries, AOR Dipl.-Ing. Dr. Werner F. Bär, Dipl.-Ing. (FH) Irene Marzolff, M.Sc., Dipl.-Geogr. Dr. Jürgen Heinrich, Dipl.-Gogr. Peter Houben, Dipl.-Geogr. Uwe Radtke, Dipl.-Geogr. Steffen Zober.

Sonderforschungsbereich 268 „Kulturentwicklung und Sprachgeschichte im Naturraum westafrikanische Savanne" am Institut für Phys. Geographie. Wiss. Mitarbeiter: Dipl.-Gogr. Klaus-Dieter Albert, Dipl.-Geogr. Norbert Fritscher, Dipl.-Geogr. Ina Franke, Dipl.-Geogr. Dr. Peter Müller-Haude, Dipl.-Geogr. Stefan Schmid, Dipl.-Geogr. Thomas Skorupinski.

Schwerpunktprogramm „Wandel der Geo-Biosphäre währen der letzten 15.000 Jahre": PD Dr. Jürgen Wunderlich

FRANKFURT/MAIN. Institut für Wirtschafts- u. Sozialgeographie der Johann Wolfg. Goethe-Universität Frankfurt, Dantestr. 9, D-60325 Frankfurt, (Postfach 11 19 32, D-60054 Frankfurt) Tel.: (069) 798-22325, Fax: (069) 798-23548.

Geschichtl.: 1917 ao. Professur, seit 1948 Hon.-Professur, 1962 o. Professur, seit 1963 Seminar für Wirtschaftsgeographie (Wirtschafts- und Sozialwissenschaftl. Fakultät, seit 1971 Fachbereich 18 - Geographie), seit 1978 Institut für Wirtschafts- und Sozialgeographie.

Leitung/wiss. Mitarb.: Prof. Dr. Harald Bathelt, Prof. Dr. Heinrich Lamping, Prof. Dr. Eike W. Schamp, Prof. Dr. Gerald Gruber (i.R.), Prof. Dr. Wilhlelm Lutz (i.R.) – AOR'in Dr. Renate Müller, Dr. Heike Bertram, N.N., N.N.

FRANKFURT/MAIN. Institut f. Didaktik der Geographie d. Johann Wolfgang Goethe-Universität Frankfurt/Main, Schumannstr. 58, D-60054 Frankfurt, Tel.: (069) 798-23569, Fax: 798-22535.

Geschichtl.: Seminar gegr. 15.3.1961. Lehrveranstaltungen durch Lehrbeauftragte durchgeführt. seit 1963 ao. Lehrstühle f. Didaktik der Geographie, seit 15.7.1966 in 2 o. Lehrstühle umgewandelt. Seit 15.8.1975 Institut.

Fak./Abteilung: Fachbereich 18, Betriebseinheit.

Lehrkörper: Prof. Dr. Volker Albrecht, Prof. Dr. Jürgen Hasse, Prof. Dr. Ellen Sulger, Wiss. Ass. Dr. Frauke Kruckemeyer, OStR.i.H. Dr. R. Ladwig, Wiss. Mit. Christopher Steinke, Pädagogische Mitarbeiter: Christoph Müller, Monika Peter. – em.Prof. Dr. Karl Emil Fick, em.Prof. Dr. Heinrich Jäger, em.Prof. Dr. Günter Niemz.

FREIBURG i.Br. Institut für Physische Geographie d. Albert-Ludwigs-Universität Freiburg i.Br., Werderring 4, D-79085 Freiburg.

Geschichtl.: Seit 1886 geographische Vorlesungen. 1886 geographischer Apparat. 1891 ao. Professur für Geographie. 1906 o. Professur, Gründung Geogr. Inst.. Bis 1935 und seit 1948 Naturwiss.-Math. Fak., seit 1970 Geowiss. Fak., 1965 zweiter Lehrstuhl, der 1972 in „Lehrstuhl für Geographie und Hydrologie" und 1996 in „Lehrstuhl für Hydrologie" umbenannt wurde. 1.1.1997 Bildung eines eigenen Institutes für Hydrologie.

Lehrstuhl f. Physische Geographie, Tel.: (0761) 203-3526/27, Fax: (0761(203-3596.

Leitung/wiss. Mitarb.: Prof. Dr. H. Goßmann, Prof. Dr. R. Glawion, Prof. Dr. R. Mäckel, Prof. Dr. B. Metz, Wiss. Ass. Dr. J. Härtling, Dr. Ch. Schneider, Wiss. Ang. Dr. H. Saurer.

FREIBURG i.Br. Institut für Kulturgeographie der Albert-Ludwigs-Universität, Freiburg, Werderring 4, D-79085 Freiburg , Tel.: (0761) 203-3563, -3564, -3568, Fax: 203-3575, e-mail: kulturgeo@ruf.uni-freiburg.de.

Geschichtl.: 1936 o. Professur, Geographisches Institut. 1964 ao. 1968 o. Professur für Geographie und Landeskunde. Phil. Fakultät (bis 1970).

Fak./Abteilung: Geowissenschaftliche Fakultät.

Leitung/wiss. Mitarb.: Prof. Dr. Th. Krings, Direktor, Prof. Dr. J. Stadelbauer, Direktor, em. Prof. Dr. Dr. h.c. W. Manshard, em. Prof. Dr. W. D. Sick, Hochschuldoz. Dr. E.J. Schröder, Hochschuldoz. Dr. F. Krüger, AOR Dr. B. Mohr, Wiss. Ass. Dr. Ch. Dittrich, Wiss. Ang. Dr. R. Michna, B. Neuer – Kartographie: Dipl.Ing. B. Gaida

GIESSEN. Geographisches Institut der Justus-Liebig-Universität, Senckenbergstr. 1, (Neues Schloß), D-35390 Gießen, Tel.: (0641) 99-36200, -36210, Fax: 99-36209, -36219.

Geschichtl.: 1864–1885 apl. Professur f. Geographie. 1881 plm. ao. Professur und Institut gegr.. 1903 ord. Professur f. Geographie. 1945 erloschen (Wahrnehmung d. Geographie durch Lehrauftrag ab 1949). 1960 Wiedereinrichtung o. Professur und Geogr. Inst.. 1963 Teilung in Lehrstuhl I und II. 1973 Lehrstuhl für Wirtschaftsgeographie.

Institut für Geographie, Senckenbergstr. 1 (Neues Schloß), Tel.: 99-36210, -36200, 36220, 36205. – Schloßgasse 7 (a), Tel.: 99-36240.

Geschäftsf. Direktor: Prof. Dr. E. Giese, Tel.: 99-36221

Anthropogeographie: Leitung/wiss. Mitarb.: Prof. Dr. E. Giese, Prof. Dr. U. Scholz. – H. Bathelt (Tel.: 99-36222), O. Haub (Tel.: 99-36203, C. Knie (Tel.: 99-36203), T. Christiansen (Tel.: 99-36290), AR Dr. Wolf-Dieter Erb (Tel.: 99-36254).

Physische Geographie: Leitung/wiss. Mitarb.: Prof. Dr. W. Haffner, Prof. Dr. L. King. – PD Dr. P. Pohle. Tel.: 99-36252.

Angewandte Geographie und Regionalplanung (a): Professor Dr. V. Seifert (Tel.: 99-36240), wiss. Mitarb.: Dr. M. Höher (Tel.: 99-36246)

Geomorphologisches Labor (a), Tel.: 99-36256.

GIESSEN. Wiss. Zentrum Tropeninstitut der Justus-Liebig-Universität (interdisziplinär). Abt. Geographie der Tropen, Prof. Dr. W. Haffner, F: (0641) 99-36210, und Prof. Dr. U. Scholz, Tel.: (0641) 99-36200, Fax 99-36219, Senckenbergstr. 1, D-35390 Gießen.

GIESSEN. Zentrum für internationale Entwicklungs- und Umweltforschung /ZEU (interdisziplinär). Otto-Behaghel-Str. 10 D, D-35394 Gießen.

Mitglied im Direktorium: Prof. Dr. E. Giese.

GIESSEN. Institut für Didaktik der Geographie der Justus-Liebig-Universität, Gießen, Karl-Glöckner-Str. 21G, D-35394 Gießen, Tel.: (0641) 99-36300, Fax: 99-36309.

Geschichtl.: Seminar gegr. 1.5.1961, Abt. f. Erziehungswissensch. 1976 Institut f. Didaktik der Geographie.

Fak./Abt.: FB 16 – Geowissenschaften und Geographie.

Leitung/wiss. Mitarb.: Prof. Dr. O. Werle, Prof. Dr. J.-B. Haversath (Gf. Dir.), Akad. Dir. Dr. W. Nink, H. Reich (Päd. Mitarb.).

GÖTTINGEN. Geographisches Institut der Georg-August-Universität Göttingen, Goldschmidtstr. 5, D-37077 Göttingen, Tel.: (0551) 39-7902, 39-8000, Fax: 39-8006.

Geschichtl.: 1855 o. Professur f. Geographie. 1875 ao. Professur f. Geographie. 1875 Geographischer Apparat. 1904 Geographisches Seminar. 1934 Geographisches Institut. seit 1922 Math.-Naturwiss. Fak.. ab 1942 Ordinarius ad personam gleichzeitig Mitglied d. Phil. Fak.. 1955 ao. Professur f. Geographie a. d. Phil. Fak.. 1957 Umwandlung in persönl. Ordinariat und Ordinarius gleichzeitig ad personam Mitglied d. Math.-Naturwiss. Fak.. 1963 Abt.-Vorsteher f. Wirtschaftsgeographie. 1967 Umwandlung in planmäß. Ordinariat. 1970 Wiss. Rat u. Prof. f. Math.-Geographie u. Kartographie. 1981 Neugliederung des Institutes in fünf Abteilungen.

Leitung/wiss. Mitarb.: Professoren Dr. G. Gerold, Dr. J. Güßefeldt, Dr. J. Hagedorn, Dr. W. Kreisel, Dr. M. Kuhle, Dr. E. Schunke, Dr. W. Ströhlein. Oberass.: apl. Prof. Dr. D. Denecke. – Dr. J. Böhner, Dr. B. Cyffka, Dr. H. Faust, Dr. H.-D. v. Frieling, Dr. S. Kickner, Dr. N. Lanfer, Dr. K.-H. Pörtge, Dr. K. Priesnitz, Dipl.-Geogr. U. Birkel, Dipl.-Geoök. A. Dathe, Dipl.-Geogr. S. Erasmi, Dipl.-Geogr. D. Feise, Dipl.-Geogr. J. Grotheer, Dipl.-Geogr. F. Haselein, Dipl.-Gogr. H. Hoffmann, Dipl.-Geoök. F. Hetzel, Dipl.-Geogr. A. Kenkel, Dipl.-Geogr. M. Klinge, Dipl.-Geogr. M. Waibel, Dipl.-Geogr. N. Will – Professor Dr. J. Hövermann (em), Dr. H.-J. Nitz (em), Dr. H.-G. Mensching (em), Dr. J. Spönemann (i.R.) – apl. Prof. Dr. H.-J. Bürkner, PD Dr. F. Lehmkuhl, PD Dr. K.-T. Rost, Dr. B. Damm, Dr. S. Meiners, Dipl.-Geogr. L. Iturrizaga

Abteilung für Wirtschaftsgeographie mit Lehrauftrag im Wirtschafts- und Sozialwissenschaftlichen Fachbereich, Tel.: (0551) 39-8022. Leitung/wiss. Mitarb.: Prof. Dr. J. Güßefeldt, AOR Dr. H.D. von Frieling, Dr. S. Kickner.

GREIFSWALD. Ernst-Moritz-Universität, FR Geowissenschaften, Institut für Geographie. Ludwig-Jahn-Str. 16, D-17487 Greifswald, Tel: (03834) 77271, Fax: 883353.

Geschichtl.: 1881 a.o. Professur f. Geogr., 1899 o. Profess., 1918 Geogr. Institut, 1951 Verein mit Inst. f. Hist.-Geographische u. Kulturlandschaftsforschung in Math.-Naturwiss.-Fak., Bibl. u. Kartensammlung.1969 Sekt. Geographie (im Rahmen der III. Hochschulreform der DDR). 1990 Geographisches Institut. 1992 Institut für Geographie.

Leitung/wiss. Mitarb.: Professoren: Prof. Dr. Klaus D. Aurada (Allgem.Physische Geographie), Prof. Dr. Helmut Klüter (Regionale Geographie), Prof. Dr. Konrad Billwitz (Geoökologie), Prof. Dr. Alfred Gomolka (Raumordnung und Landesplanung), Prof. Dr. Reinhard Lampe (Geomorphologie und Küstenkunde), Prof. Dr. Rolf Meincke (Fachdidaktik Geographie) – Dr. Wolfgang Albrecht, Dr. Norbert Amelang, Dr. Dieter Brunner, Dr. Martin Bütow, Dr. Hinrich Meyer, Dr. Karin Richter, Dipl.-Lehrerin Heidemarie Täubert.

HALLE. Martin-Luther-Universität, FB Geowissenschaften, Institut für Geographie, Domstr. 5, D-06108 Halle/Saale, Tel.: (0345) 552-6041, Fax: 552-7175, e-mail: institut@geographie.uni-halle.de

Geschichtl.: 1873 o. Professur, 1885 Seminar f. Erdkunde. 1952 Geogr. Institut, Nat.-Wiss. Fakultät, seit 1954 Math.-Naturwiss. Fakultät. 1969 Bildung der Sektion Geographie (im Rahmen der III. Hochschulreform der DDR) durch Zusammenlegung der Geographischen Institute der Universitäten Halle und Leipzig sowie von Teilen des Geographischen Instituts der Universität Jena. Angliederung der Fachrichtung Methodik des Geographieunterrichts und des Geologisch-Paläontologischen Instituts der Universität Halle einschl. des Geiseltalmuseums als Wissenschaftsbereiche der Sektion, Bibliothek und Kartensammlung. 1991 Gründung des FB Geowissenschaften an der Mathematisch-Naturwissenschaftlich-Technischen Fakultät mit dem Institut für Geographie und dem Institut für Geologische Wissenschaften und Geiseltalmuseum.

Leitung/Lehrkörper:Prof. Dr. Karl-Heinz Schmidt (Physische Geographie), Prof. Dr. Klaus Friedrich (Sozialgeographie), Prof. Dr. Manfred Frühauf (Geoökologie), Prof. Dr. Cornelia Gläßer (Kartographie/Geofernerkundung), Prof. Dr. Wilfried Kühling (Raum- und Umweltplanung), Prof. Dr. Notburga Protze (Didaktik). Prof. Dr. Dieter Scholz (Wirtschaftsgeographie) - Dr. Ines Benhold, Dr. Michael Falkenhagen, Dr. Ulrike Hardenbicker, Dr. Anneliese Hedderich, Dr. Karl-Heinz Krause, Dr. Georgia Kroll, PD Dr. Thomas Littmann, Dr. Wolfgang Raschke, Dr. Martin Sauerwein, Dr. Bruno Tauché, Dr. Thomas Vetter, Dr. Wolfgang Walossek, Dr. Hagen Will, Dr. Michael Zierdt, Dr. Günter Zinke, DG Ingo Beyer, DG Thomas Engler, DB Birgit Glorius, Gymn. L. Steffen Joseph, DG Claudia Kaiser, DG Jeannette Klahre, DG Sabine Lachmann, DG Barbara Rösel.

HALLE. Institut für Agrarökonomie und Agrarraumgestaltung der Martin-Luther-Universität Halle-Wittenberg, Professur für Agrargeographie und Raumordnung, Adam-Kuckhoff-Str. 15, D-06108 Halle/S.

Geschichtl.: 1963 Abt. Agrargeographie und landwirtschaftliche Regionalplanung. 1964 Prof. mit Lehrauftrag, 1969-1991 Ordinariat (Prof. Dr. W. Roubitschek). 1994 Ordinariat (Prof. Dr. H.-F. Wollkopf).

Leitung/wiss. Mitarb.: Prof. Dr. H.-F. Wollkopf (Ltr., gf. Institutsdirektor, Agrargeographie, Planung ländl. Räume). – Doz. Dr. R. Hüwe (Agrarraumgestaltung, Agrarökonomie) – Dr. R. Diemann (Landschaftslehre und -planung), Dr. J. Döring (Agrarmeteorologie). – Kartographie: T. Chudy (Dipl.-Ing. TU). – Datenverarbeitung: G. Bursian.

HAMBURG. Institut für Geographie der Universität Hamburg, Geomatikum, Bundesstr. 55, D-20146 Hamburg, Tel.: (040) 42838-4963, Fax: 42838-4981.

Geschäftsführung: Univ.Prof. Dr. Jürgen Lafrenz, Stellv.: Univ.Prof. Dr. Hans-Otto Spielmann.

Geschichtl.: 1908 o. Professur f. Geographie u. Seminar f. Geographie. 1936 Geographisches Institut. 1942 ao. Professur, Kolonial- u. Wirtschaftsgeographisches Institut. 1950 Vereinigung beider Institute. 1966 zweite o. Professur für Geographie. Seit 1970 im Fachbereich Geowissenschaften. 1992 Umstrukturierung des Institutes mit Untergliederung in die drei Arbeitsbereiche Physische Geographie, Kulturgeographie und Wirtschaftsgeographie.

Leitung/wiss. Mitarb.: Univ.Prof.Dr. Eckhard Grimmel, Univ.Prof.Dr. Dieter Jaschke, Univ.Prof. Dr. Jürgen Lafrenz, Univ.-Prof. Dr. Bärbel Leupolt, Univ.Prof.Dr. Frank N. Nagel, Univ.-Prof. Dr. Jürgen Oßenbrügge, Univ.-Prof. Dr. Reiner Schwarz, Univ.Prof. Dr. Hans Otto Spielmann, Prof. Dr. Dietbert Thannheiser, Wiss. Ang. Dr. Eckehard Burchards, Wiss.Ass. Dr. Britta Klagge, Akad.Rat Dr. Joachim Krebs, Univ.-Doz. Dr. Robert Martens, Wiss. Oberrat Dr.Thomas Poetsch, Dr. Beate Ratter, Wiss. Mitarb. Dr. Klaus Schipull, Wiss.

Mitarb. Stefan Fichtner, Wiss. Mitarb. Niels A. Wahl, Wiss. Mitarb. Volker Zimmer – Univ.-Prof. Dr. Günter Borchert (i.R.), em.Univ.-Prof. Dr. Horst Mensching, em.Univ.Prof. Dr. Gerhard Oberbeck, em. Univ.Prof. Dr. Gerhard Sandner, em. Univ.-Prof. Dr. Gerhard Sendler. – Kartographie: Jürgen Böge,Dipl.-Ing. Claus Carstens, Peter Uwe Thomsen. – Bibliothek: Dipl.-Bibl. Jutta Alpheis, Dipl.-Bibl. Anette Keßling, Dipl.-Bibl. Christel Wichers.

HAMBURG. Inst. f. Didaktik der Geographie, Geschichte, Politik u. d. Sachunterrichts im FB Erziehungswissenschaft der Universität Hamburg, Von-Melle-Park 8, D-20146 Hamburg, Tel.: (040) 41 23 21 59.

Leitung/wiss. Mitarb.: Didaktik der Geographie: Prof. Dr. K. Filipp, Prof. Dr. K.H. Reinhardt, Prof. em. Dr. H. Ebinger.

HANNOVER. Geographisches Institut der Universität Hannover, Schneiderberg 50, D-30167 Hannover, Tel.: (0511) 762-2233, -4493, -4496, Fax: 762-3533, -3984, -3051.

Geschichtl.: 1921 Extraordinariat (vorübergehend pers. Ordinariat), 1928 Geographisches Institut. 1957 Ordinariat. 1970 Ordinariat für Wirtschaftsgeographie. 1971 Ordinariat für Kulturgeographie. Fachbereich Erdwissenschaften.

Leitung/wiss. Mitarb.: Prof. Dr. Th. Mosimann (1988), Physische Geographie und Landschaftsökologie. Prof. Dr. L. Schätzl (1978): Wirtschaftsgeographie. Prof. Dr. Hanns J. Buchholz (1981): Kultur-/Sozialgeographie. Akad. Dir. Dr. W. Thiem, AOR Dr. M. Schrader, AR Dr. U. Sprengel, Dipl.-Geogr. D. Krüger.– Dr. A. Imhoff-Daniel, Dipl.-Geogr. G. Lautensach, Dr. J. Revilla-Diez. – Dr. R. Duttmann.

HANNOVER. Universität, Fachbereich Erziehungswissenschaften I. Bismarckstr. 2, D-30173 Hannover, Tel.: (0511) 762–8536, Fax: 62-8555.

Leitung/wiss. Mitarb.: Prof. Dr. Wulf Schmidt-Wulffen, AOR Dieter Sajak, e-mail: schmidt-wulffen@erz.uni-hannover.de.

HEIDELBERG. Geographisches Institut der Ruprecht-Karls-Universität, Im Neuenheimer Feld 348, D-69120 Heidelberg, Tel.: (06221) 54-4570, Fax: 54-4996, -5585 (Abt. Regionalforschung).

Geschichtl.: 1895 ao. Professur. Geographischer Apparat. 1906 o. Professur. 1928 Geographisches Institut. Phil. Fak. 1969 Fak. f. Geowissenschaften. 1982 3. Lehrstuhl.

Leitung/wiss. Mitarb.: o. Prof. Dr. Dietrich Barsch (Dir.), o. Prof. Dr. Hans Gebhardt (Dir.), o. Prof. Dr. Peter Meusburger (Dir.), Prof. Dr. Ursula Ewald, Prof. Dr. Heinz Karrasch, Prof. Dr. Werner Mikus, Prof. em. Dr. Fritz Fezer, Prof. em. Dr. Werner Fricke, Prof. em. Dr. Helmut Völk, PD Dr. Wolfgang Herden, PD Dr. Paul Reuber, PD Dr. Adolf Zienert, AD Dr. Horst Eichler, Dr. Klaus Sachs, AOR, Dr. Arnold Scheuerbrandt, Dr. Michaele Braun, Dr. Werner Gamerith, Dr. Achim Schule, Dr. André Assmann, Tim Freytag, Dipl.-Gogr. Heike Jöns, Dipl.-Geogr. Verena Kiedaisch, Dipl..-Geogr. Ulrike Krause (Labor), Michael Hoyler, Gilbert Malchau, Dipl.-Geogr. Sabine Müschenborn (Graduiertenkolleg), Dipl.-Geogr. Beate Sandler, Dipl.-Geogr. Heiko Schmid, Dipl.-Geol. Gerd Schukraft (Laborleiter), Dipl.-Geogr. Anke Väth, Dipl.-Geogr. Alexander Zipf, Hon.Prof. Dr. Joachim Schultis, Verbandsdir. Dr. Ekkehard Hein, Prof. Dr. Heinz Musall, Keith Stobbe, Studiendir. Prof. Dr. Reinhard Henkel. Bibliothek: Dipl.-Bibl. Birgit Knebel.

HEIDELBERG. Abt. Geographie am Südasien-Institut der Universität Heidelberg, Im Neuenheimer Feld 330, D-69120 Heidelberg, Tel.: (06221) 54-8951, Fax: 54-5926.

Lehrkörper: Prof. Dr. H.-G. Boihe, em.Prof. Dr. U. Schweinfurth, Priv.-Doz. Dr. W. Werner, wiss. Ass.:Priv.-Doz. Dr. Dietrich Schmidt-Vogt, wiss.Mitarb.: Dr. E. Graner, Hannah Büttner, M.A., Markus Mayer, M.A., Kartographie: Dipl.-Ing. H. Nischk.

HILDESHEIM. Institut für Geographie und Geschichte der Universität Hildesheim, Lehrgebiet Geographie und Didaktik der Geographie. Marienburger Platz 22, D-31141 Hildesheim (Postfach 10 13 63, D-31113 Hildesheim) Tel.: (05121) 883(0)–407 (Sekr.), Fax: 867558.

Leitung: AOR (korp.-rechtl.Prof.) Dr. G. Meier-Hilbert – wiss. Mitarb.: AOR Dipl.-Päd G. Busse. – OStR M. Gerlach, RR K. Riess, Dr. J. von Weymarn.

JENA. Friedrich-Schiller-Universität, Institut für Geographie, Löbdergraben 32, D-07740 Jena. Inst.Sekr.: Tel.: (03641) 9488-00 – Sekr. Phys. Geographie Tel.: (03641) 9488-10, Fax: 9488-12 – Sekr. Geoinformatik Tel.: (03641) 9488-51, Fax: 9488-52 – Sekr. Wirtschaftsgeogr. Tel.: (03641) 9488-31, Fax: 9488-32 – Sekr. Sozialgeogr. Tel.: (03641) 9488-41, Fax: 9488-41.

Geschichtl.: 1892 ao.Professur, 1899 Geographische Anstalt, 1920 o.Professur, Quartärforschung, 1992 Wiederbeginn der Geographieausbildung, 1995 Neugründung Institut für Geographie

Lehrkörper: Anthropogeographie: Prof. Dr. P. Sedlacek, Prof. Dr. B. Werlen, w.M. Dipl.-Geogr. B. Kadner, Dipl.-Geogr. R. Lippuner, Dipl.-Geogr. J. Rausch – Didaktik: N.N. – Geoinformatik: Prof. Dr. W.-A. Flügel, N.N. (Fernerkundung), w.M. Dr. O. David, Dr. V. Hochschild, Dipl.-Geogr. C. Michl – Phys. Geographie: Prof. Dr. R. Mäusbacher, w.M. Dipl.-Geogr. Dr. J. Baade, Dipl.-Geogr. D. Strauch – Geoök. Labor: Dr. G. Daut – Kartentechnik: Dipl.-Ing. R. Mendler.

KARLSRUHE. Institut für Geographie und Geoökologie der Univ. Karlsruhe (TH), Kaiserstr. 12, D-76128 Karlsruhe, Tel.: (0721) 608–3484, Fax: 696-591 (Sekr.: Prof. Dr. Kilchenmann), 608-4367, Fax: 696761 (Sekr.: Prof. Dr. Meurer), www.bio-geo.uni-karlsruhe.de, e-mail: manfred.meurer@bio-geo.uni-karlsruhe.de.

Geschichtl.: 1922 Geographischer Lehrauftrag. 1953 Geographisches Institut. Fak. f. Bio- u. Geowissenschaften. 1989 Institut für Geographie und Geoökologie.

Leitung/wiss. Mitarb.: o.Prof. Dr. M. Meurer, o.Prof. Dr. A. Kilchenmann, Prof. Dr. D. Burger, em. Prof. Dr. A. Wirthmann, Hon.Prof. Dr. E. Reinhard, Hon. Prof. Dr. F. Timmermann, PD Dr. E. Jedicke, PD Dr. V. Schweikle, Dipl.-Geoökol. T. Buttschardt , Dipl.-Geoökol. M. Hartenstein, Dipl.-Biol. S. Steusloff, Dipl.-Geoökol. K. Jehn, Dipl.-Geogr. Dr. P. Ludäscher, Dipl.-Geogr. L. Nutz, Dipl.-Biol. M.-L. Schmitt, Dipl.-Geoökol. G. Waldenmeyer, Dipl.-Geoökol. S. Schneider

Kartograph: Dipl.-Ing. (FH) P. Oelmann,

Labor: Dipl. Chem. Martin Kull, Dipl.-Geoökol. Dipl.-Ing. (FH) Reiner Gebhardt.

KASSEL. Abteilung Geographie im Fachbereich 10 der Universität Gesamthochschule Kassel, Nora-Platiel-Str. 5, D-34127 (Postfach 101 380, D-34013 Kassel).

Sekretariat (Frau B. Weng. Frau M. Födisch), Tel.: (0561) 804-3137, -3145.

Geschichtl.: Seit 1972 geographische Lehrveranstaltungen. Professuren für Wirtschafts-und Sozialgeographie (1974), Geographie und ihre Didaktik (1974) sowie Angewandte Geographie (1975) in der Organisationseinheit I (Gesellschafts- und Erziehungswissenschaften). 1975 Organisationseinheit 22 (wirtschafts-, Sozial- u. Regionalwissenschaften), seit 1979 Fachbereich 6 (Angewandte Sozialwissenschaften).

Leitung/wiss. Mitarb.: Prof. Dr. P. Jüngst, F: (0561) 804 3142, Prof. Dr. H.-J. Schulze-Göbel, F. (0561) 804 3140, N.N. (Geoökologie). – G. Bauer (Didaktik der Geographie), Dr. O.G. Meder (Didaktik der Geographie). Kartographie: R. Grünberg. – Bibliothek: Frau S. Henze. – Fotolabor: Frau D. Müller. Seit Oktober 1998 FB 10 „Berufsbildungs-, Sozial- und Rechtswissenschaften".

KIEL. Geographisches Institut der Christian-Albrechts-Universität Kiel, Ludewig-Meyn-Str.14, D-24098 Kiel, Tel.: (0431) 880-2943, Fax: 880-4658, Internet: kttp:www.uni-kiel.de:808/gographie/.

Geschichtl.: 1879 o. Professur u. Geographisches Seminar. Ab 1964 Ausbau auf heute 6 Professuren. Zur Math.-Nat. Fakulltät gehörend.

Direktoren: Prof. Dr. Hermann Achenbach, Prof. Dr. Jürgen Bähr (stellf. geschäftsf. Vorstand), Prof. Dr. Klaus Hormann, Prof. Dr. Götz von Rohr (geschäftsf. Vorstand), Prof. Dr. Horst Sterr, N.N. – Lehrkörper/wiss. Mitarb.: Prof. Dr. Otto Fränzle, Priv.-Doz. Dr. Hans-Geog Glaeßer, Prof. Dr. Heinz Klug, Prof. Dr. Gerhard Kortum, Prof. Dr. Axel Priebs, Prof. Dr. Reinhard Stewig – HS.Ass. Dr. Steffen Bock, AR Prof. Dr. Arnt Bronger, Akad. Dir. Dr. Siegfried Busch, AOR Prof. Dr. Eckart Dege, Dipl.-Geogr. Matthias Hamann, AOR Dr. Bodo Higelke, OAss.PD Dr. Ulrich Jürgens, HS.Ass. Dr. Rainer Wehrhahn, HS.-Doz. Prof. Dr. Dietrich Wiebe. – Bibliothek: Dipl.-Bibl. Joachim Brommauer, Dipl.-Bibl. Tanja Mayer (beurl.) – Kartographie: Ing.grad. Doris Busch, Dipl.-Ing. Lutz Orlowski, Dipl.-Ing. (FH) Petra Sinuraya – Geolabor: Techn. Ass. Antje Berger, Techn. Ass. Ursula Bock, Techn. Ass. Ulrike Klingberg (beurl.)

KIEL. Erziehungswissenschaftliche Fakultät der Universität Kiel, Institut für Kulturwissenschaften und ihre Didaktiken, Abt. Geographie. Olshausenstr. 75, D-24118 Kiel, Tel.: (0431) 880-01, -1190 (Sekr.), Fax: 880-1588, Internet: http: \\www.uni-kiel.de/ewf/geographie, e-mail: erdkunde@ewf.uni-kiel.de.

Leitung/wiss. Mitarb.: Prof. Dr. J. Newig, Prof. Dr. W. Hassenpflug. – em.o. Prof. Dr. K. Hingst, em.o. Prof. Dr. W. Pollex – StD K.-D. Schmidtke, L W.D. John.

KOBLENZ. Geographisches Institut der Universität Koblenz-Landau, Abteilung Koblenz. Rheinau 1, Geb. F 10, D-56075 Koblenz, Tel./Fax: (0261) 9119-330.

Angeschlossen: Sonderforschungsbereich „Angewandte Geographie – Dokumentation – Bilddatei (EDV)".

Geschichtl.: 1966 Professur EWH, Abt. Koblenz. 1971 2. Professur, Seminar für Geographie der EWH. 1989/1990 Geograph. Institut d. Universität.

Leitung/wiss. Mitarb.: Prof. Dr. H. Fischer (Physiogeogr., stellv. Leiter d. Instituts u. Leiter d. Sonderforschungsbereichs), Prof. Dr. R. Graafen (Kulturgeogr., Leiter d. Inst.). Akad. Dir. apl. Dr. N. Beck, Priv.-Doz. Dr. J. Loeper – R. Esser M.A., Dr. Fr. Fischer, Dr. W. Frost, Dipl.-Geol. H. Goos, H. Kiefer, Dipl.-Ing. M. Kohlenberg, apl. Prof. Dr. R. Mennel, Dr. H. Platten, Dipl.-Päd., W. Weller. – R. Esser M.A. (Schriftleiter), Geschäftszimmer: Brigitte Franz.

KÖLN. Geographisches Institut der Universität zu Köln, Zülpicher Str. 49, Postanschrift bei allen Professoren und Mitarbeitern: Geographisches Institut, Math.-Nat. Fakultät der Universität, Albertus-Magnus-Platz, D-50923 Köln, Tel.: (0221) 470-2261, Fax: 470-4917.

Geschichtl.: 1901 o. Professur für Geographie. 1904 Geographisches Seminar. 1920 Geographisches Institut. 1963 2. o. Professur. 1969 3. o. Professur. 1971 4. o. Professur. seit 1954 Math.-Nat. u. Phil. Fakultät.

Leitung/wiss. Mitarb.: Professoren Dr. H. Besler, Dr. E. Brunotte, Dr. J. Nipper, Dr. U. Radtke, Dr. G. Schweizer, Dr. D. Soyez, Dr. D.J. Werner. – Michael Bruse, O. Bubenzer, Jörg Elbers, J. Hamhaber, Dr. A. Janotta, Dr. R. Hegner, Marc Höhmann, T. Mallmann, Dr. M. Nutz, Dr. A. Schnütgen, Dr. Christian Schulz, E. Sprunkel, M. Thelemann, M. Thönnessen, Dr. R. Zeese, Dr. K. Zehner, Dipl.-Geogr. G. Ziegeler. – Bibliothekar: Dipl.-Bibl. U. Hohnvehlmann. Geschäftszimmer: B. Forthmann – Kartographie: Ing. (grad.) P. Cuber, Ing. (grad.) J. Kubelke. – Emeriti: Prof. Dr. O.F. Timmermann. Prof. Dr. H. Bremer, Prof. i.R.: Prof. Dr. B. Fautz, Prof. Dr. W. Hetzel.

KÖLN. Geographisches Institut der Universität zu Köln, Abteilung für Afrikaforschung, Zülpicher Str. 49, Postanschrift: Albertus-Magnus-Platz, D-50923 Köln.

Leitung/wiss. Mitarb.: Abt. Vorst. Prof. Dr. Helga Besler. – Diplomgeogr. O. Bubenzer.

KÖLN. Wirtschafts- und Sozialgeographisches Institut der Universität zu Köln, Albertus-Magnus-Platz, D-50931 Köln, Tel.: (0221) 470 23 72.

Geschichtl.: 1902 o. Professur a. d. Handelshochschule. 1920 Lehrstuhl a. d. Univ./Phil. Fak.. Wahrnehmung durch d. Wirtschaftshistoriker bis 1949. 1950 Neuerrichtung d. Wirtsch.-Geographischen Inst. u. o. Professur f. Wirtschafts- u. Sozialgeographie d. Wirtschafts- und Sozialwiss. Fakultät.

Leitung/wiss. Mitarb.: Univ.Prof. Dr. rer.nat. R. Sternberg (Geschäftsf. Direktor) – Univ.-Prof. Dr. rer.nat. E. Gläßer (Dir.), Univ.-Prof. Dr. rer.pol. G. Voppel (em.) – Prof. Dr. E. Gabriel. – Dipl.-Vw. Soz. R. Dirk Möller, Dipl.-Kfm. A. Seidel, Dipl.-Kfm. M. Schmied, Dr. rer.nat. C. Tamásy. – Kartograph: S. Pohl. – Bibliothekarin: Dipl.-Bibl. A. Küsters.

KÖLN. Universität zu Köln, Erziehungswissenschaftliche Fakultät, Seminar für Geographie und ihre Didaktik, Gronewaldstr. 2, D-50931 Köln, Tel.: (0221) 470-4631 (Geschäftszimmer).

Leitung/wiss. Mitarb.: o. Prof. Dr. G. Bartels (Geogr. u. ihre Didaktik), o. Prof. Dr. G. Ritter (Geogr. u. ihre Didaktik), Prof. Dr. E. Meffert i.R., apl.Prof. Dr. H.-J. Sander. – Stud.Rat i.H. Dr. G. Weiss, Stud.Rätin i.H. Dr. P. Sauerborn, Dipl.-Geogr. Dr. D. Wiktorin, Wiss. MA.: Dipl.-Geogr. M. Klein.

LANDAU. Institut für Geographie der Universität Koblenz-Landau, Abt. Landau, Im Fort 7, D-76829 Landau, Tel.: (06341) 280-150, -397, (Sekr.: 280-369), Fax: 280-398, e-mail: ifgeo@uni-landau.de

Geschichtl.: 1960 PH Landau, 1969 Erziehungswiss. Hochschule (EWH) Rheinland-Pfalz, Abt. Landau, 1990 Universität Koblenz-Landau, Abt. Landau

Leitung/wiss. Mitarb.: Prof. Dr. H. Köck, Prof. Dr. K. Reh (em.), Akad. Dir. Dr. M. Geiger, Akad. Oberrat Dr. E. Hasenfratz, Dipl.-Geogr. Uwe Reck. – Akad. Rat Dr.-Ing. H.-J. Domhardt, Dipl.-Geolog. Th. Grießemer, StDir. B. Pohl, Dipl.-Geol. Dr. P. Walter.

LEIPZIG. Institut für Geographie der Universität Leipzig, Johannisallee 19a, D-04103 Leipzig, Tel.: (0341) 9732-790, Fax: 9732-799.

Geschichtl.: 1871 o. Prof. f. Geographie, Geographisches Seminar, 1898 ao.Prof. f. Gesch. d. Erdkunde (seit 1904 unbesetzt), 1921 pl. ao. Prof. f. Wirtschaftsgeographie, 1967 Teilung in 3 Abt.: Abt. Physische Geographie, Abt. Ökonomische Geographie, Abt. Regionale Geographie und Thematische Kartographie (Math.-Naturw. Fak.), außerdem Institut für Pädagogik, Abt. Unterrichtsmethodik, Fachgruppe Methodik des Geographieunterrichts

(Phil. Fak.), 1969 Auflösung und Verlagerung nach Halle a.S. im Rahmen der 3. DDR-Hochschulreform, 1995 Wiedererrichtung innerhalb der Fakultät für Physik und Geowissenschaften.

Leitung/wiss. Mitarb.: Prof. Dr. Günter Haase (Physiogeographie), Prof. Dr. Hans Neumeister (Physiogeographie), Prof. Dr. Helga Schmidt (Anthropogeographie), Prof. Dr. Reinhard Wiessner (Anthropogeographie), Prof. Dr. Alois Mayr (Regionale Geographie, gemeinsame Berufung mit den Institut für Länderkunde Leipzig), Prof. Dr. Jürgen Breuste (Geoökologie/Stadtlandschaften, gemeinsame Berufung mit dem Umweltforschungszentrum Leipzig-Halle, N.N., N.N. N.N.

LÜNEBURG. Fach Geographie (Wirtschafts- und Sozialgeographie, Geographie und ihre Didaktik) der Universität Lüneburg, Scharnhorststr. 1, D-21335 Lüneburg, Tel.: (04131) 78-0, Durchwahl Geographie: -2689-93, Fax: 78-2692.

Leitung/wiss. Mitarb.: Univ.-Prof. Dr. Barbara Hahn, Univ.-Prof.i.R. Dr. Arnold Schultze, AR Dr. Peter Pez, AR Dr. Martin Pries, wiss. Mitarb.: Dr. Petra Pudemat.

MAINZ. Geographisches Institut der Johannes Gutenberg-Universität Mainz, D-55099 Mainz, Tel.: (06131) 39–2262, Fax: 39-4735 (Physische Geographie), -4736 (Kulturgeographie).

Geschichtl.: 1946 Geographisches Institut, phil. Fak. (2 Ordinariate). 1970 Ordinariat. 1972 Ordinariat. 1973 Fachbereich Geowissenschaften.

Leitung/wiss. Mitarb.: Prof. Dr. Manfred Domrös, Prof. Dr. Heinz Eggers (em.), Prof. Dr. Erdmann Gormsen, Prof. Dr. Helmut Hildebrandt, Prof. Dr. Otto Kandler, Prof. Dr. Wendelin Klaer (em.), Prof. Dr. Günter Meyer, Prof. Dr. Johannes Preuß, Prof. Dr. Dieter Uthoff, N.N. – Dr.habil. Ingo Eberle, Dr.habil. Heinz Schürmann – Dr. Hans-Joachim Fuchs, Dr. Dieter König. – Dr. habil.Volker Heidt, Dr. Hilmar Krenn. – Dr. Susanne Albrecht, Vera Denzer, Dipl.-Geogr. Joachim Frey, Dr. Rüdiger Kreth,Dr. Hartmut Lücke, Dipl.-Geogr. Robert Pütz, Dipl.-Geogr. Peter Spehs, Dr. Axel Thomas.

MANNHEIM. Geographisches Institut der Universität Mannheim, Schloß, D-68131 Mannheim, Tel.: (0621) 292-5451, -1252, -5372, Fax: 292-3321, Internet: http://www.vwl.uni-mannheim.de/geo/gihome.htm, e-mail: fg13@rumms.uni-mannheim. de

Geschichtl.: 1910 hauptamtl. Dozentur f. Verkehrs- u. Wirtschaftsgeographie. Geographisches Seminar. 1923 1. o. Professur für Geographie, 1968 Abteilung für Geologie, 1975 Wirtschaftsgeographie, Philosophische Fakultät, 1969 Fak. f. Geschichte und Geographie, 1996 Fakultät für Volkswirtschaftslehre.

Leitung/wiss. Mitarb.: Prof.em. Dr. Gudrun Höhl, Prof. Dr. Ch. Jentsch, Prof. Dr. P. Gans, Prof. Dr. P. Frankenberg, Prof. Dr. W. Thomi (Wirtschaftsgeographie), Hon.-Prof. Dr. K. Becker-Marx (Raumordnung), Prof. Dr. P. Rothe (Geologie), Prof. Dr. Ingrid Dörrer, Hon.-Prof. Dr. R. Loose. – PD Dr. D. Anhuf (Lehrstuhlvertreter). – PD Dr. habil M. Kappas, Dr. S. Lentz, Dipl.-Geogr. R. Lukhaup, Dipl.-Geogr. Ch. Neff, Dr. T. Ott, Dipl.-Bibl. Monika Leray

Kartographin Marianne Mitlehner.

MANNHEIM. Institut für Landeskunde und Regionalforschung der Universität, Gebäude L 9, 1–2, D-68131 Mannheim.

Geschäftführender Leiter: Prof. Dr. Ch. Jentsch, Tel.: (0621) 292-5722 oder -5042, Fax: 292 3321.

MARBURG/Lahn. Fachbereich Geographie der Philipps-Universität, Deutschhausstr. 10, D-35032 Marburg/Lahn, Tel.: Dekanat (06421) 28-5916, Sekretariat 28-4261, Fax: 28-8950.

Geschichtl.: 1876 o. Professur f. Geographie errichtet, Geographisches Inst.: 2. o. Professur f. Geogr. 1962. Naturwiss. Fak., 1971 Fachbereich Geographie.

Leitung/wiss. Mitarb.: Prof. Dr. Helmut Brückner, Prof. Dr. Ekkehard Buchhofer, apl. Prof. Dr. Wolfram Döpp, Prof. Dr. Günter Mertins, Prof. Dr. Georg Miehe, Prof. Dr. Helmut Nuhn, Prof. Dr. Alfred Pletsch, Prof. Dr. Ulrike Sailer-Fliege. – Dr. Karl-Heinz Müller (AOR), Dr. Jürgen Leib (AOR), Dr. Walter W. Jungmann (OStud. i. Hochschuldienst), Dr. Ralf Hoppe (Wiss. Ass.), Andreas Look (Wiss. Bed.), Dr. Cordula Neiberger (Wiss. Bed.).

MÜNCHEN. Institut für Geographie der Ludwig-Maximilians-Universität München, Luisenstr. 37/II/III, D-80333 München,Tel.: (089) 2180-6659, Fax: 2180-6664.

Geschichtl.: Seit 1883 geogr. Vorlesungen. 1892 Professur f. Geographie und Alte Geschichte. Geogr. Seminar gegründet. 1906 o. Professur. 1921 Geogr. Inst.. bis SS 1937 Phil. Fakultät, 2. Sekt.. bis März 1971 Naturwiss. Fak.. Gründungsjahr 1892.

Fakultät/Abteilung: Fakultät für Geowissenschaften (Fachbereich 20).

Leitung/wiss. Mitarb.: Lehrstuhl für Geographie und Landschaftsökologie: o.Prof. Dr. O. Baume (1995, Leitung), Dr. G. Michler (AD), Dr. K. Priesmeier (AD) – PD Dr. M. Becht (OAss), Dr. S. Bussemer (Ass), Dr. C. Hüttl (Ass.) – em.Prof. Dr. F. Wilhelm.

Lehrstuhl für Geographie und Geographische Fernerkundung: o. Prof. Dr. W. Mauser (1991, Leitung), Dr. K. Dietz (AOR), Dr. Dipl.-Ing. (FH) I. Keding (AR). – Dipl.-Geogr. R. Stolz, Dr. K. Schneider. – em. Prof. Dr. H.G. Gierloff-Emden – Prof. Dr. U. Rust, Prof. Dr. F. Wieneke, Prof. Dr. K. Rögner.

Abteilung Didaktik der Geographie, Schellingstr. 9,. D-80799 München, Tel.: (089) 2180-2860, -61, -56.

Leitung/wiss. Mitarb.: (StR.i.H. Dr. Josef Birkenhauer OStD Dr. Ambros Bruckner – Franz Kestler

MÜNCHEN. Institut für Wirtschaftsgeographie der Universität München, Ludwigstr. 28, D-80539 München, Tel.: (089) 2180 2231, Fax: 2180 3809.

Geschichtl.: 1913 geographische Vorlesungen. 1927 Lehrauftr. f. Wirtschaftsgeogr.. 1.4.1947 Wirtschaftsgeographisches Seminar. 1.4.1951 ao. Professur f. Wirtschaftsgeographie. 12.12.1958 Inst. f. Wirtschaftsgeographie in der Staatswirtschaft. Fakultät, seit 1974 in der Fakultät für Betriebswirtschaft, ab 1994 Seminar f. Internationale Wirtschaftsräume u. betriebliche Standortforschung sowie Seminar f. Wirtschaftsgeographie und Fremdenverkehrsforschung.

Leitung/wiss. Mitarb.: o.Prof. Dr. H.-D. Haas (Vorst., 1992),o. Prof. Dr. K. Ruppert (emer.). N.N., Dr. R. Paesler (Ak. Dir.). Dr. Th. Polensky (Ak. Dir.). – Dr. M. Heß (Dipl.-Geogr.), J. Scharrer (Dipl.-Geogr.), E. Störmer (Dipl.-Geogr.), T. Cleve (Dipl.-Geogr.), A. Otto (Dipl.-Geogr.), J. Rehner (Dipl.-Geogr.), E. Schikore (Dipl.-Geogr.). Hon.-Prof. Dr. W. Buchner (Min.-Dir.i.R.). – Dr. F. Strathmann, Dr. J. Maschke. – Kartographie: F. Eder, H. Sladkowski.

MÜNCHEN. Geographisches Institut der Technischen Universität München, Arcisstr. 21, D-80290 München,Tel.: (089) 289-22802, -22812, Fax: 2105-2804.

Geschichtl.: 1873 o. Professur f. Geographie aus d. Übernahme eines schon vorher bestehenden Lehrstuhls d. Königl. Bayerischen Polytechnikums in eine Technische Hochschule entstanden. Geographisches Seminar eingerichtet. 1922 Geographisches Seminar d. Handelshochschule München angegliedert. 1932 Geographisches Institut. Fachbereich Wirtschafts- und Sozialwissenschaften.

Leitung/wiss. Mitarb.: Prof. Dr. H. Faßmann (Leitung), o. Prof. Dr. G. Heinritz (Leitung), o.Prof. Dr. H. Popp (Leitung), o. Prof.em. Dr. R. Geipel, Prof. Dr. V. Meier, Prof. Dr. G. Sommerhoff, Prof. Dr. Hans Frei (Hon.-Prof.), apl.Prof. Dr. Karl Ganser (Hon.-Prof.) PD Dr. Andreas Kagermeier (wiss. Ass.). – wiss. Mitarb./Ass.: Dipl.-Geogr. Maximilian Dörrbekker, MA Dr. Georg Häfele, Dipl.-Geogr. S. Hafner, Dr. Ilse Helbrecht, Dipl.-Geogr. Rainer Kazig, Dr. Walter Kuhn, Dipl.-Geogr. Manfed Miosga, Dr. Frank Meyer, MA Dr. Carmella Pfaffenbach, Dipl.-Geogr. M. Popp, Dipl.-Geogr. Frank Schröder, Dr. Karin Vorauer.

MÜNSTER/Westf. Institut für Geographie der Westfälischen Wilhelms-Universität Münster

Geschichtl.: 1885 ao. Professur f. Geographie, Geographischer Apparat angelegt. 1896 o. Professur. 1911 Geographisches Seminar. 1936 Geographisches Institut. 1961 Institut für Geographie und Länderkunde. 1976 Institut für Geographie. Math.-Naturwiss. Fakultät, Fachbereich Geowissenschaften.Neuerrichtung folgender Institute im Jahr ö1994:

Institut für Landschaftsökologe, Robert-Koch-Str. 26-28, D-48149 Münster, Tel.: (0251) 83-33699, Fax: 83-38352

Leitung/wiss. Mitarb.: Prof. Dr. H. Mattes. Prof. Dr. W. Bach, Akad. Rätin Dr. G. Broll, Dr. C. Erber, Prof. Dr. I. Henning, Prof. Dr. F.-K. Holtmeier, M. Kaiser, V. Kathöfer, Akad. Dir. Dr. O. Kiese, Prof. Dr. M. Krieter, Dr. A. Malkus, M. Sachse, Dr. H. Schreiber, Prof. Dr. G. Schulte, Prof. Dr. U. Streit, Dr. A. Vogel, Prof. Dr. J. Werner.

Institut für Geoinformatik, Robert-Koch-Str. 26-28, D-48149 Münster, Tel.: (0251) 83-33081, -33083, Fax: 82-39763

Leitung/wiss. Mitarb.: Prof. Dr. W. Kuhn, L. Bernard, Prof. Dr. L. Bischoff, Prof. Dr. K. Hinrichs, Dr. H. Pundt, Prof. Dr. T. Spohn, Prof. Dr. U. Streit.

Institut für Geographie, Robert-Koch-Str. 26-28, D-48149 Münster, Tel.: (0251) 83-33696, Fax: 83-30025

Leitung/wiss. Mitarb.: Prof. Dr. U. Grabski-Kieron, S. Ahrens, C. Bischoff, Prof. Dr. H. Heineberg, Ch. Krajewski, Prof. Dr. C. Lienau, Akad. ORat Dr. R. Lindemann, Akad. ORat Dr. W. Meschede, Akad. ORat Dr. F. Pelzer, Akad. ORat Dr. P. Schnell, Dr. Th. Schwarze, Prof. Dr. P. Weber.

Betriebseinheit im FB 19 – Geowissenschaften – für die Institute Landschaftsökologie, Geoinformatik, Geographie und Didaktik der Geographie, Robert -Koch-Str. 26-28, D-48149 Münster, Tel.: (0251) 83-33910, Fax: 83-38352

Leiter: Akad. Dir. Dr. O. Kiese.

MÜNSTER/Westf. Institut für Didaktik der Geographie der Westfälischen Wilhelms-Universität Münster, Robert-Koch-Str. 26, D-48149 Münster/Westf., Tel.: (0251) 83-39353, Fax: 83-39351.

Leitung/wiss. Mitarb.: Prof. Dr. Jürgen Bünstorf. Prof'in Dr. Lioba Beyer, Prof. Dr. Jürgen Letmate, Prof. em. Dr. Wolfgang Feige. Prof.em. Dr. Herbert Büschenfeld, Prof. em. Dr. Karl Engelhard. AOR Dr. Friedrich Becks, AOR Dr. Reinhard Ittermann, AOR Dr. Hermann Schrand, AOR Dr. Hans-Hubert Walter. – PD Dipl.-Geogr. Dr. Karl-Heinz Otto.

NÜRNBERG. Lehrstuhl für Wirtschafts- und Sozialgeographie der Friedrich-Alexander-Universität Erlangen-Nürnberg, Lange Gasse 20, D-90403 Nürnberg, Tel.: (0911) 5302-321.

Geschichtl.: Seit 1919 Wirtschaftsgeographische Vorlesungen. 1923 Seminar für Wirtschaftsgeographie. 1932 Extraord. f. Geographie. 1950 Extraordin. f. Wirtschaftsgeographie. 1955 ao. Lehrstuhl, 1963 o. Lehrstuhl, Wirtschafts- u. Sozialwissenschaft. Fakultät.

Leitung/wiss. Mitarb.: em. o. Prof. Dkfm. Dr. W. Ritter, Univ. Prof. Dr. Th. Reichart, Dipl. Kfm. Gerhard Hetzel, em. o. Prof. Dr. E. Weigt, Prof. Dipl.-Kfm. Dipl. Hdl. Dr. R. Ruppert.

NÜRNBERG. Universität Erlangen-Nürnberg, Fachbereich Erziehungswissenschaften, Didaktik der Geographie, Regensburger Str. 160, D-90478 Nürnberg, Tel.: (0911) 5302-523, -524, -587, Fax: 4010-212.

Leitung/wiss. Mitarb.: Prof. Dr. Dr. H. Schrettenbrunner, em. Prof. Dr. H. Fuckner – Wiss. Ass. A. Seidl (Didaktik der Geographie). Prof. Dr. H. Heller (Landes- und Volkskunde) - StD Prof. Dr. H. Rusam.

OLDENBURG. Fachbereich 3 (Sozialwissenschaften, Fach Geographie), Universität Oldenburg, Ammerländer Heerstr. 114-118, D-26129 Oldenburg (PA: Postfach 2503, D-26111 Oldenburg), Tel.: (0441) 798-4235, Fax: 798-3769.

Leitung/wiss. Mitarb.: Prof. Dr. G. Jannsen, Prof. Dr. G. Jung, Prof. Dr. Rainer Krüger (beurl.), Prof. Dr. J. Strassel, H.-Doz. Dr. D. Hagen.

OSNABRÜCK. Fachgebiet Geographie im Fachbereich Kultur- und Geowissenschaften der Universität Osnabrück, Seminarstr. 19 a/b, D-49069 Osnabrück, Tel.: (0541) 969-4267, Fax: 969-4333.

Geschichtl.: Überführung der Didaktik der Geographie der ehemaligen Pädagogischen Hochschule in die 1974 gegründete Universität Osnabrück, anschließender Ausbau des Fachgebietes Geographie.

Leitung/wiss. Mitarb.: Prof. Dr. J. Deiters (Wirtschaftsgeographie), Prof. Dr. G. Hard (Geographie/Physische Geographie), Prof. Dr. N. de Lange (Geoinformatik und Kommunalplanung), Prof. Dr. H.-J. Wenzel (Sozialgeographie), Hochschuldoz. Dr. W. Lükenga (Physische Geographie und Didaktik der Geographie), Hochschuldozent Dr. D. Stonjek (Geographie und ihre Didaktik), Akad. Dir. Dr. H.-C. Poeschel (Geographie und ihre Didaktik), wiss. Mitarb.: Dr. Beate Lohnert (Sozialgeographie), Dr. Klaus Bosbach (Physische Geographie), Dr. Herbert Wagner (Sozialgeographie/Didaktik) Hochschuldoz. Dipl.-Päd. W. Tobias (EDV-Grundausbild.), Dr. M. Rolfes (EDV-Anwendung in Geogr. u. Ramplanung), K. Wessels (Geoinformatik)

PADERBORN. Universität-Gesamthochschule Paderborn, Fachbereich 1, Fach Geographie, Warburger Str. 100, Gebäude N, D-33098 Paderborn (Postfach 16 21, D-33095 Paderborn), Tel./Fax: (05251) 60-2384, -2365.

Leitung/wiss. Mitarb.: Prof. Dr. H.-K. Barth (Physische Geographie, Schwerpunkt Geoökologie). Prof. Dr. D. Düsterloh (Geographie und ihre Didaktik, Schwerpunkt Wirtschafts- und Sozialgeographie). Prof. Dr. G. Fuchs (Geographie und ihre Didaktik, Schwerpunkt Regionale Geographie). Prof. Dr. M. Hofmann (Physische Geographie und Didaktik der Geographie, Schwerpunkt Geoökologie). AOR Dr. G. Müller (Geographie und ihre Didaktik, Schwerpunkt Geomorphologie), AOR Dr. G. Römhild (Geographie und ihre Didaktik, Schwerpunkt Historische Geographie), em.m Prof. Dr. W. Schlegel (Geographie und ihre Didaktik, Schwerpunkt Agrargeographie). – Dr. J. Runge (Physische Geographie,Schwerpunkt Geoökologie und Geomorphologie). – Sekretariate: U. Achterberg, I. Saxowski, E. Wienhusen. – Kartographie und Photolabor: P. Blank.

PASSAU. Fach Geographie der Universität Passau, Schustergasse 21, D-94032 Passau, Tel.: (0851) 509-2731, Fax: 509-2732, e-mail: qvwie01@fsuni.rz.uni-passau.de

Geschichtl.: 1981 Lehrstuhl 1 für Geographie. 1984 Professur für Kulturgeographie mit Schwerpunkt Deutsche Landeskunde. 1994 umgewandelt in Physische Geographie. Phil. Fak.

Leitung/wiss. Mitarb.: o. Prof. Dr. Klaus Rother, ao. Prof. Dr. Bernhard Eitel, Priv.-Doz. Dr. Armin Ratusny (Oberass. a.Z.). – wiss. Mitarb. Michael Bucher, Akad.Oberrat (Didaktik der Geographie) Gerd Bauriegel. – Kartographie: Dipl.-Ing. (FH) Erwin Vogl.

POTSDAM, Universität Potsdam, Institut für Georgraphie, Universitätskomplex II/Golm, Postfach 601553, D-14415 Potsdam, Tel.: (0331) 9772-271 (Sekr.), Fax: 9772-717, e-mail: ebener@rz.uni-potsdam.de.

Geschäftsführender Leiter: Prof. Dr. Hartmut Asche.

Geschichtl.: 1949 Geographisches Institut der Brandenburgischen Landeshochschule, 1951 Institut für Geographie der Pädagogischen Hochschule Potsdam, 1990 Fachbereich Geographie der Brandenburgischen Landeshochschule, 1991 Fachbereich Geographie der Universtität Potsdam, 1994 Institut für Geographie und Geoökologie der Uni. Potsdam, 1998 Institut für Geographie der Uni. Potsdam.

Leitung/wiss. Mitarbeiter:

Abteilung Anthropopgeographie: Prof. für Sozial-und Kulturgeographie: Prof. Dr. Wilfried Heller - Dr. Carsten Felgentreff, Dr. Waltraud Lindner, Prof. Dr. Gabriele Saupe, Dr. Siegfried Thieme, HD Dr. Hans Viehrig, Dr. Karen Ziener.

Abt. Geoinformatik:Prof. für Geofernerkundung, Geoinformatik und Kartographie: Prof. Dr. Hartmut Asche - Dr. Reinhard Herzig, Dr. Rudolf Schubert,

Abt.Didaktik der Geographie: Dr. Margret Buder, Dr. Reinhard Hoffmann

Technische Mitarbeiter: Sekretariat: Gisa Ebener; Verwaltungsleiterin: Christa Rentzsch; Kartographisches Labor: Ingrid Behrend, Gernot Decker.

REGENSBURG. Institut für Geographie der Universität Regensburg, Universitätsstr. 31, D-93053 Regensburg (D-93040 Regensburg), Tel.: (0941) 943-3605 (Sekr. 3606), 943-3612 (Sekr. 3613), 943-3618 (Sekr. 3617), 943-4396 (Sekr. 4374), Fax: 943-4004, -4933, -4992, -4949.

Geschichtl.: 1. Lehrstuhl 1967 errichtet (bei Gründung der Univ.). 2. Lehrstuhl 1970. 3. Lehrstuhl 1971. 4. Lehrstuhl 1973.

Philosophische Fakultät III. Geschichte, Gesellschaft, Geographie.

Leitung/wiss. Mitarb.: em. o. Prof. Dr. phil. K. Hermes (Kulturgeographie, 1970), o.Prof. Dr. phil. T. Breuer (Kulturgeographie, 1992), o. Prof. em. Dr. phil. J. Obst (Wirtschafts- und Sozialgeographie, 1971), o. Prof. em. Dr. rer.nat. I. Schaefer (Phys. Geogr., 1967), o. Prof. Dr. rer.nat. K. Heine (Phys. Geogr., 1983), o. Prof. Dr. rer. nat. G. Rinschede (Didaktik der Geographie 1989), Prof. Dr. rer.nat. F. Reiner Ehrig (Phys. Geogr., 1979), Prof. Dr. D.J. Manske (Regionale Geogr. Süddeutschlands und Südosteuropas, 1984), Priv.-Doz. AOR Dr.rer.nat. Dr.phil.habil. H. Strunk. – Prof. Dr.rer.nat.habil. J. Völkel. Dr. rer.nat. C. Jürgens (wiss. Ass.), Priv.-Doz. Dr. phil. K. Klein (ADir.), Dipl.-Geogr. Dr. J. Rauh (wiss. Ass.), Dipl.-Geogr. Dr. rer.nat. H.-J. Barth (wiss. Ass.), Dipl.-Geogr. Th. Raab (wiss. Hilfskraft), Dipl.-Geogr. Dr. phil. Andrea Mahr (wiss. Ass.), Dipl.-Geogr. Dr.phil. Hans-Peter Niller (wiss. Ass.), Dr. phil. J. Vossen (wiss. Ass.), Prof. Dr. phil. E. Werner (wiss. Ang.), Prof. N.N. (am Institut für Geographie), Dipl.-Gogr. Thomas Huber (wiss. Hiflskraft), Kunsthistoriker Dr.phil. Martin Spantig (wiss. Ass.), Dipl.-Geogr. Robert Leiner (wiss. Hilfskraft), Dipl.-Geogr. Astrid Piermeier (wiss. Hilfskraft), Dipl.-Geogr. Thomas Hüttner (wiss. Hilfkraft). – Wiss. Bibliothekar: Bibl.-ORat Dr. A. Janoschek. – Kartographen: Kart.-Ing. (grad.) H. Kneidl, E. Ardelean. Kart.-Ing. (FH) S. Fischer, Phys. Geogr. Laborantin: N.N.

SAARBRÜCKEN. Fachbereich Sozial- und Umweltwissenschaften der Universität des Saarlandes, Fachrichtung Geographie, Bau 11/IV, Campus Dudweiler Zeile 2 .

Geschichtl.: 1949 Professur f. Phys. Geographie und o. Professur f. Kultur- und Wirtschaftsgeographie, Inst. f. Geographie. 1962 zwei o. Professuren f. Geographie. 1969 Abt. f. Wirtschaftsgeographie. Phil. Fak.

Leitung/wiss. Mitarb.: Prof. Dr. Wolfgang Brücher (0681) 3022384, Prof. Dr. D. Fliedner (em.), Prof. Dr. Jochen Kubiniok (06897) 798200, Prof. Dr. Ernst Löffler (06897) 798209, Prof. Dr. Heinz Quasten (0681) 3022714, Dr. Bruno Aust (0681) 3022954, Dr. Bettina Barth (06897) 798207, Dr. Daniela Brück (06897) 798207, Priv. Doz. Dr. Peter Dörrenbächer (0681) 3022774, Dr. Claus Gerber (06897) 798224, AOR Dr. Werner Habicht (0681) 3023784, Dr. Malte Helfer (0681) 3023384, Dipl. Geogr. Udo Kastenholz (06897) 798237, Dipl.-Geogr. Christof Kinsinger (06897) 798234, Dr. Silke Kruchten (06897) 798222, Dr. Arne Mihm (06897) 798235, Dipl. Geogr. Barbara Neumann (06897) 798232, AOR Dr.

Hubertus Preusser (0681) 3022374, Dipl. Geogr. Jürgen Roland (0681) 3022666, Dr. Manuel Wagner (0681) 3022670, Dr. Josef Wannemacher (06897) 798236, Dipl. Geogr. Gero Weber (06897) 798201, AOR Dr. Hans-Michael Weicken (06897) 798203.

Techn. Personal: Fachrichtungssekretariat: Margot Riebeling, Tel: (0681) 302 2314. Sekretariat Prof. Brücher: Christel Rühl-Tausendfreund (0681) 302 3240, Sekretariat Prof. Kubiniok: N.N. (06897) 798200, Sekretariat Prof. Löffler: Ursula Spies-Mildau (06897) 798202, Sekretariat Prof. Quasten: N.N. (0681) 302 4028. Bibliothekar: Dipl.-Bibl. T. Fläschner (0681) 3023214. Laborantinnen: Ch. Schramm (06897) 798208, I. Scheydt (06897)798205/ 204. Kartograph: W. Paulus (0681) 3023754.

SAARBRÜCKEN. Fachrichtung 6.6 - Biogeographie, Zentrum für Umweltforschung der Universität des Saarlandes, Saarbrücken-Dudweiler, Zeile 3, 4 und 5, D-66123 Saarbrücken, Tel.: (06897) 798-100, Fax: 798-155, e-mail: su16pmcs@rz.uni-sb.de

Geschichtl.: 1971 Professur f. Biogeographie innerhalb Fachrichtung Geographie, seit 1983 Aufteilung in Fachrichtungen Geographie und Biogeographie.

Leitung/wiss. Mitarb.: Prof. Dr.Dr.h.c.mult. Paul Müller (06897) 798-150 – Dipl.-Geogr. Brigitte Baltes (-111), Dipl.-Geogr. Ingo Bruch (-140), Dipl.-Geogr. Ortwin Elle (-113), Dr.med.vet. Ulrich Fehlberg (0431/683601), Dr.phil. Peter Fischer (-113), Dipl.-Geogr. Torsten Flätchen (-142), Dipl.-Chem. Xiaohua He (-121), Dr.rer.nat. Heribert Kalchreuter (07653/ 1891), Dr.rer.nat. Ralf Kautenburger (-110/124), Dr.phil. Roland Klein (-131), Dr.rer.nat. Joachim Krüger (-123), Dr.rer.nat. Gerhard Mörsch (-110/124), Dipl.-Geogr. Maria Elisabeth Mohr (-133), Dipl.-Geogr. Katharina Nentwich (-139), Dr.phil. Martin Paulus (-134), Prof. Dr. Alois Schäfer (-112/115), Dr.phil. Harald Schreiber (-104), Priv.-Doz. Dr. Ankea Siegl (-140), Dr.phil. Jürgen Sprengart (-137), B.A. Wichanee Wacharakul (-102), Dr.phil. Gerhard Wagner (-139) – Dipl.-Ing. Geza Altmann (Labor, -124), Herbert Carius (Werkstatt, -142), Elke Huschens (Techn. Angest., -101), Michael Konzmann (Chem. Labor, -120), Stefan Konzmann (Werkstatt,-142), Leonie Schillo (Chem. Labor, -120), Dipl.-Betr.-W. C. Spang (Sekretariat, -100)

SIEGEN. Fach Geographie, Fachbereich 1: Sozialwissenschaften, Philosophie, Theologie, Geschichte, Geographie, Universität-Gesamthochschule Siegen, Sohlbacher Str. 20, D-57068 Siegen, Tel.: (0271) 740-3914.

Geschichtl.: 1964 PH Westfalen Lippe, Abtlg. Siegerland, Seminar für Geographie und ihre Didaktik. 1972 Gesamthochschule Siegen, Fachbereich 1 – Gesellschaftswissenschaften.

Leitung/wiss. Mitarb.: em. Prof. Dr. H. Kellersohn, Prof. Dr. B. Oltersdorf, AOR Dr. H. Eichenauer.

STUTTGART. Institut für Geographie der Universität Stuttgart, Azenbergstr. 12, D-70174 Stuttgart , Physische Geographie Tel.: (0711) 121-1410, Fax: 121-1472, Wirtschafts- und Kulturgeographie Tel.: (0711) 121-1450, Fax: 121-1455.

Geschichtl.: Seit 1894 geographische Vorlesungen. 1923 ao. Professur, Geographisches Seminar. 1935 Geographisches Institut. 1949 o. Professur, 1964 2. o. Prof. (Wirtschaftsgeogr.), 1984 Professur für Regionale Geographie, 1987 Umbenennung der beiden Lehrstühle in Physische Geographie und Kulturgeographie.Fakultät Geo- und Biowissenschaften.

Leitung/wiss. Mitarb.: Prof. Dr. W. D. Blümel (Dir. 1987), Prof. Dr. W. Gaebe (1992), Prof. Dr. R. Hahn, Prof. em. Dr. Ch. Borcherdt, AR Dr. J. Eberle, AOR Dr. K. Kulinat. – Dr. S. Albrecht, Dr. A. Bräuning, St. Hecht, B. Jakob, Dr. B. Lenz, B. Malburg-Graf, B. Richter-Jakob, Dr. S. Strambach, Dr. L. Weber, Dr. E. Wehmeier, P. Wittmann. – Kartographie: Dipl.-Ing. J. Heinemann.

TRIER: FB VI, Geographie/Geowissenschaften der Universität Trier, Gebäude H, Behringstraße, D-54296 Trier (Postfach, 54286 Trier), Tel. (0651) 201-4530

Geschichtl.: Fach Geographie eingerichtet am 1.8.1970, FB seit 1990

Geographische Fächer:

Angewandte Geographie/Fremdenverkehrsgeographie: Leitung/wiss. Mitarb.: Prof. Dr. Christoph Becker (201-4582) – Hon.-Prof. Dr. Gerhard Stiens – PD Dr. Hubert Job (201-4586), Dipl.-Geogr. Anja Brittner (201-4552)

Angewandte Geographie/Raumentwicklung: Leitung/wiss. Mitarb.: Prof. Dr. Heiner Monheim (201-4550) – Dr. Johannes Michael Nebe (201-4637)

Didaktik der Geographie: Leitung/wiss. Mitarb.: N.N., Prof. Dr. Walter Sperling (em.) – apl. Prof. Dr. Hans-Martin Cloß

Kommunalwissenschaft: Leitung/wiss. Mitarb.: Prof. Dr. Helmut Vogel (201-4681) – Dipl.-

Geogr. Astrid Fennen (201-4681)

Kultur- und Regionalgeographie: Leitung/wiss. Mitarb.: Prof. Dr. Ralph Jätzold (em.) – PD Dr. Berthold Hornetz (201-4538) – Dr. Dietrich Zimmer (Akad. Direktor) (201-4636)

Physische Geographie: Leitung/wiss. Mitarb. Prof. Dr. Roland Baumhauer (201-4511), Prof. Dr. Gerold Richter (em.) – PD Dr. Joachim Alexander (201-4553) – Dr. Ralph Hansen, M.A., (201-4533), Dipl.-Geogr. Christof Kneisel (201-4553), Dr. Reinhard-Günter Schmidt (201-4523), PD Dr. Brigitta Schütt, (201-4557), Elisabeth Tressel, M.A., (201-4554)

Wirtschafts- und Sozialgeographie: Leitung/wiss. Mitarb.: Prof. Dr. Ingo Eberle (201-4583) – Dr. Heinz Peter Brogiato, M.A., (201-4535), Dipl.-Geogr. Rainer Junghans (201-4584)

Geowissenschaftliche Fächer:

Anorganische und Analytische Chemie: Leitung/wiss. Mitarb.: Prof. Dr. Dr. Klaus Fischer (201-3617), Dipl.-Chemiker Dr. Axel Meyer (201-2293)

Bodenkunde: Leitung/wiss. Mitarb.: Prof. Dr. Dietmar Schröder (201-2241) – Dr. habil. Christoph Emmerling (201-2238), PD Dr. Jürgen Niemeyer (201-2367), Dr. Raimund Schneider (201-2246), Dipl.-Geogr. Charlotte Pfeiffer (201-2239), Dipl.-Geogr. Steffen Schobel (201-2156)

Fernerkundung (Luft-, Satelliten- und Radarbildauswertung): Leitung/wiss. Mitarb.: Prof. Dr. Joachim Hill (201-4592) – Dr. Clement Atzberger (201-4596), Dr. Thomas Udelhoven (201-4594), Dipl.-Geogr. Patrick Hostert (201-4590), Dipl.-Geogr. Thomas Jarmer (201-4605), Dipl.-Geogr. Achim Röder (201-4606), Dipl.-Geogr. Michael Vohland (201-4597), Dipl.-Geogr. Olaf Stöver (201-4607), Dipl.-Geogr. Rebecca Retzlaff (201-4604)

Geobotanik: Leitung/wiss. Mitarb.: Prof. Dr. Barbara Ruthsatz (201-2393) – PD Dr. Mechthild Neitzke (201-2248) – PD Dr. Willy Werner (201-2240) – Dipl.-Biol. Andreas Golisch (201-2250), Dipl.-Biol. Karen Heidemann (201-2489), Dr. Jörg-W. Zoldan (201-2205)

Geologie: Leitung/wiss. Mitarb.: Prof. Dr. Jean-Frank Wagner (201-4648) – Hon.-Prof. Dr. Helmut Weiler – Dipl.-Geol. Dirk Aldenkortt (201-4641), Dr. Horst Baumann, Dipl.-Geol., (201-4639), Dipl.-Geol. Antje Bormann (201-4644), Dr. Hanns-Peter Brückner, Dipl.-Mineraloge, (201-4642), Dipl.-Geogr. Jörg Huber (201-4643), Dipl.-Geol. Mingliang Xie, (DAAD-Stipendiat) (201-4640)

Geomathematik: Leitung/wiss. Mitarb.: Prof. Dr. Ute Herzfeld (201-4611) – wiss. Mitarb.: N.N.

Hydrologie: Leitung/wiss. Mitarb.: Prof. Dr. Wolfhard Symader (201-2232) – Dr. Reinhard Bierl (201-2229), Dipl.-Geogr. Andreas Krein (201-2235), Dipl.-Geogr. Jürgen Schmitt (201-2165)

Kartographie: Leitung/wiss. Mitarb.: Prof. Dr. Jürgen Bollmann (201-4561) – Hon.-Prof. Dr. Fritz Hellwig – Wiss. Ass. Dr. Peter Tainz (201-4563), Dipl.-Geogr. Holger Faby (201-4564), Dipl.-Geogr. Wilfried Weber (201-4566), Dipl.-Geogr. Andreas Müller (4576)

Klimatologie: Leitung/wiss. Mitarb.: Prof. Dr. Alfred Helbig (201-4623) – Dipl.-Geogr. Johannes Luers (201-4622), Dipl.-Geogr. Jörg Bareiss (201-4621)

Wissenschaftliche Einrichtungen des FB VI — Geographie/Geowissenschaften:

Dokumentationszentrum für deutsche Landeskunde – Emil-Meynen-Bibliothek der Deutschen Landeskunde: Prof. Dr. W. Sperling (em.) (Geschäftsführer) (201-4663) – Prof. Dr. I. Eberle – Dr. H.P. Brogiato - H 851, H 856, H 857, (201-4535) oder (201-4664)

Forschungseinrichtungen der Fremdenverkehrsgeographie: Literaturdokumentation Tourismus und Freizeit: Dipl.-Geogr. Anja Brittner, Zi. H 972, App. 4580, Fax 3813

Europäisches Tourismus Institut GmbH an der Universität Trier (ETI), Bruchhausenstr. 1, 54290 Trier, Tel. 978660, Fax 9786618

Institut für Kommunalwissenschaft und Konversionspolitik, Direktor: Prof. Dr. Helmut Vogel, H 1027, App. 4681 – wiss. Mitarb.: Dipl.-Geogr. Christian Alvermann, Dipl.-Geogr. Michael Engewald, Dipl.-Geogr. Matthias Neuss, Dipl.-Ing. Bernd Zimmermann

Den Fächern Geographie, Hydrologie und Klimatologie angeschlossen: Forschungsstelle Bodenerosion, Zum Lorenzberg 4, 54318 Mertesdorf

TÜBINGEN. Geographisches Institut der Universität Tübingen, Hölderlinstr. 12, D-72074 Tübingen, Direktor: Prof. Dr. G. Kohlhepp, Tel.: (07071) 297-4372, Verwaltung: Frau E. Höhfeld, Tel.: (07071) 297-2397, Fax: 29-5318, e-mail: egi-info@uni-tuebingen.de.

Geschichtl.: 1897 ao. Professur für Geographie. 1898 Geograph. Lehrsammlung. 1899 Geographisches Institut. 1907 o. Professur. 1951 ao. Professur für Geographie Europas mit besonderer Berücksichtigung Südwest-Deutschlands. 1963 o. Professur für Physische Geographie (math.-nat. wiss. Fakultät). 1959 apl. Professur für Geographie Ost- und Südosteuropas. 1969 Umwandlung in eine o. Professur, 1992 Umwandlung der o. Professur für Geographie Osteuropas und der Sowjetunion in o. Professur für Geographie

Osteuropas. 1978 Umwandlung der o. Professur für Geographie in o. Professur für Anthropogeographie, 1988 Umbenennung in o. Professur für Wirtschafts- und Sozialgeographie. 1982 Umwandlung der o. Professur für Geographie Europas unter besonderer Berücksichtigung Südwest-Deutschlands in o. Professur für Angewandte Geographie und Regionale Geographie Mitteleuropas, 1990 Umbenennung in o. Professur f. angew. Geographie. 1991 Professur für Wirtschaftsgeographie/Regionalstudien. Das Geographische Institut gehörte der Philosophischen Fakultät bis SS 1969, dem Fachbereich Geschichte-Geographie bis SS 1971, dem Fachbereich Erdwissenschaften bis 1978 an und ist seit 1.12.1978 der Geowissenschaftlichen Fakultät angegliedert.

Leitung/wiss. Mitarb.: Lehrstuhl f. Geographie Osteuropas: o.Prof. Dr. H. Förster (2972399). – Dipl.-Geogr. Chr. Waack (2974897). – Lehrstuhl für Wirtschafts- und Sozialgeographie: o.Prof. Dr. G. Kohlhepp (2974372). – Dr. M. Coy (2976462). – Dr. M. Friedrich (2974053) – Lehrstuhl für angewandte Geographie: o.Prof. Dr. D. Eberle (2975317). – Dr. A. Megerle (2977523) – Lehrstuhl f. Physische Geographie: o.Prof. Dr. K.-H. Pfeffer (2972400). – Dr. R. Beck (2978943). – em.Prof. Dr. H. Blume, em.Prof. Dr. K.H. Schröder, em.Prof. Dr. H. Wilhelmy. – Prof. Dr. E. Bibus, Geoökologie (2972401). Prof. Dr. Chr. Hannß, Physische Geographie (2976084). Prof. Dr. W. Schenk, Anthropogeographie (2973953). Prof. Dr. H. Grees (i.R.). Dr. H. Eck (2972396). Dr. H.-J. Rosner (2974894). Hon.-Prof. Dr. J. Hohnholz. Hon.-Prof. Dr. J. Schultis.

VECHTA i. Ol. Hochschule Vechta, Fach Geographie, Driverstr. 22, D-49377 Vechta (Postfach 1553, D-49364 Vechta), Tel.: (04441) 15-344 (Sekretariat), Fax: 15-445

Geschichtl.: 1949 PH Vechta, 1969 PH Niedersachsen/Abtlg. Vechta, 1973 Universität Osnabrück/Abtlg. Vechta, 1989 Universität Osnabrück - Standort Vechta, 1995 Hochschule Vechta.

Leitung/wiss. Mitarb.: Prof. Dr. Manfred Ehlers (Geographische Informationssysteme/Fernerkundung), Professorin Dr. Martina Flath, (Geographie und ihre Didaktik), Prof. Dr. Christoph Preu (Physische Geographie/Agrarökologie, Sprecher der LE Geographie), Prof. em. Dr. Enno Seele, Prof.in em. Dr. Angelika Sievers, Prof. Dr. Hans-Wilhelm Windhorst (Angewandte Wirtschaftsgeographie/Strukturforschung), Akad. Rat Dr. Joachim Eisleb, apl. Prof. Dr. Werner Klohn, Dr. Martin Kehl, Dipl.-Ing. Ulrich Rhein, Dipl.-Geogr. Lars Tufte. Sekr.: Ingrid Klein. – Kartographie/Fotolabor: Walter Fangman.

VECHTA i.Ol. Hochschule Vechta, Institut für Strukturforschung und Planung in agrarischen Intensivgebieten (ISPA), Universitätsstraße 5, D-49377 Vechta (Postfach 1553, D-49364 Vechta), Tel.: (04441) 15-344, Fax: 15-445, Internet: http://www.ispa.uni-vechta.de/.

Geschichtl.: 1990 eingerichtet.

Leitung/wiss. Mitarb.: Prof. Dr. Manfred Ehlers (Geographische Informationssystems/Fernerkundung, Tel: 0441/15423, e-mail: mehlers@ispa.uni-vechta.de), Prof. Dr. Christoph Preu (Physische Geographie/Agrarökologie, Tel.: 04441/15334, e-mail: cpreu@ispa.uni-vechta.de), Prof. Dr. Hans-Wilhelm Windhorst (Angewandte Wirtschaftsgeorgraphie/Strukturforschung, Tel.: 04441/15348, e-mail: windhorst@ispa.uni-vechta.de), Akad. Rat Dr. Joachim Eisleb (Tel.: 04441/15349, e-mail: jeisleb@ispa.uni-vechta.de), apl. Prof. Dr. Werner Klohn (Tel.: 04441/15282, e-mail: wklohn@ispa.uni-vechta.de), Dr. Martin Kehl (Tel.: 04441/15425, e-mail: mkehl@ispa.uni-vechta.de), Dipl.-Geogr. Ulrich Rhein (Tel.: 04441/15422, e-mail: urhein@ispa.uni-vechta.de), Dipl.-Geogr. Lars Tufte (Tel.: 04441/15422, e-mail: ltufte@ispa.uni-vechta.de) Sekr.: Ingrid Klein (Tel.: 04441/15344, e-mail: iklein@ispa.uni-vechta.de) – Kartographie/Fotolabor: Walter Fangmann (Tel.: 04441/15351) – Agrarökologisches Labor: Claudia Dornieden (Tel.: 04441/15417, e-mail: cdornieden@ispa.uni-vechta.de), Monika Kolbeck (Tel.: 04441/15417, e-mail: mkolbeck@ispa.uni-vechta.de).

WÜRZBURG. Institut für Geographie der Bayerischen Julius-Maximilians-Universität Würzburg, Am Hubland, D-97074 Würzburg, Tel.: (0931) 888-5555, -5553, -5547, Fax: 888- 5544, -5556.

Geschichtl.: Seit 1887 geogr. Vorlesungen. 1898 ao. Professur. Geographisches Institut. 1908 o. Professur. 1963 o. Professur f. Kultur- und Wirtschaftsgeographie (seit 1972 o. Professur f. Kulturgeographie). 1974 o. Professur f. Wirtschaftsgeographie. 1977 o. Professur für Didaktik der Geographie. 1923–1945 Institut für Amerikaforschung. 1955–1973 Institut für Afrikaforschung im Geographischen Institut. Bis 1973 zur Naturwissenschaftl. Fakultät, seit 1973 zur Naturwissenschaftlichen Fakultät III (Erdwissenschaften), seit 1979 Fakultät für Geowissenschaften gehörig, ab 1952 f. Promot. zugleich Phil.

Fakultät, seit 1974 f. Promotion und Magister zugleich 3 Phil. Fakultäten.

Leitung/wiss. Mitarb.: Prof. Dr. Horst Hagedorn (Mitvorstand). Prof. Dr. Günter Löffler, Ordinarius für Kulturgeographie (Mitvorstand). Prof. Dr. Horst-Günter Wagner, Ordinarius für Wirtschaftsgeographie (Mitvorstand). Prof. Dr.Dieter Böhn, Ordinarius für Didaktik der Geographie (Mitvorstand). Dr. Helmut Jäger, Ordinarius em. für Kulturgeographie. Prof. Dr. Detlef Busche, Prof. Dr. Jucundus Jacobeit, Prof. Dr. Ernst Struck, apl. Prof. Dr. Ulrich Ante, apl. Prof. Dr. Hans-Peter Schäfer, Akad.Dir. Dr. Ulrich Glaser, Akad. Dir. Dr. Wolfgang Pinkwart, AOR Dr. Konrad Schliephake, AOR Dr. Erhard Schulz, PD Dr. Rüdiger Glaser – Dipl.-Ing. Christoph Beck (EU-Projekt), Dr. Stefanie Lowey,PD Dr. Barbara Sponholz, Dipl.-Geogr. Martin Niedermeyer, Dr. Ingrid Stengel, Dipl.-Geogr. Walter Englert (DFG), Dipl.-Geogr. Peter Scibbe (DFG), Dipl.-Geogr. Stefan Winkler, Akad.Dir.Dr. Hannes Ginzell. Akad.-Rat. Dr. Helmer Vogel. – Peter Pfriem. – Prof. Dr. Dieter Schäfer, Prof. Dr. Albrecht Vaupel, Prof. Dr. Rudolf Winter. – Kartographie: Klaus Wepler, Winfried Weber, Helga David-Vogt – Photograph: Dieter Wucher.

Lehrstuhl für Didaktik der Geographie, Institut für Geographie der Bayerischen Julius-Maximilians-Universität, Wittelsbacherplatz 1, D-97074 Würzburg, Tel.: (0931)888-4805, Fax: 888-4808. e-mail: l-geodidaktik@mail.uni-wuerzburg.de — Leitung/Wiss. Ass.: Prof. Dr. Dieter Böhn, Akad. Dir. Dr. Hannes Ginzel, AR Dr. Helmer Vogel, Peter Pfriem.

WÜRZBURG. Lehrstuhl f. d. Didaktik d. Geographie, Institut f. Geographie der Bayerischen Julius-Maximilians-Universität, Wittelsbacher Platz 1, D-97074 Würzburg, Tel.: (0931) 888-4805, Fax: 888-4808

Leitung/wiss. Mitarb.: Prof. Dr. D. Böhn, StD Dr. H. Ginzel, StR Dipl.-Geogr. Dr. H. Vogel – P. Pfriem

WUPPERTAL. Fach Geographie des Fachbereichs 1 – Gesellschaftswissenschaften der Bergischen Universität – Gesamthochschule Wuppertal, Gaußstr. 20, D-42119 Wuppertal , Tel.: (0202) 439-2455, Fax: 439-2455.

Geschichtl.: 1946 PH Wuppertal, 1965 PH Rheinland, Abt. Wuppertal, Seminar f. Geographie, 1959 o. Professur für Geographie und ihre Didaktik. Gründungsjahr der Universität – GH – Wuppertal: 1972. Fachbereich 1 – Gesellschaftswissenschaften.

Leitung/wiss. Mitarb.: Univ.-Prof. Dr. rer.nat. Dieter Beckmann (1979, Geographie, insbesondere Wirtschafts- und Sozialgeographie), Univ.-Prof. em. Dr. phil. Wilhelm von Kürten, apl. Prof. Dr. rer.nat. Willi Johannes Eggeling (1990). – Gerd-Thomas Hegemann.

INSTITUTE FÜR BODENKUNDE

BAYREUTH. Lehrstuhl für Bodenkunde und Bodengeographie, D-95440 Bayreuth, Tel.: (0921) 5522-48, Fax: 5522-46 — Prof. Dr. Wolfgang Zech.

BERLIN. Institut für Planzenbauwissenschaften der Humboldt-Universität zu Berlin, Invalidenstr. 42, D-10115 Berlin — Institutsdirektor: Prof Dr. Peschke Tel. (030) 20938826, Fax: 20938309

BERLIN. Institut für Landschaftsentwicklung TU Berlin, Abt. Was.haush.u.K.te, Albrecht-Thaer-Weg 2, D-14195 Berlin, Tel.: (030) 314-71220, Fax: 314-71228 — Prof. Dr. Heiko Diestel, e-mail: Heiko.Diestel@TU-Berlin.de

BERLIN. Technische Universität Berlin, FB 7 Institut für Ökologie, Bodenkunde, Salzufer 11-12, D-10587 Berlin, Tel.: (030) 314-73531, Fax: 314-73548, e-mail: reng0737@mailszrz.zrz.Tu-Berlin.de — Prof. Dr. Manfred Renger.

BONN. Institut für Bodenkunde, Nußallee 13, D-53115 Bonn, Tel.: (0228) 7327-80, Fax: 7327-82, e-mail: bobo@boden.uni-bonn.de, Internet: www.boden.uni-bonn.de/ — Prof. Dr. Gerhard Brümmer, Prof. Dr. Armin Skowronek.

DRESDEN. Institut für Bodenkunde und Standortslehre der Technischen Universität Dresden, Pienner Str. 8, D-01737 Tharandt (Postfach 10, D-01735 Tharandt) — Institutsdirektor: Prof. Dr. F. Makeschin (Professur Bodenkunde und Standortslehre; Prof. Dr. W. Nebe (Professur Forstliche Standortslehre)

ESSEN. Universität-Gesamthochschule Essen, FB 9, Abt. Angewandte Bodenkunde, Institut für Ökologie, SO5 TO3 F21, Univ. Str. 15, D-45141 Essen, Tel.: (0201) 183-3754 — Prof. Dr. Wolfgang Burghardt.

FREIBURG. Institut für Bodenkunde und Waldernährungslehre, Bertoldstr. 17, D-79098 Freiburg, Tel.: (0761) 203-3735 — Prof. Dr. E.E. Hildebrand, e-mail: hildem@ruf.uni-freiburg.de

FREISING. Lehrstuhl für Bodenkunde und Standortslehre der Universität München, Am Hochanger 13, D-85354 Freising, Tel.: (08161) 71-4727, Fax: 71-4738 — Prof. Dr. Karl Eugen Rehfuess.

FREISING–WEIHENSTEPHAN. Lehrstuhl für Bodenkunde der Techn. Universität München, Weihenstephan, D-85350 Freising, Tel.: (08161) 71-3677, Fax: 71-4466 — Prof. Dr. I. Kögel-Knabner (Tel. 71-5174), em.Prof. Dr. Udo Schwertmann (Tel.: 71-3476).

GIESSEN. Institut für Landeskultur, Senckenbergstr. 3, D-35390 Gießen, F: (0641) 99-37381, Fax: 99-37389 — Prof. Dr. Stefan Gäth. e-Mail: Stefan.A.Gaeth@agrar.uni-giessen.de

GIESSEN. Institut für Bodenkunde und Bodenerhaltung, Wiesenstr. 3-5, D-35390 Gießen, Tel.: (0641) 702-9680, Fax: 702-9679 — Prof. Dr. Peter Felix-Henningsen.

HALLE. Institut für Bodenkunde und Pflanzenernährung der Martin-Luther-Universität Halle-Wittenberg, Weidenplan 14, D-06108 Halle, Tel: (0345) 5522-531 — Institutsdirektor: Prof. Dr. R. Jahn, Tel.: (0345) 552-2530, Fax: 552-7116, e-mail: jahn@landw.uni-halle.de

HANNOVER. Institut für Bodenkunde, Herrenhäuser Str. 2, D-30149 Hannover, Tel.: (0511) 762-2623 — Prof. Dr. Walter R. Fischer.

KIEL. Institut für Pflanzenernährung und Bodenkunde, Haus S 20a, Olshausenstr. 40–60, D-24118 Kiel, Tel.: (0431) 880-2503 — Prof. Dr. Hans-Peter Blume.

OLDENBURG. Universität Oldenburg Abt. Bodenkunde, Postfach 2503, D-26015 Oldenburg, Tel.: (0441) 798 29 31 — Prof. Dr. Harald Gebhardt.

ROSTOCK. Institut für Bodenkunde der Universität Rostock, Justus-v.-Liebig-Weg 6, D-18059 Rostock (D-18051 Rostock) — Prof. Dr. Leinweber, Prof. Dr. Kretschmer (i.R.), Prof. Dr. Bohne.

TRIER. Universität Trier, FB VI Abt. Bodenkunde, D-54286 Trier, Tel.: (0651) 201-2242, -2241, Fax: 201-3809 — Prof. Dr. Dietmar Schröder.

GEOLOGISCHE INSTITUTE

Konferenz der Geowissenschaftlichen Fachbereiche an den Wissenschaftlichen Hochschulen der Bundesrepublik Deutschland. Vertr.: Prof. Dr. H. Voßmerbäumer, Institut für Geologie, Pleicherwall 1, D-97070 Würzburg. — Vors.: Prof. Dr. Franz Jacobs, Institut für Geophysik und Geologie, Talstr. 35, D-04103 Leipzig.

AACHEN. Rheinisch-Westfälische Technische Hochschule Aachen, Geologisches Institut, Wüllnerstr. 2, D-52062 Aachen. Tel. (0241) 80–5720, Fax: 8888-151.

BERLIN. Freie Universität Berlin, Institut für Geologische Wissenschaften (Wissenschaftl. Einrichtung (WE) 1), Malteserstr. 74-100, D-12249 Berlin:
- Fachrichtung Allgemeine, Historische und Regionale Geologie
- FR Rohstoffgeologie und Umweltgeologie
- FR Geoinformatik
- FR Geophysik

BERLIN. Technische Universität Berlin, Institut für Angewandte Geowissenschaften II, Ernst-Reuter-Platz 1, D-10587 Berlin, Tel.: (030) 314-22250, Fax: 314-23576.

BOCHUM. Ruhr-Universität Bochum, Institut für Geologie, Universitätsstr. 150, D-44801 Bochum. Tel.: (0234) 700-3233, Fax: 7094-572.

BONN. Rheinische Friedrich-Wilhelms-Universität Bonn, Geologisches Institut, Nußallee 8, D-53115 Bonn. Tel.: (0228) 73–2461.

Institut für Paläontologie, Nußallee 8, D-53115 Bonn. Tel.: (0228) 73-3103.

BRAUNSCHWEIG. Technische Universität Carolo-Wilhelmina zu Braunschweig, Institut für Geowissenschaften, (Postfach 3329, D-38023 Braunschweig) Pockelsstr. 4, D-38106 Braunschweig,Tel.: (0531) 391-7244, Telex: 952 526 tubsw, Teletex: 531 103 tubsw, Fax: 391-4577.

CLAUSTHAL. Technische Universität Clausthal, Institut für Geologie und Paläontologie, Leibnizstr. 10, D-38678 Clausthal-Zellerfeld. Tel.: (05323) 72-2230, Fax: 72-2903, e-mail: office@geologie.tu-clausthal.de

DARMSTADT. Technische Universität Darmstadt, Geologisch-Paläontologisches Institut, Schnittspahnstr. 9, D-64287 Darmstadt. Tel.: (06151) 16-2171, Fax: 16-6539, e-mail: geolsek@hrz2.hrz.tu-darmstadt.de

ERLANGEN-NÜRNBERG. Friedrich-Alexander-Universität Erlangen-Nürnberg, Institut für Paläontologie, Loewenichstr. 28, D-91054 Erlangen. Tel.: (09131) 85-22622, Fax: 85-22690

ESSEN. Universität-Gesamthochschule Essen, Fachbereich 9 – Geologie, Universitätsstr. 5, D-45141 Essen. Tel./Fax: (0201) 183-3101 — Prof. Dr. Ulrich Schreiben, Dr. D. E. Meyer, Dr. Jens Wiegand.

FRANKFURT/MAIN. Johann Wolfgang Goethe-Universität Frankfurt am Main, Geologisch-Paläontologisches Institut, Senckenberganlage 32, D-60325 Frankfurt, Tel.: (069) 798-22106, Fax: 798-22958.

FREIBERG. Technische Universität Bergakademie Freiberg, Akademiestr. 6, D-09596 Freiberg, Tel: (03731) 39-0, Fax: 22195.

FREIBURG. Albert-Ludwigs-Universität Freiburg im Breisgau, Geologisches Institut, Albertstr. 23 B, D-79104 Freiburg. Tel.: (0761) 203-6479, Fax: 203-6483.

GIESSEN. Justus-Liebig-Universität Gießen, Institut für Geowissenschaften und Lithosphärenforschung, Senckenbergstr. 3, D-35390 Gießen. Tel.: (0641) 99-36010, -36077, Geschäftsz. Geologie: -36011, Fax: -36019, Tel. Geschäftsz. Mineralogie:.-36051/52, Fax: -36059

Institut für Angewandte Geowissenschaften, Diezstr. 15, D-35390 Gießen. Tel.: (0641) 99-36100-36183, Geschäftsz.: -36101, Fax: -36109.

GÖTTINGEN. Georg-August-Universität Göttingen, Institut und Museum für Geologie und Paläontologie, Goldschmidtstr. 3, D-37077 Göttingen. Tel.: (0551) 39-7900, Fax: 39-7918, Internet: http://www.imgp.gwdg.de, e-mail: uggp@gwdg.de

HALLE/SAALE. Institut für Geologische Wissenschaften und Geiseltalmuseum, Martin-Luther-Universität Halle-Wittenberg, Domstr. 5, D-06108 Halle/Saale, Tel.: (0345) 552-6132, -070. Fax: 552-7178.

HAMBURG. Universität Hamburg, Geologisch-Paläontologisches Institut und Museum, Bundesstr. 55, D-20146 Hamburg. Tel.: (040) 4123–5080, -4999, Fax: 4123-5007.

HANNOVER. Universität Hannover, Institut für Geologie und Paläontologie, Callinstr. 30 , D-30167 Hannover 1. Tel.: (0511) 762-2343, Fax: 762-2172.

HEIDELBERG. Ruprecht-Karls-Universität Heidelberg, Institut für Umwelt-Geochemie, Im Neuenheimer Feld 236, D-69120 Heidelberg. Tel.: (06221) 54-4803, Fax: 54-5228.

KARLSRUHE. Universität Karlsruhe (TH), Geologisches Institut, Kaiserstr. 12, D-76131 Karlsruhe. Tel.: (0721) 608–2141, -3096, Fax 608-2138, -6279.

KIEL. Institut für Geowissenschaften der Universität Kiel, Olshausenstr. 40, D-24118 Kiel.Tel.: (0431) 880–2851, Fax: 880-4376.

KÖLN. Universität zu Köln, Geologisches Institut, Zülpicher-Str. 49 A, D-50674 Köln. Tel.: (0221) 470–5619, Fax: 470-5149, e-mail: ellen.bowers@uni-koeln.de.

MAINZ. Johannes Gutenberg-Universität Mainz, Institut für Geowissenschaften, Becherweg 21, D-55099 Mainz. Tel.: (06131) 39-4373.

MARBURG. Philipps-Universität Marburg, Institut für Geologie und Paläontologie, Fachbereich Geowissenschaften, Hans-Meerwein-Straße, D-35032 Marburg, Tel.: (06421) 28-3467, Fax: 28-8919, e-mail: lauers@mailer.uni-marburg.de

MÜNCHEN. Ludwig-Maximilians-Universität München, Institut für Allgem. und Angew. Geologie, Luisenstr. 37, D-80333 München. Tel.: (089) 5203-211, Fax: 5203-293. Internet: http://www.iaag.geo.uni-muenchen.de

SAARBRÜCKEN. Universität des Saarlandes,Zentrum für Umweltforschung, D-66123 Saarbrücken.

STUTTGART. Universität Stuttgart, Institut für Geologie und Paläontologie, Herdweg 51, D-70174 Stuttgart. Tel.: (0711) 121-1339, Fax: 121-1341.

TÜBINGEN. Eberhard-Karls-Universität Tübingen, Institut und Museum für Geologie und Paläontologie, Sigwartstr. 10, D-72076 Tübingen. Tel.: (07071) 29-72489, Fax: 29-6990.

WÜRZBURG. Bayerische Julius-Maximilians-Universität Würzburg, Institut für Geologie, Pleicherwall 1, D-97070 Würzburg. Tel.: (0931) 31-2564, Fax: 31-2378.
Institut für Paläontologie, Pleicherwall 1, D-97070 Würzburg. Tel.: (0931) 31-2597.

GEOGRAPHISCHE LEHRSTÜHLE AN PÄDAGOGISCHEN HOCHSCHULEN UND SEMINAREN

ERFURT. Pädagogische Hochschule Erfurt, Institut für Geographie, Postfach 307, D-99006 Erfurt, Tel.: (0361) 737-1067, Fax: 737-1932.
Leitung/wiss. Mitarb.: Priv.-Doz. Dr. K.-H. Pörtge (Vertr. Prof.), Priv.-Doz. Dr. E. Sabelberg (Vertr. Prof.). N.N., Priv.-Doz. Dr. W. Bricks, N.N., N.N.

FREIBURG. Pädagogische Hochschule Freiburg i.Br. Kunzenweg 21, D-79117 Freiburg, Tel.: (0761) 6821.
Leitung/wiss. Mitarb.: Prof. Dr. G. Ringel, Prof. Dr. H. Nolzen, Prof. Dr. F. Geiger, H. Wetzler, AOR, H. Prager.

HEIDELBERG. Pädagogische Hochschule Heidelberg. Im Neuenheimer Feld 561, D-69120 Heidelberg, Tel.: (06221) 477-251, Fax: 477-433.
Leitung/wiss. Mitarb.: Prof. Dr. Herbert Raisch, Prof. Dr. Gerd Ratz, AOR Dr. Eike Liebhold, FSR Rolf Seltmann.

KARLSRUHE. Pädagogische Hochschule Karlsruhe. Bismarckstr. 10, D-76133 Karlsruhe, Tel.: (0721) 925-3, Fax: 925-4000.
Leitung/wiss. Mitarb.: Prof. Dr. Dirk Eusterbrock, Prof. Dr. Jürgen Nebel, AOR Dr. Eckhard Thomale.

KÖLN. Seminar für Geographie und ihre Didaktik, Erziehungswissenschaftl. Fakultät d. Univ. zu Köln. Gronewaldstr. 2, D-50931 Köln, Tel.: (0221) 470-4631 (Geschäftszimmer).
Leitung/wiss. Mitarb.: Prof. Dr. G. Bartels, Prof. Dr. G. Ritter, AOR Prof. Dr. H. J. Sander, AOR Dipl.-Geogr. Dr. E. Kurowski, StR i.H. Dr. G. Weiss, Dr. P. Sauerborn, Dipl.-Geogr. D. Wiktorin.

LUDWIGSBURG. Pädagogische Hochschule. Reuteallee 46, D-71634 Ludwigsburg, Tel.: (07141) 140-0.
Leitung/wiss. Mitarb.: Prof. Dr. Eckart Füldner, Prof. Dr. Armin Hüttermann, Akad. Oberrätin Dr. Wilma Ubbens – Dipl.-Geogr. Peter Schröder, Dr. Manfred Pawlitta. – Priv.-Doz. Dr. Hans-Martin Cloß, Dr. Helmut Eck, Dr. Volker Höhfeld, Priv.-Doz. Dr. Klaus-Dieter Hupke, Dipl.-Päd. Udo Schade, GL Heike Steinmüller.

SCHWÄBISCH GMÜND. Pädagogische Hochschule Schwäbisch Gmünd. Oberbettringer Straße 200, D-73525 Schwäbisch Gmünd, Tel.: (07171) 606-1, Fax: 606-212.
Leitung/wiss. Mitarb.: Prof. Dr. L. Rother, Prof. Dr. B. Nehring, AOR Dr. D. Schulz, Prof. Dr. G. Krauter.

WEINGARTEN. Pädagogische Hochschule Weingarten. Kirchplatz 2, D-88250 Weingarten, Tel.: (0751) 501–1.
Leitung/wiss. Mitarb.: Prof. Dr. Josef Härle, Prof. Dr. Siegfried Kullen, Prof. Dr. Dietmar Schillig.

Seminare für Studienreferendare,
Fachleiter für Geographie – Staatliche Seminare für Schulpädagogik

BADEN-WÜRTTEMBERG

Esslingen, Staatliches Seminar für Schulpädagogik (Gymn.), Flandernstr. 101, D-73732 Esslingen, Tel.: (0711) 397-4600, Fax: 397-4604 — StD Dr. Uwe Rostock.

Freiburg. Kunzenweg 21, D-79117 Freiburg — Prof. Jürgen Wetzel.

Heidelberg. Keplerstr. 87, D-69120 Heidelberg — Prof. Klaus Reimitz, StD Keith Stobbe, StD Dr. Walter Bönig.

Heilbronn. Max-Planck-Str. 39, D-74081 Heilbronn — Prof. Marianne Thurn, StR Thomas Ehrensperger

Karlsruhe, Staatliches Seminar für Schulpädagogik (Berufliche Schulen). Kaiserallee 11, D-76133 Karlsruhe — StD B. Rausch.

Karlsruhe (Gymnasien). Bismarckstr. 10a, D-76133 Karlsruhe, Tel.: (0721) 925-5700, Fax: 925-5703 — Prof. Dr. Peter Hartleb, StD Helmut Obermann

Rottweil. Königstr. 31, D-78628 Rottweil — StD Gottfried Schanz, OStR Eberhard Hummel

Stuttgart I. Hohe Str. 1, D-70174 Suttgart, Tel: (0711) 123-4045, Fax: 293458 — Prof. Dr. Peter Volz.

Stuttgart II. Hohe Str. 1, D-70174 Stuttgart — StD Rudolf Schäfer.

Tübingen. Nauklerstr. 35, D-72074 Tübingen — StD Dr. Günter Schanz.

Weingarten (Gymnasien). St. Longinus-Str. 3, D-88250 Weingarten — Prof. Dr. Manfred Thierer, StD Dr. Herbert Birkenfeld.

BAYERN
Pädagogische Seminare mit Geographie an Gymnasien
(SL = Seminarlehrer/Fachleiter SV = Seminarvorstand und Schulleiter)

Altdorf: Leibniz-Gymnasium, Fischbacher Str. 23, D-90518 Altdorf — SL: OStR Jürgen Dreutter.

Amberg: Gregor-Mendel-Gymnasium, Moritzstr. 1, D-92224 Amberg — SL: StD Hans Peter Oechsner, SV: OStD Max-Joseph Edsperger.

Augsburg: Peutinger-Gymnasium, An der Blauen Kappe 10, D-86152 Augsburg — SL: OStR Johann Göller

Deggendorf: Comenius-Gymnasium, Jahnstr., D-94469 Deggendorf — SL: StD Ulrich Eckert (Fachberater für die Seminarausbildung in Erdkunde an den Gymnasien in Bayern), SV: OStD A. Daumerlang

Erlangen: Ohm-Gymnasium, Am Röthelheim 6, D-91052 Erlangen, Fax: (09131) 34020 — SL: StD Dr. Hans Dimpfl, SV: OStD Dr. Walther Unsin.

Friedberg: Wernher-von-Braun-Gymnasium, Rothenbergstr. 3, D-86316 Friedberg — SL: OStRin Elisabeth Hartmann.

Fürth: Hardenberg-Gymnasium, Kaiserstr. 92, D-90763 Fürth — SL: StD Gotthard Babel, SV: OStD Dr. Klaus Hildebrandt.

Mühldorf: Ruperti-Gymnasium, Herzog-Friedrich-Str. 16–18, D-84453 Mühldorf — SL: OStRin Eva Blaschke.

München: Erasmus-Grasser-Gymnasium, Fürstenrieder Str. 159, D-81377 München — SL: StD Gabriele Güttler SV: OStD Maximilian Mühlbauer.

München: Luitpold-Gymnasium, Seeaustr. 1, D-80538 München — SL: StR Gerhard Freundl

München: Rupprecht-Gymnasium, Albrechtstr. 7, D-80636 München — SV: OStR Waldemar Schmitt-Koytek.

Neumarkt: Willibald-Gluck-Gymnasium, Dr. -Grundler-Str. 7, D-92318 Neumarkt — OStR Hartwig Püschel, Fachbetreuer f. Erdkunde.

Nürnberg: Martin-Behaim-Gymnasium, Schlutheißallee 1, D-90478 Nürnberg 30 — SL: StD Peter Michalik, SV: OStDin Regina Weikmann.

Nürnberg: Willstätter-Gymnasium, Innerer Laufer Platz 11, D-90403 Nürnberg — SL: StD Dr. Walter Buche, SV: OStD Dieter Roth.

Regensburg: Albertus-Magnus-Gymnasium, Hans-Sachs-Str. 2, D-93049 Regensburg — SL: StD Max Huber.

Schwabach: Wolfram-von-Eschenbach-Gymnasium, Haydnstr. 1, D-91126 Schwabach — SL: StD Helmut Mayer, SV: OStD Dirk Keilhack

Schweinfurt: Olympia-Morata-Gymnasium, Ignaz-Schön-Str. 9, D-97421 Schweinfurt — SL: StR Klauspeter Schmidt, SV: OStD Armin Hackl.

Vilshofen: Gymansium, Prof. Scharrer-Str. 7a, D-94474 Vilshofen — SL: OStRin Ernestine Eckinger.

Weilheim: Gymnasium, Murnauer Str. 12, D-82362 Weilheim, Tel.: (0881) 2271, Fax: 4349 — SL: OStR Uwe Arnold.
Würzburg: Friedrich-Koenig-Gymnasium, Fridrichstr. 22, D-97082 Würzburg — SL: StD Gerhard Wagner, SV: OStD Dr. Walter Bauer.
Würzburg: Matthias-Grünewald-Gymnasium, Zwerchgraben 1, D-97074 Würzburg — SL: StD Heinz-Peter Müller, SV: OStD Dietger Reinhold.
Würzburg: Röntgen-Gymnasium, Sanderring 8, D-97070 Würzburg — SL: StD Peter Valenta, SV: StD Hans Reinfelder.
Würzburg: Siebold-Gymnasium, Rennweger Ring 11, D-97070 Würzburg — SL: OStR Georg Münzhuber, SV: OStD Hartmut Dieckhoff.

BERLIN
1. Schulpraktisches Seminar im Bezirk Zehlendorf (S): Johannesstr. 16, D-14165 Berlin — Leit.: Dr. Rosenbach, FS Erdkunde, hauptamtliche FSL Frau Dr. Zimmermann.
1. Schulpraktisches Seminar im Bezirk Tiergarten (S): Rathenower Str. 16 f, D-10559 Berlin — Leiter: OStD Hans-Egon Böhmig. FS Erdkunde: FSL StR'in Heineke.
2. Schulpraktisches Seminar im Bezirk Kreuzberg (S): Mariannenplatz 2, D-10997 Berlin — Leit.: OStD Jakob. FS Erdkunde, FSL Herr Wolfgang Leder.

BREMEN
Bremen. Wissenschaftl. Inst. f. Schulpraxis. Am Weidedamm 20, D-28215 Bremen 1, Tel.: (0421) 361-14406 — Fachleiter f. Geographie: StD D. Böhnke, Abt.Dir. H. Rogge, Fachdirektor H. Strümpler.

HAMBURG
Staatliches Studienseminar für die Lehrämter an Hamburger Schulen: Hohe Weide 14, D-20259 Hamburg, Tel.: (040) 4212-750, Fax: 4212-782.
Fachseminarleiter „Erdkunde" in der Abteilung Gymnasien des Staatlichen Studienseminars:
Dr. Dietmar Beck, Alsterredder 56, D-22395 Hamburg.
Dr. Imme Ferger-Gerlach, Hohe Weide 14, D-20259 Hamburg, Tel.: (040) 4212-750.
Dr. Hans-Peter Patten, Eichenbusch 61, D-21465 Reinbek.

HESSEN
Bensheim. Darmstädter Str. 8, D-64625 Bensheim — Fachl. f. Erdkde: StD Gerhard Kautz.
Darmstadt. Paul-Wagner-Str. 44a, D-64285 Darmstadt — StD Hans-Christof Seide.
Frankfurt I. Kollwitzstr. 3, D-60488 Frankfurt — StD Dr. H.-P. von Soosten.
Frankfurt II. Kollwitzstr. 3, D-60488 Frankfurt — StD Werner Neumann.
Frankfurt III. Hammarskjöldring 17a, D-60439 Frankfurt — StR Dr. R. Klawik.
Fulda. Magdeburger Str. 78, D-36037 Fulda — StR Hans-Hermann Thießé.
Gießen: Alter Steinbacher Weg 28, D-35394 Gießen — StD Dr. W. Diehl.
Kassel I. Untere Königsstr. 81, D-34117 Kassel — Studiendirektor Heinrich Blobner.
Kassel II. Humboldtstr. 1a, D-34117 Kassel, Tel.: (0561) 774555, Fax: 108246 — StDn A. Heckmann, Seminarleiterin.
Marburg. August-Bebel-Platz 1, D-35043 Marburg/Lahn.
Offenbach. Ludwigstr. 8, D-63067 Offenbach – StD J. Foike.
Wiesbaden. Mosbacher Str. 57–59, D-65187 Wiesbaden — StD'n Helmi Karst (Fachleiterin Ek)

NIEDERSACHSEN
Braunschweig I. Am Bruchtor 4, D-38100 Braunschweig — StD Wolfhart Klie.
Braunschweig II. Am Bruchtor 4, D-38100 Braunschweig — StD Harro Glas.
Hameln. Zentralstr. 1, D-31785 Hameln, Tel.: (05151) 44697, Fax: 21991 — Fachleiter für Erdkunde StD Dr. Manfred Hüsgen
Leer. Evenburg, D-26789 Leer — OStR Friedrich Freudenberg.

Lüneburg. Uelzener Str. 33, D-21335 Lüneburg — StD Klaus Wehrs (seit Nov. 1990 auch 2. Vors. d. Landesverb. Niedersachsen im Verband Deutscher Schulgeographen e.V.)
Meppen. Nagelshof 79, D-49716 Meppen — StD Dr. phil. Wolfgang Christian Winter.
Oldenburg. Peterstr. 44, D-26121 Oldenburg i.O.
Salzgitter. Kampstr. 43/45, D-38226 Salzgitter — StD Bernhard Heiseler Fachleiter in Erdkunde.
Stade. Bahnhofstr. 5, D-21682 Stade, Tel.: (04141) 935200 — StD Harald Saul.
Wilhelmshaven. Staatliches Studienseminar Wilhelmshaven, Mühlenweg 61, D-26384 Wilhelmshaven, Tel.: (04421) 305153 — StD Andreas Peter.
Wolfsburg. An den Boldwiesen 11, D-38442 Wolfsburg — StD Dr. Christoph Stein.

NORDRHEIN-WESTFALEN
I. Studienseminar Düsseldorf Sek II,
1. Düsseldorf I. Redinghovenstr. 9, D-40225 Düsseldorf, Tel.: (0211) 93393-48, Fax: 93393-39 — StD'in Barbara Koletzko, StD'in Ursula Faust-Ern.
2. Duisburg. Oranienstr. 25, D-47051 Duisburg.
4. Hamm. Museumsstr. 8, D-59065 Hamm — StD Klaus Hackenberg, StD'in Barbara Jussen, StD Dr. Klaus Köhler.
6. Krefeld. Johansenaue 3, D-47809 Krefeld — StD Heidemarie Henka.
7. Mönchengladbach. Karl-Barthold-Weg 20, D-41065 Mönchengladbach, Tel.: (02161) 120-06, Fax: 120-17 — StD Herbert Bickel, StD Norbert Drüeke.
8. Oberhausen. Studienseminar für das Lehramt für die Sekundarstufe II Oberhausen. Am Kaisergarten 52, D-46049 Oberhausen: Tel.: (0208) 800-494, Fax: 800-502 — StD Franz Brüne, StD Günter Pütz.
9. Wuppertal I. Richard-Wagner-Str. 7, D-42115 Wuppertal — StD'in Dorothea Schoenborn, StD Hans-Georg Bernhardt.

II. Gesamtseminar Köln
2. Köln. Studienseminar I f. d. Lehramt f. d. Sek-St. II, Claudiusstr. 1, D-50997 Köln — StD Herbert Lindlau, StD Ursula Sachs.
4. Leverkusen. Kerschensteiner Str. 10, D-51373 Leverkusen, Tel.: (0214) 61891 — StD Hartmut Redmer, StD Dieter Schwede, StD Dierk Behrmann.
5. Siegburg. Zeithstr. 182, D-53721 Siegburg — StD Heinrich Sieberg.

III. Gesamtseminar Arnsberg
2.Bochum. Ostring 23a, D-44787 Bochum — StD Werner Hochheimer.
4. Hagen. Bahnhofstr. 7, D-58095 Hagen — StD Hans-Dieter Engelmann, StD Wolfgang Luck.

IV. Regierungsbezirk Münster
1. Studienseminar f. d. Lehramt f. d. Sekundarstufe II Bocholt. Hohenstaufenstraße 2, D-46395 Bocholt — StD Rainer Lomberg.
6. Recklinghausen. Herzogswall 38a, D-45657 Recklinghausen — OStR'in Dipl.-Geogr.Ruth Kersting, StR'in Gudrun Raffel.
7. Rheine. Beethovenstr. 29, D-48431 Rheine — StD Wolfgang Knitschky. – Fachleiter in Erdkunde: OStR' Inken Welling, OStR Dr. Robert Stegmann.

V. Gesamtseminar Detmold
1. Bielefeld. Studienseminar für das Lehramt für die Sekundarstufe II – Bielefeld II. Kurt-Schumacher-Str. 6, D-33615 Bielefeld — StD Dr. Horst Eckel, StD Hans-Jürgen Hilker, StD Eckehardt Rabsahl.
2. Detmold. Im Orte 10, D-32760 Detmold — StD Reinhard Blümel.179
3. Minden. Weingarten 22, D-32423 Minden.
4. Paderborn. Fürstenweg 17a, D-33102 Paderborn, Tel.: (05251) 132917, Internet: http://www.uni-paderborn.de/schulen/sem/, e-mail: sem-len@uni-paderborn.de — StD Erich Gellner.

RHEINLAND-PFALZ

Bad Kreuznach. Heidenmauer 14, D-55543 Bad Kreuznach — N.N.

Kaiserslautern. Mainzer Str. 8, D-67657 Kaiserslautern, Tel.: (0631) 64266, Fax: 3608170 — StD Dr. rer. nat. B. Schulz.

Koblenz. Zwickauer Str. 22, D-56075 Koblenz — StD E. Lorenz.

Mainz. An Schneiders Mühle 1, D-55122 Mainz — StD V. Beck.

Speyer. Geisselstr. 1, D-67346 Speyer — StD K. Walter.

Trier. Flanderstr. 2, D-54290 Trier — StD J. Koch.

SAARLAND

Neunkirchen. Staatliches Studienseminar für das Lehramt an Gymnasien, Albert-Schweitzer-Str. 21, D-66538 Neunkirchen.

Saarbrücken. Staatliches Studienseminar für das Lehramt an Gymnasien und Gesamtschulen, Neugrabenweg 66, D-66123 Saarbrücken, Tel. (0681) 390-8986, Fax: 390-7903.

SCHLESWIG-HOLSTEIN

Elmshorn. Zum Krückaupark 7a, D-25337 Elmshorn — StD Peter Fischer.

Flensburg. Lütke-Namens-Weg 2, D-24937 Flensburg, Fax: (0461) 180132 — StD Klaus A. Zerrahn.

Lübeck. Dr.- Julius-Leber-Str. 70, D-23552 Lübeck — StD H.G. Buske.

EINRICHTUNGEN UND DIENSTSTELLEN ZUR ÜBERREGIONALEN UND REGIONALEN LANDESKUNDE

Überregionale Einrichtungen

Deutsche Akademie für Landeskunde e.V. mit Sitz in Leipzig, c/o Institut für Geographie der Universität Heidelberg, Im Neuenheimer Feld 348, D-69120 Heidelberg, Tel.: (06221) 54-4547, Fax: 54-5585.

Geschichtl.: Gegründet vom Deutschen Geographentag 1882 als Zentralkommission für wiss. Landeskunde von Deutschland, seit 1947 Zentralausschuß für deutsche Landeskunde, seit 1974 e.V., seit 1995 Deutsche Akademie für Landeskunde e.V. (DAL)

Vorstand: Prof. Dr. Hans Gebhardt, Heidelberg (1. Vors.) – Prof. Dr. Klaus Wolf, Frankfurt a.M. (2. Vors.) – Prof. Dr. Harald Zepp, Bochum - Prof. Dr. Manfred J. Müller, Flensburg (Leiter des Selbvstverlages), – Prof. Dr. Gerold Richter, Trier. N.N..

Geschäftsstelle: Deutsche Akademie für Landeskunde e.V., c/o Institut für Länderkunde, Schongauer Str. 9, D-04329 Leipzig, Tel.: (0341) 255-6510, Fax: 255-6598.

Selbstverlag der Deutschen Akademie für Landeskunde e.V. Leiter: Prof. Dr. Manfred J. Müller, Flensburg. Anschrift: Deutsche Akademie für Landeskunde, Selbstverlag, Schützenkuhle 26, D-24937 Flensburg, Tel.: (0461) 570-1320, Fax: 570-1312.

Dokumentationszentrum für deutsche Landeskunde (Emil-Meynen-Bibliothek der deutschen Landeskunde, Generalkatalog der deutschen Landeskunde, Neues Schrifttum zur deutschen Landeskunde). Ansprechpartner: Prof. Dr. Walter Sperling. Anschrift: Universität Trier, Gebäude H, Behringstraße, D-54286 Trier, Tel: (0651) 201-4661, Fax: 201-3820 (s. auch unter Universität Trier sowie Einrichtungen und Dienststellen zur überregionalen und regionalen Landeskunde).

Herausgeber: Forschungen zur deutschen Landeskunde, Berichte zur deutschen Landeskunde, Neues Schrifttum zur deutschen Landeskunde, Landeskundlich-topographische Erläuterungen zur Topographischen Karte 1:50 000, Naturräumliche Gliederung 1:200 000.

Mitgliederliste des Zentralausschuß für deutsche Landeskunde

Ordentliche Mitglieder

Prof. Dr. Wolfgang Andres, Inst.f. Phys. Geographie d. Univ. Frankfurt a.M. – Prof. Dr. Hans Heinrich Blotevogel, FB Geographie d. Univ. GHS Duisburg – Prof. Dr. Christoph Borcherdt, Geogr. Inst. d. Univ. Stuttgart – Prof. Dr. Jürgen Deiters, FB Geographie der

Univ. Osnabrück – Prof. Dr. Dietrich Denecke, Geogr. Inst. d. Univ. Göttingen – Prof. Dr. Klaus Fehn, Sem. f. Hist. Geogr. d. Univ. Bonn – Prof. Dr. Hans Gebhardt, Geogr. Inst. d. Univ. Heidelberg – Prof. Dr. Günter Haase, Sächsische Akademie d. Wissenschaften Leipzig – Prof. Dr. Heinz Heineberg, Inst. f. Geogr. d. Univ. Münster – Prof. Dr. Günter Heinritz, Geogr. Inst. d. TU München – Prof. Dr. Helmut Jäger, Geogr. Inst. d. Univ. Würzburg – Prof. Dr. Hans-Jürgen Klink, Geogr. Inst. d. Univ. Bochum – Prof. Dr. Rainer Krüger, FB 3 der Univ. Oldenburg – Prof. Dr. Adolf Leidlmair, Geogr. Inst. d. Univ. Innsbruck – Prof. Dr. Hartmut Leser, Geogr. Inst. d. Univ. Basel – Prof. Dr. Herbert Liedtke, Geogr. Inst. d. Univ. Bochum – Prof. Dr. Günter Löffler, Geogr. Inst. d. Uniov. Würzburg – Prof. Dr. Joachim Marcinek, FB Geogr. d. Humboldt-Univ. Berlin – Prof. Dr. Alois Mayr, Inst. f. Länderkunde, Leipzig – Prof. Dr. Thomas Mosimann, Geogr. Inst. d. Univ. Bonn – Prof. Dr. Manfred J. Müller, Bildungswiss. Hochschule Univ. Flensburg – Prof. Dr. Jürgen Pohl, Geogr. Inst. d. Univ. Bonn – Prof. Dr. Herbert Popp, Geogr. Inst. d. Techn.Univ. München – Prof. Dr. Heinz Quasten, Fachrichtung Geogr. Univ. d. Saarlandes, Saarbrücken – Prof. Dr. Gerold Richter, FB Geogr./Geowiss. d. Univ. Trier – Prof. Dr. Karl Ruppert, Inst. f. Wirtschaftsgeogr. d. Univ. München – Prof. Dr. Helga Schmidt, Inst. f. Geogr. d. Univ. Leipzig – Prof. Dr. Walter Sperling, FB Geogr./Geowiss. d. Univ. Trier – Prof. Dr. Peter Weichhart, Inst. f. Geogr. d. Univ. Salzburg – Prof. Dr. Eugen Wirth, Geogr. Inst. d. Univ. Erlangen-Nürnberg – Prof. Dr. Klaus Wolf, Inst.f.Kulturgeogr., Stadt- u. Regionalforschung d. Univ. Frankfurt a.M. – Prof. Dr. Harald Zepp, Geogr. Inst. d. Univ. Bochum.

Außerordentliche Mitglieder:

PD Dr. Joachim Alexander, FB VI Geogr. d. Univ. Trier – Prof. Dr. Otfried Baume, Inst. f. Geogr. d. Univ. München – Dr. Franz Dollinger, Salzburg – Priv.-Doz. Dr. Rudolf Egli, Geogr. Inst. d. Univ. Bern – Dr. Christof Ellger, Inst. f. Geogr. Wissenschaften der FU Berlin – Dr. Luise Grundmann, Inst. f. Länderkunde, Leipzig – Dr. Hartmut Heller, Erziehungswiss. Fak. d. Univ. Erlangen-Nürnberg – Priv.-Doz. Dr. Ingo Mose, Sachunterricht an d. Hochschule Vechta – Prof. Dr. Eugen Reinhardt, Landesarchivdirektion Baden-Württemberg Stuttgart – Dr. Paul Reuber, Geogr. Inst. d. Univ. Köln – Dr. Ulrich Reuling, Hess. Landesamt f. geschichtl. Landeskunde, Marburg – Prof. Dr. Jürgen Schmude, Inst. f. Wirtschaftsgeogr. d. Univ. München – Dr. Günther Schönfelder, Sächs. Akademie d. Wiss. – AOR Dr. Franz Schymik, Inst. f. Kulturgeogr. d. Univ. Frankfurt – Prof. Dr. Marlies Schulz, FB Geographie d. Humboldt-Univ. Berlin – Dr. Sabine Tzschaschel, Inst. f. Länderkunde Leipzig – Dr. Ute Wardenga, Inst. f. Länderkunde, Leipzig – Dr. Claus Christian Wiegandt, Bundesforschungsanstalt für Landeskunde und Raumordnung Bonn-Bad Godesberg – Prof. Dr. Reinhard Wiessner, Inst. f. Geogr. d. Univ. Leipzig – Dr. Gerald Wood, FB Geographie d. Univ. GHS Duisburg.

Arbeitskreise der Deutschen Akademie für Landeskunde e.V.:

AK Geoökologische Kartierung und Leistungsvermögen des Landschaftshaushalts – Sprecher: Prof. Dr. Harald Zepp, Universität Bochum, Geogr. Inst., Postfach 102148, D-44721 Bochum, Tel.: (0234) 700-3313, Fax: 7094-469

AK Kulturlandschaftspflege – Sprecher: Prof. Dr. Klaus Fehn, Universität Bonn, Seminar für Historische Geographie, Konviktstraße 11, D-53113 Bonn, Tel.: (0228) 73-5871, Fax: 73-7650

AK Landeskundliche Institute und Forschungsstellen – Sprecher: Prof. Dr. Alois Mayr, Institut für Länderkunde, Schongauer Str. 9, D-04329 Leipzig, Tel.: (0341) 255-6500, Fax: 255-6598

AK Regionalität – Sprecher: Prof. Dr. Bernhard Butzin, Universität Bochum, Geographisches Institut, Postfach 102148, D-44721 Bochum, Tel.: (0234) 700-343, Fax: 7094-469

Prof. Dr. Rainer Krüger, Universität Oldenburg, FB 3, Ammerländer Heerstr. 67-69, D-26111 Oldenburg, Tel.: (0441) 98059-14, Fax: 98059-18.

Prof. Dr. Jürgen Pohl, Universität Bonn, Geogr. Inst., Meckenheimer Allee 166, D-53115 Bonn, Tel.: (0228) 73-7382, Fax: 73-5393

AK Zentralität – Sprecher: Prof. Dr. Jürgen Deiters, Fachbereich Geographie der Universität Osnabrück, D-49069 Osnabrück, Tel.: (0541) 969-4267, Fax: 969-4333 — Prof. Dr. Hans Gebhardt, Universität Heidelberg, Im Neuenheimer Feld 348, D-69120 Heidelberg, Tel.: (06221) 54-4547, Fax: 54-5585.

Bundesforschungsanstalt für Landeskunde und Raumordnung. Am Michaelshof 8, D-53177 Bonn (Postfach 20 01 30, D-53131 Bonn), Tel.: (0228) 8 26–0.

Geschichtl.: Gebildet am 1.4.1959 als Bundesanstalt für Landeskunde und Raumforschung mit den beiden Teilinstituten Inst. für Landeskunde (gegr. am 1.4.1941 als Abteilung für

Landeskunde im Reichsamt für Landesaufnahme, nach 1945 Amt für Landeskunde, am 1.4.1953 Bundesanstalt für Landeskunde)und Institut für Raumforschung (gegr. 1949, ab 1950 Bundeseinrichtung, seit 1967 Institut für Raumordnung). Seit 1967 unter heutigem Namen und ab 16.4.1973 in neuer Organisation (Auflösung der Teilinstitute).

Personalstruktur: Leiter: Dir. u. Prof. Dr. W. Strubelt.

Abt. FI – Forschung I, Leiter: Ltd. Wiss. Dir. Dr. H.-P. Gatzweiler, Referate: FI 1 Bevölkerung und Sozialstruktur: Wiss. Dir. Prof. Dr. G. Stiens (Leiter). FI 2 Wirtschaft und Finanzen: Wiss. OR E. Bergmann (Leiter). FI 3 Soziale Infrastruktur: Wiss. Dir. Dr. J. Heiland (Leiter). FI 4 Wohnen und Freizeit: Wiss. Dir. Dr. M. Fuhrich (Leiter). FI 5 Verkehr und Energie: Wiss. Dir. Dr. H. Lutter (Leiter). FI 6 Boden: WA Dipl.-Ing. S. Losch (Leiter). FI 7 Umwelt: WA Dipl.-Ing. D. Kampe (Leiter). Abt. F II–Forschung II, Leiter: N.N., Referate: F II 1 Grundsatzfragen Raumordnung: Wiss.Dir.'in Dr. E. Irmen (Leiter). F II 2 Grundsatzfragen Städtebau: Wiss.Dir. Dr. H. Güttler (Leiter). F II 3 Grundsatzfragen Wohnungswesen: Wiss.OR. H. Osenberg (Leiter). F II 4 EDV–Anlagen, Informationssystem: Wiss. Dir. W. D. Rase (Leiter). F II 5 Raumbeobachtung: Wiss. Dir. Dr. F. Böltken (Leiter). F II 6 Raumordnung in Europa: Wiss. OR. Dr. K.-P. Schön. Z-Referate (dem Leiter der BfLR direkt unterstellt): Z 1 Verwaltung: ROAR K. Müller (Leiter). Z 2 Literatur- und Forschungsinformation: Wiss. Dir. Dr. J. Weber (Leiter). Z 3 Veröffentlichungswesen: Wiss. OR. Dr. K. Schliebe (Leiter).

BONN. Auswärtiges Amt, Referat 116-9, Geogaphisch-Kartographischer Dienst, Niebuhrstr. 1A, D-53113 Bonn, Tel.: (0228) 17-3566, -3601, Fax: 17-1508.

BONN-BAD GODESBERG. Bundesamt für Bauwesen u. Raumordnung, Wiss. Bibliothek, Am Michaelshof 8, D-53177 Bonn, Tel.: (0228) 826-275, Fax: 826-266 — Vizepräsident u. Prof. Dr. Wendelin Strubelt. (2) Wiss. Dir. Dr. Jost Weber.

ERLANGEN. Bayerischer Forschungsverbund für außereuropäische Regionalforschung (FORAREA), c/o. Institut für Geographie, Kochstr. 4/4, Erdgeschoß, Raum 011, D-91054 Erlangen, Tel.: (09131) 852-2011, Fax: 852-2013, Internet: http://www.uni-erlangen.de/geographie/forarea.html, e-mail: forarea@geographie.uni-erlangen.de — Sprecher: Prof. Dr. H. Kopp, Tel.: (09131) 852-2012, e-mail: hkopp@geographie.uni-erlangen.de

HANNOVER. Akademie für Raumforschung und Landesplanung. Hohenzollernstr. 11, D-30161 Hannover, Tel.: (0511)34842-0, Fax: 34842-41, Internet: http.\\sun1.rrzn.uni-hannover.de./arl, e-mail: -ARL@mbox.uni-hannover.de

Geschichtl.: Seit 1946 als außeruniversitäre, bundesweit tätige und unabhängige Einrichtung mit Servicefunktion für die Forschung. Selbständige Anstalt des öffentlichen Rechts. Träger: Bund und Länder. Die ARL ist Forum für Wissenschaft und Praxis der Raum- und Umweltforschung..

Präsidium: Präs.: Prof. Dr. Werner Buchner, Vize-Präs.: Prof. Dr. Heinrich Mäding, Prof. Dr. Klaus Wolf. Gen.-Sekr.: Dr.-Ing. Dietmar Scholich. Stellvertr. u. Leiter der Zentralabteilung: Dr. K. Becker.

Wissenschaftliche Referate im Sekretariat der ARL:
WR I – Bevölkerung und Raumstruktur: Dr. G. Tönnies
WR II – Umwelt-, Regional- und Stadtplanung: Dipl.-Ing. Evelyn Gustedt
WR III – Natürliche Grundlagen, Informationssysteme: Dr. V. Wille
WR IV – Technikentwicklung, Infrastruktur, Umweltökonomie: Dipl.-Vw. B. Lange
WR V – Wirtschaft und Verkehr: Dr. H. Pohle
WR VI – Wissenschaftl. Zeitschrift: Dr. K. Becker
WR VII – Sonderaufgaben

Forschungsorganisation: 3 Sektionen zu den längerfristigen Arbeitsschwerpunkten (Wirtschaft u. Umwelt, Bevölkerung, Siedlungs- u. Infrastruktur, Konzeptionen und Verfahren). Zeitbegrenzte Arbeitskreise zu speziellen Forschungsthemen und ad-hoc-Arbeitsgruppen zur politischen Beratung.. Landesarbeitsgemeinschaften (Baden-Württemberg, Bayern, Berlin/Brandenburg/Mecklenburg-Vorpommern, Bremen/Hamburg/Niedersachsen/Schleswig-Holstein, Hessen/Rheinland-Pfalz/Saarland, Nordrhein-Westfalen, Sachsen/Sachsen-Anhalt/Thüringen). Europa-Arbeitsgemeinschaften (Westeuropäische AG, Deutsch-Polnische AG, Deutsch-Techisch-Slowakische AG).

LEIPZIG. Institut für Länderkunde, Schongauerstr. 9, D-04329 Leipzig, Tel.: (0341) 255-6500, Fax: 255-6598, Internet: http://www.uni.leipzig.de/ifl, e-mail: info@ifl.uni-leipzig.de

Geschichtl.:1892 von Dr. Alphons Stübel gestiftet, 1896 als Abt. für vergleichende Länderkunde im Museum für Völkerkunde eröffnet, 1906 Museum für Länderkunde, 1932 Institut f. Länderkunde, 1942 Deutsches Institut für Länderkunde, 1968-1990 Geogr. Institut bzw. seit 1976 Institut für Geographie u. Geoökologie der Akad. Wiss. der DDR, seit 1.1.1992 Inst. f. Länderkunde

Geogr. Zentralbibliothek (seit 1896), Archiv für Geographie (früher Forscherarchiv seit 1902)

Direktor: Prof. Dr. Alois Mayr, Region Geogr. Europas: Prof. Dr. F. Grimm, Deutsche Landeskunde: Dr. Sabine Tzschaschel, Kartogr.: Dr. Konrad Großer, Bibl./Archiv: Dr. Ingrid Hönsch. Wiss.Mitarbeiter: Dipl.-Geogr. Volker Bode, Dr. Isolde Brade, Prof. Dr. Joachim Burdack, Dr. Günter Friedlein, Dr. Luise Grundmann, Dr. Arno Hartung, Dr. Günter Herfert, Dr. Elke Knappe, Dipl.-Geogr. Christian Lambrecht, Dipl.-Geogr. Judith Miggelbrink, Dr. Evelin Müller, Dipl.-Geogr. Ole Wittruck, Dipl.-Geogr. Karin Wiest, Dr. Ute Wardenga, Dr. Meike Wollkopf.

LEIPZIG. Sächsische Akademie der Wissenschaften zu Leipzig, Kommission für Sächsisch-thüringische Landeskunde. Karl Tauchnitz-Str. 1, D-04107 Leipzig (PA: Postfach 100440, D-04004 Leipzig). — Vorsitzender: Prof. Dr. Günter Haase, Sekretär: Doz. Dr. Günther Schönfelder

MÜNSTER/Westf. Institut für vergleichende Städtegeschichte an der Universität Münster, Syndikatplatz 4/5, D-48143 Münster, Tel.: (0251) 482310, Fax: 4823135 — Vorsitzender des wiss. Beirates: Prof. Dr. H. Duchhardt, wiss. Vorstand: Prof. Dr. P. Johanek, Verwaltungsvorst.: K. Meyer-Schwickerath.

MÜNSTER/Westf. Geographische Kommission für Westfalen. Robert-Koch-Str. 26, D-48149 Münster, Tel.: (0251) 83-33929, Fax: 83-38391 — Vors.: Prof. Dr. H. Heineberg — Gf.: Dr. Klaus Temlitz.

NÜRNBERG. Gesellschaft für Regionalforschung und angewandte Geographie (GERAG) e.V., Postfach 3931, D-90020 Nürnberg — Dir.: Prof. Dr. R. Ruppert, Prof. Dr. W. Ritter.

STUTTGART. Europäischer Forschungsschwerpunkt Ländlicher Raum. Forschungsstelle. Universität Hohenheim, D-70593 Stuttgart , Tel.: (0711) 459-3944, Fax: 459-3447 — Vorstand: Prof. Dr. Werner Grosskopf, Prof. Dr. Klaus Herdzina — Geschäftsführer: Dipl.-Ök. Stephanie Hegner.

TRIER. Dokumentationszentrum für deutsche Landeskunde (Emil-Meynen-Bibliothek der deutschen Landeskunde, Generalkatalog der deutschen Landeskunde, Neues Schrifttum zur deutschen Landeskunde). Leitung und Geschäftsführung: Prof. Dr. Walter Sperling, Prof. Dr. Ingo Eberle. Anschrift: Universität Trier, Geb. H, D-54286 Trier, Tel.: (0651) 201-4661, -4535, Fax: 201-3814 e-mail: zedeland@uni-trier.de.

WÜRZBURG. Kommission für Geomorphologie der Bayerischen Akademie der Wissenschaften, Vors.: Prof. Dr. H. Hagedorn, Geogr. Inst. d. Univ., Am Hubland, D-97074 Würzburg, Tel./Fax: (0931) 888-5545, e-mail: horst.hagedorn@mail.uni-wuerzburg.de.

Regionale Einrichtungen

BADEN-WÜRTTEMBERG

FREIBURG i.Br. Alemannisches Institut e.V., Mozartstr. 30, D-79104 Freiburg., Tel.: (0761) 261 03.

Geschichtl.: Gegründet 1931 zur Ausführung und Förderung d. Landesgeschichte u. Landeskunde im alemannisch-schwäbischen Raum, seit 1951 e.V.

Vorstand: Prof. Dr. Wolf-Dieter Sick, Prof. Dr. Hugo Ott, Prof. Dr. Sönke Lorenz. Arbeitsgruppe Tübingen: Leiter: Prof. Dr. S. Lorenz, Institut für geschichtliche Landeskunde der Universität, Wilhelmstraße 36, D-72074 Tübingen

FREIBURG i.Br. Deutsches Seminar 1. Institut für Deutsche Sprache und Ältere Literatur. Arbeitsbereich Geschichtliche Landeskunde. Belfortstr. 14, D-79085 Freiburg. Tel.: (0761) 203-3268 — Direktoren: Prof. Dr. P. Auer, Prof. Dr. U. Knoop, Prof. Dr. Dr.h.c. V. Schupp.

STUTTGART. Landesarchivdirektion Baden-Württemberg, Abt. Landesforschung und Landesbeschreibung, Eugenstr. 7, D-70182 Stuttgart, Tel.: (0711) 212-42 72 / 77 / 78, Fax: 212-4283.

Geschichte: 1820 bes. Auftrag d. Kgl. Statist.-Top. Bureaus, 1948 Abt. Landesbeschreibung des Statist. Landesamts Württemberg-Baden bzw. Baden-Württemberg, 1964 Abt. der Staatl. Archivverwaltung Baden-Württemberg, 1975 Abt. der Landesarchivdirektion Baden-Württemberg.

Leitung: Ltd. Reg.-Dir. Prof. Dr. E. Reinhard, Referent: Archivrat Dr. W. Zimmermann.

Außenstelle Freiburg. Adresse: Landesarchivdirektion, Colombistr. 4, D-79098 Freiburg i.Br. — Reg.Dir. Dr. F.L. Sepaintner (Leiter, Gegenwartskunde u. Geschichte 19. Jh.), Tel.: (0761) 38060-40. ORR'in Dr. A. Müller (Geschichtl. Landeskunde) Tel.: (0761) 38060-44. ORR Dipl.-Geogr. Dr. J.W. Schindler (Geogr. Landeskunde), Tel.: (0761) 38060-42. Frau Albinus (Sekr.) Tel.: (07161) 38060-41.

Außenstelle Karlsruhe: Adresse: Generallandesarchiv Karlsruhe, Nördl. Hildapromenade 2, D-76133 Karlsruhe — Oberarchivrat Dr. K. Andermann (Leiter, Geschichtl. Landeskunde) Tel.: (0721) 926-2672. Wiss. Ang. Dr. Peter Exner (Gegenwartskunde u. Geschichte 19. Jh.) Tel.: (0721) 926-2287. N.N. (Geogr. Landeskunde) Tel.: (0721) 926-2675, Fax: (0721) 926-2231.

Außenstelle Stuttgart: Olgastraße 80, D-70182 Stuttgart, Tel./Fax: (0711) 212-4238 — ORR Prof. Dr. habil. H.-M. Cloß (Leiter, Geogr. Landeskunde) Tel.: (0711) 212-4239. ORR Dipl.-Pol. F.-R. Kühnel (Gegenwartskunde u. Geschichte 19. Jh.) Tel.: (0711) 212-4240. N.N. (Geschichtl. Landeskunde) Tel.: (0711) 212-4241.

Außenstelle Tübingen: Fürststr. 3, D-72072 Tübingen, Tel.: (07071) 369116 — Reg.Dir. Prof. Dr. R. Loose (Leiter, Geogr. Landeskunde). ORR Dr. G. Kittelberger (Geschichtl. Landeskunde). N.N. (Gegenwartskunde u. Geschichte 19. Jh.)

TÜBINGEN. Institut für Geschichtl. Landeskunde und Historische Hilfswissenschaften a. d. Univ., Wilhelmstr. 36, D-72074 Tübingen, Tel.: (07071) 297-2387, Fax: (07071) 295785.

Geschichtl.: Gegründet Febr. 1954 anstelle der bisherigen landesgeschichtl. Abteilung d. Historischen Seminars d. Universität.

Direktor: Prof. Dr. Sönke Lorenz.

BAYERN

ERLANGEN. Zentralinstitut für Regionalforschung, Kochstr. 4, Raum 409, D-91054 Erlangen, Tel.: (09131) 852-2368, Fax: 852-2028.

Leitung: Prof. Dr. Dr. h.c. S.A. Bahadir (Geschäftsf. Vorstand), Tel.: (09131) 852-4198, Fax: 852-6982, – Prof. Dr. H. Breinig, Tel.: (09131) 852-2437 – Prof. Dr. W.L. Bernecker, Tel.: (0911) 530-2655, komm. Prof. Dr. W.K. Blessing, Tel.: (09131) 852-2367

Geschäftsführung: Frau Dr. P. Bendel, Tel.: (09131) 852-2368, Fax: 852-2028, e-mail: pabendel@phil.uni-erlangen.de, Sekretariat: Frau M. Frielinghaus, e-mail: mafrieli@phil.uni-erlangen.de, Adresse s.o., (Mo 8.30 - 12.30 Uhr, Do nachmittags und Fr)

Sprecher der Sektionen: Sektion Franken: Prof. Dr. W.K. Blessing (komm.) – Sektion V. Orient: Prof. Dr. Dr. h.c.S.A. Bahadir – Sektion Lateinamerika: Prof. Dr. W.L. Bernecker – Sektion Nordamerika: Prof. Dr. H. Breining.

2. Geschäftsstelle: (Sektionsbibliothek Lateinamerika): Findelgasse 7/9, Raum 2.040 und 2.041, D-90402 Nürnberg, Tel.: (0911) 530-2635, Fax: 530-2720, (Do 9–12.30 Uhr).

PASSAU. Institut für Ostbairische Heimatforschung der Universität Passau, Schustergasse 19/21, D-94032 Passau, Tel.: (0851) 509-1940, Fax: 509-2003.

Geschichtl: Gegründet 1926 vom Verein f. Ostbairische Heimatforschung e.V., Passau, seit 1978 Institut an der Universität.

HESSEN

MARBURG/Lahn. Hessisches Landesamt für geschichtliche Landeskunde, Abt. Forschungsstelle f. geschichtl. Landeskunde Mitteldeutschlands. Wilhelm-Röpke-Str. 6 C, D-35032 Marburg/Lahn, Tel.: (06421) 28-4578, Fax: 28-4799.

Geschichtl.: Gegründet 1960 zur Durchführung und Förderung von wiss. Arbeiten zur geschichtlichen Landeskunde der heutigen Neuen Bundesländer.

Leit.: Dr. M. Gockel.

NIEDERSACHSEN

HANNOVER. Wissenschaftliche Gesellschaft zum Studium Niedersachsens e.V., Lister Str. 15, D-30161 Hannover, Tel.: (0511) 348 42-37, Fax: 348 42-41.

Vorsitzender: Prof. Dr. Werner Schramm.

NORDRHEIN-WESTFALEN

BONN. Institut für geschichtliche Landeskunde der Rheinlande der Universität Bonn. Am Hofgarten 22, D-53113 Bonn, Tel.: (0228) 73-7553.

Geschichtl.: Gegründet 1920 durch Fakultätsbeschluß als Inst. a. d. Univ. Bonn. Wesentliches Verdienst um seine Errichtung hatte Prof. Dr. H. Aubin, Träger: Universität Bonn.

Direktor: N.N.

Abt. f. rheinische Landesgeschichte, Leit.: N.N., Wiss. Mitarb. AR Dr. Wolfgang Herborn, AOR Dr. Marlene Nikolay-Panter.

Abt. f. rheinische Volkskunde, Leit.: Prof. Dr. Heinrich-Leonard Cox, Wiss. Mitarb. Dr. Gunther Hirschfelder.

Abt. f. Sprachforschung, Leit.: Prof. Dr. Thomas Klein, Wiss. Mitarb. Dr. Helmut Lausberg, Dr. Walter Hoffmann, Dr. Robert Möller.

Räumlich angegliedert:

Arbeitsstelle d. Atlasses d. Deutschen Volkskunde. Koordinierungsstelle f. d. Volkskundeatlas Europas und der Nachbarländer. Leit.: Prof. Dr. Heinrich-Leonard Cox.

BONN. Amt für rheinische Landeskunde des Landschaftsverbandes Rheinland. Endenicher Str. 133, D-53115 Bonn, Tel.: (0228) 9834-0, Fax: 9834 119.

Leiter: LtdLVDir. Dr. Fritz Langensiepen. Abteilungen: Rheinische Stadtgeschichte, Rheinische Volkskunde, Rheinische Sprachforschung.

MÜNSTER/Westf. Geographische Kommission für Westfalen. Robert-Koch-Str. 26, D-48149 Münster, Tel.: (0251) 83 -33929, Fax: 83-38391 — Vors.: Prof. Dr. H. Heineberg — Gf.: Dr. Klaus Temlitz.

MÜNSTER/Westf. Westfälisches Institut für Regionalgeschichte. Träger: Landschaftsverband Westfalen-Lippe, Warendorfer Str. 14, D-48145 Münster, Tel.: (0251) 591 5684. Wiss. Dir.: Prof. Dr. K. Teppe.

Westfälische Kommissionen für Landeskunde. Träger: Landschaftsverband Westfalen-Lippe.

Altertumskommission f. Westfalen: Rothenburg 30, D-48143 Münster, Tel.: (0251) 5907 270. Vors.: Dr. B. Trier

Historische Kommission f. Westfalen: Warendorfer Str. 24, D-48145 Münster Tel.: (0251) 591 4720. Vors.: Prof. Dr. P. Johanek. Gf.: Dr. A.-T. Grabkowsky.

Volkskundliche Kommission f. Westfalen: Domplatz 23, D-48143 Münster, Tel.: (0251) 8324404. Vors.: Prof. Dr. R.-E. Mohrmann. Gf.: Prof. Dr. D. Sauermann.

Kommission f. Mundart- und Namenforschung Westfalens: Magdalenenstr. 5, D-48143 Münster, Tel.: (0251) 8324414. Vors.: Prof.Dr.Dr.h.c. J. Goossens. Gf.: Prof. Dr. H. Taubken.

Geographische Kommission f. Westfalen: Robert-Koch-Str. 26, D-48149 Münster, Tel.: (0251) 8333929. Vors.: Prof. Dr. H. Heineberg. Gf.: Dr. K. Temlitz.

Literaturkommission für Westfalen: Warendorfer Straße 24, D-48145 Münster, Tel.: (0251) 5915705. Vors. Prof. Dr. M. Wagner-Egelhaaf. Ff.: Dr. W. Gödden.

MÜNSTER/Westf. Westfälischer Heimatbund, Fachstelle „Geographische Landeskunde". , Kaiser-Wilhelm-Ring 3, D-48145 Münster, Tel.: (0251) 591-4027, Fax: 591-4028 — Vors.: Dr. Hans Hubert Walter, Dorfstr. 48, D-48268 Greven.

RHEINLAND-PFALZ

MAINZ. Institut für geschichtliche Landeskunde an der Universität Mainz (e.V.). Friedrich von Pfeiffer-Weg 3, D-55099 Mainz, Tel.: (06131) 39-4827, Fax: 39-5508, e-mail: igl@mail.uni-mainz.de.

Geschichtl.: Gegründet 1.4.1960 als selbständiges Forschungsinstitut. (E.V.), um eine zentrale Stätte wiss. Arbeit auf dem Gebiet d. geschichtl. Landeskunde zu sein und regionale Vorhaben dieser Richtung koordinierend zu betreuen.

Direktoren: Prof. Dr. M. Matheus (Geschichte), Prof. Dr. W. Kleiber (Germanistik), Prof. Dr. A. Haverkamp (Geschichte), Schriftführer: Archivdirektor Dr. H.-J. Braun.

TRIER. Lehrstuhl für Geschichtliche Landeskunde im FB III der Universität Trier. D-54286 Trier, Tel.: (0651) 201-3319, -3316 — Prof. Dr. F. Irsigler — Projekt Geschichtlicher Atlas der Rheinlande, Herausgeber: Prof. Dr. F. Irsigler und Dr.

Rudolf Straßer — Redaktion: Dr. Rudolf Straßer (Tel.: 0651/201-3105), Dipl.-Geogr. Ursula Busch (Tel.: 0651/201-3109) — Kartographin Katrin Becker Tel.: (0651) 2013120, Fax: 201-3938, e-mail: busch@uni-trier.de oder atlas@uni-trier.de.

SAARLAND

SAARBRÜCKEN. Institut für Landeskunde im Saarland. Universität des Saarlandes, Bau 35, D-66041 Saarbrücken, Tel.: (0681) 302 2754, Fax (0681) 302 4778.

Geschichtl.: Gegründet Dez. 1959 als Inst. d. Regierung des Saarlandes, unterstellt dem Ministerium für Bildung, Kultur und Wissenschaft.

Vors. d. Beirates: Prof. Dr. H.-W. Herrmann Dir.: Prof. Dr. H. Quasten.

SCHLESWIG-HOLSTEIN

ECKERNFÖRDE. Zentralstelle für Landeskunde des Schleswig-Holsteinischen Heimatbundes. Rathausstraße 2, D-24103 Kiel, Tel.: (0431) 98384-0, Fax: 9838423.

Leiter: Dr. Willy Diercks. Natur und Umwelt: Rainer Hüster (Wiss. Mitarb.). Landesgeschichte: Ute Neuhaus-Schröder (Wiss. Mitarb.), Michal Baum (Wiss. Mitarb.), Volkskunde: Petra Springer (Wiss. Mitarb.), Sekretariat: Heidemarie Wolf.

INSTITUTE DER DEUTSCHEN KÜSTENFORSCHUNG

BÜSUM. Forschungs- und Technologiezentrum Westküste (Zentrale Einrichtung der Christian-Albrechts-Universität Kiel) Hafentörn, D-25761 Büsum, Tel.: (04834) 604-0 (Zentrale), Fax:604-299.

Geschichtl.: Als Außenstelle der Christian-Albrechts-Universität Kiel 1988 zur Bündelung der vorhandenen Forschungsaktivitäten und zur Förderung des Wissenstransfers an der Westküste Schleswig-Holsteins gegründet.

Arbeitsgruppe Küstenökologie/Umweltforschung/Umwelttechnik. Leiter: Prof. Dr. F. Colijn

Arbeitsgruppe Angewandte Physik/Meerestechnik. Leiter: Prof. Dr. P. Koske.

Arbeitsgruppe Küstengeologie/Küstenschutz. Leiter: Prof. Dr. R. Mayerle

Arbeitsgruppe Küstengeographie. Leiter: Prof. Dr. H. Sterr, F: (04834) 604 282, Fax: (04834) 6772.

Arbeitsgruppe Küstenarchäologie/Landschaftsentwicklung. Leiter: Prof. Dr. M. Müller-Wille.

Arbeitsgruppe Bodenökologie. Leiter: Prof. Dr. R. Horn.

Arbeitsgruppe Ökologie der Vögel und Säugetiere. Leiter: Prof. Dr. D. Adelung.

HAMBURG. Bundesamt für Seeschiffahrt und Hydrographie (BSH). Bernhard-Nocht-Str. 78, D-20359 Hamburg, (Postfach 30 12 20, D-20305 Hamburg), Tel.: (040) 3190-0, Fax: 3190-5000, Fernschreiber: 021 11 38 bsh hh d.

Bundesamt für Seeschiffahrt und Hydographie (BSH). Dierkower Damm 45, D-18146 Rostock, Tel.: (0381) 4563-5, Fernschreiber: 398351 bsh ro d, Fax: 4563-948.

Geschichtl.: Aus d. Deutschen Seewarte, dem Marineobservatorium Wilhelmshaven, dem Hydrographischen Bureau (zuletzt Amtsgruppe Nautik d. Oberkommandos d. Kriegsmarine), dem Deutschen Hydrographischen Institut und aus dem Bundesamt für Schiffsvermessung hervorgegangen, am 1.7.1990 als Bundesoberbehörde im Geschäftsbereich des Bundesministers f. Verkehr errichtet.

Präsident: Präs. Dr. P. Ehlers.

1. Abteilung M (Meereskunde). Leiter: Dir Prof. Dr. Rühl.
2. Abteilung N (Nautische Hydrographie). Leiter: LRDir Hecht.
3. Abteilung S (Schiffahrt). Leiter: Dir. R. Fuchs.
4. Abteilung Z (Zentralabteilung). Leiter: LRDir Roth.

HAMBURG. Institut für Meereskunde der Universität Hamburg. Troplowitzstr. 7, D-22529 Hamburg, Tel.: (040) 4123-2605, Fax: 4123-5713, e-mail: alpers@ifm.uni-hamburg.de — Gf.Dir.: Prof. Dr. W. Alpers

HAMBURG. Biologische Anstalt Helgoland, Zentrale, Notkestr. 31, D-22607 Hamburg, Tel.: (040) 89693-0, Fax: 89693-115.

Direktor: Prof. Dr. Wilhelm Nultsch, Außenstellen: Meeresstation Helgoland, Kurpromenade, D-27498 Helgoland, Tel.: Helgoland (04725) 819-0, Fax: 819-283 — List/Sylt: Hafenstr. 43, D-25992 List auf Sylt, Tel:. (04652) 956-0, Fax: 956-200.

KIEL. Institut für Meereskunde an der Universität Kiel. Düsternbrooker Weg 20, D-24105 Kiel, Internet: http://www.ifm.uni-kiel.de/, e-mail: ifm@ifm.uni-kiel.de

Geschäftsführender Direktor: Pof. Dr. P. Lemke,Tel.: (0431) 597-3900, Fax: 565876. Vorzimmer 3901. Kustos: Prof. Dr. G. Kortum, Tel.: -3902.

Abt. Regionale Ozeanographie. Dir.: Prof. Dr. F. Schott, Tel.: -3920.
Abt. Theoretische Ozeanographie. Dir.: Prof. Dr. J. Willebrand, Tel.: -3800.
Abt. Meeresphysik. Dir.: Prof. Dr. U. Send, Tel.: -3890.
Abt. Meereschemie. Dir.: Prof. Dr. D. Wallace, Tel.: -3810.
Abt. Maritime Meterologie. Dir.: Prof. Dr. P. Lemke, Tel.: -3870.
Abt. Meeresbotanik. Dir.: Prof. Dr. U. Sommer, Tel.: -3840.
Abt. Meereszoologie. Dir.: Prof. Dr. D. Adelung, Tel.: 3830.
Abt. Marine Planktologie. Dir.: Prof. Dr. B. Zeitzschel, Tel.: -3860.
Abt. Fischereibiologie. Dir.: Prof. Dr. D. Schnack, Tel.: -3910.
Abt. Mikrobiologie. Dir.: J.F. Imhoff, Tel.: -3850.

NORDERNEY. Niedersächsisches Landesamt für Ökologie – Forschungsstelle Küste –, An der Mühle 5, D-26548 Norderney, Tel:. (04932) 916-0 — Leiter: Dr.-Ing. habil. Kunz.

WILHELMSHAVEN. Niedersächsisches Institut für historische Küstenforschung. Viktoriastr. 26/28, D-26382 Wilhelmshaven (Postfach 2062, D-26360 Wilhelmshaven), Tel.: (04421) 915-0, Fax: 915-110.

Leiter: Ldt. Wiss. Dir. Prof. Dr. K.-E. Behre — Wiss. Personal: Dr. J. Ey, Dipl.-Biol. D. Kucan, Dr. B. Petzelberger, Dr. E. Strahl, Dr. W.H. Zimmermann.

WILHELMSHAVEN. Marschenrat zur Förderung der Forschung im Küstengebiet der Nordsee. Geschäftsst.: Viktoriastr. 26/28, D-26382 Wilhelmshaven (Postfach 2062, D-26360 Wilhelmshaven), Tel.: (04421) 915-0, Fax: 915-110 — 1. Vors.: Dr. W.H. Zimmermann — Gf.: Dr. J. Ey.

SPITZENORGANISATIONEN DER DEUTSCHEN WISSENSCHAFT

Wissenschaftsrat. Brohlerstr. 11, D-50968 Köln, Tel.: (0221) 3776–0, Fax: 388440, e-mail: post@wrat.de. Vors.: Prof. Dr. Winfried Schulze, Gen.-Sekr.: Dr. Winfried Benz.

Zusammensetzung: Der Wissenschaftsrat gliedert sich in eine Wissenschaftliche Kommission und eine Verwaltungskommission. Die Wissenschaftliche Komm. setzt sich aus 24 Wissenschaftlern und 8 Persönlichkeiten des öffentlichen Lebens zusammen, die vom Bundespräsidenten berufen werden, die 24 Wissenschaftler auf Vorschlag der Deutschen Forschungsgemeinschaft, der Max-Planck-Gesellschaft, der Hochschulrektorenkonferenz und der Helmholtz-Gemeinschaft Deutscher Forschungszentren, die 8 Persönlichkeiten des öffentlichen Lebens auf gemeinsamen Vorschlag der Bundesregierung und der Landesregierungen. In die Verwaltungskomm. entsenden die Bundesregierung 6 Vertreter mit insgesamt 16 Stimmen (Staatssekretäre), die Landesregierungen je einen Vertreter (Wissenschaftsminister).

Aufgabe: Der Wissenschaftsrat hat die Aufgabe, Empfehlungen zur inhaltlichen und strukturellen Entwicklung der Hochschulen, der Wissenschaft und der Forschung zu erarbeiten, die den Erfordernissen des sozialen, kulturellen und wirtschaftlichen Lebens entsprechen. Die Empfehlungen sollen mit Überlegungen zu den quantitativen und finanziellen Auswirkungen und zu ihrer Verwirklichung verbunden sein. Im übrigen hat der Wissenschaftsrat die ihm durch besondere Vorschriften, insbesondere durch das Hochschulbauförderungsgesetz, übertragenen Aufgaben. Der Wissenschaftsrat hat ferner die Aufgabe, auf Anforderung eines Landes, des Bundes, der Bund-Länder-Kommission für Bildungsplanung und Forschungsförderung oder der Ständigen Konferenz der Kultusminister der Länder gutachtlich zu Fragen der Entwicklung der Wissenschaft und der Forschung Stellung zu nehmen.

Hochschulrektorenkonferenz, Ahrstr. 39, D-53175 Bonn, Tel.: (0228) 887-0, Fax: (0228) 887-110 — Präsident: Prof. Dr. Klaus Landfried — Gen.Sekr.: Dr. Josef Lange.

Deutsche Forschungsgemeinschaft. Kennedyallee 40, D-53175 Bonn, Tel.: (0228) 885-1, Fax: 885-2777, -2180 PR, Präs.: Prof. Dr. Ernst-Ludwig Winnacker. Gen.-Sekr.: Dr. Reinhard Grunwald.

Fachausschuß für Geographie: Vors.: Prof. Dr. Jürgen Hagedorn, stellvertr. Vors.: Prof. Dr. Heinz Heineberg.

Aufgabe: Die Deutsche Forschungsgemeinschaft dient der Wissenschaft in allen Zweigen durch die finanzielle Unterstützung von Forschungsaufgaben und durch die Förderung der Zusammenarbeit unter den Forschern. Sie berät Parlamente und Behörden in wissenschaftlichen Fragen und pflegt Verbindungen der Forschung zur Wirtschaft und zur ausländischen Wissenschaft. Der Förderung und Ausbildung d. wissenschaftlichen Nachwuchses gilt ihre besondere Aufmerksamkeit.

Stifterverband für die Deutsche Wissenschaft. Barkhovenallee 1, D-45239 Essen (Postfach 16 44 60, D-45224 Essen) , Tel.: (0201) 8401-0, Fax: 8401-301, Telex: 857-544.

Aufgabe: Gemeinschaftsaktion der Wirtschaft zur Förderung von Forschung und Lehre

Vors. d. Vorst.: Dr. Klaus Liesen — Schatzmeister: Gert Becker — stellvertr. Vors. d. Vorst.: Dr. A. Oetker, Prof. Dr. jur. D. Spethmann — Gen.-Sekr.: Dr. Horst Niemeyer.

Max-Planck-Gesellschaft zur Förderung der Wissenschaften e.V. mit 95 vor allem auf naturwissenschaftlichem Gebiet tätigen Instituten und Forschungsstellen und Arbeitsgruppen in den alten und neuen Bundesländern — Präs.: Prof. Dr. Hubert Markl, München — Generalsekretär: Dr. Barbara Bludau — Generalverwaltung u. Präsidialbüro: Hofgartenstr. 2, D-80539 München (Postfach 10 10 62, D-80084 München), Tel.: (089) 2108-0, Fax: 2108-1111, Telegr.-Anschrift: Minervaplanck München.

Aufgabe: Die Max-Planck-Gesellschaft (gegründet 26.2.1948) ist Nachfolgerin der 1911 gegründeten Kaiser-Wilhelm-Gesellschaft zur Förderung der Wissenschaften. Sie unterhält Institute, Forschungsstellen und Arbeitsgruppen, die unabhängig von Staat und Wirtschaft ohne Bindung an Aufträge wissenschaftliche Grundlagenforschung betreiben.

Deutsche UNESCO-Kommission. Colmantstr. 15, D-53115 Bonn, Tel.: (0228) 60497-0, Fax: 60497-30, Internet: http://www.UNESCO.de — Präs.: Prof. Dr. Klaus Hüfner — Gen.-Sekr.: Dr. Traugott Schöfthaler.

Deutscher Akademischer Austauschdienst (DAAD). Kennedyallee 50, D-53175 Bonn (Postanschrift: Postfach 20 04 04, 53134 Bonn), Tel.: (0228) 8820, Internet: http://www.daad.de, e-mail: postmaster@daad.de — Präs.: Prof. Dr. Theodor Berchem — Gen.-Sekr.: Dr. Christian Bode — Pressearbeit: Dr. Nina Lemmens — Informationen für Deutsche, Publikationen, Dokumentation, Fortbildungsseminare: Claudius Habbich.

Alexander von Humboldt-Stiftung. Jean-Paul-Str. 12, D-53173 Bonn , Tel:. (0228) 833-0, Fax:833-199, Internet: http://www.avh.de, e-mail: post@avh.de — Präs.: Prof. Dr. Reimar Lüst — Gen.-Sekr.: Dr. Manfred Osten,

Volkswagen-Stiftung. Kastanienallee 35, D-30519 Hannover, Tel.: (0511) 8381-0, Fax: 8381-344, e-mail: mail@volkswagen-stiftung.de — Vors. d. Kuratoriums: Min. a.D. Helga Schuchardt — Gen.-Sekr.: Dr. Wilhelm Krull.

Fraunhofer-Gesellschaft zur Förderung d. angew. Forschung e.V., gegr. 1949. Leonrodstr. 54, D-80636 München, Tel.: (089) 1205-01, Fax: 1205-317 — Vorst.: Prof. Dr.-Ing. Dr.h.c.mult. H.-J. Warnecke, Präs. — Dr. jur. D.-M. Polter. Dr. H.-U. Wiese.

Carl Duisberg Gesellschaft e.V. Weyerstr. 79-83, D-50676 Köln, Tel.: (0221) 2098–0, Fax: 2098-111, Internet: http://www.cdg.de, e-mail: info@cdg.de — Gf.: Dr. Norbert Schneider Hauptgeschäftsführer.

WISSENSCHAFTLICHE AKADEMIEN UND GESELLSCHAFTEN

Berlin-Brandenburgische Akademie der Wissenschaften, Jägerstr. 22/23 (Am Gendarmenmarkt), D-10117 Berlin, Tel.: 030 / 20370-0, Fax: 20370-600, E-mail: bbaw@bbaw.de, Internet: http://www.bbaw.de — Präsident: Prof. Dr. Dieter Simon – Generalsekretär: Diepold Salvini-Plawen

Akademie der Wissenschaften und der Literatur. Geschwister-Scholl-Str. 2, D-55131 Mainz, Tel.: (06131) 577-0, Fax: 577-40 — Präs.: Prof. Dr. Clemens Zintzen — Gen.-Sekr. Dr. Wulf Thommel — Komm. f. Erdwiss. Forschung: Vors.: Prof. Dr. Wilhelm Lauer.

Bayerische Akademie der Wissenschaften. Marstallplatz 8, D-80539 München, Tel.: (089) 230310 — Präs.: Prof. Dr. Dr.h.c.mult. Heinrich Nöth — Synd.: Ltd. Reg.-Dir'in Monika Stoermer.

Braunschweigische Wissenschaftliche Gesellschaft. Fallersleber-Tor-Wall 16, D-38100 Braunschweig, Tel.: (0531) 14466 — Präs.: Prof.em. Dr.phil. Norbert Kamp — Gen.-Sekr.: Prof. Dr. rer.nat. Helmut Braß.

Akademie der Wissenschaften in Göttingen, Theaterstr. 7, D-37073 Göttingen, Tel.: (0551) 39-5362, Fax: 39-5365 — Präs.: Prof. Dr. Gerhard Gottschalk — Vizepräs.: Prof. Dr. Rudolf Smend — Gf.Sekr.: Prof. Dr. Heinz Georg Wagner.

Heidelberger Akademie der Wissenschaften. (Postfach 10 27 69, D-69017 Heidelberg) Karlstr. 4, D-69117 Heidelberg — Vorst.: Präsident Prof. Dr. Gottfried Seebaß, Prof. Dr. Eike Wolgast, Sekretar Phil.-hist.Kl., Prof. Dr.Dr.h.c. Friedrich Vogel, Sekretar Math.-nat. Kl. — Geschäftsführer: Dipl.-Verww. Gunther Jost M.A.

Lauenburgische Akademie für Wissenschaft und Kultur, Hauptstr. 150 / Stadthauptmannshof, D-23879 Mölln, Tel.: (04542) 870-00, -71, Fax: 870-61.

Freie Lauenburgische Akademie für Wissenschaft und Kultur e.V., Hauptstr. 16B, Rathaus, D-21465 Wentorf bei Hamburg, Tel./Fax: (040) 720-4168 — Vorsitzender und Direktor: Dr. Werner Budesheim

Oberlausitzische Gesellschaft der Wissenschaften zu Görlitz e.V., Postfach 300740, D-02812 Görlitz.

Nordrhein-Westfälische Akademie der Wissenschaften. Palmenstr. 16, D-40217 Düsseldorf, Tel.: (0211) 34-2051, Fax: 34-1475 — Präs.: Prof. Dr. Dr.h.c.mult. Günther Wilke.

Sächsische Akademie der Wissenschaften zu Leipzig. Karl-Tauchnitz-Str. 1, D-04107 Leipzig (Postanschrift: Postfach 100440, D-04004 Leipzig), Tel.: (0341) 711-5313, Fax: 711-5344. — Präs.: Prof. Dr. phil.habil. Gotthard Lerchner.

Arbeitsstelle Naturhaushalt und Gebietscharakter: Neustädter Markt 19, D-01097 Dresden, Tel.: (0351) 8141-6897

Arbeitsstelle Schadstoffdynamik in Einzugsgebieten: Karl-Tauchnitz-Str. 1, D-04107 Leipzig, Tel.: (0341) 711-5318

Arbeitsstelle Limnologie von Talsperren: Neunzehnhainer Str. 14, D-09514 Wünschendorf, Tel.: (037367) 2501

Arbeitsstelle Quartärgeologie - Paläoklimatologie, in TU Bergakademie Freiberg, Bernhard-von-Cotta-Str. 4, D-09599 Freiberg/Sa, Tel.: (03731) 392162

Arbeitsstelle Beiträge zur Umweltforschung mittels radiometrischer und geochemischer Methoden mit spezieller Ausrichtung auf seismische Ereignisse, in TU Bergakademie Freiberg, Fritz-Rödiger-Haus, D-08646 Bad Brambach, Tel.: (037438) 8264.

Deutsche Akademie der Naturforscher Leopoldina. August-Bebel-Str. 50a, D-06108 Halle/Saale, Tel.: (0345) 202-5014, Fax: 202-1727, e-Mail: president@leopoldina.uni-halle.de — Präs.: Prof. Dr.rer.nat. Benno Parthier.

Akademie für die Ländlichen Räume Schleswig-Holsteins e.V., Mühlenberg 10, D-24340 Eckernförde, Tel.: (04351) 86666, Fax: 752575 — Vorsitzender: N.N. — Geschäftsf.: Uwe Otzen — Ref.: Dr. Ute Lödig-Schwerdtfeger, Andrea Weigert.

ZENTRALE INSTITUTIONEN DER NORMUNG

FID/C + 91(1/9) Geographie und Anhängezahl des Ortes. Vors.: Gf.: Dir. Dr. L. Zögner, Staatsbibliothek, Preuß. Kulturbesitz, Potsdamer Str. 33, D-10785 Berlin. Sekr.: Dr. D. Loeser.

Normenausschuß Bauwesen (NA-Bau) im DIN Deutsches Institut für Normung e.V., Fachbereich 03 Vermessungswesen, Geoinformation, Burggrafenstr. 6, D-10787 Berlin (Postfachanschrift: D-10772 Berlin).

AA 03-01: Geodäsie: Obmann Univ.Prof.Dr.-Ing. Klein
AA 03-02 Photogrammetrie und Fernerkundung: Obmann Dr. Ing. Schwebel
AA 03-03 Kartographie und Geoinformation: Obmann Ltd.Reg.Verm.Dir. Harbeck
AA 03-04 Geodätische Instrumente und Geräte: Obmann Univ.Prof.Dr.-Ing. O. Hirsch.

DOKUMENTATIONSSTELLEN – FACHBIBLIOTHEKEN – ARCHIVE

BERLIN. Biologische Bundesanstalt für Land- u. Forstwirtschaft. Informationszentrum Phytomedizin und Bibliothek. Königin Luise-Str. 19, D-14195 Berlin, Tel.: (030) 830-2100, Fax: 830-42103 — Leit.: Prof. Dr. W. Laux.

BERLIN. Freie Universität Berlin. Osteuropa-Institut. Dokumentationszentrum f. d. Schrifttum aus u. über Rußland/UdSSR. Garystr. 55, D-14195 Berlin, Tel.: (030) 838-4044, Fax: 838-3788 — Leit.: Prof. Dr. Klaus Segbers, App. 2088, Auskunft: App. 5250, App. 4208.

BERLIN. Technische Universität Berlin, Universitätsbibliothek, Fachdokumentationsstelle Luftverkehr (FDL). Marchstr. 14, D-10587 Berlin, Tel.: (030) 314-22771, -23182, Fax: 314-22866 — Dipl.-Ing. G. Stumpf.

BERLIN. Senatsbibliothek, Straße des 17. Juni 112, (Ernst-Reuter-Haus), D-10623 Berlin , Tel.: (030) 39987-324, Fax:39987-322 — Leit.: Marion Hecker.

BERLIN. Wirtschaftswissenschaftliche Bibliothek der Freien Universität Berlin. Garystr. 21, D-14195 Berlin, Tel.: (030) 838-2284 — Bibliotheksleit.: Univ.-Direktor Dr. Helga Rybinski.

BERLIN. Wirtschaftswissenschaftliche Dokumentation. Uhlandstr. 4–5, D-10623 Berlin, Tel.: (030)314-23695, Fax.: 314-79235, Internet: http://www.WiwiDok.WW.tu-berlin.de, e-mail: MAR149@om.ww.tu-berlin.de — Leiter: Dr. Marfels, Vertr. Dr. Zimmer.

BONN. Informationszentrum Sozialwissenschaften der Arbeitsgemeinschaft Sozialwissenschaftlicher Institute e.V. (ASI). Lennestr. 30, D-53113 Bonn, Tel.: (0228) 2281-0 — Vors. d. Verw.-Rates: Prof. Dr. Wolfgang Sodeur — Wiss. Dir.: Prof. Dr. Jürgen Krause.

BONN. Deutscher Verband für Wohnungswesen, Städtebau und Raumordnung e.V., Ellerstr. 58, D-53119 Bonn, Tel.: (0228) 657013 — Präsident: Bundesminister a.D. Karl Ravens — Generalsekretär: RA Dr. Hans-Ludwig Oberbeckman — Geschäftsführer: Dirk Menrath, Dipl.-Volksw.

BONN. Presse- und Informationsamt der Bundesregierung, Zentrales Dokumentationssystem, Pressearchiv und Bibliothek. Welckerstr. 11, D-53113 Bonn, Tel.: (0228) 2082-430.

BONN-BAD GODESBERG. Bundesamt für Naturschutz, Fachgebiet Literaturdokumentation, -information, Bibliotheken, Schriftleitungen. Konstantinstr. 110, D-53179 Bonn, Tel.: (0228) 8491-0 — Leit.: Dr. Rainer Flüeck.

BONN-BAD GODESBERG. Zentralstelle für Agrardokumentation und -information (ZADI), Villichgasse 17, D-53177 Bonn (Postfach 20 14 15, D-53144 Bonn), Tel.: (0228) 9548-0, Fax: 9548-111, Internet: http.//www.zadi.de, e-mail: zadi@zadi.de — Leit.: Priv.-Doz. Dr. Jan Mark Pohlmann (geschäftsführend).

ESSEN.Stiftung Bibliothek des Ruhrgebiets. Bestandsabt. Bergbau-Bücherei, Franz-Fischer-Weg 61, D-45307 Essen, Tel.: (0201) 172-1524, Fax: 172-1747 — Leit.: K. Prinz.

GIESSEN. Institut für Ernährungswissenschaft, Informations- und Dokumentationsstelle. Goethestr. 55, D-35390 Gießen, Tel.: (0641) 99-39101, Fax: 75517, Internet: http:\\www.uni-giessen.de/nutriinfo/, e-mail: info.ernaehrung@ernaehrung.uni-giessen.de — Leit.: Dr. Roy Ackmann.

GÖTTINGEN. Niedersächsische Staats- und Universitätsbibliothek. Platz der Göttinger Sieben, D-37070 Göttingen, Tel: (0551) 39-5212, Fax: 39-5222 — Leit.: Dir. Prof. Dr. E. Mittler — Kartensammlung: Bibl.-Oberrätin Mechthild Schüler.

HALLE/S. Universitäts- und Landesbibliothek Sachsen-Anhalt. August-Bebel-Str. 13 und 50, D-06108 Halle/Saale, Tel: (0345) 5522-166, -167. Fax: 552-7140, e-mail: auskunft@bibliothek.uni-halle.de — Leiter: Dr. Heiner Schnelling.

HAMBURG. Bundesforschungsanstalt für Forst- und Holzwirtschaft – Information und Dokumentation (IuD). Leuschnerstr. 91, D-21031 Hamburg, Tel.: (040) 73962–247 — Leit.: Wiss. Oberrat Dr. Matthias Rütze.

HAMBURG. Bundesamt für Seeschiffahrt und Hydrographie (BSH). Hydrographische Dokumentation. Bernhard-Nocht-Str. 78, D-20359 Hamburg (Postfach 30 12 20, D-20305 Hamburg), Tel.: (040) 3190-2420 — Leit.: Dr. M. Heinrich.

HAMBURG. Deutsches Übersee-Institut – Übersee-Dokumentation – Neuer Jungfernstieg 21, D-20354 Hamburg, Tel.: (040) 3562–598, Fax: (040) 3562-512, Internet: http.//www.rrz.uni-hamburg.de/duei-dok, e-mail: duei-dok@uni-hamburg.de — Leit.: Dr. G. Reinknecht. Referat Afrika (AFDOK), Tel.: -562 — Referat Asien und Südpazifik (AFDOK) Tel.: -589 — Referat Lateinamerika (LADOK) Tel.: -589 — Referat Vorderer Orient (ORDOK) Tel.: -581

HAMBURG. HWWA-Institut für Wirtschaftsforschung-Hamburg, Informationszentrum (Bibliothek, Pressedokumentation und Archive, Beratung und Information, Informationswissenschaftliche Forschung). Neuer Jungfernstieg 21, D-20354 Hamburg, Tel.: (040) 356-2254, Fax: 356-2473 — Leit.: Dipl.-Volksw. H.-Günter Striefler

HAMBURG. Institut für Afrika-Kunde. Neuer Jungfernstieg 21, D-20354 Hamburg, Tel.: (040) 3562-526, -519, Internet: http://www.rrz.uni-hamburg.de/duei/haupt.html, e-mail: iak@.uni-hamburg.de — Dir.: Dr. Rolf Hofmeier

KIEL. Bibliothek des Instituts für Weltwirtschaft, Deutsche Zentralbibliothek für Wirtschaftswissenschaften. Düsternbrooker Weg 120, D-24105 Kiel, Tel.: (0431) 8814-383 — Leit.: Dipl.-Volksw. Horst Thomsen

LEIPZIG. Geogr. Zentralbibliothek, Schongauerstr. 9, D-04329 Leipzig, Tel.: (0341) 255-6526, e-mail: hoensch@ifl.uni-leipzig.de — Leitung: Dr. I. Hönsch

MAINZ, Dokumentationsdienst der Deutschen Bahn AG. Wallstr. 56, D-55122 Mainz, Tel.: (06131) 325-130, Fax: 325-136 — Leit.: Norbert Krause

OFFENBACH. Deutscher Wetterdienst – Zentralamt – Bibliothek, Dokumentation, Veröffentlichungen. Frankfurter Str. 135, D-63067 Offenbach, Tel.: (069) 8062–2272, -2276, Fax: 8062-2486 — Leit.: RDir. Dipl.-Met. Hans-Detlef Kirch

STUTTGART-HOHENHEIM. Dokumentationsstelle der Univ. Hohenheim. Paracelsusstr. 2, D-70599 Stuttgart (Postfach, D-70593 Stuttgart), Tel.: (0711) 459-2110, Fax: 458-7440 — Leit.: kommissarisch Dr. Jörg Martin.

Führende Gesellschaften ausgewählter Fachgebiete

Bibliothek und Dokumentation des Instituts für Auslandsbeziehungen e.V. Charlottenplatz 17, D-70173 Stuttgart (Postfach 10 24 63, D-70020 Stuttgart), Tel.: (0711) 2225-147, Fax: 2225-131, FS: 07–23 772 — Leit.: Udo Rossbach

Deutsche Gesellschaft für Dokumentation e.V. (DGD). Ostbahnhofstr. 13, D-60314 Frankfurt, Tel.: (069) 430313, Fax: 4909096 — Geschäftsführender Vorstand:Prof. Dr. Joachim-Felix Leonhard (Präsident), Dr. Sabine Graumann (Vizepräsidentin), Gerhard Mantwill (Vizepräsident), Prof. Dr. Robert Funk (Schatzmeister).

DVW Bibliothek. Deutscher Verein für Vermessungswesen e.V., Bundesamt für Kartographie und Geodäsie, Karl-Rothe-Str. 10-14, D-04105 Leipzig. Katalog-Auskunft: Tel.: (0341) 5634-411, -413, Fax: 5634-415 — Sachwalter: Präs.u. Prof. Univ.Prof. Dr. H. Seeger.

Gesellschaft für Bibliothekswesen und Dokumentation des Landbaues. c/o TU München-Weihenstephan, D-85350 Freising, Tel.: (08161) 71-3426. Fax: 71-4409, Internet: http://hal.weihenstephan.de/GBDL, e-mail: schlind@weihenstephan.de — 1. Vors.: Prof. Dr. Wolfrudolf Laux — Sekr.: Dr. B. Schlindwein.

Verein deutscher Archivare e.V., Gst.: Westfälisches Archivamt, D-48133 Münster, Tel.: (0251) 591-3886, 5779, Fax: 591-269 — Vors.: Ltd. Landesarchivdirektor Dr. Norbert Reimann.

Verein Deutscher Bibliothekare VDB, c/o Universitäts- und Landesbibliothek, Postfach 8029, D-48043 Münster, Tel.: (0251) 83-24023, Fax: 83-28398 — Vors.: Dr. K. Hilgemann — Schriftf.: Dr. L. Jungnickel

Archive

Bundesarchiv, Potsdamer Str. 1, D-56075 Koblenz (D-56064 Koblenz), Tel.: (0261) 505-0, Fax: 505-226 (Bildarchiv 430)

Abteilungen Reich und DDR, Stiftung Archiv der Parteien und Massenorganisationen der DDR im Bundesarchiv. Finckensteinallee 63, D-12205 Berlin (Postfach 450 469, D-12175 Berlin), Tel.: (030) 84350-0, Fax: 84350-246, -695.

Abteilung Militärarchiv: Bundesarchiv - Militärarchiv, Wiesentalstr. 10, D-79115 Freiburg (Postfach, D-79024 Freiburg), Tel.: (0761) 47817-0, Fax: 47817-900.

Abteilung Filmarchiv: Bundesarchiv - Filmarchiv, Fehrbelliner Platz 3, D-10707 Berlin (Postfach 310667, D-10636 Berlin), Tel.: (030) 8681-1, Fax: 8681-310.

Zentralnachweisstelle: Bundesarchiv, Abteigarten 6, D-52076 Aachen, Tel.: (02408) 147-0, Fax: 147-37.

Lastenausgleichsarchiv: Bundesarchiv, Justus-Liebig-Str. 8a, D-95447 Bayreuth (Postfach 5025, D-95424 Bayreuth), Tel.: (0921) 57087, Fax: 58617.

Außenstelle Frankfurt: Bundesarchiv, Seckbächer Gasse 4, D-60311 Frankfurt a.M., Tel.: (069) 212-35220, Fax: 212-31049.

Zwischenarchiv St. Augustin-Hangelar: Bundesarchiv, Bundesgrenzschutzstr. 100, D-53757 St. Augustin-Hangelar, Tel.: (02241) 9283-0, Fax: 9283-33.

Zwischenarchiv Dahlwitz-Hoppegarten: Bundesarchiv, Lindenallee 55-57, D-15366 Dahlwitz-Hoppegarten, Tel.: (03342) 23680, Fax: 300628.

Erinnerungsstätte für die Freiheitsbewegungen in der deutschen Geschichte: Bundesarchiv, Schloß, Herrenstr. 18, D-76437 Rastatt (Postfach 1235, D-76402 Rastatt), Tel.: (07222) 39475, Fax: 33421.

Bundesarchiv-Militärarchiv. Wiesentalstr. 10, D-79115 Freiburg (Postfach, 79024 Freiburg), Tel.: (0761) 47817-0, Fax: 47817-900.

Bundesarchiv - Abteilung FA / Filmarchiv, Fehrbelliner Platz 3, D-10707 Berlin (Postfach 310667, D-10636 Berlin), Tel.: (030) 8681-1, Fax: 8681-310.

Bundesarchiv - Lastenausgleichsarchiv. Dr.-Franz-Str. 1, D-95445 Bayreuth (Postfach 5025, 95424 Bayreuth), Tel.: (0921) 57087, Fax: 58617.

Bundesarchiv -Stiftung Archiv der Parteien und Massenorganisationen der DDR im Bundesarchiv, Finckensteinallee 63, D-12205 Berlin, Tel.: (030) 84350-0, Fax: 84350-246.

CASTROP-RAUXEL. Geo-Media-Archiv Dr. Horst Bronny, Medien für Unterricht und Touristik, Kleine Lindenstr. 11, D-44577 Castrop-Rauxel.

FREIBERG. Sächsisches Hauptstaatsarchiv Dresden, Bergarchiv Freiberg, Kirchgasse 11, D-09599 Freiberg, Tel.: 372250.

SCHWERIN. Landeshauptarchiv Schwerin, Graf-Schack-Allee 2, D-19053 Schwerin, Tel.: (0385) 59296-0, Fax: 59296-12, e-mail: LHA.Schwerin@t-online.de.

KARTENSAMMLUNGEN

BERLIN. Staatsbibliothek zu Berlin, Kartenabteilung — Haus 1: Unter den Linden 8, D-10117 Berlin, Tel.: (030) 266-1309, Fax: 266-1392, e-mail: kartenabt.udl@sbb.spk — Haus 2: Potsdamer Str. 33, D-10785 Berlin, Tel.: (030) 266-2422, Fax: 266-3010, kartenabt@sbb.spk-berlin.de — Ltr. Kartenabt. Dr. L. Zögner.

BERLIN. Humboldt-Universität, Math.-naturwiss. Fakultät II, Geographisches Institut, Kartensammlung, Chausseestr. 86, D-10115 Berlin (PA: Unter den Linden 6, D-10099 Berlin) — Leiter: Dipl.-Ing. Gerd Schilling

DRESDEN. Sächsisches Hauptstaatsarchiv, Kartenabteilung, Archivstr. 14, D-01097 Dresden, Tel.: (0351) 80-06103, Fax: 80-21274 — Ref. Dr. H. Brichzin

DRESDEN. Sächsische Landesbibliothek - Staats- und Universitätsbibliothek Dresden, Kartensammlung. Marienallee 12, D-01099 Dresden (Postanschrift: D-01054 Dresden), Tel.: (0351) 8130-138, Fax: 8130-200

Zweigbibliothek Geowissenschaften, Helmholtzstr. 10, Hülße-Bau Ostflügel, D-01069 Dresden (Postanschrift: D-01054 Dresden), Tel.: (0351) 463-6092, Fax: 463-3566.

GÖTTINGEN. Niedersächsische Staats- und Universitätsbibliothek, Kartenabteilung, Papendiek 14, D-37070 Göttingen,Tel.: (0551) 39-5282, Fax: 39-5384. e-mail: Karten@mail.sub.uni-goettingen.de — Leit.: Dipl.-Geogr. Mechthild Schüler.

GREIFSWALD. E.-M.-Arndt-Universität, institut für Geographie, Kartensammlung, Friedrich-Ludwig-Jahn-Straße 16, D-17487 Greifswald, Tel.: 8645-30, Fax: 8645-01.

HALLE/S. Universitäts- und Landesbibliothek Sachsen-Anhalt, Kartensammlung. August-Bebel-Str. 13, D-06108 Halle/Saale, Tel.: (0345) 55-22129, -22141, Fax: 55-27140, e-mail: grell@bibliothek.uni-halle.de — Leiter: Dipl.-Geogr. Jens-Peter Grell.

HALLE/S. Martin-Luther-Universität, Fachbereich Geowissenschaften,- Die Kartensammlung -, H.-und-Th.-Mann-Str. 26, D-06108 Halle/Saale — Dr. Bruno Tauché.

LEIPZIG. Die Deutsche Bibliothek / Deutsche Bücherei, Kartenabteilung, Deutscher Platz, D-04103 Leipzig, Tel.: (0341) 2271-323, Fax: 2271-444, e-mail: offermann @dbl.ddb.de — Leiter: Dipl.-Bibl.(FH) Nikola Offermann.

LEIPZIG. Institut für Länderkunde, Geographische Zentralbibliothek - Kartensammlung, Schongauerstr. 9, D-04329 Leipzig, Tel.: (0341) 25565-23, Fax: 25565-98 — Dipl.-Bibl. (Univ.) Cornelia Enk.

MÜNCHEN. Bayerische Staatsbibliothek, Kartenabteilung. Ludwigstr. 16, D-80539 München (Postfach 34 01 50, D-80328 München) — Leit.: OBRat Dr. Rolf Schumacher.

WOLFENBÜTTEL. Herzog August Bibliothek. Lessingplatz 1, Postfach 1364, D-38304 Wolfenbüttel., Fax: (05331) 808-134 (Dir.), -173 (Auskunft) — Verantwortl. für d. Kartensammlung: Dr. Helmar Härtel. 20000 Karten, darunter 4 500 aus d. 16.–18. Jahrhundert.

KARTOGRAPHIE – VERMESSUNGSWESEN

(Wir verweisen auf das Kartographische Jahrbuch 1996/97, hrsg. und bearbeitet im Auftrag der Deutschen Gesellschaft für Kartographie vom Jürgen Dodt und Werner Herzog, Bonn: Kirschbaum Verlag)

Vorstand der Deutschen Gesellschaft für Kartographie e.V. (DGfK):

Präsident: Prof. Dr. Theodor Wintges, Fachhochschule München, Fachbereich 08 – Vermessungswesen und Kartographie, Karlstr. 6, D-80333 München, Tel.: (089) 1265-2635, Fax: 5450-6820, e-mail: wintges@vm.fh-muenchen.de

Vizepräsidentin: Univ.-Prof. Dr.-Ing. Ingeborg Wilfert, Technische Universität Dresden, Institut für Kartographie, Helmholtzstr. 10, D-01062 Dresden, Tel.: (0351) 463-5422, Fax: 463-7028, e-mail: wilfert@karst9.geo.tu-dresden.de

Schatzmeister: Dipl.-Ing. (FH) Uwe G. F. Kleim, Einsteinstr. 9, D-85521 Ottobrunn, Tel./Fax: (089) 6094136

Sekretär: Dipl.-Ing. (FH) Ronald Boyé, Landesanstalt für Ökologie, Bodenordnung und Forsten / Landesamt für Agrarordnung Nordrhein-Westfalen, Leibnizstr. 10, D-45659 Recklinghausen, Tel.: (0236) 305-247, Fax: 305-215.

Sprecherin des Vorstandsrates: Dr.-Ing. Anita Neupert, Landesvermessungsamt Brandenburg, Heinrich-Mann-Allee 103, D-14473 Potsdam, Tel.: (0331) 8844-218, Fax: 8844-126.

Hauptschriftleiter: Univ,-Prof. Dr. Jürgen Dodt, Ruhr-Universität Bochum, Kartographie/Fernerkundung, Universitätsstr. 150, D-44780 Bochum, Tel.: (0234) 700-3376, Fax: 7094-180, e-mail: dodt@geographie.ruhr-uni-bochum.de

2. Schriftleiter: Prof. Dr. Uwe Fichtner, Fachhochschule Anhalt, Strenzfelder Allee 28, D-06406 Bernburg, Tel.: (03471) 355-449, Fax: 352067.

Arbeitskreise (AK) und Arbeitsgruppen (Ag) der DGfK:

AK Atlaskartographie: Univ.-Prof. Dr. Ulrich Freitag, Freie Universität Berlin, Fachrichtung Kartographie, Arno-Holz-Str. 12, D-12165 Berlin, Tel.: (030) 838-3892, Fax: 838-6739.

AK Aus- und Weiterbildung: Dipl.-Geogr., Dipl.-Ing. (FH) Wolfgang Meißner, Stadt Dortmund, Vermessungs- und Katasteramt, Märkische Str. 24-26, D-44122 Dortmund, Tel.: (0231) 502-2624, Fax: 502-2877.

AK Geschichte der Kartographie: Univ.-Prof. Dr. Wolfgang Scharfe, Weimarische Str. 4, D-10715 Berlin, Tel.: (030) 8533386.
AK Hochgebirgskartographie: Prof. Dr. Lorenz Hurni, Eidgenössische Technische Hochschule, Institut für Kartographie, ETH-Hönggerberg, CH-8093 Zürich, Tel.: (0041-1) 633-3034, Fax: 633-1153.
AK Kartographie und Geoinformationssysteme: Univ.-Prof. Dr.-Ing. Dietmar Grünreich, Universität Hannover, Institut für Kartographie, Appelstr. 9 a, D-30167 Hannover, Tel.: (0511) 762-3588, Fax: 762-2780.
AK Kartenkuratoren/AG Bibliographie des kartographischen Schrifttums: Dr. Lothar Zögner, Postfach 1407, D-10722 Berlin, Tel.: (030) 266-2419, Fax: 266-2814.
AK Kartennutzung: Prof. Dr. Armin Hüttermann, Schubartstr. 28, D-71672 Marbach, Tel.: (07144) 18392.
AK Kartographische Terminologie: Univ.-Prof. Dr.-Ing. Wolf-Günther Koch, Technische Universität Dresden, Institut für Kartographie, Helmholtzstr. 10, D-01062 Dresden, Tel.: (0351) 463-6040, Fax: 463-7028.
AK Praktische Kartographie: Dipl.-Ing. Bernhard Horst, Alter Mühlenkamp 26, D-30659 Hannover, Tel.: (0511) 6479449.
AK Rechtsfragen: Prof. Dr. Gerfried Appelt, Schrämelstr. 105, D-81247 München, Tel.: (089) 8348204.
AK Satellitenbildkartographie: Univ.-Prof. Dr.-Ing. Jörg Albertz, Technische Universität Berlin, Fachgebiet Photogrammetrie und Kartographie, Sekretariat EB 9, Straße des 17. Juni 135, D-10623 Berlin, Tel.: (030) 314-23331, Fax: 314-21104.
AK Schulkartographie: Dr. Reinhard Herzig, Görzker Str. 39, D-14827 Wiesenburg, Tel.: (033849) 51314.
Regionalvereine der DGfK:
[Orts- (OV), Bezirks- (BV), Regional- (RV), Landesvereine (LV)]
LV Berlin-Brandenburg: Dr.-Ing. Anita Neupert, Landesvermessungsamt Brandenburg,Heinrich-Mann-Allee 103, D-14473 Potsdam, Tel.: (0331) 8844-218, Fax: 8844-126.
OV Braunschweig: Dipl.-Ing. (FH) Gesa Wolff, Nußbergstr. 23, D-38104 Braunschweig, Tel.: (0531) 77124.
OV Dresden: Univ.-Prof. Dr.-Ing. Ingeborg Wilfert, Technische Universität Dresden, Institut für Kartographie, Helmholtzstr. 10, D-01062 Dresden, Tel.: (0351) 463-5422, Fax: 463-7028, e-mail: wilfert@karst9.geo.tu-dresden.de
OV Halle-Leipzig: Dipl.-Ing. Achim Hoppe, Bundesamt für Kartographie und Geodäsie, Aussenstelle Leipzig, Karl-Rothe-Str. 10-14, D-04105 Leipzig, Tel.: (0341) 5634-418, Fax: 5634-415.
LV Hamburg: Dipl.-Ing. (FH) Detlef Maiwald, Lärchenstieg 19, D-22850 Norderstedt, Tel.: (040) 5234033, Fax: 5239479.
OV Hannover: Dr. Peter Aschenberner,Bergkammstr. 13, D-30453 Hannover, Tel.: (0511) 487800, Fax: 4878099.
LV Hessen: Dr. Werner-Francisco Bär, Henricusstr. 33, D-61440 Oberursel/Taunus, Tel.: (06171) 54546, Fax: (069) 798-28282 (dienstlich).
OV Karlsruhe: Prof. Dr. Joachim Neumann, Schwarzwaldstr. 17, D-76337 Waldbronn-Reichenbach, Tel.: (07243) 61690.
LV Mittelrhein: Dipl.-Ing. Rolf Dörrstock, Landesvermessungsamt Nordrhein-Westfalen, Muffendorfer Str. 19-21, D-53177 Bonn,Tel.: (0228) 846-340, Fax: 846-502.
OV Münster: Helmut Staudinger,Sophienstr. 45, D-48145 Münster/Westfalen, Tel.: (0251) 36380, Fax: 131845.
RV Rhein-Neckar: Dipl.-Geogr. Gerold Olbrich, Etzwiesenweg 14, D-69226 Nußloch, Tel.: (06224) 919053.
LV Rhein-Ruhr: Dr. Werner Herzog, Ruhr-Universität Bochum, Geographisches Institut, Universitätsstr. 150, D-44801 Bochum, Tel.: (0234) 700-3662, Fax: 7094-180.
LV Saar: Wolfgang Augst, Heuduckstr. 86, D-66117 Saarbrücken, Tel.: (0681) 585721.
LV Schleswig-Holstein: Prof. Dr. Eckart Dege, Wielen, Schaarberg 3, D-24211 Wahlstorf, Tel.: (04342) 889695, Fax: (0431) 880-4658, e-mail: dege@geographie.uni-kiel.de
OV Schwerin: Dipl.-Ing. (FH) Heidi Rick, Dorfstr. 1 a, D-19069 Seehof, Tel.: (0385) 568223.
OV Stuttgart: Dipl.-Ing. (FH) Heinz Morhard, Landesvermessungsamt Baden-Württemberg, Postfach 102962, D-70025 Stuttgart, Tel.: (0711) 123-2825, Fax: 123-2979.
BV Südbaden: Dipl.-Ing. Wolfgang Schlüter, Forstdirektion Freiburg, Bertholdstr. 43, D-79098 Freiburg/Breisgau, Tel.: (0761) 204-4550, Fax: 204-4600.
RV Südbayern: Jürgen H. L. Sailler, Hubertusweg 13, D-85540 Haar-Jagdfeld, Tel.: (089) 4605638.

LV Thüringen: Dipl.-Ing. (FH) Rainer Jahn, Arndtstr. 33, D-99867 Gotha/Thüringen, Tel.: (03621) 20474, Fax: 5626910.

Lv Weser-Ems: Peter Lütje, Wilkenweg 37 c, D-26127 Oldenburg/Oldenburg, Tel.: (0441) 303818, Fax: 799-2877 (dienstlich).

Ausbildungsstätten Kartographie:

Berufsschulen, Fachhochschulen, Universitäten mit Ausbildungsrichtung Kartographie entnehmen Sie bitte dem Kartographischen Taschenbuch 1996/97, Seite 194-212.

Anschriften sonstiger Organisationen der deutschen Kartographie sowie der behördlichen Kartographie entnehmen Sie bitte dem Kartographischen Taschenbuch 1996/97, Seite 160-190.

Deutscher Verein für Vermessungswesen (DVW) e.V., gegr. 1871, wiederbegr. 1950 in Köln. Vors.: Dr.-Ing. Hans Josef Platen, Ltd. Kreisvermessungsdirektor, c/o. Kreis Viersen, Vermessungs- und Katasteramt. Rathausmarkt 3, D-41747 Viersen, Tel.: (02162) 39-1141, Fax: 39-1138.

Verband der Kartographischen Verlage und Institute. Zeppelinallee 33, D-60325 Frankfurt, Tel.: (069) 703075, Fax: 70790169 — Kommissarischer Vors.: Dieter Meinhardt, Gf.: Andreas Baer M.A.

Nationales Komitee für Geodäsie und Geophysik der Bundesrepublik Deutschland, Vors.: Prof. Dr.-Ing. E. Groten, Institut für Physikalische Geodäsie, Technische Hochschule Darmstadt, Petersenstr. 13, D-64287 Darmstadt, Tel.: (06151) 16-3109 — Sekr.: Prof. Dr. K. Hinz, Bundesanstalt für Geowissenschaften und Rohstoffe, Postfach 510153, D-30156 Hannover.

HAMBURG. Arbeitsgemeinschaft der Vermessungsverwaltungen der Länder der Bundesrepublik Deutschland (AdV). Vors.: Ltd. Senatsrat Dr.-Ing. Friedrich Rokahr, Senatsverwaltung für Bauen. Wohnen und Verkehr - Land Berlin - Abteilung Geoinformation, Vermessung, Wertermittlung, Mansfelder Str. 16, 10713 Berlin, Tel.: (030) 9012-5596, Fax: 9012-3117, e-mail: friedrich-rokahr@v.senbwv.verwalt-berlin.d400.de

Bundesamt für Kartographie und Geodäsie, Richard-Strauss-Allee 11, D-60598 Frankfurt/Main, Tel.: (069) 6333-1, Fax: 6333-441

ΔAußenstelle Berlin: Stauffenbergstr. 13, D-10785 Berlin, Tel.: (030) 25417-0, Fax: 25417-199.

Landesvermessungsämter

BADEN-WÜRTTEMBERG. Landesvermessungsamt Baden-Württemberg, Büchsenstr. 54, D-70174 Stuttgart (Postfach 10 29 62, D-70025 Stuttgart), Tel.: (0711) 123–0, Fax: 123-2980, Internet: http://www.lv-bw.de, e-mail: vertrieb@lv-bw.de — Leit.: Präs. Dipl.-Ing. Schönherr.

Abteilung Geodäsie in Karlsruhe, Kapellenstr. 17, D-76131 Karlsruhe (Postfach 40 65, D-76025 Karlsruhe), Tel.: (0721) 3502-251, Fax: 502-250.

BAYERN. Bayerisches Landesvermessungsamt. Alexandrastr. 4, D-80538 München, Tel.: (089) 2129-01, Fax: 2129-1770 — Leiter: Präs. Nagel.

BERLIN. Senatsverwaltung für Bauen, Wohnen und Verkehr, Abt. VC – Vermessungswesen, Mansfelder Str. 16, D-10713 Berlin, Tel.: (030) 90-0, Fax: 867-3117 — Leit.: Senatsrat Dr.-Ing. Friedrich Rokahr.

BRANDENBURG. Landesvermessungsamt Brandenburg, Heinrich-Mann-Allee 103, D-14473 Potsdam, Tel.: (0331) 8844-0, Fax: 8844-126

BREMEN. Kataster- u. Vermessung Bremen, Wilhelm-Kaisen-Brücke 4, D-28199 Bremen, Tel.: (0421) 361-1, Fax: 361-9607 — Leit.: Prof. Dr.-Ing. H. Lucht.

HAMBURG. Freie und Hansestadt Hamburg – Amt für Geoinformation und Vermessung. Wexstr. 7, D-20355 Hamburg, Tel.: (040) 2375-70, Fax: 34913-3196 — Leit.: Erster Baudir. Dipl.-Ing. Hagen Graeff.

HESSEN. Hessisches Landesvermessungsamt. Schaperstr. 16, D-65195 Wiesbaden, Tel.: (0611) 535-0, Fax: 535-237 — Leit.: Präs. d. HLVA Prof. Dipl.-Ing. H.-P. Goerlich.

MECKLENBURG-VORPOMMERN. Landesvermessungsamt Mecklenburg-Vorpommern, Lübecker Str. 289, D-19059 Schwerin, Tel.: (0385) 7444-0, Fax: 7444-398.

NIEDERSACHSEN. Landesbetrieb Landesvermessung + Geobasisinformation Niedersachsen, LGN, Podbielskistr. 331, D-30659 Hannover, Tel.: (0511) 64609-0, Fax: 64609-165, Internet: http://www.lgn.de, e-mail: info@lgn.h.uunet.de — Bereichs-Leit.: Hr. Washausen, Tel. -152

NORDRHEIN-WESTFALEN. Landesvermessungsamt Nordrhein-Westfalen. Muffendorfer Str. 19-21, D-53177 Bonn, Tel.: (0228) 846-0, Fax: 846-1302 — Leit:: Dipl.-Ing. Barwinski, Dir. d. Landesvermessungsamtes.

RHEINLAND-PFALZ. Landesvermessungsamt Rheinland-Pfalz. Ferdinand-Sauerbruch-Str. 15, D-56073 Koblenz, Tel.: (0261) 492-1, Fax: 492-492 — Präsident: Dipl.-Ing. Walter Beus.

SAARLAND. Landesamt für Kataster-, Vermessungs- und Kartenwesen, Von der Heydt 22, D-66115 Saarbrücken, Tel.: (0681) 9712-238, Fax: 9712-200 — Leiter: Ltd. Verm.Direktor K.H. Hepp.

SACHSEN. Landesvermessungsamt Sachsen, Olbrichtplatz 3, D-01099 Dresden, Tel.: (0351) 8283-0, Fax: 8283-342

SACHSEN-ANHALT. Landesamt für Landesvermessung und Datenverarbeitung Sachsen-Anhalt, Barbarastr. 2, D-06110 Halle/S., Tel.: (0345) 1304-50, Fax: 1304-997

SCHLESWIG-HOLSTEIN. Landesvermessungsamt Schleswig-Holstein. Mercatorstr. 1, D-24106 Kiel, Tel.: (0431) 383-0, Fax: 383-2099 — Leit.: Dir. d. Landesvermessungsamt Dr.-Ing. habil. Boljen

THÜRINGEN. Thüringer Landesvermessungsamt, Schmidtstedter Ufer 7, D-99084 Erfurt, Tel.: (0361) 3783-234, Fax: 3783-210

Geodätische und photogrammetrische Hochschulinstitute

AACHEN. Geodätisches Institut der Rhein.-Westf. Techn. Hochschule (RWTH). Templergraben 55, D-52062 Aachen. Tel.: (0241) 80-5300 — Dir.: Prof. Dr.-Ing. W. Benning

AACHEN. Institut für Markscheidewesen, Bergschadenkunde und Geophysik im Bergbau d. Rhein.-Westf. Techn. Hochsch. Aachen, Wüllnerstr. 2, D-52062 Aachen, Tel.: (0241) 805687 — Leit.: Univ.-Prof. Dr.-Ing. A. Preuße.

BERLIN. FB 9– Bauingenieurwesen und Angewandte Geowissenschaften, Institut für Geodäsie u. Geoinformationstechnik d. Techn. Univ. Berlin. Straße des 17. Juni 135, D-10623 Berlin, Tel.: (030) 314-23205, Fax: 314-21973, e-mail: lelge@mca.bv.tu-berlin.de — Gesch. Dir. Dr. Dieter Lelgemann, Sekr. 12.

BONN. Geodätisches Institut der Universität. Nußallee 17, D-53115 Bonn, Tel.: (0228) 73-2620. Fax: 73-2988, e-mail: witte@uni-bonn.de — Dir.: Prof. Dr.-Ing. B. Witte.

BONN. Institut für Kartographie und Topographie der Universität. Meckenheimer Allee 172, D-53115 Bonn, Tel.: (0228) 73 35 27 — Dir.: Prof. Dr.-Ing. D. Morgenstern.

BRAUNSCHWEIG. Institut für Geodäsie und Photogrammetrie d. Techn. Univ., Abt. Geodäsie, Gaußstr. 22, D-38106 Braunschweig (Postfach 33 29, D-38023 Braunschweig),Tel.: (0531) 391-7473, -7474, Fax: 391-7499 — Gf. Leit.: Prof. Dr.-Ing. W. Niemeier.

CLAUSTHAL-ZELLERFELD. Institut für Markscheidewesen der Techn. Universität Clausthal. Erzstr. 18, D-38678 Clausthal-Zellerfeld, Tel.: (05323) 722294 — Prof. Dr.-Ing. W. Busch, Prof. Dr.-Ing. H. Grill, Prof. Dr.-Ing. H. Pollmann.

DARMSTADT. Fachbereich 12 der Technischen Hochschule, Vermessungswesen. Petersenstr. 13, D-64287 Darmstadt, Tel.: (06151) 163747 — Dekan: Prof. Dr. W. Göpfert — Geodätisches Institut: Gf. Dir.: Prof.Dr.-Ing. H. Schlemmer — Institut für Photogrammetrie und Kartographie: Gf. Dir.: Prof. Dr.-Ing. B. Wrobel — Institut für Physikalische Geodäsie: Gf. Dir.: Prof. Dr.-Ing. E. Groten

DORTMUND. Fachgebiet für Bodenpolitik, Bodenmanagement und Kommunales Vermessungswesen der Fakultät Raumplanung der Universität, August-Schmidt-Str. 10, D-44221 Dortmund, Tel.: (0231) 755-2228 — Leit.: Univ.-Prof. Dr jur. Benjamin Davy.

HANNOVER. Geodätisches Institut der Universität. Nienburger Str. 1, D-30167 Hannover, Tel.: (0511) 762-2461 — Gf. Leit.: Univ.-Prof. Dr.-Ing.habil. Dr.h.c.mult. H. Pelzer

HANNOVER. Institut für Photogrammetrie u. Ingenieurvermessungen d. Universität. Nienburger Str. 1, D-30167 Hannover, Tel.: (0511) 762-2481, Fax: 762-2483, e-mail: heipke@ipi.uni-hannover.de — Gf. Leit.: Prof. Dr.-Ing. Christian Heipke.

HANNOVER. Institut für Erdmessung der Universität. Schneiderberg 50, D-30167 Hannover, Tel.: (0511) 762-2795. Fax: 762-4006, E-mail: seeber@mbox.ife.uni-hannover.de — Gf.Leit.: Univ.Prof. Dr.-Ing. Günter Seeber.

KARLSRUHE. Geodätisches Institut der Universität Karlsruhe (TH). Englerstr. 7, D-76128 Karlsruhe, Tel.: (0721) 608-2305, Fax: 694552, e-mail: name@gik.uni-karlsruhe.de — Kollegiale Institutsleitung: Prof. Dr.-Ing. B. Heck, Prof. Dr. J. van Mierlo, Prof. Dr.-Ing. G. Schmitt.

KARSLRUHE. Institut für Photogrammetrie u. Fernerkundung der Universität. Englerstr. 7, D-76131 Karlsruhe (Postfach 6980, D-76128 Karlsruhe), Tel.: (0721) 608-2315 — Leit.: Prof. Dr.-Ing.habil. H.-P. Bähr.

KARLSRUHE. Institut für Photogrammetrie und Kartographie im Fachbereich Geoinformationswesen der Fachhochschule Karlsruhe. Moltkestraße 4, D-76133 Karlsruhe, Tel.: (0721) 925-2590, -5156 — Leit.: Prof. Dr.-Ing. G. Hell.

MÜNCHEN. Geodätisches Institut der Technischen Universität. Arcisstr. 21, D-80290 München — Lehrstuhl für Bodenordnung und Landentwicklung: Prof. Dr.-Ing. H. Magel, Tel.: (089) 2892-2534 — Lehrstuhl f. Geodäsie: Prof. Dr.-Ing. K. Schnädelbach, Tel.: (089) 2892-2850 — Fachgebiet Geoinformationssysteme: Prof. Dr.-Ing. M. Schilcher, Tel.: (089) 2892-3963.

MÜNCHEN. Institut für Photogrammetrie und Kartographie der Techn. Universität. Arcisstr. 21, D-80333 München — Lehrstuhl für Photogrammetrie und Fernerkundung: Prof. Dr.-Ing. H. Ebner, Tel.: (089) 2892-2671 — Lehrstuhl für Kartographie und Reproduktionstechnik: Prof. Dr.-Ing. R. Finsterwalder, Tel.: (089) 2892-2826.

MÜNCHEN. Fakultät Bauingenieur- und Vermessungswesen der Universität der Bundeswehr München. Werner-Heisenberg-Weg 39, D-85577 Neubiberg, Tel.: (089) 6004-3435 — Geodäsie: Prof. Dr.-Ing. Caspary, Prof. Dr.-Ing. Schödlbauer, Prof. Dr.-Ing. Welsch — Photogrammetrie u. Kartographie: Prof. Dr.-Ing. Brunner, Prof. Dr.-Ing. Dorrer, Prof. Dr.-Ing. Kröll — Geoinformationswesen und Landentwicklung: Prof. Dr.-Ing. Oberholzer, Prof. Dr.-Ing. Reinhardt — Erdmessung und Navigation: Prof. Dr.-Ing. Hein.

STUTTGART. Geodätisches Institut der Universität. Geschwister-Scholl-Str. 24/D, D-70174 Stuttgart, Tel.: (0711) 121-3390, Fax: 121-3285, e-Mail: gis@gis.uni-stuttgart.de — Dir.: Prof. Dr.-Ing. habil. Dr. techn.h.c.mult. Dr.-Ing. e.h. E.W. Grafarend.

STUTTGART. Institut für Anwendungen der Geodäsie im Bauwesen, Geschwister-Scholl-Str. 24D, D-70174 Stuttgart, Tel.: (0711) 121-4041 — Dir.: Prof. Dr.-Ing. Wolfgang Möhlenbrink.

Sonstige Geodätische Forschungsstellen

FRANKFURT/MAIN. Bundesamt für Kartographie und Geodäsie, Bundesbehörde im Geschäftsbereich des Bundesministeriums des Innern, Richard-Strauss-Allee 11, D-60598 Frankfurt/Main , Tel.: (069) 6333-1. Fax: 6333-235 — Präsident N.N.

Abteilungen: Zentralabt.. Abt. Geodäsie. Abt. Geoinformationswesen

Außenstellen in: Berlin: Stauffenbergstr. 13, D-10785 Berlin, Tel.: (030) 25417-0 – Leipzig: Karl-Rothe-Str. 10-14, D-04105 Leipzig, Tel.: (0341) 56340 – Potsdam: Michendorfer Chaussee 23, D-14473 Potsdam, Tel.: (0331) 316-0 – Fundamentalstation Wettzell, D-93444 Kötzting, Tel.: (09941) 603-0

MARXZELL. GeoMatic Research. Geoinformatik und Kartographie. Rotensoler Str. 32, D-76359 Marxzell, Tel.: (07248) 9321-24, Fax: 9321-23, e-mail: GeoMatic-Research@rz.uni-karlsruhe.de — Prof. Hans Kern, Prof. Dr.-Ing. Bernhard Bürg,

Dipl.-Ing. Walter Leibbrand — Leistungen: Digitale Kartographie, GIS, Erfassen, Archivieren, Forschung und Entwicklung.

MÜNCHEN. Deutsche Geodätische Kommission bei der Bayerischen Akademie der Wissenschaften. Geschäftsstelle: Marstallplatz 8, D-80539 München, Tel.: (089) 23031-113, Fax: 23031-100, e-mail: hornik@dgfi.badw.de — Vors.: Prof. Dr.-Ing. H.-P. Bähr, Karlsruhe — Ständiger Sekr.: Prof. Dr.-Ing. R. Rummel, München.

MÜNCHEN. Deutsches Geodätisches Forschungsinstitut der Deutschen Geodätischen Kommission bei der Bayerischen Akademie der Wissenschaften. Marstallplatz 8, D-80539 München, Tel.: (089) 23031-107, Telex: 5213550 dgfi , Fax: 23031-240 — Leitung: Prof. Dr.-Ing. H. Drewes.

MÜNCHEN. Bayer. Kommission für die Internationale Erdmessung der Bayer. Akademie der Wissenschaften. Gst.: Marstallplatz 8, D-80539 München, Tel.: (089) 23031-112, Fax: 23031-100 — Vors.: Prof. Dr. R. Rummel.

HANNOVER. Nationales Komitee für Geodäsie und Geophysik der Bundesrepublik Deutschland. Vors.: Prof. Dr. E. Groten, Institut für Physikal. Geodäsie, Petersenstr. 13, D-64287 Darmstadt — Sekretär: Prof. Dr. K. Hinz, Bundesanstalt für Geowissenschaften und Rohstoffe, Stilleweg 2, D-30655 Hannover.

Fachgebiete und Lehraufträge für Kartographie.

BERLIN. Fachgebiet Photogrammetrie und Kartographie im Inst. f. Geodäsie und Geoinformationstechnik d. Techn. Univ., Straße des 17. Juni 135, D-10623 Berlin, Tel.: (030) 314-23331, Fax: 314-21104, e-mail: albertz@fpk.tu-berlin.de — Prof. Dr.-Ing. J. Albertz.

BERLIN. Freie Universität, Institut für Geographische Wissenschaften, Fachrichtung Kartographie, Malteserstr. 74-100, D-12249 Berlin, Tel.: (030) 7792-350, Fax: 7670-6451, e-mail: rdecker@geog.fu-berlin.-de

Leitung/wiss. Mitarb.: Univ.-Prof. Dr. U. Freitag, Univ.-Prof. Dr. W. Scharfe, Dipl.-Geogr. E. Leipner, Dipl.-Geogr. W. Pobanz, Dipl.-Geogr. R. Schlimm, Dipl.-Ing. B. Wittek.

BOCHUM. Nebenfach Kartographie/Fernerkundung im Geographischen Institut der Ruhr-Universität, Universitätsstr. 150, D-44801 Bochum.

Leitung/wiss. Mitarb.: Prof. Dr. J. Dodt, Prof. Dr. J.-Cl. Müller, Dr. W. Herzog. Lehrbeauftragter: Dipl.-Ing. A. Lohmann (Hannover)

DRESDEN. Institut für Kartographie an der Techn. Univ. Dresden, D-01062 Dresden, Tel.: 463-4809, Fax: 463-7028, Internet: http:\\www.tu-dresden.de/fghgik/anfang.htm, e-mail: sharma@karst8.geo.tu-dresden.de

Geschichte: 1958 Institut für Kartographie (Fak. f. Bauwesen), 1969-1990 Institut für Kartographie in der Sekt. Geodäsie/Kartographie. 1991 Gründung eines Inst. f. Geographie u. Kartographie. 1992 wieder Institut für Kartographie (Fakultät Forst-, Geo- und Hydrowissenschaften).

BONN. Lehrauftrag für amtliche Kartenwerke und ihre Automation im Institut für Kartartographie und Topographie der Universität. Dipl.-Ing. R. Harbeck (Abteilungsdirektor beim Landesvermessungsamt Nordrhein-Westfalen), Universität, D-53115 Bonn-

FRANKFURT/Main. Lehrauftrag für Kartographie im Institut für Physische Geographie der J. W. Goethe-Universität Frankfurt. Akad. OR Dipl.–Ing. (FH) Dr. Werner-F. Bär, Senckenberganlage 36, D-60325 Frankfurt/Main.

HANNOVER. Institut für Kartographie der Universität. Appelstr. 9 A, D-30167 Hannover, Tel.: (0511) 762-3588, Fax: 762-2780, Internet: http://www.ifk.uni-hannover.c, e-mail: info@ifk.uni-hannover.de — Gf. Leit.: Prof. Dr.-Ing. D. Grünreich.

HANNOVER. Lehrauftrag für Amtliche Kartenwerke im Inst. f. Kartographie d. Universität, Appelstr. 9A, D-30167 Hannover — Ltd. Verm.-Dir.a.D. Prof. Dr.-Ing. D. Grothenn

KARLSRUHE. Lehrauftrag für KartographieI und Kartographie II im Studiengang Vermessungswesen der Fakultät für Bauingenieur- und Vermessungswesen. Ltd.

Verm. Direktor Dipl.-Ing. Eberhard Herdeg, Landesvermessungsamt Baden-Württemberg, Büchsenstr. 54, D-70174 Stuttgart.

STUTTGART.Lehrauftrag für Kartographie an der Universität, Prof. Dr.Haala, Institut für Phtogrammetrie, Universität Stuttgart, Keplerstr. 11, D-70174 Stuttgart, Tel.: (0711) 121-3386.

TRIER. Abteilung für Kartographie. Fachbereich VI der Universität, D-54286 Trier, Tel.: (0651) 201-4561, Fax: 201-3981.

Leitung/wiss. Mitarb.: Univ.-Prof. Dr. J. Bollmann – Wiss.Ass. Dr. P. Tainz – Hon. Prof. Dr. F. Hellwig – Dipl.-Geogr. A. Müller, Dipl.-Geogr. Holger Faby, Dipl.-Geogr. W. Weber. Lehrbeauftr.: Dipl.-Ing. Otto von Low, Dipl.-Ing. Andrea Müller-Schöpper Landesvermessungsamt Rheinland-Pfalz, Koblenz.

Fachhochschulen mit Studiengang Kartographie

BERLIN. Technische Fachhochschule Berlin. Fachbereich III: Bauingenieur- und Geoinformationswesen, Studiengang Kartographie, Luxemburger Str. 10, D-13353 Berlin, Tel.: (030) 4504-2592, -2594, Fax: 4504-2632 — HL.: Prof. Dr. B. Meißner, Prof. Dr. U. Ripke, Prof. Dr. S. Schulz, Prof. Dr. J. Schweikart.

BERNBURG: Fachgebiet Kartographie und Geoinformationssysteme an der FH-Anhalt in den Studiengängen Landespflege und Naturschutz, Strenzfelder Allee 28, D-06406 Bernburg, Tel.: (03471) 355-449, Fax: 352-067, e-mail: fichtner@serviwi.wi.fh-anhalt.de — Prof. Dr.habil. Uwe Fichtner

KARLSRUHE. Fachhochschule Karlsruhe - Hochschule für Technik - Fachbereich Geoinformationswesen, Studiengang Kartographie. Moltkestr. 30, D-76133 Karlsruhe, Tel.: (0721) 925-2590 — Leitung/wiss. Mitarb.: Prof. Dr.-Ing. Gerhard Schweinfurth, Prof. Dipl.-Geogr. Hans-Jürgen Zylka — Kartographie: Prof. Dr.-Ing. Bernhard Bürg, Prof. Dr.phil. Wolfgang Denk, Prof. Dr.-Ing. Günter Hell, Prof. Dr. phil. Christian Herrmann, Prof. Dipl.-Math. Hans Kern, Prof. Dr. rer.nat Dietrich O. Müller, Prof. Dr. phil. Heinz Musall, Prof. Dr. rer. nat. Joachim Neumann, Prof. Dr.-Ing. Gerhard Schweinfurth.

MÜNCHEN. Fachhochschule München, Fachbereich 08 Vermessungswesen und Kartographie, Studiengang Kartographie. Karlstr. 6, D-80333 München, Tel.: (089) 12652619 — HL.: Prof. Dr. rer.nat. Eva-Maria Forster, Prof. Dr.rer.nat. P. Kammerer, Prof. Dr.-Ing. R. Klauer, Prof. Dipl.-Ing. P. Mellmann, Prof. Dipl.-Ing. E. Quitt, Prof. Dr.-Ing. H. Schmidt, Prof. Dr. rer. nat. R. Schumacher, Prof. Dr. rer. nat. T. Wintges.

Gremien und Arbeitskreise der Deutschen Gesellschaft für Photogrammetrie und Fernerkundung

Deutsche Gesellschaft für Photogrammetrie und Fernerkundung e.V.

Präsident: Prof. Dr. Jörg Albertz, Techn. Universität Berlin, Fachgebiet Photogrammetrie u. Kartographie, Straße des 17. Juni 135, D-10623 Berlin. Vizepräs.: Dr. Klaus-Ulrich Komp, c/o EFTAS Fernerkundung, Technologietransfer GmbH, Ostmarkstr. 2, D-48145 Münster. Sekretär: Dr.-Ing. Manfred Wiggenhagen, Institut für Photogrammetrie, Universität Hannover, Nienburger Str. 1, D-30167 Hannover. Schatzmeister: Dr.-Ing. Herbert Krauß, C/o Rheinbraun AG, Abt. AB-PH, D-504116 Köln.

Arbeitskreise: Ausbildung, Bildanalyse, Geoinformationssysteme, Nahbereichsphotogrammetrie, Interpretation von Fernerkundungsdaten, Nutzung von Fernerkundungsdaten in der Geologie, Sensoren und Plattformen, Terminologie.

Arbeitskreis Ausbildung in der Deutschen Gesellschaft für Photogrammetrie und Fernerkundung (DGPF). Leiter: Dipl.-Ing. H. Kantelhardt, Hess. Landesvermessungsamt, Schaperstr. 16, D-65195 Wiesbaden.Tel.: (0611) 5353-43, Fax: 5353-40, e-mail: info.hlva@hlva.hessen.de.

ZENTRALEN FÜR POLITISCHE BILDUNG

Bundeszentrale für politische Bildung, Berliner Freiheit 7, D-53111 Bonn, (PA: Postfach 1369, D-53003 Bonn), Tel: (0228) 515-0, Fax: 515-113.

Arbeitsgruppe I: Massenmedien
Arbeitsgruppe II: Publizistik
Arbeitsgruppe III: Außerschulische politische Bildung
Arbeitsgruppe IV: Politische Bildung in der Schule
Arbeitsgruppe V: Tagungsförderung, Bildungsurlaub
Arbeitsgruppe VI: Innere Einheit / Außenstelle Berlin
Ost-West-Kolleg
Referat Planung und Grundsatzfragen

BADEN-WÜRTTEMBERG. Landeszentrale für politische Bildung, Stafflenbergstr. 38, D-70184 Stuttgart — Prof. Dr. Wehling

BAYERN. Bayerische Landeszentrale für politische Bildungsarbeit, Brienner Str. 41, D-80333 München

BERLIN. Landeszentrale für politische Bildungsarbeit Berlin, Hauptstr. 98/99, D-10827 Berlin, Tel.: (030) 7876-7900 — Leiter: Gert-Jörg Frankowski.

BRANDENBURG. Brandenburgische Landeszentrale für politische Bildung, Postfach 60 10 51, D-14410 Potsdam, Tel: (0331) 866-1256, Fax: 866-1364 — Leiter: Dr. Hans Misselwitz — Publikationen zur brandenburgischen Landesgeschichte.

BREMEN. Landeszentrale für politische Bildung, Direktion, Osterdeich 6, D-28203 Bremen

HAMBURG. Landeszentrale für politische Bildung Hamburg, Große Bleichen 23, D-20354 Hamburg — Frau Helga Kutz-Bauer

HESSEN. Hessische Landeszentrale für politische Bildung, Rheinbahnstr. 2, D-65185 Wiesbaden — Herr Böhme

MECKLENBURG-VORPOMMERN. Landeszentrale für politische Bildung Mecklenburg-Vorpommern, Jägerweg 2, D-19053 Schwerin, Tel: (0385) 302090.

NIEDERSACHSEN. Niedersächsische Landeszentrale für politische Bildung, Hohenzollernstr. 46, D-30161 Hannover

NORDRHEIN-WESTFALEN. Ministerium für Schule und Weiterbildung des Landes Nordrhein-Westfalen, Landeszentrale für politische Bildung, Neanderstr. 6, D-40233 Düsseldorf (PA: D-40190 Düsseldorf) — Leiter: Dr. Günter Wichert.

RHEINLAND-PFALZ. Landeszentrale für politische Bildung Rheinland-Pfalz, Am Kronberger Hof 6, D-55116 Mainz — Direktor: Hans-Georg Meyer — Ansprechpartner: Dieter Gube.

SAARLAND. Landeszentrale für politische Bildung, Beethovenstr. 26, D-66125 Saarbrücken, Tel: (06897) 7908-44, Fax: 79708-77

SACHSEN. Sächsische Landeszentrale für politische Bildung, Schützenhofstr. 36-38, D-01129 Dresen — Ulrich Graute

SACHSEN-ANHALT. Sächsische Landeszentrale für politische Bildung, Schützenhofstr. 36-38, D-01129 Dresden, Tel.: 0351 / 85318-0 — Geschichtl.: gegr. 1991 — Leiter: Dr. Wolf-Dieter Legall

Referate: Europa/Internationale Fragen – Jugend – Öffentlicher Dienst – Publikationen/ Bildungsservice – Sächsische Landeskunde/Zeitgeschichte – Soziale Bewegungen/Gleichstellung – Wirtschaftspolitik/Umweltpolitik.

SCHLESWIG-HOLSTEIN. Landeszentralte für Politische Bildung Schleswig-Holstein, Düvelsbeker Weg 12, D-24105 Kiel — Leiter: Dr. Harbeck.

THÜRINGEN. Thüringer Landeszentrale für politische Bildung, Bergstr. 4, D-99092 Erfurt — Leiter: Regierungsdir. Michael Siegel

BILDWESEN

Bildnachweis und zentrale Bildstellen

BONN. Presse- und Informationsamt der Bundesregierung. Welckerstr. 11, D-53113 Bonn, Tel.: (0228) 208-0. Ref. Bundesbildstelle, Tel.: (0228) 208-2330.

GÖTTINGEN. Institut für den Wissenschaftlichen Film gem. GmbH. Nonnenstieg 72, D-37075 Göttingen, Tel.: (0551) 5024-0, Fax: 5024-400, Internet: http:\\www.iwf.gwdg.de, e-mail: iwf@.gwdg.de — Institutsdirektor Dr. Ing. Hartmut Rudolph – Gf.: Dr. jur. H. U. Frhr. v. Spiegel. Tel.: -100, -101, e-mail: hartmut.rudolph@de.

HAMBURG. Institut für Weltkunde in Bildung und Forschung (WBF), gemeinnützige Gesellschaft mbH, Jüthornstr. 33, D-22043 Hamburg, Tel.: (040) 687-161, Fax: 687-204.

MÜNCHEN. FWU. Institut für Film und Bild in Wissenschaft und Unterricht, gemeinnützige GmbH, Bavariafilmplatz 3, D-82031 Grünwald, Tel.: (089) 6497-1, Fax: 6497-300, Internet: http://www.fwu.de, e-mail: info-fwu@t-online.de — Dir. Dr. Uwe Haass — Ref. Geographie: Dr. Gabriele Thielmann, Karin Beier.

Landesbildstellen

BADEN-WÜRTTEMBERG

Landesbildstelle Württemberg. Rotenbergstr. 111, D-70190 Stuttgart (Postfach 13 12 61, D-70069 Stuttgart), Tel.: (0711) 28-506, Fax: 28-4665, Internet: http://www.ibw.bwue.de — Leit.: Dir. Dr. Erich A. Weinreuter.

Landesbildstelle Baden. Rastatter Str. 25, D-76199 Karlsruhe (Postfach 510 357, D-76192 Karlsruhe), Tel.: (0721) 8808-0 — Leit.: Dr. Günter Stegmaier.

BAYERN

Staatliche Landesbildstelle Nordbayern - Medienzentrum. Carl-Burger-Str. 26, D-95445 Bayreuth, Tel.: (0921) 7463-0, Fax: 7463-280, Internet: http:\\did.nat.uni-bayreuth.de./~lbn/index.htm. Adresse im Bayer. Schulnetz 49:860/400.74, e-mail: lbn@did.mat.uni-bayreuth.de — Leit.: Dir. Rudolf Kühn.

Staatliche Landesbildstelle Südbayern. Am Stadtpark 20 – Eingang Maria-Eich-Str. 29, D-81243 München, Tel.: (089) 1265-2500, Fax: 1265-2505, Internet: http://labi01.rz.fh.muenchen.de. e-mail: philipp@labi01.rz.fh-muenchen.de — Leit.: Dr. Rainer Vilgertshofer.

BERLIN

Landesbildstelle Berlin, Zentrum f. audio-visuelle Medien. Wikingerufer 7, D-10555 Berlin, Tel.: (030) 39092-1, Fax: 39092-349, Internet: http://www.labi.be.schule.de, e-mail: post@labi.be.schule.de — Leit.: Dir. H. J. Schulze.

FREIE UND HANSESTADT HAMBURG

Staatliche Landesbildstelle Hamburg. Kieler Str. 171, D-22525 Hamburg, Tel.: (040) 5499-289 — Leit: Dr. Joachim Paschen — Päd. Berater f. Geowiss.: Otto Emmrich, Tel.: -305.

HESSEN

Zentralstelle Medien, Daten und Information(ZMDI). Gutleutstr. 8–14, D-60329 Frankfurt, Tel.: (069) 2568-0, Fax: 2568-237, Internet: http://www.rz.uni-frankfurt.de/labi/, e-mail: ZMDI@t-online.de — Leit.: Dir. P. Suppa.

NIEDERSACHSEN

Niedersächsisches Landesinstitut für Fortbildung und Weiterbildung im Schulwesen und Medienpädagogik (NLI), Dezernat 4 - Medienpädagogik, Stiftstr. 13-15, D-30159 Hannover, Tel.: (0511) 925-9557, Fax: 925-9540/31 — Leit.: Dr. Wolf-Rüdiger Wagner.

NORDRHEIN-WESTFALEN

Landesbildstelle Rheinland. Prinz-Georg-Str. 80, D-40479 Düsseldorf, Tel.: (0211) 899-8100, Fax: 484476 — Leit.: Dir. Thessel.

Landesbildstelle Westfalen. Warendorfer Str. 24, D-48133 Münster, Tel.: (0251) 59139-02. Telex: 892 835, Fax: 591-3982 — Leitender Landesverwaltungsdirektor: Dr. Wolfgang Linke.

RHEINLAND-PFALZ

Landesmedienzentrum Rheinland-Pfalz. Hofstr. 257, D-56077 Koblenz-, Tel.: (0261) 9702-0, Fax: 9702-200 — Leit.: Dr. Dieter Kerber.

SCHLESWIG-HOLSTEIN

IPTS-Landesmedienzentrum Schleswig-Holstein, Schreberweg 5, 24119 Kronshagen, Tel. (0431) 5403-176, Fax: 5403-177, e-mail: LMZ.SH@schule.comeity.de — Leit.: OStD Dipl.-Ing. Roderich Felsberg.

Forschungsstellen zur geographischen Luftbildauswertung an Hochschulen

BONN. Forschungsstelle für Luft- und Satellitenbildinterpretation am Geographischen Institut der Universität Bonn. Meckenheimer Allee 166, D-53115 Bonn, Fax: (0228) 73-7506 — Leiter: Univ. Prof. Dr. M. Winiger, Tel.: (0228) 73 7239.

STATISTIK

Statistisches Bundesamt und Statistische Landesämter

Statistisches Bundesamt. Gustav- Stresemann-Ring 11, D-65189 Wiesbaden (D-65180 Wiesbaden), Tel.: (0611) 75-1, Fax: 724000, Internet: http:\\www.statistik-bund.de.

Zweigstelle Berlin, Otto-Braun-Str. 70/72, D-10178 Berlin (Postfach 276, D-10124 Berlin), Tel.: (030) 2324-5, Fax: 2324-6400.

Außenstelle Düsseldorf, Hüttenstr. 5a, D-40215 Düsseldorf (Postfach 104851, D-40039 Düsseldorf), Tel.: (0211) 38411-0, Fax: 38411-28.

Verbindungsbüro Bonn, Deutschherrenstraße 93, D-53177 Bonn, Tel.: (0228) 33-2730, Fax: 33-4548

Präsident: Johann Hohlen, Vizepräsident: Heinrich Lützel.

Abteilung Z: Verwaltung – Leiter: Abteilung Z: Direktor beim StBA Paul Würzberger.

Abteilung I: Fachliche Grundsatzfragen der Bundesstatistik – Leiter: Abteilungspräsident Günter Kopsch.

Abteilung II: Mathematisch-statistische Methoden, Datenverarbeitung – Leiter: Direktor beim StBA Dr. Joachim Kühn.

Abteilung III: Volkswirtschaftliche Gesamtrechnungen – Leiter: Leitender Regierungsdirektor Wolfgang Strohm.

Abteilung IV: Produzierendes Gewerbe, Umweltökonomische Gesamtrechnungen, Umweltstatistiken, Koordinierung der Unternehmensstatistiken – Leiter: Abteilungspräsident Oswald Angermann.

Abteilung V: Handel und Verkehr – Leiter: Abteilungspräsident Dr. Werner Nowak.

Abteilung VI: Preise, Löhne, Dienstleistungen – Leiter: Abteilungspräsident Wolfgang Buchwald.

Abteilung VII:∆Finanzen und Steuern, Bildungs- und Gesundheitswesen – Leiter: Abteilungspräsident Dr. Ulrich Hoffmann.

Abteilung VIII: Bevölkerung, Erwerbstätigkeit, Wohnungswesen, Wahlen – Leiter: Direktor beim StBA Hermann Glaab.

Abteilung IX: Landwirtschaft, Bautätigkeit, Wirtschaftsrechnungen, Auslandsstatistik, Zusammenareit mit Mittel- und Osteuropa – Leiter: Leitender Regierungsdirektor Horst Helmut Steiger.

BADEN-WÜRTTEMBERG. Statistisches Landesamt Baden-Württemberg. Böblinger Str. 68, D-70199 Stuttgart (Postfach 106033, D-70049 Stuttgart), Tel.: (0711) 641-0, Fax: 641-2973, Internet: http://www.statistik.baden-wuerttemberg.de, e-mail: stala.bw@t-online.de — Leit.: Präs. Staatssekretär i.e.R. Dr. Eberhard Leibing.

BAYERN. Bayerisches Landesamt für Statistik und Datenverarbeitung. (PA: D-80288 München) Neuhauser Str. 8, D-80331 München, Tel.: (089) 2119-0, Fax: 2119-607, Internet: http://www.bayern.de/l1stad, e-mail: pressestelle@l1stad.bayern.de — Leit.: Präs. Wolfgang Kupfahl.

BERLIN. Statistisches Landesamt Berlin. Alt-Friedrichsfelde 60, D-10315 Berlin, Tel.: (030) 9021-0, Fax: 9021-3655, Internet: http://www.statistik-berlin.de, e-mail: stala-berlin@t-online.de — Leit.: Dir. Professor Günther Appel — Regionales Bezugssystem Berlin: Dipl.-Vw. Gabriele Gruber, Tel.: (030) 9021-3685 — Pr: Dr. Gisela Kröger, Tel.: (030) 9021-3693/3434.

BRANDENBURG. Landesamt für Datenverarbeitung und Statistik Brandenburg, Dortustr. 46, D-14467 Potsdam (Postfach 601052, D-14410 Potsdam), Tel.: (0331) 39-0, Fax: 39-418, Internet: http://www.brandenburg.de/lds/, e-mail: info@lds.brandenburg.de — Leiter: Dir. Arend Steenken

BREMEN. Statistisches Landesamt Bremen. An der Weide 14–16, D-28195 Bremen (Postfach 101309, D-28013 Bremen), Tel.: (0421) 361-2501, Fax 361-4310, Internet: http://www.bremen.de/info/statistik, e-mail: office@statistikland.bremen.de — Leit.: Reg.-Dir. Jürgen Dinse.

HAMBURG. Statistisches Landesamt Hamburg. Steckelhörn 12 (Gotenhof), D-20457 Hamburg (Postanschrift: D-20453 Hamburg), Tel.: (040) 3681-0, Fax: 3681-1700, Internet: http://www.statistik-hamburg.de, e-mail: statistik-hamburg@t-online.de — Leit.: Dr. Wolfgang Bick

HESSEN. Hessisches Statistisches Landesamt. Rheinstr. 35–37, D-65185 Wiesbaden (Postanschrift: D-65175 Wiesbaden), Tel.: (0611) 3802-0, Fax: 3802-990, Internet: http:\\www.hsl.de, e-mail: info@hsl.de — Leit.: Präs.: E. Hohmann — Information/Presse: Ulrich Liehr.

MECKLENBURG-VORPOMMERN. Statistisches Landesamt Mecklenburg-Vorpommern, Lübecker Str. 287, D-19059 Schwerin (Postfach 120135, D-19018 Schwerin), Tel.: (0385) 4801-0, Fax: 4801-220, Internet: http://www.mvnet.de/inmv/stala, e-mail: stala@mvnet.de — Direktor: Volker Pawlitzki

NIEDERSACHSEN. Niedersächsisches Landesamt für Statistik, Geibelstr. 61-65, D-30173 Hannover (Dezernat 13, Postfach 4460, D-30044 Hannover), Tel.: (0511) 9898-0, Fax: 9898-400, Internet: http://www.nls.niedersachsen.de, e-mail: lothar.eichhorn@nls.niedersachsen.de — Leit.: Präsident Karl-Ludwig Strelen — Öffentlichkeitsarbeit: Lothar Eichhorn.

NORDRHEIN-WESTFALEN. Landesamt für Datenverarbeitung und Statistik Nordrhein-Westfalen. Mauerstr. 51, D-40476 Düsseldorf (Postfach 101105, D-40002 Düsseldorf), Tel.: (0211) 9449-01, Fax: 9449-2104, Internet: http:\\www.lds.nrw.de, e-mail: poststelle@lds.nrw.de — Leit.: Präs. N.N. Pr.: Dr. Diemar Kühn, Hans Lohmann.

RHEINLAND-PFALZ. Statistisches Landesamt Rheinland-Pfalz. Mainzer Str. 14–16, D-56130 Bad Ems (Postanschrift: D-56128 Bad Ems), Tel.: (02603) 71-0, Fax: 71-252 — Leit. Präs.: Klaus Maxeiner.

SAARLAND. Statistisches Landesamt. Virchowstr. 7, D-66119 Saarbrücken (Postfach 103044, D-66030 Saarbrücken), Tel.: (0681) 501-00, Fax: 501-5921 — Leit.: Dir. Mailänder.

SACHSEN. Statistisches Landesamt des Freistaates Sachsen, Macherstr. 31, D-01917 Kamenz (Postfach 105, D-01911 Kamenz), Tel.: (03578) 33-0, Fax: 33-1921,

Internet: http://www.statistik.sachsen.de, e-mail: presse@statistik.sachsen.de — Präs.: Dr. Henry Hasenpflug

SACHSEN-ANHALT. Statistisches Landesamt Sachsen-Anhalt, Merseburger Str. 2, D-06112 Halle/Saale (PA: Postfach 201156, D-06012 Halle/Saale), — Dir. Manfred Scherschinski, Tel.: (0345) 2318-0, Fax: 2318-9001 — Pr. Renate Tewes, Tel.: 2318-702, Fax: 2318-913, Internet: http://www.stala.sachsen-anhalt.de, e-mail: pressestelle@stala.mi.lsa-net.de

SCHLESWIG-HOLSTEIN. Statistisches Landesamt Schleswig-Holstein. Fröbelstr. 15–17, D-24113 Kiel (Postfach 1141, D-24100 Kiel), Tel.: (0431) 6895-0, Fax: 6895-498, Internet: http://www.statistik-sh.de, e-mail: statistik-sh@t-online.de — Leit.: Dr. H.-P. Kirschner.

THÜRINGEN. Thüringer Landesamt für Statistik, Europa-Platz 3, D-99091 Erfurt (Postfach 900163, D-99104 Erfurt), Tel.: (0361) 37-900, Fax: 3784-699, Internet: http://www.th-online.de/ls, e-mail: ls-thueringen@t-online.de

Führende Gesellschaften

Deutsche Statistische Gesellschaft, gegr. 1911. c/o Prof. Dr.-Ing. Peter-Th. Wilrich, Freie Universität Berlin, Inst. f. Statistik und Ökonometrie, Garystr. 21, D-14195 Berlin.

Verband Deutscher Städtestatistiker. Schwartzstr. 73, D-46045 Oberhausen, Tel.: (0208) 825-2387, Fax: 825-5120 — Vorsitzender: Dr. Ernst-Joachim Richter, e-mail: richter@oberhausen.de.

GEOLOGIE

Bundeseinrichtungen und Geologische Landesämter

Bundesanstalt für Geowissenschaften und Rohstoffe, gegr. 1.12.1958. Stilleweg 2, D-30655 Hannover (Postfach 51 01 53, D-30631 Hannover), Tel.: (0511) 643-0, Fax: 643-2304, Internet: http://www.gbr.de, e-mail: public.relations.bgr-nlfb@bgr.de

Präs.: Prof. Dr. Friedrich-Wilhelm Wellmer, Vizepräs.: Dr. Jens D. Becker-Platen.
Abt. 1 Wirtschaftsgeologie, Internationale Zusammenarbeit: Dr. F. X. Führer
Abt. 2 Technische Geologie, Umweltgeologie: Dr. H. Raschka
Abt. 3 Geologische und Geophysikalische Forschung: Dr. K. Hinz
Abt. 4 Geochemie, Mineralogie, Lagerstättenforschung: Dr. W. Stahl
Abt. Z Zentrale Angelegenheiten: J. Hammann
Dienstbereich Berlin: Dr. S. Putscher

BADEN-WÜRTTEMBERG. Landesamt für Geologie, Rohstoffe und Bergbau Baden-Württemberg. Albertstr. 5, D-79104 Freiburg, Tel.: (0761) 204-0. Fax: 204-4438, e-mail: poststelle@lgrb.uni-freiburg.de — Leit.: Präs. Prof. Dr. H. Schneider — Stellvertr.: Abt.-Dir. Dr. G. Strayle, Bergdirektor Dipl.-Ing. V. Dennert

Abt. I Zentrale Aufgaben – Leitung: Abt.-Dir. Dr. G. Strayle.
Abt. II Geologie und Bodenkunde – Leitung: Ltd. Geologiedirektor Dr. Villinger.
Abt. III Hydrogeologie – Leitung: Ltd. Geologiedirektor Dr. O. Wendt.
Abt. IV Rohstoffgeologie und Technische Geologie – Leitung: Ltd. Geologiedirektor Dr. G. Link.
Abt. V Landesbergdirektion – Leitung: Bergdirektor Dipl.-Ing. V. Dennert.

BAYERN. Bayerisches Geologisches Landesamt. Heßstr. 128, D-80797 München, Tel.: (089) 1213-2600. — Leit.: Präsident. Prof. Dr. H. Schmid.

Abt. 1 Zentrale Aufgaben. Leit.: Reg.-Dir. Dr. U. Lagally.
Abt. 2 Geowissenschaftliche Informationssysteme. Leit.: Reg.Dir. Dr. G. Fried.
Abt. 3 Geologische Landesaufnahme. Leit.: Ltd. Reg.-Dir. Dr. H. Frank.
Abt. 4 Angewandte Geologie. Leit.: Ltd. Reg.-Dir. Dr. J. P. Wrobel.
Abt. 5 Geotechnik. Leit.: Ltd. Reg.-Dir. Prof. Dr. H.-J. Oeltzschner.

Abt. 6 Bodenkunde. Leit.: Ltd. Reg.-Dir. Dr. W. Grottenthaler.
Außenstelle Bamberg: Leit.: wA Dr. Murad.

BERLIN. Senatsverwaltung f. Stadtentwicklung, Umweltschutz u. Technologie IV A 3 Geologie und Grundwasser, Am Köllnischen Park 3, D-10179 Berlin, Tel.: (030) 2471-0, Fax: 2471-1701.

BRANDENBURG. Landesamt f. Geowissenschaften und Rohstoffe Brandenburg, Stahnsdorfer Damm 77, D-14532 Kleinmachnow, Tel.: (033203) 36-600, Fax: 36-702, e-mail: lgrb@lgrb.de.

FREIE HANSESTADT BREMEN. Niedersächsisches Landesamt für Bodenforschung, Außenstelle Bremen. Werderstr. 101, D-28199 Bremen, Tel.: (0421) 5530-09 — Leit.: Direktor u. Prof. Dr. Dieter Ortlam.

FREIE UND HANSESTADT HAMBURG. Umweltbehörde Amt für Umweltschutz - Geologische Landesanstalt, Billstr. 84, D-20539 Hamburg, Tel.: (040) 7880-0, Fax: 7880-2662

HESSEN. Hessisches Landesamt für Bodenforschung. Leberberg 9, D-65193 Wiesbaden, Tel.: (0611) 537-0, Fax: 537-327, Internet: http://www.hlfb.de, e-mail: a.hoppe@hlfb.de — Leiter: Dir. d. Hessischen Landesamtes f. Bodenforschung: Prof. Dr. A. Hoppe.
Abt. I Geowissenschaftliche Landesaufnahme : Dr. Fred Rosenberg
Abt. II Angewandte Geowissenschaften: Hydrogeologie und Ingenieurgeologie: N. N.
Abt. III Zentrale Aufgaben: Dr. R. Becker.
Dez. V Verwaltung. J. Gawe.

MECKLENBURG-VORPOMMERN. Geologisches Landesamt Mecklenburg-Vorpommern, Pampower Straße 66 / 68, D-19061 Schwerin, Postfach 16 01 43, D-19091 Schwerin, Tel.: (0385) 6433-0, Fax: 6433-555, e-mail: gla-mv@mvnet.de.

NIEDERSACHSEN. Niedersächsisches Landesamt für Bodenforschung (NLfB), gegr. 1959, Stilleweg 2, D-30655 Hannover (PA: Postfach 510153, D-30631 Hannover), Tel.: (0511) 643-0, Fax: 643-2304, Internet: http://www.nlfb.de, e-mail: public.relations.bgr.nlfb@nlfb.de — Präsident: Prof. Dr.-Ing. Friedrich-Wilhelm Wellmer, Vizepräsident: Dr. Jens D. Becker-Platen.
Abt. Z: Zentrale Angelegenheiten Ltr. Abt. Z. J. Hammann,
Abt. 1: Geowissenschaftliche Gemeinschaftsaufgaben Ltr. Dr. B. Buttkus,
Abt. 2: Bodenkundliche Landeserforschung Ltr. Dr. K-H. Oelkers,
Abt. 3: Geologische Landesforschung und Landesplanung Ltr. Dr. K. Hinze,
Abt. 4 Angewandte Geologie: Dr. H.-H. Voß,

NORDRHEIN-WESTFALEN. Geologisches Landesamt Nordrhein-Westfalen. De-Greiff-Str. 195, D-47803 Krefeld (Postfach 1080, D-47710 Krefeld), Tel.: (02151) 897-1. — Leit.: Präs. Prof.Dr.-Ing. P. Neumann-Mahlkau. Vertr.: Dipl.-Geol. H.D. Hilden.
Abt. 1 Zentrale Angelegenheiten. Leit.: Dipl.-Geol. H.D. Hilden.
Abt. 2 Geowissenschaftliche Untersuchungen – Laboratorien. Leit.: LGD Dr. C.-D. Clausen.
Abt. 3 Geologie, Hydrogeologie u. Lagerstättenkunde – Landesaufnahme u. Beratung — Leit.: Abt.-Dir. Dr. A. Thiermann.
Abt. 4 Bodenkunde – Landesaufnahme u. Beratung – Leit.: Abt.-Dir. Dr. W.-G. Schraps.
Abt. 5 Ingenieurgeologie. Leit.: Ltd. Geol.-Dir. Dipl.-Geol. B. Jäger.

RHEINLAND-PFALZ. Geologisches Landesamt Rheinland-Pfalz. Emy-Roeder-Str. 5, D-55129 Mainz, Tel.: (06131) 9254-0, Fax: 9254-123/124, e-mail: office@saphir.gla-rlp.de. — Leiter des Geologischen Landesamtes: Geologiedirektor Prof. Dr. K.-H. Emmermann – Vertr.: Geologiedirektor Prof. Dr. Chr. Jahnel
Abt. 1 Zentrale Aufgaben: Leiter: Geol.-Dir. Dr. K. Steingötter
Abt. 2 Geowissenschaftliche Grundlagen. Leiter: Geol.-Dir. Dr. M. Krimmel.
Abt. 3 Geologische Landesaufnahme. Leiter: Geol.-Dir. Dr. J. Haneke
Abt. 4 Bodenkundliche Landesaufnahme. Leiter: Geol.-Dir. Dr. K. Agsten.
Abt. 5 Hydrogeologie. Leiter: Geol.-Dir. Dr. K.-H. Hohberger.
Abt. 6 Ingenieurgeologie. Leiter: Geol.-Dir. Prof. Dr. Chr. Jahnel
Abt. 7 Rohstoffgeologie. Leiter: Geol.-Dir. Dr. F. Häfner.

SAARLAND. Landesamt für Umweltschutz, Abteilung Geologie. Don-Bosco-Str. 1, D-66119 Saarbrücken, Tel.: (0681) 8500-0 — Amtsleiter: Dipl.-Ing. Karl Heinz Ecker — Abteilungsleiter: Baudirektor Ernst Dietrich Unruh — Sachbereichsleiter Umweltgeologie: N.N. — Sachbereichsleiter Bodenschutz: GeoOR Dr. Karl Dieter Fetzer — Sachbereichsleiter Meß- u. Bohrdienste: BAR Bernhard Kammer.

SACHSEN: Sächsisches Landesamt für Umwelt und Geologie, Zur Wetterwarte 11, D-01109 Dresden, Postfach 80 01 00, D-01101 Dresden, Tel.: (0351) 8928-0, Fax: 8928-225 — Bereich Boden und Geologie: Postfach 132, D-09583 Freiberg, Tel.: (03731) 294-0, Fax: 229-18.

SACHSEN-ANHALT. Geologisches Landesamt Sachsen-Anhalt, (PA:Postfach 156), D-06035 Halle), Köthener Str. 34, D-06118 Halle, Tel.: (0345) 5212-0, Fax: 522-9910.

SCHLESWIG-HOLSTEIN. Landesamt für Natur und Umwelt des Landes Schleswig-Holstein, Hamburger Chaussee 25, D-24220 Flintbek, Tel.: (04347) 704-0, Fax: 704-102 — Amtsleiter: Dir. Wolfgang Vogel.

THÜRINGEN. Landesanstalt für Geologie, Carl-August-Allee 8-10, D-99423 Weimar, Tel.: (03643) 556-0, Fax: 556-155.

Führende Gesellschaften und Vereinigungen

Deutsche Geologische Gesellschaft e.V., gegr. 1848. Stilleweg 2, D-30655 Hannover (Postfach 51 01 53, D-30631 Hannover), Tel.: (0511) 643-2507, Fax: 643-2695 — Vors.: Prof. Dr. Peter Neumann-Mahlkau.

Gesellschaft für UmweltGeowissenschaften GUG in der Deutschen Geologishen Gesellschaft. Geschäftsstelle: Zum Mühlenacker 9, D-27619 Schiffdorf, Internet: http://www.gug.org — Referentin für Öffentlichkeitsarbeit: Claudia Helling, TU Bergakademie Freiberg, Gustav-Zeuner-Str. 123, D-09596 Freiberg, Tel.: (0731) 39-2642, Fax: 39-2720, e-mail: helling@geo.tu-freiberg.de

Geologische Vereinigung e.V., gegr. 1910. Geschäftsstelle: Vulkanstr. 23, D-56743 Mendig, Tel.: (02652) 98936-0, Fax: 98936-1, Internet: http://www.g-v.de, e-mail: geol.vet@t-online.de — Vors.: Prof. Dr. W. Franke — Gf. u. Kassenführer: Dr. C.-D. Cornelius.

Deutsche Geophysikalische Gesellschaft (DGG) (gegr. 1922). Vorsitzender: Prof. Dr. F. Jacobs, Institut für Geophysik, Universität Leipzig, Talstr. 35, D-04103 Leipzig — Geschäftsstelle: c/o Dr. Wigor Webers, GeoForschungsZentrum Potsdam, Telegrafenberg, D-14473 Potsdam, Tel.: (0331) 288-1232, Fax: 288-1235, e-mail: wigor@gfz-postdam.de

Deutsche Quartärvereinigung, gegr. 1948. Gst.: Alfred-Bentz-Haus, Stilleweg 2, D-30655 Hannover (Postfach 51 01 53, D-30631 Hannover, Tel.: (0511) 643-2487 — Vors.: Prof. Dr. H. Hagedorn, Geogr. Inst. d. Univeristät, Am Hubland, D-97074 Würzburg.

Deutsche Mineralogische Gesellschaft e.V., gegr. 1908, wiedergegr. 1947. Vorsitzender: Prof. Dr. F. Seifert, Bayerisches Geoinstitut, Universität Bayreuth, D-95440 Bayreuth — Schriftführer: Prof. Dr. St. Hoernes, Mineralogisch-Petrographisches Institut der Universität Bonn, Poppelsdorfer Schloß, D-53115 Bonn.

Deutsche Bodenkundliche Gesellschaft, gegr. 1926, neugegr. 7.12.1949, Geschäftsstelle: Wilhelmstr. 19, D-26121 Oldenburg, Tel.: (0441) 25700, Fax: 2489828, e-mail: DBGes@AOL.com

Deutsche Hydrographische Gesellschaft e.V. (DHyG), eingetragen in das Vereinsregister beim Amtsgericht Hamburg, VR 10249. Gesch.St.: Parkstr. 8, D-21682 Stade, Tel.: (04141) 453-53, Fax: 453-43 — Vors.: Dipl.-Met. Horst Hecht, Voßkamp 30, D-22457 Hamburg.

Paläontologische Gesellschaft, Geschäftsstelle: Senckenberganlage 25, D-60325 Frankfurt, Tel.: (069) 97075139, Fax: 794004-37 — Schatzmeister: Dr. Thomas Jellinek

Höhlen- und Karstforschung

Verband der deutschen Höhlen- und Karstforscher e.V., Sitz München, Vors.: Dipl.-Fin.wirt Michael Laumanns, Hehner Str. 100, D-41069 Mönchengladbach — Gf.:

Martin Bertges, Adenauerstr. 4, D-66399 Mandelbachtal.

Landesverband für Höhlen- und Karstforschung Baden-Württemberg e.V., Postfach 500 726, D-70337 Stuttgart.

HYDROGRAPHIE – HYDROBIOLOGIE – FISCHEREI- und SIEDLUNGSWASSERWIRTSCHAFT

Gewässerkundliche Behörden und Dienststellen

Nationalkomitee der Bundesrepublik Deutschland f. d. Internationale Hydrologische Programm (IHP) der UNESCO und das Operationelle Hydrologische Programm (OHP) der WMO. Vorsitzende: Gesamt und Verwaltung: VLR I O. Garbe (Auswärtiges Amt, Bonn). Wissenschaft: Prof. Dr. H.-B. Kleeberg, Universität der Bundeswehr München, Institut für Wasserwesen - Wasserwirtschaft und Ressourcenschutz, Werner-Heisenberg-Weg 39, D-85577 Neubiberg. Sekr.: Prof. Dr. K. Hofius, Bundesanstalt für Gewässerkunde, IHP/OHP-Sekretariat, Kaiserin-Augusta-Anlagen 15–17, D-56068 Koblenz (Postfach 309, D-56003 Koblenz), Tel.: (0261) 1306-5313, Fax: 1306-5422.

Bundesanstalt f. Gewässerkunde.Kaiserin-Augusta-Anlagen 15–17, D-56068 Koblenz (Postfach 309, D-56003 Koblenz), Tel.: (0261) 1306-0, Telefax 0261/1306-5302, Fernschr.: 862 499, Internet: http://www.bafg.de, e-mail: wetzel@koblenz.bfg.bund400.de — Leit.: Direktor und Prof. Dipl.-Ing. Volkhard Wetzel.

Länderarbeitsgemeinschaft Wasser, Vorsitz 1999-2001: Ministerium für Bau, Landesentwicklung und Umwelt des Landes Mecklenburg-Vorpommern. Geschäftsstelle der Länderarbeitsgemeinschaft Wasser: Schloßstr. 6-8, D-19053 Schwerin, Tel.: (0385) 588-0, Fax: 588-8117.

BAYERN. Bayer. Landesamt für Wasserwirtschaft. Lazarettstr. 67, D-80636 München, Tel.: (089) 1210-0, Fax: 1210-1435, e-mail: Poststelle@lfw. bayern.de — Präs.: Dipl.-Ing. K. Müller

BERLIN. Senatsverwaltung für Stadtentwicklung, Umweltschutz und Technologie. Abt. IV – Wasser und Boden. DG: Rungestr. 29, D-10173 Berlin-Mitte, Tel.: (030) 2471-1700 — Leit.: Leitender Senatsrat Dipl.-Ing. Peter Schirmer.

NIEDERSACHSEN. Niedersächs. Landesamt für Ökologie (NLÖ). An der Scharlake 39, D-31135 Hildesheim, Tel.: (05121) 509-0, Fax: 509-196 — Leit.: Präsident: Meinfried Striegnitz — Vizepräsidentin: Stefanie Nöthel.

NORDRHEIN-WESTFALEN. Landesumweltamt Nordrhein-Westfalen (LUA NRW). Wallneyer Str. 6, D-45133 Essen, Tel.: (0201) 7995-0, Fax: 7995-1446, -1447 — Leit.: Präs. Dr. Irmer.

RHEINLAND-PFALZ. Landesamt für Wasserwirtschaft. Am Zollhafen 9, D-55118 Mainz, Tel.: (06131) 63 01-0 — Leit.: Direktor des Landesamtes für Wasserwirtschaft Dipl.-Ing. Lüthje.

SCHLESWIG-HOLSTEIN. Landesamt für Natur und Umwelt des Landes Schleswig-Hostein (LANU), Hamburger Chaussee 25, D-24220 Flintbek, Tel.: (04347) 704-0 — Leiter: Direktor W. Vogel, Vertr.: Stv. Dir. Dr. S. Christensen

Amtsleitung (Tel: -102) – Stabsstelle Integrierter Umweltschutz (Tel.: -702) – Abt. 1: Allgemeine Dienste (Tel.: -112) – Abt. 2: Umwelttoxikologie/Fachtechnische Dienste (Tel.: -202) – Abt. 3: Naturschutz und Landschaftspflege (Tel. -302) – Abt. 4: Gewässer (Tel.: -402) – Abt. 5: Geologie/Boden (Tel.: -502) – Abt. 6: Abfall/Immissionen (Tel.: -602).

Meereskundliche Forschungsanstalten und Dienststellen

Bundesamt für Seeschiffahrt und Hydrographie. Bernhard-Nocht-Str. 78, D-20359 Hamburg (Postfach 30 12 20, D-20305 Hamburg), Tel.: (040) 3190-0. Fernschreiber: 211138-bsh hh-d. – Dierkower Damm 45, D-18146 Rostock, Tel.: (0381) 4563-5, Fax: 4563-948, Telex: 06931 300-bsh ro-d — Präs.Prof.: Dr. Peter Ehlers.

BREMEN. Institut für Seeverkehrswirtschaft und Logistik. Universitätsallee GW 1 Block A, D-28359 Bremen, Tel.: (0421) 22096-0, Fax: 22096-55 — Prof. Dr. Werner E. Eckstein, Vors. d. Direktoriums — Prof. Dr. Volker Speidel, Direktor — Prof. Dr. Manfred Zachcial, Direktor.

BREMERHAVEN. Alfred-Wegener-Institut für Polar- und Meeresforschung, Columbusstr, D-27568 Bremerhaven (Postfach 120161, D-27515 Bremerhaven), Tel.: (0471) 4831-0, Fax: 4831-149

Forschungsstelle Potsdam: Forschungsstelle des Alfred-Wegener-Instituts, Telegraphenberg A 43, D-14473 Potsdam (Postfach 600149, D-14401 Potsdam), Tel.: (0311) 288-0, Fax: 288-2122

Biologische Anstalt Helgoland, Meeresstation Helgoland: Kurpromenade, D-27498 Helgoland, Tel.: (04725) 819-353, Fax: 819-311

Biologische Anstalt Helgoland, Wattenmeerstation List: Hafenstr. 43, D-25992 List/Sylt, Tel.: (04651) 956-150, Fax: 956-200

Direktoren des Instituts, der Stationen und der Forschungsstelle: Prof. Dr. J. Thiede und Dr. R. Paulenz.

HAMBURG. Deutsche Wissenschaftliche Kommission f. Meeresforschung. Palmaille 9, D-22767 Hamburg, Tel.: (040) 3890-5168, Fax: 3890-5263 — Wiss. Vors.: Prof. Dr. D. Schnack — Gf. Sekr.: Dir. u. Prof. Dr. A. Post.

HAMBURG. Institut für Meereskunde der Universität, Troplowitzstr. 7, D-22529 Hamburg, Tel.: (040) 4123-2605 — Geschäftsf. Direktor: Prof. Dr. W. Alpers.

HAMBURG. Biologische Anstalt Helgoland. Notkestr. 31, D-22607 Hamburg, Tel.: (040) 896930 — Leit.: Prof. Dr. Wilhelm Nultsch.

Außenstellen: Meeresstation Helgoland, Postfach 180, D-27483 Helgoland,Tel.: (04725) 819-0, Fax: 819-283. Wattenmeerstation Sylt, Hafenstr. 3, D-25992 List, Tel.: (04652) 956-0, Fax: 956-200.

KIEL. Institut für Meereskunde an der Universität Kiel. Düsternbrooker Weg 20, D-24105 Kiel, Tel.: (0431) 597-3900, Fax: 565876, e-mail: ifm@ifm.uni-kiel.de — Prof. Dr. B. Zeitzschel.

Institute und Dienststellen für Fischerei-, Fluß-, Grundwasser- und Seenkunde

ALBAUM. Landesanstalt für Ökologie, Bodenordnung und Forsten/Landesamt für Agrarordnung Nordrhein-Westfalen (LÖBF/LAfAO) Recklinghausen, Dezernate für Fischerei, Heinsberger Str. 53, D-57399 Kirchhundem-Albaum, Tel.: (02723) 779-0, Fax: 779-77 — Leit.: Präsident R. Kalkkuhl.

BERLIN. Umweltbundesamt,, Institut für Wasser-, Boden und Lufthygiene. Corrensplatz 1, D-14195 Berlin , Tel.: (030) 8903-0, Fax: 8903-1830 — Inst.-Leit.: Dir. u. Prof. Prof. Dr. Henning Lange-Asschenfeldt — Leiter der Bibliothek: Frau Hauff.

DORTMUND. Institut für Wasserforschung GmbH Dortmund. Zum Kellerbach 46, D-58239 Schwerte, Tel.: (0231) 544-1300, Fax: 544-1220, e-mail: ifw@ifw.dokom.de — Geschf.: Dipl.-Ing. D. Reitis, Dr. Uwe Schöttler, Leiter Wiss. Dir. — Institutsleitung: Dipl.-Ing. N. Zullei-Seibert, Dipl.-Geogr. F. Remmler.

HAMBURG. Institut für Hydrobiologie u. Fischereiwissenschaft. Olbersweg 24, D-22767 Hamburg — Leit.: Prof. Dr. W. Nellen. Vertr.: Prof. Dr. H. Kausch.

Fischereiwiss. Abt. Olbersweg 24, D-22767 Hamburg, Tel.: (040) 4123-6601 — Leit.: Prof. Dr. W. Nellen.

Hydrobiologische Abt., Zeiseweg 9, D-22765 Hamburg, Tel.: (040) 4123-6641 — Leit.: Prof. Dr. H. Kausch.

HAMBURG. Bundesforschungsanstalt für Fischerei. Palmaille 9, D-22767 Hamburg, Tel.: (040) 38905-0, Fax: 38905-200, e-mail: 100565.1223@compuserve.com — Leiter: Dir. Prof. Dr. Hans-Stephan Jenke — Stellv. Leiter: Dir. Prof. Dr. Gerd Hubold — Verwaltungsleiter: ORR Dipl.-Verww. Lothar Kraft

Inst. f. Seefischerei — Leiter: Dir. Prof. Dr. Gerd Hubold, Tel.: -177, -178, Fax: -263

Institut für Ostseefischerei, An der Jägerbäk 2, D-18069 Rostock, Tel.: (0381) 810-344, -446, Fax: 810-445 — Leiter: Dr. Otto Rechlin.

Institut für Fischereiökologie, Wüstland 2, D-22589 Hamburg, Tel.: (040) 3190-0, Fax: 3190-8603 — Leiter: Dir. Prof. Dr. Hans-Stephan Jenke

Außenstellen: Ahrensburg, Wulfsdorfer Weg 204, D-22926 Ahrensburg, Tel./Fax: (04102) 51128 — Leiter: N.N.

Cuxhaven, Deichstr. 12, D-27472 Cuxhaven, Tel.: (04721) 38034, Fax: 53583, e-mail: 101322.3467@compuserve.com — Leiter: Wiss. Dir. Dr. Volkert Dethlefsen.

Institut für Fischereitechnik, Tel.: (040) 38905-185, -186, Fax: 38905-264) — Leiter: Dir. Prof. Dr. Otto Gabriel

Institut für Biochemie und Technologie, Tel.: (040) 38905-119, -120, -167, Fax: 38095-262 — Leiter: Wiss. Dir. Dr. Hartmut Rehbein (kommissarisch)

Informations- und Dokumentationsstelle einschließlich Bibliothek, Tel.: (040) 38905-142, Fax: 38905-261 — Leiter: Wiss. Dir. Dr. Wulf-Peter Kirchner.

LANGENARGEN. Landesanstalt für Umweltschutz Baden-Württemberg, Inst. für Seenforschung. Untere Seestr. 81, D-88085 Langenargen, Tel.: (07543) 304-0, Fax: 304-40 — Leit.: Ltd. BiolD Dr. Helmut Müller.

MÜNCHEN. Bayerische Landesanstalt für Wasserwirtschaft, Institut für Wasserforschung. Kaulbachstr. 37, D-80539 München, Tel.: (089) 2180-2291, Fax: 2800-838 — Vorst.: Dir. Dr. W. Mühlhölzl.

OBERNACH. Versuchsanstalt für Wasserbau u. Wasserwirtschaft d. Techn. Univ. München, Oskar von Miller-Institut. D-82432 Obernach, Tel.: (08858) 9203-0, Fax: 9203-33, e-mail: vao@gap.baynet.de — Direktor Univ.-Prof. Dr.-Ing. Theodor Strobl,

PLÖN. Max-Planck-Institut für Limnologie, Postfach 165, D-24302 Plön — Gf. Dir.: Prof. Dr. W. Lampert — Abt. Ökophysiologie, Dir.: Prof. Dr. W. Lampert — Arbeitsgruppe Tropenökologie, Leiter Dr. W.J. Junk.

Institute und Lehrstühle für Siedlungswasserwirtschaft

STUTTGART. Institut für Siedlungswasserbau, Wassergüte- u. Abfallwirtschaft d. Universität Stuttgart. Bandtäle 2, D-70569 Stuttgart , Tel.: (0711) 685-5422, Fax: 685-3729.

GLAZIOLOGIE

Kommission für Glaziologie der Bayerischen Akademie der Wissenschaften. Marstallplatz 8, D-80539 München, Tel.: (089) 23031-195 — Vors.: Prof. Dr. H. Hagedorn — wiss. Mitarb.: Dr. L.N. Braun, Dipl.-Ing. H. Rentsch, Dr. H. Escher-Vetter, Dipl.-Met. M. Weber, Dipl.-Geol. M. Siebers.

METEOROLOGIE, GEOPHYSIK

Einrichtungen des Meteorologischen Dienstes in der Bundesrepublik

Deutscher Wetterdienst, Frankfurter Str. 135, D-63067 Offenbach, Tel.: (069) 8062-0, Telex: 4152817, Fax: (069) 8062-248. Präs.: Dipl.-Met. Udo Gärtner, VPräs.: Horst Julich

Stabsstelle Öffentlichkeitsarbeit/Pressesprechr – Leiter: Dipl.-Met. U. Wesp

Stabsstelle Internationale Angelegenheiten – Leiter: Dipl.-Met. D. Frömming

Stabsstelle Datenpolitik – Leiter: Dipl.-Met. Eberhard Jung

Geschäftsbereich Personal und Betriebswirtschaft – Leiter: VPräs. H. Julich

Geschäftsbereich Vorhersage und Medien – Leiter: Dipl.-Met. Manfred Kurz

Geschäftsbereich Klimagutachten und Landwirtschaft – Leiter: Dipl.-Met. Dr. Karsten Heger

Geschäftsbereich Meteorologische Forschung und Entwicklung – Leiter: Dipl.-Met. Dr. Eberhard Müller

Geschäftsbereich Technische Infrastruktur – Leiter: Dipl.-Met. Stefan Mildner

Die Geschäftsbereiche bestehen aus einzelnen Geschäftsfeldern bzw. Abteilungen. Diese sind in Geschäftsbereich Vorhersage und Medien, die Geschäftsfelder Luftfahrt, Seeschiffahrt, Vorhersagekunden und Medien. – Geschäftsbereich Klimakunden und Landwirtschaft, die Geschäftsfelder Klimagutachten, Landwirtschaft, Hydrometeorologie und Medizin-Meteorologie. – Geschäftsbereich Meteorologische Forschung und Entwicklung, die Abteilungen Forschungskoordinierung und Überwachung der Atmosphäre, Klima und Umwelt sowie Grundlagen und Verfahren der Wettrvorhersage und Klimagutachten. – Geschäftsbereich Technische Infrastruktur, die Abteilungen Service/Logistik, Meßnetze/ Daten, Systeme/Betrieb sowie Planung /Kontrolle. – Geschäftsbereich Personal und Betriebswirtschaft: die Abteilungen Planung und Organisation, Zentrale und Betriebswirtschaftliche Funktionen sowie Personalwesen und Recht.

Geschäftsbereich Vorhersage und Medien
Geschäftsfeld Seeschiffahrt
HAMBURG. Deutscher Wetterdienst, Bernhard-Nocht-Str. 76, D-20359 Hamburg, Tel.: (040) 3190-0, Fax: (040) 3190-8803.

Geschäftsfeld Luftfahrt
Das ist an den Flughäfen Hamburg, Bremen, Hannover, Düsseldorf, Köln/Bon, Münster/ Osnabrück, Berlin-Tempelhof, Berlin-Tegel, Berlin-Schönefeld, Leipzig, Dresden, Erfurt, Frankfurt, Saarbrücken, München, Nürnberg und Stuttgart vertreten.

Geschäftsfeld Vorhersagekunden und Geschäftsfeld Medien
ESSEN. Deutscher Wetterdienst, Wallneyer Str. 10, D-45133 Essen, Tel.: (0201) 71021-0, Fax: (0201) 71021-26.
FRANKFURT. Deutscher Wetterdienst, Postfach 100465, D-63004 Offenbach, Tel.: (069) 8062-0, Fax: (069) 8062-2608.
HAMBURG. Deutscher Wetterdienst, Bernhard-Nocht-Str. 76, D-20359 Hamburg, Tel.: (040) 3190-0, Fax: (040) 3190-8803.
LEIPZIG. Deutscher Wetterdienst, Prager Str. 169, D-04299 Leipzig, Tel.: (0341) 2214-461, Fax: (0341) 2214-370.
MÜNCHEN. Deutscher Wetterdienst, Postfach 200602, D-80006 München, Tel.: (089) 539803-0, Fax: (089) 539803-44.
POTSDAM. Deutscher Wetterdienst, Michendorfer Chaussee 23, D-14473 Potsdam, Tel.: (0331) 3160.
STUTTGART. Deutscher Wetterdienst, Am Schnarrenberg, D-70736 Stuttgart, Tel.: (0711) 95520, Fax: (0711) 552131.

Geschäftsbereich Klimagutachten und Landwirtschaft
Geschäftsfeld Landwirtschaft
BONN. Deutscher Wetterdienst, Siebengebirgsstr. 200, D-53229 Bonn, Tel.: (0228) 4345-00, Fax: (0228) 4345-24.
BRAUNSCHWEIG. Deutscher Wetterdienst, Bundesallee 50, D-38116 Braunschweig, Tel.: (0531) 51064, Fax: (0531) 515350.
FREIBURG. Deutscher Wetterdienst, Stefan-Meier-Str. 4, D-79104 Freiburg, Tel.: (0761) 28202-0, Fax: (0761) 28202-90.
GEISENHEIM. Deutscher Wetterdienst, Kreuzweg 25, D-65366 Geisenheim, Tel.: (06722) 6022, Fax: (06722) 5156.
HALLE. Deutscher Wetterdienst, Am Donnersberg 12, D-06120 Halle/Saale, Tel.: (0345) 29191, Fax: (0345) 29191.
POTSDAM. Deutscher Wetterdienst, Michendorfer Chaussee 23, D-14473 Potsdam, Tel.: (0331) 3160.
SCHLESWIG. Deutscher Wetterdienst, Regenpfeifferweg 9, D-24847 Schleswig, Tel.: (04621) 507173, Fax: (04621) 52777.
WEIHENSTEPHAN. Deutscher Wetterdienst, Hohenbachernstr. 19/21, D-85354 Freising, Tel.: (08161) 13038, Fax: (08161) 13006.

Geschäftsfeld Klimakunden
DRESDEN. Deutscher Wetterdienst, Schuchstr. 7, D-01445 Radebeul, Tel.: (0351) 78280, Fax: (0351) 75550.
ESSEN. Deutscher Wetterdienst, Wallneyer Str. 10, D-45133 Essen, Tel.: (0201) 71021-0, Fax: (0201) 71021-25, 26.
FRANKFURT. Deutscher Wetterdienst, Postfach 100465, D-63004 Offenbach, Tel.: (069) 8062-2649, Fax: (069) 8062-2608.

HAMBURG. Deutscher Wetterdienst, Bernhard-Nocht-Str. 76, D-20359 Hamburg, Tel.: (040) 3190-0, Fax: (040) 3190-803.

HANNOVER. Deutscher Wetterdienst, Petzelstr. 70, D-30661 Langenhagen, Tel.: (0511) 973960, Fax: (0511) 76663 oder 9735061.

MÜNCHEN. Deutscher Wetterdienst, Postfach 200602, D-80006 München, Tel.: (089) 539803-0, Fax: (089) 539803-44.

NÜRNBERG. Deutscher Wetterdienst, Postfach 990163, D-90268 Nürnberg, Tel.: (0911) 365050, Fax: (0911) 521183.

POTSDAM. Deutscher Wetterdienst, Michendorfer Chaussee 23, D-14473 Potsdam, Tel.: (0331) 3160.

ROSTOCK. Deutscher Wetterdienst, Seestr. 15a, D-18119 Rostock-Warnemünde, Tel.: (0381) 5021, Fax: (0381) 54169.

STUTTGART. Deutscher Wetterdienst, Am Schnarrenberg 17, D-70736 Stuttgart, Tel.: (0711) 95520, Fax: (0711) 552131.

TRIER. Deutscher Wetterdienst, Postfach 1560, D-54205 Trier, Tel.: (0651) 45045, Fax: (0651) 48709.

WEIMAR. Deutscher Wetterdienst, Postfach 4, D-99401 Weimar, Tel.: (03643) 5400-0, Fax: (03643) 5400-40.

Geschäftsfeld Medizin-Meteorologie

ESSEN. Deutscher Wetterdienst, Wallneyer Str. 10, D-45133 Essen, Tel.: (0201) 71021-0, Fax: (0201) 71021-25.

FRANKFURT, Deutscher Wetterdienst, Postfach 100465, D-63004 Offenbach, Tel.: (069) 8062-0, Fax: (069) 8062-2608.

FREIBURG. Deutscher Wetterdienst, Stfan-Meier-Str. 4, D-79104 Freiburg, Tel.: (0761) 28202-0, Fax: (0761) 28202-90.

HAMBURG. Deutscher Wetterdienst, Bernhard-Nocht-Str. 76, D-20359 Hamburg, Tel.: (040) 3190-0, Fax: (040) 3190-8803.

MÜNCHEN. Deutscher Wetterdienst, Postfach 200602, D-80006 München, Tel.: (089) 539803-0, Fax: (089) 539803-44.

POTSDAM. Deutscher Wetterdienst, Michendorfer Chaussee 23, D-14473 Potsdam, Tel.: (0331) 3160, Fax: (031) 3160.

Geschäftsfeld Hydrometeorologie

BERLIN. Deutscher Wetterdienst, Lindenberger Weg 24, D-13125 Berlin, Tel.: (030) 94973-02, Fax: (030) 94973-24.

Außenstellen der Geschäftsbereiche verteilen sich über Deutschland:

Geschäftsbereich Meteorologie Forschung und Entwicklung:

HOHENPEISSENBERG. Deutscher Wetterdienst, Meteorologisches Observatorium Hohenpeißenberg, Albin-Schwaiger-Weg 10, D-82383 Hohenpeißenberg, Tel.: (08805) 9200-0, Fax: (08805) 9200-46.

LINDENBERG. Deutscher Wetterdienst, Meteorologisches Observatorium Lindenberg, D-15864 Lindenberg, Tel.: (033677) 602-60, Fax: (033677) 602-80.

POTSDAM. Deutscher Wetterdienst, Meteorologisches Observatorium Potsdam, Telegrafenberg, D-14473 Potsdam, Tel.: (0331) 316501, Fax: (0331) 316591.

Personal und Betriebswirtschaft

LANGEN. Wetterdienstschule zugleich Abteilung Wetterdienst/Geophysikalischer Beratungsdienst der Fachhochschule des Bundes für öffentliche Verwaltung, Paul-Ehrlich-Str. 39, D-63225 Langen, Tel.: (06103) 70740-0, Telex: 414109, Fax: (06103) 70740-3.

Klimafolgenforschung

POTSDAM. Institut für Klimafolgenforschung e.V. (PIK), Telegrafenberg, Gebäude C4, D-14473 Potsdam (Postfach 601203, D-14412 Potsdam), Tel: (0331) 288-2500, Fax: 288-2600 — Geschäftsführung: Direktor: Prof. Dr. Hans-Joachim Schellnhuber — Stv.Dir.: Dr. Manfred Stock — Juristischer Berater im Nebenamt: Dr. Bernd-Uwe Jahn — Administrativer Leiter: Dipl.-Kaufm. Ralph Goltdammer — Abteilungen: Abt.Leiter Globaler Wandel & Natürliche Systeme: Prof. Dr. Wolfgang Cramer — Abt. Klimaforschung: Prof. Dr. Martin Claußen — Abt. Data & Computation: Dipl.-Ing. Karsten Kramer — Abt. Integrierte Systemanalyse: Prof. Dr. H. J. Schellnhuber, Prof. Dr. Juri Svirezhev — Abt. Globaler Wandel & Soziale Systeme: Prof. Dr. Ferenc Tóth — Scientific & Public Relations: Johannes Bernreuter

Führende Gesellschaften

Nationales Komitee für Geodäsie und Geophysik der Bundesrepublik Deutschland. Sekretär: Prof. Dr. K. Hinz, Bundesanstalt für Geowissenschaften und Rohstoffe, Postfach 51 01 53, D-30631 Hannover — Vors.: Prof. Dr. E. Groten, Institut für Physikalische Geodäsie, Petersenstr. 14, D-64287 Darmstadt

Deutsche Meteorologische Gesellschaft e.V. Vors.: Dipl.-Met. U. Gärtner, DWD, Postfach 100465, D-63004 Offenbach — Sekretär: Dr. J. Struning, Mont Royal, D-56841 Traben-Trarbach.

Deutsche Geophysikalische Gesellschaft e.V. c/o Dr. Wigor Webers, Geo-Forschungszentrum, Telegrafenberg, 14473 Potsdam, Tel.: (0331) 288-1232, Fax: 288-1235, e-mail: wigor@gfz.potsdam.de

Forschungsgemeinschaft Angewandte Geophysik e.V., gegr. 1954. Goseriede 8, D-30159 Hannover — Gf.: Bergassessor Otto Lenz.

Verb. Deutscher Meteorologen e.V., gegr. 6.7.1950. Gst.: Willemerstr. 7, D-63067 Offenbach, Tel.: (069) 880475. Fax: (040) 3603090393, e-mail: hwchrist@aol.com — Vors.: RDir.a.D. Dipl.-Met. Dr. H.W. Christ, Offenbach/Main.

Erdbebenwarten und erdmagnetische Observatorien

BENSBERG. Abteilung für Erdbebengeologie der Geologischen Institute der Universität Köln. Erdbebenstation Bensberg. Vinzenz-Pallotti-Str. 26, D-51429 Bergisch-Gladbach, Tel.: (02204) 81343, Fax: 85043, e-mail: adg.22@rs1.rrz.uni-Koeln.de — Wiss. Leit.: Akad.Direktor Prof. Dr. L. Ahorner.

ERLANGEN. Seismologisches Zentralobservatorium GRF. Mozartstr. 57, D-91052 Erlangen, Tel.: (09131)81040-0, Fax: 81040-99, e-mail: seidl@szgrf.uni-erlangen.de — Leiter: Dr. D. Seidl, Erlangen.

FÜRSTENFELDBRUCK/Obb. Geophysikalisches Observatorium der Universität München. Ludwigshöhe 8, D-82256 Fürstenfeldbruck, Tel.: (08141) 92470, Fax: 4704 — Erdbebenwarte: Dr. E. Schmedes — Erdmagnetisches Observatorium: Dr. M. Beblo.

KARLSRUHE. Geophysikalisches Institut der Universität Karlsruhe. Hertzstr. 16, D-76187 Karlsruhe, Tel.: (0721) 608-4443, Fax: 71173..

SCHUTZ VON PFLANZENARTEN UND VEGETATION. ÖKOLOGISCHE UMWELTBEOBACHTUNG

Amtliche Einrichtungen und Arbeitsgemeinschaften

BONN-BAD GODESBERG. Bundesamtes für Naturschutz, Abt. I1: Ökologie und Schutz von Fauna und Flora. Konstantinstr. 110, D-53179 Bonn, Tel.: (0228) 8491-0, Fax: 8491-200 — Leit.: Dir. u. Prof. Dr. U. Bohn. Vertr.: Dr. G. Wolf.

GÖTTINGEN. Floristisch-soziologische Arbeitsgemeinschaft e.V., Wilhelm-Weber-Str. 2, D-37073 Göttingen, Tel.: (0551) 39-5700, Fax: 39-2287 — Vors.: Prof. Dr. H. Dierschke — Geschäftsführer: Dr. D. Remy, Universität Osnabrück/Ökologie (FB5), Barbarastr. 11, D-49069 Osnabrück, Tel: (0541) 96928-29, Fax: 96928-15

HALLE. Martin-Luther-Universität Halle-Wittenberg, Landwirtschaftliche Fakultät , Ludwig-Wucherer-Str. 2, D-06099 Halle/S., Tel.: (0345) 552-2300, -2301, Fax: 552-7118.

KARLSRUHE. Vegetationskartierung d. Staatl. Museums f. Naturkunde. Erbprinzenstr. 13, D-76133 Karlsruhe, Tel.: (0721) 175-2867 — Leit.: Prof. Dr. G. Philippi.

KIEL. Arbeitsgemeinschaft Geobotanik in Schleswig-Holstein und Hamburg e.V., Universität, Biologiezentrum, D-24098 Kiel, Tel.: (0431) 880-4285, -4286, Fax: 880-1522 — Vors.: Prof. Dr. K. Dierssen.

STUTTGART. Zentralstelle für die vegetationskundliche Landesaufnahme in Württemberg beim Staatl. Museum f. Naturkunde. Rosenstein 1, D-70191 Stuttgart , Tel.: (0711) 893-6205 — Abt. f. Botanik, Leit.: Hauptkonservator Prof. Dr. S. Seybold.

Führende Gesellschaften, Verbände und Vereine

Verband Deutscher Biologen e.V. (VDBiol) Präs.: Prof. Dr. Karl Daumer, Corneliusstr. 6, 80469 München, Tel.: (089) 2602-4573, Fax: 2602-4574, Internet: http://www.vdbiol.de, e-mail: vdbiol.zentrale@lrz.uni-muenchen.de

Deutsche Botanische Gesellschaft e.V., gegr. 1882. Untere Karspüle 2, D-37073 Göttingen, Tel.: (0551) 33347 — Vors.: Prof. Dr. E. Beck (Bayreuth) — Schatzmeister: Dr. A. Kuhl (Göttingen) — 1. Schriftführer: Dr. G. Schäfer (Bayreuth).

Vereinigung für Angewandte Botanik e.V., gegr. 1902. Präs.: Prof. Dr. R. Lieberei, Institut für Angewandte Botanik, Postfach 302762, D-20309 Hamburg — Schriftf.: Prof. Dr. H.-J. Jäger, Institut für Pflanzenökologie, Heinrich-Buff-Ring 38, D-35392 Gießen.

Deutsche Gesellschaft für Moor- und Torfkunde e.V., gegr. 1970. Gst.: Stilleweg 2, D-30655 Hannover, Tel.: (0511) 643-2241, 2459, Fax: 643-2304 — Vors.: Prof. Dr. J.-D. Becker-Platen.

Gesellschaft Deutsches Arboretum e.V., gegr. 1938. c/o Karl Fuchs, Auf der Wacht 2, D-74867 Neunkirchen

Deutsche Dendrologische Gesellschaft e.V., gegr. 1892. Präs.: Dr. Ulrich Hecker, Saarstr. 21, D-55099 Mainz — Stellvertr. Präs. u. Gf.: Andreas Bärtels, Hünstollenstr. 32, D-37136 Waake, Tel.: (05507) 91387, Fax: 91388 — Fachreferenten (erweiterter Vorstand): Botanik – Prof. Dr. F. G. Schroeder, Merkelstr. 16, D-37085 Göttingen – Gartenbau: H. J. Albrecht, Johannisthaler Chaussee 58, D-12437 Berlin – Landschaftsplfege: W. zur Hausen, Gatzenstr. 97a, D-47802 Krefeld-Verberg – Naturschutz: Prof. Dr. Peter Schmidt, Am Wasserwerk 24, D-01640 Coswig – Parkgestaltung: Prof. Dr. Ruprecht Rümler, Dachsweg 2, D-50859 Köln – Waldbau: Karl Fuchs, Auf der Wacht 2, D-74867 Neunkirchen

Deutsche Gesellschaft für Säugetierkunde e.V. 1. Vors.: Prof. Dr. H. Erkert — Gf.: Prof.Dr. R. Schröpfer, FB. Biologie/'Chemie der Universität, Barbarastr. 11, D-49069 Osnabrück.

Deutsche Gesellschaft für allgemeine und angewandte Entomologie e.V. (DGaaE), gegr. 1976. Bundesanstalt für Land- und Forstwirtschaft, Institut für Pflanzenschutz im Obstbau, Schwabenheimerstr. 101, D-69221 Dossenheim, Tel.: (06221) 86805-00, Fax: 868015-15, e-mail: bba.dossenheim@t-online.de — Vors.: Prof. Dr. E. Dickler — Schiftf.: Dr. H. Vogt

Deutsche Ornithologen-Gesellschaft e.V., gegr. 1850. Postfach 1126, 73330 Gingen/Fils, Tel.: (0711)525165 — Gf. Vorst. Mitgl.: Wolfgang Stauber.

Deutsche Malakozoologische Gesellschaft. Gst.: Senckenberganlage 25, Forschungsinstitut Senckenberg, D-60325 Frankfurt, Tel.: (069) 7542-237, Fax: 746-238 — Gf.: Vorst.-Mitgl.: Dr. Ronald Janssen.

BEVÖLKERUNGSWISSENSCHAFT UND GEOMEDIZIN

Forschungsstellen und Institute

HAMBURG. Bernhard-Nocht-Institut f. Tropenmedizin. Bernhard-Nocht-Str. 74, D-20359 Hamburg, Tel.: (040) 31182-401 — Direktor: Prof. Dr. Bernhard Fleischer.

BONN. Hygiene-Institut der Rhein. Friedrich-Wilhelms Universität Bonn, Sigmund-Freud-Str. 25, D-53105 Bonn, Tel.: (0228) 287-5520 — Direktor: Prof. Dr.med. M. Exner — Medizinische Geographie. Leiter: Dr. Thomas Kistemann M.A., Tel.: 287-5534, Fax: 287-4885, e-mail: boxman@mailer.mev.uni-bonn.de

Ernährungswissenschaft

GIESSEN. Institut für Ernährungswissenschaft, Justus-Liebig-Universität, Wilhelmstr. 20, D-35392 Gießen. Tel.: (0641) 702-9910 — Leit.: Prof. Dr. C. Leitzmann.

KARLSRUHE. Bundesforschungsanstalt für Ernährung. Haid-Und-Neu-Str. 9, D-76131 Karsruhe, Tel.: (0721) 6625-0, Fax: 6625-111, Internet: http://www.DAINET.DE/BFE — Leit.: Prof. Dr. Ing. W.E.L. Spieß.

WIESBADEN. Bundesinstitut für Bevölkerungsforschung. Friedrich-Ebert-Allee 4, D-65185 Wiesbaden (Postfach 55 28, D-65180 Wiesbaden), Tel.: (0611) 75-2235, Fax: 75-3960. Internet: http://home.t-online.de/home/bib-2499, e-mail: BIB-2499@t-online.de — Dir. u. Prof. Dr. Charlotte Höhn.

Anthropologie und Bevölkerungswissenschaft

Gesellschaft für Archäozoologie und Prähist. Anthropologie. 1. Vors.: Prof.Dr.Eberhard May, Institut für Zoologie, Lehrgebiet Anthropologie, TU Braunschweig, Postfach 3329, D-38023 Braunschweig.

Deutsche Gesellschaft für Bevölkerungswissenschaft e.V., gegr. 1952. Gst.: Bundesinstitut für Bevölkerungsforschung, Postfach 5528, D-65180 Wiesbaden — 1. Vors.: Dr. Johannes Otto — Gf.: Dr. Jürgen Dorbritz.

DIALEKT-, WORT- UND NAMENFORSCHUNG

Überregionale Institute und Wörterbücher

FRANKFURT/Main. Ständiger Ausschuß für geographische Namen (StAGN). Geschäftsstelle im Bundesamt für Kartographie und Geodäsie, Richard-Strauss-Allee 11, D-65098 Frankfurt am Main — Leiter der Geschäftsstelle: Bernd E. Beinstein, Tel: (069) 6333-317 — 1. Vors. Dr. Jörn Sievers, Bundesamt für Kartographie und Geodäsie, Richard-Strauss-Allee 11, D-60598 Frankfurt, Tel: (069) 6333-313

HEIDELBERG. Deutsches Rechtswörterbuch (Wörterbuch d. älteren deutschen Rechtssprache) – Forschungsstelle d. Heidelberger Akademie d. Wiss. Karlstr. 4, D-69117 Heidelberg, Tel.: (06221) 543271, Fax: 543355, Internet: http://www.uni-heidelberg.de/institute/sonst/adw/drw, e-mail: speer@drw.adw.uni-heidelberg.de — Leit. d. Forschungsstelle: Dr. H. Speer.

MANNHEIM. Institut für deutsche Sprache. R 5, 6-13, D-68161 Mannheim, Tel.: (0621) 1581-0, Fax: 1581-200. Internet: http://www.ids-mannheim.de, e-mail: vorstand@ids-mannheim.de — Direktor: Prof. Dr. G. Stickel — Öffenlichkeitsarbeit: Dr. Annette Trabold

MARBURG/Lahn. Forschungsinstitut für deutsche Sprache – Deutscher Sprachatlas. Philipps-Universität Marburg. Kaffweg 3 und Wilhelm-Röpke-Str. 6A, D-35032 Marburg, Tel.: (06421) 28-2483, -4696 — Geschäftsführender Direktor: Prof. Dr. J. Göschel.

WIESBADEN. Gesellschaft für deutsche Sprache e.V., Spiegelgasse 13, D-65183 Wiesbaden, Tel.: (0611) 99955-0, Sprachberatung: (0611) 99955-5, Fax: 99955-30.

VÖLKERKUNDE – VOLKSKUNDE

Überregionale Institute für Volkskunde

BERLIN. Museum für Volkskunde Staatl. Museen zu Berlin Preußischer Kulturbesitz. Im Winkel 6/8, D-14195 Berlin, Tel.: (030) 83901-01, Fax: 83901-283.

BONN. Archiv des Atlas der deutschen Volkskunde. Am Hofgarten 22, D-53113 Bonn, Tel.: (0228) 73-7618, Fax: 73-9440 — Leit.: Prof. Dr. H.L. Cox.

FREIBURG i.Br. Deutsches Volksliedarchiv – Arbeitsstelle für internationale Volksliedforschung, gegr. 1914. Silberbachstr. 13, D-79100 Freiburg, Tel.: (0761) 7050-30, Fax: 7050-328 — Leiter: Prof. Dr. Max Matter — Hauptkonservator Prof. Dr. Otto Holzapfel, Dr. Jürgen Dittmar — Konservatorin Dr. Waltraud Linder-Beroud.

MÜNCHEN. Bayerisches Nationalmuseum. Prinzregentenstr. 3, D-80538 München — Generaldir. Dr. Reinhold Baumstark — Abt. Volkskunde, Landeskonservator Prof. Dr. Ingolf Bauer, Oberkonservatorin Dr. Nina Gockerell.

NÜRNBERG. Germanisches Nationalmuseum – Abt. Volkskunde. (Postfach 95 80, D-90105 Nürnberg) Kartäusergasse 1, D-90402 Nürnberg, Tel.: (0911) 1331-0, Fax: 1331-200 — Generaldir. Dr. G.Ulrich Großmann, Hauptabteilungsleiter: Dr. Renate Eikelmann (Stellv. GD, Leiterin Kunsthandwerk bis 1800), Dr. Adelheid Müller (Stellv. GD, Leiterin Volkskunde, Judaica, Möbel, Spiele), Dr. Irmtraud Frfr. v. Andrian-Werburg (Leiterin Archiv, Rechtsaltertümer), Dietrich Bächler (Leiter Verwaltung/Technik), Verwaltung/wiss. Mitarbeiter: Bernhard Amend, Leiter Verwaltung. Dr. Frank Bär, Leiter Musikinstrumente. Dr. Silvia Glaser, Leiterin Gewerbemuseum und Design. Horst Gollwitzer, Leiter Technisches Büro. Dr. Matthias Henkel, Leiter Öffentlichkeitsarbeit. Dr. Daniel Hess, Leiter Gemälde bis 1800. Dr. Axel Janeck, Leiter Registrarbüro. Dr. Matthias Kammel, Leiter Skulptur bis 1800. Dr. Siegfried Krause, Leiter Informationstechnologie. Dr. Petra Krutisch, Leiterin Ausstellungsreferat, Möbel. Dr. Hermann Maué, Leiter Münzen, Medaillen, Verlag, Fotostelle. Dr. Ursula Peters, Leiterin Kunst und Kunstgewerbe 19./20. Jh. Dr. Rainer Schoch, Leiter Druckgraphik, Zeichnungen. Dr. Eberhard Slenczka, Leiter Bibliothek. Dr. Tobias Springer, Leiter Vor-und Frühgeschichte. Dr. Gesine Stalling, Leiterin Kunst- und Kulturpädagogisches Zentrum, Erwachsenenbildung u. Familien. Dr. Arnulf v. Ulmann, Leiter Institut f. Kunsttechnik und Konservierung. Dr. Johannes Willers, Leiter Wissenschaftl. Instrumente, Waffen, Pharmazie. Dr. Jutta Zander-Seidel, Leiterin Textilien, Schmuck.

Regionale Landesstellen für Volkskunde

BONN. Abt. f. Rheinische Volkskunde, Institut für geschichtliche Landeskunde der Rheinlande. Am Hofgarten 22, D-53113 Bonn, Tel.: (0228) 73-7618, Fax: 73-9440 — Dir.: Prof. Dr. Heinrich Leonard Cox. – Volkskundliches Seminar, Atlas der deutschen Volkskunde, Koordinationsstelle für den ethnologischen Atlas Europas und seiner Nachbarländer.

MÜNCHEN. Institut für Volkskunde der Kommission für bayerische Landesgeschichte b. d. Bayerischen Akad. d. Wiss. Barer Straße 13, D-80333 München, Tel.: (089) 557986, 597896 — Leit.: Prof. Dr. Ingolf Bauer.

MÜNSTER/Westf. Volkskundliche Kommission für Westfalen des Landschaftsverbandes Westfalen-Lippe. Domplatz 23, D-48143 Münster, Tel.: (0251) 832-4404 — Vors.: Prof.Dr. Ruth-E. Mohrmann.

STUTTGART. Landesdenkmalamt Baden-Württemberg. Mörikestr. 12, D-70178 Stuttgart, Tel.: (0711) 1694-9 — L. Präs. Prof. Dr. Planck.

Führende Gesellschaften und Vereinigungen

Deutsche Gesellschaft für Völkerkunde e.V., gegr. 1929. Gst.: Museum für Völkerkunde, Schaumainkai 29, D-60594 Frankfurt/Main, Tel.: (069) 2123-5391, Fax: 2123-0704 — Vorstand: Prof. Dr. Josef Franz Thiel (Vorsitzender), Prof. Dr. Christian Feest (stellv. Vors.), Prof. Dr. Mark Münzel (Schatzmeister), Dr. Karin von Welck (Pressereferentin).

Gst.: Institut für Ethnologie, Universität Heidelberg, Sandgasse 7, 69115 Heidelberg, Tel. (06221) 54-2236, Fax: 54-3556, Internet: http://www.eth.uni-heidelberg.de, e-mail: Ethnologie@urz.uni-heidelberg.de — Vorstand: Prof. Dr. Jürg Wassmann (Vors.), Prof. Dr. Klaus-Peter Köpping (stellv. Vors.), Prof. Dr. Mark Münzel (Schatzmeister), PD Dr. Burkhard Schnepel und Dr. Shahnaz Nadjmabadi (Pressereferanten)

Frobenius-Gesellschaft e.V., (Deutsche Gesellschaft f. Kulturmorphologie), neu gegr. 1938. Liebigstr. 41, D-60323 Frankfurt, Tel.: (069) 719199-0, Fax: 719199-11, e-mail: frobenius@em.uni-frankfurt.de

Gesellschaft für Länder- und Völkerkunde Freiburg, Werderring 4, D-79085 Freiburg.

Hugo-Obermaier-Gesellschaft für Erforschung des Eiszeitalters und der Steinzeit (gegr. 1951, Sitz Regensburg). Kochstr. 4, D-91054 Erlangen (Universität Erlangen-Nürnberg, Lehrstuhl für Ur- und Frühgeschichte), Tel.: (09131) 852-2794, Fax: 852-6394, e-mail: p1altuf@phil.uni-erlangen.de oder: CNZUECHN@phil.uni-erlangen.de — Vors.: Prof. Dr. B. Frenzel, Inst. f. Botanik, Garbenstr. 30, D-70599 Stuttgart — Schriftf.: Dr. Chr. Züchner, Universität Erlangen-Nürnberg, Lehrstuhl für Ur- und Frühgeschichte.

Rheinische Vereinigung für Volkskunde, gegr. 1947. Am Hofgarten 22, D-53113 Bonn, Tel.: (0228) 73-7618, Fax: 73-9440 — Auskunft: Prof. Dr. H.L. Cox.

GESCHICHTE – LANDESGESCHICHTE

Verband der Historiker Deutschlands — Vors.:Prof. Dr. Johannes Fried, Historisches Seminar der Universität Frankfurt a.M., Senckenberganlage 31, D-60325 Frankfurt (Postfach 11 19 32, D-60054 Frankfurt), Fax: (069) 798-28940 — Schriftf.: Prof. Dr. Heinz Duchhardt, Direktor des Instituts für Europ. Geschichte, Alte Universitätsstr. 19, D-55116 Mainz — Stellv. Vors.: Prof. Dr. Peter Funke, Universität Münster, Seminar für Alte Geschichte, Domplatz 20-22, D-48143 Münster — Schatzmeister: Prof. Dr. Manfred Hildermeier, Seminar für Mittlere und Neuere Geschichte der Universität Göttingen, Platz der Göttinger Sieben 5, D-37073 Göttingen.

HAMBURG. Museum f. Hamburgische Geschichte. Holstenwall 24, D-20355 Hamburg, Tel.: (040) 3504-2360 — Dir.: Prof. Dr. Jörgen Bracker.

Landesgeschichtliche Institute, Lehrstühle und Lehraufträge

BONN. Institut für geschichtliche Landeskunde d. Rheinlande d. Univ. Am Hofgarten 22, D-53113 Bonn, Tel.: (0228) 73-7553.

HEIDELBERG. Institut für Fränkisch-Pfälzische Geschichte u. Landeskunde an der Universität, Grabengasse 3-5, D-69117 Heidelberg (Postfach 105 760, D-69047 Heidelberg), Tel.: (06221) 5422-80, Fax: 5422-67 — Geschichtl.: Gegründet 19.7.1939 zur wiss. Landesforschung im Gebiet Nordbaden u. d. Rheinpfalz — Leiter: Prof. Dr. Hermann Jakobs. Wiss. Mitarb.: Joachim Dahlhaus.

MARBURG. Hessisches Landesamt für geschichtliche Landeskunde. Wilhelm-Röpke-Str. 6 C, D-35032 Marburg, Tel.: (06421) 284-582, Fax: 284-799 — Geschichtl.: Gegründet 1920 als Wissenschaftl. Forschungsinstitut — Leiter: Dr. Ursula Braasch-Schwersmann.

TRIER. Sonderforschungsbereich 235. Zwischen Maas und Rhein: Beziehungen, Begegnungen und Konflikte in einem europäischen Kernraum von der Spätantike bis zum 19. Jahrhundert. Fachbereich III der Universität Trier. D-54286 Trier, Tel.: (0651) 210-3295, Fax: 210-3293 — Sprecher: Prof. Dr. Lutz Raphael.

Historische Kommissionen

Arbeitsgemeinschaft Historischer Kommissionen und Landesgeschichtlicher Institute. Gisonenweg 5-7, Herder-Institut, D-35037 Marburg, Tel.: (06421) 1840 — Prof. Dr. Roderich Schmidt.

Baltische Historische Kommission e.V. c/o. Dr. M. Garleff, Bundesinstitut für ostdeutsche Kultur und Geschichte, Johann-Justus-Weg 147a, D-26127 Oldenburg, Tel.: (0441) 96195-12, Fax: 96195-33 — 1. Vors. Dr. G. v. Pistohlkors.

Kommission für geschichtliche Landeskunde in Baden-Württemberg. Eugenstr. 7, D-70182 Stuttgart, Tel.: (0711) 212 4266 — Vors.: Dr. Gerhard Taddey.

Kommission für bayerische Landesgeschichte bei der Bayerischen Akademie d. Wiss. Marstallplatz 8, D-80539 München, Tel.: (089) 23031-171 — Vors.: Prof. Dr. Alois Schmid.

Historische Kommission zu Berlin – Forschungszentrum für Geschichte – e.V.. Kirchweg 33 („Der Mittelhof"), D-14129 Berlin — Vors.: Prof. Dr. Wolfgang Ribbe.

Hessische Historische Kommission Darmstadt. Staatsarchiv, Karolinenplatz 3, D-64289 Darmstadt, Tel.: (06151) 165900 — Vors.: Ltd. Archivdir. a.D. Prof. Dr. E.G. Franz.

Historische Kommission für Nassau. Mosbacher Str. 55, D-65187 Wiesbaden, Tel.: (0611) 881-0, Fax: 881-145, e-mail: Poststelle@hhstaw.hessen.de — Vors.: Ltd. Archivdirektor a. D. Dr. Wolf-Arno Kropat — Schriftführerin: Archivoberrätin Dr. Christiane Heinemann.

Frankfurter Historische Kommission. Karmelitergasse 5, D-60311 Frankfurt, (Institut für Stadtgeschichte, Karmeliterkloster), Tel.: (069) 2123-3372 — Vors.: Prof. Dr. Lothar Gall — Gf.: Prof. Dr. Dieter Rebentisch.

Historische Kommission für Niedersachsen und Bremen. Am Archiv 1 (Niedersächs. Hauptstaatsarchiv), D-30169 Hannover, Tel.: (0511) 106-2884, -2891 — Vors.: Prof. Dr. E. Schubert — stv. Vors. Dr.Chr. van den Heuvel — Gf. Dr. S. Brüdermann.

Kommission für Saarländische Landesgeschichte u. Volksforschung e.V. Dudweilerstr. 1 (Landesarchiv), D-66133 Saarbrücken, Tel.: (0681) 98039-138, Fax: 98039-133 — Vors.: Prof. Dr. Reinhard Schneider — Gf.: Prof. Dr. Hans-Walter Herrmann.

Historische Kommission für Westfalen. Warendorfer Str. 24, D-48145 Münster, Tel.: (0251) 591-4720, Fax: 591-5871 — Vors.: Prof. Dr. P. Johanek — Gf.: Dr. A.-T. Grabkowsky.

Historische Kommission für Pommern. Vors.: Prof. Dr. Dr. h. c. Roderich Schmidt, Schückingstr. 36, D-35037 Marburg.

Historische Kommission für Schlesien e.V. Univ. Mainz, Historisches Seminar. Saarstr. 21, D-55122 Mainz — Leit.: Prof. Dr.Josef Joachim Menzel — Gf.: Dr. Winfried Irgang.

Historisch-Landeskundliche Kommission für Posen u. das Deutschtum in Polen. Sitz: Marburg/Lahn — 1. Vors.: Dr. Wolfgang Kessler, Martin-Opitz-Bibliothek, Berliner Platz 5, D-44623 Herne, Tel.: (02323) 162806 — 2. Vors.: Dr. J. Rogall, Am Sonnenrain 5, D-74909 Meckesheim, Tel.: (06226) 7126.

Historische Kommission der Sudetenländer e.V. – Vors.: Dr. Stephan Dolezel, Mauerhof 8, D-37124 Rosdorf, Tel.: (0551) 781939 — Schriftf.: Dr. Peter Hilsch, Hermann-Kurz-Str. 39, D-72074 Tübingen.

Gesamtverein der deutschen Geschichts- u. Altertumsvereine, gegr. 1852. Am Archiv 1, D-30169 Hannover, Tel.: (0511) 106-2840 — Vors.: Dr. Dieter Brosius, Ltd. Archivdirektor — Schatzmeister: Dr. Manfred Treml, Austr. 18, D-83022 Rosenheim.

Herold. Verein für Heraldik, Genealogie u. verwandte Wissenschaften, gegr. 1869. Gst.: Archivstr. 12–14, D-14195 Berlin, Tel.: (030) 83901-100.

KOMMUNALWISSENSCHAFT

Kommunalwissenschaftliche Institute

FREIBURG i.Br. Verein für Kommunalwissenschaft e.V., Kartäuserstr. 49a, D-79102 Freiburg.

ST. AUGUSTIN. Hauptabteilung Kommunalwissenschaften der Konrad-Adenauer-Stiftung e.V., Bereich Forschung und Beratung, Rathausallee 12, D-53757 St. Augustin, Tel.: (02241) 246290 (1) — Leit.: Dr. Günter W. Dill.

Verein für Kommunalwissenschaften e.V. Berlin (VfK), gegr. 1951. Straße des 17. Juni 110, D-10623 Berlin, Tel.: (030) 39001-0, Fax: 39001-100 — Gf.: Dr. Rolf-Peter Löhr, Prof. Dr. Heinrich Mäding.

WIRTSCHAFTS- UND SOZIALWISSENSCHAFT

Wirtschaftswissenschaftliche Hochschulinstitute und Forschungsstellen

BERLIN. Deutsches Institut für Wirtschaftsforschung. Königin-Luise-Str. 5, D-14195 Berlin, Tel.: (030) 89789-0, Fax: 89789-200.

BONN-BAD GODESBERG. Forschungsinstitut der Friedrich-Ebert-Stiftung. Godesberger Allee 149, D-53175 Bonn, Tel.: (0228) 883-0 — Leit.: Gerhard Stümpfig.

BONN. Institut „Finanzen u. Steuern" e.V. Markt 10, D-53111 Bonn (PA: Postfach 7269, D-53072 Bonn), Tel: (0228) 98221-0, Fax: 98221-50 — Gf. Vorst.-Mitgl.: Dr. Adalbert Uelner.

ERLANGEN. Institut für Staats- u. Versicherungswissenschaft. Kochstr. 4, D-91054 Erlangen, Tel.: (09131) 85-22376, Fax: 85-22060, e-mail: orkurer@phil.uni-erlangen.de — Leit.: Prof. Dr. Oskar Kurer.

ESSEN. Rheinisch-Westfälisches Institut für Wirtschaftsforschung. Hohenzollernstr. 1–3, D-45128 Essen, Tel.: (0201) 8149-0, Fax: 8149-200, Internet: http://www.rwi-essen.de, e-mail: rwi@rwi-essen.de — Vorstand: Prof. Dr. Paul Klemmer (Präsident), Prof. Dr. Ullrich Heilemann (Vizepräsident).

KARLSRUHE. Fraunhofer-Institut für Systemtechnik und Innovationsforschung (ISI), Breslauer Str. 48, D-76139 Karlsruhe, Tel.: (0721) 6809-0, Fax: 6809-152, Internet: http:\\www.isi.fhg.de, e-mail: isi@fhg.de — Leiter: Prof. Dr. Frieder Meyer-Krahmer — Stellv.: Privatdozent Dr. Hariolf Grupp, Prof. Dr.-Ing. Eberhard Jochem — Öffentlichkeitsarbeit: Gerhard Samulat (Tel.: -100) — Bibliothek: Günter Heger (Tel.: -218).

KIEL. Institut für Weltwirtschaft an der Univ. Kiel. Düsternbrooker Weg 120, D-24105 Kiel (Postfach 43 09, D-24042 Kiel), Tel.: (0431) 8814-1, Telex-Nr. 02–9 24 79, Fax: 85853, Internet: http://www.uni-kiel.de:8080/ifw/, e-mail: info-ifw@zbw.ifw-kiel.de — Präs.: Prof. Dr. Horst Siebert — Bibliothek: Leit.: Dipl.-Volksw. Horst Thomsen — Wirtschaftsarchiv (Presseausschnittsammlung): Leit.: Dipl.-Volksw. Bernhard Klein

KÖLN. Institut der deutschen Wirtschaft e.V. Gustav-Heinemann-Ufer 84–88, D-50968 Köln, Tel.: (0221) 4981-1, Fax: 4981-592 — Präs.: Dr. Manfred Lennings — Dir.: Prof. Dr. Gerhard Fels.

TÜBINGEN. Institut für Angewandte Wirtschaftsforschung. Ob dem Himmelreich 1, D-72074 Tübingen, Tel.: (07071) 9896-0, Fax: 9896-99, Internet: http://www.uni-tuebingen.de/iaw, e-mail: iaw@iaw.de, oder: iaw@oe.uni-tuebingen.de — Wiss. Leit.: Prof. Dr. Gerd Ronning, Prof. Dr. Manfred Stadler — Gf.: Dr. Jürgen Volkert, Günther Klee M.A.

Marktforschung

FRANKFURT a.M. A. C. Nielsen GmbH, Marktforschung. Ludwig-Landmann-Str. 405, D-60486 Frankfurt (Postfach 94 01 48, D-60459 Frankfurt), Tel.: (069) 7938-0 – Gf.: Dr. Jörg Goll.

Gesellschaft in Österreich: AC Nielsen Comp., Moeringgasse 20, A-1150 Wien, Tel.: (01) 98110-0, Fax: 98110-77 – Gf.: André Tinhofer.

Gesellschaft in der Schweiz: A. C. Nielsen S.A., Nielsen Haus, Buchrain, CH-6002 Luzern, Tel.: (041) 4456464, Fax: 440-1707 – Gf.: Olaf Ittensohn.

HAMBURG. GFM-GETAS / WBA. Gesellschaft für Marketing-, Kommunikations- und Sozialforschung mbH.. Langelohstr. 134, D-22549 Hamburg, Tel.: (040) 80096–0, Fax: 80096-100 — Gf.: Dr. M. Hoppe (Geschäftsf. Gesellschafter), U. Boës, E. Grimm, B. L. v. Harder, H. Hasselmann, R. Valentin

ILLEREICHEN. Wickert Institute für wirtschaftliche Zukunftsforschung. Schloßplatz 5, D-7919 Illereichen, Tel.: (08337) 728-0, Fax: 1044 — Leit.: G. Wickert.

Institut für Markt- u. Meinungsforschung im In- und Ausland

FRANKFURT/MAIN. ADM. Arbeitskreis Deutscher Markt- und Sozialforschungsinstitute e.V., Langer Weg 18, D-60489 Frankfurt/M., Tel.: (069) 978431-36, Fax: 978431-37, Internet: http://www.adm-ev.de — Vorstand: Dr. Klaus Haupt (Vors.), Dr. Rudolf Sommer, Dr. Klaus L. Wübbenhorst — Geschäftsführer: Erich Wiegand.

MÜNCHEN. Infratest Burke AG, Forschung für Entscheidungen in Wirtschaft und Gesellschaft. Landsberger Str. 338, D-80687 München, Tel.: (089) 5600-0, Fax: 5600-313, Internet: http:\\www.infratest-burke.com, e-mail: ib@hqde.infrabrk.com — Vorstand: Werner Hampf, Dr. Hartmut Kiock (Vorsitzender).

MÜNCHEN: Infratest Burke Wirtschaftsforschung GmbH & Co., Landsberger Str. 338, D-80687 München, Tel.: (089) 5600-0, Fax: 5600-227 — Gf: Reinhold Weissbarth, Bruno Hötzel, Dr. Joachim Scharioth.

OFFENBACH. MARPLAN-Forschungsgesellschaft mbH. Marktplatz 9, D-63065 Offenbach, Tel.: (069) 8059–0, Fax: 8059-243 — Gf.: K. Stumpf.

SCHWALBACH. Mafo-Institut. Institut für Markt-, Meinungs- u. Absatzforschung Dr. E. Bruckert GmbH & Co. KG.. Altkönigstr. 2, D-65824 Schwalbach, Tel.: (06196) 50390, Fax: 85188, e-mail: mafo-institut@t-online.de

TAUNUSSTEIN. Ifak-Institut, Markt- und Sozialforschung Ifak-Haus. Georg-Ohm-Str. 1, D-65232 Taunusstein, Tel.: (06128) 747-0, Fax: 73518 — Gf.: Jens Winicker, Martina Winicker.

Sozialwissenschaftliche Hochschulinstitute und Forschungsstellen

BAD BENTHEIM. Forschungsstelle für Internationale Sozialräuml. Bildungsforschung u. i. Didaktik (FISB) e.V., Postfach 1127, D-48442 Bad Bentheim, Tel./Fax: (05922) 6746 — Vors.: Dipl.-Päd. Dr. Herbert Wagner.

BAD HONNEF. Katholisch-Soziales Institut der Erzdiözese Köln. D-53604 Bad Honnef — Vors.: Prälat Bernard Henrichs – Dir.: Dipl.-Volksw., Dipl.-Päd. Joachim Sikora, Tel.: (02224) 955-0, Fax: 955-100.

BONN. Arbeitsgemeinschaft Sozialwissenschaftlicher Institute e.V. (ASI). Lennestr. 30, D-53113 Bonn, Tel.: (0228) 2281-0, Fax: 2281-120 — Vors. d. Vorstandes: Prof. Dr. Heinz Sahner — Gf.: Dr. Matthias Stahl.

DÜSSELDORF. Amt für Sozialethik, KDA und Ökologie, Hans-Böckler-Str. 7, D-40476 Düsseldorf (Postfach 32 03 68, D-40418 Düsseldorf), Tel.: (0211) 4562-670, -648, Fax: 4562-693.

FREIBURG i.Br. Walter Eucken Institut e.V., Goethestr. 10, D-79100 Freiburg, Tel.: (0761) 780-88 — Vors.: Prof. Dr. H. Gröner, Prof. Dr. Dr. h.c. Otmar Issing, Prof. Dr. Wernhard Möschel.

NÜRNBERG. Institut für empirische Soziologie. Marienstr. 2/IV, D-90402 Nürnberg, Tel:. (0911) 22-4333, Fax: 22-5685. e-mail: ifes@rzmail.uni-erlangen.de — Dir.: Prof. Dr. G. Büschges — Gf.: Dr. Rainer Wasilewski.

LAND- UND FORSTWIRTSCHAFT

Landwirtschaftliche Fakultäten und Forschungsstellen

AHRENSBURG. Bundesanstalt für Züchtungsforschung an Kulturpflanzen – Institut f. Zierpflanzenzüchtung. Bornkampsweg 31, D-22926 Ahrensburg, Tel.: (04102) 802-0, Fax: 51124 — Leiter: Univ.-Prof. Dr. J. Grunewaldt.

BERLIN. Humboldt-Universität zu Berlin, Landwirtschaftlich-Gärtnerische Fakultät, Invalidenstr. 42, D-10115 Berlin, Tel.: (030) 2093-9008, Fax: 2093-9003.

BERLIN/BRAUNSCHWEIG. Biologische Bundesanstalt für Land- und Forstwirtschaft Berlin und Braunschweig. Sitz der Hauptverwaltung: Messeweg 11/12, D-38104 Braunschweig, Tel.: (0531) 299-5, Fax: 299-3000. e-mail: Pressestelle@bba.de – Leiter: Präs. u. Prof. Prof. Dr. F. Klingauf – Pressesprecher: Dr. W. Wohlers.

Institute in BRAUNSCHWEIG:

Institut für Pflanzenschutz in Ackerbau und Grünland, Braunschweig u. Kleinmachnow – Leiter: Dir. u. Prof. Dr. G. Bartels

Institut für Unkrautforschung – Leiter: Dir. u. Prof. Dr. P. Zwerger.

Institut für Pflanzenvirologie, Mikrobiologie u. biologische Sicherheit Braunschweig und Berlin – Leiter: Dir.u.Prof. Dr. G. Deml

Institut für Pflanzenschutz im Gartenbau, Braunschweig und Kleinmachnow – Leiter: Dir. u. Prof. Dr. G. Backhaus

Institut für Pflanzenschutz im Forst – Leiter: Dir. u. Prof. Prof. Dr. A. Wulf

Abteilung für Pflanzenschutzmittel und Anwendungstechnik, Braunschweig und Kleinmachnow – Leiter: Dir. u. Prof. Dr. H. Kohsiek

Fachgruppe Chemische Mittelprüfung – Leiter: Dir. u. Prof. Dr. H.-G. Nolting

Fachgruppe Biologische Mittelprüfung – Leiter: Dir. u. Prof. Dr. W. Rothert

Fachgruppe Anwendungstechnik – Leiter: Dir. u. Prof. Dr. H. Ganzelmeier

Abt. für nationale und internationale Angelegenheiten der Pflanzengesundheit Braunschweig und Kleinmachnow – Leiter: Dir. u. Prof. Dr. J.-G. Unger.

Bibliothek Braunschweig – Leiter: Wiss. Ang. Frau Dr. Redlhammer

BERLIN. Biologische Bundesanstalt für Land- u. Forstwirtschaft Berlin und Braunschweig, Königin-Luise-Straße 19, D-14195 Berlin, Tel.: (030) 8304-1, Fax: 8304-2002.

Institut für Mikrobiologie – Leiter: Dir. u. Prof. Dr. G. Deml

Institut für Vorratsschutz – Leiter: Dir. u. Prof. Dr. C. Reichmuth

Institut für Ökologische Chemie – Leiter: Dir. u. Prof. Dr. W. Pestemer

Institut für Chemikalienprüfung – Leiter: Dir. u. Prof. Dr. Becker

Bibliotheken Berlin und Kleinmachnow, Informationszentrum für Phytomedizin – Leiter: Ltd. Wiss. Dir. Prof. Dr. W. Laux.

BERNKASTEL-KUES. Biologische Bundesanstalt für Land- und Forstwirtschaft Berlin und Braunschweig. Institut für Pflanzenschutz im Weinbau. Brüningstr. 84, D-54470 Bernkastel-Kues, Tel.: (06531) 2364, Fax: 4936, e-mail: BBA-BKS@t-online.de — Leiter: Dir.u.Prof. Dr. W. D. Englert.

BONN. Institut für Agrarpolitik, Marktforschung und Wirtschaftssoziologie der Univ. Bonn. Nußallee 21, D-53115 Bonn, Tel.: (0228) 73-2331, Fax: 73-3040.

BRAUNSCHWEIG. Bundesforschungsanstalt für Landwirtschaft (FAL). Bundesallee 50, D-38116 Braunschweig, Tel.: (0531) 596-1, Fax: 596-814

Präsident: DirProf Prof. Dr. Folkhard Isermeyer – Vizepräsident: DirProf PD Dr.-Ing. Claus Sommer.

Forschungsinstitute:

Institut für Pflanzenernährung und Bodenkunde – Leiter: DirProf Prof. Dr. Dr. Ewald Schnug

Institut für Pflanzenbau und Grünlandwirtschaft – Leiter: PD Dr. Jörg Michael Greef

Institut für Agrarökologie – Leitung: DiProf Dr. Ulrich Dämmgn, DirProf PD Dr. Hans Joachim Weigel (Geschäftsf. Leiter)

Institut für Tierernährung – Leiter: DirProf Prof. Dr. Gerhard Flachowsky

Institut für Tierzucht und Tierverhalten, Standort Mariensee (Postanschrift: Holtystr. 10, D-31535 Neustadt, Tel.: (05034) 871-0, Fax: 871-143 – Leiter: DirProf Prof. Dr. Dr. Dr.h.c. Franz Ellendorf (M.Sc.)

Institut für Biosystemtechnik – Leiter: DirProf Prof. Dr.-Ing. Axel Munack

Institut für Betriebstechnik – Leiter: DiProf PD Dr.-Ing. Claus Sommer

Institut für Technologie – Leiter: DirProf Prof. Dr. Klaus-Dieter Vorlop

Institut für landwirtschaftliche Bauforschung – Leiter: DirProf. Dr. Franz-Josef Bockisch

Institut für Betriebswirtschaft, Agrarstruktur und ländliche Räume – Leiter: DirProf Prof. Dr. Folkhard Isermeyer

Institut für Marktanalyse und Agrarhandelspolitik – Leiterin: Dr. Martina Brockmeier

CELLE. Institut für Tierzucht und Tierverhalten der Bundesforschungsanstalt für Landwirtschaft, Braunschweig-Völkenrode. Dörnbergstr. 25–27, D-29223 Celle, Tel.: (05141) 38-460, Fax: 38-1849 — Leiter: Prof. Dr. Dr. Dr. h.c. Franz Ellendorff.

DARMSTADT. Biologische Bundesanstalt für Land- und Forstwirtschaft. Institut für biologischen Pflanzenschutz. Heinrichstr. 243, D- 64287 Darmstadt, Tel.: (06151) 407-0, Fax: 407-290 — Leiter: Dir. u. Prof. Dr. J. Huber.

DETMOLD. Bundesanstalt für Getreide-, Kartoffel- u. Fettforschung in Detmold und Münster. Schützenberg 12, D-32756 Detmold (Postfach 1354, D-32703 Detmold), Tel.: (05231) 741-0, Fax: 741-100 — Dir. u. Prof. Dr. M. G. Lindhauer.

DOSSENHEIM. Biologische Bundesanstalt für Land- u. Forstwirtschaft Berlin und Braunschweig, Institut für Pflanzenschutz i. Obstbau. Schwabenheimer Str. 101, D-69221 Dossenheim, Tel.: (06221) 86805-00, Fax: 86805-15, e-mail: bba.Dossenheim@t-online.de — Leit.: Dir. u. Prof. Dr. E. Dickler.

FORCHHEIM. Landesanstalt für Pflanzenbau Forchheim. Kutschenweg 20, D-76287 Rheinstetten, Tel.: (0721) 9518-30, Fax: 9518-202 — Leit.: Dir. Dr. P. Schweiger.

GIESSEN. Fachbereich 17 Agrarwissenschaften und Umweltsicherung. Bismarckstr. 24, D-35390 Gießen, Tel.: (0641) 99-37000, Fax: 99-37009.

GÖTTINGEN. Fakultät für Agrarwissenschaften. Am Vogelsang 6, D-37075 Göttingen, Tel.: (0551) 39-5532, Fax: 39-6034.

HALLE. Landwirtschaftliche Fakultät der Martin-Luther-Universität Halle-Wittenberg. Ludwig-Wucherer-Str. 2, D-06108 Halle/Saale, Tel.: (0345) 5522-300, -301, -302, Fax: 527-118.

KIEL. Agrarwissenschaftliche Fakultät der Universität Kiel. Olshausenstr. 40, D-24098 Kiel, Tel.: (0431) 880-2591, Fax: 880-7334.

KLEINMACHNOW. Biologische Bundesanstalt für Land- und Forstwirtschaft – Außenstelle Kleinmachnow. Stahnsdorfer Damm 81, D-14532 Kleinmachnow, Tel.: (033203) 48-0, Fax: 48-425.

Institut für integrierten Pflanzenschutz – Leiter: Dir. u. Prof. Prof. Dr. U. Burth.

Institut für Folgenabschätzung im Pflanzenschutz – Leiter: Dir. u. Prof. Dr. V. Gutsche.

Institut für Ökotoxikologie im Pflanzenschutz – Leiter: Dir. u. Prof. Dr. H. Becker

KÖLN-VOGELSANG. Max-Planck-Institut für Züchtungsforschung. Carl-von-Linné-Weg 10, D-50829 Köln, Tel.: (0221) 5062-0, Fax: 5062-513, e-mail: voraerbr@mpiz-koeln.mpg.de — Dir.: Prof. Dr. K. Hahlbrock, Prof. Dr. H. Saedler, Prof. Dr. F. Salamini, Prof. J. Schell — Presse-und Öffentlichkeitsarbeit Tel. -731, -672, -411

MARIENSEE. Institut für Tierzucht und Tierverhalten der Bundesforschungsanstalt für Landwirtschaft Braunschweig-Völkenrode. Mariensee, D-31535 Neustadt, Tel.: (05034) 871-0, Fax: 871-143 — Dir.Leiter: Prof. Dr. Dr. h.c. Franz Ellendorff.

MÜNCHEN. Bayerische Landesanstalt f. Bodenkultur u. Pflanzenbau. Menzingerstr. 54, D-80638 München, Tel.: (089) 17800-0, Fax: (089) 17800-313. Vöttinger Str. 38, D-85354 Freising, Tel.: (08161) 71-0, Fax: 71-4102 — Leit.: Präs. Dr. W. Ruppert — Stellvertr.: Vizepräs. Dr. F. Keydel.

MÜNSTER/Westf. Biologische Bundesanstalt für Land- u. Forstwirtschaft Berlin und Braunschweig, Institut für Nematologie und Wirbeltierkunde (mit Außenstellen in Elsdorf und in Kleinmachnow). Toppheideweg 88, D-48161 Münster, Tel.: (0251) 87106-0, Fax: 87106-33, e-mail: bba.muenster@t-online.de — Leit.: Dir. u. Prof. Dr. J. Müller.

SIEBELDINGEN. Bundesanstalt für Züchtungsforschung an Kulturpflanzen, Institut für Rebenzüchtung Geilweilerhof, D-76833 Siebeldingen, Tel.: (06345) 410 — Dir.: Dir. u. Prof. Dr. habil. R. Töpfer.

STUTTGART-HOHENHEIM. Institut für Landschafts- und Pflanzenökologie (320) d. Univ. Hohenheim. (Postfach 70 05 62, D-70593 Stuttgart) Schloß Westflügel, D-70599 Stuttgart — Gf.Dir.: Prof. Dr. R. Böcker, Tel.: (0711) 459 2865, -2330, e-mail: boeckerr@uni-hohenheim.de

WEIHENSTEPHAN/FREISING. Fakultät für Landwirtschaft u. Gartenbau d. Techn. Univ. München. Weihenstephan, D-85350 Freising, Tel.: (08161) 71-3258, Fax: 71-3900.

WEIHENSTEPHAN/FREISING. Lehrstuhl für Lebensmittelverfahrenstechnik und Molkereitechnologie, D-85350 Freising-Weihenstephan, Tel.: (08161) 71-4205, Fax: 71-4384 — Direktor: Prof. Dr.-Ing. H. G. Kessler

Lehrstuhl für Milchwissenschaft, D-8530 Freising-Weihenstephan, Tel.: (08161) 71-3500, Fax: 71-4404 — Direktor: Prof. Dr. H. Klostermeyer.

Forstwissenschaftliche Fakultäten und Forschungsstellen

FREIBURG i.Br. Forstwissenschaftliche Fakultät der Universität. Tennenbacherstr. 4, D-79106 Freiburg (Postanschrift: Dekanat, D-79085 Freiburg), Tel.: (0761) 203-3601, Fax: 203-3600, Internet: http://www.forst.uni-freiburg.de, e-mail: dekforst@uni-freiburg.de

FREISING. Bayerische Landesanstalt für Wald und Forstwirtschaft. Am Hochanger 11, D-85354 Freising, Tel.: (08161) 71-4881, Fax: 71-4971, e-mail: poststelle@folwf.bayern.de — Leiter: Präs. Dr. Günter Braun.

Sachgebiet I: Zentrale Dienste und Forstpolitik — Leiter: Ltd. Forstdirektor H.U. Sinner.
Sachgebiet II: Standort und Umwelt — Leiter: Ltd. Forstdirektor Prof. Dr. Dr.habil. Teja Preuhsler.
Sachgebiet III: Waldbau und Forstplanung, — Leiter: Ltd. Forstdirektor Dr. R. Mößmer.
Sachgebiet IV: Betriebswirtschaft und Waldarbeit — Leiter: Forstdirektor Dr. G. Ohrner.
Sachgebiet V: Waldökologie und Waldschutz — Leiter:Ltd. Forstdirektor D. Schmidt.

GÖTTINGEN. Fakultät für Forstwissenschaften und Waldökologie der Universität. Büsgenweg 5, D-37077 Göttingen, Tel.: (0551) 39-3401, -3402, -3406, Fax: 39-9629.

GÖTTINGEN. Institut für Forstpolitik, Forstgeschichte und Naturschutz. Büsgenweg 5, D-37077 Göttingen, Tel.: (0551) 393412 — Leiter: Prof. Dr. Max Krott.

Lehrstuhl f. Forstpolitik und Forstgeschichte: Prof. Dr. Max Krott
Lehrstuhl f. Landschaftspflege und Naturschutz: Prof. Dr. Renate Bürger-Arndt.

HAMBURG. Bundesforschungsanstalt für Forst- und Holzwirtschaft. Leuschnerstr. 91, D-21031 Hamburg, Tel.: (040) 739-62–0.

Leiter d. Anstalt: Dir.u.Prof. Dr. Hans-Jacob Muhs.
Verwaltungsleiter: Oberreg.-Rat Egbert Rohwer.
Institute:

1. Institut für Weltforstwirtschaft – Leiter. Prof. Dr. Jochen Heuveldop
2. Institut für Forstgenetik und Forstpflanzenzüchtung, Sieker Landstr. 2, D-22927 Großhansdorf, Tel.: (04102) 696-0, sowie Eberwalder Chaussee 3, D-15377 Waldsieversdorf, Tel.: (033433) 66160 — Leiter: Dir. u. Prof. Dr. Hans-Jacob Muhs
3. Institut für Ökonomie — Leiter: Dir. u. Prof. Prof. Dr. Carsten Thoroe
4. Institut für Holzbiologie und Holzschutz — Leiter: Prof. Dr. Dieter Eckstein
5. Institut für Holzchemie und chemische Technologie des Holzes — Leiter: Dir. u. Prof. Dr. Oskar Faix
6. Institut für Holzphysik und mechanische Technologie des Holzes — Leiter: Prof. Dr. Arno Frühwald
7. Institut für Forstökologie und Walderfassung, Alfred-Möller-Str. 1, D-16225 Eberswalde, Tel.: (03334) 65-300 — Leiter: Dir. u. Prof. Dr. Siegfried Anders
8. Information u. Dokumentation — Leiter: Wiss.Oberrat Dr. Matthias Rütze.

MÜNDEN (Hann. Münden). Forschungsinstitut für schnellwachsende Baumarten. Vekkerhäger Str. 121, D-34346 Hann. Münden, Tel.: (05541) 7004-76 — Leit.: Forstassessor M. Hofmann.

MÜNCHEN. Forstwissenschaftliche Fakultät der Ludwig-Maximilians-Universität München. Hohenbachernstr. 22, D-85354 Freising, Tel.: (08161) 7145-50, Fax: 7145-65.

RHEINBACH b. Bonn. Deutscher Forstwirtschaftsrat e.V.. Münstereifelerstr. 19,D-53359 Rheinbach (Postfach 12 29, D-53349 Rheinbach), Tel.: (02226) 2350, Fax: 5792, e-mail: dfwr-rheinbach@t-online.de.

Führende Gesellschaften und Vereine

Deutsche Landwirtschafts-Gesellschaft (DLG), gegr. 1885. Eschborner Landstr. 122, D-60489 Frankfurt,Tel.: (069) 24788-0 — Präs.: Philip Freiherr von dem Bussche — HGF.: Dr. Dietrich Rieger.

Verband Deutscher Landwirtschaftlicher Untersuchungs- u. Forschungsanstalten (VDLUFA). Bismarckstr. 41A, D-64293 Darmstadt, Tel.: (06151) 26485, Fax: 2933 0, e-mail: VOCUFA@t-online.de — Präs.:Prof. Dr.habil. Gerhard Breitschuh. — Gf.: Dr. Christof Braun.

Forschungsgesellschaft für Agrarpolitk und Agrarsoziologie e.V., gegr. 1952. Meckenheimer Allee 125, D-53115 Bonn, Tel.: (0228) 6347-81, Fax: 6347-88, e-mail: faabonn@t-online.de — Vors.: Prof. Dr. W. Henrichsmeyer, Bonn. — Forschungsstelle: Dr. R. Struff.

Agrarsoziale Gesellschaft e.V. (ASG), gegr. 1947. (Postfach 1144/1145, D-37001 Göttingen) Kurze Geismarstr. 33, D-37073 Göttingen, Tel.: (0551) 49709-0, Fax: 49709-16 — Präs.: Dipl.-Ing., Ldw. Heinz Christian Bär, Karben — Vors.: Staatssekretär a.D. Manfred Merforth, Wiesbaden — Gf.: Dr. rer.pol. Dieter Czech.

Gesellschaft für Agrargeschichte. Geschäftsstelle c/o Deutsches Landwirtschaftsmuseum, Garbenstr. 9, D-70599 Stuttgart — Vors.: Dipl.-Kfm. Uwe Zimpelmann, Frankfurt/M.

Deutscher Forstwirtschaftsrat e.V. Münstereifeler Str. 19, D-53359 Rheinbach (Postfach 12 29, D-53349 Rheinbach), Tel.: (02226) 2350, Fax: 5792, e-mail: dfwr-rheinbach@t-online.de — Präs. Verbandsbürgermeister Hermann Ilaender, Rathaus, D-53557 Bad Hönningen — Gf.: Forstrat Michael Lammertz, Postfach 1229, D-53349 Rheinbach.

Deutscher Forstverein, gegr. 1899, wiederbegr. 1952. Sitz: Bonn, Geschäftsstelle/ Geschäftsführer: Forstassessor Dr. Jörg Friedrich, Konrad-Schwaz-Str. 2, D-34305 Niedenstein, Tel.: (05624) 2242, Fax: 2243.

Ehrenpräsidenten: F.F. Oberforstdirektor i.R. Dr. Karl Kwasnitschka, F. Oberforstdirektor i.R. Franz Frhr. Riederer v. Paar — Präsident Ministerialdirigent Dr. Wolfgang Dertz, Hess. Ministerium des Inneren und für Landwirtschaft, Forsten und Naturschutz, Hölderlinstr. 1-3, D-65187 Wiesbaden — Vizepräsidenten: Abt. Dir. a.D. Hans-Jürgen Wegener, Dr. Klaus Höppner, Bürgermeister Hermann Ilaender

Länderforstvereine:

Baden-Württembergischer Forstverein. Vors.: Forstdir. Dr. Anton Hammer, Maria-Viktoria-Str. 18, D-76530 Baden-Baden. Gf.: Dietmar Gretter, c/o Forstdirektion Karlsruhe, Postfach 2580, D-76013 Karlsruhe, Tel.: (0721) 926-2949, Fax: 926-2903

Bayerischer Forstverein. Vors.: Dr. Joachim Bachler, Am Rothen 7, D-63801 Kleinostheim. Gf.: Bernd Handebichler, Morikestr. 2a, D-62755 Alzenau.

Brandenburgischer Forstverein. Vors.: Oberforstmeister Dr. Klaus Höppner, Amt f. Forstwirtschaft Eberswalde, Alfred-Dengler-Str. 6, D-16225 Eberswalde — Gf.: Prof. Dr. Curt Majunke, Alfred-Möller-Str., D-16225 Eberswalde-Finow, Tel.: (03334) 65221.

Hessischer Forstverein. Vors.: Ministerialrat a.D. Dietrich Fischer, Adelheidstr. 3, D-65343 Eltville — Gf.: Forstoberrat Eckhart Kalhöfer, Reichardtstr. 12, D-34537 Bad Wildungen, Tel.: (05621) 3091, Fax: 74494.

Forstverein Mecklenburg/Vorpommern. Vors.: Ministerialrat Reinhard Hube, c/o Landwirtschaftsminister MV, D-19048 Schwerin — Gf.: Klaus-Jürgen Beindorf, Landwirtschaftsministerium, Paulshöher Weg 1, D-19061 Schwerin, Tel.: (0385) 8860, Fax: 5886024.

Forstverein für Nordrhein-Westfalen. Vors.: Ltd. Forstdirektor Günter Kathol, Nevinghoff 40, D-48147 Münster — Gf.: Oberforstrat Heinz-Peter Hochhäuser, Forstamt Steinfurt, Kirchstr. 1, D-48565 Steinfurt, Tel.: (02551) 937-16, Fax: 937-422.

Nordwestdeutscher Forstverein. Vors.: Ludolf Frhr. von Oldershausen, An der Sägemühle 6, D-37589 Düderode — Gf.: Forstoberrat Dr. Ulrich Winkler, Kleine Drakenburger Str. 19, D-31582 Nienburg/Weser, Tel.: (05021) 3254, Fax: 911655.

Forstverein Rheinland-Pfalz/Saarland. Vors.: Forstdir. Dr. Hermann Bolz, Am Dicken Stein 27, D-67466 Lambrecht — Gf.: Martin Grünebaum, Südallee 15-19, D-56068 Koblenz, Tel.: (0261) 120-6388, Fax: 120-6399.

Forstverein Sachsen-Anhalt. Vors.: Dr. Ernst Eberhardt, Bensdorferstraße, D-39345 Flechtingen — Gf.: Ltd. Forstdir. Uwe Tesch, Friedrich-Ebert-Str. 4a, D-39291 Möser, Tel.: (039222) 2245.

Sächsischer Forstverein. Vors.: Dr. Klaus Dittrich, Sachs. Landesanstalt für Forsten, Bonnewitzer Str. 34, D-1827 Graupa — Gf.: Heinz Belitz, Forsthausweg 21b, D-09474 Crottendorf, Tel.: (037344) 8365.

Thüringer Forstverein. Vors.: Prof. Dr. Martin Heinze, FH für Forstwirtschaft, D-07427 Schwarzburg — Gf.: Wolf-Dieter Hermann, Forstamt Ershausen, Provinzial-Str. 52a, D-37303 Ershausen, Tel.: (036082) 9381, Fax: 9382.

Verein f. Forstliche Standortskunde und Forstpflanzenzüchtung e.V., Gst.: Wonnhaldestr. 4, D-79100 Freiburg, Tel.: (0761) 4018-283 — Vors.: Prof. Dr. Moosmayer.

Deutsche Gesellschaft für Holzforschung e.V. (DGfH), gegr. 1931. Bayerstr. 57-59, D-80335 München, Tel.: (089) 53-89057, Fax 53-1657 — Präs.: Dipl.-Ing. K. Moser, D-86551 Aichach — stellvertr. Präs.: Prof. Dr. Dr. Wegener, München — Gf.: Dipl.-Ing. Joachim Tebbe, München.

VERKEHRS- UND FREMENDENVERKEHRSWISSENSCHAFT

Verkehrswissenschaftliche Institute

BREMEN. Institut für Seeverkehrswirtschaft und Logistik. Universitätsallee GW 1 Block A, D-28359 Bremen, Tel.: (0421) 22096-0, Fax: 22096-55 — Direktoren: Prof. Dr. Werner E. Eckstein (Vors. d. Direktoriums), Prof. Dr. Volker Speidel, Direktor, Prof. Dr. Manfred Zachcial, Direktor.

DRESDEN. Hochschule für Techik und Wirtschaft (FH), Fachbereich Vermessungswesen/Kartographie. Friedrich-List-Platz 1, D-01069 Dresden, Tel.: (0351) 462-3149, Fax: 462-2191.

KÖLN. Forschungsgesellschaft für Straßen- und Verkehrswesen. Konrad-Adenauer-Str. 13, D-50996 Köln, Tel.: (0221) 93583-0, Fax: 93583-73 — Vors.: Präs. Dipl.-Ing. P. Holm — Gf.: Dipl.-Ing. Hans Walter Horz.

Institute für Fremdenverkehrswissenschaft und Balneologie

BERLIN. Freie Universität Berlin, Institut für Tourismus, Altensteinstr. 44a,D-14195 Berlin, Tel.: (030) 838-3375 — Leiter: Prof. Dr. G. Haedrich, Prof. Dr. G. Mielitz

Führende Gesellschaften

Deutsche Verkehrswissenschaftliche Gesellschaft e.V. (DVWG). Brüderstr. 53, D-51427 Bergisch Gladbach 1, Tel.: (02204) 600-27, -28, Fax: 677-43, e-mail: dvwghgs@t-online.de — Präs.: Prof. Dr.-Ing. Paul Baron — HGf.: H. Barton

Fremdenverkehr, Freizeitverkehr und Erholung

Deutsche Zentrale für Tourismus e.V., Beethovenstr. 69, D-60325 Frankfurt, Tel.: (069) 97464-0. Fax: 751903, e-mail: GNTO-FRA@compuserve.com — Vorst.: Vorsitz. d. Vorst.: Ursula Schörcher, Günter Colonius (Vorstand Kaufm. Angelegenheiten)

Deutscher Fremdenverkehrsverband e.V., Bertha-von-Suttner-Platz 13,D-53111 Bonn, Tel.: (0228) 98522-0, Fax: 698722 — Präs.: Minister Hermann Schaufler, MdL — HGf.: Claudia Gilles

Deutsche Gesellschaft für Physikalische Medizin und Rehabilitation – Wiss. Ges. f. Phys. Med. u. Rehab. Balneologie u. Bioklimatologie e.V. — Schriftf.: PD Dr. G.T. Werner, Abt. Physik. Med. u. Rehab. Krankenhaus Bogenhausen, Englschalkinger Str. 77, D-81925 München.

Fremdenverkehrsverband Nordsee – Niedersachsen-Bremen - e.V., Bahnhofstr. 19–20, 26122 Oldenburg , Tel.: (0441) 92171-0, Fax: 92171-90, Btx: 2003111 — Vors.: Carl Ewen — Gf: Dipl.-Kfm. Dirk Barlage.

Verband Deutscher Schullandheime e.V., Gst. und Sitz des Verbandes: Mendelssohnstr. 86, D-22761 Hamburg, Tel.: (040) 8901541, Fax: 898639, Internet: http://www.schullandheim.de, e-mail: Verband@schullandheim.de — Vors.: Horst Aye, Flensburg.

Büro für Landschaftsdidaktik. F. Remmel, Hist. Geograph M.A. Lehr- und Kulturpfade, integrative Freizeit- und Tourismusplanung. Kulturlandschaftsinventare und Gutachten. Büro: Dorfstraße 2, D-51647 Gummersbach, Tel./Fax: (02261) 57924.

GEO-TOURS. Wüsten-Expeditionen und Expeditionslogistik für- Expeditionen mit geowissenschaftlichen Schwerpunkten in die Wüsten Afrikas und Arabiens. Schopstr. 17, D-20255 Hamburg, Tel.: (040) 491-9832 , Fax: 490-3227, e-mail: Bgoetours@aol.com — Gf.: Dipl.-Geogr. Bernd Spreckels.

TRIER. Europäisches Tourismus Institut GmbH (ETI) an der Universität Trier, Bruchhausenstr. 1, D-54290 Trier, Tel.: (0651) 97866-0, Fax: 97866-18, Internet: http://www.eti.de, e-mail: info@eti.de — Leit.: Dr. Martin Fontanari

RAUMORDNUNG – LANDESPLANUNG – STÄDTEBAU – RAUMFORSCHUNG

Bundesministerium für Raumordnung, Bauwesen und Städtebau. Deichmanns Aue, D-53179 Bonn, Tel.: (0228) 337-0, Fax: 337-3060 — Minister Prof. Dr. Klaus Töpfer (zugleich Beauftragter für den Berlin-Umzug und den Bonn-Ausgleich) MdB. — Staatssekretärin: Christa Thoben (Der Staatssekretärin zusätzlich unterstellt: Geschäftsstelle Arbeitsstab Berlin/Bonn)

Abt. Z: Zentralabteilung. Leit.: MDg Robert Scholl.

Abt. RS: Raumordnung und Städtebau. Leit.: Min.-Dir. Prof. Dr. Michael Krautzberger.

Abt. W: Wohnungswesen. Leitung: Min.-Dir. Dr. Vogel.

Abt. B: Bauwesen, Leitung: Min.-Dir. Günter Schäffel

Mitglieder der Ministerkonferenz für Raumordnung:

Vorsitzender: Prof. Dr. Klaus Töpfer, Postfach 205001, D-53179 Bonn, Tel.: (0228) 337-3000.

Stellvertreter: Staatssekretär Klaus Gärtner, Chef der Staatskanzlei des Landes Schleswig-Holstein, Postfach 3309, D-24100 Kiel

Ministerialdirigent Dr. Hans-Dieter Frey, Wirtschaftsministerium Baden-Württemberg, Theodor-Heuss-Str. 4, D-70174 Stuttgart (PA: Postfch 103451, D-70029 Stuttgart), Tel: (0711) 231-5450, Fax: 231-5499

Ministerialdirigent Dr. Dieter Engelhardt, Bayerisches Staatsministerium für Landesentwicklung und Umweltfragen, Rosenkavalierplatz 2, D-81925 München (PA: Postfach 810140, D-81901 München), Tel: (089) 9214-3260, Fax: 9214-3612

Senatsdirigent Julian Wékel, Senatsverwaltung für Stadtentwicklung und Umweltschutz des Landes Berlin, Lindenstraße 20-25, D-10958 Berlin, Tel: (030) 2586-2100, Fax: 2586-2704

Abteilungsleiter Dr. Joachim Mader, Ministerium für Umwelt, Naturschutz und Raumordnung des Landes Brandenburg, Albert-Einstein-Str. 42-46, D-14473 Potsdam (PA: Postfach 601164, D-14411 Potsdam), Tel: (0331) 8667-100, Fax: 8667-185

Referatsleiter (z.Zt. vakant, Vertreterin: Dipl.-Ing. Julia Flügel) beim Senator für Umweltschutz und Stadtentwicklung der Freien Hansestadt Bremen, Hanseatenhof 6, D-28195 Bremen, Tel: (0421) 361-6515, Fax: 9253

Senatsdirektor Dr. Jürgen Mantell, Stadtentwicklungsbehörde der Freien und Hansestadt Hamburg, Amt für Regionalplanung und Verwaltung, Alter Steinweg 4, D-20459 Hamburg (PA: Postfach 112109, D-20421 Hamburg), Tel: (040) 3012, Fax: 3504-3355

Ministerialdirigent Hans Oettinger, Hessisches Ministerium für Landesentwicklung, Wohnen, Landwirtschaft, Forsten und Naturschutz, Abteilung VII, Hölderlinstr. 1-3, D-65187 Wiesbaden (PA: Postfach 3127, D-65021 Wiesbaden), Tel: (0611) 817-2101, Fax: 841649

Ministerialdirigent Dr.-Ing. Bernhard Heinrichs, Ministerium für Bau, Landesentwicklung und Umwelt des Landes Mecklenburg-Vorpommern, Johannes-Stelling-Str. 14, D-19053 Schwerin (PA: 19048 Schwerin), Tel.: (0385) 588-5070, Fax: 588-5867

Ministerialrat Hartmut von Hinüber, Niedersächsisches Innenministerium, Lavesallee 6, D-30169 Hannover (PA: 30002 Hannover) Tel: (0511) 120-2341, Fax: 120-2343

Abteilungsleiter Georg Wilhelm Adamowitsch, Ministerium für Umwelt, Raumordnung und Landwirtschaft des Landes Nordrhein-Westfalen, Schwannstr. 3, D-40476 Düsseldorf (PA: Postfach 101103, D-40190 Düsseldorf), Tel: (0211) 4566-600, -601, Fax: 4566-388

Ltd. Ministerialrat Hans-Egon Baasch (in Vertretung) Staatskanzlei des Landes Rheinland-Pfalz, Peter-Altmeier-Allee 1, D-55116 Mainz (Postfach 3880, D-55028 Mainz), Tel.: (06131) 16-2785, Fax: 16-2796

Ltd. Ministerialrat Gerd-Rainer Damm, Ministerium für Umwelt des Saarlandes, Hardenbergstr. 8, D-66119 Saarbrücken (PA: Postfach 102461, D-66024 Saarbrücken), Tel: (0681) 501-4616, Fax: 501-4521

Abteilungsleiter Ernst Benedict, Sächsisches Staatsministerium für Umwelt und Landesentwicklung, Ostra-Allee 23, D-01067 Dresden (PA: Postfach 120121, D-01002 Dresden), Tel: (0351) 486-2160, Fax: 486-2100

Ministerialdirigent Dr. Claus Kühl, Ministerpräsident des Landes Schleswig-Holstein - Staatskanzlei - Abt. Landesplanung, Grenzstr. 1-5, D-24149 Kiel (PA: Postfach 6209, D-24123 Kiel), Tel: (0431) 219-308, Fax: 219-239

Ltd. Ministerialrat Dr.-Ing. Bernd-Bodo Beyer, Thüringer Ministerium für Wirtschafts- und Infrastruktur, Postfach 242, D-99005 Erfurt, Tel: (0361) 2144-200, -201, Fax: 2144-750.

Amt für Militärisches Geowesen, Frauenberger Str. 250, D-53879 Euskirchen (Fachgebiete: Geographie, Geologie, Geodäsie, Hydrographie, Geo-Informatik)

Landesbehörden und Regionalverbände

BADEN-WÜRTTEMBERG

Wirtschaftsministerium Baden-Württemberg, Abt. VII (Landesentwicklung, Raumordnung und Landesplanung, Vermessungswesen), Dorotheenstr. 10, D-70173 Stuttgart (Postfach 103451, D-70029 Stuttgart), Tel.: (0711) 123-0, -2001, Fax: 123-2050 — Leit.: Dr. Renner

Regierungspräsidium Stuttgart, Ruppmannstraße 21, D-70565 Stuttgart, Tel.: (0711) 904-0.

Referat Raumordnung, Baurecht, Denkmalschutz – Leiter: Ltd. Baudir. Ettl

Referat Baurecht – Leiter: Ltd. Reg.Dir. Fetze

Referat Stadtsanierung, Wirtschaftsänderung, Wohnungswesen – Leiter: Baudir. Kische.

Regierungspräsidium Freiburg, Referat 21 (Raumordnung, Baurecht, Denkmalschutz), Postfach, D-79083 Freiburg i.Br., Tel.: (0761) 208-0, Fax: 208-2009 — Referatsleiter: Ltd. RD Dr. Fritz Heidland, Tel.: -2014.

Regierungspräsidium Karlsruhe, Referat Raumordnung, Baurecht und Denkmalschutz, Postfach 5343, D-76131 Karlsruhe, Tel.: (0721) 926–3230 — LRD Dr. Gerd Hager, Referatsleiter.

Regierungspräsidium Tübingen, Referat Raumordnung, Bauwesen, Denkmalschutz, Konrad-Adenauer-Str. 20, D-72072 Tübingen, Tel.: (07071) 757-3222 — Leit.: Ltd. Reg.-Dir. Stiller.

Regionalverbände in Baden-Württemberg

1. Verband Region Stuttgart. Verb.-Vors.: Eberhardt Palmer, Verb.-Dir.: Dr. Bernd Steinacher. Gesch.Stelle: Kronenstr. 25, D-70174 Stuttgart, Tel.: (0711) 22759-0, Fax: 22759-70.
2. Regionalverband Franken. Frankfurter Str. 8, D-74072 Heilbronn. Verb.-Vors.: Bür-

germeister a.D. Günter Mayr, Fichtenstr. 8, D-74420 Obernot, Tel.: (07977) 316 — Verb.-Dir.: Dr. Ekkehard Hein, Tel.: (07131) 62100.
3. Ostwürttemberg. Verb.-Vors.: Bürgermeister a.D. Erich Göttlicher, Regerstr. 20, D-73441 Bopfingen, Tel./Fax: (07362) 921500 — Verb.-Dir.: RBaumstr. Dipl.-Ing. Bernhard Eppmann, Universitätspark 1, D-73525 Schwäbisch Gmünd, Tel.: (07171) 92764-0, Fax: 92764-15.

Reg.-Bezirk Karlsruhe
4. Regionalverband Mittlerer Oberrhein, Baumeisterstr. 2, D-76137 Karlsruhe, Tel.: (0721) 35502-0, Fax: 35502-22 — Verb.-Vors.: Landrat a.D. Dr. Bernhard Ditteney — Verb.-Dir.: Dipl.-Ing. Dietrich Schmidt.
5. Regionalverband Unterer Neckar. Verb.-Vors.: Rechtsanwalt Willibald Kimmel, L 9,7, D-68161 Mannheim, Tel.: (0621) 28916 — Verb.-Dir.: Prof. Dr. Klaus Fischer, Gesch.-Stelle P 7, 20–21, D-68161 Mannheim (Postfach 102636, D-68026 Mannheim) Tel.: (0621) 10708-0, Fax: 10708-34.
6. Regionalverband Nordschwarzwald. Verb.-Vors.: Bürgermeister Heinz Hornberger, D-72176 Waldachtal, Kreis Freudenstadt, Tel.: (07443) 963410 — Verbandsdir. und Ltd Planer: Dipl.-Ing. Jens Kück — Geschäftstelle: Habermehlstr. 20, D-75172 Pforzheim, Tel.: (07231) 10-5057, Fax: 10-2866.

Reg.-Bezirk Freiburg
7. Regionalverband Südlicher Oberrhein. Verb.-Vors.: Erster Bürgermeister Dr. Sven von Ungern-Sternberg, Technisches Rathaus, Fehrenbachallee 12, D-79106 Freiburg, Tel.: (0761) 201-4000 — Verb.-Dir.: Dr. Roland Hahn — Gesch.-Stelle: Reichsgrafenstr. 19, D-79102 Freiburg, Tel.: (0761) 70327-0, Fax: 70327-50.
8. Regionalverband Schwarzwald-Baar-Heuberg – Körperschaft des öffentlichen Rechts. Verb.-Vors.: Landrat Hans Volle, Verb.-Dir.: Dipl.-Wirtsch.-Ing. Rainer Kaufmann — Gesch.-Stelle: Johannesstr. 27, D-78056 Villingen-Schwenningen, Tel.: (07720) 97160, Fax: 61319.
9. Regionalverband Hochrhein-Bodensee, Verb.-Vors.: Landrat Dr. Bernhard Wütz, Waldshut-Tiengen, Tel.: (07751) 86-350, Fax: 9115-30 — Verb.-Dir.: Franz Schwendemann — Gesch.-Stelle: Im Wallgraben 50, D-79761 Waldshut-Tiengen (Postfach 17 42, D-79745 Waldshut-Tiengen), Tel.: (07751) 9115-0, e-mail: Info @regionalverband-hb.rrz-Freiburg.de.

Reg.-Bezirk Tübingen
10. Regionalverband Neckar-Alb, Bahnhofstr. 1, D-72116 Mössingen, Tel.: (07473)9509-0, Fax: 9509-25, e-mail: rv.neckar-alb@t-online.de — Verb.-Vors.: Bürgermeister a. D. Norbert Roth — Verb.-Dir.: Dr. Dieter Gust
11. Regionalverband Donau-Iller Verb.-Vors.: Landrat Hubert Hafner, Landkreis Günzburg, Postfach 1362, D- 89303 Günzburg, Tel.: (08221) 95150 — Verb.-Dir.: Dr. Joachim Straup — Gesch.-Stelle: Insel 14, D-89231 Neu-Ulm, Tel.: (0731) 73041.
12. Regionalverband Bodensee-Oberschwaben. Verb.-Vors.: Rechtsanwalt Viktor Grasselli, Hirschgraben 2, D-88214 Ravensburg, Tel.: (0751) 36354-54 — Verb.-Dir.: Dipl.-Ing. Zimmer — Gesch.-Stelle: Hirschgraben 2, D-88214 Ravensburg, Tel.: (0751) 36354-0.

BAYERN

Oberste Landesplanungsbehörde: Bayerisches Staatsministerium für Landesentwicklung und Umweltfragen. Rosenkavalierplatz 2, D-81925 München, Tel.: (089) 9214-0 — Staatsminister: Dr. Thomas Goppel — Staatssekretär: Willi Müller.

Bereich Raumordnung und Ökologie – Bereichsleiter: MDgt Prof. Dr. Konrad Goppel.
Abt. 4: Raumordnung, Landesplanung – Leiter: MDgt Prof. Dr. Konrad Goppel.
Abt. 5: Übergreifende Fachaufgaben – Leiter: MDgt Dr. Dietrich Voran
Abt. 6: Naturschutz und Landschaftspflege – Leiter: MDgt. Richard Eisenried
Landesplanungsbeirat: Geschäftsführung. Ref. 4/1 im Bayerischen Staatsministerium für Landesentwicklung und Umweltfragen, Rosenkavalierplatz 2, D-81925 München, Tel.: (089) 9214-0 – Vors.: Staatsminister Dr. Thomas Goppel.

Regierung von Oberbayern – Abt. 8, Landesentwicklung und Umweltfragen. Maximilianstr. 39, D-80538 München, Tel.: (089) 2176-2733 — Leit.: Ltd. RD Dr. Hütten — Stellvertr.: Ltd. RD. Egon Reinlein.

Regierung von Niederbayern – Abt. 8, Landesentwicklung und Umweltfragen. Regierungsplatz 540, D-84028 Landshut, Tel.: (0871) 808-1080, Fax: 808-1859, e-mail: abteilung8@reg-nb.bayern.de — Leit.: Abt.Dir. Franz Xaver Eberth — Stellvertr.: Ltd. Baudir. Wolfram Summerer.

Regierung der Oberpfalz – Abteilung Landesentwicklung und Umweltfragen. Ägidienplatz 1, D-93039 Regensburg, Tel.: (0941) 5680-800, Fax: 5680-174 — Leit.: LRD Merk — Stellvertr.: LBD Ernsberger.

Regierung von Oberfranken – Abt. 8, Landesentwicklung und Umweltfragen. Ludwigstr. 20, D-95444 Bayreuth, Tel.: (0921) 6041-443, Fax: 6041-289 — Leit.: Abt.-Dir. Lutz Edler v.d. Planitz — Stellvertr.: Ltd.Reg.-Dir. Reißenweber.

Regierung von Mittelfranken – Abt.8, Landesentwicklung und Umweltfragen, Promenade 27, D-91522 Ansbach,Tel.: (0981) 53-1, Fax: 53-773 — Leit.: N.N. (Tel.: 50-3) — Stellvertr.: Ltd. Reg.-Dir. Dr. Dieter Wilhelm (Tel.: 50-5).

Regierung von Unterfranken. Peterplatz 9, D-97070 Würzburg, Tel.: (0931) 380-1, Fax: 380-2382

Abt. 8 Landesentwicklung und Umweltfragen – Leit.: Reg.-Dir. Dr. Dieter Aufderhaar — Stellvertr.: Ltd. Reg.-Dir. Löser

Höhere Landesplanungsbehörde – Leit.: Ltd. Reg.-Dir. Wälde — Stellvertr.: Reg.Dir. Braunreuther.

Regierung von Schwaben – Abt. 8, Landesentwicklung und Umweltfragen. Fronhof 10, D-86152 Augsburg, Tel.: (0821) 327-2200 — Leit.: Abteilungsdirektor Dr. Berner.

Regionaler Planungsverband Bayerischer Untermain. Bayernstr. 18, D-63739 Aschaffenburg, Tel.: (06021) 394-285 — Vors.: Landrat Roland Eller (Landkreis Aschaffenburg) — Gesch.-Stelle: Landratsamt Aschaffenburg — Geschäftsführer: Günter Bachmann, 1. Stock, Zi.-Nr. 1.25

Region 2:

Regionaler Planungsverband Würzburg. Marktplatz 8 (Landratsamt), D-97753 Karlstadt, Tel.: (09353) 7855 — Vors.: Landrat Armin Grein (Landkreis Main-Spessart) — Gesch.-Stelle: Landratsamt Main-Spessart.

Region 3:

Regionaler Planungsverband Main-Rhön. Spörleinstr. 11 (Landratsamt), D-97616 Bad Neustadt, Tel.: (09771) 94-200, Fax: 94-300 — Vors.: Landrat Dr. Fritz Steigerwald (Landkreis Rhön-Grabfeld) — Gesch.-Stelle: Landratsamt Rhön-Grabfeld.

Region 4:

Regionaler Planungsverband Oberfranken-West. Postfach 19 20, D-96010 Bamberg, Tel.: (0951) 85-0 — Vors.: Landrat Dr. Günther Denzler (Landkreis Bamberg) — Stellvertr.: Landrat Karl Zeitler (Landkreis Coburg) — Gsch.-Stelle: Landratsamt Bamberg.

Region 5:

Regionaler Planungsverband Oberfranken-Ost. Klosterstr. 1 (Stadt Hof), D-95028 Hof, Tel.: (09281) 815-210, Fax: 815-399, e-mail: stadt.hof@hof.baynet.de — Vors.: Oberbürgermeister Dieter Döhla (Stadt Hof) — Gesch.-Stelle: Stadtverwaltung Hof.

Region 6:

Regionaler Planungsverband Oberpfalz-Nord. Geschäftsstelle: Landratsamt Amberg-Sulzbach, Schloßgraben 3, D-92224 Amberg, Tel.: (09621) 39-112, Fax: 39-698 — Vors.: Landrat Dr. Hans Wagner.

Region 7:

Planungsverband Industrieregion Mittelfranken. Hauptmarkt 18, D-90317 Nürnberg, Tel.: (0911) 231-5304, Fax: 231-5306 — Vors.: Oberbürgermeister Ludwig Scholz — Gesch.-Stelle: Hauptmarkt 18, D-90317 Nürnberg.

Region 8:

Regionaler Planungsverband Westmittelfranken. c/o Landratsamt Ansbach, Postfach 1502, D-91506 Ansbach, Tel.: (0981) 468-200 — Vors.: Landrat Dr. Hermann Schreiber (Landkreis Ansbach) — Gf: Oberreg.-Rat Lammel

Region 9:
Regionaler Planungsverband Augsburg. Prinzregentenplatz 4, D-86150 Augsburg, Tel.: (0821) 3102-0, Fax: 3102-589 — Vors.: Landrat Dr. Theo Körner (Landkreis Aichach-Friedberg) — Geschäftsstelle: Landratsamt Augsburg.
Region 10:
Planungsverband Region Ingolstadt – Geschäftsstelle – Landratsamt Eichstätt – Dienststelle Ingolstadt. Auf der Schanz 39, D-85049 Ingolstadt, Tel.: (0841) 306-36, -37 — Vors.: Oberbürgermeister Peter Schnell, 85049 Ingoldstadt — Gesch.-Stelle: Landratsamt Eichstätt, Dienststelle Ingolstadt.
Region 11:
Regionaler Planungsverband Regensburg. Altmühlstr. 3/I (Landratsamt), D-93059 Regensburg, Tel.: (0941) 4009-322, Fax: 4009-299 — Vors.: Landrat Rupert Schmid (Landkreis Regensburg) — Gesch.-Stelle: Landratsamt Regensburg.
Region 12:
Regionaler Planungsverband Donau-Wald. Leutnerstr. 15 (Landratsamt), D-94315 Straubing — Vors. Landrat Ingo Weiß — Geschäftsstelle: Landratsamt Straubing-Bogen, Leutnerstr. 15 — Mitglieder: kreisfreie Städte Passau und Straubing. Landkreise Deggendorf, Freyung-Grafenau, Passau, Regen, Straubing-Bogen sowie die kreisangehörigen Gemeinden dieser Landkreise.
Region 13:
Regionaler Planungsverband Landshut. Regierungsplatz 540, D-84028 Landshut (Postfach , D-84023 Landshut), Tel.: (0871) 808-1860, Fax: 808-1862 — Vors.: Oberbürgermeister u. MdS Josef Deimer (Stadt Landshut).
Region 14:
Regionaler Planungsverband München. Uhlandstr. 5, D-80336 München, Tel.: (089) 539802-0, Fax: 5328-389 — Vors.: Oberbürgermeister Christian Ude (Landeshauptstadt München) — Gesch.-Stelle: beauftragt Planungsverband Äußerer Wirtschaftsraum München.
Region 15:
Regionalverband Donau-Iller. Insel 14, D-89231 Neu-Ulm, Tel.: (0731) 73041 — Vors.: Landrat Hubert Hafner, (Landkreis Günzburg) — Gesch.-Stelle: Neu-Ulm (Anschrift d. Regionalverbandes).
Region 16 (Allgäu), Bayern:
Regionaler Planungsverband Allgäu, Geschäftsstelle: Gerberstr. 15/I, D-87435 Kempten, Postanschrift:Rathausplatz 29, D-87435 Kempten – Büros Tel.: (0831) 2525 438, Fax: 24210 — Vors.: Erster Bürgermeister Toni Vogler (Gemeinde Fischen i. Allgäu, Rathaus, Postfach 1210, D-87536 Fischen i. Allgäu) — Gesch.-Leiter: Verw. OI Edgar Rölz.
Region 17:
Planungsverband Region Oberland. Gesch.Stelle im Landratsamt Garmisch-Partenkirchen, Olympiastraße 10, D-82467 Garmisch-Partenkirchen, Tel.: (08821) 751-237, Fax: 751-383 — Vorsitzender: Landrat Dr. Helmut Fischer, Landratsamt Ga.-Pa. — Gesch.Führer: ORR Guido Kamp, Landratsamt Ga.-Pa.
Region 18:
Regionaler Planungsverband Südostoberbayern. Wittelsbacherstraße 53, D-83022 Rosenheim — Verb.-Vors.: Landrat Dr. Max Gimple (Landkreis Rosenheim) — Gesch.-Stelle: Landratsamt Rosenheim.

Niederbayern. Regierung von Niederbayern als HNB. Regierungsplatz 540, D-84028 Landshut, Tel.: (0871) 808-1830 — Fachref.: RD Heinrich Krauss.

Oberpfalz. Regierung der Oberpfalz als HNB. Emmeramsplatz 8/9, D-93047 Regensburg, Tel.: (0941) 5680-0, Fax: 5680-174 — Fachreferat - Sachgebiet 830: Fachfragen des Naturschutzes und der Landschaftspflege: RD H. Ott.

Oberfranken. Regierung von Oberfranken als HNB. Ludwigstr. 20, D-95444 Bayreuth, Tel.: (0921) 6040 — Fachreferent: Regierungsdirektor P. Gaschott.

Unterfranken. Regierung von Unterfranken als HNB. Peterplatz 9, D-97070 Würzburg, Tel.: (0931) 380-0, Fax: 380-2382 — Sachgebietsleiter: LRD Dr. Reichel.

BERLIN

Senatsverwaltung für Stadtentwicklung, Umweltschutz und Technologie, Abt. II: Stadtplanung, Stadtentwicklung und Gestaltung. Am Köllnischen Park 3, D-10173 Berlin — Leiter: Senatsdirigent Dipl.-Ing. Julian Wékel.
Senatsverwaltung für Bauen, Wohnen und Verkehr, Abt. V – Vermessungswesen – Mansfelder Str. 16, D-10713 Berlin, Tel.: (030) 9012-5596, Fax: 9012-3117 — Abt. Leiter: Ltd. Senatsrat Dr.-Ing. Friedrich Rokahr.

BRANDENBURG

Ministerium für Umwelt, Naturschutz und Raumordnung des Landes Brandenburg (oberste Landesplanungsbehörde), Postfach 60 11 64, D-14411 Potsdam, Albert-Einstein-Straße 42-46, D-14473 Potsdam, Tel.: (0331) 866-0, Fax: 866-7240 — Minister: Matthias Platzeck – Staatssekretär: Rainer Speer
Ministerium für Stadtentwicklung, Wohnen und Verkehr des Landes Brandenburg, D-14460 Potsdam, Dortustraße 30-34, D-14467 Potsdam, Tel.: (0331) 866-0, Fax: 866-8368 — Minister: Hartmut Meyer, Staatssekretär: Prof. Dr. Horst Gräf

Regionale Planungsgemeinschaften:

Region Havelland Fläming, Clara-Zetkin-Straße 23, D-14532 Kleinmachnow, Tel.: (033203) 571-0, Fax: 571-20 — Vorsitzender: Landrat L. Koch – Leiter der Regionalen Planungsstelle: H. Knauer
Region Lausitz-Spreewald, Straße der Jugend 33, D-03050 Cottbus, Tel.: (0355) 4765421, Fax: 4765468 — Vorsitzender: Oberbürgermeister W. Kleinschmidt – Leiter der Regionalen Planungsstelle: A. Seewald
Region Oderland-Spree, Fürstenwalder Straße 10, D-15848 Beeskow, Tel.: (03366) 3393-0, Fax: 3393-20 — Vorsitzender (amtl.): Oberbürgermeister W. Pohl – Leiter der Regionalen Planungsstelle: R. Rietzel
Region Prignitz-Oberhavel, Karl-Marx-Straße 78, D-16816 Neuruppin, Tel.: (03391) 4549-0, Fax: 4549-50 — Vorsitzender: Landrat H. Lange – Leiter der Regionalen Planungsstelle: W. König
Region Uckermark-Barnim, Rudolf-Breitscheid-Straße 36, D-16225 Eberswalde, Tel.: (03334) 214-502, -504, Fax: 22659 — Vorsitzender: Landrat B. Ihrke – Leiter der Regionalen Planungsstelle: Dr.-Ing. W. Pflugbeil
Berlin und Brandenburg, Gemeinsame Landesplanungsabteilung der Länder Berlin und Brandenburg, Berliner Straße 135, D-14467 Potsdam, Tel.: (0331) 866-0, Fax: 866-7628 — Leiter: Ministerialdirigent Dr. G. Gebhardt – ständiger Vertreter: Baudirektor Dipl.-Ing. M. Sinz

FREIE HANSESTADT BREMEN

Der Senator für Bau, Verkehr und Stadtentwicklung. Ansgaritorstr. 2, D-28195 Bremen, Tel.: (0421) 361-2407, Fax: 361-2050.
Abt. 3: Städtebau und Wohnungswesen – Senatsrat Bluhm, Tel.: -4050, -6206.
Ref. 30: Wohnungsbau – Techn.Ang. Frau Schröder
Ref. 31: Städtebau: Projektkoordination – Senatsrat Neuber
Ref. 32: Stadterneuerung – Baudir. Ahlswede
Ref. 33: Wohnungs- und Städtebauförderung – Ltd. Reg.Dir. Bitomsky
Ref. 34: Kataster- und Vermessungswesen – Senatsrat Prof.Dr. Lucht
Abt. 6: Raumordnung und Stadtentwicklung – Senatsrat Dr. Herlyn, Tel.: -6009
Ref. 60: Raumordnung und Landesplanung, Stadtumlandbeziehungen – Verw. Ang. Dr. Baumheier
Ref. 61: Flächenplanung und Stadtentwicklungsprojekte: – Baudir. Kotthoff
Ref. 62: Stadtentwicklung, Stadtforschung – Techn. Ang. Schobeß
Oberste Landesplanungsbehörde: Der Senator für Bau-, Verkehr- und Stadtentwicklung, Referat 60 – Raumordnung, Landesplanung, Stadtumlandbeziehungen — Leiter: Dr. Ralph Baumheier — Stv: Dipl.-Ing. Julia Flügel — Dienstgebäude: Hanseatenhof 5, D-28195 Bremen, Tel.: (0421) 361-6515, Fax: 4966515.

FREIE UND HANSESTADT HAMBURG

Stadtentwicklungsbehörde, Alter Steinweg 4, D-20459 Hamburg, Tel.: (040) 3504-0, Fax: 3504-3010 — Senator Dr. Willfried Maier, Staatsrätin Barbara Maier-Reimer, Oberbaudirektor NN

Landesplanungsamt - Amtsleiterin Catherine Hoja — Abt. Grundsatzfragen der Stadtentwicklung. Baudir.in Frauke Meyburg — Abt. Bebauungsplanung und Stadtordnung. Ltd. Baudir. Hans-Dieter Peine — Abt. Vorbereitende Bauleitplanung. Baudir. Tilo Foeth

Amt für Landschaftsplanung, Recht und Verwaltung – Amtsleiter Ltd. Baudir. Joachim Malekki — Abt. Verwaltung und Finanzen. Reg.Dir. Winfried Glienke — Abt. Rechts- und Grundsatzangelegenheiten. Reg.Dir. Holger Skribanowitz — Zentralstelle IuK-Technik. Peter Blankenstein — Fachamt für Landschaftsplanung. Ltd. Baudir. Joachim Malecki

Amt für Stadterneuerung und Bodenordnung — Amtsleiter Erster Baudir. Max-Walter Herr — Abt. Stadterneuerung. Ltd. Baudir. Till Krüger — Abt. Bodenordnung. Ltd. Baudir. Heinz Gohs

HESSEN

Hessisches Ministerium für Wirtschaft, Verkehr und Landesentwicklung, Abt. I, Infrastruktur, Landesplanung, Regionalentwicklung, Hölderlinstr. 1-3, D-65187 Wiesbaden, Tel.: (0611) 817-2100, -01, Fax: 817-2187 — Leiter: Min.Dirig. Müller.

Regierungspräsidium Darmstadt – Abteilung VIII – Regionalplanung, Luisenplatz 2, D-64278 Darmstadt, Tel.: (06151) 12-0, Fax: 12-8914 — Abt.-Leiter: v. Tiling, Tel.: -8911, -8915.

VIII 31.1 Regionalversammlung, Regionalplan und Kartographie: Dez.: Ltd. RD Schäfer, Tel.: -8941.
VIII 31.2 Siedlungswesen, Dez.: BD Hartz, Tel.: -8938.
VIII 31.3 Natur und Umwelt. Dez.: ROR Dr. Arndt, Tel.: -8929.
VIII 31.4 Wirtschaft, Verkehr, Energie. Dez.: BD Rohrmann, Tel.: -6117.

Umlandverband Frankfurt (UVF), Dezernat II, Planung, Am Hauptbahnhof 18, D-60329 Frankfurt/M., Tel: (069) 2577-0, Fax: 2577-1204, e-mail: info@uvf.de — Leiter der Abteilung Kommunikation: Bernd Röttger.

Regierungspräsidium Gießen, Landgraf-Philipp-Platz 3-7, D-35390 Gießen, Tel.: (0641) 303-0, Fax: 303-2407 — Abteilung III, Regionalplanung — Leiter: Ltd. Baudirektor H. Schulz

Regierungspräsidium Kassel, Steinweg 6, D-34117 Kassel, Tel.: (0561) 106-0, Fax: 106-1661 — Abteilung III, Regionalplanung, Bauwesen, Wirtschaft, Verkehr, Datenschutz — Leiter: Ltd. Baudirektor H. Bauknecht

MECKLENBURG-VORPOMMERN

Ministerium für Arbeit und Bau des Landes Mecklenburg-Vorpommern, Schloßstraße 6-8, D-19053 Schwerin, Tel.: (0385) 588-0, Fax: 588-8717, e-mail: blumps@MVnet.de — Minister: Helmut Holter – Staatssekretär: Dr. Joachim Wegrad

Abteilung 4: Raumordnung und Landesplanung — Leiter: Ministerialdirigent Dr.-Ing. B. Heinrichs – Vertreter: Ltd. Ministerialrat Dipl.-Ing. B.-R. Twardokus

Referat 400: Grundsatzangelegenheiten der Raumordnung und der Regionalplanung, raumordnerische Belange der Wirtschaft — Leiterin: BOR´in Dipl.-Ing. P. I. Schmidt, BR z.A. Dipl.-Geogr. J. Lange, Dipl.-Ing. M. Biskup

Referat 410: Raumordnungsrecht, Raumordnerische Belange der Abfallwirtschaft — Leiterin: Regierungsrätin E. Wellmann

Referat 420: Raumordnerische Belange der Siedlungsentwicklung, der Bauleitplanung und des Handelns — Leiter: Regierungsdirektor Dr. Ing. P. Hajny, Dipl.-Ing. I. Kunkel

Referat 430: Raumordnerische Belange der technischen Infrastruktur und des Verkehrs — Leiter: Ltd. Ministerialrat Dipl.-Ing. B.-R. Twardokus, Dipl.-Ing. K. Haase

Referat 440: Raumordnerische Belange von Umwelt und Tourismus, Raumordnungsverfahren — Leiterin: Ministerialrätin Dipl.-Ing. I. Hanitzsch, Dr.agr.Dipl.-Ing.agr. J.-F. Autsch, N.N.

Referat 450: Raumbeobachtung — Leiter: BR Dipl.-Geogr. H. Brinkmann

Nachgeordnete Behörden:

Amt für Raumordnung und Landesplanung Westmecklenburg, Pappelgrund 16, D-19055 Schwerin, Tel.: (0385) 59044-0, Fax: 59044-40 — Amtsleiterin: Dipl.-Ing. L. Säwert – Referat Regionalplanung, Leiter: Dipl.-Ing. H. Nitschke

Amt für Raumordnung und Landesplanung , Mittleres Mecklenburg/Rostock, Gerhard-Hauptmann-Straße 19, D-18055 Rostock, Tel.: (0381) 37011, Fax: 37013 — Amtsleiter: Dipl.-Ing. G. Lantow – Referat Regionalplanung, Leiter: Dipl.-Ing. oec. G. Schäde

Amt für Raumordnung und Landesplanung, Mecklenburgische Seenplatte, Neustrelitzer Straße 120, D-17036 Neubrandenburg, Tel.: (0395) 38029-73, Fax: 38029-70 — Amtsleiter: Dipl.-Ing. G. Lücke – Referat Regionalplanung, Leiter: Dipl.-Geogr. C. Kaufmann

Amt für Raumordnung und Landesplanung, Vorpommern, Am Gorzberg, Haus14, D-17489 Greifswald, Tel.: (03834) 558-218, Fax: 558-301 — Amtsleiterin: Dipl.-Ing. Ch. Falk-Steffens – Referat Regionalplanung, Leiterin: Dr. rer. nat. Geogr. L. Neugebauer

Regionale Planungsverbände

Regionaler Planungsverband Westmecklenburg über Amt für Raumordnung und Landesplanung, Pappelgrund 16, D-19055 Schwerin, Tel.: (0385) 59044-0, Fax: 59044-40 — Vorsitzender: Landrat R. Christiansen (Landkreis Ludwigslust)

Regionaler Planungsverband Mittleres Mecklenburg/Rostock über Amt für Raumordnung und Landesplanung, Gerhard-Hauptmann-Straße 19, D-18055 Rostock, Tel.: (0381) 37011, Fax: 37013 — Vorsitzender: Landrat L. da Cunha (Landkreis Güstow)

Regionaler Planungsverband Mecklenburgische Seenplatte über Amt für Raumordnung, Behördenzentrum, PF 2108, D-17011 Neubrandenburg, Tel.: (0395) 5822973, Fax: 5666415 — Vorsitzender: Landrat G. Schultz (Landkreis Müritz)

Regionaler Planungsverband Vorpommern über Amt für Raumordnung und Landesplanung, Am Gorzberg, Haus 14, D-17489 Greifswald, Tel.: (03834) 558-218, Fax: 558-301 — Vorsitzender: Landrat W. Molkentin (Landkreis Nordvorpommern)

NIEDERSACHSEN

Niedersächsisches Innenministerium (Oberste Landesplanungsbehörde) Abt. 3, Kommunalangelegenheiten, Raumordnung und Landesplanung, Postfach 221, D-30002 Hannover, Tel.: (0511) 120-1, Fax: 120-4592.

Bezirksregierung Braunschweig, Dezernat Landesentwicklung, Raumordnung. Bohlweg 38, D-38100 Braunschweig, Tel.: (0531) 484-3566, Fax: 484-3242 — Dezernatsleiter: Ltd. Reg.-Dir.Dipl.-Ing. Brigitte Ruppenthal von Radetzky.

Bezirksregierung Hannover, Dezernat 201 (Landesentwicklung, Raumordnung). Am Waterlooplatz 11, D-30169 Hannover 1, Tel.: (0511) 106-7337, Fax: 106-7517 — Dezernatsleiter: RD Dipl.-Geogr. Peter Domogalla.

Bezirksregierung Lüneburg, Dezernat Landesentwicklung, Raumordnung. (Postfach 25 20, D-21332 Lüneburg) Auf der Hude 2, D-21339 Lüneburg, Tel.: (04131) 15-2308, Fax: 15-2902 — Dezernatsleit.: Ltd. Reg.-Dir. Dipl.-Geogr. Klaus Neumann.

Bezirksregierung Weser-Ems, Dezernat Landesentwicklung, Raumordnung. Theodor-Tantzen-Platz 8, D-26122 Oldenburg, Tel.: (0441) 799-2240 — Dezernatsleiter: Reg. Dir. Theodor H. Stenert.

Hannover. Kommunalverband Großraum Hannover, öffentl.-rechtl. Körperschaft. Arnswaldtstr. 19, D-30159 Hannover, Tel.: (0511) 3661-0 — Verb.-Dir.: Valentin Schmidt

NORDRHEIN-WESTFALEN

Ministerium für Umwelt, Raumordnung und Landwirtschaft des Landes Nordrhein-Westfalen, Abteilung VI Raumordnung und Landesplanung, Schwannstr. 3, D-40476 Düsseldorf, Tel.: (0211) 4566-0 — Leiter: Abteilungsleiter Dipl.-Ing. Adamowitsch — Vertr.: LMR Dipl.-Vw. Dr. Lowinski — Gruppe VI A: Landesplanung, Standortvorsorge, Raumordnungsrecht (Leiter: LMR Dipl.-Vw. Dr. Lowinski) — Gruppe VI B: Regionalplanung, Raumbeobachtung (Leiter: LMR Dipl.-Vw. Ringel).

Kommunalverband Ruhrgebiet. Kronprinzenstr. 35, D-45128 Essen (Postfach 10 32 64, D-45032 Essen), Tel.: (0201) 2069-1, FS: 8 579 511, Fax: 2069-500, Btx 31 884 — Vorsitzender: OB Friedhelm van den Mond — 1. Stellv.Vors.: Hanslothar Kranz — 2. Stellv.Vors.: Annette Jäger — Verbandsdir.: Dr. Gerd Willamowski.

Bezirksplanungsbehörden:

Seibertzstr. 1, D-59821 Arnsberg, Tel.: (02931) 822060 — Leit.: AD Franz Schmitt.

Leopoldstr. 15, D-32756 Detmold, Tel.: (05231) 716000 — Leit.: Abt.-Dir. Kutyniok.

Cecilienallee 2, D-40474 Düsseldorf, Tel.: (0211) 475-0 — Leit.: Abt.-Dir. Konze.

Zeughausstr.2-10, D-50667 Köln, Tel.: (0221) 14723-94, -95 — Leit.: Abteilungsdir. Diehl.

Domplatz 1–3, D-48143 Münster, Tel.: (0251) 411-1, -1730, Fax: 411-2622, e-mail: poststelle@bezreg-muenster.nrw.de — Leiter, Abteilungsdirektor, Bezirksplaner Erich Tilkorn.

RHEINLAND-PFALZ

Ministerium des Innern und für Sport - Abt. 7, Raumordnung und Landesplanung, Schillerplatz 3-5, D-55116 Mainz (Dienstraum der Abt. 7: Kaiserstr. 32, D-55116 Mainz), Tel: (06131)16-2773, Fax: 16-2796 — Abteilungsleiter: Dr. Wolfgang Rüdiger, Ministerialdirigent.

Bezirksregierung Koblenz – Obere Landesplanungsbehörde. Stresemannstr. 3–5, D-56068 Koblenz, Tel.: (0261) 120-0, Fax: 120-6202, FS: 862 822 KO.D. — Leiter: Ltd. Reg.-Dir. Schmidt — Mitarbeiter: OVermR Dipl.-Ing. Alles, Reg.-Ang. Dr. Krauß.

Bezirksregierung Rheinhessen-Pfalz (Obere Landesplanungsbehörde). Friedrich-Ebert-Str. 14, D-67433 Neustadt a.d.W., Tel.: (06321) 99 -2230, Fax: 99-2937 — Referenten: Ltd. RD H. Beeger, RD Dr. J. Seimetz.

Planungsgemeinschaft Mittelrhein-Westerwald, Geschäftsstelle bei der Bezirksregierung Koblenz, Kurfürstenstr. 12–14, D-56068 Koblenz, Tel.: (0261) 120-6357, Fax: 120-6202 — Vors.: Landrat A. Berg-Winters, Mayen-Koblenz — Leitender Planer: Dr. H. Bierschenk.

Bezirksregierung Trier – Obere Landesplanungsbehörde –, Kurfürstliches Palais, Mustorstr.14 , D-54290 Trier, Tel.: (0651) 9494-442, Fax: 9494-170 — Ref. 30: Bau-Dir. Schäck.

Planungsgemeinschaft Rheinhessen-Nahe, Bezirksregierung Rheinhessen-Pfalz, Friedrich-Ebert-Str. 14, D-67433 Neustadt, Tel.: (06321) 992-637 — Geschäftsstelle: Fischtorplatz 17, D-55116 Mainz, Tel.: (06131) 2344-64 — Vors.: Oberbürgermeister Herman-H. Weyel — Leitender Planer: Dr. Jürgen Plogmann.

Planungsgemeinschaft Westpfalz bei der Bezirksregierung Rheinhessen-Pfalz, Bahnhofstr. 1, D-67655 Kaiserslautern, Tel.: (0631) 3232-295, Fax: 3232-293 — Vors.: Landrat Rolf Künne, Kaiserslautern — Leitender Planer: RD Dipl.-Ing. Theophil Weick

Planungsgemeinschaft Region Trier, Willy-Brandt-Platz 3, D-54290 Trier, Tel.: (0651) 9494-455, Fax: 9494-184, e-mail: plg-ref30@t-online.de — Vors.: Landrat Dr. Gross, Trier-Saarburg.

Planungsgemeinschaft Rheinpfalz, P 7, 20-21 (Planken), D-68161 Mannheim, Tel.: (06621) 107080.

Raumordnungsverband Rhein-Neckar, P 7, 20–21 (Planken), D-68161 Mannheim, Tel.: (0621) 10708-0, Fax: 10708-34 — Verbandsvors.: Oberbürgermeister Uwe Kleefoot — Verbandsdir.: Prof. Dr. Klaus Fischer.

SAARLAND

Ministerium für Umwelt, Energie und Verkehr, Abt. Landesplanung, Städtebau, Bauaufsicht, Vermessungswesen, Halbergstr. 50 , D-66121 Saarbrücken, Tel.: (0681) 501-00, e-mail: poststelle@muer.x400.saarland.de — Abt.-Leit.: Ltd. Min.Rat Dipl.-Ing. G.-R. Damm, Tel.: -4616, Fax: -4601

SACHSEN

Sächsisches Staatsministerium für Umwelt und Landwirtschaft, (Postfach 12 01 21, D-01002 Dresden) Ostra-Allee 23, 01067 Dresden, Tel.: (0351) 564-0, Fax: 564-2209 — Minister: Arnold Vaatz – Staatssekretär: Dr. Dieter Reinfried

Abteilung 6: Landesentwicklung — Leiter: Abteilungsleiter Dipl.-Geogr. E. Benedict – Vertreter: Ministerialrat W.-D. Dallhammer

Referat 61: Grundsatzfragen, Recht — Leiter: Ministerialrat W.-D. Dallhammer, Regierungsoberrätin C. Fritzsch

Referat 62: Freiraumbezogene Fachplanungen/Landschaftsplanung — Leiter: Regierungsdirektor Dr. P. Jantsch, Dipl.-Geogr. B. Becharz

Referat 63: Regionalplanung/Regionalentwicklung — Leiterin: Regierungsdirektorin M. Hegewald

Referat 64: Fachplanung, Grenzüberschreitende Planung — Leiter: Regierungsdirektor Dr. E. Trawnicek

Referat 65: Landesstruktur, Raumbeobachtung — Leiter: J. Brockpähler, Dr. W. Krämer

Nachgeordnete Behörden:

Regierungspräsidium Dresden, Stauffenbergallee 2, D-01099 Dresden, Tel.: (0351) 825-0, Fax: 825-9600

Abteilung 6:Umwelt und Raumordnung — Leiterin: Ltd. Regierungsdirektorin Krekel

Referat 66: Raumordnung — Leiter: Ltd. Regierungsdirektor Dipl. Volksw. Th. Schimpf

Regierungspräsidium Chemnitz, Altchemnitzer Straße 41, D-09120 Chemnitz, Tel.: (0371) 532-0, Fax: 532-1929

Abteilung 6: Umwelt und Raumordnung — Leiter: Regierungsdirektor Dipl.-Ing. F. Drechsel

Referat 66: Raumordnung — Leiter: P. Golle

Regierungspräsidium Leipzig, Braustraße 2, D-04107 Leipzig, Tel.: (0341) 977-0, Fax: 977-1197

Abteilung 6: Umwelt und Raumordnung — Leiter: Regierungsdirektor Dipl.-Geogr. L. Artmann

Referat 66: Raumordnung — Leiter: Regierungsoberrat Dr. H. D. Röhl

Sächsisches Landesamt für Umwelt und Geologie, Zur Wetterwarte 11, D-01109 Dresden, Tel.: (0351) 8928-0, Fax: 8928-225 — Leiter: Präsident Prof. Dr.-Ing. M. Kinze

Amtsteil Freiberg (Geologie), Halsbrücker Straße 31a, D-09599 Freiberg, Tel.: (03731) 294-0, Fax: 22918 — Leiter: Vizepräsident Dr. Hoth

Regionale Planungsverbände:

Regionaler Planungsverband Oberlausitz-Niederschlesien, Flugplatz Litten, Postfach 13 43, D-02603 Bautzen, Tel.: (03591) 627-0, Fax: 627-101 — Verbandsvorsitzender: Landrat Erich Schulze – Geschäftsführer: Herr Fröde

Regionaler Planungsverband Oberes Elbtal/Osterzgebirge, Grunaer Str. 2, D-01069 Dresden, Tel.: (0351) 487-3620, Fax: 487-3620 — Verbandsvorsitzender: Landrat Rainer Kutschke – Geschäftsführer: Herr Mühle

Regionaler Planungsverband Chemnitz-Erzgebirge, Paulus-Jenisius-Straße 24, D-09456 Annaberg-Buchholz, Tel.: (03733) 832435, Fax: 22164 — Verbandsvorsitzender: Landrat Wilfried Oettel – Geschäftsführer: Herr Dr. Uhlig

Regionaler Planungsverband Südwestsachsen, Wettiner Straße 64, D-08280 Aue, Tel.: (03771) 277132, Fax: 22744 — Verbandsvorsitzender: Landrat Karl Matko – Geschäftsführer: Herr Chladt

Regionaler Planungsverband Westsachsen, Karl-Marx-Straße 22, D-04668 Grimma, Tel.: (03437) 984-842, Fax: 944-120 — Verbandsvorsitzender: Landrat Dr. Gerhard Gey – Geschäftsführer: Herr Dr. Möbius

Regionale Planungsstellen:
(Planungsstellen der Regionalen Planungsverbände)

Regionale Planungsstelle b. Staatlichen Umweltfachamt Bautzen (für die Planungsregion Oberlausitz-Niederschlesien), Flugplatz Litten, Postfach 13 43, D-02603 Bautzen, Tel.: (03591) 627112, Fax: 627101 — Leiter: Dr. P. Heinrich
Referat Regionalplanung — Leiterin: Dipl.-Geogr. H. Zettwitz

Regionale Planungsstelle b. Staatlichen Umweltfachamt Radebeul (für die Planungsregion Oberes Elbtal/Osterzgebirge), Wasastraße 50, D-01445 Radebeul, Tel.: (0351) 835-3428, Fax: 835-4260 — Leiterin: Dr. H. Russig
Referat Regionalplanung — Leiter: Dr. G. Bäuerle

Regionale Planungsstelle b. Staatlichen Umweltfachamt Chemnitz (für die Planungsregion Chemnitz/Erzgebirge), Pornitzstraße 3, D-09112 Chemnitz, Tel.: (0371) 358-217, Fax: 358-367 — Leiter: Dr. F. Fischer
Referat Regionalplanung — Leiter: Dipl.-Geogr. Th. Hecker

Regionale Planungsstelle b. Staatlichen Umweltfachamt Leipzig (für die Planungsregion Westsachsen), Bautzner Straße 67, D-04347 Leipzig, Tel.: (0341) 2421-643, Fax: 2421-316 — Leiter: Dr. L. H. Uhlig
Referat Regionalplanung — Leiter: Dipl.-Landw. E. Günther

Regionale Planungsstelle b. Staatlichen Umweltfachamt Plauen (für die Planungsregion Südwestsachsen), Bahnhofstraße 46/48, D-08523 Plauen, Tel.: (03741) 206180, Fax: 206111 — Leiter: Dipl.-Geogr. S. Kropp
Referat Regionalplanung — Leiter: Dipl.-Geogr. A. Grüner

SACHSEN-ANHALT

Ministerium für Raumordnung und Umwelt des Landes Sachsen-Anhalt, (Postfach 37 60, D-39012 Magdeburg) Olvenstedter Str. 4, D-39108 Magdeburg, Tel.: (0391) 567-01, Fax: 567-1727 — Ministerin: Ingrid Häußler – Staatssekretär. Dr. Jens-Uwe Göttner

Abteilung 2: Raumordnung/Landesentwicklung/Kerntechnik — Leiter: Ministerialdirigent Ludwig Bauer – Vertreter: Ministerialrat W. Köhler

Referat 21: Regionalentwicklung/EXPO — Leiter: Regierungsangestellter W. Nickel

Referat 22: Landesentwicklungsprogramme/ Regionale Entwicklungsprogramme/ Braunkohlerekultivierung — Leiterin: Ministerialrätin M. Paepke, Landesplanungsdirektorin L. Komczynski, Landesplanungsdirektorin A. Schade

Referat 23: Landesplanerische Angelegenheiten der technischen Infrastruktur des Verkehrs/ Rechtsfragen der Landesplanung — Leiter: Ministerialrat B. Wenger, Landesplanungsrat J. Zscherper

Referat 24: Sicherung der Erfordernisse der Raumordnung/ Landesplanerische Angelegenheiten der gemeindlichen Entwicklung/ UVP — Leiter: Ministerialrat P. Bauch, Landesplanungsoberrätin B. Schröder

Referat 25: Regionalisierung der Strukturpolitik/ Laufende Raumbeobachtung — Leiter: Ministerialrat W. Köhler

Ministerium für Wohnungswesen, Städtebau und Verkehr des Landes Sachsen-Anhalt, (Postfach 36 25, D-39011 Magdeburg) Turmschanzenstr. 30, D-39114 Magdeburg, Tel.: (0391) 567-01, Fax: 567-7510 — Ministerin: Dr. Jürgen Heyer, Staatssekretär Ralf Nagel

Abteilung 2: Städtebau, Bauaufsicht, Städtebauförderung — Leiter: Ministerialdirigent Stepper

Abteilung 4: Verkehr — Leiter: N.N. – Vertreter: Ministerialrat Fahsel

Nachgeordnete Behörden:

Regierungspräsidium Dessau, Kühnauerstraße 161, D-06846 Dessau, Tel.: (0340)

6506-0, Fax: 6506-102

Dezernat 32: Raumordnung und Regionale Entwicklung — Leiter: Dipl.-Forst-Ing. E. Tandel

Regierungspräsidium Halle, Willy-Lohmann-Straße 7, D-06114 Halle, Tel.: (0345) 514-0, Fax: 514-1444

Dezernat 32: Raumordnung und Regionale Entwicklung — Leiter: Dipl.-Ing. R. Müller

Regierungspräsidium Magdeburg, Olvenstedter Straße 1-2, D-39108 Magdeburg, Tel.: (0391) 567-0, Fax: 567-2695

Dezernat 32: Raumordnung und Regionale Entwicklung — Leiter: Dipl.-Wirtsch. F. Günther

SCHLESWIG-HOLSTEIN

Die Ministerpräsidentin des Landes Schleswig-Holstein - Staatskanzlei - Abtlg. Landesplanung, Granzstr. 1-5, D-24149 Kiel, Tel.: (0431) 988-0, Fax: 988-1963 — Leiter: MDgt. Dr. Kühl, Tel.: (0431) 988-1703, e-mail: frank.liebrenz@landsh.de.

THÜRINGEN

Thüringer Ministerium für Wirtschaft und Infrastruktur, Abt. Raumordnung/ Landesplanung, (Postfach 2 42, D-99096 Erfurt) Max-Reger-Straße 4-8, D-99096 Erfurt, Tel.: (0361) 37-97700, e-mail: mailbox@th-online.de — Minister: Franz Schuster – Staatssekretär: Roland Richwien

Abteilung 7: Raumordnung und Landesplanung — Leiter: Ministerialdirigent Dr.-Ing. B.-B. Beyer – Vertreter: Regierungsangestellter E. Reidel

Referat 7.1: Grundsatzfragen/ Raumordnung und Landesplanung, Leiter: Dr.-Ing. J. Kilz

Referat 7.2: Regionalplanung — Leiter: Regierungsdirektor R. Sauerbrey

Referat 7.3: Wirtschaft, Verkehr, Energie, Kommunikation — Leiter: Regierungsdirektor Dipl.-Ing. S. Okonnek, Oberregierungsrat B. Gallander

Referat 7.4: Raumordnung – Siedlungsstruktur – Soziale Infrastruktur – Fremdenverkehr – Bauleitplanung — Leiterin: Regierungsdirektorin L. Traut

Referat 7.5: Raumordnung – Umwelt – Natur – Landwirtschaft – Rohstoffsicherung — Leiter: B. List

Referat 7.6: Raumordnungsrecht — Leiter: Regierungsdirektor Dr. M. Reinhardt

Referat 7.7: Regionale Koordinierung und Information — Leiter: Regierungsangestellter E. Reidel

Nachgeordnete Behörden:

Thüringer Landesverwaltungsamt, Referatsgruppe VI B, Raumordnung und Landesplanung (Obere Landesplanungsbehörde), Carl-August-Allee 2a, D-99423 Weimar, Tel.: (03643) 5876-00, Fax: 5876-02 — Leiter: Ltd. Regierungsdirektor Dipl.-Volksw. H. J. Schenkhoff

Referat 610: Allgemeine Angelegenheiten/ Planungsgrundlagen — Leiter: Dipl.-Ing. Rothe

Referat 611: Regionalplanung/ Geschäftsstellen der Regionalen Planungsgemeinschaft — Leiter: Dipl.-Geogr. Hosse

Gebietsreferentin Nordthüringen: Dipl.-Ök. Vetter, Am Schacht 2, D-99706 Sondershausen, Tel.: (03632) 654360, Fax: 654251

Gebietsreferent Mittelthüringen: Dipl.-Ing. Berger, Carl-August-Allee 2a, D-99423 Weimar, Tel.: (03643) 5876-21, Fax: 5876-02

Gebietsreferent Südthüringen: Dipl-Ing. Moor, Neuer Friedberg 1, Gebäude 18, D-98527 Suhl, Tel.: (03681) 860126, Fax: 860333

Gebietsreferent: Ostthüringen: Dipl.-Geogr. Dally, H.-Drechsler-Str. 1, Tel.: (0365) 8275950, Fax: 8275998

Referat 612: Siedlungsstruktur im Außenbereich — Leiter: Dipl.-Ing. Wothly

Referat 613: Raumordnungsfragen – Wirtschaft und technische Infrastruktur — Leiterin: Dipl.-Ing. Heinemann

Referat 614: Raumordnungsfragen – Soziale Infrastruktur und Naturraum — Leiter: Dipl.-Ing. Gerhardt

Regionale Planungsgemeinschaften:

Regionale Planungsgemeinschaft Nordthüringen,- Präsident -, Landratsamt Kyffhäuserkreis, Landrat Hengstermann, Markt 8, D-99706 Sondershausen, Tel.: (03632) 410, Fax: 41135

Regionale Planungsgemeinschaft Mittelthüringen,- Präsident -, Landratsamt Ilm-Kreis, Landrat Dr. Senglaub, Ritterstraße 14, D-99310 Arnstadt, Tel.: (03628) 738201, Fax: 732843

Regionale Planungsgemeinschaft Ostthüringen,- Präsident -, Landratsamt Altenburger Land, Landrat Gumprecht, Postfach 1 03, D-04581 Altenburg, Tel.: (03447) 3930, Fax: 314062

Regionale Planungsgemeinschaft Südthüringen,- Präsident -, Landratsamt Schmalkalden-Meiningen, Landrat Luther, Jerusalemer Straße 13, D-98617 Meiningen, Tel.: (03693) 485259, Fax: 482374

Thüringer Landesanstalt für Umwelt, Abt. Raumanalyse/ GIS/ Datenverarbeitung, Prüssingstraße 25, D-07745 Jena-Göschwitz, Tel.: (03641) 684200, Fax: 684222 — Leiter: Dr. J. Werner

Regionale Institute

BERLIN. Institut für Städtebau Berlin der Deutschen Akademie für Städtebau und Landesplanung. Jebensstr. 1, D-10623 Berlin, Tel.: (030) 31290-51, Fax: 31290-89 — Dir.: Prof. Dr.-Ing. M. Daub.

BERLIN. Deutsches Institut für Urbanistik (Difu), Straße des 17. Juni 112, D-10623 Berlin, Tel.: (030) 39001-0. Fax: 39001-100, Internet: http://www.difu.de, e-mail: difu@difu.de — Leitung: Prof. Dr. Heinrich Mäding.

DORTMUND. Institut für Landes- u. Stadtentwicklungsforschung des Landes Nordrhein-Westfalen (ILS), Deutsche Str. 5, 44339 Dortmund, Tel.: (0231) 9051-0 — Leit.: Dipl.-Ing. Ullrich Sierau.

DRESDEN. Institut für ökologische Raumentwicklung e.V. Weberplatz 1, D-01217 Dresden, Tel: (0351) 4679-0, Fax: 4679-212

gegr.: 1.1.1992 Institut der Blauen Liste

Direktor: Prof.Dr.rer.nat. Dr.rer.hort.habil. Bernhard Müller — Wiss. Mitarbeiter (Geographen): Dipl.-Ing. Ulrich Schumacher, Dr.sc. Ralf Schmidt, Dr. Peter Wirth, Dipl.-Geogr. Ulrich Walz, Dipl.-Geogr. Axel Bergmann, Dr. Thorsten Wiechmann.

KARLSRUHE. Arbeitskreis „Regionale Geographie und Regionalplanung Karlsruhe" (Leiter: Dr. V. Kaminske). c/o Regionalverband Mittlerer Oberrhein (RVMO), Baumeisterstr. 2, D-76137 Karlsruhe, Tel.: (0721) 35502-36, Fax: 35502-22.

NÜRNBERG. SIN – Städtebauinstitut Forschungsgesellschaft mbH. Hallerwiese 12, D-90419 Nürnberg, Tel.: (0911) 37774 — Leit.: Dipl.-Ing. Lothar Dittrich.

STUTTGART. Landesarbeitsgemeinschaft Baden-Württemberg der Akademie für Raumforschung und Landesplanung Hannover. Theodor-Heuss-Str. 4, D-70174 Stuttgart (Wirtschaftsministerium), Tel.: (0711) 123-2017, Fax: 123-2050 — Vorsitzender: Verb.Dir. Dr. Ekkehard Hein, Heilbronn — Gf: Regierungsdirektor Ulrich Schulze, Stuttgart.

STUTTGART. Fraunhofer-Informationszentrum Raum und Bau IRB. Nobelstr. 12, D-70569 Stuttgart, Tel.: (0711) 970-2500, Fax: 970-2508, Internet: http://www.irb.fhg.de, e-mail: irb@irb.fhg.de — Leitung: Dr.-Ing. W. Wissmann.

Lehrstühle, Institute und Lehraufträge an Hochschulen für Raumforschung, Landesplanung und Städtebau

BERLIN. Technische Universität, Fachbereich 7, Umwelt und Gesellschaft.

Institut für Stadt- und Regionalplanung. Dovestr. 1–5, D-10587 Berlin, Tel.: (030) 31439-01 — Gf.: Dir.: Prof. Dr.-Ing. Martin Daub

Fachgebiete:

Städtebau und Siedlungswesen — Prof. Dr. techn. R. Breit, Prof. Dr.-Ing. M. Daub, Prof. Dr.-Ing. D. Frick, Prof. Dipl.-Ing. L. King.

Planungstheorie — Prof. Dr. K. Heil

Stadt- und Regionalforschung — Prof. Dr. oec.publ. K. Künkel

Stadt- und Regionalplanung unter besonderer Berücksichtigung d. Entwicklungsländer — Prof. Dr. rer.nat. L. Lehmann

Soziologie — Prof. Dr. rer.pol. Hans Benninghaus, Prof. Dr. phil. R. Mackensen

Bau- und Planungsrecht — Prof. Dr. jur. G. Schmidt-Eichstaedt

Denkmalpflege — N.N.

Planungs- und Architektursoziologie — Prof. Dr. rer.pol. H. Bodenschatz.

DORTMUND. Universität Dortmund, Fakultät Raumplanung, D-44221 Dortmund, Tel.: (0231) 755-2284, Fax: 755-2620.

Institut für Raumplanung: Univ.Prof. Dr. rer. pol. P. Velsinger

SPRING-Zentrum: Dr.-Ing. B. Jenssen – FG Bodenpolitik, Bodenmanagement und Kommunales Vermessungswesen: Univ. Prof. Dr. iur. B. Davy – FG Europäische Raumplanung: Univ.Prof. Dr.techn. K.R. Kunzmann – FG Frauenforschung und Wohnungswesen in der Raumplanung – Univ.Prof. Dr.rer.pol. R. Becker – FG Geographische Grundlagen der Raumplanung: Univ.Prof. Dr.rer.nat. V. Kreibich – FG Gewerbeplanung: Univ.Prof. Dr.rer.pol. G. Hennings – FG Landschaftsökologie und Landschaftsplanung: Univ.Prof. Dr.rer.nat. L. Finke – FG Politische Ökonomie: Univ.Prof. Dr.rer.pol. P. Velsinger (Kommissarischer Leiter) – FG Raumordnung und Landesplanung: Univ.Prof. Dr.-Ing. G. Turowski – FG Rechtsgrundlagen der Raumplanung: Univ.Prof. Dr.jur. C.-H. David – FG Soziologische Grundlagen der Raumplanung: Univ.Prof. Dr. Klaus M. Schmals – FG Stadt- und Landschaftsgestaltung: Univ.Prof. Dr.-Ing. K.-J. Krause – FG Stadt- und Regionalplanung: Univ.Prof. Dr.-Ing. H. Schoof – FG Städtebau und Bauleitplanung: Univ.Prof. Dipl.-Ing. P. Zlonicky – FG Systemtheorie und Systemtechnik in der Raumplanung: Univ.Prof. Dr.rer.nat. Dr.rer.pol. W. Rödding – FG Verkehrswesen und Verkehrsplanung: Univ.Prof. Dr.-Ing. Chr. Holz-Rau – FG Versorgungssysteme und planerischer Umweltschutz: Dr. Ing. E. Hahn – FG Volkswirtschaftslehre, insbesondere Finanz- und Haushaltsplanung: Univ.Prof. Dr.rer.pol. Günter Kroes – FG Volkswirtschaftslehre, insbesondere Raumwirtschaftspolitik: Univ.Prof. Dr.rer.pol. P. Velsinger, Univ.Prof. Dr.rer.pol. F.-J. Bade.

KARLSRUHE. Institut für Regionalwissenschaft der Universität Karlsruhe (TH), D-76128 Karlsruhe, Tel: (0721) 608-2365, Fax: 608-2888.

Leitung/wiss. Mitarb.: Prof. Dr.-Ing. Claus Heidemann — Prof. Dr.-Ing. Claus Heidemann, Prof. Dr.rer.pol. Günter Strassert, AOR Dr. Wilfried Wittenberg, Dipl.-Ing. Ute Heinzmann, Dr. Ursula Alto — Sekretariat: Gudrun Volz, Barbara Windbiel.

MÜNSTER/Westf. Institut für Siedlungs- und Wohnungswesen der Westfälischen Wilhelms-Universität Münster. Am Stadtgraben 9, D-48143 Münster — Dir.: Prof. Dr. Ulrich van Suntum — Gf.: Akad. Oberrat Dr. Winfried Michels.

NATURSCHUTZ – LANDSCHAFTSSCHUTZ – HEIMATPFLEGE

Behörden, Einrichtungen und Institute des Naturschutzes und der Landschaftspflege.

BONN-BAD GODESBERG. Bundesamt für Umweltschutz. Konstantinstr. 110, D-53179 Bonn, Tel.: (0228) 8491-0, Fax: 8491-200, Internet: http://www.bfn.de, e-mail: PBox-bfn@bfn.de — Präsident: Prof. Dr. Martin Uppenbrink — Pressesprecher: Dr. Jürgen Jakobs.

Länderarbeitsgemeinschaft für Naturschutz, Landschaftspflege und Erholung. (LANA). Vors.: LMR Dr. Klaus Heidenreich, Bayerisches Staatsministerium für Landesentwicklung und Umweltfragen, Rosenkavalierplatz 2, D-81925 München, Tel.: (089) 9214-3337, Fax: 9214-3497, e-mail: abteilung6@stmku.bayern.de

Bundesverband beruflicher Naturschutz e.V. (BBN), Konstantinstr. 110, D-53179 Bonn, Tel.: (0228) 8491-116, Fax: 8491-200 — Derz. Vors.: Prof. Dr. Lothar Fike, Postfach 50 05 00, D-44227 Dortmund — Derz. Gf.: Prof. Dr. W. Erz, Konstantin-

Str. 110, D-53179 Bonn

BADEN-WÜRTTEMBERG

HNB: Regierungspräsidium Stuttgart, Postfach 80 07 09, D-70507 Stuttgart, Tel.: (0711) 904-3330 — Ref.-Ltr. LRD Sichel — Bezirksstelle für Naturschutz und Landschaftspflege: Hauptkon. Dr. Mattern, Ruppmannstr. 21, D-70565 Stuttgart, Tel.: (0711) 904-3437.

HNB: Regierungspräsidium Karlsruhe. Schloßplatz 1–3, D-76131 KarlsruheTel.: (0721) 926-0 — Abt.-L.: Abt.D. Feiler, Tel.: -3334 — Ref.-L.: Polenz, Tel.: -2652 — BB: Landeskonservator Wolf, Kriegsstr. 5a, D-76137 Karlsruhe, Tel.: (0721) 926-4350.

HNB: Regierungspräsidium Freiburg. Kaiser-Joseph-Str. 167, D-79098 Freiburg, Tel.: (0761) 208-0, Fax: 208-1080.

Abteilung 5 – Umwel6tschutz und Waserwirtschaft — Leiter: Abt. Dir. Ulrich Springer
Ref. 51 – Recht und Verwaltung der Wasserwirtschaft: Ltd.RD Dr. May
Ref. 52 – Gewässer und Boden: BD Blaha
Ref. 53 – Siedlungswasserwirtschaft: Ltd. BD
Ref. 54 – Abfall: BD Brand
Ref. 55 – Immissionsschutz, Gewerbeaufsicht, Arbeitsschutz: GD Blumenstock

BAYERN

ONB: Bayerisches Staatsministerium für Landesentwicklung und Umweltfragen, Rosenkavalierplatz 2, D-81925 München, Tel.: (089) 9214-0, Teletex: 89 8551 bylum d, Fax: 9214-2266 — Bayerisches Landesamt für Umweltschutz, Rosenkavalierplatz 3, D-81925 München, Tel.: (089) 9214-0, Fax: 9214-3998, Telex: 529 417 baylu d

Oberpfalz. Regierung der Oberpfalz als HNB. Emmeramsplatz 8/9, D-93047 Regensburg, Tel.: (0941) 5680-0, Fax: 5680-174 — Rechtsref.: N.N. — Fachref.: RD H. Ott.

Oberfranken. Regierung von Oberfranken als HNB. Ludwigstr. 20, D-95444 Bayreuth, Tel.: (0921) 6040 — Fachref.: Ltd. Regierungsdirektor P. Gaschott.

Mittelfranken. Regierung von Mittelfranken als HNB. Promenade 27, D-91522 Ansbach, Tel.: (0981) 53-0, Fax: 53-773 — Fachreferent: Ltd. GD Jodl (Tel.: -435).

Unterfranken. Regierung von Unterfranken als HNB. Peterplatz 9, D-97070 Würzburg, Tel.: (0931) 380-0, Fax: 380-2382 — Sachgebietsleiter: LRD Dr. Reichel.

Schwaben. Regierung von Schwaben als HNB. Fronhof 10, D-86152 Augsburg, Tel.: (0821) 327-2595 — Fachref.: Dipl.-Gtn. E. Günther.

BERLIN

Senatsverwaltung für Stadtentwicklung, Umweltschutz und Technologie (Oberste Behörde für Naturschutz und Landschaftspflege), Abt. III, Brückenstr. 3, D-10179 Berlin, Tel.: (030) 2471-2145, Fax: 2471-2929.

Landesbeauftragter für Naturschutz u. Landschaftspflege: Senatsverwaltung für Stadtentwicklung und Umweltschutz - III LB, Prof. Dr. Herbert Sukopp, Brückenstr. 6, D-10179 Berlin, Tel.: (030) 2471-2039, Fax: 2471-2929.

FREIE HANSESTADT BREMEN

Der Senator für Umweltschutz und Stadtentwicklung der Freien Hansestadt Bremen. Am Wall 177, D-28195 Bremen, Tel.: (0421) 361-1.

FREIE UND HANSESTADT HAMBURG

ONB u. HNB. Umweltbehörde, Naturschutzamt, Billstraße 84, D-20539 Hamburg, Tel.: (040) 42845-2042, Fax: 42845-2579 — Leiter des Naturschutzamtes: Frau Dr. Dube.

HESSEN

Oberste Naturschutzbehörde:

Hessisches Ministerium des Inneren und für Landwirtschaft, Forsten und Naturschutz. Hölderlinstraße 1-3, D-65187 Wiesbaden (PA: Postfach 3127, D-65021 Wiesbaden), Tel.: (0611) 817-0, Fax: 817-2185.

Obere Naturschutzbehörde:

Regierungspräsidium Damstadt - Abt. IX, Wilhelminenstr. 1-3, D-64283 Darmstadt (D-64278 Darmstadt), Tel.: (06151) 12-0 (Zentrale), 12-5263 (direkt).

Regierungspräsidium Kassel, Postfach 103067, D-34112 Kassel, Tel.: (0561) 106-0 — Abt. V: Forsten — Abt. VI: Naturschutz.

Untere Naturschutzbehörde:

Landkreise, kreisfreie Städte, kreisangehörige Gemeinden mit mehr als 50.000 Einwohnern.

Reg. Bezirk Darmstadt. ONB: Regierungspräsidium Darmstadt - Abt. VIII, Luisenplatz 2, D-64283 Darmstadt (Postfach 11 12 53, D-64227 Darmstadt), Tel.: (06151) 12-1.

Regierungpräsidium Gießen, Abt. V (Forsten), Eichgärtenallee 1, D-35390 Gießen, Tel.: (0641) 3031.

NIEDERSACHSEN

ONB: Niedersächsisches Umweltministerium, Archivstr. 2, D-30169 Hannover — Niedersächsisches Landesamt für Ökologie, An der Scharlake 39, D-31135 Hildesheim.

Obere Naturschutzbehörden:
Bezirks-Reg. Hannover
Bezirks-Reg. Lüneburg
Bezirks-Reg. Braunschweig
Bezirks-Reg. Weser-Ems in Oldenburg.

NORDRHEIN-WESTFALEN

OLB: Ministerium für Umwelt, Raumordnung und Landwirtschaft, Schwannstr. 3, D-40476 Düsseldorf, Tel.: (0211) 4566-0, Fax: 4566-388.

Einrichtung: Landesanstalt für Ökologie, Bodenordnung und Forsten/Landesamt für Agrarordnung. Leibnizstr. 10, D-45659 Recklinghausen, Tel.: (02361) 305-1, Fax: 305-215.

HLB: Bezirksregierungen in Arnsberg, Detmold, Düsseldorf, Köln und Münster.

ULB: Kreise und kreisfreie Städte.

RHEINLAND-PFALZ

Ministerium f. Umwelt und Forsten, Rheinland-Pfalz, Kaiser-Friedrich-Str. 7, D-55116 Mainz, Tel.: (06131) 16-0, Fax: 16-4646, e-mail: Poststelle@muf.pr.dbp.de

Beirat f. Landespflege bei dem Ministerium für Umwelt und Forsten, Mainz, – Vors.: Prof. Dr. rer.nat.Günter Preuß, Hugenottenstr. 7, D-76855 Annweiler , Tel.: (06346) 8257.

Landesamt für Umweltschutz und Gewerbeaufsicht Rheinland-Pfalz, Amtsgerichtsplatz 1, D-55276 Oppenheim, Tel.: (06133) 9450-0, Fax: 9450-155.

Bez.-Regierung Rheinhessen-Pfalz: in Neustadt a.d. Weinstraße als Obere Landespflegebehörde, Tel.: (06321) 99-2866 — Vors. d. Beirates für Landespflege bei der Bez.-Reg. Rheinhessen-Pfalz: PD Dr. rer.nat. Hans-Wolfgang Helb, Tel./Fax: (0631) 2017-416.

SAARLAND

ONB: Ministerium für Umwelt, Energie und Verkehr, Halbergstr. 50, D-66121 Saarbrükken — Abt. D-Naturschutz, Landschaftsökologie. Abt.Leiter: Dr. W. Franz, MDirig. Fax: (0681) 5013510, Internet: poststelle@muev.x400.saarland.de

SCHLESWIG-HOLSTEIN
Ministerium für ländliche Räume, Landwirtschaft, Ernährung und Tourismus des Landes Schleswig-Holstein. Düsternbrooker Weg 104, D-24105 Kiel, Tel.: (0431) 988-0, Fax: 988-5010, -5101.
Regierungspräsidium Gießen, Abt. VI (Naturschutz), Eichgärtenallee 1, D-35394 Gießen, Tel.: (0641) 303-0.
Reg. Bezirk Kassel. HNB: Regierungspräsidium Kassel. Steinweg 6, D-34117 Kassel, Tel.: (0561) 106-0, Fax:106-1611
Landesnaturschutzverband Schleswig-Holstein (LNV) e.V., Burgstr. 4, D-24103 Kiel, Tel.: (0431) 930-27, Fax: 920-47 — Vors.: Volker Looft — Gf.: Ragnar Schaefer

Institute für Landschaftspflege und Naturschutz

EBERSWALDE. Fachhochschule Eberswalde, FB 2: Landschaftsnutzung und Naturschutz, Schicklerstraße 3-5, D-16225 Eberswalde, Tel.: (03334) 657308 (Sekr.), Fax: 236316.
GIESSEN. Institut für Bodenkunde und Bodenerhaltung des FB 17 – Agrarwissenschaften und Umweltsicherung. Wiesenstr. 3–5, D-35390 Gießen, Tel.: (0641) 702-6081.
Staatliche Vogelschutzwarte für Hessen, Rheinland-Pfalz und Saarland, Institut für angewandte Vogelkunde. Steinauer Str. 44, D-60386 Frankfurt, Tel.: (069) 420105-0, Fax: 420105-29 — Leit.: Dr. K. Richarz.
Landesanstalt für Ökologie, Bodenordnung und Forsten / Landesamt für Agrarordnung Nordrhein-Westfalen – Vogelschutzwarte. Leibnizstr. 10, D-45659 Recklinghausen, Tel.: (02361) 305-1, Fax: 305-323 — Dezernent: ORR Dr. Bernd Conrad.
Landesamt für Natur und Umwelt des Landes Schleswig-Holstein - Staatliche Vogelschutzwarte - Biologiezentrum. Olshausenstr. 40, D-24118 Kiel, Tel.: (0431) 880-4502, Fax: 880-1389 — Dez. Dr. Wilfried Knief.
Institut für Vogelforschung „Vogelwarte Helgoland". An der Vogelwarte 21, D-26386 Wilhelmshaven, Tel.: (04421) 9689-0, Fax: 9689-55, e-mail: ifv@ifv-terramare.fh-wilhelmshaven.de — Leit.: Ltd. Wiss. Dir. Prof. Dr. F. Bairlein.

Führende Gesellschaften ausgewählter Fachgebiete

Deutscher Rat für Landespflege. Konstantinstr. 110, D-53179 Bonn, Tel.: (0228) 33-1097, Fax: 33-4727, e-mail: DRL-bonn@t-online.de — Sprecher: Prof. Dr. Dr. h.c. Wolfgang Haber — GfM.: Prof. Dr.-Ing. Klaus Borchard
Stiftung Natur und Umwelt Rheinland-Pfalz, Kaiser-Friedrich-Str. 7, D-55116 Mainz — Vorstandsvors.: Staatsministerin Klaudia Martini — Geschf.: Ministerium für Umwelt und Gesundheit.
Naturforschende Gesellschaft Freiburg i.Br., gegr. 1821. Sitz: Albertstr. 23b, D-79104 Freiburg i.Br., Geolog. Inst. d. Univ., Tel.: (0761) 203-6479 — Schriftleitung: Prof. Dr. H. Genser — Tauschstelle: Univ.-Bibliothek, Dr. H.J. Maurer, Postfach 16 29, D-79016 Freiburg i.Br.
Deutscher Alpenverein e.V., Bundesgeschäftsstelle: Von-Kahr-Str. 2-4, D-80997 München, Tel.: (089) 14003-0, Fax: 14003-11, Internet: http://www.alpenverein.de, e-mail: alpenverein@t-online.de — HGF: Alfred Siegert — 1. Vors.: Josef Klenner.
Alpines Museum im Haus des Alpinismus, Praterinsel 5, D-80538 München, Tel.: (089) 211224-0, Fax: 211224-40.
Gesellschaft für Naturkunde in Württemberg e.V., gegr. 1844. Rosenstein 1, D-70191 Stuttgart, Tel.: (0711) 89-360 — Vors.: Prof. Dr. Volkmar Wirth — Stellvertr. Vors.: Prof. Dr. Ulrich Kull, Prof. Dr. Frank Westphal — Schriftleiter der Jahreshefte: Prof. Dr. Siegmund Seybold.
Europäische Wandervereinigung e.V., Reichsstr. 4, D-66111 Saarbrücken, Tel.: (0681) 390-070, Fax: 390-4650 — Präs.: Hubert Yseeboodt, Steenlandlaan 24, B-2940 Stabroek — Gen.-Sekr.: Werner Mohr, Reichsstr. 4, D-66111 Saarbrücken.

BAYERN

Naturforschende Gesellschaft Augsburg e.V., gegr. 1946. Hofangerstr. 22a, D-81735 München — Vors.: Hans Mühle.

Verband Deutscher Gebirgs- und Wandervereine e.V. Gesch.-Stelle: Reichsstr. 4, D-66111 Saarbrücken, Tel.: (0681) 390-070, Fax: 390-4650 — Präs.: Staatsminister a.D. Kurt Schneider, Sandstr. 56, D-64404 Bickenbach/Bergstr. — Gschf.: Werner Mohr, Reichsstr. 4, D-66111 Saarbrücken.

Naturwissenschaftlicher Verein für Schwaben e.V., gegr. 1846. Im Thäle 3, D-86152 Augsburg — Vors.: Dr. Eberhard Pfeuffer — Gf.: Dr. habil. Michael Achtelig

Touristenverein „Die Naturfreunde" – Bundesgruppe Deutschland e.V. Heldelfinger Str. 17-25, D-70327 Stuttgart (Postfach 600 441, D-70304 Stuttgart), Tel.: (0711) 40954-0, Fax: 40954-4 — Vors.: Michael Müller (MdB) — GF: Stefan Straub.

Naturhistorische Gesellschaft Nürnberg e.V., gegr. 1801. Gewerbemuseumsplatz 4, Luitpoldhaus, D-90403 Nürnberg, Tel.: (0911) 227970 — Vors.: Rainer Ott — Stellvertr.: Gisela Stellmacher.

Deutsches Jugendherbergswerk, Hauptverband f. Jugendwandern u. Jungendherbergen e.V., Gilde Zentrum, Bad Meinberger Str. 1, 32760 Detmold — Vors.: Stud-Dir. Otto Wirthensohn, Linzer Str. 7, D-8390 Passau — HGf.: Bernd Dohn.

Naturforschende Gesellschaft Bamberg e.V., gegr. 1834. Bergstr. 14, D-96191 Viereth-Trunstadt, Tel.: (09503) 7733 — 1. Vorsitzender: Dipl.-Biol. Klaus Weber (ASW-Ökologische Gutachten, Litzendorfer Str. 17, Geisfeld, D-96129 Strullendorf, Tel.: (09505) 8629 — 2. Vorsitzender: Dr. Dieter Bösche (Hertzstr. 31, D-96050 Bamberg, Tel.: (0951) 12269.

Schutzgemeinschaft Deutscher Wald – Bundesverband e.V. , Meckenheimer Allee 79, D-53115 Bonn. Präsident: Dr. Wolfgang von Geldern MdB, Tel.: (0228) 658462, 696360, Fax: 656980, Internet: http://www.dainet.de/sdw, e-mail: sgdwald@AOL.com — Bundesgeschäftsführer: Bernd Krebs.

Naturkundemuseum Ostbayern in Regensburg. Am Prebrunntor 4, D-93047 Regensburg.

Naturschutzbund Deutschland e.V (NABU) - Bundesgeschäftsstelle: Herbert-Rabius-Str. 26, D-53225 Bonn (Postfach 301054, D-53190 Bonn), Tel.: (0228) 97561-0, Fax: 97561-90 — Präs.: Jochen Flasbarth — Gf.: Uwe Hüser, Gerd Billen.

HESSEN

Senckenbergische Naturforschende Gesellschaft (Forschungsinst. u. Naturmuseum), gegr. 1817. Senckenberganlage 25, D-60325 Frankfurt, Tel.: (069) 75-420, Fax: 746238 — Dir.: Prof. Dr. F. F. Steininger — Präs.: Gert Becker.

Naturschutzbund Deutschland e.V (NABU) - Gut Sunder - Die NABU-Akademie. Meißendorf, D-29308 Winsen/Aller, Tel.: (05056) 9701-11, Fax: 9701-97.

NIEDERSACHSEN

Naturwissenschaftlicher Verein für das Fürstentum Lüneburg von 1851 e.V. Salzstraße 26, D-21335 Lüneburg, Tel./Fax: (04131) 403883 — Referat Studienfahrten, Salzstr. 26, Tel./Fax: (04131) 403883 — 1. Vors.: Dr. J. Prüter — 2. Vors.: Prof. Dr. K. Horst.

Oldenburger Landesverein für Geschichte, Natur- und Heimatkunde e.V., gegr. 1850, Gesch.-Zimmer: Unter den Eichen 14, D-26122 Oldenburg — Vors.: Vorsitzender Richter am Verwaltungsgericht Jürgen Lange — Abt. 1: Geschichte, Volks- u. Landeskunde: Prof. Dr. Albrecht Eckhardt, Ltd. Archivdirektor — Abt. 2: Naturkunde, Natur- und Heimatschutz: Prof. Dr. Mamoun Fansa, Museumsdirektor.

NORDRHEIN-WESTFALEN

Naturhistorischer Verein d. Rheinlande u. Westfalens, gegr. 1843. Gst.: Nußallee 15a, D-53115 Bonn (Postfach 2460, D-53014 Bonn), Tel.: (0228) 692377 — Vors.: Prof. Dr. W. Schumacher — 1. Gf.: Dr. G. Matzke-Hajek — Schatzmeister Dr. M. Kaumanns.

Naturwissenschaftlicher und Historischer Verein für das Land Lippe e.V., gegr. 1835. Gst.: Willi-Hofmann-Str. 2 (NW Staatsarchiv), D-32756 Detmold, Tel.: (05231) 766-0, -110 — Vors.: Hochschullehrer Prof. Dr. Jürgen Döhl.

RHEINLAND-PFALZ

Rheinische Naturforschende Gesellschaft e.V., Naturhistorisches Museum - Landessammlung für Naturkunde Rheinland-Pfalz, Reichklarastr. 10, D-55116 Mainz — 1. Vors.: Univ.-Prof. Dr. D. Berg, Institut für Geowissensch. der Universität Mainz, Tel.: (06131) 392852. priv.: Pfarrer Autsch Straße 20, D-55126 Mainz, Tel.: (06131) 471360 — Geschäftsstelle Naturh. Museum, Tel.: (06131) 12-2646, Fax: 12-2975.

Informationszentrum Naturpark Pfälzerwald, Hermann-Schäfer-Str. 17, D-67098 Bad Dürkheim . Das Informations- und Forschungszentrum Naturpark Pfälzerwald ist dem Pfalzmuseum für Naturkunde (POLLICHIA-Museum) integriert.

1.) Zweckverband Pfalzmuseum f. Naturkunde (POLLICHIA-Museum). Hermann-Schäfer-Str. 17, D-67098 Bad Dürkheim , Tel.: (06322) 9413-0, Fax: 9413-11 — Museumsleiter: Dr. Reinhard Flößer.

2.) Zweigstelle des Zweckverbandes Pfalzmuseum für Naturkunde: Burg Lichtenberg und Geoskop-Urweltmeseum Kusel, D-66871 Thallichtenberg/Kusel, Tel: (06381) 9934-50, Fax: 9934-52 — Museumlsleiter: Dr. Reinhard Flößer.

SCHLESWIG-HOLSTEIN

Naturwissenschaftlicher Verein für Schleswig-Holstein e.V. in Kiel, gegr. 1872. Steinkämpe 4, D-24109 Melsdorf, Tel./Fax: (04340) 569 — 1. Vors.: Prof. Dr. H. Klug — 2. Vors.: ROL a. D. W. Schmidt — 3. Vors.: Prof. Dr. P. Janle — Versandstelle: Univ.-Bibliothek, Kiel, Olshausenstr. 29.

Naturschutzbund Deutschland e.V (NABU) - Landesverband / Landesgeschäftsstelle, Tübinger Str. 15, D-70178 Stuttgart, Tel.: (0711) 96672-0, Fax: 96672-33, e-mail: NABU.BW@t-online.de

Naturschutzbund Deutschland (NABU) - Landesverband Berlin e.V. Geschäftsstelle: Hauptstr. 13, D-13055 Berlin, Tel.: (030) 986-4107, Fax: 986-7051 — Informationszentrum: Goltzstr. 5, D-10781 Berlin, Tel.: (030) 2166797 — Freilandlabor Flughafensee Tegel: c/o Goltzstr. 5, D-10781 Berlin, Tel.: (030) 4325155 — Naturschutzzentrum „Storchenschmiede" Linum: Nauener Str. 54, D-16833 Linum, Tel.: (033927) 60500.

Naturschutzbund Deutschland e.V (NABU) - Landesverband Hamburg, Habichtstr. 125, D-22307 Hamburg, Tel.: (040) 697089-0, Fax: 697089-19.

Naturschutzbund Deutschland e.V (NABU) - Landesverband Hessen, Garbenheimer Str. 32, D-35578 Wetzlar, Tel.: (06441) 45043, Fax: 43957.

Naturschutzbund Deutschland e.V (NABU) - Landesverband Nordrhein-Westfalen e.V., Am Lippeglacis 10, D-46483 Wesel, Tel.: (0281) 338350.

Naturschutzbund Deutschland e.V (NABU) - Landesverband Rheinland-Pfalz, Landesgeschäftsstelle: Postfach 1647, D-55006 Mainz, Tel.: (06131) 14039-0, Fax: 14039-28.

Naturschutzbund Deutschland e.V (NABU) - Landesverband Saar e.V., Geschäftsstelle: Zum Wildpark, D-66709 Weiskirchen

Naturschutzbund Deutschland e.V (NABU) - Naturschutzzentrum Wollmatinger Ried, Kindlebildstr. 87, D-78479 Reichenau , Tel.: (07531) 788 70, Fax: 72383.

Naturschutzbund Deutschland e.V (NABU) - Wasservogelreservat Wallnau, Informationszentrum, D-23769 Westfehmarn, Tel.: (04372) 1002, Fax: 1445, e-mail: NABU-wallnau@t-online.de

Deutsche Burgenvereinigung e.V., Gst.: Marksburg, D-56338 Braubach, Tel.: (02627) 536, Internet: http://www.burgen.org, e-mail: dbv.marksburg@burgen.org — Präs.: Alexander Fürst zu Sayn-Wittgenstein-Sayn — Gf.: Dr.-Ing. Klaus Tragbar — Ltr. Europ. Burgeninstitut: Dr. Busso von der Dollen.

Deutsche Gartenbau-Gesellschaft 1822 (DGG) e.V., gegr. 1822. Gst.: Webersteig 3, D-78462 Konstanz, Tel.: (07531) 15288, Fax: 26530 — Präs.: Gräfin Sonja Bernadotte, D-78465 Insel Mainau — Geschäftsf.: Dr. Inge Schenk.

DENKMALPFLEGE

Behörden und Einrichtungen der Denkmalpflege, Archäologische Landesämter

BADEN-WÜRTTEMBERG

Landesdenkmalamt Baden-Württemberg. Mörikestr. 12, D-70178 Stuttgart, Tel.: (0711) 1694-9.

Außenstelle Freiburg. Sternwaldstr. 14, D-79102 Freiburg, Tel.: (0761) 70368-0.

Außenstelle Tübingen. Gartenstr. 79, D-72074 Tübingen, Tel.: (07071) 200-1

Außenstelle Karlsruhe, Durmersheimer Str. 55, D-76185 Karlsruhe, Tel.: (0721) 50083-0.

Landesdenkmalamt Baden-Württemberg, Abt. Archäologische Denkmalpflege, Silberburgstraße 193,D-70178 Stuttgart, Tel.: (0711) 1649-700, Fax: 1694-707.

BAYERN

Bayerisches Landesamt f. Denkmalpflege. Hofgraben 4, D-80539 München, Tel.: (089) 2114-0, Fax: 2114-300 — Leit.: Gen.-Konservator Prof. Dr. Michael Petzet — Stellvertr.: Landeskonservator Dr. Erwin Keller — Leit. d. Abt. Praktische Bau- und Kunstdenkmalpflege: Hauptkonservator Dipl.-Ing. Giulio Marano, Oberkonservator Dr. Bernd Vollmar — Leit. d. Abt. Bodendenkmalpflege: Landeskonservator Dr. Erwin Keller — Leit. d. Abt. Inventarisation: Hauptkonservator Dr. Manfred Mosel — Leit. d. Abt. Restaurierung: Hauptkonservator Dr. Michael Kühlental — Leit. d. Landesstelle für die nichtstaatlichen Museen: Hauptkonservator Dr. York Langenstein.

Bayer. Landesamt für Denkmalpflege, Abt. Bodendenkmalpflege, Hofgraben 4, D-80539 München, Tel.: (089) 211-40.

BERLIN

Landesdenkmalamt Berlin, Krausenstr. 38-39, D-10117 Berlin, Tel.: (030) 20359-0

BRANDENBURG.

Landesamt für Denkmalpflege, Brüderstr. 13, D-10178 Berin, Tel: (030) 20-43164, Fax: 20-13956 — Direktor: Landdeskonservator Prof. Dr. Detlef Karg

Brandenburgisches Landesmuseum für Ur- und Frühgeschichte, Schloß Babelsberg, D-14482 Potsdam, Tel.: (0331) 78073.

FREIE HANSESTADT BREMEN

Landesamt für Denkmalpflege. Sandstr. 3, D-28195 Bremen, Tel.: (0421) 361-2502 — Leit.: Bau-Dir. Dr.-Ing. H.-Ch. Hoffmann.

Freie Hansestadt Bremen, Der Landesarchäologe, Ronzelenstr. 51, D-28359 Bremen, Tel.: (0421) 496-3390.

FREIE UND HANSESTADT HAMBURG

Kulturbehörde – Denkmalschutzamt. Imstedt 20, D-22083 Hamburg , Tel.: (040) 2988-2733, Fax: 2988-3900 — Dir.: Denkmalpfleger Prof. Dr. Eckart Hannmann — Referatsleiter: Dr. V. Konerding, Dr. I. Rüttgerodt-Riechmann.

Hamburger Museum für Archäologie, Abt. Bodendenkmalpflege, Museumsplatz 2, D-21073 Hamburg, Tel.: (040) 77170-3690.

HESSEN

Landesamt für Denkmalpflege Hessen. Schloß Biebrich, D-65203 Wiesbaden, Tel.: (0611) 6906-0 — Leit.: Direktor Dr. Gerd Weiß.

Landesamt für Denkmalpflege Hessen, Abt. Archäologische Denkmalpflege, Schloß Biebrich/Ostflügel, D-65203 Wiesbaden,Tel.: (0611) 690631.

MECKLENBURG-VORPOMMERN.

Landesamt für Denkmalpflege Mecklenburg-Vorpommern, Domhof 4/5, D-19055 Schwerin, Tel: (0385) 55870-0, Fax: 562905 — Leiter: Landes-Konservator Dipl.-Ing. Dieter Zander — Abt. Stralsund, Badenstr. 16, D-18439 Stralsund, Tel.: (03831) 29-2953, Fax: 29-2364.

Landesamt für Bodendenkmalpflege Mecklenburg-Vorpommern und Archäologisches Landesmuseum, Schloß Wiligrad, D-19069 Lübstorf.

NIEDERSACHSEN

Niedersächsisches Landesamt für Denkmalpflege. Scharnhorststr. 1, D-30175 Hannover, Tel.: (0511) 925-5265, -66 — Leiterin: Landeskonservatorin Dr.-Ing. Christiane Segers-Glocke.

NORDRHEIN-WESTFALEN

Landschaftsverband Rheinland, Rheinisches Amt für Denkmalpflege, Abtei Brauweiler, Ehrenfriedstr. 19, D-50259 Pulheim, Tel.: (02234) 9854-1 — Leit.: Landeskonservator Prof. Dr. phil. Udo Mainzer.

Rheinland: Rheinisches Amt für Bodendenkmalpflege, Endenicher Str. 133, D-53115 Bonn, Tel.: (0228) 98340.

Westfalen: Westfälisches Museum für Archäologie, Amt für Bodendenkmalpflege, Rothenburg 30, D-48143 Münster, Tel.: (0251) 5907-02, Fax: 5907-211.

Stadtgebiet Köln: Römisch-Germanisches Museum / Archäologische Bodendenkmalpflege, Roncalliplatz 4, D-50667 Köln, Tel.: (0221) 221-2304, Fax: 221-4030

RHEINLAND-PFALZ

Landesamt für Denkmalpflege - mit der Abteilung Burgen, Schlösser, Altertümer. Schillerstr. 44, D-55116 Mainz — Direktor: Dr. habil Wolfgang Brönner.

Rheinisches Landesmuseum Trier, Abt. Archäologische Denkmalpflege, Weimarer Allee 1, D-54290 Trier, Tel.: (0651) 97740.

SAARLAND

Staatliches Konservatoramt des Saarlandes. Schloßplatz 16, D-66119 Saarbrücken, Tel.: (0681) 501-2443, -2444, Fax: 501-2478.

Staatliches Konservatoramt, Abt. Bodendenkmalpflege, Schloßplatz 16, D-66119 Saarbrücken, Tel.: (0681) 501-2485, Fax: 501-2478.

SACHSEN.

Landesamt für Denkmalpflege Sachsen, Augustusstr. 2, D-01067 Dresden, Tel: (0351) 491-4400, Fax: 491-4488 — Leiter: Sächsischer Landeskonservator Prof. Dr.-Ing. Gerhard Glaser

Landesamt für Archäologie mit Landesmuseum für Vorgeschichte, Japanisches Palais, D-01097 Dresden, Tel.: (0351) 8144-50, Fax: 8144-666, Internet: http://www.archsax.sachsen.de, e-mail: Presse archsax.sacchsen.de

SACHSEN-ANHALT.

Landesamt für Denkmalpflege Sachsen-Anhalt, Alter Markt 27, D-06108 Halle, Tel.: (0345) 23100-0, Fax: 23100-15 — Leiter: Landeskonservator Dipl.-Ing. Gotthard Voß

Landesamt für archäologische Denkmalpflege Sachsen-Anhalt / Landesmuseum für Vorgeschichte, Richard-Wagner-Str. 9-10, D-06114 Halle, Tel.: (0345) 5247-30, Fax: 5247-351, e-mail: edv@lfa.hal.eunet.de

SCHLESWIG-HOLSTEIN

Landesamt für Denkmalpflege Schleswig-Holstein. Schloß, D-24103 Kiel, Tel.: (0431) 90670 — Leit.: Landeskonservator Dr. J. Habich.

Archäologisches Landesamt Schleswig-Holstein, Schloß Annettenhöh, Brockdorff-Rantzau-Str. 70, D-24837 Schleswig, Tel.: (04621) 387-0, Fax: 387-55.

Lübeck: Der Bürgermeister der Hansestadt Lübeck, Amt für Archäologische Denkmalpflege, Meesenring 8/II, D-23566 Lübeck, Tel.: (0451) 6206-181, 68225, Fax: 6206-190.

THÜRINGEN

Thüringisches Landesamt für Archäologische Denkmalpflege, Humboldtstr. 11, D-99423 Weimar, Tel.: (03643) 9033-24, Fax: 9033-28.

Thüringisches Landesamt für Denkmalpflege, Petersberg Haus 12, D-99084 Erfurt, Tel: (0361) 2130-0, Fax: 2130-450/53 — Leiter: Landeskonservator Prof. Dipl.-phil. Rudolf Zießler.

Thür. Landesamt für Archäologische Denkmalpflege, Humboldtstr. 11, D-99423 Weimar, Tel: (03643) 9033-24, Fax: 9033-28 — Leiter: Landesarchäologin Priv.-Doz. Dr.habil. Sigrid Dusek.

Nationalparkverwaltungen

BRANDENBURG. Landesanstalt für Großschutzgebiete, Nationalpark Unteres Odertal, Bootsweg 1, D-16303 Schwedt (PA: Postfach 1337, D-16294 Schwedt), Tel: (03332) 251115, Fax: 512234.

MECKLENBURG-VORPOMMERN. Nationalparkamt Mecklenburg-Vorpommern, Schloß, D-17192 Speck, Tel: (03991) 631-0, Fax: 631-105 — Leiter: Dr. Lebrecht Jeschke.

RÜGEN. Nationalparkamt Rügen, Blieschow 7a, D-18586 Lancken-Granitz, Tel.: (038303) 885-0, Fax: 885-88 — Leiter: Dr. Michael Weigelt

Außenstelle Prora: Tel.: (038393) 534-0, Fax: 534-19

Außenstelle Stubbenkammer: Tel.: (038392) 350-11, Fax: 350-54.

SACHSEN. Nationalparkverwaltung Sächs. Schweiz, An der Elbe 4, 01814 Bad Schandau, Tel: (035022) 900-60, Fax: 900-66 — Leiter: Dr. Jürgen Stein.

SACHSEN-ANHALT. Nationalpark Hochharz, D-38855 Wernigerode, Tel.: (03943) 5502-0, Fax: 5502-37 — Leiter: Forstoberrat Gaffert.

Sammlungen und Museen

BAYERN. Generaldirektion der Staatlichen Naturwissenchaftlichen Sammlungen Bayerns, Menzinger Str. 71, D-80638 München, Tel.: (089) 17-82066, Fax: 17-7825, Internet: http://www.lrz-muenchen.de/~NatSamm/, e-mail: gendir@botanik.biologie.uni-muenchen.de — Gen.Dir.: Prof. Dr. Heinz Schulz

BAMBERG. Naturkunde-Museum Bamberg, Fleischstr. 2, D-96047 Bamberg, Tel.: (0951) 863-1248, Fax: 863-1250 — Leiter: Dr. Matthias Mäuser.

EICHSTÄTT. Jura-Museum Eichstätt (Naturwissenschaftliche Sammlungen Eichstätt), Willibaldsburg, D-85072 Eichstätt, Tel: (08421) 2956, Fax: 89609 — Leiter: Dr. Günter Viohl.

MÜNCHEN. Geologische Staatssammlung (vormals Bayerische Staatssammlung für Allgemeine und Angewandte Geologie) und Museum der Geologischen Staatssammlung, Luisenstr. 37, D-80333 München, Tel.: (089) 5203-211, Fax: 5203-293, Internet: http://www.iaag.geo.uni-muenchen.de/sammlung/, e-mail: geol.sammlung@iaag.geo.uni-muenchen.de — Dir.: Prof. Dr. Hubert Miller.

MÜNCHEN. Mineralogische Staatssammlung und Museum Reich der Kristalle, Theresienstr. 41, D-80333 München, Tel.: (089) 2394-4312, Fax: 2394-4334, Internet: http://www.lrz-muenchen.de/~Mineralogische.Staatssammlung/, e-mail: Mineralogische. Staatssammlung@lrz.uni-menchen.de — Dir.: Prof. Dr. Heinz Schulz

MÜNCHEN. Bayerische Staatssammlung für Paläontologie und historische Geologie, und Paläontologisches Museum München, Richard-Wagner-Str. 10, D-80333 München, Tel.: (089) 5203-361, Fax: 5203-276, Internet: http://www.palaeontologie.geo.uni-muenchen.de, e-mail: pal.sammlung@lrz.uni-muenchen.de — Dir.: Prof. Dr. Reinhold Leinfelder

MÜNCHEN. Anthropologische Staatssammlung, Karolinenplatz 2a, D-80333 München, Tel.: (089) 595251, Fax: 5501924 — Adresse Ausstellung: Paläontologisches Museum, Richard-Wagner-Str. 10, D-8033 München — Dir.: Prof. Dr. Gisela Grupe

MÜNCHEN. Botanische Staatssammlung, Menzinger Str. 67, D-80638 München, Tel.: (089) 17861-265, Fax: 17861-193 — Dir.: Prof. Dr. Jürke Grau.

MÜNCHEN. Botanischer Garten München-Nymphenburg, Menzinger Str. 61, D-80638 München, Tel.: (089) 17861-310, Fax: 18761-340, e-mail: botgart@botanik.biologie.uni-muenchen.de — Dir. u. wiss. Leitung: Prof. Dr. Jürke Grau — Techn. Leitung: Amtsrat Ing. Rudolf Müller.

MÜNCHEN. Museum Mensch und Natur, Schloß Nymphenburg, D-80638 München, Tel.: (089) 171382, Fax: 1784380 — Leiter: Dr. Hans-Albert Treff.

MÜNCHEN. Zoologische Staatssammlung, Münchhausenstr. 21, D-81247 München, Tel.: (089) 8107-0, Fax: 8107-300 — Dir.: Prof. Dr. Gerhard Haszprunar.

NÖRDLINGEN. Rieskrater-Museum Nördlingen, Eugene-Shoemaker-Platz 1, D-86720 Nördlingen, Tel.: (09081) 273822-0, Fax: 273822-20 — Leiter: Dr. Michael Schieber.

STUTTGART. Württembergische Landesbibliothek, Karten- und Graphische Sammlungen. Gaisburgstr. 4A, D-70182 Stuttgart (Postfach 105441, D-70047 Stuttgart), Tel.: (0711) 212-4502, -4503, Fax: 212-4422, e-mail: karten@mailserver.wlb-stuttgart.de

UMWELTFORSCHUNG – UMWELTSCHUTZ

Bundesministerium für Umwelt, Naturschutz und Reaktorsicherheit, Postfach 120629, D-53048 Bonn, Tel.: (0228) 305-0.

Abt. Z: Zentralabteilung. Leiter: Ang. Hinrichs-Rahlwes

Abt. G: Grundsätzliche und wirtschaftliche Fragen der Umweltpolitik, internationale Zusammenarbeit. Leiter: MinDir Dr. Gallas

Abt. WA: Wasserwirtschaft, Abfallwirtschaft, Bodenschutz, Altlasten. Leit.: MinDir. Dr. Ruchay

Abt. IG: Umwelt und Gesundheit, Immissionsschutz, Anlagensicherheit und Verkehr, Chemikaliensicherheit. Leit.: Min.-Dir. Dr. Westheide

Abt. N: Naturschutz und nachhaltige Naturnutzung. Leit.: N.N.

Abt. RS: Sicherheit kerntechnischer Einrichtungen, Strahlenschutz, nukleare Ver- und Entsorgung. Leit.: Min.-Dir. Renneberg.

Bundesministerium für Wirtschaft. Villemombler Str. 76. D-53123 Bonn, Tel.: (0228) 615–0. Referate Umweltschutz

Unterabt. Z C.: Wirtschaftliche Fragen des Umweltschutzes. MR Dr. Heitzer.

Ref. Z C 1: Umweltschutz: wirtschaftspolitische Grundsatzfragen, allgemeine Fragen, Immissionsschutz, Kraftfahrzeuge, Gentechnologie. MinR Dr. Muttelsee - Umweltökonomie, Stoffwirtschaft, Ökobilanzen. MR Dr. Maier-Rigaud.

Ref. Z C 2: Umweltschutz: Gewässerschutz, Wasserwirtschaft, Naturschutz. MinR. Walter.

Ref. Z C 3: Umweltschutz: Wirtschaftlichkeitsfragen, Chemikalien, Schadstoffwirkungen. MinR Dr. Wilhelm.

Ref. Z C 4: Umweltschutz: Abfallwirtschaft, umweltfreundliche Technologien. MinR König

Ref. Z C 5: Umweltschutz: Altlasten, Bodenschutz MinR Dr. Schierloh.

Deutsche Forschungsgemeinschaft, Kennedyallee 40, D-53175 Bonn (Postfach 20 50 04, D-53170 Bonn). — Koordination Umweltforschung: Dr. Johannes Karte

Nationales Komitee für Global Change Forschung (DFG),Wiss. Sekretariat: Walter-Flex-Str. 3, D-53113 Bonn, Tel.: (0228) 7390-52, Fax: 7390-54, e-mail: Krafft.nkgcf@uni-bonn.de — Vorsitzender: Prof. Dr. E. Ehlers — Sekr.Leiter: Dr. Th. Krafft.

Deutsches Nationakomitee für das UNESCO-Programm „Der Mensch und die Biosphäre" (MAB), c/o Bundesamt für Naturschutz (BfN), Konstantinstr. 110, D-53179 Bonn, Tel.: (0228) 9543-400, -405, -410, Fax: 9543-480 — GSt.: Jürgen Nauber, Karl-Heinz Erdmann.

Ministerium Ländlicher Raum Baden-Württemberg, Kernerplatz 10, D-70182 Stuttgart.

Ministerium für Umwelt und Verkehr Baden-Württemberg. Kernerplatz 9, D-70182 Stuttgart (Postfach 10 34 39, D-70029 Stuttgart), Fax: (0711) 126-2881.

BDI-Abteilung Umweltpolitik, Haus der Deutschen Industrie, Gustav-Heinemann-Ufer 84–88, D-50968 Köln, Tel.: (0221) 3708-582, Fax: 3708-820 — Leit.: Dr. Klaus Mittelbach

BDI-Sonderausschuß Abfallwirtschaft, Haus der Deutschen Industrie, Gustav-Heinemann-Ufer 84-88, D-50968 Köln, Tel.: (0221) 3708-582, -481, Fax: 3708-820 — Vors.: Lothar-G. Freitag — Gf.: RA Bernd Dittmann.

BDI-Sonderausschuß Industrielle Immissionsfragen, Haus der Deutschen Industrie, Gustav-Heinemann-Ufer 84-88, D-50968 Köln, Tel.: (0221) 3708-582, -583 — Vors.: Dr. Wolf-Eberhard Schiegl — Gf.: Dr. Klaus Mittelbach

BERLIN. Umweltbundesamt. Bismarckplatz 1, D-14193 Berlin (Postfach 330022, D-14191 Berlin), Tel.: (030) 8903-2208, Fax: 8903-2285, Internet: http://www.umweltbundesamt.de — Präsident: Prof. Dr. Andreas Troge.

BADEN-WÜRTTEMBERG. ONB: Landesanstalt für Umweltschutz Baden-Württemberg, (Postfach 21 07 52, D-76157 Karlsruhe) Griesbachstr. 1, D-76185 Karlsruhe, Tel.: (0721) 983-0 — Leiter: Präs. Dr. Kiess.

BRANDENBURG. Landesumweltamt Brandenburg, Berliner Str. 21-25, D-14467 Potsdam, Tel: (0331) 2323-0, Fax: 2323-223 — Präsident: Prof. Dr. Matthias Freude.

KÖLN. Institut für gewerbliche Wasserwirtschaft und Luftreinhaltung GmbH, Wankelstr. 33, D-50996 Köln (Postfach 501451, D-50974 Köln), Tel.: (02236) 3909-0, Fax: 3909-23 — Geschäftsführung: W. Hornscheidt, K. Pranzas.

LEIPZIG. Umweltforschungszentrum (UFZ) Leipzig/Halle GmbH., Permoserstr. 15, D-04318 Leipzig, Tel.: (0341) 235-2278.

LIST. Biologische Station List auf Sylt. Station für Vogelbeobachtung und Naturschutz, Hafenstr. 39, D-25592 List, Tel.: (04651) 958022.

MECKLENBURG-VORPOMMERN. Landesamt für Umwelt und Natur Mecklenburg-Vorpommern, Boldebucker Weg 3, D-18276 Güstrow-Gülzow, Tel.: (03843) 777-0, Fax: 777-106 — Direktor: Prof. Dr. Ingbert Gans.

SACHSEN. Sächs. Landesamt für Umwelt und Geologie, Zur Wetterwarte 11, D-01109 Dresden, Tel: (0351) 8928-0, Fax: 8928-225, e-Mail: lfug-sn@t-online.de — Präsident: Prof. Dr.-Ing.habil. Michael Kinze.

SACHSEN-ANHALT. Landesamt für Umweltschutz Sachsen-Anhalt, Reideburger Str. 47-49, D-06116 Halle (Postfach 200 841, D-6009 Halle/Saale), Tel: (0345) 5704-0, Fax: 5704-190 — Präsident: Dr.-Ing. Günter Reimann.

SALZGITTER. CES Consulting Engineers Salzgitter GmbH, weltweite Umwelt- und Infrastrukturplanung in den Bereichen Wasser/Abwasser/Abfall, Verkehr, Industrie Geogr., Informations-Systeme (GIS), Nord-Süd-Str. 1, D-38259 Salzgitter, Tel.: (05341) 823-0, Fax: 823-199.

THÜRINGEN. Thüringer Landesanstalt für Umwelt, Prüssingstr. 25, D-07745 Jena, Tel: (03641) 684-0, Fax: 684-222, -333, Internet: http://www.tlu.uni-jena.de, e-mail: TLU.Post@TLUJena.THLV.de

WIESBADEN. Hessische Landesanstalt für Umwelt. Rheingaustr. 186, D-65203 Wiesbaden, Tel.: (0611) 6939-0, Fax: 6939-555 — Präs.: Prof. Dr. Werner Ott — Ständ. Stellvertreter: Ltd. RD Wolfgang Sedlak — Presse: Birgit Hofmann.

Führende Gesellschaften, Verbände

Deutscher Naturschutzring, Dachverband der deutschen Natur- und Umweltschutzverbände (DNR) e.V., Am Michaelshof 8-10, D-53177 Bonn, Tel.: (0228) 3590-05, Fax: 3590-96, Internet: http://www.dnr.de, e-mail: dnr-@t-online.de — Präs.: Prof. Dr. W. Engelhardt — Gs.: H. Röscheisen.

Arbeitsgemeinschaft für Umweltfragen e.V. Matthias-Grünewald-Str. 1–3, D-53175 Bonn, Tel.: (0228) 37-5005, Fax: 37-1104 — Vors.: Jürgen Walter — Gf.: Dr. Herlind Gundelach.

Ausschuß für Umweltpolitik, Haus der Deutschen Industrie, Gustav-Heinemann-Ufer 84–88, D-50968 Köln , Tel.: (0221) 3708-582, -583 — Vors.: Rainer Grohe — Gf.: RA Bernd Dittmann.

Sonderausschuß Wasser und Abwasser, Haus der Deutschen Industrie, Gustav-Heinemann-Ufer 84–88, D-50968 Köln , Tel.: (0221) 3708-582, -583 — Vors.: Dr. Hartwig Köster — Gf.: RA Bernd Dittmann.

Bund für Umwelt und Naturschutz Deutschland e.V. (BUND). Im Rheingarten 7, D-53225 Bonn (Postfach 30 02 51, D-53182 Bonn), Tel.: (0228) 40097-0, Fax: 40097-40 — Vors.: Hubert Weinzierl.

Bundesverband Bürgerinitiativen Umweltschutz (BBU) e.V. Prinz-Albert-Str. 43, D-53113 Bonn, Tel.: (0228) 2140-32, Fax: 2140-33

Landesverband Bürgerinitiativen Umweltschutz Nordrhein-Westfalen e.V. (LBU NRW e.V.), Gesch.Stelle: Prinz-Albert-Str. 43, D-53113 Bonn, Tel.: (0228) 2140-32, Fax: 2140-33.

Deutsche Umweltstiftung, Schlachthofstraße 6, D-76726 Germersheim, Tel.: (07274) 4767, Fax: 77302, Internet: http://www.home.t-online.de/home/deutsche-umweltstiftung, e-mail: deutsche-umweltstiftung@t-online.de

Bund Naturschutz in Bayern e.V., Landesverband des Bund für Umwelt und Naturschutz Deutschland e.V. (BUND). Kirchenstr. 88, D-81675 München, Tel.: (089) 459918-0, Fax: 485866 — 1. Vors.: Dipl.-Forstwirt H. Weinzierl.

Vereinigung Deutscher Gewässerschutz e.V. (VDG). Matthias-Grünewald-Str. 1–3, D-53175 Bonn, Tel.: (0228) 375-007, Fax: 375-515 — Präs.: Prof. Dr.-Ing. Dieter Flinspach — Gf.: Dipl.-Vw. Arnim Schmülling.

Deutsche Umwelt-Aktion. Öffentlichkeitsdienst für Umweltschutz. Gemeinnütziger e.V., Heinrich-Heine-Allee 23, D-40213 Düsseldorf, Tel.: (0211) 13-1322, Fax: 13-2454 — Vors.: Rudolf Rummel — Geschf.: Werner Schweitzer.

GEOplan – Erber, Nass, Deutschhausstr. 36, 35037 Marburg, Tel.: (06421) 981-00, Fax: 981-03, e-mail: geoplan-marburg@t-online.de

ZENTRALE EINRICHTUNGEN MIT WELTWIRTSCHAFTLICHEM UND AUSLANDSKUNDLICHEM AUFGABENKREIS

Weltwirtschaftswissenschaftliche Institute

BERLIN. Inst. f. Weltwirtschaft, FB, Wirtschaftswissenschaft d. Freien Universität Berlin., Boltzmannstr. 20, D-14195 Berlin, Tel.: (030) 838-4040, -2270 — Prof. Dr. Lutz Hoffmann, Prof. D. Dieter Weiß.

BRAUNSCHWEIG. Georg-Eckert-Institut für internationale Schulbuchforschung, Celler Straße 3, D-38114 Braunschweig, Tel: (0531) 59099-0, Fax: 59099-99, e-mail: GEInst@gei.de — Direktorin: Prof. Dr. U.A.J. Becher, Tel: 59099-51

FREIBURG i.Br. Arnold-Bergstraesser-Institut für kulturwissenschaftliche Forschung. Forschungsinstitut zu Politik und Gesellschaft überseeischer Länder. Windausstr. 16, D-79110 Freiburg i.Br., Tel.: (0761) 85091 — Dir.: Prof. Dr.Dr.h.c. D. Oberndörfer, Prof. Dr. Th. Hanf — GF: Dr. H. Weiland.

GIESSEN. Zentrum für internationale Entwicklungs- und Umweltforschung (ZEU), Otto-Behaghel-Str. 10 D, D-35394 Gießen, Tel.: (0641) 99-12700, -12701, Fax: 99-12709, e-mail: Reinhard.Kaufmann@zeu.uni-giessen.de

HAMBURG. Bundesforschungsanstalt für Forst- und Holzwirtschaft. Leuschnerstr. 91, D-21031 Hamburg, Tel.: (040) 73962-0, Fax: 73962-480.

HAMBURG. HWWA-Institut für Wirtschaftsforschung-Hamburg. Neuer Jungfernstieg 21, D-20347 Hamburg, Tel.: (040) 35-620, Fax: 35-1900, Internet: http://www.hwwa.de, e-mail: hwwa@hwwa.de — Leiter Pr + PR: Dipl.-Kfm. H.-G. Schoop.

HAMBURG. Institut für Weltkunde in Bildung und Forschung (WBF), Gemeinnützige GmbH. Jüthornstr. 33, D-22043 Hamburg, Tel.: (040) 68-7161, Fax: 68-7204.

HAMBURG. Deutsches Übersee-Institut. Neuer Jungfernstieg 21, D-20354 Hamburg, Tel.: (040) 3562-593, Fax: 3562-547, Internet: http://www.rrz.uni-hamburg.de/duei, e-mail: duei@uni-hamburg.de — Kuratoriumsvors.: Staatsrat Prof. Dr.-Ing. Heinz Giszas — Vorst.-Vors.: Dr. Werner Draguhn — Leiter der Übersee-Dokumentation: Dr. Gottfried Reinknecht, Tel.: -598, Fax: -512, e-mail: duei-dok@uni-hamburg.de..

Ref. Afrika (AFDOK). Leit.:Chr. Farwer, Tel.: -562.

Ref. Asien und Südpazifik (ASDOK): Leit.: Dr. G. Schucher-Nicolai, Tel.: -589.

Ref. Lateinamerika (LADOK): Leit.: Dr. J. Burgarth, Tel.: -589.

Ref. Vorderer Orient (ORDOK): Leit.: Dr. I. Otto, Dr. M. Schmidt-Dumont, Tel.:-581.

STUTTGART. Institut für Auslandsbeziehungen, gegr. 1917. Charlottenplatz 17, D-70173 Stuttgart (Postfach 10 24 63, D-70020 Stuttgart), Tel.: (0711) 22-250, Telex: 07-23772 ifa d, Fax: 22-64346 — Präsident: Alois Graf von Waldburg-Zeil.

Institute für Entwicklungshilfe

Deutsche Stiftung f. internationale Entwicklung (DSE). Rauchstr. 25, D-10787 Berlin, Tel.: (030) 25433–0, Fax: 25433-375, Internet: http://www.dse.de, e-mail: gf@dse.de — Präs. d. Kuratoriums: Hans-Günter Hoppe — Vizepräs.: Jochen Feilcke, MdB, Dr. Christian Ruck MdB, Wolfgang Schmitt MdB, Anton Zahn, BMZ, Günter Schluckebier, MdB. — Geschäftsführung, Kurator: Dr. Heinz Bühler

Entwicklungspolitisches Forum (EF), Leiterin: Dr. Gudrun Kochendörfer-Lucius, Reiherwerder, D-13505 Berlin, Tel.: (030) 43996-0, Fax: 43996-250, e-mail: ef@dse.de

Zentralabteilung, Leiter: Otfried Hintzpeter, Rauchstraße 25, D-10787 Berlin, Tel.: (030) 25433-0, Fax: 25433-383, e-mail: zabt@dse.de

Zentralstelle für Erziehung, Wissenschaft und Dokumentation (ZED), Leiter: Dr. Eckhard Deutscher, Hans-Böckler-Straße 5, D-53225 Bonn, Tel.: (0228) 4001-0, Fax: 4001-111, e-mail: zed@dse.de

Zentralstelle für Wirtschafts- und Sozialentwicklung (ZWS), Leiter: Toni Ihlau, Reiherwerder, D-13505 Berlin, Tel.: (030) 43996-0, Fax: 43996-230, e-mail: zws@dse.de

Zentralstelle für Auslandskunde (ZA), Leiter: Dr. Günther Oldenbruch, Lohfelder Str. 128, D-53604 Bad Honnef, Tel.: (02224) 926-0, Fax: 926-151, e-mail: za@dse.de

Zentralstelle für öffentliche Verwaltung (ZÖV), Leiter: Prof. Dr. Franz Thedieck, Rauchstraße 22, D-10787 Berlin, Tel.: (030) 25433-0, Fax: 25433-380, e-mail: zov@dse.de

Zentralstelle für gewerbliche Berufsförderung (ZGB), Leiter: Herbert Burk, Käthe-Kollwitz-Straße 15, D-68169 Mannheim, Tel.: (0621) 3002-0, Fax: 3002-132, e-mail: zgbmd@dse.de

Standort Magdeburg: Schellingstraße 3-4, D-39104 Magdeburg, Tel.: (0391) 53713-00, Fax: 53713-29, e-mail: zgb@dse.de

Zentralstelle für Ernährung und Landwirtschaft (ZEL), Leiter: Dr. Hans Pfeifer, Wielinger Straße 52, D-82340 Feldafing, Tel.: (08157) 938-0, Fax: 938-777, e-mail: zel@dse.de

ΔStandort Zschortau: Leipziger Straße 15, D-04509 Zschortau, Tel.: (034202) 845-0, Fax: 845-777, e-mail: zelzt@dse.de

Zentalstelle für Gesundheit (ZG) Leiter: Dr. Walter Seidel, Wallstr. 17-22, D-10179 Berlin, Tel.: (030) 20319-0, Fax: 20319-111, -222, e-mail: zg@dse.de

BERLIN. Deutsches Institut für Entwicklungspolitik. Gemeinnützige Gesellschaft mbH. Hallerstr. 3, D-10587 Berlin, Tel.: (030) 39073-0 — Gesch.-Führer: Dr. Hans-Helmut Taake, Prof. Dr. Peter P. Waller — (stellv.). Vors. d. Kurat.: Parl. Staatssekretär Klaus-Jürgen Hedrich.

BOCHUM. Institut für Entwicklungsforschung und Entwicklungspolitik (zentrale wissenschaftl. Einrichtung), Ruhr-Universität Bochum, Universitätsstr. 150, Gebäude GB 1, D-44801 Bochum, Tel.: (0234) 700-2418, Fax: 7094-294, Internet: http://

www.ruhr-uni-bochum.de/iee, e-mail: ieeoffice@ruhr-uni-bochum.de — Direktoren: Prof. Dr. Dieter Bender, Prof. Dr. Heiner Dürr (Geschäftsführender Direktor), Prof. em. Dr. Dr. Karl-Heinz Hottes, Prof. Dr. Dr. hc.mult. Knut Ipsen, Prof. em. Dr. Willy Kraus, Prof. Dr. Volker Nienhaus, Prof. Dr. W. Voß, Prof. Dr. J. H. Wolff. Geschäftsführer: Dr. Wilhelm Löwenstein.

AGEH Arbeitsgemeinschaft für Entwicklungshilfe e.V. Öffentlichkeitsarbeit. Ripuarenstr. 8, D-50679 Köln (Postfach 21 01 28, D-50527 Köln), Tel.: (0221) 8896-0, Fax: 8896-100 — Vors.: Hubert Tintelott — Gf.: Manfred Sollich — Referent: Martin Fuchs.

Arbeitsgemeinschaft privater Entwicklungsdienste e.V. (APED). Argelanderstr. 50, D-53115 Bonn, Tel.: (0228) 215900 — Vors.: Dr. Heribert Händel — Gf.: Helga Thomas.

MISEREOR. Bischöfliches Hilfswerk MISEREOR e.V., Mozartstr. 9, D-52064 Aachen, Tel.: (0241) 442-0, Fax: 442-188, e-mail: postmaster@misereor.de — Hauptgeschf.: Prof. Dr. Josef Sayer — Gf.: Ass. Benno Wagner, Dr. Thomas Lawo.

BROT FÜR DIE WELT. Diakonische Arbeitsgemeinschaft evangelischer Kirchen in Deutschland. Stafflenbergstr. 76, D-70184 Stuttgart, Tel.: (0711) 2159-0, Fax: 2159-288 — Vors. d. Verteilungsaussch.: Pfarrer Werner Krieg — Gf.: Dir. Dr. Pfr. Hans-Otto Hahn.

Auslandskundliche Institute

Afrikakunde

HAMBURG. Institut für Afrika-Kunde. Neuer Jungfernstieg 21, D-20354 Hamburg, Tel.: (040) 3562-523, -524, Fax: 3562-511, e-mail: IAK@uni-hamburg.de — Vors.: Prof. Dr. F. Mühlenberg — Dir.: Dr. R. Hofmeier.

Orientkunde

FRANKFURT a.M. Internationale Gesellschaft für Orientforschung/International Society for Oriental Research. Orientalisches Seminar d. Univ., Postfach 11 1932, D-60054 Frankfurt — Präs.: Prof. Dr. R. Sellheim.

HAMBURG. Deutsche Orient-Stiftung. Mittelweg 150, D-20148 Hamburg, Tel.: (040) 413205-0, Fax: 44-1484 — Präs. des Kuratoriums: Dr. Volkmar Köhler — Vors. d. Vorst.: Dr. Hanns Kippenberger.

HAMBURG. Deutsches Orient-Institut. Mittelweg 150, D-20148 Hamburg, Tel.: (040) 41320-50, Bibl.: -519. Fax: 44148-4.

Asienkunde

BRÜHL. Ost-West-Kolleg d. Bundeszentrale f. politische Bildung. Willy-Brandt-Str. 1, D-50321 Brühl., Tel.: (02232) 92982-40, -50, Fax: 929-9020 — Leit.: Dr. Horst Müller

HAMBURG. Institut für Asienkunde. Rothenbaumchaussee 32, D-20148 Hamburg, Tel.: (040) 443001-03, Fax: 4107945, e-mail: Ifahh@uni-hamburg.de — Gf.-Dir.: Dr. W. Draguhn.

HEIDELBERG. Südasien-Institut der Universität Heidelberg. Im Neuenheimer Feld 330, D-69120 Heidelberg, Tel.: (06221) 54-8900, Fax: 54-4998, Internet: http://www.sai.uni-heidelberg.de, e-mail: sai@www.sai.uni-heidelberg.de — Geschäftsführender Dir.: Prof.Dr. H.-G. Bohle, Tel.: 54-8922 — Gf.: Manfred Hake, M.A., Tel.: 54-8900

Abt. Internationale Wirtschafts- und Entwicklungspolitik, Tel.:54-8919 — Leiter: Prof. Dr. O. Gans

Abt. Ethnologie, Tel.: 54-893 — Leiter: N.N.

Abt. Geographie, Tel.: 54-8951 — Leiter: Prof. Dr. H.-G. Bohle

Abt. Geschichte, Tel.: 54-8909 — Leiter: Prof. Dr. D. Rothermund
Abt. Klassische Indologie, Tel.: 54-8917 — Leiter: Prof. Dr. A. Michaels
Abt. Moderne Indologie (Neuere Sprachen und Literaturen Südasiens), Tel.: 54-8926 — Leiterin: Prof. Dr. M. Boehm-Tettelbach
Abt. Politische Wissenschaft, Tel.: 54-8921 — Leiter: Prof. Dr. S. Mitra
Abt. Wirtschaftswissenschaften (Entwicklungsökonomie), Tel.: 54-8924 — Leiter: Prof. Dr. C. Bell
Arbeitsbereich Kunstgeschichte, Tel.: 54-8907 — Leiter: Priv.-Doz. Dr. J. Bautze.

MÜNCHEN. Institut für Ostasienkunde – Sinologie –. Kaulbachstr. 51a, D-80539 München, Tel.: (089) 2180-2362, -3473, Fax: 342-666 — Japanologie: Oettingenstr. 67, D-80538 München, Tel.: (089) 2178-2800, Fax: 2178-2801.

Lateinmerikakunde

BERLIN. Ibero-Amerikanisches Institut Preußischer Kulturbesitz. Potsdamer Str. 37, D-10785 Berlin, Tel.: (030) 266-2502, Fax: 266-2503 — Dir.: Prof. Dr. Dietrich Briesemeister.

GÖTTINGEN. Arbeitsgemeinschaft für Pazifische Studien e.V. (APSA), gegr. 1987, c/o Geographisches Institut der Universität Göttingen, Goldschmidtstr. 5, D-37077 Göttingen, Tel.: (0511) 3980-21, Fax: 3980-55, Internet: http://uggg-pc-sl.uni-geog.gewdg.de/kus/apsa/apsainfo.htm, e-mail: apsa@uggg05.uni-geog.gwdg.de — Vors.: Prof. Dr. Werner Kreisel

HAMBURG. Institut für Iberoamerika-Kunde. Alsterglacis 8, D-20354 Hamburg, Tel.: (040) 4147-8201, Fax: 4147-8241 — Dir.: Dr. Klaus Bodemer.

Nordamerikastudien (USA, Kanada, englischsprachige Karibik)

BERLIN. John F. Kennedy-Institut für Nordamerikastudien an der Freien Universität. Lansstr. 7-9, D-14195 Berlin, Tel.: (030) 838-2703/04, Fax: 838-2882 — Insges. acht Abteilungen f. Literatur, Politik, Kultur, Geschichte, Geographie, Wirtschaft, Soziologie, Sprache. Spezialbibliothek: Tel.: (030) 838-2858, Fax: 838-2860.

FRANKFURT. Zentrum für Nordamerika-Forschung (ZENAF) an der Johann Wolfgang Goethe-Universität. Robert-Mayer-Str. 1, D-60325 Frankfurt/Main (Postfach 11 19 32, D-60054 Frankfurt/Main), Tel.: (069) 798-28522/21, Fax: 798-28527, Internet: http://www.rz.uni-frankfurt.de/zenaf, e-mail: zenafdir@em.uni-frankfurt.de — Interdisziplinäres Forschungszentrum der Fachbereiche Rechtswissenschaft, Wirtschaftswissenschaft, Gesellschaftswissenschaften, Philosophie und Geschichtswissenschaften, Neuere Philologien und Geographie.

NÜRNBERG. Lehrstuhl für Auslandswissenschaft, (Englischsprachige Kulturen), Wirtschafts- und Sozialwissenschaftliche Fakultät, Universität Erlangen-Nürnberg. Findelgasse 9, D-90402 Nürnberg, Tel.: (0911) 5302-296, -442 Fax: 5302-696 — Vorst.: Prof. Dr. Reinhard R. Doerries.

Polarforschung

BREMERHAVEN. Alfred-Wegener-Institut für Polar- und Meeresforschung (AWI). Columbusstraße, D-27568 Bremerhaven (Postfach 120 161, D-27515 Bremerhaven), Tel.: (0471) 4831-0 — Interdisziplinäres Forschungsinstitut, Polarlogistik, gegründet 1980. Direktorium: Prof. Dr. Max Tilzer, Dr. Rainer Paulenz.

Niederlandekunde

MÜNSTER. Zentrum für Niederlande-Studien der Westfälischen Wilhelms-Universität, Alter Steinweg 6/7, D-48143 Münster, Tel.: (0251) 414-2211, Fax: 83-9909 — Dir.: Pof. Dr. H. Lademacher – Gf: Dr. L. Geeraedts

Osteuropa- und Südosteuropakunde

BRÜHL. Ost-West-Kolleg der Bundeszentrale für politische Bildung. Willy-Brandt-Str. 1, D-50321 Brühl., Tel.: (02232) 929-8240, -8250, Fax: 929-9020, e-mail: owk@fhbund.de — Leit.: Dr. Horst Müller.

LEIPZIG. Institut für Länderkunde, Abt. Regionale Geographie Europas, Schongauerstr. 9, D-04329 Leipzig, Tel.: (0341) 255-6500, Fax: 255-6598. – Direktor: Prof. Dr. A. Mayr – Stv. Dir.: Prof. Dr. F.-D. Grimm. – Innerhalb der Abteilung werden vor allem regionalgeographische Strukturuntersuchungen sowie Studien zur Transformation und Restrukturierung von Ostmitteleuropa, Osteuropa und Südosteuropa durchgeführt.

MÜNCHEN. Osteuropa-Institut München. Scheinerstr. 11, D-81679 München, Tel.: (089) 99839-60, Fax: 98-10110 — Dir.: Prof. Dr. G. Hedtkamp — Stellvertr.: Dr. H. Clement — Leit. d. Bibl.: Dr. B. Wetzler.

MÜNCHEN. Institut für Wirtschaft und Gesellschaft Ost- und Südosteuropas. Osteuropa-Seminar — Vorst.: Prof. Dr. Friedrich Haffner — Sem. f. Komp. Wirtschaftsforschung: Vorst.: Prof. Dr. Monika Schnitzer, Akademiestr. 1/III, D-80799 München, Tel.: (089) 2180-2519, Fax: 2180-2767, SOE: 2180-2217, Fax: 2180-2767.

MÜNCHEN. Südost-Institut. Güllstr. 7, D-80336 München, Tel.: (089) 746133-0, Fax: 746133-33 — Leit.: Prof. Dr. E. Hösch.

Ostmitteleuropakunde

BERLIN. Arbeitsgemeinschaft Ostmitteleuropa e.V. Vors.: Dipl.-Geogr. Reinhard Hanke, Postfach 30 29 24, D-10730 Berlin, Tel./Fax: (030) 2155453 (Hanke).

BERLIN. DDR-Archiv und Bibliothek des Zentralinstituts für sozialwissenschaftliche Forschung der FU Berlin. Babelsberger Str. 14–16, D-10715 Berlin, Tel.: (030) 85002-217, -218.

BERLIN. Geheimes Staatsarchiv Preußischer Kulturbesitz. Archivstr. 12–14, D-14195 Berlin, Tel.: (030) 83901-00, Fax: 83901-180.

BONN. Stiftung Ostdeutscher Kulturrat (OKR) ,Kaiserstr. 113, D-53113 Bonn, Tel.: (0228) 21-3766, Fax: 21-5518 — Informationsvermittlung v.a. zur Kultur und Geschichte deutscher Siedlungsgebiete im östlichen Europa, Wissenschaftspreis für gebietsbezogene Dissertationen. Auskünfte: Referat Bildung und Wissenschaft.

DORTMUND. Forschungsstelle Ostmitteleuropa an der Universität Dortmund. Emil-Figge-Str. 50, D-44227 Dortmund, Tel.: (0231) 755-2860, -2861, -2862, -2854, Fax: 55-2862 — Leit.: AOR Johannes Hoffmann.

DÜSSELDORF. Gerhart-Hauptmann-Haus, privatrechtliche Stiftung. Bismarckstr. 90, D-40210 Düsseldorf, Tel.: (0211) 16991-0, Fax: 353118 — Direktor Dr. Walter Engel. Bibliothek: Tel.: 16991-30 — Leiter: Dipl.Bibl. Beate Günneberg.

FREIBURG i.Br. Johannes-Künzig-Institut für ostdeutsche Volkskunde. Silberbachstr. 19, D-79100 Freiburg i.Br., Tel.: (0761) 70443-0, Fax: 70443-16, e-mail: jki.kuenzig-inst@datacom.de — Leit.: Prof. Dr. Werner Mezger — stellv. Leit.: Hans-Werner Retterath

FREIBURG i.Br. Kommission f. deutsche und osteuropäische Volkskunde (in der Deutschen Ges. f. Volkskunde e.V.), c/o Johannes-Künzig-Institut für ostdt. Volkskunde, Silberbachstr. 19, D-79100 Freiburg i.Br. — 1.Vors.: Prof. Dr. Werner Mezger – 2. Vors.: Dr. Heike Müns – Gf.: Dr. Heinke Kalinke

GIESSEN. Zentrum für kontinentale Agrar- und Wirtschaftsforschung der Justus-Liebig-Universität Gießen – Bibliothek. Otto-Behaghel-Str. 10, D-35394 Giessen, Tel.: (0641) 99-12760 — Leit.: Dipl.-Bibl. Katharina Zschuppe.

GUNDELSHEIM. Siebenbürgen-Institut, Forschungs- und Dokumentationsstelle für Siebenbürgische Landeskunde, mit Siebenbürgischer Bibliothek und Archiv. Schloß Horneck, D-74831 Gundelsheim, Tel.: (06269) 421-00, -50, Fax: 421-010, e-mail: Institut@sb-gun1.bib-bw.de — Leit.: Dr. Harald Roth.

HERNE. Martin-Opitz Bibliothek, Kulturzentrum. Berliner Platz 5, D-44623 Herne, Tel.: (02323) 16-2805 — Leiter: Dr. Wolfgang Kessler.

KIEL. Stiftung Pommern – Gemäldegalerie, Kulturgeschichtliche Sammlungen. Schloß, Rantzaubau, Dänische Str. 44, D-24103 Kiel, Tel.: (0431) 981370.

LEIPZIG. Institut für Länderkunde, Abt. Regionale Geographie Europas, Schongauerstr. 9, D-04329 Leipzig, Tel.: (0341) 255-6500, Fax: 255-6598. – Direktor: Prof. Dr. A. Mayr – Stv. Dir.: Prof. Dr. F.-D. Grimm. – Innerhalb der Abteilung werden vor allem regionalgeographische Strukturuntersuchungen sowie Studien zur Transformation und Restrukturierung von Ostmitteleuropa, Osteuropa und Südosteuropa durchgeführt.

LÜNEBURG. Institut Nordostdeutsches Kulturwerk, Nordost-Bibliothek, Nordostdeutsches Archiv, Verlag. Conventstr. 1, D-21335 Lüneburg (Postfach 2323, D-21313 Lüneburg), Tel.: (04131) 37097, Fax: 391143, e-mail: NOKW@luene.net

LÜNEBURG. Ost-Akademie e.V.Institut für Ost-West-Fragen and er Universität Lüneburg. Herderstr. 1, D-21335 Lüneburg, Tel.: (04131) 7594-0, Fax: 7594-23, Internet: http://www.uni-lueneburg.de/0st-akademie, e-mail: ost-akademie@uni-lueneburg.de — Leit.: Dr. B. Schalhorn.

MARBURG/Lahn. Herder-Institut e.V., Gisonenweg 5-7, D-35037 Marburg, Tel.: (06421) 184-0, Fax: 184-139, Internet: http://www.uni-marburg.de/herder-institut, e-mail: herder@mailer.uni-marburg.de — Dir.: Dr. Eduard Mühle — Stellv. Dir. u. Leit. Veröffentlichungsabteilung: Dr. Winfried Irgang — Bibliothek (Leit.: Dr. H. v. Chmielewski) — Pressearchiv (Leit.: H. Mrowka, M.A.) — Kartensammlung (Leit.: W. Kreft Ing.-grad.) — Bildarchiv (Leit.: Dr. Hanna Nogossek) — Dokumentesammlung (Leit.: Dr. P. Wörster).

MÜNCHEN. Collegium Carolinum, Forschungsstelle für die böhmischen Länder e.V. Hochstr.. 8/II, D-81669 München, Tel.: (089) 4488-393, Fax: 486196 — Leit.: Prof. Dr. Dr.h.c.Ferdinand Seibt — Gf.: Robert Luft.

MÜNCHEN. Haus des Deutschen Ostens – Bibliothek. Am Lilienberg 5, D-81669 München, Tel.: (089) 48-2063, Fax: 48-6789.

MÜNCHEN. Sudetendeutsches Archiv, GSt.: Hochstr. 8, D-81669 München, Tel.: (089) 48000330 — Dir.: Dr.phil. Roland J. Hoffmann.

Arbeitsgemeinschaft für kulturelle Heimatsammlungen beim Sudetendeutschen Archiv — GSt.: Hochstr. 8, D-81669 München, Tel.: (089) 48000330 — Geschäftsf.: Alois Harasko

Bibliothek: Gemeinsame Bibliothek des Sudetendeutschen Archivs, des Collegium Carolinum, des Adalbert Stifter Vereins und der Ackermann Gemeinde.

MÜNCHEN. Südostdeutsches Kulturwerk – Bibliothek. Leo-Graetz-Str. 1, D-81379 München, Tel.: (089) 78-3744, Fax: 78-51190, Internet: http://www.4Dimensions.de/sokw, e-mail: u9511bz@mail.lrz-muenchen.de — Leit.: Dr. phil. Krista Zach.

MÜNCHEN. Südost-Institut – Bibliothek. Güllstr. 7, D-80336 München, Tel.: (089) 7461-3324, Fax: 7461-3333 — Leit.: Dr. phil. Gerhard Seewann.

MÜNSTER/Westf. Copernicus-Vereinigung zur Pflege der Heimatkunde und Geschichte Westpreußens e.V., Norbertstr. 29, D-48151 Münster, Tel.: (0251) 523-424, Fax: 533830 — Vorstand und Redaktion: Archivstr. 12–14, D-14195 Berlin — Vors.: Dr. Bernhart Jähnig.

MÜNSTER/Westf. Westpreußisches Landesmuseum in Münster-Wolbeck. Am Steintor 5, D-48167 Münster Tel.: (02506) 2550, Fax: 6782 — Dir.: Dr. Lothar Hyss

MÜNSTER/Westf. Truso-Vereinigung e.V., Gemeinnütziger Zusammenschluß für Elbinger Kultur und Wissenschaft, Norbertstr. 29, D-48151 Münster, Tel.: (0251) 523-424, Fax: 533-830 — Vors.: Hans-Jürgen Schuch.

MÜNSTER/Westf. Erik-von-Witzleben-Stiftung zur Pflege altpreußischer Kultur. Norbertstr. 29, D-48151 Münster, Tel.: (0251) 523-424, Fax: 53380 — Vors.: Siegfried Sieg

SINDELFINGEN. Donauschwäbische Kulturstiftung e.V. – Stiftung des privaten Rechts, Arbeitskreis für Donauschwäbische Heimat- und Volksforschung (geogr. und hist.). In der 1978 von Josef Volkmar Senz gegründeten Donauschwäbischen Kulturstiftung bilden seit 1988 den gewählten Vorstand: Hans Sonnleitner, Geschäftsführung der DS Kulturstiftung, Schädlerweg 2, D-81929 München, Tel.: (089) 937793. — Geschäftsstellen: Haus der Donauschwaben, Goldmühlestr. 30, D-71065 Sindelfingen — Siezenheimerstr. 198, A-5020 Salzburg — Dr. Ingomar Senz (Historiker, Geographie), Dr. Georg Wildmann (Leiter des Arbeitskreises). Die Stiftung mit ihren Arbeitskreises fördert Forschungs-, Dokumentations- und Publikationsarbeit mit gesamtdonauschwäbischem Zuschnitt. Sie untersucht und betreut Osteuropa und Zeitgeschichte - Geschichte der Donauschwaben von den Anfängen bis zur Gegenwart in den 6 pannonischen Landschaften.

TÜBINGEN. Institut für donauschwäbische Geschichte und Landeskunde. Mohlstr. 18, D-72074 Tübingen, Tel.: (07071) 20025-14, Fax: 20025-35, Internet: http://www.uni-tuebingen.de/donauschw.institut, e-mail: SEKRETARIAT@idgl.oe.uni-tuebingen.de — Dir: Prof. Dr. Horst Förster, Bibliothek: Susanne Munz.
Forschungsbereiche: Geographie (Donauschw. Ortsnamenbuch) — Josef Wolf M.A.
Germanistik, Dialektologie — Dr. Hans Gehl
Literaturwissenschaft, Kulturraumforschung — Dr. Horst Fassel
Geschichte Auswanderungsforschung — Dr. Marta Fata
Integrationsforschung — Dr. Mathias Beer.

WÜRZBURG. Stiftung Kulturwerk Schlesien: Bibliothek für schlesische Landeskunde. Kardinal-Döpfner-Platz 1, D-97070 Würzburg (Postfach 11 04 25, D-97031 Würzburg), Tel.: (0931) 536-96, Fax:536-49.

Führende Gesellschaften ausgewählter Fachgebiete

DEG Deutsche Investitions- und Entwicklungsgesellschaft mbH, Belvederestraße 40, D-50933 Köln (Postfach 45 03 40, D-50878 Köln), Tel.: (0221) 4986-0 — Vors. d. Aufs.Rates: Hanns-Eberhard Schleyer — Gf: Dr. Stephan Kinnemann.

Afrika-Verein e.V. Neuer Jungfernstieg 21, D-20354 Hamburg, Tel.: (040) 3430-51, -52, -53, Fax: 354704 — HGF: Hans W. Meier-Ewert.

Deutsche Afrika-Stiftung e.V. Bonner Talweg 225, D-53129 Bonn, Tel.: (0228) 219011, Fax: 222711 — Vors.: Prof. Dr. Karl-Heinz Hornhues, MdB — Gf.: Gero Schmitz.

Internationale Gesellschaft für Orientforschung/International Society for Oriental Research, Orientalisches Seminar d. Univ. Frankfurt. Postfach 11 19 32, D-60054 Frankfurt — Präs.: Prof. Dr. R. Sellheim — Zeitschrift „Oriens“, Editor: Prof. Dr. R. Sellheim.

Deutsche Gesellschaft für Asienkunde e.V. Rothenbaumchaussee 32, D-20148 Hamburg, Tel.: (040) 445891, Fax: 4107945 — Vors.: Dr. Christian Schwarz-Schilling, MdB — Gf.: Dr. Günter Schucher.

Deutsch-Chinesische Gesellschaft e.V. in Bonn. Villichgasse 17, D-53177 Bonn, Tel.: (0228) 361266 , Fax: 361276 und 357520, e-mail: dcg-Bonn@t-online.de — Vors.: RA Ortwin Lowack — Gesch.-Führerin: Ingrid Fuchs.

Deutsch Pazifische Gesellschaft e.V. / DPG (engl.: German Pacific Society / GPS)Feichtmayrstr. 25, D-80992 München, Tel.: (089) 151-158, Fax: 151-833 — Präs.: Studiendirektor Dr. Dr. Friedrich Steinbauer
Zweigstelle und Archiv: Ankenberg 1, D-93167 Falkenstein, Tel.: (09462) 5191, Fax: 910880
Filialgeschäftsstelle: VizePräs: Michael Sönnert, Preussenstr. 66, D-41464 Neuss, bzw.: Postfach 270147, D-40524 Düsseldorf

Deutsche Gesellschaft für Amerikastudien e.V., Vors.: Prof. Dr. Hans-Jürgen Grabbe, Institut für Anglistik und Amerikanistik, Universität Halle-Wittenberg, D-06099 Halle, Tel.: (0345) 55-23511, Fax: 55-27044, e-mail: grabbe@amerikanistik.uni-halle.de

Australien-Neuseeland-Südpazifik-Verein e.V. Neuer Jungfernstieg 21, D-20354 Hamburg , Tel.: (040) 34-0415, Fax: 34-1815 — Vors.: Dr. John Henry de La Trobe — Geschäftsf. Vorstand: RA Hans-Bernd Giesler.

Deutsch-Brasilianische Gesellschaft e.V. Argelanderstr. 59, D-53115 Bonn, Tel.: (0228) 210707, Fax: 241658 — Präs.: N.N. — Gf.: Ulrich Reufels.

Deutsch-Französischer Kreis e.V. Freytagstr. 51, D-40237 Düsseldorf, Tel.: (0211) 354766 — Präs.: Prof. Dr. Dieter Spethmann — Ehrenpräs.: Dr. Heinz Forsteneichner — Gen.-Sekr.: Gabriele v. Arnim.

Deutsch-Belgisch-Luxemburgische Gesellschaft e.V., im Hause der Kölner Bank von 1867 eG Volksbank, Hohenzollernring 31-35, D-50672 Köln (Postfach 10 12 28, D-50452 Köln), Tel:. (0221) 2003-421 — Präs.: Léon Claessens — Vizepräs.: J.L. Zenzinger, A. Rollinger.

Johann-Gottfried-Herder-Forschungsrat e.V. Präs.: Prof. Dr. Dietmar Willoweit, Domerschulstr. 16, D-97070 Würzburg — Gf. Vorst.-Mitgl.: PD Dr. Michael Garleff, Johann-Justus-Weg 147a, D-26127 Oldenburg.

Vereinigung der Deutsch-Griechischen Gesellschaften e.V. Gf.: Günter Leußler, Gothestr. 22a, D-45475 Mülheim a.d. Ruhr — Präsidentin: Frau Dr. Sigrid Skarpelis-Sperk MdB, Bonn.

Der Göttinger Arbeitskreis e.V. Calsowstr. 54, D-37085 Göttingen, Tel.: (0551) 558-48, Fax: 486203, e-mail: GAKeisfeld@aol.com — Vors.: Prof. Dr.Dr.h.c. Boris Meissner — Gf. Dr. A. Eisfeld.

Südosteuropa-Gesellschaft, gegr. 1952, e.V. Widenmayerstr. 49, D-80538 München, Tel.: (089) 212154-0, Fax: 228-9469, e-mail: Suedosteuropa-Gesellschaft@t-online.de — Präs.: Dr. W. Althammer — Gf.: Dr. Hansjörg Brey — Stellv. Dr. Claudia Hopf.

Deutsche Gesellschaft für Osteuropakunde. Schaperstr. 30, D-10719 Berlin, Tel.: (030) 21478-412, Fax: 21478-414, e-mail: dgo@zedat.fu-berlin.de — Präs.: Dr. h.c. Otto Wolff von Amerongen — HGf.: Dr. Thomas Bremer.

Deutsch-Finnische Gesellschaft e.V. (Dachverband Deutsch-Finnischer Gesellschaften). Fellbacher Str. 52, D-70736 Fellbach, Tel.: (0711) 518-1165, Fax: 518-1750, Internet: http://home.t-online.de/home/deutsch-finnische-gesellschaft, e-mail: Deutsch-Finnische-Gesellschaft@t-online.de — Bundesvors.: Dipl.-Kfm. Asmus Link.

VERLAGE UND VERTRIEBSSTELLEN

ASCHENDORFFSCHE Verlagsbuchhandlung GmbH & Co., Soester Str. 13, D-48155 Münster (D-48135 Münster), Tel.: (0251) 690-0, Fax: 690-143.

AULIS VERLAG DEUBNER & Co. KG, Antwerpener Str. 6/12, D-50672 Köln (Geographie und Schule, Schulgeographie in der Praxis, Problemräume der Welt, Problemräume Europas, Handbuch des Geographieunterrichts, Geographie aktuell, Umweltschutz im Unterricht, Unterricht Geographie, Materialien-Handbuch Geographie)

Bayerischer Schulbuch Verlag GbmH, Rosenheimer Str. 145, D-81671 München, Tel.: (089) 45051-0, Fax: 45054-300

BOLLMANN – Bildkarten – Verlag GmbH & Co. KG. Lilienthalplatz 1, D-38108 Braunschweig, Tel.: (0531) 332069, Fax: 353064 — (Bild-Stadtpläne).

BORNTRAEGER, Gebrüder, Verlagsbuchhandlung. Johannesstr. 3A, D-70176 Stuttgart, Tel.: (0711) 62 50 01, Fax: (0711) 62 50 05, Internet: http://www.schweizerbart.de, e-mail: mail@schweizerbart.de — (Zeitschr. f. Geomorphologie, GeoColleg, Sammlung geogr. Führer, Sammlung geol. Führer, Afrika-Kartenwerk, Beiträge z. regionalen Geologie d. Erde, Meteorol. Zeitschrift, Urbanisierung der Erde, Winters Naturwiss. Taschenbücher, Hirt's Stichwortbücher).

BIBLIOGRAPHISCHES INSTITUT & F.A. BROCKHAUS AG., Dudenstr. 6, D-68167 Mannheim (Postfach 10 03 11, D-68003 Mannheim), Tel.: (0621) 3901-01, Fax: 3901-391.

CORNELSEN Verlag GmbH & Co,, Redaktion Geographie. Mecklenburgische Str. 53, D-14197 Berlin (Postfach 330109, D-14171 Berlin), Tel.: (030) 89785-0, Fax: 89785-387.

Verlag R. Eisenschmidt GmbH. Landkartenvertrieb. Frankenallee 25, D-60327 Frankfurt (Postfach 11 07 61, D-60042 Frankfurt), Tel.: (069) 7306-040, Fax: 7391-321, Internet: http://www.eisenschmidt.de, e-mail: eisenschmidt@t-online.de

FALK-VERLAG GmbH, Neumarkter Str. 43, D-81373 München, Tel.: (089) 4372-0 — Geschäftsführer: Eckhard Sudmersch

DER FISCHER WELTALMANACH – Redaktion, Hedderichstr. 114, D-60596 Frankfurt.

HEINZ FLEISCHMANN Kartographisches Institut. Prinz Karl Str. 47, D-82319 Starnberg — (1) Heinz Fleischmann, Verleger, Starnberg. Chefkartograph Ralf Enke, 85716 Unterschleißheim — wiss. Mitarb.: Dr. Petra Fleischmann, Dipl.-Geogr., Starnberg.

FRITSCH Landkartenverlag. Hirschberger Str. 7, D-95030 Hof, Tel.: (09281) 6962, Fax: 66814 — Ing. R. Fritsch (Wanderkarten, Heimatkarten und Stadtpläne).

GeoCenter ILH, Touristik Medienservice GmbH, Schockenriedstr. 44, D-70565 Stuttgart (Postfach 80 08 30, D-70508 Stuttgart), Tel.: (0711) 781946-10, Fax: 781946-54, -56, Internet: http://www.geokatalog.de, e-mail: GeoCenterILH@t-online.de

GLEUMES & Co. Landkartenverlag, Landkartenvertrieb, geographische Fachbuchhandlung. Hohenstaufenring 47-51, D-50674 Köln, Tel.: (0221) 215-650, 211550, Fax: 249417 — (Stadtpläne, Auto-, Wander- u. Bürokarten, Topographische Karten aller Maßstäbe).

HAMBURG. Dr. Götze & Co. KG. Landkarten u. Reisebücher. Bleichenbrücke 9 im Bleichenhof, D-20354 Hamburg, Tel.: (040) 357463-0, Fax: 3480318 — Filiale Alstertal Einkaufs-Zentrum, D-22391 H.-Poppenbüttel — Wandelhalle Hauptbahnhof, D-20095 Hamburg.

GROTHUS VERLAG Grotthaus GmbH, Querallee 38, D-34119 Kassel, Tel./Fax: (0561) 38949 — Geschäftsführer: Elmar Grotthaus, Dirk Grotthaus. (Stadtpläne u. Wanderkarten, Herstellung von kartographischen Originalen für amtl. und priv. Auftraggeber).

WALTER DE GRUYTER GmbH & CO. Genthiner Str. 13, D-10785 Berlin (Postfach 30 34 21, D-10728 Berlin), Tel.: (030) 26005-0, Fax: 26005-251.

Verlag Ferdinand HIRT AG, Baarerstr. 63, CH-6301 Zug. Buchauslieferung über die VVA, Vereinigte Verlagsauslieferung, Postfach 7777. D-33310 Gütersloh. (Redaktion Geographie: Marchetstr. 58/2/13 A-2500 Baden, Tel./Fax: (02252) 46313.

INTERKART, Internationale Karten und Poster, Ladestr. 16, D-22955 Hoisdorf, Tel.: (04107) 5676, Fax: 4058, e-mail: INTERKART@t-online.de

JRO Kartographische Verlagsges. mbH. Marco-Polo-Zentrum, Postfach 3151, D-73751 Ostfildern.

Redaktion KÄMMER, Verlagskartographie und Geographieredaktion, Dr. Hans-Joachim Kämmer, Mariendorfer Damm 149, D-12107 Berlin, Tel./Fax: (030) 7054538, e-mail: hajo.kaemmer@t-online.de

Verlag KIEPERT GmbH & Co. Buchhandel KG. Fachbuchhandlung für Geowissenschaften und Touristik. Hardenbergstr. 4-5, D-10623 Berlin, Tel.: (030) 31188-0, Fax: 31188-1210, Internet: http://www.kiepert.de, e-mail: 100644.3631@compuserve.com — (Beiträge zur Denkmalpflege in Berlin, Städtebauliche Entwicklung Berlins seit 1650 in Karten).

KIRSCHBAUM Verlag GmbH. Siegfriedstr. 28, D-53179 Bonn (Postfach 210 209, D-53157 Bonn), Tel.: (0228) 95453-0, Fax: 95453-27, Internet: http://www.Kirschbaum.de, e-mail: info@Kirschbaum.de — (Kartogr. Nachr.).

KLETT-PERTHES, Justus Perthes Verlag Gotha GmbH, Justus-Perthes-Str. 3-5, D-99867 Gotha (Postfach 100452, D-99854 Gotha), Tel.: (03621) 385-0, Fax: 385-102, Internet: http://www.klett.de/klett-perthes, e-mail: perthes@klett-mail.de.

KNIEBES WERNER, Versandbuchhandlung (Earth Sciences News, Neue Bücher und Karten), Titlmoos 42, D-83547 Babensham, Tel.: (08074) 590, Fax: 8112, e-mail: kniebes.titlmoos@t-online.de

Verlag W. KOHLHAMMER GmbH. Heßbrühlstr. 69, D-70565 Stuttgart, Tel.: (0711) 7863-0 — Gf.: Dr. J. Gutbrod, H.-J. Nagel.

Verlag MICHAEL LASSLEBEN. Lange Gasse 19, D-93183 Kallmünz, Tel.: (09473) 205, Fax: 8357.

LESKE VERLAG + BUDRICH GmbH. Postfach 30 05 51, D-51334 Leverkusen, Tel.: (02171) 4907-0, Fax: 4907-11

MAI'S Reiseführer Verlag (Verlag für Reiseführer mit Landeskunde, besonders für außereuropäische Länder). Quellenweg 10, D-63303 Dreieich, Tel.: (06103) 629-33, Fax: 64885.

MAIRS Geographischer Verlag GmbH. & Co. Marco-Polo-Zentrum, D-73760 Ostfildern, Tel.: (0711) 4502-0 — (1) Dr. V. Mair — (2) Dipl.-Ing.-Kart. H. Leubner, Dipl.-Ing. Kart. G. Richter — (Autokarten und -atlanten, Die Generalkarte, Reiseführer, Freizeitkarten, Stadtpläne).

Geographisch-Kartographisches Inst. MEYER (Bibliographisches Inst.). Dudenstr. 6, D-68167 Mannheim, Tel.: (0621) 3901-01, Fax: 3901-391 — (1) Bibliographisches Inst. & F.A. Brockhaus AG. (Atlanten)

WERNER MOSER, Verlag für universitäre Kommunikation (Freizeit- und Fremdenverkehrsgeographie). Argentinische Allee 37d, D-14163 Berlin, Fax: (030) 8011113.

DIETRICH MÜLLER Verlagsbuchhandlung. Feuerdornweg 13, D-76149 Karlsruhe, Tel.: (0721) 752154.

Redaktion MUNZINGER ARCHIV, Albersfelder Str. 34, D-88213 Ravensburg, Tel.. (0751) 76931-0, Fax: 652424 — (Internationales Handbuch-Länder aktuell, Internationales Handbuch-Zeitarchiv).

Verlag ILSE NIPPES. Alte Ibentalstr. 20, D-79199 Kirchzarten, Tel.. (07661) 5786, Fax: 5786.

Verlag NORDOSTDEUTSCHES KULTURWERK. Conventstr. 1, D-21335 Lüneburg (Postfach 2323, D-21313 Lüneburg), Tel.: (04131) 37097, Fax: 391143, e-mail: NOKW@luene.net

R. OLDENBOURG Verlag GmbH. Rosenheimer Str. 145, D-81671 München, Tel.: (089) 45051-0, Fax: 45051-300.

Verlag Dietrich PFAEHLER. Berliner Str. 37, D-97616 Bad Neustadt (Zeitschrift Speculum Orbis).

Justus PERTHES Verlag Gotha Gmbh — siehe Klett-Perthes

RAVENSTEIN VERLAG GmbH. Auf der Krautweide 24, D-65812 Bad Soden, Tel.: (06196) 609630, Fax: 63619 — R. Bosse. (Straßenkarten des In- und Auslandes, Deutsche Organisationskarten, Atlanten).

RECO Kartographie und Verlag Gerd Friedrich Ott. Im Gefierth 7, D-63303 Dreieich, Tel.: (06103) 371185, Fax: 311906, Internet: http://www.RECO.de, e-mail: RecoVerlag@RECO.de, ISDN-Leonardo 06103/936863 — (Straßenpläne, Stadtpläne, Staßenkarten, Wanderkarten).

Verlag DIETRICH REIMER. Inh. Dr. F. Kaufmann. Charlottenstr. 13, D-10969 Berlin, Tel.: (030) 2591-1570, Fax: 2591-1577

Wissenschaftliche Fachbuchhandlung DIETRICH REIMER. Inh. Dr. F. Kaufmann. Unter den Eichen 57, D-12203 Berlin, Tel.: (030) 831-4082, Fax: 831-3873 — (Ethnologie, Geographie, Linguistik, Archäologie, Kunstgeschichte).

RV REISE- UND VERKEHRSVERLAG. Verlagsleitung: Neumarkter Str. 43, D-81673 München, Tel.: (089) 4372-0, Fax: 4372-2555 — Werbung: Tel.: -2505, Fax: -2555 — Presse: Tel.: -690, Fax: -2721 — Produktion/Kartographie, Stuttgart: Schockenriedstr. 44, D-70565 Stuttgart, Tel.: (0711) 78893–0, Fax: 78893-69.

Gütersloh: Kartographisches Institut Bertelsmann, Carl Bertelsmann-Straße 161, D-33332 Gütersloh 1, Tel.: (05241) 802604. Telex 933 868, Fax: 75166.

Berlin: Lützowstr. 105–106, D-12307 Berlin 30, Tel.: (030) 254098-0, Fax: 2629115.

Leipzig: Lindenstr. 1, D-04466 Leipzig, Tel.: (0341) 4664-160, Fax: 4664-199.

Verlag Ferdinand SCHÖNINGH GmbH., Jühenplatz 1, D-33098 Paderborn, (Postfach 25 40, D-33055 Paderborn), Tel.: (05251) 127-5, Fax: 127-860.

SCHROEDEL VERLAG GmbH. Hildesheimer Straße 202–206, D-30519 Hannover (D-30517 Hannover), Tel.: (0511) 8388-0.

RICHARD SCHWARZ KG, Landkartenhandlung. Eckenheimer Landstr. 36, D-60318 Frankfurt, Tel.: (069) 553869, Fax: 597 51 66 — Berliner Str. 72/ Gr. Hirschgraben (Goethehaus), D-60311 Frankfurt, Tel.: (069) 287278.

SCHWEIZERBART'SCHE, E., Verlagsbuchhandlung. Johannesstr. 3a, D-70176 Stuttgart, Tel.: (0711) 62500-1, Fax: 62500-5, Internet: http://www.schweizerbart.de, e-mail: mail@schweizerbart.de — (Zeitschrift der deutschen Gesellschaft für Photogrammetrie und Fernerkundung, Neues Jahrbuch für Geologie und Paläontologie)

Spektrum Akademischer Verlag, Vangerowstr. 20, D-69115 Heidelberg, Tel.: (062321) 9126-0, Fax: 9126-38

FRANZ STEINER Verlag Wiesbaden GmbH. Birkenwaldstr. 44, D-70191 Stuttgart (Postfach 10 10 61, D-70009 Stutgart), Tel.: (0711) 2582-0, Fax: 2582-408, -390, Internet: http://www.steiner-verlag.de — (Geogr. Zeitschr. mit Beiheften, Erdkundliches Wissen, Geogr. Taschenbuch, Orbis Geographicus, Verhandlungen des Deutschen Geographentages, Bibliothek geogr. Handbücher, Bibliography of Mono- and Multilingual Dictionaries and Glossaries of Technical Terms used in Geography as well as in Related Natural and Social Sciences", Multilingual Dictionary of Technical Term in Cartography, Erdwissenschaftliche Forschungen, Acta Humboldtiana, Atlas der Deutschen Agrarlandschaft, Historisch-Graphischer Atlas des Preußenlandes, Hydronomia Germaniae, Internationales Geographisches Glossarium).

terraCOM Greifswald, Schulbuch-Kartografie, GIS, Consulting, kartografische und GIS-Dienstleistungen, Software. Im Technologiezentrum, Brandteichstr. 19, D-17489 Greifswald, Tel.: (03834) 550-245, Fax: 550-222, Internet: http://www.degis.com, e-mail: terracom@degis.com — Gf.: Dr.rer.nat. Steffen Schulze

VERWALTUNGS-Verlag GmbH. Verlag für staatliche und kommunale Veröffentlichungen und Co. Betriebs OHG. Leonrodstr. 68, D-80636 München, Tel.: (089) 12109-0, Fax: (089) 12109-102 — (Stadtpläne, Kreiskarten).

VOLK UND WISSEN, Verlag GmbH & Co., Redaktion Geographie, Axel-Springer-Str. 54b, D-10117 Berlin (Postfach 269, D-10107 Berlin)

Städte-Verlag E. v. WAGNER & J. MITTERHUBER GmbH. Steinbeisstr. 9, D-70736 Fellbach (Postfach 2080, D-70710 Fellbach), Tel.: (0711) 5762–01, Fax: 5762-199.

Karl WENSCHOW GmbH, Kartographischer Lehrmittel-Verlag. Elsenheimerstr. 59, D-80687 München, Tel.: (089) 813208-80, Fax: 813208-82. (1) Südd. Verlag GmbH, Mchn. — GF.: Jürgen Schulze.

WESTERMANN Kartographie (Westermann Schulbuchverlag GmbH), Georg-Westermann-Allee 66, D-38104 Braunschweig, Tel.: (0531) 708-0, Fax: 708-329, e-mail: Karto@westermann.de — Geschäftsführer: H. Becker, J. Grimm — Leiter Geographie u. Kartographie: Dr. U. Zahn — Red./Lekt.: Dr. M. Berger, J. Dornbusch, B. Mazzega, A. Schultze — Geogr. Fachzeitschriften: Geographische Rundschau, Red. R. Jüngst, Praxis Geogr. Red. D. Falk, (Diercke-Atlanten, Kartenwerke, Wandkarten, Weltraumbilder, Transparente, Lehrerhandbücher, Arbeitsmittel, Schulbücher, Lehrmittel, Fachzeitschriften).

WISSENSCHAFTLICHE BUCHGESELLSCHAFT, Hindenburgstr. 40, D-64295 Darmstadt (Postfach 100110, D-64276 Darmstadt) Tel.: (06151) 3308-0, Fax: 3308-212.

ZUMSTEIN Verlag KG. c/o Agrarverlag Allgäu GmbH, Porschestr. 2, D-87437 Kempten, Tel.: (0831) 571420 — (Wander-, Skikarten, Rad- u. Freizeitkarten).

FIRMEN DER LUFTBILDVERMESSUNG UND FERNERKUNDUNG

BONN. Geospace Satellitenbilddaten GmbH, Bildverarbeitungssysteme, Hard- und Software, Geoinformation, Fernerkundung, Dienstleistungen. Siemensstr. 8, D-53121 Bonn, Tel.: (0228) 6273-82, Fax: 6273-83.

KÖLN. EUROSENSE GmbH. Unnauer Weg 17, D-50767 Köln, Tel.: (0221) 798-031, Fax: 796-688 — Bildflüge, Thermalscanneraufnahmen, Klimagutachten, CIR-Interpretationen, Digitale Bildverarbeitung, Digitale Orthophotokarten, Satellitenbildkarten, Geographische Informationssysteme, Photogrammetrie, Photolabor.

HAMBURG. Senator e.H.Dipl.-Ing. N. Rüpke. Schloßgarten 65, D-22043 Hamburg, Tel.: (040) 684445, Fax: 688317.

MÜNSTER. EFTAS Fernerkundung Technologietransfer GmbH. - Satellitenbildkarten, Digitale Bildverarbeitung, Digitale Orthophotos und Digitale Geländemodelle,

GIS-Datenbanken, Auswertung von Luft- und Satellitenaufnahmen für Land- und Forstwirtschaft, Umwelt- und Regionalplanung, Arealstatistik und Telekommunikation. Ostmarkstr. 92, D-48145 Münster, Tel.: (0251) 13307-0, Fax: 13307-33, Internet: http://www.eftas.com, e-mail: info@eftas.com — Gf.: Dr. K. Komp

MÜNSTER. Hansa Luftbild GmbH. – Luftaufnahmen, Airborne Laser Scanning, Digitale Photogrammetrie, Fernerkundung, Phototechnik, Luftbildinterpretation, Umweltdaten, GIS, NIS, Kartographie, Software-Entwicklung, Consulting. Elbestr. 5, D-48145 Münster, Tel.: (0251) 2330-0, Fax: 2330-112, e-mail: hansaluftbild@hansaluftbild.de — Gf.: Dr. R. Schroth.

WEINHEIM. OAGIS, Büro für Angewandte Geographische Informationssysteme (Digitale Grundkarten, Geographische Informationssysteme), Hübschstr. 3, D-69469 Weinheim, Tel.: (06201) 1863-49, Fax: 1863-50, Internet: http://www.oagis.com, e-mail: info oagis.com

Hersteller von Luftschrägaufnahmen

HAMBURG. DEUTSCHE LUFTBILD W. Seelmann & Co. GmbH. Stuvkamp 20, D-22081 Hamburg, Tel.: (040) 298200-11, Fax: 298200-12 — Hersteller von Luftschrägaufnahmen.

HEIDELBERG. Lossen-Foto, Plöck 57, D-69117 Heidelberg, Tel.: (06221) 21585, Fax: 234 02.

Strähle Luftbild, seit 1919, Luftaufnahmen, Luftbildverlag, Historisches Luftbildarchiv, Grafenbergweg 6, D-73614 Schorndorf, Tel. (07181) 4001-80, Fax: 4001-98

WIEDENBRÜCK/Westf. ZEIDLER-Luftbild. Lange Str. 49b, D-33378 Rheda-Wiedenbrück, Tel.: (05242) 8822.

Österreich

I G U

Österreichisches Nationalkomitee für die IGU. Präs.: o. Univ.-Prof. Dr. Martin Seger, Inst. f. Geogr. d. Univ. Klagenfurt, Universitätsstr. 65-67, A-9020 Klagenfurt, Tel.: (0463) 2700-310, Fax: 2700-305.

GEOGRAPHISCHE GESELLSCHAFTEN

Österreichische Geographische Gesellschaft, gegr. 1856. Kanzlei: Karl-Schweighofer-Gasse 3, A-1071 Wien, Tel.: (01) 5237974. Bibliothek und Kartensammlung: c/o Österr. Staatsarchiv, Nottendorfer Gasse 2, A-1030 Wien, Tel.: (01)79540-505. (Lesesaal). Präs.: ao. Univ.Prof. Dr. Ingrid Kretschmer; gf. Vizepräs. ao. Univ.Prof. Dr. Christian Staudacher. Schriftleitung: o.Prof. Dr. Martin Seger, Klagenfurt. Publ.: Mitteilungen der Österr. Geogr. Ges. (seit 1857). Zweigstellen in Graz, Klagenfurt und Salzburg, Zweigverein in Innsbruck.

Kommission für Schulgeographie und Fachdidaktik in der Österreichischen Geographischen Gesellschaft. gegr.: 1994. Kontaktpersonen: Ao. Univ.-Prof. Mag. Dr. Christian Vielhaber und Univ.-Lektor Mag. Dr. Christian Sitte, c/o Institut für Geographie der Universität Wien, Universitätsstr. 7/5, A-1010 Wien, Tel.: (01) 4277-48633, Fax: 4277-9486.

Österreichische Gesellschaft für Wirtschaftsraumforschung. gegr. 1962. Wirtschaftsuniversität Wien. Peter-Jordan-Straße 6. A-1190 Wien. Präs.: Ass.- Prof. Univ.-Doz. Dr. Klaus Arnold. Publ.: Wirtschaftsgeographische Studien (seit 1977). Schriftl.: Ass.-Prof. Univ.-Doz. Dr. Christian Staudacher. Wiener Geographische Schriften (seit 1957). Schriftl.: Ass.-Prof. Univ.-Doz. Dr. Klaus Arnold.

Österreichische Gesellschaft für Kritische Geographie. Gegr. 1982 als „Österreichische Assoziation Kritischer GeographInnen“, Umbenennung 1992. Clementinengasse 5/35, A-1150 Wien, Tel./Fax: (01) 8925-116. Obmann: Christian Rammer, Obmannstellvertreter: Helmut Gassler, Schriftführerin: Elisabeth Binder, Kassier: Reinhard Zeilinger. Publ.: Kritische Geographie Reihe I (Wissenschaft), Kritische Geographie Reihe II (Didaktik) (bis 1994), GWU-Materialien (seit 1996), Beiträge zur kritischen Geographie (seit 1997)

GEOGRAPHISCHE LEHRSTÜHLE UND INSTITUTE AN DER UNIVERSITÄT

GRAZ. Institut für Geographie der Karl-Franzens-Universität Graz. Heinrichstraße 36, A-8010 Graz. Tel.: (0316) 380-5135, Fax: 380-9886, e-mail: geographie@kfuni—graz.ac.at .

Geschichtl.: 1867 Doz., 1869 ao. Prof. f. Geographie, 1871 o. Professur u. Gründung des Instituts für Geographie. Das Geogr. Inst. ist der Naturwiss. Fakultät zugeordnet.

Abteilungen: Humangeographie und Regionalforschung, Klimageographie, Angewandte Geographie, Geomorphologie.

Lehrkörper: O.Univ.Prof. Dr. Friedrich M. Zimmermann (Institutsvorstand), O.Univ.Prof. Dr. Herwig Wakonigg, Univ.Prof. Dr. Walter Zsilincsar, Ao.Univ.Prof. Univ.Doz.Dr. Harald Eicher. Vertr.-Ass.Mag.Helmut Bimeshofer, Vertr.-Ass. Mag. Dr. Sophie Bramreiter, Ass.-Prof. Dr. Franz Brunner, Ao.Univ.Prof., Univ.Doz. Dr. Peter Cede, Ass.-Prof.Mag. Dr. Paul Eder, Vertr.-Ass. Mag. Wolfgang Fischer, Vertr.-Ass. Mag. Josef Gspurning, Ao. Univ.-Prof. Univ.Doz. Reinhold Lazar, em. Univ.Prof.Mag.Dr. Wilhelm Leitner, Ao.Univ.-Prof., Univ. Doz. Mag. Dr. Gerhard Lieb, Vertr.-Ass. Mag. Wolfgang Sulzer, ORat, Höh.

wiss.Dienst, Mag. Kasimir Szarawara.

Universitätslektoren: Mag. Oliver Bertl, Mag.Dr. Gerd Egger, Dr. Johann Fank, Mag. Heinz Hartl, Dr. Werner Hauser, Dipl.-Ing. Rudolf Hütter, Mag. Reinhard Kattnig, Mag. Rudolf Lang, Dipl.-Ing. Hansjörg Luser, Dipl. Dietlinde Mlaker, tit.Ao.Univ.Prof. Dipl.Ing. Dr. Othmar Nestroy, Dipl.-Ing. Rainer Opl, Mag. Jürgen Rainer, Mag. Markus Scheucher, Mag. Wolfgang Weber, Mag. Roland Wehap, tit.Ao. Univ.Prof. Univ. Doz. Dr. Hans Zojer, Mag. Dr. Erich Zunegg.

INNSBRUCK. Institut für Geographie der Leopold-Franzens-Universität Innsbruck. Innrain 52, Bruno-Sander-Haus, A-6020 Innsbruck. Tel.: (0512) 507-5400, -5403, -5405-5415, -5419, -5430-5432, Fax: 507-2895, e-mail: geographie@uibk.ac.at.

Geschichtl.: 1874 Doz.. 1879 ao. Prof. f. Geogr.. 1883 Geogr. Inst. als „Geogr. Cabinet". 1885 o. Prof. 1978 Eingl.d.Inst.f.Landeskunde in das Inst.f.Geogr., Naturwiss. Fak.

Abteilungen: Abt. f. Landeskunde, Leiter: OR Mag. Dr. Wilfried Keller.

Leitung/wiss. Mitarb.: o.Univ.Prof. Dr. Axel Borsdorf, ao. Univ.Prof. Dr. Gernot Patzelt, o.Univ.Prof. Dr. Johann Stötter, em.o.Univ.Prof.Dr. Franz Fliri, em.o.Univ.Prof. Dr. Adolf Leidlmair. – A.Univ.Prof. Univ.Doz. Mag. Dr. Andreas Erhard, A.Univ.Prof. Univ.Doz. Mag.Dr. Klaus Frantz, Univ.Ass. Mag. Dr. Armin Heller, A.Univ.Prof. Univ.Doz. Dr. Georg Kaser, A.Univ.Prof. Univ.Doz. Dr. Hanns Kerschner, A.Univ.Prof. Univ.Doz. Dr. Hugo Penz, A.Univ.Prof. Univ.Doz. Mag. Dr. E. Steinicke – OR Dr. Josef Aistleitner, OR Mag.Dr. Peter Haimayer, OR Mag. Dr. Wilfried Keller.

KLAGENFURT. Institut für Geographie und Regionalforschung der Universität Klagenfurt, Universitätsstraße 65-67, A-9020 Klagenfurt, Tel.: (0463) 2700-308.

Geschichtl.: 1975 Lehraufträge für Geographie. 1976 o. Prof. für Geographie mit bes. Berücksichtigung d. Didaktik I (Kultur-, Sozial- und Wirtschaftsgeographie). 1978 o. Prof. f. Geographie mit bes. Berücksichtigung der Didaktik II (Physische Geographie / Geoökologie).

Leitung/wiss. Mitarb.: o. Univ.-Prof. Dr. Martin Seger (Inst.-vorst.). o.Univ.-Prof. Dr. Michael Sauberer, Ass.Prof. Dr. Jürgen Adlmannseder. Ass.Prof. Mag. Dr. Peter Mandl. Bundeslehrer im Univ.- dienst Mag. Dr. Friedrich Palencsar. – Mag. Heribert Altziebler, Tit.ao.Univ.-Prof. Dr. Helmut Hartl, Oberbaurat Dipl.-Ing. Eberhard Kraigher, Dr. Hans Sampl, Mag. Dr. Rudolf Wastl, Mag. Dr. Gert Wolf; Mag. Dr. Susanne Janschitz; Dipl.-Ing. Irmgard Mandl-Mair; Mag. Isolde Kreis; Dipl.-Ing. Kurt Saulder; Mag. Dr. Christiane Hintermann.

SALZBURG. Institut für Geographie der Universität Salzburg, Hellbrunnerstraße 34, A-5020 Salzburg, Tel.: (0662) 8044-5200, -5202. Fax: 8044 -525.

Geschichtl.: gegr. 1963, Naturwiss. Fak.

Außenstellen: Alpine Forschungsstelle Samer Alm. Leiter: o. Univ.-Prof. Dr. Helmut Riedl. – Hochgebirgsforschungsstelle Rudolfshütte der Universität Salzburg. Leiter: ao.Univ.-Prof. Dr. Heinz Slupetzky

Abteilungen: Abt. f. Schnee- und Gletscherkunde, Leiter: ao. Univ.-Prof. Dr. Heinz Slupetzky / Abt. f. Humanökologie, Leiter: tit.ao.Prof. Univ.-Doz. Dr. Peter Weichhart

Leitung/wiss. Mitarb.: em.o. Univ.-Prof. Dr. Helmut Heuberger, o. Univ.-Prof. Dr. Helmut Riedl, o.Univ.-Prof. Dr. Christoph Stadel (Vorstand 1998), ao. Univ.-Prof. Dr. Guido Müller, ao.Univ.- Prof. Dr. Heinz Slupetzky – Prof. Dr. Wolfgang Kern, Prof.Dr. Malvine Stenzel, Prof. Dr. Hans-Erich Stocker, Prof. Dr. Josef Strobl, Prof. Dr. Hermann Suida, Prof. Dr. Peter Weichhart, Prof. Dr. Herbert Weingartner, Prof. Dr. Franz Dollinger, Mag. Wolfgang Maier; Hon.-Prof. Dr. Werner Mahringer, Hon.-Prof. Dr. Ilias Mariolakos, Univ.-Prof. Dipl.-Ing. Dr. Othmar Nestroy, Hon.-Prof. Dr. Eleftherios Vavliakis, tit.ao.Prof. Mag. Dr. Hubert Trimmel.

WIEN. Institut für Geographie der Universität Wien. Universitätsstraße 7/V, A-1010 Wien; Tel.: (01) 4277-48601, -48611, -48612, Fax: 4277-9486; Internet: http://www.univie.ac.at/geographie, e-mail: geographie@univie.ac.at

Geschichtl.: 1845 Dozentur f. Physische Geogr. u. Kristallogr., 1851 o. Professur f. Geographie, 1853 "Geographisches Cabinet", 1885 Geographisches Institut, zwei o. Professuren "Physische Geographie" und "Historische" bzw. "Kulturgeographie"; 1965 ao. Professur, ab 1968 o. Professur für "Geogr. m. bes. Berücks. d. Kartographie", ab 1971 umbenannt in "Geographie und Kartographie"; 1966 ao. Professur, ab 1971 o. Professur für "Länderkunde und Allgemeine Geographie", 1991 umgewandelt in ao. Professur für "Regionalgeographie"; 1972 o. Professur "Geographie III", 1975 umbenannt in "Geographie, Raumforschung u. Raumordnung", 1995 umbenannt in "Angewandte Geographie, Raumforschung u. Raumordnung"; 1978 ao. Professur für "Klima-, Hydrogeographie u. Landschaftsökologie"; 1993 Umbenennung der o. Professur für Kulturgeographie in "Humangeographie". Das Institut ist seit 1975 zugeordnet zur Grund- und Integrativwissenschaftl. Fakultät; seit 1978 offizielle Bezeichnung: Institut für Geographie.

Inst.-vorstand: Univ.-Prof. Mag. Dr. Helmut Wohlschlägl.

Lehrkörper: Professoren: o. Univ.-Prof. Dr. Hans Fischer (Phys. Geogr.); dzt. vakant (Humangeogr.); dzt. vakant (Angewandte Geogr., Raumforsch. u. Raumordn.); dzt. vakant (Geogr. u. Kartogr.); Univ.-Prof. Dr. Hubert Nagl (Klima- u. Hydrogeogr., Landsch.ökol.); Univ.-Prof. Mag. Dr. Helmut Wohlschlägl (Regionalgeogr.) — Emeriti: emer. o. Univ.-Prof. Dr. Dr.h.c. Elisabeth Lichtenberger; emer. o. Univ.-Prof. Dr. Karl Stiglbauer — Gastprofessoren: Prof. Dr. William Cartwright (Melbourne); Em. Prof. Dr. Dr.h.c. Horst Mensching (Hamburg); Prof. Dr. Ingo Mose (Vechta); Prof. Dr. Josef Steinbach (Eichstätt); Prof. Stanley Trimble PhD (Los Angeles) — Außerordentliche Professoren: Univ.-Doz. Dr. Berthold Bauer; Univ.-Doz. Dr. Herbert Baumhackl; Univ.-Doz. Mag. Dr. Christine Embleton-Hamann; Univ.-Doz. Mag. Dr. Karl Husa; Univ.-Doz. Dr. Ingrid Kretschmer; Univ.-Doz. DDr. Spyridon Verginis; Univ.-Doz. Mag. Dr. Christian Vielhaber; Univ.-Doz. Ing. Dr. Norbert Weixlbaumer — Assistenzprofessoren: Ass.-Prof. Mag. Dr. Gerhard Hatz; Ass.-Prof. Dr. Franz Holawe; Ass.-Prof. Mag. Dr. Walter Matznetter M.Sc. (Vors. d. Studienkomm.) — Assistenten: Univ.-Ass. Mag. Dr. Elisabeth Aufhauser; Vertr.-Ass. Mag. Dr. Martin Heintel; Univ.-Ass. Mag. Dr. Karel Kriz; Vertr.-Ass. Dr. Heinz Nissel;.Univ.-Ass. Mag. Andreas Riedl — Wiss. Beamtin: Wiss. OR Dr. Dietlinde Mühlgassner — Univ.-Lektoren: Mag. Helene Babel; Dr. Fidelis Bauer; Mag. Dr. Josef Benedikt; Univ.-Prof. Dr. Christian Bernhofer; Mag. Lukas Birsak; Univ.-Doz. Dr. Wolfgang Blaas; Mag. Dr. Robert Blaich; Univ.-Doz. Dr. Gertraud Diem-Wille; Dr. Helmut Eger M.Sc.; Univ.-Prof. Dr. Heinz Faßmann; Dr. Max H. Fink; o. Univ.-Prof. Dr. Manfred Fischer; Dipl.-Ing. Michael Franzen; Dr. Peter Fritz; Mag. Dr. Caroline Gerschlager; Mag. Dr. Franz Graf; HR Dr. Franz Greif; Mag. Doris Gruber; o. Univ.-Prof. Dipl.-Ing. Dr. Dieter Gutknecht; Mag. Susanna Hammer; Mag. Dr. Maria Hofmann-Schneller; Mag. Irene Jörg; Dipl.-Ing. Bernhard Jüptner; Prof. Dipl.-Ing. Dr. Wolfgang Kainz; Univ.-Doz. Mag. Dr. Dietmar Kanatschnig; Mag. Erich Knabl; SR Dipl.-Ing. Georg Kotyza; Univ.-Doz. Dr. Josef Kytir; Mag. Dr. Wolfgang Loibl; HR Dipl.-Ing. Helmut Meckel; Mag. Dr. Gottfried Menschik; Univ.-Doz. Dr. Erich Mursch-Radlgruber; Mag. Dr. Christof Parnreiter; Univ.-Doz. Dr. Gerhard Pils; Mag. Peter Rak; Mag. Elisabeth Rathmanner; Dr. Michael Reiterer; Univ.-Doz. Dr. Gerhard Palme; o. Univ.-Prof. Dr. Michael Sauberer; Dr. Günter Scheer; Univ.-Doz. Dipl.-Ing. Dr. Gerhard Schiller; Mag. Dr. Hans Schwanzer; Mag. Dr. Christian Sitte; Dr. Stefan Skowronek; Mag. Roman Stani-Fertl; Dipl.-Ing. Dr. Klaus Steinocher; Univ.-Doz. Dr. Reinhold Stipsits; Dipl.-Ing. Leopold Strenn; Mag. Gerhard Trichtl; Tit. ao. Univ.-Prof. Mag. Dr. Hubert Trimmel; Dipl.-Ing. Dr. Peter Weber; Dipl.-Ing. Wolf Werdigier; Univ.-Doz. Mag. Dr. Franz Zwittkovits.

Spezielle Einrichtungen: Zentralsekretariat: Dr. Ursula Szynkariuk; Rudolf Voit; Mustafa Amir — Bereichssekretariate: Elfriede Aigner; Marianne Berlakovich; Helga Hinterberger; Regina Schneider; Helmut Slawik; Renate Stumptner — Fachbibliothek und Kartensammlung: HR Mag. Helmuth Bergmann; Wolfgang Kainrath; Evelyn Nahooray — Physiogeographisches Labor: DDr. Spyridon Verginis; Christa Hermann — Kartographie: Mag. Walter Lang — Fotographie/Repro: dzt. Vakant — Computerkartographie/GIS/Geoinformation: Mag. Dr. Karel Kriz; Mag. Andreas Riedl.

WIEN. Institut für Wirtschafts- und Sozialgeographie der Wirtschaftsuniversität Wien. Augasse 2-6, A-1090 Wien. Tel.: (01) 31336-4808, Fax: 31336-703

Geschichtl.: 1898: ao. Prof. f. Handelsgeogr.. 1905: ao. Prof. f. Wirtschaftsgeogr. , Geogr. Inst. u. Seminar f. Wirtschaftsgeogr.. 1909: o. Prof. f. Wirtschaftsgeogr.. 1959: Geogr. Inst. (Inst. f. Wirtschaftsgeogr.), gegr. als Inst. f. Raumordnung. 1971 umbenannt. 1980: Konstituierung des Inst. f. Wirtschafts- und Sozialgeogr. aus dem Geogr. Inst. und dem Inst. f. Wirtschaftsgeogr.. 1991: Etablierung der Abteilung für Theoretische und Angewandte Wirtschafts- und Sozialgeographie und der Abteilung für Praxisorientierte Wirtschaftsgeographie und Räumliche Integratinsforschung.

Leitung/wiss. Mitarb.: o.Univ.-Prof. Dr.rer.nat. Manfred M. Fischer.

Abteilung für Theoretische und Angewandte Wirtschafts- und Sozialgeographie: o.Univ.-Prof. Dr. Manfred M. Fischer (Leiter der Abteilung). — Univ.Ass. Mag. Dr. Petra Staufer, Univ.Ass. Mag. Dr. Martin Schneider, Mag. Gerhard Trichtl, Mag. Jutta Pfisterer-Pollhammer, Univ.-Doz. Dr. Josef Fröhlich, Mag. Georg Magenschab

Abteilung für Paxisorientierte Wirtschaftsgeographie und Räumliche Integrationsforschung: Ao.Prof. Univ.-Doz. Dr. Christian Staudacher (Leiter der Abteilung) — Ao.-Prof. Univ.-Doz. Dr. Klaus Arnold, Univ.-Doz. Dr. Felix Jülg, Ass.Prof. Mag. Dr. Albert Hofmayer. – Mag. Dr. Schapour Zafarpour.

LEHRKRÄFTE FÜR GEOGRAPHIE UND WIRTSCHAFTSKUNDE AN DEN PÄDAGOGISCHEN AKADEMIEN ÖSTERREICHS

BURGENLAND. Stiftung Pädagogische Akademie Burgenland. Wolfgarten, A-7001 Eisenstadt. Tel.: (02682) 3570, Fax (02682) 3570-11 — Dir. Prof. Mag. Dr. Dujmovits / Prof. Mag. K. Kremser / Prof. S. Löschnauer / Prof. Mag. U. Strobl / Prof. Mag. Dr. Alois Wegleitner.

KÄRNTEN. Pädagogische Akademie des Bundes in Kärnten. Hubertusstraße 1, Postfach 42, A-9022 Klagenfurt. Tel.: (0463) 23785 — Prof. Mag. Dr. A. Beran. Abt.-vorst.: Dir. Dr. W. Antoni.

NIEDERÖSTERREICH. Pädagogische Akademie des Bundes in Niederösterreich. Mühlgasse 67, A-2500 Baden. Tel.: (02252) 88572-0, Fax: 88572-57 — Prof. Mag. Dr. Ludwig Hansen, Prof. Mag. Otto Rabong, Prof. Edeltraud Trimmel.

OBERÖSTERREICH. Pädagogische Akademie des Bundes in Oberösterreich. Kaplanhofstr. 40, A-4020 Linz. Tel.: (0732) 770-401 — Prof. Mag. Dr. Peter Schürz, Mag. Johann Brückl, Prof. Heinrich Wendt.

OBERÖSTERREICH. Pädagogische Akademie der Diözese Linz. Salesianumweg 3, A-4020 Linz. Tel.: (0732) 772666 — Prof. Dr. F. Humenberger, Prof. Mag. W. Kuschnigg, Prof. Mag. A. Koller, Dkfm. Dr. K. Zerbs.

SALZBURG. Pädagogische Akademie des Bundes in Salzburg. Akademiestraße 23, A-5020 Salzburg. Tel.: (0662) 235-11, -13 — Prof. Mag. J. Leitinger, Prof. Mag. W. Maier, Prof. F. Enzinger.

STEIERMARK. Pädagogische Akademie d. Bundes in Steiermark, Hasnerplatz 12, A-8010 Graz, Tel.: (0316) 63189 — Univ.-Ass. Mag. Dr. Paul Eder, Prof. Mag. Reinhard Gande, Dir. Dr. R. Grasmug, Prof. Mag. Gerhard Stiegler, Prof. Gerd Strohmeier.

STEIERMARK. Pädagogische Akademie d. Diözese Graz-Seckau. Georgigasse 85-89, A-8020 Graz-Eggenberg. Tel.: (0316) 58167-0, Fax: 58167-11, e-mail: pae.direktion@bboard.blackbox.or.at. oder hgoldemund@pae.asn.–graz.ac.at — Hofrat Dir. Dr. Rudolf Grasmug, OStR. Prof. H. Goldemund, Prof. Mag. Dr. Peter Gruber, Prof. Mag. Dr. E. Zunegg.

TIROL. Pädagogische Akademie des Bundes in Tirol. Pastorstraße 7, A-6010 Innsbruck. Tel.: (0512) 599-23 — Prof. Mag. H. Forthuber, Prof. Dr. Gerlinde Keuschnig, Prof. Mag. Dr. W. Wartha.

VORARLBERG. Pädagogische Akademie des Bundes in Vorarlberg. Liechtensteinstraße 33-37, Postfach 42, A-6807 Feldkirch-Tisis, Tel.: (05522) 73659, Fax: 73659-12 — Prof. Mag.Werner Scheffknecht.

WIEN. Pädagogische Akademie des Bundes in Wien. Ettenreichgasse 45 a, A-1100 Wien. Tel.: (01) 60-29192, Fax: 60-34139 — Prof. Gerhard Atschko (e-mail: atschko@paedakviebd.asn-wien.ac.at), Prof. Mag. Christian Fridrich (e-mail: fridrich@ paedakviebd.asn-wien.ac.at)

WIEN. Pädagogische Akademie der Erzdiözese Wien. Mayerweckstr. 1, A-1210 Wien. Tel.: (01) 29108, Fax: 29108-402 oder 117, e-mail: office@pa-wien21.ac.at / direktor@pa-wien21.ac.at — Prof. Mag. F. Benvenutti, Prof. Mag. H. Weilinger.

LANDESKUNDLICHE INSTITUTE, VEREINE UND ARBEITSGEMEINSCHAFTEN

Institut für Österreichkunde, mit Arbeitskreisen f. Geschichte, Literatur u. Geographie. Hanuschgasse 3, A-1010 Wien. Tel.: (01) 5127932 — Vors.: Univ.- Prof. Dr. Ernst Bruckmüller. Stellvertr. Vors. u. Leit. d. Arbeitskreises f. Geographie: Univ.-Prof. Mag. Dr. Martin Seger. Gen.-Sekr.: Prof. Mag. Hermann Möcker. — Publ.: 1. Österreich in Geschichte und Literatur, mit Geographie (Ztschr.). 2. Schriften des Instituts für Österreichkunde, Schriftenreihe Literatur des Instituts für Österreichkunde,Österreich Archiv (Schriftenreihen).

BURGENLAND. Amt der Burgenländ. Landesregierung. Landesarchiv und Landesbibliothek. Europaplatz 1, A-7001 Eisenstadt. — Publ.: Burgenländische Forschungen, Burgenländische Heimatblätter, Allgemeine Landestopographie des Burgenlandes, Burgenländische Landesbibliographie. Internationales Kulturhistorisches Symposion Mogersdorf.

BURGENLAND. Vereinigung Burgenländischer Geographen, Wienerstr. 9a, A-7442 Lockenhaus, Tel.: (02616) 3374, Fax: 33744, Internet: bnet.at/vbg Obmann: Mag. Emmerich Gager — Obmannstellvertr.: Präs. d. LSR Dr. Fritz Krutzler, HOL Erwin Weinhofer. — Publ.: Geographisches Jahrbuch Burgenland (1998: Bd. 22).

NIEDERÖSTERREICH. Verein für Landeskunde von Niederösterreich, Landhausplatz 1, A–3109 St. Pölten, Tel.: (2742) 200-6255 — Präs.: HR Prof. Dr. Hermann Riepl – Generalsekretär: OAR Mag. Willibad Rosner — Publ.: Unsere Heimat, Jahrbuch für Landeskunde von Niederösterreich, Forschungen zur Landeskunde von Niederösterreich, Historisches Ortsnamenbuch von Niederösterreich u.a.

OBERÖSTERREICH. Institut für Volkskultur. Landeskulturreferat, Spittelwiese 4, A-4010 Linz. — Publ.: Oberösterreichische Heimatblätter (Schriftl.: Dr. Alexander Jalkotzy). Vertrieb: Atlas von Oberösterreich, Schriftenreihe des (ehem.) Institutes für Landeskunde von Oberösterreich. Leit.: Dr. Alexander Salkotzy.

SALZBURG. Gesellschaft f. Salzburger Landeskunde. gegr. 1860. Michael- Pacher-Str. 40,Landesarchiv, A-5020 Salzburg. Tel.: (0662) 8042-4664 — Vorstand: Univ.-Prof. Dr. Reinhard Heinisch

VORARLBERG. Vorarlberger Landesmuseumsverein - Freunde der Landeskunde. Kornmarktplatz 1, A-6900 Bregenz, Tel.: (05574) 65484 — Vorst.: Dr. Edwin Oberhauser, Breite 11, A-6840 Götzis — Publ.: Jahrbuch des Vorarlberger Landesmuseumsvereins Freunde der Landeskunde. Schriftl.: Dr. Helmut Swozilek, Kornmarkt 1, A-6900 Bregenz.

WIEN. Verein f. Geschichte der Stadt Wien. gegr.: 1853. Rathaus,Wiener Stadt- und Landesarchiv, A-1082 Wien — Präs.: HR Univ.Prof. Dr. Felix Czeike – Gen.-sekr.: Dr. Karl Fischer — Publ.: Wiener Geschichtsblätter. Geschichte der Stadt Wien, Neue Reihe. Jahrbuch d. Vereins f. Geschichte der Stadt Wien. Forschungen und Beiträge zur Wiener Stadtgeschichte.

SPITZENORGANISATIONEN DER ÖSTERREICHISCHEN WISSENSCHAFT

Österreichische Akademie der Wissenschaften. gegr.: 1847. Dr.-Ignaz- Seipel-Platz 2, A-1010 Wien. Tel.: (01) 51-581, Fax: 51-39541 — Präs.: o.Univ.-Prof. Dr. Werner Welzig. – Gen.Sekr. o. Univ.-Prof. Dipl.-Ing. DDr. Herbert Mang.

Ludwig Boltzmann Gesellschaft, Österreichische Vereinigung zur Förderung der wissenschaftlichen Forschung, gegr. 1960. Operngasse 6 / 5. Stock, A–1010 Wien, Tel. (01) 5132750 — Präs.: Bundesminister a.D. Dr. Franz Löschnak.

Fonds zur Förderung der wissenschaftlichen Forschung (FWF), gegr. 1967. Weyringergasse 35, A-1040 Wien. Tel.: (1) 5056740-0 — Präs.: Univ.Prof. Dr. Arnold Schmidt – Gen-sekr.: Dr. Eva Glück.

Österreichisches Normungsinstitut (ON), gegr. 1920, Heinestr. 38, Postfach 130, A-1021 Wien, Tel.: (01) 21300, Fax: 21300-818 (Verkauf) — Präs.: o. Univ.-Prof. Dr. Karl Korinek – Gf.: Ing. Dr. Gerhard Hartmann.

Arbeitsgemeinschaft für Kartographische Ortsnamenkunde (AKO) der Österreichischen Kartographischen Kommission (ÖKK) in der Österreichischen Geographischen Gesellschaft (ÖGG) in Verbindung mit der Österr. Akademie der Wissenschaften. Gegr. 1969. Adresse: Österreichisches Statistisches Zentralamt, Hintere Zollamtsstraße 2b, A-1033 Wien, Tel.: (01) 51581-494, Fax: 51581-495, e-mail: Isolde.Hausner@oeaw.ac.at. Vor.: Dr. Isolde Hausner

GEOGRAPHISCHE NAMENSSCHREIBUNG

Burgenländische Nomenklaturkommission beim Amte der Burgenländischen Landesregierung, Abt. 7. gegr. 1969. Europaplatz 1, A-7001 Eisenstadt — Vors.: HR Dr. Johann Seedoch.

Salzburger Ortsnamenkommission. Salzburger Institut für Raumordnung & Wohnen. Zentrum Hermau, Alpenstraße 42, Postfach 2, A-5033 Salzburg, Tel./Fax: (0662) 635932 — Obmann: Dr. Gerhard L. Fasching

Steirische Ortsnamenkommission beim Steiermärkischen Landesarchiv, gegr. 1970. Karmeliterplatz 3, A-8010 Graz — Geschäftsführer: Dr. Karl Spreitzhofer.

Nomenklaturkommission beim Amt der Tiroler Landesregierung. Abt. IVb, Tiroler Landesarchiv. Gegr.: 1969. Michael-Gaismair-Str. 1, A-6010 Innsbruck, Tel.: (0512) 5939-218 — Vors.: Landesarchivdir. HR Univ.-Doz. Dr. Werner Köfler.

ORGANISATIONEN, DIENSTSTELLEN, UNIVERSITÄTS- UND FORSCHUNGSINSTITUTE VON GRUNDFÄCHERN UND NACHBARFÄCHERN DER GEOGRAPHIE, FÜHRENDE GESELLSCHAFTEN UND VEREINE

VERMESSUNGSWESEN, PHOTOGRAMMETRIE UND KARTOGRAPHIE

Bundesamt für Eich- und Vermessungswesen (BEV). Schiffamtsgasse 1-3. A-1025 Wien. Tel.: (01) 21176 — Leit.: Präs. Dipl.-Ing. August Hochwartner – Vizepräs.: Dipl.-Ing. Rainer Kilga – Vermessungskundliche Sammlung: A-4010 Linz, Prunerstr. 5, Postf. 376.

Internationale Coronelli-Gesellschaft für Globen und Instrumentenkunde, gegr. 1952. Dominikanerbastei 21/28, A-1010 Wien, Tel.: (01) 533-3285, Fax: 532-0824 — Präs.: Prof. Rudolf Schmidt.

WIEN. Studienzweig Kartographie am Institut für Geographie der Universität Wien. Universitätsstraße 7, A-1010 Wien, Tel.: (01) 4277-48640, Fax: 4277-9486

Präses der Prüfungskommission: ao. Univ.-Prof. Dr. Helmut Wohlschlägl.

Wiss. Mitarbeiter: ao. Univ.-Prof. Dr. I. Kretschmer, Univ.-Ass. Mag. Dr. K. Kriz, Univ.Ass. Mag. Andreas Riedl. Univ.-Lektoren: Mag. L. Birsak, Prof. Dr. W. Kainz, Mag. Erich Knabl, Dr. Wolfgang Loibl, HR Dipl.-Ing. H. Meckel, Dipl. Ing. Michael Franzen, Mag. Doris Gruber, Mag. Roman Stani-Fertl, OR Dipl.-Ing. L. Strenn.

WIEN. Institut für Kartographie und Reproduktionstechnik d. Techn. Universität. Karlsgasse 11, A-1040 Wien, Tel.: (01) 58801-12601.

Vorst.: o. Univ.-Prof. Dr. F. Kelnhofer.

Leitung/wiss. Mitarb.: em. o. Univ.-Prof. Dr. W. Pillewizer. – Dipl.-Ing.Dr. M. Lechthaler, Mag. Dr. G. Gartner, Dipl.-Ing. Andreas Pammer, Dipl.-Ing. Robert Ditz, Ing. Gerhard Schimon.

WIEN. Österreichische Kartographische Kommission in der Österr. Geographischen Gesellschaft, Vors.: ao.Univ.-Prof. Dr. I. Kretschmer, Institut für Geographie der Universität Wien, Universitätsstraße 7, A-1010 Wien, Tel.: (01) 4277-48640, Fax: 4277-9486 — Sekr.: Univ.-Ass. Mag. Dr. K. Kriz.

WIEN. Österreichische Gesellschaft für Vermessung und Geoinformation, gegr. 1903. Schiffamtsgasse 1-3, A-1025 Wien, Tel./Fax: (01) 216-7551 — Präs.: Dipl.- Ing. Hochwartner.

MEDIENWESEN – LANDESBILDSTELLEN

Landesbildstellen

Kärntner Medienzentrum - Landesbildstelle. Viktringer Ring 7, A-9020 Klagenfurt, Tel.: (0463) 536-30531, Fax: 536-30530, Internet: http://www.kmz.gv.at, e-mail: kmz@ktn. gv.at

Niederösterreichische Landesbildstelle, Rennbahnstr. 29, A–3109 St. Pölten, Tel.: (02742) 200-6501, Fax: 200-6530 — Leiter: Dir. Erich Wessely.

Amt der Salzburger Landesregierung Abt II - Landesstelle f. AV-Lehrmittel. Mozartplatz 8, A-5010 Salzburg — Leit.: Richard Rattey.

Landesbildstelle Steiermark - Zentrum für AV-Bildungsmedien. Karmeliterplatz 2, A-8010 Graz. Tel.: (0316) 877-3165 — Leit.: OAR Getrude Strohmaier.

Landesmuseum Joanneum, Referat Bild- und Tonarchiv. Sackstraße 17, A-8010 Graz. Tel.: (0316) 830335, Fax: 830335-22 — Leit.: Wiss. OR Dr. Armgard Schiffer-Ekhart.

Tiroler Bildungsinstitut, Medienzentrum des Landes Tirol, Rennweg 1 – Hofburg, A–6020 Innsbruck, Tel. (0512) 58-7848, Fax: 58-9659. e-mail: medienzentrum @tirol.com — Leiter: AS Michael Kern.

Amt der Vorarlberger Landesregierung, Schulmedienstelle. Römerstraße 15, A-6901 Bregenz. Tel.: (05574) 511-22 15, Fax: 511-2214, e-mail: schulmedien@vlr.gv.at

Landesbildstelle Wien (Magistrats-Abt. 13), Zieglergasse 49, A-1070 Wien, Tel.: (01) 5233224-0, Fax: 5233224-20 — Leit.: OAR Walter Sommer.

WIEN. Magistratsabteilung 66, Statistisches Amt der Stadt Wien 1. Volksgartenstr. 3, A-1016 Wien. Tel.: (01) 4000-88610, Fax: 4000-9988610, e-mail: post@m66. magwien.gr.at — Leit.: Senatsrat Dr. F. Satzinger.

STATISTIK

Österreichisches Statistisches Zentralamt (ÖSTAT). gegr.: 1829. Hintere Zollamtsstraße 2 b, A-1033 Wien. Tel.: (01) 71128-0. FS 01/ 32600, Internet: http:// www.oestat.gr.at — Präs.: Mag.jur. Erich Bader – Vizepräs.: Dr. K. Klein

Präsidialabt.: Dr. W. Kovac
Techn.Methodische Abt.: Dipl.-Ing. H. Hartmann
Abt. 1 - Bevölkerung: Dr. R. Gisser
Abt. 2 - Land- und Forstwirtschaft: Dipl.-Ing. G. Gritsch
Abt. 3 - Produktion und Dienstleisungen: Mag. jur. W. Budig
Abt. 4 - Außenwirtschaft, Verkehr und Tourismus: Dr. H. Hanslik
Abt. 5 - Sozialstatistik: Prof. Dr. A. Franz
Abt. 6 - Wissenschafts- und Technologiestatistik: Dr. K. Messmann
Abt. 7 - Volkswirtschaftliche Gesamtrechnungen: Mag.jur. R. Schwarzl
Abt. 8 - Umwelt: Mag. H. Dörfler
Datenverarbeitungsregister: Dr. M. Frohmann-Tauböck.

BURGENLAND. Amt der Burgenländischen Landesregierung - Landesamtsdirektion, Stabsstelle Europabüro und Statistik, Europaplatz 1, A-7000 Eisenstadt. Tel.: (02682) 600-2826, Fax: 600-2927, e-mail: post.statistik@bgld.gv.at — Sachbearb.: w.Hofrat Dr. Heinrich Wedral.

KÄRNTEN. Amt der Kärntner Landesregierung, Landesstelle für Statistik. Völkermarkter Ring 21, A-9020 Klagenfurt, Tel.: (0463) 536/28-41, Fax: 536-2820, e-mail: post.statistik@ktn.gv.at — Leit.: HR Dr. Karin Neureiter.

NIEDERÖSTERREICH. Amt der Niederösterreichischen Landesregierung - Abt. RU2 - Sachgebiet Statistik. Südstadtzentrum 4/4, A-2344 Maria Enzersdorf, Tel.: (02236) 44-986 — Leit.: WHR Dipl.-Ing. Ernst Fraunschiel.

OBERÖSTERREICH. Amt der Oberösterreichischen Landesregierung, Abt. Statistischer Dienst. Kärntner Straße 16, A-4020 Linz. Tel.: (0732) 7720-3274, Fax: 7720-3294 — Leit.: WHR Dr. Ewald Kutzenberger.

SALZBURG. Landesstelle für Statistik. Landesamtsdirektion, Referat 0/03. Fanny-v.-Lehnertstraße 1, A-5010 Salzburg. Tel.: (0662) 8042-3526,Fax: 8042-3881 — Leit.: Ltd.OR Mag. Josef Raos.

STEIERMARK. Amt der Steiermärkischen Landesregierung, Landesamtsdirektion-Landesstatistik, Burgring 4, A-8010 Graz, Tel.: (0316) 877-2666 oder -2378, Fax: 877-2294 oder -2339

TIROL. Amt der Tiroler Landesregierung, Raumordnung - Statistik, Michael-Gaismair-Str. 1, A-6020 Innsbruck, Tel.: (0512) 508-3622, Fax: 508-3605 — Leiter: Mag. Manfred Kaiser.

VORARLBERG. Landesstelle für Statistik. Römerstraße 15, A-6901 Bregenz. Tel.: (05574) 511-2048 — Leit.: Dr. Gottfried Feurstein.

Führende Gesellschaften

Österreichische Statistische Gesellschaft Augasse 2 , A-1090 Wien. Tel.: (01) 31336-4751, Fax: (01)31336-711, Internet: http://www.osg.or.at, e-mail: OeSG@wu-wien.ac.at, DVR:0527980 — Geschäftsführerin: Mag. Margit Epler — Vors.: Mag. Erich Bader, Univ.-Prof. Dipl.-Ing. Dr. Peter Hackl — Gf.: Dr. Monika Frohmann-Tauböck.

GEOLOGIE UND BODENKUNDE

Geologische Bundesanstalt, Rasumofskygasse 23, Postfach 127, A-1031 Wien, Tel.: (01) 712-5674, 715-5962, Telegr.: GEOLBA, Fax: 712-5674, -56 — Dir.: HR Prof. Dr. phil Hans Peter Schönlaub

1. Hauptabt. Geologie – Leit.: HR Dr. phil. Wolfgang Schnabel
   Fachabt. Kristallingeologie – Leit.: HR Dr. phil. Alois Matura
   Fachabt. Sedimentgeologie – Leit.: HR Dr. phil. Julian Pistotnik
   Fachabt. Paläontologie – Leit.: HR Dr. phil. Franz Stojaspal
2. Hauptabt. Angewandte Geowissenschaften – Leit.: HR Dr. phil. Gerhard Malecki
   Fachabt. Rohstoffgeologie – Leit.: HR Dr. phil. Gerhard Letouzé-Zezula
   Fachabt. Ingenieurgeologie – Leit.: HR Dr. phil. Gerhard Schäffer
   Fachabt. Hydrogeolgie – Leit.: HR Dr. phil. Walter Kollmann
   Fachabt. Geochemie – Leit.: HR Dr. phil. Peter Klein
   Fachabt. Geophysik – Leit.: a.o.Univ.-Prof. Dr. phil. Wolfgang Seiberl
3. Hauptabt. Informationsdienste – Leit.: Vizedir. HR Dr. phil. Werner Janoschek
   Fachabt. Bibliothek und Verlag – Leit.: OR Dr. phil. Tillfried Cernajsek
   Fachabt. Kartographie und Reproduktio – Leit.: ADir. Siegfried Laschenko
   Fachabt. Geodatenzentrale – m.d.Leit.betraut: OR Dr. phil. Tillfried Cernajsek
   Fachabt. EDV – Leit.: VB Dr. Udo Strauß
   Fachabt. Redaktion – Leit.: OR Dr. phil. Albert Daurer
   Fachabt. Zentral-Archiv – OR Dr. phil Tillfried Cernajsek
4. Verwaltung – Leit.: Bea. Horst Eichberger

Kommission für Quartärforschung der Österreichischen Akademie der Wissenschaften, Erdwissenschaftliche Kommissionen. Postgasse 7/I. St./2. Stock, A-1010 Wien. Tel.: (01) 51581-452, Fax: (01) 51581-453 — Obmann: o. Univ.- Prof. Dr. Gernot Rabeder.

GRAZ. Institut für Geologie u. Paläontologie d. Karl-Franzens-Univ. . gegr. 1875. Heinrichstr. 26, A-8010 Graz. Tel.: (0316) 380-5587 — Vorst.: Univ.-Prof. Dipl.-Ing. Dr. Leander P. Becker.

GRAZ. Institut f. Technische Geologie und Angewandte Mineralogie der Technischen Universität Graz, Rechbauerstr. 12, A-8010 Graz. Tel.: (0316) 873-6371.

GRAZ. Institut f. Mineralogie-Kristallographie und Petrologie d. Univ. Graz. gegr. 1854. Universitätsplatz 2/II, A- 8010 Graz. Tel.: (0316) 380-5540, Fax: 380-9865, e-mail: geog.hoinkes.@kfunigraz.ac.at — Vorst.: o. Univ.-Prof. Dr. G. Hoinkes.

INNSBRUCK. Institut f. Geologie und Paläontologie d. Univ. Innsbruck, gegr. 1867.

Innrain 52, A-6020 Innsbruck, Tel.: (0512) 507-2571 — Vorst.: o.Univ.-Prof. Dr. Rainer Brandner.

INNSBRUCK. Institut f. Mineralogie und Petrographie d. Univ. Innsbruck, gegr. 1867. Innrain 52, A-6020 Innsbruck, Tel. (0512) 507-5501, Fax: 507-2926, e-mail: angelika.mair@uibk.ac.at — Vorst.: ao. Univ.-Prof. Dr. F. Purtscheller.

LEOBEN. Institut f. Geophysik, Arbeitsgruppe Petrophysik & Paläomagnetik, Montanuniversität Leoben, Franz-Josef-Str. 18, A-8700 Leoben. Tel.: (03842) 402-9023 — Univ.-Prof. Dr. Hermann J. Mauritsch.

LEOBEN. Institut für Bergbaukunde, Bergtechnik und Bergwirtschaft der Montanuniversität Leoben. gegr.: 1849. Franz-Josef-Straße 18. A-8700 Leoben. Tel.: (03842) 402-231, Fax: 402-530.

Leitung/wiss. Mitarb.: o.Univ.Prof. Dipl.-Ing. Dr.mont. Horst Wagner – Institutsvorstand. Dipl.-Ing- Christian Reichl – Dipl.-Ing. Matthias Siefert, Dipl.-Ing. Wolfgang Bauer. Dipl.-Ing. Dr. mont. Peter Moser – em.o.Univ.Prof.DDr. h.c. Günter B. Fettweis, Dipl.-Ing. Dr.mont.Thomas Oberndorfer, Dipl.-Ing. Agata Sanak-Oberndorfer.

LEOBEN. Institut für Geowissenschaften (Mineralogie und Petrologie) der Montanuniversität Leoben. Peter-Tunner-St. 5, A-8700 Leoben, Tel.: (03842) 402-450, Fax: 47016 — Leit.: o. Univ.-Prof. Dr. Larryn W. Diamond.

PETZENKIRCHEN. Bundesamt für Wasserwirtschaft, Institut für Kulturtechnik und Bodenwasserhaushalt. A-3252 Petzenkirchen, Tel.: (07416) 52108-0, Fax: 52108-3, e-mail: ikt@baw.bmlf.gv.at — Institutsleiter: HR Univ.-Prof. Dipl.-Ing. Dr. Eduard Klaghofer.

SALZBURG. Institut für Geologie und Paläontologie der Universität Salzburg. Hellbrunnerstraße 34, A-5020 Salzburg. Tel.: (0662) 8044-5400. Fax: 8044-621, e-mail: InstGeologie@sbg.ac.at

Leitung/wiss. Mitarb.: Univ.- Prof. Dr. Volker Höck – Univ.-Prof. Dr. Franz Neubauer, Univ.-Prof. Dr. Gottfried Tichy, tit. ao. Univ.-Prof. Dr. Josef-Michael Schramm – Dr. Wolfgang Vetters, Dr. Hans-Peter Steyrer, Dr. Robert Handler, Dr. Johann Genser.

SALZBURG. Institut für Mineralogie der Universität Salzburg. gegr.: 1990. Hellbrunnerstraße 34, A-5020 Salzburg. Tel.: (0662) 8044-5421, -5457, Fax: 8044-622.

Vorst.: ao. Univ. Prof. Dipl.-Ing. Dr. Werner Paar — Wiss. Mitarb.: o.Univ.-Prof. Dr. Georg Amthauer, ao. Univ.-Prof. Dr. Elisabeth Kirchner, Dr. Edgar Dachs, Doz. Dr. Friedrich Finger, Ing. Dr. M. Bernroider, Dr. Werner Lottermoser, OR Dr. Jörg Schantl.

WIEN. Institut f. Geologie d. Univ. Wien, gegr. 1862. Althausstr. 14, A-1090 Wien, Tel.: (01) 31335-1920 — Vorst.: o. Univ.-Prof. Dr. P. Faupl.

WIEN. Institut für Angewandte Geologie, Peter Jordan-Str. 70, A-1190 Wien, Tel.: (01) 47654-5400, Fax: 47654-5449.

WIEN. Institut für Mineralogie der Univ. Wien. gegr. 1850. Dr. Karl-Lueger-Ring 1, A-1010 Wien. Tel.: (01) 40103-23 33 (Sekr.) — Vorst.: o. Univ.-Prof. Dr. Ekkehart Tillmanns.

WIEN. Mineralogisch-Petrographische Abteilung des Naturhistorischen Museums . Burgring 7, A-1010 Wien. Tel.: (01) 52177-567, Fax: 52177-264 — Leit.: Dr. G. Kurat.

WIEN. Institut für Bodenforschung an der Universität für Bodenkultur Wien. Gregor-Mendel-Str. 33, A-1180 Wien. Tel.: (01) 47654-3100, 3101, 3102, 3103, Fax: 47-89110, e-mail: IUSS@edv1.boku.ac.at — Vorst.: o. Univ.-Prof. Dipl.-Ing. Dr. Dr. h.c.mult. W.E.H. Blum.

Führende Gesellschaften

Österreichische Bodenkundliche Gesellschaft. gegr. 1954. Gregor Mendel-Str. 33, A-1180 Wien (Universität für Bodenkultur), Tel: (01) 310-6026, Fax: 310-6027 — Präsident: Univ.-Prof. Dipl.-Ing. Dr. Eduard Klaghofer – Gen.Sekr.: Dr. Andreas Baumgarten — Publikationen: Mitteilungen der Österreichischen Bodenkundlichen Gesellschaft.

Österreichische Mineralogische Gesellschaft, Sektretariat: Naturhistorisches Museum, Burgring 7, A-1010 Wien. Tel.: (01) 52177-567, Fax: 52177-264, Internet: http://www.univie.ac.at/Mineralogie/oemg.htm, e-mail: oemg.mineralogie@univie.ac.at — Vorsitzender: Prof. Dr. Wolfram Richter.

METEOROLOGIE – GEOPHYSIK

Zentralanstalt für Meteorologie und Geodynamik, gegr. 1851. Hohe Warte 38, A-1190 Wien, Tel.: (01) 36026, Fax: 3691233, e-mail: dion@zamg.ac.at — Leit.: Dir. ao.Univ.-Prof. Dr. Peter Steinhauser – Vizedir.: Univ.-Doz. Dr. F. Neuwirth — Publ.: Jahrbuch, Beihefte zum Jahrbuch, Österreichische Beiträge zu Meteorologie und Geophysik, Monatsübersicht der Witterung in Österreich, Erdmagnetische Berichte, Seismische Aufzeichnungen

Außenstellen:

Regionalstelle für Tirol und Vorarlberg, Fürstenweg 180, A-6020 Innsbruck, Tel.: (0512) 285598, Fax: 285626 — Leit.: Dr. K. Gabl.

Regionalstelle für Kärnten, Flughafen Annabichl, A-9020 Klagenfurt, Tel.: (0463) 41443, Fax: 42633 — Leit.: Dr. F. Stockinger.

Regionalstelle für die Steiermark, Flughafen Graz, A-8073 Feldkirchen, Tel.: (0316) 242200, Fax: 242300 — Leit.: Dr. H. Pilger.

Regionalstelle für Salzburg und Oberösterreich, Freisaalweg 16, A-5020 Salzburg, Tel.: (0662) 626301, Fax: 625838 — Leit.: Prof. Dr. M. Staudinger.

Österreichische Geodätische Kommission. Präs.: o. Univ.-Prof. Dipl.-Ing. Dr. Hans Sünkel, TU Graz. Steyrergasse 30, A-8010 Graz — Sekretär: HR Dipl.-Ing. Dr. Erhard Erker, c/o Bundesamt für Eich- und Vermessungswesen. Schiffamtsgasse 1-3, A-1025 Wien.

GRAZ. Institut für Astronomie d. Univ. Graz . Universitätsplatz 5, A-8010 Graz. Tel.: (0316) 380-5270, -5271, -5275 — Prov. Vorst.: As.Prof. Univ.-Doz. Dr. A. Hanslmeier — Zweigstellen: Observatorium Lustbühel Graz. Lustbühelstr. 46, A-8042 Graz. Tel.: (0316) 471358, FS: 311 078 — Sonnenobservatorium Kanzelhöhe. A-9521 Treffen/Kärnten, Tel.: (04248)2717-0, Fax: 3169.

INNSBRUCK. Institut für Meteorologie und Geophysik der Univ. Innsbruck. Innrain 52, A-6020 Innsbruck. Tel.: (0512) 507-5450, Fax: 2924 — Leit.: o. Univ.- Prof. Dr. M. Kuhn.

WIEN. Institut für Meteorologie und Geophysik der Universität Wien. Hohe Warte 38. 1190 Wien. Tel.: (01) 360-263000, Fax: 368-5612 — Vorst.: a. o. Univ.-Prof. Dr. Wolfgang Seiberl.

WIEN. Institut für Meteorologie und Physik d. Univ. f. Bodenkultur Wien.Türkenschanzstr. 18, A-1180 Wien. Tel.: (01) 470582-0, Fax: 470582-060, Internet: http://www.bokv.ac.at/imp/ e-mail: imp@mail.bokv.ac.at — Vorst.: o. Univ.-Prof. Dr. Helga Kromp-Kolb.

Führende Gesellschaften und Vereine

Österr. Gesellschaft f. Meteorologie. gegr. 1865. Hohe Warte 38, A-1190 Wien, Tel.: (01) 36026-2002, Fax: 3691233. Telex: 131387 a metw a — Präs.: Uni. Prof. Dr. H. Kromp-Kolb – Gen.Sekr.: Uni.- Doz. Dr. Fritz Neuwirth.

Sonnblick Verein. gegr.: 1892. Hohe Warte 38, A-1190 Wien, Tel.: (01) 36026-2701, Fax: 36026-2720 — Vorst.: Vizepräs. Dkfm. Dr. Heinz Kienzl – Gf. Gen.Sekr.: Dr. Otto Motschka – Red. Jahresbericht S.V.: Dr. Reinhard Böhm.

HYDROGEOGRAPHIE, LIMNOLOGIE, BIOLOGIE, FISCHEREI

Bundesministerium für Land- u. Forstwirtschaft, Abteilung IV A 3, Hydrographisches Zentralbüro, gegr. 1893. Marxergasse 2, A-1030 Wien, Tel.: (01) 71100-6942, Fax: 71100-6851 — Leit.: Min.-Rat. Univ.Prof. Dr. Franz Nobilis.

Bundesamt für Wasserwirtschaft, Institut für Gewässerökologie, Fischereibiologie und Seenkunde. gegr. 1953. A-5310 Mondsee, Scharfling 18. Tel.: (06232) 3847-3848. Fax: 3847-33, e-mail: edv@igf.bmlf.gr.at — Dir.: Dr. Albert Jagsch.

WIEN. Bundesamt für Wasserwirtschaft, Dampfschiffhaufen 54, A-1220 Wien, Tel.: (01) 2699798, Fax: 2632644, e-mail: simon@baw.bmlf.gv.at — Dir.: Dr. Martha-Maria Simon.

KLAGENFURT. Kärntner Institut für Seenforschung, Abteilung 15-Umweltschutz und Technik/Kärntner Landesregierung/AT, Flatschacher Str. 70, A-9020 Klagenfurt. Tel.: (0463) 536-31520, Fax: 536-31500, e-mail: kis.abt.15@ktn.gv.at.

LINZ. Amt für Natur- und Umweltschutz, Abteilung: Naturkundliche Station, gegr. 1953. Hauptstraße 1-5, A-4040 Linz, Tel.: (0732) 7070-2715, Fax: 7070-2699, e-mail: info@mag.linz.at — Abteilungsleiter: Dr. Fridrich Schwarz – Leit.: Mag. Gerhard Pfitzner — Publ.: Öko.L (Zeitschrift für Ökologie, Natur- u. Umweltschutz. 4 mal jährlich). – Naturkundliches Jahrbuch der Stadt Linz. – (1 mal jährl. Fachgebiet: Naturwissenschaften)

WASSERBAU, HYDRAULIK UND HYDROMETRIE

GRAZ.Institut für Siedlungswasserwirtschaft und Landschaftswasserbau der Techn. Univ. Graz, Stremayrgasse 10, A-8010 Graz, Tel.: (0316) 873-8371 Fax: 873-8376 — Vorst.: o. Univ.-Prof. Dipl.-Ing. Dr. techn. Helmut Renner.

WIEN. Institut für Hydraulik, Gewässerkunde und Wasserwirtschaft der Technischen Universität Wien, gegr. 1815. Karlsplatz 13, A-1040 Wien, Tel.: (01) 58801-22301, Fax: 58801-22399, e-mail: gutknecht@bim.tuwien.ac.at — Vorst.: o. Univ.-Prof. Dr.Dieter Gutknecht.

WIEN. Institut für Hydraulik und landeskulturelle Wasserwirtschaft der Universität für Bodenkultur Wien. Muthgasse 18, A-1190 Wien, Tel.: (01) 36006-5451, Fax: 36006-5499 — Vorst.: o. Univ.-Prof. Dipl.-Ing. Dr. F. Kastanek.

WIEN. Institut f. Wasservorsorge, Gewässerökologie und Abfallwirtschaft der Univ. f.Bodenkultur Wien, Abt. f. Siedlungswasserbau, Industriewasserwirtschaft u. Gewässerschutz. Muthgasse 18, A-1190 Wien. Tel.: (01) 36006-5800, Fax: 3689949 — Abt.-leit.: o. Univ.-Prof. Dipl.-Ing. Dr. W. Biffl. — Publ.: Wiener Mitteilungen - Wasser - Abwasser - Gewässer.

Dienststellen für den Wasserbau bei den Landesregierungen

BURGENLAND. Amt der Burgenländischen Landesregierung, Abteilung 9 - Wasser- und Abfallwirtschaft, Landhaus-Neu, Europaplatz 1, A-7000 Eisenstadt, Tel.: (02682) 600-2501, Fax: 600-2789, e-mail: post.wasser-abfall@bgld.gv.at.

Amt der Burgenländischen Landesregierung. Abt. 9 - Gewässeraufsicht, Wulkawiesenstraße, A-7041 Wulkaprodersdorf. Tel.: (02687) 62122, Fax: 62122-15.

KÄRNTEN. Amt der Kärntner Landesregierung, Abt. 18 - Wasserwirtschaft. Völkermarkter Ring 29, A-9010 Klagenfurt, Tel.: (0463) 536-31801.

NIEDERÖSTERREICH. Amt der Niederösterreichischen Landesregierung. Gruppe Wasser (WA). Landhausplatz 1, Haus 15, A-3109 St. Pölten, Tel.: (02742) 200-4400, Fax: 200-4325

Abteilung Wasserrecht und Schiffahrt (WA1) Tel.: (02742) 200-4370, Fax: 200-5420
Abteilung Wasserwirtschaft (WA2) Tel.: (02742) 200-4509, Fax: 200-4090
Abteilung Wasserbau (WA3) Tel.: (02742) 200-4400, Fax: 200-4325
Abteilung Siedlungswasserwirtschaft (WA4) Tel.: (02742) 200-4420, Fax: 200-4325
Abteilung Hydrographie (WA5) Tel.: (02742) 200-3181, Fax: 200-3040.

OBERÖSTERREICH. Amt der Oberösterreichischen Landesregierung, Landesbaudirektion, Abt. Wasserbau, Kärntner Str. 12, A-4020 Linz, Tel.: (0732) 7720-2424, Fax: 7720-2860, e-mail: bawO.post@ooe.gv.at — Leit.: WHR Dipl.-Ing. Dieter Windischbaur.

SALZBURG. Amt der Salzburger Landesregierung, Abt. 6 - Fachabt. Wasserwirtschaft. Michael-Pacher-Str. 36, A-5020 Salzburg. Tel.: (06222) 8042-4250, Fax: 8042-4199 — Leit.: HR Dipl.-Ing. Dr. Franz Hohensinn.

STEIERMARK. Amt der Steiermärkischen Landesregierung, Fachabteilungsgruppe Landesbaudirektion, Fachabt. 3a Wasserwirtschaft. Stempfergasse 7, A-8010 Graz, Tel.: (0316) 877-2026 — Vorst.: WHR Dipl.-Ing. Bruno Saurer.

TIROL. Amt der Tiroler Landesregierung, Abt. III g, Kulturbauamt. Herrengasse 1, A-6010 Innsbruck — Vorst.: HR Dipl.-Ing. Erich Wenzl – Landesgeologen: OR Dr. Gunther Heißel, Dr. Peter Gstrein

VORARLBERG. Amt der Vorarlberger Landesregierung, Landeswasserbauamt Bregenz. Jahnstr. 13-15, A-6901 Bregenz. Tel.: (05574) 511-4305, Fax: 511-4309 — Leit.: HR Dipl.- Ing. Rolf Denkenberger.

WIEN. Magistrat der Stadt Wien, MD-Stadtbaudirektion. Rathaus, A-1082 Wien — Leit.: Stadtbaudir. Dipl.-Ing. Gerhard Weber.

Verbände

WIEN. Österreichischer Wasser- und Abfallwirtschaftsverband. gegr.: 1909. Marc-Aurel- Straße 5, A-1010 Wien. Tel.: (01) 5355720, 5354064, e-mail: buero@oewav.at — Gf.: Baurat h.c. Dipl.-Ing. Reinhard Weiss.

VEGETATIONS - UND PFLANZENKUNDE, TIERGEOGRAPHIE

Forschungsstelle für Biosystematik und Ökologie der Österreichischen Akademie der Wissenschaften. Kegelgasse 27, A-1030 Wien. Tel.: (01) 7122148-25, Fax: 7122148-30 — Leiter: dzt. vakant.

WIEN. Institut für Medizinische Biologie der Universität Wien. Währingerstr. 10, A-1090 Wien. Tel.: (01) 319-1675 — Vorst.: Prof. Dr. Christa Fonatsch

WIEN. Institut für Botanik und Botanischer Garten der Universität Wien. Rennweg 14, A-1030 Wien. Tel.: (01) 4277-54100, Fax: 4277-9541 — Vorst.: Prof. Dr. Michael Hesse

WIEN. Institut für Pflanzenphysiologie der Universität Wien. Biologiezentrum. Althanstraße 14, Postfach: 285. A-1091 Wien. Tel.: (01) 31336-1385, Fax: 31336-776 — Vorst.: o. Univ.-Prof. Dr. Marianne Popp.

WIEN. Institut für Zoologie der Universität Wien. Biologiezentrum. Althanstraße 14, A-1090 Wien. Tel.: (01) 31336-1225, Fax: 31336-778 — Vorst.: ao. Univ.-Prof. Dr. Jörg Ott.

WIEN. Institut für Humanbiologie der Universität Wien. Biologiezentrum, Althanstraße 14, A-1090 Wien. Tel.: (01) 31336-1389, Fax: 31336-788 — Vorst.: o. Univ.-Prof. Dr. Horst Seidler, korrespond. Mitglied d. Österr. Akademie der Wissenschaften.

ILLMITZ. Biologische Station Neusiedlersee, Biologisches Forschungsinst. f. Burgenland. Abt. IV Natur & Landschaftsschutz, Amt der Burgenländischen Landesregierung. Gegr. 1971. A-7142 Illmitz — Leit.: w. Hofrat Univ.Prof. Dr. Alois Herzog.

Führende Gesellschaften

Zoologisch-Botanische Gesellschaft in Wien. gegr.: 1851. Biozentrum, Althanstraße 14, Postfach 287, A-1090 Wien. Tel.: (01) 31336-1465, Fax: 31336-776 — Vors.: HR Dr. W. Fiedler.

SPELÄOLOGIE

WIEN. Karst- und höhlenkundliche Abteilung (Speläologisches Dokumentationszentrum) des Naturhistorischen Museums Wien. gegr. 1979 als Institut für Höhlenforschung, Vorläufer: Abteilung für Höhlenschutz am Bundesdenkmalamt. Museumsplatz 1 / Stg. 10/1, A-1070 Wien. Tel.: (01) 52304-18. Fax Museum: 52304-19, Internet: http://www.clubs.privateweb.at/speleoaustria, e-mail: speleo.austria@netway.at — Leit.: Dr. Karl Mais.

HOCHALPINE FORSCHUNG

INNSBRUCK. Forschungsinstitut für Hochgebirgsforschung der Univ. Innsbruck. gegr.: 1953. Innrain 52, A-6020 Innsbruck. Tel.: (0512) 507-2390, Fax: 507-2806 — Leit.: Univ.-Prof. Dr. phil. Gernot Patzelt.

WIEN. Institut für Wildbach- und Lawinenschutz an der Universität für Bodenkultur. Peter-Jordan-Str. 82, A-1190 Wien. Tel.: (01) 47654-4350, Fax: 47654-4390 — Leit.: o. Univ.-Prof. Dipl.-Ing. Dr. rer.nat. H. Wolfgang Weinmeister – Wiss. Ass.: Dipl.-Ing. Dr. Hannes Hübl, Dipl.-Ing. Dr. Karl Kleemayr, Dipl.-Ing. Michael Brauner.

ANTHROPOLOGIE – ETHNOLOGIE, KULTUR - UND SOZIALANTRHROPOLOGIE - VOLKSKUNDE

GRAZ. Institut für Volkskunde der Karl-Franzens-Universität Graz (Ethnologia Europaea). gegr.: 1949 (Extraordinariat 1931). Attemsgasse 25, A-8010 Graz. Tel.: (0316) 380-2581, Fax: 380-9778 — Vorst.: o. Univ.-Prof. Dr. Editha Hörandner.

INNSBRUCK. Institut für Europäische Ethnologie / Volkskunde der Universität Innsbruck . gegr.: 1923. Innrain 52 a / 11, A-6020 Innsbruck. Tel.: (0512) 507-4430, -4433, Fax: 507-3458, e-mail: volkskunde@uibk.ac.at — Vorst.: o. Univ.-Prof. Dr. Leander Petzoldt.

SALZBURG. Salzburger Landesinstitut für Volkskunde. Richard-Wolfram-Forschungsstelle. gegr.: 1983. Mühlbacherhofweg 6, A- 5020 Salzburg. Tel.: (0662) 8044-6403, Fax: 8044-6404, e-mail: volkskunde.slirk@land-sbg.gv.at

WIEN. Institut für Ethnologie, Kultur- und Sozialanthropologie der Univ. Wien, Universitätsstraße 7/IV. A-1010 Wien, Tel.: (01) 42774851, Fax: 42779485 — Leit.: o.Univ. Prof. Dr. Dr. h.c. Karl R. Wernhart.

Führende Gesellschaften und Vereine

Institut für Österreichische Dialekt- und Namenlexika der Österr. Akad. d. Wiss.. gegr.: 1911. Postgasse 7 /Stg. 2, A-1010 Wien. Tel.: (01) 51581-490, -491, -492, -493 (Sekr.), -494, -495 (Fax), -496, e-mail: DINAMLEX@oeaw.ac.at — Obmann: Univ.-Prof. Dr. Ingo Reiffenstein – Geschäftsf. Direktorin (interimist.): Dr. Isolde Hausner — Publ.: Wörterbuch der bairischen Mundarten in Österreich,Wien 1963 ff. Altdeutsches Namenbuch. Die Überlieferung der Ortsnamen in Österreich und Südtirol von den Anfängen bis 1200. Wien 1989 ff.

Anthropologische Gesellschaft in Wien. gegr.: 1870. Burgring 7, Naturhistorisches Museum, A-1014 Wien. Tel.: (01) 52177-238, Fax: 52177-309 — Präs.: o. Univ.-Prof. Dr. Karl Wernhart – 1. Sekr.: Dr. Anton Kern.

Verein für Volkskunde. gegr. 1894. Sitz: Österr. Museum f. Volkskunde (ehem. Gartenpalais Schönborn). Laudongasse 15-19, A-1080 Wien. Tel.: (01) 4068905-23, Fax: 4085342 — Präs.: Hon.-Prof. HR Dr. Klaus Beitl – Gen.- Sekr.: HR Dr. Franz Grieshofer.

Österreichische Ethnologische Gesellschaft. gegr. 1957. Museum für Völkerkunde, Neue Hofburg, A-1014 Wien, Tel.: (01) 53-430519 , Fax: 53-55320 — Präs.: Univ.-Doz. Dr. Ferdinand Anders — Publ.: Wiener Völkerkundliche Mitteilungen (jährlich).

Museen

SALZBURG. Naturkundemuseum „Haus der Natur“ mit Abteilungen für Zoologie, Botanik, Geologie, Paläontologie, Mineralogie, Eiszeit, Der menschliche Körper, Die große Tibetschau, Die Kultur der Buschmänner und Pygmäen, Tier und Mensch in Fabel und Mythos, Christian-Doppler-Schau, Welt des Meeres, Korallenschau, Weltraumhalle, Reptilienzoo, Aquarium. Gegr. 1912. Museumsplatz 5, A 5020 Salzburg. Tel.: (0662) 84-2653, Fax: 84-7905, Internet: www.salzburg.co.at/hausdernatur, e-mail: hausdernatur@salzburg.co.at

GESCHICHTE – LANDESGESCHICHTE

Komission für den Historischen Atlas Österreichs der Österr. Akademie der Wissenschaften. gegr.: 1898. Fleischmarkt 20-22, A-1010 Wien. Tel.: (01) 51-29184/97, Fax: 51-33851 — Obmann: o.Univ.-Prof. Dr. Peter Wiesinger – Mitarbeiter der Kommission: Dipl.-Ing. Herbert Franz Weinzierl

Prähistorische Kommission der Österreichischen Akademie der Wissenschaften. gegr. 1886.Fleischmarkt 22, A-1010 Wien, Tel: (01) 5129184-88, Fax: 5133851 — Obmann: o. Univ.-Prof. Dr. Herwig Friesinger.

Forschungsstelle Archäologie d. Österr. Akad. d. Wiss., gegr. 1897. Postgasse 7, A-1010 Wien, Tel.: (01) 51581 — Leiter: o.Univ.-Prof. Dr. F. Krinzinger.

EISENSTADT. Landeskundliche Forschungsstelle am Burgenländ. Landesarchiv. Europaplatz 1, Landhaus, A-7001 Eisenstadt. Tel.: (02682) 600-2347 — Leit.: HR Dr. J. Seedoch.

GRAZ. Historische Landeskommission für Steiermark. gegr.: 1892. Karmeliterplatz 3 (Archiv), A-8010 Graz — Leit.: Vors. d. jeweil. Landeshauptmann, dzt. Frau Landeshauptmann Waltraud Klasnic – Gf.: wiss. Sekr. o. Univ.-Prof. Dr. O. Pickl.

WIEN. Ludwig-Boltzmann-Institut für Stadtgeschichtsforschung. gegr. 1975. Doblhoffgasse 9/I, A-1010 Wien. Tel.: (01) 4000-84871 — Leit.: HR ao. Univ.-Prof. Dr. F. Czeike – Archivdir.: ao. Univ.-Prof. Dr. F. Opll.

WIEN. Prähistorische Abteilung des Naturhistorischen Museums Wien. Burgring 7, A-1014 Wien, Tel.: (01) 52177-277, Fax: 52177-309.

Führende Gesellschaften und Verbände

Verband Österreichischer Historiker und Geschichtsvereine. gegr. 1949. Postfach 263, A-1015 Wien. — Gf. Vizepräs.: Gen.Dir. Hon..-Prof. Dr. Lorenz Mikoletzky. Gen.-Sekr.: Rat Dr. Erwin A. Schmidl.

1. Sektion: Ur- u. Frühgesch. und provinzialrömische Forschung – Vors.: Landesmuseumsdir. WHR tit. ao. Univ.-Prof. Dr. Gernot Piccottini
2. Sektion: Alte Geschichte – Vors.: ao. Univ.-Prof. Dr. Ekkehard Weber
3. Sektion: Allgemeine Geschichte – Vors.: o. Univ.-Prof. Dr. Herwig Wolfram, o. Univ.-Prof. Dr. Helmut Rumpler
4. Sektion: Zeitgeschichte und Geschichte der Arbeiterbewegung – Vors.: o. Univ.-Prof. Dr. Helmut Konrad.
5. Sektion:Siedlungsgeschichte, Landesgeschichte und geschichtliche Landeskunde – Vors.: Landesarchivdir. Univ.-Doz. Dr. Alfred Ogris
6. Sektion: Wirtschafts- und Sozialgeschichte – Vors.: o.Univ.-Prof. Dr. Roman Sandgruber
7. Sektion: Rechtsgeschichte – Vors.: o. Univ.-Prof. Dr. Gernot Kocher.
8. Sektion: Ost- und Südosteuropäische Geschichte – Vors.: ao. Univ.-Prof. Dr. Max D. Peyfuss
9. Sektion: Kirchengeschichte – Vors.: o. Univ.-Prof. Dr. Karl Heinz Frankl.
10. Sektion: Militärgeschichte – Vors.: HR Dr. Rainer Egger
11. Sektion: Historische Volks- und Völkerkunde – Vors.: HR Univ.-Lektor Dr.Franz Grieshofer, o.Univ.- Prof. Dr. Karl R. Wernhart
12. Sektion: Wissenschafts- und Kulturgeschichte – Vors.: ao. Univ.-Prof. Dr. Walter Höflechner

13. Sektion: Numismatik und Geldgeschichte – Vors.: HR Dr. Helmut Jungwirth
14. Sektion: Heraldik und Genealogie – Vors.: Ass.-Prof. Univ.-Doz. Dr. Georg Scheibelreiter
15. Sektion: Stadtgeschichte – Vors.: Stadt- und Landesarchivdir. Univ.-Prof. Dr. Ferdinand Opll

Arbeitsgemeinschaft der Historiker an allgemeinbildenden und berufsbildenden höheren Lehranstalten Österreichs – Vors.: Mag. Manfred Butter

Arbeitsgemeinschaft der Museumsbeamten und Denkmalpfleger Österreichs – Vors.: HR Dr. Georg Kugler

Arbeitsgemeinschaft Quantifizierung und Computeranwendung in der Geschichtswissenschaft – Vors.: o. Univ.-Prof. Dr. Gerhard Botz, o. Univ.-Prof. Dr. Herbert Matis

Medienkunde – Vors.: Dr. Peter Dusek

WIEN. Österr. Ges. f. Ur- und Frühgeschichte. gegr. 1950. Franz-Klein-Gasse 1 (Inst. f. Ur- u. Frühgesch. d. Univ.), A-1190 Wien, Tel.: (01) 4277-40477, -40473, Fax: 4277-9404 — Vors.: ao. Univ.-Prof. Dr. J.-W. Neugebauer – Geschäftsführerin: Mag. Dr. A. Kreun-Leeb.

Österreichischer Arbeitskreis für Stadtgeschichtsforschung. gegr. 1969. Römerstr. 14, Postfach 320, A-4010 Linz. Tel.: (0732) 781064 — Vors.: Senatsrat Dr. Fritz Mayrhofer – Gen.-Sekr.: Dr. Anneliese Schweiger.

KÄRNTEN. Geschichtsverein für Kärnten. gegr.: 1844. Museumgasse 2, A-9020 Klagenfurt. Tel.: (0463) 30-573, Fax: 30540 — Vorstand: HR Dr. Johann Lessiak – Direktor: Univ.-Prof. Dr. Gernot Piccottini – Sekretär: Dir. Hans Jordan – Kassier — Publ.: Carinthia I (seit 1890, jährlich), Archiv für Vaterländische Geschichte und Topographie (ab 1849), Aus Forschung und Kunst (ab 1968).

LANDESARCHIVE – MUSEEN

BURGENLAND. Amt der Burgenländischen Landesregierung, Abt. 7 - Kultur, Wissenschaft und Archiv, Hauptreferat Landesarchiv und Landesbibliothek, Europaplatz 1. A-7001 Eisenstadt. Tel.: (02682) 600-2358 — Publ.: Burgenländische Forschungen. Burgenländische Heimatblätter. Allgemeine Landestopographie des Burgenlandes. Burgenländische Landesbilbiographie. Internationales Kulturhistorisches Symposion Mogersdorf.

KÄRNTEN. Kärntner Landesarchiv. St. Ruprechter-Str. 7, A-9020 Klagenfurt. Tel.: (0463) 56234, Fax: 56234-20 — Leit.: HR Univ.-Doz. Mag. Dr. Alfred Ogris.

NIEDERÖSTERREICH. Amt der Niederösterreichischen Landesregierung, Niederösterr. Institut für Landeskunde, Gruppe Kultur, Wissenschaft und Unterr. K2, Landhausplatz 1, A-3109 St. Pölten, Tel: (02742) 200-2044 — Leiter: wHR Dr. Anton Eggendorfer

SALZBURG. Salzburger Landesarchiv, Michael-Pacher-Str. 40, Postfach 527, A-5010 Salzburg, Tel.: (0662) 8042 — Dir.: Dr. Fritz Koller — Umfangreiche und voll erschlossene Karten- u. Pläne-Sammlung.

STEIERMARK. Steiermärkisches Landesarchiv. Karmeliterplatz 3, A-8010 Graz — Leit.: HR Univ.-Doz. Dr. Walter Brunner.

TIROL. Tiroler Landesarchiv (mit Karten- u. Planarchiv sowie wissenschaftl. Bibliothek). Michael-Gaismair-Straße 1, A-6020 Innsbruck. Tel.: (0512) 5939-218 — Landesarchivdir.: HR Univ.-Doz.Dr. Werner Köfler – Bibl.-leit.: AR Franz Ziegler.

VORARLBERG. Vorarlberger Landesarchiv. Kirchstraße 28, A-6900 Bregenz, Tel.: (05574) 511-4510, Fax: 511-4545, e-mail: landesarchiv@vlr.gr.at — Leit.: HR Univ.-Prof. DDr. Karl Heinz Burmeister.

WIEN. Wiener Stadt- und Landesarchiv (Magistratsabteilung 8), Rathaus, A-1082 Wien, Tel.: (01) 4000 -84808, Fax: 4000-7238, e-Mail: post@mo8.magwien.gv.at — Leit.: Univ. Prof. Dr. Ferdinand Opll.

Museen

SALZBURG. Naturkundemuseum „Haus der Natur“ mit Abteilungen für Zoologie, Botanik, Geologie, Paläontologie, Mineralogie, Eiszeit, Der menschliche Körper, Die große Tibetschau, Die Kultur der Buschmänner und Pygmäen, Tier und Mensch in Fabel und Mythos, Christian-Doppler-Schau, Welt des Meeres, Korallenschau, Weltraumhalle, Reptilienzoo, Aquarium — gegr.: 1924 — Museumsplatz 5, A-5020 Salzburg. Tel.: (0662) 842653, Fax: 847905, Internet: www.salzburg.co.at/hausdernatur, e-mail: hausdernatur@salzburg.co.at

WIEN. Naturhistorisches Museum. gegr.: 1748. Burgring 7, A-1014 Wien. Tel.: (01) 52177-0 — Träger: Bund — Verw.: Bundesmin. f. Unterricht und kulturelle Angelegenheiten — Gen.Dir.: Univ.Prof. Dr. Bernhard Lötsch – Generalsektretär:Dr. Herbert Kritscher, Hofrat

Mineralogisch-Petrographische Abt.: Direktor, Univ.Prof.Dr. Gero Kurat, Hofrat
angeschl. Staatliches Edelsteininstitut: Leiter Dr. Gerhard Niedermayr, Hofrat
Geologisch-Paläontologische Abt: Direktor: Dr. Heinz Albert Kollmann, Hofrat
Botanische Abt.: Direktor,Univ.Doz. Dr. Harald Riedl, Hofrat
Erste Zoologische Abt.: Dir. Dr. Franz Tiedemann, Hofrat
Zweite Zoologische Abt.: Dir. Dr. Ruth Contreras-Lichtenberg, Hofrätin
Dritte Zoologische Abt.: Dir. Dr. Helmut Sattmann, Oberrat
Ökologische Abt.: Dir. Univ.Prof.Dr. Bernd Lötsch
Abteilung Archäologische Biologie und Anthropologie: Dir. Univ.Doz. Dr. Maria Teschler-Nicola, Hofrätin
Prähistorische Abt.: Dir. Dr. Fritz Eckart Barth, Hofrat
Karst-und Höhlenkundliche Abt.: Dir. Dr. Karl Mais, Oberrat
Abteilung für Wissensvermittlung und Öffentlichkeitsarbeit: Dir. Dr. Reinhard Golebiowski
Archiv: Leiterin Mag. Christa Riedl-Dorn, Oberrätin

WIEN. Globenmuseum der Österreichischen Nationalbibliothek. Josefsplatz 1, A-1015 Wien. Tel.: (01) 53 410-297, Fax: 53410-319, Internet: www.onb.ac.at/sammlgn/safr.htm, e-mail: Wawrik@grill.onb.ac.at — Leit.: HR Dr. Franz Wawrik.

WIEN.Sammlungen d. Geologischen Bundesanstalt. gegr. 1849. Rasumofskygasse 23, A-1031 Wien, Tel.: (01) 7125674, 71559-62, -25,Fax: 7125674-56 – Dir.: HR Prof. Dr. Hans Peter Schönlaub — Betreuung der Sammlungen: Dr. F. Stojaspal (Paläontologie). — Besuch nur für wissenschaftl. Arbeitszwecke nach Voranmeldung möglich.

WIEN. Museum für Völkerkunde. Neue Hofburg, A-1014 Wien, Tel.: (01) 53430-0, Fax: 5355320.

Aus ethnographischer Abteilung des Naturhistorischen Museums (1876) hervorgegangen, eigenständige Institution 1928.

Dir.: Dr. Peter Kann (Südamerika) – Stellvertr.: Dr. Heide Leigh-Theisen (Insulares Südostasien) – Wiss. Mitarb.: Dr. Gabriele Weiss (Ozeanien, Australien), Dr. Axel Steinmann (Orient), Dr. Christian Schicklgruber (Süd- und Südostasien, Himalayagebiet), Dr. Bettina Zorn (Ostasien), Mag. Barbara Plankensteiner (Afrika südlich der Sahara), Mag. Gerard W. van Bussel (Nord- und Mittelamerika), Mag. Norbert Kirchner (Restaurierung), Mag. Gerhard Florian Rainer (Restaurierung), Mag. Manfred Kaufmann (EDV), Mag. Ildikó Cazan (Archiv), Christine Kreutzer (Museumpädagogik).

WIEN. Österreichisches Museum für Volkskunde. gegr.: 1895. Hauptgebäude: Laudongasse 15-19, A-1080 Wien. Tel.: (01) 4068905-07, Fax: 4085342 —Leit.: HR Dr. Franz Grieshofer (Direktor des Österr. Museums für Volkskunde und seiner Außenstellen).

1. Außenstelle: Sammlung Religiöse Volkskunst. Johannesgasse 8 (ehem. Ursulinenkloster), A-1010 Wien. Tel.: 5121337
2. Außenstelle: Schloßmuseum Gobelsburg (Samml. altösterr. Volksmajolika). A-3551 Gobelsburg b. Langenlois (NÖ). Tel.: (02734) 2422
3. Ethnographisches Musem Schloß Kittsee. A-2421 Kittsee (Bgld.). Tel.: (02143) 2304. Fax: 2025

WIEN. Technisches Museum für Industrie und Gewerbe mit Österr. Eisenbahnmuseum und Post- und Telegraphenmuseum. gegr.: 1908. Ausweichquartier: Brailleg. 35, A-1140 Wien, Tel.: (01) 914-11610 — Leit.: Dr. Thomas Werner (bis 1998 geschlossen)

Landesmuseen

BURGENLAND. Burgenländisches Landesmuseum. gegr. 1926. Museumgasse 1-5, A-7000 Eisenstadt. Tel.: (02682) 62652, 62715 — Leit.: WHR Dr. Gerald Schlag.

Landessammlung für Archäologie, Kunst, Volkskunde, Kulturgeschichte, Naturwissenschaften, Landeskunde.

Außenstellen:

1. Haydn-Museum, Joseph-Haydn-Gasse 21, A-7000 Eisenstadt
2. Haydn-Gartenhäuschen, Bürgerspitalgasse, A-7000 Eisenstadt
3. Haydn-Saal und Prunkräume im Schloß Esterhazy, Schloß Esterhazy, A-7000 Eisenstadt
4. Burgenländisches Feuerwehrmuseum, Leithabergstr. 41, A-7000 Eisenstadt
5. Naturdenkmal „Bärenhöhle bei Winden am See", A-7092 Winden am See
6. „Gschlössl" Leithaprodersdorf, A-2443 Leithaprodersdorf
7. Turmmuseum Breitenbrunn, Türkenturm, A-7091 Breitenbrunn
8. Heimathaus Mörbisch, Hauptstr. 55, A-7072 Mörbisch am See
9. Freilichtmuseum Bronzezeitliche Hügelgräber Siegendorf-Schuschenwald, A-7011 Siegendorf
10. Burgenländisches Steinmuseum Landsee, A-7341 Landsee
11. Franz-Liszt-Museum, Lisztstraße 42, A-7321 Raiding
12. Schauraum ur- und frühgeschichtlicher Eisenindustrie, Rathaus, A-7350 Oberpullendorf
13. Norisch-pannonische Hügelgräber Bernstein - Siebenhölzer, A-7434 Bernstein
14. Romanische Kirchenruine Pilgersdorf, A-7441 Pilgersdorf#
15. Pingenfeld Unterpullendorf - Zerwald, A-7361 Unterpullendorf
16. Stadtmuseum Pinkafeld, Hauptplatz 1 - Rathaus, A-7423 Pinkafeld
17. Freilichtmuseum Bad Tatzmannsdorf, A-7431 Bad Tatzmannsdorf
18. Landschaftsmuseum Südliches Burgenland, Kastell, A-7551 Stegersbach
19. Burg Schlaining, Rochusplatz 1, A-7461 Stadtschlaining.

KÄRNTEN. Landesmuseum für Kärnten. gegr. 1884. Museumsgasse 2, A-9021 Klagenfurt, Tel.: (0463) 536-30552, Fax: 536-30540. Träger u.Verwaltung: Land. Leit.:Univ.-Prof. Dr. G. Piccottini.

1. Kulturhistor. Abt.: (ehem. Sammlg.n d.Geschichtsvereins f. Kärnten. gegr. 1844
2. Naturkundl. Abt. (ehem. Sammlg.n d. Naturwiss. Vereins f. Kärnten. gegr. 1848
3. Volkskundl. Abt. (ehem. Heimatmus. d. Kärntner Landsmannschaft. gegr. 1925
4. Kärntner Freilichtmuseum, A-9063 Maria Saal, Tel.: (04223) 3166.
5. Museum Teurnia. St. Peter in Holz b. A-9800 Spittal a.d. Drau, Tel.: (04762) 33807
6. Museum auf d, Magdalensberg (keltisch-römische Ausgrabungen), A-9064 Pischeldorf, Tel.: (04224) 2255.

Botanischer Garten, Kreuzbergl, A-9020 Klagenfurt. Tel.: (0463) 502715.

NIEDERÖSTERREICH. Niederösterr. Landesmuseum. gegr. 1904. (Derzeit wegen Neubau geschlossen, vorauss. Eröffnung 2002) Neue Herrengasse 1, A-3109 St. Pölten, Tel.: (02742) 200-3215 o. -3299. Träger: Land Niederösterreich.

Verw.: Kulturabt. des Amtes der NÖ Landesregierung.

1. Naturwissenschaftliche Sammlung
2. Urgeschichtliche Sammlung
3. Archäologische Sammlung
4. Landeskundliche Sammlung.
5. Volkskundliche Sammlung
6. Sammlung alter Kunst
7. Sammlung moderner Kunst
8. Sonderausstellungen
9. Fischerei und Donaumuseum, Orth/Donau
10. Jagdmuseum und Afrikamuseum, Marchegg
11. Barockmuseum Heiligenkreuz-Gutenbrunn
12. Hanak-Museum, Langenzersdorf
13. Wachau-Museum, Weißenkirchen
14. Museum Carnuntinum, Bad Deutsch-Altenburg mit Freilichtmuseum, Petronell
15. Museum für Ur- und Frühgeschichte, Asparn/Zaya
16. Haydn-Haus, Rohrau
17. Museum für Volkskultur, Groß-Schweinbarth
18. Museum für Frühgeschichte, Traismauer
19. Museum für Rechtsgeschichte, Pöggstall
20. Alpengarten, Rax.

OBERÖSTERREICH. Oberösterr. Landesmuseum. gegr. 1833. Museumstr. 14, A-4010 Linz. Tel.: (0732) 774482, -83, -84, Fax: 774482-66 — Schloßmuseum (Kulturkundl.Schausammlungen), Tummelplatz 10, A-4010 Linz. Tel.: (0732) 774419, Fax: 774419-29 — Biologiezentrum Linz-Dornach, J.-W.-Klein-Str. 73, A-4040 Linz, Tel.: (0732) 759733, Fax: 759733-99. Träger u. Verw.: Land Oberösterreich — Dir.: w. HR Dr. Gunter Dimt

Graphische Sammlungen, Landesgalerie: Mag. Dr. Peter Assmann
Kunst- und Kulturgeschichte: Dr. Brigitte Wied, Dr. Lothar Schultes
Urgeschichte und bairische Landnahmezeit: Dr. Vlasta Tovornik, Manfred Pertlwieser
Römerzeit und frühes Christentum: Dr. Christine Schwanzar.
Erdwissenschaften: Dr. Bernhard Gruber
Botanik: Univ.-Doz. Dr. Franz Speta
Zoologie-Wirbellose I: Mag. Fritz Gusenleitner
Zoologie-Wirbellose II: Dr. Ernie Aescht
Naturkundliche Ausstellungen: Mag. Stefan Weigl
Wirbeltiere: Dr.Gerhard Aubrecht
Landeskunde: Dr. Heidelinde Dimt
Numismatik: Dr. Bernhard Prokisch
Volkskunde: Dr. Andrea Euler-Rolle
Technikgeschichte: unbesetzt
Bibliothek: Waltraud Faißner.

SALZBURG. Carolino Augusteum. Salzburger Museum für Kunst und Kulturgeschichte. Gegr. 1834. Museumsplatz 6, A- 5020 Salzburg, Tel.: (0662) 841134-0, -31. Direktion: -39, Öffentlichkeitsarbeit und Kommunikation: -47, Museumspädagogik, Fax: 841134-10. Träger und Verw.: Land und Stadt Salzburg — Dir.: Dr. Wolfram Morath.

1. Sammlung Ur- u. Frühgeschichte
2. Sammlung Römerzeit
3. Mittelaltersammlung
4. Kunstgewerbesammlung
5. Sammlung Plastik und Gemälde
6. Waffensammlung
7. Sammlung Münzen und Medaillen
8. Graphiksammlung
9. Fotoarchiv
10. Volkskundesammlung
11. Spielzeugsammlung
12. Historische Musikinstrumente
13. Bibliothek

SALZBURG. Salzburger Freilichtmuseum. A-5084 Großgmain, Tel.: (0662) 850011, Internet: www.land-sbg.gv.at/kultur-sport/freilichtmuseum, e-mail: Salzburger.Freilichtmuseum@land-sbg.gv.at — Dir.: Dr. Michael Becker.

STEIERMARK. Steiermärkisches Landesmuseum Joanneum. gegr. 1811 durch Erzherzog Johann. Direktion: Raubergasse 10/I, A-8010 Graz, Tel.: (0316) 8017-4700, Fax: 8017-4800. Träger: Land — Dir.: Dr. Barbara Kaiser. Als Beirat in allen Angelegenheiten fungiert ein Kuratorium. Präs.: Prof. Kurt Jungwirth. Sekr.: Dr. Odo Burböck.

Referate: Innere Dienste (Tel. 8017-4702) – Leit.: Dr. Peter Cordes
Kommunikation (Tel. 8017-4726) – Leit.: Dr. Paul Kovacic. wiss. Mitarb.: Mag Richard Mayr.
Geologie und Paläontologie (Tel. 8017-4730) – Leit.: Univ.-Prof. Dr. Walter Gräf – wiss. Mitarb.: Dr. Reinhold Niederl
Mineralogie (Tel. 8017-4740) – Leit.: Dr. Walter Postl – wiss. Mitarb.: Dr. Bernd Moser, Mag. Hans Peter Bojar
Botanik (Tel. 8017-4750) – Leit.: Dr. Detlef Ernet – wiss. Mitarb.: Dr. Alfred Aron
Alpengarten Rannach. Rannach 15, A-8046 Graz-St.Veit (Tel.: 693031)
Zoologie (Tel. 8017-4760) – Leit.: Dr. Karl Adlbauer – wiss. Mitarb.: Dr. Ulrike Hausl-Hofstätter, Dr. Ursula Stockinger, Dr. Peter Sackl
Archäologische Sammlungen. Eggenberger Allee 90, A-8020 Graz (Tel.: 583264-21) – Leit.: Dr. Erich Hudeczek – wiss. Mitarb.: Dr. Diether Kramer
Münzensammlung. Eggenberger Allee 90, A-8020 Graz (Tel.: 583264-13) – Leit.: Dr. Odo Burböck

Schloß Eggenberg, Eggenberger Allee 90, A-8020 Graz (Tel.: 583264-13) – Leit.: Dr. Barbara Kaiser.

Kunstgewerbe. Neutorgasse 45, A-8010 Graz (Tel. 8017-4780) – Leit.: Dr. Eva Marko – wiss. Mitarb.: Dr. Monika Jäger

Alte Galerie. Neutorgasse 45, A-8010 Graz (Tel. 8017-4770) – Leit.: Univ.-Doz. Dr. Gottfried Biedermann – wiss. Mitarb.: Dr. Christine Rabensteiner, Mag. Karin Leitner.

Landeszeughaus. Herrengasse 16, A-8010 Graz (Tel. 8017-4830) – Leit.: Univ.-Prof. Dr. Peter Krenn – wiss. Mitarb.: Dr. Leopold Toifl, Reinhart Dittrich

Neue Galerie. Sackstraße 16, A-8010 Graz (Tel. 829155) – Leit.: Dr. Werner Fenz, Dr. Christa Steinle, Prof. Peter Weibel – wiss. Mitarb.: Mag. Christiana Holler

Volkskunde. Paulustorgasse 13, A-8010 Graz (Tel. 8017-4840) – Leit.: Dr. Roswitha Orac-Stipperger – wiss. Mitarb.: Dr. Jutta Baumgartner

Volkskundlich-Landwirtschaftliche Sammlungen Schloß Stainz. A-8510 Stainz (Schloß) (Tel: (03463) 2772) – Leit.: Dr. Dieter Weiss

Landschaftsmuseum Schloß Trautenfels. A-8951 Trautenfels (Tel. (03682) 22233) – Leit.: Dr. Volker Hänsel – wiss. Mitarb. Wolfgang Otte

TIROL. Tiroler Landesmuseum Ferdinandeum. gegr. 1823. Museumstr. 15, A-6020 Innsbruck. Tel.: (0512) 59489.

Filiale: Tiroler Landeskundliches Museum im Zeughaus. eröffnet 1973. Zeughausgasse, A-6020 Innsbruck. Tel.: (0512) 587439, Fax: 587439-18.

Träger u. Verw.: Verein „Tiroler Landesmuseum Ferdinandeum" — Vorst.: o. Univ.-Prof. Dr. Josef Riedmann – Dir.: Ao. Univ.-Prof. Dr. Gert Ammann.

Kartographische Sammlung. Tel..: (0512) 587439 — Leit.: Univ.-Doz. Dr. Meinrad Pizzinini.

VORARLBERG. Vorarlberger Landesmuseum . gegr. 1857. Kornmarkt 1, A-6900 Bregenz. Tel.: (05574) 46050. Fax: 46 050-20, Internet: http://www.vlr.gv.at/Landesriegierung/iic/hmusver.htm — Leit.: Dr. Helmut Swozilek.

WIEN. Historisches Museum der Stadt Wien, eröffnet seit 1959. Karlsplatz, A-1040 Wien. Tel.: (01) 5058747-84010 — Dir.: Dr. Günter Düriegl.

Sonstige Museen

AMSTETTEN. Städtische Sammlung und Historische Waffensammlung Urschitz. Schloß Edla, Edlastr. 34, A-3300 Amstetten, Tel.: (07472) 61201-246 — Leit.: Alfred Grubbauer, Kulturamt Amstetten

BAD DEUTSCH ALTENBURG. Archäologischer Park Carnuntum

1. Bad Deutsch Altenburg: Archäologisches Museum Carnuntinum, Außenstelle der Kulturabteilung des Landes Niederösterreich, Badgasse 40-46, A-2405 Bad Deutsch Altenburg, Tel.: (02165) 62480, Fax: 64070 — Leiter: Univ.-Prof. Dr. Werner Jobst — Einziges Museum Österreichs, welches auf die Präsentation der römischen Kultur spezialisiert ist. Um die Jahrhundertwende im Charakter einer römischen Landvilla errichtet, wurde es in den Jahren 1988-1991 restauriert und museumstechnisch auf den neuesten Stand gebracht. In der neuen Schausammlung werden ca. 3300 Exponate gezeigt. Sommerkonzerte. Open Air Kino Festival. Legionslager-Lagerstadt: Amphitheater I, Ausgrabungen und Restaurierungen. Ganzjährig geöffnet: Di-So von 10-17 Uhr.
2. Petronell: Informationszentrum, Hauptstraße 465, A-2404 Petronell, Tel.: (02163) 2882,Fax: 2884. — Zivilstadt mit Rekonstruktion eines Straßentempels der Göttin Diana und einer Straßenhalle mit Grabungsmuseum im antiken Stadtviertel bei Schloß Petronell, Limesstraße mit antikem Kanalsystem, Große Therme (Palastruine), Amphitheater II, Heidentor. Öffnungszeiten: April bis Oktober, täglich von 9-17 Uhr.

BADEN b. Wien. Kaiser-Franz-Josefs-Museum f. Handwerk u. Volkskunst. Hochstraße 51, A-2500 Baden b. Wien. Tel.: (02252) 41100 — 4.000 Exponate. Geöffnet: von Dienstag bis Sonntag und feiertags vom 1. April - 31. Oktober, 14 - 18 Uhr . „Niederösterreichische Landesfreunde in Baden". Vereinsadresse: Hochstr. 51, A-2500 Baden. Tel.: (02252) 41100 — Museumsdir. u. Obfrau: S. Franziska Rampl

BAD WIMSBACH-NEYDHARTING. Internationales Moormuseum. Internationale Gesellschaft für Moorforschung. „Moor-Hof" im Moorbad B.N. A-4654 Bad Wimsbach-Neydharting — Gründer: Prof. Otto Stöber – Ehren-Kustos: Werkmeister Leopold Bauer – Leit.: Kustos Karl Herfert.

BAD WIMSBACH-NEYDHARTING. Prof. Dr. E. Benninger-Heimatmuseum. Bad Wimsbach-Neydharting Nr. 55 — Kustos: Wkm. Leopold Bauer

BAD WIMSBACH-NEYDHARTING. Drudenfuß-Museum, Kurhaus Stöber-Stüberl. A-4654 Bad Wimsbach-Neydharting — Leit.: Mag. Fausta Stöber-Piccini – Wissenschaftlicher Leiter: Ehrenkustos Mag. DDr. Alfred Mühlbacher-Parzer.

BAD WIMSBACH-NEYDHARTING. Jungschützen-Museum, „Paracelsus-Haus" im Moorbad Neydharting. A-4654 Bad Wimsbach-Neydharting — Leit.: Konsulent Dir. Friedrich Spendou – Kustos: Karl Herfert.

DORNBIRN. Vorarlberger Naturschau. gegr.: 1960. Marktstraße 33, A-6850 Dornbirn. Tel.: (05572) 23235. Fax: 23235-8, Internet: http://www.swbv.uni-konstanz.de/eu/naturschau, e-mail: naturschau@dornbirn.at — Träger u. Verw.: Land u. Stadt — Dir.: Dr. Margit Schmid.

ENNS. Museum Lauriacum. gegr. 1892. Hauptplatz 19, A-4470 Enns. Tel.: (07223) 5362 — Obm.: Dr. Herbert Kneifel.

HALLSTATT. Museum Hallstatt. Prähistorisches Museum, Heimatmuseum. gegr. 1844. Musealverein Hallstatt. gegr. 1884, A-4830 Hallstatt, Fax: (06134) 8280, Internet: http://www.interaklive.com/Museum

HORN. Höbarthmuseum und Madermuseum der Stadt Horn. gegr. 1930. Wienerstr. 4, A-3580 Horn. Tel.: (02982) 2372-1 — Leit.: Prof. Dr. Erich Rabl – Stellv. Leiter: SR Franz Wagner — Publ.: Kataloge und Museumsschriften, bish. 32 Bände (1973-1998).

HÖFLEIN. Archäologie in Höflein (bei Carnuntum), A-2465 Gemeindeamt Höflein 137, Tel.: (02162) 62-553, Fax: 62-5533.

HÜTTENBERG. Museen Hüttenberg - Heinrich Harrer-Museum (Tel.: (04263) 8108, Fax, 8109 — Schaubergwerk & Mineralien, Puppenmuseum — Ausstellungszentrum Heft (Tel. (04263) 8383, Fax: 8285) — Postadresse: Events-BetriebsgmbH, Bahnhofstr. 12, A-9375 Hüttenberg.

INNSBRUCK. Tiroler Volkskunstmuseum. Universitätsstr. 2, A-6020 Innsbruck. Tel.: (0512) 584302, Fax: 584302-70 — Leit.: Dr. Hans Gschnitzer.

KNAPPENBERG. Geozentrum Hüttenberg-Kärnten. gegr. 1978. A-9376 Knappenberg 70, Tel.: (04263) 266 oder 250, Fax: 8102 — Gf.: Dir. Hermann Juritsch. 293-n/3 (Obmann) — Geozentrum Veranstaltungsges.m.b.H., gegr. 1994, A-9376 Knappenberg, Tel.: (04263) 720, FAx: 8102 — Gf.: Alfred Sobian

KRAMSACH. Museum Tiroler Bauernhöfe. gegr. 1974. Direktion: Lendstraße 119 a, A-6233 Kramsach . Tel.: (05337) 62636, Fax: 63578 — Kassahaus im MTB: Moosen, A-6233 Kramsach, Tel.: (05337) 63542.

KREMSMÜNSTER. Benediktinerstift (seit 777). Barockbauwerke, Kaisersaal, Bibliothek, Bildergalerie, Fischkalter, Naturwissenschaftliche Sammlungen in der Sternwarte (erb. 1748 - 1758), Meteorologische Station — A-4550 Kremsmünster, Benediktiner-Stift. Tel.: (07583) 5275, Fax: 5275-235, e-mail: sternwarte.kremsmuenster@telecom.at

LÖLLING. Schmiede- und Schlossereimuseum. Gegr. 1986. Graben 6, A-9335 Lölling, Tel.: (04263) 407, Fax: 4047 — Leit.: Walter Neugebauer

LÖLLING. Heimatmuseum, Gegr. 1996, A-9335 Lölling, Tel.: 04263724 — Leiter: Ewald Zammering

MÖDERNDORF. Gailtaler Heimatmuseum. gegr.: 1982. 9620 Möderndorf 1. Tel.: (04282) 3060, 3095. Träger: Förderungsverein Gailtaler Heimatmuseum - Sammlung Georg Essl — Obmann: Bez.-Hauptmann Dr. Siegfried Trattner.

MÖDLING. Missions-Ethnographisches Museum St. Gabriel. gegr.:um 1909. Gabrielerstr. 171, Maria Enzersdorf. Postadr.: A-2340 Mödling. Tel.: (02236) 803-221 — Dir.: Prof. Dr. Andreas Bsteh SVD.

PETRONELL. Archäologischer Park Carnuntum, Betriebsges.m.b.H., Hauptstr. 296, A-2404 Petronell-Carnuntum, Internet: http://www.carnuntum.co.at, e-mail: info@carnuntum.co.at — „Die Römer vor den Toren Wiens". Rund 40 km östlich von Wien liegt der Archäologische Park Carnuntum, ein ideales Ausflugsziel für jung und alt. Hier werden eine Menge Sehenswürdigkeiten und geschichtliche Attraktionen geboten. Man erlebt römische Geschichte zum Anfassen und läßt sich 2000 Jahre zurück in die Vergangenheit versetzen.

STILLFRIED. Museum für Ur- und Frühgeschichte. Funde von der Altsteinzeit bis zur Gegenwart auf dem Raum Stillfried. gegr. 1914. Schulhaus, A-2262 Stillfried, Tel.: (02283) 2493 — 1. Urgeschichtlicher Wanderweg Österreichs — Leit.: Prof. Mag. Gerhard Antl.

WELS. Stadtmuseum. gegr. 1904. Burggasse 13, (Museumsgebäude Pollheimerstr. 17). A-4600 Wels. Tel.: (07242) 44043, Fax: 235-697.

SOZIAL- UND WIRTSCHAFTSWISSENSCHAFTEN

INNSBRUCK. Institut für Wirtschaftstheorie und Wirtschaftspolitik der Univ, Innrain 52. Tel.: (05222) 507-0 / Adolf-Pichler- Platz 6, beides: A-6020 Innsbruck — Leit.: o.Univ.-Prof. Dr. John Ren Chen.

LINZ. Institut für Sozial- und Wirtschaftswissenschaften. Weingartshoferstraße 10, A-4020 Linz. Tel.: (0732) 669273.

WIEN. Institut für Demographie der Österreichischen Akademie der Wissenschaften. Hintere Zollamtsstraße 2 b. A-1033 Wien. Tel.: (01) 7121284-0, Fax: 7121284-11, e-mail: ifd@oeaw.ac.at — Dir.: Hofrat Dr. Richard Gisser.

WIEN. Institut für Wirtschaftswissenschaften der Universität Wien. Hohenstaufengasse 9, A-1010 Wien. Tel.: (01) 4277-37405 — Leit.: o.Univ.-Prof. Dr. Egbert Dierker

WIEN. Institut für Betriebswirtschaftslehre der Universität Wien, Brünner Str. 72, A-1210 Wien — Leiter: o.Univ.-Prof. Dipl.-Ing. Dr. Udo Wagner.

WIEN. Zentrum für angewandte Politikforschung. gegr.: 1961. Reisnerstr. 40, A-1030 Wien. Tel.: (01) 7153780, Fax: 7153780-5410 — Vorst.: Univ.-Prof. Dr. Fritz Plasser.

WIEN. Institut für Sozialpolitik und Sozialreform, Dr.-Karl-Kummer-Inst. Ebendorferstr. 6, A-1010 Wien. Tel.: (1) 422674, Fax: 4023777.

WIEN. Institut für Gewerbe- und Handwerksforschung, gegr. 1952. Gußhausstr. 8, 1040 Wien, Tel.: (1) 5059761, Fax: 5059761-22, Internet: http://www.ifg.ac.at/ifg, e-mail: ifg@ifg.ac.at — Leit.: o. Univ.-Prof. Dr. Hans Pichler, MSc (Vorst.) – Mag. C.F. Lettmayr, M.Ed. (Institutsleiter) — Publ.: IfG-Mitteilungen.

WIEN. Institut für Transportwirtschaft d. Wirtschaftsuniversität Wien, Augasse 2 - 6, A-1090 Wien, Tel.: (1) 31336-4610, Fax: 31336-716 — Leit.: o. Univ.-Prof. Dkfm. Dr. Peter Faller.

WIEN. Ludwig-Boltzmann-Institut für Ökonomische Analysen wirtschaftspolitischer Aktivitäten. Strohgasse 22, A-1030 Wien. Tel.: (01) 7130364, Fax:752106 — Leit.: Univ.-Prof. Dr. Herbert Haller, Univ.-Prof. Dr. Friedrich Schneider, Univ.-Doz. Dr. Robert Holzmann.

WIEN. Kommunalwissenschaftliches Dokumentationszentrum (KDZ). Mariahilferstraße 136, A-1150 Wien. Tel.: (01) 89234-83, 89234-92, Fax: 89234-9220 — Gf. Leit.: Dkfm. Dr. Helfried Bauer.

Führende Gesellschaften und Vereine

Nationalökonomische Gesellschaft (Austrian Ec. Assoc.). gegr.: 1917, p.A.: Johannes Kepler Universität, Institut für Volkswirtschaftslehre, A-4040 Linz, Tel.: (07322) 468211 — Vors.: o.Univ.-Prof. Dr. Friedrich Schneider – Gen.-Sekr.: a.Univ.-Prof. Dr. Rainer Bartel

Österreichische Gesellschaft für Soziologie. gegr.: 1950.Universität Linz, Institut für Soziologie, Altenbergerstr. 69, A- 4040 Linz, Tel.: (0732) 2468-242, Fax: 2468-243 — Präsident: A.Univ. Prof. Dr. Josef Gunz (e-mail: josef.gunz@ik.uni-linz.ac.at) – Vizepräsidentin: Dr. Silvia Blaschke – Vizepräsident: Univ. Prof. Dr. Max Preglau

Verein für Sozial- und Wirtschaftspolitik, Dr.-Karl-Kummer Institut, Institut für Sozialpolitik und Sozialreform. Ebendorferstraße 6/IV, A-1010 Wien. Tel.: (1) 422674.

WIEN. Verein „Forum Wirtschaftserziehung". Invalidenstraße 2/5, A-1030 Wien. Tel.: (2236) 869698 — Publ.: Ztschr. "GW-Unterricht" – Red.: Prof. Gerhard Atschko, Dr. Andreas Erhard, Brigitte Pirker, Dr. Christian Vielhaber.

LAND- UND FORSTWIRTSCHAFT

Landwirtschaftliche Forschungsstellen

Bundesanstalt für Agrarwirtschaft. Schweizertalstr. 36, A-1133 Wien, Tel.: (01) 8773651, Fax: 8773651-59 — Leit.: Dir. Dipl.-Ing. Dr. Hubert Pfingstner (e-mail: hubert. pfingstner@awi.bmlf.gv.at) — Abt.: Regionalforschung: Dr. Franz Greif (e-mail: franz.greif@awi.bmlf.gv.at), Dipl.-Ing. Klaus Wagner (e-mail: klaus.wagner @awi.bmlf.gv.at)

Bundesamt und Forschungszentrum für Landwirtschaft. Trunnerstr. 1, A-1020 Wien, Tel.: (01) 21113 —Gen.Dir.: HR Dipl.-Ing. Arnold Köchl.

Bundesanstalt für Bergbauernfragen. Möllwaldplatz 5, A-1040 Wien, Tel.: (01) 5048869-0, Fax: 5048869-39, e-mail: office@babf.bmlf.gv.at — Leit.: Dir. Dr. Josef Krammer

GRAZ. Landwirtschaftlich-chemische Landes-Versuchs- u. Untersuchungsanstalt. Burggasse 2, A-8010 Graz. Tel.: (0316) 877-2434, Fax: 877-3992.

GUMPENSTEIN. Bundesanstalt f. alpenländische Landwirtschaft, gegr. 1947. Gemeinde Irdning, Postort: A-8952 Irdning, D-Zug Station: Stainach/Irdning/ Stmk. Tel.: (03682) 22-451, -452, Fax: 2461488, e-mail: bal.gump.@computerhaus.at — Dir.: Dipl.-Ing. Dr. agr. Kurt Chytil.

INNSBRUCK. Forschungsinstitut für Alpenländische Land- und Forstwirtschaft: Technikerstraße 13, A- 6020 Innsbruck. Tel.: (0512) 507-2371, Fax: 507-2817, e-mail: Agrarinstitut-C105@uibk.ac.at — Leit.: DDr. Herwig van Staa.

KLOSTERNEUBURG. Höhere Bundeslehranstalt und Bundesamt für Wein- und Obstbau, gegr. 1860. Wiener Str. 74, A-3400 Klosterneuburg. Tel.: (02243) 37910, Fax: 26705 — Leit.: Dir. HR Ao. Univ.-Prof. Dipl.-Ing. Dr. Josef Weiss.

LINZ. Bundesamt für Agrarbiologie. Wieningerstraße 8, A-4020 Linz. Tel.: (0732) 381261 -0, Fax: 385482, e-mail: office@agrobio.gmlf.gv.at — Dir.: Dipl.-Ing. Dr. Josef Wimmer.

RINN/Tirol. Landesanstalt für Pflanzenzucht und Samenprüfung. gegr. 1939. Versuchsfeld 2: A-6074 Rinn / Tirol. Tel.: (05223) 78117, Fax: 78117-25 — Leit.: Dipl.-Ing. K. Holaus.

ROTHOLZ. Bundesanstalt für alpenländische Milchwirtschaft. A-6200 Rotholz b. Jenbach, Tel.: (05244) 62262, Fax: 62262-29, e-mail: ginzinger@baamw.bmlf.gv.at — Dir.: Dr. Wolfgang Ginzinger.

WIEN. Universität f. Bodenkultur, gegr. 1872. Gregor-Mendel-Str. 33, A-1180 Wien, Tel.: (01) 342500 — Studienrichtungen f. Landwirtschaft, Forst- u. Holzwirtschaft, Kulturtechnik und Wasserwirtschaft, Lebensmittel- u. Biotechnologie, Studienrichtung Landschaftsplanung und Landschaftspflege.

Forstwirtschaftliche Forschungsstellen

Internationaler Verband Forstlicher Forschungsanstalten (IUFRO) gegr. 1892. Sekretariat: Seckendorff-Gudentweg 8, A-1131 Wien, Tel.: (01) 877-0151, Fax: 877-9355 — Präs.: Prof. Jeffery Burley – Sekr.: Dipl.-Ing. Heinrich Schmutzenhofer.

INNSBRUCK. Forstliche Bundesversuchsanstalt, Institut für Lawinen- und Wildbachforschung. Rennweg 1, Hofburg, A-6020 Innsbruck. Tel.: (0512) 573933, Fax: 572820 — Leit.: Dr. Horst Schaffhauser — Abteilungen (Arbeitsrichtungen): Schnee- und Lawinenkunde, Lawinendynamik und Schneemechanik, Wildbach- und Abtragsforschung, Wildbachhydrologie, Bewirtschaftung von Wildbach- und Lawineneinzugsgebieten.

WIEN. Forstl. Bundesversuchsanstalt, gegr. 1874. Seckendorff-Gudent-Weg 8, A-1131 Wien, Tel.: (01) 87-838, Fax: 87-75907 — Dir.: HR Dipl.-Ing. Friedrich Ruhm.

WIEN.I nstitut für Forstentomologie, Forstpathologie und Forstschutz der Univ. für Bodenkultur. Hasenauerstraße 38, A-1190 Wien. Tel.: (01) 3195539-0, Fax: 3195539-97 — Leit.: o. Univ.-Prof. Dr. Erwin Führer.

WIEN. Institut für Waldökologie der Univ. für Bodenkultur. gegr. als Lehrkanzel 1911. Institut seit 1958. jetziger Name seit 1992. Peter-Jordan-Str. 82, A-1190 Wien, Tel.: (01) 47654-4100, Fax: 479 7896 — Vorst.: Univ.- Prof. Dipl.-Ing. Dr. Gerhard Glatzel – wiss. Mitarb.: Univ.-Doz. Ass.Prof. Dipl.-Ing. Dr. Herbert Hager, Ass.Prof. Dr. Monika Sieghardt, Dipl.-Ing. Dr. Klaus Katzensteiner, Dipl.-Ing. Dr. Georg Gratzer, Dipl.-Ing. Helmut Schume, Dipl.-Ing. Dr. Torsten Berger.

WIEN. Institut f. Waldbau a.d. Universität für Bodenkultur. Peter-Jordan-Str. 70, A-1190 Wien, Tel.: (01) 47654-4050 (Sekr.), -4066 (Anrufbeantworter), Internet: http://www.boku.ac.at/waldbau — Institutsvorstand: Univ. Prof. Dipl-Ing. Dr. Josef Spörk.

Ökosoziales Forum Österreich. Franz- Josefs-Kai 13, A-1010 Wien. Tel.: (01) 53307-97, Fax: 53307-9790.

Holzforschung Austria der Österreichischen Gesellschaft für Holzforschung. gegr. 1948. Arsenal, Franz-Grill-Str. 7, A-1030 Wien. Tel.: (01) 7982623-0, Fax: 7982623-50 — Inst.-Leit.: Univ.Prof. Dipl.-Ing. Wolfgang Winter — Publ.: Holzforschung und Holzverwertung. Mitteilungen der Österreichischen Gesellschaft für Holzforschung (alle 2 Monate). Schrifttumskarteidienst (14-tägig).

VERKEHR – FREMDENVERKEHR – BALNEOLOGIE – FREIZEITVERHALTEN

WIEN. Bundesministerium für wirtschaftliche Angelegenheiten. Stubenring 1 (Regierungsgebäude), A-1011 Wien. Tel.: (01) 71100-5838

Gruppe III/B - Tourismus — Leit.: MR Dr. Erich Musyl

Abt. III/11 - Wahrnehmung und Vertretung fremdenverkehrspolitischer Angelegenheiten gegenüber dem Ausland und bei internationalen Organisationen — Leit.: Rätin Dr. Angelika Liedler.

Abt. III/9 - Allg. Angelegenheiten der Fremdenverkehrspolitik — Leit.: Min.-Rat Dr. Helmuth Liebl.

Abt. III/10 - Angel. der Fremdenverkehrsförderung — Leit.: MR Mag. Dkfm. Walburga Einicher.

BURGENLAND. Amt d. Burgenländischen Landesregierung. Abt. VI/3. Schloß Esterhazy, A-7000 Eisenstadt. Tel.: (02682) 600-3533, Fax: 633-8420 — Leit.: w. Hofrat Mag. H. Kaippel.

KÄRNTEN. Amt der Kärntner Landesregierung, Landesamtsdirektion - Tourismusservice. Kaufmanngasse 13, A-9021 Klagenfurt, Tel.: (0463) 55488, Fax: 55488-10 — Leit.: HR Dr. Ingo Zlamal.

NIEDERÖSTERREICH. Fremdenverkehrsamt, Fremdenverkehrsabt. d. Amtes der NÖ Landesregierung. Hoher Markt 3, A-1010 Wien, Tel.: (01) 53110 — Leit.: HR Dr. Eva Resch – Werbeleit.: Dr. Günter Weghofer, NÖ Fremdenverkehrswerbung.

OBERÖSTERREICH. Landesverband für Tourismus in Oberösterreich. Schillerstr. 50, A-4010 Linz. Tel.: (0732) 600221-0, Fax: 600220 — Präs.: Dr. Hugo Scheuba – Dir.: Mag. Karl Pramendorfer.

SALZBURG. Landesregierung, Fachbereich Tourismus, Alpenstraße 48a, Postfach 527, A-5010 Salzburg. Tel.: (0662) 8042-4001. FS: 63 30 28 lrsbg, Fax: 8042-4010 — Leit: Dr. Peter Weixelbaumer.

SALZBURG. Salzburger Land Tourismus Ges.m.b.H., Postfach 1, A-5300 Hallwang bei Salzburg, Tel.: (0662) 6688, Fax: 6688-66, Internet: http://www.salzburg.com/Salburgerland, e-mail: info@szgtour.ca.at — Gf.: Dr. Martin Uitz.

STEIERMARK. Amt der Steiermärkischen Landesregierung, Landesfremdenverkehrsabteilung. Landhaus, Herrengasse 16, A-8010 Graz. Tel.: (0316) 8772286 — Leit.: Landesfremd.verk.dir. HR Dr. Nikolaus Hermann.

TIROL. Amt der Tiroler Landesregierung, Abt. Tourismus. Adamgasse 2 a, A-6010 Innsbruck. Tel.: (0512) 508-3260, Fax: 508-3265, e-mail: arudisch@tirol.gc.at — Leit.: HR Dr. Ansgar Rudisch.

TIROL. Institut für Verkehr und Tourismus. Weiherburggasse 31, A-6020 Innsbruck. Tel.: (0512) 283909, Fax: 283909-77, e-mail: ivt@tyrol.at — Leit.: O. Univ.-Prof. Dr. Christian Smekal – Gf: Mag. Günther Lehar.

TIROL. Arbeitskreis für Freizeit und Tourismus an der Universität Innsbruck. Innrain 52, A-6020 Innsbruck, Tel.: (0512) 507-5413, -5414, Fax: 507-2895.

VORARLBERG. Landesverband Vorarlberg Tourismus. Bahnhofstr. 14/4, A-6900 Bregenz. Tel.: (05574) 425-250, Fax: 425-255 — Präs.: Abg. Walter Lingg – Dir.: Landestourismusdir. Mag. Sieghard Baier.

WIEN. Österreich Werbung. Margaretenstraße 1, A-1040 Wien. Tel.: (01) 58866-0, Fax: 58866-20, Internet: www.austria-tourism.at, e-mail: oeinfo@oewwien.via.at

WIEN. Institut für Tourismus und Freizeitwirtschaft der Wirtschaftsuniversität Wien. gegr. 1934. Augasse 2 - 6, A-1090 Wien, Tel.: (01) 31336-4586, Fax: 3171205, e-mail: SARA.DOLNIUAR@wu-wien.ac.at — Vorst.: o.Univ.-Prof. Dr. Josef Mazanec.

WIEN. Wiener Tourismusverband. Obere Augartenstraße 40, A-1025 Wien, Tel.: (01) 21114, Fax: 2168492, e-mail: wtv@info.wien.at — Präs.: Stadträtin Mag. Brigitte Ederer – Landestourismusdir.: Sen.-Rat Mag. Karl Seitlinger

Führende Gesellschaften und Vereine

Österreichische Verkehrswissenschaftliche Gesellschaft (ÖVG). Elisabethstraße 9, A-1010 Wien. Tel.: (01) 5879727 — Präs. u. wiss. Leit.: o. Univ.-Prof. Dr. Peter Faller – Gen.-Sekr.: Dr. Helmut Baudisch – Ges.-Sekr.-Stellv. und Chefredakteur: Dr. Gerhard Gürtlich.

Österreichische Gesellschaft f. Balneologie u. medizinische Klimatologie. gegr. 1956. Ordinariat f. Physikalische Medizin, Anichstr. 35, A-6020 Innsbruck — Vors.: o. Univ.-Prof. Dr. Robert Günther – Schriftl.: DDr. Manfred Herold.

Verein Tirol-Werbung. Bozner Platz 6, A-6020 Innsbruck.

RAUMFORSCHUNG – LANDESPLANUNG – STÄDTEBAU

Dienststellen für Raumforschung und Landesplanung

WIEN. Österreichische Raumordnungskonferenz (ÖROK). Vors.: der Bundeskanzler. weitere Mitglieder: die Bundesminister, die Landeshauptmänner, der Präsident des Österr. Städtebundes und des Österr. Gemeindebundes. mit beratender Funktion: der Präsident der Bundeskammer der Gewerblichen Wirtschaft, der Kammer für Arbeiter und Angestellte, des Österr. Gewerkschaftsbundes, der Präsidentenkonferenz der Land wirtschaftskammern Österreichs und der Vereinigung Österr. Industrieller. Geschäftsstelle: Hohenstaufengasse, A-1010 Wien. Tel.: (01) 5353444, Fax: 5353444-54 — Gf.: WHR Dr. Eduard Kunze u. OR Dipl.-Ing. Rudolf Schicker.

WIEN. Österr. Inst. f. Raumplanung, gegr. 1957. Franz-Josefs-Kai 27, A-1011 Wien, Tel.: (01) 5338747-19. — Gf.: Mag. Peter Schneidewind (wiss.), Dipl.-Ing. Herbert Purschke (kaufm.).

BURGENLAND. Amt d. Burgenländ. Landesregierung, Abt. 6 – Raumordnung, Europaplatz 1, A-7001 Eisenstadt, Tel.: (02682) 600-2528, Fax: 600-2936.

KÄRNTEN. Amt der Kärntner Landesregierung, Abt. 20 - Landesplanung. Wulfengasse 13, A-9020 Klagenfurt. Tel.: (0463) 5363200-1, Fax: 5363200-7 — Vorst.: Dr. Peter Fercher.

NIEDERÖSTERREICH. Amt der Niederösterr. Landesregierung, Gruppe GR - Raumordnung und Umweltschutz. Herrengasse 11, A-1014 Wien – Referent: HR Dr.

Gerhard Silberbauer — Abt. R/2 - Grundlagenforschung, techn. Angelegenheiten der Raumordnung, Dorf- und Stadterneuerung, Dokumentation, Statistik und Volkszählung. Operngasse 21, A-1040 Wien. Tel.: (1) 531104-240. Fax: 531104-330 – Referent: HR Dr. Gerhard Silberbauer.

Geschäftsfeld Regionalforschung (Geschäftsbereich Systemforschung Technik-Wirtschaft-Umwelt), Österreichisches Forschungszentrum Seibersdorf GmbH, A-2444 Seibersdorf, Tel.: (02254) 780-3891, Fax: 780-3888 — Geschäftsfeldleiter: DI. Wolfgang Hesina – Mitarb.: Mag. Eva Buchinger, Dr. Wolfgang Czerny, Mag. Helmut Gassler, Dr. Christian Rammer, Mag. Doris Schartinger, Mag. Petra Wagner.

OBERÖSTERREICH. Amt der Oberösterr. Landesregierung, Abt. Raumordnung und Bautechnischer Sachverständigendienst , Kärntnerstr. 12, A-4020 Linz, Tel.: (0732) 7720-2197, Fax: 7720-2789, e-mail: baurs.post@ooe.gv.at — Leit.: WHR Mag. Helmut Weiss.

SALZBURG. Amt der Salzburger Landesregierung, Abteilung 7, Raumplanung. Michael-Pacher-Str. 36, A-5020 Salzburg, Tel.: (0662) 8042-4387, Fax: 8042-4166, e-mail: raumplanung.Land-sbg.gv.at — Leit.: HR Mag. Fally.

SALZBURG: Salzburger Institut für Raumordnung und Wohnen, Alpenstraße 47, Postfach 2, A-5033 Salzburg, Tel.: (0662) 623455, Fax: 629915, e-mail: post@sir.land-sbg.gv.at

STEIERMARK. Amt der Steiermärkischen Landesregierung, Fachabteilungsgruppe Landesbaudion., Fachabt. I b (örtliche Raumplanung und Gemeindeentwicklung). Stempfergasse 7, A-8011 Graz, Tel.: (0316) 877-2524, Fax: 877-2673 — Vorst.: Dipl.-Ing. Dieter Schoeller.

TIROL. Amt der Tiroler Landesregierung, Raumordnung-Statistik, Michael-Gaismair-straße 1, A-6020 Innsbruck. Tel.: (0512) 508-3600, Fax: 507-3605, e-mail: raumordnung.statistik@tirol.gv.at — Vorst.: Mag. Franz Rauter.

VORARLBERG. Amt der Vorarlberger Landesregierung, Raumplanung und Baurecht. Römerstr. 15, A-6900 Bregenz. Tel.: (05574) 511-0 — Leiter: Dr. Franz Hämmerle.

Forschungseinrichtungen, Lehrstühle für Raumforschung und Raumplanung

GRAZ. Institut für Städtebau und Umweltgestaltung, Technische Universität Graz, Rechbauerstr. 12, A-8010 Graz, Tel.: (0316) 873-6286 — Leit.: Univ.-Prof. Arch. Dipl.-Ing. Dr. Hansjörg Tschom.

INNSBRUCK. Institut für Städtebau und Raumplanung der Univ. Innsbruck, Fakultät für Bauingenieurwesen und Architektur. Technikerstr. 13, A-6020 Innsbruck, Tel.: (0512) 507-6960, -6976

MARIA ENZERSDORF. Niederösterreichische Gesellschaft f. Regionalforschung u. Regionalplanung. Südstadtzentrum 4, A-2344 Maria Enzersdorf. Tel.: (02236) 22074 — Leit.: Dr. Franz Madl.

WIEN. Institut f. Stadt- und Regionalforschung der Österr. Akademie d. Wiss., gegr.: 1989. (hervorgegangen aus Kommission für Raumforschung der Österreichischen Akademie der Wissenschaften. gegr.: 1946). Postgasse 7, Stg. 4, 2.St., A-1010 Wien, Tel.: (01) 51581-520, -534, Fax: 51581-533 — Gf.Dir.:Univ.Prof. Dr. Manfred M. Fischer

WIEN. Studienzweig Raumforschung und Raumordnung. Institut für Geographie der Univ. Wien. Universitätsstr. 7, 1010 Wien, Tel.: (01) 40103-2580, -2591, Fax: 4060445 — Präses: ao. Univ.-Prof. Dr. Helmut Wohlschlägl.

WIEN. Institut für Städtebau, Raumplanung u. Raumordnung, gegr. 1930. Fakultät für Raumplanung u. Architektur, Techn. Universität Wien. Karlsplatz 13, A-1040 Wien, Tel.: (1) 58801-3378 — o.Univ.Prof. Dipl.-Ing, Kunibert Wachten, ao. Univ.Prof. Dipl.-Ing. Dr. Klaus Semsroth.

WIEN. Institut für Raumplanung und Regionalentwicklung (IIR). gegr.: 1975. Wirtschaftsuniversität Wien, Augasse 2- 6, A-1090 Wien. Tel.: (01) 31336-4777,

Fax: 31336-705, e-mail: iircommm@wu-wien.ac.at — Leitung/wiss. Mitarb.: o.Univ.Prof. Edward M. Bergman, Ph.D. – Ass.-Prof.Univ.-Doz. Dr. Gunther Maier, Ass.-Prof. Univ.Doz. Dr. Herwig Palme, Ass.-Prof. Univ.-Doz. Dr. Franz Tödtling. – Dr. Andreas Novy, Wiss. OR Dr. Peter Fritz.

WIEN. Institut für Stadt- und Regionalforschung der Technischen Universität Wien. gegr. 1971. Karlsgasse 13, 1040 Wien. Tel.: (01) 58801-4345, Fax: 431504-2156 — Vorst.: o. Univ.-Prof. Dr.-Ing. Dieter Bökemann (Bauing., Regionalwiss.) – Mitarb.: Ass.-Prof. Univ.-Doz. Dipl.-Ing. Dr. Wolfgang Feilmayr (Inf.. Regionalwiss.), Mag. Dr. Rudolf Giffinger (Geogr.), Mag. Stefan Kollarits (Geogr.), Dipl.-Ing. Leopold Riedl (Inform.).

WIEN.Institut für Landschaftsplanung und Gartenkunst, Techn. Universität Wien. Karlsgasse 11, A-1040 Wien,Tel.: (01) 58801-4323, Fax: 568387 — Vorstand: o.Univ.Prof. Dipl.-Ing. Richard Stiles.

WIEN. Institut für Raumplanung und Ländliche Neuordnung der Universität für Bodenkultur Wien. Peter-Jordan-Straße 82, A-1190 Wien. Tel.: (01) 47654-5350, Fax: 47654-5353 — Leit.: o. Univ.-Prof. Dipl.-Ing. Dr. techn. Gerlind Weber.

WIEN. Geschäftsgruppe Stadtentwicklung, Stadtplanung und Außenbeziehungen der Stadt Wien. Rathaus, A-1082 Wien. Tel.: (01) 4000-81140 — Leit.: Amtsf. Stadtrat Dr. Hannes Swoboda.

Führende Gesellschaften

Österreichische Gesellschaft f. Raumforschung u. Raumplanung. gegr. 1954. Univ.Prof. Karlsplatz 13, A-1040 Wien, Tel.: (01) 58801-3380 — Präs.: Dr. Semsroth.

NATUR- UND UMWELTSCHUTZ –LANDSCHAFTSPFLEGE – DENKMALSCHUTZ

Österreichisches Nationales Komitee der Internationalen Alpenschutzkomission (CIPRA Österreich), p.A. Umweltdachverband ÖGNN, Alser Straße 21/5, A-1080 Wien, Tel.: (1) 40113-36, Fax: 40113-50.

WIEN. Umweltbundesamt. Spittelauer Lände 5, A-1090 Wien. Tel.: (01) 31304-0, Fax: 31304-5400, e-mail: uba@ubavie.gv.at — Leit.: Dir. Dr. Wolfgang Struwe.

WIEN. Bundesamt und Forschungszentrum für Landwirtschaft. Trunnerstr. 5, A-1020 Wien, Tel.: (01) 21113, Fax: 2160825 — Dir.: HR Arnold Köchl, Gen.Dir.

Kommission für Reinhaltung der Luft der Österr. Akademie der Wissenschaften. gegr. 1962. Postgasse 7/4/3, A-1010 Wien, Tel.: (01) 51581-519, Fax: 51581-518, e-mail: PREINING@oeaw.ac.at — Obmann: em. o.Univ.Prof. Dr. Othmar Preining.

GRAZ. Institut für Thermische Verfahrenstechnik und Umwelttechnik. Inffeldgasse 25, A-8010 Graz. Tel.: (0316) 873-7471, Fax: 873-7472, e-mail: schwarz@glvt.tegraz.ac.at.

GRAZ. Institut für Naturschutz und Landschaftsökologie. Heinrichstraße 5, A-8010 Graz. Tel.: (0316) 326068, Fax: 326068-5 — Leit.: Univ.- Doz. Dr. Johann Gepp.

GRAZ. Joanneum Research Forschungsgesellschaft m.b.H. , Geschäftsführung, Steyrergasse 17, A-8010 Graz, Tel.: (0316) 876-0, Fax: 876-181, Internet: http.\\www.joannerum.ac.at, e-mail: pr@joanneum ac.at

Institut für Hydrogeologie und Geothermie, Elisabethstr. 16, A-8010 Graz, Tel.: (0316) 876-1373, Fax: 876-1321, Internet: http:\\www.joanneum.ac.at, e-mail: ihg@joanneum ac.at

Institut für Angewandte Geophysik, Roseggerstraße 17, A-8700 Leoben, Tel.: (03842) 47060-2231, Fax: 47060-2231, Internet: http:\\www.joanneum.ac.at, e-mail: gph@jaonneum.ac.at

Institut für Umweltgeologie und Ökosystemforschung, Elisabethstr. 16, A-8010 Graz, Tel.: (0316) 876-1381, Fax: 876-1322, Internet: http:\\www.joanneum ac.at, e-mail: umw@joanneum.ac.at

Institut für Digitale Bildverarbeitung, Abt. f. Fernerkundung, Wastiangasse 6, A-8010 Graz, Tel.: (0316) 876-1735, Fax: 876-1720, Internet: http:\\www.joanneum.ac.at, e-mail: dib@jaonneum.ac.at

Führende Gesellschaften und Vereine

Österreichische Gesellschaft für Natur- und Umweltschutz (ÖGNU-Umweltdachverband). Hegelgasse 21/1, A-1010 Wien. Tel.: (01) 51-32973, Fax: 51-25601 — Präs.: Mag. Gerhard Heilingbrunner – Gf.: Mag. Franz Maier.

Österreichischer Alpenverein. gegr. 1862. Wilhelm-Greil-Str. 15, Postf. 318, A-6010 Innsbruck. Tel.: (0512) 59547, Fax: 575528 — 1. Vors.: Dr. Peter Grauss – 2. Vors.: Adelheid Höfler.

Fachabt. Raumplanung - Naturschutz – Leit.: Mag. Peter Haßlacher (alpine Raumordnung, Fragen des alpinen Natur- u. Umweltschutzes, Alpenkonvention)

Alpenvereinskartographie – Leit.: Ing. Gerhart Moser

Pub.-Reihe: Fachbeiträge des OeAV - Serie: Alpine Raumordnung (bisher 15 Fachbeiträge). Schriftleiter: Mag. Peter Haßlacher.

Österreichischer Naturschutzbund. gegr. 1913. Sitz: Haus der Natur - Bundesgeschäftsstelle, Arenbergstr. 10, A-5020 Salzburg, Tel.: (0662) 642909. Fax: 6437344 — Präs.: Prof. Dr. E. Stüber.

ARGE-Umwelterziehung. Hegelgasse 21, A-1010 Wien — Geschäftsführerin: Monica Lieschke.

Nationalpark Donau-Auen, prov. Geschäftsstelle: Friedrich Schmidt-Platz 3, A-1080 Wien, Tel.: (01) 4080798, Fax: 4080798-17.

Forum Österreichischer Wissenschaftler für Umweltschutz, Mariahilferstr. 77-79/1060, A-1070 Wien, Tel.: (01) 5852985, Fax: 5852986, e-mail: umweltforum@blackbox.ping.at.

Verband österreichischer Höhlenforscher. gegr. 1949. Obere Donaustraße 97/1/61, A-1020 Wien, e-mail: speleo.autria@netway.at — Präs.: akad. Rest. Mag. Heinz Ilming – Vizepräs.: Siegfried Gamsjäger, Dr. Max H. Fink – Gen.-Sekr.: Günter Stummer

Verband alpiner Vereine Österreichs. gegr.: 1949. Bäckerstraße 16, A-1010 Wien, Tel.: (01) 5125488, Fax: 5125488-4 — Präs.: Friedrich Macher – Gf.: Rudolf Kaupe.

INNSBRUCK. Naturwissenschaftlich-Medizinischer Verein in Innsbruck. gegr. 1870. Technikerstr. 25, A-6020 Innsbruck. Tel.: (0512) 507-6142, -6143 — Vorst.: Univ.- Prof. Dr. med. H. Glossmann — Publikationen: Berichte (Schriftl.: Univ.-Doz. Dr. E. Meyer) – Supplemente (Schriftl.: Univ.-Prof. Mag. Dr. W. Schedl)

LINZ. Landesverein für Höhlenkunde in Oberösterreich. gegr. 1924. Landeskulturzentrum Ursulinenhof, Brieffach 10. Landstr. 31, A-4020 Linz — Obmann: Herbert Prandstätter – Schriftwart: Ing. Karl Fellöcker.

SALZBURG. Landesverein f. Höhlenkunde in Salzburg. Schloß Hellbrunn, Objekt 9, A-5020 Salzburg.

WIEN. Verein zur Verbreitung naturwissenschaftlicher Kenntnisse in Wien. gegr.: 1860. Sitz: Inst. f. Pflanzenphysiologie d. Univ. Wien. Althanstraße 14, A-1091 Wien. Tel.: (01) 31336-1457 — Präs.: ao. Univ.-Prof.Dr. Elsa Kusel – I. Vizepräs.: Dr. Michael Götzinger, Inst. f. Mineral. – II. Vizepräs.: ao. Univ.-Prof. Dr. Norbert Vavra, Inst. f. Paläontologie – Sekr.: ao.Univ.-Prof. Dr. Roland Albert, Studienkoordination Ökologie — Publ.: Schriften des Vereins zur Verbreitung naturwiss. Kenntnisse,seit 1869, einmal jährlich.

WIEN u. NIEDERÖSTERREICH. Landesverein f. Höhlenkunde in Wien u. Niederösterreich. Obere Donaustr. 97/1/61, A-1020 Wien, Fax: (01) 214-4844, e-mail: cave-vienna@compuserve.com — Obmann: Mag. K.H. Hochschorner

Denkmalschutz

WIEN. Bundesdenkmalamt, Hofburg, Schweizerhof, Säulenstiege, A-1010 Wien, Tel.: (01) 53415, Fax: 53415-252, Internet: http://www.bda.at, e-mail: denkmal@bmuvie.gv.at — Präs.: Dipl.-Ing. Dr. Wilhelm Georg Rizzi – Abt. Inventarisation: Dr. Eckart Vancsa – Bibliothek: Erich Leitner

Österreichische Gesellschaft für Denkmal- und Ortsbildpflege. gegr. 1947. Karlsplatz 5, Künstlerhaus, A-1010 Wien — Präs.: Prof. Dr. R. Bachleitner — Publ.: Zeitschrift „Steine sprechen". Nachrichtenblätter „Steinschlag".

Österreichischer Burgenverein. gegr. 1955. Gonzagagasse 9/4/20, A-1090 Wien. Tel.: (01) 5358191, Fax: 5358196 — Präs.: Dr. Bernhard Liphart.

INNSBRUCK. Verein für Heimatschutz und Heimatpflege in Nord- u. Osttirol. Museumsstraße 1, A-6020 Innsbruck. Tel./Fax: (0512) 587826 — Obmann: Dir. Dr. Hans Gschnitzer.

HORN. Waldviertler Heimatbund. gegr. 1951. Postfach 100, A-3580 Horn. Tel.: (02982) 3991 — Präs.: Prof. Dr. Erich Rabl — Publ.: Das Waldviertel (Ztschr.). Schriftenreihe des Waldviertler Heimatbundes, bish. 39 Bde. (1971 - 1996).

LINZ. Verein f. Denkmalpflege in Oberösterreich. gegr. 1946. Landstr. 31, A-4020 Linz — Präs.: Dr. Georg Spiegelfeld, Schlüßlberg 1, A-4710 Grieskirchen.

AUSLANDSKUNDLICHE INSTITUTIONEN UND INSTITUTE FÜR ENTWICKLUNGSHILFE

WIEN.Balkan-Kommission d. Österr. Akademie d. Wiss.. gegr. 1897. Sonnenfelsgasse 19, A-1010 Wien. Tel.: (01) 51581-350 — Obmann: o. Univ.-Prof. Dr. Radoslav Katicic – Obmannstellvertreterin: Ass.Prof. Univ.Doz. Dr. Renate Pillinger.

WIEN.Österreichisches Ost- und Südosteuropa-Institut. Josefsplatz 6, A-1010 Wien. Tel.: (01) 5121895, Fax: 5121895-53 — Präsident: Univ.-Prof. Dr. Arnold Suppan – Direktorin: HR Univ.-Doz. Dr. Waltraud Heindl – Stellvertretender Direktor: OR Univ.-Doz. Dr. Peter Jordan

Abteilungen und ihre Leiter:
Geographie und Kartographie, Ortsnamensstelle: OR Univ.-Doz. Dr. Peter Jordan
Bibliothek: Dr. Ilona Slawinski
Osthefte-Redaktion: OR Doz. Dr. Walter Lukan
Edition der Ministerratsprotokolle Österreichs und der österr.-ungar. Monarchie 1848 - 1918: Dr. Stefan Malfer
Edition der Außenpolitischen Dokumente der Republik Österreich 1918-1938: Dr. Klaus Koch
Erforschung ethnischer Minderheiten: Dr. Valeria Heuberger
Internationale Beziehungen und Buchreihen: Dr. Elisabeth Vyslonzil
Bildungs- und Kulturpolitik: OR Dr. Peter Bachmaier
Außenstellen und Sprachkurse: Dr. Josef Vogl
Sozialwissenschaftliche Forschung: Dr. Andreas Pribersky

KLAGENFURT. Alpen-Adria. Evidenzstelle der Arbeitsgemeinschaft Alpen-Adria beim Amt der Kärntner Landesregierung. seit 1. 1. 1989. Arnulfplatz 1, A-9020 Klagenfurt. Tel.: (0463) 536-2821, Fax: 536-2820, e-mail: post.alpenadria@ktn.gv.at — Leit.: Dr. Josef Lausegger

Aufgaben: Sammlung und Nutzung von gemeinsamen Unterlagen (Servicestelle). Vorsitz 1999/2000: Péter Markó, Vas Megyei Közgyülés elnöke, Berzsenyi tér 1, H-9700 Szombathely, Tel.: +36-94-312-081, Fax: 313-275, e-mail: vasmegye@freemail.c3.hu, Komitat VAS (Ungarn).

WIEN. Institut für den Donauraum und Mitteleuropa. gegr.: 1953. Berggasse 21/14 a, A-1090 Wien — Vors.: Vizekanzler a.D. Dr. Erhard Busek – Gen.-Sekr.: Univ.-Prof. Dkfm. Dr. Gerhard Fink — Publ.: Zeitschrift „Der Donauraum", IDM-Info, Buchreihe des IDM-Aktuell, Studien des IDM (Internet: http://www.idm.at, e-mail: idm@idm.at)

Europahaus Burgenland, Domplatz 21, A-7000 Eisenstadt, Tel.: (02682) 7565-0, Fax: 7565-1

Auslandskunde (Orientalistik)

Österreichische Orient-Gesellschaft Hammer-Purgstall. gegr.: 1958. Dominikanerbastei 6, A-1010 Wien. Tel.: (01) 5128936, Fax: 5128936-17 — Präs.: Tit.Ao. Univ.-Prof. Dr. Hans Weis.

Orientalische Gesellschaft. gegr. 1952. Universitätsstr. 7 / V, A-1010 Wien, Inst. f. Orientalistik d. Univ. Wien. Tel.: (01) 4277-43401 — Präs.: ao. Univ.-Prof. Dr. Hermann Hunger.

Entwicklungshilfe

WIEN. Österr. Lateinamerika-Institut. gegr. 1965. Schlickgasse 1, A-1090 Wien. Tel.: (01) 31074-66, Fax: 31074-6521 — Präs.: Minister a.D. o.Univ.Prof. Dr. Hans Tuppy
Abteilungen: Bibliothek u. Dokumentation. Sprachkurse. Publikationen. Vortrags- und Kulturprogramm. Studienförderung für Studierende aus Lateinamerika.

WIEN. Österr. Forschungsstiftung f. Entwicklungshilfe, gegr. 1967. Berggasse 7, A-1090 Wien. Tel.: (01) 317-4010, Fax: 317-4015, Internet: http://www.oefse.at, e-mail: oefse.pa@magnet.at — Kuratoriumsvors.: Univ.-Prof. Dr. Klaus Zapotoczky – Gf.: Gerhard Bittner

Schweiz

GEOGRAPHISCHE LEHRSTÜHLE UND HOCHSCHULINSTITUTE

BASEL Departement Geographie, Universität Basel. - Zentrale Einrichtungen: Bernoullianum, Klingelbergstr. 16, CH - 4056 Basel, Tel./Fax: (061) 267-3645 — Sekr.: E. Rudin — Kartogr.: L. Baumann, R. Hausammann — Bibl.: R. Pircher, V. Bürgi (GEG), Th. Braun.

Geschichtl.: Seit 1912 geogr. Vorlesungen, a. o. Prof. und Geogr. Inst., 1913 o. Prof. Phil.-Naturwiss. Fakultät.

Geographisches Institut: Abteilung Physiogeographie und Landschaftsökologie, Spalenring 145, CH - 4055 Basel, Tel.: (061) 272-6928.

Leitung: Prof. Dr. rer. nat. H. Leser (Ordinariat f. Physiogeogr. Tel.: 267-2345, Fax: 267-3657) — Wiss. Mitarb.: Dr. Chr. Kempel-Eggenberger, Dr. M. Potschin, Dr. Chr. Wüthrich, Dipl.-Geogr. S. Meier-Zielinski, Dipl.-Geogr. M. Menz, Dipl.-Geogr. S. Rolli, Dipl.-Biol. D. Rüetschi, Dipl.-Geogr. Chr. Seiberth, Dipl.-Geogr. K. Studer, Dipl.-Geogr. Chr. Waffenschmidt — Hilfass.: Dipl.-Geogr. M. Schnegg, cand. geogr. E. Beising, cand. geogr. K. Eigenmann, cand. geogr. M. Schlup — Labor: A. Schwarzentruber, M. Caroni-Mattenberger — Werkstatt: P. Müller.

Geographisches Institut: Abteilung für Humangeographie/Stadt- und Regionalforschung, Klingelbergstr. 16, CH - 4056 Basel, Tel./Fax: (061) 267-3645

Leitung: Prof. Dr. phil. R. Schneider-Sliwa (Ordinariat f. Humangeogr.) — Prof. Dr. R. L. Marr (Entwicklungsländer), PD Dr. D. Simko (Regionalgeographie), PD Dr. J. Winkler (Landschaftswahrnehmung und Landschaftsästhetik), Ehrendozent Dr. E. Schwabe (Kulturlandschaftsgeschichte), Dr. H. Heim (Fachdidaktik I), Dr. D. Opferkuch (Fachdidaktik II), Dr. A. Rempfler (Exkursionsdidaktik) — Wiss. Mitarb.: Dr. A. Kampschulte, Lic. Phil. I. Kränzlin, Dipl.-Geogr. W. Breitung, Dipl.-Geogr. S. Eder, Dipl.-Geogr. M. Sandtner, Dipl.-Geogr. Renato Strassmann — Hilfsass.: cand geogr. R. Egli, cand. geogr. R. Ritter, cand. geogr. C. Zuber.

Institut für Natur-, Landschafts- und Umweltschutz (NLU) - Biogeographie, St. Johanns-Vorstadt 10, CH - 4056 Basel, Tel.: (061) 267-0800, Fax: 267-0801 — Sekr.: K. Z'Graggen. Leitung: a.o. Prof. Dr. phil. P. Nagel — Wiss. Mitarb.: Dr. Brigitte Baltes, Dr. Ranka Junge, Dipl.-Biol. A. Kaupp, Dipl.-Ing.agr. H. Luka, Dr. R. Peveling, Dipl.-Biol. D. Rüetschi, MSc Wanaruk Saipunkaew, Dipl.-Geogr. G. Smrekar, Dipl.-Geogr. Ine Stolz, Dipl.-Biol. Pascale Wermuth.

Institut für Meteorologie, Klimatologie und Fernerkundung, Spalenring 145, CH - 4055 Basel, Tel.: (061) 272-6480, Fax: 272-6923 — Sekr. J. Pfefferli-Stöcky — EDV-Technik: Dipl.-Phys. G. Bing.

Leitung: Prof. Dr. rer. nat. E. Parlow (Ordinariat f. Meteorologie, Klimatologie und Fernerkundung) — Wiss. Mitarb.: Dr. D. Scherer, Dr. R. Vogt, Dipl.-Biol. U. Fehrenbach, Dipl.-Met. M. Arck.

BERN. Geographisches Institut d. Universität Bern, Hallerstr. 12, CH-3012 Bern, Fax: (031) 631-8511

Abt. Physische Geographie (Prof. H. Veit, Prof. H. Wanner) Tel.: (031) 631-8859.

Abt. Kulturgeographie (Prof. P. Messerli, Prof. D. Wastl Walter) Tel.: (031) 631-8862.

Abt. Bodenkunde (Prof. P. Germann, geschäftsf. Direktor), Tel.: (031) 631-3854

Gruppe für Entwicklung und Umwelt (Prof. H. Hurni, Dr. U. Wiesmann, A. Kläy) Tel.: (031) 631-8822, Fax: 631-8544.

Geschichtl.: Seit 1774 geogr. Vorlesungen. 1886 o. Prof. f. Geogr., Geogr. Inst. – Phil.-Nat. Fakultät.

Leitung/wiss. Mitarb.: o. Prof. Dr. P. Germann, o. Prof. Dr. H. Wanner, Prof. H. Veit, Prof. D. Wastl Walter – Prof. M. Hasler (1984), Dr. W. Kirchhofer, Prof. Dr. K. Peyer , Dr. F. Jeanneret, E. Bäschlin, K. Budmiger, PD Dr. H. Zumbühl.

Abt. Physische Geographie: Prof. Dr. H. Kienholz, OA Dr. R. Weingartner. OA Dr. St. Wunderle.

Abt. Kulturgeographie: PD Dr. H.-R. Egli, H. Gerhardinger.

Gruppe für Entwicklung und Umwelt: Prof. Dr. H. Hurni, PD Dr. U. Wiesmann.

Labor: Dr. H.R. Wernli, Tel.: (031) 631-8856 – Kartographie: A. Brodbeck, Tel.: (031) 631-8870 – Verlag Geographica Bernensia: M. Wälti, Tel.: (031) 631-8816 – Bibliothek: M. Lindt, E. Bäumlin, Tel.: (031) 631-8861. Elektronisch-Messtechnisches Labor: J. Schenk, Tel.: (031) 631-8882.

FRIBOURG (Freiburg), Institut de Géographie, Université de Fribourg, Pérolles, CH-1700 Fribourg, Tel.: (026) 300-9010, Fax: 300-9746.

Geschichtl.: Seit 1896 geogr. Vorlesungen, Geogr. Inst.. 1902 Prof. ord. Faculté des Sciences (Math.-naturwiss. Fakultät).

Leitung/wiss. Mitarb.: Prof. Martin Beniston. – Prof. C. Collet, Prof. W. Leimgruber, Prof. M. Monbaron. – Lehrbeauftragte: C. Béguin, T. Hammer, O. Crevoisier, G. Pini, B. J. Ruegg.

GENÈVE (Genf). Département de Géographie de l'Université de Genève. 18, route des Acacias, CH-1227 Acacias/Genève, Tel.: (022) 424730. Faculté des Sciences économiques et sociales.

Leitung/wiss. Mitarb.: Dir. Prof. ord. Antoine Bailly, Prof. ord. Claude Raffestin, Prof. gzd. Jean-Claude Vernex, Maître d'enseignement et de recherche Charles Hussy, Maîtreassistant Ruggero Crivelli, Chargè de Cours B. Levy. - Y. Bischofberger, C. Giddey, F. Sadik, R. Matos, S. Sandoz, C. Fiala, G. Simona, P. Vazone.

LAUSANNE, Institut de Géographie de l'Université de Lausanne, BFSH II-Dorigny, CH-1015 Lausanne, Tel.: (021) 69230-70, -69, Fax: 69230-75.

Geschichtl.: Seit 1898 geogr. Vorlesungen. 1925 Prof.. 1931-1946 Geogr. Seminar. 1947 Geogr. inst. Faculté des Lettres.

Leitung/wiss. Mitarb.: Dir. Dr. L. Bridel, Prof. ordinaire, Dr. J.-B. Racine. Prof.ordinaire, Dr. J. Winistörfer, Prof. ordinaire. Mme Micheline Cosinschi-Meunier, Maitre d'enseignement et de recherche. M. Michel Marthaler, maître-assistant. Chargé de cours: Dr. J-M. Fallot

NEUCHÂTEL, Institut de Géographie de l'Université de Neuchâtel. Espace Louis-Agassiz 1, CH-2000 Neuchâtel,Tel.: (032) 720-8709.

Leitung/wiss. Mitarb.: Prof. ord.: Dr. F. Chiffelle (géo. humaine). – Prof. ass.: Dr. A. Cunha (géo. économique, géo. quantitative eta cartographie automatique), Dr. A. Pancza (géomorphologie), Dr. F. Jeanneret (géoécologie et géographie des paysages), J. Ruegg (aménagement du territoire).

ST. GALLEN, Forschungsstelle f. Wirtschaftsgeographie und Raumplanung (FWR-HSG), Universität St. Gallen, Tigerbergstr. 2, CH-9000 St. Gallen (Postfach 67, CH-9011 St. Gallen), Tel.: (071) 2242-582, Fax: 2242-722, Internet: http://www.fwr.unisg.ch, e-mail: Martin.Boesch@unisg.ch

Geschichtl.: Seit 1900 geogr. Vorlesungen. 1906 o. Prof. f. Wirtschaftsgeogr.. Seminar f. Wirtschaftsgeogr. 1964 Forschungsstelle f. Wi-g.. 1972 Forschungsstelle f. Wi-g. u. R-pl.

Leitung/wiss. Mitarb.: Prof. Dr. Martin Boesch. – E. Renner. – S. Schmid-Keller – Bibliothek: L. Guhl.

ZÜRICH, Geographisches Institut der Universität Zürich-Irchel. Winterthurerstr. 190, CH-8057 Zürich, Tel.: (01) 635-5111, Fax: 635-6848.

Leitung/wiss. Mitarb.: Prof. Dr. Klaus Itten (Direktor), Prof. Dr. Kurt Brassel, Prof. Dr. Hans Elsasser, Prof. Dr. Wilfried Haeberli, Prof. Dr. Harold Haefner, Prof. Dr. Ulrike Müller-Böker – Ass. Prof. Dr. Robert Weibel – Dr. Guido Dorigo (EDV-Koordinator), Prof. Dr. Peter Fitze (Wiss. Abteilungsleiter), Prof. Dr. Kurt Graf (Leiter Sekundar- und Fachlehrerausbildung), Dr. Waldemar A. Keller (Leiter Verwaltung), Prof. Dr. Daniel Nüesch (Wiss. Abteilungsleiter) – Oberass.: Dr. Norman Backhaus, Dr. Elisabeth Bühler-Conrad, Prof. Dr. Conradin Burga, Dr. Andreas Kääb, PD Dr. Max Maisch, Dr. André Odermatt, Dr. Daniel Schläpfer, Dr. Bernhard Schneider – Wiss. Mitarb.: Dr. Britta Allgöwer, Dr. Dagmar Brandova, Dr. Markus Egli, Dr. Urs Frei, Dr. Urs Geiser, Dr. Martin Hölzle, Dr. Hanspeter Holzhauser, Dr. Tobias Kellenberger, Dr. Erich Meier.

ZÜRICH. Geographisches Institut der Eidgenössischen Technischen Hochschule (ETH), Uni-Irchel, Winterthurerstr. 190, CH-8057 Zürich, Tel.: (01) 257-5211, Fax: 362-5197.

Geschichtl.: 1898 ao. Prof. f. Geogr. (bes. Phys. Geogr.), 1901 o. Prof., 1915 Geogr. Inst., 1925 Diplomfach, 1944 Zentrale bzw. Inst. f. Landesplanung gegr. u. dem Geogr. Inst. angegliedert, ab 1961 selbst. Inst. f. Orts-, Regional- u. Landesplanung, 1960-1981 2. Prof. (Landesplanung u. Kulturgeographie), 1975-1998 3. Prof. (Quant. Geogr.), 1983 Angliederung e. Abt. f. Hydrologie. 1998 neue Professur für Hydrologie und Klimatologie

Leitung/wiss. Mitarb.: Prof. Dr. A. Ohmura (Physische Geographie), Prof. Dr. C. Schär (Hydrologie) – Oberassistenten, Assistenten, Dozenten: PD Dr. H. Blatter, Dr. P. Calanca,

Dr. C. Frei, Dr. H. Gilgen, Dr. D. Grebner, Dr. J. Gurtz, Dr. H. Hegner, Dr. P. Höllrigl, Dr. U. Moser, Dr. G. Müller, Dr. V. Nespor, Dr. M. Rotach, Dr. B. Sevruk, Dr. P.L. Vidale, Dr. M. Wild. Doktoranden: O. Albrecht, M. Andretta, P. DeHaan, S. Fukutome, B. Göldi, P. Heck, K. Jaspers, S. Kälin, J. Kleinn, N. Kljun, A. Lehmann, C. Marti, M. Müller, G. Niederbäumer, R.E. Schmid, J. Schmidli, M. Schwarb, M. Sprenger, R. Sheppard, A. Weiss, M. Werfeli, L. Z'graggen – Technisches und administratives Personal: P. Eugster, H.J. Frei, E. Jampen, K. Schroff, U. Thun, B. Tönz, R. Widmer.

ZÜRICH. Lehrauftrag f. Militärgeographie und operative Probleme a. d. Eidgen. Techn. Hochschule, c/o Gruppe f. Generalstabsdienste, CH-3003 Bern — Leit.: C. Vincenz, Divisionär.

GEOGRAPHISCHE VERBÄNDE UND GESELLSCHAFTEN

Verband Geographie Schweiz / Association Suisse de Géographie (ASG) (zugleich Nationalkomitee der IGU der Schweiz).

Geschäftsstelle: Hella Marti, Geographisches Institut der Universität Bern, Hallerstr. 12, CH-3012 Bern, Tel./Fax: (031) 333-3154, e-mail: asg@giub.unibe.ch

Präsident: Prof. Dr. Heinz Veit, Geographisches Institut der Universität Bern, Hallerstr. 12, CH-3012 Bern, Tel.: (031) 631-8561, e-mail: veit@giub.unibe.ch.

(Präsident Nationalkomitee IGU: Prof. Antoine S. Bailly, Département de Géographie de l'Université de Genève, UNI-MAIL, Faculté des SES, 102, bd. Carl-Vogt, CH-1211 Genève 4)

Schweizerische Gesellschaft für angewandte Geographie. Präs.: Dr. Bruno Strebel, Sonnenhof 10, CH-6232 Genensee, Tel.: (041) 9213824 — Sekretariat: Ursula Strebel, Sonnenhof 10, CH-6232 Genensee, Tel.: (041) 9213824.

Schweizerische Geomorphologische Gesellschaft / Société Suisse de Géomorphologie. Präs.: Dr. Daniel Von der Mühll, Zürich. Sekr.: Dr. Christoph Hegg, Eigen. Forschungsanstalt für Wald, Schnee und Landschaft (WSL), Zürcherstr. 111, CH-8903 Birmensdorf, Tel.: (01) 739-2444.

Junge Geographie Schweiz (JUGS), Organization of the Swiss Students of Geography. Kontaktadresse: Verband Geographie Schweiz, Geographisches Institut der Universität Bern, Hallerstr. 12, CH-3012 Bern, e-mail: asg@giub.unibe.ch

Verein Schweizerischer Geographielehrerinnen und -lehrer / Suisse des Professeurs de Géographie. Allmendstr. 28, CH-5610 Wohlen — Präs.: Franz Widmer, Kantonsschule Wohlen, CH-5610 Wohlen, Tel.: (056) 6211219, Fax: 6227836.

BASEL. Geographisch-Ethnologische Gesellschaft Basel. Präs.: Dr. D. Opferkuch, Klingelbergstr. 16, CH-4056 Basel, Tel.: (061) 267-3660.

BERN. Geographische Gesellschaft von Bern, Hallerstr. 12, CH-3012 Bern, Tel.: (031) 631-8869, Fax: 631-8544 — Präs.: Dr. U. Wiesmann – Sekr.: M. Wälti, Tel.: (031) 631-8816.

GENÈVE. Société de Géographie, rue de l'Athénée, CH-1205 Genève.

NEUCHÂTEL. Société Neuchâteloise de Géographie. Inst. d. Géographie. Case postale, CH-2006 Neuchâtel — Präs: Hubert Rossel, Pêchers 4, CH-1462 Yvonand, Tel./Fax: (024) 4301432 – Sekr.: Jean-Bernard Neuenschwander – Kass.: Yvette Gern.

OSTSCHWEIZ. Ostschweizerische Geographische Gesellschaft St. Gallen. Präs.: Dr. Hansjörg Werder. Sekr.: Erich Renner, FWR-HSG, Postfach, CH-9011 St. Gallen

TESSIN. GEA - associazione dei geografi. Casella postale 1605, CH-6500 Bellinzona.

ZÜRICH. Geographisch-Ethnographische Gesellschaft Zürich. Präs.: Prof. Dr. K. Brassel, Geographisches Institut der Universität Zürich-Irchel, Winterthurerstr. 190, CH-8057 Zürich, Tel.: (01) 635-5151, Fax: 635-6848.

SPITZENORGANISATIONEN DER SCHWEIZERISCHEN WISSENSCHAFT

(Stiftungen und Kommissionen zur Forschung)

Bundesamt für Bildung und Wissenschaft. Wildhainweg 9, Postfach5675, CH-3001 Bern, Tel.: (031) 322-9691, Fax: 322-7854 — Dir.: G. M. Schuwey.

Schweizer. Nationalfonds z. Förderung d. wissenschaftlichen Forschung. Wildhainweg 20, CH-3001 Bern, Tel.: (031) 308-2222, Fax: 301-3009, Internet: http://www.snf.ch, e-mail: PRI@snf.ch — Präs. d. Stiftungsrates: Prof. Ralf Hütter, Zürich – Präs. d. Nationalen Forschungsrates: Prof. Heidi Diggelmann, Lausanne – Gen.-Sekr.: Dr. Hans Peter Hertig.

Schweizerischer Wissenschaftsrat. Sekretariat: Inselgasse 1, CH-3003 Bern, Tel.: (031) 322-9666, Fax: 322-8070, Internet: http://www.admin.ch/swr, e-mail: swrsek @swr.admin.ch — Präs.: Prof. Dr. Verena Meyer, Zürich – Gen. Sekr.: Dr. Edo Poglia, Bern

Kommission zur Förderung der wissenschaftlichen Forschung. Wildhainweg 21, Postfach 23 38, CH-3001 Bern, Tel.: (031) 612146 — Präs.: Dr. H. Sieber, Bundesamt für Konjunkturfragen, Belpstr. 53, CH-3003 Bern – Sekr.: Dr. Peter Kuentz, Bern.

Schweizerische Stiftung f. Alpine Forschungen, Binzstr. 23, CH-8045 Zürich. gegr. 1939 — Präs.: Dr. Jürg Marmet, Allschwil/BL – Vizepräs.: Dr. Eduard Leuthold, Zürich – Sekr.: Dr. Fritz Hans Schwarzenbach, Semione/TI.

Wissenschaftliche Gesellschaften und Verbände

Gesellschaft f. Hochschule u. Forschung. Affolternstr. 123, CH-8050 Zürich — Präs.: Dr. H. G. Tschopp, Zürich – Gf. Dr. G. Latzel.

NORMUNGSWESEN UND DATENVERARBEITUNG

Hochschulinstitute

FRIBOURG (Freiburg). Institut d'informatique de l'Université Fribourg / Institut für Informatik der Universität Freiburg, Regina Mundi, Rue Faucigny 2, CH-1700 Fribourg, Tel.: (037) 298322 — Dir.: o.Prof. B. Hirsbrunner.

ZÜRICH. Institut für Operations Research und mathematische Methoden der Wirtschaftswissenschaften d. Universität Zürich. Moussonstr. 15, CH-8044 Zürich — Leit.: o. Prof. Dr. P. Kall.

ZÜRICH. Institut f. Automatik der ETH, ETH-Zentrum, Physikstr. 3, CH-8092 Zürich — Vorst.: Prof. Dr. M. Morari.

DOKUMENTATION – INFORMATION – BIBLIOTHEKSWESEN

BASEL. Schweizerisches Wirtschaftsarchiv und WWZ-Bibliothek. Petersgraben 51, Postfach 664, CH-4003 Basel, Tel.: (061) 267-3210, Fax: 267-3208, e-mail: gisler@ubacln.unibas.ch — Leit.: Johanna Gister, lic.phil

ZÜRICH. Zentrale f. Wirtschaftsdokumentation (früher: Archiv. f. Handel u. Industrie), Univ. Zürich. Plattenstr. 14, CH-8032 Zürich. Tel.: (00411) 634-3911, Fax: 634-4995 — Dir.: Prof. Dr. C. Meyer – Inst.-Leit.: lic. oec. publ. M. Knaus.

ZÜRICH. Institut f. Informatik d. Universität Zürich. Winterthurerstr. 190, CH-8057 Zürich, Tel.: (01) 635-4311, Fax: 635-6809.

Wissenschaftliche Gesellschaften und Verbände

Schweizerische Vereinigung f. Dokumentation, Sekretariat: Schmidgasse 4, Postfach 601, CH-6301 Zug, Tel.: (042) 726-4505, Fax: 726-4509, e-mail: protamo»compuserve.com — Präs.: Stephan Holländer.

Afghanistan-Institut Stiftung Bibliotheca Afghanica. Benzburweg 5, CH-4410 Liestal, Tel./Fax: (061) 921-9838 — Sekr.: P. Bucherer-Dietschi, ebenda.

Verein Schweizerischer Archivarinnen und Archivare. Präs.: Gilbert Coutaz, Archives cantonales vaudoises, Rue de la Mouline 32, CH-1022 Chavannes-près-Renens, Tel.: (021) 316-3711, Fax: 316-3755, e-mail: gilbert.coutaz@acv.dfj.ch – Vice-Präs.: Rodolfo Huber, Archivio della città di Locarno, Piazzetta de Capitani 2, CH-6600 Locarno, Tel.: (091) 756-3190, Fax: (091) 7511177 – Trésorier: Hans-Robert Ammann, Archives de l'Etat du Valais, Rue des Vergers 7, CH-1951 Sion, Tel.: (027) 60646-00, Fax: 60646-04 – Secrétaire: Georges Willemin, Comité international de la Croix-Rouge, Avenue de la Paix 19, CH-1202 Genève. Tel.: (022) 7302353, Fax: 7332057, e-mail: gwillemin@icrc.org

BBS-Verband der Bibliotheken und der Bibliothekarinnen/Bibliothekare der Schweiz. Vorsitz: Marie-Claude Troehler, Bibliothèque municipale de Nyon, 10. av. Viollier, case postale 102, CH-1260 Nyon – Sekr.: Sekretariat BBS, Zentralsekretär: Alain Huber, Effingerstr. 35, CH-3008 Bern, Tel.: (031) 382-4240, Fax: 382-4648.

ORGANISATIONEN, DIENSTSTELLEN, HOCHSCHUL- UND FORSCHUNGSINSTITUTE VON GRUND- UND NACHBARFÄCHERN DER GEOGRAPHIE

ASTRONOMIE

Eidgenössische zentrale Einrichtungen

ZÜRICH. Institut für Astronomie, ETH-Zentrum, Häldeliweg 15, CH-8092 Zürich, Tel.: (01) 632-3813, Fax: 632-1205 — Vorsteher: Prof. Dr. J. O. Stenflo (zugleich Professor für Astronomie an der Universität Zürich).

Astrophysikalisches Observatorium AROSA, CH-7050 Arosa, Tel.: (081) 311646
Radioastronomisches Observatorium, BLEIEN, CH-5722 Gränichen, Tel.: (064) 311055.

Hochschulinstitute

BASEL. Astron. Inst. der Universität Basel. Venusstr. 7, CH-4102 Binningen, Tel.: (061) 20554-54, Fax: 20554-55 — Vorst.: o. Prof. Dr. phil. G. A. Tammann.

BERN. Astronomisches Inst. d. Universität. Sidlerstr. 5, CH-3012 Bern, Tel.: (031) 631-8591 — Dir.: o. Prof. Dr. G. Beutler.

GENÈVE. Département d'Astronomie de l'Université, c/o Observatoire de Genève. CH-1290 Sauverny, Tel.: (022) 755-2611 — Dir.: Prof. A. Maeder.

LAUSANNE. Inst. d'astronomie de l'Université, Bâtiment des sciences phys. Dorigny. CH-1015 Lausanne, Tel.: (021) 692-379 — Dir.: Prof. B. Hauck — Observatoire: CH 1290 Chavannes des Bois, Tel.: (022) 7552614.

Wissenschaftliche Gesellschaften und Verbände

Schweizerische Gesellschaft f. Astrophysik u. Astronomie. Observatoire de Genève, CH-1290 Sauverny-Versoix, Tel.: (022) 7552611 — Präs.: Prof. M. Mayor.

GEODÄSIE, VERMESSUNGSWESEN UND KARTOGRAPHIE

Bundesamt für Landestopographie, Seftigenstr. 264, CH-3084 Wabern, Tel.: (031) 963-2111, Fax: 963-2459, Internet: http://www.swisstopo.ch — Direktion: Dr. h.c. E. Gubler

Abt. Geodäsie: Dr.Ing. D. Schneider
Abt. Topographie: Dipl.-Ing. Ch. Eidenbenz
Abt. Kartographie und Reproduktion: H. U. Feldmann.

Schweizerische Geodätische Kommission. Präs.: Prof. Dr. H. G. Kahle, Institut für Geodäsie und Photogrammetrie, ETH Hönggerberg, CH-8093 Zürich, Internet: http://www.sanw.unibe.ch/root/portrait/sgk/sgk.index.html.

Hochschulinstitute

LAUSANNE. Institut de Géomatique, Ecole Polytechnique Fédéralede Lausanne, GR-Ecublens, CH-1015 Lausanne, Tel.: (021) 693-2755, Fax: 693-5740

Topométrie: Prof. B. Merminod
Photogrammétrie: Prof. O. Kölbl
Systèmes d'information à Référence Spatiale: Prof. F. Golay.

ZÜRICH. Institut f. Geodäsie und Photogrammetrie a. d. Eidg. Techn. Hochschule, ETH-Hönggerberg, CH-8093 Zürich, Tel.: (01) 633-3055 — Vorsteher: Prof. Dr. H. Ingensand.

ZÜRICH. Institut f. Kartographie der Eidg. Techn. Hochschule, ETH-Hönggerberg, CH-8093 Zürich, Tel.: (01) 633-3033, Fax: 633-1153, Internet: http://www.geod.ethz.ch/karto, e-mail: sekarto@geod.ethz.ch — Dir.: Prof. Dr. L. Hurni.

Wissenschaftliche Gesellschaften und Verbände

Verband Schweizer Vermessungsfachleute. Zentralpräsident: Paul Richle, Damataire 6, CH-1009 Pully – Zentralsekr.: Marja Balmer, Weissensteinstr. 15, CH-3400 Burgdorf, Tel./Fax: (034) 4229804.

Schweizerische Gesellschaft f. Kartographie. Gegr. 1969. c/o Bundesamt für Landestopographie, Postfach, CH- 3084 Wabern, Tel.: (031) 9632327, Fax: 9632459, e-mail: Hans-Uli.Feldmann@lt.admin.ch — Präsident: Hans-Uli Feldmann.

BILDSTELLEN – FERNERKUNDUNG
TOPOGRAPHISCHE KARTEN UND DATEN

Eidgenössische zentrale Einrichtungen

Bundesamt für Landestopographie, Seftigenstr. 264, CH-3084 Wabern, Tel.: (031) 963-2111, Fax: 963-2459, Internet: www.swisstopo.ch

National Point of Contact (NPOC) Switzerland, Informations- und Archivstelle für Satellitenbilder, Bundesamt für Landestopographie und Institut für Kommunikationstechnik, Fachgruppe Bildwissenschaften, ETH- Zentrum, Gloriastr. 35, CH-8092 Zürich, Tel.: (01) 632-5284, Fax: 632-1251 — Dr. K. Seidel

Interdepartementale Arbeitsgruppe für Fernerkundung, Bundesamt für Bildung und Wissenschaft, Hallwylstraße 4, CH- 3003 Bern — J.P. Ruder

Schweizerische Kommission für Fernerkundung der Schweiz. Akademie für Naturwissenschaften; Präsident Prof. Dr. Eberhard Parlow, Institut für Meteorologie, Klimatologie und Fernerkundung der Universität Basel, Spalenring 145, CH-4055 Basel, Tel.: (061) 272-6503, -6480, Fax: 272-6923, Internet: www.geo.unizh.ch/skf, e-mail: parlow@ubaclu.unibas.ch

Hochschulinstitute

ZÜRICH. Abteilung für Fernerkundung und Angewandte Fernerkundung a. Geogr. Inst. d. Univ. Zürich-Irchel, Winterthurerstr. 190, CH-8057 Zürich, Tel.: (01) 635-5131/51, Fax: 635-6842/46,. e-mail:haefner/itten@geo.unizh.ch — o. Prof. Dr. H. Haefner, o. Prof. Dr. K. I. Itten, Prof. Dr. D. Nüesch – Dr. U. Frei, Dr. F. Holecz, Dr. T. Kellenberger, Dr. E. Meier, Dr. P. Pasquali, Dr. M. Schaepmann, Dr. D. Schläpfer, Dr. D. Small.

Sonstige Einrichtungen

ZÜRICH. Swissphoto Vermessung AG, Dorfstraße 53, Postfach, CH-8105 Regensdorf-Watt, Tel.: (01) 871-2222, Fax: 871-2200.

Lufbild- und Satellitenbildarchiv (National Point of Contact), Bundesamt für Landestopographie, Seftigenstr. 264, CH-3084 Wabern, Tel.: (031) 963-2111, Fax: 963-2459, Internet: www.vision.ee.ethz.ch/npoc — National Point of Contact for Satellite Images: J.P. Perret

STATISTIK

Eidgenössische zentrale Einrichtungen

Bundesamt für Statistik, Schwarztorstr. 96 CH-3003 Bern, Tel.: (031) 323-6011, Fax: 323-6012 — Dir.: Dr. C. Malaguerra.

Einrichtungen für die gesamte Schweiz

Schweizerische Vereinigung für Statistik (ASS), c/o Sanddoz Pharma AG, CH-4002 Basel, Tel.: 386/1235 — Präs.: U.S. Gugerli.

Kantonale Statistische Ämter

AARGAU. Statistisches Amt d. Kant. Aargau, Bleichemattstr. 4, CH-5000 Aarau, Tel.: (062) 835-1300 — Leit.: Dr. phil. Fritz Fasler.

BASEL-Landschaft. Statistisches Amt des Kantons Basel-Landschaft. Rufsteinweg 4, CH-4410 Liestal, Tel.: (061) 925-5632, Fax: 925-6987 — Leit.: A. Lienin.

BASEL-Stadt. Statistisches Amt d. Kts. Basel-Stadt. Webergasse 34, CH-4005 Basel, Tel.: (061) 267-8727, Fax: 267-8737, e-mail: stata@bs.ch — Leit.: Dr. P. Schwendener.

FRIBOURG (Freiburg). Service de statistique de l'Etat de Fribourg. Impasse de la Colline 4, CH-1700 Fribourg. Tel.: (026) 305-2823 — Leit.: G. Dutoit.

GENÈVE. Office cantonal de la statistique. Case postale 6255, CH-1211 Geneve 6, Tel.: (022) 787-6707 — Leit.: J.-E. Neury.

GRAUBÜNDEN. Amt für Wirtschaft und Tourismus, Sektion Statistik. Grabenstr. 8, CH-7001 Chur, Tel.: (081) 257-2374, Fax: 257-2192, e-mail: Kurt.oppliger@awt.gr.ch

REPUBLIQUE ET CANTON DU JURA. Bureau de la statistique. 2, rue du 24-Septembre, CH-2800 Delémont, Tel.: (032) 420-5062, Fax: 420-5061 — Leit.: Ph. Kauffmann.

LUZERN. Amt für Statistik d. Kantons Luzern. Burgerstr. 22, CH-6002 Luzern, Tel.: (041) 2285635, Fax: 2107732 — Leit.: Lic. oec. publ. G. A. Paravicini Bagliani.

NEUCHÂTEL (Neuenburg). Service statistique cantonal. Le Château, CH-2001 Neuchâtel, Tel.: (038) 223738 — Leit.: J.-P. Pelaton.

SOLOTHURN. Kanton Solothurn, Finanzausgleich und Statistik, Rathaus, CH-4509 Solothurn, Tel.: (032) 627-2066, Fax: 627-2867, e-mail: piastebler@fd.so.ch — Leit.: Pia Stebler

ST. GALLEN. Wirtschaftsförderung des Kanton St. Gallen, Davidstr. 35, Postfach, CH-9001 St. Gallen, Tel.: (071) 229-350, Fax: 229-3992, e-mail: wirtschaftsfoerderung@vd-kiga.sg.ch

THURGAU. Statistisches Amt des Kantons Thurgau. Regierungsgebäude, CH-8500 Frauenfeld, Tel.: (052) 724-2396. Fax: 724-2910, e-mail: heinz.sulger@kttg.ch — Leit.: Dr. H. Sulger Büel.

TESSIN. Ufficio cantonale di statistica. Stabile Torretta, CH-6501 Bellinzona, Tel.: (091) 814-4225, Fax: 814-4425, e-mail: dke.ustat.cds@ti.ch — Leit.: E. Venturelli.

VALAIS (Wallis). Office de statistique du canton du Valais. CH-1951 Sion, Tel.: (027) 216031 — Leit.: A. J. Glassey.

VAUD (Waadt). Service cantonal de recherche et d'information statistiques. St-Martin 7, CH-1014 Lausanne, Tel.: (021) 4481-39, -40 — Leit.: M. Dieserens.

ZÜRICH. Statistisches Amt d. Kantons Zürich. Bleicherweg 5, CH-8090 Zürich, Tel.: (01) 225-1200, Fax: 225-1297—Leit.: Dr. H. Kissling.

Städtische Statistische Ämter

BERN. Statistikdienste d. Stadt Bern. Schwanengasse 14, Postfach, CH-3001 Bern, Tel.: (031) 321-7531, Fax: 321-7539, e-mail: stdbern@swissonline-ch

BIEL. Statistisches Amt der Stadt Biel. Rue du Fer 9, CH-2501 Biel, Tel.: (032) 212-233.

LAUSANNE. Office d'études socio-économiques et statistiques. Av. Florimont 1, CH-1006 Lausanne, Tel.: (021) 315-2229, Fax: 323-4763

NEUCHÂTEL (Neuenburg). Service de Promotion économique. Faubourg de l'Hopital 2, CH-2001 Neuchâtel, Tel.: (038) 20-7777.

ST. GALLEN. Statistisches Büro der Stadt St. Gallen, Rathaus, Poststr. 28, CH-9001 St. Gallen, Tel.: (071) 224-5368, Fax: 224-5481, e-mail: eveline.vollmer @stadt.sg.ch

WINTERTHUR. Stadtverwaltung Winterthur, Departement Bau, Stadtplanung, Technikumstraße 81, Postfach, CH-8402 Winterthur, Tel.: (052) 267-5464, Fax: 267-5936.

ZÜRICH. Statistisches Amt der Stadt Zürich. Napfgasse 6, CH-8001 Zürich, Tel.: (01) 251-4820, Fax: 262-4122.

Statistische Institute und Lehrstühle an Hochschulen

BASEL. Institut für Statistik und Ökonometrie, WWZ/Universität Basel, Holbeinstr. 12, CH-4051 Basel, Tel.: (061) 267-3311, Fax 267-3327 — Vorst.: o. Prof. Dr. Wolfgang Polasek.

BERN. Universität Bern, Institut für Mathematische Statistik, Sidlerstr. 5, CH-3012 Bern, Tel.: (031) 631-8811, Fax: 631-3870 — Vorst.: o.Prof. Dr. Jürg Hüsler.

GENÈVE (Genf). Département d'économétrie de l'Université de Genève. Bd Carl-Vogt 102, CH-1211 Genève 4, Tel.: (022) 705-8230 — Dir.: Prof. Y. Balasko.

LAUSANNE. Ecole Polytechnique Fédérale de Lausanne (EPFL), Lehrstuhl für angewandte Statistik, CH-1015 Lausanne, Tel.: (021) 693-4232 — o.Prof. Dr. Stephan Morgenthaler.

LAUSANNE. Ecole Polytechnique Fédérale de Lausanne (EPFL), Lehrstuhl für Statistik, CH-1015 Lausanne, Tel.: (021) 693-2592 — o.Prof. Dr. Peter Nüesch.

ZÜRICH. Statistisches Seminar d. Univ., Rämistr. 62, CH-8001 Zürich, Tel.: (01) 6342301 — Leit.: N.N.

ZÜRICH. Eidg. Technische Hochschule Zürich, Seminar für Statistik, ETH-Zentrum SOL, CH-8092 Zürich, Tel.: (01) 632-3438, Fax: 632-1086 — o.Prof. Dr. Frank Hampel , o.Prof. Dr. Hans-Rudolf Künsch.

Wissenschaftliche Gesellschaften und Verbände

Schweizerische Gesellschaft für Statistik und Volkswirtschaft. Sekretariat, c/o Bundesamt für Statistik, Schwarztorstr. 96, CH-3003 Bern, Tel.: (031) 323-6013 — Präsident: Prof. Claude Jeanrenaud, Neuchâtel – Sekr.: M. Jacot, Bern.

NATURWISSENSCHAFT

Eidgenössische zentrale Einrichtungen
Einrichtungen für die gesamte Schweiz

Schweizerische Akademie d. Naturwissenschaften. Gen.-Sekretariat: Bärenplatz 2, CH-3011 Bern, Kontaktadresse: Tel.: (031) 312-3375, Fax: 312-3291, Internet: http://www.sanw.unibe.ch, e-mail: sanw@sanw.unibe.ch — Präs.: Prof. Dr. Bernhard Hauck, Lausanne – Gen.-Sekr.: Anne Christine Clottn Vogel

Hochalpine Forschungsstationen Jungfraujoch und Gornergrat. Sidlerstr. 5, CH-3012 Bern, Tel.: (031) 631-4052, Fax: 631-4405 — Präs.: Prof. Dr. H. Debrunner.

Wissenschaftliche Gesellschaften und Verbände

Schweizerische Akademische Gesellschaft für Umweltforschung und Ökologie (SAGUF). Geschäftsstelle: Corine Mauch, c/o Geographisches Institut, ETH, Winterthurerstr. 190, CH-8057 Zürich, Tel.: (01) 257-5215 oder 5211 — Präs.: Prof. Dr. Dieter Steiner.

Kantonal und örtlich

APPENZELL. Appenzellische Naturwissenschaftliche Gesellschaft. Burghalde 2894, CH-9100 Herisau — Präs.: R. Kunz.

BASEL-Landschaft. Naturforschende Gesellschaft Baselland. Saegeweg 9, CH-4450 Sissach/BL — Präs.: Dr. phil.II René U. Altermatt

BASEL-Stadt. Naturforschende Gesellschaft in Basel. Präs.: PD Dr. D. van Loon, c/o F. Hoffman-La Roche AG, Grenzacherstr. 124, CH-4070 Basel, Tel.: (061) 688-7027, Fax: 688-1645, e-mail: Adolphus.van_Loon@Roche.com (Pr.: Waldhofstr. 15, CH-4310 Rheinfelden, Tel.: (061) 8313620, e-mail: DolfvanLoon@hofmail.com)

BERN. Naturforschende Gesellschaft in Bern. Physiologisches Institut, Bühlplatz 5, CH-3012 Bern — Präs.: Prof. Dr. R. Weingart.

BIEL. Naturforschende Gesellschaft Biel. Waldegg 4, CH-2565 Jens — Präs.: Dr. P. Gerber.

DAVOS. Naturforschende Gesellschaft Davos. c/o Eidg. Institut f. Schnee- und Lawinenforschung, Flüelastr. 11, CH-7260 Davos-Dorf — Präs.: W. Frey.

ENGADIN. Societed engiadinaisa da scienzas natürelas. Academia Engiadina, CH-7503 Samedan, Tel.: (085) 10629, Internet: http://www.academia-engiadina.ch, e-mail: geoalpin@academia-engiadina.ch — Präs.: Dr. F. Keller

GENÈVE (Genf). Société de physique et d'histoire naturelle de Genève. c/o Muséum d'histoire naturelle, C.P. 6434, CH-1211 Genève 6, Fax: (022) 418-6301, e-mail: jean.wuest@mhn.ville-ge.ch

GLARUS. Naturforschende Gesellschaft des Kantons Glarus. Berglirain 12, CH-8750 Glarus, Internet: http://www.glariosa.ch/ngg, e-mail: ngg@glariosa.ch — Präs.: H. Oppliger

GRAUBÜNDEN. Naturforschende Gesellschaft Graubünden. Bondastr. 85, CH-7000 Chur — Präs.: Dr. P. Ratti.

LUZERN. Naturforschende Gesellschaft Luzern — Präs.: Dr. Engelbert Ruoss, Naturmuseum, CH-6000 Luzern.

NEUCHÂTEL (Neuenburg). Société neuchâteloise des sciences naturelles. c/o Institut de zoologie. Chantemerle 22, CH-2000 Neuchâtel 7 — Präs.: Prof. W. Matthey.

SCHWYZ. Schwyzerische Naturforschende Gesellschaft. Seestr. 77, CH-8846 Willerzell — Präs.: Dr. S. Lienert

SOLOTHURN. Naturforschende Gesellschaft Solothurn. Hofmatt, CH-4582 Brügglen — Präs.: Dr. P. Berger

ST. GALLEN. St. Gallische Naturwissenschaftliche Gesellschaft. Helvetiastr. 41, CH-9000 St. Gallen — Präs.: Dr. H. Kapp

THUN. Naturwissenschaftliche Gesellschaft Thun. Ortbühlweg 35, CH-3612 Steffisburg — Präs.: Dr. Karl Klenk

THURGAU. Thurgauische Naturforschende Gesellschaft. Spitzrütistr. 26, CH-8500 Frauenfeld — Präs.: Dr. Helen Hilfiker

TICINO (Tessin). Società Ticinese di Scienze Naturali. Via Frontini 16, CH-6962 Viganello — Präs.: R. Peduzzi.

URI. Naturforschende Gesellschaft Uri. Schmiedgasse 11, CH-6460 Altdorf — Präs.: Dr. W. Brücker.

VALAIS (Wallis). Unterwallis. Société valaisanne des Sciences naturelles LA MURITHIENNE, Bibliothèque cantonale, CH-1950 Sion, Tel.: (027) 606-4731, Fax: 606-4734 — Präs.: Régine Bernard, Chemin du Bosquet, CH-1967 Bramois.

VAUD (Waadt). Société vaudoise des sciences naturelles. Palais de Rumine, CH-1005 Lausanne — Administration: Françoise Mundler, Tel./Fax: (021) 3124334, e-mail: SVSN@unil.ch

WINTERTHUR. Naturwissenschaftliche Gesellschaft Winterthur. Frohbergstr. 21, CH-8542 Wiesendangen — Präs.: Prof. Dr. K. F. Kaiser

Museen

BASEL. Naturhistorisches Museum. Augustinergasse 2, CH-4001 Basel, Tel.: (061) 266-5500 — Dir.: Dr. P. Jung

BERN. Naturhistorisches Museum d. Burgergemeinde Bern, gegr. 1832. Bernastr. 15, CH-3005 Bern, Tel.: (031) 350-7111, Fax: 350-7499 — Dir.: Prof. Dr. Marcel Güntert

FRAUENFELD. Museum d. Kantons Thurgau. Historisches Museum im Schloß. Museum für Archäologie und Naturmuseum, Freiestr. 24-26, CH-8500 Frauenfeld — Kunst- und Ittinger Museum in der Kartause Ittingen, CH-8532 Warth.

FRIBOURG (Freiburg). Musée d'histoire naturelle (Naturhistorisches Museum). (Abt. f. Geographie, Geologie, Mineralogie, Biologie), Chemin du Musée 6, CH-1700 Fribourg, Tel.: (026) 3009040 — Dir.: André Fasel, directeur – Dr. Emanuel Gerber, Vizedirektor

GENÈVE (Genf). Muséum d'histoire naturelle. Gegr. 1820. Route de Malagnou, case postale 6434, CH-1211 Genève 6 — Dir.: Prof. V. Mahnert.

LUZERN. Natur-Museum Luzern. Kasernenplatz 6, CH-6003 Luzern, Tel.: (041) 228-5411, Fax: 228-5406, Internet: www.naturmuseum.ch, e-mail: luzern@naturmuseum.ch — Dir.: Dr. P. Herger – Konservatoren: Dr. L. Reser, Dr. E. Ruoss.

NEUCHÂTEL. Musée d'Histoire naturelle, Terreaux 14, CH-2000 Neuchâtel, Tel.: (032) 71779-60, Fax: 71779-69 — Dir.: C. Dufour

ST. GALLEN. Naturmuseum. Museumstraße 32, CH-9000 St. Gallen, Tel.: (071) 2452244 — Konservator: Dr. Toni Bürgin

GEOLOGIE UND BODENKUNDE – MINERALOGIE

Einrichtungen für die gesamte Schweiz

Schweizerische Geologische Kommission. Präs.: Prof. Dr. W. Wildi, Dépt. geologie et paléontologie, 13, Rue des Maraîchers, CH-1211 Genève 4, Tel.: (022) 7026111, Fax: 3205732.

Eidg. Forschungsanstalt für Wald, Schnee und Landschaft (WSL). CH-8903 Birmensdorf, Tel.: (01) 7392111 — Dir.: Dr. Mario F. Broggi

Hochschulinstitute, Lehrstühle und Lehraufträge an Hochschulen

BASEL. Geologisch-Paläontologisches Inst. d. Univ. Bernoullianum. Bernoullistr. 32, CH-4056 Basel, Tel.: (061) 267-3584, Fax: 267-3613 — Vorst.: Prof. S. Schmid.

BASEL. Mineralogisch-Petrographisches Inst. d. Univ. Bernoullianum. Bernoullistr. 30, CH-4056 Basel, Tel.: (061) 267-3615, Fax: 267-3613 — Vorst.: o. Prof. Dr. M. Frey.

BERN. Geologisches Inst. d. Univ., Baltzerstr. 1, CH-3012 Bern, Tel.: (031) 631-8761, Fax: 631-4843 — Dir.: o. Prof. Dr. A. Matter.

BERN. Mineralogisch-Petrographisches Inst. d. Univ., Baltzerstr. 1, CH-3012 Bern, Tel.: (031) 631-8781, Fax: 631-4843.

FRIBOURG (Freiburg). Inst. de géologie et paléontologie (Geolog. u. palänontolog. Inst.) de l'Université, Pérolles, CH-1700 Fribourg, Tel.: (037) 826385 — Dir.: Prof. Dr. Christian Caron.

FRIBOURG (Freiburg). Inst. de minéralogie et pétrographie (Inst. f. Mineralogie u. Petrographie) de l'Université. Pérolles, CH-1700 Fribourg, Tel.: (026) 300-8920, Fax: 300-9765, e-mail: marino.maggetti@unifr.ch — Dir.: o. Prof. Dr. M. Maggetti.

GENÈVE (Genf). Section des Sciences de la Terre, Université: Département de géologie et paléontologie et Departement de minéralogie. Rue des Maraîchers 13, CH-1211 Genève 4, Tel.: (022) 7026628 — Prés.: Prof. W. Wildi.

LAUSANNE. Institut de géologie et de paléontologie de l'Université. BFSH 2, CH-1015 Lausanne, Tel.: (021) 692-4300, Fax: 692-4305 — Dir.: Prof. H. Masson – Prof. P. Baumgartner, Prof. A. Escher, Prof. J. Guex, Prof. G. Stampfli.

LAUSANNE. Inst. de minéralogie et de pétrographie de l'Université. BFSH 2, CH-1015 Lausanne, Tel.: (021) 692-4300, Fax: 692-4305 — Dir. Prof. A. Steck – Prof. ord. J. Hernandez, Prof. ord. J. Hunziker, Prof. ord. S. Ayrton, Prof. hon. R. Woodtli

LAUSANNE. Institut des sols, roches et fondations EPFL. GC-Ecublens, CH-1015 Lausanne, Tel.: (021) 693-2325/15 — Dir.: Prof. F. Descoeudres.

LAUSANNE. École Polytechnique Fédérale de Lausanne. Laboratoire de Géologie. DGC-Ecublens, CH-1015 Lausanne, Tel: (021) 472355

NEUCHÂTEL (Neuenburg). Institut de géologie de l'Université. 11, rue Emile-Argand, CH-2007 Neuchâtel, Tel.: (038) 232600 — Dir.: M. Burkhard, o.Prof., Tel.: (032) 71826-00, Fax: 71826-01.

ZÜRICH. Geologisches Inst. d. Eidgenössischen Technischen Hochschule (mit geologisch-mineralogischer Sammlung). Sonneggstr. 5, CH-8092 Zürich, Tel.: (01) 632-3665

ZÜRICH. Inst. f. Mineralogie u. Petrographie und Mineral.-Petrograph. Sammlung d. Eidgenössischen Techn. Hochschule. Sonneggstr. 5, CH-8092 Zürich, Tel.: (01) 632-3779 — Dir.: Prof. Dr. V. Trommsdorff – Dir. Mineral-Petrograph. Sammlung: Dr. P. Brack.

ZÜRICH. Paläontologisches Inst. u. Museum d. Univ., Karl Schmid-Str. 4, CH-8006 Zürich, Tel.: (01) 634-2339 — Dir.: Prof. Dr. H. Rieber – Konservator: Dr. H. Furrer.

Wissenschaftliche Gesellschaften und Verbände

Schweizerische Geologische Gesellschaft. Präs.: Prof. M. Burkhard, Institut de Géologie, Emile-Argand 11, CH-2007 Neuchatel, Tel.: 032-7182652

Schweizerische Mineralogische und Petrographische Gesellschaft, Präs.: Prof. Marino Maggetti, Min. Petr. Institut, Universität Freiburg, Ch. du Museé 6, CH-1700 Freiburg, Tel.: (026) 300-8930, Fax: 300-9765, e-mail: marino.maggetti@unifr.ch

Schweizerische Paläontologische Gesellschaft, Präs.: Dr. Jean Pierre Berger, Institut de Géologie et de Paléontologie, Pérolles, CH-1700 Fribourg, Tel.: (026) 300-8975, Fax: 300-9742, e-mail: jean-Pierre.Berger@unifr.ch – Sekr. Dr. Danièle Decrouez, Museum d'Histoire naturelle, case postale 6434, CH- 1211 Genève 6.

METEOROLOGIE

Eidgenössische zentrale Einrichtungen

Schweizerische Meteorologische Anstalt. Krähbühlstr. 58, CH-8044 Zürich, Tel.: (01) 256-9111, Fax: 256-9278 — Dir.: Dr. Th. Gutermann

Annexe: Centre metéorol. Genève-Aéroport, CH-1215 Genève, Tel.: (022) 717 82 22.
Flugwetterzentrale Zürich-Flughafen, CH-8058 Zürich, Tel.: (01) 8162029
Station aérologique, CH-1530 Payerne,Tel.: (037) 6626211
Osservatorio Ticinese, CH-6605 Locarno-Monti, Tel.: (091) 7562-311.

Regionale Dienststellen, Lehrstühle und Lehraufträge an Hochschulen

BASEL/LIESTAL. Lufthygieneamt beider Basel, Abt. Luftqualität, Rheinstr. 44, CH-4410 Liestal, Tel.: (061) 925-5046 — Leiter: Dr. H. R. Moser.

ZÜRICH. Laboratorium f. Atmosphärenphysik d. Eidg. Techn. Hochschule, ETH-Hönggerberg, CH-8093 Zürich, Tel.: (01) 633-2755, Fax: 633-1058 — Vorst.: o. Prof. A. Waldvogel.

ERD- UND FELSBEWEGUNGEN, ERDBEBEN, GEBIRGSWALD, NIEDERSCHLAG/HOCHWASSER, LAWINEN, MURGANG, PERMAFROST, WALDBRAND

Eidgenössische zentrale Einrichtungen

DAVOS.CENAT Kompetenzzentrum Naturgefahren im ETH-Bereich, c/o Eidg. Institut f. Schnee- u. Lawinenforschung. Flüelastr. 11, CH-7260 Davos Dorf, Tel.: (081) 417-0201, Fax: 4170823, Internet: http://www.slf.ch/slf.html — Präsident: Dr. Walter Ammann – Koordinator: Dr. Bernhard Krummenacher

Einrichtungen für die gesamte Schweiz

Glaziologische Kommission der Schweiz. Akademie für Naturwissenschaften (SANW). Versuchsanstalt für Wasserbau, Hydrologie und Glaziologie der ETH-Zürich. ETH-Zentrum, CH-8092 Zürich, Tel.: (021) 632-4094, Fax: 632-1192, e-mail: hoelzle@vaw.baum.ethz.ch — Präs. Prof. Dr. H. Gäggeler, Universität Bern – Sekr. Dr. M Hoelzle, ETH-Zentrum-Zürich

GEOTECHNIK, GEOPHYSIK

Eidgenössische zentrale Einrichtungen
Einrichtungen für die gesamte Schweiz

Schweizerische Geotechnische Kommission, ETH Zentrum, CH-8092 Zürich, Tel.: (01) 632-3728, Fax: 632-1270 — Präs.: Prof. Dr. V. Dietrich.

Schweizerischer Erdbebendienst, Inst. f. Geophysik, ETH-Hönggerberg, CH-8093 Zürich, Sekr.: Tel.: (01) 633-2605, Fax: 633-1065.

LAUSANNE. Institut de Géophysique de l'Université de Lausanne. CP, CH-1015 Lausanne, Tel.: (021) 692-4400 — Dir.: Prof. R. Olivier

LAUSANNE. Laboratoire de Mécanique des Roches de l'Ecole Polytechnique fédérale, DGC-ISRF, CH-1015 Lausanne, Tel.: (021) 693-2325/15, Fax: 693-4153 — Dir.: Prof. F. Descoeudres.

ZÜRICH. Inst. f. Geophysik d. Eidg. Techn. Hochsch. ETH-Hönggerberg, CH-8093 Zürich, Tel.: (01) 633-2605, Fax: 633-1065 — Vorst.: o.Prof. Dr. Alan Green.

ZÜRICH. Institut f. Geotechnik d. Eidg. Techn. Hochschule ETH-Hönggerberg, CH-8093 Zürich, Tel.: (01) 633-2600, -2525 — Prof. Dr.-Ing. P. Amann , Prof. Dr. K. Kovari, Frau Prof. Dr. S. Springman.

Wissenschaftliche Gesellschaften und Verbände

Schweizerische Gesellschaft für Meteorologie (SGM). Präs.: P. Jeannet, Institut suisse de météorologie, Les Invuardes, CH-1530 Payerne, Tel.: (026) 662-6211 Fax: 662-6212.

GEWÄSSERSCHUTZ, HYDROLOGIE, HYDROBIOLOGIE, SIEDLUNGSWASSERWIRTSCHAFT

Eidgenössische Institution

Eidg. Anstalt f. Wasserversorgung, Abwasserreinigung u. Gewässerschutz (EAWAG). Überlandstr. 133, CH-8600 Dübendorf, Tel.: (01) 823-5511 — Dir.: Prof. Dr. Alexander J.B. Zehnder — Forschungszentrum für Limnologie, CH-6047 Kastanienbaum/LU.

Bundesamt für Wasserwirtschaft, Effingerstr. 77, Postfach, CH-3001 Bern, Tel.: (031) 322-5411, Fax: 322-5451 — Dir.: Dr. A. Lässker.

Einrichtungen für die gesamte Schweiz

Schweizerische Gesellschaft für Hydrologie und Limnologie. Präs.: Dr. Bruno Schädler, Landeshydrologie und -geologie, Baltzerstr. 3, CH-3000 Bern, Tel.: (031) 324-7666, Fax: 324-7681, e-mail: bruno.schädler@buwal.admin.ch

Hydrologisches Landeskomitee der Schweiz. Akademie der Naturwissenschaften. Präsident: Prof. Dr. A. Musy, IATE - Ecole Polytechnique Fédérale de Lausanne, GR - Ecublens, CH-1015 Lausanne, Tel.: (021) 693-3725, Fax: 693-3739.

Hochschulinstitute, Lehrstühle und Lehraufträge an Hochschulen

BERN. Hydrologischer Atlas der Schweiz. Projektleitung am Geographischen Institut der Universität Bern (Gruppe für Hydrologie), Hallerstr. 12, CH-3012 Bern, Tel.: (031) 631-8015, Fax: 631-8511.

NEUCHÂTEL (Neuenburg). Centre d'Hydrogéologie de l'Institut de Géologie de l'Université. 11, rue Emile-Argand, CH-2007 Neuchâtel, Tel.: (032) 718-2600 — Dir.: Prof. F. Zwahlen, Tel.: (032) 718-2689, Fax: 718-2601.

ZÜRICH. Versuchsanstalt f. Wasserbau, Hydrologie u. Glaziologie an der Eidg. Techn. Hochsch. ETH-Zentrum, CH-8092 Zürich, Tel.: (01) 632-4091, Fax: 632-1192 — Dir.: Prof. Dr. H.-E. Minor

ZÜRICH. Eidg. Anstalt für Wasserversorgung, Abwasserreinigung und Gewässerschutz EAWAG, Direktor: Prof. Dr. Alexander J.B. Zehnder. Ueberlandstr. 133, CH-8600 Dübendorf/Zürich. Tel.: (01) 823-5511, Fax: 823-5028.

ZÜRICH. Institut f. Hydromechanik u. Wasserwirtschaft d. Eidg. Techn. Hochsch. ETH-Hönggerberg, CH-8093 Zürich, Tel.: (01) 633-3075, Fax: 633-1061 — Vorsteher: Prof. Dr. W. Kinzelbach

ZÜRICH. Limnologische Station, Seestr. 187, CH-8802 Kilchberg, Tel.: (01) 716-1211, Fax: 716-1225 — Leitung Prof. Dr. F. Jüttner.

GEOBOTANIK – PFLANZENGEOGRAPHIE

Einrichtungen für die gesamte Schweiz

Geobotanische Kommission. Institut de botanique, Batiment de 692-4265 — Präs.: Prof. P. Hainard.

Kommission f. d. Kryptogamenflora. Präs.: Dr. K. Ammann, Systematisch-Geobotanisches Institut der Universität Bern, Altenbergrain 21, CH-3013 Bern, Tel.: (031) 631-4937.

Schweizerische Vogelwarte. CH-6204 Sempach, Tel.: (041) 46297-00, Fax: 46297-10 — Leit.: wechselnd

Hochschulinstitute, Lehrstühle und Lehraufträge an Hochschulen

LAUSANNE. Institut de botanique systématique et de géobotanique Université de Lausanne. Bâtiment de Biologie, CH-1015 Lausanne, Tel.: (021) 692-4260 — Dir.: Prof. Dr. H. Clémençon.

LAUSANNE. Institut de zoologie et d'écologie animale. Bâtiment de Biologie, CH-1015 Lausanne, Tel.: (021) 692-2463.

ZÜRICH. Geobotanisches Inst. d. Eidg. Techn. Hochsch., Stiftung Rübel. Zürichbergstr. 38, CH-8044 Zürich, Tel.: (01) 632-3877, Fax: 632-1215 — Präs. d. Stiftungsrates: Prof. Dr.H. Flühler – Dir.: o. Prof. Dr. P.J. Edwards

ZÜRICH. Lehrstuhl f. Spezielle Zoologie, Zoogeographie u. Funktionsmorphologie, Universität Zürich-Irchel, Winterthurerstr. 190, CH-8057 Zürich, Tel.: (01) 257-4761, Fax: 364-0295 — Direktion Zoolog. Museum: o. Prof. Dr. V. Ziswiler

Wissenschaftliche Gesellschaften und Verbände

Schweizerische Botanische Gesellschaft. Präs. Prof. Dr. Pierre Hainard, Institut de botanique systématique et de géobotanique, Université de Lausanne, Bâtiment de Biologie, CH-1015 Lausanne, Tel: (021) 692-4262, Fax: 692-4265.

Schweizerische Entomologische Gesellschaft. Präs.: Dr. W. Geiger, Institut de zoologie, Chantemerle 22, CH-2000 Neuchâtel, Tel.: (038) 256434

ALA, Schweizerische Gesellschaft für Vogelkunde und Vogelschutz, Geschäftsstelle: R. Horvàth-Manetsch, Rüttenenweg 63, CH-4313 Möhlin AG, Tel.: (061) 851-1650

Schweizerische Zoologische Gesellschaft. Präs.: Dr. Laurent Keller, Institut de Zoologie et d'Ecologie Animale, University of Lausanne, Batiment de Bologie, CH-1015 Lausanne, Tel: (021) 692-4173, Fax: 692-4105, e-mail: Laurent.Keller@izea.unil.ch

ANTHROPOLOGIE, BEVÖLKERUNGSWISSENSCHAFT – VÖLKERKUNDE, VOLKSKUNDE

Hochschulinstitute, Lehrstühle und Lehraufträge an Hochschulen und sonstige wissenschaftliche Institute

BASEL. Ethnologisches Seminar der Universität. Münsterplatz 19, CH-4051 Basel, Tel.: (061) 2672738, Fax: 2672747, Internet: www.unibas.ch/ethno — Vorst.: o. Prof. Dr. M. Schuster.

BASEL. Seminar für Volkskunde d. Universität. Spalenvorstadt 2, Postfach, CH-4003Basel, Tel.: (061) 267-1241 , Fax: 267-1244 — Vorst.: Prof. Dr. C. Burckhardt-Seebass.

BASEL. Schweizerisches Inst. f. Volkskunde. Spalenvorstadt 2, Postfach, CH-4001 Basel, Tel./Fax: (061) 267-1163 — Dir.: Prof. Dr. Theodor Bühler.

BERN. Universität Bern, Institut für Ethnologie, Länggassstr. 49a, CH-3000 Bern 9, Tel.: (031) 631-8995, Fax: 631-4212 — Dir.: Prof. Dr. Wolfgang Marschall, Prof. Dr. Hans-Rudolf Wicker.

FRIBOURG (Freiburg). Lehrstuhl f. Ethnologie a. d. Universität. o.Prof. Christian Giordano, Rte des Bonnesfontaines 11, CH-1700 Fribourg, Tel.: (026) 300-7842, Fax: 300-9715, e-mail: christian.giordano@unifr.ch.

GENÈVE (Genf). Département d'anthropologie de l'Université. 12, rue Gustave-Revilliod, CH-1227 Carouge-Genève, Tel.: (022) 702-6970 — Dir.: Prof. ord. A. Gallay (anthropologie et paléontologie humaine. préhistoire. ethnologie).

NEUCHÂTEL (Neuenburg). Institut d'ethnologie de l'Université. 4, Saint-Nicolas, CH-2006 Neuchâtel, Tel.: (032) 718171-0, Fax: 718171-1 — Dir.: Prof. ord. Pierre Centlivres, Prof. ord. Anne-Marie Losonczy.

ZÜRICH. Anthropologisches Institut und Museum, UZI, Winterthurerstr. 190, CH-8057 Zürich, Tel.: (01) 635-5411, Fax: 635-6804 — Leit.: Prof. Dr. R. D. Martin

ZÜRICH. Völkerkundemuseum der Universität Zürich. Pelikanstraße 40, CH-8001 Zürich, Tel.: (01) 634-9011 Fax: 634-9050 — Dir.: Prof. Dr. M. Oppitz.

ZÜRICH. Volkskundliches Seminar d. Universität. Zeltweg 67, CH-8032 Zürich, Tel.: (01) 634-2433 Fax: 634-4994 — Leit.: Prof. Dr. U. Gyr

Wissenschaftliche Gesellschaften und Verbände

Schweizerische Gesellschaft f. Anthropologie. Präs.: Dr. Peter Schmid, Anthropologisches Institut, Winterthurerstr. 190, CH-8057 Zürich, Tel.: (01) 635-5423

Schweizerische Gesellschaft f. Volkskunde, c/o Schweiz. Institut für Volkskunde. Spalenvorstadt 2, Postfach, CH-4001 Basel, Tel.: (061) 267-1163 — Präs.: Prof. Dr. Theodor Bühler, Basel.

Museen

BASEL. Museum f. Völkerkunde u. Schweizerisches Museum f. Volkskunde, gegr. 1892. Augustinergasse 2, CH-4051 Basel, Tel.: (061) 266-5500 — Dir.: Prof. Dr. G. Baer.

GENÈVE (Genf). Musée d'Ethnographie de la Ville de Genève. Gegr. 1901. 65-67, Boulevard Carl-Vogt, CH-1205 Genève — Annexe du Musée d'ethnographie. 7, ch. Calandrini, CH-1231 Conches, Tel.: (022) 418-4550, Fax: 418-4551

LAUSANNE. Musée de Zoologie. Place Riponne 6, Case postale 448, CH-1000 Lausanne 17 — Dir.: Prof. P. Goeldlin.

NEUCHÂTEL (Neuenburg). Musée d'ethnographie. Gegr. 1904. 4, rue Saint-Nicolas, CH-2006 Neuchâtel, Tel.: (032) 718-1960, Fax: 718-1969, Internet: http://www.ne.ch/neuchatel/men, e-mail: men.secr@men.umine.ch — Conservateur: Jacques Hainard.

SPRACH-, MUNDART- UND NAMENFORSCHUNG

BERN. Institut für Germanistik, Abt. f. Deutsche Sprache und Abteilung f. Dialektologie und Volkskunde der deutschen Schweiz (2 Lehrstühle). Unitobler, Länggassstr. 49, CH-3000 Bern 9, Tel.: (031) 631-8311, Fax: 631-3788 — Dir.: Proff. Dr. W. Sanders, Dr. P. Glatthard.

BERN. Forschungsstelle f. Namenkunde d. westl. deutschen Schweiz u. Ortsnamensammlung d. Kantons Bern. Unitobler, Länggass-Str. 49, CH-3000 Bern 9, Tel.: (031) 631-8293 — Dir.: Prof. Dr. P. Glatthard.

ZÜRICH. Sprachatlas der deutschen Schweiz. Auf der Mauer 5, CH-8001 Zürich, Tel.: (01) 257-2048 — Redaktionsleitung: Dr. Rudolf Trüb.

GESCHICHTE – URGESCHICHTE, FRÜHGESCHICHTE, LANDESGESCHICHTE

Hochschulinstitute, Lehrstühle und Lehraufträge an Hochschulen

BASEL. Seminar für Ur- und Frühgeschichte der Universität Basel. Petersgraben 9-11, CH-4051 Basel, Tel.: (061) 267-2340, Fax: 267-2341

Jüngere und Provinzialrömische Abteilung: Prof. em. Dr. L. Berger, Prof. Dr. Max Martin (Frühmittelalter) — Ältere und Naturwissenschaftliche Abt./Laboratorium für Urgeschichte: Prof. Dr. J.-M. Le Tensorer (Vorsteher), PD Dr. M. Joos (Sedimentologie), PD Dr. H.F. Etter (Anthropologie) — Archäobiologische Abt.: Prof. Dr. J. Schibler (Archäozoologie), Prof. Dr. S. Jacomet (Archäobotanik)

BASEL. Historisches Seminar der Universität. Hirschgässlein 21, CH-4051 Basel, Tel.: (061) 271-0835, Fax: 271-0860 — Leit.: Prof. Dr. K. v. Greyerz, Prof. Dr. M. Schaffner, Prof. Dr. A.v. Müller, Prof. Dr. H. Haumann, Prof. Dr. W. Meyer, Prof. Dr. J. Mooser, Prof. Dr. Claudia Opitz., Prof. Dr. Georg Kreis.

BERN. Institut für Ur- und Frühgeschichte und Archäologie der Römischen Provinzen. Bernastr.15A CH-3005 Bern, Tel.: (031) 350-1010, Fax: 350-1019 — Dir.: Prof. Dr. W.E. Stöckli, Prof. Dr. Stefanie Martin-Kircher

BERN. Abt. f. Schweizergeschichte d. Histor. Instituts der Universität. Unitobler, Länggass-Str. 49, CH-3000 Bern 9, Tel.: (031) 631-8091 — Dir.: Prof. Dr. M. Körner, Prof. Dr. Brigitte Studer – Dr. Bernhard Degen, Oberassistent.

FRIBOURG (Freiburg). Chaire d'Histoire, Contemporaire Generale et Suisse, Cité universitaire, CH-1700 Fribourg, Tel.: (026) 300-7923, Fax: 300-9761 — Prof. Dr. F. Python.

FRIBOURG (Freiburg). Seminar für Zeitgeschichte. o. Prof. Dr. Urs Altermatt, c/o Seminar für Zeitgeschichte, Rue de l'Hôpital 3, CH-1700 Fribourg, Tel.: (026) 300-7935, Fax: 300-9716.

NEUCHÂTEL (Neuenburg). Séminaire de préhistoire. Avenue Du Peyrou 7, CH-2000 Neuchâtel, Tel.: (032) 718-1730, Fax: 718-1731 — Dir.: Prof. M. Egloff.

NEUCHÂTEL (Neuenburg). Institut d'Histoire de l'Université et Centre d'Etudes historiques sur les Relations franco-suisses. Faculté des Lettres. Quai Robert-Comtesse 2, CH-2000 Neuchâtel, Tel.: (038) 213181 — Dir.: Prof. ord. Remy Scheurer (Histoire du Moyen Age et de la Renaissance) – Prof. ord. Philippe Henry (Histoire nationale) – Prof. ord. Philippe Marguerat (Histoire moderne et contemporaine) – Prof. ord. Denis Knoepfler (Histoire ancienne).

ZÜRICH. Inst. f. Geschichte der ETH Zürich. Hirschgraben 62, CH-8092 Zürich (Postadresse: ETH Zentrum, CH-8092 Zürich), Tel.: (01) 632-4010, Fax: 632-1366 — Dir.: Prof. Dr. J.-F. Bergier, Prof. Dr. H. W. Tobler

Wissenschaftliche Gesellschaften und Verbände

Allgemeine Geschichtforschende Gesellschaft der Schweiz. Unitobler, CH-3000 Bern 9, Tel.: (031) 631-8093 — Präs.: Prof. G.P. Marchat – Sekr.: I. Krone-Germann

Gesellschaft für Schweizerische Kunstgeschichte, Geschäftsstelle: Pavillonweg 2, CH-3001 Bern, Tel.: (031) 301-4281, Fax: 301-6991 — Gf.: Stefan Biffiger.

Schweizerische Gesellschaft f. Ur- und Frühgeschichte SGUF. Postfach, CH-4001 Basel (Petersgraben 9-11), Tel.: (061) 261-3078 — Präs. 1997-2000: Dr. S. Hochuli

Schweizerische Heraldische Gesellschaft. Burgstr. 32, CH-8706 Meilen, Tel./Fax: (01) 923-1077 — Präs.: Gregor Th. Brunner

Kantonal und regional

AARGAU. Historische Gesellschaft d. Kantons Aargau. Postfach 570, CH-5001 Aarau — Präs.: Dr. Bruno Meier

APPENZELL. Historischer Verein Appenzell. Präs. Hermann Bischofberger, lic.iur. et phil., Landesarchivar und Kantonsbibliothekar, Weisbadstr. 24, CH-9050 Appenzell.

ΔMuseum Appenzell, lic-phil. Roland Inauen, Konservator, Marktg. 2, CH-9050 Appenzell.

BASEL. Historische u. Antiquarische Gesellschaft zu Basel, Archäolog. Seminar, Schönbeinstr. 20, CH-4056 Basel — Vorsteherin: Dr. Annemarie Kaufmann-Heinimann

BERN. Historischer Verein d. Kantons Bern, c/o Bürgerbibliothek. Postfach, CH-3000 Bern 7, Tel.: (031) 311-1803 — Präs.: Dr. Jürg Segesser.

FRIBOURG (Freiburg). Deutscher Geschichtsforschender Verein d. Kantons Freiburg. Universität Miséricorde, CH-1700 Freiburg i. Ue — Präs.: Prof. Dr. E. Tremp.

FRIBOURG (Freiburg). Société d'histoire du canton Fribourg. Archivweg 4, CH-1700 Fribourg — Präs.: Dr. N. Morard.

GENÈVE (Genf). Société d'histoire et d'archéologie, Bibliothéque publique et universitaire, CH-1211 Genève 4 — Präs.: Guy Lecomte.

GLARUS. Historischer Verein des Kantons Glarus, Postfach 403, CH-8750 Glarus — Präs.: Dr. Robert Kistler, Hädilochstr. 44a, CH-8867 Niederurnen.

GRAUBÜNDEN. Historische Gesellschaft von Graubünden. c/o Staatsarchiv Graubünden, Karlihofplatz, CH-7000 Chur, Tel./Fax: (081) 633-3831 — Präs.: Dr. Silvio Färber

LAUSANNE. Société d'Histoire de la Suisse Romande. p.A. Jacqueline Ulm, Av. Béthusy 6, CH-1005 Lausanne.

LUZERN. Historische Gesellschaft Luzern. c/o Staatsarchiv, Schützenstr. 9, Postfach, CH-6000 Luzern 7, Tel.: (041) 228-5365, Fax: 228-6663, Internet: http://www.staluzern.ch, e-mail: archiv@staluzern.ch — Präs.: Hansruedi Brunner.

NEUCHATEL. Société d'histoire et dÆarchéologie Neuchâtel, Poudrières 43,CH-2006 Neuchâtel — Präs.: M. Egloff.

NIDWALDEN. Historischer Verein Nidwalden. c/o Staatsarchiv, CH-6370 Stans.

OBWALDEN. Historisch-Antiquarischer Verein Obwalden. Grundacherweg 4, CH-6060 Sarnen — Präs.: Dr. Remigius Küchler.

SCHAFFHAUSEN. Historischer Verein des Kantons Schaffhausen. Kirchstr. 26, CH-8245 Feuerthalen — Präs.: Prof. Markus Späth.

SCHWYZ. Historischer Verein des Kantons Schwyz. Postfach 357, CH-6431 Schwyz — Präs.: Dr. Josef Wiget.

SOLOTHURN. Historischer Verein d. Kantons Solothurn, Zentralbibliothek Solothurn, Bielstr. 39, CH-4502Solothurn, Tel.: (032) 6241141

THURGAU. Historischer Verein d. Kantons Thurgau. CH-8500 Frauenfeld — Präs.: André Salathé, Lic.phil., Staatsarchiv

URI. Historischer Verein Uri. Präs.: Dr. Hans Muheim, Wegmatt 16, CH-6460 Altdorf, Tel.: (044) 23236.

VALAIS (Wallis). Geschichtsforschender Verein d. Oberwallis. Stockalpenschloß, CH-3900 Brig — Präs.: Dr. Guntern Josef, Petit Chasseur 21, CH-1950 Sitten, Tel.: (027) 3227880.

VALAIS (Wallis). Unterwallis. Société d'Histoire du Valais Romand. Abbaye de St-Maurice, CH-1890 St-Maurice — Präs.: Dr. H. Michelet.

ZUG. Zuger Verein für Heimatgeschichte. Oberwiler Kirchweg 7, CH-6300 Zug — Präs.: Dr. P. Ott.

ZÜRICH. Antiquarische Gesellschaft in Zürich. Staatsarchiv des Kantons Zürich, Postfach, CH-8057 Zürich.

Museen

Für die gesamte Schweiz

ZÜRICH. Schweizerisches Landesmuseum / Musée National Suisse. Gegr. 1890. Museumstr. 2, CH-8023 Zürich, Tel.: (01) 218-6511, Fax: 211-2949, Internet: http://www.musee-suisse.ch — Präs.: Dr. Hans Wehrli – Dir.: Dr. Andres Furger.

Kantonal und regional

BASEL. Historisches Museum Basel. Steinenberg 4, CH-4051 Basel, Tel.: (061) 271-0505, Fax: 271-0542 — In der Barfüßerkirche (Mittelalter u. Renaissance), im Hause „Zum Kirschgarten", Elisabethenstr. 27 (18./19. Jh.) und Leonhardsstr. 8, Basel Musikmuseum, Im Lohnhof 9, Kutschen und Schlitten-Sammlung, Brüglingen.

BELLINZONA. Castello di Montebelo – Castelgrande – Villa dei Cedri, Palazzo Civico, Vioa Camminata 2, Casella postale 1419, CH-6500 Bellinzona, Tel.: (091) 825-2131, Fax: 825-3817.

BERN. Bernisches Historisches Museum. Helvetiaplatz 5, CH-3000 Bern 6, Tel.: (031) 350-7711 — Dir.: Peter Jezler.

BRUGG. Gesellschaft Pro Vindonissa. Vindonissa-Museum, Tel.: (056) 441-2184 — Präs.: Dr. H.J. Brem, Schloßmühlestr. 25, CH-8500 Frauenfeld – Konservator: Dr. E. Bleuer, Brugg.

FRIBOURG (Freiburg). Musée d'art et d'histoire / Museum f. Kunst und Geschichte. 12, rue de Morat, CH-1700 Fribourg, Tel.: (026) 305-5140 — Dir.: Dr. Yvonne Lehnherr.

LAUSANNE. Musée cantonal d'archéologie et d'histoire. Palais de Rumine, CH-1014 Lausanne, Tel.: (021) 316-3430, Fax: 316-3431 — Directeur: G. Kaenel.

LIESTAL. Kantonsmuseum Baselland Liestal. (Postadresse: Regierungsgebäude, Rathausstr. 2), CH-4410 Liestal. Öffnungszeiten/Ausstellungen - Tel.: (061) 925-5090, -5986 — Dir.: Dr. Jürg Ewald.

ST. GALLEN. Sammlung für Völkerkunde St. Gallen, Museumstr. 50, CH-9000 St. Gallen, Tel.: (071) 244-8802, Fax: 244-7381 — Konservator: R. Steffan.

SCHAFFHAUSEN. Museum zu Allerheiligen. CH-8200 Schaffhausen, Tel.: (052) 633-0777, Fax: 633-0788 — Dir.: Dr. G. Seiterle. Konservator der Naturkundlichen Abteilung: Markus Huber.

WIRTSCHAFTS- UND SOZIALWISSENSCHAFT

Lehrstühle und Lehraufträge an Hoschulen

BASEL. Lehrstuhl f. Schweizergeschichte u. neuere Allgemeine Geschichte a. d. Univ., Histor. Seminar. Hirschgässlein 21, CH-4051 Basel, Tel.: (061) 271-0835, Fax:

271-0835 — Leitung: Prof. Dr. H. Haumann, Prof. Dr. M. Schaffner, Prof. Dr. J. Mooser, Prof. Dr. H.R. Guggisberg, Prof. Dr. A. v. Müller, Prof. Dr. W. Meyer, Prof. Dr. Claudia Opitz-Belakhal, Prof. Dr. Georg Kreis.

BASEL. Wirtschaftswissenschaftliches Zentrum WWZ. Universität Basel. Petersgraben 51, CH-4003 Basel, Tel.: (061) 267-3111, Fax: 267-2759 — Vorst.: Prof. Dres. R. L. Frey, S. Borner, P. Kugler, G. Nöldeke, M. Bruhn, H. Schierenbeck, W. Müller, J.H. Sommer, T. Studer

BERN. Inst. f. Soziologie d. Universität Bern. Lerchenweg 36, CH-3000 Bern 9, Tel.: (031) 631-4811 — Dir.: Prof. Dr. Claudia Honegger, Prof. Dr. Andreas Diekmann.

BERN. Volkswirtschaftliches Institut d. Universität Bern. Vereinsweg 23, CH-3012 Bern, Tel.: (031) 631-8081, Fax: 631-3783 — Gf. Dir.: Prof. Dr. R. E. Leu.

FRIBOURG (Freiburg). Chaîre d'histoire économique a l'Université: Prof. ord. J.-J. Friboulet. Route des Allys 20, CH-1740 Neyruz. Tel.: (037) 373125.

FRIBOURG (Freiburg). Wirtschafts- u. Sozialwissenschaftl. Inst., Inst. des sciences économiques et sociales, Universität/Université. Miséricorde, CH-1700 Fribourg, Tel.: (037) 219333 — Dir.: o. Prof. Dr. B. Dafflon.

NEUCHÂTEL (Neuenburg). Chaire (Lehrstuhl) d'économie appliquée et statistique a l'Université. Prof. ord. J.-L. Juvet, Chemin du Soleil 14, CH-2000 Neuchâtel, Tel.: (038) 255326.

NEUCHÂTEL (Neuenburg). Inst. de Sociologie et de Science politique de l'Université de Neuchâtel (Suisse). 7, Pierre-à-Mazel, CH-2000 Neuchâtel, Tel.: (038) 257205.

NEUCHÂTEL (Neuenburg). Institut de Recherches Économiques et Régionales (IRER), Faculté de droit et des sciences économiques. 7, Pierre-à-Mazel, CH-2000 Neuchâtel, Tel.: (032) 718-1400, Fax: 718-1401 — Dir.: Prof. Dr. D. Maillat, Prof. Dr. Claude Jeanrenaud.

ST. GALLEN. Schweizerisches Institut f. Außenwirtschafts-, Struktur- u. Regionalforschung d. Universität St. Gallen, Hochschule f. Wirtschafts-, Rechts- u. Sozialwissenschaften. Dufourstr. 48, CH-9000 St. Gallen, Tel.: (071) 224-2350, Fax: 224-2298 — Präs.: Prof. Dr. J. Anderegg – Dir.: Prof. Dr. H. Hauser, Prof. Dr. G. Kirchgässner, Prof. Dr. Michael Lechner

ST. GALLEN. Schweizerisches Institut f. gewerbliche Wirtschaft d. Hochschule St. Gallen f. Wirtschafts-, Rechts- u. Sozialwissenschaften. Kirchlistr. 44, CH-9010 St. Gallen, Tel.: (071) 247790 — Präs.: Prof. Dr. E. Brauchlin – Dir.: Prof. Dr. H. J. Pleitner.

ZÜRICH. em. Professor f. Geschichte u. Soziologie der Land- und Forstwirtschaft a. d. Eidg. Techn. Hochsch., Prof. Dr. A. Hauser, Schlossbergstr. 12, CH-8820 Wädenswil/ZH, Tel.: (01) 780-3858.

ZÜRICH. Inst. f. Wirtschaftsforschung d. Eidg. Techn. Hochschule. Weinbergstr. 35, CH-8092 Zürich, Tel.: (01) 632-4718, Fax: 632-1218.

ZÜRICH. Sozialökonomisches Seminar, Universität Zürich, Blümlisalpstr..10. CH-8006 Zürich, Tel.: (01) 634-2770, Fax: 634-4987 — Leiter.: Prof. Dr. P. Zweifel

ZÜRICH. Soziologisches Institut d. Universität. Rämistr. 69, CH-8001 Zürich, Tel.: (01) 634-2150, Fax: 634-4989 — Dir.: Prof. Dr. V. Bornschier

ZÜRICH. Wirtschaftswissenschaftliches Institut d. Universität Zürich. Rämistr. 62, CH-8001 Zürich, Tel.: (01) 634-2291 (Sekr.), Fax: 634-4996 — Leit.: N.N.

Wissenschaftliche Gesellschaften und Verbände

Schweizerische Gesellschaft f. Soziologie / Société suisse de sociologie. Rämistr. 69, CH-8001 Zürich. Postadresse: Postfach 313, CH-8028 Zürich, Tel.: (01) 261-1094 — Präs.: Claudia Honegger, Bern – Sekr.: P. Rusterholz, Zürich

LAND- UND FORSTWIRTSCHAFTSWISSENSCHAFT

Eidgenössische zentrale Einrichtungen

BERN-LIEBEFELD. Institut für Umweltschutz und Landwirtschaft IUL, Liebefeld, CH-3003 Bern, Tel.: (031) 323-8301 — Institutsleiter: Dr. Franz X. Stadelmann.

BIRMENSDORF/ZH. Eidg. Forschungsanstalt für Wald, Schnee und Landschaft (WSL). CH-8903 Birmensdorf, Tel.: (01) 739-2111 — Dir.: Dr. Mario F. Broggi.

BERN-LIEBEFELD. Eidg. Forschungsanstalt f. Milchwirtschaft Liebefeld, Schwarzenburgstr. 161, CH-3003 Bern, Tel.: (031) 323-8102, Fax: 323-8227.

POSIEUX. Eidg. Forschungsanst. f. Nutztiere Posieux, CH-1725 Posieux/FR, Tel.: (026) 4077-111, Fax: 4077-300 — Dir.: Danielle Gagnaux-Morel.

NYON. Station fédérale de recherches en production végétale de Changins-RAC. Case postale 254, CH-1260 Nyon 1, Tel.: (022) 363-4444, Fax: 362-1325, Internet: http://www.admin.ch/sar/rac — Dir.: Dr. A. Stäubli

TÄNIKON. Eidg. Forschungsanstalt für Agrarwirtschaft u. Landtechnik Tänikon. CH-8356 Tänikon, Tel.: (052) 368-3131, Fax: 365-1190 — Dir.: Prof. Dr. W. Meier.

WÄDENSWILL. Eidg. Forschungsanst. f. Obst-, Wein- u. Gartenbau. Postfach 185, CH-8820 Wädenswi/ZH, Tel.: (01) 783-6111, Fax: 780-6341, e-mail: Margrit.Bueeler@mbox.faw.admin.ch — Dir.: Dr. W. Müller

ZÜRICH-RECKENHOLZ. Eidg. Forschungsanst. für Agrarökologie und Landbau. Rekkenholzstr. 191-211, CH-8046 Zürich, Tel.: (01) 377-7111, Internet: http://www.admin.ch/sar/fah — Dir.: Dr. A. Brönnimann.

Hochschulinstitute

ZÜRICH. Eidg. Techn. Hochschule, Abt. Agrar- und Lebensmittelwissenschaften. ETH-Zentrum, Universitätsstr. 2, CH-8092 Zürich, Tel.: (01) 632-3887, Fax: 632-1161 — Vorst.: Prof. Dr. M. Teuber.

ZÜRICH. Departement Wald- und Holzforschung, Professur für Waldbau. ETH-Zentrum, CH-8092 Zürich, Tel.: (01) 632-3197, Fax: 632-1033 — Vorst.: Prof. J.-Ph. Schütz.

FREMDENVERKEHR

Eidgenössische zentrale Einrichtung
Einrichtungen für die gesamte Schweiz

Bundesamt für Industrie, Gewerbe und Arbeit (BIGA), Dienst für Tourismus. CH-3003 Bern, Tel.: (031) 322-2758 — Chef: Prof. Dr. P. Keller.

Schweiz Tourismus (ST). Bellariastr. 38, Postfach, CH-8027 Zürich, Tel.: (01)288-1111, Fax: 288-1205 — Präs.: Dr. Dick Marti – Dir.: Marco Hartmann.

Hochschulinstitute

BERN. Forschungsinstitut f. Freizeit und Tourismus d. Universität Bern. Engehaldenstr. 4, CH-3012 Bern, Tel.: (031) 631-3711/12, Fax: 631-3415 — Dir.: Prof. Dr. Hansruedi Müller.

ST. GALLEN. Institut f. Tourismus u. Verkehrswirtschft d. Universität St. Gallen f. Wirtschafts-, Rechts- u. Sozialwissenschften. Varnbüelstr. 19, CH-9000 St. Gallen, Tel.: (071) 224-2525, Fax: 224-2536 — Präs.: Prof. Dr. G. Fischer – Direktion: Prof. Dr. C. Kaspar (Vorsitz), Dr. H. P. Schmidhauser.

Wissenschaftliche Gesellschaften und Verbände

Schweizerische Verkehrswissenschaftliche Gesellschaft, Forum des Schweizer Verkehrs. c/o Institut für Öffentliche Dienstleistungen und Tourismus, Varnbüelstr. 19, CH-9000 St. Gallen, Tel.: (071) 3025-25, Fax: 3025-36 — Präs.: Prof. Dr. C. Kaspar, St. Gallen – Sekr.: Dr. C. Laesser, St. Gallen

Schweizer Tourismus-Verband. Finkenhubelweg 11, Postfach 8275, CH-3001 Bern, Tel.: (031) 30747-47, Fax: 30747-48, e-mail: stv@swisstourfed.ch — Präs.: Franz Steinegger – Dr.: Gottfried F. Künzi.

Schweizerische Gesellschaft für Balneologie und Bioklimatologie, (SGBB) — Präs.: Dr. med. Otto Knüsel, Chefarzt der Rheumatologie, Rheuma- u. Rehabilitationsklinik Valens, CH-7317 Valens, Tel.: (081) 303-1417, (Sekr) — Sekr: Dr. med. Louis Largo, Leitender Arzt, Alpentherme , CH-3954 Leukerbad, Tel.: (027) 472-7260.

RAUM- UND LANDESPLANUNG

Eidgenössische zentrale Einrichtungen

Bundesamt für Raumplanung. Einsteinstr. 2, CH-3003 Bern, Tel.: (031) 322-4060, Fax: 322-7869 — Dir.: Ueli Widmer.

Lehrstühle und Lehraufträge an Hochschulen (siehe auch Geographische Institute)

LAUSANNE. Département d'Architecture, Ecole Polytechnique Fédérale. Case postale 1024, CH-1001 Lausanne — Prof. L. Veuve, Tel.: (021) 693-3245 – Prof. Cl. Wasserfallen, Tel.: (021) 693-3296.

ZÜRICH. Inst. f. Orts-, Regional- u. Landesplanung d. Eidg. Techn. Hochschule. ETH + Hönggerberg, CH-8093 Zürich, Tel.: (01) 633-2969, -2981, Fax: 633-1102 — Leitung ORL-Inst.: Prof. Dr. H. Flückiger, Prof. Franz Oswald, Prof. Dr. D. Kienast, Prof. Dr. W. A. Schmid.

Kantonale und Regionale Einrichtungen

AARGAU. Baudepartement des Kantons Aargau, Abt. Raumplanung. Entfelderstr. 22, (Buchenhof), CH-5001 Aarau, Tel.: (064) 212830.

APPENZELL AR. Planungsamt des Kantons Appenzell AR, Vadianstr. 37, CH-9000 St. Gallen, Tel.: (071) 224242.

APPENZELL i. Rh. Bau- und Umweltdepartment des Kantons Appenzell I. Rh., Fachstelle für Raumplanung, Gaiserstr. 8, CH-9050 Appenzell, Tel.: (071) 788-9341, Fax: 88-9354.

BASEL (Stadt und Landschaft). Regionalplanung beider Basel, Rheinstr. 29, CH-4410 Liestal, Tel.: (061) 925-5933, -5943, Fax: 925-6982.

BERN. Amt für Gemeinden und Raumordnung des Kantons Bern. Reiterstr. 11, CH-3011 Bern, Tel.: (031) 633-3211.

FRIBOURG (Freiburg). Office des constructions et de l'aménagement du territoire, rue des Chanoines 17, CH-1700 Fribourg, Tel.: (026) 305-3613.

GENÈVE (Genf). Département des travaux publics, Direction de l'aménagement du Canton. 5, rue David Dufour, case postale, CH-1211 Genève 8, Tel.: (022) 3274510.

GLARUS. Baudirektion des Kt. Glarus, Sekretariat Kantonsingenieur. Kirchstr. 2, CH-8750 Glarus, Tel.: (058) 636111.

GRAUBÜNDEN. Amt für Raumplanung Graubünden. Grabenstr. 1, CH-7001 Chur, Tel.: (081) 257-2323, Fax: 257-2142.

JURA. Service de l'aménagement du territoire. 2, Rue des Moulins, CH-2800 Delémont, Tel.: (032) 421-5234, Fax: 422-768.

LUZERN. Raumplanungsamt des Kt. Luzern. Murbacherstr. 23, CH-6002 Luzern, Tel.: (041) 228-5183.

NEUCHÂTEL (Neuenburg). Service de l'aménagement du territoire. Rue de Tivoli 22, CH-2003 Neuchâtel, Tel.: (032) 889-6740, Fax: 889-6063.

NIDWALDEN. Amt für Raumplanung, Breitenhaus, CH-6370 Stans, Tel.: (041) 618-7212, Fax: 618-7225.

OBWALDEN. Fachstelle für Raumplanung. Dorfplatz 4a, CH-6060 Sarnen, Tel.: (041) 667191.

SCHAFFHAUSEN. Kantonales Planungs- und Naturschutzamt Schaffhausen. Bekkenstube 11, CH-8200 Schaffhausen, Tel.: (052) 632-7323, Fax: 632-7319, e-mail: pnz.sekr@ktsh.ch.

SCHWYZ. Amt für Raumplanung. Bahnhofstr. 9, Postfach 260, CH-6431 Schwyz, Tel.: (041) 819-2055, Fax: 819-2019.

SOLOTHURN. Kant. Amt für Raumplanung, Werkhofstr. 59, CH-4500 Solothurn, Tel.: (032) 627-2561.

ST. GALLEN. Planungsamt des Kt. St. Gallen. Lämmlisbrunnenstr. 54, CH-9001 St. Gallen, Tel.: (071) 2293147.

THURGAU. Amt für Raumplanung des Kt. Thurgau, Verwaltungsgebäude Promenade, CH-8510 Frauenfeld, Tel.: (052) 724-2436, Fax: 724-2864.

TICINO (Tessin). Dipartimento del territorio, Sezione pianificazione urbanistica. Palazzo amministrativo 2, Viale St. Franscini, CH-6501 Bellinzona, Tel.: (091) 814-3774, Fax: 814-4443, e-mail: dt-spu@ti.ch.

URI. Abt. Raumplanung, Volkswirtschaftsdirektion, Rathausplatz 5, CH-6460 Altdorf, Tel.: (044) 424-14, Fax: 424-25.

VALAIS (Wallis). Service de l'aménagement du territoire. Rue des Cèdres 11, CH-1950 Sion, Tel: (027) 606-3251 (allemand) 606-3250 (fraçais), Fax: 606-3254.

VAUD (Waadt). Service de l'aménagement du territoire. Place de la Riponne 10, CH-1014 Lausanne, Tel.: (021) 376-7400, Fax: 376-7448.

ZUG. Amt für Raumplanung des Kanton Zug. Verwaltungsgebäude 1 an der Aa, Postfach, CH-6301 Zug, Tel.: (041) 728-3380, Fax: 728-3377.

ZÜRICH. Amt für Raumordnung und Vermessung des Kt. Zürich. Stampfenbachstr. 14, CH-8090 Zürich, Tel.: (01) 259-3021, Fax: 259-4283.

Wissenschaftliche Gesellschaften und Verbände

Schweizerische Studiengesellschaft f. Raumordnungs- u. Regionalpolitik (ROREP) – Société suisse d'études pour l'organisation de l'espace et la politique régionale (OEPR). Sekr: c/o Schweizerische Vereinigung für Landesplanung (VLP/ASPAN), Seilerstr. 22, CH- 3007 Bern, Tel.: (031) 380-7676, Fax: 380-7677 — Präsident: Herrn Dr. oec. publ. Alfred Rey – Delegierter für Finanzfragen des Kantons Wallis, Postfach 405, CH- 1951 Sitten, Tel.: (027) 606-2320, Fax: 606-2304.

Schweiz. Vereinigung für Landesplanung. Seilerstr. 22, CH-3011 Bern, Tel: (031) 380-7676, Fax: 380-7677, e-mail: 101475.2554@compuserve.com — Präs.: A. Durrer – Dir.: R. Muggli.

NATURSCHUTZ – LANDSCHAFTSPFLEGE – HEIMATSCHUTZ – DENKMALPFLEGE

Eidgenössische zentrale Einrichtungen

Eidg. Natur- und Heimatschutz-Kommission, c/o BUWAL, CH-3003 Bern, Tel.: (031) 322 -6833. — Präs.: Dr. K. Riklin, Zürich – Sekr.: Fredi Guggisberg, Bern, e-mail: Fredi:.Guggisberg@Buwal-admin.ch

Hauptabteilung für Natur- und Landschafts, Bundesamt für Umwelt, Wald und Landschaft, CH-3003 Bern, Tel.: (031) 322-8075.

Eidg. Nationalpark-Kommission, Hegisplatz 6, CH-7000 Chur — Präs.: a. Nationalrat Dr. Martin Bundi.

Wissenschaftl. Nationalparkkommission, Präs.: Dr. Daniel Cherix, Museé de Zoologie, Palais de Rumine, C.P. 448, CH-1000 Lausanne 17, Tel.: (04121) 316-3462, e-mail: dcherix@ic-zea.unil.ch.

Bundesamt für Umwelt, Wald und Landschaft, Postfach, CH-3003 Bern, Tel.: (031) 322-9311, Fax: 322-9981, Internet: http://www.admin.ch/buwal — Dir.: Dr. Ph. Roch

Eidg. Kommission für Denkmalpflege, c/o Bundesamt für Kultur, Frau Dorothea Richner, CH-3003 Bern, Tel.: (031) 322-9284, Fax: 322-8739.

Lehrstühle und Lehraufträge an Hochschulen

BERN. Institut für Kunstgeschichte, Hodlerstr. 8, CH-3011 Bern, Tel.: (031) 654741 — Direktoren: Prof. Dr. Oskar Bätschmann, Prof. Dr. Norberto Gramaccini, Prof. Dr. Volker Hoffmann.

Abt. für Kunstgeschichte. Neuzeit: Prof. Dr. Oskar Bätschmann, Dr. Johannes Nathan (Oberass.), Dr. Peter I. Schneemann (Ass.) — Mittelalter: Prof. Dr. Norberto Gramaccini, Dr. Solange Michon (Ass.)

Abt. für Geschichte der Architektur und für Denkmalpflege: Prof. Dr. Volker Hoffmann, lic-phil. Christine Ochsner (Ass.), dipl.Arch. Robert Walker, Hon.-Prof. Dr. Georg Germann, Priv.-Doz. Dr. Samuel Rutishauser.

LAUSANNE. Institut de génie de l'environnement, Ecole Polytechnique Fédérale, Ecublens, CH-1015 Lausanne, Tel.: (021) 693-2714, -15, Fax: 693-2859 — Dir.: Prof. D. D. Genske.

ZÜRICH. Professur f. Geschichte d. Städtebaus a. d. ETH: Prof. Dr. Vittorio Magnago Lampugnani, ETH, CH-8093 Zürich-Hönggerberg, Tel.: (01) 633-2903, Fax: 633-1040

Wissenschaftliche Gesellschaften und Verbände

Schweiz. Stiftung f. Landschaftsschutz u. Landschaftspflege. Gf.-Stelle: Hirschengraben 11, CH-3011 Bern, Tel.: (031) 312-2001, Fax: 312-5781 — Präs.: Dr. Lili Nabholz, Zollikon – Gf.: Dr. R. Rodewald, Bern

Pro Natura - Schweizerischer Bund f. Naturschutz. Zentralsekretariat: Wartenbergstr. 22, Postfach, CH-4020 Basel, Tel.: (061) 317-9191, Fax: 317-9166, e-mail: mailbox@pronatura.ch — Präs.: Prof. Dr. Martin Boesch, St. Gallen – Sekr.: Dr. Otto Sieber, Basel.

Stiftung WWF Schweiz. Postfach, CH-8010 Zürich, Tel.: (01) 297-2121, Fax: 297-2100 — Präs.: B. Hellat.

Schweizer Vogelschutz. G'Stelle: Wiedingstr. 78, Postfach, CH-8036 Zürich, Tel.: (01) 463-7271 — Gf.: W. Müller, Zürich.

Schweiz. Gesellschaft für Umweltschutz (SGU). Merkurstr. 45, Postfach, CH-8032 Zürich, Tel.: (01) 251-2826, Internet: htp://www.sgu.org, e-mail: info@sgu.org — Präs.: Margit Huber, Zürich – Gesch.Führer: Dieter Bürgi

Schweizerische Vereinigung f. Gewässerschutz u. Lufthygiene VGL. Hottingerstraße 4, Postfach 59, CH-8024 Zürich, Tel.: (01) 267-4411, Fax: 267-4414 — Präs.: Ueli Bundi, Flaach – Sekr.: Ion Karagounis, Zürich.

Schweizer Alpen-Club. Geschäftsstelle: Helvetiaplatz 4, CH-3005 Bern, Tel.: (031) 351-3611 — Präs.: Hanspeter Schmid – Geschäftsf.: Alfred von Gunten.

Naturfreunde Schweiz. Verband für Sport, Kultur und Tourismus. Pavillonweg 3, Postfach, CH-3001 Bern, Tel.: (031) 301-6088, Fax: 301-6118 — Präs.: P. Bernasconi – Sekr.: P. Glauser.

Schweizer Heimatschutz. Sekretariat: Merkurstr. 45, Postfach, CH-8032 Zürich, Tel.: (01) 252-2660, Fax: 252-2870, e-mail: info@heimatschutz.ch — Präs.: Dr. C. Hürlimann, Zürich – Gf.: H. Gattiker, Zürich

Sprachatlas der deutschen Schweiz. Trichtenhauserstr. 27, CH-8125 Zollikerberg, Tel.: (01) 391-4788 —Redaktionsleitung: Dr. R. Trüb.

Schweizerische Ausbildungsstätte für Natur- und Umweltschutz (SANU), Postfach 3126, CH-2500 Biel 3, Tel.: (032) 322-1433 — Leit.: P. Lehmann, Biel.

Museen

Schweizer Museum f. Wild und Jagd / Musée suisse de la faune et de la chasse. Schloß Landshut, CH-3427 Utzenstorf — Leit.: Naturhist. Museum Bern, Bernastr. 15, CH-3005 Bern, Tel.: (031) 350-7111, Fax: 350-7499 — Schloß Landshut, CH-3427 Utzenstorf, Tel.: (032) 665-4027, Fax: 665-4033.

BERN. Schweizerisches Alpines Museum. Helvetiaplatz 4, CH-3005 Bern, Tel.: (031) 351-0434, Fax: 351-0751 — Dir.: Dr. Urs Kneubühl

LUZERN. Verkehrshaus der Schweiz, Lidostr. 5, CH-6006 Luzern, Tel.: (041) 370-4444, Fax: 370-6168 — Präs.: Dr. Heinrich Zemp, Luzern – Dir.: Dipl.-Ing. Fredy Rey.

Ecomuseum Simplon: Passwege und Museen. CH-3907 Simplon-Dorf. Leit: Alfons Gerold, CH-3907 Simplon-Dorf, Tel.: (027) 9788086 — Dir.: Prof. Dr. Klaus Aerni, Finkenhubelweg 11, CH-3012 Bern, Tel.: (031) 631-3535, Fax: 631-3540.

AUSLANDSKUNDE (EINSCHL. TROPEN) UND WISSENSCHAFTLICHE EINRICHTUNGEN FÜR ENTWICKLUNGSHILFE

Einrichtungen für die gesamte Schweiz

BASEL. Schweizerisches Tropeninstitut. Socinstr. 57, CH-4002 Basel, Tel.: (061) 284-8111 — Kuratoriumspräs.: H. R. Striebel, Regierungsrat, Basel – Vorsteher: Prof. Dr. med. A. Degrémont.

ZÜRICH. Schweizerisches Inst. f. Auslandsforschung. Seilergraben 49, CH-8001 Zürich, Tel.: (01) 632-6362, Fax: 632-1947 — Präs.: Alberto Togni – Delegierter: Prof. Dr. Dieter Ruloff – Sekretariatsleiterin: Ursula Mayer-Wegelin.

Hochschul- und Forschungsinstitute

BASEL. Orientalisches Seminar d. Universität. Hirschgässlein 21, CH-4051 Basel, Tel.: (061) 272-7451 — Vorst.: Prof. Dr. G. Schoeler.

BERN. Institut für Islamwissenschaft, Unitobler, Länggassstraße 49, CH-3000 Bern 9, Tel.: (031) 631-8232, Fax: 631-8048 — Dir.: Prof. Dr. Reinhard Schulze.

BERN. Institut für Vorderasiatische Archäologie und Altorientalische Sprachen. Länggaßstraße 10, CH 3000 Bern 9, Tel.: (031) 631-8299.

GENÈVE (Genf). Institut universitaire d'études du développement. 24, Rue Rothschild, CH-1211 Genève 21, Tel.: (022) 731-5940 — Directeur: Jean-Luc Maurer.

GENÈVE (Genf). Centre d'Étude du Proche-Orient ancien (Ex-Centre d'études orientales). Université, 3 Place de l'Université, CH-1211 Genève 4 — Dir.: A. de Pury.

ZÜRICH. Orientalisches Seminar d. Universität. Beckenhofstr. 26, CH-8006 Zürich, Tel.: (01) 257-6681 — Leit.: Prof. Dr. B. Reinert.

ZÜRICH. Ostasiatisches Seminar d. Universität. Zürichbergstr. 4, CH-8032 Zürich, Tel.: (01) 634-3181, Fax: 634-4921, Internet: http://www.unizh.oh/astasian, e-mail: office@oas.unizh.ch — Vorsteher: Prof. Dr. Eduard Klopfenstein.

Wissenschaftliche Gesellschaften und Verbände

Schweizerische Ethnologische Gesellschaft, Ethnologisches Seminar der Universität Zürich, Freiensteinstr. 5, CH-8032 Zürich, Tel.: (01) 634-4812, Fax: 634-4909 — Präs.: Prof. Hans-Ruedi Wicker – Sekr.: Christoph Schwager

Schweizerische Afrika-Gesellschaft – Société Suisse d'Etudes Africaines (SAG-SSEA), Postfach 8212, CH-3000 Bern 1 — Präs: Dr. Beat Sottas – Vizepräs.: Dr. Nicole Stäuble-Tercier – Quäst.: Dr. Lilo Roost Vischer – Aktuar: Prof. Dr. Thomas Bearth.

Schweizerische Asiengesellschaft, Sekretariat: c/o Ostasiatisches Seminar d. Universität Zürich. Zürichbergstr. 4, CH-8032 Zürich, Tel.: (01) 634-3181, Fax: 634-4921.

Schweiz. Gesellschaft f. Tropenmedizin & Parasitologie. Société de Medécine Tropicale et de Parasitologie. Präs.: B. Gottstein, Institut für Prasitologie der Veterinärmedizinischen und der Medizinischen Fakultät der Universität Bern, Länggaßstr. 122, CH-3001 Bern, Tel.: (031) 274418 — Sekr.: H. Marti, Schweiz. Tropeninstitut, Socinstr. 57, CH-4051 Basel.

Zentralasien-Institut, Stiftung BA., Benzburweg 5, CH-4410 Liestal, Tel./Fax: (061) 921-9838 — Sekr.: P. Bucherer-Dietschi,

VERLAGE UND VERTRIEBSSTELLEN

HALLWAG VERLAG, Nordring 4, CH-3001 Bern, Tel.: (031) 332-3131, Fax: (031) 331-4133 — Leitung der Kartographie: Peter Niederhauser – Verlagsleitung Buch: Dr. Hans Beat Koelliker – Verlagsleitung Karten: Jürg Burri.

VERLAG FERDINAND HIRT AG, Baarerstr. 8, CH-6300 Zug.

KÜMMERLY & FREY AG. Geografischer Verlag. Alpenstr. 58, CH-3052 Zollikofen-Bern, Tel: (031) 915-2211, Fax: 915-2230

ORELL FÜSSLI Kartographie AG, Digitale Kartographie-Dienstleistungen, Highquality Scan- und Belichtungsservice mit Intergraph-MapSettern 4000 und 6000 bis 3600 dpi Auflösung, Formate bis 117x152 cm, GIS-Bearbeitungen, Generalunternehmen für Druckprodukte. Dietzingerstr. 3, Postfach, CH-8036 Zürich, Tel.: (01) 451-2040, Fax: 451-2045, Internet: http://www.orellkarto.ch, e-mail: info@orellkarto.ch

GEO-ATELIER Oswald Püntener, Schönbrunn 441, CH-3053 Münchenbuchsee, Tel.: (031) 869-2525

ANSCHRIFTEN VON PERSONEN

(in alphabetischer Reihenfolge)

A

ABT, Peter (9-8.1941, Zürich) Dr., Gymnasiallehrer. – (Pr) Im Lee, CH-8712 Stäfa, Tel.: (01) 9264312 – (D) Aargauische Kantonsschule Baden, CH-5400 Baden, Tel.: (056) 268500.

ACHENBACH, Hermann (11-7-1937, Siegen) Prof. Dr. rer. nat. am Geogr. Inst. d. Univ. Kiel. – (Pr) Ulmenstr. 25, D-24223 Raisdorf, Tel.: (04307) 5896 – (D) Ludewig-Meyn-Str. 14, D-24118 Kiel, Tel.: (0431) 880-2951, -2945.

ACHERMANN, Marius (1-12-1960, Fribourg) Dipl. rer. nat. – (Pr) – (D) Direction des travaux publics, protection de la nature et du paysage, rue des Chanoines 17 case postale, CH-1701 Fribourg, Tel.: (026) 305-3604, Fax: 305-3609.

ACHERMANN, Matthias (16-5-1958, Luzern) Lic. phil. II. – (Pr) Hemschlenstr. 8, CH-6006 Luzern, Tel.: (041) 370 36 20 – (D) Lehrauftrag am Geogr. Institut der Universität-ZH, Winterthurerstr. 190, CH-8057 Zürich, Tel.: (01) 635 51 21 - Kantonales Amt für Umweltschutz, Klosterstr. 31, CH- 6002 Luzern, Tel.: (041) 228-6458.

ACHILLES, Fritz (15-9-1939, Lünen/Westf.) Dr. rer. nat., AOR a. Institut f. Geogr. u. ihre Didaktik, Abt. 16, Universität Dortmund. – (Pr) Blücherstr. 33, D-44532 Lünen .

ADAM, Werner (13-12-1949, Demnitz) Dr. paed., Lehrkraft für besondere Aufgaben, Geographische Unterrichtsmittel. – (Pr) Konrad-Wolf-Allee 4, D-14480 Potsdam. – (D) Universität Potsdam, Studienkolleg, Postfach 60 15 53, D-14415 Potsdam, Tel.: (0331) 275-5070.

ADE, Thomas (13-03-1956), Dr. rer. nat., Geschäftsführer am Europäischen Forschungsschwerpunkt Ländlicher Raum – (Pr) Weirachstr. 6, D-71576 Burgstetten – (D) Landesanstalt für Entwicklung der Landwirtschaft und der Ländlichen Räume, Oberbettringer Str. 162, D-73525 Schwäbisch Gmünd, Tel.: (07171) 917-130, Fax: 917-101.

ADLMANNSEDER, Jürgen (3-11-1949, Graz) Dr. phil., Univ.-Ass. am Inst. f. Geogr. d. Univ. f. Bildungswissenschaften Klagenfurt. – (Pr) Rudolf Kattnigweg 3, A-9201 Krumpendorf/Wörthersee, Tel.: (04229) 21 17 – (D) Universitätsstr. 67, A-9010 Klagenfurt, Tel.: (0463) 2700, Kl. 379, Fax: 381.

ADLMANNSEDER, Jürgen (3-11-1949, Graz) Dr. phil., Univ.-Ass. am Inst. f. Geogr. d. Univ. f. Bildungswissenschaften Klagenfurt. – (Pr) Rudolf Kattnigweg 3, A-9201 Krumpendorf/Wörthersee, Tel.: (04229) 21 17 – (D) Universitätsstr. 67, A-9010 Klagenfurt, Tel.: (0463) 2700, Kl. 379, Fax: 381.

ADOLPH, Uwe-Christian (25-11-1938, Görlitz) Dipl.-Ing., Kartograph, – (Pr) Alte Darmstädter Str. 7, D-64367 Mühltal.

ADRIAN, Lucia (17-03-1964) Dipl.-Geogr., Biologin – (Pr) Kantstr. 6, D-04275 Leipzig – (D) Adrian Landschaftsplanung, Kantstr. 6, D-04275 Leipzig, Tel./Fax: (0341)3018074, Mobil: 0172-6100851, e-mail:Adrian.Landschaftsplanung@t-online.de.

AERNI, Klaus (27-7-1932, Bern) em. Prof. Dr. phil., Kulturgeographie. Programmleiter „Inventar historischer Verkehrswege der Schweiz (IVS)“ – (Pr) Römerstr. 4, CH-3047 Bremgarten, Tel.: (031) 3022101. – (D) Geographisches Institut der Universität, Abt. IVS, Finkenhubelweg 11, CH-3012 Bern, Tel.: (031) 631-3535, Fax: 631-3540.

AHNERT, Frank (12-12-1927, Wittgensdorf) Prof. Dr. phil., em. o. Prof. f. Phys. Geogr., Geomorphology, Aachener Geogr. Arbeiten. – (Pr) Moreller Weg 18, D-52074 Aachen, Tel.: (0241) 71774 – (D) Geogr. Inst. d. RWTH, Templergraben 55, D-52062 Aachen, Tel.: (0241) 806064.

AIGNER, Birgit (08-07-1961, Landshut) Dipl.-Geogr., – (Pr) Tumblingerstr. 16, D-80337 München, Tel.: (089) 533808 - (D) MACROM Marketingforschung & Consult GmbH, Sendlinger Straße 18, D-80331 München, Tel.: (089) 266767.

AIGNER, Thomas (26-9-1957, Ilshofen) Dr. rer. nat., Prof. f. Sediment-Geologie und

„Contributions to Sedimentary Geology", Mitherausgeber d. Ztsch. Sedimentary Geology, Institut f. Geologie u. Paläontologie, Univ. Tübingen. – (Pr) Albrecht-Dürer.Str. 6, D-72076 Tübingen, Tel.: (07071) 61547. – (D) Sigwartstr. 10, D-72076 Tübingen, Tel.: (07071) 2975923, Fax: 296990, e-mail: t.aigner@uni-tuebingen.de.

AISTLEITNER, Josef (21-6-1955), Dr. phil., Oberrat am Institut für Geographie der Universität Innsbruck. – (Pr) Höttinger Au 42, A-6020 Innsbruck, Tel.: (0512) 27 21 89. – (D) Bruno-Sander-Haus, Innrain 52, A-6020 Innsbruck, Tel.: (0512) 507-5432, Fax: 507-2895, e-mail: Josef.Aistleitner @uibk.ac.at

AKHTAR, Mariam (24-7-63) Dr. rer. nat.– (Pr) Schillerpromenade 26, D-12049 Berlin.

ALBERTZ, Jörg (29-02-1936, Esslingen) Dr.-Ing., Professor für Photogrammetrie und Kartographie, Präsident Deutsche Gesellschaft für Photogrammetrie und Fernerkundung e.V. (DGPF), Technische Universität Berlin, FG Photogrammetrie u. Kartographie, EB 9. – (Pr) Marathonallee 26/28, D-14052 Berlin. – (D) Straße des 17. Juni 135, D-10623 Berlin.

ALBRECHT, Gertrud (15-2-1934, Freudenthal) Dr. rer. nat. – (Pr) Karl-Behrendt-Weg 15, D-17491 Greifswald , Tel.: 814791.

ALBRECHT, Susanne (8-12-1960, Öhringen) Dr. rer. nat., Wiss. Angestellte am Institut für Geographie der Universität Stuttgart – (Pr) Uwe-Beyer-Str. 32, D-55128 Mainz, Tel.: (06131) 337738. – (D) Azenbergstr. 12, D-70174 Stuttgart, Tel.: (0711) 1211456, Fax: 1211455, e-mail: susanne.albrecht@po.uni-stuttgart.de

ALBRECHT, Volker (7-10-1941, Prag) Dr. rer. nat., Prof. d. Didaktik d. Geogr. Stufenschwerpunkt S II am Institut f. Didaktik d. Geogr. Frankfurt. – (Pr) Oberortstr. 5a, D-65760 Eschborn, Tel.: (06196) 48305 – (D) Schumannstr. 58, D-60325 Frankfurt, Tel.: (069) 798-22980, Fax: (069) 798-22535, e-mail: albrecht@em.uni-frankfurt.de.

ALBRECHT, Wolfgang (15-8-1934, Artern) Dr. rer. nat. – (Pr) Karl-Behrendt-Weg 15, D-17491 Greifswald, Tel.: 81 47 91 – (D) Institut für Geographie, Ernst-Moritz-Arndt-Universität, Ludwig-Jahn-Str. 16, D-17489 Greifswald, Tel.: 864533.

ALEXANDER, Annette (17-02-1968, Berlin) Wiss. Mitarb. a.d. Univ. Trier, FB VI, Abt. Bodenkunde. – (Pr) Im Bantel 12, D-54296 Trier, Tel.: (0651) 27521, Fax: 149588. – (D) Universität Trier, D-54286 Trier, Tel.: (0651) 201-2239, Fax: 201-3809.

ALEXANDER, Joachim (23-10-1953, Dillingen/Saar) Prof. Dr. rer. nat., Priv.-Doz., Phys. Geogr. a.d. Univ. Trier. – (Pr) Im Bantel 12, D-54296 Trier, Tel.: (0651) 27521, Fax: 149588 – (D) Universität Trier, D-54286 Trier, Tel.: (0651) 201-4553.

ALPERS, Jörg (04-10-1970) – (Pr) Plittersdorfer Str. 230, D-53173 Bonn, Tel.: (0228) 35 30 05 – (D) Bank 24 AG, Karl-Legien-Str. 188, D-53117 Bonn, Tel.: (0228) 68320, e-mail: joerg.alpers@db.com/emjoe@online.de.

ALTMANN, Norbert (24-11-1956, Berlin) Freie Univ. Berlin, Inst.f.Geograph. Wissenschaften, Geomorphologisches Laboratorium. – (Pr) Agricolastr. 10, D-10555 Berlin (Moabit) , Tel.: (030) 3915810. – (D) Altensteinstr. 19, D-14195 Berlin (Dahlem), Tel.: (030) 838-4883, Fax: 838-6263.

AMBOS, Robert (1-4-1945, Wiesbaden) Dr. rer. nat., Geogr. Inst. d. Joh. Gutenberg-Univ. Mainz. – (Pr) Immenhof 17, D-55128 Mainz, Tel.: (06131) 364485 – (D) Saarstraße 21, D-55099 Mainz, Tel.: (06131) 392494.

AMELANG, Norbert (19-10.1954, Wusterhausen) Dr. rer. nat., Ernst-Moritz-Arndt-Universität Greifswald, Institut für Geographie. – (D) Jahnstr. 16, D-17487 Greifswald.

AMMANN, Brigitta, Prof. Dr. – (D) Geobotanisches Institut, Altenbergstr. 21, CH-3013 Bern, Tel.: (031) 6314921, Fax: 3322059, e-mail: Ammann@sgi.unibe.ch

AMMANN, Gerhard (8-8-1934, Aarau) Dr. phil. II, Kantonsschullehrer. – (Pr) In den Reben 48, CH-5105 Auenstein, Tel.: (062) 8971857.

AMMER, Felix (14-1-1915, München) Dr. rer. pol., OStDir., Ministerialbeauftragter i.R. – (Pr) Hohenzollernstr. 18a, D-83022 Rosenheim, Tel.: (08031) 88344.

ANDIEL, Andreas (22-12-1959) Mag. phil., wiss. Mitarbeiter am Institut für Stadt- und Regionalforschung d. Österr. Akademie d. Wissenschaften – (Pr) Zieglergasse 15/31, A-1070 Wien, Tel.: (01) 5266578 – (D) Postgasse 7, A-1010 Wien, Tel.: (01) 51581-524, Fax: 51581-533, Internet: http://www.oeaw.ac.at/isr, e-mail: Andreas.Andiel@oeaw.ac.at

ANDRES, Wolfgang (25-4-1939, Berlin) Dr. phil. nat., Prof. am Inst. f. Physische Geographie der J.W.Goethe Universität, Mitherausgeber der Zs. für Geomorphologie und der Rhein-Mainischen Forschungen, Mitglied der Senatskommission für geowiss. Gemeinschaftsforschung und des Nationalen Komitees für Global Change Forschung der DFG. – (Pr) Barfüßertor 15, D-35037 Marburg, Tel.: (06421) 24237 – (D) Senckenberganlage 36, D-60325 Frankfurt, Tel.: (069) 798-22401, Fax: 798-28382, e-mail: ANDRES@em.uni-frankfurt.de

ANHUF, Dieter (01-02-1955) Priv.-Doz., Dr. rer. nat., Geogr. Inst. d. Univ. Mannheim. – (Pr) Hausdorffstr. 132, D-53129 Bonn, Tel.: (0228) 239203 – (D) L 9, 1-2, D-68161 Mannheim, Tel.: (0621) 292-1252.

ANTE, Ulrich (20-9-44, Unna/Westf.) Prof., Dr. rer. nat., AOR – (Pr) Frühlingstr. 46, D-97076 Würzburg, Tel.: (0931) 273 443 – (D) Geogr. Institut, Am Hubland, D-97074 Würzburg, Tel.: (0931) 888-5582, Fax: 888-5556, e-mail: u.ante@mail.uni-wuerzburg.de.

ANTONIADES-MENGE, Christiane . – (Pr) Rue de la Dôle 19, CH-1203 Genève .

APFL BAUMGARTNER, Gabriela (03-12-1960, Linz) Dr. phil. nat., stellvertr. Geschäftsführerin – (Pr) Im Eggen, CH-3254 Messen, Tel.: (031) 765 5063 – (D) MFB-GeoConsulting, Hauptstrasse, CH-3254 Messen, Tel.: (031) 7655063, Fax: 7656091, Internet: http://www.mfb-geo.ch, e-mail: contact@mfb-geo.ch

APPELT, Gerfried (09-03-1932, Reichenberg) Prof. Dr.-Ing., Präsident des Bayerischen Landesvermessungsamts i.R., Leiter des Arbeitskreises Rechtsfragen der Deutschen Gesellschaft für Kartographie. – (Pr) Schrämelstr. 105, D-81247 München.

ARMBRUSTER, Ralf (4–10–1955, Ravensburg) Dienststellenleiter, Abt. Informations- und Kommunikationstechnik, Stadt Stuttgart. - (D) Nadlerstr. 4, D-70173 Stuttgart, Tel.: (0711) 216-3133.

ARNBERGER, Hertha (5-6-1920) Dr. rer. nat., Mag. phil., Prof. i.R.,Geographin, Kartographin, Wwe von em. o. Univ.-Prof. Dr.-Ing.h.c. Dr. phil. Erik Arnberger. 1992 Goldenes Doktordiplom der Univ. Wien. – (Pr) Prinz-Eugen-Str. 38, A-1040 Wien, Tel./Fax: (01) 5055587.

ARNOLD, Adolf (20-3-1935) Prof. Dr., StDir. i. R. – (Pr) Falkenstr. 7, D-31275 Lehrte, Tel.: (05132) 5 26 72 – (D) Geogr. Inst. d. Univ. Hannover, Schneiderberg 50, D-30167 Hannover, Tel.: (0511) 7623535.

ARNOLD, Klaus (1-2-1942, Wien) Ass. Prof Univ.-Doz. Dr., Präsident der Österreichischen Gesellschaft für Wirtschaftsraumforschung (ÖGW), Univ. Assistent am Inst. f. Wirtschafts- und Sozialgeographie d. Wirtschaftsuniversität Wien, Abteilung für Praxisorientierte Wirtschaftsgeographie und Räumliche Integrationsforschung. – (Pr) An der Zeile 32, A-3434 Tulbing – (D) Peter Jordan-Str.6, A-1190 Wien, Tel.: (01) 3692999-15, Fax: 3692099-18, e-mail: arnold@Wu-Wien.ac.at

ARTHEN, Michael (22-08-1965, Limburg/Lahn) Dipl.-Geogr., Vertrieb Großkunden, MapInfo GmbH – (Pr) Hinter Hahn 24, D-65611 Brechen, Tel.: (06483) 911155 – (D) Auf der Krautweide 32, D-65812 Bad Soden, Tel.: (06196) 6700-41, Fax: 6700-11, Mobil: (0172) 6775020, e-mail: michael.arthen@mapinfo.com.

ASCHAUER, Wolfgang, Dr. – (Pr) An der Reitbahn 15b, D-24937 Flensburg – (D) Bildungswissenschaftliche Hochschule Flensburg - Universität, Mürwiker Str. 77, D-24943 Flensburg, Tel.: (0461) 5701343, Fax: 5701312

ASCHENBRENNER, Jörg (23-6-1956, Wien) Mag., Dr. rer. nat., – (Pr) Rosentalgasse 39, A-1140 Wien – (D) Theresianische Militärakademie, Burgplatz 1, A-2700 Wiener Neustadt.

ASCHWANDEN, Hugo, Dr., Wissensch. Adjunkt Landeshydrologie und -geologie, Bern. – (Pr) Untere Zelg 14, CH-3145 Oberscherli .

ASSMANN, Dr. André (06-10-65), Dipl-Geogr. – (Pr) Hirschhorner Str. 19 B, D-64757 Rothenberg, Tel./Fax: (06275) 1058 – (D) Geographisches Institut, Im Neuenheimer Feld 348, D-69120 Heidelberg, Tel.: (06221) 544576, Fax: 544996, e-mail: en9@ix.urz.uni-heidelberg.de.

ATSCHKO, Gerhard (13-1-1948, Deutschlandsberg) Prof. a. d. Päd. Akademie d. Bundes in Wien, (Fachdidaktik), Mitbegründer und Co-Schriftleiter d. Zeitschr. „GW-Unterricht", Schulbuchautor. – (Pr) Eisteichstr. 18/2/15, A-1110 Wien, Tel.: (01) 7492278 – (D) Ettenreichg. 45a, A-1100 Wien, Tel.: (01) 6029192, Fax: 6034139, e-mail: atschko@paedakriebol.asn-wien.ac.at

ATZKERN, Heinz-Dieter, (30-06-1959, Bendorf a.Rh.), Dr. rer. nat., Dipl.-Geogr., freiberufl. Wissenschaftler, wissenschaftl.

Informations- und Datenanalysen, (D) Königsbergstr. 12, D-95448 Bayreuth, Tel.: (0921) 22952, Internet: http://www.bayreuth-online.de/~atzkern, e-Mail: hd.atzkern@bayreuth-online.de

AUF DER HEIDE, Ulrich (18-11-1939, Münster/Westf.) Dr. rer. pol., Priv.-Doz.. – (Pr) Kohlrauschweg 29, D-40591 Düsseldorf, Tel.: (0211) 7597496.

AUFHAUSER, Elisabeth (29–2–1960, St. Pölten) Mag. Dr., Univ.-Ass. am Inst.f.Gg., Univ. Wien. – (D) Universitätsstr. 7, A–1010 Wien, Tel.: (01) 4277-48621, Fax: 4277-9486, e-mail: elisabeth.aufhauser @univie.ac.at.

AURADA, Fritz (8-2-1917, Wien) Dr. phil., ehemal. Prokurist u. Leiter d. schulgeogr. u. wiss. Abt. s. Verlags Freytag-Berndt, Wien, Mitgl. im Vorst. Internat. Coronelli Ges. f. Globen- u. Inst.Kde.. Mitgl. i. Vorst. d. Inst. f. Österr. – (Pr) Landgutg. 2/7, A-1100 Wien X, Tel.: (01) 6038034.

AURADA, Klaus-Dieter (15-5-41) Prof. Dr. rer. nat. habil. – (Pr) Dünenstraße 12a, D-17509 Seebad Lubmin, Tel.: (038354) 3 70 70– (D) Ernst-Moritz-Arndt-Universität Greifswald, Fachrichtung Geowissenschaften, Institut für Geographie, Ludwig-Jahn-Str. 16, D-17489 Greifswald, Tel.: (03834) 864520, Fax: 864501, e-mail: aurada@rz.uni-greifswald.de.

AUST, Bruno (16-12-1938, Marienburg/Westpr.) Dr. rer. nat., AOR an der Universität d. Saarlandes, Fachrichtung Geographie. – (Pr) Hellwigstr. 19, D-66121 Saarbrükken, Tel.: (0681) 68169, Fax: 6851984 – (D) Im Stadtwald, D-66041 Saarbrücken, Tel.: (0681) 302-2954, Fax: 302-2364.

B

BAADE, Jussi (14-1-1962, Hildesheim) Dr., Dipl.-Geogr., wiss. Ass. am Institut für Geographie d. FSU Jena – (Pr) Kirchstr. 54, D-69221 Dossenheim, Tel.: (06221) 861800 – (D) Löbdergraben 32, D-07740 Jena, Tel.: (03641)948803, Fax: 948812, e-mail: CUB@GEOGR.UNI-JENA.DE.

BABEY, Anne-Véronique (1960) Raumplanerin NDS/ETH. – (Pr) rue de l'Orangerie 6, CH-2000 Neuchatel, Tel.: (032) 7258795 – (D) Bundesamt für Raumplanung, Einsteinstr. 2, CH-3003 Bern, Tel.: (031) 322 -4066.

BACH, Lüder (8-4-1940, Hanau) Dr.-Ing., Prof. für Raumplanung (Orts-, Regional- und Landesplanung) am Institut für Geowissenschaften der Universität Bayreuth. – (D) Universitätsstr. 30, D-95440 Bayreuth, Tel.: (0921) 552280, Fax: 552351.

BACH, Wilfrid (23-2-1936, Untersuhl), Ph. D., Direktor, o.Prof. f. Klima- und Energieforschung am Inst. f. Landschaftsökologie Westf. Wilhelms-Univ., Münster. – (Pr) Am Berg Fidel 64, D-48153 Münster, Tel.: (0251) 787872 – (D) Robert-Koch-Str. 16, D-48149 Münster, Tel.: (0251) 833-3921/ -9768, e-mail: bach@uni-muenster.de.

BACHMANN, Philipp (11-2-1950, Teufenthal/AG) Dr. ès lettres, Büro culterra Bern, SGAG. – (Pr) Weissensteinstr. 78, CH-4515 Oberdorf, Tel.: (032) 622 96 11 – (D) Büro culterra, Bielstr. 111, CH-4500 Solothurn, Tel. (032) 6222535, e-mail: culterra @datacomm.ch

BACKÉ, Bruno (27-6-1932, Eisenstadt) o. Univ.-Prof. i.R., Dr. phil.– (Pr) Albern 5, vulgo Marktl, A - 9572 Deutsch Griffen, Tel.: (04279) 618.

BACKHAUS, Norman (28-9-1963, Zürich) Dr. phil., Geograph, Geographisches Institut der Universität Zürich, Abteilung Anthropogeographie. – (Pr) Riedmattstr. 8, CH-8055 Zürich, Tel.: (1) 4626413. – (D) Winterthurerstr. 190, CH-8057 Zürich, Tel.: (1) 6355172, Fax: 6356844, Internet: http.//www.geo.unizh.ch/~backhaus/, e-mail: backhaus@geo.unizh.ch

BADER, Stephan (30-7-1960, Zürich) Dr. phil. II Leiter Infoclima (Informationsdienst Klimaänderung) – (Pr) Mockenwiesstr. 37 L, CH-8713 Uerikon, Tel.: (01) 926 69 67 – (D)SMA-MeteoSchweiz,, Krähbühlstr. 58, CH-8044 Zürich, Tel.: (01) 2569375, Fax: 4112569278, Internet: http://www.meteoschweiz.ch, e-mail: sba@sma.ch

BADEWITZ, Dietrich (14-6-1941) Dipl.-Geogr., Dr., Angestellter. – (Pr) Gudulastr. 25, D-45131 Essen, Tel.: (0201) 793495.

BÄHR, Hans-Peter (07-11-1942, Güstrow) Dr.-Ing. habil, Univ.-Prof., Vorsitzender Deutsche Geodätische Kommission, Universität Karlsruhe. – (Pr) Otto-Hahn-Str. 10, D-76297 Stutensee. – (D) Universität Karlsruhe, Englerstr. 7, D-76128 Karlsruhe, Tel.: (0721) 608-2314, Fax: 694568

BÄHR, Jürgen (31-10-1940, Kassel) Prof. Dr. rer. nat., o.Prof. am Geogr. Inst. d. Univ. Kiel, Beirat d. Geogr. Rundschau, Mithrsg. d. „Kieler Geographische Schriften" und d. „Kieler Arbeitspapiere z. Landeskunde und Raumordnung – (Pr) Altwittenbeker Str. 27. D-24214 Altwittenbek, Tel.: (0431) 314340. – (D) Geogr. Inst. d. Christian-Albrechts-Universität , D–24118 Kiel, Olshausenstr. 40, Tel.: (0431) 880-2946, Fax: 880-4658, e-mail: baehr@geographie.uni-kiel.de

BAER, Gerhard (6-2-1934), Prof. Dr. – (Pr) Spiegelbergstr. 27, CH-4059 Basel – (D) Dornacherstr. 73, Postfach CH-4002 Basel, Tel./Fax: (061) 3615965.

BÄR, Werner-Francisco (17-12-1935, Palma de Mallorca, Span.) Dr. phil. nat. und Dipl.-Ing., AOR am Inst. f. Physische Geographie d. Univ. Frankfurt a.M., 1. Vors. d. Deutschen Ges. f. Kartogr., Landesverein Hessen. – (Pr) Henricusstr. 33, D-61440 Oberursel, Tel. und Fax: (06171) 54546 – (D) Senckenberganlage 36, D-60325 Frankfurt am Main, Tel.: (069)798-22408, Fax: 798-28382

BÄSCHLIN, Elisabeth (24-01-1945, Bern) lic. phil. II, Lektorin für Kulturgeographie / AK Feministische Geographie / Hrsg. des „Geo-Rundbrief. Informationen zu feministischer Geographie“. – (Pr) Hallwylstr. 44, CH-3005 Bern, Tel.: (031) 351 36 65 – (D) Geographisches Institut der Universität, Hallerstr. 12, CH-3012 Bern, Tel.: (031) 631-8867, Fax: 631-8511, e-mail: baesch@giub.unibe.ch

BAETZING, Werner (24.6.1949, Kassel), Dr. phil. nat., Prof. am Institut für Geographie der Universität Erlangen-Nürnberg – (Pr) Fichtestr. 18, D-91054 Erlangen, Tel.: (09131) 209748 – (D) Kochstr. 4/4, D-91054 Erlangen, Tel.: (09131) 852-2637, Fax: 852-2013

BÄUERLE, Lydia (15-1-1929, Arensburg (Ösel/Estland)) Dr. rer. nat., Prof. em. f. Geogr. u. ihre Didaktik a. d. Techn. Univ. Braunschweig, Erziehungswissenschaftlicher Fachbereich. – (Pr) Lindenstr. 75 a, D-26123 Oldenburg, Tel.: (0441) 885-9371– (D) Konstantin-Uhde-Str. 16, D-38106 Braunschweig, Tel.: (0531) 391-3461.

BÄUMLER, Rolf (14-10-1955, Trier) Ministerialrat, Ministerium des Innern und für Sport Rheinland-Pfalz, Abt. Raumordnung und Landesplanung. – (Pr) Magdeburger Str. 14, D-55283 Nierstein. – (D) Schillerplatz 3-5, D-55116 Mainz, Tel.: (06131) 16-2771, Fax: 16-2796.

BAHRENBERG, Gerhard (3-5-1943, Bad Kreuznach) Prof. Dr. rer. nat., Prof. im Studiengang Geographie, Fachbereich 8, Universität Bremen. – (Pr) Cordesweg 22, D-28865 Lilienthal, Tel.: (04298) 31922 – (D) Bibliothekstr., D-28359 Bremen, Tel.: (0421) 218-3038, Fax: 218-7183, e-mail: gbah@uni-bremen.de

BAIER, Johann (28-8-1936, München) StDir., Fachbetreuer f. Erdkunde u. Sozialkunde. – (Pr) Kirchenstr. 2, D-81675 München, Tel.: (089) 4 80 20 61 – (D) Adolf-Weber-Gymnasium, Kapschstr. 4, D-80636 München, Tel.: (089) 1294855.

BAILLY, Antoine (4-7-44, Belfort) Prof. Dr., Professeur ord., Directeur du Département de Geographie, President d'Honneur de l'Association de Science Régionale de Langue Française, President Western Pacific Regional Science Association (1995-1996), President Association Suisse des Professeurs d'Université (1996-1997 President Suisse Union Géographique Internationale. – (Pr) 15, rue Butini, CH-1202 Genève, Tel.: (022) 7321286, Fax: 7410034. – (D) Département de Géographie de l'Université, Uni. Mail, Boulevard Carl Vogt 102, CH-1211 Genève 4, Tel.: (022) 705-8332, Fax: 705-8353, e-mail: antoine.bailly@geo.unige.ch

BALDERER, Werner (18-05-1945, Zürich) Privatdozent Dr. ès. Sciences, Spezialgebiet Hydrogeologie und Isotopenhydrogeologie. – (Pr) Rebbergstr. 3, CH-8104 Weiningen – (D)Ingenieurgeologie ETH Zürich, Hönggerberg, CH-8093 Zürich, Tel.: (01) 6332743, e-mail: balderer @erdw.ethz.ch

BALLARIN, Hermann (20-7-1939, Ravensburg) Dipl.-Geogr. – (Pr) Judengasse 5, D-72070 Tübingen .

BALLENSIEFEN, Willi (17-9-1923) Dr. phil., Ltd. Kreisverwaltungsdirektor a. D. – (Pr) Albert-Schweitzer-Str. 1, D-53721 Siegburg, Tel.: (02241) 63525, Fax: 62585.

BALMER, Heinz (10-4-1928), Dr. phil. nat., gew. Priv.-Doz. f. Gesch. d. Naturwissenschaften a.d. Univ. Zürich. – (Pr), Burgdorfstrasse 14, CH-3510 Konolfingen, Tel.: (031) 7910495.

BALTSAVIAS, Emmanuel (4-9-1957, Athen) Dr. sc. techn., wissenschaftlicher Adjunkt und Dozent, Editor-In-Chief ISPRS Journal of Photogrammetry and Remote Sensine, Vorsitzender der ISPRS Arbeitsgruppe „Integration von Bildanalyse und GIS“, Institut für Geodäsie und Photogrammetrie, ETH Zürich. – (Pr) Badener Str. 672, CH-8048 Zürich. – (D) ETH-Hoenggerberg, CH-8093 Zürich, Tel.: (01) 633-3042, Fax: 633-1101, e-mail: baltsavias@geod.ethz.ch.

BANCO, Irmela, Dr. rer. nat. – (Pr) Karl-Finkelnburg-Straße 29a, D-53173 Bonn.

BANNERT, Dietrich (6-11-1937, Berlin) Prof. Dr., Geologie Direktor-Referatsleiter Fernerkundung, Bundesanstalt für Geowissenschaften und Rohstoffe. Chairman des GARS-Asia Programmes (UNESCO/IUGS). – (Pr) Moor Str. 22, D-30916 Isernhagen. – (D) Postfach 51 01 53, D-30631 Hannover.

BANNWART, Peter (30-05-1957) Dr. phil. nat. – (Pr) Untere Bernblickstr. 2, CH-3084 Wabern, Tel.: (031) 971-9489

BANZHAF, Ellen (08-05-1961) Dr. rer. nat. – (Pr) Roßbachstr. 6, D-04315 Leipzig – (D) Umweltforschungszentrum Leipzig-Halle GmbH, Sektion Angewandte Landschaftsökologie, Permoserstr. 15, D-04318 Leipzig, Tel.: (0341) 235-2343, Fax: 235-2511, e-mail: elba@alok.ufz.de.

BARELMANN, Klaus (8-2-1926, Oldenburg) StDir. i.R., Stellvertretender Vorsitzender i. Oldenburger Landesverein f. Geschichte, Natur- u. Heimatkunde, Schriftleiter d. Berichtsteiles des Oldenburger Jahrbuches. – (Pr) Hardenbergstr. 7, D-26131 Oldenburg, Tel.: (0441) 51558.

BARLAG, Andreas-Bent (11.11.1955, Flensburg) Dr. rer. nat., Akad. Oberrat am Institut für Ökologie, Abt. Landschaftsökologie, FB 9, Universität - GH Essen – (Pr) Hemsingskotten 34, D-45259 Essen, Tel.: (0201) 464665– (D) D-45117 Essen, Tel.: (0201) 183-2734, Fax: 183-3239.

BARSCH, Dietrich (25-5-1936, Erfurt) Prof. Dr. rer. nat., o. Prof. (Lehrstuhl f. Phys. Geogr.) u. Direktor des Geogr. Inst. d. Univ. Heidelberg, Mithrsg. d. „Heidelberger Geogr. Arbeiten", „Heidelberger Geographischen Bausteine", „Geomorphologische Karte d. Bundesrepublik Deutschland", „Springer Series in Physical Environment". – (Pr) Bergstr. 95, D-69121 Heidelberg, Tel.: (06221) 472271 – (D) Im Neuenheimer Feld 348, D-69120 Heidelberg, Tel.: (06221) 544-571, Fax: 544-996.

BARSCH, Heinrich (17-5-1929, Chemnitz) Prof. Dr. habil., em. Universitäts-Professor f. Landschaftsökologie und Bodenkunde. – (Pr) Am Kanal 50, D-14467 Potsdam, Tel.: (0331) 294016 – (D) WIB Ingenieurgesellschaft mbH, Lassenstraße 11–15, D-14193 Berlin-Grunewald, Tel.: (030) 82522175, Fax: 89522160.

BARTEL, Jürgen (28-3-1933, Brüel/Mecklenburg) Dr. rer. nat., Prof. f. Geographie an der Technischen Universität Berlin. – (Pr) Cecilienstr. 14, D-12307 Berlin, Tel.: (030) 744 54 81 – (D) Rohrdamm 20-22, D-13629 Berlin, Sekr. RO 102, Tel.: (030) 38006-105.

BARTELS, Gerhard (20-4-1938, Freiburg/Elbe) Dr. rer. nat., o. Prof. a. d. Erziehungswissenschaftl. Fakultät der Universität zu Köln, Seminar für Geographie u. ihre Didaktik. – (Pr) – (D) Gronewaldstr. 2, D-50931 Köln, Tel.: (0221) 4704630.

BARTH, Bettina (20-05-1967, Dudweiler) Dr., Dipl.-Geogr. am Lehrstuhl f. Physikal. Geographie und Umweltforschung d. Univ. d. Saarlandes – (Pr) Dr. Eisenbachstr. 3, D-66287 Quierschied, Tel.: (06897) 680092 – (D) Universität, Zentrum für Umweltforschung, D-66125 Saarbrücken, Am Markt, Zeile 2, Tel.: (06897) 798-207, Fax: 798-206, e-mail: b.barth@rz.uni.-sb.de.

BARTH, Hans-Jörg (8-12-1967, Stuttgart) Dr. rer. nat., Wiss. Ass. am Lehrstuhl f. Physische Geographie an der Universität Regensburg – (Pr) Augsburger Str. 36E, D-93051 Regensburg, Tel.: (0941) 90870 – (D) Universitätsstr. 31, D-93053 Regensburg, Tel.: (0941) 943-3607, Fax: 943-4004, e-mail: hans-joerg.barth@geographie.uni-regensburg.de

BARTH, Hans Karl (10-4-1938, Jarek/Jugoslawien) Dr. rer. nat., Prof. f. Physische Geographie mit Schwerpunkt Geoökologie an der Universität–GH Paderborn. – (Pr), Hohefeld 6, D–33100 Paderborn, Tel.: (05293) 1097. – (D) Pohlweg 55, D-33095 Paderborn (Postfach 1621, D–33046 Paderborn), Tel.: (05251) 602-364, -365, Fax: 602-365, e-mail: ABART1@hrz.NW.UNI-PADERBORN.de.

BARTH, Joachim (23-1-1925, Halle) Dr. rer. nat., Prof. f. Didaktik d. Geogr. und Landeskunde. – (Pr) Bergedorfer Weg 7, D-21465 Wentorf, Tel.: (040) 7201810.

BARTH, Ludwig (28-6-1923, Höckendorf) Dr. paed. habil., em. Professor. — (Pr) Am Sonnenhang 17, D-01109 Dresden, Tel./Fax: (0351) 880-4430.

BARTHEL, Hellmuth (01-03-1927, Waitzdorf), Dr. rer. nat. habil., o.Prof. (em.) f. Phys. Geographie. – (Pr) Arltstr. 17, D-01189 Dresden, Tel.: (0351) 4010517.

BARTHEL, Günter (17-03-1941, Erfurt) Prof. Dr. oec. habil., o.Prof. f. Ökonomie der Länder Nordafrikas und des Nahen Ostens, Mithrsg. der Zeitschrift „Asien Afrika Lateinamerika", Hrsg. Leipziger Beiträge zur Orientforschung. – Universität Leipzig, Orientalisches Institut (bis 1996) – (Pr) Friedensstr. 7 a, D-99310 Arnstadt, Tel.: (03628) 602526. – (D) Schillerstr. 6, D-04109 Leipzig, Tel.: (0341) 9737200.

BARTHEL, Matthias (11-11-1962, Berlin) Dipl.-Geogr. – (Pr) Manteuffelstr. 68, D-10999 Berlin.

BASLER-BUSER, Myrta (30-11-1942, Basel) Bezirkslehrerin. – (Pr) Wallerstr. 14, CH-5000 Aarau, Tel.: (062) 8243751 – (D) Bezirksschule Aarau, Tel.: (062) 8279137.

BASTIAN, Olaf (4-4-1955, Oppach/OL.) Dr. rer. nat. habil., Wiss. Angestellter. – (Pr) Waldteichstr. 47, D-01468 Boxdorf bei Dresden. – (D) Neustädter Markt 19, D-01097 Dresden, Tel.: (0351) 81416-806, Fax: 814-16820.

BATHELT, Harald (17-5-1960, Berleburg), Prof. Dr. rer. nat., Institut für Wirtschafts- und Sozialgeographie der Universität Frankfurt – (Pr) Dillgasse 6a, D-60439 Frankfurt a.M., Tel.: (069) 57003336 – (D) Dantestr. 9, D-60054 Frankfurt a.M. , Tel.: (069) 798-23592, Fax: 798-23548.

BAUER, Adolf-Friedrich (02-05-1928, Hamburg) Dr. habil., Hochschuldozent 1963-1992 Universtität Rostock, Agrarmeteorologie u. Landschaftsgestaltung, 1993 i.R., Mitglied im Deutschen Hochschulverband und der Deutschen Meteorologischen Gesellschaft. – (Pr) Mergellstr. 3, D-21073 Hamburg.

BAUER, Arnd (06-04-1961) Dr. phil. nat., Dipl.-Geogr. Referent für Landschaftsplanung. Lehrbeauftragter am Institut für Physische Geographie der Universität Frankfurt am Main – (Pr) Gartenstr. 9, D-61273 Wehrheim, Tel.: (06081)981807 – (D) Umlandverband Frankfurt, Referat Landschaftsplanung, Am Hauptbahnhof 18, D-60329 Frankfurt am Main, Tel.: (069) 2577-1576.

BAUER, Berthold (29-3-1939) Dr. phil., Univ.-Doz., A. Prof. am Geogr. Inst. d. Univ. Wien. – (Pr) Kirchengasse 29, A-2122 Riedenthal, Tel.: (02245) 4994 – (D) Universitätsstr. 7, A-1010 Wien, Tel.: (01) 4277-48651, Fax: 4277-9486, e-mail: berthold.bauer @univie.ac.at

BAUER, Jutta (20-07-1957, Neunkirchen/Saar) Dipl.-Geogr., – (Pr) Neusser Wall 2, D-50670 Köln, Tel.Fax: (0221) 7392333, e-mail: jccbauer@aol.com.

BAUER, Ludwig (1-7-1911, Nürnberg) Dr. rer. nat., Stud.Dir. a. D., Honorarprofessor f. Didaktik d. Geogr. a. d. Univ. Erlangen. – (Pr) Wohnstift Marienbad, App. 139, D-83250 Marquartstein, Tel.: (08641) 621139.

BAUER, Ludwig, (geb. 01.12.1927) Dr. rer. nat. habil, em. Prof., em Gastprofessor am Geogr. Inst. der Friedrich-Schiller-Universität Jena, em. Dir. des Instituts für Landesforschung und Naturschutz Halle/Saale – (Pr) Helmut-Just-Str. 44a, D-06118 Halle/S., Tel.: (0345) 5232580.

BAUER, Petra (16-7-1963) Dipl.-Geogr., Dezernentin bei der Bezirksregierung Düsseldorf – (Pr) Wörthstr. 3, D-40476 Düsseldorf – (D) Cecilienallee 2, D-40474 Düsseldorf, Tel.: (0211) 475-2367, Fax: (0211) 475-2300

BAUMANN, Flurin (2-2-1956, Zürich) Dr. phil., Geograph, Projektleiter beim Amt für Gemeinden und Raumordnung – (Pr) Grabenpromenade 5, CH-3011 Bern, Tel.: (031) 3112103 – (D) Nydeggasse 11/13, CH-3011 Bern, Tel.: (031) 633-7753, Fax: 633-7751, e-mail: Flurin.baumann @jgk.be.ch

BAUMANN, Jens (24-9-1965, Dresden) Mitgl. der Sächs. Kommission für Kommunale Namen. – (Pr) Kynastweg 15, D-01445 Radebeul Tel.(0351)8382327, Fax: (0351)8384815 – (D) Sächsisches Staatsministerium des Inneren, Archivstr. 1, D-01095 Dresden, Tel.: (0351) 5643256

BAUME, Otfried (20-8-1951, Magdeburg) Prof. Dr. sc. nat., Ludwig-Maximilians-Universität München, Institut für Geographie — (Pr) Schikanederstr. 6c, D-81241 München, Tel.: (089) 82908382— (D) Luisenstr. 37, D-80333 München, Tel: (089) 2180-6652, Fax: 2180-6664, e-mail:o.baume@geographie.uni-muenchen.de

BAUMERT, Helmut (12-11-1947, Dortmund) Dr. rer. nat., Dr. sc. nat., Physiker, AGU, ASLO, DGM, SIL. – (Pr) Steintwiete 18, D-20459 Hamburg. – (D) Hydromod GbR, Bahnhofstr. 52, D-22880 Wedel/Holstein.

BAUMGARTNER, Albert (13-11-1919) Prof. Dr. rer.nat., Dr. h.c., em. o. Univ.-Prof. f. Bioklimatologie u. Angewandte Meteorologie an d. Univ. München. – (Pr) Falkenhorstweg 4a, D-81476 München, Tel.: (089) 756054 .

BAUMGARTNER, Martin (23-8-1956, Bern) Dipl.-Geogr., Geschäftsführer Meteotest. - (Pr) – (D) Fabrikstr. 14, CH-3012 Bern, Tel.: (31) 30726-26, Fax: 30726-10, e-mail: baumg@meteotest.ch.

BAUMGARTNER, Michael F. (30-12-1953, Solothurn) PD Dr. phil. nat., Geschäftsführer – (Pr) Im Eggen, CH-3254 Messen, Tel.: (031) 765 50 63 – (D) MFB-GeoConsulting, Hauptstrasse, CH-3254 Messen, Tel.: (031) 765-5063, Fax: 765-6091, Internet: http: //www.mfb-geo.ch, e-mail: contact@mfb-geo.ch.

BAUMGARTNER, Roland (29-12-1950, Bern) Dr., Neue Medien – (Pr) Tödiweg 20, CH-4852 Rothrist – (D) Schweiz Tourismus, Tödistr. 7, CH-8027 Zürich, Tel.: (01) 288-1111, Fax: 288-1205, e-mail: rbaumgartner@access.ch.

BAUMHACKL, Herbert (15-10-1943) Ass. Prof. Univ. Doz., Dr. phil., Institut für Geographie der Univ. Wien. – (Pr) Piaristengasse 38/3, A-1080 Wien, Tel.: (01) 4086153 – (D) Universitätsstr. 7, A-1010 Wien, Tel.: (01) 4277-48681, Fax: 4277-9486, e-mail: herbert.baumhackl@univie.ac.at.

BAUMHAUER, Roland (11-1-1956, Ulm) Prof. Dr. rer. nat., Prof. f. Phys. Geographie, FB Geographie, Geowissenschaften a.d. Universität Trier. Hrsg. „Trierer Geogr. Studien". – (Pr) Irscher Berg 3, D-54296 Trier, Tel.: (0651) 17854 – (D) Universität Trier, D-54286, Tel: (0651) 201-4511/12, Fax: 201-4558, e-mail: baumhauer@uni-trier.de.

BAURIEGEL, Gerd (11-05-1960, Erlangen) Akad. Oberrat am Lehrstuhl 1 f. Geographie der Univ. Passau – (Pr) Adalbert-Stifter-Str. 9A, D-94032 Passau, Tel.: (0851) 56385 – (D) Schustergasse 21, D-94032 Passau, Tel.: (0851) 509-2739, Fax: 509-2732, e-mail: baurie01@fsuni.rz.uni-passau.de

BAYER, Karel (8-5-1931, Nachod) Doz., Dr., Associate Prof., Department of Geography. – (Pr) 12929 N. Colony Dr., Mequon, Wis. 53097, Tel.: (414) 2435626 – (D) University of Wisconsin-Milwaukee, P.O. Box 413, Milwaukee, Wis. 53201, Tel.: (414) 2294861, Fax: 229-3981.

BAYR, Klaus J. (4-6-1939, Gmunden) Dr. of phil., Professor of Geography, Association of American Geographers, Österr. Geogr. Gesellschaft, American Society for Photogrametry and Remote Sensing, Universität von New Hampshire, Keene State College. – (Pr) 9 Monadnock Court, Keene, NH 03431-4166. – (D) 229 Main Street, Keene, NH 03435-2001.

BECHT, Michael (8-5-1955, Hamburg) Dr. rer. nat. habil, Priv.-Doz.und Oberass. am Inst. f. Geographie d. Univ. München. – (Pr) Wallbergweg 4, D-85667 Oberpframmern, Tel./Fax: (08093) 4308. – (D) Luisenstraße 37 II, D-80333 München, Tel.: (089) 2180-6669, Fax: 2180-6664, e-mail: Michael.Becht@Geographie.uni-muenchen.de

BECK, Dietmar, Dr. rer. nat., Fachseminarleiter. – (Pr) Alsterredder 56, D-22395 Hamburg, Tel.: (040) 6021650 – (D) Studienseminar, Abt. Gymnasien, Hohe Weide 16, D-20259 Hamburg.

BECK, Günther (24-12-1939, Eger (Cheb/CSR), Prof., Dr. phil., rer. nat. habil., Priv.-Doz. und apl. Prof. a. d. Univ. Göttingen, Dir. d. Inst. f. Geographie und ihre Didaktik, Landeskunde und Regionalforschung a. d. Bildungswiss. Hochschule Flensburg-Universität – (Pr) Lotzestr. 20 A, D-37083 Göttingen, Tel.: (0551) 75203, und Friedrichstr. 3, D-24937 Flensburg, Tel.: (0461) 24289 – (D) Mürwiker Str. 77, D-24943 Flensburg, Tel.: (0461) 57013-33.

BECK, Hanno (13-9-1923, Eschwege) Prof. Dr. phil., em. Prof. f. d. Gesch. d. Naturwiss. (Gesch. d. Geogr., d. Kartogr., d. Erdwissenschaften, d. Reisen u. d. Wissenschaftstheorie) a. d. Univ. Bonn, korresp. Mitgl. d. IGU-Komm., „Geschichte der Geographie", Vizepräsident, Mitgl. d. Vorstandes, d. Akadem. Rates u. Leit. d. Amtes f. Forschung d. Humboldt-Gesellschaft, Sitz Mannheim, Hrsg. d. A. v. Humboldt-Studienausg. d. Wiss. Buchges. Darmstadt in 7 Bänden, Hrsg. d. Schriftenreihen „Kleine Geographische Schriften", „Quellen und Forschungen z. Geschichte d. Geogr. u. d. Reisen". – (Pr) Dürenstr. 36, D-53173 Bonn, Tel.: (0228) 351426. – (D) Meckenheimer Allee 166, D-53115 Bonn.

BECK, Hartmut (22-2-1940, Neustadt/Aisch) Dr. rer. pol., Dipl.-Volkswirt. Prof. an der Erziehungswiss. Fakultät d. Univ. Erlangen-Nürnberg. - (Pr) Reichenecker Str. 14a, D-90482 Nürnberg, Tel.: (0911) 504285, Fax: 5048 182 – (D) Regensburger Str. 160, D-90478 Nürnberg, Tel.: (0911) 5302–554.

BECK, Nordwin (29-5-1941, Mainz) apl. Prof. Dr. phil., ADir., Geographisches Institut der Universität in Koblenz, Vorsitzender des Arbeitskreises Landes- und Volkskunde. – (Pr) An der Schanze 15, D-55128 Mainz, Tel.: (06131) 36 16 66 – (D) Rheinau 1, D-56075 Koblenz-Oberwerth, Tel.: (0261) 9119339, Fax: 37524.

BECK, Ralf, Dipl.-Geogr. – (Pr) Burggartenstr. 26, D-53115 Bonn, Tel.: (0228) 218272 – (D) EcoTech GmbH, Siemensstr. 8, D-53121 Bonn, Tel.: (0228) 614-799, Fax: 614-886.

BECK, Rolf, Dr. (5-2-1964, Albstadt), Wiss. Assistent am Lehrstuhl Physische Geographie Geogr. Institut d. Univ. Tübingen – (Pr) Bismarck-Str. 10, 72072 Tübingen – (D) Hölderlinstr. 12, D-72074 Tübingen, Tel.: (07071) 2978943, Fax: 295318.

BECK, Volker (20-3-1939, Mainz) StDir., Fachleiter. – (Pr) Lion-Feuchtwanger-Str. 53, D-55129 Mainz, Tel.: (06131) 593892 – (D) An Schneiders Mühle 1, D-55122 Mainz.

BECKEL, Lothar (15-8-1934, Langenau) Univ.-Doz., Ing., Dkfm., Dr., Geograph. Institut der Universität Salzburg, Priv.-Doz. am Inst. f. Angew. Geologie und Fernerkundung der FU Berlin, Leiter des Österreichischen Fernerkundungs Datenzentrums (OFD) (SPOT IMAGE, EURIMAGE, ESA-ERS, RADARSAT. – (Pr) Ramsau 65, A-5324 Faistenau, Tel.: 06228-7198. Für Satellitenbilddaten: GEOSPACE Beckel-Satellitenbilddaten GmbH, Jakob-Haringer-Str. 1, A-5020 Salzburg, Tel.: (0662) 458115, Fax: 4581154, Internet: http://geospace.co.at, e-mail: beckel@geospace.co.at

BECKER, Christoph (2-10-1938, Frankfurt/ Main) Dipl.-Geogr., Dr. rer.nat. habil., Univ.–Prof. an der Univ. Trier – Fach Geographie, Abt. Angewandte/Fremdenverkehrsgeographie, Fachdirektor am Europäischen Tourismus Institut an der Universität Trier GmbH, Hrsg. „Materialien zur Fremdenverkehrsgeographie" und „Trierer Tourismus Bibliographie. – (Pr) Irscher Str. 9, D-54296 Trier, Tel.: (0651) 16610, Fax: (0651) 9990540 – (D) Universität Trier, Universitätsring 15, D-54228 Trier, Tel.: (0651) 201-4582, Fax: 201 3813.

BECKER, Friedrich (31-7-1910, Offenbach/ Main) Hon.-Prof., Dr. phil. nat., Abt.-Präs. a.D. – (Pr) Moselstr. 19a, D-61352 Bad Homburg, Tel.: (06172) 47381.

BECKER, Fritz (15-1-1947, Twistringen/Niedersachsen) Prof., Dr. rer. nat., Dipl.-Geogr., Head, Dept. of Geography and Environmental Studies, University of Namibia. – (Pr) P.O.B. 6138, Windhoek, Namibia, Tel.: (00264) 6122 3580 (= Fax) – (D) P/B 13301, Windhoek, Namibia, Tel.: (00264) 6120637380-38010, Fax: 6120638060, e-mail: FOBECKER@ UNAM.NA.

BECKER, Günther (21-5-1931, Altenhundem) StDir. i.R. – (Pr) Am Biertappen 15, D-57368 Lennestadt, Tel./Fax: (02723) 5871

BECKER, Hans (31-3-1936, Halberstadt) Dr. rer. nat., o. Prof. f. Geogr. a. d. Univ. Bamberg, stellv. Vors. u. Geschäftsf. d. Inst. f. Entwicklungsforschg. i. ländl. Raum Ober- u. Mittelfrankens, Mithrsg. d. „Bamberger Geographischen Schriften". – (Pr) Ringstr. 40a, D-91080 Uttenreuth, Tel.: (09131) 57578 – (D) D-96045 Bamberg, Tel.: (0951) 863-2316, Fax: 863-2317.

BECKER, Michaela (26-8-1958, Trier) Dipl.-Geogr., wiss. Mitarb., Inst. f. Geographie u. ihre Didaktik d. Bildungswiss. Hochschule Flensburg - Universität. – (Pr) Bachstr. 24, D-24943 Flensburg – (D) Schützenkuhle 26, D-24937 Flensburg .

BECKERT, Antoinette (11-12-1963, Diessen/ Ammersee) Dipl.-Ing., Kartographin, Concept Software GmbH. – (Pr) Katzbachstr. 23, D-10965 Berlin. – (D) Monumentenstr. 35, D-10829 Berlin.

BECKMANN, Dieter (18-3-1935, Schwelm) Prof. Dr. rer. nat., Univ.–Prof. f. Geogr., insbes. Wirtschafts- u. Sozialgeographie a.d. Bergischen Universität – Gesamthochschule Wuppertal, Fachbereich 1 – Gesellschaftswissenschaften, Fach Geographie. – (Pr) Königsfelder Str. 95, D-58256 Ennepetal, Tel.: (02333) 71189, Fax: 71156 — (D) Gaußstr. 20, Gebäude L 13. 16, D-42119 Wuppertal, Tel.: (0202) 439-2455, Fax: 439-2431 u. 2455.

BECKS, Friedrich (12-12-1937, Bardenberg) Dr., AOR a. Inst. f. Didaktik d. Geographie im FB 19 der Westfälischen Wilhelms-Universität. – (Pr) Robert-Koch-Str. 7, D-48291 Telgte, Tel.: (02504) 26 54, Fax: 2638 – (D) Robert-Koch-Str. 26, D-48149 Münster, Tel.: (0251) 833-9352, Fax: 833-9351, e-mail: becksf@uni-muenster.de

BEEGER, Helmut (27-6-1941, Meißen) Leit. RD, Lehrbeauftragter am Geographischen Institut der Johannes Gutenberg-Universität, Mainz, sowie am Seminar für Geographie der Universität Koblenz-Landau. – (Pr) Weinbergstr. 21, D-67434 Neustadt, Tel.: (06321) 88 88 2 – (D) Bezirksregierung Rheinhessen-Pfalz – Obere Landesplanungsbehörde, Friedrich-Ebert-Str. 14, D-67433 Neustadt, Tel.: (06321) 992230.

BEELER, Fridolin (25-12-1945) Dr. – (Pr) St. Jakobstr. 62, CH-6330 Cham, Tel.: (041) 7803430.

BEGUIN, Claude (6-8-1939, Neuchâtel), Dr., Chargé de cours. – (Pr) CH-2067 Chaumont, Tel.: (032) 7534853 – (D) Institut de Géographie de l'Université, Pérolles, CH-1700 Fribourg, Tel.: (026) 3009-0, Fax: 3009-746.

BEHA, Horst-Dieter (28-08.1962, Villingen/ Schwarzwald) Dipl.-Inform. Geogr. Inst. d. Univ. Basel-MCR Lab. – (Pr) Mainaustr. 41, D-78464 Konstanz, Tel.: (07531) 60081

– (D) Spalenring 145, CH-4055 Basel, Tel.: (061) 272-6480, Fax: 272-6923, e-mail: Beha@UBACLU.UNIBAS.CH

BEHRE, Karl-Ernst (13-2-1935, Bremen) Prof. Dr. rer. nat., Ltd. wiss. Dir. des Niedersächs. Instituts für historische Küstenforschung Wilhelmshaven, apl. Prof. f. Botanik a. d. Univ. Göttingen, Prof. f. Quartärbotanik an der Freien Universität Amsterdam, Editor-in-Chief „Vegetation History and Archaeobotany". – (Pr) Pappelweg 5, D-26452 Sande i. Oldenburg, Tel.: (04422) 1564 – (D) Viktoriastr. 26/28, D-26382 Wilhelmshaven, Tel.: (04421) 915-0, Fax: 915-110, e-mail: behre@nihk-terramare.fh-wilhelmshaven.de

BEHRENS, Hinrich Wilfried (10-7-1937, Bremen) Dipl.-Kfm., StDir. a.D., Fachleiter f. Wirtschaftsgeogr. a.D. – (Pr) Oberneulander Landstraße 111, D-28355 Bremen, Tel.: (0421) 250113.

BEHRMANN, Dierk (26-2-1941, Bayreuth) StDir. am Nicolaus-Cusanus-Gymnasium in Bergisch Gladbach, Fachleiter Erdkunde und Hauptseminarleiter am Staatl. Studienseminar für das Lehramt für die Sekundarstufe II in Leverkusen, Kerschensteinerstr. 10, D-51373 Leverkusen, Tel.: (0214) 61891 – (Pr) Küchenberger Str. 69, D-51519 Odenthal, Tel.: (02202) 78183.

BEIER, Christoph (19-4-1962, Gräfelfing) Dr. Ruhr-Universität Bochum, Fakultät für Geowissenschaften, Geogr. Institut – (Pr) Zum Viadukt 15, 58300 Wetter, Tel.: (02335) 739066 – (D) Universitätsstr. 150, D-44780 Bochum, Tel.: (0234) 700-3435, Fax: (0234) 7094-484, e-mail: christoph.beier@ruhr-uni-bochum.de

BEINSTEIN, Bernd E. (09-09-1957) Dipl.-Ing., Geschäftsführer des Ständigen Ausschusses für geographische Namen (StAGN) Bundesamt für Kartographie und Geodäsie. – (Pr) Robert-Koch-Str. 24 a, D-65520 Bad Camberg – (D) Richard-Strauss-Allee 11, D-60598 Frankfurt a. Main, Tel.: (069) 6333-317, Fax: 6333-441, e-mail: beinstein@ifag.de

BEISSEL, Otfried, Dr. – (Pr) Wolliner Weg 5, D-24107 Kiel.

BEISSMANN, Helmut (14-5-1955) Dr. phil., Österreichische Akademie der Wissenschaften, Institut für Informationsverarbeitung, Abteilung für raumbezogene Informationsverarbeitung. – (Pr) Lavendelweg 21, A-1220 Wien – (D) Sonnenfelsgasse 19, A-1010 Wien, Tel.: (01) 51581-313, Fax: 5128901, e-mail: Helmut. Beissmann@oeaw.ac.at.

BEITMANN, Nils (17-03-1970, Göttingen) Dipl.-Ing. (FH) d. Kartographie, Sachbearbeiter am LVermA NRW. – (Pr) Grüner Weg 43, D-53175 Bonn. – (D) Muffendorfer Str. 19-21, D-53177 Bonn.

BENDER, Oliver (06-09-1964) Dipl.-Geogr., Dr. phil., Wiss. Assistent am Lehrstuhl I für Geographie der Universität Bamberg – (Pr) Dr. Haas-Str. 2a, D-96047 Bamberg, Tel.: (0951) 21723 – (D) Am Kranen 12, D-96045 Bamberg, Tel.: (0951) 863-2313, e-mail: oliver.bender@ggeo. uni-bamberg.de

BENDIX, Jörg (12-04-1961) Dr. rer. nat., Prof. für Angewandte Physische Geographie am Institut für Geographie der Universität München – (D) Luisenstr. 37/III, D-80333 München

BENEDICT, Ernst (30-3-1935, Geringwalde) Dipl.-Geogr., Abt.-Ltr. Landesentwicklung im Sächs. Staatsministerium für Umwelt und Landesentwicklung. – (Pr) Rietzsckebogen 2, D-04448 Wiederitzsch, Tel.: (0341) 5214113 – (D) Ostra-Allee 23, D-01067 Dresden, Tel.: (0351) 564-2160.

BENIGHAUS, Ludger (21-09-1967) Dipl.-Geogr., wiss. Mitarb. im FG Geographie, Phil. Fak. der TU Chemnitz – (Pr) Galileistr. 14, D-51645 Gummersbach, Tel.: (02261) 22136

BENISTON, Martin (28-08-1953, Walsall, GB. Lieu d,origine: Les Genevez, CH) Dr. ès Sciences, Prof. ord., Directeur, Institut de Géographie, Université de Fribourg – (D) Pérolles, CH - 1700 Fribourg, Tel.: (026) 300 9010, Fax: 3009746, e-mail: Martin. Beniston@Unifr.CH

BENSER, Eberhard (8.7.1943, Gotha) Dr. rer. nat., Lektor. – (Pr) Emleber Weg 9, D-99867 Gotha, Tel.: (03621) 744889 . – (D) Justus Perthes Verlag Gotha GmbH, Justus-Perthes-Str. 3–5, D-99867 Gotha (Postfach 1004 52, D-99854 Gotha), Tel.: (03621) 385-154, Fax: 385-102, e-mail: e.benser@klett-mail.de.

BENTHIEN, Bruno (12-4-1930, Schwerin/ Meckl.) Prof. Dr. rer. nat. habil., – (Pr) Gerdingstr. 18, D-17489 Greifswald, Tel./ Fax: (03834) 594763

BENVENUTTI, Friedrich (23-7-1944) Prof., Mag. phil., Lehrer an AHS u. Lehrbeauftragter an der Päd. Akademie der Erzdiözese Wien. – (Pr) Pfluggasse 4/14, A-1090 Wien, Tel.: (01) 3170582, Tel./Fax: 4084432 – (D) Albertg. 18–22, A-1080 Wien, Tel.: (01) 405-6115, und Mayerweckstr. 1, A-1210 Wien, Tel.: (01) 29108-107, Fax: 29108-402.

BERDAT, Stéphane, charé de cours – Route de Cœuve 36, CH-2900 Porrentruy, Tel.: (066) 666193.

BERGER, Christiane (01-01-1967, Darmstadt), Dipl.-Geogr., wiss. Mitarb. am Institut für Physische Geographie der J.W. Goethe-Universität. – (Pr) Hölderlinstr. 20, 60316 Frankfurt – (D) Postfach 111932, 60054 Frankfurt, Tel.: (069) 798-28572, Fax: 7982-4718, e-mail: c.berger@em.uni-frankfurt.de

BERGER KIRCHNER, Etienne (7-2-1928, Zürich), Dr. – (Pr) Willishalten, CH-3086 Zimmerwald .

BERGER, Wolfgang (05-10-1937, Bremen) Professor, Ozeanograph/Gastforscher, Universität Bremen, FB 5 Geowissenschaften. – (D) Postfach 330 440, D-28334 Bremen, Tel.: (0421) 218-3585.

BERGMANN, Axel, Dipl.-Geogr. – (D) Weberplatz 1, D-01217 Dresen, Tel.: (0351) 467-9221.

BERGNER, Uwe (15-6-1965, Mühlhausen), wiss. Mitarbeiter bei Prof. Dr. H. Schröder, Friedrich-Alexander-Universität Erlangen-Nürnberg, Institut für Geographie. – (D) Kochstr. 4, D-91054 Erlangen

BERGUNDE, Kurt, Prof. Fachbereich Nautik der Hochschule Bremen, Hrsg. Stettiner Schrift Nr. 5. – (Pr) Brauereiweg 13, D-28865 Lilienthal bei Bremen.

BERKNER, Andreas (13-01-1959, Altenburg) Dr. rer. nat. – (D) Regionaler Planungsverband Westsachsen, Regionale Planungsstelle, Referatsleiter Braunkohlenplanung, (Postanschrift) Regionale Planungsstelle beim Staatlichen Umweltfachamt Leipzig, Postfach 24 12 15, D-04332 Leipzig, Tel./Fax: (0341) 2421-376, -316.

BERLI, Stefan (11-4-1959, St. Gallen), Dipl. sc. nat., Geologe, SIA, Geschäftsführer Fa Foralith AG, Bohr- und Bergbautechnik, St. Gallerstr. 12, CH-9201 Gossau, Tel.: (71) 388 89 29, Fax: (71) 3888925, e-mail: foralith@foralith.ch, Internet: http://www.foralith.ch, Prokurist Fa. Grundag AG, St. Gallerstr. 8, CH-9201 Gossau, : (071) 3888919 – (Pr) Ruppenstr. 18, CH-9212 Arnegg, Tel.: (071) 3859858.

BERLINCOURT, Pierre, Dr. phil. nat., wiss. Beamter. – (Pr) Hofmattstr. 15, CH-4900 Langenthal . – (D) Office fédéral de l'éducation et de la science, case postale, CH-3001 Bern.

BERNATH, André (23-1-1956, Brugg) Dr. sc. nat., Dipl. Natw. ETH, Hydroklimatologe, Geo-Informatiker, SGHL, SGAG, IAHS – (Pr) Zelglistr. 59, CH-5600 Lenzburg, Tel.: (062) 8918315. – (D) GeoAargau, CH-5000 Aarau (Geschäftsführer).

BERNHARDT, Hans Georg (8-4-1938, Wuppertal) Stud.-Dir. Lehrbeauftr. am Studienseminar für das Lehramt für die Sekundarstufe II, Gymnasium, Wuppertal I – (Pr) Mittlere Bergerheide 16, D-42113 Wuppertal – (D) Richard-Wagner Str. 7, D-42115 Wuppertal.

BERNHARDT, Karl-Heinz (24-12-1935, Zwikkau) Dr. rer. nat. habil., o. Professor f. Meteorologie, Mitglied der Leibniz-Sozietät e.V. – (Pr) Platz der Vereinten Nationen 3, D-10249 Berlin, Tel.: (030) 4260750.

BERNHARDT, Peter (16-02-1939, Hirschberg/Riesengeb.), Dr. rer. nat. Dipl.-Geogr., Abt.-Ltr., Fachreferent für Geowissenschaften, Univers.-Bibliothek Leipzig. – (Pr) Fridtjof-Nansen-Str. 8, 04347 Leipzig, Tel.: (0341) 2321154 – (D) Beethovenstr. 6, D-04107 Leipzig, Tel.: (0341) 9730503, e-mail: b@ub.uni-leipzig.de

BERNSDORF, Bodo (4-2-1963, Fortuna/jetzt Erftkreis) Dipl.-Geogr.,Dr. rer. nat., Manager Professional Services, MapInfo GmbH – (Pr) Am Sommerberg 42, D-61276 Weilrod-Riedelbach. – (D) MapInfo GmbH,Auf der Krautweide 42, D-65812 Bad Soden, Tel.: (06196) 6700-52, Fax: 6700-11, Mobil: (0172) 6744287, e-mail: bodo.bernsdorf@mapInfo.com.

BERNSDORF, Susanne (11-8-1963) Dipl.-Geogr., Lehrbeauftragte im Fachbereich VI - Physische Geographie - der Universität Trier – (Pr) Kapellenstr. 25b, D-54456 Tawern, Tel.: (06501) 150814 – (D) Universität Trier, D-54228 Trier, Tel.: (0651) 201-4516, Fax: 201-3976, e-mail: bernsdorf@uni-trier.de.

BERTELSMEIER, Elisabeth (13-3-1912, Boke, Krs. Büren) Dr. phil. – (Pr) Edith-Stein-Str. 3, D-48149 Münster, Tel.: (0251) 22285.

BERTHOUD, Eric-François (18-06-1953, La Chaux de Fonds) Lic.ès lettres, DES STAF, – (Pr) Louis-Favre 27, CH-2000 Neuchâtel, Tel.: (032) 7243048. – (D) Gymnase Français, Débarcadère 8, CH-2501 Bienne, Tel.: (032) 3281930, Fax: 7243444, e-mail: efberthoud@world-com.ch

BERTRAM, Heike (12–12–1957, Halle Kr. Holzminden) Dr. phil., wiss. Assistentin am Institut für Wirtschafts- und Sozialgeographie der Universität Frankfurt. – (D) Dantestr. 9, D–60325 Frankfurt (Postfach 11 19 32, D-60054 Frankfurt), Tel.: (069) 798-28576, Fax: 798-23548

BESCH, Hans-Werner (29-9-1924, Kiel) Dr. rer. nat., Prof. f. Geogr. u. ihre Didaktik a. d. Päd. Hochsch. Karlsruhe. – (Pr) Elsa-Brandström-Str, 25, D-76228 Karlsruhe, Tel.: (0721) 472467.

BESLER, Helga (16-3-1939, Sydowsaue) Prof. Dr. am Geogr. Inst. d. Univ. zu Köln. – (Pr) Buchenallee 17 B, D-51427 Bergisch Gladbach, Tel.: (02204) 62886 – (D) Albertus-Magnus-Platz, D-50923 Köln, Tel.: (0221) 470-4143, Fax: 470-4917.

BETTAC, Werner (7-5-1924, Leiden/Niederlande) Prof. Dr.-Ing., Hydrographic Consulting, Chairman und Chief Editor der International Bathymetric Chart of the Western Indian Ocean (IBCWIO) – (Pr) Poolstr. 7, D-22844 Norderstedt, Tel.: (040) 5224720, Fax: 3190–5000, Telex: 211138 – bsh hh–d, e-mail: bettac@t-online.de

BETTER, Martin, Dipl.-Geogr., Mittelschul- und Berufsbildungsamt Kanton Zürich, Leiter Fachstelle Umwelt, Redakteur forum, Berufsschullehrer – (Pr) Weiherstr. 3, CH-8625 Gossau.

BETZ, Dieter (20-04-1927, Backnang/Württ.) Dr. rer. nat., Diplom Geologe, Direktor der BEB i.R., Hon.-Prof. J.W. Goethe-Univ. Frankfurt/Main, Ehrenmitglied Deutsche Geologische Gesellschaft, Carl Engler Medaille DGMK, Bundesverdienstkreuz 1. Klasse, Niedersächsisches Verdienstkreuz 1. Klasse, Kurator Alfred Wegener Stiftung, Mitglied Niedersächsische Akademie der Geowissenschaften, – (Pr) Buchenweg 6, D-30916 Isernhagen, Tel.: (05139) 6542, Fax: 893175

BETZLER, Emil (14-12-1951, Tuttlingen) Dr. rer. nat., Wiss. Mitarb. b.d. Forschungs- und Planungsgesellschaft für das Rettungswesen FORPLAN Dr. Schmiedel GmbH in Bonn – (Pr) Breite Str. 24, D-53913 Swisttal, Tel.: (02225) 4771 – (D) Tel.: (0228) 94940.

BEYER, Lioba (14-1-1937, Brandenburg) Prof'in. Dr. phil., Prof. d. Geogr. u. ihre Didaktik am Institut für Didaktik der Geographie des Fachbereichs 19 der Westfälischen Wilhelms-Universität. – (Pr) bei Dr. Johanna Worel, Sandhügel 3 a, D-48282 Emsdetten, Tel. (02572) 5818 – (D) Robert-Koch-Str. 26, D-48149 Münster.

BEYER, Rüdiger (18-11-1954) Dr. phil., Dipl.-Geogr., Geschäftsführer und Leiter der Abt. Handel/Dienstleistungen/Volkswirtschaft der Industrie- und Handelskammer f. d. Pfalz in Ludwigshafen a. Rhein. – (Pr) Konrad-Adenauer-Ring 26, D-67240 Bobenheim-Roxheim, Tel.: (06239) 4196. – (D) Ludwigsplatz 2-3, 67059 Ludwigshafen, Tel.: (0621) 5904-119.

BIBUS, Erhard (18-4-1943, Teplitz-Schönau) Prof. Dr. – (Pr) In Rosenbenz 30, D-72116 Mössingen, Tel.: (07473) 21 200 – (D) Geogr. Inst. d. Universität, Hölderlinstr. 12, D-72074 Tübingen, Tel.: (07071) 729-2401, Fax: 729-5318, e-mail: erhard.bibus@uni-tuebingen.de

BICHSEL, Ulrich, Dr. phil. nat., Gymnasiallehrer – (Pr) Brunnacker, CH-3086 Zimmerwald, Tel.: (031) 8193616.

BIDO, Irena — (D) FU Berlin, Institut für Geoinformatik, Haus D, Malteserstr. 74-100, 12249 Berlin, Tel.: (030) 7792583, Fax: 7752075, e-mail: bido@zedat.fu-berlin.de.

BIELER, Joachim (16-10-1938, Leipzig) Dipl.-Geogr., Dipl.-Ing. (FH) Kartogr., Wiss. Angestellter. – (Pr) Birkwitzer Weg 35, D-01257 Dresden . – (D) Blockhaus Dresden, Neustädter Markt 19, D-01097 Dresden, Tel.: (0351) 81416811.

BIENZ, Toni (18.06.1954, Langenthal) lic. phil. nat. et jur., Verwaltungsgerichtsschreiber – (Pr) Obere Hinterwies 7, CH-9042 Speicher – (D) 5-Eck-Haus, Postfach 121, CH-9043 Trogen.

BIENZ-WENK, Georg (29-7-1917) Dr. h.c. Ehrenpräs. d. Geogr.-Ethnolog. Ges. Basel. – (Pr) Bruderholzallee 45, CH-4059 Basel, Tel.: (061) 3617616.

BIERI, Fredi (31-10-1952), Dipl.-Geogr, Raumplaner IVS – (Pr) Birkenweg 18, CH-3123 Belp, Tel.: (031) 8194103. – (D) Finkenhubelweg 11, CH-3012 Bern, Tel.: (031) 631-3537.

BILLWITZ, Konrad (21-1-1938) Dr. rer. nat., Dr. rer. nat. habil., Univ.- Prof. Lehrstuhl für Geoökologie. – (Pr) Lomonossowallee 38, D-17491 Greifswald, Tel.: (03834) 811445. – (D) Geographisches Institut der Ernst-Moritz-Arndt-Universität Greifswald, Jahnstr. 16, D-17489 Greifswald, Tel.: (03834) 864523, Sekr. 864502.

BING, Günter (19-12-1961, Herbolzheim) Dipl.-Phys., Geogr. Inst. d. Univ. Basel-MCR Lab. – (Pr) Dinkelbergstr. 2, D-79540 Lörrach, Tel: (049) 762112747 – (D) Spalenring 145, CH-4055 Basel, Tel.: (061) 272-6480, Fax: 272-6923, e-mail: Bingmeteo@vmsmail.unibas.ch,

BINGGELI, Valentin (1931, Bern) Dr. phil. nat., Seminardirektor Staatl. Lehrerinnen- und Lehrerseminar. – (Pr) CH-3368 Bleienbach, Tel.: (063) 224937. – (D) CH-4900 Langenthal, Tel.: (063) 228844.

BINGGELI, Valentin (1931, Bern) Dr.phil.nat., Seminardirektor Staatl. Lehrerinnen- und Lehrerseminar. – (Pr) CH-3368 Bleienbach, Tel.: (063) 22 49 37. – (D) CH-4900 Langenthal, Tel.: (063) 22 88 44.

BIRGER, Jens (13-08-1968, Halberstadt) Dipl.-Geograph, Martin-Luther-Universität Halle-Wittenberg, FB Geowissenschaften, Institut für Geographie. – (Pr) Windthorststr. 37, D-38820 Halberstadt. – (D) Domstr. 5, D-06108 Halle / Saale, Tel.: (0345) 5526025, Fax: 5527168.

BIRKENFELD, Herbert (13-9-1947, Wolfenbüttel) Dr. rer. nat., StDir., Fachberater OSA Tübingen, Lehrbeauftragter am Staatl. Seminar für Schulpädagogik Weingarten, Herausgeber der „Ulmer Geogr. Hefte". – (Pr) Ruländerweg 44, D-89075 Ulm, Tel.: (0731) 57640, Fax: 9509785 – (D) Karl-Schefold-Str. 18, D-89073 Ulm, Tel.: (0731) 161-3661.

BIRKENHAUER, Josef (10-5-1929, Leverkusen) Dr. rer. nat. habil., Prof. f. Did. d. Geogr. u. Geogr., Geographisches Inst. d. Univ. München, Emeritus, Herausgeber der „Münchner Studien zur Didaktik der Geographie". Mitherausgeber der „Münchner Geographischen Abhandlungen. Begründer der Zeitschrift „Geographie und Ihre Didaktik" – (Pr) Steinebacher Weg 5, D-82229 Seefeld, Tel.: (08152) 78489

BIRKHOLZ, Klaus (6-2-1950, Frankfurt) Dr. rer. nat. – (Pr) Helenenhof 2, D-10245 Berlin, Tel.: (030) 2913573. – (D) Landesumweltamt Brandenburg, Referat Raumbeobachtung, Berliner Str. 135, Postanschrift: PF 60 10 61, D-14410 Potsdam, Tel.: (0331) 8667666, Fax: 8667657, e-mail: klaus.birkholz@munr-gl.brandenburg.de.

BIRR, Hans-Dietrich (27-2-1932) Prof. Dr. rer. nat. habil. – (Pr) Arnold-Zweig-Str. 99, D-18435 Stralsund, Tel.: (03831) 397116 . – (D) Ludwig-Jahn-Str. 16, D-17489 Greifswald, Tel.: (03834) 864502, Fax: 864501.

BIRSAK, Lukas (9-12-1959, Wien), Mag., Verlagsleiter Atlanten und elektronische Medien Ed. Hölzel Ges.m.b.H. – (D) Jochen-Rindt-Str. 9, A-1230 Wien, Tel.: (01) 6154670- 45, e-mail: edc.hoelzel@telecom.at

BISCHOFF, Carola Alexandra (03-08-1968, Recklinghausen) Dipl.-Geogr., wiss. Mitarb. am Institut für Geographie der Westfälischen Wilhelms-Universität Münster – (Pr) Scheibenstr. 55, D-48153 Münster, Tel.: (0251) 73260 – (D) Robert-Koch-Str. 26, D-48149 Münster, Tel.: (0251) 8333-916, Fax: 833-0025

BITTER, Ralf (06-06-1963, Varel) Dipl.-Geograph, - (Pr) Fregestr. 34a, D-12161 Berlin.

BLASCHKE, Thomas (3-8-1965, Laufen) Mag. rer. nat., Dr. rer. nat., Assistent, Institut für Geographie, Universität Salzburg. – (D) Hellbrunner Str. 34, A-5020 Salzburg, Tel.: (0662 8044-5232, Fax: 8044-525, e-mail: tblaschk@geo.sbg.ac.at.

BLATTER, Heinz (14-10-1946) Dr., Dipl.-Phys., ETH, Privatdozent Geogr. Inst. ETH Zürich. – (Pr) Luzernerstr. 15, CH-4800 Zofingen, Tel.: (062) 7511062 – (D) Winterthurerstr. 190, CH-8057 Zürich, Tel.: (01) 257-5221, Fax: 362-5197, e-mail: blatter@geo.umnw.ethz.ch.

BLECKERT, Heinz (12-1-1926, Finsterbergen) Prof.em., Dr. habil. – (Pr) Dethardingstr. 14, D-18057 Rostock .

BLENCK, Jürgen, Geogr. Inst. d. Ruhr-Universität Bochum. – (D) Ruhr-Universität, D-44721 Bochum, Tel.: (0234) 7003440.

BLEYER, Burkhard, Dr., ORR Dipl.-Geogr. – (Pr) Hartstr. 32, D-82110 Germering, Tel.: (089) 89427990, Fax: 89427991. – (D) Regierung von Oberbayern, Regionalplanungsstelle, D-80534 München, Tel.: (089) 2176-2753

BLOBNER, Heinrich (4-6-1934, Niemes, CSR) StDir. u. Fachl. f. Erdkunde am Studienseminar Kassel I. – (Pr) Schöne Aussicht 26, D-34246 Vellmar, Tel.: (0561) 823605 – (D) Studienseminar I f. d. Lehramt an Gymnasien, Untere Königstr. 81, D-34117 Kassel, Tel.: (0561) 15170.

BLOCH, Dieter (24-09-1930, Gotha) Ing., Redakteur. – (Pr) Große Fahnenstr. 24, D-99867 Gotha, Tel.: (03621) 757951.

BLOCK, Carsten (09-03-1964, Treuenbrietzen) Dipl.-Geogr., Referent für Raumbeobachtung – (Pr) Unterer Engen 26b, D-09600 Naundorf – (D) Sächsisches Landesamt für Umwelt und Geologie, Halsbrücker Str. 31a, D-09599 Freiberg, Tel.: (03731) 294177.

BLÖSER, Barbara (02-03-1967), Dipl.-Geogr., Remote Sensing Consultant der GIM Geographic Information Management S.A. – (Pr) Saarbrücker Str. 28, D-54290 Trier, Tel.: (0651) 9943354. – (D) GIM

S.A., 9 rue Jean Pierre Sauvage, L-2514 Luxembourg, Tel.: (00352) 422043, Fax: 422044, e-mail: barbara@gim.lu

BLOTEVOGEL, Hans Heinrich (23-11-1943, Getmold) Univ.-Prof., Dr. rer. nat., Prof. f. Wirtsch.- u. Sozialgeogr. u. Angew. Geogr. im Institut für Geographie der G.-Mercator-Univ. Duisburg, Mithrsg. d. „Erdkunde" sowie d. „Duisburger Geogr. Arbeiten" 1. Vorsitzender d. Verbandes d. Geographen an Deutschen Hochschulen und Präsident der Deutschen Gesellschaft für Geographie, Ord.Mitglied d. Akad. f. Raumf. u. Landesplanung. – (Pr) Gleiwitzer Str. 15, D-44795 Bochum, Tel.: (0234) 475432 – (D) G.-Mercator-Universität -Gesamthochschule Duisburg, Institut für Geographie, Lotharstr. 65, D-47057 Duisburg, Tel.: (0203) 379-2249 oder 2250 (Sekr.), Fax: 379-3516, e-mail: blotevogel@uni-duisburg.de.

BLÜMEL, Wolf Dieter (12-5-1943, Langenbielau) o. Prof. Dr. rer. nat., Dipl.-Geogr. Lehrstuhl für Physische Geographie, Dir. d. Inst. f. Geogr. d. Univ. Stuttgart, Mithrsg. d. Teubner Studienbücher Geographie, Stuttgarter Geogr. Studien sowie „Die Erde" – (Pr) Harzbergstr. 3, D-71679 Asperg,, Tel.: (07141) 31752 – (D) Azenbergstr. 12, D-70174 Stuttgart, Tel.: (0711) 121-1410, Fax: 121-1472, e-mail: wolf-dieter.bluemel@geographie.uni-stuttgart.de

BLUM, Winfried E. H. (15-06-1941, Freiburg/Br.) Dr. rer. nat., Dr. h.c. mult., Univ.-Professor für Bodenkunde, Generalsekretär der Internationalen Bodenkundlichen Union (IBU), – Institut für Bodenforschung, Universität für Bodenkultur. – (Pr) Salmannsdorfer Str. 39, A-1190 Wien. – (D) Gregor-Mendel-Str. 39, A-1180 Wien.

BLUME, Helmut (18-3-1920, Köln) Prof. Dr. rer. nat., Hon. D. Sc. (Durham), em. o. Prof. f. Physische Geographie am Geogr. Inst. d. Univ. Tübingen. – (Pr) Parkwohnstift Bad Kissingen, App. 830, Heinrich-von-Kleiststr. 2, D-97688 Bad Kissingen, Tel.: (0971) 8032830.

BLUMENSTEIN, Oswald (25-12-1951, Arnstadt) Dr. rer. nat. habil., Wiss. Mitarb. im Institut für Geographie und Geoökologie der Universität Potsdam. – (Pr) Otto-Nagel-Str. 3, D-14467 Potsdam. – (D) Universität Potsdam, Institut für Geoökologie, Postfach 60 15 53, D-14415 Potsdam, Tel.: (0331) 977-2113, Fax: 977-2068, e-mail: oblustei@rz.uni-potsdam.de.

BOBEK-FESL, Maria (29-4-1933, Wien) Dr. phil., Hofrat. – (Pr) Mahlerstr. 4/20, A-1010 Wien, Tel.: (01) 5136477 .

BOCK, Steffen(23-02-1965, Berlin) Dipl.-Geogr., Dr. rer. nat., Wiss. Ass. am Geogr. Inst. d. Univ. Kiel – (Pr) Wühren 26, D-24794 Bünsdorf, Tel.: (04356) 1034 – (D) Ludewig-Meyn-Str. 14, D-24098 Kiel, Tel.: (0431) 8802933, Fax: (0431) 880-4658.

BODE, Volker (14-10-1960, Oldenburg i.O.) Dipl.-Geogr., Institut für Länderkunde Leipzig – (D) Schongauerstr. 9, D-04329 Leipzig, Tel.: (0341) 255-6543, Fax: (0341) 255-6598, e-mail: bode@ifl.uni-leipzig.de

BODEMÜLLER, Udo (31-3-1939, Nürnberg) Dipl.-Geogr., OReg.-Rat, Referent – DV-Verfahren Lehre/Sprach- u. Geowesen – (Pr) Dornierstr. 20, D-53125 Bonn (Brüser Berg), Tel.: (0228) 252929, – (D) Platanenweg 35, D-53225 Bonn, Tel.: (0228) 942-2123.

BÖCKENHOLT, Hans-Joachim (10-1-1943, Lübeck) Dr. phil., Leitender Regierungsschuldirektor, Fachdezernent Erdkunde bei der Bezirksegierung Münster Münster. – (Pr) Hans-Bredow-Weg 61, D-48155 Münster, Tel.: (0251) 3111135. – (D) Windthorststr. 66, D-48143 Münster, Tel.: (0251) 4114143.

BOEDEKER, Dieter, Dipl.-Geogr., wiss. Mitarb. am Bundesamt für Naturschutz, Außenstelle Internat. Naturschutzakademie Insel Vilm, FG Meeres- und Küstennaturschutz – (D) BFN-INA Insel Vilm, D-18518 Lauterbach auf Rügen, Tel.: (038301) 86121, e-mail: bfn.ina.vilm@t-online.de

BÖGE, Wiebeke (13-10-1961, Hamburg) Dr. rer. nat., Lehrerin und Lehrbeauftr. am Inst. f. Geographie der Universität Hamburg – (Pr) Leverkusenstieg 11, D-22761 Hamburg, Tel.: (040) 8504279 – (D) Bundesstr. 55, D-20146 Hamburg, Tel.: (040) 4123-5218

BOEHM, Erwin (24-6-1913, Arnswalde) Dr. rer. nat., Prof. em. d. Univ. Osnabrück. – (Pr) Joh.-Seb.-Bach-Str. 24, D-79104 Freiburg, Tel.: (0761) 56118.

BÖHM, Hans (1-5-1937, Rd.-Lennep) Dr. phil., AOR, apl. Prof. am Inst. f. Wirtschaftsgeogr. d. Univ. Bonn. – (Pr) Am Pleiser Wald 18, D-53757 St. Augustin, Tel.: (02241) 335230 – (D) Meckenheimer Allee 166, D-53115 Bonn, Tel.: (0228) 737509, e-mail: boehm@giub.uni-bonn.de

BÖHMER, Hans Jürgen (1-4-1967, Pegnitz/ Ofr.) Dr. rer. nat., Institut für Geographie der Friedrich-Alexander-Universität Erlangen-Nürnberg. – (Pr) Kellerstr. 24, D-91257 Pegnitz, Tel.: (09241) 3639. – (D) Kochstr. 4/4, D-91054 Erlangen, Tel.: (09131) 8526325, Fax: 8522013, e-mail: jboehm@ geographie.uni-erlangen.de.

BÖHN, Dieter (17-11-1938, München) Prof. Dr. rer. nat., Lehrstuhl f. d. Didaktik der Geographie am Institut f. Geogr. der Universität Würzburg, Mitherausgeber der Würzburger Geographischen Arbeiten und des „Handbuches für den Geographieunterricht". Sprecher des Arbeitskreises der Didaktiker der Geographie an bayerischen Universitäten. Regionalbeauftragter Bayern des HGD. – (Pr) Nikolaushöhe 13, D-97218 Gerbrunn, Tel.: (0931) 709494, e-mail: boehnd@ad.com. – (D) Wittelsbacher Platz 1, D-97074 Würzburg, Tel.: (0931) 888-4804, e-mail: dieter.boehn@mail.uni-wuerzburg.

BÖHNER, Jürgen, Dipl.-Geogr. Dr. rer. nat. – (Pr) Wendenstr. 8, D-37073 Göttingen, Tel.: (0551) 484731 – (D) c/o Geogr. Inst. d. Univ. Göttingen, Goldschmidtstr. 5, D-37077 Göttingen, Tel.: (0551) 398372.

BÖHNKE, Dieter (24-9-1940, Marienburg) StDir., Fachleiter am Wiss. Inst. f. Schulpraxis. – (Pr) Reepschlägerstr. 136a, D-28777 Bremen, Tel.: (0421) 601931 – (D) Am Weidedamm 20, D-28215 Bremen.

BOENIGK, Wolfgang (15-12-1939, Dessau) Dr. rer. nat. Prof. f. Quartärgeologie, Universität zu Köln, Geologisches Institut, Abt. Quartärgeologie. – (Pr) Gartenstr. 17, D-50321 Brühl. – (D) Zülpicher Str. 49a, D-50674 Köln, Tel.: (0221) 470-2536, Fax: 470-5149, e-mail: boenigk@uni-koeln.de

BÖRDLEIN, Ruth (2-6-1961, Frankfurt/Main) Dipl.-Geogr., Dr. phil., wiss. Mitarb. am Inst. f. Kulturgeogr., Stadt- u. Regionalforschg. d. Univ. Frankfurt/Main. – (Pr) Neckarstr. 119, D-65479 Raunheim, Tel.: (06142) 46724 – (D) Senckenberganlage 36, D-60325 Frankfurt, Tel.: (069) 798-22419, e-mail: boerdlein@em.uni-frankfurt.de

BÖRSCH, Dieter (17-4-1933, Mayen) Dr. phil., OStDir. i.R., 1. Vors. d. Landesverb. Rheinland-Pfalz, Verband Deutscher Schulgeographen, Hrsg. von „Geographie und Schule". – (Pr) Am Mühlenberg 41, D-56182 Urbar, Tel.: (0261) 68013, Fax: 6679443.

BOESCH, Martin (22-11-1943, Zürich) Prof., Dr. phil. II, Leiter d. Forschungsstelle f. Wirtschaftsgeographie u. Raumplanung (FWR-HSG), Universität St. Gallen. – (Pr) Gellertstr. 4, CH-9000 St. Gallen, Tel.: (071) 2235230 – (D) Tigerbergstr. 2, Postfach 67, CH-9011 St. Gallen, Tel.: (071) 224-2582, Fax: (071) 224-2722, e-Mail: Martin.Boesch@unisg.ch

BÖSE, Margot (29-03-1951, Berlin) Dr. rer. nat., Prof., – (Pr) Auf dem Grat 31, D-12249 Berlin – (D) Malteserstr. 74-100, Haus H, Tel.: (030) 7792373, Fax: 76706485

BÖSER, Werner (28-05-1924, Bruchsal) Prof. emerit. Dr., Hochschullehrer, Mitherausgeber „Karlsruher Geowissenschaftliche Schriften. – (Pr) Hagenbacher Str. 1, D-76187 Karlsruhe

BOESLER, Klaus-Achim (22-9-1931, Leipzig) em.o. Prof. f. Geogr., Dr. rer.nat., Dipl.-Geogr., . Inst. f. Wirtschaftsgeogr. d. Univ. Bonn. – (Pr) Borsigallee 19, D-53125 Bonn, Tel.: (0228) 250012 – (D) Meckenheimer Allee 166, D-53115 Bonn, Tel.: (0228) 735397.

BOHLE, Hans-Georg (3-3-1948, Hildesheim) Dr. phil., Dr. rer. nat. habil., Prof. u. Leiter d. Abt. Geographie am Südasien-Institut, Univ. Heidelberg, Mitherausgeber von „Die Erde". Mitglied im Exekutiv-Komitee des „International Social Science Council". – (D) Im Neuenheimer Feld 330, D-69120 Heidelberg, Tel.: (06221) 548951, Fax: 545926/27, e-mail: saigeo@www.sai.uni-heidelberg.de.

BOHNSACK, Gustav (13-02-1921, Warzen) Prof., Ltd. Verm.-Direktor. – (Pr) Bürgermeister-Fink-Str. 37, D-30169 Hannover.

BOINE, Judith (16-03-1972, Halle / Saale) Dipl.-Phys., Institut für Geographie, Arbeitsgruppe Geofernerkundung/kartographie, Martin-Luther-Universität Halle-Wittenberg. – (Pr) Berliner Str. 34, D-04105 Leipzig. – (D) Domstr. 5, 06108 Halle / Saale

BOJE, Gerhild (15-01-1955, Bad Godesberg) Dr. agr., Dipl.-Geogr., Wiss. Mitarb. am Inst. f. Bodenkunde d. Univ. Bonn. – (Pr) Ahornweg 20, D-53604 Bad Honnef, Tel.: (02224) 76951. – (D) Nußallee 13, D-53115 Bonn, Tel.: (0228) 73-2614, Fax: 73-2782.

BOKELMANN, Götz (1-8-1961, Würzburg), Dr. habil., Ph.D., M.A., Vis. Assoc. Professor Stanford Universität, USA – (D) Department of Geophysics, Stanford, CA 94305-2215, USA, Tel.: 650-723-4746, Fax: 650-725-7344

BOLLER, Felix (20-5-1950, Zürich), Gymnasiallehrer Kanti Olten. – (Pr) Mühlering 21, CH-4614 Hägendorf, Tel.: (062) 46 34 13. – (D) Kantonsschule Hardwald, CH-4600 Olten, Fax: (062) 46 57 43.

BOLLIGER, Thomas (11-7-1962, Thalwil) Dr. sc. nat., Geologe, Oberassistent, Paläontologisches Institut und Museum der Universität Zürich. (D) Karl Schmid Str. 4, CH-8006 Zürich, Tel.: (01) 634-2338, Fax: 634-4923, e-mail: thobo@pim.unizh.ch

BOLLMANN, Jürgen (9-12-1944, Nordstemmen), Dr. habil., Univ.-Prof. f. Kartographie. – (Pr) Kronprinzenstr. 14, D-54295 Trier . – (D) Abteilung Kartographie, FB VI der Univ. Trier, D-54286 Trier.

BORCHERDT, Christoph (25-12-1924, München) Prof. Dr. phil., Prof. em. f. Geogr., Inst. f. Geographie d. Univ. Stuttgart. – (Pr) Erwin-Bälz-Str. 4, D-74321 Bietigheim-Bissingen, Tel.: (07142) 44619 – (D) Azenbergstr. 12, D-70174 Stuttgart, Tel.: (0711) 121-1483.

BORCHERT, Axel (19-01-1966) Dipl.-Geogr., – (Pr/D) Olympische Str. 6, D-14052 Berlin, Tel.: (030) 3053277, Fax: 30812153, e-mail: topos@berlin.snafu.de.

BORCHERT, Günter (9-1-1926, Uetersen) Prof. Dr. rer. nat., Institut für Geographie d. Univ. Hamburg. – (P) Schloßgarten 57, D-22043 Hamburg, Tel.: (040) 681-600.

BORCHERT, Johan G. (13-10-1939) Drs., Associate Professor Fakultät Raumwissenschaften Universität Utrecht, Mitgl. d. Vorstand Königl. Niederl. Geogr. Gesellschaft (KNAG), Mitgl. d. Vorstand IGU-Commission on Urban Settlements in Transition, Hrsg. „Tijdschrift voor Econ. en Soc. Geogr. (TESG)“, Hrsg. „Niederl. Geogr. Stud. (NGS)“. – (Pr) Lange Uitweg 26, NL-3999 WL Tull en't Waal, Tel.: (030) 601-1716, Fax: 601-1237 – (D) Transitorium II, Heidelberglaan 2, NL-3584 CS Utrecht, Tel.: (030) 253-2038, -1399, Fax: 2540604, e-mail: J.Borchert @geog.uu.nl.

BORCHERT, Ralf-H. (20-06-1955, Weilmünster) Dipl.-Ing., Verm.-Direktor, Geschäftsführer des INGEOFORUM, Informations- und Kooperationsforum für Geodaten e.V., Hessisches Landesvermessungsamt. – (Pr) Krauskopfallee 40, D-65388 Georgenborn. – (D) Schaperstr. 16, D-65195 Wiesbaden, Tel.: (0611) 535-378, Fax: 535-340, e-mail: borchert @ingeoforum.de

BORGER, Harald (19-8-1957, Erftstadt) Dr. rer. nat., Geographisches Institut der Universität Tübingen – (Pr) Eichenweg 4, D-72076 Tübingen, Tel./Fax: (07071) 68390, – (D) Geographisches Institut Universität Tübingen, Hölderlinstr. 12, D-72074 Tübingen, Tel.: (07071) 297-4887, Fax: 295318.

BORK, Hans-Rudolf (5-8-1955, Gießen) Dr. rer. nat. habil., Professor, Inhaber des Lehrstuhl für Landschaftsökologie und Bodenkunde am Inst. f. Geoökologie der Universität Potsdam, Direktor Zentrum für Agrarlandschafts- und Landnutzungsforschung (ZALF). – (Pr) Eberswalder Str. 84 D, D-15374 Müncheberg, Tel.: (033432) 71276. – (D) Postfach 60 1553, D-14415 Potsdam, Tel.: (0331) 977-2921, Fax: 977-2068 — Eberswalder Str. 84, D-15374 Müncheberg, Tel.: (033432) 82200, Fax: (033432) 82223, e-mail: bork @ zalf.de

BORN, Renate, Dr. rer.nat. – (Pr) Streitberg 38, D-30823 Garbsen, Tel.: (05137) 72108.

BORSCH, Roland (21-9-1957, Crailsheim) Dipl.-Geogr., Abwicklung des EU-Programmes INTERREG II im Bayerischen Staatsministerium für Wirtschaft, Verkehr und Technologie. – (Pr) Endelhauser Str. 28 D-80686 München, Tel.: (089) 5706100 – (D) Briefanschrift: D-80525 München, Hausadresse: Prinzregentenstr. 28, D-80538 München, Tel: (089) 2162-2582, Fax: 2162-2760.

BORSDORF, Axel (8-3-1948, Volmerdingsen) Prof. Dr. phil. habil., Lehrstuhl f. Geographie, Institut für Geographie a.d. Universität Innsbxfruck, Hrsg. „Innsbrukker Geogr. Studien“, „inngeo“, Mithrsg. „atencion! Jahrbuch des Österr. Lateinamerika-Instituts“, „investigaciones. Forschungen zu Lateinamerika“, „Die Erde“. Vizepräsident Österr. Akademie der Wiss., Vorstandsmitgl. Österr. Lateinamerika-Institut, Arbeitsgem. Österr. Lateinamerikaforschung, Mitgl. Österreichische UNESCO-Kommission, Komm. f. Entwicklungszusammenarbeit d. Österr. Rektorenkonferenz, Komm. f. Entwicklungsfragen – (Pr) Gaisauweg 11, A-6401 Hatting, Tel.: (05238) 88177 – (D) Innrain 52, A-6020 Innsbruck, Tel.: (0512) 507-5400, -5401, Fax: 507-2895, Internet: http://geowww.uibk.ac.at, e-mail: axel.borsdorf@uibk.ac.at

BOSBACH, Klaus (30-01-1948, Trier) Dr., Akad. Direktor, Universität Osnabrück, Geographisches Institut. – (D) Seminarstr. 19, D-49074 Osnabrück, Tel.: (0541)

969-4281, e-mail: bosbach@uni-osnabrueck.de

BOSE, Gerhard (16-10-1935) Dr. rer. nat.habil. – (Pr) Pestalozzistr. 24, D-07749 Jena .

BOSSLER, Helmut (8-10-1923, Calw) Dr. phil., ORR a.D., vormals Reg.Präs., Stuttgart, Ref. 13/Sachgebiet Raumordnung. – (Pr) Lortzingstr. 41, D-88339 Bad Waldsee, Tel.: (07524) 2790.

BOTHMANN, Frank (12-6-1962, Essen) Dipl.-Geogr., Stadtplaner, Kommunalverband Ruhrgebiet, Fachbereich Regionalentwicklung – (Pr) Sertürnerstr. 9a, D-48149 Münster, Tel.: (0251) 81487, e-mail: Frank.Bothmann@t-online.de – (D) Kronprinzenstr. 35, D–45128 Essen, Tel.: (0201) 2069-680, Fax: 2069-502.

BOTHSCHAFTER, Elmar (23-1-1922, Forsthart/Ndb.) Dr., Studiendirektor i.R. Spezialgebiet: Bodenuntersuchungen. – (Pr) Glaslstr. 16, D-85604 Zorneding, Tel.: (08106) 23481.

BOUSTEDT, Olaf (14-7-1912) Prof. Dr. rer.pol., Senatsdir. a.D. – (Pr) Karl Witthalm-Str. 9/III, D-81375 München .

BOYÉ, Ronald (04-05-1947, Halle/Saale) Dipl.-Ing. f. Kartographie, Grundsatzangelegenheiten für Kartographie, Sekretär in der Deutschen Gesellschaft für Kartographie (DGfK), Landesanstalt für Ökologie, Bodenordnung und Forsten/Landesamt für Agrarordnung NRW. – (Pr) Gleiwitzer Sstr. 5, D-45665 Recklinghausen, Tel./Fax: (02361) 45979. – (D) Leibnizstr. 10, D-45659 Recklinghausen, Tel.: (02361) 305-1.

BRADE, Isolde (17-09-1955) Dipl.-Geogr., Dr. rer. nat., Wiss. Mitarbeiterin am Inst. f. Länderkunde Leipzig – (Pr) Stauffenbergstr. 8, D-04509 Delitzsch, Tel.: (034202) 53073 – (D) Schongauerstr. 9, D-04329 Leipzig, Tel.: (0341) 255-6512, Fax: 255-6598

BRÄUER, Gottfried (29-4-1941) Rektor, 1. Vors. d. „Vereinigung zur Förderung geographischen Unterrichts e.V." 2. Vors. LV Schleswig-Holstein im Verband Deutscher Schulgeographen e.C.– (Pr) Jappopkamp 7, D-25421 Pinneberg, Tel.: (04101) 68491.

BRÄUNING, Achim (06-04-1964, Stuttgart) Dipl.-Biol., wiss. Mitarb. am Inst. f. Geographie der Universtiät Stuttgart – (Pr) Taiflinger Str. 70, D-70567 Stuttgart, Tel.: (0711) 457144 – (D) Azenbergstr. 12, D-70174 Stuttgart, Tel.: (0711) 121-1406.

BRÄUNINGER, Till (3-7.1958, Stuttgart) Dipl.-Geogr., Wiss. Mitarbeiter, Universität Trier, FB VI / Abt. Kartographie. – (Pr) Hohenzollernstr. 33, D-54290 Trier, Tel.: (0651) 300606. – (D) D-54286 Trier, Tel.: (0651) 201-4564, Fax: 201-3981.

BRAMEIER, Ulrich (23.11.1950, Osnabrück) Studiendirektor Albrecht-Thaer-Gymnasium Hamburg, Redaktionsbeirat ‚Praxis Geographie', 1. Vorsitzender des Landesverbandes Hamburg im Verband Deutscher Schulgeographen, Dozent am Institut für Lehrerfortbildung in Hamburg. – (Pr) Krupunder Grund 29, D-25469 Halstenbek

BRAMREITER, Sophie (10-4-1966) Mag. phil., V. Ass., Abt. f. Angewandte Geographie d. Univ. Graz. – (Pr) Kalchberg 131 A–8152 Stallhofen . – (D) Heinrichstraße 36, A–8010 Graz, Tel.: (3016) 380-5672.

BRAND, Klaus (25-2-1935, Bochum) Dr. rer. nat., Ltd. Reg. Schul-Dir. i.R. (Pr) Wacholderweg 4, D-44869 Bochum, Tel./ Fax.: (02327) 71561.

BRANDENBERGER, Christoph (23-05-1947) Dr., Ing. ETH, – (Pr) Im Chrummenacher 25, CH-8315 Lindau/ZH. – (D) Institut für Kartographie ETH Zürich, Hönggerberg, CH-8093 Zürich, Tel.: (01) 633-3032, Fax: 633-1153.

BRANDES, Harald (3-1-33, Hamburg) Dr. rer. nat., StD i.R., Lehrbeauftragter für Didaktik der Geographie an der Universität Hamburg, Vorstandsmitglied im Landesverband Hamburg des Verbandes Deutscher Schulgeographen und der Geographischen Gesellschaft in Hamburg – (Pr) Rosenhagenstr. 54, D-22607 Hamburg, Tel.: (040) 898664.

BRANDT, Klaus (28-12-1939, Osnabrück) Dr. phil., Akad. Dir.. Archäologisches Landesmuseum der Christian-Albrechts-Universität zu Kiel. – (Pr) Seekamp 48, D-24837 Schleswig, Tel.: (04621) 26253. – (D) Schloß Gottorf, D-24837 Schleswig, Tel.: (04621) 813300, Fax: 813535.

BRASSEL, Kurt E. (8-3-1943, Klosters) Dr., Prof. Geogr. Inst. Univ. Zürich. – (Pr) Tennried 2, CH-8044 Gockhausen, Tel.: (01) 821-3475, Fax: 821-3483. – (D) Geographisches Institut der Universität, Winterthurerstr. 190, CH-8057 Zürich, Tel.: (01) 635-5150, Fax: 635-6848, e-mail: kbrass@geo.unizh.ch.

BRATZEL, Peter (18-1-1949, Karlsruhe) Dr. rer. nat., Lic. rer. reg., Leiter des Kreditsekretariats der Bezirkssparkasse Graben-Neudorf. – (Pr) Ringstr. 32, D-76297 Stutensee, Tel.: (07244) 91810 – (D) Postfach 1160, D-76670 Graben-Neudorf, Tel.: (07255) 902-412.

BRAUER, Helmut (12-9-1939) AOR am Institut für Fachdidaktik d. Univ. Göttingen. – (Pr) Am Rischen 5f, D-37083 Göttingen, Tel.: (0551) 794481 – (D) Waldweg 26, D-37073 Göttingen, Tel.: (0551) 399328.

BRAUN, Axel (10-11-1944, Hahnenklee/Harz) Prof., Dr. rer. nat., Universität Bielefeld. – (Pr) Bernsteinweg 65, D-33739 Bielefeld, Tel.: (05206) 1554 – (D) Universitätsstr., D-33615 Bielefeld, Tel.: (0521) 106-3364.

BRAUN, Boris (20-04-62, Pfullingen) Dr. rer. nat., Wiss. Assistent. – (Pr) Garthestrasse 18, D-50735 Köln, Tel./Fax: (0221) 7522346, – (D) Geographisches Institut der Universität Bonn, Meckenheimer Allee 166, D-53115 Bonn, Tel.: (0228) 737243, Fax: 737230, e-mail: une 413@uni-bonn.de.

BRAUN, Cornel, Dr. rer. nat., Landschaftsökologe. – (Pr) Ubierstr. 161, D-53173 Bonn, Tel.: (0228) 36 21 32.

BRAUN, Gerhard (7-11-1944, Kitzingen), Univ.-Prof. Dr. rer. nat., UNICA, Städtestat., NUREC, RSA, METAR (Hrsg) – Abhandlungen Anthropogeographie FU Berlin (Mithrsg.). Institut f. Geogr. Wissenschaften. Stadtforschung und GIS / Geoinformatik, FU Berlin. – (Pr) Benfey Weg 10, D-14089 Berlin, Tel.: (030) 3653531, Fax: 365 4304. – (D) Malteserstr. 74 - 100, Haus K, 12249 Berlin, Tel.: (030) 7792-201, Fax: 76706435, e-mail: gbraun@geog.fu-berlin.de

BRAUN, Ludwig N. (17-06-1951, Mosnang SG), Dr. sc. nat., Wiss. Leiter der Kommission f. Glaziologie d. Bayerischen Akademie der Wissenschaften – (D) Marstallplatz 8, D-80539 München, Tel.: (089) 23031-196, Fax: 23031-100, e-mail: Ludwig.Braun@Lrz.badw-muenchen.de

BRAUN, Mathias (19-4-1970, Riedlingen) Dipl.-Hydrologe, Wiss. Mitarb. am Inst. f. Physische Geographie der Universität Freiburg – (Pr) Offenburgerstr. 33, D-79108 Freiburg i. Br. – (D) Werderring 4, D-79085 Freiburg, Tel.: (0761) 203-9221, Fax: 203-3596, Internet: http://www.uni-freiburg.de/physgeo/, e-mail: mabra@ipg.uni-friburg.de

BRAUN, Ute (27-4-1940, Hamburg) Dr. phil., AOR'in am Geogr. Inst. der Universität Hannover. – (Pr) Sextrostr. 21, D-30169 Hannover, Tel.: (0511) 880967 – (D) Schneiderberg 50, D-30167 Hannover, Tel.: (0511) 762-2151.

BRAUN, Willy (6-5-1923, Baden-Baden) Prof. u. Fachl. a. Seminar f. Stud.-Ref. a. Gymnasium Freiburg a.D. – (Pr) Schauinslandstr. 46, D-79100 Freiburg.

BRAUNS, Thorsten (16-01-1964, Lage/NRW) Dipl.-Geogr., Geogr. Institut der Universität Gießen – (Pr) Am Tiefen Graben 20, D-35428 Langgöns-Niederklen, Tel.: (06447) 88003 – (D) Senckenbergstr. 1, D-35310 Gießen, Tel.: (0641) 99-36200, Fax: 99-36219.

BRECKLE, Siegmar-W. (27-2-1938) Prof. Dr., Leiter der Abt. Ökologie, Autor: Ökologie der Erde (4 Bde), Hg: Vegetationsmonographien der Erde. Serie: (Hg.): Bielefelder Ökolog. Beiträge, Abteilung Ökologie, Fakultät für Biologie, Universität Bielefeld. – (D) Universitätsstraße, D-33615 Bielefeld, POB 100 131, D-33501 Bielefeld, Fax: (0521) 106-2963, Internet: http://www.uni-bielefeld.de/biologie/Oekologie.html, e-mail: sbreckle@biologie.uni-bielefeld.de

BREEDE, Jens (30-10-1963, Kiel) Dipl.-Geogr., wissensch. Angestellter, CAU-Kiel, Geographisches Institut. – (Pr) Gotlandwinkel 8, D-24109 Kiel, Tel.: (0431) 522035. – (D) Geographisches Institut der CAU-Kiel, Ludewig-Meyn-Str. 14, D-24098 Kiel, Tel.: (0431) 880-2933.

BREETZ, Egon (23-9-1930, Plänitz) Dr. paed. habil., a.o. Dozent f. Didaktik der Geographie und Schulkartographie i.R. – (Pr) Behlertstr. 10c, D-14469 Potsdam.

BREHM, Uwe (31-1-1958, Kassel) Dr. rer. pol. – (Pr) Bahnhofstr. 15, D-34323 Malsfeld, Tel.: (05664) 6425.

BREIT, Reinhard (20-8-1930, Wiener Neustadt NÖ) Dr. Prof., TU Berlin, Institut für Stadt- und Regionalplanung. –(Pr) Otto-Suhr-Allee 120, D-10585 Berlin (Lenaugasse 11, A-1080 Wien) – (D) Rohrdamm 20-22, D-13629 Berlin.

BREITBACH, Thomas (6-5-1957, Köln) Dr. rer. nat. OStR i.K. – (Pr) Schneewittchenweg 18, D-51067 Köln, Tel./Fax: (0221) 683064.

BREITENGROSS, Jens Peter (5-11-1943, Lübz) Dr. rer. nat., Geschäftsführer Jos. Hansen & Söhne GmbH. – (Pr) Reinbeker Weg 10, D-21465 Wentorf – (D) Rathausstr. 6 , D-20095 Hamburg, Tel.: (040) 3348-213.

BREITFELD, Klaus (3-2-1939, Leipzig) Dipl.-Geogr., Wiss.-Mitarbeiter bei der Sächsischen Akademie der Wissenschaften zu Leipzig. – (Pr) An der Waage 7, D-04416 Markkleeberg, Tel.: (0341) 3587112, Fax: 3587116 . – (D) Karl-Tauchnitz-Str. 1, D-04107 Leipzig, Tel.: (0341) 71153-0, -28, Fax: 71153-44.

BREITSCHOPF, Johannes (10-03-1965, Krems a. d. Donau) Mag. rer. nat., c/o Verlag Ed. Hölzel GmbH, Abt. Redaktion u. Projektorganisation, (D) Jochen-Rindt-Str. 9, A-1239 Wien.

BREMER, Hanna (15-7-1928, Bremerhaven) Prof. Dr. rer. nat., em. o. Prof. a. Geogr. Inst. d. Univ. Köln. – (Pr) Forstweg 12, D-69259 Wilhelmsfeld, Tel. / Fax: (06220) 8170 – (D) Universität, D-50931 Köln

BRENNECKE, Julia (22-8-1959, Bonn) Dr. phil., Dipl.-Geogr., Abteilungsleiter. – (Pr) Wandersmannstr. 11a, 65205 Wiesbaden – (D) Amt für Wahlen, Statistik und Stadtforschung der Landeshauptstadt Wiesbaden, Wilhelmstr. 32, D–65183 Wiesbaden, Tel.: (0611) 313210.

BRESSLER, Christian (29-11-1962, Hamburg) Dipl.-Geogr. am Geogr. Inst. der Humboldt-Universität zu Berlin – (Pr) Liegnitzer Str. 15, D-10999 Berlin, Tel.: (030) 6126689 – (D) Chausseestr. 86 (Postanschrift: Unter den Linden 6), D-10099 Berlin, Tel.: (030) 3087-5652, Fax: 3087-5653.

BREU, Josef (5-1-1914, Triest) Tit. a.o. Prof., Mag. phil., Dr. phil., Ehrenvorsitzender der Abt. kartograph. Namenkunde der Österr. Kartograph. Kommission in der Österr. Geogr. Ges. u. d. ständ. Ausschuses f. geogr. Namen, Frankfurt a.M., Ehrenpräsident d. Österr. Ost- u. Südosteuropa-Instituts, Mitgl. d. New Yorker Akademie der Wissenschaften, korrespond. Mitgl. d. Österreichischen Akademie d. Wissenschaften. – (Pr) Hackenberggasse 29/8/4, A-1190 Wien, Tel.: (01) 325400.

BREUER, Helmut (3-11-1940, Aachen) Univ. Prof. Dr. rer. nat., Lehrstuhl f. Angew. Geographie, RWTH Aachen. Vorstand d. Maas-Rhein Instituts f. Angewandte Geographie e.V., Mithrsg. d. „Informationen und Materialien zur Geographie der EUREGIO Maas-Rhein“, Aachener Geogr. Arbeiten. – (Pr) Am Rosenhügel 23, D-52072 Aachen, Tel.: (0241) 13822 – (D) Templergraben 55, D-52062 Aachen, Tel.: (0241) 803-640, Fax: 8888-309.

BREUER, Siegfried (10-9-1927, Landeshut) Dr. phil., Hochschuldozent. — (Pr) Striesener Str. 38b, D-01307 Dresden, Tel.: (0351) 4594435.

BREUER, Toni (24-2-1945, Bonn) Prof. Dr. phil., o. Prof. am Geogr. Inst. d. Univ. Regensburg, Mithrsg. d. „Regensburger Geographischen Schriften“. – (Pr) Winkelfeldweg 12, D-93053 Regensburg, Tel.: (0941) 760670 – (D) D-93040 Regensburg, Tel.: (0941) 943-3613, Fax: 943-4933, e-mail: toni.breuer@geographie.uni-regensburg.de.

BREUSTE, Jürgen (1-1-1956, Halle) Prof. Dr. rer. nat. habil., – (Pr) Philipp-von-Ladenberg-Str. 20, D-06132 Halle, Tel.: (0345) 7759551 – (D) Umweltforschungszentrum Leipzig-Halle GmbH, Permoserstr. 15, D-04318 Leipzig, Tel.: (341) 235-2843, Fax: 235-2534 – Universität Leipzig, Inst. f. Geographie, Johannisallee 19a, D-04103 Leipzig, Tel.: (0341) 9738609, Fax: 9732799, e-mail: breuste @pro.ufz.de

BRICKS, Wolfgang (5-5-1943, Berlin) Dr., Priv.-Doz. am Institut für Geographie der PH Erfurt/Mühlhausen, Mthrsg. d. „Erfurter Geographische Studien“. – (Pr) Sonnenweg 10, D-99092 Erfurt. – (D) Postfach 307, D-99006 Erfurt, Tel.: (0361) 737-1400, Fax: 737-1932.

BRIDEL, Laurent (8-7-1935, Lausanne) Dr. phil., Professeur ord., travaux sur la géographie du tourisme (Suisse, Kenya et Iran), recherches sur le développement (Sahel/Rwanda/Colombie), travaux et recherches sur l'aménagement du territoire en Suisse, géographie de la perception et de la représentation, gestion des risques naturels. – (Pr) La Gantène, Escherins, CH-1602 La Croix-sur-Lutry, Tel.: (021) 7915528. – (D) Institut de Géographie de l'Université, BFSH 2-Dorigny, CH-1015 Lausanne, Tel.: (021) 692-3075, Fax: 692-3069, -70, -73, e-mail: laurent. bridel@igul.urul.ch.

BRINKMANN, Wilhelm L. F. (30-12-1936, Bochum) Prof. Dr. rer. nat., Prof. f. Hydrologie. – (D) Arndtstr. 11, D-60325 Frankfurt, Tel.: (069) 798-22393.

BRODENGEIER, Egbert (25-03-1956) Dr. paed., Fachleiter Geographie – (Pr) Reisewitzer Str. 41, D-01159 Dresden, Tel./ Fax: (0351) 4220596 – (D) Staatliches Seminar für das Höhere Lehramt an Gymnasien, Altroßthal 2A, D-01169 Dresden, Tel.: 9 4140310.

BROGIATO, Heinz Peter (15-6-1958, Gerolstein) Dr. phil., M.A., Wiss. Mitarb. im FB VI Geogr./Geowissenschaften, Wirtschafts- und Sozialgeographie d. Univ. Trier. – (Pr) Krahnenstr. 4, D-54290 Trier, Tel.: (0651) 75557 – (D) Univ. Trier, Geb. H, D-54286 Trier, Tel.: (0651) 201-4535, Fax: 201-3814, e-mail: brogiato@uni-trier.de.

BROLL, Gabriele (26-09-1956) Dr. rer. nat. am Institut für Landschaftsökologie d. Univ. Münster, Akad. Oberrätin – (D) Robert-Koch-Str. 26, D-48149 Münster, Tel.: (0251) 833697, Fax: 83-31970, e-mail: brollg@uni-muenster.de

BRONGER, Arnt (24-2-1938, Nordhausen) Prof. Dr. rer. nat., Akad. Rat am Geogr. Inst. d. Univ. Kiel. – (Pr) Drosselhörn 1, D-24226 Heikendorf, Tel.: (0431) 231310 – (D) Olshausenstr. 40, D-24118 Kiel, Tel.: (0431) 880-29 52 (4365), Fax: 880-4658

BRONGER, Dirk (24-2-1938) Prof. Dr. phil., Prof. am Geogr. Inst. der Ruhr-Univ., Entwicklungsländerforschung, Wirtschafts-, Sozial- und Siedlungsgeographie, Metropolisierung(sforschung), Süd- Südost- und Ostasien. – (Pr) Auf dem Bakkenberg 7, D-44801 Bochum, Tel.: (0234) 705847 – (D) Ruhr-Universität Bochum, Geographisches Institut, Universitätsstr.150, Geb. NA 7, D-44801 Bochum, Tel.: (0234) 700-4789, Fax: 7094484.

BRONNY, Friederike (19-01-1958, Recklinghausen) Dipl.-Geog. – (Pr) Kleine Lindenstr. 11, D-44577 Castrop-Rauxel, Tel./ Fax: (02305) 62287.

BRONNY, Horst (11-2-1934, Karlsruhe) Dr. phil. Stud. Dir. i. H.a.D., Geo-Media-Archiv – (Pr) Kleine Lindenstr. 11, D-44577 Castrop-Rauxel, Tel.und Fax: (02305) 62287.

BROSCHE, Karl-Ulrich (8-11-1939) Dr. rer. nat., apl. Prof. am Inst. f. Geogr. Wiss., Abteilung f. Phys. Geographie am FB Geowissenschaften der FU Berlin. – (Pr) Hilbertstr. 3a, D-12307 Berlin, Tel.: (030) 7447171 – (D) Malteserstr. 74-100, D-12249 Berlin, Tel. (030) 7792-399.

BROSCHE, Peter (07-12-1936, Reichenberg / Böhmen) Dr., Dipl.-Astronom, Universität-Professor, Vorsitzender Arbeitskreis für Astronomiegeschichte in der Astronom. Gesellschaft, Observatorium Hoher List der Universitätssternwarte Bonn. – (D) D-54550 Daun, Fax: (06592) 985140.

BRUCKER, Ambros (2-1-1936, Moosburg) Dr. paed. OStDir., Lehrkraft für bes. Aufgaben am Institut für Geographie an der Ludwig-Maximilians-Universität München. – (Pr) Ulmenstr. 5, D-82166 Gräfelfing , Tel.: (089) 852364, Fax: 89890962 – (D) Schellingstr. 9, D-80799 München, Tel.: (089) 21802860

BRÜCHER, Wolfgang (30-5-1941, Mülheim/ Ruhr) Prof. Dr., Fachr. Geographie, Univ. d. Saarlandes, Mithrsg. d. „Saarbrücker Geogr. Arbeiten", Redaktionsmitgl. „Méditerranée" u. „Revue Géographique de l'Est". – (Pr) Lieschenfeld 23, D-66121 Saarbrücken, Tel.: (0681) 89 39 66 – (D) Universität des Saarlandes, Fachrichtung Geographie, Postfach 151150, D-66041 Saarbrücken, Tel.: (0681) 302-2384, Fax: 302-2364, e-mail: bruecher@geo.uni-sb.de.

BRÜCK, Daniela (28-01-1965, Schiffweiler) Dr. am Lehrstuhl f. Physikal. Geographie d. Univ. d. Saarlandes – (Pr) Buchenweg 15, D-66578 Schiffweiler, Tel.: (06821) 691964 – (D) Universität, D-66123 Saarbrücken, Tel.: (06897) 798-207, Fax: 798-206, e-Mail: d.brueck@rz.uni-sb.de.

BRÜCKNER, Helmut (25-9-1950, Hilden) Univ.-Prof. Dr. rer. nat. habil., Fachbereich Geographie der Universität Marburg – (Pr) Weimarer Str. 4, D-35091 Cölbe, Tel.: (06421) 84210 – (D) Deutschhausstr. 10, D-35032 Marburg/Lahn, Tel.: (06421) 28-4262, -4261, Fax: 28-8950, e-mail: h.brueckner@Mailer.Uni-Marburg.De

BRÜSS, Annemarie (18-8-1914, Leipzig) Dr. phil., Bibl'in. – (Pr) Martin-Richter-Str. 8, D-90489 Nürnberg, Tel.: (0911) 555998.

BRUGGER, Ernst, Prof. Dr. – (D) Hauptstraße 10, Postfach, CH-8872 Weesen, Tel.: (055) 6166608.

BRUGGER, Eva Maria (27-9-1939, Duisburg) Dr. phil., wiss. Redakteurin. – (Pr) Im Bäckerfeld 8, D-69120 Heidelberg, Tel.: (06221) 402574 – (D) Dudenstr. 6, D-68167 Mannheim, Tel.: (0621) 3901-317, Fax: 3901-406.

BRUNE, Hans-Albert (08-01-1922, Hamburg) Dr. rer. nat., Dipl.-Chem., Universitätsprofessor, Universität Ulm, Fakultät für Naturwissenschaften. – (Pr) Heckenbühl 4, D-89075 Ulm. – (D) Albert-Einstein-Allee 11, 106/026, D-89081 Ulm.

BRUNK, Karsten (5-10-1953, Rodheim v.d.H.) Dr. phil. nat., Dipl.-Geogr. – (Pr) Waldstr. 42a, D-61191 Rosbach, Tel.: (06007) 7520, Fax: 930127, e-mail: karsten.brunk@t-online.de

BRUNN, Gerhard, Prof. Dr. – (D) Institut für Europ. Regionalforschung, Sohlbacher Str. 20, D-57068 Siegen

BRUNNACKER, Karl, Prof. Dr. rer. nat., Dipl.-Geol., em. Prof. am Geologischen Inst. der Univ. Köln, Lehrstuhl f. Eiszeitforschung. – (Pr) Buchenweg 4, D-92463 Dietersheim

BRUNNENGRÄBER, Richard (21-07-1949, Lorsch/Hessen) Dr. rer. nat., Dipl.-Geogr., Redaktionsleiter Fernsehen im Studio Kassel des Hessischen Rundfunks. – (Pr) Heinrich-Heine-Str. 6, D-34121 Kassel, Tel.: (0561) 281932. – (D) Postfach 410 320, D-34065 Kassel, Tel.: (0561) 3104-201, Fax: 3104-112.

BRUNNER, Dieter (13-7-1947, Hirschberg/ Saale) Dr. rer. nat. – (Pr) Giesekenhäger Reihe 30, D-17495 Lühmannsdorf. – (D) Institut für Geographie, Ernst Moritz-Arndt-Universität, Friedrich-Ludwig-Jahn-Str. 16, D-17487 Greifswald,. Tel.: (03834) 864528, Fax: 864501

BRUNNER, Franz (7–1–1952, Fürstenfeld) Dr. phil., Ass.-Prof. am Inst. f. Geogr. d. Univ. Graz. – (D) Heinrichstr. 36 A–8010 Graz, Tel.: (0316) 380-8851, Fax: 380-9886, e-mail: fr.brunner@kfunigraz.ac.at.

BRUNNER, Hans R. (17.11.1942, Flawil/ Kanton St. Gallen) Dr.rer.soc., Dr. sc. nat., Sekretär für Bürgerrechtsfragen bei der Stadtkanzlei Zürich. – (Pr) Riedhofstr. 372, CH-8049 Zürich, Tel.: (01) 341 40 91. – (D) Stadtkanzlei Zürich, Postfach, CH-8022 Zürich, Tel.: (01) 216 31 08.

BRUNNER, Horst (5-9-1927) Prof. Dr. phil. habil., Allgemeine physische Geographie, Geographie und Geoökologie der Tropen, Geomorphologie, Hrsg. Potsdamer Geographische Forschungen – (Pr) Baumhaselring 1, D-14469 Potsdam, Tel.: (0331) 504787 – (D) Universität Potsdam, Institut für Geoökologie, Universitäskomplex II, Postfach 601553, D-14415 Potsdam, Tel.: (0331) 977-2270, Fax: 977-2717

BRUNNER, Kurt (17-9-1945, Markt Schwaben) Dr.-Ing., Univ.-Prof. Lehrstuhl für Kartographie und Topographie, Universität der Bundeswehr München. – (Pr) Rosenheimer Landstr. 2a, D-85521 Ottobrunn, Tel./Fax: (089) 6097592. – (D) D-85577 Neubiberg, Tel.: (089) 600440-49, Fax: 600440-90, e-mail: kurt.brunner@ rz.unibw-muenchen.de.

BRUNOTTE, Ernst (10-4-1943, Gronau) Dipl.-Geogr., Dr. rer. nat. habil., Univ.-Prof., Geogr. Inst. d. Univ. zu Köln, Abt. f. Angewandte Geomorphologie u. Landschaftsforschung, Teilprojektleiter im SFB 389: Kultur- u. Landschaftswandel im ariden Afrika, Mithrsg. „Colloquium Africanum“ u. „Kölner Geographische Arbeiten“. – (Pr) Zum Engelshof 25, D-50996 Köln, Tel.: (0221) 352391 – (D) Albertus-Magnus-Platz, D-50931 Köln , Tel.: (0221) 470-4241, Fax: 470-5151.

BRUSCHEK, Gerd J. (16-2-1941, Berlin) Dipl.-Geogr. – (Pr) Gervinusstr. 18, D-10629 Berlin, Tel.: (030) 324 69 62 – (D) Potsdam-Institut für Klimafolgenforschung e.V. Telegrafenberg, D-14473 Potsdam, Tel.: (0331) 288-2664, Fax:288-2695.

BUBENZER, Olaf (18-08-1964, Bergneustadt) Dipl.-Geogr., Wiss. Assistent am Geogr. Institut der Universität zu Köln, Abt. f. Afrikaforschung – (Pr) Im Driesch 13, D-53894 Mechernich-Katzvey – (D) Albertus-Magnus-Platz, D-50923 Köln, Tel.: (0221) 470-3966, Fax: 470-4971, e-mail: Olaf.bubenzer@ uni-koeln.de

BUCH, Manfred (26-6-1958) Dipl.-Geogr., Dr. Dr. phil. habil., Privat-Dozent a. d. Philosophischen Fakultät III – Geschichte, Gesellschaft u. Geographie – d. Univ. Regensburg. – (Pr) Waldstr. 10, D-93083 Oberhinkofen, Tel.: (09401) 523270, Fax: 6679 – (D) Universitätsstr. 31, D-93053 Regensburg, Tel.: (0941) 9434704, Fax: 9434225, e-mail: manfred.buch@ geographie.uni-regensburg.de.

BUCHE, Walter (7-1-1940, Erlangen) Dr., StDir. Seminarlehrer f. Erdkunde am Willstätter Gymnasium, Nürnberg. – (Pr) Waechterstr. 27, D-90489 Nürnberg – (D) Innerer Laufer Platz 11, D-90403 Nürnberg, Tel.: (0911) 227985.

BUCHER, Michael (17-06-1969, Cham) Wiss. Mitarb. am Lehrstuhl I für Geographie der Universität Passau – (Pr) Donau-Schwaben-Str. 7, D-94036 Passau, Tel.: (0851) 755708 – (D) Schustergasse 21, D-94032 Passau, Tel.: (0851) 509-2734, Fax: 509-2732, e-mail: bucher01 @fsuni.rz.uni-passau.de.

BUCHHOFER, Ekkehard (22-10-1937, Gnojau/Danzig) Prof. Dr., Prof. f. Geogr., Fachbereich Geogr. d. Univ. Marburg. – (D) Deutschhausstr. 10, D-35032 Marburg, Tel.: (06421) 284212.

BUCHHOLT, Helmut (05-06-1950, Herford), Priv.-Doz., Dr. rer.soz., Dipl.-Soz., wiss. Mitarb. Universität Bielefeld – (Pr) Roonstr. 42, D-33615 Bielefeld, Tel.: (0521) 124182 – (D) Postfach 100131, D-33501 Bielefeld, Tel.: (0521) 106-3365

BUCHHOLZ, Hanns J. (17-12-1938) Prof. Dr. rer. nat., Geogr. Inst. d. Univ. Hannover, 1. Vors. d. Geogr. Ges. zu Hannover, Vorstandsmitglied d. Instituts f. Asienkunde (Hamburg), st. Vors. d. IGU-Komm. Marine Geography, ord. Mitgl. d. Scientific Committee on Geography der Pacific Science Association, korr. Mitgl. d. ZA f. dt. Landeskunde, Hrsg. d. Hann. Geogr. Arbeiten, MHrsg. Europa Regional, Mitgl. d. Kuratoriums des Instituts für Länderkunde Leipzig. – (Pr) Nordstr. 56, D-30966 Hemmingen, Tel.: (05101) 2717 – (D) Schneiderberg 50, D-30167 Hannover, Tel.: (0511) 762-4390, Fax: 762-3533, e-mail: buchholz@mbox.Kuso geo.uni-hannover.de.

BUCHHOLZ, Peter (21-11-1957, Hildesheim) Dr. rer. nat., Diplom-Geologe, Institut für Geowissenschaften, Technische Universität Braunschweig. – (Pr) Lückenweg 30, D-29227 Altencelle, Tel.: (05141) 84888. – (D) Pockelsstr. 4, D-38023 Braunschweig, Tel.: (0531) 391-7245, Fax: 391-8130, e-mail: P.Buchholz@ws.rz.tu-bs.de.

BUCHMANN, Hans (15-11-1938, Ludwigshafen/Rh.) StDir. i.R., Dr. rer.nat., Fachl. f. Erdkunde am Staatl. Studienseminar Speyer. – (Pr) Oberer Talacker 58, D-76835 Burrweiler – (D) Staatl. Studienseminar, Geisselstr. 1, D-67346 Speyer.

BUCHMÜLLER, Pierre (3-10-1953, Biel–Bienne) Professeur de géographie au Gymnase de la rue des Alpes – (Pr) Pré-Riant 7, CH–2740 Moutier, Tel.: (032) 4935467. – (D) CH-2502 Bienne.

BUCK, Lothar (22-12-1926, Magstadt, Krs. Böblingen) Prof. f. Geogr.i. R. a.d. Päd. Hochsch. Ludwigsburg. – (Pr) Behringweg 4, D-71706 Markgröningen, Tel.: (07145) 4701.

BUDER, Margret (25-8-1942, Schwarzheide) Dr. paed., Lehrer im HS-Dienst, Computereinsatz/Videotechnik im Geographieunterricht – (Pr) Leibnitzstr. 75, D-14558 Bergholz-Rehbrücke, Tel.: (033200) 85437 – (D) Universität Potsdam, Fachbereich Geographie, Institut Fachdidaktik Geographie, Postfach 753, D-14476 Golm, Tel.: (0331) 976-2278, Fax: 976-2272.

BUDESHEIM, Werner, Dr. , Vorsitzender und Direktor d. Freien Lauenburgischen Akademie für Wissenschaft und Kultur e.V. – (Pr) Tel.: (04104) 5629, Fax: 7279. – (D) Hauptstr. 16b, Rathaus, D-21465 Wentorf bei Hamburg, Tel./Fax: (040) 7204168.

BUDMIGER, Georg (28-7-1933, Römerswil) Dr., Direktor des Schweizerischen Alpinen Museums in Bern i. R. – (Pr) Dorfstr. 67, CH-3073 Gümligen, Tel./Fax: (031) 9516603.

BÜCHI, Walter (29-2-1944, Zürich) Dr. phil. II, Raumplaner BSP/ SIA/REG A – (Pr) Äschenthürlistr. 18b, CH-6030 Ebikon, Tel.: (041) 440 15 34. – (D) Theo Stierli + Partner AG, Raum- und Umweltplanung, Theaterstr. 15, CH-6003 Luzern, Tel.: (041) 226-3120, Fax: 226-3121, e-mail: tspluzern@logon.ch.

BÜCHNER, Hans-Joachim (19-1-1942, Marienwerder) Priv.-Doz. Dr. rer. nat. habil., Akad. Oberrat am Geogr. Inst. d. Joh. Gutenberg-Univ. Mainz. – (Pr) Selztalstr. 111, D-55218 Ingelheim, Tel.: (06132) 2489 – (D) Saarstraße 21, D-55099 Mainz, Tel.: (06131) 392769, e-mail: H.-J.Buechner@geo.uni-mainz.de

BÜHLER-CONRAD, Elisabeth (13-5-1950, Zürich) Dr., Oberassistentin. – (Pr) Freiestr. 139, CH-8032 Zürich, Tel.: (1) 422 56 73. – (D) Geographisches Institut der Universität, Winterthurerstr. 190, CH-8057 Zürich, Tel.: (01) 6355247.

BÜNSTORF, Jürgen (24-1-1936, Lüneburg) Dr. phil., Prof. f. Geogr. u. ihre Didaktik am Inst. f. Didaktik der Geographie im FB 19 der Westfälischen Wilhelms-Universität. – (Pr) Mersmannsstiege 8, D-48341 Altenberge, Tel.: (02505) 1793, Fax: 949431 – (D) Robert-Koch-Strasse 26, D-48149 Münster, Tel.: (0251) 8339-345, Fax: 8339-351.

BÜRG, Bernhard (10-11-1954, Oberkirch) Dr.-Ing., Prof. im FB Geoinformationswesen d. Fachhochschule Karlsruhe (Pr) Rheinstr. 41, D-76287 Rheinstetten, Tel./ Fax: (07242) 700372 – (D) Moltkestr. 30, D-76133 Karlsrhe, Tel.: (0721) 925-2680, Fax: 925-2000.

BÜRGER, Klaus (6-10-1927, Gera) em. Prof. Dr. phil. habil., Naturressourcen, Geschichte der Geographie Geographie der Entwicklungsländer. – (Pr) Marie-Juchacz-Str. 11, D-14480 PotsdamTel.: (0331) 624070.

BÜRKI, Urs – (Pr) Ob. Hinterwies 3, CH-9042 Spelcher, Tel.: (071) 942407.

BÜRKI, Rolf (05-12-1968) Dipl.-Geogr., Dozent u. wiss. Mitarb. a.d. Forschungsstelle f. Wirtschaftsgeogr. und Raumplanung, FWR-HSG, Universität St. Gallen – (Pr) Bankgasse 10, CH-9000 St. Gallen, Tel.: (071) 2233115 – (D) Tigerbergstr. 2, Postfach 67, CH-9011 St. Gallen, Tel.: (071) 224-2582, e-mail: rolf.buerki@unisg.ch

BÜRKNER, Hans-Joachim, Dr. phil. habil., Priv.-Doz., Apl. Prof. – (Pr) Lotzestr. 32, D-37083 Göttingen, Tel./Fax: (0551) 7703690 – (D) Geographisches Institut der Universität Göttingen, Abt. Kultur- und Sozialgeographie, Goldschmidtstr. 5, D-37077 Göttingen, Tel.: (0551) 3980-82, Fax: 3980-55, e-mail: jbuerkn@gwdg.de.

BÜSCHENFELD, Herbert (19-10-1925, Marienburg/Westpr.) Prof. Dr. phil. nat., Prof. f. Geogr. u. ihre Didaktik a. Institut f. Didaktik d. Geogr. d. Fachbereichs 19 (Geowissenschaften) d. Westfälischen Wilhelms-Universität Münster. – (Pr) Frauenburgstr. 33, D-48155 Münster, Tel.: (0251) 314166 – (D) Robert-Koch-Str. 26, D-48149 Münster, Tel.: (0251) 8339353.

BÜSSOW, Scarlett (15-6-1964, Chemnitz) Dr. phil., Wiss. Assistentin, Bevölkerungsgeographie. – (D) Brandenburgische Landeshochschule Potsdam, Fachbereich Geographie, Institut für Wirtschafts- und Sozialgeographie, Am Neuen Palais, D-14469 Potsdam, Tel.: (0033) 910276.

BÜTOW, Heike (24-5-1961, Hermsdorf) Dr. paed., Freie Redakteurin und Medienberaterin – (Pr) Feldstr. 37, 17509 Kemnitz, Tel.: (038352) 60344, Fax: 60450.

BÜTOW, Heino (4-11-1953, Wanne Eickel), Dipl.-Geogr., Stadtstrukturplaner am Planungsamt der Stadt Köln – (Pr) Dankwartweg 13, D-50739 Köln, Tel.: (0221) 7405381 – (D) Gürzenichstr. 6-16, D-50667 Köln, Tel.: (0221) 221-2492.

BÜTOW, Martin (5-4-1959, Berlin) Dr. rer. nat. – (Pr) Feldstr. 37, 17509 Kemnitz, Tel.: (038352) 60344, Fax: (038352) 60450. – (D) Förderkreis für Regional- und Tourismusforschung, c/o Institut für Geographie, Ernst-Moritz-Arndt-Universität Geifswald, Friedr.-Ludwig-Jahn-Str. 16, D-17489 Greifswald, Tel.: (03834) 864536, Fax: 864537.

BÜTTCHER, Michael (30-01-1956) Senior Berater für GIS, MACON Markt+Konzept, Waghäusel. – (Pr) Forster Str. 54, D-76698 Ubstadt-Weiher, Tel./Fax: (07251) 966035, e-mail: michael.buettcher@t-online.de – (D) Gustav-Struve-Str. 1, D-68753 Waghäusel, Tel.: (07254) 983-26, Fax: 983-290.

BÜTTNER, Manfred (29-6-1923, Osterfeld) Dr. phil., Dr. rer. nat., Dr. theol., Prof., Ehrenmitgl. der Working Group „on the History of Geographical Thought of the International Geographical Union and the International Union of the History and Philosophy of Science." Hrsg. d. Schriftenreihe „Abhandlungen und Quellen zur Geschichte der Geographie und Kosmologie". Hrsg. d. interdiszpl. Schriftenreihe „Abhandlungen zur Geschichte der Geowissenschaften und Religion/Umwelt-Forschung". Vorsitzender des Arbeitskreises Musikgeographie aus Mitgliedern der Gesellschaft für Musikwissenschaft und Vorsitzender des Arbeitskreises „Alte Geographiegeschichte". Vorstandsmitglied des Arbeitskreises „Geographie der Geisteshaltung und Religion / Umwelt-Forschung" des VGDH (Verband der Geographen an Deutschen Hochschulen). Vorsitzender der Gesellschaft für Religion/Umwelt-Forschung e.V. Vorstandsmitglied des Arbeitskreises „Religionsgeographie" in der Deutschen Vereinigung für Religionsgeschichte. Geschf. d. interdisziplinären Arbeitskreises zur Umwelttheologie. Gf. d. Arbeitsgruppe zur Geschichte der Physikotheologie. Hrsg. der Schriftenreihe „Duisburger Mercator-Studien" (DMS). Hrsg. der Reihe „Physikotheologie im historischen Kontext", und „Geographie im Kontext". – (Pr) Kiefernweg 40, D-44801 Bochum, Tel.: (0234) 73837 – (D) Geogr. Inst. d. Ruhr-Univ., Buscheystr., D-44801 Bochum, Tel.: (0234) 7003354.

BUFF KELLER, Eva (21-6-1954, Zürich) Dr. phil. nat., Beraterin AfH, Bildungsberaterin, Supervisorin – (Pr und D) Haldenstr. 84a, CH-8400 Winterthur, Tel.: (052) 2029211. – (D) Tel./Fax: (052) 2029200.

BUGMANN, Erich (1-4-1927) Dr. phil., em. Prof. f. Wirtschaftsgeogr. d. Universität St. Gallen. – (Pr) Alpenstr. 1, CH-4515 Oberdorf, Tel./Fax: (061) 326222231.

BUMAN, Anne-Marie de (9-5-1953, Fribourg) Dr. Sciences naturelles, Assistante de recherche. – (Pr) – (D) Responsable du domaine Recherche au Groupement de la Science et de la Recherche, Dèpartement fédéral de l'Intérieur, Inselgasse 1, CH - 3003 Berne, Tel.: (031) 322-8048, Fax: 322-6492.

BUMANN, Peter (1943, Brig/Schweiz) Dr. rer. nat., Direktor HWV, a.Präs. d. Vereins Schweizerischer Geographielehrer. – (Pr) Gliserallee 87, CH-3902 Glis, Tel.: (027) 923-4020.

BUNTE, Kristin, Dr., post-doc. Engineering Research Center, Foothills Campus, Dept. of Civil Engineering, Colorado State University – (D) Ft. Collins, CO 80523, USA. Fax: (970) 491-8462, e-mail: kbunte@engr.colostate.edu

BURCHARDS, Eckehard (31-10-1946, Braunschweig) Dr. rer. nat., Wiss. Mitarb. Inst. f. Geograpie, Abt.Bereich Kulturgeographie, Universität Hamburg – (Pr) Glashütter Weg 29, D-22844 Norderstedt, Tel.: (040) 5358684 – (D) Geomatikum, Bundesstr. 55, D-20146 Hamburg, Tel.: (040) 4123-5199, Fax: 4123-4981

BURDACK, Joachim (1-11-1951, Berlin) apl. Prof., wissensch. Mitarb. am Institut für Länderkunde, Leipzig. – (Pr) Eichendorffstr. 6, D-04277 Leipzig, Tel.: (0341) 3012521 – (D) Schongauerstr. 9, D-04329 Leipzig, Tel.: (0341) 25565-11, Fax: 25565-98, e-mail: burdack@ifl.uni-leipzig.de.

BURG, Bernhard (10-11-1954, Oberkirch) Prof., Dr.-Ing., Prof. im Fachber. Geoinformationswesen d. Fachhochschule Karlsruhe. – (Pr) Buchenweg 14, D76351 Linkenheim-Hochstetten, Tel./Fax: 07247-946057 – (D) Moltkestr. 30, D-76133 Karlsruhe, Tel.: 0721 / 925-2680, Fax: 925-2000.

BURGA, Conradin A. (13-10-1948) Prof. Dr., Geobotaniker, Pflanzengeograph, Geographisches Institut der Universität Zürich-Irchel. – (Pr) Grosswiesenstr. 152, Postfach 186, CH-8061 Zürich. – (D) Winterthurerstr. 190, CH-8057 Zürich, Tel.: (01) 6355-168, Fax: 6355-906, e-mail: cburga@geo.unizh.ch

BURGER, André (15-5-1920) Professeur honoraire, Dr . – (Pr) Rue des Berthoudes 58, CH-2000 Neuchâtel, Tel.: (032) 7533083.

BURGER, Dieter (10-3-1948, Schwalbach/Saar) Prof., Dr. rer. nat., Inst. f. Geogaphie und Geoökologie der Univ. Karlsruhe – (Pr) Brahmssstr. 2a, D-53844 Troisdorf, Tel.: (02241) 47258, e-mail:Dieter.Burger@t-online.de – (D) Kaiserstr. 12, D-76128 Karlsruhe, Tel.: (0721) 608-3828, Fax: 696761, e-mail: Dieter.Burger@bio-geo.uni-karlsruhe.de

BURGGRAAFF, Peter, Drs., Büro für historische Stadt- und Landschaftsforschung (Lehrbeauftragter am Seminar für Historische Geographie der Universität Bonn, Konvikt-Str. 11, 53113 Bonn)– (D) Kaufmanns-Str. 81, D-53115 Bonn, Tel./Fax: 0(228) 696382

BURGSTALLER, Ernst (29-5-1906, Ried i. I.O.Ö.) Dr. ao. Prof., wirkl. Hofrat, Leit. d. Inst. f. Landeskunde v. Oberösterreich i. P. (mit Dr. Fr. Pfeffer †), Hrsg. d. „Atlas von Oberösterreich“, 4 Bde. 1958ff. - mit Dr. A. Helbok, „Österreichischer Volkskundeatlas“, 1. Lfg. Linz 1958. „Zur Kulturgeographischen Brückenstellung des Zentralraumes von Oberösterreich“. Festschrift f. M. Zender, Bonn 1972. Die kulturräumliche Stellung des Bezirks Vöcklabruck, II. Teil, Vöcklabruck 1982. „Der Zentralraum von Ober-Österreich im Spannungsfeld zwischen den west- und ostösterreichischen Kulturlandschaften“: Oberösterr. Heimatblätter Jg. 36, H. 1/2. Linz 1982. „Österreichisches Festtagsgebäck“ (mit zahlreichen Verbreitungskarten). Linz 1983. „Felsbilder in Österreich“ 3. Aufl. Österr. Felsbildermuseum Spital a.P. 1989. H. Kohl u. E. Burgstaller „Eiszeit in Oberösterreich. Paläolithikum ‚Felsbilder'“ Österr.Feldbildermuseum Spital a.P. 1992. – Gründer d. „Österreichischen Felsbildermuseums“ in Spital a.P. (1979), Gründer d. „Östereichischen Gebäckmuseums“ in Wels (1984) – (Pr) Donaublickstr. 32, A-4020 Linz, Tel.: (0732)771093.

BURRI, Christian, Gymnasiallehrer. – (Pr) Talweg 41, CH-4125 Riehen .

BUSCH, Heinrich (18-12-1936, Südlohn) Dipl.-Geogr. – (Pr) Mülchen 1, D-54313 Zemmer, Tel.: (06580) 99164, Fax: 99165, e-Mail: Heinrich-Busch@t-online.de.

BUSCH, Paul (5-7-1913, Wanne-Eickel) Dr., Studienprof. i.R., Ehrenvors. d. Ges. f. Geogr. u. Geologie, Bochum. – (Pr) In der Uhlenflucht 13, D-44795 Bochum, Tel.: (0234) 433587.

BUSCH, Siegfried (8-6-1937, Liebenau/Weser) Dr. phil., M.A., Akad. Dir. am Geogr. Inst. d. Univ. – (Pr) Bernstorffweg 6, D-24229 Strande, Tel.: (04349) 8835 – (D) Universität, D-24098 Kiel, Tel.: (0431) 880-2439.

BUSCH, Ursula (7-3-1943, Konin) Dipl.-Geogr., wiss. Mitarb. im FB III Geschichtliche Landeskunde, Universität Trier. – (Pr) Mülchen 1, D-54313 Zemmer, Tel.: (06580) 99164, Fax: (06580) 99165 – (D) Projekt: Geschichtlicher Atlas der Rheinlande, Universität Trier, FB III, D-54286 Trier, Tel.: (0651) 201-3109, Fax: 201-3938, e-mail: busch@uni-trier.de.

BUSCHE, Detlef (1-5-1942, Bad Oeynhausen) Prof. Dr. rer. nat . am Geogr. Inst. d. Univ. Würzburg. – (Pr) Josef-Heeger-Str. 6, D-97222 Rimpar, Tel.: (09365) 1036 – (D) Am Hubland, D-97074 Würzburg, Tel.: (0931) 88855-85, Fax: 8885544, e-mail: busche@mail.uni-wuerzburg.de.

BUSKE, Heinz Günter (16-11-1935, Lehe bei Lunden) StDir., Studienl. am IPTS-Regionalseminar Ost, Abt. f. Gymnasien. – (Pr) Goldberg 32, D-23562 Lübeck, Tel.: (0451) 594826 – (D) Holzvogtweg 18, D-23568 Lübeck.

BUSSE, Carl-Heinrich, Dipl.Geogr., Ltd. Baudirektor i.R. – (Pr) Raamstieg 31, D-22397 Hamburg

BUSSE, Gerd, Dr. phil., Dipl.-Päd., AOR am Institut für Geographie und Geschichte der Universität Hildesheim – (Pr) Über der Esebeeke 19, D-37079 Göttingen, Tel.: (0551) 68258 — (D) Marienburger Platz 22, D-31141 Hildesheim.

BUSSEMER, Sixten (28-04-1965, Bratislava) Dr. rer. nat., Wiss. Ass. am Institut für Geographie der Universität München – (Pr) Danziger Str. 2b, D-85386 Eching, Tel.: (089) 3194326 – (D) Luisenstr. 37, D-80333 München, Tel.: (089) 2180-6668

BUTZER, Karl W. (19-8-1934, Mülheim/Ruhr) Dept. of Geography, University of Texas, Austin TX 78 712 USA, Dickson Centennial Professor of Liberal Arts.

BUTZIN, Bernhard (13-12-1944, Landsberg/W.) Prof. Dr. rer. nat., Geographisches Institut der Ruhr-Universität Bochum – (Pr) Am Kippgarten 59, D-45739 Oer-Erkenschwick, Tel.: (02368) 55052 – (D) Universitätsstr. 150, D-44780 Bochum, Tel.: (0234) 700-3436, Fax: 7094-484, e-mail: butzin@geographie.ruhr-uni-bochum.de.

BUZIEK, Gerd (24-07-1959, Bremen) Dr.-Ing., Wiss. Ass., Korr. Mitglied der IKV Kommission „Visualisierung", Mitglied des Ak „Hydrogr. Vermessungen" des DVW. – Institut für Kartographie, Universität Hannover. – (Pr) Im Moore 2, D-30167 Hannover, Tel.: (0511) 702630. – (D) Appelstr. 9 a, Tel.: (0511) 762-3726, Fax: 762-2780, e-mail: buziek@itk.uni-hannover.de

C

CAMENISCH, Benedetg (7-2-1934, Sumvitg/GR) lic.rer.nat., Kantonsschullehrer. – (Pr.) Heulediweg 25, CH-6414 Oberarth, Tel.: (041) 8552205. – (D) Kantonsschule Kollegium, CH-6430 Schwyz, Tel.: (041) 8197700.

CAPAUL, Doris (26–7–1962, Basel) lic. phil. I, (Geographin) – (Pr) Schauenburgerstr. 83, CH–4402 Frenkendorf, Tel.: (061) 902 1455. – (D) Amt für Orts- und Regionalplanung, Kanton Basel-Landschaft, Rheinstraße 29, CH–4410 Liestal, Tel.: (061) 9255590.

CARLS, Randi (24-04-1968, Berlin) Dipl.-Geogr. – (Pr) Rigaer Str. 69, D-10247 Berlin – (D) Humboldt-Universität Berlin, Geographisches Institut, Sitz: Chausseestr. 86 (Postanschrift: Unter den Linden 6), D-10099 Berlin, Tel.: (030) 30875-639, Fax: 30875-644

CARMONA-SCHNEIDER, Juan-J. (20-10-1957, Barcelona/Spanien) Dipl.-Geogr., Sprecher der Facharbeitsgruppe „Europäische Integration", Koordinator EU und internationale Projekte, ISA Consult Beratungsgesellschaft für Innovation, Strukturpolitik und Arbeit GmbH - (Pr) Postkutschenweg 4, D-44803 Bochum. – (D) Westring 26a, D-44787 Bochum, Tel.: (0234) 9132-226, Fax: 9132-110, e-mail:jcarmona@ISA-CONSULT.de.

CASSUBE, Gerhard (27-5-1928, Berlin) Abteilungsdirektor i.R., Hrsg. „Bremen-Atlas". – (Pr) Eislebener Str. 67, D-28329 Bremen, Tel.: (0421) 466209.

CAVELTI-ZUMBÜHL, Gaby (10-6-1968) Dipl.-Geogr. - (Pr) Kirchrain 24, CH-9042 Speicher, Tel.: (071) 3443029.

CECH, Diethard (20-6-1938, Ehrenforst) Prof. Dr. rer. nat., Sachunterricht, Hochschule Vechta. – (Pr) F.-Oberborbeck-Str. 27, D-49377 Vechta, Tel.: (04441) 81701 – (D) Driverstr. 22, D-49377 Vechta, Tel.: (04441) 15-242, Fax: 15-444.

CEDE, Peter, Dr., Univ.-Doz. am Institut für Geographie der Universität Graz – (D) Heinrichstr. 36, A-8010 Graz.

CHIFFELLE, Frederic (21-6-1938, Neuchâtel) Prof. Dr., Directeur de L'Institut de Géographie, Membre de la Commission Suisse de Géographie membre de Comité de rédaction de la Revue géographique de l'Est (Nancy). – (Pr) 17, rue Matile, CH-2000 Neuchatel, Tel.: (032) 7240612 – (D) Espace Louis-Agassiz 1, CH-2000 Neuchatel, Tel.: (032) 7208241.

CHRISTIANSEN, Thomas (15-05-1956, Essen) Dipl.-Geogr., Geogr. Institut der Universität Gießen – (Pr) Almer Str. 19 A, D-59929 Brilon, Tel.: (02991) 1345, Fax: 1345 – (D) Senckenbergstr. 1, D-35390 Gießen, Tel.: (0641) 99-36290, Fax: 99-36205, e-mail: 100265.2527@COMPUSERVE.COM.

CHRISTOFFEL-SCHÄFER, Gertrud (24-12-1924, Wanne-Eickel) Dr. rer. nat., Realschullehrerin. – (Pr) Zum Rauert 2, D-53639 Königswinter.

CIMIOTTI, Ulrich (4-10-1946, Kiel) Dipl.-Geogr., Dr. rer. nat., – (Pr) Lübecker Str. 35, D-10559 Berlin, Tel.: (030) 3942477

CLAUS, Helmut (15-8-1920, Thalheim/Erzgeb.) Dr. phil., StDir. am Pestalozzigymn. Bremerhaven u. Mentor f. Erdkunde. – (Pr) Siebenbergensweg 29, D-27580 Bremerhaven, Tel.: (0471) 82624 – (D) Bogenstr. 17, D-27568 Bremerhaven, Tel.: (0471) 5902383.

CLAUSEN, Hans (27-11-1944, Flensburg) Ing. f. V.T., Kartograph, Bildungswissenschaftliche Hochschule Flensburg, Universität. – (Pr) Ulmenstr. 15, D-24943 Flensburg. – (D) Mürwiker Str. 77, D-24943 Flensburg

CLAUSER, Ewald (14-10-1927, Mörsch/Baden) Dr. OStDir. i.R., Ehem. Leiter des Helmholtz-Gymnasiums Dortmund. – (Pr) Friedenstr. 29, D-44139 Dortmund, Tel.: (0231) 572206.

CLAUSS, Christian (30-04-1922, Hurgenthal/Vogtland) Dr.-Ing., Dipl.-Ing. f. Kartographie, Mitglied Deutsche Gesellschaft für Kartographie e.V. – (Pr) Jonasstr. 8, D-06110 Halle / Saale.

CLAVEL RAEMY, Lucy . – (Pr) CH-1041 Oulens-sous-Echalle, Tel.: (021) 882 52 21.

CLEMENS, Jürgen (11-04-1962, Bedburg) Dipl.-Geogr., Dr. rer. nat., Institut für Wirtschaftsgeographie, Universität Bonn – (Pr) Kuckelke 6, D-44135 Dortmund, Tel.: (0231) 5863582 – (D) Meckenheimer Allee 166, D-53115 Bonn, Tel.: (0228) 737461, e-mail: j.clemens@uni-bonn.de

CLOSS, Hans-Martin (22-4-1945, Johnsdorf) Prof. Dr. phil. habil., Oberregierungsrat, Leiter der Außenstelle Stuttgart der Abt. Landesforschung und Landesbeschreibung, Landesarchivdirektion Baden-Württemberg, apl. Prof. an der Universität Trier, FB VI Geographie/Geowissenschaften, Lehrbeauftragter an der Pädagogischen Hochschule Ludwigsburg, Fach Geographie, Mithrsg. „Materialien zur Didaktik d. Geographie“. – (Pr) Hofackerstr. 26, D-71711 Steinheim, Tel.: (07144) 207675 – (D) Olgastr. 80, D-70182 Stuttgart, Tel.: (0711) 212-4239, Fax: 212-4238.

COLDITZ, Margit (5-7-1954, Leipzig) Dr., Landesinsitut für Lehrerfortbildung, Lehrerweiterbildung und Unterrichtsforschung von Sachsen-Anhalt, Dezernentin für Geographie – (Pr) Hans-Dittmar-Str. 12, D-06118 Halle.

COLLET, Claude (9-11-1952, Pully VD) Dr. phil., Priv.-Doz., Maitre-Assistant Geogr. Inst. d. Univ. Freiburg/CH. – (Pr) Rte. des Bles d'Or 4, CH-1752 Villars-sur-Glane – (D) Perolles, CH-1700 Fribourg, Tel.: (037) 300-9010, Fax: 300-9746.

CONRAD, Gudrun (16-7-1953, Weißenfels) Dr. rer. nat. habil., – (Pr.) Fuhneweg 4, D-06122 Halle, Tel.: (0345) 8044321) – (D) Acerplan Planungsgesellschaft mbH, Geschäftsbereichsleiterin Regional- und Stadtplanung, Seebener Str. 22, D-06114 Halle, Tel.: (0345) 529-2336, Fax: 529-2164.

CONTI, Josiane (3-9-1953-Payerne) licenciee es lettres, Maîtresse Secondaire. – (Pr) Abraham Robert 66, CH-2300 La Chaux-de-Fonds, Tel.: (039) 267292.

CONZEN, Michael Robert Gunter (21-1-1907) Prof. Dr. phil., em. Prof., Univ. of Newcastle upon Tyne, England. – (Pr) 2, Oakhurst Drive, Newcastle upon Tyne NE3 4JS, Tel.: (191) 28544-76.

CORDES, Gerhard (1-3-1940, Bielefeld) Dr. rer. nat., Univ.-Prof. Geogr. u. ihre Didaktik, Schwerpunkt Wirtsch.- u. Sozialgeogr. – (Pr) Weidenbohrerweg 5, D-44269 Dortmund, Tel.: (0231) 48 26 54 – (D) Universität Dortmund, Fachber.16,: Inst. f. Geographie und ihre Didaktik, Dienstgebäude Emil-Figge-Str. 50, D-44227 Dortmund, Tel.: (0231) 755-2808, -10, Fax: 755-2918, e-mail:cordes@pop.uni-dortmund.de.

CORDES, Rainer (1-9-1946, Syke) Dr. phil., Geschäftsführer Sebaldus Druck und Verlag GmbH – (Pr) Lomeweg 14, D-81827 München, Tel.: (089) 4300269, Fax: (089) 4300270 – (D) Äußerer Laufer Paltz 22, D-90430 Nürnberg, Tel.: (0911) 5396-686, Fax: 5396-934 — Tel. (089) 27270361, Fax: 27270311.

CORVINUS, Friedemann (11-9-1943, Darmstadt) Dr. rer. nat., Freier Gutachter für Maßnahmen der Entwicklungszusammenarbeit. – (Pr) Erlenweg 9, D-79227 Schallstadt, Tel./Fax: (07664) 60917

COSINSCHI, Micheline (7-6-1949, Canada) M.A., Géogr. dipl., Maitre d'Enseignement et de Recherche (M.E.R.). – (Pr) Route de la Plaine 40, CH–1022 Chavannes-près-Renens, Tel.: (021) 6915585. – (D) Institut de Géographie de l'Université, BFSH 2-Dorigny, CH-1015 Lausanne,

Tel.: (021) 692-3075, Fax: 692-3075, e-mail: micheline.cosinschiMeudier@igul.unil.ch.

COY, Martin (25-12-1954, Frankfurt/Main) Dipl.-Geogr., Dr. phil., Priv.Doz. Oberass.. am Geogr. Inst. d. Univ. Tübingen. – (Pr) Scheefstr. 64, D-72074 Tübingen, Tel.: (07071) 21087 – (D) Hölderlinstr. 12, D-72074 Tübingen, Tel.: (07071) 29-76462, Fax: 29-5318.

CRIVELLI, Ruggero (1952, Mendrisio/TI) Dr., Maître d'enseignement et de recherche. – (D) Département de Géographie, UNI-MAIL Fac. des SES, Bd Carl-Vogt 102, CH-1211 Genève 4, Tel.: (022) 705-8332, -8346 , Fax: 705-8353, e-mail:ruggero.crivelli@geo-unige.de.

CROM, Wolfgang (20-07-1960) Dipl.-Geogr., Fachreferent für Geographie und Karten an der Württembergischen Landesbibliothek Stuttgart, Redaktion Landesbibliographie Baden-Württemberg – (Pr) Fetzerstr. 9, D-70199 Stuttgart, Tel.: (0711) 602246 – (D) Postfach 105441, D-70047 Stuttgart, Tel.: (0711) 2124-399, Fax: (0711) 2124-422, e-mail: crom@mailserver.wlb-stuttgart.de

CSAPLOVICS, Elmar (18-5-1956, Eisenstadt/Österr.) Dr. techn. habil., Univ.Prof.f.Geofernerkundung, Institut für Photogrammetrie und Fernerkundung, Bereich Geofernerkundung-Geoinformatik, Technische Universität Dresden. – (Pr) Karl-Liebknecht-Str. 1, D-01445 Radebeul. – (D) Mommsenstraße 13, D-01062 Dresden, Tel.: (0351) 463-3680, Fax: 463-7266.

CYFFKA, Bernd (15–12–1959, Bad Salzufflen) Dr., Dipl.-Geogr. wiss. Assistent am Geogr. Inst. d. Univ. Göttingen. – (Pr) Hermann-Löns-Str. 1, D-37139 Adelebsen, Tel.: (05506) 8225. – (D) Goldschmidtstr. 5, D–37077 Göttingen, Tel.: (0551) 39-8066.

CZAPEK, Frank-Michael, Dr., StD.,(26.12.1950) Fachberater für Geographie, Bez. Reg. Hannover, 2. Vorsitzender. des Verbandes Deutscher Schulgeographen e.V. – Im Moore 25, D-30167 Hannover, Tel. / Fax: (0511) 704225

D

DÄMGEN, Ingo (15-3-1962) M.A., Freiberuflicher Geograph u. wiss. Autor. – (Pr) Alte Heid 11, D-46047 Oberhausen, Tel.: (0208) 884716, e-mail: idaem@vossnet.de

DAHLKAMP, Franz J. (22-02-1931, Gelsenkirchen) Dr. phil., Hon.Prof. f. Prospektion an der Montanuniversität Leoben(Österr.),Inst. f. Geowissenschaften. Techn.-wiss. Beirat der ‚Berg- und Hüttenmännische Monatshefte' — (Pr) Ölbergstr. 10, D-53343 Wachtberg, Tel.: (0228) 341904, Fax: 341918. – (D) Peter-Tunner-Str. 5, A-8750 Leoben.

DAHM, Claus (3-7-1923) Prof. Dr. rer. nat., Prof. em. f. Heimatkunde u. Didaktik d. Geographie a.d. Univ. Göttingen (Seminar f. Didaktik d. Biologie u. d. Geographie). – (Pr) Aussiger Wende 6C, D-30559 Hannover

DAHMEN, F. Wilhelm (02-12-1925, Mechernich) Dr. rer. nat., Prof. für Ökologie Universität Mannheim, Landesverwaltungsdirektor i.R., Mitglied im VDBiol., DBG, GfÖ, DGfK, BBN, BDLA; Wiss. Leiter von Synergie, Inst. f. allg. u. angew. Ökologie e.V., Freier Landschaftsarchitekt – (Pr) Lorbacher Weg 6, D-53894 Mechernich, Tel.: (02484) 2931, Fax: 2922.

DAMM, Bodo (23-05-1961, Kassel) Dr. rer. nat., Dipl.-Geogr., wiss. Mitarb. am Geogr. Institut d. Universität Göttingen – (Pr) Bergstr. 25, D-34346 Hann. Münden, Tel.: (05541) 6958 – (D) Goldschmidtstr. 5, D-37077 Göttingen, Tel.: (0551) 3980-58, Fax: 3980-06.

DANGENDORF, Friederike (23-11-1964, Siegen) Dipl.-Geogr., wiss. Mitarb. am Hygiene-Institut der Universität Bonn, Abt. Medizinische Geographie – (Pr) Frankengraben 16a, D-53175 Bonn – (D) Sigmund-Freud-Str. 25, D-53105 Bonn, Tel./ Fax: (0228) 287-4885, e-mail: Friedang@mailer.med.uni-bonn.de

DANIELZYK, Rainer (11-9-59), Dr. Dipl.-Geogr., Vertretungsweise Wahrnehmung der Aufgaben der Professur für Raumordnung, Institut für Geographie, TU Dresden, Schriftleiter der „Wahrnehmungsgeographischen Studien zur Regionalentwicklung", Sprecher des AK „Regionalentwicklung" im DVAG. – (Pr) Blumenstr. 29, D-26121 Oldenburg – (D) D-01062 Dresden, Tel.: (0351) 463-6060, Fax: 463-7745, e-mail: rainer.danielzyk@mailbox.tu-dresden.de — Lehrbeauftragter, FB 3, Geographie Carl von Ossietzky Universität Oldenburg, D-26111 Oldenburg, Tel.: (0441) 798-2921, Fax: 798-3769

DAUM, Egbert (3-10-1941, Datteln) Univ.-Prof., Dr. rer. nat., Prof. für Sachunterricht im FB Erziehungs- und Kulturwissenschaften a. d. Universität Osnabrück.

– (Pr) Amselweg 28, D-33415 Verl, Tel.: (05246) 2653 – (D) Universität Osnabrück, FB 3, D-49069 Osnabrück, Tel: (0541) 969-4568, Fax: 969-4123.

DAUT, Gerhard (01-09-1960, Mindelheim) Dr., Dipl.-Geol., wiss. Ang. am Institut für Geographie der Universität Jena – (Pr) Albstr. 31, D-70759 Stuttgart, Tel.: (0711) 7653966 – (D) Löbdergraben 32, D-07740 Jena, Tel.: (03641) 9488-04, Fax: 9488-12, e-mail: g.daut@geogr.uni-jena.de

DEBENE, Aldo Rudolf (19-11-1919) Dr. phil., Landes-Fremdenverkehrsdir. i.R., Hofrat, Präs. des Bundesverbandes e.V. „Erf. Touristiker Österreichs". – Brennerstr. 26, A-4820 Bad Ischl, Tel./Fax: (06132) 23554

DECOUTERE, Stéphane (27-1-1960, Bruxelles) Dipl.géogr., collaborateur scientifique. – (Pr) CH-3961 Vissoie, Tel.: (079) 4367543 – (D) Centre de Management Public, Av. de la Gare 3, CH-1950 Sion, Tel.: (027) 606-2230, Fax: 606-2234.

DEGE, Eckart (7-1-1942, Elbing) Prof. Dr. rer. nat. AOR am Geogr. Inst. d. Univ. Kiel. – (Pr) Wielen Schaarberg 3, D-24211 Wahlstorf, Tel.: (04342) 8896-95, Fax: 8896-94 – (D) Ludewig-Meyn-Str. 14, D-24098 Kiel, Tel.: (0431) 880-2941, Fax: 880-4658, e-mail: dege@geographie.uni-kiel.de.

DEGE, Wilfried (28-12-1946, Lienen) Dr. rer. nat. – (Pr) Emil-Kemper-Str. 43, D-45219 Essen. – (D) Kommunalverband Ruhrgebiet, Abt. Öffentlichkeitsarbeit und Regionalmarketing, Kronprinzenstr. 35, D-45128 Essen, Tel.: (0201) 2069-243, Fax: 2069-555.

DEGENHARDT, Bodo (7-9-1948, Berlin) Dr. rer. nat., Fachreferent b. Volkshochschulverband Baden-Württemberg. – (Pr) Otto-Hahn-Weg 56, (D) 70771 Leinfelden-Echterdingen, Tel.: (0711)753245, Raiffeisenstr. 14, D-70771 Leinfelden-Echterdingen, Tel.: (0711) 75900-37, Fax: 75900-41.

DEGN, Christian (13-12-1909, Bremen) Prof. Dr. phil., o. Prof. em. f. schl.-holst. Gesch. a. d. Univ. Kiel. – (Pr) Niemannsweg 30, D-24105 Kiel, Tel.: (0431) 562178.

DEHGHANI, G. Ali (10-6-1951, Kazeroun) Dr., Geophysiker, Universität Hamburg, Institut für Geophysik. – (Pr) Wientapperweg 36, D-22589 Hamburg. – (D) Bundesstraße 55, D-20146 Hamburg.

DEILMANN, Benedikt (3–4–1962) Dr., Wiss.-Ass. a.d. Universität-GHS-Duisburg, Fachbereich 6/Geographie – (Pr) Bruckpoort. 24, D-46519 Alpen, Tel.: (02802) 7667. – (D) Lotharstr. 65,D-47048 Duisburg, Tel.: (0203) 379-2773, -2250 (Sekr.), Fax: 379-3516, e-mail.: b.deilmann@uni-duisburg.de.

DEISSMANN, Gerhard (12-5-1911, Berlin) Dr. phil. – (Pr) Hartwigstr. 44 A, D-28209 Bremen, Tel.: (0421) 342386.

DEITERS, Jürgen (27-12-1938, Hess. Oldendorf) Dr. rer. nat. u. Kart.-Ing. (grad.), Prof. f. Wirtschaftsgeographie a. d. Univ. Osnabrück, Mithrsg. von „Osnabrücker Studien zur Geographie (OSG)" u. „OSG-Materialien", Leiter d. Forschungsgruppe „Öffentl. Personennahverkehr". – (Pr) Wilhelm-von-Euch-Str. 71, D-49090 Osnabrück, Tel.: (0541) 61037, 62729, Fax: 61087, e-mail: Juergen.Deiters@Geographie.Uni-Osnabrueck.de – (D) Fachgebiet Geographie der Universität Osnabrück, D-49069 Osnabrück, Tel.: (0541) 969-4266, -4267 (Sekr.), Fax: 969-4333.

DELFS, Eckhard (11-9-1943, Wiemersdorf/ Holstein) Dr., Stadtentwicklungsbehörde – Landesplanungsamt, STEB-LP 1120. – (Pr) Mölenwisch 10, D-22453 Hamburg, Tel.: (040) 584483. – (D) Alter Steinweg 4, D-20459 Hamburg, Tel.: (040) 350433-00, Fax: 350433-96.

DEMHARDT, J. J., Dr., Priv.-Doz. am Geographischen Institut der Technischen Hochschule Darmstadt – (D) Schnittspahnstr. 9, D-64287 Darmstadt

DEMUTH, Siegfried (20-1-1953, Ebringen) Priv.-Doz., Dr. rer. nat. habil., Dipl. Geograph / Fachrichtung Hydrologie, Wiss. Oberass. am Institut für Hydrologie der Universität Freiburg. – (Pr) Feierabendstr. 2 D-79235 Vogtsburg, Tel.: (07662) 94150. – (D) Fahnenbergplatz, D-79098 Freiburg, Tel.: (0761) 203538.

DENECKE, Dietrich (9-6-1935, Berlin) Prof., Dr. phil., Dr. rer. nat. habil., apl. Prof. am Geogr. Inst. d. Univ. Göttingen. – (Pr) Merkelstr. 22, D-37085 Göttingen, Tel.: (0551) 47776 – (D) Goldschmidtstr. 5, D-37077 Göttingen, Tel.: (0551) 398074, Fax: 39-8006, -8055.

DENK, Wolfgang (30-12-1944, Bayreuth) Prof. Dr., Hochschullehrer. – (Pr) WehlauerStr. 32, D-76139 Karlsruhe 1, Tel.: (0721) 68 54 94 – (D) Hochschule für Technik Karlsruhe, Moltkestr. 4, D–76133 Karlsruhe, Tel.: (0721) 925-2920, Fax: 925-2927, e-mail: wolfgang.denk@fh-karlsruhe.de.

DENZER, Vera (9–10–60, Mannheim) Dr. rer. nat., Wiss. Mitarb. d. Universität Leipzig – (Pr) Menckestr. 26, D-04155 Leipzig, Tel.: (0341) 5905067– (D) Johannisallee 19a, D-04103 Leipzig, Tel.: (0341) 9738-616, e-mail: denzer@rz.uni-leipzig.de.

DERVEY, Anton (12-4-1954) lic. phil. nat., Sachbearbeiter Hydrologie Naturaqua. – (Pr) Wyttenbachstr. 22, CH-3013 Bern, Tel.: (031) 415839. – (D) Elisabethenstr. 51, CH-3014 Bern, Tel.: (031) 413841.

DESOYE, Helmut (15-2-1938, Wien) Dr. phil., Leiter des Hauptreferates Geoinformation, Gebäuderegister, Grafik im Österreichischen Statistischen Zentralamt, stellvertretender Vorsitzender der Arbeitsgemeinschaft für Kartographische Ortsnamenkunde der Österr. Kartographischen Kommission in der Österr. Geographischen Gesellschaft. – (Pr) Heiligenstädter Str. 157, A-1190 Wien, Tel.: (01) 375143 – (D) Hintere Zollamtsstr. 2b, A-1033 Wien, Tel.: (01) 71128-7393, Fax: 71128-7088, e-mail: hdesoye@oestat.gv.at.

DETTLING, Walter (1-12-1958, Basel) Dipl.-Math., Dr. phil. – (Pr) Postfach, CH-4106 Therwil – (D) Fachhochschule beider Basel, Institut für angewandte Betriebsökonomie, e-mail: w.dettling@fhbb.ch

DETTMANN, Klaus (19-3-1936, Königsberg/Pr.) Dr. rer. nat., o. Prof. – (Pr) Heinrich-Schütz-Str. 22, D-95445 Bayreuth, Tel.: (0921) 26235

DETTWILER, Rolf (8-5-1933) Dr. phil. nat., Hydrogeograph. – (Pr) Lindachstr., CH-3038 Oberlindach, Tel.: (031) 8291124.

DEUTSCH, Karin (11-12-1941, Bromberg) Dr. phil. – (Pr) Höhenweg 163, D-66133 Saarbrücken, Tel.: (0681) 894251 – (D) Staatliches Abendgymnasium, Am Landwehrplatz, D-66111 Saarbrücken.

DENZLER, Stefan (18-12-1962, Zürich) Dr., Geograph, Swisscontact Zürich. – (Pr) Widenstr. 19, CH-8302 Kloten.

DICKMANN, Frank (04.01.1961), Bonn, Dr. phil., wiss. Mitarbeiter am Geogr. Institut der RWTH Aachen, Mithersg. der Reihe „Pazifik-Forum". (PR) Annastr. 4-6, D-52062 Aachen, Tel.:(0241)33331, (D) Geographisches Institut der RWTH Aachen, Templergraben 55, D-52056 Aachen, Tel.: (0241) 806054, e-mail: frank.dickmann@post.rwth.aachen.de.

DIEHL, Werner (17-1-1934, Hanau) Dr. phil., StDir.a.D. – (Pr) Tannenweg 31, D-35440 Linden, Tel.: (06403) 62664

DIEKKRÜGER, Bernd (9-3-1955, Brake) Dr. rer. nat., Prof. am Geogr. Institut d. Univ. Bonn. – (Pr) Bannweg 122a, D-53332 Bornheim – (D) Geogr. Institut der Universität Bonn, Abt. f. Geohydrologie, Mekkenheimer Allee 166, D-53115 Bonn, e-mail:b.diekkrueger@uni-bonn.de

DIEMANN, Rolf (19-4-1937, Halle) Dr. rer. nat. , wiss. Mitarb., Lehrbeauftragter. – (Pr) Rotdornweg 3, D-06120 Lieskau, Tel.: (0345) 550 8381. – (D) Martin-Luther-Universität Halle, Landwirtschaftliche Fakultät, Institut für Agrarökonomie und Agrarraumgestaltung, Professur für Agrargeographie und Raumordnung. Adam-Kuckhoff-Str. 15, D-06108 Halle, Tel.: (0345) 552-2453, Fax: 552-7114.

DIESTER-HAASS, Liselotte (31-12-41) Dr. rer. nat., Geographisches Institut d. Universität des Saarlandes. – (Pr) Am Webersberg 32, D-66424 Homburg. – (D) 66041 Saarbrücken, Fax: (0681) 302-2364.

DIETRICH-DAMM, Sabine (05-11-1962, Lennestadt) Dr., Dipl.-Geogr. – (Pr) Schkeuditzer Str. 16, D-04155 Leipzig, Tel.: (0341) 5662515 – (D) Umweltforschungszentrum Leipzig-Halle GmbH, Permoserstr. 15, D-04318 Leipzig, Tel.: (0341) 235-2016, Fax: 235-2649.

DIETZ, Klaus R. (10–1–1948, Oberröblingen am See) Dr. phil. nat., AOR am Institut für Geographie der LM Univ. München. – (Pr) Westermühlstr. 1, D–80469 München, Tel.: (089) 2603447. – (D) Luisenstr. 37, D–80333 München, Tel.: (089) 2180-6672, Fax: 2180-6675, e-mail: K.Dietz@iggf.geo.uni-muenchen.de

DIKAU, Richard (10-6-1950, Schernikau) Dr. rer. nat., Prof. für Geographie am Geogr. Inst. d. Univ. Bonn. – (Pr) Maarbachstr. 97, D-53347 Bonn-Alfter, Tel.: (0228) 645717. – (D) Meckenheimer Allee 166, D-53115 Bonn, Tel.: (0228) 73-7234, Fax: 73-9099.

DITTMANN, Andreas (25-5-1959, Worms) Dr., Wiss. Angest. am Inst. f. Wirtschaftsgeogr. d. Univ. Bonn. – (Pr) Rudolf-Hahn-Str. 152, D-53227 Bonn, Tel.: (0228) 474975. – (D) Geogr. Inst. d. Rheinischen Friedrich-Wilhelms-Universität, Meckenheimer Allee 166, D-53115 Bonn, Tel.: (0228) 73-7225, Fax: 73-7506, e-mail: dittmann@giub.uni-bonn.de

DITTRICH, Christoph (6-8-1962, Ravensburg) Dr. rer. nat., Wiss. Assistent – (Pr) Erwinstr. 50, D-79012 Freiburg – (D) Institut für Kulturgeographie, Universität Werderring 4, D-79085 Freiburg i. Br., Tel.: (0761) 203-3560, Fax: 203-3575, e-mail: dittchri@ruf.uni-freiburg.de.

DITTRICH, Holger (8-12-1967), Dipl.-Geogr., Leiter des Amtes für Stadtentwicklung, Wirtschaftsförderung und Statistik – (Pr) Franzstr. 18, D-06406 Bernburg, Tel.: (03471) 28742 – (D) Schloßgartenstr. 16, D-06406 Bernburg, Tel.: (03471) 59-0, Fax: (03471) 22127.

DIX, Andreas, (7-11-63, Bad Homburg v.d.H.) Dr. phil., Wiss. Ass. am Seminar für Historische Geographie der Universität Bonn – (Pr) Londoner Str. 28, D-53117 Bonn, Tel.: (0228) 672452. – (D) Konviktstraße 11, D-53113 Bonn, Tel.: (0228) 73-5871, -3690, Fax: 73-7650, e-mail: a.dix@uni-bonn.de

DLOCZIK, Manfred (18-10-1934, Schweidnitz) Fachredakteur, Kartograph, Red.: „Informationsatlas Deutschland". – (Pr) Grabenkamp 18c, D-33649 Bielefeld , Tel.: (0521) 449068 und 160606.

DOBBERKE, Rainer (02-06-1960, Berlin) Dipl.-Ing. f. Kartographie, AD-Team GbR Wolfgang Austermann und Rainer Dobberke. – (Pr) Hafenplatz 2, D-10963 Berlin, Tel.: (030) 2622515. – (D) Ringchaussee 28, D-03096 Burg (Spreewald).

DODT, Jürgen (3-6-1939, Mayen) Dr. phil., Prof. am Geogr. Inst. d. Ruhr-Universität Bochum. Hauptschriftl. d. „Kartographischen Nachrichten" und „Kartographische Schriften". Herausgeber „Kartographisches Taschenbuch". – (Pr) Wilhelmshöhe 15a, D-58454 Witten, Tel.: (02302) 49067 – (D) Universitätsstr. 150, D-44801 Bochum, Tel.: (0234) 700-3376, Fax: 709-4180.

DÖBELI, Christian (9-3-1967, Basel) Dr. Dipl.-Geogr. – (Pr) Maiengasse 16, CH-4123 Allschwil, Tel.: (061) 482 30 09, Fax: 4823009 – (D) Zahno + Döbeli, Geländekartierungen, Lindenweg 1, CH-4127 Birsfelden, Tel./Fax: 061-3123775

DÖPP, Wolfram, Dr. rer. nat., Fachbereich Geographie d. Philipps-Universität Marburg. – (Pr) Hans-Sachs-Str. 9, D-35039 Marburg, Tel.: (06421) 65 371 – (D) Deutschhausstr. 10, D-35037 Marburg, Tel.: (06421) 285932.

DOERFEL, Christine, Dipl.-phil., Geographin . – (Pr) Blüemenen, CH-8840 Einsiedeln

DÖRING, Jürgen (27-8-1957, Großschönau) Dr. agr., wiss. Mitarb. f. Agrarmeteorologie, Lehrbeauftragter. – (Pr) Uranusstraße 21, D-04205 Leipzig, Tel.: (0341) 4218285. – (D) Martin-Luther-Universität Halle, Landwirtschaftliche Fakultät, Institut für Agrarraumgestaltung, Professur für Agrargeographie und Raumordnung. Adam-Kuckhoff-Str. 15, D-06108 Halle, Tel.: (0345) 552-2444, Fax: 552-7114.

DÖRRENBÄCHER, H.-Peter (8-4-1957, Saarbrücken) Privatdozent, O. Ass. an der Fachrichtung Geographie der Universität des Saarlandes. – (Pr) Senator-Richard-Becker-Str. 17, D-66123 Saarbrücken, Tel.: (0681) 665825. – (D) D-66123 Saarbürcken, Tel.: (0681) 302-2774, e-mail: p.doerren@rz.uni-sb.de

DÖRRER, Ingrid (18-11-1937, Feucht) apl. Prof., Dr. rer. nat., AOR am Geogr. Inst. d. Univ. Mannheim. –. (Pr) Tannhäuser Ring 56, D-68199 Mannheim, Tel.: (0621) 8281262 – (D) Schloß, D-68163 Mannheim, Tel.: (0621) 292-5368.

DÖRRER, Fridolin (21-09-1923, Innsbruck) Univ.-Prof., Dr. phil., Hofrat, Landesarchivdirektor i. R., Hrsg. des Jahrbuchs ‚Tiroler Heimat'. – (Pr) Schneeburggasse 165, A-6020 Innsbruck, Tel.: (0512) 272401.

DÖRRIES, Käte, geb. Rüger, Dr. Wwe von o.Prof. Dr. Hans Dörries. – (Pr) Habichtshöhe 10, D-48151 Münster.

DOHMS, Norbert, Dipl.-Geogr., Dezernent, KIT Kommunikation, Innovation, Transfer, Lennershofstr. 140, D-44801 Bochum, Tel.: (0234) 700-7136, Fax: 7094-312.

DOLLEN, Busso von der (3-5-1938, Weimar) Dr. phil., Leiter des Europäischen Burgeninstituts, Einrichtung der Deutschen Burgenvereinigung, Philippsburg, D-56338 Braubach, Tel.: (02627) 536, Fax: 8866.

DOMRÖS, Manfred (7-3-1940, Essen) Prof. Dr. rer. nat., Dr. h.c. Prof. u. Dir. am Geogr. Inst. d. Univ. Mainz, Honorarprofessor der Academia Sinica, Beijing. Mithrsg. „Mainzer Geogr. Studien", „Applied Geography and Development", Beirat „Petermanns Geographische Mitteilungen". – (Pr) Kirschblütenweg 16, D-55127 Mainz, Tel.: (06131) 47-9351, Fax: 47-6969 – (D) Saarstr. 21, D-55122 Mainz, Tel.: (06131) 39-2296, -2154, -2262, Fax: 39-4735, e-mail: physische. geographie@geo.uni-mainz.de.

DONGUS, Hansjörg (9-2-1929) Dr. phil., Univ.Prof. em. am Fachbereich Geographie d. Philipps-Univ. Marburg/Lahn. – (Pr) Franz-Joseph-Spiegler-Str. 73, D-88239 Wangen/Allgäu, Tel.: (07522) 20964.

DONNER, Wolf (27-1-1923, Berlin) Dr. rer. pol., Dipl.-Vw, Ph. D., FAO/UN Agricultural Planning Adviser (retd.), Redakteur,

Fachschriftsteller. – (Pr) Düsseldorfer Str. 58, D-51145 Köln, Tel.: (02203) 26660, Fax: 24001

DORNBURG, Christian (24-07-1943, Neu-Petershain) Dipl.-Geograph, – (Pr) Dorfstr. 37a, D-16352 Schönerlinde, Tel./Fax: (030) 9462654.

DORNBUSCH, Dagmar (11-7-1951, Gottesgabe) Dr. phil., Niedersächsisches Ministerium der Justiz und für Europaangelegenheiten, Referat Internationale Zusammenarbeit. – (Pr) Sandweg 260, D-26135 Oldenburg, Tel.: (0441) 202841 – (D) Clemensstr. 17, D-30002 Hannover, Tel.: (0511) 120-4819, Fax: 120-4883.

DORNBUSCH, Joachim (19–10–1942, Berlin) Dipl.-Geogr., Westermann Schulbuch-Verlag GmbH, Redakteur in der Kartographie. – (Pr) Gustav-Harms-Straße 38, D–38122 Braunschweig, Tel.: (0531) 877560, e-mail joachim.dornbusch@t-online.de. – (D) Georg-Westermann-Allee 66, D–38104 Braunschweig, Tel.: (0531) 708326, e-mail karto@westermann.de.

DORTHE-MONACHON, Claire (20.5.1955, Vevey) Dr. Professeure remplaçante. (PR) Chemin du Rébut 7, CH-1462 Yvonand, Tel.: (024) 4303086 – (D) Institut de Géographie de l'Université, BFSH 2-Dorigny, CH-1015 Lausanne, Tel.: (021) 6923072.

DOSCH, Fabian (30-5-1963, Mainz) Dr. rer. nat., Dipl.-Geogr., wiss. Rat z.A., Bundesamt für Bauwesen und Raumordnung Referat I5-Verkehr und Umwelt – (Pr) Rheinallee 14, D-53173 Bonn, Tel.: (0228) 3682378 – (D) Am Michaelshof 8, 53177 Bonn, Tel.: (0228) 826-307, Fax: 826-266.

DRÄYER, Dietrich (19-8-1962, Bürger von Thunstetten (BE)) Dr. phil. II und Dipl.-Geogr. – (Pr) Bruderholzstr. 47, CH-4053 Basel, Tel.: (061) 3617426 – (D) GEO TASK AG, Güterstraße 144, CH-4053 Basel, Tel.: (061) 3633885-87, Internet: http://www.geotask.ch, e-mail: ddraeyer @geotask.ch

DRAGA, Monika (13-11-1950, Bad Kissingen) Dipl.-Geogr. – (Pr) Dürerstr. 58, D-97230 Estenfeld, Tel./Fax: (09305) 8546, e-mail: modraest@ad.com.

DRANSCH, Doris (09-06-1961, Roding), Dr. rer. nat. – (Pr) Steinadlerpfad 15, D-13505 Berlin, Tel.: (030) 4317836 – (D) Freie Universität Berlin, Institut für Geographische Wissenschaften, Malteserstr. 74-100. Haus H, D-12249 Berlin, e-mail: carcan.gis@berlin.snafu.de

DREHWALD, Hans Rudolf (26-4-1928, Köln) Dr. phil., StDir. i.R. – (Pr) Hardtstr. 20, D-50939 Köln, Tel.: (0221) 425214.

DRESCHER, Axel Wolfram (26-03-1955, Freiburg/Br.) Dr. rer. nat., Priv.-Doz., APT - Angewandte Physische Geographie der Tropen und Subtropen – (Pr) Stühlingerstr. 18, D-79106 Freiburg, Tel./Fax: (0761) 37256 – (D) Hebelstr. 27, D-79106 Freiburg i.Br.

DREXLER, Otto (14-5-1937, München) Dipl.-Geogr., Dr. rer. nat., Außenstelle des Bayerischen Geologischen Landesamtes. – (Pr) Lilienstr. 14, D-95488 Eckersdorf, Tel.: (0921) 390 84 – (D) Concordiastr. 28, D-96049 Bamberg, Tel.: (0951) 955-270, voraussichtlich ab Sept. 1999 in D-95615 Marktredwitz.

DRIESCHER, Eva (11.11.1934, Berlin) Dr. sc. nat., Institut für Gewässerökologie u. Binnenfischerei. – (Pr) Salvador-Allende-Str. 67, D-12559 Berlin. – (D) Müggelseedamm 260, D-12562 Berlin.

DRÜEKE, Meinolf (25-6-1962, Attendorn/Westf.) Dr. rer. nat., Dipl.-Geogr., Referatsleiter Luftreinhaltung, Sächsisches Landesamt für Umwelt und Geologie. – (Pr) Hermann-Tögel-Weg 1, D-01108 Dresden, Tel./Fax.: (0351) 8499300. – (D) Sächsiches Landesamt für Umwelt und Geologie, Referat 41,Postfach 800100, D-01101 Dresden Tel.: (0351) 8312-613, Fax: 8312-652.

DRÜEKE, Rebekka (23-1-1964, Neunkirchen/Saar) Dipl.-Geogr., Universität Trier, FB VI, Geographie/Geowissenschaften, Fach Fernerkundung. – (Pr) Virchowstr. 21, D-01129 Dresden. – (D) Universitätsring 15, Zi. H 845, Tel.: (0651) 201-4606.

DRÜEKE, Norbert (12-1-1943, Düsseldorf) StD, Fachleiter für EK am S II Seminar MG. – (Pr) Bozenerst. 13, D-79111 Freiburg i. Br. – (D) Math.Nat. Gymnasium, Rheydter Str. 65, D-41065 Mönchengladbach.

DUCKWITZ, Gert (8-10-1940, Remscheid) Dr. rer. nat., Akad. Dir. am Geogr. Inst. d. Ruhr-Univ. – (Pr) Markerbenhöhe 14, D-58453 Witten – (D) Universitätsstr. 150, D-44801 Bochum, Tel.: (0234) 7003378.

DUDA, Seweryn J. (20-4-1933, Königshütte O/S) Univ.-Prof., Dr. phil., Univeristät Hamburg, Institut für Geophysik. (Pr) Mozartstr. 19, D-31157 Sarstedt, Tel.: (05066) 2780, Fax: (05066) 2780. – (D) Bundesstraße 55, D-20146 Hamburg, Tel.: (040) 4123-2973, Fax: 4123-5441, e-mail: duda@dkrz.de.

DUENSING, Georg (21-12-1933, Hannover) Dr., Direktor und Professor, Deutscher Wetterdienst, Leiter Geschäftsfeld Seeschifffahrt. – (Pr) Höpenweg 13, D-21217 Seevetal. – (D) Bernhard-Nocht-Str. 76, D-20359 Hamburg.

DÜRR, Heiner (29-2-1940, Hamburg) Dr. rer. nat., Dr. phil. habil. Prof. am Geogr. Inst. d. Ruhr-Universität Bochum. – (Pr) Hevener Str. 49, D-44797 Bochum, Tel.: (0234) 797479, Fax: 797411. – (D) Geogr. Inst. Ruhr-Universität Bochum, Universitätsstr. 150/NA 7–164, D–44801 Bochum, Tel.: (0234) 700-3433, Fax: 7094-484, e-mail: Heiner.Duerr@ruhr-uni-bochum.de.

DÜSTERLOH, Diethelm (29-4-1933, Sprockhövel/Westf.) Prof. Dr. phil., Prof. em. a. d. Univ. – GHS – Paderborn, Fachgebiet Geographie und ihre Didaktik. – (Pr) Rudower St. 37, D-33619 Bielefeld, Tel.: (0521) 101470. – (D) Warburger Str. 100, D-33098 Paderborn, Gebäude N-4, Tel.: (05251) 6023-83, -84.

DUTTMANN, Rainer – (D) Geographisches Institut der Universität, Schneiderberg 50, 30167 Hannover.

E

EBELING, Dietrich (18-11-1950, Bonn) Prof. Dr., Hochschullehrer, Professor für Wirtschafts- u. Sozialgeschichte der Neuzeit, Universität Trier, FB III. – (Pr) Hohenzollernstr. 22, D-53173 Bonn. – (D) Kohlenstrasse, D-54296 Trier (PA): D-54286 Trier.

EBERLE, Dieter (22-3-1944, Esslingen/Nekkar) Dr. rer. hort., Prof. f. Angewandte Geographie, Geograph. Institut, Universität Tübingen. – (Pr) Haldenstr. 12, D-72124 Pliezhausen. – (D) Hölderlinstr. 12, D-72074 Tübingen, Tel.: (07071) 2975317, Fax: 295318, e-mail: dieter.eberle@uni-tuebingen.de

EBERLE, Ingo (22-1-1948, Konstanz) Prof. Dr. phil., Prof. im Fachbereich VI, Geographie/Geowissenschaften der Universität Trier, Fach Wirtschafts- und Sozialgeographie. – (Pr) Anton-Caspary-Str. 21, D- 54295 Trier, Tel.: (0651) 32186. – (D) Universität, D-54286 Trier, Tel.: (0651) 2014583, Fax: 2013814, e-mail: eberle@uni-trier.de.

EBERLE, Joachim (12-09-1962, Stuttgart) Dr. rer. nat., Akad. Rat, Institut für Geographie der Universität Stuttgart – (D) Institut für Geographie d. Universität Stuttgart, Azenbergstr.12, D-70174 Stuttgart, Tel.: (0711) 121-1474, Fax: 121-1472, e-mail: joachim.eberle@geographie.uni-stuttgart.de.

ECK, Helmut (10-10-1946, Stuttgart) Dr., Dipl.-Päd., AOR a. Geogr. Inst. d. Univ. Tübingen. – (Pr) Panoramastr. 31, D-72119 Ammerbuch, Tel.: (07073) 6383 – (D) Hölderlinstr. 12, D-72074 Tübingen, Tel.: (07071) 297-2396.

ECKART, Karl (16-2-1939, Brakelsiek) Dr., Prof. a.d. Gerhard Mercator-Universität-GHS Duisburg,Geschäftsführender Direktor des Instituts für Geographie. Vorsitzender der Gesellschaft für Deutschlandforschung und Leiter der Fachgruppe Geographie und Raumplanung in der Gesellschaft für Deutschlandforschung und Leiter der Zweigstelle für Deutschlandforschung in Duisburg – (Pr) Horster Str. 51, D-46236 Bottrop, Tel.: (02041) 61716, Fax: 24016. – (D) Lotharstr. 1, D-47057 Duisburg, Tel.: (0203) 379-2244, -22 50.

EDER, Paul (26-12-1950, Gasselsdorf/St. Martin i.S.) Mag. et Dr. phil., Ass.-Prof. am Inst. f. Geogr. d. Univ. Graz. – (Pr) Grünau 7, A-8522 Groß St. Florian, Tel.: (03464) 2394 – (D) Heinrichstraße 36, A-8010 Graz, Tel.: (0316) 380-5144.

EGGELING, Volker Th. (20-05-1942, Berlin) Akad. Dir., Fachvertreter Geographie am Oberstufen-Kolleg des Landes Nordrhein-Westfalen an der Universität Bielefeld – (D) Postfach 100 131, D-33501 Bielefeld, Tel: (0521) 106-2855, Fax: 106-2967

EGGELING, Willi Johannes (28-3-1948, Gelsenkirchen) Dr. rer. nat., Apl. Prof. – (Pr) Kellermannsweg 28, D-44795 Bochum, Tel./Fax: (0234) 471922 – (D) FB1, Gaußstr. 20, D-42119 Wuppertal.

EGGERS, Günther (12-10-1963, Freiburg/Br.) M.A., Lehrbeauftragter am Institut für Kulturgeographie der Univ. Freiburg – (Pr) Kartäuserstr. 114, D-79104 Freiburg – (D) Werderring 4, D-79085 Freiburg, Tel.: (0761) 203-3570, Fax: 203-3575.

EGGERS, Heinz (15-4-1918, Colmar/Elsaß) Dr. phil., em. Prof., Geogr. Inst. d. Univ. Mainz. – (Pr) Weidmannstr. 22, D-55131 Mainz, Tel.: (06131) 82552.

EGGERT, Erwin (27-9-1907) Dr. rer. nat., OStR. i.R. – (Pr) Haberkamp 9, D-22399 Hamburg, Tel.: (040) 6023716.

EGLI, Hans-Rudolf (27-11-1946) Dr. phil.nat., Prov.-Doz. am Geogr. Inst. d. Univ. Bern.

– (Pr) Feld 34, CH-3045 Meikirch, Tel.: (031) 8292313 – (D) Geogr. Inst., Hallerstr. 12, CH-3012 Bern, Tel.: (031) 631-8866, Fax: 631-8511, e-mail:egli@giu b.unibe.ch

EHLERS, Eckart (1-3-1938, Duisburg) Dr. phil., Prof. u. Direktor des Instituts für Wirtschaftsgeographie Univ. Bonn, Secretary General and Treasurer der International Geographical Union (IGU), Chairman Scientific Committee „International Human Dimensions Program" (IHDP); Vorsitzender des Nationalen Komitees für Global Change Forschung, Mithrsg. d. , „Erdkunde". , Bulletin (IGU) Geogr. Taschenbuch, Mithrsg. Bonner Geogr. Abhandlungen, Colloquium Geographicum, sowie „Annales der Geographie" (correspondant) und „Geografisk Tidsskrift" (Dänemark), – (Pr) Hohenzollernstr. 15, D-53173 Bonn . – (D) Geogr. Institute der Universität, Meckenheimer Allee 166, D-53115 Bonn 1, Tel.: (0228) 737-232.

EHLERS, Jürgen (2-5-1948, Hamburg) Dr. rer. nat. habil., Wiss. Oberrat, Geologisches Landesamt. – (Pr) Hellberg 2a, D-21514 Witzeeze. – (D) Billstr. 84, 20539 Hamburg, Tel.: (040) 7880-2641, Fax: 7880-2662.

EHLERS, Manfred (01-03-1948, Horneburg) Prof. Dr.-Ing.habil., Prof. f. Geographische Informationssysteme (GIS) und Fernerkundung im Fach Umweltwissenschaften an der Hochschule Vechta. Direktor des Instituts für Umweltwissenschaften (IUW), Leiter der Abteilung GIS/ Fernerkundung des Instituts für Strukturforschung und Planung in agrarischen Intensivgebieten (ISPA). Herausgeber der Reihen „Materialien Umweltwissenschaften Vechta" (MUWV) und der „Vechtaer Studien zur Angewandten Geographie und Regionalwissenschaft" (VSAG). – (Pr) Tannenweg 17, D-49377 Vechta, Tel.: (04441) 84864 – (D)Universitätsstr. 5, D-49377 Vechta (Postfach 1553, D-49364 Vechta), Tel.: (04441) 15423, Fax: 15445, Internet: http: www.iuw.uni.vechta.de, e-mail: mehlers@ispa.uni-vechta.de

EHRET, Wolfgang, StD, Fachberater Wehlauer Str. 109, D–76139 Karlsruhe

EHRET, Andreas (20-12-1967, Freiburg) – (Pr) Habichtweg 2, D-79110 Freiburg.

EIBERWEISER, Martin (02-11-1962, Deggendorf) Dipl.-Geogr., Umweltstation für den Landkreis Deggendorf – (Pr) Theodor-Eckert-Str. 2b, D-94469 Deggendorf – (D) Umweltstation für den Lankreis Deggendorf, D-94469 Deggendorf, Tel.: (0991) 22066.

EICH-BORN, Marion (24-04-1955, Bonn) Dr. rer. nat., Vertretung des Lehrstuhls Raumordnung und Landeskunde am Institut für Geographie der Universität Greifswald – (Pr) Am Aubach 13, D-19069 Pingelshagen, Tel.: (0385) 5811288 – (D) Ludwig-Jahn-Str. 16, D-17489 Greifswald, Tel.: (03834) 864531 e-mail: eichborn@gryps1.rz.uni-greifswald.de.

EICHENAUER, Hartmut (16-1-1939, Bochum) Dr. phil., AOR, wiss. Mitarb. a. d. Universität – Gesamthochschule Siegen, Fachbereich 1 – Geographie. – (Pr) Buchenhain 18, D-57271 Hilchenbach, Tel.: (02733) 3143 – (D) Sohlbacher Str. 20, D-57078 Siegen, Tel.: (0271) 740-3913, -3914, Fax: 740-3924, e-mail: eichenauer@fb1.uni-siegen.de.

EICHENBERGER, Ulrich (6-7-1937) Dr. phil., Sekretariat Baudepartement. – (Pr) Lindenstr. 52, CH-9000 St. Gallen – (D) Lämmlisbrunnenstr. 54, CH-9001 St. Gallen.

EICHER, Harald (7-12-1947, Zeltweg/ Stmk.) Prof., Dr. phil., Leiter der Abt. f. Geomorphologie am Inst. f. Geogr. d. Univ. Graz. – (Pr) Steyrerg. 25/A/60, A-8010 Graz, Tel.: (0316) 780604 – (D) Heinrichstr. 36, A-8010 Graz, Tel.: (0316) 380-5139.

EICHLER, Horst (18-7-1937) Dr. rer.nat., M.A., Akad.Direktor am Geogr. Inst. d. Univ. Heidelberg. – (Pr) Dantestr. 4, D-69115 Heidelberg, Tel.: (06221) 160197, Fax: 23548 – (D) Im Neuenheimer Feld 348, D-69120 Heidelberg, Tel.: (06221) 544-584, Fax: 544-996.

EIGLER, Friedrich (22-7-1940, Falkenau/ Eger) Dr. phil. Dr. rer. nat. habil., Privatdozent a.d. Kath. Univ.Eichstätt, StD am Werner-v.-Siemens-Gymnasium Weißenburg. – (Pr) Gerhart-Hauptmann-Str. 4a, D-91781 Weißenburg, Te.: (09141) 70928, e-mail: F.Eigler@wugnet.baynet.de – (D) Ostenstr. 18, D-85071 Eichstätt, Tel.: (08421)931-378, Fax: 931-787, e-mail:Friedrich.Eigler@ku-eichstaett.de.

EIMERN, Josef van (16-3-1921, Till b. Kleve) Prof. Dr. rer.nat., Inst. für Bioklimatologie, Forstl. Fak. d. Univ. Göttingen. – (Pr) Gartenstr. 23, D-85354 Freising, Tel.: (08161) 12127.

EISEL, Ulrich (13-9-1941, Wiesbaden) Dr. phil., Dipl.-Geogr. Prof. f. d. Fachgebiet „Sozialwissenschaftliche Humanökologie". – (Pr) Hewaldstr. 7, D-10825 Berlin, Tel.: (030) 781 1251 – (D) Franklinstr. 28/29, Techn. Universität Berlin, FB 7, Umwelt und Gesellschaft, D-10587 Berlin, Tel.: (030) 314–73326.

EISENHARDT, Thilo (25-4-1938, Bingen) Dr. rer. nat., M.A., Dipl.-Psych., Univ.-Prof. Univ.-GHS-Siegen, Fachbereich 2. – (Pr) Im Herzenacker 46, D-55435 Gau-Algesheim, Tel.: (06725) 3155 – (D) Hölderlinstr. 3, D-57076 Siegen, Tel.: (0271) 740-3237.

EISLEB, Joachim (27-11-1952, Hildesheim) Dr. phil., Akademischer Rat im Institut für Strukturforschung und Planung in agrarischen Intensivgebieten (ISPA) im Fach Geographie d. Hochschule Vechta. – (Pr) Mozartstr. 14, D-49377 Vechta, Tel.: (04441) 2871 – (D) Driverstraße 22, D-49377 Vechta, Postfach 1553, D-49364 Vechta, Tel.: (04441) 15-349, Fax: 15-445, e-mail: jeisleb@ispa.UNI-VECHTA. de.

EISMANN, Reiner (4-8-1953, Berlin) Dipl.-Geogr., Wirtschaftsförderer und Stadtplaner, Stadt Mülheim an der Ruhr, Leiter des Amtes für Wirtschafts- und Beschäftigungsförderung – (Pr) Vinckestr. 12, D-44869 Bochum, Tel.: (02327) 75256. – (D) Schloßstr. 5-7, D-45468 Mülheim an der Ruhr, Tel.: (0208) 455-8001, Fax: 455-8099.

EITEL, Bernhard, Univ.-Prof., Dr. rer. nat. – (D) Universität Passau / Physische Geographie, Schustergasse 21, D-94032 Passau, Tel.: (0851) 509-2738, Fax: 509-2732 , e-mail: eitelØ1@fsuni.rz.uni-passau.de.

ELGERT, Alexandra (13-05-1964, Frankfurt/ Main) Dipl.-Geogr. am Geogr. Inst. der Humboldt-Universität zu Berlin – (Pr) Fechnerstr. 7, D-10717 Berlin, Tel.: (030) 8736050 – (D) Chausseestr. 86 (Postanschrift: Unter den Linden 6), D-10099 Berlin, Tel.: (030) 3087-5655/613, Fax: 3087-5653.

ELLENBERG, Ludwig (21-8-1946, Stolzenau) Prof. Dr. phil.habil. – (Pr) Luitpoldstr. 42, D-10781 Berlin, Tel.: (030) 2132172 – (D) Geographisches Institut der Humboldt Universität zu Berlin, Chausseestr. 86, D-10099 Berlin, Tel.: (030) 30875-645, -607, Fax: 30875-644.

ELLENBERG, Jürgen (30-03-1936, Klötze) Dr. rer. nat. habil., Hochschuldozent, Institut für Geowissenschaften, Friedrich-Schiller-Universität Jena. – (Pr) Gottfried-Keller-Weg 5, D-07751 Jena-Wogau. – (D) Burgweg 11, D-07749 Jena, Tel.: (03641) 9486-23, Fax: 9486-22, e-mail: elle@geo.uni-jena.de

ELLERBROCK, Holger (15-2-1948, Duisburg) Dipl.-Geogr., Ministerialrat im Ministerium für Umwelt, Raumordnung und Landwirtschaft NRW,Leiter des Referates VIAZ:, Lagerstättensicherung - ohne Stein- und Braunkohle - Wasser, Abfall, flächenintensive Großvorhaben, Verkehr Planungskartographie. – (Pr) Trarbacher Str. 28, D-47259 Duisburg-Huckingen, Tel.: (0203) 781461 – (D) Ministerium für Umwelt, Raumordnung und Landwirtschaft NRW, Schwannstr. 3, D-40476 Düsseldorf, Tel.: (0211) 4566-605.

ELLGER, Christof (23-7-1956, Stuttgart) Dr. phil., Wiss. Assistent am Inst. f. Geographische Wissenschaften der FU Berlin. – (Pr) Delbrückstraße 35, D-12051 Berlin, Tel.: (030) 6269495. – (D) Malteserstr. 74-100, D-12249 Berlin, Tel.: (030)779-2226.

ELSASSER, Hans (11-9-1943, Aarau/ Schweiz) Prof. Dr. phil., Prof. am Geogr. Inst. d. Univ. Zürich. Redaktor der Geographica Helvetica. - (Pr) Hintere Bergstr. 40, CH-8942 Oberrieden/ZH – (D) Winterthurerstr. 190, CH-8057 Zürich, Tel.: (01) 63551-80, -81, Fax: 635-6848, e-mail: elsasser@geo.unizh.ch.

ELSPASS, Peter J. J. (30-5-1958, Kerken/ Ndrh.) Dipl.-Geogr., Geschäftsführer, Mitglied des Vorstandes des Deutschen Verbandes für Angewandte Geographie e.V. (DVAG) sowie Sprecher des DVAG-Arbeitskreises Bauen-Wohnen-Immobilien – (Pr) August-Bebel-Str. 72, D-14482 Potsdam, Tel. (0331)741721 – (D) Inbo architekten/ingenieure gmbh, Alt Moabit 108a, D-10559 Berlin, Tel. (030) 39-11098, Fax: 39-94047

EMBLETON-HAMANN, Christine (18-2-1952, Linz) Univ.-Doz., Dr.rer.nat., Mag.phil., A.o. Prof. am Inst. f. Geogr. d. Univ. Wien. – (Pr) Jurekg. 1/1/18, A-1150 Wien, Tel.: (01) 8932575 – (D) Universitätsstr. 7/V, A-1010 Wien, Tel.: (01) 4277-48652, Fax: 4277-9486, e-mail: christine.embleton-hamann@univie.ac.at.

EMMERLING, Christoph (19-09-1959, Zemmer) Dr. rer. nat., Wiss. Mitarbeiter, Univ. Trier – Abteilung Bodenkunde. – (Pr) Naurather Str. 10, D-54313 Zemmer. – (D) Universität Trier, Abt. Bodenkunde, D-54286 Trier.

EMMERMANN, Rolf (12-01-1940, Wolfenbüttel) Prof. Dr. rer. nat., Vorstandsvorsitzender und wissenschaftlicher Vorstand, GeoForschunszentrum Potsdam. – (D) Telegrafenberg, D-14473 Potsdam

ENDLICHER, Wilfried (18-9-1947, Heidenheim) Prof. Dr. rer. nat. habil., Hochschullehrer der Humboldt-Universität zu Berlin. – (Pr) Wörther Str. 31, D-10405 Berlin, Tel.: (030) 44050104. – (D) Chausseestr. 86, Unten den Linden 6, D-10099 Berlin, Tel.: (030) 30875-608, Sekr.: -606, Fax: 30875-644, e-mail: wilfried=endlicher@rz.hu-berlin.de

ENGEL, Joachim (27-12-1917, Breslau) Dr. phil., Prof. em., Geographie u. ihre Didaktik, FB Erziehungswissenschaften I d. Univ. Hannover. – (Pr) – (D) Bismarckstr. 2, D-30173 Hannover.

ENGEL, Jürg J. (13-12-1954, Bern) lic.phil.nat., Geoinformatiker – (Pr) Pappelweg 29, CH-3013 Bern, Tel.: (031) 3326438. – (D) METEOTEST, Büro für angewandte Klimatologie, Fabrikstr.14, CH-3012 Bern, Tel.: (031) 3072626.

ENGELHARD, Karl (4-5-1926, Volkhardinghausen/Waldeck) Prof. Dr. rer. nat., Prof. (em.) am Inst. f. Didaktik der Geographie im FB 19 der Westfälischen Wilhelms-Universität. – (Pr) Görlitzer Str. 44, D-48157 Münster, Tel.: (0251) 24480 – (D) Robert Koch-Str. 26, D-48149 Münster, Tel.: (0251) 839353.

ENGELHARDT, Wolf (24-1-1936, Nürnberg) Prof. Dr. an der Universität Lüneburg. – (Pr) Wilschenbrucher Weg 29, D-21335 Lüneburg, Tel.: (04131) 40 32 98. – (D) Wilschenbrucher Weg 29, D-21335 Lüneburg, Tel.: (04131) 714 180.

ENGELMANN, Hans Dieter (15-6-1944, Hövelhof) StD., Fachl. am Staatl. Bezirksseminar. – (Pr) Passmannweg 21, D-44149 Dortmund, Tel.: (0231) 9652248 – (D) Bahnhofstr. 7, D-58095 Hagen, Tel.: (02331) 28046.

ENGELSCHALK, Willi (14-11-1937, München) Dr. phil., StD.i.R. – (Pr) Zum Grund 3, D-87600 Kaufbeuren, Tel.: (08341) 4548

ENGLER, Thomas (28-02-1968, Bernburg) Dipl.-Geogr., Inst. f. Geographie der Universität Halle – (Pr) Isselweg 64, D-06217 Merseburg. – (D) Domstraße 5, D-06108 Halle / Saale.

ERASMUS, Wilhelm (17-8-24, Niederröblingen) Dr. rer. nat., StDir. i.R. – (Pr) Karl-Jaspers-Str. 4, D–26655 Westerstede, Tel.: (04488) 3379. = Ld-kde, NW–Dtschl. =

ERB, Wolf-Dieter (29-9-1953, Wangen/Allg.) Dr. rer. nat., Dipl.-Geogr., wiss. Angest. am Geographischen Inst. der Univ. Gießen. – (Pr) Am Festplatz 20, D-35440 Linden (Hess.). – (D) Senckenbergstr. 1, D-35390 Gießen, Tel.: (0641) 9936-254, Fax: 9936-219.

ERBER, Klaus. Dipl.-Geogr. – (Pr) Bergblick 3, D-35043 Marburg-Schröck. – (D) GEOplan - Erber, Nass, Deutschhausstr. 36, D-35037 Marburg, Tel.: (06421) 9810-0, Fax: 9810-3, e-mail: geoplan-marburg@t-online.de.

ERDELEN, Walter (7-8-1951, Ansbach) Dr. rer. nat., Prof. für Biogeographie und Ökologie – (Pr) Jl. Pagerganung No. 8, Bandung 40132, Indonesien.

ERDIN, Christoph (16-6-1955, Wetzikon), Dipl.phil.II, Umweltplaner. – (Pr) Florastr. 37, CH–8620 Wetzikon, Tel.: (01) 9324444. – (D) E. Basler + Partner AG, Zollikerstr. 65, CH–8702 Zollikon, Tel.: (01) 395-1111, Fax: 395-1234, e-mail: che@ebp.ch

ERDMANN, Claudia (5-1-1944, Sondershausen) Prof. Dr. rer. nat. am Geogr. Inst. d. Techn. Hochsch. Aachen. – (Pr) An Speenbruch 4, D-52134 Herzogenrath, Tel.: (02407) 8444 – (D) Templergraben 55, D-52062 Aachen, Tel.: (0241) 80-6053.

ERDMANN, Karl-Heinz (8-4-1956, Bonn), Dr. rer. nat., wiss. Angestellter des Bundesamtes für Naturschutz (BFN). – Lehrbeauftragter der Geographischen Institute der Universität Bonn. Vorsitzender der Gesellschaft für Mensch und Umwelt (GMU), Mitglied des Kuratoriums für das Biosphärenreservat Spreewald; Mitglied des Beirates „Qualitatives Wachstum als Voraussetzung nachhaltiger Entwicklung in Baden-Württemberg“ der Akademie für Technikfolgenabschätzung in Baden-Württemberg, Stuttgart, Sprecher des „AK Geographie und Naturschutz“ innerhalb der DGfG. – (Pr) Weimarer Straße 19, D-53125 Bonn, – (D) Konstantinstr. 110, D–53179 Bonn, Tel.: (0228) 84911-91, Fax: 84911-08.

ERGENZINGER, Peter Jürgen (16-3-1937) Dipl.-Geogr., Dr. rer.nat., Prof. am Inst. f. Geogr. Wiss. B.E.R.G., FU Berlin. – (Pr) Geitner Weg 36 A, D-12209 Berlin, Tel.: (030) 7723253, Fax: 77391758 – (D) Malteserstr. 74-100, Haus H, D-12249 Berlin, Tel.: (030) 7792253/4, Fax: 76706439/450, e-mail: perg@geog.fu-berlin.de.

ERHARD, Andreas, A Univ.Prof., Mag. Dr., Institut für Geographie der Universität Innsbruck, Co-Schriftleiter der Zeitschrift GW-Unterricht. – (D) Innrain 52, A-6020 Innsbruck, Tel.: (0512) 507-5412, Fax: 507-2895, e-mail: ANDREAS.ERHARD @uibk.ac.at

ERNST, Thomas (26-9-1945, Lübeck) Dr. rer. nat., RR, Leiter der Bernt-Notke-RS Lübeck. – (Pr) Vermehrenring 11f, D-23566 Lübeck, Tel.: (0451) 622224. – (D) Marquardplatz 7, D-23554 Lübeck, Tel.: (0451) 1228438.

ERNSTE, Huib (23-8-1957, Doorn/Niederlande), Dr.Leiter der Lehrstuhlgruppe für Humangeographie –(Pr) Haver 17, NL-6581 RB Malden/NL, Tel.24-3587764 – (D) Gruppe für Humangeographie Fakultät für Politikwissenschaften, Universtät Nijmegen, Thomas van Aguirostraat 3, NL-6500 HK Nijmegen, Tel: 24-3611582, Fax: 24-3611841, e-mail:h.ernste @bw.kun.nl

ERTL, Roman (17-1-1961, Gossam) Mag. rer. nat. – (Pr) Gossam 78, A-3644 Emmersdorf – (D) Arbeitsgemeinschaft Kartographie, Hummelburgstr. 3, A-3151 St. Georgen am Steinfelde.

ERZNER, Frank (25-05-1959, Dortmund) Dr. phil., Redakteur für Geographie – (Pr) Hohmannstr. 10, D-14199 Berlin, Tel.: (030) 8970188 – (D) Cornelsen Verlag GmbH & Co., Mecklenburgische Str. 53, D-14197 Berlin, Tel.: (030) 89785-0

ESCHER, Anton (16.09.1955) Dr., Prof. am Geographischen Institut der Johannes-Gutenberg-Universität Mainz. – (Pr) Am Stumpf 13. D-55127 Mainz, Tel.: (06131) 473254 (D) Becherweg 21, D-55099 Mainz, Tel.: (06131) 395654.

ESCHER, Felix (8-3-1945, Berlin) Dr. phil., Mitglied der Historischen Kommission zu Berlin, Mitarbeiter am „Jahrbuch für die Geschichte Mittel- und Ostdeutschlands". Erster Vorsitzender der „Landesgeschichtlichen Vereinigung für die Mark Brandenburg e.V.". – (Pr) Brahmsstr. 35, D-12203 Berlin, Tel.: (030) 834-3884.

ESCHER-VETTER, Heidi (01-03-1949, München) Dr. rer. nat., Dipl.-Met., Wiss. Angest. d. Komm. f. Glaziologie,d. Bayer. Akad. d. Wissenschaften – (D) Marstallplatz 8, D-80539 München, Tel.: (089) 23031-195, Fax: 23031-100, e-mail: Heidi.Escher@lrz.badw-muenchen.de

ESSER, Reinhold (18-4-1936) M.A., Fachleiter a.D. für Erdkunde am Studienseminar. Lehrbeauftragter am Geogr. Institut der Universität in Koblenz, Schriftleiter d. „Koblenzer Geogr. Kolloq.". – (Pr) Auf der Schützenhöhe 7, D-56170 Bendorf – (D) Geogr. Institut der Universität, Rheinau 1, D–56075 Koblenz.

EVERS, Christa, Akad. Rätin u. Lektorin a. D. – (Pr) Schwendenerstr. 38, D-14195 Berlin, Tel.: (030) 8311067.

EVERS, Hans-Dieter (19-12-1935, Dröbischau) Prof. Dr., o. Prof..f. Entwicklungsplanung u. Entwicklungspolitik a. d. Univ. Bielefeld, 1992-94 Gastprofessor, Sozialwissenschaftl. Fakultät d. Gadjah Mada Univ., Indonesien, 1995-96 Gastprofessor, National University of Malaysia, Ber. Hrsg.: „Journal of Southeast Asian Studies", „Intern. Asienforum", SOJOURN. Hrsg. „Bielefelder Studien zur Entwicklungssoziologie". Mitglied Wiss. Beirat für SO Asien der Deutschen Gesellschaft für Asienkunde. – (P) Auf der Ley 4, D-53177 Bonn, Tel. (0228) 3868-760, Fax. 3868-758, e-mail: hdevers@t-online.de – (D) Universität Bielefeld, D-33615 Bielefeld, Tel.: (0521) 106-4650, Fax: 106-2980, 102525, e-mail: hdevers@post.uni-bielefeld.de.

EVERS, Klaus, Dr. rer.nat. – (Pr) Schwendenerstr. 38, D-14195 Berlin, Tel.: (030) 8311067. – (D) Refl.Wirtschaftsbereiche Statistisches Landesamt, Alt-Friedrichsfelde 60, D-10315 Berlin, Tel.: (030) 90213842.

EWALD, Ursula (29-7-1938) Prof. Dr. phil. habil., Geogr. Inst. d. Univ. Heidelberg. – (Pr) Hirschbergerstr. 6, D-69198 Schriesheim, Tel.: (06203) 63906 – (D) Geogr. Inst. d. Univ., D-69120 Heidelberg, Tel.: (06221) 54-4586, Fax: 54-4996.

EY, Johannes (9-12-1954, Freiburg/Brsg.) Dr. , Dipl.-Geogr., wiss. Rat am Niedersächs. Institut für historische Küstenforschung. – (Pr) Pütthauserstr. 50, D-26389 Wilhelmshaven, Tel.: (04421) 84407 – (D) Viktoriastr. 26/28, D-26382 Wilhelmshaven (Postfach 2062, D-26360 Wilhelmshaven), Tel.: (04421) 9151-52, Fax: 9151-10.

F

FABER, Thomas F., Dipl.-Geogr. – (Pr) Jagdweg 27, D-53115 Bonn, Tel.: (0228) 220822 – (D) Technologie Transfer- und InnovationsZentrum Region Bonn [ttib], Friedensplatz 16, D-5311 Bonn (Postfach 7665, D-53076 Bonn), Tel: (0228) 76617-51, Fax: 76617-78, e-mail: tofa@ttib.de.

FABIAN, Peter (11-10.1937) Prof. Dr. rer. nat., Dr. h.c., o.Univ.-Prof. f. Bioklimatologie u. Immissionsforschung an der Univ. München. – (Pr) Waldvögeleinstr. 3, D-80995 München, Tel.: (089) 1507639 – (D) Am Hochanger 13, D-85354 Freising, Tel.: (08161) 714-740, Fax: 714-753.

FAHN, Hans Jürgen (9-7-1952, Aschaffenburg) Dr. – (Pr) Justin-Kirchgäßner Str. 11, D-63906 Erlenbach, Tel.: (09372) 6985 – (D) Schulzentrum D-63906 Erlenbach, Tel.: (09372) 5450, Fax: 71254

FALLOT, Jean-Michel (14-5-1958, Biel/Bienne) Dr. en sciences naturelles (géographie), collaborateur scientifique. – (Pr) Rue du Bugnon, CH-1020 Renens, Tel.: (011) 6351827. – (D) Zace Services S.A., Route cantonale 116 bis, CH - 1025 St. Sulpice, Tel. (021) 691-4065, Fax: 691-5601.

FANDER, Michael (05-02-1962) Dipl.-Geogr., Bezirksbeauftragter – (D) Geoservice-Büro, Geowissenschaften, Fernerkundung, Geomarketing, Adelbergstr. 6, D-88138 Sigmarszell,

FANKHAUSER, Urs, Dipl.Geograph, Grafikverantwortlicher. – (Pr) – (D) Bundesamt für Statistik, Espace de l'Europe 10, CH-2010 Neuchâtel, Tel.: (032) 713-6051, Fax: 713-6012, e-mail: urs.fankhauser @bfs.admin.ch

FAR-HOLLENDER, Ursula, Ref. f. Geogr. i. d. Deutschen Forschungsgemeinschaft. – (Pr) Marienforster Str. 10, D-53177 Bonn – (D) Dienstgebäude: Kennedyallee 40, D-53175 Bonn, Tel.: (0228) 885-(1), - 2451, Fax: 885-2777.

FARWICK, Andreas (24-4-1962, Wuppertal) Dipl.-Geogr., wiss. Mitarb. am Studiengang Geographie, Universität Bremen – (Pr) Mindener Str. 38, D-28205 Bremen – (D) FB 8, Postfach 330440, D-28334 Bremen, Tel.: (0421) 218-9367, e-mail: afarwick@uni-bremen.de

FASCHING, Gerhard L. (22-04-1940,Wien) Dr., Brigadier i.R., Vorsitzender des Österreichischen Verbandes für Angewandte Geographie (ÖVAG) – (Pr) Krottenbachstr. 189, A-1190 Wien, Tel./Fax: (01) 4701522 – (D) SONK/SIR Alpenstr. 47, Pf. 2, A-5033 Salzburg, Tel./Fax: (0662) 439956.

FASSMANN, Heinz (13-8-1955, Düsseldorf) o. Univ.-Prof. Dr. phil., Institut für angewandte Geographie (Geoinformatik) der Technischen Universität München – (Pr) Rottmannstr. 3, D - 80333 München — Sebastian-Kneipp-Gasse 52 A-2380 Perchtoldsdorf – (D) Arcisstr. 21, D-80290 München, Tel.: (089) 289-22809.

FAUPL, Peter (13-02-1943, Bad Vöslau, Niederösterreich) Dr. phil., o. Univ.-Prof. f. Geologie, Institut für Geologie, Universität Wien. – (D) Althanstr. 14, A-1090 Wien, Tel.: (01)31336-1970, e-mail: peter.faupl@univie.ac.at

FAUST, Berno (23-11-1942, Wels) Dr. nat., AOR am Inst. für Geogr. und Geoökologie d. TUBS. – (Pr) Donnerburgweg 42, D-38106 Braunschweig, Tel.: (0531) 303287 – (D) TU Braunschweig, Langer Kamp 19c, D-38106 Braunschweig, Tel.: (0531) 391-5609.

FAUST, Dominik (10–6–1954) Dr. rer. nat., Dr. habil., Dipl.-Geogr., Wiss. Ass. am Lehrstuhl Physische Geographie der Kath. Universität Eichstätt. – (Pr) Benedicta von Spiegel Str. 3, D-85072 Eichstätt, Tel. (08421) 905854. – (D) Ostenstr. 18, D–85072 Eichstätt, Tel.: (08421) 931-391.

FAUTZ, Bruno (9-4-1933, Schiltach) Dr. rer. nat., em.o. Prof. f. Geographie am Geogr. Inst. d. Univ. zu Köln. – (Pr) Hausakker 31, D-51503 Rösrath, Tel.: (02205) 82659.

FEHN, Klaus (14-3-1936, München) Prof. Dr. phil., o. Prof. f. Hist. Geogr., Dir. d. Sem. f. Hist. Geogr. d. Univ. Bonn, Vors. d. Arbeitskreises f. genetische Siedlungsforschung in Mitteleuropa und Sprecher des Arbeitskreises „Kulturlandschaftspflege" der Deutschen Akademie für Landeskunde. Hrsg. der Zeitschr. „Siedlungsforschung, Archäologie - Geschichte - Geographie" und der Zeitschr. „Kulturlandschaft. Zeitschrift für Angewandte Historische Geographie". – (Pr) Fridtjof-Nansen-Str. 11, D-53127 Bonn, Tel.: (0228) 284224 – (D) Konviktstr. 11, D-53113 Bonn, Tel.: (0228) 73-5061, Fax: 73-7650, e-mail: k.fehn@uni-bonn.de.

FEHRE, Horst (30-12-1908, Dresden) Dr. rer. nat., Dir. d. Statistischen Amtes d. Stadt Bonn a.D. – (Pr) Mohrstr. 23, D-53121 Bonn, Tel.: (0228) 626325.

FEHRENBACH, Ute (11-03-1964, Kenzingen) Dipl.-Biol., Dept. Geogr. d. Univ. Basel - MCR Lab. – (Pr) Karlstr. 15, D-79618 Rheinfelden, Tel.: (07623) 62981 – (D) Spalenring 145, CH - 4055 Basel, Tel.: (061) 272-6480, Fax: 272-6923, e-mail: fehrenba@ubaclu.unibas.ch.

FEIGE, Wolfgang (19-11-1929, Porta Westfalica) Prof. em. Dr. phil., Prof. f. Geogr.u. ihre Didaktik am Inst. für Didaktik d. Geographie im FB 19 der Westfälischen Wilhelms-Universität. – (Pr) Schlesienstr. 36, D-48167 Münster, Tel.: (0251) 614114 – (D) Robert-Koch-Str. 26, D-48149 Münster, Tel./Fax: (0251) 8339-353, e-mail: wolffeige@aol.com

FEIGENWINTER, Christian (15-06-1959) Dipl.-Geogr. – (Pr) Mischelistr. 4, CH-

4153 Reinach, Tel.: (061) 711-2145 – (D) Geographisches Institut der Universität Basel, Spalenring145, CH-4055 Basel, Tel.: (061) 272-6480, Fax: 272-6923, e-mail: feigenwinter@ubaclu.unibas.ch.

FEJFAR, Herbert (19-4-1928, Peterswald) StDir. i.R., Seminarleiter f. Geogr. – (Pr) Josef-Schwarz-Weg 40, D-81479 München, Tel.: (089) 79 43 93.

FELBER, Hans Ulrich, Dr., Projektleiter Infraconsult AG. – (Pr) Pestalozziweg 3, CH-3047 Bremgarten .

FELDMANN, Ludger (06-12-1956, Duisburg) Dr. M.A., Wissenschaftlicher Assistent, Schriftleiter der Niedersächs. Akad. d. Geowissenschaften, Mitglied im erweiterten Vorstand (Beirat) der Deutschen Quartärvereinigung (DEVQUA) Technische Universität Clausthal, Institut für Geologie u. Paläontologie. – (Pr) Rosenberg 24, D-38640 Goslar, Tel.: (05321) 46422. – (D) Leibnizstr. 10, D-38678 Clausthal-Zellerfeld, Tel.: (05323) 72-2579, Fax: 72-2903, e-mail: feldmann @geologie.tu-clausthal.de.

FELDMANN, Hans-Uli (06-07-1947, CH-3280 Murten) Kartograph, Präsident der Schweizerischen Gesellschaft für Kartographie, Hrsg. der Fachzeitschrift „Cartographica Helvetica", – Bundesamt für Landestopographie. – (Pr) Untere Längmatt 9, CH-3280 Murten, Tel.: (031) 9632-327, Fax: 9632-459, e-mail: hans-uli.feldmann@lt.admin.ch – (D) CH-Wabern.

FELGENTREFF, Carsten (21-04-1962) Dr. rer. nat., M.A., wiss. Assistent, Institut für Geographie Universität Potsdam – (Pr) Maikäferpfad 10, D-14055 Berlin, Tel.: (030) 3019884 – (D) Postfach 601553, D-14415 Potsdam, Tel.: (0331) 977-2031, Fax: 977-2717, e-mail: felgentr@rz.uni-potsdam.de

FELIX-HENNINGSEN, Peter (4-4-1949, Flensburg) Prof. Dr. agr., – (Pr) Auf der Platt 1, D-35457 Lollar-Salzböden, Tel.: (06406) 4786. – (D) Institut für Bodenkunde und Bodenerhaltung, Wiesenstr. 3–5, D-35390 Gießen, Tel.: (0641) 9937-100, -101.

FELLER, Gerd (26-8-1936, Düsseldorf) OStDir., 1. Vors. d. LV's Bremen im Verband Deutscher Schulgeographen e.V. – (Pr) Franklinstr. 101, D-28357 Bremen, Tel.: (0421) 274990 – (D) Schulzentrum Huchting, Delfter Str. 16, D-28259 Bremen, Tel.: (0421) 361-16461, Fax: 361-16709.

FELSCH, Ernst-Otto (10-2-1943, Eckernförde) Dr. phil., StDir. – (Pr) Im Hofgarten 3, D-51647 Gummersbach, Tel.: (02261) 23 577 – (D) Städt. Gymnasium, Moltkestr. 41, D-51643 Gummersbach, Tel.: (02261) 23381.

FENDLER, Gudrun (13-11-1951, Bohsdorf), Lehrer im HS-Dienst – (Pr) Waldteichstr. 34, D-01468 Boxdorf – (D) Technische Universität Dresden, Institut für Geographie, Lehrstuhl Didaktitk der Geographie, Mommsenstr. 13, D-01062 Dresden, Tel.: (0351) 463-2181.

FENSTERSEIFER, Christel (14-2-1955, Oberhausen) Wiss. Mitarb. am Geogr. Inst. d. RWTH Aachen. – (D) Templergraben 55, D-52056 Aachen, Tel.: (0241) 80-6057.

FERGER-GERLACH, Imme Dr. rer. nat., Fachseminarleiterin für Erdkunde an Gymnasien, Hamburg. – (Pr) Roter Hahn 48, D-22159 Hamburg, Tel.: (040) 6443784. – (D) Dr. Imme Ferger-Gerlach, Roter Hahn 48, D–22159 Hamburg.

FETTKÖTER, Wolfgang (18-6-1946, Osterode am Harz) StDir.i.R., 1. Vors. d. LV Niedersachsen im Verbd. Dt. Schulgeographen – (Pr) Kurt-Schumacher-Weg 4, D-37075 Göttingen, Tel./Fax: (0551) 23929, e-mail: FettköterW-Goettingen@t-online.de

FEY, Manfred (2-12-1943, Bensberg) Dipl.-Geogr. Dr. rer. nat., AOR am Geogr. Inst. d. Univ. Düsseldorf. – (Pr) Am Ahorn 15, D-57439 Attendorn, Tel.: (02722) 7701 – (D) Universitätsstr. 1, D-40225 Düsseldorf, Tel.: (0211) 81-12049.

FEYK, Manfred (16-4-1955, Bad Hersfeld) Dipl.-Geogr., M. Sc. agr., Reg.Ang. am Geol. Landesamt Nordrhein-Westfalen, Abt. Bodenkunde – (Pr) Springstr. 29d, D-37077 Göttingen, Tel.: (0551) 300990 – (D) De-Greiff-Str. 195, D-47803 Krefeld, Tel.: (02151) 897-381, Fax: 897-505

FEZER, Fritz (2-10-1924, Stuttgart) Dr. rer. nat., Prof. – (Pr) Moselbrunnenweg 91, D-69118 Heidelberg, Tel.: (06221) 800969.

FICHTNER, Uwe (28-11-1948, Fischen) Dr. habil., Professor am Fachbereich Landespflege der FH Anhalt, vertretene Fachgebiete: GIS, Kartographie, Fernerkundung, Landespflege. – (D) Strenzfelder Allee 28, D-06406 Bernburg, Tel.: (03471) 355449, Fax: 352067, e-mail: fichtner@serviwi.wi.fh-anhalt.de

FICK, Irmgard (24-5-1916, Höfen/Enz) Dr. rer. nat. – (Pr) D-75339 Höfen

FICK, Karl Emil (12-2-1917, Bremen) Prof. Dr. rer. nat., o. Prof. em. d. Inst. f. Did. d. Geogr. Univ. Frankfurt/Main, Mithrsg. Frankfurter Beitr. z. Did. d. Geogr., Frankf. Geogr. Hefte, Ehrenvorsitzender der Frankfurter Geogr. Ges. (gegr. 1836) – (Pr) Ellerbruch 19, D-21614 Buxtehude, Tel.: (04161) 88596 – (D) Schumannstr. 58, D-60054 Frankfurt/M., Tel.: (069) 798-23569.

FILIPP, Karlheinz (13-2-1941, Böhmen) Dr. phil., Univ.-Prof. Ehrenmitglied des Lehrgkörpers der Karlsuniversität Prag. Universität Hamburg, Fachbereich Erziehungswissenschaft. – (Pr) Magdalenenstr. 28, D-20148 Hamburg. – (D) von-Melle-Park 8, D-20146 Hamburg.

FILLIGER, Paul, Dr. – (Pr) Traffeletweg 3, CH-3006 Bern . – (D) BUWAL, Abt. Luftreinhaltung, Laupenstr. 20, CH-3003 Bern, Tel.: (031) 322-6858.

FINGER, Fritz (10-6-1955) Salzburg) Dr. Univ.-Prof., Institut für Mineralogie der Universität Salzburg, Hellbrunnerstraße 34, A-5020 Salzburg.

FINK, Max Herbert (30-3-1940, Wien) Dr. phil., Lehrbeauftragter f. Physische Geographie an der Univ. Wien.Allgem. beeideter gerichtlicher Sachverständiger, Vizepräsident d. Verbandes österr. Höhlenforscher – (Pr) Metzgergasse 5, A-3400 Klosterneuburg, Tel.: (02243) 35559.

FINKE, Lothar (4-10-1939, Berlin) Dr. rer. nat., o. Prof. i. d. Fakultät Raumplanung d. Univ. Dortmund, Leiter d. Fachgebietes Landschaftsökologie u. Landschaftsplanung. – (Pr) Blaumenacker 7, D-44227 Dortmund, Tel.: (0231) 753822 – (D) , D-44221 Dortmund, Tel.: (0231) 755-2285, Fax: 755-4856.

FINSTERWALDER, Rüdiger (16-7-1930, Deggendorf) O. Prof., Dr.-Ing., Lehrstuhl f. Kartographie und Reproduktionstechnik d. Techn. Univ. München. – (Pr) Gartenpromenade 1, D-82131 Gauting, Tel.: (089) 8503207 – (D) Arcisstr. 21, D-80333 München, Tel.: (089) 289-22830.

FISCHER, Andreas, Dr., Wissensch. Mitarbeiter Koordinationsstelle für Weiterbildung / Universität Bern. – (Pr) Altenherren 24, CH–3150 Schwarzenburg, Tel.: (031) 7314024

FISCHER, Bettina (8-4-1955, Dresden) Dr. paed., Lehrer. — (Pr) – (D) EOS „F. Engels“ Dresden, Kantstr. 2, D-01187 Dresden, Tel.: (0051) 47 51 61.

FISCHER, Edgar (29-9-1908, Freiburg i.Br.) Dr. rer. nat. – (Pr) Am Kalten Born 37, D-37085 Göttingen.

FISCHER, Franz (17-1-1939, Praschka) Dr. phil., Lehrbeauftr. f. Vegetationsgeographie am Geogr. Inst. d. Universität Koblenz. – (Pr) Beethovenstr. 21, D-56203 Höhr-Grenzhausen – (D) Rheinau 3-4, D-56075 Koblenz-Oberwerth.

FISCHER, Friedhelm (31-12-1947, Bonn) Dr. phil., Akad. Rat, Stadterneuerung und Stadtbaugeschichte, FB 13 Stadt- und Landschaftsplanung, Gesamthochschule Kassel. – (Pr) Klopstockstr. 9, D-37085 Göttingen, Tel.: (0551) 487-434, Fax: 487-610. – (D) Henschelstr. 2, D-34127 Kassel, Tel.: (0561) 804-3224, Fax: 804-2388.

FISCHER, Hans (02-11-1931, Hagenberg/ Oberösterreich), o. Univ.-Prof. Dr. phil, Institut für Geographie der Universität Wien, Ordinariat für Physische Geographie, Vizepräsident der Österreichischen Geographischen Gesellschaft, Vorsitzender der Geomorphologischen Kommission der ÖGG. – (Pr) Am Modenapark 13/ 10, A-1030 Wien, Tel./Fax: (01) 7152151. – (D) Universitätsstr. 7, A-1010 Wien, Tel.: (01) 4277-48650, Fax: 4277-9486.

FISCHER, Hans-Richard (20-3-1910, Luisenhof b. Binow, Krs. Greifenhagen) StR. a.D., wiss. Kartograph. – (Pr) Vorderzinken 6, D-79215 Elzach, Tel.: (07682) 8621.

FISCHER, Heinz (14-7-1931, Göppingen/ Württ.) Prof. Dr. rer. nat., Univ.-Prof. f. Geogr. u. ihre Didaktik, stellv. Leiter d. Geogr. Instituts d. Universität in Koblenz, Leiter d. Sonderforschungsbereichs „Angewandte Geographie – Dokumentation/ Bilddatei (EDV)“, Geschäftsführer des „Arbeitskreises Landes- und Volkskunde an der Universität in Koblenz. Mithrsg. d. Kobl.Geogr.Kolloquium, behördl. Gutachter f. Landespflege u. Umweltfragen (Geogr., Geol., Ökolog.), Beirat d. Akad. d. Wissenschaften u.d. Literatur Mainz. Fellow d. Royal Geogr. Society (London). – (Pr) Karthäuserhofweg 6, D-56075 Koblenz, Tel.: (0261) 55140 – (D) Rheinau 1. Gebäude F 10, D-56075 Koblenz-Oberwerth, Tel.: (0261) 9119-331, Fax: 9119-330.

FISCHER, Klaus (3-10-1937, Gablonz) Dr. rer. nat., o. Prof., Lehrstuhl f. Phys. Geographie a. d. Univ. Augsburg. – (Pr) Oberschönenfelder Str. 23 1/2, D-86199 Augsburg, Tel.: (0821) 991323 – (D) Universitätsstr. 10, D-86135 Augsburg, Tel.: (0821) 598-2670, Fax: 598-2264, e-mail: Klaus.Fischer@geo.Uni-Augsburg.de

FISCHER, Manfred, M. (25-2-1947, Nürnberg) Dr. rer.nat.,o.Univ.-Prof. und Vorstand des Instituts für Wirtschafts- und Sozialgeographie, Wirtschaftsuniversität Wien, Direktor des Instituts für Stadt- und Regionalforschung, österreichische Akademie der Wissenschaften; Hrsg. d. Buchreihe „Advances in Spatial Science" (Springer), Herausgeber des Journal of Geographical Systems, Editorial (Advisory) Board von „Sistemi Urbani" , The Papers Regional Science und „The Annals of Regional Science", Consulting Editor von „Geographical Analysis", Mitglied des European Organizing Committee der Regional Science Association. – (Pr) Geiselbergstr. 36/2B/46, A-1110 Wien, Tel.: (01) 7492162. – (D) Augasse 2-6, A-1090 Wien, Tel.: (01) 31336-4836, Fax: 31336-703.

FISCHER, Peter (21-12-1939, Neuruppin) StDir., Studienl. f. Erdkde am IPTS-Regionalseminar West, Abt. Gymnasien, Elmshorn, 1. – (Pr) Kattenkuhl 2, D-25524 Oelixdorf, Tel.: (04821) 91729, Fax: 92610. – (D) Zum Krückaupark 7a, D-25337 Elmshorn, Tel.: (04121) 77985.

FISCHER, Wolfgang, Mag.phil., V.Ass. am Inst. f. Geographie, Abt. f. Angewandte Geographie – (D) Heinrichstr. 36, A-8010 Graz, Tel.: (0316) 380-8846, Fax: 380-9886.

FISCHER, Wolfgang (18-01-1964, Regensburg) Kartograph, Sonderstelle für Vermessungswesen beim WSA Regensburg. – (Pr) Friedrich-Ebert-Str. 35, D-93051 Regensburg. – (D) Kumpfmühler Str. 6, D-93047 Regensburg.

FISCHER, Wolfram (12-3-1948, Leipzig) Dr., Projekt-Koordinator, Deutsche Gesellschaft für Technische Zusammenarbeit (GTZ) – (Pr) + (D) c/o IGAD (Intergouvernmental Authority on Development), B.P. 2620, Djibouti, Tel.: (00253) 35-4873, -4883, Fax: 35-3195, e-mail: fischer @intnet.dj

FISCHLI, Beat (12-9-1947, Sissach), Dipl.Geogr., Gymnasiallehrer. – (Pr) Birchli 26, CH-8840 Einsiedeln, Tel.: (055) 4124915. – (D) Stiftsschule Einsiedeln, Tel.: (055) 4186342.

FITZE, Peter (13-10-1944, Zürich) PD, Dr. phil., Wissenschaftl. Abteilungsleiter a. Geogr. Inst. d. Univ. Zürich. – (Pr) Aehrenweg 5, CH-8050 Zürich, Tel.: (01) 3114052 – (D) Winterthurerstr. 190, CH-8057 Zürich.

FLAAD, Peter (17-6-1938, Winterthur) Dr. phil. II, Vorsteher Planungsamt Kt. St. Gallen. – (Pr) Hüttenwiesstr. 36c, CH-9016 St. Gallen, Tel.: (071) 2883130 – (D) Gaiserwaldstr. 14, CH-9001 St. Gallen, Tel.: (071) 3136959.

FLATH, Martina (12-12-1951, Dresden) Dr. paed. habil. Professorin für Geographie und ihre Didaktik an der Universität Vechta.– (Pr) Fasanenstr. 15, D–49377 Vechta, Tel. (04441) 911660, Fax: 911680 – (D) Postfach 1553, D –49364 Vechta, Tel.: (04441) 15350, Fax: 15445, e-mail: martina.flath@uni-vech.de

FLEISCHMANN, Katharina (25-11-1967), M.A., Geographin – (Pr) Lohmeyerstr. 19, D-10587 Berlin, Tel.: (030) 3421614, – (D) Institut für Geographische Wissenschaften, Anthropogeographie, Freie Universität Berlin, Malteserstr. 74-100, D-12249 Berlin, Tel. (030) 7792-203, Fax: 76706435, e-mail: kathi@geog.fu-berlin.de

FLIEDNER, Dietrich (1-5-1929, Gütersloh) Prof. Dr. phil., em. Prof. f. Geogr. a.d. Univ. d. Saarlandes Saarbrücken, Mithrsg. d. „Arbeiten aus dem Geogr. Inst. d. Univ. des Saarlandes". – (Pr) Kastanienweg 5, D-66399 Mandelbachtal, Tel.: (06893) 3386.

FLIGR, Jitka (08-08-1963), lic. phil. nat. (Geographie); Projektleiterin – (Pr) Zähringerstraße 55, CH-3012 Bern, Tel.: (031) 3025735 – (D) Sektion Raumnutzung / Geokodierung, Espace de L'Europe 10, CH-2010 Neuchâtel, Tel.: (032) 7136634, Fax: 7136560, e-mail: jitka.fligr@ bfs.admin.ch

FLIRI, Franz (9-2-1918, Baumkirchen) Mag. Dr. phil. Dr.h.c. , em.o.Univ.Prof.– (Pr) Dorf 13, A-6121 Baumkirchen/Tirol, Tel.: (05224) 52957.

FLÜCHTER, Winfried (27-9-1943, Gescher/ Coesfeld) Prof. Dr. rer. nat., Prof. f. Kulturgeographie an der Gerhard Mercator Univ.-GH Duisburg. – (Pr) Waldmeisterstr. 58, D-47445 Moers, Tel.: (02841) 46540 – (D) Universität-GH Duisburg, FB 6 Fach Geographie, Lotharstr. 1, D-47048 Duisburg 1, Tel.: (0203) 379-2219 oder 2250 (Sekr.), Fax: 379-3516, e-mail: w.fluechter@uni-duisburg-de.

FLÜCKIGER, Markus (25-10-1935, Burgdorf) Dr. phil., ehemals Geographielehrer am Staatlichen Seminar u. Gymnasium Hofwil. – (Pr) Bruchbühl 2, CH-3325 Hettiswil, Tel.: (034) 4111221, e-mail: hettiswil@bluewin.ch

FLÜECK, Rainer (10-5-1946) Dr. rer. nat. – (Pr) Gartenstr. 17a, D–53757 Sankt Augustin, Tel.: (02241) 27535. – (D) Bundesamt für Naturschutz, Leiter Fg Literaturdokumentation, -information, Bibliotheken, Schriftleitungen, Konstantinstr. 110, D–53179 Bonn, Tel.: (0228) 8491134.

FLURY, Manuel, Dr., Oberassistent-Lektor, Interfakultäre Koordinationsstelle für Allgemeine Ökologie der Universität Bern – (Pr) Wildstr. 6, CH-3005 Bern, Tel.: (031) 3522916. – (D) Falkenplatz 16, CH-3012 Bern, Tel.: (031) 631-3952, Fax: 631-8733, e-mail: FLURY@IKAOE.UNIBE.CH.

FÖRSTER, Horst (20-4-1925, Stollberg) Prof., Dr. sc. päd., (em.) – (Pr) Pfalzgrafenring 80, D-72119 Ammerbruch – (D) Humboldt-Universität zu Berlin, Fachbereich Geographie, Universitätsstr. 3b, D-10117 Berlin, Tel.: 20351404.

FÖRSTER, Horst (26-4-1940, Aussig) Dr. phil., o.Prof., Lehrstuhl Geographie Osteuropas, Geogr. Inst. d. Univ. Tübingen, Vorst.-Mitgl. d. Herder-Forschungsrates u.d.Collegium Carolinums, Vors. d. Wiss. Beirats d. Donauschwäbischen Zentralmuseums Ulm – (Pr) Pfalzgrafenring 80, D-72119 Ammerbuch, Tel.: (07073) 1598 – (D) Geographisches Institut, Hölderlinstr. 12, D-72074 Tübingen, Tel.: (07071) 297-2399, Fax: 297-5318, e-mail: horst foerster@uni-tuebingen.de

FOLLMANN, Gerhard (14-01-1930, Kassel) Dr. rer. nat., Universitätsprofessor f. Geobotanik und Phytotaxonomie, Hrsg. Excerpta Botanica, Sect. A, Leiter des Kölner Universitäts-Herbariums, Botanisches Institut, Universität zu Köln. – (Pr) Auf der Urspel 16, D-53894 Mechernich-Kommern – (D)Gyrhofstr. 15, D-50931 Köln, Tel.: (0221) 478-5393, Fax: 470-5181.

FOLLNER, Heinz (20-04-1938, Haxtum b. Aurich), Dr., Professor (Kristallographie und Mineralogie), Institut für Mineralogie und Mineralische Rohstoffe, Technische Universität Clausthal. – (D) Adolph-Roemer-Str. 2 a, D-38678 Clausthal-Zellerfeld.

FONTAINE-KRETSCHMER, Monika (25–5–63) Dipl. Geogr. – (Pr) Am Berg 3, D-61231 Bad Nauheim, Tel.: (06032) 72624 – (D) Nassauische Heimstätte, Wohnungs- und Entwicklungsgesellschaft-mbH, Schaumainkai 47, D-60596 Frankfurt, Tel.: (06031) 62014, Fax: 64380.

FORST, Manfred (30.07.1962, Bergisch-Gladbach) Dipl.-Geogr. – (Pr) Sackgasse 16a, D-64560 Riedstadt, e-mail: manforst@aol.com. – (D) BGS Umweltplanung, An der Eschollmühle 28, D-64297 Darmstadt, Tel.: (06151) 9456-14, Fax: 9456-80

FORST, Ralf (14-4-60, Bonn) Dipl.-Geogr., Wiss. Oberrat, Bundesamt f. Naturschutz – (Pr) Graue-Burg-Str. 68 a, D–53332 Bornheim , Tel. (02227) 2329 –(D) Mallwitzstr. 1–3, D–53177 Bonn, Tel. (0228) 954-3434, Fax: 954-3460, e-mail: forstr@bfn.de

FOURNES, Christian (7-1-1933) Dr. sc. oec., Dozent für Handelsgeographie. – (Pr) Beruner Str. 50, D-12683 Berlin, Tel.: (030) 51700083.

FRAAZ, Jutta (13-2-1937) Dipl.-Geogr. – (Pr) Schaumannskamp 13, D-21465 Reinbek, Tel.: (040) 7229441.

FRAAZ, Klaus (6-2-1941) Dr. rer. nat., Dipl.-Geogr., Referent im Bundesministerium f. Raumordnung, Bauwesen u. Städtebau. – (Pr) J.-S.Bach-Weg 27, D-53340 Meckenheim, Tel.: (02225) 6292 – (D) Bonn, Tel.: (0228) 337-4261.

FRAEDRICH, Wolfgang (27-01-1952, Salzgitter) Oberstudienrat Gymnasium Heidberg Hamburg, Mitherausgeber geographie heute – (Pr) Lerchenkamp 17, D-22459 Hamburg, Tel: (040) 5507730 – (D) Gymnasium Heidberg, Fritz-Schumacher-Allee 200, D-22417 Hamburg, Tel: (040) 537-3021.

FRÄNZLE, Otto (9-12-1932, Köln) Uni.- Prof. Dr. rer. nat., o. Prof. em. am Geogr. Inst. u. Direktor des Ökologie-Zentrums d. Univ. Kiel, Mithrsg. v. EcoSys - Beiträge zur Ökosystemforschung, Umweltnatur & Umweltsozialwissenschaften (Springer-Verlag), Handbuch der Umweltwissenschaften (ecomed-Verlag), Petermanns Geogr. Mitt. sowie d. Monographiereihen „Springer Series in Physical Environment" – (Pr) Moritz-Schreber-Str. 39, D-24211 Preetz, Tel.: (04342) 81288 – (D) Olshausenstr. 40, D-24098 Kiel, Tel.: (0431) 880-3426.

FRAMKE, Wolfgang (23-6-1938, Paretz/ Pommern) Dr. phil., Professor am Institut für Geographie und Internationale Entwicklungsstudien – (Pr) Hovedgaden 27, DK-4330 Hvalsø, Tel.: (+45) 4640 8093 – (D) Institute for Geography and International Development-Studies, Roskilde University, Building 21.2, P.O. Box 260, DK–4000 Roskilde, Tel.: (45) 4674-2593, Fax: 4674-3031, e-mail: framke@ruc.dk

FRANK, Carmen (8-4-1962), Dipl. Phil. II, Geographin. – (Pr) Bachofnerstraße 3, CH-8037 Zürich, Tel.: (01) 362/87/04. – (D) Eidg. Anstalt für das forstliche Versuchswesen, CH-8903 Birmensdorf, Tel.: (01) 739 23 71.

FRANK, Friedhelm (20-12-1951, Grafengehaig) Dr. rer. nat. habil. – (Pr) Schurrweg 7, D-81241 München, Tel.: (089) 838576, Fax: 89669064.

FRANKENBERG, Peter (29-6-1947, Bad Honnef) Prof. Dr. rer. nat., o. Prof. u. Dir. d. Geogr. Inst. d. Univ. Mannheim. – (Pr) Salinenstr. 55, D-67098 Bad Dürkheim, Tel.: (06322) 65843 – (D) Schloß, D-68163 Mannheim, Tel.: (0621) 292-1252 od. Sekretariat 292-3320.

FRANTZ, Klaus (24-3-1948, Salzburg) Univ. Doz. Mag. Dr., A. Univ.Prof. am Institut für Geographie d. Univ. Innsbruck, Forschungsprof. am Institut für Stadt- und Regionalforschung der Österr. Akademie der Wissenschaften – (Pr) Stollenstr. 17, A–6065 Thaur, Tel.: (05223) 492363 – (D) Innrain 52, A-6020 Innsbruck, Tel.: (0512) 507-5410, Fax: 507-2895.

FRANTZOK, Klaus (23-02-1940, Magdeburg) StD Dr. rer. nat., Fachberater Geographie – (Pr) Steigäcker Str. 3, D-70771 Leinfelden-Echterdingen, Tel.: (0711) 756441 – (D) Königin-Charlotte-Gymnasium, Sigmaringer Str. 85, D-70567 Stuttgart, Tel.: (0711) 216-2152, -4993.

FRASL, Günther (3-5-1924, Wien) Prof. Dr., em. Univ.-Prof. f. Geologie am Inst. f. Geologie u. Paläontologie d. Univ. Salzburg. – (D) Hellbrunnerstr. 34, A-5020 Salzburg.

FRAUENFELDER, Erich, Lic.phil. Sachbearbeiter, Kant. Raumplanungsamt. – (Pr) Bachstr. 28, CH-3072 Ostermundigen, Tel.: (031) 51 32 56. – (D) Raumplanungsamt des Kantons Bern, Reiterstr. 11, CH-3011 Bern, Tel.: (031) 69 32 29.

FRECKMANN, Karl-Heinz (1–5–57, Gelsenkirchen) Dipl.-Geograph, Deutsche Steinkohle AG. – (Pr) Insterburger Str. 22, D–46487 Wesel, Tel.: (02803) 8559. – (D) Gleiwitzer Platz 3, D-46236 Bottrop, Tel.: (02041) 161-340, e-mail: karlheinz.freckmann@dg.deutsche-steinkohle.de

FRECKMANN, Peter (7-7-1956, Hannover) M.A., Dr. rer. nat., PTV Planungsbüro Transport und Verkehr GmbH – (Pr) Marie-Alexandra-Str. 56, D-76136 Karlsruhe, Tel.: (0721) 815210 – (D) Stumpfstr. 1, D-76131 Karlsruhe, Tel.: (0721) 9651-500.

FREI, Hans (30-9-1937, Augsburg) Dr. rer. nat., Ltd. Museumsdirektor d. Bezirks Schwaben, Honorarprofessor für Kulturgeographie a.d. Techn. Universität München, Hrsg. der „Beiträge zur Landeskunde von Schwaben“, und der „Schriftenreihe der Museen des Bezirks Schwaben“, Mithrsg. der „Führer zu archäologischen Denkmälern in Bayern“. – (Pr) Mößmannstr. 31, D-86199 Augsburg – (D) Schwäbisches Volkskundemuseum Oberschönenfeld, Oberschönenfeld 1, D-86459 Gessertshausen, Tel.: (08238) 2002-4, Fax: 2005.

FREI, Hermann (21-5-1929, Luzern), Prof. Dr., Dozent PHS/SG – (Pr) Terrassenhaus Sulzberg, CH-9400 Rorschacherberg, Tel.: (071) 8554811.

FREI, Urs (20-01-1957) Dr., wiss. Mitarb. am Geogr. Inst. d. Univ. Zürich – (D) Winterthurerstr. 190, CH-8057 Zürich, Tel.: (01) 635-5185, Fax: 635-6842, e-mail: frei@rsl.geo.unizh.ch

FREISING, Dorothea (24-8-1942, Berlin) Prof. f. Didaktik d. Erdkunde-Unterrichts, FR Schulgeographie, Freie Universität Berlin – (Pr) Nikolsburger Str. 8/9, D-10717 Berlin, Tel.: (030) 8816879 – (D) Malteserstr. 74-100, Haus G, D-12249 Berlin, Tel.: (030) 7792503.

FREITAG, Erika (31-10-1928) Dr. rer. nat., Dipl.-Geogr., RDir. a.D. – (Pr) Hinter den Brüdern 15b, D-38640 Goslar, Tel.: (05321) 18814.

FREITAG, Ulrich (9–12–1931) Dr. rer.nat., Univ.-Prof., Freie Universität Berlin, Institut für Geographische Wissenschaften, Fachrichtung Kartographie. – (Pr) Röntgenstr. 13, D-10587 Berlin. – (D) Malteserstr. 74-100, Haus H, D-12249 Berlin (Lankwitz), Tel.: (030) 7792350, Fax: 76706451.

FREITAG, Ulrich (09-12-1931, Kolberg) Dr. rer. nat., Universitätprofessor, Institut für Georgraphie, FU Berlin – (Pr) Röntgenstr. 13, D-10587 Berlin. – (D) Malteserstr. 74-100, D-12249 Berlin

FRENCK, Brigitta geb. Wehlmann (4-12-1923, Berlin) Dr. rer.nat., Geographin. – (Pr) Moserstr. 8, D-70182 Stuttgart, Tel.: (0711) 24 52 33.

FRENZEL, Burkhard (22-1-1928, Duisburg) Prof. Dr. Dr. h.c., ehem. Direktor d. Botan. Inst. u. d. Botanischen Gartens d. Univ. Hohenheim, em. – (Pr) Friedhofstr. 10, D-70771 Leinfelden-Echterdingen – (D) Garbenstr. 30, D-70599 Stuttgart

FRENZEL, Gerhard (20-2-1929, Berlin) Prof. Dr. rer. nat., Prof. f. Mineralogie i.R., Universität Heidelberg. – (Pr) Saarstr. 7, D-69151 Neckargemünd.

FRESLE, Franz (13-8-1926, Freiburg/Brsg.) Prof. Dr. rer. nat. – (Pr) Karlstr. 57, D-79104 Freiburg, Tel.: (0761) 33554 – (D) Univ. Köln, Erziehungsw. Fakultät, Gronewaldstr. 2, D-50931 Köln (bis 1988).

FREUND, Bodo (12-5-1941, Frankfurt/Main) Dr. phil., Prof. am Geographischen Institut der Humboldt-Univ. Berlin, Korr. Mitglied der Akademie für Raumforschung und Landesplanung, Hannover; Koordinator des Arbeitskreises für geographische Mittelmeerländer-Forschung; Mitglied in der Hessischen Akademie für Forschung und Planung im ländlichen Raum, Mithrsg. der „Spanien/Portugal-Informationen". – (Pr) Ferdinand Brütt-Weg 3, D-61476 Kronberg, Tel.: (06173) 703634, Fax: 78904. – (D) Unter den Linden 6 (Postadresse), Chaussee Str. 86 (Standort), D-10099 Berlin, Tel.: (030) 30875-612/3, Fax: 30875-653, e-mail: bodo = freund@rz.hu-berlin.de

FREUND, Marion (04-03-1969, Berlin) Dipl.-Geogr. am Geographischen Institut der Humboldt-Universität zu Berlin – (D) Chausseestr. 86, D-10099 Berlin, Tel.: (030) 30875-639, Fax: (030) 30875-644.

FREY, Franziska (5-6-1961,) Dipl.-Geogr., Dr. sc. nat. – (Pr) 195 Merriman Street, Rochester N.Y. 14607, USA, Tel.: (716) 2442912. – (D) IPI, Rochester Institute of Technology, 70 Lomb Memorial Drive, Rochester N.Y. 14623, Tel.: (716) 475-5199, Fax: 475-7230.

FREY, Klaus (8-9-1934) Dr. paed. – (Pr) Saalhausener Str. 33c, D-01159 Dresden, Tel./Fax: (0351) 4120114. – (D) Technische Universität Dresden, Fakultät Forst-, Geo- und Hydrowissenschaften, Institut für Geographie und Didaktik der Geographie, Mommsenstr. 13, D-01069 Dresden, Tel.: (0351) 463-2181.

FREY, Martin (10-07-1940, Trubschachen) Dr. phil. nat., Professor f. Mineralogie u. Petrographie, Universität Basel, Mineralogisch-Petrographisches Institut. – (D) Bernoullistr. 30, CH-4056 Basel.

FREY, Theophil (25-3-1955) Dr., Lehrer. – (Pr) Buchenweg 25, CH-4657 Dulliken, Tel.: (062) 35 35 94. – (D) KS Harwald, Olten, Tel.: (062) 26 24 26.

FREYTAG, Tim (20-3-1969, Köln) wiss. Ang. am Geogr. Inst. der Universität Heidelberg – (D) Im Neuenheimer Feld 348, D-69120 Heidelberg, Tel.: (06221) 54-4581, Fax: 54-4996, e-mail: tim.freytag@urz.uni-heidelberg.de

FRICKE, Werner (18-5-1927, Altentreptow) Dr. phil. nat., em. o.Prof. f. Geogr. , Geogr. Inst. d. Univ. Heidelberg – (Pr) Landfriedstr. 2, D-69117 Heidelberg, Tel.: (06221) 25839 – (D) Im Neuenheimer Feld 348, D-69120 Heidelberg, Tel.: (06221) 54-4518, e-mail: W.Fricke@urz.uni-heidelberg.de

FRIDRICH, Christian (19-06-1966, Wien) Mag., Prof. a.d. Päd. Akademie des Bundes in Wien, Schulbuchautor. – (Pr) Dr.-Johann-Baumgartnerstr. 2, A–3701 Großweikersdorf, Tel. (02955) 71336– (D) Ettenreichgasse 45a, A-1100 Wien, Tel.: (01) 6029192, Fax: 6034139, e-mail: fridrich@paedakviebd.asn-wien.ac.at

FRIEDL, Günther (10-9-1940, Althofen) Mag. phil., Oberstudienrat, Prof., Autor von Schulbüchern f. Geographie, Didaktiker für Geographie und Wirtschaftskunde. – (Pr) Weidenweg 33, A-9020 Klagenfurt – (D) BG Völkermarkter Ring 27, A-9020 Klagenfurt, Tel.: (0463) 25982.

FRIEDLEIN, Günter (6-11-1939, Dresden) Dipl.-Ing. f. Kart., Dr. rer. nat., Wiss. Mitarbeiter am Inst. f. Länderkunde Leipzig. – (Pr) Schweizerbogen 5, D-04289 Leipzig . – (D) Schongauerstr. 9, D-04329 Leipzig, Tel.: (0341) 255-6536, Fax: 255-6598.

FRIEDMANN, Arne (24-05-1969, Mannheim) Dr. rer. nat. – (D) Institut für Phys. Geographie, Universität Freiburg, Werderring 4, D-79085 Freiburg, Tel.: (0761) 203-3547, Fax: 203-3596.

FRIEDRICH, Alexander Gunther (6-11-1923, Alt Lietzegöricke/Oder) Dr. rer. nat., ehem. Prof. , Entwicklungspolitik zur Infrastrukturplanung und Industrialisierung an den Universitäten Hamburg, Oxford, Liberia. ehem. UN-Executive Secretary in Rom, Genf und New York und Vors., Entwicklungspolitisches Forum der Deutschen Stiftung (DSE) in Berlin. – (Pr) Kennedy Ufer 1, D-50679 Köln, Tel.: (0221) 816848.

FRIEDRICH, Klaus (28-10-1945, Ermsleben) Prof. Dr. phil., Prof. am Inst. für Geographie der Martin-Luther-Universität Halle-Wittenberg. – (Pr) Heinrich-Delp-Str. 167 A, D-64297 Darmstadt, Tel./Fax: (06151) 52424 – (D) Heinrich- u. Thomas-Mann-Str. 26, D-06108 Halle (Saale), Tel.: (0345) 552-6008, Fax: 552-7146, e-mail: friedrich@geographie.uni-halle.de

FRIEDRICH, Klaus Werner (23-5-1944) Dipl.-Geogr., Haupt- und Realschullehrer. – (Pr) Bahnhofstr. 57, D-57334 Bad Laasphe, Tel.: (02752) 67 31 – (D) Mittelpunktschule Dautphetal, D-35232 Dautphetal, Tel.: (06466) 333.

FRIEDRICH, Martin Georg (19-10-1960, La Paz) Dipl.-Geogr., Dr. phil., Wiss. Ass. am Geographischen Institut der Universität Tübingen, Mitarb. am Forschungsschwerpunkt Lateinamerika – (Pr) Wittenberger Str. 35, D-72108 Rotenburg am Neckar – (D) Hölderlinstr. 12, D-72074 Tübingen, Tel.: (07071) 29-74053, Fax: 29-5318, e-mail: martin.friedrich@uni-tuebingen.de

FRIELING, Hans-Dieter von (5-2-1945, Ahrsen) Dr. phil., AOR a. d. Abt. f. Wirtschaftsgeographie, Geogr. Inst. d. Univ. Göttingen. – (Pr) Nonnenstieg 38, D-37075 Göttingen, Tel.: (0551) 57230. – (D) Goldschmidtstr. 5, D-37077 Göttingen, Tel.: (0551) 3980-87, Fax: 3980-06, e-mail: hfrieli1@gwdg.de.

FRIESE, Heinz W. (28-2-1930, Dresden) Dr. rer. nat., OStDir. a. D., Ehrenvorsitzender d. Verb. Dt. Schulgeogr. – (Pr) Andreezeile 26 B, D-14165 Berlin, Tel.: (030) 81553-52.

FRITSCHI, Hans, Präsident Pro Natura Berner Oberland und Montanhistorischer Verein Berner Oberland, Sekundarlehrer – (Pr) Steindlerstr. 28A, CH-3800 Unterseen .

FRITZ, Peter (11-6-1940, Wien) Dr. phil., wiss. OR am Inst. f. Raumordnung u. Regionalentwicklung, Wirtschaftsuniv. Wien. Lehrbeauftr. f. Physische Geogr.a.d. Univ. Wien I., Landesnaturschutzreferent des Wiener Sektionenverbandes im Ö.A.V. – (Pr) Josef Trackstr. 21, A-3001 Mauerbach b. Wien, Tel.: (01) 9792562 – (D) Augasse 2–6, A-1090 Wien, Tel.: (01) 31336-4782. Fax: 31636-705.

FRÖHLICH, Jochen (9-1-1961, Dortmund) Dipl.-Geogr. am Geogrpahischen Institut der Universität Basel – (Pr) Neuensteinerstr. 25, CH-4053 Basel, Tel.: (061) 3312848 – (D) Spalenring 145, CH-4055 Basel, Tel.: (061) 272-6928.

FRÖSCH, Rainer (9-8-1957, Zofingen) Dr., Geschäftsführer. – (Pr) Rebbergstr. 23 A, CH - 4800 Zofingen, Tel./Fax: (062) 7511125, e-mail: R.Froesch@starnet.ch. – (D) Regionalverband Wiggertal-Suhrental RVWS, Thutplatz 19, CH - 4800 Zofingen, Tel.: (062) 745-9102, Fax: 745-9105

FROMHOLD-EISEBITH, Martina (2-11-1962, Ratingen) Dr.phil., M.A., Habilitanden-Stipendiatin der DFG. Geographisches Institut d. RWTH Aachen. – (Pr) Kerkraderstr. 38, NL - 6471 BL Eygelshoven, Tel./ Fax: (0031-45) 5352081 – (D) Templergraben 55, D-52056 Aachen, e-mail: mfeisebith@geo.rwth-aachen.de

FROST, Wolfram (26-9-1953, Ludwigshafen) Dr. rer. nat., Dipl.-Geol., Mitarb. am Geogr. Inst. d. Univ. Koblenz – (Pr) Drususstr. 4, D-55131 Mainz – (D) Geogr. Inst. d. Universität, Rheinau 1, D-56075 Koblenz

FROTSCHER, Wolfgang (5-1-1961, Halberstadt) Dipl.-Geogr.Dr. – (Pr) Muldestr. 22, D-06122 Halle, Tel.: (0345) 66 98 96. – (D) Consultinggesellschaft für Umwelt und Infrastruktur mbH, Eisenbahnstr. 10, D-06132 Halle, Tel.: (0345) 7742768.

FRÜHAUF, Helmut (13-9-1947, Riegelsberg) Dr. phil., Bibliotheksdirektor, Rheinische Landesbibliothek Koblenz. – (Pr) In der Hube 9, D-56341 Filsen – (D) Hohenfelder Str. 16, D-56068 Koblenz, Tel.: (0261) 91500-15, Fax: 37635, e-mail: fruehauf@rlb.de

FRÜHAUF, Manfred (16-06.1950, Halle) Prof. Dr. rer. nat. habil., Martin-Luther-Universität Halle-Wittenberg, FB Geowissenschaften, Institut für Geogaphie. – (Pr) Am Sonnenhang 33, D–06120 Halle, Tel. (0345) 5507105 – (D) Domstr. 5, D-06108 Halle, Tel.: (0345) 5526040/41.

FRUHMANN, Wolfgang (6-12-1963, Worms) Dr. , Dipl.-Geogr., geschäftsführender Gesellschafter der Dr. Fruhmann & Partner Beratungsgesellschaft mbH, Lehrbeauftragter am Geogr. Institut der Universität Regensburg. – (Pr) Heckenweg 8, D-92331 Parsberg, Tel.: (09492) 902575, Fax: 6277, Internet: http//:www. drfruhmann.de., e-mail: wfruhmann@ bene.baynet.de

FUCHS, Friderun (17-10-1934, Stadtroda/ Thür.) Dr. phil. nat., Akad. Direktorin – (Pr) Vilbeler Landstr. 174a, D-60388 Frankfurt, Tel./Fax: (069) 473258.

FUCHS, Gerhard (13-7-1939, Asch) Dr. phil., Prof. f. Geogr. u. ihre Didaktik, Fachbereich I / Fach Geographie, Universität-Gesamthochschule Paderborn. – (Pr) Hasengasse 7 a, D-73529 Schwäbisch-Gmünd, Tel./Fax: (07171) 49090 – (D) Warburger Str. 100, D-33098 Paderborn, Tel.: (05251) 6023-85 (84).

FUCHS, Hans-Joachim (23–10–1958, Stetten/Pfalz) Dr. habil., Hochschul-Doz. am

Geogr. Inst. d. Univ. Mainz. – (Pr) Eibenweg 25, D-55128 Mainz, Tel.: (06131) 35617 – (D) Saarstr. 21, D-55122 Mainz, Tel.: (06131) 394-491, Fax: 394-735, e-mail: Hans.Fuchs@Uni-Mainz.DE

FUCHS, Martina (18-12-1962, Hamburg) Dr.phil., wiss. Assistentin am Geogr. Inst. II der Universität Düsseldorf – (Pr) Stresemannstr. 9, 47051 Duisburg, Tel.: (0203) 2980826– (D) Universitätsstr. 1, D-40225 Düsseldorf, Tel: (0211) 81-13956

FÜCHTBAUER, Hans (03-08-1921, Tübingen) Dr. rer. nat., o. Prof., emeritierter Professor für Sediment-Geologie der Univ. Bochum, Fakultät für Geowissenschaften, Institut für Geologie, Hrsg. u. Autor des Lehrbuches ‚Sedimente und Sedimentsgesteine'. – (Pr) Kemnaderstr. 349 b, D-44797 Bochum, Tel.: (0234) 791969.

FÜLDNER, Eckart (25-7-1937, Dortmund) Dr. phil. nat., Prof. a. d. Päd. Hochsch. Ludwigsburg. – (Pr) Wichernstr. 4, D-72762 Reutlingen, Tel.: (07121) 230253 – (D) Reuteallee, D-71634 Ludwigsburg, Tel.: (07141) 140-392, Fax: 140-435.

FUEST, Reiner (Ludwigshafen/Rh) Doktorand am Institut für Kulturgeographie der Universität Freiburg – (Pr) Jahnstr. 2, D-79117 Freiburg, Tel.: (0761) 796986 – (D) Werderring 4, D-79085 Freiburg, Tel.: (0761) 203-9215, Fax: 203-3575, Internet: http://www.uni-freiburg.de./kulturgeo, e-mail: fuest@ruf.uni-freiburg.de

FUHRMANN, Sven, Dipl.-Geograph, wiss. Mitarbeiter am Institut für Geoinformatik, Westfälische Wilhelms-Universität. – (Pr) Schüttorfweg 19, D-48161 Münster. – (D) Robert-Koch-Str. 26-28, D-48149 Münster, Tel.: (0251) 83-39767, Fax: 83-39763, e-mail: Fuhrmann@uni-muenster.de

FUNK, Martin (18-7-1954) Dr., Dipl.-Bauing., Abt. Glaziologie an der VAW. – (Pr)– (D) ETH-Zentrum CH-8092 Zürich, Tel.: (01) 256 4132.

FURRER, Gerhard Jakob (26-2-1926, Zürich) Prof. Dr. phil., o. Prof. em. des Geogr. Inst. d. Univ. Zürich. – (Pr) Im Leisibühl 45, CH-8044 Zürich – (D) Winterthurerstr. 190, CH-8057 Zürich, Tel.: (01) 257-5120 und (081) 651-1072

G

GABRIEL, Baldur (15-1-1937, Brockau/Breslau) Prof., Dr. rer.nat.habil., Dipl.-Geogr., FH Eberswalde – FB 2: Landschaftsnutzung und Naturschutz. – (Pr) Wunsiedeler Weg 48, D-12247 Berlin – (D) Schicklerstr. 3–5, D-16225 Eberswalde, Tel.: (03334) 657305, Fax: 236316.

GABRIEL, Erhard (27-1-1920, Gr. Stein/OS) Prof. Dr., Lehrbeauftr. f. Geogr. am Wi.- u. Sozialgeogr. Inst. d. Univ. zu Köln (seit 1970), Leiter d. Inst. f. Angew. Wirtschaftsgeogr. (seit 1979). – (Pr) Carstenseck 5, D-22926 Ahrensburg, Tel.: (04102) 52934 – (D) Albertus-Magnus-Platz, D-50931 Köln, Tel.: (0221) 4702372.

GAEBE, Wolf (22-3-1940, Remscheid) Dr. rer. pol., Dipl.-Volksw., Prof. für Wirtschafts- u. Kulturgeographie a. d. Univ. Stuttgart, Institut für Geographie. – (Pr) Auf dem Stappenberg 4a, D-53639 Königswinter, Tel.: (02223) 23971 – (D) Azenbergstr. 12, D-70174 Stuttgart, Tel.: (0711) 121-1450, Fax: 121-1455, e-mail: wolfgaebe@po.uni-stuttgart.de.

GÄCHTER, Ernst (1943, Rheineck SG) Dr. phil. II /Geogr., Bereichsleiter bei den Statistikdiensten der Stadt Bern. – (Pr) Spiegelstr. 50, CH-3095 Spiegel b. Bern – (D) Schwanengasse 14, CH-3001 Bern, Tel.: (031) 321-7534, Fax: 321-7539.

GÄRTNER, Wolfgang (19-7-1946, Leipzig) Dr. rer. nat. – (Pr) Käthe-Kollwitz-Str. 35, D-04109 Leipzig, Tel.: (0341) 2119063 – (D) Geomatics International, Paul-Jäkel-Str. 46, D-09113 Chemnitz, Tel.: (0371) 3308052.

GÄTH, Stefan, Dr., Prof. am Institut für Landeskultur der Universität Gießen – (D) Senckenbergstr. 3, D-35390 Gießen, Tel.: (0641) 99-37381, Fax: 99-37389, e-mail: Stefan.A.Gaeth@agrar.uni-giessen.de.

GAFFGA, Peter (19-10-1951, Bexbach-Höchen) M.A., Hrsg. „Materialien zur Didaktik der Geographie“. – (Pr) An der Dell 4, D-55743 Idar-Oberstein, Tel.: (06781) 46670 – (D) Kupferbergwerk Fischbach, D-55743 Fischbach, Tel.: (06784) 2304.

GAHN, Mathias (16-05-1964, Stuttgart) Dipl.-Ing., Kartograph,Hansa-Luftbild GmbH – (Pr) Gemenweg 7, D-48149 Münster. – (D) Elbestr. 5, D-48145 Münster, Tel.: (0251) 2330-0, Fax: 2330-112, e-mail: gahn@hansaluftbild.de

GAIDA, Reinhard (11-9-1955, Solingen) Dr. rer. nat., 1993-1997 – Lehrbeauftragter Gerhard Mercator-Univ. Duisburg, Geoökologie, Didaktik – (Pr) Leibnizstr. 65, D-40699 Erkrath, Tel.: (02104) 40859.

GAISER, Arne (1-5-1960) Dr. – (Pr) Bliesberger Str. 8, D–66424 Homburg. – (D) PROCAD GmbH und Co. KG, Vincenz—Prießnitz-Str. 3, D-76131 Karlsruhe, Tel.:(0721)9656-664, e-mail: ag@procad.de.

GALL, Helmuth (15-3-1923, Kufstein) Dr. phil. – (Pr) Rosenheimer Str. 27, D-83080 Oberaudorf, Tel.: (08033) 2600 – (D) Andreas Hofer Str. 2, A-6330 Kufstein, Tel.: (05372) 61650.

GALLUSSER, Werner A. (31-7-1929, Basel) em. Prof. Dr. phil., Humangeograph. – (Pr) Giornicostr. 106, CH-4059 Basel, Tel.: (061) 3317558.

GAMERITH, Werner (16-10-1967, Salzburg) Dr. phil., wiss. Ang. Geographisches Institut der Universität Heidelberg – (Pr) Johann-Gutenberg-Str. 30, D-68535 Edingen-Neckarhausen – (D) Im Neuenheimer Feld 348, D-69120 Heidelberg, Tel.: (06221) 54-4368, Fax: 54-4996, e-mail: gamerith@.geog.uni-heidelberg.de.

GANS, Paul (26-5-1951, Ludwigshafen/Rh.) Prof. Dr. phil., o. Prof. u. Dir. des Geogr. Instituts d. Univ. Mannheim. Mithrsg. d. „Mannheimer Geographische Arbeiten", Sprecher des AK „Bevölkerungsgeographie". – (Pr) Vor dem Loh 3, D-37299 Weißenborn, Tel.: (05659) 516 oder (0621) 154771– (D) Schloß, D-68131 Mannheim, Tel.: (0621) 5451, Fax: 2923321, e-mail: paulgans@runms.uni.mannheim.de

GAREIS, Josef (22-02-1947), Dr. rer. nat., StDir., 1. Vors. d. Landesverbandes Bayern im Verband Deutscher Schulgeographen e.V., Hrsg. von „Der Bayerische Schulgeograph" – (Pr) Hangstr. 9, D-63768 Hösbach, Tel./Fax: (06021) 62207, Mobil: (0171) 8333323.

GARLEFF, Karsten (18-11-1934, Halle/Saale) Dr. rer. nat., Prof. Lehrstuhl II f. Geographie a. d. Univ. Bamberg. – (Pr) Buchenstr. 4, D-96123 Litzendorf, Tel.: (09505) 71 71 – (D) Am Kranen 1, D-96047 Bamberg (Postfach 1549, D-96045 Bamberg), Tel.: (0951) 863-2380, Fax: 863-5379.

GARTEN, Gerd (14-12-1940, Großröhrdorf) Dr. rer. nat., Lektor. — (Pr) An der Aue 1, D-01454 Radeberg, Tel.: (03528) 441833. – (D) TU Dresden, Institut für Geographie, Mommsenstr. 13, D-01062Dresden, Tel.: (0351) 463-6277.

GARTNER, Georg (09-07-1966, Wien) Mag. rer. nat., Dr. rer. nat., Universitätsassistent am Institut für Kartographie und Reproduktionstechnik, Technische Universität Wien. – (Pr) Carminweg 6/1/8, A-1210 Wien. – (D) Karlsgasse 11, A-1010 Wien.

GASCHE, Peter (26-3-1942, Basel) Dr. phil., EDV-Datenerfasser. – (Pr) Furkastr. 81, CH-4054 Basel, Tel.: (061) 3018636. – (D) UBS SCHWEIZ AG, I 1UW Planung Nord-CH, Henric Petri-Str. 11, Raum 002, CH-4052 Basel, Tel.: (061) 2889266.

GASSLER, Helmut (15-12-1967) Mag., wiss. Ang., Geschäftsbereich Systemforschung Technik-Wirtschaft-Umwelt, Geschäftsfeld Regionalforschung, Österr. Forschungszentrum Seibersdorf – (Pr) Neulinggasse 52/21, A-1030 Wien – (D) A-2444 Seibersdorf, Tel.: (02254) 780-3883, Fax: 780-3888, e-mail: helmut.gassler@arcs.ac.at

GATTI, Adrian (1-4-1959, Schaffhausen) Dipl.-Mittelschullehrer – (Pr) Langrietstr. 12, CH-8212 Neuhausen a.Rhf. Tel.: (053) 225416 – (D) Kantonsschule Zug, Lüssiweg 24, CH-6300 Zug, Tel.: (042) 251212.

GATTI, Hans (4-7-1950, Schaffhausen) Dipl.geogr., dipl. Gymnasiallehrer f. Geographie, Biologie und Informatik – (Pr) Postfach 715, CH-8212 Neuhausen a.Rhf, Tel.: (052) 6723869. – (D) A1 Art Court, 5, Tung Shan Terrace, Wan Chai, Hong Kong, Tel.: ++852283 88 753, e-mail: gatti-ch@hotmail.com.

GATTI-SAUTER, Susanne (22-7-1957, Schaffhausen) Dipl.geogr. Raumplanerin ETH-NDS. Dienstleistungen in den Bereichen Raumplanung und Umwelt. – (Pr + D) Beckenburgstr. 13, CH-8212 Neuhausen a.Rhf., Tel.: (052) 6723869, e-mail: gatti-sauter@bluewin.ch.

GATZWEILER, Hans Peter (19-9-1947, Zülpich-Niederelvenich) Dr., Dipl.-Geogr., Ltd. Wiss. Dir., Bundesamt für Bauwesen und Raumordnung. – (Pr) Stresemannstr. 34, D-53840 Troisdorf – (D) BBR, Am Michaelshof 8, D-53177 Bonn, Tel.: (0228) 826277.

GEBAUER, Andreas Dipl.-Geogr., Lehrbeauftragter, Geographisches Institut der Universität Mannheim. – (Pr) Weimarer Str. 18, D-67071 Ludwigshafen. – (D) 68163 Mannheim.

GEBEL, Michael (30-03-1966, Neunkirchen), Wiss. Mitarb. an der TU Dresden, Fakultät Forst-, Geo-, Hydrowissenschaften, Fachrichtung Geowissenschaften, Institut für Geographie. – (Pr) Schaufußstr. 38, D-01277 Dresden. – (D) Mommsenstr. 13, D-01062 Dresden, Tel.: (0351) 463-4046, Fax: 463-7064, e-mail: mg4@rcs.urz.tu-dresden.de

GEBHARDT, Hans (24-9-1950, Ulm) Prof. Dr. phil., Geogr. Inst. d. Univ. Heidelberg. Hrsg. d. „Berichte zur deutschen Landeskunde" (ab.1.1.1998) – (Pr) Gaisbergstr. 87, 69115 Heidelberg, Tel.: (06221) 602346 – (D) Im Neuenheimer Feld 348, D-69120 Heidelberg, Tel.: (06221) 54-4547, Fax: 54-5585.

GEERS, Dietmar (29-9-1935, Münster) Dr. rer. nat., AOR a.D. Advisory Professor an der SW Jiaotong Univ. in Chengdu/Sichuan, VR China. – (Pr) Marienburger Str. 5, D-58455 Witten , Tel./Fax: (02302) 18228.

GEES, Andreas, Dr.phil.nat., Hydrologe – (Pr) Gen. Herzog-Str. 38, CH-5600 Lenzburg, (06289) 9356.

GEHART, Alois (25-07-1952, Wien) Dr.phil., Bibliotheksdirektor, Bibliothek des Österr. Statistischen Zentralamtes – (D) Postfach 9000, Hintere Zollamtsstr. 2b, A-1033 Wien, Tel.: (01) 71128-7803, Fax: 714-6251, e-mail: agehart@oestat.gv.at.

GEHLKER, Helmut (13-4-1926, Diepholz/Hann.) Dr. rer. nat., Landw. Dir. a.D. . – (Pr) Manolzweiler, Lange Gärten 3, D-73650 Winterbach, Tel.: (07181) 73428.

GEHRENKEMPER, Kirsten (21-5-1949) Dr. rer. nat., Generalsekretärin in d. Gesellsch. f. Erdkde zu Berlin, Schriftl. d. Zeitschr. d. Gesellschaft f. Erdkunde zu Berlin „DIE ERDE". – (Pr) Berliner Str. 104, D-14169 Berlin, Tel.: (030) 8117679 – (D) Arno-Holz-Str. 14, D-12165 Berlin, Tel.: (030) 791-9001, Fax: 793-3249.

GEIBERT, Hilmar, Mithrsg. „Stundenblätter Geographie" Sekundarstufe I. – (Pr) Maxburgstr. 1, D-67434 Neustadt.

GEIER, Horst (17-1-1933, Sangerhausen) Dipl.-Geogr. – (Pr) Breiter Weg 36, D-39104 Magdeburg .

GEIGER, Folkwin (01-04-1938) Dr. rer. nat., Prof. f. Geogr. u. ihre Didaktik der PH Freiburg/Brsg. – (Pr) Alte Straße 71, D-79249 Merzhausen, Tel.: (0761) 408369. – (D) Kunzenweg 21, D-79117 Freiburg/Brsg., Tel.: (0761) 682-307.

GEIGER, Michael (5-11-1941, Ulm) Dr. rer. nat., Ak. Dir., wiss. Mitarb. am Institut f. Geogr. d. Universität Koblenz-Landau, Abt. Landau, . – (Pr) Westpreußenstr. 24, D-76829 Landau, Tel./Fax: (06341) 5069 – (D) Im Fort 7, D-76829 Landau, Tel.: (06341) 280-369.

GEILENKEUSER, Henning (25-2-1941, Essen) Dr. rer. nat., RD bei der Reg. v. Unterfranken in Würzburg. – (Pr) Peter-Haupt-Str. 31, D-97080 Würzburg – (D) Peterplatz 9, D-97070 Würzburg, Tel.: (0931) 380-1867.

GEIPEL, Robert (1-2-1929, Karlsbad) o. Prof. em. Dr. phil., Mithrsg. d. „Münchener Geogr. Hefte", korr. Mitgl. d. Akad. f. Raumforschung, Hannover. – (Pr) Hangstr. 44, D-82131 Gauting, Tel./Fax: (089) 8503185, AB: (089) 850 9662 – (D) Arcisstr. 21, D-80333 München, Tel.: (089) 2892-5096, Fax: 2892-2804, e-mail: robert.geipel@ws.tum.de.

GEIS, Manfred (31-5-1925, Seelbach) Dr. rer. nat., OStR i. Hochschuldienst am Inst. f. Didaktik der Geographie, Fachber. 16, Geowiss. u. Geogr. – (Pr) Buchenweg 1, D-35394 Gießen, Tel.: (0641) 48853.

GEISCHER, Dorothee (07-04-1966, Tübingen) Dipl.-Geogr., Stabstelle zur Wirtschaftsförderung der Stadt Metzingen. – (Pr) Melanchthonstr. 16, D-72074 Tübingen, Tel.: (07071) 252224– (D) Stadt Metzingen, Hauptamt, Stuttgarter Str. 2-4, D-72555 Metzingen, Tel.: (07123) 925-375, Fax: 925-210, e-mail: l09@ix.urz.uni-heidelberg.de.

GEISER, Urs (1950) Dr., Wissenschaftlicher Mitarbeiter, Leiter des Bereichs Natürliche Ressourcen (insbesondere Bewirtschaftung von Landressourcen). – (Pr) Bachstr. 95 I, CH-5034 Suhr, Tel. /Fax: (0628) 242789. – (D) Geographisches Institut der Universität Zürich-Irchel, Winterthurerstr. 190, CH-8057 Zürich, Tel.: (01) 63565/31, Fax: 635 6848, e-mail: ugeiser@geo.unizh.ch.

GEIST, Helmut (26-4-1958) Dr. Dipl.-Geogr., Geograph. Institut d. Heinrich-Heine-Universität. – (Pr) Hubertusweg 90, D-41466 Neuss, Tel.: (02131) 464732. – (D) Universitätsstr. 1, D-40225 Düsseldorf, Tel.: (0211) 811-4176, Fax: 811-3955.

GELLING, Jürgen (26-4-1937, Berlin) Dipl.-Geogr., Referent am Statistischen Bundesamt Wiesbaden. – (Pr) Rembrandtstr. 7, D-65195 Wiesbaden, Tel.: (0611)

529701 – (D) Gustav-Stresemann-Ring 11, D-65189 Wiesbaden.

GEMPELER, Markus (31-03-1969), Dipl.-Geogr., Dept. Geogr. d. Univ. Basel - MCR Lab. – (Pr) Friedensgasse 51, CH - 4056 Basel, Tel.: (061) 383-1001. – (D) Spalenring 145, CH - 4055 Basel, Tel.: (061) 272-6480, Fax: 272-6923, e-Mail: gempeler@ubaclu.unibas.ch.

GENSER, Hugo (21-03-1932, Freiberg) Prof. Dr., Dipl.-Geologe, Schriftleiter der „Berichte d. Naturforschd. Ges. Freiburg i. Br.“ Naturschutzbeauftragter, Geologisches Institut der Universität Freiburg i. Br. – (Pr) Hartmann-von-Aue-Str. 5, D-79280 Au. – (D) Albertstr. 34 b, D-79104 Freiburg.

GENSLER, Gian (1-3-1921) Dr. phil. Prof. em. f. Meteorologie u. Klimatologie a. d. Univ. Zürich. – (Pr) Zweiackerstr. 38, CH-8053 Zürich, Tel.: (01) 381-3141.

GERBER, Barbara, Dr. phil.nat. – (D) Projektmanagement, Hesseweg 20, CH - 3006 Bern, Tel.: (031) 368-0760, Fax: 368-0762, e-mail: barbara.gerber@bluewin.ch

GERKE, Solvay, Dr., Univ.-Prof. für Südostasienwissenschaft an der Universität Bonn – (Pr) Auf der Ley 4, D-53177 Bonn, Tel.: (0228) 3868760, Fax: 3868758 – (D) Nassestr. 2, D-53113 Bonn, Tel.: (0228) 73-9740, Fax: 73-9744, e-mail: solvay.gerke@t-online.de

GERKOWSKI, Margot, Dipl.-Geogr., Inh. der Firma: AGD (Analysen-Gutachten-Daten, Markt-Regional-Stadtentwicklungsplanung) – (D) Moltkestr. 9, D-92637 Weiden, Tel.: (0961) 380-263, Fax: 380-174.

GERLACH, Renate (16–2–1958, Düsseldorf) Dr. rer. nat.-Geographin, Quartärgeologin Landschaftsverband Rheinland, Rhein. Amt f. Bodendenkmalpflege – (Pr) Zonserstr. 24, D-40223 Düsseldorf 1, Tel.: (0211) 153507. – (D) Endenicher Str. 133, D-53115 Bonn, Tel.: (0228) 9834-127.

GERLACH, Siegfried (1-3-1930) Prof. Dr. phil., Prof. f. Geogr. (einschl. Didaktik d. Erdkde.-Unterrichts) a. d. Päd. Hochschule Ludwigsburg a.D. – (Pr) Reichenaustr. 12, D-72768 Reutlingen, Tel.: (07121) 66678.

GERLOFF, Jens Uwe (28-2-1933, Berlin) Prof. Dr. rer. nat. habil. – (Pr) An der Düne 22, D-18347 Ostseebad Dierhagen, Tel.: (038226) 461, e-mail:jugerloff@aol.com.

GEROLD, Gerhard (3-3-1949, Großenstein) Prof. Dr. rer. nat. am Geographischen Institut der Universität Göttingen, Abt. Landschaftsökologie. – (Pr) Nötelweg 12, D-30455 Hannover, Tel.: (0511) 498014, Fax: 49 26 63. – (D) Goldschmidtstr. 5, D-37077 Göttingen, Tel.: (0551) 3980-11, -12, Fax: 3980-06, e-mail: ggerold@gwdg.de.

GERSTENHAUER, Armin (21-9-1926, Wilhelmshaven) Prof. Dr. rer. nat., em.o.Prof. am Geogr. Inst. d. Univ. Düsseldorf, Mithrsg. d. „Düsseldorfer Geogr. Schriften“. – (Pr) Schlehdornweg 16, D-42781 Haan, Tel.: (02129) 7296 – (D) Universitätsstr. 1, D-40225 Düsseldorf, Tel.: (0211) 811-2045.

GEUTING, Manfred (19-9-1939, Borken/Westf.) Dr. phil., Priv.-Doz., AOR an der Phil. Fakultät d. RWTH Aachen. – (Pr) Reimser Straße 38, D-52074 Aachen – (D) Ahornstraße 55, D-52074 Aachen, Tel.: (0241) 772 38.

GEWAND, Oliver (02-10-1963, Cottbus) Diplomlehrer – (Pr) Marienburger Str. 21, D-10405 Berlin, Tel.: (030) 4416717 – (D) Humboldt-Universität zu Berlin, Geographisches Institut, Chausseestr. 86, D-10099 Berlin, Tel.: (030) 30875-668, Fax: 30875-646.

GEYER-WEDELL, Karin (27-6-1960, Kehl-Kork) Dipl.-Geogr. Dr. – (Pr) Hummelweg 1, D-26209 Hatten

GHIRLANDA, Silvia, Dipl.geogr., Lehrerin Liceo Cantonale die Mendrisio. – (Pr) G. Motta, CH-6883 Novazzano.

GIDDEY, Christian (4-6-1961, Genève) Dr. geogr. – (Pr) 3, rue Marignac, CH-1206 Genève, Tel.: (022) 3471934.

GIERLOFF-EMDEN, Hans-Günter Richard (22-5-1923, Wilhelmshaven) Prof. Dr. rer. nat., em. Prof. am Geogr. Inst. d. Univ. München, Mithrsg. d. „Münchener Geogr. Abhandlungen“ . – (Pr) Landshoffstr. 6, D-81247 München, Tel.: (089) 885304 – (D) Luisenstr. 37, D-80333 München, Tel.: (089) 2180-6661

GIESE, Ernst (7-11-1938, München) Prof. Dr. rer. nat., Prof. am Geogr. Inst. d. Univ. Gießen. Mithrsg. d. „Geogr. Zeitschrift“ und d. „Gießener Geographische Schriften“. – (Pr) Waldstr. 55, D-35440 Linden – (D) Senckenbergstr. 1, D-35390 Gießen, Tel.: (0641) 99-36220, Fax: 99-36219.

GIESSNER, Klaus (28-2-1938, Würzburg) Prof. Dr. rer. nat., o. Prof., Lehrstuhl f.

Physische Geographie, Kathol. Universität Eichstätt. – (Pr) Am Wald 39, D-85072 Eichstätt, Tel.: (08421) 4982. – (D) Ostenstr. 26–28, D-85072 Eichstätt, Tel.: (08421) 931-303, -302 (Sekr.), Fax: 931-787, e-mail: klaus.giessner@ku-eichstaett.de.

GILGEN, Beat (20-9-1949, Trimmis) Vorsteher Wirtschaftsgymnasium, Präsident der Arbeitsgruppe Fachdidaktik Geographie (Schweiz) AFGg – (Pr) Caralweg 6, CH-7203 Trimmis, Tel.: (081) 3534615 – (D) Tel.: (081) 2522939, Fax: 2533463, e-mail: Beat.Gilgen@bks.gr.ch.

GILGEN, Hans (20-4-1946) Dr., Dipl.-Natw., Abt. Klimatologie am Geogr. Inst. ETH Zürich. – (Pr) Laubiweg 12, CH-8057 Zürich, Tel.: (01) 3613563 – (D) Uni-Irchel, Winterthurerstr. 190, CH-8057 Zürich, Tel.: (01) 635-5217.

GINZEL, Hannes (18-8-1940, Reichenberg) Dr. phil., AD am Lehrstuhl f. d. Didaktik der Geographie am Institut f. Geogr. d. Univ. Würzburg. – (D) Wittelsbacher Platz 1, D-97074 Würzburg, Tel.: (0931) 888-4807.

GLÄSSER, Cornelia (3-2-1954) Prof. Dr. habil. – (D) Institut f. Geographie der Martin Luther-Universität Halle-Wittenberg, Domstr. 5, D-06108 Halle, Tel.: (0345) 5556-020, Fax: 5527-168, e-mail: glaesser@geographie.uni-halle.de.

GLÄSSER, Ewald (7-7-1939, Oberhausen) Dr. rer. nat., Prof. am Wirtschafts- u. Sozialgeogr. Inst. d. Univ. Köln. – (Pr) Am Kaninsberg 5, D-50226 Frechen, Tel.: (02234) 61120 – (D) Albertus-Magnus-Platz, D-50931 Köln, Tel.: (0221) 470-23 2, Fax: 470-5009.

GLAESSER, Hans-Georg (27-5-1938, Berlin) Dr. phil. nat., Priv.-Doz. am Geogr. Inst. d. Univ. Kiel, habil., wiss. Referent an der Bibliothek des Inst. für Weltwirtschaft an der Univ. Kiel. – (Pr) Schneiderkoppel 11, D-24109 Melsdorf, Tel.: (04340) 1487 – (D) Düsternbrooker Weg 120, D-24105 Kiel, Tel.: (0431) 8814354.

GLÄSSER, Walter (7-3-1944) Prof. Dr. habil.nat. . – (Pr) Reilstr. 53, D-06114 Halle, Tel.: (0345) 5222505 – (D) Umweltforschungszentrum Leipzig/Halle GmbH, Arbeitsstelle Halle, Theodor-Lieser-Str. 4, D-06120 Halle/S., Tel.: (0345) 5585-202, Fax: 5585-559, e-mail: glaesser@hdg.ufz.de

GLAGOW, Hans-Jürgen (13-7-1943, Ahlen) StD, Stv. Leiter des Studienseminars für das Lehramt für die Sekundarstufe II, Gelsenkirchen II. – (Pr) Schürstatt 16, D-45721 Haltern – (D) Herforder Str. 7, D-45892 Gelsenkirchen.

GLANZ, Frieder (11-5-1956, Dresden) Dr. paed., Fachbereichsleiter für Geographie – (Pr) Hopfgartenstr. 12, D-01307 Dresden – (D) Staatliches Seminar f. d. Lehramt an Mittelschulen Dresden, Altroßthal 2a, D-01169 Dresden, Tel.: (0351) 437006.

GLASER, Gisbert (5-7-1939, Gablonz) Dr. phil., Beigeordneter Gerneraldirektor u. Koordinator der UNESCO Umweltprogramme. – (Pr) 1, rue de Marnes, F-92410 Ville d'Avray, Tel.: 147502800 – (D) UNESCO, Place de Fontenoy, F-75070 Paris, Tel.: 145684053.

GLASER, Rüdiger (11-10-1959, Ettlingen), Dr. rer. nat. habil., Privatdozent, AR am Geogr. Institut d. Univ. Würzburg. – (D) Am Hubland, D-97074 Würzburg, Tel.: (0931) 888-5549, Fax: 888-5544, e-mail: ruediger.glaser@mail.uni-wuerzburg.de.

GLASER, Ulrich (27-5-1936, Schwäb.-Hall) Dr. rer. nat., ADir. am Inst. f. Geogr. d. Univ. Würzburg, Schriftleitung der „Würzburger Geogr. Arbeiten". – (Pr) Otto-Hahn-Str. 75, D-97218 Gerbrunn, Tel.: (0931) 707073 – (D) Am Hubland, D-97074 Würzburg, Tel.: (0931) 888-5535.

GLASSTETTER REUTIMANN, Michèle (26-1-1957, Basel) Dr. phil. – (Pr) Feierabendstr. 72, CH-4051 Basel, Tel.: (061) 2721567. – (D) Institut für Natur-, Landschafts- und Umweltschutz NLU/Biogeographie der Universität Basel, St. Johanns-Vorstadt 10, CH-4056 Basel.

GLASZE, Georg (22-02-1969, Heilbronn) Dipl.-Geogr., Wiss. Mitarb. Geographisches Institut der Universität Mainz – (Pr) Mozartstr. 19, D-55118 Mainz, Tel.: (06131) 614706 – (D) D-55099 Mainz, Tel.: (06131) 39-5750, Fax: 39-4736, e-mail: g.glasze@geo.uni-mainz.de.

GLATTHAAR, Dieter (19-1-1940, Offenbach/Main) Dr. phil., AOR am Geogr. Inst. d. Ruhr-Univ. Bochum. – (Pr) Virchowstr. 30, D-44801 Bochum, Tel.: (0234) 704618 – (D) Universitätsstr. 150, D-44801 Bochum, Tel.: (0234) 7002503.

GLAWION, Rainer (30-6-1953, Krefeld) Prof. Dr. rer. nat. habil, Prof. am Inst. f. Phys. Geogr. der Albert-Ludwigs-Universität Freiburg i.Br. Mithrsg. d. „Geographischen Seminars". – (Pr) Am Rainhof 60, D-79199 Kirchzarten, Tel./Fax: (07661) 99190 . – (D) Werderring 4, D–79085 Freiburg, Tel.: (0761) 203-3543, Fax: 203-3596, e-mail: glawion@ruf.uni-freiburg.de.

GLEBE, Günther (14-10-1937, Fulda) Dr. phil. nat., Prof. am Geogr. Inst. d. Heinrich-Heine-Univ. Düsseldorf. – (Pr) Daneköthen 24, D-40627 Düsseldorf, Tel.: (0211) 274293, Fax: 274332, – (D) Universitätsstr. 1, D-40225 Düsseldorf, Tel.: (0211) 81-12051, Fax: 81-12040, e-mail: glebe@uni-duesseldorf.de.

GLÜNKIN, Rolf, Dipl.phil., Amt für Raumplanung, Abteilung Naturschutz. – (Pr) Stalden 25, CH-4500 Solothurn, Tel.: (032) 6234768. – (D) Werkhofstr. 59, CH-4500 Solothurn, Tel.: (032) 623-2580, Fax: 623-7682.

GOCHT, Hans (16-12-1930, Ilmenau/Th.) Dr. rer. nat., Institut und Museum für Geologie und Paläontologie. – (Pr) Philosophenweg 39, 72076 Tübingen. – (D) Sigwartstr. 10, D-72076 Tübingen.

GOECKE, Bernd (10-06-1951) Dipl.-Geogr., Dipl.-Ing., Kartograph, Justus-Liebig-Universität, FB Geographie, Abt. Kartographie. – (Pr) Am Tagbau 3, D-35444 Biebertal. – (D) Schloßgasse 7, D-35390 Giessen.

GÖHRING, Walter (20-2-1936, Bezania) Dr., Univ.-Doz., Prof. a.d. Päd. Akademie d. Bundes in Wien, Autor von Schulbüchern und Medienpaketen, Redaktionsmitglied der Zeitschrift „Arbeit und Wirtschaft“, Vorstandsmitglied d. Österr. Gesellschafts- und Wirtschaftsmuseums. – (Pr) Universitätsstr. 8/6, A-1090 Wien, Tel.: (01) 4082901 – (D) Ettenreichg. 45a, A-1100 Wien, Tel.: (01) 602-9192, Fax: 603-4139.

GOEKE, Dietrich (3-8-1912, Gronau/Westf.) Dr. phil., StDir. – (Pr) Im Brinkmannsfeld 76, D-46242 Bottrop, Tel.: (02041) 52426.

GÖLER, Daniel (29-01-1965) Dr. phil. Dipl.-Geogr., Wiss. Assistent am Lehrstuhl I für Geographie der Universität Bamberg – (Pr) Linderstr. 3, D-96052 Bamberg, Tel.: (0951) 36817 – (D) Am Kranen 12, D-96045 Bamberg, Tel.: (0951) 863-2410, e-mail: daniel.goeler@ggeo.uni-bamberg.de.

GÖMANN, Gerhard (27-3-1936, Duderstadt) Dr. phil., Leiter f. Statistik und Wahlen. – (Pr) Am Karrenberg 47, D-42553 Velbert, Tel.: (02053) 6116 – (D) Stadt Wuppertal, Ressort Allgemeine Dienste, D-42269 Wuppertal, Tel.: (0202) 563-5917, Fax: 563-8030.

GÖRTLER, Wilfried (11-3-1934, Friedland) Ing. Kartograph. – (Pr) Seebergstr. 54, D-99867 Gotha, Tel.: (03621) 26927.

GOHL, Dietmar (29-12-1936, Lötzen) Dr. rer. nat., Geograph. – (Pr) Riegeläckerstr. 12, D-71229 Leonberg, Tel.: (07152) 43971.

GOLDBACH, Heiner (29-12-47, Dresden) Dr. rer. agr. Dr. rer. nat. habil., Prof. f. Agrarökologie, VDL, Vereinigg. Angew. Botanik Dt. Bot. Ges., Dt. Ges. f. Pflanzenernährung, Universität Bayreuth, Institut für Geowissenschaften, LS. Biogeographie, Abt. Agrarökologie. – (Pr) Suebenstr. 3, D-53175 Bonn, Tel.: (0228) 375560, e-mail: heiner.goldbach@t-online.de. – (D) Agrikulturchemisches Institut, Rheinische Friedrich-Wilhelms-Universität Bonn, Meckenheimer Allee 176, D-53115 Bonn, Tel.: (0228) 73-2850, -2851, Fax: 73-2489, Internet: http://ibm.rhrz.uni-bonn:de:80/akci/, e-mail: h.goldbach@uni-bonn.de

GOLDBERGER, Josef (7-8-1919, Bad Hall/OÖ) Dr. phil., Univ.-Doz., OStR – (Pr) Gaswerkgasse 12, A-5020 Salzburg, Tel.: (0662) 439304, Zweitanschrift: Postfach 34, A-6306 Söll, Tirol, Tel./Fax: (05333) 5465.

GOLDSCHMIDT, Bernd (14-03-1964, Heidelberg) Dipl.-Geogr., wiss. Mitarb. am Geogr. Inst. d. Univ. Heidelberg. – (Pr) Hauptstr. 10, D-69493 Hirschberg, Tel.: (06201) 52254 – (D) Im Neuenheimer Feld 348, D-69120 Heidelberg, Tel.: (06221) 54-4585, Fax: 54-5585, e-mail: bernd.goldschmidt@urz.uni-heidelberg.de.

GOLTE, Winfried (29-1-1940, Danzig) Priv.-Doz. Dr. phil., AOR am Geogr. Inst. d. Univ. – (Pr) Rheinhöhenweg 32, D-53424 Remagen, Tel.: (02228) 7738 – (D) Mekkenheimer Allee 166, D-53115 Bonn, Tel.: (0228) 737895.

GOLTZ, Elke (19.12.1967, Berlin), Doktorandin, Bevölkerungsgeographie, Ländlicher Raum. – (Pr) Rotkamp 27, D-13053 Berlin. – (D) Universität Potsdam, Institut für Geographie und Geoökologie, Anthropogeographie, Postfach 601553, D-14415 Potsdam, Tel.: (0331) 977-2283, Fax: 977-2717, e-mail: goltz@rz.uni-potsdam.de.

GOOS, Hellmut, Dipl.-Geol., GeoDir., Lehrbeauftragter am Geographischen Institut der Universität in Koblenz. – (Pr) Auf der Horst 10, D-56283 Nörtershausen . – (D) Rheinau 3-4, D-56075 Koblenz.

GOPPEL, Konrad (16-1-1943, Regensburg) Prof. Dr. jur., Ministerialdirigent, Bayerisches Staatsministerium für Landesentwicklung und Umweltfragen. – (Pr) Benderstr. 19, D-81247 München. – (D) Postfach 81 01 40, 81901 München (Rosenkavalierpl. 2, D-81925 München), Tel.: (089) 9214-0.

GORKI, Hans Friedrich (16-12-1922, Hannover) Dr. phil., em. Univ.-Prof. f. Geogr. u. ihre Didaktik. – (Pr) Rehkamp 8, D-44319 Dortmund, Tel.: (0231) 283998 – (D) Univ. Dortmund, FB 16, Inst. f. Geogr. u. ihre Didaktik, Postfach, D-44221 Dortmund, Tel.: (0231) 755-2810.

GOSSMANN, Hermann (27-12-1938, Würzburg) Prof. Dr. rer. nat., Inst. f. Phys. Geogr. d. Univ. Freiburg, Hrsg. „Freiburger Geogr. Hefte". – (Pr) Am Birkenrain 29, D-79271 St. Peter, Tel.: (07660) 231, Fax: 394 – (D) Institut für Physische Geographie der Universität, Werderring 4, D-79085 Freiburg, Tel.: (0761) 203-3526, e-mail: hego@ipg.uni-freiburg.de.

GOTSMICH, Nora (20-02-1969, Karlsruhe) Dipl.-Ing. (FH), Kartografin. – (Pr) Schillerstr. 47, D-76135 Karlsruhe, Tel./Fax: (0721) 854908, e-mail: NGotsmich @aol.com – (D) Map Maker, Geschäftsführerin Nora Gotsmich, Kartografie, Grafik & mehr, Schillerstr. 47, D-76135 Karlsruhe, Tel./Fax: (0721) 854908, e-mail: NGotsmich@aol.com

GRAAFEN, Rainer (15-4-1953, Bendorf) Prof. Dr. rer. nat., Univ.-Prof. für Anthropogeographie am Geogr. Institut der Universität in Koblenz, Mithrsg. von „Koblenzer Geographisches Kolloquium". – (Pr) Koblenz-Olper-Str. 64, D-56170 Bendorf, Tel.: (02622) 2184 – (D) Rheinau 1, D-56075 Koblenz, Tel./Fax: (0261) 911-9330.

GRABAU, Jürgen (26-10-1956, Hannover) Dr. phil., Lehrbeauftragter, FB 1, Fach Geographie, Universität-Gesamthochschule Paderborn. – (Pr) Talleweg 5, D-33104 Paderborn, Tel.: (05252) 6594. – (D) Pohlweg 55, Gebäude N, D-33098 Paderborn.

GRABERT, Hellmut (26-04.1920, Ferch) Prof. Dr. rer. nat., Leitender Geologiedirektor i.R., (1) Geologisches Landesamt NW, (2) Universität zu Köln (pensioniert). – (Pr) Haselbuschweg 5, D-47804 Krefeld, Tel.: (02151) 315912.

GRABOWSKI, Henning (5-9-1943, Königsberg) Dr. rer. nat. – (Pr) Königsbergerstr. 79, D-48157 Münster, Tel.: (0251) 249271.

GRABSKI-KIERON, Ulrike (16-01-1956, Dortmund) Dr. rer. nat., o.Prof. a. Inst. f. Geogr. d. Universität Münstr – (Pr) Himmelohstr. 97, D-58454 Witten, Tel./Fax: (02301) 43529 – (D) Robert-Koch-Str. 26,D-49149 Münster, Tel.: (0251) 833-3922, Fax: 833-8352.

GRACANIN, Zlatko (8-2-1927, Prag) Prof. Dr. – (Pr) Wiesenstr. 124, D-79312 Emmendingen, Tel.: (07641) 42135.

GRAEBER, Wolfgang (7-6-1919, Vetschau, Spreewald) StDir. a. D., Vors. d. Geographischen Arbeitsgemeinschaft Preetz. – (Pr) Reiherstieg 22, D-24211 Preetz, Tel.: (04342) 2959.

GRÄF, Peter (2-5-1946, Heidelberg) Univ.-Prof., Dr. habil., Dipl.-Kfm., Geogr. Inst. der RWTH Aachen, Wirtschaftsgeographie der Dienstleistungen. – (Pr) Viktoriaallee 34, D-52066 Aachen, Tel./Fax: (0241) 535155 – (D) Templergraben 55, D-52056 Aachen, Tel.: (0241) 806-060, Fax: 8888-336, e-mail: 100337.1736@ compuserve.com, sowie peter.graef@ geo.rwth-aachen.de.

GRAF, Franz (27-3-1948) Mag. Dr.phil., Univ.Lektor für Fachdidaktik am Inst. f. Geographie d. Univ. Wien, Lehrer an einer Päd AK und an einer AHS, Schulbuchautor – (Pr) Heinestr. 24/1/21, A-1020 Wien – (D) Universitätsstr. 7/5, A-1010 Wien.

GRAF, Hans-Friedrich (06-01-1950, Rothenbach/V.) Dr. sc. nat., Privatdozent am Max-Planck-Institut für Meteorologie. – (Pr) Hermann-Föge-Weg 14 a, D-37073 Göttingen. – (D) Bundesstr. 55, D-20146 Hamburg.

GRAF, Kurt (31-5-1944) PD Dr., Titularprofessor am Geogr. Inst. d. Univ. Zürich. – (Pr) Jonenbachstr. 202, CH-8911 Rifferswil/Schweiz, Tel.: (01) 7641476 – (D) Winterthurerstr. 190, CH-8057 Zürich, Tel.: (01) 2575141.

GRAMM, Michael (14-4-1948, Goch) Dr. phil., – (Pr) Kleinfeldchen 2, d-52428 Jülich, Tel.: (02461) 910800, Fax: 910801 – (D) Wege im Kreis Düren mbH, Moltkestr. 16, D-52351 Düren, Tel.: (02421) 222-864 Fax: 222-012, e-mail: info@wege.de.

GRASBERGER, Reiner (23-7-1957, Postmünster) Dr., Dipl.-Geogr. a.d. Univ. Regensburg – (Pr) Am Nordheim 1, D-93057 Regensburg, Tel.: (0941) 648297, e-mail: reiner.grasberger@t-online.de.

GRATHWOHL, Peter (26-12-1958, Sigmaringen) Prof. Dr., Dipl.-Geologe am Geologischen Institut der Universität Tübingen, Labor für Hydrogeochemie. – (D) Sigwartstr. 10, D-72076 Tübingen.

GRAU, Walter (26-7-1929, München) StDir.a.D. , Sem.-Lehrer f. Erdkunde (1975-1990), Lehrbeauftr. f. Didaktik d. Geogr. a. d. Univ. München (1970-1984). – (Pr) Luitpoldring 28, D-85591 Vaterstetten, Tel.: (08106) 5528.

GRAUTHOFF, Manfred (4-6-1956, Lippstadt) Dr. rer. nat., Physiker, Geograph, Landschaftsplaner und Energieberater. – (Pr) Auf dem Jäger 36, D-44892 Bochum. – (D) Dr. Grauthoff Unternehmensberatung für Energie und Umwelt, Auf dem Jäger 36, D-44892 Bochum, Tel.: (0234) 295-478, Fax: 294-747, e-mail: dr.grauthoff @cityweb.de.

GREBNER, Dietmar (29-7-1942) Dr., Dipl.-Met., Abt. Hydrologie am Geogr. Inst. ETH Zürich. – (Pr) Torlenstr. 34, CH-8713 Uerikon – (D) Geogr. Inst. ETH, Winterthurerstr. 190, CH-8057 Zürich, Tel.: (01) 635-5233.

GREES, Hermann (15-6-1925, Ulm/Donau) Dr. phil., Prof. am Geogr. Inst. d. Univ. Tübingen, i.R. – (Pr) Falkenweg 74, D-72076 Tübingen, Tel.: (07071) 61481 – (D) Hölderlinstr. 12, D-72074 Tübingen, Tel.: (07071) 2977-059, Fax: 295-318.

GREIF, Franz (5-7-1940, Klagenfurt) Dr. phil., Wirkl. Hofrat, Regionalforscher (Geogr.). – (Pr) Franz-Asenbauerg. 32–34/Haus 3, A-1230 Wien – (D) Bundesanstalt für Agrarwirtschaft, Abt. Agrarpolitik und Regionalforschung Schweizertalstr. 36, A-1133 Wien, Tel.: (01) 877-3651, e-mail: franz.greif@awi.bmlf.gv.at

GREINERT-BYER, Ursula (4-8-1955, Frankfurt a.M.) Dr. phil. nat., Dipl.-Geogr., Geschäftsführerin des Sonderforschungsbereiches 268 „Westafrikanische Savanne" der Universität Frankfurt. – (Pr) Fuchshohl 22, D-65812 Bad Soden, Tel.: (06196) 28259 – (D) Institut für Historische Ethnologie, Liebigstr. 41, D-60323 Frankfurt, Tel./Fax: (069) 798-28344, Tel.: 798-28343, e-mail: greinert-byer@em.uni-frankfurt.de.

GRELL, Christine (16-6-1949, Wittichenau) DR., Dipl.-Lehrer. – (Pr) Landsberger Allee 182, D-10369 Berlin, Tel.: (030) 9753051. – (D) 5. Grundschule, Brodenbacher Weg 31, D-13088 Berlin, Tel.: (030) 9250976.

GRENZEBACH, Klaus (1-5-1938) Dr. phil., – (Pr) Röderweg 41, D-35418 Buseck, Tel. : (06408) 7506 – (D) AGROPLAN Dr. Klaus Grenzebach, Röderweg 41, D-35418 Buseck, Tel.: (06408) 7506, Fax: 547830, e-mail: grenzebach@topmail.de.

GRESCH, Peter, PD, Dr., GRESCH PARTNER - Raumplanung und Umweltmanagement. – (Pr) Lättenstr. 25, CH-5436 Würenlos .

GREVE, Klaus, Prof. Dr., Prof. am Geographischen Institut der Univ. Bonn, Geographische Informationssysteme und Fernerkundung. – (Pr) Ippendorfer Allee 57, D-53127 Bonn, Tel.: (0228) 283022, Fax: 283093. – (D) Meckenheimer Allee 166, D-53115 Bonn, Tel.: (0228) 73-5596, Fax: 73-9658, e-mail: klaus.greve@uni-bonn.de.

GREWE-WACKER, Marianne (16-12-1953, Bremen) Dipl.-Geogr., Regierungsdirektorin, Senator für Wirtschaft, Mittelstand, Technologie und Europaangelegenheiten. – (Pr) Vetter-Franz-Weg 4, D-28329 Bremen. – (D) Zweite Schlachtpforte 3, D-28195 Bremen.

GRIMM, Frank-Dieter (9-8-1936, Eisenberg) Prof. Dr.habil., Stellv. Direktor d. Institut für Länderkunde, Leipzig, Vorsitzender der Geogr. Gesell. zu Leipzig, Mitglied des Präsidium der Südosteuropa-Gesellschaft, Stellv. Obmann der deutschen Geogr. Gesells., Korresp. Mitglied der Akademie f. Raumforschung u. Landesplanung, Mitherausg. von „Europa Regional" und „Beiträge zur Regionalen Geographie" – (Pr) Siedlerweg 19, D-04448 Leipzig, Tel.: (0341) 5210717. – (D) Institut für Länderkunde, Schongauerstr. 9, D-04329 Leipzig, Tel.: (0341) 2556505, Fax: 2556598.

GRIMMEL, Eckhard (25-10-1941, Bevensen) Univ.-Prof. Dr. rer. nat., Prof. im Inst. f. Geographie, Arbeitsbereich Physische Geographie, Universität Hamburg – (Pr) Isestr. 143, D-20149 Hamburg, Tel.: (040) 476292 – (D) Geomatikum, Bundesstr. 55, D-20146 Hamburg, Tel.: (040) 4123 - 4948, Fax: 4123-5270.

GRÖßCHEN, Julia (13-05-1937, Leipzig) Verlegerin, GSV Städteatlas Verlag, Deutscher und Westfälischer Städteatlas. – (D) Driburger Str. 45, D-33184 Altenbeken, Tel.: (05255) 7373, Fax: 7375, Internet: http//:www.gsv-verlag.com

GRÖTZBACH, Erwin (11-4-1933, Markt Wekelsdorf/Sudetenland) Dr. rer. nat., em. o. Prof., Lehrstuhl f. Kulturgeogr., Kathol. Univ. Eichstätt. – (Pr) Alpspitzstr. 10, D-82327 Tutzing, Tel./Fax: (08158) 993833.

GROETZNER, Joh.-Peter (14-7-33, Königsberg/Pr.) Dr. rer. nat., Dipl.-Geologe, Ak. Oberrat, i.R., Lehrbeauftragter: „Geologie von Niedersachsen", Red.:„ Mitteilungen aus dem Geologischen Institut d. Univ. Hannover", Institut für Geologie und Paläontologie der Universität Hannover. – (D) Callinstraße 30, D-30167 Hannover, Tel.: (0511) 762-2173, Fax: 762-2172.

GROSJEAN, Georges (17-1-1921) Prof. Dr. phil., em. Prof. f. Geogr. – (Pr) Eigerweg 13, CH-3038 Kirchlindach, Tel.: (031) 8291033.

GROSS, Dieter , StD., Verband Deutscher Schulgeographen, 1. Vors. d. Landesverbandes Berlin. – (Pr) Argentinische Allee 8/c, D-14163 Berlin, Tel.: (030) 80902656. – (D) Albert-Schweitzer-Oberschule (Gymn.), Karl-Marx-Str. 14, D-12043 Berlin, Tel.: (030) 68092422.

GROßE, Gottfried (22-1-1919, Lauter/Erzgeb.) Fachredakteur für Geographie und Kartographie, Kriegerstr. 34a, D-82110 Germering, Tel.: (089) 8413584.

GROSSER, Brigitte (07-10-1948, Chemnitz) Dipl.-Geogr. – (Pr) Volksgartenstr. 51, D-04347 Leipzig, Tel: (0341) 2314554 – (D) Umweltforschungszentrum Leipzig-Halle GmbH, Permoserstr. 15, D-04318 Leipzig, Tel.: (0341) 2352380.

GROSSER, Konrad (18-02-1950) Dr.-Ing., Abteilungsleiter Geographie, Institut für Länderkunde Leipzig. – (Pr) Volksgartenstr. 51 / 141, D-04347 Leipzig. – (D) Schongauer Str. 9, D-04329 Leipzig, Tel.: (0341) 255-6537, Fax: 255-6598, e-mail: grosser@ifl.uni-leipzig.de

GROTEWOLD, Andreas (15-07-1927, Berlin) Professor emerit., Dept. of Geography, Slippery Rock University. – (Pr) 48 1/2 New Castle Street, Slippery Rock, PA 16057, USA.

GROTHEER, Jürgen (28-11-1958, Brake/Utw.) Dipl.-Geogr., Wiss. Mitarb. in der Abt. Landschaftsökologie am Inst. f. Geographie der Universität Göttingen - (Pr) Otto-Lauffer-Str. 14 b, D-37077 Göttingen, Tel./Fax: (0551) 378037, e-mail: KREIFF@t-online.de. – (D) Goldschmidtstr. 5, D-37077 Göttingen, Tel.: (0551) 39-8032, Fax: 39-8006, e-Mail: jgrothe@gwdg.de.

GROTHENN, Dieter (14-12-1934, Bremen) Prof. Dr.-Ing., Leit. Verm.-Dir., a.D., Lehrauftr. Amtliche Kartenwerke a. d. Univ. Hannover. – (Pr) Petermannstr. 56, D-30455 Hannover, Tel.: (0511) 498472.

GROTTHAUS, Elmar (3-1-1945) Kartograph und Verleger – (D) Herkulesstraße 105, D-34119 Kassel, Tel./Fax: (0561) 38949

GROTTHAUS, Kurt (23-11-1913, Zeitz) Kartograph u. Verleger. – (D) Ahrensbergstr. 2C, D-34131 Kassel, Tel.: (0561) 32556.

GROTZ, Reinhold (2-5-1938, Stuttgart) Dr. rer. nat., Prof. am Geogr. Inst. d. Univ. Bonn. – (Pr) Köhlstraße 62, D-53125 Bonn, Tel.: (0228) 255170. – (D) Mekkenheimer Allee 166, D-53115Bonn, Tel.: (0228) 73-7231, Fax: 73-7230, e-mail: r.grotz@uni-bonn.de.

GRUBE, Eitel Friedrich (6-7-1928, Hamburg) Prof. Dr. rer. nat., Lehrbeauftr. a. Inst. f. Geogr. u. Wirtschaftsgeogr. d. Univ. Hamburg. – (Pr) Karlshöhe 128, D-22175 Hamburg.

GRUBER, Doris (11-02-1971, Wels) Mag. rer. nat., Univ.-Lektorin am Inst. f. Geographie der Universität Wien – (Pr) Festgasse 6/12, A-1160 Wien, Tel.: (01) 4812662 – (D) Universitätsstr. 7/I, A-1010 Wien, Tel.: (01) 4277-48646, Fax: 4277-9486

GRUBER, Gerald (15-5-1930, Graz) Mag. rer. nat., Dr. phil., em. Prof. f. Geogr. a. Inst. f. Wirtschafts- u. Sozialgeogr. d. Johann-Wolfgang-Goethe-Univ., Frankfurt/M. – (Pr) Sillersdorfer Str. 8, D-83395 Freilassing, Tel.: (08654) 64397.

GRUBER, Urs (26-1-1967) Dipl.-Geogr., Doktorand. – (Pr) Dischmastr. 17, CH-7260 Davos Dorf – (D) Eidg. Institut für Schnee- und Lawinenforschung SLF, Tel.: (081) 4170262.

GRÜGER, Eberhard (09-05-1938, Münsterberg/Schlesien) Prof. Dr., Albrecht-v.-Haller-Institut für Pflanzenwissenschaften, Palynologie und Quartärwissenschaften. – (Pr) Sertürnerstr. 10, D-37085 Göttingen. – (D) Wilhelm-Weber-Str. 2, Tel.: (0551) 395729, Fax: 398449, e-mail: egruege@gwdg.de

GRÜNEWÄLDER, Karl-Wilhelm (20-10-1942) AOR i.R. – (Pr) Jakob-Kaiser-Str. 4, D-21337 Lüneburg, Tel.: (04131) 56947

GRÜNREICH, Dietmar (10-4-1946, Hamburg) Dr.-Ing., Prof. f. Topographie u. Kartographie, Geschäftsführender Leiter des Inst. f. Kartographie, Univ. Hannover – (Pr) Am Kuhlfeld 3, D-30952 Ronnenberg, Tel.: (05109) 4369 – (D) Appelstr. 9a, D-30167 Hannover, Tel.: (0511) 762-3588, Fax: 762-2780, e-mail: gruenreich @ifk.uni-hannover.de.

GRUNDMANN, Luise (10-5-1939, Roßbach) Dr. rer. nat., Institut für Länderkunde Leipzig, wiss. Referent, Deutsche Landeskunde, Hrsg. Werte d. deutschen Heimat – (Pr) Dinterstr. 18, D-04157 Leipzig, Tel.: (0341) 9117124 – (D) Schongauerstr. 9, D-04329 Leipzig, Tel.: (0341) 2556-500, Fax: 2556-598.

GRUNERT, Jörg (16-9-1945, St. Georgen/Schwarzwald) Dr. rer. nat., Prof. am Geogr. Institut d. Joh.-Gutenberg Univ. Mainz, FB 22 (Geowissenschaften). – (Pr) Kapellenstr. 30a, D-55270 Zornheim, Tel.: (06136) 46228. – (D) D-55099 Mainz, Tel.: (06131) 392694, Fax: 394735, e-mail:physische.goegraphie@geo,uni-mainz.de

GRUNEWALD, Karsten (01-12-1961, Schwerin), Dr. rer. nat. habil., wiss. Oberassistent an der TU Dresden, Fakultät Forst-, Geo-, Hydrowissenschaften, Institut für Geographie. – (Pr) Zöllmener Str. 11B, D-01705 Freital-Wurgwitz. – (D) Mommsenstr. 13, D-01062 Dresden, Tel.: (0351) 463-4046, Fax: 463-7064, e-mail: kg3 @rcs.urz.tu-dresden.de

GÜNL-Baxmeier, Volkmar (30-05-1954) Konrektor – (Pr) Am Kirchholz 28 B, D-60529 Frankfurt a. M., Tel./Fax: (069) 35355518 – (D) Friedrich-Stoltze-Schule, Seilerstr. 36, D-60313 Frankfurt/M., Tel.: (069) 212-33056.

GÜNSTER, Norbert (07-10-1964, Köln) Dipl.-Geogr., wiss. Mitarb. am Inst. f. Bodenkunde d. Univ. Bonn. – (Pr) Neichener Str. 22, D-51491 Overath, Tel.: (02204) 71831. – (D) Nußallee 13, D-53115 Bonn, Tel.: (0228) 73-2614, Fax: 73-2782

GÜSSEFELDT, Jörg (28-12-1941, Oldenburg/Oldenbg) Dipl.-Geogr., Dr. rer. nat., Prof. am Geographischen Institut der Univ. Göttingen, Leiter der Abt. Wirtschaftsgeographie – (Pr) Am Winterberg 25, D-37079 Göttingen, Tel.: (0551) 94863 – (D) Goldschmidtstr. 5, D-37077 Göttingen, Tel.: (0551) 398-031, Fax: 398-006, e-mail: jguesse@gwdg.de.

GUICHONNET, Paul (9-6-1920, Megève/Frankreich) Prof. hon. Université de Genève. Ancien Doyen de la Faculté des Sciences économiques et sociales. Memb. correspondant de l'Institut de France (Académie des Sciences morales et politiques). Memb. d'honneur de: Società geografica italiana, Société de Géographie de Lisbonne, Société de Géographie de Genéve. – (Pr) 20, Avenue Tronchet, CH-1226 Thônex .

GUMPERT, Lothar (10-12-1930, Bürgstein/CSR) Dr. rer. nat., – (Pr) Jakobstraße 3, D-39104 Magdeburg , Tel.: (0331) 5434349.

GUNZELMANN, Thomas (7-4-1958, Bamberg) Dr. phil. Dipl.-Geogr., Oberkonservator. – (Pr) Gartenstr. 14, D-96199 Zapfendorf. – (D) Bayer. Landesamt f. Denkmalpflege, Außenstelle Bamberg, Schloß Seehof, D-96117 Memmelsdorf, Tel.: (0951) 4095-24, e-mail: thomas.gunzelmann@ggeo.uni-bamberg.de.

GURTZ, Joachim (16-9-1942, Beeskow/Spree) Doz. Dr. rer. nat. habil., Diplom-Hydrologe, Eidgenössische Technische Hochschule (ETH) Zürich, Geographisches Institut, Abteilung Hydrologie. – (Pr) Birchstr. 412, CH-8052 Zürich, Tel.: (01) 3024281, bzw. Boxberger Str. 7, D-01239 Dresden, Tel.: (0351) 2844557. – (D) Winterthurerstr. 190, CH-8057 Zürich, Tel.: (01) 635-5228, Fax: 362-5197, e-mail: gurtz@geo.umnw.ethz.ch.

GUST, Dieter, Dr. rer. pol., lic. rer. reg., Verbandsdirektor des Regionalverbandes Neckar-Alb. – (Pr) Wirkerweg 7, D-72116 Mössingen, Tel.: (07473) 23138 – (D) Bahnhofstr. 1, D-72116 Mössingen, Tel.: (07473) 9509-0, Fax: 9509-25, e-mail: rv-neckar-alb@t-online.de.

GUTBERLET, Jutta, Dr. rer. nat., Dozentin in Humangeographie am Department für Geographie und Umweltwissenschaften der Universität von Newcastle, Australien. Forschungsschwerpunkt: Umelt- und Sozialgeographie in Entwicklungsländern. – (D) The University of Newcastle, Department of Geography and Environmental Science, University Drive, Callaghan 2308 NSW, Australien, Tel.: (00612) 49215092, Fax: 49215877, e-mail: GGJGG@cc.newcastle.edu.au Internet: University of Newcastle/Australia – (D) Rua Padre Ramon Ortiz, No. 3, 04477-100 Santo Amaro, São Paulo, SP, Brasilien, Tel.: 005511 56740280.

GYÖRFFY, János (27-9-1947, Budapest) Ph.D. Dr., Univ.-Dozent, Eötvös Loránd Universität Budapest, Institut für Kartographie. – (Pr) Károly Krt. 9/c, H-1075 Budapest. – (D) Pázmány Péter Sétány 1/A, H-1117 Budapest.

H

HAACK, Erfried (30-03-1929, Loddin) Dr. rer. nat. habil., Dipl.-Geograph. – (Pr) Sewanstr. 148, D-10319 Berlin, Tel.: (030) 5111952.

HAAS, Hans-Dieter (4-10-1943, Wirsitz) Prof. Dr., o. Prof. u. Vorstand des Inst. f. Wirtschaftsgeogr. d. Univ. München (Seminar f. Internationale Wirtschaftsräume u. betriebliche Standortforschung), Wiss. Vorstand am Dt. Wirtschaftswiss. Inst. f. Fremdenverkehr an d. Univ. München, Hrsg. v. „Wirtschaft & Raum", d. „WRU-Berichte" (Materialien u. Forsch.Ber. a.d.Inst f. Wirtschaftsgeographie) u. d. „Jahrbuchs für Fremdenverkehr". – (Pr) Zirler Str. 1, D-82194 Gröbenzell, Tel.: (08142) 7746 – (D) Ludwigstr. 28, D-80539 München, Tel.: (089) 2180-2231, Fax: 2180-3809, e-mail: haas@bwl.uni-muenchen.de.

HAAS, Hans-Peter, OStDir., Geschäftsführer im Verband Deutscher Schulgeographen e.V., Landesverband Baden-Württemberg. – (D) Bismarckweg 15, D-74821 Mosbach-Neckarelz, Tel.: (06261) 7209, Fax: 972440.

HAASE, Dagmar (28-03-1972, Leipzig) Dipl.-Geogr., Institut für Geographie, Universität Leipzig. – (Pr) Bornaische Str. 24, D-04277 Leipzig, Tel.: (0341) 3918811 – (D) Johannisallee 19a, D-04103 Leipzig, Tel.: (0341) 9738-555, Fax: 9738-799.

HAASE, Günter (16-1-1932, Pulsnitz) Prof. Dr. rer. nat. habil., Mitglied der Sächsischen Akademie der Wissenschaften zu Leipzig, Mitglied der Leopoldina, Universitätsprofessor für Physiogeographie, Universität Leipzig. – (Pr) Selneckerstr. 3, D-04277 Leipzig, Tel.: (0341) 3012223 – (D) Johannisallee 19a, D-04103 Leipzig, Tel.: (0341) 9732796.

HAASE, Jutta (28-5-1937, Leipzig) Dr.rer.nat., Wiss. Redakteur. – (Pr) Selneckerstr. 3, D-04277 Leipzig, Tel.: (0341) 3012223.

HABBE, Karl Albert (15-3-1928, Celle) Prof. Dr. rer. nat., Professor (Extraordinarius) i.R. – (Pr) Hänflingweg 3, D-91056 Erlangen, Tel.: (09131) 41592 – (D) Inst. f. Geographie d. Univ. Erlangen-Nürnberg, Kochstr. 4, D-91054 Erlangen, Tel.: (09131) 85-22633, Fax: 85-22013.

HABEL, Rudolf (4-5-1921) Dr.-Ing., Wiss. Direktor i.R. – (Pr) Gartenstraße 40, D-99867 Gotha, Tel.: (03621) 853910.

HABIG, Markus (04-02-1971, Bielefeld) Dipl.-Geogr., Wiss. Mitarb. in der zWE „Arbeit und Region", Universität Bremen – (Pr) Am Distelkamp 20, D-28329 Bremen – (D) Parkallee 39, D-28209 Bremen, Tel.: (0421) 218-3168, e-mail: m.habig @nordwest.net.

HABRICH, Wulf (31-8-1939, Bochum) Univ. Prof. Dr.; Universität Duisburg GHS, FB 6 Fach Geographie. – (Pr) Bloemersheimstr. 49, D-47804 Krefeld, Tel.: (02151) 710970 – (D) Lotharstr. 1, D-47057 Duisburg, Tel.: (0203) 379-22 77 (-22 50). Fax: 379-3516, e-mail: habrich@uni-duisburg.de.

HACKENBERG, Klaus (9-6-1938, Breslau) StD, Fachl. f. Erdkde. am Studienseminar für das Lehramt für die Sekundarstufe II am Gymnasium Hamm. – (Pr) Föhrkamp 16, D-48317 Drensteinfurt – (D) Museumstr. 8, D-59065 Hamm.

HACKENBROCH, Erich (1-7-1938, Köln) StDir., Fachl. f. Erdkde. am Staatl. Bezirksseminar Köln I f. d. Lehramt am Gymnasium. – (Pr) Käthe-Kollwitz-Str. 10, D-50999 Köln, Tel.: (0221) 351829 – (D) Claudiusstr. 1, D-50997 Köln.

HAEBERLI, Wilfried, Prof. Dr., Geographisches Institut Universität Zürich, Leiter des „World Glacier Monitoring Service" GEMS/UNEP. – (Pr) Pfarrgasse 30, CH-8704 Herrliberg – (D) Winterthurerstr. 190, CH-8057 Zürich, Tel.: (01) 63-5520, -5521, Fax: 6356848, e-mail: haeberli@geo.unizh.ch.

HAEFNER, Harold (21-11-1933, Zürich) Dr. phil., o. Prof. am Geogr. Inst. d. Univ. Zürich. Hrsg. „Remote Sensing Series". – (Pr) Maiacherstr. 13, CH-8127 Forch, Tel.: (01) 9801575 – (D) Geogr. Inst. d. Universität Zürich-Irchel, Winterthurerstr. 190, CH-8057 Zürich, Tel.: (01) 635-5131, Fax: 635-6842, e-mail:haefner@geo.unizh.ch.

HÄNDEL, Leonore (6-2-1933, Cröbern, Krs. Leipzig) Dr. rer. nat., Dipl.-Geologin. – (Pr) Lene-Voigt-Str. 2/677, D-04289 Leipzig.

HÄNSEL, Gerhard (29-10-1960, Erlangen) Dipl.-Geograph, Wiss. Mitarbeiter, Technische Universität Chemnitz, Philosophische Fakultät – Fachgebiet Geographie. – (Pr) Meranierring 38, D-95445 Bayreuth, Tel.: (0921) 43457. – (D) Reichenhainer Str. 39, D-09107 Chemnitz, Tel.: (0371) 531-4057.

HÄNSGEN, Dirk (9-2-1964, Bendorf) M.A. – (Pr) Schöndorfer Str. 5, D-54292 Trier, Tel.: (0651) 13995, e-mail:haensgen @uni-trier.de.

HÄRLE, Josef (8-7-1937, Otterswang, Kr. Bib) Prof. Dr. a. d. Päd. Hochsch. Weingarten. – (Pr) Sonnenrain 11/3, D-88239 Wangen im Allgäu. – (D) Kirchplatz 2, D-88250 Weingarten.

HÄRTA, Rainer (24-03-1962, Erndtebrück) Dipl.-Geogr. – (Pr) Sedlmayerstr. 34, D-80634 München.

HÄRTLING, Andrea, Dr., Oberregierungsrätin. – (Pr) Stefan-Zweig-Straße 23, D-56567 Neuwied.

HÄRTLING, Joachim, Dr.rer.nat., Wiss. Ass. am Inst. f. Physische Geographie d. Albert-Ludwigs-Universität Freiburg, 2. Vorsitzender der Gesellschaft für Umweltgeowissenschaften (GUG). – (D) Werderring 4, D-79085 Freiburg, Tel.: (0761) 203-3544, Fax: 203-3596, e-mail: acha@ipg.uni-freiburg.de.

HÄUSSER, Meike (03-01-1967, Berlin) Dipl.-Geogr. – (Pr) Bötzowstr. 28, D-10407 Berlin, Tel.: (030) 4291305.

HAFFNER, Willibald (23-12-1935, Trier) Dr. rer.nat., Prof. am Geogr. Inst. der Univ. Gießen. – (Pr) Tulpenweg 6, D-35440 Linden, Tel.: (06403) 636 38 – (D) Senckenbergstr. 1, D-35390 Gießen, Tel.: (0641) 99-36210, Fax: 99-36219, e-mail:willibald.haffner@geo.uni-giessen.de.

HAGEDORN, Horst (29-10-1933, Blomberg/ Lippe) Prof. Dr. rer.nat., Prof. d. Geogr. am Geogr. Inst. d. Univ. Würzburg, Hrsg. „Würzburger Geogr. Arbeiten“, Mithrsg. „Zeitschrift für Geomorphologie“, Schriftleiter „Relief – Boden – Paläoklima“. – (Pr) Allerseeweg 33, D-97204 Höchberg, Tel.: (0931) 48016 – (D) Am Hubland, D-97074 Würzburg, Tel.: (0931) 888 55 54.

HAGEDORN, Jürgen (10-3-1933, Hankensbüttel) Prof. Dr. rer. nat., Prof. am Geogr. Inst. d. Univ. Göttingen. – (Pr) Jupiterweg 1, D-37077 Göttingen, Tel.: (0551) 21323 – (D) Goldschmidtstr. 5, D-37077 Göttingen, Tel.: (0551) 398001, Fax: 398006.

HAGEL, Jürgen (28-9-1925) Dr. rer.nat., Akad. Dir. a.D. – (Pr) Lukwiesenstraße 33, D-72622 Nürtingen, Tel.: (07022) 47521.

HAGEN, Dietrich, Dr. rer. nat. habil. Hochsch.-Doz. – (D) Universität Oldenburg, Uhlhornsweg 19–45, D-26129 Oldenburg (Postfach 2503, D-26111 Oldenburg), Tel.: (0441) 7980.

HAGER, August (22-4-1955, Uznach) Lic. phil. I, Dipl.-Raumplaner ETH-NDS. – (Pr) Sägergässlein 5, CH-4058 Basel, Tel.: (061) 6915880. – (D) c/o BATIGROUP Immobilien AG, Burgfelder Str. 211, CH-4025 Basel, Tel. (061) 326-3030, Fax: 326-3232.

HAGMÜLLER, Gertraud (14-10-1917, Wien) Dr. phil. et. mag., StR'in i.R. – (Pr) St. Lorenz 140, A-5310 Mondsee, Tel.: (06232) 2006.

HAHN, Barbara (10-5-1955, Essen) Prof. Dr. phil., Wirtschafts- und Sozialgeographie Univ. Lüneburg. – (Pr) Wiesengrund 4, D-21335 Lüneburg, Tel.: (04131) 407733 – (D) Universität Lüneburg, Scharnhorststr. 1, D-21335 Lüneburg, Tel.: (04131) 782693, Fax: 782692, e-mail: hahn@uni-lueneburg.de.

HAHN, Helmut (15-9-1921, Boppard) Prof. Dr. phil., em. o. Prof. f. Soz. u. Wirtschaftsgeographie a. d. Univ. Bonn. – (Pr) Jenastr. 12, D-53757 St. Augustin, Tel.: (02241) 332839 – (D) Meckenheimer Allee 166, D-53115 Bonn.

HAHN, Roland (29-12-1936, Tübingen) Dr. rer. nat., Prof. d. Geogr. – (Pr) Rainstr. 28, D-70327 Stuttgart, Tel.: (0711) 333592 – (D) Geographisches Institut d. Univ. Stuttgart, Azenbergstr. 12, D-70174 Stuttgart, Tel.: (0711)121-1470/1473, Fax: 121-1471/1472.

HAHNE, Ulf (28-02-1956) Dr. sc. pol., Dipl.-Volksw., Wiss. Mitarb., Inst. f. Geogr. u. ihre Didaktik, Bildungswiss. Hochschule Flensburg-Universität, Mithrsg. d. „Flensburger Regionalen Studien“. – (Pr) St.-Jürgen-Str. 52, D-24937 Flensburg, Tel.: (0461) 27127, Fax: 27196 – (D) Mürwiker Str. 77, D-24943 Flensburg, Tel.: (0461) 570-1342.

HAIMAYER, Peter (26-3-1944) Dr. – (Pr) Tschiggfreystr. 25, A-6020 Innsbruck, Tel.: (0512) 273102. – (D) Institut für Geographie der Universität Innsbruck, Innrain 52, A-6020 Innsbruck, Tel.: (0512) 507–5413, 5414, Fax: 507-2895.

HAJNSEK, Irena, Inst. f. Geographische Wissenschaften B.E.R.G., Freie Universität Berlin. – (D) Grunewaldstr. 33, D-12165 Berlin.

HAKE, Günter (27-5-1922, Hannover) Dr.-Ing. Dr. phil. h.c., o. Prof. i.R. – (Pr) Börie 58, D-30966 Hemmingen, Tel.: (0511) 422027.

HALFEN, Susanne (07-07-1968, Brühl) Wiss. Mitarb. Studiengang Geographie (Geographiedidaktik), FB 8, Universität Bremen. – (Pr) Lilienthaler Heerstr. 201, D-28357 Bremen, Tel.: (0421) 2768906 –

(D) Postfach 330440, D-28334 Bremen, Tel.: (0421) 219-9051, e-mail: susanne.halfen@uni-bremen.de.

HALLER, Heinrich (13-9-1954) Prof. Dr., Direktor Schweizerischer Nationalpark, Nationalparkhaus, CH-7530 Zernez, Tel.: (081) 856-1282, Fax: 856-1740.

HALPAAP, Rainer (11-10-1952, Jössen) Dr., Küsten-Museum der Stadt Wilhelmshaven, Museumsleiter. – (D) City-Haus, Rathausplatz 10, D-26382 Wilhelmshaven, Tel.: (04421) 16-1460.

HALVER, Werner (23-10-1965, Köln) Dipl.-Geogr., Dr. rer. pol., Standortforschung. – (Pr) Im Sionstal 25, D-50678 Köln, Tel. (0221) 313060; Fax: 3101526; e-mail: Halver@t-online.de.

HAMANN, Matthias (03-07-1965, Schwenningen) Dipl.-Geogr. – (D) Geographisches Institut, Universität Kiel, Olshausenstr. 40, D-24098 Kiel, Tel.: (0431) 880-3434, Fax: 880-4658 – Forschungs- und Technologiezentrum Westküste, Hafentörn, D-25761 Büsum, Tel.: (04834) 604282, Fax: 6772, e-mail: hamann@ftz-west.uni-kiel.de.

HAMHABER, Johannes (04-11-1965, Ulm) Dipl.-Geogr., Wiss. Mitarb. am Geographischen Institut der Universität Köln. – (D) Albertus-Magnus-Platz, D-50923 Köln, Tel.: (0221) 470-6102, Fax: 470-4971.

HAMMER, Susanne (18–1–1963, Wien) Mag. – (Pr) Elisabethallee 89/5/8, A–1130 Wien, Tel.: (01) 8034164, e-mail:Susanne Hammer@compuserve.com.

HAMMINGER, Isabel (27-11-1970, Calw) Dipl.-Ing. (FH). – (Pr) Braheweg 3, D-75175 Pforzheim, e-mail: Isabel.Hamminger@t-online.de.

HANGEN, Hermann Otto, Dipl.-Geogr. – (Pr) Obergasse 8, D-55576 Zotzenheim – (D) Kreisverwaltung Bad Kreuznach, Salinenstr. 47, D-55543 Bad Kreuznach, Tel.: (0671) 803399.

HANKE, Reinhard (7-7-1940, Berlin) Dipl.-Geogr., Planungs- und Datenschutzbeauftr. beim Bürgermeister von Berlin-Tempelhof, 1. Vors. d. „Arbeitsgemeinschaft Ostmitteleuropa", 1. Vors. Westpreußisches Bildungswerk Berlin-Brandenburg. – (Pr) Zietenstr. 19, D-10783 Berlin (Postfach 302924, D-10730 Berlin), Tel.: (030) 2155453 – (D) Bezirksamt Tempelhof von Berlin, Tempelhofer Damm 165, D-12099 Berlin, Tel.: (030) 7560-2654, 2300, Fax: 7560-2391.

HANLE, Adolf (19-7-1931) Prof. Dr. phil., Lehrbeauftr. f. Gesch. d. Kartogr. u. Arbeitsdispos. u. Kalkulation an der FH Karlsruhe – Hochschule f. Technik. – (Pr) Mozartstr. 7, D-68549 Ilvesheim, Tel.: (0621) 494523.

HANNEMANN, Volker (9-2-1944, Stendal) Dipl.-Geogr., Staatsrat a. D., Lehrbeauftragter. – (Pr) Theodor-Storm-Str. 20, D-28844 Weyhe, Tel.: (0421) 80-8122, Fax: 80-8244, Mobil: (0172) 4255820, e-mail: VolkerHannemann@t-online.de.

HANNESEN, Hans (2-11-1926) Dr. phil. – (Pr) Elserweg 28, D-53340 Meckenheim, Tel.: (02225) 12603.

HANNSS, Christian (26-4-1937, Dresden) Dr., Prof. – (Pr) Neuhausenstr. 50, D-72202 Nagold, Tel.: (07452) 43 24 – (D) Hölderlinstr. 12, D-72074 Tübingen, Tel.: (07071) 2975316.

HANSEN, Ralph B. (9-6-1952) Dr., AOR, Laborleiter. – (Pr) Weismark 71, D-54294 Trier – (D) Universität Trier, FB VI, D-54285 Trier, Tel: (0651) 201-0, e-mail: hansen@uni-trier.de.

HANSER, Christian, Dr. – (Pr) Büelhaldenweg 1, CH-8942 Oberrieden, Tel. (01) 7209832 – (D) Brugger, Hanser und Partner AG, Lagerstrasse 33, Postfach 3977, CH-8021 Zürich, Tel.: (01) 2999511.

HANTKE, René (22-1-1925, Rorschach SG) Prof. Dr. – (Pr) Glärnischstr. 3, CH-8712 Stäfa, Tel.: (01) 926 21 50. – (D) Geol. Institut ETH, CH-8092 Zürich, Tel.: (01) 256 36 68.

HANTSCHEL, Roswitha (6-9-1944, Neu-Tischau/Krs. Teplitz) Dr. habil., Privat-Dozentin am Inst. f. Kulturgeogr., Stadt- u. Regionalforschg. d. Univ. Frankfurt/M. 1. – (Pr) Anemonenweg 17, D-63225 Langen, Tel.: (06103) 79 917 – (D) Senckenberganlage 36, D-60054 Frankfurt, Tel.: (069) 798-23668

HARBRECHT, Hermann (27-2-1940, Waldkirch/Br.) Redakteur d. Zeitschr. „Raumforschung und Raumordnung" im Bundesamt für Bauwesen und Raumordnung Bonn-Bad Godesberg. – (Pr) Mittelstr. 41, D-53175 Bonn – (D) Am Michaelshof 8, D-53177 Bonn, Tel.: (0228) 8262–83.

HARD, Gerhard (12-6-1934) Prof. Dr. phil., Prof. f. Geogr. a. d. Univ. Osnabrück, Mithrsg. der „Osnabrücker Studien zur Geographie (OSG)". – (Pr) Spinnereiweg 25, D-49082 Osnabrück, Tel.: (0541) 84 344 – (D) Fachgebiet Geographie im FB 2, Seminarstr. 19 ab, D-49069 Osnabrück, Tel.: (0541) 96942 73.

HARDENBICKER, Ulrike (9–8–1962, Wipperfürth) Dr. rer. nat., Dipl.-Geogr., Wiss. Ass. – (D) Institut für Geographie der Universität Halle/S., Domstraße 5, D-06108 Halle a. S., Tel.: (0345) 5526048. e-mail: hardenbicker@geographie.uni-halle.de.

HARDER, Hermann (16-11-1923, Göttingen) Prof. Dr. rer. nat., Emeritus, Geochemisches Institut – Sedimentgeochemie. – (Pr) Goldschmidtstr. 1, D-37077 Göttingen, Tel.: (0551) 393954.

HARKE, Hellmut (17-3-1924, Calbe/Saale) em. Prof., Dr. rer. nat. habil. – (Pr) Am Kirchtor 11, D-06108 Halle, Tel.: 2835425 – (D) Geographisches Institut, Martin-Luther-Universität Halle-Wittenberg, Heinrich- und Thomas-Mann-Str. 26, D-06108 Halle, Tel.: (0345) 832442.

HARRER, Bernhard (11-4-1962, München) Dr., Dipl.-Geogr. (Univ.), Projektleiter beim Deutschen Wirtschaftswissenschaftlichen Institut für Fremdenverkehr e.V. an der Universität München. – (Pr) Passauerstr. 132, D-81369 München, Tel.: (089) 7809715 – (D) Hermann-Sack-Str. 2, D-80331 München, Tel.: (089) 267-091, Fax: (089) 267-613, e-mail: dwif@lrz.uni-münchen.de.

HARRES, Hans-Peter (15-5-1941, Darmstadt) Dr. rer. nat., Wiss. Mitarb. am Geogr. Inst. d. TH Darmstadt. – (Pr) Schwarzer Weg 3, D-64287 Darmstadt, Tel.: (06151) 718723 – (D) Schnittspahnstr. 9, D-64287 Darmstadt, Tel.: (06151) 162919.

HARSCHE, Martin (04-05-1967, Gießen) Dipl.-Geogr. am Geogr. Inst. d. Universität Berlin. – (Pr) Oldenburger Str. 30, D-10551 Berlin, Tel.: (030) 3961238 – (D) Chausseestr. 86 (PA: Unter den Linden 6), D-10099 Berlin, Tel.: (030) 3087-5654/613, Fax: 3087-5653.

HARTKE, Stefan (26-3-1948, Hanau) Dipl.-Vw., apl. Prof., Dr., Dr. habil., FB Landschaftsarchitektur u. Umweltentwicklung Univ. Hannover. Landesplanung, Regionalforschung, Landesentwicklung. – (Pr) Papehof 6c, D-30459 Hannover, Tel./Fax: (0511) 233381. – (D) Niedersächsisches Ministerium für Wirtschaft, Technologie und Verkehr Referat 200, Strukturpolitik, Landesplanung, Wirtschaft und Umwelt, Friedrichswall 1, D-30951 Hannover, Tel.: (0511) 120-1 (5620), Korr. Mitglied ARL.

HARTL, Martin (18-9-1948, Regensburg) Dr. phil., Seminarrektor an der Albert-Schweitzer-Realschule Regensburg. – (Pr) Roter Brach-Weg 38, D-93049 Regensburg, Tel.: (0941) 33051, e-mail: martin.hartl@t-online.de – (D) Isarstr. 24, D-93057 Regensburg, Tel.: (0941) 5071082.

HARTLEB, Peter (26-12-1935, Zwickau) Dr. rer. nat., Prof. a. Staatl. Seminar f. Schulpädagogik (Gymnasien). – (Pr) Bahnhofstr. 22, D-76137 Karlsruhe, Tel.: (0721) 36657, Fax: 36361 – (D) Staatl. Seminar f. Schulpädagogik (Gymnasien), Bismarckstr. 10a, D-76133 Karlsruhe, e-mail: hartleb@lehrer1.rz.uni-karlsruhe.de.

HARTMANN, Klaus-Peter (29-11-1942, Stuttgart) Dr. phil., Leiter der VHS Calw. – (Pr) Unterer Conventrain 8, D-75365 Calw, Tel.: (07051) 58202 – (D) VHS-Calw, Alte Lateinschule, Postfach 1441, D-75354 Calw, Tel.: (07051) 12075, Fax: 77252.

HARTMANN, Martin (17-03-1962, Paderborn) Dr.rer.nat. – (Pr) Wittenerstr. 150, D-44149 Dortmund, e-mail: gsb@prima.de.

HARTMANN, Matthias (07-12-1961, St.Georgen/Schwarzwald) Dipl.-Geogr., DB REGIO GmbH (Deutsche Bahn, Regionalverkehr). – (Pr) Dr. Eisenbachstr. 3, D-66287 Querschied, Tel.: (06897) 680092, e-mail: mattaBeBa@aol.com – (D) Hölzengraben 2, D-67657 Kaiserslautern, Tel.: (0631) 341-4216, Fax: 341-4299, e-mail: matthias.hartmann@bku.db.de.

HARTMANN, Rainer (28-3-1966, Bassum) Dr., Tourismusplanung und -beratung, Reiseleitung. – (Pr) Fünfstück 14, D-22147 Hamburg, Tel.: (040) 64789471, e-mail: rhart2803@aol.com.

HARTMANN, Ralf (14-06-1963, Bremen) Dipl.-Geogr., Universität Bremen, FB 8, Studiengang Geographie, Abt. Physiogeographie. – (Pr) Bei der Klenkerei 28, D-27755 Delmenhorst, Tel.: (04221) 30539 – (D) Postfach 330440, D-28334 Bremen, Tel.: (0421) 218-7695, Fax: 218-9265.

HARTMANN, Stefan (5-6-1965, Schwäbisch Gmünd) Dipl.-Geogr. – (Pr) Laufenstr. 11, CH-4053 Basel, Tel.: (061) 332 0832 – (D) Geographisches Institut der Universität Basel, Spalenring145, CH-4055 Basel, Tel.: (061) 272-6928, Fax: 272-6923.

DEN HARTOG-NIEMANN, Eva (24-02-1955) Dr., Wiss. Mitarb. am Institut für Wirtschaftsgeographie der Universität Bonn. – (Pr) Ahornweg 9, D-53359 Rheinbach. – (D) Meckenheimer Allee 166, D-53115 Bonn, Fax: (0228) 735393, e-mail: niemann@joya.giub.uni-bonn.de.

HARVALIK, Vinzenz (8-1-1919, Wien) Dr., Prof. A.D., habil., RNDr., – (Pr) Prinz-Regent-Str. 79B, D-44795 Bochum, Tel.: (0234) 47 68 14.

HARZENDORF, Rolf (6-7-1925, Glauchau) Dr. phil. – (Pr) Zedernweg 1, D-50767 Köln, Tel.: (0221) 798639.

HASELEIN, Frank (31-1-1959, Kassel) Dipl.-Geogr., Wiss. Mitarbeiter am Geogr. Institut der Universität Göttingen. – (Pr) Tel.: (0561) 312680 – (D) Goldschmidtstr. 5, D-37077 Göttingen, Tel.: (0551) 398064, Fax: 398006, e-mail: fhasele@gwdg.de.

HASENFRATZ, Eberhard (5-10-1940) Dr. phil., M.A., Akad.ORat, Wiss. Mitarb. am Institut für Geographie der Universität Koblenz-Landau, Abt. Landau. – (Pr) Kapuzinerstr. 5-7, D-67547 Worms, Tel.: (06241) 46857 – (D) Im Fort 7, D-76829 Landau, Tel.: (06341) 280-369, e-mail: hasenfra@uni-landau.de.

HASENPFLUG, Henry (3-9-1948, Radeburg) Dr. phil. habil., Präsident des Statistischen Landesamtes des Freistaates Sachsen. – (Pr) Am Heroldstein 6, D-01471 Radeburg, Tel.: (035208) 4563 – (D) Statistisches Landesamt des Freistaates Sachsen, Macherstr. 31, D-01917 Kamenz, Tel. (03578) 331900

HASERODT, Klaus (6-9-1934, Mühlhausen) Prof. Dr. rer.nat., o. Univ. Prof. f. Geogr. a. Inst. f. Geogr. d. Techn. Univ. Berlin, Mithrsg. „Beiträge und Materialien zur Regionalen Geographie". – (Pr) Gütergotzer Str. 67, D-14165 Berlin, Tel.: (030) 8015687 – (D) Rohrdamm 20-22, 13629 Berlin. Tel.: (030) 38006-106 oder -109.

HASLER, Martin (4-8-1947) Prof. Dr. phil., Gymnasiallehrer, Lehrauftr. Fachdidaktik Geographie für das Höhere Lehramt am Geogr. Inst. Univ. Bern. – (Pr) Worbstr. 32 A, CH-3113 Rubigen, Tel.: (031) 7210230. – (D) Tel.:(031) 631-8840, Fax: 631-8511, e-mail: hasler@sis.unibe.ch.

HASSE, Jürgen, Dr., Univ.-Prof. am Institut für Didaktik der Geographie der Johann Wolfgang Goethe-Universität Frankfurt am Main. – (D) Schumannstraße 58, D-60054 Frankfurt am Main, Tel.: (069) 798-23859, Fax: 798-22535.

HASSENPFLUG, Wolfgang (22-4-1940, Flensburg) Prof. Dr. rer. nat. – (Pr) Holländerey 27, D-24119 Kronshagen, Tel.: (0431) 581086 – (D) Abt. Geographie, Universität Kiel, EWF, Olshausenstr. 75, D-24118 Kiel, Tel.: (0431) 880-1258 (-1190, Sekr.), Fax: 880-1588, e-mail: hassenpflug@ewf.uni-kiel.de.

HASTENRATH, Stefan (10-7-1934, Budapest) Prof. Dr. rer. nat., Prof. of Meteorology, University of Wisconsin, Madison, Wis. 5 37 06, USA.

HATZ, Gerhard (1-9-1958, Wien) Mag. phil., Dr. phil., Ass. Prof. am Inst. f. Geographie der Universität Wien. – (Pr) Khunng. 14/7, A-1030 Wien, Tel.: (01) 7995543 – (D) Universitätsstr. 7/V, A-1010 Wien, Tel.: (01) 427748631, Fax: 9486, e-mail: gerhard.hatz@univie.ac.at.

HAUBOLD, Fritz (8-3-1950, Hainichen) Dr. rer. nat., Wiss. Assistent an der Technischen Universität Dresden, Fakultät Forst-, Geo- und Hydrowissenschaften, Fachbereich Geowissenschaften, Institut für Geographie. – (Pr) Dorotheenstr. 10, D-01219 Dresden – (D) Mommsenstr. 13, D-01069 Dresden, Tel.: (0351) 463-5141, Fax: 463-7064, e-mail: fhaubold@rcs.urz.tu-dresden.de.

HAUBRICH, Hartwig (26-5-1932, Marienrachdorf) Prof. Dr. rer. nat., Past President d. Commission „Geographical Education" d. „International Geographical Union", Ehrenmitglied der Ungarischen Geographischen Gesellschaft und der IGU Commission Geographical Education, Mithrsg. d. „Geographiedidaktischen Forschungen", Mithrsg. d. Zeitschr. „Geographie heute". – (Pr) Birkenrain 34, D-79271 St. Peter, Tel.: (07660) 565 – (D) Kunzenweg 21, Pädagogische Hochschule, D-79117 Freiburg, Tel.: (0761) 682-1, -214, -426, Fax: (07660) 920088, e-mail: haubrich@ruf.uni-freiburg.de.

HAUCK, Dieter (10-08-1958) Dr., M.A., Wiss. Mitarbeiter am Lehrstuhl für Kulturgeographie der Kath. Universität Eichstätt. – (Pr) Esperstr. 24, D-91080 Uttenreuth, Tel.: (09131) 57195 – (D) Ostenstr. 18, D-85072 Eichstätt, Tel.: (08421) 93-1378, Fax: 93-1787.

HAUCK, Paul (5-6-1929, Greifswald) Prof. Dr. phil. habil., Hochschullehrer (jetzt im Ruhestand), Universität Greifswald, Geographisches Institut. – (Pr) Gaußstraße 6 b, D-17491 Greifswald – (D) Jahnstraße 16, D-17491 Greifswald.

HAUPTSTOCK, Oliver (18-03-1971, Rottenburg) Dipl.-Ing., Kartograph. – (Pr + D) Lilienthalweg 5, D-72108 Rottenburg, Tel.: (07472) 281505, Fax: 281537.

HAUSER, Dieter (05-03-1937, München) Dipl.-Geogr., Dipl.-Ing. (FH), Oberstleutnant a.D. – (Pr) Boelckeweg 5, D-29328 Fassberg, Tel./Fax: (05055) 362.

HAUSHERR, Klaus (27-12.1937) Dr. phil. – (Pr) In der Au 21, D-61273 Wehrheim.

HAUSMANN, Wolfram (3-10-1922) Prof. Dr. rer. nat., o. Prof. em. – (Pr) Dahlienstr. 7, D-82152 Krailling, Tel./Fax: (089) 8572819.

HAUX, Andreas (18-02-1956) Dipl.-Ing., Landespfleger, Hrsg. der Informationsschrift „MAPaper", screen & paper Werbeagentur GmbH. – (Pr) Am Bergmoos 7 A, D-85414 Kirchdorf – (D) Amperstr. 5, D-85402 Kranzberg.

HAVEKOST, K. Carola (31-03-1967, Bremen) Dipl.-Geogr., Wiss. Ang. bei Junker und Kruse, Stadtforschung-Stadtplanung. – (Pr) Liboristr. 48, D-44143 Dortmund, Tel.: (0231) 5310310 – (D) Am Markt 5, D-44137 Dortmund, Tel.: (0231) 557858-0, Fax: 557858-50, e-mail: mailbox@junker-kruse.do.uunet.de.

HAVELBERG, Gerhard (28-11-1937, Kassel) Dr. paed., Dipl.-Geogr. – (D) Breslauer Str. 5, D-34289 Zierenberg, Tel.: (05606) 8613.

HAVERSATH, Johann-Bernhard (8-5-1948, Coesfeld/Westf.) Prof. Dr. rer. nat., Institut für Didaktik der Geographie der Universität Gießen, Schriftführer des Hochschulverbandes für Geographie und ihre Didaktik (HGD), Erster Vorsitzender des Landesverbandes Hessen im Verband Deutscher Schulgeographen. Mithrsg. der Zeitschrift „Geographie heute". – (Pr) Adalbert-Stifter-Weg 4, D-94081 Fürstenzell, Tel.: (08502) 1677 – (D) Karl-Glöckner-Straße 21 G, D-35394 Gießen, Tel.: (0641) 9936300/-02, Fax: 9936309, e-mail: haversath@geo.uni-giessen.de.

HAVLIK, Dieter (14-4-1939, Waldenburg/ Schlesien) Dr. rer. nat., Prof. f. Phys. Geogr. a. Geogr. Inst. d. RWTH Aachen. – (D) Templergraben 55, D-52056 Aachen, Tel.: (0241) 806048, Fax: 8888157, e-mail: havlik@geophys.rwth-aachen.de.

HAWRANEK, Karl (20-6-1926, Wien) Prof. i.R. Dr. phil., Mag. phil., OStR. – (Pr) Buchbergstr. 6, A-1140 Wien, Tel.: (01) 9790759.

HECHT, Stefan (21-12-1965, Bietigheim) Dipl.-Geogr., Wiss. Mitarb. am Inst. f. Geographie d. Univ. Stuttgart. – (Pr) Hindenburgstr. 45, D-74321 Bietigheim-Bissingen, Tel.: (07142) 940200 – (D) Azenbergstr. 12, D-70174 Stuttgart, Tel.: (0711) 121-1411, Fax: 121-1472, e-mail: stefan.hecht@geographie.uni-stuttgart.de.

HECKENDORFF, Wolf Dietrich (7-9-1940, Berlin) Dr.rer.nat., Prof. am Geogr. Institut der Universidade Federal da Paraiba (physische Geographie) – (Pr) Av. Silvino Chaves 952 / Manaira, 58035 João Pessoa - Pb/Brasilien, Tel.: (0055/083) 226 28 43. – (D) Departemento de Geociencias - CCEN, Universidade Federal da Paraiba, Cidade Universitaria - UFPb, Tel.: (0055/083) 224 7200 / 2432.

HECKER, Thomas (8-7-1947, Chemnitz) Dipl.-Geogr. – (Pr) Kantstraße 71, D-09126 Chemnitz, Tel.: (0371) 5610767. – (D) Staatl. Umweltfachamt, Regionale Planungsstelle, Stephanplatz 3, PF 1023, D-09010 Chemnitz, Tel.: (0371) 358-216.

HECKLAU, Hans (4-6-1930, Heiligenthal) Prof. Dr. rer. nat., Fachber. VI Geographie / Geowissenschaften d. Univ. Trier. – (Pr) Mühlenstr. 84, D-54296 Trier, Tel.: (0651) 17742 – (D) e-mail: hecklau@uni-trier.de.

HEDDERICH, Anneliese (3-7-1947, Halle) Dr. paed. – (Pr) Paul-Suhr-Str. 98, D-06128 Halle, Tel./Fax: (0345) 1205433 – (D) Martin-Luther-Universität Halle.

HEERWAGEN, Dierk (28-4-1954, Kahla) Dr. rer. nat. – (Pr) Oderstr. 21, D-10247 Berlin – (D) Humboldt-Universität zu Berlin, Geogr. Institut, Chausseestr. 86, D-10099 Berlin, Tel.: (030) 30875-669.

HEGEMANN, Gerd-Thomas (13-03-1959, Osnabrück) Ass.d.L., Wiss. Angest. an der Bergischen Universität - GHS Wuppertal, Fachbereich 1, Gesellschaftswissenschaften, Fach Geographie. – (Pr) Parsevalstr. 25, D-42285 Wuppertal, Tel./ Fax: (0202) 899406 – (D) Gaußstr. 20, Geb. L.13.13, D-42119 Wuppertal, Tel.: (0202) 439-3255, e-mail: hegemann@uni-wuppertal.de.

HEGG, Otto (19-11-1930, Bern) Prof. Dr., Päsident Fachkommission Naturschutz Kt. Bern, Präsident SKEW (Schweizerische Kommission zur Erhaltung von Wildpflanzen) – Geobotanisches Institut der Universität Bern. – (Pr) Landorfstr. 55, CH-3098 Köniz – (D) Altenbergrain 21, CH-3013 Bern.

HEGNER, Rüdiger (10-05-1943, Trier) Dr. phil. nat., Biogeograph, OStR. i.H. am Geographischen Institut der Universität zu Köln. – (Pr) Pferdsbruchfeld 36, D-50170 Kerpen-Sindorf – (D) Albertus-Magnus-Platz, D-50923 Köln, Tel.: (0221) 470-2543, Fax: 470-4971.

HEIDT, Volker (10-3-1939, Gießen) Dr. habil. rer. nat., apl. Professor, Akad. Dir.

am Geogr. Inst. d. Univ. Mainz. – (Pr) Theodor-Heuss-Str. 17, D-55270 Zornheim – (D) Saarstr. 21, D-55122 Mainz, Tel./Fax: (06131) 39 24 31, e-mail: heidt@geo.uni-mainz.de.

HEIERLI, Hans (13-11-1927, Gais AR) Prof. Dr. phil. II. – (Pr) Berg 137, CH-9043 Trogen, Tel.: (071) 3441789, Fax: 3441778.

HEIM, Hugo (22-01-1946, Basel) Dr. phil., Lektor für Geographische Fachdidaktitk und Gymnasiallehrer. – (Pr) Hirzbrunnenstr. 26, CH-4058 Basel, Tel.: (061) 6919108 – (D) Gymnasium Bäumlihof, Zu den drei Linden 80, CH-4058 Basel, Tel.: (061) 606-3311, Fax: (061) 606-3333.

HEIMANN, Wolf-Dieter (30-5-1932, Bonn) Dr. rer. nat., RDir. a.D. – (Pr) Heisterstr. 37, D-53819 Neunkirchen-Seelscheid, Tel.: (02247) 69138.

HEIN, Ekkehard, Dr. phil., Verbandsdirektor des Regionalverbandes Franken. – (Pr) Semmelweisstr. 7, D-74074 Heilbronn, Tel.: (07131) 177181. – (D) Frankfurter Str. 8, D-74072 Heilbronn, Tel.: (07131) 62100, Fax: 621029.

HEINE, Dieter (22-5-1955, Querfurt) Dr. rer. nat., Wiss. Assistent. – (Pr) Scharfenberger Str. 42, D-01139 Dresden– (D) Technische Universität Dresden, Fakultät Bau-, Waser- u. Forstwesen, Abt. Geodäsie/Kartographie/Geographie, Institut für Geographie, Mommsenstr. 13, D-01069 Dresden.

HEINE, Klaus (7-5-1940, Wuppertal) Prof. Dr. rer. nat., o. Prof. am Geogr. Inst. d. Univ. Regensburg, Hrsg. von „Palaeoecology of Africa“, Mithrsg. d. „Regensburger Geographischen Schriften“ u. „Relief, Boden, Paläoklima“. – (Pr) Mittelweg 4, D-93170 Bernhardswald, Tel.: (09407) 3140 – (D) Universitätsstr. 31, D-93053 Regensburg, Tel.: (0941) 943–3605 / -3606.

HEINEBERG, Heinz (21-6-1938, Münster) Dr. rer. nat., Prof., Inst. f. Geographie d. Univ. Münster, Leiter d. Arbeitsgebieten „Stadt- u. Regionalentwicklung“, Stellv. Dir. d. Lateinamerika-Zentrums d. Universität Münster (bis Juli 1999), Fachgutachter f. Anthropogeogr. u. Wirtschaftsgeogr. u. Stellv. Fachausschußvorsitzender „Geographie“ d. DFG, Ordl. Mitglied d. Deutschen Akademie f. Landeskunde, Vorsitzender d. Geogr. Komm. f. Westfalen d. Landschaftsverbandes Westfalen-Lippe, Korrespond. Mitgl. i. Beirat d. Kuratoriums f. vergleichende Städtegeschichte, Münster d. Westf. Wilhelms-Univ. Münster, Mithrsg. der „Münsterschen Geogr. Arbeiten“ und „Städteforschung“, „Veröff. d. Inst. f. vergleichende Städtegeschichte in Münster“ sowie der Schriftenreihen d. Geogr. Kommission f. Westfalen „Westfälische Geogr. Studien“, „Siedlung und Landschaft in Westfalen“, „Städte u. Gemeinden in Westfalen“, Mithrg. d. Lehrbuchreihe „Grundriß Allgemeine Geogr.“. – (Pr) Wiedehagen 95, D-48163 Münster, Tel./Fax: (0251) 717685 – (D) Robert-Koch-Str. 26, D-48149 Münster, Tel.: (0251) 83-33992, -30026, Fax: 83-30025, e-mail: heinebh @uni-muenster.de.

HEINEMANN, Günther, Dipl.-Geogr. – Brükkenstr. 22, D-07778 Dornburg/Saale, Tel.: (036427) 70203.

HEINRICH, Christoph A. (08-09-1953, Thalwil) Dr. natw., Prof. f. Mineralische Rohstoffe, ETH Zürich, Departement Erdwissenschaften. – (D) ETH Zentrum, CH-8092 Zürich, Tel.: (01) 632-6851, Fax: (01) 632-1179.

HEINRICH, Helmut (30-6-1949, Augsburg) Rektor. – (Pr) Kothauer Str. 133, D-85053 Ingolstadt, Tel.: (0841) 980550.

HEINRICH, Jürgen (15-8-1955, Hamburg) PD Dr. phil. nat. habil., Dipl.-Geogr., Privat-Dozent am Fachbereich Geowissenschaften der Universität Frankfurt /Main. – (Pr) Im Lucken 4, D-64673 Zwingenberg, Tel./Fax: (06251) 73109.

HEINRITZ, Günter (12-8-1940, Nürnberg) Dr., o. Prof. u. Mitgl. d. koll. Leitung d. Geogr. Inst. d. Techn. Univ. München, Mithrsg. d. „Münchener Geogr. Hefte“, Mithrsg. d. „Berichte z. deutschen Landeskunde“, der „Geographischen Handelsforschung“; Vorsitzender des wissenschaftlichen Rates d. Akademie für Raum-, Forschungs- und Landesplanung; stellvertr. Vors. des Wissenschaftlichen Beirates des Verbandes der Geographen an Deutschen Hochschulen; Schatzmeister der Münchner Geographischen Gesellschaft. – (Pr) Ostenstr. 41, D-85221 Dachau, Tel.: (08131) 71350 – (D) Arcisstr. 21, D-80333 München, Tel.: (089) 289-22811, -22812, Fax: 289-22804, e-mail: guenter.heinritz@lrz.tu-muenchen.de.

HEINTEL, Martin (08-12-1967, Wien) Mag. phil., Dr. phil., Ass. und Lektor am Inst. f. Geographie der Universität Wien. – (Pr) Neustiftgasse 53/1/16, A-1070 Wien – (D) Universitätsstr. 7/V, A-1010 Wien, Tel.: (01) 4277-48622, Fax: 4277-9486, e-mail: martin.heintel@univie.ac.at.

HEINTZE, Ulrich, Zur Baumschule 4, D-24943 Flensburg.

HEINZ, Vera (21-02-1969, Hagen), Dipl.-Geogr. – (P) Friedrich-Ebert-Straße 53, D-04425 Taucha.

HEINZMANN, Joachim (24-7-1935, Leipzig) – (Pr) Zwickauer Str. 120/905, D-04279 Leipzig, Tel.: (0341) 3301871.

HEINZMANN, Roland (11-8-1948) M.A., HKons., Referatsleiter Artenschutz, Fachdienst Naturschutz i. d. Landesanstalt f. Umweltschutz Baden-Württemberg. – (Pr) Handschuhsheimer Landstraße 64, D-69121 Heidelberg, Tel.: (06221) 484501 – (D) Griesbachstraße 1, D-76185 Karlsruhe, Tel.: (0721) 9831-470, Fax: 9831-456, e-mail: roland.heinzmann@x400.lfuka.um.bwl.de.

HEITZ, Annekäthi (1948, Basel) Dr. – (Pr) Mühlestiegstr. 44, CH-4125 Riehen, Tel.: (061) 6430115.

HELBIG, Alfred (29-5-1940, Leipzig) Dr. rer. nat., Dipl.-Meteorologe, Univ.-Prof. f. Klimatologie, Universität Trier, Fachbereich Geographie/Geowissenschaften. – (Pr) Burgunderstr. 1, D-53424 Remagen, Tel.: (02642) 1727 – (D) D-54286 Trier, Tel.: (0651) 201-4623, Fax: 201-3817, e-mail: helbig@uni-trier.de.

HELBLING, Ernst (18-2-1922, Aarau) Dr. phil. – (Pr) Im Lee 5, CH-4144 Arlesheim, Tel.: (061) 7021842.

HELBRECHT, Ilse (27-2-1964, Stuttgart) Dr.phil., Wiss. Ass. am Geogr. Institut der Technischen Universität München. – (Pr) Baaderstr. 77, D-80469 München, Tel.: (089) 2010480 – (D) Arcisstr. 21, D-80333 München, Tel.: (089) 289-22812, Fax: 289-22804, e-mail: ilse.helbrecht@lrz.tum.de.

HELD, Thomas (20-11-1959, Witten) Dr. rer. nat., Wiss. Assistent am Geogr. Inst. d. Ruhr-Univ. Bochum. – (Pr) Mühlenbruchstr. 42, D-45879 Gelsenkirchen – (D) Universitätsstr. 150, D-44801 Bochum, Tel.: (0234) 700-4790, Fax: 7094-180. e-mail: held@geographie.ruhr-uni-bochum.de.

HELFER, Malte (28-4-1961, Wilhelmshaven) Dr., Fachr. Geographie, Univ. des Saarlandes. – (Pr) Rehbachstr. 28, D-66125 Saarbrücken-Dudweiler, Tel.: (06897) 768662 – (D) Universität des Saarlandes, Fachrichtung Geographie, Postfach 151150, D-66041 Saarbrücken, Tel.: (0681) 302-3384, Fax: 302-2364.

HELLER, Armin (13-5-1961, Geislingen/Steige) Mag. Dr., rer. nat., Dipl.-Math., Univ.-Ass. am Institut für Geographie d. Univ. Innsbruck. – (D) Innrain 52, A-6020 Innsbruck, Tel.: (0512) 507-5411, Fax: 507-2895, e-mail: Armin.Heller@uibk.ac. at.

HELLER, Hans (11-2-1935, Bern) Dr., Geograph, SGAG. – (Pr) Waldriedstr. 55, CH-3074 Muri, Tel./Fax.: (031) 9512257.

HELLER, Hartmut (21-5-1941, Heidelberg) Dr., Professor für Landes- u. Volkskunde an der Erziehungswissenschaftl. Fakultät d. Univ. Erlangen-Nürnberg. – (Pr) Saarstr. 5, D-91052 Erlangen, Tel./Fax: (09131) 31706 – (D) Regensburger Str. 160, D-90478 Nürnberg, Tel.: (0911) 5302525.

HELLER, Wilfried (8-5-1942, Littmitz/Böhmen) Prof. Dr. phil., Institut für Geographie der Universität Potsdam. – (Pr) Friedr.-v.-Bodelschwingh-Str. 10, D-37075 Göttingen, Tel.: (0551) 21765, Fax: 2052293; In der Feldmark 9, D-14476 Golm, Tel.: (0331) 502665 – (D) Universität Potsdam, Komplex II – Golm, Postfach 601553, D-14415 Potsdam, Tel: (0331) 977-2284, -2271, Fax: 977-2717, e-mail:heller@rz.uni-potsdam.de.

HELLWIG, Fritz (3-8-1912, Saarbrücken) Dr. phil., Dr. habil., Honorar-Professor a. d. Universität Trier, Vizepräsident a.D. der Kommission der Europäischen Union. – (Pr) Klosterbergstraße 117 c, D-53177 Bonn.

HEMMER, Ingrid (23-4-1954, Hamm) Dr. habil., Professorin für das Fachgebiet Didaktik der Geographie, Kath. Universität Eichstätt, Vorsitzende des Hochschulverbandes f. Geogr. und ihre Didaktik, Präsidiumsmitglied der DGfG. – (Pr) Schießmauer 5, D-89278 Nersingen, Tel./Fax: (07308) 42673 – (D) Ostenstr. 18, D-85072 Eichstätt, Tel.: (08421) 93-1394, -1704, Fax: 93-1787, e-mail: ingrid.hemmer@ku-eichstaett.de.

HEMMER, Michael (18-7-1962, Dorsten) Dr. rer. nat., Wiss. Ass. an der Professur für Didaktik der Geographie der Kath. Universität Eichstätt, Kassenführer des Hochschulverbandes für Geographie und ihre Didaktik. – (Pr) Pfahlstr. 3, D-85072 Eichstätt, Tel.: (08421) 89961 – (D) Ostenstr. 18, D-85072 Eichstätt, Tel.: (08421) 93-1390, Fax: 93-1787, e-mail: michael.hemmer@ku-eichstaett.de.

HEMPEL, Lena (1-7-1925, Göttingen) Dr. rer.nat. – (Pr) Weierstraßweg 10, D-48149 Münster, Tel.: (0251) 862412.

HEMPEL, Ludwig (21-6-1922, Hamburg) Prof. Dr. rer. nat., Univ.-Prof. a. D. am

Inst. f. Geogr. d. Univ. Münster. – (Pr) Weierstraßweg 10, D-48149 Münster, Tel.: (0251) 862412 – (D) Robert-Koch-Str. 26, D-48149 Münster.

HENDINGER, Helmtraut (2-4-1927, Neustadt/Aisch) Dr. rer. nat., StDir'in, Fachseminarleiterin. f. Erdkde Hamburg. – (Pr) Lepsiusweg 23, D-22587 Hamburg-Nienstedten, Tel.: (040) 860433.

HENDL, Manfred (29-5-1931, Schönlinde) Prof. em., Dr. rer. nat. habil. – (Pr) Straßburger Str. 36, D-10405 Berlin, Tel.: (030) 4422963. – (D) Humboldt-Universität zu Berlin, Geographisches Institut, Sitz: Chausseestraße 86, Unter den Linden 6, D-10099 Berlin, Tel.: (030) 30875671, Fax: 30875644.

HENKEL, Gerhard (28-9-1943, Fürstenberg) Univ.-Prof. Dr. rer. nat., Inst. f. Geogr. im FB 9: Bio-und Geowissenschaften d. Univ. Essen, Mithrsg. d. „Essener Geogr. Arbeiten" und d. „Essener Geogr. Schriften". – (Pr) Eilerner Str. 12, D-33181 Wünnenberg, Tel./Fax: (02953) 8330 – (D) Universitätsstr. 5, D-45117 Essen, Tel.: (0201) 183-3160, -3161, Fax: 183-2811.

HENKEL, Reinhard (22-2-1949, Wallau/Lahn) Prof. Dr. rer. nat., Geogr. Inst. d. Univ. Heidelberg. – (Pr) Zeisigweg 8, D-68535 Edingen, Tel.: (06203) 85076 – (D) Im Neuenheimer Feld 348, D-69120 Heidelberg, Tel.: (06221) 564-570, Fax: 564-996.

HENKER, Stephan (11-4-1956, Leipzig) Dr.-Ing. – (Pr) Hänischstr. 16, D-04347 Leipzig

HENNING, Ingrid (1-10-1934, Berlin) Dr. rer. nat., Dipl.-Geogr., Prof. am Inst. f. Landschaftsökologie d. Univ. Münster. – (D) Robert-Koch-Str. 26, D-48149 Münster, Tel.: (0251) 833910, Fax: 8338352.

HENNINGER, Roland (08-02-1957, Heidelberg) Dipl.-Ing. (FH) für Kartographie, Techn. Reg. Amtmann am Bundesamt für Kartographie und Geodäsie. – (Pr) Donaustr. 21, D-64546 Mörfelden-Walldorf. – (D) Richard-Strauß-Allee 11, D-60598 Frankfurt a. M.

HENNINGS, Werner (17-06-1943, Heidelberg) Dr. phil., Priv.-Doz., AOR und Fachvertreter Geographie am Oberstufen-Kolleg des Landes Nordrhein-Westfalen an der Universität Bielefeld, Postfach 10 01 31, D-33501 Bielefeld, Tel: (0521) 106-2855, Fax: 106-2967.

HENNINGSEN, Dierk (12-09-1935, Kiel) Dr. rer. nat., Prof., Universitätsprofessor f. Geologie, Vors. Deutsch. Geol. Ges. 1991–93, Institut f. Geologie und Paläontologie, Universität Hannover. – (Pr) Tiefes Moor 66, D-30823 Garbsen. – (D) Callinstraße 30, D-30167 Hannover.

HENRŸ, Roderich (28-4-1951) Georg-Eckert-Institut für internationale Schulbuchforschung. – (Pr) Hauffstr. 40, D-75305 Neuenbürg, Tel.: (07082) 8518 , Internet: http://www.henry.de, e-mail: henry@gei.de – (D) Cellerstr. 3, D-38114 Braunschweig, Tel.: (0531) 5909954.

HENZ, Hans-Rudolf, Raumplaner, BSP. – (Pr) Wiesenstr. 14, CH-5000 Aarau, Tel.: (064) 224052. – (D) METRON, Stahlrain 2 am Perrun, CH-5200 Brugs, Tel.: (056) 489-111, Fax: 489-100.

HENZI-GLANZMANN, Gaby (31-7-1960) Lic.-phil., (Siedlungs)planerin, SAGAG. – (Pr) L'Orée des Bois, CH-1607 Palézieux-Gare, Tel.: (021) 9076031.

HERBERS, Hiltrud (12-10-1961, Lingen) Dr. rer. nat., Wiss. Ass. am Inst. f. Geographie d. Friedrich-Alexander-Universität Erlangen-Nürnberg. – (Pr) Am Färberhof 18, D-91052 Erlangen, Tel.: (09131) 28120 – (D) Kochstr. 4/4, D-91054 Erlangen, Tel.: (09131) 85-22009; Fax: 85-22013, e-mail: hherbers@geographie.uni-erlangen.de.

HERFERT, Günter (18-4-1948, Neuhaus/Elbe) Dr. phil., Wiss. Referent für Deutsche Landeskunde am Institut für Länderkunde Leipzig. – (Pr) Geibelstraße 4, D-06667 Weißenfels, Tel.: (03443) 200436. – (D) Schongauer Str. 9, D-04329 Leipzig, Tel.: (0341) 255-6513, Fax: 255-6598, e-mail: herfert@ifl.uni.leipzig.de.

HERGET, Jürgen (28-9-1965, Hagen), Dr. rer. nat., Wiss. Ass. am Geogr. Inst. d. Ruhr-Universität Bochum. – (Pr) Am Gebrannten 4, D-44797 Bochum, Tel.: (0234) 793887 – (D) Universitätsstr. 150, D-44801 Bochum, Tel.: (0234) 700-3315, -3313, Fax: 709-4469, e-mail: juergen.herget@ruhr-uni-bochum.de.

HERISZT, Werner (20-12-1962, Wien) Mag. rer. nat., Mitglied der ÖGG und ÖKK, Bundesministerium für Landesverteidigung – Institut für Militärisches Geowesen (IMG). – (Pr) Fliedergasse 31, A-2333 Leopoldsdorf / Wien. – (D) Roßauer Lände 1, A-1090 Wien, Tel.: (01) 313-95, -0.

HERMES, Karl (5-11-1924, Vinxel/Rhein-Sieg-Kreis) Dr. phil., em. o. Prof. am Geogr. Inst. d. Univ. Regensburg, Mithrsg. „Regensburger Geogr. Schriften", Mithrsg. des „Ungarn-Jahrbuch", München. – (Pr) Langer Weg 28, D-93055 Regensburg, Tel.: (0941) 71188 – (D) Postfach 10 10 42, D-93010 Regensburg, Tel.: (0941) 943-3612.

HEROLD, Alfred (29-1-1929) Dr. rer.nat., ao. Prof. f. Geogr. a. d. Univ. Würzburg. – (Pr) Rottendorfer Str. 26, D-97218 Gerbrunn, Tel.: (0931) 70 71 88 – (D) Am Hubland, D-97074 Würzburg, Tel.: (0931) 888 55 67.

HEROLD, Detlef (26-2-1940, Berlin) Dr. rer. nat., Faculty Adviser/Research Project Officer. Faculty Adviser. – (D) NATO Defense College, Viale della Civiltà del Lavoro 38, I-00144 Roma-EUR, Tel.: 39 (0)6 5923741-5, Ext. 265, Fax: 5913408.

HERR, Klaus-Peter (10-11-1953, Wittenberge) Dr. rer. nat., Lektor. – (Pr) Berg 4, D-99867 Gotha . – (D) Justus Perthes Verlag Gotha GmbH, Justus-Perthes-Str. 3–5, D-99867 Gotha (Postfach 10 04 52, D-99854 Gotha) Tel.: (03621) 385-233, Fax: 385-102.

HERRMANN, Andreas (3-5-1944, Köslin) Dr. rer. nat., Prof. am Inst. f. Geogr. u. Geoökol. der TU Braunschweig, Mithrsg. von „Landschaftsökologie und Umweltforschung". – (Pr) Langer Kamp 15, D-38106 Braunschweig, Tel.: (0531) 331823 – (D) Langer Kamp 19c, D-38106 Braunschweig, Tel.: (0531) 391-5607, -5606, e-mail: a.herrmann@tu-bs.de.

HERRMANN, Christian (4-2-1940) Prof. Dr., FH Karlsruhe – Hochschule für Technik, FB Geoinformationswesen, Medientechnik, Offline-Online Medien, Kartographie, Geoinformatik. – (D) Moltkestr. 30, D-76133 Karlsruhe (Postfach 24 40, D-76012 Karlsruhe), Tel.: (0721) 925-2928, Fax: 925-2927, e-mail: christian.herrmann@fh-karlsruhe.de.

HERRMANN, Helmut (25-11-1938, Reichenberg) Dr. rer. nat., Referent im Reg.-Präs. Leipzig. – (Pr) Schenkendorfstr. 6, D-04275 Leipzig, Tel.: (0341) 3025772 – (D) Braustr. 2, D-04107 Leipzig, Tel.: (0341) 9776620.

HERRMANN, Reimer (4-5-1938, Frankfurt) Dr., o. Prof., Lehrstuhl für Hydrologie, Univ. Bayreuth. – (Pr) Deubzerstr. 9, D-95447 Bayreuth, Tel.: (0921) 31007 – (D) Universitätsstr. 30, D-95440 Bayreuth, Tel.: (0921) 55–2251, Fax: 55-2366, e-mail: reimer.herrmann@uni-bayreuth.de.

HERRNLEBEN, Hans-Georg (14-5-1947, Salzgitter) StD, Regionaler Fachberater für Erdkunde an Gymnasien. – (Pr) Jean-Völker-Str. 12, D-67549 Worms, Tel.: (06241) 74220. – (D) Eleonoren-Gymnasium, Karlsplatz 3, D-67549 Worms.

HERTIG, Jacques (6-3-1945, Lützelflüh) Dr., Chargé de cours. - (Pr) Av. Riant Mont 8, CH-1004 Lausanne, Tel.: (021) 3127077 – (D) Laboratoire des Systèmes énergétiques - EPFL, CH-1015 Lausanne, Tel.: (021) 693-2493.

HERTLE, Alfred (8-8-1931, Butaweng/Neuguinea) Dipl.-Geol. i.R. – (Pr) Kastanienweg 20, D-91058 Erlangen,Tel.: (09131) 64282.

HERWEG, Karl (23-12-1957, Köln) Dr. phil. nat., Dipl.-Geogr., Wiss. Mitarbeiter, Koordinator „nachhaltige Landnutzung", Geographisches Institut Universität Bern, Centre for Development and Environment, Haller Str. 12, CH-3012 Bern, e-mail: herweg@giub.unibe.ch.

HERZFELD, Ute, Univ.-Prof. Dr., Universität Trier, FB VI Geographie/Geowissenschaften/Geomathematik; International Association for Mathematical Geology; Member of Council, Assoc. Editor Com. & Geosciences, Ass.-Ed. Mathematical Geology; Alexander von Humboldt Association of America, Board of Direction, European Geophys. Union, Assoc. Editor Geodynamik. – (D) Universität Trier, D-54286 Trier.

HERZIG, Peter Michael (4-8-1954, Wesel) Prof. Dr. rer. nat., Univ.-Prof. für Lagerstättenlehre, Lehrstuhl für Lagerstättenlehre, Institut für Mineralogie, Techn. Universität, Bergakademie Freiberg. – (Pr) Am Mühlberg 12, D-09603 Bräunsdorf, Tel./Fax: (037321) 4956 – (D) Brennhausgasse 14, D-09596 Freiberg, Tel.: (03731) 39-2662, -2626, Fax: 39-2610. e-mail: herzig@mineral.tu-freiberg.de.

HERZIG, Reinhard (21-3-1950, Wiesenburg) Dr. paed., Wiss. Mitarbeiter. – (Pr) Görzker Str. 39, D-14827 Wiesenburg, Tel.: (033849) 51314 – (D) Universität Potsdam, Institut für Geographie, Postfach 60 15 53, D-14415 Potsdam, Tel.: (0331) 977-2206, Fax: 977-2717.

HERZOG, Adrian (13-9-1955, Zürich) Dr. phil. II. – (Pr) Voltastr. 32, CH-8044 Zürich, Tel.: (01) 2623759. – (D) Statistisches Amt des Kantons Zürich, Eurostat Data Shop, Tel.: (01) 225-1255, Fax: 225-1297, e-mail: adrian.herzog@zh.ch.

HERZOG, Felix (16-05-1960, Basel), Dr. sc. techn., Ing. agr. ETH. – (D) Umweltforschungszentrum Leipzig-Halle GmbH, Permoserstr. 15, D-04318 Leipzig, Tel.: (0341) 235-2041, e-mail: herzog@alok.ufz.de.

HERZOG, Werner (16-7-1953, Solingen), Dr. phil., Dipl.-Geogr. u. Wiss. Kartograph. Akad. Oberrat am Geogr. Inst. d. Ruhr-Universität Bochum, Mitherausgeber „Kartographisches Taschenbuch". – (Pr) Aggerstr. 58, D-44807 Bochum – (D) Ruhr-Universität, Universitätsstr. 150, D-44801 Bochum, Tel.: (0234) 700-3662, -3377, Fax: 7094180, e-mail: herzog@geographie.ruhr-uni-bochum.de.

HESINA, Wolfgang (15-02-1957) Dipl.-Ing., Geschäftsfeldleiter, Geschäftsbereich Systemforschung Technik-Wirtschaft-Umwelt, Geschäftsfeld Regionalforschung, Österr. Forschungszentrum Seibersdorf. – (Pr) Franzensbrückenstr. 22/23, A-1020 Wien – (D) A-2444 Seibersdorf, Tel.: (02254) 780-3891, Fax: 780-3888, e-mail: wolfgang.hesina@arcs.ac.at.

HESS, Günter (18-1-1953, Nürnberg) Dr. rer. nat., Wiss. Ass. a.d. Universität Erlangen-Nürnberg. – (Pr) Kleiberweg 4, D-90480 Nürnberg, Tel.: (0911) 54 27 45. – (D) Regensburger Str. 160, D-90478 Nürnberg, Tel.: (0911) 5302 524.

HESS, Martin (01-05-1965) Dr. Dipl.-Geogr., Wiss. Assistent am Inst. f. Wirtschaftsgeographie der Univ. München (Seminar f. Internationale Wirtschaftsräume u. betriebliche Standortforschung). – (Pr) Gabelsbergerstr. 54, D-80333 München, Tel.: (089) 526845 – (D) Ludwigstr. 28, D-80539 München, Tel.: (089) 2180-3201, Fax: 2180-3809, Internet: http://www. wigeo.bwl.uni-muenchen.de/~mhess/index. htm, e-mail: hess@bwl.uni-muenchen.de.

HESS, Wilfried (9-10-1955, Bochum) Leiter des Technologiezentrums Ruhr in Bochum. – (Pr) Ostfeldmark 9, D-44793 Bochum, Tel.: (0234) 17593 – (D) chip GmbH, Universitätsstr. 142, D-44799 Bochum, Tel.: (0234) 970-6075.

HEUBERGER, Helmut (8-1-1923, Innsbruck) em. Prof. Dr. phil., Inst. f. Geographie d. Univ. Salzburg. – (Pr) Erlenstr. 19, A-5020 Salzburg, Tel./Fax: (0662) 823774 – (D) Hellbrunnerstr. 34, A-5020 Salzburg, Tel.: (0662) 8044–5233, -5200, Fax: 8044-525.

HEUNEMANN, Günter, Dipl.-Geogr. Dr. rer. nat. – (Pr) Dr.-Salvadore-Allende-Str. 19, D-99425 Weimar.

HEUWINKEL, Dirk (12-9-1948, Hannover) Dr. rer. nat., Dipl.-Geogr., Leiter der Forschungsabteilung 2 im Inst. f. Entwicklungsplanung u. Strukturforschung a. d. Univ. Hannover GmbH. – (Pr) Tegeler Str. 33c, D-30853 Langenhagen, Tel.: (0511) 776690. – (D) Lister Str. 15, D-30167 Hannover, Tel.: (0511) 399-7283.

HEYER, Rolf (16-3-1954, Tönisvorst/Ndrh.) Dr. phil., Geschäftsbereichsleiter Emscherlippe-Münsterland und Geschäftsführer der Verwaltung Musical Theater Essen GmbH und der Musical Theater Essen GmbH & Co KG. – (Pr) Am Beisenkamp 45c, D-44866 Bochum, Tel.: (02327) 18415 – (D) Landesentwicklungsgesellschaft (LEG) NRW, Karl-Harr-Str. 5, D-44263 Dortmund, Tel.: (0231) 4341-256, Fax: 4341-325.

HEYN, Erich (4-12-1913, Dresden) Dr. phil., schreibt als Publizist unter „Terrik" und „Dr. Globerich". – Bühne 40, D-45259 Essen, Tel.: (0201) 460666.

HEYNE, Dagmar, Dipl.-Geogr., Mitglied des Geographischen Arbeitskreises für Freizeit und Fremdenverkehr (GAFF). – Wiclefstr. 47, D-10551 Berlin, Fax: (030) 39601726, e-mail: heyne@mind.de.

HEYNEN, Markus (24-8-1968, Leverkusen), Geogr. Inst. der Univ. Bonn – (Pr) Lengsdorfer Hauptstr. 91 A, D-53127 Bonn, Tel.: (0228) 257285 – (D) Meckenheimer Allee 166, D-53115 Bonn, Tel.: (0228) 732096, e-mail: markus.heynen@slide.giub.uni-bonn.de.

HIEROLD, Wilfried (14-1-1958, Mühlhausen/Thür.) Dr. rer. nat., Geoökologie und Bodenkunde, Zentrum für Agrarlandschafts- u. Landnutzungsforschung (ZALF), Wiss. Leiter Forschungsstation Eberswalde. – (D) Dr.-Zinn-Weg, D-16225 Eberswalde, Tel.: (03334) 585510, Fax: 585514. e-mail:whierold@zalf.de.

HIGELKE, Bodo (9-6-1942, Berlin) Dr. rer. nat., Dipl.-Geogr. – (D) Ludewig-Meyn-Str. 14, D-24098 Kiel.

HILBIG, Antje (11-11-1969, Halle) Dipl.-Geogr., Geographisches Inst. d. Univ. Greifswald. – (Pr) Brünzower Wende 1/13, D-17491 Greifwald, Tel.: (03834) 824582 – (D) F. Ludwig-Jahn-Str. 16, D-17487 Greifswald, Tel.: (03834) 8645-32, Fax: 8645-37, e-mail: hilbig@gryps1.rz.uni-greifswald.de.

HILDEBRANDT, H. (29-7-1936, Berlin) Prof. Dr. rer. nat., Prof. am Geogr. Inst. d. Univ. Mainz. – (Pr) Philipp-Wasserburg-Str. 35, D-55122 Mainz, Tel.: (06131) 44-

113 – (D) Saarstraße 21, D-55122 Mainz, Tel.: (06131) 392770.

HILGER, Sigrid (12-3-1964, Köln) Dipl.-Geogr., Wiss. Mitarb. am Inst. f. Wirtschaftsgeographie der Kath. Univ. Eichstätt. – (D) Ostenstr. 18, D-85072 Eichstätt, Tel.: (08421) 931-393, Fax: 931-787, e-mail: mga068@ku-eichstaett.de.

HILKER, Hansjürgen (20-6-1936, Erder/Weser) StDir., Fachleiter für Erdkunde f.d. Lehramt f. d. Sek. II am Studienseminar Minden. – (Pr) Marianne-Weber-Str. 8, 33813 Oerlinghausen, Tel.: (05202) 6387 – (D) Weingarten 22, D-32423 Minden.

HILL, Joachim, Dr. rer. nat., Prof. f. Fernerkundung in der Fächergruppe Geographie/Geowissenschaften, Universität Trier. – (Pr) Im Pichter 7, D-54340 Riol, Tel.: (06502) 2308 – (D) Behringstr, D-54286 Trier, Tel: (0651) 201-4592.

HILLBRAND, Erich (30-4-1926, Wien) Dr. phil., Hofrat i. R., Mitglied der Commission Internationale d'Histoire Militaire, Direktor des Kriegsarchivs Wien und des Verkehrsarchivs i.R., Leiter der Kartensammlung des Kriegsarchivs i.R. – (Pr) Arbesbachgasse 29, A-1190 Wien.

HILLENBRAND, Hans (30-4-1939, Simbach am Inn) Dr. rer. nat., Dr. rer. nat. habil., Professor, Universität Augsburg, Didaktik der Geographie. – (Pr) Albert Schweitzer-Str. 49, D-97204 Höchberg, Tel.: (0931) 400042. – (D) Universitätstr. 10, D-86159 Augsburg, Tel.: (0821) 5982275.

HILLER, J., Ltd. Min. Rat, Ministerium des Innern. – (D) Schillerplatz 3–6, D-55116 Mainz.

HILLER, Otto (16-9-1944, Bad Hall) Dr. rer. nat., Privatdozent für Physische Geographie, Universität Augsburg. – (Pr) Baumgartnerstr. 27, D-86161 Augsburg. – (D) Universität Augsburg, D-86135 Augsburg.

HILSINGER, Horst-Heiner (4-9-1939, Berlin-Lichterfelde) Dr. rer.nat., Priv.-Doz. am Geogr. Inst. d. Univ. Bochum. Gastprof. am Geogr. Inst. d. Ernst-Moritz-Arndt-Universität Greifswald – (Pr) Nettelbeckstr. 76 H, D-44797 Bochum, Tel.: (0234) 79 74 96 – (D) Universitätsstr.150, Haus NA, D-44801 Bochum, Tel.: (0234) 700 34 39. u. Ludwig-Jahnstr. 16, D-17489 Greifswald.

HINK, Klaus (vormals Niedzwetzki) (1-5-1943, Eberswalde) Dr. phil., Wiss. Mitarb. am Fachgebiet Gewerbeplanung, Fakultät Raumplanung, Univ. Dortmund. – (Pr) Oberschlesienstr. 18, D-44141 Dortmund und Talweg 52, D-73207 Plochingen – (D) Postfach, D-44221 Dortmund, Tel.: (0231) 755-4371, Fax: 755-5461.

HINKEL, Heinz (27-10-1923) Referent f. Karten- u. Atlasfragen, ehem. Leiter d. Kartensammlung d. J.-G.-Herder-Inst. in Marburg. – (Pr) Im Bruch 6, D-35085 Ebsdorfergrund 8, Tel.: (06424) 3477.

HINTERMANN, Christiane, Dr. phil., Univ. Ass. am Institut für Geographie und Regionalforschung d. Universtität Klagenfurt. – (D)Universitätsstraße 65-67, A-9020 Klagenfurt, Tel.: (0463) 2700-303, Fax: 2700-305, e-mail:christiane.hintermann@uni-klu.ac.at.

HIPP, Raimund, Dr. – (Pr) Gehrenstr. 13, CH-8266 Steckborn – (D) Amt für Raumplanung des Kantons Thurgau, Abt. Natur- und Landschaftsschutz, CH-8500 Frauenfeld.

HIRRLE, Hubert (18-6-1950, Zossen) PD Dr. sc. nat. – (Pr) Blankenfelder Str. 21, D-15806 Groß Schulzendorf, Tel.: (03378) 800136.

HIRSCH-JEMMA, Madeleine, Lic. phil. nat., Büroinhaberin Geoprognos AG. – (Pr) La Garnarié, F-30460 Vabres – (D) Geoprognos AG, Augustinergasse 25, CH-8001Zürich, Tel./Fax: (01) 212-7376.

HIRSCHENAUER, Franziska (14-3-1961, München) Dipl.-Geogr., Wiss. Ang. am Institut für Arbeitsmarkt- und Berufsforschung der Bundesanstalt für Arbeit. – (Pr) Mittermayrstr. 14, D-80796 München – (D) Regensburger Str. 104, D-90327 Nürnberg, Tel.: (0911) 179-3256, Fax: 179-3297, e-mail: franziska.hirschenauer @iab.de.

HIRSIG, Peter (14-7-1947, Bern) Dipl.-Geograph, Dr. phil. nat. SGAG – (Pr) Lorrainestr. 63, CH-3014 Bern, Tel.: (031) 3335146 – (D) naturaqua, Landschaftsplanung, angewandte Hydrologie, Elisabethenstr. 51, CH-3014 Bern, Tel.: (031) 3313811, e-mail:naturaqua@access.ch.

HIRT, Ulrike (22-6-1968, Bad Homburg v.d.H.) Dipl.-Geogr., Umweltforschungszentrum Leipzig-Halle GmbH. – (Pr) Plaußiger Str. 31, D-04318 Leipzig, Tel.: (0341) 2411743 – (D) Postfach 2, D-04301 Leipzig, Tel.: (0341) 235-2098, Fax: 235-2511, e-mail: hirt@alok.ufz.de.

HIRT-REGER, Sabine (2-8-1930, Magdeburg) Lektorin. – (Pr) Marchetstr. 58/2/13, A-2500 Baden b. Wien, Tel. u. Fax: (02252) 46313 – (D) Redaktion Geographie für den Verlag Ferdinand Hirt, Adresse siehe privat.

HIRTLREITER, Gerhard (7-12-1957, München) Dr. rer. nat., Dipl.-Geogr., Lektor bei der Verlagsgruppe Bruckmann. – (Pr) Amperstr. 2, D-83026 Rosenheim, Tel.: (08031) 269934. – (D) Nymphenburgerstr. 86, D-80636 München, Tel.: (089)1257-329, Fax: 1257-376.

HITZ, Peter (5-2-1942, Zürich) Dr. sc. nat., ETH/Raumplaner ETH/NDS. – (Pr) Hochfeldstraße 35, CH-3012 Bern, Tel.: (031) 3017889 – (D) Sigmaplan, AG für Raumplanung, Umweltplanung und Verkehrsplanung, Thunstr. 91, CH-3006 Bern, Tel.: (031) 3566565, Fax: 3566560, e-mail: phitz@sigmaplan.ch.

HOCHSCHILD, Volker (21-6-1963, Jugenheim) Dr. rer. nat. – (Pr) Hainstr. 11, D-64342 Seeheim-Jugenheim, Tel.: (06257) 68179 – (D) Institut für Geographie, Lehrstuhl Geoinformatik, Friedrich Schiller-Universität Jena, Löbdergraben 32, D-07743 Jena, Tel.: (03641) 948855, Fax: 948852, e-mail:c5voho@geogr.uni-jena.de.

HOCK, Sonja (25-02-1971, Wasserlos) M.A., Geschäftsführerin von FORAREA (Bayerischer Forschungsverbund f. außereuropäische Regionalforschung). – (Pr) Bayreuther Straße 9, D-91054 Erlangen, Tel.: (09131) 27308, e-Mail: shock@geographie.uni-erlangen.de – (D) Friedrich-Alexander-Universität, Institut für Geographie, Kochstr. 4/4, D-91054 Erlangen, Tel.:(09131) 8522011, Fax: 8522013, e-mail: forarea@geographie.uni-erlangen.de.

HÖCK, Volker (20-6-1943, Innsbruck) Doz., Dr., Univ.-Prof., Institut für Geologie und Paläontologie, Universität Salzburg, Hrsg. der Mitteilungen der ÖGG. – (Pr) Rupertusstr. 16, A-5201 Seekirchen – (D) Hellbrunnerstr. 34, A-5020 Salzburg.

HÖFLING, Richard (30-3-1952, München) Dr. rer. nat., Professor für Paläontologie, Universität Erlangen-Nürnberg, Institut für Paläontologie. – (Pr) Fichtenstr. 21, D-91094 Langensendelbach – (D) Loewenichstr. 28, D-91054 Erlangen.

HÖHFELD, Volker (12-12-1940, Wuppertal) Dr. rer. nat., Lehrbeauftragter, Leiter des Bereichs Geographie in den Forschungs-Projekten „Lykien“ (Hist. Sem. Tübingen) und „Herakleia“ (DAI Berlin). – (Pr) Schalksburgstr. 62, D-72379 Hechingen, Tel.: (07471) 16563, Fax: 295318 – (D) Geogr. Inst. d. Universität, Hölderlinstr. 12, D-72074 Tübingen, Tel.: (07071) 2977503, e-mail: volker.hoehfeld@uni-tuebingen.de.

HÖHL, Gudrun (21-1-1918, Marktbreit) Prof. Dr. phil., em. o. Prof. f. Geogr., Geogr. Inst. d. Univ. Mannheim, Vors. d. Vereins f. Naturkunde Mannheim e.V. 1833, Vizepräsidentin der Humboldt-Gesellschaft für Wissenschaft, Kunst und Bildung e.V. – (Pr) Im Lohr 22, D-68199 Mannheim, Tel.: (0621) 816515 – (D) Schloß, D-68131 Mannheim, Tel.: (0621) 292-5395.

HÖLDER, Helmut (18-1-1915, Stuttgart) Dr. rer. nat., em. o. Prof. f. Paläontologie, Universität Münster, 1973-1986 Schriftleiter d. Paläontologischen Zeitschrift. (1945-1963 Univ. Tübingen, Geologie und Paläontologie). – (Pr) Florentiner Str. 20, D-70619 Stuttgart.

HÖLLER, Klaus (6-3-1934, Breckerfeld). – (Pr) Homburgstr. 11, D-38116 Braunschweig, Tel.: (0531) 502754.

HÖLLERMANN, Peter Wilhelm (22-3-1931, Lüdenscheid) Prof. Dr. rer. nat., o. Prof. i.R., Geogr. Inst. d. Univ. Bonn, Mithrsg. d. „Erdkunde“, „Bonner Geogr. Abhandlungen“ u. d. „Arbeiten z. Rhein. Landeskunde“. – (Pr) Dohmstr. 2, D-53121 Bonn, Tel.: (0228) 626885 – (D) Meckenheimer Allee 166, D-53115 Bonn, Tel.: (0228) 73-5397, Fax: 73-7506.

HOELZMANN, Philipp (12-7-1960, Berlin) Dr. rer. nat., Dipl.-Geograph, Max-Planck-Institut für Biogeochemie Jena, Tatzendpromenade 1a, Postfach 10 01 64, D-07701 Jena, Tel.: (03641) 64-3778, Fax: -3789, e-mail: philipp.hoelzmann@bgc-jena.mpg.de.

HÖNSCH, Fritz (12-5-1938, Leipzig) Prof. Dr. phil. sc. nat. – (Pr) Alte Salzstr. 106, D-04209 Leipzig, Tel.: (0341) 4214255.

HÖNSCH, Ingrid (7-4-1939, Plauen) Dr. phil., Abt.-Ltr. GZB, Archiv, Sammlungen. – (Pr) Alte Salzstr. 106, D-04209 Leipzig, Tel.: (0341) 4214255. – (D) Institut für Länderkunde, Schongauerstr. 9, D-04329 Leipzig, Tel.: (0341) 2556-526, Fax: 2556-598, e-mail: hoensch@ifl.uni-leipzig.de.

HÖNSCHEIDT, Sibylle (12-3-1967, Nagold) Dipl.-Geogr., Wiss. Mitarb. am Inst. f. Geographie der Univ. Stuttgart. – (Pr) Nordseestr. 24, D-25856 Hattsdtedt, Tel.:(04846) 693290, Fax: 693291, e-mail: hoenscheidt@t-online.de – (D) Azenbergstr. 12, D-70174 Stuttgart, Tel.: (0711) 121-1467.

HÖSLI, Thomas, Dipl.-Geogr. – (Pr) Weingartstr. 47, CH-3013 Bern, Tel.: (031) 3313239 – (D) GIS Koordinationsstelle, Kantonales Vermessungsamt, Zentralstr. 28, CH-6002 Luzern, Tel.: (041) 2286945, Fax: 2405921.

HÖVERMANN, Jürgen (15-3-1922) Prof. Dr. rer. nat., em. o. Univ.-Prof. f. Geographie, Beirat „Zeitschr. f. Geomorphologie“, membre honor. soc. Serbe de Géograph., Ehrenmitgl. Geogr. Ges. Lübeck, Ehrenmitglied Geogr. Ges. Hamburg, consulting Prof. Geol.Coll. Xian, o. Mitgl. Brschweig. Wiss. Ges., médaille honoraire université de Liège, croix des officiers République du Tchad, goldene Nachtigal-Medaille Ges. f. Erdk. Berlin. – (Pr) Nelkenweg 10, D-37154 Northeim, Tel.: (05551) 3386 – (D) Geographisches Institut, Goldschmidtstr. 5, D-37077 Göttingen, Tel.: (0551) 398073.

HOFFMANN, Andrea (16-5-1961, Schneverdingen) Dipl.-Ing., Kartographin, DLR Institut für Planetenerkundung, Erdorientierte Fernerkundung. – (Pr) Wrangelstr. 78, D-10997 Berlin. – (D) Rudower Chaussee 5, D-12489 Berlin, Tel.: (030) 67055317, Fax: (030) 67055384, e-mail: andrea.hoffmann@dlr.de.

HOFFMANN, Reinhard (30-8-1945, Erlbach) Dr. rer. nat. habil., Wiss. Oberassistent. Herausgeber von Geographie und Schule, 1. Vors. des LV Brandenburg im VDSG. – (Pr) Hans-Grade-Ring 62, D-14480 Potsdam, Tel.: (0331) 614707 – (D) Universität Potsdam, Institut für Geographie, Didaktik Geographie, Postfach 60 15 53, D-14415 Potsdam, Tel: (0331) 977-2208, Fax: 977-2717, e-mail: geohoffm@rz.uni-potsdam.de.

HOFIUS, K. (24-4-1938, Duisburg) Prof. Dr. rer. nat., Leit. d. Sekretariats f. d. Internationale Hydrologische Programm der UNESCO u. f. d. Operationelle Hydrologische Programm der WMO, Bundesanstalt für Gewässerkunde, Koblenz, Hon.-Prof. f. Hydrologie d. Univ. Frankfurt/Main. – (D) Kaiserin-Augusta-Anlagen 15–17, D-56068 Koblenz (Postfach 309, D-56003 Koblenz), Tel.: (0261) 1306-5313, Fax: 1306-5422.

HOFMANN, Jürgen (5-10-1956, Berlin) Dr. rer. nat., Dipl.-Geograph, Freie Universität Berlin, FB 24, Institut für Geographische Wissenschaften. – (Pr) Menzelstr. 21, D-12157 Berlin, Tel. (030) 85603364 – (D)Malteserstr. 74-100, D-12249 Berlin, Tel.: (030) 7792410, Fax: (030) 76706437, e-mail: jhofmann@geog.fu-berlin.de.

HOFMANN, Manfred (21-11-1937, Trautenbach) Dr. rer. nat., Prof., Univ. Paderborn, Fachbereich I, Physische Geographie und Didaktik der Geographie. – (Pr) Von-Moltke-Str. 2, D-33102 Paderborn, Tel.: (05251) 408700 – (D) Warburger Str. 100, D-33098 Paderborn, Tel.: (05251) 602381 oder 602384.

HOFMANN, Monika (2-2-1952, Chemnitz) Dipl.-Geogr., Staatliches Umweltfachamt, Regionale Planungsstelle. – (Pr) Ostheim 21, D-09127 Chemnitz – (D) Stephanplatz 3, Postfach 10 23, D-09010 Chemnitz, Tel.: (0371) 358220.

HOFMANN-SCHNELLER, Maria (8-5-1951) Mag., Dr. phil., Univ.-Lektorin f. Fachdidaktik am Inst. f. Geographie d. Univ. Wien, Lehrerin an einer AHS (Allgemeinbildenden Höheren Schule) in Wien, Schulbuchautorin. – (Pr) Taborstr. 76a/2/23, A-1020 Wien, Tel.: (01) 2166391 – (D) Universitätsstr. 7/5, A-1010 Wien.

HOFMAYER, Albert (15-9-1948, Aschbach Markt/NÖ) Mag. rer. nat. Dr. phil., Ass.-Prof. am Inst. f. Wirtschafts- u. Sozialgeogr. der Wirtschaftsuniversität Wien, Abteilung Praxisorientierte Wirtschaftsgeographie und räumliche Integrationsforschung. – (D) Peter Jordan-Str. 6, A-1190 Wien, Tel.: (01) 3692099-16, e-mail: hofmayer@wu-wien.ac.at.

HOFMEISTER, Burkhard (12-3-1931, Königsberg/Pr.) Prof. Dr. rer. nat., o. Prof. em. am Inst. f. Geogr. d. Techn. Univ. Berlin, Mithrsg. „Berliner Geographische Studien“, Mitgl. Redaktionskoll. „Die Alte Stadt“. – (Pr) Zenostr. 1A, D-83435 Bad Reichenhall, Tel.: (08651) 78699 – (D) Rohrdamm 20-22, D-13629 Berlin, Tel. (030) 38006106.

HOHL, Markus, Dr., Rektor. – (Pr) Steinauweg 5, CH-3007 Bern – (D) Mathematisches-Naturwissenschaftliches Gymnasium Bern-Kirchenfeld, Postfach, CH-3000 Bern 6, Tel.: (031) 3592540, Fax: 3592545.

HOHN, Andreas (13-5-1960). – (Pr) Holensiepen 4, D-58769 Nachrodt-Wiblingwerde, Tel.: (02352) 3535 – (D) Transferstelle Hochschule-Praxis, Gerhard-Mercator-Universität,GH Duisburg, Lotharstr. 65, D-47048 Duisburg, Tel.: (0203) 379-2345, Fax: 379-1895, e-mail: hohn@uni-duisburg.de.

HOHN, Uta (22-9-1960) Dr. habil., Hochschuldozentin an der Gerhard-Mercator-Universität ,GH Duisburg, FB 6 – Geographie. – (Pr) Holensiepen 4, D-58769

Nachrodt-Wiblingwerde, Tel.: (02352) 3535. – (D) Lotharstr. 1, D-47057 Duisburg, Tel.: (0203) 379–2485, Fax: (0203) 379-3516, e-mail: hohn@uni-duisburg.de.

HOHNHOLZ, Jürgen (30-3-1938, Northeim) Prof. Dr. phil., Dr. h.c., Direktor d. Inst. f. wissenschaftl. Zusammenarbeit, Hrsg. Applied Geography and Development, Natural Resources and Development. – (D) Olgastr. 8, D-72074 Tübingen, Tel.: (07071) 2089-0, Fax: 2089-10. e-mail: iwz@oe.uni-tuebingen.de.

HOLECZ, Francesco (29-11-1960, Bellinzona) Dr., Wiss. Mitarbeiter. – (Pr) Via al Ticino 7, CH-6514 Sementina, Tel.: (091) 8572615 – (D) Geographisches Institut der Universität, Winterthurerstr. 190, CH-8057 Zürich, Tel.: (01) 2575164.

HOLL, Frank R. (17-8-1963, Worms) Dr. rer. nat., Dipl.-Geogr. – (Pr) Niedstraße 5, D-12159 Berlin, Tel.: (030) 8514220.

HOLLMANN, Jürgen Theo (7-11-1956, Brake/Utw.) Dipl.-Geogr. im Minist. f. Umwelt, Raumordnung und Landwirtschaft des Landes NRW, Schwannstr. 3, D-40476 Düsseldorf, Tel.: (0211) 4566520.

HOLTMEIER, Friedrich-Karl (19-8-1939, Moers) Dr. rer. nat., Univ.-Prof. am Inst. f. Landschaftsökologie d. Univ. Münster, Hochschullehrer. – (Pr) Dionysiusstr. 6, D-48329 Havixbeck, Tel.: (02507) 7741 – (D) Robert-Koch-Str. 26, D-48149 Münster, Tel.: (0251) 833-3994.

HOLZHAUSER, Hanspeter (7-11-1954, Zürich) Dr., Wiss. Mitarbeiter Geographisches Institut der Universität Zürich-Irchel. – (Pr) Tulpenstr. 16, CH-8051 Zürich, Tel.: (01) 3229953. – (D) Winterthurerstr. 190, CH-8057 Zürich, Tel.: (01) 635-5166, Fax: 635-5906, e-mail:holzi@geo.unizh.ch.

HOLZNER, Lutz (13-4-1938, Tilsit) Prof. Dr. nat., Prof. of Geogr. and Chairman a. d. Univ. of Wisconsin-Milwaukee. – (D) The University of Wisconsin-Milwaukee, Milwaukee, Wisc. 53201, USA, Tel.: 414-229-4866, Fax: 414-229-3981.

HOMMEL, Manfred (13-9-1944, Oberhof/Thüringen) apl. Prof., Dr. rer. nat., Wiss. Mitarb. am Geogr. Inst. d. Ruhr-Univ. Bochum. – (Pr) Schadowstr. 33b, D-44799 Bochum, Tel.: (0234) 380515 – (D) D-44780 Bochum, Tel.: (0234) 700-3356, -4788 (Sekr.), Fax: 7094-180, e-mail: hommel@geographie.ruhr-uni-bochum.de.

HOMRIGHAUSEN, Thomas (25-5-1969, Bad Berleburg) Dipl.-Geogr., Sales Consultant, MapInfo GmbH. – (Pr) Franz-Rükker-Allee 7, D-60487 Frankfurt, Tel.: (069) 70720851 – (D) Auf der Krautweide 32, D-65812 Bad Soden, Tel.: (06196) 6700-48, Fax: 6700-11, Mobil: (0172) 6744357, e-mail: thomas.homrighausen@mapinfo.com.

HOPFINGER, Hans (3-3-1951, Egweil) Dr. rer. nat., o. Prof., Lehrstuhl für Kulturgeographie, Kathol. Universität Eichstätt. – (Pr) Faust-v.-Stromberg-Str. 27, D-91056 Erlangen, Tel.: (09135) 729441, Fax: 729443, e-mail: h.hopfinger@t-online.de – (D) Ostenstr. 26-28, D-85072 Eichstätt, Tel.: (08421) 931-378, Fax: 931-787, e-mail: sandra.pfeifer@ku-eichstaett.de.

HOPPE, Andreas (4-8-1948, Guben) apl. Prof. Technische Universität Darmstadt, Dr. rer. nat., Dipl.-Geol., Hrsg. der Zeitschriften „Geologisches Jahrbuch Hessen", „Geologische Abhandlungen Hessen", „Geologie in Hessen", Direktor am Hessischen Landesamt für Bodenforschung. – (Pr) Wilhelminenstr. 6, D-65193 Wiesbaden – (D) Leberberg 9, D-65193 Wiesbaden, Tel.: (0611) 537-336, Fax: 537-327, e-mail: a.hoppe@hlfb.de.

HOPPE, Claudia (22-1-1964, Bensheim) Dipl.-Geographin, Amt für Abfallwirtschaft der Stadt Mannheim. – (D) Käfertaler Str. 248, D-68167 Mannheim, Tel.: (0621) 2938332.

HOPPE, Oskar (17-10-1929, Holzhausen) Dr. phil. nat., StDir. a. D. – (Pr) Im Rohbächer 21, D-64673 Zwingenberg, Tel.: 71952.

HOPPE, Pia (10-3-1962, Düsseldorf) Dipl.-Geogr. – (P) Roßweg 10, D-35094 Lahntal, Tel.: (06423) 7302.

HOPPE, Ralf (24-2-63, Bogen) Dipl.-Geogr. – (P) Roßweg 10, D-35094 Lahntal, Tel.:(06423) 7302.

HOPPE, Wilfried (8-1-1958, Duisburg) Dr. rer. nat., Wiss. Mitarbeiter an der Universität GH Duisburg, FB 6, Inst. f. Geographie. – (Pr) Peschmannstraße 28, D-47228 Duisburg, Tel.: (02065) 61212 – (D) Lotharstr. 1, D-47057 Duisburg, Tel.: (0203) 379-2288, Fax: 379-3516, e-mail: w.hoppe@uni-duisburg.de.

HORMANN, Klaus (10-2-1935, Düsseldorf) Dr. rer. nat., Prof. am Geogr. Inst. d. Univ. Kiel. – (Pr) Am Wiesengrund 35, D-24211 Schellhorn, Tel.: (04342) 889813 – (D) Olshausenstr. 40, D-24118 Kiel, Tel.: (0431) 880-2945.

HORMANN, Werner (15-2-1934, Stettin) PD, Dr. paed.habil. – (Pr) Dubnaring 8b, D-17491 Greifswald, Tel.: (03834) 813545.

HORN, Rainer (7-5-1950, Essen) Dr. rer. hort., Prof. f. Bodenkunde, Inst. f. Pflanzenernährung und Bodenkunde der Univ. Kiel. – (Pr) Dorfstr. 43, D-24107 Ottendorf, Tel.: (0431) 581812 – (D) Olshausenstr. 40, D-24118 Kiel, Tel.: (0431) 880-3190.

HORNBACHER, Friedhard (1-4-1923, Wetzlar) OStR. a.D. – (Pr) Frankfurter Str. 24, D-35781 Weilburg, Tel.: (06471) 2522.

HORNETZ, Berthold (25-9-1954, Mandern) Priv.-Doz. Dr. rer. nat., Hochschuldozent (C2), FB VI/Geogr.-Geowissenschaften, Universität Trier. – (Pr) Im Hargarten 4, D-54316 Pluwig, Tel.: (06588) 7022 – (D) Universität, D-54286 Trier, Tel.: (0651) 201-4538, Fax: 201-3980, e-mail: hornetz@uni-trier.de.

HOSANG, Jürg (26-12-62, Basel) Dr., Dipl.-Geogr. – (Pr) Bachlettenstr. 18, CH-4054 Basel, Tel.: (061) 2818587 – (D) Zürcher Hochschule Winterthur, Department Physik und Mathematik, Angewandte Systemdynamik, Postfach 805, CH-8401 Winterthur, Tel.: (052) 267-7311, Fax: 268-7311, e-mail: juerg.hosang@zhwin.ch.

HOTTES, Karl-Heinz (2-5-1925, Köln) Prof. Dr. phil., Dr. rer. pol., em. o. Prof. d. Geogr. im Geogr. Inst. d. Univ. Bochum, Dir. im Inst. f. Entwicklungsforschung u. Entwicklungspolitik d. Univ. Bochum, Mithrsg. d. „Bochumer Schriften zur Entwicklungsforschung u. Entwicklungspolitik". – (Pr) Lessingstr. 56, D-44791 Bochum, Tel.: (0234) 580681.

HOYLER, Michael (29-6-1965, Murnau) wiss. Ang., Geographisches Institut der Universität Heidelberg. – (Pr) Römerstr. 76, D-69115 Heidelberg, Tel.: (06221) 29820 – (D) Im Neuenheimer Feld 348, D-69120 Heidelberg, Tel.: (06221) 54-4588, Fax: 54-4996, e-mail: mihoyler@geog.uni-heidelberg.de.

HUBER, Andreas (7-2-1964, Zürich) Dr., Lehrbeauftragter, Universität Zürich, Geographisches Institut, Fachbereich Anthropogeographie. – (Pr) Wallisellenstr. 296, CH-8050 Zürich, Tel.: (01) 3214461 – (D) Winterthurerstr. 190, CH-8057 Zürich, Tel.: (01) 635-5186, Fax: (01) 635-6844, e-mail: huber@geo.unizh.ch.

HUBER, Franz (16-6-1947) Dipl.-Ing. (FH) für Kartographie. – (Pr) Moosweg 4, D-85235 Oberumbach – (D) Huber Computerkartographie, Dürrstraße 1, D-80992 München, Tel.: (089) 1416033, Fax: 1416037.

HUBER, Jürg-Peter (3-9-1944, Winterthur) Dipl.-Geogr., Freier Sachbuchautor. – (Pr) Gerbestr. 7, CH-8595 Altnau, Tel.: (071) 6952879.

HUBER, Martin (13-1-66, Langnau i.E.) Dr. phil. II, Dipl.-Geogr. – (Pr) Baslerstr. 212, Ch-4123 Allschwil (Bl), Tel./Fax: (061) 4823219 – (D) GeoTask AG, Geographische Datenbanktechnologie, Güterstr. 144, CH-4053 Basel, Tel.: (061) 3633-885, Fax: 3633-887, e-mail: mhuber@geotask.ch.

HUBER, Max (2-9-1949, Schierling), StD, SL Erdkunde. – (Pr) A.-Kolping-Straße 17, D-84069 Schierling, Tel.: (09451) 1262.

HUBRICH, Heinz (1-8-1926, Neiße) Dr. sc. nat. – (Pr) Kloßstr. 23, D-04249 Leipzig, Tel.: (0341) 4246217.

HÜBNER, Elmar (20-9-1938, Meschede) StDir., Fachleiter am Studienseminar für das Lehramt für die Sekundarstufe II Hamm. – (Pr) Rubensweg 16, D-59872 Meschede, Tel.: (0291) 7994 – (D) Museumsstr. 8, D-59065 Hamm.

HÜMMER, Philipp (16-8-1944, Tiefenpölz) Prof. Dr. rer. nat., Prof. f. Did. d. Geogr. am Inst. f. Geogr. d. Univ. Erlangen-Nürnberg, geschäftsführender Vorstand des Inst. f. Entwicklungsforschung im ländl. Raum Ober- u. Mittelfrankens e.V., Vorsitzender des Fachbeirates der Schule Dorf und Flurentwicklung Klosterlangheim. – (Pr) Geisdorf, Haus am Hernersberg, D-91332 Heiligenstadt, Tel.: (09505) 8549 – (D) Kochstr. 4, D-91054 Erlangen, Tel.: (09131) 8522643.

HÜSER, Klaus (8-4-1943, Saarlouis) Dr. rer. nat., Prof. – (Pr) Weiherstr. 21, D-95500 Heinersreuth, Tel.: (09203) 1671 – (D) Geographisches Institut der Universität, Universitätsstr. 30, D-95447 Bayreuth, Tel.: (0921) 552291, Fax: 552314.

HÜSSNER, Hansmartin (2-12-1953, Rüdenhausen) Prof. Dr. rer. nat., Diplom-Geologe, DGG, GV, AAPG, SFPM, GSA, Pal. Ges., Pal. Soc., ÖGV, Geologisch- Paläontologisches Institut, Johann- -Wolfgang-Goethe-Universität Frankfurt am Main. – (D) Senckenberganlage 32, D-60054 Frankfurt am Main.

HÜTTER, Martin (2-5-1961, Herne) Dr. rer. nat., Dipl.-Geogr., Wiss. Assistent, Geographisches Institut der Ruhr-Universität Bochum. – (Pr) Bismarckstr. 34, D-44629

Herne – (D) Universitätsstr. 150, D-44801 Bochum, Tel.: (0234) 7003438, Fax: (0234) 7094180.

HÜTTERMANN, Armin (24-9-1944, Reinstädt) Prof. Dr. phil. habil., Prof. f. Geogr. a. d. PH Ludwigsburg, Schriftleiter von „Geographie und Schule", Leiter des AK Kartennutzung der DGfK. – (Pr) Schubartstr. 28, D-71672 Marbach, Tel./Fax: (07144) 18392 – (D) Reuteallee, D-71634 Ludwigsburg, Tel.: (07141) 140393.

HÜTTEROTH, Wolf-Dieter (28-11-1930, Königsberg/Nm.) Prof. Dr. phil., em. o. Prof. d. Geogr. Inst. Erlangen. — (Pr) Seebachweg 27, D-91056 Erlangen, Tel.: (09135) 425 – (D) Kochstr. 4, D-91054 Erlangen, Tel.: (09131) 8522633.

HUFNAGEL, Herbert (5-4-1931, Augsburg) Prof. i. R. – (Pr) Hilblestr. 59/V, D-80636 München, Tel.: (089) 1295139.

HUGENTOBLER, Florian (16-2-1957, Stäfa ZH) Dr. phil. II, Geograph. – (Pr) Weinbergstr. 66, CH-8703 Erlenbach, Tel.: (01) 9110771 – (D) Elektrowatt Engineering AG, Postfach, CH-8034 Zürich, Tel.: (01) 385-2214, Fax: 385-2425.

HUMBEL, Rainer (4-12-1954) Dr. phil. II (Geographie), Sektionschef. – (Pr) Kappelenring 29, CH-3032 Hinterkappelen – (D) Bundesamt für Statistik, Sektion Raumnutzung, Espace de l'Europe 10, CH-2010 Neuchâtel, Tel.: (032) 7136691, Fax: 7136560, e-mail: rainer.humbel@bfs.admin.ch.

HUNDHAMMER, Fritz (3-9-1946, Göggingen) Dr. phil. – (Pr) Parkstr. 34, D-86356 Neusäß, Tel.: (0821) 467968.

HUPKE, Klaus-Dieter (8-9-1955, Bietigheim) Dr.habil., Privatdozent an der Gerhard Mercator-Universität Duisburg, Lehrbeauftragter an der PH Ludwigsburg. – (Pr) Memelstr. 11, D-74321 Bietigheim-Bissingen, Tel./Fax: (07142) 55634.

HURNI, Hans (21-12-1950, Erlenbach) Prof. Dr., Mitl., Leiter des „Centre for Development and Environment", Geographisches Institut der Universität Bern, Präsident d. Stiftung „Umweltmonitoring am Horn von Afrika", Proceedings-Herausgeber des 4th International Workshop on African Mountains and Highlands (AMA,1999), Direktoriumsmitglied der Internationalen Organisationen IBSRAM und ISCO, Initiator des globalen Bodenschutzprogramms WOCAT (seit 1992 operationell). – (Pr) Zielweg 23, CH-3014 Bern, Tel.: (031) 3327670 – (D) Geographisches Institut der Universität, Hallerstr. 12, CH-3012 Bern, Tel.: (031) 631-8876, Fax: 631-8544, e-mail: hurni@giub.unibe.ch.

HUSA, Karl (6-1-1950, Wien) Mag. rer. nat., Dr. phil., Univ.-Doz. – (Pr) Rötzergasse 56/67, A-1170 Wien, Tel.: (01) 4859713 – (D) Inst. f. Geogr. d. Univ. Wien, Universitätsstr. 7/V, A-1010 Wien, Tel.: (01) 4277-48632, Fax: 4277-9486, e-mail: karl.husa@univie.ac.at.

HUSCHMANN, Rainer (3-5-1944, Warmbad Wolkenstein/E.) Dipl.-Geogr. – (Pr) Otto-Geithner-Str. 28, D-99867 Gotha, Tel.: 751167, (D) Thälmann-Str. 58, D-99085 Erfurt, Tel.: (0361) 5668202.

HUSSY, Charles (15-10-1940, Genève) Professeur ord. – (Pr) 8, boulevard de Saint-Georges, CH-1205 Genève, Tel.: (022) 3289112 – (D) Département de Géographie, Univ-Mail, CH-1211 Genève 4, Tel.: (022) 705-8350, -8351.

HUTH, Eckard (9-12-1955) M.A. – (Pr) Stegerstr. 18, D-35232 Dautphetal, Tel.: (06468) 1488; e-mail: Eckhard.Huth@t-online.de.

I

IBRAHIM, Fouad Naguib (3-12-1938, Ägypten) Dr. rer. nat. habil., Prof. Abt. Regionalgegor. Afrikas am Inst. f. Geowiss. d. Univ. Bayreuth. – (Pr) Hans-Holbein-Str. 49a, D-31515 Wunstorf, Tel.: (05031) 12741, Fax: 8039 – (D) Inst. f. Geowiss., D-95440 Bayreuth, Tel.: (0921) 552277, Fax: 552792.

IHDE, Gustav (13-1-1936, Lüblow/Mecklenburg) StDir. a. D. , 1. Vors. der Geographischen Gesellschaft für das Ruhrgebiet, Essen. – (Pr) Steinbeck 43, D-45239 Essen, Tel.: (0201) 409598, Fax: (0201) 409500.

IKEMEYER, Marion, Dipl.-Geogr., LEG Landesentwicklungsgesellschaft Nordrhein-Westfalen GmbH. – (D) Hörder Burgstr. 11, D-44263 Dortmund.

IMHOF, Viola, Wwe. von Prof. Dr. h.c. Eduard Imhof. – (Pr) Im Allmendli 23, CH-8703 Erlenbach/ZH, Tel.: (01) 9153343.

IMHOFF-DANIEL, Angela (5-10-1962, Rehren/Schaumburg) Dr. rer. nat., Wiss. Mitarb. am Geographischen Institut der Universität Hannover, Universität Hannover, Geographisches Institut, Abteilung Wirtschaftsgeographie. – (Pr) Steinvorthof 2, D-30455 Hannover, Tel.. (0511) 401890

– (D) Schneiderberg 50, D-30167 Hannover, Tel.: (0511) 762-3904, Fax: (0511) 762-3051, e-mail: imhoff-a@cipgeo.geog.uni-hannover.de.

IMOBERSTEG WINTERBERGER, Christine, Dipl.-Geogr., Raumplanerin NDS HTL. – (Pr) Büntenstr. 31, CH-6060 Sarnen, Tel.: (041) 6608076.

IRLE, Cornelia (8-2-1956, Freudenberg) Dipl.-Geogr., Wiss. Mitarb. Stadt Dortmund. – (Pr) Am Dreisch 20, D-44269 Dortmund – (D) Stadtamt für Angelegenheiten des Oberstadtdirektors, Rathaus, Friedensplatz 1, D-44122 Dortmund.

IRMEN, Eleonore (19-1-1954, Laubach) Dr. rer. nat., Wiss. Direktorin an der Bundesforschungsanstalt f. Landeskunde u. Raumordnung. – (Pr) Argelander Str. 125, D-53115 Bonn, Tel.: (0228) 218293 – (D) Am Michaelshof 8, D-53177 Bonn, Tel.: (0228) 826-327.

ISTEL, Wolfgang (31-12-1936) Dr. rer. nat., Dr. rer. nat. habil., Univ.-Doz. f. Raumforschung, Raumordnung und Landesplanung, Technische Universität München. – (Pr) Pernerstr. 66, D-85560 Ebersberg – (D) Institut für Städtebau und Raumplanung, Fakultät für Architektur, Technische Universität München, D-80290 München, Tel.: (089) 289-22593, Fax: 289-22576, e-mail: raumplan@biblio.tu-muenchen.de.

ITTEN, Klaus I. (7-2-1944) o. Prof., Dr. phil. am Geogr. Inst. d. Univ. Zürich-Irchel. – (Pr) Hintere Rietstr. 9, CH-8103 Unterengstringen, Tel.: (01) 7500565. – (D) Winterthurerstr. 190, CH-8057 Zürich, Tel.: (01) 635-5160, Fax: 635-6846, e-mail: itten@geo.unizh.ch.

ITTERMANN, Reinhard (11-6-1943, Bigge) Dr., AOR am Institut für Didaktik der Geographie im Fachbereich 19 der Westfälischen Wilhelms-Universität. – (Pr) Am Berler Kamp 188, D-48167 Münster, Tel.: (02506) 7371 – (D) Robert-Koch-Str. 26, D-48149 Münster, Tel.: (0251) 833-9346, Fax: 833-9351, e-mail: Ritter888@uni-muenster.de.

ITZEROTT, Sibylle (29-1-1963, Mühlhausen) Dr. rer. nat., Wiss. Assistentin, Geofernerkundung. – (Pr) Zeppelinstr. 68c, D-14471 Potsdam, Tel.: (0331) 961327 – (D) Universität Potsdam, Institut für Geoökologie, Postfach 60 15 53, D-14415 Potsdam, Tel.: (0331) 977-2114.

J

JACOB, Bernhard (05-07-1064, Mühldorf/Inn) Dipl.-Geogr., Wiss. Mitarb. am Inst. f. Geographie d. Univ. Stuttgart. – (Pr) Schwabstr. 92, D-70193 Stuttgart, Tel.: (0711) 6366442 – (D) Azenbergstr. 12, D-70174 Stuttgart, Tel. (0711) 121-1460, Fax: 121-1472.

JACOBEIT, Jucundus, Prof. Dr. rer. nat., Prof. am Geogr. Inst. d. Univ. Würzburg. – (Pr) Friedenstr. 31, D-97072 Würzburg, Tel.: (0931) 86885 – (D) Am Hubland, D-97074 Würzburg, Tel.: (0931) 888-5586, Fax: 888-5544, e-mail: jucundus.jacobeit@mail.uni-wuerzburg.de.

JACOBS, Richard (8-11-1931, Köln) Ministerialrat a.D., Mitglied im Staatllichen Prüfungsamt an den Universitäten Köln, Münster, Bielefeld. – (Pr) Simeonintie 4 A 2, FIN-02180 Espoo, Tel./Fax: (00358) 9-529226.

JABOBS, Rosemarie (28-06-1943, Berlin) OStDir., Leiterin der Deutschen Schule Helsinki, Mitarb. in Fachzeitschriften. – (Pr) Simeonintie 4 A 2, FIN-02180 Espoo, Tel./Fax: (00358) 9-529226.

JACOBSEN, Jens-Peter, Dr. rer. nat., Dipl.-Geogr. – (Pr) Quellenweg 10, D-27624 Bad Bederkesa, Tel.: (04745) 7181 – (D) GEOSERVICE, D-27624 Bad Bederkesa, Tel.: (04745) 7819-83, Fax: 7819-84.

JACOBSHAGEN, Volker (10-5-1931, Marburg/Lahn) Dipl.-Geol., Dr. phil., Dr. rer. nat. h.c. Univ.-Professor f. Geologie, Deutsche Geologische Ges., u.a. wiss. Ges., Beiträge z. Regionalen Geologie der Erde, Borntraeger-Ver. (Hrsg.), Institut für Geologie, Geophysik u. Geoinformatik d. Freien Universität Berlin. – (Pr) Ersteiner Straße 10, D-14169 Berlin, Tel.: (030) 8114894 – (D) Malteser-Str. 74–100, Haus B, D-12249 Berlin, Tel.: (030) 7792686, Fax: 7759078.

JACOBY, Wolfgang (3-12-1936, Reval/Estland) Dr. rer. nat., Univ. Professor für Geophysik. Hrsg. Editor in Chief Journal of Geodynamics (Elsevier Science/Pergamon) Institut für Geowissenschaften, Johannes Gutenberg-Universität Mainz. – (Pr) Bebelstr. 22, D-55128 Mainz – (D) Universität Mainz, Inst. f. Geowissenschaften, D-55099 Mainz.

JAECKEL, Christa (01-07-1924) Witwe des Geographen Rolf-Günter Jaeckel (18-12-1904, Leipzig). – (Pr) Kemptener Str. 56, D-81475 München.

JAEGER, Carlo (31-3-1947) Dr. rer.pol.,PD, Gruppe Humanökologie . – (Pr) Staubstr. 26, CH-8038 Zürich, Tel.: (01) 481 61 64 – (D) EAWAG, CH-8600 Dubendorf, Tel.: 801) 823 5028.

JÄGER, Eckehart Johannes (02-05-1934, Leipzig) Prof. Dr. habil., Professor für Spezielle Botanik, Institut für Geobotanik u. Botan. Garten der Martin-Luther-Universität Halle, Arbeitsgebiete Pflanzengeographie, Ökologische Morphologie, Hrsg. der „Flora“. – (Pr) Lindenweg 8, D-06179 Bennstedt – (D) Neuwerk 21, D-06108 Halle/Saale, Tel.: (0345) 552-6210, Fax: 552-7094, e-mail: Jaeger@ botanik.uni-halle.de.

JÄGER, Friedrich (9-6-1931, Köslin) Dr. rer. nat., OStR. i.H. i.R. – (Pr) Kleinlindener Str. 33, D-35398 Gießen, Tel.: (06403) 4307.

JÄGER, Heinrich (15-9-1928, Roßdorf) Prof. Dr., em. Prof. f. Didaktik d. Geogr. – (Pr) Burgweg 9, D-64380 Roßdorf, Tel.: (06154) 800860 – (D) Inst. für Didaktik der Geogr., Schumannstr. 58, D-60325 Frankfurt, Tel.: (069) 798-28802.

JÄGER, Helmut (27-6-1923, Biedenkopf) Prof. Dr. phil., em. Ordinarius für Kulturgeographie am Geogr. Inst. d. Univ. Würzburg, o. Mitgl. d. Akad. f. Raumforschung u. Landesplanung, Ausl. Mitgl. d. Kgl. Schwed. Akad. d. Literatur, Geschichte u. Altertümer, der Akademie gemeinnütziger Wissenschaften zu Erfurt, Honorary Member of the Royal Irish Academy, Mithrsg. d. „Würzburger Geogr. Arbeiten“. – (Pr) Georg-Heppel-Str. 25, D-97218 Gerbrunn, Tel.: (0931) 706986.

JAEGER, Jürgen (13-12-1961, Aachen) M.A., Wiss. Mitarb. a. Geogr. Inst. d. RWTH Aachen. – (Pr) Baesweilerstr. 10, D-52447 Alsdorf-Bettendorf, Tel.: (02402) 21218 – (D) Templergraben 55, D-52056 Aachen, Tel.: (0241) 80-6057.

JAEGER, Lutz (18-7-1944) Priv.-Doz., Dr. rer. nat., Akad. O.Rat Meteorol. Inst. der Univ. Freiburg. – (Pr) Colombistr. 11, D–79098 Freiburg, Tel.: (0761) 24037 – (D) Werderring 10, D-79098 Freiburg, Tel.: (0761) 203-3587, Fax: (0761) 203-3586, e-mail: jaeger@mif.uni-freiburg.de.

JÄGER, Peter (21-02-1959, Davos) Dipl. phil. II, Geoinformatiker. – (Pr) Arbachstr. 2/ Wetzwil, CH- 8704 Herrliberg, Tel.: (01) 9154178 – (D) Ernst Basler + Partner AG, Zollikerstr. 65, CH-8702 Zollikon, Tel.: (01) 395-1195.

JÄGGI, Markus (20-12-1965, Rothrist) Dipl.-Geogr. – (Pr) Bettenstr. 24, CH-4123 Allschwil, Tel.: (061) 4822948 – (D) Baslerstr. 226, CH–4123 Allschwil, Tel.: (061) 4813011, Fax: 4823025, e-mail: jaeggi@ubaclu.unibas.ch.

JÄKEL, Dieter (19-6-1933, Langneundorf) Prof. Dr. rer. nat., Prof. am Inst. f. Geogr. Wissenschaften d. FU Berlin, Schriftl. u. Mitherausgeber „Berliner Geogr. Abhandlungen“. – (Pr) Lefevrestr. 6, D-12161 Berlin, Tel./Fax: (030) 8512559 – (D) Malteserstr. 74-100, D-12249 Berlin, Tel.: (030)7792409.

JÄNSCH, Helga (13-11-1956, Mastholte) Dipl.-Geogr., Wiss. Mitarb. Stadt Dortmund. – (Pr) Schillingstr. 3, D-44139 Dortmund – (D) Stadtamt für Angelegenheiten des Oberstadtdirektors, Rathaus, Friedensplatz 1, D-44122 Dortmund.

JÄSCHKE, Uwe Ulrich (12-07.1955, Frankfurt/Main), Dipl.-Geogr., Dipl.-Ing (FH), Prof., Fachbereich Vermessungswesen / Kartographie, Hochschule für Technik und Wirtschaft Dresden (FH). Mithrsg. des „Namibia-Magazin“ – (Pr) Zinnowitzer Str. 19, D-01109 Dresden, Tel.:(0351) 8904785 – (D) Friedrich-List-Platz 1, D-01069 Dresden, Tel.: (0351) 462-3178, Fax: 462-2191.

JÄTZOLD, Ralph (6-12-1933, Leipzig) Dr. rer. nat., o. Prof., Lehrstuhlinh. f. Kultur- u. Regionalgeographie d. Univ. Trier. – (Pr) Unterm Wolfsberg 48, D-54295 Trier, Tel.: (0651) 34978 – (D) Universität, D–54286 Trier, Tel.: (0651) 201-4540, Fax: 201-3980.

JAHN, Gert, Prof. Dr. rer. nat. – (Pr) Hintere Oststraße 12, D-35236 Breidenbach, Tel.: (06465) 4602.

JAHN, Ulrich R. (8-10-1955, Füssen) OStR (EK, G, D, Eth.), Ignaz-Kögler-Gymnasium Landsberg/Lech. – (Pr) Ummendorfstr. 18, D-86932 Pürgen/Stoffen, Tel.: (08196) 7982, Fax: 999556 – (D) Lechstr. 6, D-86899 Landsberg/Lech.

JAHN, Walter (10-12-1922, Hausen) Dr. rer. nat., OStDir. i.R., Verf. u. Mithrsg. d. Schulbuchreihe „Erdkunde“, (1958-1985), Seminarlehrer f. Geographie (1962-1975). – (Pr) Alpenstr. 8, D-82393 Iffeldorf, Tel.: (08856) 3737.

JAHNKE, Holger (16-06-1970) Wiss. Mitarb. am Geographischen Institut der Humboldt-Universität Berlin. – (Pr) Windscheidstr. 3a, D-10627 Berlin, Tel.: (030) 32705778 – (D) Chausseestr. 86 (PA: Unter den Linden 6), D-10099 Berlin,

Tel.: (030) 3087-5652, Fax: 3087-5653, e-mail: holger=jahnke@rz.hu-berlin.de.

JAKOB, Bernhard (05-07-1964, Mühldorf/Inn) Dipl.-Geogr., Wiss. Mitarb. am Institut für Geographie der Univ. Stuttgart. – (Pr) Schwabstr. 92, D-70193 Stuttgart, Tel.: (0711) 6366442 – (D) Azenbergstr. 12, D-70174 Stuttgart, Tel. (0711) 121-1460, Fax: 121-1472, e-mail: bernhard.jakob@geographie.uni-stuttgart.de.

JANKE, Wolfgang (3-3-1934) Prof. Dr. sc. nat. – (Pr) Karl-Liebknecht-Ring 23, D-17491 Greifswald.

JANKOWSKI, Beate – (Pr) Weizenstr. 23, D-86343 Königsbrunn.

JANNSEN, Gert (7-4-1939, Niebüll) Prof. Dr. rer. nat., FB 3, Geographie Institut für Politikwissenschaft II - Politik und Gesellschaft. – (Pr) Sandweg 260, D-26135 Oldenburg, Tel.: (0441) 202841 – (D) Carl von Ossietzky-Universität Oldenburg, Postfach 25 03, D-26111Oldenburg, Tel.: (0441) 798–2923.

JANOTTA, Andreas (10-01-1960, Essen) Dr. rer. nat., Wiss. Mitarb. am Geographischen Institut der Universität Köln. – (Pr) Zur Grafenburg 42, D-42549 Velbert, Tel.: (02051) 83346 – (D) Albertus-Magnus-Platz, D-50923 Köln, Tel.: (0221) 470-2411, Fax: 470-5124.

JANSEN, Michael (25-7-1954, Rösrath) Geschäftsführer, macRom Marketingforschung & Consult GmbH. – (Pr) An der Krumbach 1, D-51503 Rösrath, Tel.: (02205) 2957, Fax: (02205) 83471 – (D) Rösrather Str. 607, D-51107 Köln, Tel.: (0221) 98687-0, Fax: 98687-17.

JANSEN, Uwe (29-8-1940, Elmshorn) StDir., Lehrer am Gymn., Leitung der Verbandsexkursionen im Schulgeographenverband, Landesverband Schleswig-Holstein. – (Pr) Liether Ring 26, D-25336 Klein Nordende, Tel.: (04121) 93633, Fax: 92169 – (D) Bismarck-Gymnasium, Elmshorn, Tel.: (04121) 3716.

JANSON, Katja (11-06-1966, Berlin) Dipl.-Geographin, DGfK Mitglied – Humboldt-Universität zu Berlin, Geographisches Institut, Abt. Kartographie (Geoinformatik). – (Pr) Landhausstr. 36, D-10717 Berlin, Tel.: (030) 86421548 – (D) Unter den Linden 6, D-10099 Berlin, Tel.: (030) 30875-626, Fax: 30878-635, e-mail: katja.janson@rz.hu-berlin.de.

JANSSEN, Manfred (02-04-1971, Westerhauderfehn) Doktorand an der Universität Osnabrück, FB Kultur- und Geowissenschaften, Schwerpunkte: Unternehmensgründungen, Arbeitsmarktforschung und Regionalökonomie. – (Pr) Am Kirchenkamp 16, D-49078 Osnabrück, Tel.: (0541) 434458 – (D) Seminarstr. 19, D-49069 Osnabrück, Tel.: (0541) 969-4900, Fax: 969-4333. E-mail: manfred.janssen@uos.de.

JANTSCH, Peter (16-11-1953, Meerane) Dr. rer. nat., Referatsleiter. – (Pr) Heinrich-Mann-Str. 4, D-01257 Dresden – (D) Sächsisches Staatsministerium für Umwelt und Landesentwicklung, Ostra-Allee 18, D-01067 Dresden, Tel.: (0351) 564-2105.

JANZEN, Jörg (16-3-1946, Flensburg) Dr. phil., Akad. ORat, Inst. f. Geographische Wissenschaften d. FU Berlin – Zentrum für Entwicklungsländer-Forschung (ZELF). – (Pr) Südwestkorso 69, D-12161 Berlin, Tel.: (030) 8214144 – (D) Malteserstr. 74-100, 12249 Berlin, Tel.: (030) 7792-222, Fax: 76706444, e-mail: janzen@geog.fu-berlin.de.

JASCHKE, Dieter (21-4-1942, Breslau) Prof. Dr. rer. nat. am Inst. f. Geogr. d. Univ. Hamburg, Vorsitzender der Geographischen Gesellschaft in Hamburg. – (Pr) Schmiedesberg 2b, D-21465 Reinbek, Tel./Fax: (040) 7222401 – (D) Bundesstr. 55, D-20146 Hamburg, Tel.: (040) 41 23–4982, Fax: 4123-4981, e-mail: dohr@geowiss.uni-hamburg.de.

JEANNERET, François (28-4-1946, Bern) Dr., Lecteur/Chargé d'enseignement. – (Pr) Les Vernes 4, CH-2534 Orvin, Tel.: (032) 358-2082, -2081. – (D) Geographisches Institut der Universität Bern, Hallerstr. 12, CH-3012 Bern, Tel.: (031) 631-8883, Fax: 631-8511, Institut de géographie de l'Université, Espace Louis-Agassiz 1, CH-2001 Neuchâtel, Tel.: (032) 7208239.

JEDICKE, Eckhard (30-04-1962) Priv.-Doz., Dr. rer. nat., Institut für Geographie und Geoökologie, Universität Karlsruhe. – (Pr) Jahnstr. 22, D-34454 Bad Arolsen, Tel.: (05691) 7197, Fax: 50211, e-mail: Jedicke@t-online.de – (D) Kaiserstr. 12, D-76131 Karlsruhe.

JENNE, Thomas, Dipl.-Geograph, Raumplaner beim Stadtplanungsamt Thun. – (Pr) Buchshaldenstr. 12A, CH–3661 Uetendorf, Tel.: (033) 3453728 – (D) Tel.: (033) 2258380.

JENTSCH, Christoph (21-12-1931, Niederwartha) Dr. phil., Prof. am Geogr. Inst. d. Univ. Mannheim. – (Pr) Lorscher Ring

17b, D-67227 Frankenthal, Tel.: (06233) 62264 – (D) Schloß, D-68131 Mannheim, Tel.: (0621) 292-5722, Fax: 292-3321.

JERZ, Hermann (21-7-1935, Ulm/Donau) Dr. rer. nat., Hon.-Prof., Diplom-Geologe. Vorsitzender der Gesellschaft f. Bayer. Landeskunde e.V. München. – (Pr) Eichleite 7, D-82031 Grünwald. – (D) Universität Augsburg, Institut für Physische Geographie, Universitätsstraße 10, D-86135 Augsburg, Tel.: (0821) 5982-670.

JESCHE, Ingeborg (24-1-1943, Leipzig) Dipl.-Ing. Kart. – (Pr) Schildberger Weg 22, D-04357 Leipzig – (D) Stadt Leipzig, Postfach 780, D-04007 Leipzig, Tel.: (0341) 123-5646.

JOB, Hubert (15-07-1958, Landau/Pfalz) Dr. rer. nat. habil., Dipl.-Geograph, Wiss. Mitarbeiter, Universität Trier, FB VI Geographie/Geowissenschaften, Angewandte Geographie. – (Pr) Franzenheimer Str. 1, D-54316 Pluwig, Tel.: (06588) 2570 – (D) D-54286 Trier, Tel.: (0651) 201-4586, Fax: 201-3813.

JOECKEL, Rainer (11-01-1944, Villingen/ Schwarzwald) Prof. Dr.-Ing., Dekan des Fachbereichs Vermessung und Geoinformatik, Fachhochschule Stuttgart, Hochschule für Technik, FB Vermessung u. Geoinformatik.– (Pr) Dillweg 13, D-70619 Stuttgart. – (D) Schellingstr. 24, D-70174 Stuttgart, Tel.: (0711) 121-2606, -2607.

JÖNS, Heike (08-08-1973, Marl) Dipl.-Geogr., Wiss. Ang. Geogr. Institut d. Univ. Heidelberg. – (D) Im Neuenheimer Feld 348, D-69120 Heidelberg, Tel.: (06221) 54-4372, Fax: 54-4996, e-mail: joens@ geog.uni-heidelberg.de.

JOHN, Brigitte (27-2-1958, Hamburg) Dr. rer. nat., Akademische Oberrätin, Universität Bayreuth, Fachgruppe Geowissenschaften. – (D) Universität Bayreuth, D-95440 Bayreuth, Tel.: (0921) 552-284, e-mail: brigitte.john@uni-bayreuth.de.

JOHNSON-MÜLLER, Esther, Dipl.-Geogr. – (Pr) Zwislenstr. 18 A, CH-9056 Gais, Tel.: (071) 7933025.

JONG, Carmen de (08-05-1968) Geogr. (M.A. Hons.), Dr. rer. nat., Habilstipendiatin der Deutschen Bundesstiftung Umwelt am Institut für Geographische Wissenschaften, B.E.R.G., FU Berlin. – (Pr) Geitnerweg 36A, D-12209 Berlin, Tel.: (030) 7723253 – (D) Malteserstr. 74-100, Haus B, D-12249 Berlin, Tel.: (030) 7792-254, Fax: 76706439, e-mail: cdjong @geog.fu-berlin.de.

JOOS, Marcel (26-4-1937, Basel) PD, Dr., Geoarchäologe. – (Pr) Louisrebenstr. 27, CH-4104 Oberwil, Tel.: (061) 4014364 – (D) Seminar für Ur- und Frühgeschichte, Petersgraben 9-11, CH-4051 Basel, Tel.: (061) 2672346.

JOPP, Werner (28-3-1936) Dr. phil., Verleger. – (Pr) Leibnizstr. 26, D-65191 Wiesbaden – (D) Dr.Werner Jopp Verlag, Danziger Str. 58, D-65191 Wiesbaden, Tel.: (0611) 54-7116, Fax: 54-2762.

JORDAN, Ekkehard (1-8-1941, Braunschweig) Univ.-Prof. Dr. rer. nat. habil, Heinrich-Heine-Universität Düsseldorf, Geographisches Institut, Lehrstuhl für Physische Geographie, Mithrsg. d. Düsseldorfer Geographischen Schriften. - (Pr) Königsberger Str. 9, D-42781 Haan, Tel.: (02129) 31312, Fax: 958086, e-mail: Dr.EJo@t-online.de – (D) Universitätsstr. 1, D-40225 Düsseldorf, Tel.: (0211) 81-12045, Fax: 81-13464 oder -13955, e-mail: ekkehard.jordan@uni-duesseldorf.de.

JORDAN, Peter (15-11-1949, Hermagor) Uni.-Doz. Dr. phil., Stellvertretender Direktor und Leiter d. Geogr. Abt. d. Österr. Ost- u. Südosteuropa-Inst., Redakteur des Atlasses Ost- und Südosteuropa, Fachredakteur für Geographie der Österreichischen Osthefte. – (Pr) Lacknergasse 73/2/6, A-1180 Wien, Tel.: (01) 4791788 – (D) Josefsplatz 6, A-1010 Wien, Tel.: (01) 512-1895, -1841 D, Fax: 512-1895, 1853, e-mail: y2251daa@vm. univie.ac.at.

JOST, Michael (1-4-1959, Hamburg) Dr., Institut für Geophysik, Ruhr-Universität Bochum. – (Pr) Hernerstr. 25, D-44787 Bochum – (D) D-44780 Bochum, Tel.: (0234) 700-3276, Fax: 709-4181, e-mail: jost @geophysik.ruhr-uni-bochum.de.

JOSUWEIT, Werner (17-12-1937, Wingeruppen/Ostpr.) Dr. phil., Ob.-Bibliotheksrat, Ltr. Bibl. d. PH Ludwigsburg. – (Pr) Häfnerhaslach, Im Gallenmichel 10, D-74343 Sachsenheim, Tel.: (07046) 828 – (D) Reuteallee 46, D-71634 Ludwigsburg, Tel.: (07141) 140-661, e-mail: josuweit_ werner@ph-ludwigsburg.de.

JUCHELKA, Rudolf (21-04-1969, Aachen) Dr. phil., Wiss. Assistent, Sprecher des Forums Südliches Rheinland im Deutschen Verband f. Angew. Geographie e.V (DVAG), Mitgl. des Maas-Rhein Instituts f. Angew. Geographie e.V. – (Pr) Wallstr. 22/24, D-52064 Aachen, Tel./Fax: (0241) 27126 – (D) Geographisches Institut der RWTH Aachen, D-52056 Aachen, Tel.:

(0241) 80-6057, Fax: 8888-309, e-mail: rudolf.juchelka@geo.RWTH-Aachen.de.

JUD, Peter, Dr. – (Pr) Brünnelihöhestr. 7, CH–8400 Winterthur.

JÜLG, Felix (1-2-1935, Wien) Univ.-Doz., Dr. rer. comm., a.o. Univ.-Prof. i.R. am Inst. f. Wirtschafts- u. Sozialgeogr., Abt. für Praxisorientierte Wirtschaftsgeogr. und Räumliche Integrationsforschung d. Wirtschaftsuniv. Wien. – (Pr) Rittsteigstr. 30, A-3031 Rekawinkel, Tel./Fax: (02233) 57162 – (D) Peter Jordan Strasse 6, A-1190 Wien, Tel.: (01) 3692099-17, 31336-0, Fax: 3692099-18, e-mail: Felix.juelg@wu-wien.ac.at.

JÜNGST, Peter (5–10–1942, Darmstadt) Prof. Dr., Hoch.-Lehrer a.d. Universität/Gesamthochschule Kassel, Fachbereich 10: Berufsbildung-, Sozial- und Rechtswissenschaften, Abtlg. Geographie, Urbs et Regio. – (Pr) Herkulesstr. 55, D-34119 Kassel, Tel.: (0561) 774556 – (D) Nora-Platiel-Str. 5, D-34127 Kassel , Tel.: (0561) 804-3142.

JÜNGST, Reiner (7-12-1954, Frohnhausen) Redakteur der „Geographischen Rundschau". – (Pr) Im Pfarrkamp 17, D-38300 Wolfenbüttel. – (D) Westermann Schulbuchverlag GmbH, Georg-Westermann-Allee 66, D-38104 Braunschweig, Tel.: (0531) 708385.

JÜRGENS, Carsten (1-8-1961, Hannover) Dr. rer. nat., Wiss. Ass. am Geogr. Institut der Universität Regensburg. – (Pr) Holzwiesenweg 14, D-93053 Regensburg – (D) D-93040 Rgensburg, Tel.: (0941) 943-3630, -3613, Fax: 943-4933, e-mail: carsten.juergens@geographie.uni-regensburg.de.

JÜRGENS, Ulrich (8-7-1962, Wilhelmshaven) Dipl.-Geogr., Dr. rer. nat., Hochschulassistent am Geogr. Inst. d. Univ. Kiel. – (Pr) Schützenwall 61, D-24114 Kiel, Tel.: (0431) 665557 – (D) Geogr. Inst. d. Univ. Kiel, Ludewig-Meyn-Str. 14, D-24098 Kiel, Tel.: (0431) 880-2438.

JUNG, Gernot (8-1-1940, Hagen-Grinden) Prof. Dr. rer. nat., Prof. f. Geogr. a. d. Univ. Oldenburg. – (Pr) Schillerstr. 1, D-26122 Oldenburg, Tel./Fax: (0441) 506647 – (D) Ammerländer Heerstr. 67-99, D-26129 Oldenburg, Tel.: (0441) 798-2927, Fax: 798-3769.

JUNGFER, Eckhardt (7-1-1948, Garmisch-Partenkirchen) Prof. Dr. rer. nat. habil., Stellvertreter des Präsidenten und Abteilungspräsident der Abteilung Wasserwirtschaft und Gewässerschutz im Landesumweltamt Brandenburg. Apl.Prof. am Institut f. Geographie d. Univ. Erlangen-Nürnberg. – (Pr) Uehlfelder Weg 12, D-91085 Weisendorf, Tel.: (09135) 8752 – (D) Berliner Str. 21-25, D-14467 Potsdam, Tel.: (0331) 2323-210, Fax: 2323-223.

JUNK, Wolfgang J. (24-6-1942, Merseburg) Priv. Doz., Dr., Leiter der Arbeitsgruppe Tropenökologie am Max-Planck-Institut für Limnologie. – (Pr) Stadtheide 8a, D-24306 Plön – (D) Aug.-Thienemann-Str. 2, D-24306 Plön (Postfach 165, D-24302 Plön), Tel.: (04522) 763-234.

JURCZEK, Peter (3-9-1949, Frankfurt/Main) Dipl.-Geogr., Dr. phil., Dr. rer. nat. habil., Professor für Sozial- und Wirtschaftsgeographie, Techn. Universität Chemnitz, Phil. Fakultät. – (Pr) Robert-Koch-Str. 2, D-95447 Bayreuth, Tel./Fax: (0921) 67775 – (D) Universität Chemnitz Phil. Fakultät, D-09107 Chemnitz, Tel.: (0371) 531-4911, Fax: 531-4058.

JUSCHUS, Olaf (07-12-1968, Salzwedel) Dipl.-Geogr. am Geographischen Inst. d. Universität Berlin. – (Pr) Pasteurstr. 46, D-10407 Berlin, Tel.: (030) 4255487 – (D) Chausseestr. 86 (PA: Unter den Linden 6), D-10099 Berlin, Tel.: (030) 30875-639, Sekr.: 30857-607, Fax: 30875-644.

JUSSEN, Barbara, StDir'in, Fachl. f. Erdkunde am Studienseminar für das Lehramt für die Sekundarstufe II Hamm. – (Pr+D) Museumstr. 8, D-59065 Hamm.

K

KADEL, Gerhart (13-10-1924, Darmstadt) StDir., Fachbereichsleiter, Vorst.-Mitgl. d. Verb. Dt. Schulgeographen 1963-1972. – (Pr) Erlenhauptstr. 5, D-64625 Bensheim, Tel.: (06251) 73151 – (D) Altes Kurfürstliches Gymnasium, D-64625 Bensheim.

KADEN, Klaus (3-10-1950, Schlettau) Dr. habil., Hochschuldozent, Geoökologie, Angewandte Geofernerkundung. – (Pr) Bergstraße 5 c, D-15746 Groß Köris, Tel.: (033766) 44026 – (D) Universität Potsdam, Institut für Geographie und Geoökologie, Am Neuen Palais, D-14469 Potsdam, Tel.: (0033) 977-2116, e-mail: kkaden@rz.uni-potsdam.de.

KAEMMEL, Thomas (15-6-1931) Doz. i.R., Dr. habil. – (Pr) Rabindranah-Tagore-Str. 31, D-12527 Berlin, Tel.: (030) 6743919.

KÄMMER, Hans-Joachim (22-9-1945, Braunschweig) Dr. rer. nat., Dipl.-Ing. für Kartographie. Büro für Ingenieurkartographie und Geoinformatik. – (D) Mariendorfer Damm 149, D-12107 Berlin, Tel./Fax: (030) 705-4538, e-mail: hajo.kaemmer@t-online.de.

KAERKES, Wolfgang M.(29-4-1954, Aachen) Dr. rer. nat., Stadtrat a.D. – (Pr) Korianderstr. 8, D-65191 Wiesbaden, Tel.: (0611) 560155, Fax: 5640936 – (D) Deutsche Gesellschaft für Qualität e.V. (DGQ),Geschäftsführer, August-Schanz-Str. 21A, D-60433 Frankfurt, Tel.: (069) 95424158, Fax: 95424234, e-mail: Kae@dgq.de.

KÄSER, Ueli, Dr. – (Pr) Föhrenweg 1, CH-8121 Benglen.

KÄSS, Werner (6-6-1924, Stuttgart-Bad Cannstatt) Prof. apl., Dr. habil., Diplom-Geologe, Mitglied in 2 Ausschüssen des DVWK (Deutscher Verband für Wasserwirtschaft und Kulturbau), Mitglied in der ATH (Arbeitsgemeinschaft für Tarcerhydrologie), Mitglied und Medaillenträger in der Arbeitsgemeinschaft Naturwissenschaft und Technik im Deutschen Bäderverband, Lehrbeauftragter Inst. f. Geologie und Paläontologie Universität Freiburg. – (Pr) Mühlematten 5, D-79224 Umkirch, Tel.: (07665) 6916, Fax: 5978.

KAGERMEIER, Andreas (13-1-1960, Cham) Dr. phil., Prof., Abt. Angewandte Geograhie und Geoinformatik, FB 1 - Geograpie, Universität-Gesamthochschule Paderborn. – (D) Warburger Str. 100, D-33098 Paderborn, Tel.: (05251) 60-2383, -2384, Fax: 60-4214, e-mail: kagermeier@hrz.uni-paderborn.de.

KAHLFUß, Hans-Jürgen Wilhelm (27-8-1936, Königsberg/Pr.) Dr. rer. nat., Ltd. Bibl.-Dir., Leit. d. Gesamthochschul-Bibliothek Kassel, Landesbibliothek- u. Murhardsche Bibliothek der Stadt Kassel. – (Pr) Am Fuchsberg 9, D-34225 Baunatal, Tel.: (0561) 496684 – (D) Postfach (Gesamthochschulbibliothek Kassel), D-34111 Kassel, Tel.: (0561) 804-/ 2117, -2118, Fax: 804-2125, e-mail: direktion@bibliothek.uni-kassel.de.

KAISER, Klaus Felix, Dr., Privatdozent, Univ. Zürich, Geogr. Institut. – (Pr) Frohbergstr. 21, CH-8542 Wiesendangen, Tel.: (052) 3372563 – (D) WSL, CH-8903 Birmensdorf, Tel.: (01) 739-2386 / KS Freudenberg, Gutenbergstr. 15, CH-8002 Zürich, Tel.: (01) 286-7711, Fax: WSL 739-2215, e-mail: kaiser@wsl.ch, Fax: KS Freudenberg 286-7719.

KAISER, Magdalena (20-10-1959, Alf/Mosel) Dr. rer. nat., Refersatsleiterin, Referat für Stadtentwicklung, Amt für Koordinierung, Controlling und Stadtentwicklung, Landeshauptstadt Hannover. – (Pr) Haspelmathstr. 34, D-30449 Hannover, (0511) 4582136 – (D) Trammplatz 2, D-30159 Hannover, Tel.: (0511) 1684-6249, Fax: 1684-5020, e-mail: magdalena.kaiser.12@hannover-stadt.de.

KALKE, Ralf (04-06-1958, Berlin) Dr. rer. nat., Schwerpunkte: Luftbild und digitale Bildverarbeitung, TU Berlin, Institut für Landschaftsentwicklung. – (Pr) Brandenburgische Str. 114, D-15566 Schöneiche, Tel.: (030) 64903751 – (D) Franklinstr. 28/29, Sekr. FR2-6, D-10587 Berlin, Tel.: (030) 314-73284, Fax: 314-23507, Internet: http://www.tu-berlin.de/-lln, e-mail: Kalke@ile.tu-berlin.de.

KALLENBACH, Helga, Dr., Bibl.OR'in, Kartenabt. Staatsbibliothek zu Berlin Preuß. Kulturbesitz. – (Pr) Am Sandwerder 42a, D-14109 Berlin – (D) Potsdamer Str. 33, D-10785 Berlin, Tel.: (030) 2662726.

KAMBER, Kurt (1958, Balsthal) Dipl.phil. nat., Geograph, Berater Umwelt und Sicherheit. – (Pr) Ruchholzstr. 41, CH-4103 Bottmingen, Tel.: (061) 4216856, e-mail: kurt -kamber@compuserve.com – (D) Klimatologie und Meteorologie, Geographisches Institut, Universität Bern, Hallerstr. 12, CH-3012 Bern, Tel.: (031) 6318868, Fax: 6318511.

KAMINSKE, Volker, Dr. rer. nat. habil., Prof. – (Pr) Schleichlingstr. 9, D-76327 Pfinztal, Tel.: (0721) 460257.

KAMMERER, Peter (22-08-1954, Langenbruck) Dr. rer. nat., Prof. an der Fachhochschule München, Studiengang Kartographie. – (Pr) Posener Str. 14, D-85276 Pfaffenhofen – (D) Fachhochschule München, FB 08, Karlstraße 6, D-80333 München, Tel.: (089) 1265-2618, e-mail: Kammerer@vm.fh-muenchen.de.

KAMP, Ulrich (13.03.1967), Dipl.-Geogr., Wiss. Mitarb. Techn. Universität Berlin, Institut für Geographie. – (Pr) Pallasstr. 10/11, D-10781 Berlin, Tel.: (030) 2157596 – (D) Rohrdamm 20-22, D-13629 Berlin, Tel.: (030) 38006-108, Fax: 38006-102, e-mail: Kampnieg@mailszrz.zrz.tu-berlin.de.

KANDLER, Otto (29-7-1939, Mainz) Prof. Dr. rer. nat., Geogr. Inst. d. Joh. Gutenberg-Universität Mainz. – (Pr) Königsberger Str. 11, D-55444 Waldlaubersheim, Tel.: (06707) 1211 – (D) Saarstr. 21, D-55099

Mainz, Tel.: (06131) 392771, Fax: 394735.

KANNEN, Andreas, Dipl.-Geogr., Wiss. Ang. AG Küstengeographie am Forschungs- u. Technologiezentrum Westküste. – (D) Hafentörn, D-25761 Büsum, Tel.: (04834) 604282, Fax: 6772, e-mail: akannen@ftz-west.uni-kiel.de.

KANNENBERG, Ernst-Günter (13-5-1920, Kiel) Dr. rer. nat., Reg.-Dir. i.R. – (Pr) Madenstr. 18, D-70619 Stuttgart, Tel.: (0711) 473592.

KANZ, Kai Torsten (20-05-1965, Stuttgart) M.A., Dr. phil., Wiss. Mitarbeiter, Projektleiter ‚Briefedition Nees von Esenbeck', Deutsche Akademie der Naturforscher Leopoldina. – (D) August-Bebel-Str. 50 A, D-06014 Halle/Saale, (PA) Postfach 110543, D-06019 Halle/Saale, Tel.: (0345) 202-5014, Fax: 202-1727.

KAPALA, Alice (19-3-1948, Oppeln) Dr. rer. nat., Wiss. Ang. a. Meteor. Inst. d. Univ. Köln. – (Pr) Friedhofstr. 11, D-53773 Hennef, Tel.: (02242) 7866. – (D) Auf dem Hügel 20, D-53121 Bonn, Tel.: (0228) 735199.

KAPALA, Karl-Heinz (26-4-1934, Rheinhausen) Dr. rer. nat. – (Pr) Friedhofstr. 11, D-53773 Hennef, Tel.: (02242) 7866.

KAPPAS, Martin (17-09-1961, Düsseldorf) Priv. Doz. Dr., Hochschuldozent am Geogr. Institut d. Universität Mannheim. – (Pr) Kaufmannstr. 75, D-53115 Bonn,Tel.: (0228) 636026 – (D) D-68131 Mannheim,Tel.: (0621) 292-2779, Fax: 292-3321, e-mail: kappas@rumms.uni-mannheim.de.

KARPF, Heinz (20-4-1920, Bruck a. d. Mur/Österreich) Prof. Dr. phil., Prof. i.R. – (Pr) Mariagrüner Hang 4, A-8043 Graz.

KARRASCH, Heinz (11-3-1935, Allenstein) Prof. Dr. rer. nat., Prof. am Geogr. Inst. d. Univ. Heidelberg. – (Pr) Satzenbuckelweg 4, D-69245 Bammental, Tel.: (06223) 40381 – (D) Im Neuenheimer Feld 348, D-69120 Heidelberg, Tel.: (06221) 544578, Fax: 544996.

KARRASCH, Petra (6-9-1953, Markranstädt) Dipl.-Wirtsch. – (Pr) Denkmalsblick 18, D-04277 Leipzig – (D) Regionalforum Leipzig-Westsachsen, Braustr. 2, D-04107 Leipzig, Tel.: (0341) 977-1040, Fax: 977-1099.

KARRER, Ruedi, Geograph. – (Pr) Wuhrstr. 29, CH-8003 Zürich, Tel.: (01) 4634691, oder: Hof Rätitsch, CH-7408 Cazis, Tel.: (081) 6512152, e-mail: rkarrer@access.ch.

KASER, Georg (15-4-1953) Dr. phil., Univ.-Ass. am Inst. f. Geogr. d. Univ. Innsbruck. – (D) Innrain 52, A-6020 Innsbruck, Tel.: (0512) 507-504, Fax: 507-2895.

KAST, Friedrich (13-4-1927, Stuttgart) Prof. Dr. – (Pr) Dornbuschweg 15, D-70191 Stuttgart, Tel.: (0711) 850562.

KASTENHOLZ, Hans (22-1-1956, Köln) Dr., Oberassistent am Institut für Verhaltenswissenschaften ETH-Z, Mitarbeiter der Akademie für Technikfolgenabschätzung Stuttgart, Präsident der Gesellschaft für Mensch und Umwet (EMU). – (Pr) Postfach 2713, CH-8033 Zürich, Tel.: (01) 3622071 – (D) Inst. f. Verhaltenswissenschaft, ETH-Zentrum, Turnerstr. 1, CH-8092 Zürich, Tel.: (01) 632-5872.

KATZUNG, Gerhard (14-10-1935, Schmalkalden) Dr. rer. nat. habil., Dipl.-Geologe, Prof. f. Regionale Geologie und Tektonik. Redaktion Neues Jahrb. f. Geologie u. Paläontologie, Vizepräsident Deutsche Geologische Gesellschaft, Ernst-Moritz-Arndt-Universität Greifswald, Institut für Geologische Wissenschaften, Lehrstuhl Regionale Geologie und Tektonik. – (P) Ernst-Reinke-Str. 23, D-10369 Berlin – (D) Friedrich-Ludwig-Jahn-Str. 17 A, D-17489 Greifswald, Tel.: (03834) 864-560, Fax: 864-572, e-mail: katzung @rz.uni-greifswald.de.

KAUDER, Birgitt (11-9-59, Berlin) Dipl.-Geogr. – (Pr) Walderdorffstr. 1, D-65549 Limburg, Tel.: (06431) 24574.

KAUFFMANN, Wolf-Dietrich (5-6-1935, Berlin) Dipl.-Geogr., Verwaltungsdir. i.R., korresp. Mitgl. d. Akad. f. Raumforschung u. Landesplanung, Gf. d. Landesarbeitsgemeinschaft Bremen/Hamburg/Niedersachsen/Schleswig-Holstein. – (Pr) Smaragdweg 1, D-23566 Lübeck, Tel.: (0451) 604849.

KAUFMANN, Viktor (04-04-1960, Graz) Dr., Dipl.-Ing., Ass.-Prof. an der Technischen Universität Graz, Institut für Angewandte Geodäsie. – (Pr) Puschweg 17, A-8053 Graz – (D) Steyrergasse 30, A-8010 Graz, Tel.: (0316) 873-6336, Fax: (0316) 873-6337, http://www.cis.tu-graz.ac.at/photo/viktor.kaufmann, e-mail: viktor.kaufmann @tu-graz.ac.at.

KAULFUSS, Wolfgang (27-2-1937, Dresden) Prof. Dr. rer. nat. habil., Lehrstuhl Physische Geographie. – (Pr) Weißeritzstr. 14, D-01744 Dippoldiswalde, Tel.: (03504) 614772 — (D) Technische Universität Dresden, Institut für Geographie, Mommsenstr. 13, D-01069 Dresen, Tel.: (0351) 463-2994, Fax: 463-7064.

KAUSCH, Birgit (01-01-1972, Konstanz) Dipl.-Geogr., Wiss. Angest. Universität Trier, Physische Geographie. – (D) FB VI, D-54286 Trier, Tel.: (0651) 201-4525, Fax: 201-3976, e-mail: kaus6101@uni-trier.de.

KEHL, Martin (20-03-1965, Bielefeld) Dr. rer. nat., Wiss. Mitarb. in der Abt. Geo- und Agrarökologie des ISPA an der Hochschule Vechta. – (Pr) Jagdhornstr. 11, D-49377 Vechta, Tel./Fax: (04441) 852516 – (D) Driverstr. 22, D-49377 Vechta, Tel.: (04441) 154-25, Fax: 154-45, e-mail: mkehl@ispa.uni-vechta.de.

KEIDEL, Thomas (13-08-1965) Dr. rer. nat., Geograph M.A., Wiss. Mitarbeiter. – (Pr) Grüner Winkel 21, D-45768 Marl, Tel: (02365) 65206 – (D) Umweltforschungszentrum Leipzig-Halle, Projektbereich Urbane Landschaften, Permoserstr. 15, D-04318 Leipzig, Tel: (0341) 235-2390.

KEIL, Günter, Dr. rer.nat. – (Pr) Goethestr. 4, D-06712 Zeitz.

KEIMER, Wolfhard (10-2-1936, Birkenfeld), Wiss. Redakteur. – (Pr) Gerhart-Hauptmann-Str. 24, D-69221 Dossenheim, Tel.: (06221) 862519 – (D) Dudenstr. 6, D-68167 Mannheim, Tel.: (0621) 3901314.

KEINDL, Josef (20-11-1903, Wien) Mag. rer. nat., Dr. phil. habil., Oberstudienrat, Professor. em. Lehrbeauftragter an der Universität Wien, em. a. o. Dozent an der Wirtschaftsuniversität Wien, em. Dozent an der Pädagogischen Akademie Wien. – (Pr) Gogolgasse 32, A-1130 Wien.

KELLER, August (26-8-1954, Künten) Dipl.-Geograph, EDV-Projektleiter/GIS-Verantwortlicher. – (Pr) Bodenackerstr. 17, CH-5200 Brugg, Tel.: (056) 4423360 – (D) Abteilung Informatik, Obere Vorstadt 40, CH-5001 Aarau, Tel.: (062) 8351098.

KELLER, Margareta, geb. Haffenegger (17-7-1922, Wuppertal-Elberfeld) Dr. rer.nat. – (Pr) Schwarzwaldstr. 18, D-79189 Bad Krozingen, Tel.: (07633) 3204.

KELLER, Oskar (15-5-1938) Dr.phil. II., PD Universität Zürich, Prof. Pädagogische Hochschule St. Gallen. – (Pr) Sonderstr. 22, CH-9034 Eggersriet, Tel.: (071) 8772225 – (D) Pädagogische Hochschule St. Gallen, Tel.: (071) 2439428.

KELLER, Remo, lic. phil., Marktforscher. – (Pr) Bachwies 5, CH-8553 Mettendorf, Tel.: (054) 651621.

KELLER, Waldemar A. (12-2-1943, Zürich) Dr., Oberassistent, Leiter des 14C-Labors. Leiter der Institutsverwaltung. – (Pr) Harzerstr. 9, CH-8704 Herrliberg, Tel.: (01) 9150269. – (D) Geographisches Institut der Universität, Winterthurerstr. 190, CH-8057 Zürich, Tel.: (01) 6355113.

KELLER, Wilfried (11-7-1941, Reutte) Mag. Dr., Wiss. OR. – (Pr) Fuxmagengasse 27, A-6060 Hall i. T., Tel.: (05223) 53252 – (D) Innrain 52, A-6020 Innsbruck, Tel.: (0512) 507-5430, Fax: 507-2895, e-mail: wilfried.keller@uibk.ac.at.

KELLERSOHN, Heinrich (2-7-1922, Berg.-Gladbach) Dr. phil., em. Prof. f. Geogr. u. ihre Didaktik a. d. Universität – Gesamthochschule Siegen. – (Pr) An der Engelsfuhr 37, D-51467 Bergisch Gladbach, Tel.: (02202) 35223 – (D) Hölderlinstr. 3, D-57076 Siegen.

KELLETAT, Dieter (29-1-1941, Altena/Westf.) Dr. rer. nat., Dipl.-Geogr., Prof. (C4) für Physiogeographie im FB 9 der Universität Essen GHS. – (Pr) Gneisenaustr. 97, D-45472 Mülheim, Tel.: (0208) 497877 – (D) Universität, D-45117 Essen, Tel.: (0201) 1833162.

KELNHOFER, Fritz (19-1-1940, Wien) o. Univ.-Prof., Dr. phil. habil., Vorstand des Instituts für Kartographie und Reproduktionstechnik der Technischen Universität Wien. – (Pr) Forstmeistergasse 19, A-1140 Wien – (D) Karlsgasse 11, A-1040 Wien, Tel.: (01) 58801-12600.

KEMP, Peter H. (7-2-1939, Meisenheim/Glan) Dipl.-Ing., Dr., Umweltreferent, Wissenschaftlich-Technischer Dienst (WTD), Landeskriminalamt Berlin. – (Pr) Wuthenowstr. 2, D-12169 Berlin, Tel.: (030) 7918429, Fax: 7932454 – (D) Kaiserdamm 1, D-14057 Berlin, Tel.: (030) 3301-53421, -53402, Fax: 3301-53408.

KEMPEL–EGGENBERGER, Christa (25–12–1959, Genf) Dr. – (Pr) Bachstr. 4, CH-4101 Oberwil – (D) Geogr. Inst. d. Univ., Klingelbergstr. 16, CH-4056 Basel, Tel.: (061) 2673645.

KEMPER, Franz-Josef (7-4-1944, Bonn) Dr. rer. nat., Prof. f. Humangeographie am Geogr. Institut der Humboldt-Universität Berlin. – (Pr) Rittershausstr. 26, D-53113 Bonn, Tel.: (0228) 212739 – (D) Sitz: Chausseestr. 86, Unter den Linden 6, D-10099 Berlin, Tel.: (030) 30875-650, Fax: 30875-656, e-mail: franz-josef=kemper@rz.hu-berlin.de.

KENNTNER, Georg (18-6-1932, Ettlingen) Dr. phil., o. Prof. u. Leit. d. Inst. f. Sport u. Sportwissenschaft d. Univ. Karlsruhe, Prof. f. Biogeographie Univ. Saarbrücken. – (Pr) Gerhart-Hauptmann-Str. 13,

D-76275 Ettlingen, Tel.: (07243) 4269 – (D) Kaiserstr. 12, D-76131 Karlsruhe, Tel.: (0721) 608–2612.

KERBECK, Stephan, Dr. phil., Dipl.-Geograph, Leiter Amt f. Stadtentwicklung und Statistik der Stadt Mainz. – (Pr) Mainzer Straße 154, D-55124 Mainz, Tel.: (06131) 44308 – (D) Rathaus, Postfach 3820, D-55028 Mainz, Tel.: (06131) 122951.

KERN, Hans (20-5-1943, Freiburg) Prof., Dipl.-Math., Prof. im Fachber. Geoinformationswesen d. Fachhochschule Karlsruhe, Hochschule für Technik, Mitherausgeber der „Karlsruher geowissenschaftlichen Schriften". – (Pr) Rotensoler Str. 32, D-76359 Marxzell, Tel.: (07248) 932125, Fax: 932123 – (D) Moltkestr. 30, D-76133 Karlsruhe, Tel.: (0721) 925-2681, Fax: 925-2000, e-mail: kern@fh-karlsruhe.de.

KERN, Horst (17-9-1934, Braunschweig) Dr. phil, StDir. – (Pr) Am Wiesengarten 19, D-30539 Hannover, Tel.: (0511) 523173.

KERN, Wolfgang (2-6-1946, Linz) Dr. phil., a.o. Univ.-Prof. am Inst. f. Geographie d. Univ. Salzburg. – (Pr) Mörkweg 25, A-5020 Salzburg – (D) Hellbrunnerstr. 34, A-5020 Salzburg, Tel.: (0662) 8044-5207, Fax: 8044-525, Internet: http://www.sbg.ac.at/geo/people/wkern.htm, e-mail: wolfgang.kern@sbg.ac.at.

KERSBERG, Herbert (6-8-1928, Hagen) Univ.-Prof. em. Dr. rer. nat. am Institut f. Geographie u. i. Didaktik der Univ. Dortmund. – (Pr) Cunostr. 92, D-58093 Hagen, Tel.: (02331) 53171, Fax: 589616 – (D) Universität Dortmund, FB 16, D-44227 Dortmund, Tel.: (0231) 755-2810, Fax: 755-2918.

KERSCHNER, Hanns (3-5-1951) Dr. phil., A. Univ.-Prof. am Inst. f. Geogr. d. Univ. Innsbruck. – (D) Innrain 52, A-6020 Innsbruck, Tel.: (0512) 507, Kl. -5409 DW, Fax: 507-2895, e-mail: Hanns.Kerschner @uibk.ac.at.

KERSTING, Herbert, Dr., Regierungsschuldirektor, Lehrbeauftragter am Geographischen Institut der Ruhr-Univ., Geb. NA 7. – (Pr) Velsstr. 4, D-44803 Bochum – (D) Ruhr-Universität, D-44801 Bochum.

KESSLER, Albrecht (1-10-1930) Prof. Dr. phil., em. o. Prof. am Meteorolog. Inst. d. Univ. Freiburg. – (Pr) Heubuck 37, D-79289 Horben, Tel.: (0761) 29520 – (D) Werderring 10, D-79085 Freiburg, Tel.: (0761) 203-3585.

KETZER, Günther (29-4-1924, Oberhausen/Rheinl.) Dr. rer. nat., Abteilungsleiter i.R. im Inst. für Film und Bild in Wissenschaft u. Unterricht. – (Pr) Eduard-Spranger-Str. 9, D-85521 Riemerling, Tel.: (089) 6010467.

KIAS, Ulrich (25-02-1955) Dr. sc. techn. Dipl.-Geogr., Dipl.-Ing. (FH), Prof. am Fachbereich Landschaftsarchitektur der Fachhochschule Weihenstephan. – (Pr) Giggenhauserstr. 2b, D-85354 Freising, Tel./Fax: (08161) 13825 – (D) D-85350 Freising, Tel.: (08161) 714182, Fax: 714119, e-mail: kias@fh-weihenstephan.de.

KICKNER, Susanne (17-10-1959, Deggendorf) Mag. phil., Dr. rer. nat., Wiss. Ass. am Geographischen Institut (Abt. Wirtschaftsgeographie) der Universität Göttingen. – (Pr) Kompartsweg 2, D-37083 Göttingen – (D) Goldschmidtstr. 5, D-37077 Göttingen, Tel.: (0551) 39-8037.

KIEDAISCH, Verena (26-09-1966, Neuss) Dipl.-Geogr., Wiss. Mitarb. am Geogr. Inst. d. Univ. Heidelberg. – (Pr) Märzgasse 2, D-69117 Heidelberg, Tel.: (06221)167298 – (D) Im Neuenheimer Feld 348, D-69120 Heidelberg, Tel.: (06221) 54-4549, Fax: 54-5585, e-mail: m55@ix.urz.uni-heidelberg.de.

KIEFER, Hans (28-12-1942, Alexanderfeld/Ukr.) Referent im Landesmedienzentrum Rheinland-Pfalz, Koblenz, Lehrbeauftr. am Geographischen Institut der Universität in Koblenz. – (Pr) Planstr. 45a, D-56072 Koblenz.

KIENHOLZ, Hans (22-1-1946) Gymn.-Lehrer, lic. phil., Dr. phil. Univ. Bern , Prof. am Geogr. Inst. d. Univ. Bern. – (Pr) Cäcilienstr. 31, CH-3007 Bern, Tel.: (031) 3710431 – (D) Hallerstr. 12, CH-3012 Bern, Tel.: (031) 631-8884, Fax: 631-8511, e-mail: kienholz@giub.unibe.ch.

KIESE, Olaf (21-12-1938, Breslau) Dr. rer. nat. Akad. Dir. am Inst. f. Landschaftsökologie d. Univ. Münster. – (Pr) Auf dem Paschhügel 11, D-48341 Altenberge, Tel.: (02505) 1884 – (D) Robert-Koch-Str. 26, D-48149 Münster, Tel.: (0251) 833-3904, Fax: 833-8352, e-mail: kiese@uni-muenster.de.

KILCHENMANN, André (9-4-1941, Zürich) Dipl.-Geogr., o. Prof., Dr. phil. II, Inhab. d. Lehrst. II Wirtschafts- u. Sozialgeogr., Geoinformatik am Institut für Geographie und Geoökologie d. Univ. Karlsruhe, Mitgl. d. IGU Commission on Systems Analysis and Mathem. Models, Hrsg. „Karlsruher Geoökologische Manuskripte",

Hrsg. „Karlsruher Geoinformatik Report", Hrsg. „Karlsruher Manuskripte z. mathematischen u. theoetischen Wirtschafts- und Sozialgeographie", Mithrsg. „Karlsruher Geogr. Hefte". – (Pr) Waldring 10 A, D-76337 Waldbronn, Tel.: (07243) 526255, Fax: 526254 – (D) Kaiserstr. 12, D-76131 Karlsruhe, Tel.: (0721) 608-3483, -3728, Fax: 696591.

KILGA, Rainer (13-4-1934, Wien) Dipl.-Ing., Vizepräsident, Leiter der Gruppe Vermessungswesen. – Bundesamt für Eich- und Vermessungswesen, Gruppe Vermessungswesen. – (Pr) Veitingergasse 53, A-1130 Wien – (D) Krotenthallergasse 3, A-1080 Wien, Tel.: (01) 40146/200, Fax: 4069992, e-mail: rkilga@bev.gv.at.

KILIAN, Peter-Paul (19-2-1925, Hannover) Dr. rer. nat., 1. Vors. d. Geograph. Gesellschaft zu Lübeck. – (Pr) Körnerstr. 19, D-23564 Lübeck, Tel.: (0451) 56167.

KILLISCH, Winfried (28-9-1943, Deutschheide/Ostpr.) Prof. Dr. phil., Dr. rer. nat. habil., Lehrstuhl Allgemeine Wirtschafts- und Sozialgeographie. – (Pr) Karlsgarten 1, D-91054 Buckenhof, Tel.: (09131) 57874 – (D) Institut für Geographie der Technischen Universität Dresden, Mommsenstr. 13, D-01062 Dresden, Tel.: (0351) 463-7704, -3011, Fax: 463-7296.

KIND, Gerold (14-4-1936, Dohna) Prof. Dr. sc. nat. – (Pr) Humboldtstr. 54, D-99425 Weimar – (D) Bauhaus-Universität Weimar, Fakultät Architektur, Stadt- und Regionalplanung.

KINDLER, Annegret (29-3-1957, Leipzig) Dr.-Ing. – (Pr) Heinrichstr. 42, D-04317 Leipzig, Tel.: (0341) 6883857 – (D) Umweltforschungszentrum Leipzig-Halle GmbH, Permoserstr. 15, D-04318 Leipzig, Tel.: (0341) 235-2302, e-mail: kindler @alok.ufz.de.

KINDLER, Jürgen (4-2-1937, Rheda-Wiedenbrück) Lehrbeauftragter, Konrektor, stellv. Kreisheimatpfleger, FB Geographie u. ihre Didaktik. – (Pr) Dahlienweg 6, D-33378 Rheda-Wiedenbrück – (D) Universitätsstraße 25, D-33615 Bielefeld.

KING, Lorenz (15-11-1945, Basel) Prof. Dr. phil. nat. habil., Prof. am Geogr. Inst. d. Univ. Gießen, Angew. Phys. Geogr., Mithrsg. v. Gießener Geogr. Schriften, Frozen Ground, Permafrost and Periglacial Processes, Biuletyn Peryglacjalny. – (D) Senckenbergstr. 1, D-35390 Gießen, Tel.: (0641) 9936205, Fax: 9936219.

KIRCHBERG, Günter (28-10-1941, Speyer) Dr. paed., OStDir., Leiter d. Staatl. Stud.-Sem. f. Gymn. Speyer, Referent für Lehrplanfragen Erdkunde im Verband Deutscher Schulgeographen. – (Pr) Lessingstr. 2, D-67354 Römerberg, Tel.: (06232) 83881, Fax: 683845 – (D) Geisselstr. 1, D-67346 Speyer, Tel.: (06232) 76232, Fax: 74276.

KIRCHMAYER, Martin (1-2-1923, Bad Hall) Dr. phil., Professor, Univ.-Prof., Fakultät für Geowissenschaften der Universität Heidelberg. – (Pr) Kirchstraße 16, D-69115 Heidelberg.

KIRSTEIN, Werner (01-10-1946) Dr. rer. nat., Prof. für Geographie mit dem Schwerpunkt Geoinformatik, Universität Leipzig, Institut für Geographie. – (D) Johannisallee 19 a, D-04103 Leipzig, Tel.: (0341) 9732956, Fax: 9711837.

KISSNER, Karl-Heinz (11-5-1942, Wurzen) Prof. Dr. päd. – (Pr) Stapperstr. 36, D-52525 Heinsberg.

KISTEMANN, Eva Mirjam (24-9-1962) Dipl.-Geogr. – (Pr) Reuterstr. 208, D-51467 Bergisch Gladbach, Tel.: (02202) 44660 – (D) Land + Leute, Kulturlandschaftsconsulting, Reuterstr. 208 A, D-51467 Bergisch Gladbach, Tel.: (02202) 2496-05, Fax: 2496-04.

KISTEMANN, Thomas (19-2-1961, Aachen) Dr. med., Facharzt für Hygiene und Umweltmedizin, Geograph M.A., Wiss. Assistent am Hygiene-Institut der Universität Bonn, Leiter der Abt. Medizinische Geographie. – (Pr) Reuterstr. 208, D-51467 Bergisch Gladbach – (D) Sigmund-Freud-Str. 25, D-53105 Bonn, Tel.: (0228) 287-5534, Fax: 287-4885, e-mail: boxman @mailer.meb.uni-bonn.de.

KISTLER, Emil, Dr., em. Gymnasiallehrer. – (Pr) Strandbadstr. 47, CH-3800 Interlaken, Tel.: (036) 225478.

KITTELBERGER, Carmen, Dipl.-Geogr. – (D) Institut für Landschaftsentwicklung, Technische Universität Berlin, Franklinstr. 28-29, D-10587 Berlin, Tel.: (030) 314-73312, Internet: http://www.tu-berlin.de/-lln, e-mail: kittelberger@ile.tu-berlin.de.

KITTLAUSS, Dieter (31-08-1959, Königslutter) Kartograph, Digitale Kartographie, CD-ROM-, Internet-, Print-Kartographie. – (Pr) Gerichtsweg 6, D-38154 Königslutter – (D) Kartographie Kittlauß, Fallersleber Str. 12, D-38154 Königslutter, Tel.: (05353) 960-42, -41, Fax: 96341.

KLAER, Uta, Dr. rer. nat., Bibl. Oberrätin i.R., Abt.-Leit. u. Fachref. a. d. Niedersächs. Staats- u. Univ.-Bibliothek Göttingen. – (Pr) Steinweg 17, D-37120 Bovenden, Tel.: (0551) 8936.

KLAER, Wendelin (27-7-1925, Zwinge) Prof. Dr. rer. nat., em. Prof. Geogr. Inst. d. Univ. Mainz. – (Pr) Pulignystr. 21, D-65366 Geisenheim, Tel.: (06722) 6193 – (D) Saarstr. 21, D-55122 Mainz, Tel.: (06131) 392694.

KLÄY-BERLA, Pia, Lic. phil. II, Geographin. – (Pr) Engestr. 5, CH-3012 Bern.

KLAGGE, Britta (26-05-1965, Hamburg) Dr.phil., Wiss. Ass., Institut für Geographie, Universität Hamburg. – (D) Bundesstr. 55, D-20146 Hamburg, Tel.: (040) 42838-4968, -4963 (Geschäftszimmer), Fax: 42838-4981, e-mail: klagge@ gowiss .uni-hamburg.de, britta@klagge.de.

KLAHRE, Jeannette (09-06-1972, Querfurt) Dipl.-Geogr., Wiss. Mitarbeiterin, Institut f. Geographie d. Martin-Luther-Universität Halle-Wittenberg, AG Fernerkundung/ Kartographie. – (D) Domstr. 5, D-06108 Halle/Saale, Tel.: (0345) 5526031.

KLAUS, Dieter (8-7-1938, Köln) Prof., Dr. am Geogr. Inst. d. Univ. Bonn. – (Pr) Clausiusstr. 15, D-53113 Bonn, Tel.: (0228) 210997 – (D) Meckenheimer Allee 166, D-53115 Bonn, Tel.: (0228) 735394.

KLEBER, Arno (11-5-1955, Schwabach) Dr. rer. nat., PD am Inst. f. Geowiss. der Univ. Bayreuth. – (Pr) Gartenstr. 15, D-95500 Heinersreuth.

KLECKER, Peter M. (28-8-1951, Dresden) Dr. rer. nat., Dipl.-Geogr., stellv. Schriftleiter der Zeitschrift STANDORT - Zeitschrift für Angewandte Geographie. – (Pr) Halfmannswiese 53d, D-44879 Bochum, Tel.: (0234) 496627, e-mail: peter.m. klecker@ruhr-uni-bochum.de.

KLEE, Andreas (17-08-1966, Heidelberg) Dipl.-Geogr., Wiss. Mitarb. am Lehrstuhl Reg. Entwicklungsforschung der Universität Bayreuth. – (Pr) Stuckbergstr. 5, D-95448 Bayreuth, Tel.: (0921) 83739 – (D) Universitätsstr. 30, D-95447 Bayreuth, Tel.: (0921) 5522-79, Fax: 5522-31, e-mail: andreas.klee@uni-bayreuth.de.

KLEEFELD, Klaus-Dieter, Dr., Büro für historische Stadt- und Landschaftsforschung. – (D) Kaufmannstr. 81, D-53115 Bonn, Tel./Fax: (0228) 696382.

KLEIN, Annemarie (17-6-1914, Darmstadt) Dr. rer. nat., Wiss. Dokumentarin i.R. – (Pr) Bingstr. 30/10525 (Wohnstift am Tiergarten), D-90480 Nürnberg.

KLEIN, Freya (16-07-1946, Schirkanyen/Siebenbürgen) OStR'n. – (Pr) Siebenbürgenstr. 24, D-64295 Darmstadt, Tel.: (06151) 313063.

KLEIN, Kurt (3-11-1946) Dipl.-Math., Privatdozent, Dr. phil., ADIR. – (Pr) Holbeinweg 11, D-93051 Regensburg – (D) Universität, D-93040 Regensburg, Tel.: (0941) 943-3594.

KLEIN, Ralf (21-8-1960, Bielefeld) Dr. rer. nat., Wiss. Assistent im Fachgebiet Geographie der Universität Osnabrück. – (Pr) Lüstringer Str. 5, D-49084 Osnabrück, Tel.: (0541) 2052997 – (D) Universität, D-49069 Osnabrück, Tel.: (0541) 969-4771, Fax: 969-4333, e-mail: ralf.klein@geographie.uni-osnabrueck.de.

KLEINDIENST-ANDREE, Dore (21-11-1933, Königsberg) M.A. – (Pr) Am Rischen 15, D-37083 Göttingen, Tel.: (0551) 792217.

KLEINERT, Christian (14-12-1942, Oppeln) Dr.-Ing., Hauptkustos am Landesmuseum f. Handwerk und Technik in Hagen, Professor am Inst. f. Geogr. a. d. Univ. Dortmund. – (Pr) Zur Höhe 35, D-58091 Hagen, Tel.: (02331) 76002 – (D) Emil-Figge-Str. 50, D-44532 Dortmund.

KLEISS, Manfred (23-08-1930, Speyer) Dr. rer. nat., Hon.-Prof., Ltd. Bibliotheksdirektor a. D., Geographisches Institut der Universität Mannheim, D-68131 Mannheim.

KLEMENZ, Peter (3-9-1936, Tarnowitz/OS) StDir. – (Pr) Hermann-Löns-Str. 12, D-57250 Netphen, Tel.: (0271) 76594.

KLEMM, Kristiane (20-1-1945, Augustusburg) Dr. rer. nat., AOR am Institut für Tourismus der Freien Universität Berlin. – (Pr) Argentinische Allee 37d, D-14163 Berlin , Tel.: (030) 8016737 – (D) Malteser Str. 74-100, Haus T, D-12249 Berlin, Tel.: (030) 7757000.

KLEßEN, Reinhard (13-6-1951, Tangerhütte) Dr. rer. nat. – (Pr) Puchanstr. 34, D-12555 Berlin – (D) Humboldt-Universität zu Berlin, Geographisches Institut, Unter den Linden 6, D-10099 Berlin, Sitz: Chausseestr. 86, Tel.: (030) 30875-643, Fax: 30875-644, e-mail: reinhard=kleszen @rz.hu-berlin.de.

KLIEWE, Heinz (15-1-1918, Rieth) Prof. em., Dr. rer. nat. habil., Mitgl. d. Dt. Akad. d. Naturf. LEOPOLDINA. – (Pr) Walther-Rathenau-Str. 57, D-17489 Greifswald, Tel.: (03834) 512045 – (D) Geographisches Institut, Ernst-Moritz-Arndt-Universität, Ludwig-Jahn-Str. 16, D-17489 Greifswald, Tel.: (03834) 864502.

KLIMA, Andreas (4-6-1950, Falken) Dr., Dipl.-Geogr., Wiss. Ang. am Geogr. Institut der Humboldt-Universität zu Berlin, Abt. Wirtschaftsgeographie. – (Pr) Emilienstr. 17, D-12277 Berlin – (D) Unter den Linden 6, D-10099 Berlin, Tel.: (030) 30875-660, Fax: 30875-635, e-Mail: andreas=klima@rz.hu-berlin.de.

KLIMM, Ernst (30-9-1946, Bergheim/Erft) Dr. rer. nat., GEOPLAN Planung, Beratung, Management von Entwicklungsprojekten. – (Pr + D) Forststr. 7, D-50226 Frechen, Tel.: (02234) 62207, Fax: 65138, e-mail: geoplan.klimm@t-online.de.

KLINGHAMMER, István (10-08-1941, Budapest) Dr. D.Sc., Univ.-Professor. – (Pr) Aradi utca 14, H-1212 Budapest. – (D) Eötvös Universität Budapest, Institut für Kartographie, Pazmány Péter Sétány 1/A, H-1117 Budapest.

KLINK, Hans-Jürgen (25-10-1933, Neusalz/Oder) Prof. Dr. rer. nat. em., o. Prof. am Geogr. Inst. d. Ruhr-Universität Bochum, Schriftleiter d. „Bochumer Geogr. Arbeiten" u. „Materialien zur Raumordnung", Mitglied der Deutschen Akademie für Landeskunde, Mithrsg. d. Berichte z. dt. Landeskunde 1981-97. – (Pr) Von-Broich-Str. 15, D-52072 Aachen, Tel.: (0241) 13274 – (D) Universität Bochum, Gebäude NA, Postfach 10 21 48, D-44721 Bochum, Tel.: (0234) 7003377.

KLÖTZLI, Frank (7-2-1934, Zürich) Prof. Dr. sc. nat. , Prof. in Vegetationskunde/Pflanzenökologie, Ed. Bd. von Applied Science, Präs. Intern. C. for Alpine Ecology, Schweiz.Landw. Forsch.rat, Geobotan. Inst. ETHZ. – (Pr) Gartenstr. 13, CH-8304 Wallisellen – (D) Zürichbergstr. 38, CH-8044 Zürich.

KLOHN, Werner (10-5-1958, Diepholz) Dr. phil. habil., apl. Professor im Fach Geographie im Institut für Strukturforschung und Planung in agrarischen Intensivgebieten (ISPA) der Hochschule Vechta, Schriftl. der „Vechtaer Studien zur Angewandten Geographie und Regionalwissenschaft", Mitherausgeber der „Vechtaer Materialien zum Geographieunterricht". – (Pr) Von-Frydag-Str. 22a, D-49377 Vechta, Tel.: (04441) 83912 – (D) Driverstraße 22, D-49377 Vechta, Postfach 15 53, D-49364 Vechta, Tel.: (04441) 15–282, Fax: 15-445, e-mail: wklohn @ispa.uni-vechta.de.

KLOMANN, Uwe (02-06-1947, Kaiserslautern) OStR, 1. Vors. d. Verbandes d. Schulgeographen e.V., Landesverband Saarland. – (Pr) Vorm Wäldchen 48, D-66571 Eppelborn, Tel.: (06881) 8566, e-mail: uklomann@t-online.de.

KLOSTERMANN, Josef (9-8-1950, Rheine/Westf.) Prof. Dr. Dipl.-Geol., Geologe, Natur am Niederrhein (Redakteur), Eiszeitalter und Gegenwart (Schriftleiter), Geologisches Landesamt NRW. – (D) De-Greiff-Str. 195, D-47803 Krefeld.

KLUCZKA, Georg (18-2-1938, Glatz) Prof. Dr. phil., Dr. rer. nat. habil., o. Prof. am Inst. f. Geograph. Wissenschaften d. FU Berlin, Fachrichtung Angewandte Geographie, Beirat d. Ges. f. Erdkde zu Berlin. Mithrsg. d. Berliner „Abhandlungen Anthropogeographie". – (Pr) Berner Str. 20a, D-12205 Berlin, Tel.: (030) 8175092 – (D) Malteser Str. 74-100, Haus K, D-12249 Berlin, Tel: (030) 7792-221, Fax: 76706436, e-mail: kluczka@geog.fu-berlin.de.

KLÜTER, Helmut (31-12-1950, Rahden) Prof. Dr. phil., Prof. am Institut für Geogr. d. Univ. Greifswald, Mithrsg. d. „Greifswalder Geographischen Arbeiten". – (Pr) Baderstr. 20, D-17489 Greifswald, Tel.: (03834) 897897 – (D) Institut für Geographie, Universität Greifswald, F.-L.-Jahnstr. 16, D-17487 Greifswald, Tel.: (03834) 864505, Fax: 864504.

KLÜVER, Hartmut (03-12-1952, Diepholz) Dr. rer. nat, Landesarchivdirektion Baden-Württemberg, Abt. Landesforschung und Landesbeschreibung, Außenst. Stuttgart. – (Pr) Payerstr. 30, D-72074 Tübingen, Tel./Fax: (07071) 51523 – (D) Olgastr. 80, 70182 Stuttgart, Tel.: (0711) 212-4241, Fax: 212-4238.

KLUG, Andrea (17.12.1961, Detmold) Dipl.-Geogr., Wiss. Mitarb. am Forschungs- und Technologiezentrum Westküste Büsum der Univ. Kiel, AG Küstengeographie. – (Pr) Knooper Landstr. 6 h, D-24161 Altenholz, Tel.: (0431) 363735 – (D) Hafentörn, D-25761 Büsum, Tel.: (04834) 604-282, -280.

KLUG, Heinz (28-4-1933, Mainz) o. Prof. Dr. phil. am Geogr. Inst. d. Univ. Kiel, Leiter der Küstengeographie am Forschungs- und Technologiezentrum Westküste Büsum, Mithrsg. d. „Kieler Geographische Schriften", Hrsg. d. „Schriften d. Naturwiss. Ver. f. Schleswig-Holstein". – (Pr) Knooper Landstr. 6 h, D-24161 Altenholz, Tel.: (0431) 363735. – (D) Ludewig-Meyn-Str. 14-16, D-24118 Kiel, Tel.: (0431) 880-2944.

KNABE, Ulrich (13-04-1970, Karl-Marx-Stadt) Dipl.-Geogr., Wiss. Mitarb. d. Inst.

f. Geographie, Universität Leipzig. – (Pr) Schönbachstr. 8, D-04299 Leipzig – (D) Johannisallee 19a, D-04103 Leipzig, Tel.: (0341) 97-38611, Fax: 97-32799, e-mail: knabe@rz.uni-leipzig.de.

KNAPPE, Elke (22-11-1944, Chemnitz) Dr. agr., Institut für Länderkunde. – (Pr) Blumenstr. 19, D-04445 Liebertwolkwitz – (D) Schongauer Str. 9, D-04329 Leipzig.

KNAUER, Guntram Andreas (29-2-1948, Wörgl) Dipl. arch. ETH, Raumplaner, Dozent für Städtebau und Siedlungsplanung in der Fachhochschule für Technik und Architektur Bern. – (Pr) Eisenbahnstr. 57e, CH-3645 Gwatt – (D) Leiter Stadtplanungsamt, Grabenstr. 28, CH-3600 Thun, Tel.: (033) 2258375.

KNEUBÜHL, Urs F. (8-9-1948, Basel) Dr. phil. nat., Dipl.-Geogr. – (Pr) Brüggliweg 4, CH-3312 Fraubrunnen, Tel.: (031) 7678280 – (D) Schweiz. Alpines Museum, Helvetiaplatz 4, CH-3005 Bern (Direktor), Tel.: (031) 351-0434, Fax: 351-0751.

KNIPPEL, Verena (21-08-1968, Hamburg) Dipl.-Geogr., Wiss. Ang. SFB 214 Identität in Afrika, Institut für Geowissenchaften der Universität Bayreuth. – (D) Universitätsstr. 30, D-95440 Bayreuth, Tel.: (0921) 552282, Fax: (0921) 552792, e-mail: verena.knippel@uni-bayreuth.de.

KNIPPERT, Ulrich (18-05-1943, Bad Harzburg) Dipl.-Ing., Programmbereichsleiter Atlas, Justus Perthes Verlag Gotha GmbH. – (Pr) Am Stadtfeld 27, D-99867 Gotha, Tel.: (03621) 757187 – (D) Justus-Perthes-Str. 3-5, D-99867 Gotha, Tel.: (03621) 385-171.

KNITSCHKY, Wolfgang (12-3-1936, Münster) StDir., Fachleiter f. Erdkunde am Studienseminar f. d. Lehramt für die Sek. St. II. – (Pr) Quellenstr. 38, D-48431 Rheine, Tel.: (05971) 53148 – (D) Beethovenstr. 29, D-48431 Rheine.

KNOBLACH, Ludwig (21–8–1960) Dipl.-Geogr. – (Pr) Schimmelsgraben 12, D-96123 Litzendorf, Tel.: (09505) 7529, 6944 – (D) Hans-Böckler-Straße 26, D-47506 Neukirchen-Vluyn, Tel.: (02845) 391-192 (Stadtplanungsamt).

KNOCHE, Axel (10-8-1935, Berlin) Dipl.-Geogr. – (Pr) Niersteiner Str. 7, D-53175 Bonn – (D) Bundesforschungsanstalt f. Landeskunde u. Raumforschung, Postfach 20 01 30, D-53131 Bonn, Tel.: (0228) 826-1.

KNOTHE, Dieter (2-12-1942, Kassel) Dr. habil., Lektor, Landschaftsökologie, Bodenkunde. – (Pr) Am Schlangenfenn 45, D-14478 Potsdam – (D) Universität Potsdam, Institut für Geographie und Geoökologie, Postfach 753, D-14476 Golm, Tel.: (0331) 9763-2111.

KOCH, Josef (01-03-1943, Havixbeck/Westf.) StD Dr.phil., Fachberater für Geographie beim Oberschulamt Tübingen – (Pr) Berliner Str. 14/4, D-72108 Rottenburg, Tel.: (07472) 3632 – (D) Wildermuth-Gymnasium, D-72072 Tübingen, Tel.: (07071) 204213.

KOCH, Jürgen, Stud.Dir. – (Pr) Schöndorfer Str. 1, D-54292 Trier, Tel.: (0651) 25158, Fax: 1441888.

KOCH, Reinhold (25-11-1948) Dr. phil., Dipl.-Geogr., MR Bayer. Staatsmin. für Landesentwicklung u. Umweltfragen. – (Pr) Lagerstr. 36, D-82178 Puchheim, Tel.: (089) 8001561 – (D) Rosenkavalierplatz 2, D-81925 München, Tel.: (089) 9214-3438, Fax: 9214-3622, e-mail: Reinhold.Koch@stmlu.bayern.de.

KOCH-WINTER, Gisela, Dipl.-Geogr. – (D) Untere Landschaftsbehörde d. Kreises Mettmann, Verwaltungsgebäude II, Goethestr. 23, D-40822 Mettmann, Tel.: (02104) 790638.

KÖCK, Helmuth (3-2-1942, Hoofe/Ostpr.) Dr. rer. nat., Dr. phil. habil., Prof. für Geographie und Didaktik der Geographie an der Universität Koblenz-Landau, Abt. Landau, Hrsg. v. „Geographie und Schule“, „Geographie und ihre Didaktik“ und „Unterricht Geographie“, Gründungshrsg. des „Handbuchs des Geographieunterrichts“. – (Pr) Albert-Schweitzer-Str. 14, D-76877 Offenbach, Tel.: (06348) 1786 – (D) Universität Koblenz-Landau, Abt. Landau, Im Fort 7, D-76829 Landau/Pf., Tel.: (06341) 280-206, Sekr.: 280-369, Fax: 280-398, e-mail: koeck@uni-landau.de.

KÖHLER, Adolf (21-2-1925, Buchau) Prof. Dr. phil., Prof. f. Geogr. (Methodik u. Didaktik) a. d. Päd. Hochsch. Weingarten. – (Pr) Rebbachstr. 18, D-88250 Weingarten, Tel.: (0751) 42189.

KÖHLER, Ekkehart (21-3-1944, Paderborn) Dr. rer. nat., Dipl.-Geogr., Fachbereichsleiter Bauen und Umwelt d. Stadt Viersen. – (Pr) Humboldtstr. 30, D-41749 Viersen, Tel.: (02162) 77104 – (D) Bahnhofstr. 23–27, D-41747 Viersen, Tel.: (02162) 101-415, Fax: 101-432.

KÖHLER, Franz (29-10-1932) Dr. rer. oek. Red. i.R. – (Pr) Maybachstr. 7, D-99867 Gotha, Tel.: (03621) 735935.

KÖHLER, Josef (22-6-1935, Lichtenau/ Westf.) StDir. u. Fachl. f. Erdkunde a. Staatl. Studienseminar Recklinghausen. – (Pr) Dr.-Isbruch-Str. 21a, D-45661 Recklinghausen, Tel.: (02361) 32629 – (D) Herzogswall 38a, D-45657 Recklinghausen.

KÖHLER, Stefan (09-04-1960, München) Dipl.-Geogr., Dr.-Ing., Verbandsdirektor des Regionalverbandes Bodensee-Oberschwaben. – (D) Hirschgraben 2, D-88214 Ravensburg, Tel.: (0751) 36354-0, Fax: 36354-54.

KÖLBEL-DEICKE, Heide (1-7-1951, München) Dr. rer. nat., Dipl.-Geogr., Geowiss. Luftbildinterpretation. – (Pr) 206 Daffodil St., Lynnwood Ridge, R.S.A.-Pretoria 0081, Tel.: (0027-12) 474767.

KÖNECKE, Gerhard (11-10-1951, Sechshelden) OStR, Schatzmeister des Verbandes Deutscher Schulgeographen. – (Pr) Im Kunfe 14, D-35410 Hungen, Tel./Fax: (06402) 1693 – (D) Herderschule, Kropbacher Weg 45, D-35398 Gießen und Adolf-Reichwein-Schule, Fortweg 5, D-35415 Pohlheim.

KÖNIG, Dieter (10-09-1957, Frankfurt am Main) Priv.-Doz., Dr. rer. nat., Wiss. Ang. am. Geogr. Inst. d. Joh. Gutenberg-Univ. Mainz. – (Pr) Uwe-Beyer-Str. 32, D-55128 Mainz, Tel.: (06131) 337738 – (D) Saarstr. 21, D-55099 Mainz, Tel.: (06131) 39-4492, Fax: 39-4735, e-mail: d.koenig @geo.uni-mainz.de.

KÖNIG, Dieter (26-05-1957, Bremen) Dipl.-Geogr., freiberufl. tätig in den Bereichen Stadt-, Regional- u. Verkehrsplanung und Kartographie, Satz, Layout und Druckbetreuung von wissenschaftlichen und Planungstexten. – (Pr + D) Buntentorsteinweg 262, D-28201 Bremen, Tel./Fax: (0421) 5577010.

KÖNIG, Gerd (11-01-1965) Dr. rer. nat., Forschungsprojekt BMBF/Land Bremen: Analyse der sozioökonomischen Folgen eines Klimawandels im Weserästuar, Arbeitsbereiche Geoinformationssysteme, Klimatologie, Polargeographie. – (Pr) Derfflingerstr. 4, D-28217 Bremen, Tel./ Fax: (0421) 3963885 – (D) Universität Bremen, FB 8, Studiengang Geographie, Postfach 33 04 40, D-28338 Bremen, Tel.: (0421) 218-7776, Fax: 218-7183.

KOENIGSWALD, Wighart von (11-09-1941, Potsdam) Prof. Dr., Spezialgebiet Quartärpaläontologie, Institut für Paläontologie, Universität Bonn. – (D) Nussallee 8, D-53115 Bonn.

KOENSLER, Winfried (15-2-1953, Essen) Dr. rer. nat., Prokurist. Deutsche Mineralogische Gesellschaft Bundesverband Deutscher Geologen, Sachverständiger für Mineral-Rohstoffe & Reststoffe Umwelt-Technologie und Recycling. – (Pr) Schulstr. 91, D-46286 Dorsten, Tel.: (02369) 76688 – (D) Stollenstr. 12-16, D-45966 Gladbeck, Tel.: (02043) 400135.

KOEPPEL, Hans-Dietmar, Dipl.-Ing., Landschaftsplaner. – (Pr) Gladiatorenweg 12, CH-5210 Windisch, Tel.: (056) 422706 – (D) Stöckli, Kienast & Koeppel, Landschaftsarchitekten, Landschaftsplaner AG, Lindenplatz 5, Postfach, CH-5430 Wettingen 1, Tel.: (056) 4373020, Fax: 4260217.

KÖRBER, Gero (9-7-1940, Waltersdorf) Prof. f. Geographie-Didaktik a. d. Freien Universität Berlin, FB Geowiss., HWE 02, Schulgeographie. – (Pr) Königsberger Str. 4a, D-12207 Berlin, Tel.: (030) 7725912 – (D) Malteser Str. 74-100, D-12249 Berlin, Tel.: (030) 7792-481, -247 (Sekr.), Fax: 76706438.

KÖRBER, Hubert (22-6-1925, Blankenburg/ H.) Dr. rer. nat ., StR i.R. – (Pr) Goldfinkstr. 19, D-45134 Essen, Tel.: (0201) 470785.

KÖRNER, Wilfried (27-10-1959, Köln) Dipl.-Geogr., Wiss. Mitarb. am Inst. f. Kulturgeographie, Stadt- und Regionalforschung d. Univ. Frankfurt/M. – (Pr) Vogtstr. 68, D-60322 Frankfurt/M., Tel.: (069) 5969450 – (D) Senckenberganlage 36, D-60325 Frankfurt/M., Tel: (069) 798-22411, -23840, e-mail: w.koerner@ em.uni-frankfurt.de.

KÖSTER, Gerrit (12-1-1950) Dr. phil., Priv.-Doz. – (Pr) Auf Beverau 21, D-52066 Aachen, Tel.: (0241) 573683 – (D) Stadt Aachen, Leitstelle „Älter werden in Aachen" (A50/40), Postfach 12 10, D-52058 Aachen, Tel.: (0241) 432-5617, Fax: 432-5669, e-mail: koesta50 @mail.aachen.de.

KÖTTER, Heinrich (14-12-1922, Epe) Dr. rer. nat. – (Pr) Waldhofstr. 20, D-79117 Freiburg, Tel.: (0761) 60675.

KOHL, Hermann (4-1-1920, Linz) Dr. phil., Direktor d. Oberösterr. Landesmuseums a.D., em. Doz. am Geogr. Inst. d. Univ. Wien. – (Pr) Hirschgasse 19, A-4020 Linz/ Donau, Tel.: (0732) 792775 – (D) Universität Wien, Universitätsstr. 7, A-1010 Wien.

KOHL, Manfred (25-5-1939, Hungen) Dr. phil., Dipl.-Geogr., Rektor i. R. – (Pr) Kirchweg 32, D-35398 Gießen, Tel.: (06403) 4384.

KOHLBACHER, Josef (9-5-1958) Mag. phil., Mag. rer. soc. oec., Dr. phil., Dr. rer. soc. oec., Wiss. Sachbearbeiter am Institut für Stadt- u. Regionalforschung d. Österr. Akademie der Wissenschaften. – (Pr) Rothkirchgasse 4/8, A-1120 Wien, Tel.: (01) 8529825. – (D) Postgasse 7, A-1010 Wien, Tel.: (01) 51581-527.

KOHLENBERG, Manfred, Dipl.-Ing., Verm.Dir., Lehrbeauftragter (Karten- u. Vermessungskunde) am Geographischen Institut der Universität in Koblenz. – (Pr) Am Fischteich 19, D-56112 Lahnstein.

KOHLER, Stefan (26-10-1965) Dr. Phil II, Wiss. Ass. am Geogr. Inst. d. Univ. Zürich. – (Pr) Kirchenackerweg 24, CH-8050 Zürich – (D) Winterthurerstr. 190, CH-8057 Zürich, Tel.: (01) 635-5165, Fax: 635-6848, e-mail:skohler@geo.unizh.ch.

KOHLHEPP, Gerd (21-3-1940, Mannheim) Prof. Dr. phil., M.A., o. Prof., Lehrstuhl f. Wirtschafts- u. Sozialgeographie, Geogr. Inst. d. Univ. Tübingen, Hrsg. „Tübinger Beiträge zur Geographischen Lateinamerika-Forschung", Mithrsg. „Erdkundliches Wissen" „Geographische Zeitschrift", „Forschungen zu Lateinamerika", „Applied Geography and Development", „Tübinger Geographische Studien", „Diálogo Cientifico", Vorstandsmitglied der ADLAF (Arbeitsgemeinschaft Deutsche Lateinamerika-Forschung), Mitglied der International Advisory Group von Weltbank u. G 7 im „Pilotprogramm zum Schutz der tropischen Regenwälder Brasiliens". – (Pr) Im Kleeacker 12, D-72072 Tübingen, Tel.: (07071) 73985 – (D) Geogr. Inst. d. Univ., Hölderlinstr. 12, D-72074 Tübingen, Tel.: (07071) 297-4372, -8942, Fax: 295318, e-mail: gerd.kohlhepp@uni-tuebingen.de.

KOLETZKO, Barbara (21-2-1948, Vechta/Oldenburg) StD'in Schloß-Gymnasium Düsseldorf 13. – (Pr) Benrather Schloßufer 65a, D-40593 Düsseldorf, Tel.: (0211) 719741 – (D) Redinghovenstr. 9, D-40225 Düsseldorf, Tel.: (0211) 9339348.

KOLLER, Hanspeter (05-08-1958) Dipl.-Geogr. – (Pr) Blumenweg 20, CH-4556 Bolben, Tel.: (061) 9615681 – (D) Steiner + Buscher AG, Planungs- und Ingenieurbüro, Gotthelfstr. 52, CH-3400 Burgdorf, Tel.: (034) 4220322.

KOLMER, Michael (28-3-1970) M.A., Wiss. Mitarbeiter am Geographischen Institut der Technischen Universität Darmstadt. – (Pr) Klappacher Str. 17, D-64285 Darmstadt, Tel.: (06151) 661137 – (D) Schnittspahnstr. 9, D-64287 Darmstadt, Tel.: (06151) 164-228, Fax: 164-980, e-mail: kolmer@hrz1.hrz.tu-darmstadt.de.

KOMP, Klaus Ulrich (23-11-1948) Dr. rer. nat., Geschäftsf. Gesellschafter der EFTAS Fernerkundung Technologietransfer GmbH, Vizepräsident der Deutschen Gesellschaft für Photogrammetrie und Fernerkundung (DGPF). – (Pr) Egbertstraße 11, D-48145 Münster, Tel.: (0251) 132571 – (D) EFTAS GmbH, Ostmarkstraße 92, D-48149 Münster, Tel.: (0251) 13307-0, Fax: 13307-33, Internet: http://www.eftas.com, e-mail: info@eftas.com.

KONRAD, Vera (21-02-1969) Dipl.-Geogr. – (D) Umweltforschungszentrum Leipzig-Halle GmbH, Permoserstr. 15, D-04318 Leipzig, Tel.: (0341) 235-2098.

KOPP, Horst (12-5-1943, Dresden) Dr. rer. nat., o. Prof. am Inst. f. Geogr. d. Univ. Erlangen, Hrsg. „Jemen-Studien", Mithrsg. „Petermanns Geographische Mitteilungen", „Mitteilungen d. Fränk. Geogr. Ges.", Vorsitzender der Fränkischen Geogr. Ges., Sprecher d. Bayer. Forschungsverbundes FORAREA. – (Pr) Weiherackerweg 10, D-91080 Rathsberg, Tel.: (09131) 27710 – (D) Institut für Geographie d. Univ., Kochstr. 4/4, D-91054 Erlangen, Tel.: (09131) 8522012, Fax: 8522013, E-Mail: hkopp@geographie.uni-erlangen.de.

KOPP, Karl-Otto (12-3-1926, Bremen) Prof. Dr. rer. nat., Hrsg. d. geolog. Blockbildkarten im Relief & Profil Verlag, Tel.: (0271) 390 898, Fax: (0271) 394 390. – (Pr) Pfarrwaldstr. 2, D-57234 Obersdorf, Tel./Fax: wie oben (Verlag) – (D) Lehrstuhl für Geologie TU, Lichtenbergstr. 4, D-85747 Garching.

KORBY, Wilfried (07-02-1945, Halle/Saale) StD Dr. phil., Fachberater Geographie. – (Pr) Kleinheppacher Weg 11/1, D-71404 Korb, Tel.: (07151) 35238 – (D) Staufer-Gymnasium, Mayennerstr. 30, D-71332 Waiblingen, Tel.: (07151) 5001-264, Fax: 5001-409.

KORFF, Cornelia (31-01-1968, Rotenburg/Wümme), Doktorandin am Institut für Kulturgeographie der Universität Freiburg. - (Pr) Steyrerstraße 8, D-79117 Freiburg, Tel.: (0761) 66196 - (D) Werderring 4, D-79085 Freiburg, Tel.: (0761) 203-3562, Fax: 203-3575, Internet: http://www.uni-freiburg.de/kulturgeo/.

KORFMANN, Helga (03-03-1938, Bochum) StDir. , Vors. d. Gesellschaft für Geographie und Geologie Bochum e.V. – (Pr) Kösliner Str. 16a, D-45770 Marl, Tel.: (02365) 18013.

KORN, Rainer, Dipl.-Geogr. – (Pr) Lohmeyerstr. 19, D-10587 Berlin, Tel.: (030) 3421614, e-mail: rainer.korn@primus-online.de.

KORNRUMPF, Martin (24-11-1909, Fürstenwalde/Spree) Dr. phil., Prof. – (Pr) Loshäuser Weg 1 a, D-34613 Schwalmstadt, Tel.: (06691) 4843.

KORTUM, Gerhard (19-2-1941, Kiel) Prof. Dr., Wiss. Direktor, Kustos des Instituts für Meereskunde an der Universität Kiel. – (Pr) Kummerfelder Str. 68, D-24539 Neumünster, Tel.: (04321) 7660 – (D) Institut f. Meereskunde a. d. Universität Kiel, Düsternbrooker Weg 20, D-24105 Kiel, Tel.: (0431) 597-3902, Fax: 565876, e-mail: gkortum@ifm-uni-kiel.de.

KOSACK, Klaus-Peter (25-9-1948, Landshut/Bayern) Dipl.-Geogr., Städt. Oberverw.-Rat, Statistikstelle der Bundesstadt Bonn. – (Pr) Nonnenpfad 25, D-53229 Bonn, Tel.: (0228) 462746 – (D) Stadthaus, Bottlerplatz 1, D-53111 Bonn, Tel.: (0228) 77-3479, Fax: 77-2281, e-mail: klaus.kosack.amt33@bonn.de.

KOSCHATZKY, Knut (3-5-1953, Berlin) Dr. rer. nat., Dipl.-Geogr., Abteilungsleiter „Innovationsdienstleistungen und Regionalentwicklung" Fraunhofer-Institut für Systemtechnik und Innovationsforschung. – (Pr) Kösliner Str. 7, D-76139 Karlsruhe, Tel.: (0721) 684038 – (D) Breslauer Str. 48, D-76139 Karlsruhe, Tel.: (0721) 6809-184, -138, Fax: 6809-176, e-mail: ko@isi.fhg.de.

KOST, Klaus (18-12-1953, Düsseldorf) Prof. Dr. rer. nat., Geschäftsführer, PCG PROJECT CONSULT GMB – (D) Prof. Kost & Collegen, Heinrichstr. 3-5, 45128 Essen, Tel.: (0201) 10592-0, Fax: 10592-79, e-mail: prco@compuserve.com.

KOSTKA, Robert (29-11-1935, Graz, Österreich) Dipl.-Ing., Dr. Techn., A.O. Univ.-Prof., Univ.-Dozent für Kartoraphie (Cartoconsult) Technische Universität Graz, Institut 271/3. – (Pr) Felix-Dahn-Platz 4, A-8010 Graz – (D) Steyrergasse 30, A-8010 Graz.

KOWALCZYK, Gotthard (22-2-1942, Oppeln) Dr. rer. nat, Dipl.-Geol., Universitätsprofessor, Geologisch-Paläontologisches Institut der Johann Wolfgang Goethe-Universität. – (Pr) Kolpingstraße 10, D-63150 Heusenstamm – (D) Senckenberganlage 32, D-60054 Frankfurt/M.

KOWALKE, Hartmut (21-10-1950, Zschornewitz) Prof. Dr. rer. nat., et phil. habil., Lehrstuhl f. Wirtschafts- und Sozialgeographie Ost- und Südosteuropas. — (Pr) Lockwitztalstr. 49a, D-01259 Dresden, Tel.: (0351) 2883705 – (D) Technische Universität Dresden, Institut für Geographie, Mommsenstr. 13, D-01062 Dresden, Tel.: (0351) 463-2993, Fax: 463-7064, e-mail: hk14@rcs.urz.tu-dresden.de.

KOZLOWSKI, Boris, Inst. f. Geographische Wissenschaften, B.E.R.G./FU Berlin. – (D) Grunewaldstr. 35, D-12165 Berlin.

KRAAS, Frauke (28-8-1962, Lüdenscheid) Priv.-Doz., Dr. rer. nat. Mitglied Megacities Task Force der International Geographical Union (IGU), Vizepräsidentin der Deutsch-Thailändischen Ges. (DTG), Co-Leitung VGDU-Geschäftsstelle, GEO-Büro, Vorsitzende der Bonner Geographischen Gesellschaft, Sprecherin des Arbeitskreises Südostasien in der DGfG, Mithrsg. Teubner Studienbücher der Geographie, Hrsg. Thailand-Rundschau. – (Pr) Philippsonstr. 1, D-53115 Bonn, Tel.: (0228) 258544 ; Marie-Juchacz-Weg 10, D-79111 Freiburg, Tel.: (0761) 4763763, Fax: 443324 – (D) Geographisches Institut der Universität Bonn, Meckenheimer Allee 166, D-53115 Bonn, Tel.: (0228) 73-2096, Fax: 73-7230, e-mail: kraas@slide.giub.uni-bonn.de.

KRAATZ, Thomas (22-3-1957, Lübeck) Dr. rer. nat., Studienrat. – (Pr) Habigerstieg 13, D-21079 Hamburg, Tel.: (040) 7634019.

KRABICHLER, Stefan (26-04-1970, Amberg/Opf.) Dipl.-Ing. f. Kartographie (FH). – (Pr) Magnusweg 13 a, D-85080 Gaimersheim, Tel.: (08458) 1338. – (D) Ingenieur-Büro Stefan Krabichler, Wiesengäßchen 21, D-85072 Eichstätt, Tel.: (08421) 906402, Fax: 906403.

KRÄHAHN, Gerhard (26-3-1924, Erfurt) Prof. Dr. sc., em. – (Pr) Tiefthaler Weg 59, D-99092 Erfurt, Tel.: (0361) 2256360.

KRÄHE, Harald (19-01-1960, Hamburg) Dipl.-Ing., Kartograph, Universität Duisburg, Fachbereich Geographie. – (Pr) Gutenbergstr. 49, D-45128 Essen, Tel.: (0201) 238448 – (D) Lotharstr. 1, D-47048 Duisburg, Tel.: (0203) 379-3162, Fax: 379-3516.

KRÄMER, Wolfgang (25-7-1946, Weigelsdorf) Dr. phil., stellv. Referatsleiter in der Abt. Landesentwicklung des Sächsischen Staatsministeriums für Umwelt und Landesentwicklung. — (Pr) Gabelsbergerstr. 24, D-01309 Dresden, Tel.: (0051) 4592330 —(D) Ostra-Allee 18, D-01067 Dresden, Tel.: (0351) 5642108.

KRAFFT, Thomas, Dr. rer. nat. – (Pr) Schwanallee 39, D-35037 Marburg, Tel. (06421) 22443, Fax: 161260 – (D) Nationales Komitee f. Global Change Forschung, Universität Bonn, Walter-Flex-Str. 3, D-53113 Bonn, Tel.: (0228) 7390-52, Fax: 7390-54, e-mail: Krafft.nkgcf@uni-bonn.de.

KRAINER, Karl (9-10-1956, Klagenfurt) Dr. phil., Univ.-Doz., Ass.-Prof., Institut für Geologie und Paläontologie der Univ. Innsbruck. – (Pr) Hans-Untermüller-Straße 5/15, A-6020 Innsbruck – (D) Innrain 52, A-6020 Innsbruck, Tel.: (0512) 507-5585, Fax: 507-2914, e-mail: karl.krainer @uibk.ac.at.

KRAJEWSKI, Christian (13-12-1970, Olpe) Dipl.-Geogr., Wiss. Mitarbeiter am Institut f. Geographie der Westf. Wilhelms-Universität Münster. – (Pr) Gemenweg 12, D-48149 Münster, Tel.: (0251) 88261 – (D) Robert-Koch-Str. 26, D-48149 Münster.

KRAMER, Caroline (5-6-1961) Dr. – (Pr) Römerstr. 49, D-69115 Heidelberg – (D) ZUMA, Zentrum für Umfragen, Methoden und Analysen, B2,1, Postfach 12 21 55, D-68072 Mannheim, Tel.: (0621) 1246-0, Fax: 1246-100.

KRAMER, Manfred (28-9-1935, Cainsdorf) Prof. Dr. rer. nat. habil., Lehrstuhl f. Allgemeine Physische Geographie. — (Pr) Bärenburger Weg 29, D-01277 Dresden, Tel.: (0351) 2549408 – (D) Technische Universität Dresden, Institut für Geographie und Didaktik der Geographie, Mommsenstr. 13, D-01069 Dresden, Tel.: (0351) 4635140.

KRAMES, Elisabeth (30-5-1954, Trier) M.A., Wiss. Mitarb. im Fach Geogr./Geowiss., Abt. Physische Geographie, Univ. Trier. – (Pr) Januarius-Zick-Str. 74, D-54296 Trier, Tel.: (0651) 32626 – (D) Universität Trier, Tarforster Plateau, D-54296 Trier, Tel.: (0651) 201-4554.

KRAUS, Pavel, Dr., Knowledge Networking Officer. – (Pr) Breitenstr. 14, CH-4416 Bubendorf – (D) F. Hoffmann-La Roche & Co. Limited Company, CH-4070 Basel, Tel.: (061) 6883543, e-mail: pavel.kraus @roche.com.

KRAUSE, Joachim (12-6-1940, Arnsdorf) Dr. phil., TU Dresden, Institut für Verkehrsplanung und Straßenverkehr. — (Pr) Baluschekstr. 9, D-01159 Dresden – (D) D-01062 Dresden, Tel.: (0351) 463-6668.

KRAUSE, Karl-Heinz (26-12-1935, Dessau) Dr. rer. nat., Akademischer Mitarbeiter am Inst. f. Geogr. d. Univ. Halle, Schriftleiter „Hallesches Jahrbuch für Geowissenschaften, Reihe A: Geographie und Geoökologie“. – (Pr) Carl-von-Ossietzky-Str. 21, D-06114 Halle/Saale, Tel.: (0345) 2830261 – (D) Institut für Geographie am Fachbereich Geowissenschaften d. Martin-Luther-Universität Halle-Wittenberg, Heinrich- und Thomas-Mann-Str. 26, D-06108 Halle/Saale, Tel.: (0345) 5526012.

KRAUTER, Edmund (9-6-1933, Mainz) Prof. Dr., geo-international, Forschungsstelle Rutschungen e.V. – (D) Mombacherstr. 49-53, D-55122 Mainz, Tel.: (06131) 387071, Fax: 387076, e-mail: feuerba @mail.uni-mainz.de.

KRAYSS, Edgar, Bauing. – (Pr) Myrtenstr. 9, CH-9010 St. Gallen, Tel.: (071) 2453470.

KREBS, Joachim (2-12-1941) Dr., Dipl.-Kfm., Akad. Rat am Inst. f. Geographie (Arb.Ber. Wirtschaftsgeographie) d. Univ. Hamburg. – (Pr) Grünspechtweg 12, D-22547 Hamburg, Tel.: (040) 835149 – (D) Geomatikum, Bundesstr. 55, D-20146 Hamburg, Tel.: (040) 4123-4908, -4909, Fax: 4123-4967, e-mail: krebs@ geowiss.uni-hamburg.de.

KREFT-KETTERMANN, Helga, Dr. – (Pr) Nordring 35, D-59302 Oelde – (D) Stadtplanungsamt Münster, Abt. Verkehrsplanung, Hafenstraße 30, D-48153 Münster.

KREIBICH, Volker (11-4-1940) Dr. rer. nat., Prof., Leit. d. Fachgebietes Geogr. Grundlagen der Raumplanung, Fakultät Raumplanung, Univ. Dortmund. – (D) Postfach, D-44221 Dortmund, Tel.: (0231) 755-3267, Fax: 755-2539.

KREIS, Joachim (4-12-1948, Recklinghausen) Dr. phil., StD, Alexander-Hegius-Gymnasium. – (Pr) Billerbecker Str. 14, D-48653 Coesfeld, Tel./Fax: (02541) 72547 – (D) Fuistingstr. 18, D-48683 Ahaus, Tel.: (02561) 9373-0, Fax: 9373-30.

KREISEL, Werner (10-10-1944, Prag) Prof. Dr. phil., Geographisches Institut der Georg-August-Universität Göttingen, Leiter der Abt. Kultur- und Sozialgeographie; Hrsg. PAZIFIK-FORUM, Schriftenreihe der Arbeitsgemeinschaft für Pazifische Studien. – (Pr) Am Weißen Steine 8, D-37085 Göttingen, Tel.: (0551) 7700792 – (D) Goldschmidtstr. 5, D-37077 Göttingen, Tel.: (0551) 3980-21, -22, Fax: 3980-55, e-mail: wkreise@gwdg.de.

KREMB, Klaus (18-8-1950) Dr. phil., M.A., Oberstudiendirektor am Wilhelm-Erb-Gymnasium Winnweiler. – (Pr) Am Stockborn 21, D-67722 Winnweiler, Tel./Fax: (06302) 1643 – (D) Wilhelm-Erb-Gymnasium, Gymnasiumstr. 15, D-67722 Winnweiler, Tel.: (06302) 92-250, Fax: 92-2550.

KREMLING, Helmut (13-10-1934, München) Dr. rer. nat., Redakteur. – (Pr) Ebenauerstr. 14, D-80637 München, Tel.: (089) 151450, Fax: 1575524.

KRENN, Hilmar (29-12-1938, Rannariedl) Dr. phil., Akad. Dir. am Geogr. Inst. d. Univ. Mainz. – (Pr) Berliner Str. 39 G, D-55131 Mainz, Tel.: (06131) 578032 – (D) Saarstr. 21, D-55099 Mainz, Tel.: (06131) 392772.

KRESS, Hans-Joachim (24-9-1935, Fulda) Dr. rer. nat., OStR i.R. – (Pr) Dr.-Weikard-Str. 25, D-36043 Fulda, Tel.: (0661) 36324.

KRESSER, Werner (20-7-1919, Dornbirn/Vorarlberg) Dr.-Ing., Dr. techn. h.c., em. o. Prof. d. Techn. Univ. Wien, ehem. Vorst. d. Inst. f. Hydraulik, Gewässerkunde u. Wasserwirtschaft, Vorstands- u. Ehrenmitgl. mehrerer wiss. Institutionen. – (Pr) Wenzgasse 21/5, A-1130 Wien – (D) Karlsplatz 13, A-1040 Wien, Tel.: (01) 58-801, -3225 DW.

KRETH, Rüdiger (14-11-1941, Berlin) Dr., Dipl.-Geogr., Geogr. Inst. d. Joh. Gutenberg-Univ. Mainz. – (Pr) Hochstr. 80, D-55128 Mainz, Tel.: (06131) 360853 – (D) Saarstr. 21, D-55099 Mainz, Tel.: (06131) 392262, 394494.

KRETSCHMER, Ingrid (22-2-1939, Linz/Donau) Dr. phil. ao. Univ.-Prof. d. Geogr. m. bes. Berücksichtigung d. Kartogr., Inst. f. Geogr. d. Univ. Wien, Mithrsg. d. „Wiener Schriften zur Geographie und Kartographie“, Präsidentin der Österr. Geograph. Gesellschaft. Director of Imago Mundi (London), Ehrenmitglied d. Dt. Ges. f. Kartographie. – (Pr) Wilhelmstr. 21/I/10, A-1120 Wien, Tel.: (01) 817 39 66 – (D) Universitätsstr. 7/V, A-1010 Wien, Tel.: (01) 4277-48640.

KRETSCHMER, Rudolf (6-9-1950) Dr. phil. – (Pr) Am Berg 3, D-61231 Bad Nauheim, Tel.: (06032) 72624.

KREUER, Werner (11-5-1933, Hersel/Bonn) Dr. phil., o. Prof. (em.) f. Geographie u. ihre Didaktik a. d. Univ. Essen – Gesamthochschule, Vors. d. Prüfungsausschusses Geographie der Lehramtsstudiengänge beim Staatl. Prüfungsamt Essen, Ass. Member of E.A.I.S.R., Makerere-Univ., Kampala. Mitgl. d. Deutsch. Mongolei-Ges., Mithrsg. d. „Essener Geogr. Arbeiten“. – (Pr) Capellenstr. 20, D-53913 Swisttal, Tel.: (02254) 7410 – (D) Univ. Essen, FB 9 Geographie, Universitätsstr. 5, D-45141 Essen, Tel.: (0201) 1833–105.

KREUSER, Thomas (4-11-1951, Köln) Prof. Dr. rer. nat., Hochschullehrer Geologie, BDG, Gesellschafter G.A.S. Gemeinschaft für Altlastengeologie und Sanierungstechnologie GmbH, Lehrstuhlvertreter Angewandte Geologie, Universität Münster. – (Pr + D) Brunhildenweg 23, D-51147 Köln.

KREUTZMANN, Hermann (28-3-1955, Werlte) Dr. rer. nat., o. Prof. am Institut für Geographie der Universität Erlangen-Nürnberg, Mitglied des Editorial Advisory Board „Mountain Research and Development“. – (Pr) Schenkstr. 31, D-91052 Erlangen, Tel./Fax: (09131) 304221 – (D) Kochstr. 4/4, D-91054 Erlangen, Tel.: (09131) 8522-639, Fax: 8522-013, e-mail: hkreutzm@geographie.uni-erlangen.de.

KREY, Ludwig, Dr. - (Pr) Treunertstr. 8, D-07749 Jena.

KRIETER, Manfred (14-8-1947, Göttingen) Prof. Dr. rer. nat., Univ.-Prof. am Institut für Landschaftsökologie d. Univ. Münster. – (Pr) Marienstr. 11, D-27299 Langwedel, Tel.: (04232) 8444 – (D) Robert-Koch-Str. 26, D-48149 Münster, Tel.: (0251) 83-3699, Fax: 83-8352.

KRINGS, Friedel (7-1-1910, Erkelenz) OStDir. a.D. – (Pr) Forstanger 10, D-86911 Dießen, Tel.: (08807) 8754.

KRINGS, Thomas (01-11-1949, Lörrach) Dr. rer. nat., o. Prof. am Institut für Kulturgeographie der Universität Freiburg. – (Pr) Wintererstr. 9, D-77955 Ettenheim, Tel.: (07855) 5839 – (D) Institut für Kulturgeographie der Universität, Werderring 4, D-79085 Freiburg, Tel.: (0761) 203-3566, Fax: 203-3575, e-mail: krings@ruf.uni-freiburg.de.

KRINGS, Wilfried (18-3-1941, Linz/Rhein) Dr. phil., Prof. f. Historische Geogr. a. d. Univ. Bamberg. – (Pr) Ottostr. 38, D-96047 Bamberg, Tel.: (0951) 28032 – (D) Am Kranen 12, D-96047 Bamberg, Tel.: (0951) 863-2361, Fax: 863-2362, e-mail: wilfried.krings@ggeo.uni-bamberg.de.

KRIZ, Karel (30-05-1962) Mag. Dr., Universitätsassistent, Institut für Geographie, Computer-Geographie. – (D) Universitätsstr. 7, A-1010 Wien, e-mail: kriz@atlas.gis.univie.ac.at.

KROENER, Hans-Eberhard (31-3-1939, Düsseldorf) Dr. rer. nat., AOR am Geographischen Institut der Rhein.-Westf. Technischen Hochschule Aachen. – (Pr) Marshallstr. 9, D-52066 Aachen, Tel.: (0241) 64708 – (D) Templergraben 55, D-52056 Aachen, Tel.: (0241) 806064, Fax: 8888157.

KRÖNERT, Rudolf (25-5-1937, Leipzig) Prof. Dr. sc. nat. – (Pr) Engelsdorfer Str. 3, D-04451 Panitzsch – (D) Umweltforschungszentrum Leipzig-Halle GmbH, Permoserstr. 15, D-04318 Leipzig, Tel.: (0341) 235-2021, Fax: 235-2511, e-mail: kroenert@alok.ufz.de.

KRÖPELIN, Stefan (6-1-1952, München) Dr., Wiss. Mitarb., Koordinator, INQUA-PAGES Paleomonsoons Project. – (Pr) Uhlandstr. 79, D-10717 Berlin, Tel.: (030) 8615402 – (D) Sonderforschungsbereich 389, Heinrich-Barth-Institut, Universität zu Köln, Jennerstr. 8, D-50823 Köln, Tel.: (0221) 55-6080, Fax: 55-02303, e-mail: s.kroe@uni-koeln.de.

KROESCH, Volkmar (17-3-1941, Osterburg/Altm.) Dr. phil., Projektleiter im Bundesamt für Bauwesen und Raumordnung, Wiss. Oberrat. – (Pr) Eduard-Pflüger-Str. 48, D-53113 Bonn, Tel.: (0228) 238496 – (D) Am Michaelshof 8, D-53177 Bonn, Tel.: (0228) 826-241, Fax: 826-266, e-mail: v.kroesch@t-online.de.

KROLL, Georgia (27-6-1947, Magdeburg) Dr. rer. nat. – (Pr) Stendaler Str. 13, D-06132 Halle, Tel.: (0345) 7760166 – (D) Martin-Luther-Universität Halle, Tel.: (0345) 5526004.

KRONER, Günter (14-9-1930, Bad Reinerz/Schlesien) Dr. rer. nat., Wiss. Dir. a.D., Lehrbeauftragter. – (Pr) Asbergweg 1, D-53619 Rheinbreitbach, Tel.: (02224) 76774.

KROPF, Rudolf (11-7-1940, Stadtschlaining) Dr. phil., a. Univ. Prof. Instituts für Sozial- und Wirtschaftsgeschichte der Johannes Kepler-Universität Linz. – (Pr) Colerusstr. 16, A-4040 Linz, Tel.: (0732) 750826 – (D) A-4040 Linz-Auhof, Tel.: (0732) 2468-847, Fax: 2468-532.

KROSS, Eberhard (24-7-1938, Königsberg/Nm.) Prof. Dr. phil., Prof. f. Didaktik d. Geogr. am Geogr. Inst. d. Univ. Bochum. Mithrsg. „Geographie heute". – (Pr) Neulingsiepen 26, D-44795 Bochum, Tel./Fax: (0234) 470970 – (D) Universitätsstr. 150, D-44801 Bochum, Tel.: (0234) 700-4848, -4788, Fax: 709-4180, e-mail: kross@geographie.ruhr-uni-bochum.de.

KROSTA, Maike (15-04-1967, Gifhorn) Dipl.-Geogr., Mitarb. d. Instituts für Geographie, Universität Leipzig. – (Pr) Liechtensteiner Str. 33, D-04279 Leipzig – (D) Johannisallee 19a, D-04103 Leipzig, Tel.: (0341) 97-32973, Fax: 97-32799, e-mail: krosta@rz.uni-leipzig.de.

KRÜGER, Fred (15-2-1959) Priv. Doz., Dr. rer. nat., Hochschuldozent. – (Pr) Hauptstr. 30/3, D-79211 Denzlingen, Tel: (07666) 99316 – (D) Institut für Kulturgeographie, Universität, Werderring 4, D-79098 Freiburg, Tel.: (0761) 203-3567, Fax: 203-3575, e-mail: fkrueger@ruf.uni-freiburg.de.

KRÜGER, Rainer (12-7-1939, Schweidnitz) Dr. phil., Prof. f. Geogr., Universität Oldenburg, Fachbereich 3, z. Z. beurlaubt, Projektleiter u. Gesellschafter des Forschungsinstituts Region und Umwelt an der Carl von Ossietzky-Universität Oldenburg (FORUM) GmbH. – (Pr) Margaretenstr. 30, D-26121 Oldenburg, Tel./Fax: (0441) 75155 – (D) Ammerländer Heerstr. 67-69, D-26111 Oldenburg (Postfach 25 03, D-26111 Oldenburg), Tel.: (0441) 798-2921, Fax: 798-3769, und Tel.: 980-5914, Fax: 980-5918 (FORUM).

KRÜGER, Rolf (05-04-1949, Stuttgart) OStR, 1. Vors. des LV Schleswig-Holstein im Verband Deutscher Schulgeographen e.V. – (Pr) Weidenstieg 6, D-25337 Kölln-Reisiek, Tel./Fax: (04121) 438479 – (D) Elsenseegymnasium, Heidkampstr. 10, D-25451 Quickborn, Tel.: (04106) 6538-67, Fax: 6538-69.

KRÜGER, Wolfgang (1-11-1946, Gröbern) Dr. sc., Dr. habil., Wiss. Mitarbeiter, Landschaftsökologie, Antarktisforschung. – (Pr) Fichtenweg 10, D-14547 Fichtenwalde – (D) Universität Potsdam, Institut für Geoökologie, D-14476 Golm b. Potsdam, Tel.: (0311) 9772111.

KRUMBIEGEL, Günter (25-2-1926) Dipl.-Geol., Dr. rer. nat., Museumsrat, Kustos i.R. – (Pr) Clara-Zetkin-Str. 16, D-06114 Halle, Tel.: (0345) 5230361.

KRUMME, Gunter (1937, Dortmund) Prof., Dept. of Geogr., Univ. of Washington, Seattle. – (Pr) 5512, 157th Dr. N. E. Redmond, WA 98052 – (D) Dept. of Geography, Box. 353550, University of Washington, Seattle, WA 98195-3550, Tel.: 206-543-9089, Fax: 206-543-3313, Internet: http://weber.u.washington.edu/~krumme/, e-mail: krumme@u.washington.edu.

KRUSE, Stefan (05-09-1962, Düsseldorf) Dipl.-Geogr., Mitinhaber von Junker und

Kruse, Stadtforschung · Stadtplanung. – (Pr) Ardeystr. 131, D-44225 Dortmund, Tel.: (0231) 715528 – (D) Markt 5, D-44137 Dortmund, Tel.: (0231) 557858-0, Fax: 557858-50, e-mail: mailbox@junker-kruse.do.uunet.de.

KRUTZSCH, Wilfried Christoph (6-4-1928, Dresden) Prof. Dr. rer. nat. habil. i.R. – (Pr) Elberfelderstr. 22, D-10555 Berlin, Tel: (030) 3917957 – (D) Institut f. Paläontologie, FU Berlin, Malteser Str. 74-100, Haus D, D-12249 Berlin.

KRZEMIEN, Gebriele (30-7-1956, Vechta) Dr.phil., Redakteurin für Geographie im Schroedel Schulbuchverlag. – (Pr) Hertzstr. 3, D-30163 Hannover – (D) Hildesheimerstr. 202-206, D-30517 Hannover.

KUBINIOK, Jochen (11-11-1956, Düsseldorf) Dr. rer. nat., Prof. für Physische Geographie und Umweltforschung an der Universität des Saarlandes. – (D) Universität des Saarlandes, Fachrichtung Geographie, D-66123 Saarbrücken, Tel.: ((06897) 798-200, Fax: 798-206, e-mail: j.kubiniok@rz.uni-sb.de.

KUBINZKY, Karl A. (28-7-1940, Wiener Neustadt) Dr. phil., Mag. rer. nat., Prof. am Inst. f. Soziologie d. Univ. Graz. – (Pr) Neutorgasse 42, A-8011 Graz, Tel.: (0316) 826065, Fax: 842738 – (D) Universitätsstr. 15/G, A-8010 Graz, Tel.: (0316) 380-3550.

KUDER, Manfred (14-9-1911, Frankfurt/Oder) Prof. Dr. phil., Dr. h.c. (RC), ehem. Dir. d. Studienkollegs f. ausl. Stud. d. Univ. Bonn, Prof. Fu Jen Universität, Gastprof. National Taiwan University (1981/82), Lehrbeauftragter an der Universität zu Köln, Leiter der Abt. Afrikanische Staaten portugiesischer Sprache im Zentrum Portugiesischsprachige Welt - Institut an der Universität zu Köln, Präs. der Deutschen Gesellschaft für die afrikanischen Staaten portugiesischer Sprache (DASP) und der Deutsch-Mosambikanischen Gesellschaft, Präsidiumsmitglied der Deutsch-Angolanischen Gesellschaft. – (Pr) Kennedyallee 16, D-53175 Bonn, Tel.: (0228) 373358, Fax: 378252.

KÜCHLER, Johannes (6-5-1940, Bad Harzburg) Dr. rer.nat., Prof. – (D) TU Berlin Institut f. Management in der Umweltplanung, Sekr. FR 2-7, Franklinstr. 28/29, D-10587 Berlin, Tel.: (030) 314–73334, -25507, Fax: (030) 314-73517 e-Mail: kuechler@imup.tu-berlin.de.

KÜHL, Anselm (24-08-1939, Stettin) Dipl.-Geol., Dr.-Ing. Dr. rer. nat. habil. Privatdozent, TU Bergakademie Freiberg, Institut für Geologie, Mitglied im Verband Freiberger Geologen, GGW, DGG. – (Pr) Kurt-Handwerk-Str. 38, D-09599 Freiberg – (D) Gustav-Zeuner-Str. 12, D-09596 Freiberg.

KÜHNE, Dietrich (17-3-1925, Frankfurt/Main) Dr. rer. nat., apl. Prof. am Geogr. Inst. d. Ruhr-Univ. Bochum – (Pr) Bodelschwinghstr. 28, D-48351 Everswinkel.

KÜHNE, Harald (27-12-1939, Berlin) Dipl.-Geogr., Stadtentwicklungsplaner, Stellvertr. Spartenleiter. – (Pr) Wissmannstr. 38, D-67065 Ludwigshafen – (D) Rathausplatz 20, D-67059 Ludwigshafen, Tel.: (0621) 504-2218.

KÜHNE, Ingo (4-1-1934, Bremen) Dr., Prof. am Inst. f. Geogr. d. Univ. Erlangen-Nürnberg. – (Pr) Meisterweg 19, D-91085 Weisendorf, Tel.: (09135) 989 – (D) Kochstr. 4, D-91054 Erlangen, Tel.: (09131) 852641.

KÜMMERLE, Ulrich (12-7-1932, Ulm) Prof. am Seminar f. Schulpäd. Weingarten. – (Pr) Königsberger Str. 26, D-88348 Saulgau, Tel.: (07581) 8267 – (D) Seminar f. Schulpäd., St. Longiusstr. 3, D-88250 Weingarten.

KÜMPEL, Hans-Joachim (3-11-1950, Uslar) Dr. habil., Dr. rer. nat., Professor für Angewandte Geophysik, Universität Bonn. – (D) Geologisches Institut, Fachrichtung Angewandte Geophysik, Nussallee 8, D-53115 Bonn, Tel.: (0228) 73-3060, Fax: 73-2584, e-mail: kuempel@geo.uni-bonn.de.

KÜPPER, Utz Ingo, Dr., Geschäftsführer. – (D) Stadt Dortmund, Wirtschafts- und Beschäftigungsförderung, Hohe Straße 1, D-44137 Dortmund, Tel.: (0231) 50-22039.

KÜRTEN, Wilhelm von (12-3-1915, Schwelm) Prof. Dr. phil., Univ.-Prof. em. a. d. Bergischen Univ., GH Wuppertal. – (Pr) Legewarfen 12, D-26427 Werdum, Tel.: (04974) 1321.

KÜTTEL, Meinrad (04-10-1948, Sursee) PD Dr. phil. nat., Sektionschef im Bundesamt für Umwelt, Wald und Landschaft. – (Pr) Schulgässli 1, CH-3800 Matten b. Interlaken – (D) BUWAL, CH-3003 Bern, Tel.: (031) 322-9324, Fax: 324-7579, e-mail: meinrad.duettel@buwal.admin.ch.

KUGLER, Hans (23-8-1935, Tetschen/Elbe) Prof. Dr. sc. nat. – (Pr) Wacholderweg 23, D-06118 Halle, Tel./Fax: (0345) 5233915 – (D) Büro für Landschaftsplanung Prof. Dr. Kugler, Wacholderweg 23, D-06118 Halle, Tel./Fax: (0345) 5233915.

KUHLE, Matthias (20-4-1948, Berlin) Prof. Dr. rer. nat. habil., Prof. am Geogr. Inst. d. Univ. Göttingen, Professur f. Geogr. u. Hochgebirgsgeomorphologie. – (Pr) Am Hirtenberg 6, D-37136 Waake, Tel.: (05507) 690 – (D) Geogr. Inst., Goldschmidtstr. 5, D-37077 Göttingen, Tel.: (0551) 39-8067, -7614, Fax: 39-7614, e-mail: mkuhle@gwdg.de.

KUHN, Helmut (02-03-1951, Hardheim) Prof. Dr.-Ing., Fachhochschule Oldenburg, Geoinformationswesen. – (Pr) Oldenburger Str. 73, D-26203 Wardenburg – (D) Ofener Straße 16-19, D-26121 Oldenburg.

KUHN, Thomas (24-10-64, Karl-Marx-Stadt /Chemnitz) Dipl.-Geologe, Wiss. Mitarbeiter, Freie Universität Berlin, Fachrichtung Rohstoff- und Umweltgeologie. – (Pr) Ziegelstr. 14, D-13129 Berlin, Tel.: (0172) 3528375 – (D) Malteser Str. 74-100, Haus B, D-12249 Berlin, Tel.: (030) 7792668, Fax: 7761779.

KUHN, Walter (2-5-1946, Ebern/Ufr.) Dr., Akad. Dir. Geographisches Institut der Technischen Universität München. – (D) Arcisstr. 21, D-80290 München, Tel.: (089) 2892-2807, Fax: 2892-2804, e-mail: walter.kuhn@lrz.tum.de.

KUHN, Werner, Prof. Dr., Institut für Geoinformatik der Westf. Wilhelms-Universität. – (Pr) Kleihorststr. 32, D-48151 Münster – (D) Robert-Koch-Str. 26-28, D-48149 Münster, Tel.: (0251) 83-34707, Fax: 83-39763, e-mail: kuhn@ifgi.uni-muenster.de.

KUHN-STREBEL, Judith, Dipl. nat., ETH/SIA, Mitarbeiterin im Planungs- und Beratungsbüro PLANCONSULT. – (Pr) Batteriestr. 12, CH-4103 Bottmingen.

KUHNE, Udo (25-4-1942, Laufen/Obb.) Dr. rer. nat., OStDir. – (Pr) Obere Eckenbergstr. 7, D-74740 Adelsheim, Tel.: (06291) 2988.

KUHNT, Dorit (21-7-1958, Stellböken) Dipl.-Geogr., Dr. rer. nat., Wiss. Direktorin, Leiterin der Referatsgruppe ‚Bodenschutz und Altlasten' am Ministerium für Umwelt, Natur und Forsten des Landes Schleswig-Holstein. – (Pr) Matthias-Claudius-Str. 1, D-24211 Preetz, Tel.: (04342) 5737 – (D) Grenzstr. 1-5, D-24149 Kiel, Tel.: (0431) 988-7358, Fax: 988-7179, e-mail: dorit.kuhnt@umin.landsh.de.

KUHNT, Gerald (3-3-1954, Eutin) Dipl.-Geogr., Dr. rer. nat., Univ.-Prof. für Angewandte Physische Geographie am Geogr. Inst. d. Univ. Hannover. – (Pr) Matthias-Claudius-Str. 1, D-24211 Preetz, Tel.: (04342) 5737 – (D) Schneiderberg 50, D-30167 Hannover, Tel.: (0511) 762-3591, Fax: 762-3984, e-mail: kuhnt@geog.uni-hannover.de.

KULINAT, Klaus (17-12-1935, Berlin) Dr. phil., AOR am Inst. f. Geogr. d. Univ. Stuttgart. – (Pr) Taunusstr. 33, D-71032 Böblingen, Tel.: (07031) 273321 – (D) Azenbergstr. 12, D-70174 Stuttgart, Tel.: (0711) 121-1452, Fax: 121-1455.

KULKE, Elmar (10-2-1958, Bad Hersfeld) Prof. Dr. rer. nat. habil., Univ.-Prof. f. Wirtschaftsgeographie am Geogr. Inst. d. Humboldt-Universität zu Berlin. – (Pr) Sophie-Scholl-Ring 3, D-31275 Lehrte, Tel.: (05132) 57252 – (D) Unter den Linden 6 (Sitz: Chausseestr. 86), D-10099 Berlin, Tel.: (030) 30875-614, Fax: 30875-656, e-mail: elmar=kulke@rz.hu-berlin.de.

KULKE, Holger (19-9-1938, Goldberg) Dipl.-Geol. Dr., Univ.-Prof., Hrsg. Regionale Erdöl- und Erdgasgeologie der Erde, 2 Bände, 1. Europa & Asien, 931 S., 2. Afrika, Amerika, Australien und Antarktis, 729 S. – (D) Institut für Geologie und Paläontologie, Abt. Erdölgeologie, Technische Universität Clausthal, Leibnizstraße 10, D-38678 Clausthal-Zellerfeld, Tel.: (05232) 722-235, Fax: 722-903.

KULLEN, Siegfried (2-6-1939, Eßlingen/Neckar) Dr. phil., Prof. – (Pr) Richard-Strauss-Str. 18, D-88276 Berg, Tel.: (0751) 46500 – (D) Kirchplatz 2, D-88250 Weingarten, Tel.: (0751) 5011.

KULLMANN, Jürgen (23-5-1931, Berlin-Spandau), Dr. rer. nat., Professor f. Geologie und Paläontologie, Geol.-Paläontol. Institut, Universität Tübingen. – (Pr) Panoramastr. 27, D-72116 Mössingen, Tel.: (07473) 5768, Fax: 26768 – (D) Sigwartstr. 10, D-72076 Tübingen.

KULS, Wolfgang (27-2-1920, Königsberg) Prof. Dr. phil. nat., em. o. Prof. d. Geogr. – (Pr) Erfurtstr. 73, D-53125 Bonn, Tel.: (0228) 257310.

KUNDE, Simone (20-03-1969, Bremen) Dipl.-Geogr., Doktorandin, Universität Bremen, FB 8, Studiengang Geographie, Abt. Physiogeographie. – (Pr) Dangasterstr. 11, D-28197 Bremen – (D) Postfach 33 04 40, D-28334 Bremen, Tel.: (0421) 218-7695, Fax: 218-9265.

KUNZE, Johannes (28-12-1951, Werdau) Dipl.-Geogr., Staatliches Umweltfachamt,

Regionale Planungsstelle. – (Pr) Alfred-Neubert-Str. 19, D-09134 Chemnitz – (D) Stephanplatz 3, Postfach 10 23, D-09010 Chemnitz, Tel.: (0371) 358220.

KUPCIK, Ivan (01-04-1943, Pardubice/Böhmen) Dr. rer. nat. Universität Prag, Geograph, Kartenhistoriker, Lehrbeauftragter für Historische Kartographie an der Ludwig-Maximilians-Universität München, Lehrstuhl für Geschichtliche Hilfswissenschaften. – (Pr) Kiliansplatz 2, D-80339 München, Tel.: (089) 503212 – (D) Geschwister-Scholl-Platz 1, D-80539 München, Tel.: (089) 2180-2487, Fax: 2180-2084.

KUROWSKI, Ewald (25-11-1935) Dipl.-Geogr. Dr., StDir. i.H., Univ. Köln, Erziehungswiss. Fakultät. – (Pr) August-Kierspel-Str. 141, D-51469 Bergisch-Gladbach, Tel.: (02202) 52684 – (D) Gronewaldstr. 2, D-50931 Köln, Tel.: (0221) 470-4634, Fax: 470-5174.

KURTENACKER, Michael (17-2-1960, Montabaur) Dr. rer. nat. Dipl.-Geogr. – (Pr) Am Dreisch 20, D-44269 Dortmund.

KURZ, Reinhard, StD., Dr., Fachberater Geographie Bez. Reg. Hannover, Beisitzer im LV Niedersachsen im Verband Deutscher Schulgeographen e.V. – (Pr) Im Steinkamp 1, D-30938 Burgwedel, Tel./Fax: (05139) 2465.

KUSTER, Sabine (27-01-1968) Dipl.-Ing. (FH) für Kartographie, Office fédéral de la statistique (OFS) S. Kuster, BB-Themakart. – (Pr) Mühlemattstrasse 53, CH-3007 Bern, Tel.: (031) 3718444 – (D) Espace de l'Europe 10, CH-2010 Neuchâtel, Tel.: (032) 7136108.

KUSTER-LANGFORD, Jürg (9-11-1954, Zürich) Dr.phil. – (Pr) Schützenstr. 3, CH-8702 Zollikon, Tel.: (01) 3918023 – (D) Brugger, Hanser und Partner AG, Lagerstr. 33, CH-8004 Zürich, Tel.: (01) 2999511.

KUTSCHER, Siegfried (22-10-1928, Neuwied) Dr. phil., Bibl.-Dir. i.R. a. d. Univ. Dortmund. – (Pr) Arndtstr. 44, D-44135 Dortmund, Tel.: (0231) 523104.

KUTTLER, Wilhelm (16-9-1949, Bochum) Dr. rer. nat., o. Univ.-Prof., Institut für Ökologie, Abt. Landschaftsökologie, FB 9, Universität -GH Essen, Direktor des Instituts für Ökologie, Vorsitzender des Komitees II der Windtechnologischen Gesellschaft (WTG), Obmann der VDI -Arbeitsgruppe „Kaltluft". – (Pr) Westpreußenstr. 56, D-45259 Essen, Tel.: (0201) 461641 – (D) D-45117 Essen, Tel.: (0201) 183-2734, Fax: 183-3239, e-mail: w.kuttler@uni-essen.de.

KYTIR, Josef (13-7-1957, Wien) Univ.-Doz., Dr. phil., stellv. Dir. am Inst. f. Demographie d.Österr. Akademie d. Wissenschaften. – (Pr) Canalettogasse 5/17, A-1120 Wien, Tel.: (01) 8174752 – (D) Hintere Zollamtstr. 2b, A-1033 Wien, Tel.: (01) 7121284-0, Fax: 7121284-11, e-mail: kytir@oeaw.ac.at.

L

LAAGER-HOUWELING, Marlies (28-8-1960, Amsterdam) Dipl.-Geogr., NDS Abfallbewirtschaftung, Umweltberatung. – (Pr) Bergwerkstr. 35, CH-8810 Horgen, Tel.: (01) 7258809.

LAAGER-HOUWELING, Peter (3-2-1960, Horgen) Dipl.-Geogr., Landschaftsplanung. – (Pr) Bergwerkstr. 35, CH-8810 Horgen, Tel.: (01) 7258809.

LACKINGER, Bernhard (30-12-1940, Innsbruck) Univ.-Doz., Dr. techn. Dipl.-Ing., Ao.Univ.-Prof., Öster. Gesellschaft für Geomechanik, Internat. Glaciological Society, Deutsche Gesellschaft für Geotechnik, Institut für Geotechnik und Tunnelbau, Universität Innsbruck, Fachgebiet Schnee- und Eismechanik und Lawinenkunde. – (Pr) Lanserstr. 25, A-6071 Aldrans, Tel.: (051) 2393994, Mobil: 06643578623 – (D) Technikerstr. 13, A-6020 Innsbruck, Tel.: (051) 2507-6675, Fax: 2507-2996, e-mail: bernhard.lackinger@uibk.ac.at.

LACKINGER, Otto (16-12-1924) Honorarprof. W. Hofrat Dr.phil. – (Pr) Mühlberg 28, A-4040 Linz.

LADWIG, Rolf (5-4-1936) Dr. phil., OStR i.H. am Inst. f. Didaktik d. Geogr. d. Univ. Frankfurt/M. – (Pr) Parkstr. 6, D-63589 Linsengericht – (D) Schumannstr. 58, D-60325 Frankfurt/M.

LAFRENZ, Jürgen (1-5-1938, Hamburg) Univ.-Prof., Dr. rer. nat. habil., Geschäftsf. Dir. im Inst. f. Geogr., Prof. im Arbeitsbereich Kulturgeographie, Univ. Hamburg. – (Pr) Opitzstr. 10, D-22301 Hamburg, Tel.: (040) 2708508, Fax: 270850 – (D) Geomatikum, Bundesstr. 55, D-20146 Hamburg, Tel.: (040) 428-38-4953, Fax: 4123-4981.

LAMBERT, Karl-Heinz (20-6-1946, Erlangen) Dipl.-Ing., Prokurist, Lehrbeauftragter. –

(Pr) Lampertsbühl 2, D-91054 Erlangen, Tel.: (09131) 59020, Fax: 59231.

LAMBRECHT, Christian (17-09-1961, Gronau/Leine) Dipl.-Geogr., Institut für Länderkunde Leipzig. – (Pr) Funkenburgstr. 22, D-04105 Leipzig, Tel.: (0341) 9806944 – (D) Schongauerstr. 9, D-04329 Leipzig, Tel.: (0341) 255-6650, Fax: 255-6598, e-mail: cl@ifl.uni-leipzig.de.

LAMPE, Reinhard (2-12-1951, Görlitz) Prof. Dr. rer. nat. habil. – (Pr) Billrothstr. 2, D-17489 Greifswald, Tel.: (03834) 892359 – (D) Geographisches Institut, Ernst-Moritz-Arndt-Universität, Friedrich-Ludwig-Jahn-Str. 16, D-17487 Greifswald, Tel.: (03834) 864521, Fax: 864501, e-mail: lampe@rz.uni-greifswald.de.

LAMPING, Heinrich (10-12-1934, Dingel/Oldenburg) Prof. Dr. phil., Prof. f. Wirtschaftsgegor. am Inst. f. Wirtschafts- und Sozialgeogr. d. Univ. Frankfurt/M., Mitgl. d. Direktoriums d. Inst., Mithrsg. d. „Frankfurter Wirtschafts- u. Sozialgeogr. Schriften". – (Pr) Im Mühlgarten 2, D-61191 Rosbach, Tel.: (06003) 1677 – (D) Dantestr. 9, D-60325 Frankfurt/Main, Tel.: (069) 798-22325, Fax: 798-23548.

LANDE, Hartmut (25-2-1939, Kleinschönebeck) Dipl.-Geogr., Dozent f. Wehrgeographie, Schule f. Nachrichtenwesen BW. – (Pr) Meisenweg 25, D-56130 Bad Ems, Tel.: (02603) 14549 – (D) Alte Kemenauer Str. 17-21, D-56130 Bad Ems, Tel.: (02603) 405268.

LANFER, Norbert (11-01-1962) Dr. rer. nat. am Geographischen Institut der Universität Göttingen. – (Pr) Jakobistr. 40, D-30163 Hannover, Tel.: (0511) 662871, Fax: 662873, e-mail: nlanfer@t-online.de – (D) Goldschmidtstr. 5, D-37077 Göttingen, Tel.: (0551) 39-8026, Fax: 39-8006, e-mail: nlanfer@gwdg.de.

LANG, Gerhard (21-10-1924, Ravensburg) Prof. (em.) Dr., Alt-Direktor. – (Pr) Friedrich-Ebert-Str. 70, D-88400 Biberach, Tel. (07351) 21336, Fax: 21385 – (D) Geobotanisches Institut Univ. Bern, Altenbergrain 21, CH-3013 Bern, Tel.: (031) 6314911.

LANG, Herbert (21-4-1933) PD Prof. Dr., Leiter der Abt. Hydrologie am Geogr. Inst. ETH Zürich. – (Pr) Rosenbergstr. 35, CH-8304 Wallisellen, Tel.: (01) 8301131 – (D) Hydrologie/ETH, Winterthurerstr. 190, CH-8057 Zürich, Tel.: (01) 6355230, e-mail: lang@geo.umnw.ethz.ch.

LANG, Robert (5-6-1949, Regensburg) Dr. phil., StR Werner-von-Siemens-Gymnasium. – (Pr) Gotenstr. 2, D-93138 Lappersdorf, Tel.: (0941) 86258.

LANGBEIN, Rolf (12-4-1932, Steinach) Dr. rer. nat., Prof. i.R. f. Mineralogie u. Petrologie, E.-M.-Arndt Universität, Geologisches Institut. – (Pr) Anita-Augspurg-Platz 1, D-27283 Verden/Aller – (D) F.-L.-Jahn-Str. 17 a, D-17489 Greifswald, Tel.: (03834) 864592.

LANGE, Norbert, de (15-7-1953, Gelsenkirchen) Prof. Dr. rer. nat., Prof. für Umweltinformatik u. Kommunalplanung, Fachgebiet Geographie der Universität Osnabrück, Leiter der Arbeitsgruppe „Geoinformatik", Mitglied des Instituts für Umweltsystemforschung d. Univ. Osnabrück. – (Pr) Everkeweg 5 B, D-59269 Beckum, Tel.: (02521) 5119 – (D) Seminarstraße 19, D-49069 Osnabrück, Tel.: (0541) 969-4267 (Sekr.), -4804 (Durchw.), Fax: 969-4333, e-mail: ndelange@rz.uni-osnabrueck.de.

LANGE, Walter, Dipl.-Geogr. Institut f. Geogr. Wissenschaft, FR Physische Geographie, Kartensammlung. – (D) Malteser Str. 74-100, D-12249 Berlin, Tel.:(030) 7792606, Fax: 76706449, e-mail: wlange @geog.fu-berlin.de.

LANGER, Wolfhart (17-10.1933, Krefeld) Dr. rer. nat., Prof. f. Paläontologie, Hist. Geologie, Institut f. Paläontologie, Universität Bonn. – (D) Nußallee 8, D-53115 Bonn.

LANGHEIN, Joachim E. (11-7-1942, Potsdam) Dr. rer. nat., Dipl.-Vw., Projektltr., Inst. f. Nat. u. Intern. Fleisch- u. Ernährungwirtschaft Heidelberg GmbH (IFW GmbH). – (Pr) Sitzbuchweg 83, D-69118 Heidelberg, Tel.: (06221) 803113, Fax: 803115, e-mail: DrLanghein@t-online.de – (D) Krämergasse 22, D-69117 Heidelberg, Landfriedstr. 1a, D-69117 Heidelberg, Tel.: (06221) 164-959, -772, 167043, Fax: 165610, 181438.

LASCHINGER, Werner, Dr. – (Pr) Peter Rot-Str. 70, CH-4058 Basel – (D) Gymnasium Leonhard, Kohlenberg 17, CH-4051 Basel.

LATZ, Wolfgang (23-3-1953, Bonn) StD. – (Pr) Ahrweg 16, D-53545 Linz (Rhein), Tel./Fax: (02644) 6535, 6560 – (D)Wiedtal-Gymnasium, Friedensstraße, D-53577 Neustadt (Wied).

LAUER, August (1-8-1955, Basel) lic. phil. I (Geograph), Raumplaner NDS/HTL. – (D) Amt für Orts- und Regionalplanung Kanton Basel-Landschaft, Rheinstrasse 29, CH-4410 Liestal, Tel.: (061) 9255596, e-mail: August.Lauer@bud.bl.ch.

LAUER, Carlo (24-1-1954, Marburg/Lahn) Programmleiter Touristik/Welt, Falk-Verlag GmbH. – (Pr) Parkstr. 8d, D-85646 Auzing, Tel./Fax: (08121) 45146 – (D) Falk Verlag GmbH, Neumarkter Str. 43, D-81673 München, Tel.: (089) 43189-569, Fax: 43189-458.

LAUER, Doris, Assessorin des Lehramtes (Geographie und Geschichte). – (Pr) Am Zinken 22, D-76149 Karlsruhe, Tel.: (0721) 7836716.

LAUER, Wilhelm (1-2-1923, Oberwesel) Prof. Dr. rer. nat., em. o. Prof. d. Geogr. Inst. d. Univ. Bonn, Mitglied der Akad. d. Wissenschaften u. d. Literatur Mainz, der Bay. Akad. d. Wiss. München und der Leopoldiana Halle/Saale, Vors. d. Komm. f. Erdwiss. Forschg. d. Akad. d. Wiss. u. d. Lit., Mainz, Hrsg. d. Buchreihe „Erdwiss. Forschung", Hrsg. d. Reihe „Das Mexikoprojekt der Deutschen Forschungsgemeinschaft" . – (Pr) Endenicher Allee 7, D-53115 Bonn, Tel.: (0228) 636320 – (D) Meckenheimer Allee 166, D-53115 Bonn, Tel.: (0228) 737383.

LAUFENBERG, Monika (23-11-1962, Köln) Dipl.- Geogr. – (Pr) Poststr. 28, D-50321 Brühl, Tel.: (061) 6204541.

LAUSCH, Angela (24-03-1961, Leipzig) Dipl.-Biologin, Umweltforschungszentrum Leipzig-Halle GmbH. – (Pr) Weinbergstr. 9 f, D-06905 Bad Schmiedeberg – (D) Permoserstr. 15, D-04318 Leipzig, Tel.: (0341) 235-2098.

LAUTENSACH, Georg (15-8-1940, Greifswald) Dipl.-Geogr., Wiss. Mitarb. am Geographischen Inst. d. Univ. Hannover. – (Pr) Gedrathof 22, D-30659 Hannover, Tel.: (0511) 649454 – (D) Schneiderberg 50, D-30167 Hannover, Tel.: (0511) 762-4495.

LAUX, Hans Dieter (6-3-1942, Bonn-Bad Godesberg) apl. Prof., Dr. phil., Wiss. Mitarb. am Geogr. Inst. d. Univ. Bonn. – (Pr) Schlehenweg 3, D-53340 Meckenheim, Tel.: (02225) 5836 – (D) Meckenheimer Allee 166, D-53115 Bonn, Tel.: (0228) 735390, Fax: 735393, e-mail: hdlaux@slide.giub.uni-bonn.de.

LAZAR, Reinhold (26-9-1951, Linz, OÖ) Dr. phil., Univ.-Ass. am Inst. d. Geogr. d. Univ. Graz. – (Pr) Wacholderweg 20, A-8042 Graz, Tel.: (0316) 402025 – (D) Universitätsplatz 2/II, A-8010 Graz, Tel.: (0316) 380-5140.

LAZAR, Silvia (Schw. Gmünd) Doktorandin am Institut für Kulturgeographie der Universität Freiburg. - (Pr) Vauban-Allee 2, D-79100 Freiburg – (D) Werderring 4, D-79085 Freiburg, Tel.: (0761) 203-9218, Fax: 203-3575, Internet: http://www.uni-freiburg.de/kulturgeo/, e-mail: lazar@mail.uni-freiburg.de.

LECHNER, Ingeborg (24-12-972, Innsbruck) Magistra, Projektassistentin am Institut für Geographie, Abt. Landeskunde. – (Pr) Huettstr. 49, A-6250 Kundl – (D) Innrain 52, A-6020 Innsbruck, Tel.: (0512) 507-5423.

LECHTENBÖRGER, Christiane (07-01-1965, Gelsenkirchen) Dipl.-Geogr., Wiss. Mitarbeiterin am Geogr. Inst. d. Univ. Bochum. – (D) Universitätsstr. 150, D-44801 Bochum, Tel.: (0234) 700-3438, Fax: 7094-180, e-mail: lechtenboerger@geographie.ruhr-uni-bochum.de.

LEEB, Frank (14-05-1963, Stuttgart) Dipl.-Geogr. – (D) Ministerium für Ernährung, Landwirtschaft und Forsten des Landes Sachsen-Anhalt, Olvenstedter Str. 4, D-39108 Magdeburg.

LEEMANN, Albert (20-7-1929) Dr. phil. II, Prof. em. am Geogr. Inst. d. Univ. Zürich. – (Pr) Brüschstr. 30, CH-8708 Männedorf, Tel./Fax: (01) 9200117.

LEGEWIE, Jochen (16-1-1965, Dorsten) Dr., Wiss. Angestellter am Deutschen Institut für Japanstudien in Tokyo. – (Pr) Providence 102, Daikyocho 12-3, Shinjuku-ku, Tokyo 160-0015, Japan, Tel./Fax: 0081-3-5379 5853, e-mail: legewie@dijtokyo.twics.com.

LEGLER, Berthold (9-8-1940, Zwenkau) Dr. rer. nat., Vorstandsmitglied des Deutschen Verbandes für Angewandte Geographie. – (Pr) Stollestr. 1, D-04155 Leipzig, Tel.: (0341) 53683.

LEHER, Marc (23-06-1965, Stuttgart) Dipl.-Ing. f. Kartographie (FH). – (Pr) Kaindlstr. 55 B, D-70569 Stuttgart.

LEHMANN, Lutz (8-4-1933, Berlin) Dr. rer. nat., Dipl.-Geogr., Prof. f. Regionalplanung i. Entwicklungsländern im Inst. f. Stadt- u. Regionalplanung d. Techn. Univ. Berlin, FB 7. – (Pr) Rüdesheimer Platz 1, D-14197 Berlin, Tel.: (030) 8211319 – (D) Sekr. RO 140 Rohrdamm 20-22, D-13629 Berlin, Tel.: (030) 38006206.

LEHMANN, Rainer (11-4-1959, Berlin) Dr., M.A. geogr. – (Pr) Ostlandstr. 5, D-31582 Nienburg, Tel.: (05021) 914645 – (D) FWS Hannover-Bothfeld, Weidkampshaide 17, D-30659 Hannover, Tel.: (0511) 647-590, Fax: 647-8673.

LEHMANN, Reinhold, Dipl.-Geogr., Dipl.-Ing. Vermessung. – (Pr + D) Geo-Ökologie Consulting, Wankstr. 7, D-82362 Weilheim, Tel.: (0881) 69949, Fax: 4372, e-mail: geo-c@t-online.de.

LEHMEIER, Friedmut (11-5-1950, Behrensen/Hameln) Dipl.-Geogr., Dr. rer. nat. – (Pr) An der Seune 7a, D-37079 Göttingen, Tel.: (0551) 91438.

LEHMKUHL, Frank (30-5-1959, Oldenburg/Oldb.) Privatdozent, Dr. rer. nat., Dipl.-Geogr., Heisenbuerg-Stipendiat. – (Pr) Uhlandstr. 36, D-37120 Bovenden, Tel.: (0551) 82331 – (D) Geogr. Inst. d. Univ. Göttingen, Goldschmidtstr. 5, D-37077 Göttingen, Tel.: (0551) 398064, Fax: 398006, e-mail: flehmkuh@gwdg.de.

LEHNES, Patrick (2-12-1960, Nürnberg) Mitarbeiter am Institut für Physische Geographie der Albert-Ludwigs-Universität Freiburg. – (Pr) Britzinger Str. 40, D-79114 Freiburg, Tel.: (0761) 4766020 – (D) Werderring 4, D-79085 Freiburg/Brsg., Tel.: (0761) 203-3595, Fax: 203-3596.

LEIB, Jürgen (5-8-1946, Krofdorf-Gleiberg) Dr. phil., AOR am FB Geographie d. Philipps-Univ. Marburg. – (Pr) Löwenweg 8, D-35435 Wettenberg, Tel./Fax: (0641) 82586 – (D) Deutschhausstr. 10, D-35037 Marburg, Tel.: (06421) 284260, Fax: 288950.

LEIBBRAND, Walter (22-4-1921, Stuttgart) Reg.Verm.Dir. i.R., Dipl.-Ing., Kartograph. – (Pr) Römmelesweg 22, D-71394 Kernen, Tel.: (07151) 42407.

LEIDLMAIR, Adolf (5-6-1919, Linz/Donau) em. o. Prof. am Inst. f. Geogr. a. d. Univ. Innsbruck, Mithrsg. d. Sammlung Geogr. Führer, d. „Erdkundliches Wissen“, Beihefte d. GZ, d. „Monographien z. Landeskunde Tirols“, Schriftl. d. „Tiroler Wirtschaftsstudien“, Lt. d. „Tirol-Atlas“. – (Pr) Kaponsweg 17, A-6065 Thaur/Tirol, Tel.: (05223) 492317 – (D) Innrain 52, A-6020 Innsbruck, Tel.: (0512) 507-5402.

LEIMGRUBER, Walter (19-10-1938, Porrentruy) Dr. phil., a.o. Prof. am Geogr. Inst. d. Univ Freiburg/CH. – (Pr) Rte. de la Glâne 104, CH-1752 Villars-sur-Glâne, Tel.: (026) 4028302 – (D) Perolles, CH-1700 Fribourg, Tel.: (026) 3009011, Fax: 3009746, e-mail: walter.leimgruber@unifr.ch.

LEIPNER, Ellen (06-03-1963, Dannenberg) Dipl.-Geogr., Wiss. Mitarb. am Institut für Geographische Wissenschaften, Fachrichtung Kartographie, der FU Berlin. – (Pr) Fabriciusstr. 9, D-10589 Berlin, Tel.: (030) 3448813 – (D) Arno-Holz-Str. 12, D-12165 Berlin, Tel.: (030) 838-3895, Fax: 838-6739.

LEISCH, Harald (13-1-1967, Trier) Dr. rer. nat., M.A., Wiss. Mitarb. Geographisches Institut der Universität Bonn. – (Pr) Staffelsgasse 8a, D-53347 Alfter, Tel.: (0228) 6420130 – (D) Meckenheimer Allee 166, D-53115 Bonn, Tel.: (0228) 73-2096, Fax: 73-7230, e-mail: harald@giub.uni-bonn.de.

LEISER, Felix, Dipl.-Geograph. – (Pr) Breiten 203, CH-3234 Vinelz – (D) Naturschutzinspektorat des Kt. Bern, Herrengasse 22, CH-3011 Bern.

LEISTNER, Frieder (31-12-1951, Hartmannsdorf) Dr. rer. nat., Wiss. Angest. – (Pr) Lindenstr. 110, D-04430 Rückmarsdorf, Tel. : (0341) 9411074 – (D) Richard-Lehmann-Str. 19, D-04275 Leipzig, Tel.: 3904-173.

LEITNER, Wilhelm (26-2-1926, Peggau/Steiermark) em. o. Univ.-Prof., Dr. Mag., Vizepräsident der Österr. Orient-Gesellschaft/Hammer-Purgstall, Leiter der Zweigstelle Graz, Vorstandsmitglied der Österreichischen Geographischen Gesellschaft, Mitglied des ständigen Ausschusses der Historischen Landeskommission für Steiermark, Corresp. Mitglied der International Working Group on the History of Geographical Thougth (International Geographical Union). – (Pr) Körblergasse 30, A-8010 Graz – (D) Karl-Franzens-Universität, A-8010 Graz, Tel.: (0316) 380-5135, Fax: 325395.

LENGERKE, Hans J. von (13-3-1945, Göttingen) Dr. rer. nat. – (Pr) Innstr. 4, D-30519 Hannover – (D) Volkswagen-Stiftung, Postfach 81 05 09, D-30505 Hannover, Tel.: (0511) 8381-0, Fax: 8381-344, e-mail:lengerke@volkswagen-stiftung.de.

LENTZ, Sebastian (31-12-1957, Trier) Dr.phil., Hochschulassistent am Geogr. Inst. d. Univ. Mannheim. – (Pr) Feuerbachstr. 11, D-68163 Mannheim , Tel.: (0621) 418464 – (D) Schloß, D-68131 Mannheim, Tel.: (0621) 292-2546, Fax: 292-3321, e-mail: slentz@rumms.uni-mannheim.de.

LENZ, Barbara (12-2-55) Dr. rer. nat., Wiss. Ass. am Institut für Geographie d. Univ. Stuttgart. – (Pr) Friedrich-Glück-Str. 29, D-73614 Schorndorf, Tel.: (07181) 73454, Fax: 46498, e-mail: blenz@zvw.de – (D) Azenbergstr. 12, D-70174 Stuttgart, Tel./

Fax: (0711) 121-1453, e-mail: barbara.lenz@po.uni-stuttgart.de.

LENZ, Karl (9-8-1928, Schloppel) em. o. Prof. Dr. rer. nat., John F. Kennedy-Inst. f. Nordamerikastudien d. FU Berlin, Mithrsg. d. Zeitschrift d. Ges. f. Erdkunde zu Berlin „Die Erde“. – (Pr) Petzower Str. 30, D-14109 Berlin, Tel.: (030) 8052130 – (D) Lansstr. 7-9, D-14195 Berlin, Tel.: (030) 8382868.

LENZ, Martin (1-1-1959, Tegernau) Assessor des Lehramts. – (Pr) Planufer 91, D-10967 Berlin, Tel.: (030) 6926920.

LESER, Hartmut (23-11-1939, Naumburg/Saale) Prof. Dr. rer. nat. habil., o. Prof. u. Dir. d. Geogr. Inst. Univ. Basel, Mithrsg. d. „Regio Basiliensis“, d. „Geographischen Seminars“, d. „Sammlung Geogr. Führer“, d. „Applied Geography“ (bis 1986), d. „Geom. Kte. d. Bundesrepublik Dtld. 1:25 000“ und „1:100 000“ (1978-1985) sowie „DIE ERDE“ (ab 1987), Hrsg. von „GEOMETHODICA, Veröff. Basler Geometh. Coll.“ (1976-1995), „MATERIALIEN ZUR PHYSIOGEOGRAPHIE“, u. „PHYSIOGEOGRAPHICA, Basler Beitr. z. Physiogeogr.“, Mitgl. d. Forschungskommission Schweiz. Akad. f. Naturwiss.,(1995-1998), Delegierter ASG, „Deutsche Akademie Landeskunde“ u. d. „Konferenz Oberrhein. Regionalplaner“. – (Pr) Schillerstr. 25, CH-4053 Basel, F. (061) 3313414 – (D) Klingelbergstr. 16, CH-4056 Basel, Tel.: (061) 267-3645 (Sekr.), Fax: 267-3657.

LETHMATE, Jürgen (17-01-1947, Ibbenbüren) Dr. rer. nat., Prof. f. Geogr. und ihre Didaktik (Schwerpunkt Physiogeographie/Umwelterziehung) am Institut für Didaktik der Geographie im FB 19 der Universität Münster. – (Pr) Laggenbecker Str. 109a, D-49477 Ibbenbüren, Tel./Fax: (05451) 12415 – (D) Robert-Koch-Str. 26, D-49149 Münster, Tel.: (0251) 833-9349, Fax: 833-9351, e-mail: lethmat@uni-muenster.de.

LETKEMANN, Peter (12-5-1938, Danzig) Dr. phil., Ob.-Archivrat am Geheimen Staatsarchiv Preußischer Kulturbesitz, Mitgl. d. Historischen Kommission f. ost- und westpreuß. Landesforschung, Vorst.-Mitgl. der „Copernicus-Vereinigung“, Mithrsg. d. „Beiträge zur Geschichte Westpreußens“, Mitgl. d. Stiftungsrates des Ostdeutschen Kulturrates, Vorst-Mitgl. d. Arbeitsgemeinschaft Ostmitteleuropa. – (Pr) Memlingstr. 7b, D-12203 Berlin, Tel.: (030) 8342126 – (D) Geheimes Staatsarchiv Preußischer Kulturbesitz, Archivstr. 12, D-14195 Berlin, Tel.: (030) 8390100.

LEUPOLT, Bärbel (6-1-1950, Röddelin) Prof. Dr. rer. nat., Prof. am Inst. f. Geographie der Univ. Hamburg. – (Pr) Bremer Str. 35 A, D-12623 Berlin – (D) Geomatikum, Bundesstr. 55, D-20146 Hamburg, Tel.: (040) 42838-6164, Fax: 42838-4967, Internet: http://www.geowiss.uni-hamburg-de, e-mail: leupolt@geowiss.uni-hamburg.de.

LEUZINGER, Henri, Dr., Fotograf, Redaktor, Dozent. – (Pr) Kapuzinergasse 18, Postfach 358, CH-4310 Rheinfelden, e-mail: hl4310henri@bluewin.ch.

LEYKAUF, Joachim (4-2-1950, Eisenach) Prof. Dr. habil. – (Pr) Pfarrgartenstr. 3, D-07751 Isserstadt, Tel.: (036425) 50598 – (D) Geospace Gesellschaft für Umwelt- u. Rauminformatik mbH, Wildenbruchstr. 15, D-07745 Jena, Tel.: (03641) 675-200, Fax: 675-202.

LICHTENBERGER, Elisabeth (17-2-1925) em. o. Univ.-Prof. Dr. phil. DLitt, Inst. f. Geogr. d. Universität Wien, Obmann des Kuratoriums des Instituts für Stadt- und Regionalforschung d. Österr. Akademie d. Wiss., Obmann w.M. Österreichischen Akademie d.Wiss., Wien, Academie Europa, British Academy, K.M. Akademie f. Raumforschung und Landesplanung d. Studiengemeinschaft f. Raumforschung u. Raumordnung, Koordination des Forschungsschwerpunkts „Österreich. Raum und Gesellschaft“ (A-1010 Wien, Bäckerstraße 20, Tel.: (051) 581-478, -477, Fax: 581-476). – (Pr) Schikanedergasse 13/12, A-1040 Wien, Tel./Fax: (01) 5862265 – (D) Universitätsstr. 7, A-1010 Wien, Tel.: (01) 4277-48680 Fax.: 4277-9486.

LICHTENEGGER, Herbert (26-01-1941, Graz) Dipl.-Ing., Dr. techn., ao. Univ.-Prof., Abteilung für Positionierung und Navigation, Technische Universität Graz. – (Pr) Wiener Str. 252/5, A-8051 Graz, Tel.: (0316) 688008 – (D) Steyrergasse 30, A-8010 Graz, Tel.: (0316) 873-6833, Fax: 873-8888, e-mail: hlicht@geophot.tu-graz.ac.at.

LIEB, Gerhard Karl (28-9-1960, Graz, St.) Univ. Doz., Mag. phil., Dr. rer. nat., a. o. Univ. Prof. am Inst. f. Geogr. d. Univ. Graz. – (Pr) Eisteichgasse 20/16, A-8042 Graz, Tel.: (0316) 427841 – (D) Heinrichstr. 36, A-8010 Graz, Tel.: (0316) 380-5146, Fax: 380-9886, e-mail: gerhard.lieb@kfunigraz.ac.at.

LIEBHOLD, Eike (7-7-1938, Salzwedel) Dr. phil., AOR a. d. Päd. Hochsch. Heidelberg, Fakultät IV, Geographie. – (Pr) Heidelberger Str. 50, D-69221 Dossenheim,

Tel.: (06221) 869998 – (D) Keplerstr. 87, D-69120 Heidelberg, Tel.: (06221) 477-248, Fax: 477-433.

LIEBRICHT, Helga (9-2-1954) Dr. phil., AOR am Lehrstuhl II f. Geogr. a. d. Univ. Bamberg. – (Pr) Jakobsberg 18f, D-96049 Bamberg – (D) Am Kranen 12, D-96045 Bamberg, Tel.: (0951) 863-2383, e-mail: helga.liebricht@ggeo.uni-bamberg.de.

LIEDTKE, Gerhard (6-12-1926, Elbing) Dr. phil., Ak. Dir., Wiss. Mitarb. am Sem. f. Geogr. d. Universität Koblenz-Landau, Abt. Landau i.R. – (Pr) Fr. v. Bodelschwingh-Str. 28, D-55218 Ingelheim, Tel.: (06132) 85345.

LIEDTKE, Herbert (25-11-1928, Berlin) Dr. rer. nat., em. o. Prof., im Geogr. Inst. d. Ruhr-Univ. Bochum, Mitglied der Deutschen Akademie für Landeskunde, Mitgl. im „Ständigen Ausschuß für geogr. Namen", Beiratsmitgl. d. Ges. f. Geologie und Geographie Bochum, Mitgl. d. Geogr. Kommission f. Westfalen, Mitgl. d. Kommission f. Geomorphologie und Glaziologie d. Bayer. Akad. d. Wiss., Mitgl. im Wiss. Arbeitskreis f. Mitteldeutschland – (Pr) Kellermannsweg 1, D-44795 Bochum, Tel.: (0234) 476438 – (D) Universitätsstr. 150, Geb. NA 4/167, D-44801 Bochum, Tel.: (0234) 7003313.

LIEHL, Ekkehard (28-5-1911, Bad Kreuznach) Dr. rer. nat., Hon.-Prof., Bibl.-Dir. i.R. – (Pr) Winterhaldenweg 36, D-79856 Hinterzarten, Tel.: (07652) 5060.

LIENAU, Cay (3-7-1937, Lübeck) Dr. phil., Prof. am Inst. f. Geogr. d. Univ. Münster, Mithrsg. u Schriftltg. d. „Münsterschen Geogr. Arbeiten", Hrsg. d. „Berichte aus dem Arbeitsgebiet Entwicklungsforschung". – (Pr) Zumsandestr. 36, D-48145 Münster, Tel.: (0251) 393507 – (D) Robert-Koch-Str. 26, D-48149 Münster, Tel.: (0251) 833-3926, Fax: 833-8352, e-mail: erasmus@uni-muenster.de.

LIENEMANN, Bruno (5-3-1950, Mannheim) Pädagogischer Leiter der Förderstufe. – (Pr) Gräfliche Str. 21, D-65817 Eppstein, Tel.: (06198) 8813 – (D) Gesamtschule, D-65817 Eppstein, Tel.: (06198) 59260.

LIENHARD, Hans-Jörg (3-6-1951, Aarau) Dipl.-Geogr. Dipl.-Raumplaner NDS/HTL, Gymnasiallehrer. – (Pr) Kirchbergstrasse 81, CH-5024 Küttigen, Tel./Fax: (062) 8272954, e-mail: hjbealienhard@bluewin.ch.

LIESS, Tilmann, Dipl.-Geogr., Büro für raumbezogene Informationsverarbeitung, Schriftl. Geoecological Research. – (Pr + D) Cranachstr. 12, D-69257 Wiesenbach, Tel.: (06223) 970224, Fax: 970223, e-mail: office@liess.de.

LIESSMANN, Wilfried (18-6-1958, Herzberg/Harz) Dr. rer. nat., Diplom-Mineraloge, Wiss. Koordinator Lehrbergwerk Grube Roter Bär St. Andreasberg/Harz. – (Pr) Rosdorfer Weg 33a, D-37073 Göttingen – (D) Min.-Petr. Institut, Universität Hamburg, Grindelallee 48, D-20146 Hamburg.

LINDEMANN, Rolf (20-1-1942, Gütersloh) Dr. phil., AOR am Inst. f. Geogr. d. Univ. Münster. – (Pr) Grüner Weg 32, D-48341 Altenberge, Tel.: (02505) 2031 – (D) Robert-Koch-Str. 26, D-48149 Münster, Tel.: (0251) 833-3998, Fax: 833-8352.

LINDENMEYER, Hannes, Dipl. nat., Leiter der Inlandabteilung des Schweiz. Arbeiterhilfwerks. – (Pr) Rolandstr. 27, CH-8004 Zürich, Tel.: (01) 2426228 – (D) Quellenstr. 31, CH-8031 Zürich, Tel.: (01) 2712600.

LINDER, Wilfried (10-8-1959, Bad Pyrmont) Dr. rer. nat. Dr.-Ing., Geographisches Institut, Univ. Düsseldorf. – (Pr) Kurze Breite 21, D-31812 Bad Pyrmont, Tel.: (05281) 607751, Fax: 4943 – (D) Universitätsstr. 1, D-40225 Düsseldorf, Tel.: (0211) 811-3787, Fax: 811-3955.

LINDNER, Klaus (12-07-1937, Breslau) Dr. phil., Bibl. Oberrat, Staatsbibliothek zu Berlin, Preußischer Kulturbesitz, Kartenabt., Deutsche Gesellschaft für Kartographie; Historische Kommission für Schlesien. – (Pr) Heylstr. 29, D-10825 Berlin – (D) Unter den Linden 8, D-10117 Tiergarten, Potsdamer Str. 33, D-10785 Berlin.

LINDNER, Peter (28-1-1969, Günzburg) Dr. phil., Wiss. Assistent, Institut für Geographie an der Universität Erlangen-Nürnberg. – (Pr) Nürnberger Str. 24, D-91052 Erlangen, Tel.: (09131) 33629 – (D) Kochstr. 4, D-91054 Erlangen, Tel.: (09131) 8522006, e-mail:plindner@geographie.uni-erlangen.de.

LINDNER, Waltraud (24-7-1950) Dr. phil., Wiss. Mitarbeiterin, Reg. Geogr. osteurop. Länder, Sozial- und Kulturgeographie, Industriegeographie Regionale Geographie Deutschlands und Europas. – (Pr) C.-v.-Ossietzky-Str. 20, D-14471 Potsdam – (D) Universität Potsdam, Institut für Geographie und Geoökologie, Abt. Anthropogeographie, Komplex II Golm, Postfach 60 15 53, D-14415 Potsdam, Tel.: (0331) 977-2287.

LINKE, Max (28-12-1934) Prof. Dr. rer. nat. habil. – (Pr) F.-Schubert-Str. 9, D-06667 Weißenfels, Tel.: (03443) 801811 – (D) Büro für Landschaftsplanung, Markwerbener Str. 24, D-06667 Weißenfels, Tel.: (03443) 202674, Fax: 208703.

LINKE, Wolfgang (27-4-1938, Spradow) Dr. rer. nat., Leiter der Landesbildstelle Westfalen, Lehrbeauftragter am Geographischen Institut der Ruhr-Univ. Bochum. – (Pr) Bocholter Weg 49, D-41334 Nettetal – (D) Warendorfer Str. 24, D-48133 Münster, Tel.: (0251) 591-3901.

LINNENBERG, Friedrich (17-9-1919, Milte, Krs. Warendorf). – (Pr) c/o Charlotte Sauter, Schultheißallee 5, D-90478 Nürnberg.

LIPPUNER, Roland (31-01-1970), Dipl.-Geogr., Wiss. Mitarb. am Inst. f. Geographie der FSU Jena. – (Pr) Sophienstr. 15, D-07743 Jena – (D) Sozialgeographie, Grietgasse 6, D-07743 Jena, Tel.: (03641) 9488-43, Fax: 9488-42, Internet: http://www.geogr.uni-jena.de, e-mail: C7liro@geogr.uni-jena.de.

LISON, Eberhard (17-7-1925, Beuthen/OS) StD. i.R. – (Pr) Heideweg 111, D-40470 Düsseldorf, Tel./Fax: (0211) 632235.

LISS, Carl-Christoph (16-5-1937, Stralsund) Dr. phil. – (Pr) Albert-Schweitzer-Str. 7, D-37075 Göttingen, Tel.: (0551) 22506.

LISY, Annette, Dipl.-Geogr. – (Pr) Pappelweg 58, D-63263 Neu-Isenburg, Tel.: (06102) 320518 – (D) Büro NaturProfil, Kaiserstr. 177, D-61169 Friedberg, Tel.: (06031) 2011, Fax: 7642, e-mail: rwk@naturprofil.de.

LITTKE, Ralf (20-08-1957, Essen) Univ.-Prof. Dr., RWTH Aachen, Lehrstuhl für Geologie, Geochemie und Lagerstätten des Erdöls und der Kohle. – (Pr) Mittelstr. 55, D-52074 Aachen – (D) Lochnerstr. 4-20, D-52056 Aachen.

LITTMANN, Thomas (14-12-1958, Schwelm) Priv.-Doz. Dr. rer. nat., Wiss. Oberassistent am Lehrstuhl für Physische Geographie. – (Pr) Mylinghauser Str. 35, D-58285 Gevelsberg, Tel.: (02332) 80489 – (D) Institut für Geographie, FB Geowissenschaften der Martin-Luther-Universität Halle-Wittenberg, Domstr. 5, D-06108 Halle/Saale, Tel.: (0345) 55-26038, Fax: 55-27175, Internet: http://www.geographie.uni-halle.de/phys/pgeo/littmann.htm, e-mail: littmann@geographie.uni-halle.de.

LOB, Reinhold (20-5-1943) Dr. phil., Prof. am Geogr. Institut, FB 9, Univ. Essen - GHS, Leiter der Zentralstelle f. Umwelterziehung im FB 9 an der Univ. Essen - GHS. – (Pr) Werzenkamp 9, D-44329 Dortmund, Tel.: (0231) 232111 – (D) Universitätsstr. 15, D-45117 Essen, Tel.: (0201) 183-3106, -2430, Fax: 183-3981.

LOCHMANN, Jens (23-07-1965, Arnstadt) Dipl.-Geogr., Wiss. Mitarbeiter für Planungsgrundlagen und Kartographie. – (Pr) Weidenweg 13, D-03096 Werben/Spreewald – (D) Regionale Planungsstelle der Regionalen Planungsgemeinschaft Lausitz-Spreewald, Straße der Jugend 33, D-03050 Cottbus, Tel: (0335) 476-5421.

LÖCKER, Petra, Dipl.-Geogr., Bundesministerin f. Raumordnung, Bauwesen und Städtebau – (D) Deichmanns Aue 2, D-53179 Bonn.

LÖFFLER, Ernst (25-10-1939, Heilbronn) Dr. rer. nat., Prof., Lehrstuhl f. Physikal. Geogr. d. Univ. d. Saarlandes, Hrsg. Teubner Studienbücher der Geographie, Zeitschrift f. Geomorphologie. – (Pr) Kobenhüttenweg 10, D-66123 Saarbrücken, Tel. (0681) 9386782 – (D) Universität, D-66123 Saarbrücken, Tel.: (06897)798-202, -209 Fax: 798-206, e-mail: e.loeffler@rz.uni-sb.de.

LÖFFLER, Günter (3-6-1951, Schleswig) Prof. Dr. rer. nat., o. Prof. f. Kulturgeographie am Geographischen Institut der Universität Würzburg. – (Pr) Talstr. 52, D-97318 Kitzingen, Tel.: (09321) 23728 – (D) Am Hubland, D-97074 Würzburg, Tel.: (0931) 888-5552, -5553.

LÖFFLER, Jörg (18-02-1967, Braunschweig) Dr. rer. nat., Univ. Oldenburg. – (Pr) Blumenstr. 40, D-26121 Oldenburg, Tel.: (0441) 777237 – (D) Ammerländer Str. 67-69, D-26129 Oldenburg, Tel.: (0441) 798-3554, Fax: 798-3769, e-mail: loeffler@hrz1.uni-oldenburg.de.

LÖFFLER-MAAß, Irmgard (24-6-1961, Völklingen) Dipl.-Geogr., Ingenieurbüro Dr. Marx GmbH. – (Pr) Kobenhüttenweg 19, D-66123 Saarbrücken, Tel./Fax: (0681) 9386782 – (D) Gewerbepark, D-66583 Spiesen-Elversberg, Tel.: (06821) 97180.

LÖHMANNSRÖBEN, Raphaele (16-10-1959) Dipl.-Geogr., Untersuchungen und Konzepte zum Schutz des Berglandes. – (D) Büro Proalpin, Breisacher Str. 17, D-81667 München, Tel.: (089) 48998229, e-mail: proalpin@t-online.de.

LOEPER, Joachim (25-01-1943, Flatow/Grenzmark) Dr.-Ing. habil., Dipl.-Ing., Priv.-Doz. f. physische Geographie, Leiter den Zentrums f. Fernstudien und universitäre Weiterbildung der Universität

Koblenz-Landau, Leiter des weiterbildenden Fernstudienganges Angew. Umweltwissenschaften an der Universität Koblenz, Mitglied des geographischen Instituts der Universität Koblenz, Mitgl. des wiss. Beirates FWL Rheinland-Pfalz (Fort- und Weiterbildungsverbund des Landesbeirates für Weiterbildung), Mitgl. der Arbeitsgruppe Fernstudien im AUE. – (Pr) Hohenzollernstr. 85A, D-56068 Koblenz, Tel.: (0261) 160623 – (D) Rheinau 1, D-56075 Koblenz, Tel.: (0261) 287-1503, Fax: 287-1501.

LÖSCHER, Manfred (12-11-1939, Bruck/Leitha/Österreich) Dr. rer.nat., StD. am Gymnasium Sandhausen. – (Pr) Max-Reger-Weg 3, D-69181 Leimen, Tel.: (06224) 837 90 – (D) Gymnasium Sandhausen, D-69207 Sandhausen, Tel.: (06224) 9332-0, Fax: (06224) 933211.

LOESER, Diethard (30-7-1939, Berlin) Dr. rer. nat., Dipl.-Geogr., Bibl.-OR in d. Kartenabt. u. Fachref. f. Geowiss. d. Staatsbibliothek zu Berlin, Preuß. Kulturbesitz. – (Pr) Wilmersdorfer Str. 106, D-10629 Berlin, Tel.: (030) 3236992 – (D) Potsdamer Str. 33, D-10785 Berlin, Tel.: (030) 2662423.

LÖTSCHER, Lienhard (10-5-1946, Zürich) Prof. Dr. phil. habil., Geogr. Inst. d. Ruhr-Univ. Bochum, Lehrstuhl I Kultur- und Siedlungsgeographie. – (Pr) Frielinghauser Str. 2A, D-58452 Witten, F. (02302) 390565 – (D) Geogr. Inst. d. Ruhr-Univ., Universitätsstr. 150, D-44801 Bochum, Tel.: (0234) 7003354, Fax: 7094180, e-mail: loetscher@geographie.ruhr-uni-bochum.de.

LOIBL, Wolfgang (3-5-1956) Mag. rer. nat., Dr. phil. – (Pr) Quellenstraße 19, A-2340 Mödling – (D) Austrian Research Centers, Systemforschung Technik-Wirtschaft-Umwelt, Österreichisches Forschungszentrum Seibersdorf GES.M.B.H., A-2444 Seibersdorf, Tel.: (02254) 780-3875, Fax: 780-3888, e-mail: wolfgang.loibl@arcs.ac.at.

LOOSE, Rainer (4-6-1943, Berlin) Dr. phil. habil., Prof., Landesarchivdirektion Baden-Würtemberg, Außenstelle Tübingen, Abt. Landesbeschreibung. – (Pr) In der Blumenküche 19, D-72116 Mössingen – (D) Fürststr. 3, D-72072 Tübingen, Tel.: (07071) 369116.

LORENZ, Erik (13-09-1966, Castrop Rauxel) Dipl.-Geogr., Wiss. Angest. bei Junker und Kruse, Stadtforschung · Stadtplanung – (Pr) Gneisenaustr. 7, D-48268 Greven, Tel.: (02571) 6312 – (D) Markt 5, D-44137 Dortmund, Tel.: (0231) 557858-0, Fax: 557858-50, e-mail: mailbox@junker-kruse.do.uunet.de.

LOTTERMOSER, Werner (27-4-1955, Braunschweig) Doz., Dr. phil. nat., Dipl.-Phys., Universitätsassistent, Institut für Mineralogie der Universität Salzburg. – (D) Hellbrunnerstr. 34 III, A-5020 Salzburg, Tel.: (0662) 8044-5422, Fax: 8044-622, e-mail: werner.lottermoser@mh.sbg.ac.at.

LOTZMANN, Edith (24-3-1940) Dipl.-Geogr., Ministerium für Umwelt, Naturschutz und Raumordnung, Gemeinsame Landesplanungsabteilung der Länder Berlin und Brandenburg, Teilraum Süd, GL 7, Referatsleiter. – (Pr) Sanzebergstraße 4, D-03042 Cottbus, Tel.: (0355) 715736 – (D) Straße der Jugend Nr. 33, D-03050 Cottbus (Postfach 10 07 65, D-03007 Cottbus), Tel./Fax: (0355) 4765-453, -455.

LOWEY, Stefanie (3-9-1962, Bielefeld) Dr. rer. nat., Wiss. Assistentin am Geographischen Institut der Universität Würzburg. – (Pr) Kraftstr. 6, D-63065 Offenbach, Tel.: (069) 82367551 – (D) Am Hubland, D-97074 Würzburg, Tel.: (0931) 888-5580, Fax: 888-5556, e-mail: stefanie. lowey@mail.uni-wuerzburg.de.

LUDÄSCHER, Peter (26-5-1950, Lörrach) Dr. rer. nat., Dipl.-Geogr., Wiss. Angest. am Institut für Geographie und Geoökologie (ehem. Geogr. Inst.) der Universität Karlsruhe (TH).Spez.Tätigkeitsbereiche: Raumplanung, Migrationsforschung, Geoinformatik in Geographie und Geoökologie, Geographische Informationssysteme, Computerkartographie, Geoinformatikausbildung, Redaktion des „Karlsruher Geoinformatik Report". – (Pr) Mainzerstr. 29, D-76199 Karlsruhe, Tel.: (0721) 887656 – (D) Kaiserstr. 12, D-76131 Karlsruhe, Tel.: (0721) 608-3859, Fax: 608-5016, Internet: http://www.bio-geo.uni-karlsruhe.de/Team/Ludaesch. htm, e-mail: peter.ludaescher@bio-geo.uni-karlsruhe.de.

LUDÄSCHER, Susanne (12-9-1955, Frankfurt/Main) Dipl.-Geogr., evaplan, Architektur und Stadtplanung, Frauenforschung. – (Pr) Mainzer Str. 29, D-76199 Karlsruhe, Tel.: (0721) 887656 – (D) Ahaweg 6-8, Atelier 203, D-76131 Karlsruhe, Tel.: (0721) 27805, Fax: 27806.

LUDER, Peter (4-12-1950, Solothurn) Dr. phil. Fachbereichsleiter bei der Stiftung Zentrum für Erwachsenenbildung der Universität. – (Pr) Therwilerstr. 37, CH-4054 Basel, Tel.: (061) 2810319 – (D)

Rathausstr. 1, CH-4410 Liestal, Tel.: (061) 9269891, e-mail: luderp@ubaclu.unibas.ch.

LUDEWIG, Werner (23-2-1932, Weimar) Dipl.-Geogr. – (Pr) Franz-von-Sales-Str. 11, D-33335 Gütersloh, Tel.: (05241) 78352.

LUDEWIG-OHLENDORF, Ulrich (22-8-1949, Volkmarode) Dipl.-Geogr., Stadt Braunschweig, Stadtplanungsamt. – (Pr) Berliner Heerstr. 18a, D-38104 Braunschweig, Tel.: (0531) 361595 – (D) Langer Hof 1, D-38100 Braunschweig, Tel.: (0531) 4702754.

LÜBBEN, Christel (7-12-1963),Referentin für Tourismus + Stadtmarketing, Senatorin für Wirtschaft, Mittelstand, Technologie + Europaangelegenheiten. – (P) Hamelner Str. 40, D-28215 Bremen – (D) Zweite Schlachtpforte 3, 28195 Bremen, Tel.: (0421) 361-8772, Fax.: 361-8717, e-mail: CLuebben@wirtschaft.bremen.de.

LÜCK, Andreas H., Dr., Dipl.-Geogr. – (Pr) Martinstr. 7, D-51645 Gummersbach, Tel./Fax: (09365) 89873 – (D) Tel.: (03631) 894595, e-mail: dr.ahl@iName.com.

LÜCKE, Hartmut (10-3-1939, Dresden) Dr. rer. nat., M.A., Wiss. Ang. am Geogr. Inst. d. Univ. Mainz. – (Pr) Hans-Böckler-Str. 22, D-55128 Mainz, Tel.: (06131) 361152 – (D) Saarstr. 21, D-55122 Mainz, Tel.: (06131) 392137.

LÜCKER, Reinhold (10-6-1951, Klosterkumbd/Hunsrück) Dr. phil., Leiter Akad. Auslandsamt, Univ. Ulm – (Pr) Lerchenweg 7, D-89160 Dornstadt, Tel.: (0731) 42738 – (D) Albert-Einstein-Allee 5, D-89081 Ulm, Tel.: (0731) 502-2013, e-mail:Rluecker@uni-ulm.de.

LÜFTNER, Herbert (21-7-1951, Waldmünchen) Dr. phil., Dipl.-Geogr., Wiss. Ang. a. d. Universität Dortmund. – (Pr) Sonnenstr. 258, D-44137 Dortmund, Tel.: (0231) 146195 – (D) Universität, Institut für Geographie und ihre Didaktitk, Emil-Figge-Str. 50, D-44227 Dortmund, Tel.: (0231) 755-4143, Fax: 755-2918.

LÜHRING, Joachim (22-2-1942, Ihren) Dr. phil. habil., Prof. im FB Sozialwesen, Schwerpunkt Sozialpolitik, -planung und -management sowie Entwicklungspolitik und Entwicklungszusammenarbeit, Fachhochschule Ostfriesland, Emden, z.Zt. Prof. für Sozial- und Umweltwissenschaften am Forschungs-, Fortbildungs- und Beratungszentrum für Applied Social Sciences der University of Zimbabwe, P. O. Box MP 167, Mount Pleasant, Harare/ Zimbabwe.

LÜKENGA, Walter (19-10-1941, Oldenburg) Dr. phil. Hochschuldozent am FB 2 der Univ. Osnabrück. – (Pr) Limbergerstr. 21a, D-49080 Osnabrück, Tel.: (0541) 88480 – (D) Neuer Graben/Schloß, D-49069 Osnabrück, Tel.: (0541) 969-4270, Fax: 969-4333, e-mail: wluekeng@rz.uni-osnabrueck.de.

LÜTTIG, Gerd (21-9-1926, Lindenthal) o.Prof. em., Dr. rer. nat., Dipl.-Geol., Universität Erlangen, Institut für Geologie und Mineralogie. – (Pr) Wittinger Str. 126, D-29233 Celle – (D) Schloßgarten 5, D-91054 Erlangen.

LUFT, Gerhard, Dr. rer. nat., Landesanstalt für Umweltschutz BW, Ref. 43 – Griesbachstr. 3, D-76185 Karlsruhe.

LUKHAUP, Rainer (09-10-1962, Kronstadt) Dipl.-Geogr., Geogr. Inst. Univ. Mannheim. – (Pr) Altenbacher Str. 35, D-67098 Bad Dürkheim, Tel.: (06322) 67256 – (D) Postfach, D-68131 Mannheim, Tel.: (0621) 292-5396, Fax: 292-3321.

LUTZ, Erich (10-7-1956, Neunburg v.W.) M.A., Redakteur für Geographie im Schroedel Schulbuchverlag. – (Pr) Talweg 7, D-93164 Laaber – (D) Frankenthaler Str. 5-9, D-81539 München, Tel.: (089) 6895-0322.

LUTZ, Wilhelm (22-7-1931, Adorf/Vogtland, Sachsen), Prof. Dr. phil., Inst. f. Wirtschafts- u. Sozialgeogr. d. Johann Wolfgang von Goethe-Universität Frankfurt/ M. , Mithrsg. d. „Frankfurter Wirtschafts- u. Sozialgeogr. Schriften". – (Pr) Schwarzdornweg 4, D-65760 Eschborn, Tel.: (06173) 64535, Fax: 66170 – (D) Dantestr. 9, D-60054 Frankfurt/M., Tel.: (069) 798-23802.

M

MAAG, Hans-Ulrich (21-1-1929) Dr. phil. II. – (Pr) Zürichstr. 89, CH-8700 Küsnacht, Tel.: (01) 9110626.

MAASS, Joachim, Dipl.-Geogr. – (Pr) Oberdorf 23, CH-4314 Zeiningen, Tel.: (061) 8511863 – (D) Maass + Partner, Bahnhofstr. 76, CH-4313 Möhlin, Tel./Fax: (061) 8511877.

MAAZAOUI, Katrin (24-09-1964, Halle) Dipl.-Kartogr., Referentin f. Kartographie bei der Regionalen Planungsstelle des Regionalen Planungsverbandes Oberes Elbtal / Osterzgebirge. – (Pr) Keplerstr. 21, D-01237 Dresden – (D) Wasastr. 50, D-01445 Radebeul, Tel.: (0351) 835-3486.

MADL, Franz (4-1-1934, Wiener Neustadt) Dr. phil. – (Pr) Hauptstr. 64/6, A-2391 Kaltenleutgeben – (D) Südstadtzentrum 4, A-2344 Maria Enzersdorf.

MÄCKEL, Rüdiger (25-7-1940, Berlin) Dipl.-Geogr., Dr. rer. nat., Univ.-Prof. – (Pr) Im Laimacker 34, D-79249 Merzhausen, Tel.: (0761) 406440 – (D) Werderring 4, D-79085 Freiburg, Tel.: (0761) 203-3507, Fax: 203-3596.

MÄDING, Erhard (1-5-1909, Dresden) Dr.jur. – (Pr) Urftstr. 19, D-50996 Köln, Tel.: (0221) 351249.

MÄDING, Heinrich (25-9-1941, Zwickau) Prof. Dr. rer. pol., Leiter des Deutschen Instituts für Urbanistik. – (D) Str. des 17. Juni 110, D-10623 Berlin, Tel.: (030) 39001-214, Fax: 39001-216.

MÄDING, Klaus (24-11-1935, Chemnitz) Dr. jur., Dr. phil. – (Pr) Rauhe Egge 60, D-58456 Witten, Tel./Fax: (02324) 31854.

MAERKER, Lutz (30-7-1956, Berlin) Dr. rer. nat. Wiss. Assistent. — (Pr) Lauterbachstr. 2, D-01796 Pirna, Tel.: (03501) 528572 — (D) Technische Universität Dresden, Fak. f. Forst-, Hydro- und Geowissenschaften, Institut für Geographie, Helmholtzstr. 10, Hülssebau, Ostflügel, 2. OG, Z. 260, D-01062 Dresden, Tel.: (0351) 463-6277, e-mail: maerker @rcs.urz.tu-dresden.de.

MÄSCHIG, Georg, OStR., Verband Deutscher Schulgeographen e.V.: Geschäftsführer des LV Rheinland-Pfalz, Geographische Gesellschft Trier (GGT): Erster Stellvertreter des Vorsitzenden. – (Pr) Im Runnenwieschen 12, D-54568 Gerolstein, Tel.: (06591) 4550.

MÄUSBACHER, Roland (24-07-1951, Laupheim) Dr. rer. nat., Univ.-Prof. am Inst. f. Geographie d. FS Jena. – (Pr) Am Büchsenackerhang 65, D-69118 Heidelberg, Tel.: (06221) 804667, Berghofsweg 6, D-07743 Jena – (D) Löbdergraben 32, D-07743 Jena, Tel.: (03641) 948811, Fax: 948812.

MAGER, Thomas Josef (24-1-1962, Bonn) Dipl.-Geogr. und Stadtplaner, Prokurist und Betriebsleiter der Stadtverkehr Euskirchen GmbH, Lehrbeauftragter der Geogr. Inst. d. Universität Bonn und des Inst. f. Geogr. und Regionalforschung der Univ. Klagenfurt, Sprecher des Forums Südliches Rheinland im Deutschen Verband für Angew. Geographie (DVAG), Mitglied im Sprecherrat des Forums Mensch und Verkehr in der Vereinigung für Stadt-, Regional- und Landesplanung (SRL), Mitglied im Arbeitsteam Orts- und Quartierbus des Planungsausschusses des Verbandes Deutscher Verkehrsunternehmen (VDV), Mitglied in der Architektenkammer Nordrhein-Westfalen (AK NW) – (Pr) Kreuzbergweg 20, D-53115 Bonn, Tel.: (0228) 693006, Fax: 693008 – (D) sve Stadtverkehr Euskirchen GmbH, Bahnhofstr. 23, D-53879 Euskirchen, Tel.: (02251) 1414-150, Fax: 1414-159, e-mail: stadtverkehr-euskirchen@t-online.de.

MAHNCKE, Karl-Joachim (09-04-1931, Lohmar) Dr., Dipl.-Geogr., Rechtssammlungen für Berufsverbände, Info-Broking, Recherchen zu geographischen Fragestellungen. – (D) Finkenweg 9, D-53797 Lohmar, Tel.: (02241) 912166, Fax: 912167, e-mail: Mahncke-GeoInfo@t-online.de.

MAHR, Andrea (08-12-1966, Neumarkt/Opf) Dr. phil., Dipl.-Geogr. am Institut für Geograpie der Universität Regensburg. – (Pr) Roritzerstr. 13, D-93047 Regensburg, Tel.: (0941) 54394 – (D) Universität, D-93040 Regensburg, Tel.: (0941) 943-3632, -3606 (Sekr.), -4692 (Labor), Fax: 943-2387.

MAI, Ulrich (11-4-1941, Winsken/Ostpr.) Dr., apl. Prof. a. d. Univ. Bielefeld. – (Pr) Langenheider Str. 42, D-33824 Werther, Tel.: (05203) 1841 – (D) Fak. f. TGKM/ Geographie, FSP Entwicklungssoziologie, Universität, Postfach 10 01 31, D-33501 Bielefeld, Tel.: (0521) 106-3360, e-mail: Ulimai@tgkm.uni-bielefeld.de.

MAIER, Barbara geb. Sippell (21-11-1922) Dr. rer. nat. – (Pr) Leibnizstraße 7, D-37083 Göttingen.

MAIER, Jörg (22-4-1940, Ulm/Donau) Dr. oec. publ., Dr. rer. pol. habil., Dr. rer. nat. h.c., o. Prof. f. Wirtschaftsgeogr. u. Regionalplanung am Inst. f. Geowissenschaften der Univ. Bayreuth. Gf. Vorstand d. RRV-Forschungsstelle f. Raumanalysen, Regionalpolitik u. Verwaltungspraxis der Univ. Bayreuth, Rentamtsgäßchen 2, D-95326 Kulmbach, Tel.: (09221) 5543. – (Pr) Weserstr. 4, D-95445 Bayreuth, Tel.: (0921) 43544 – (D) Universitätsstr. 30, D-95447 Bayreuth, Tel.: (0921) 552262.

MAIR, Gerhard (23-4-1943, Lodz) Dipl.-Geogr., Wiss. Mitarb. am Inst. f. Entwicklungsplanung und Strukturforschung GmbH an der Univ. Hannover. – (Pr) Oskar-Schindler-Str. 10A, D-31139 Hildesheim, Tel.: (05121) 46686 – (D) Lister Str. 15, D-30163 Hannover, Tel.: (0511) 399-7277, Fax: 399-7229.

MAIS, Karl, Dr. phil., Oberrat, Direktor der Karst- und höhlenkundlichen Abt. d. Naturhistorischen Museums Wien. – (Pr) Messeplatz 1/7a, A-1070 Wien – (D) Messeplatz 1/10/1, A-1070 Wien, Tel.: (01) 930418.

MAISCH, Max (6-4-1954, Zürich) Dr., PD, Oberassistent (Sek. Lehrer Ausbildung und Physische Geographie), Vorstandsmitgl. der Schweizerischen Geomorphologischen Gesellschaft, der Glaziologischen Kommission der SANW, der Quarturkommission der SANW und der Geographisch-Ethnographischen Gesellschaft Zürich(SANW = Schweiz. Akademie der Naturwissenschaften). – (Pr) Geerenackerstr. 16, CH-8044 Gockhausen, Tel.: (01) 8210765 – (D) Geographisches Institut der Universität, Winterthurerstr. 190, CH-8057 Zürich, Tel.: (01) 635-5142, e-mail: maisch@geo.unizh.ch.

MAISSEN, Ernst, Dipl.-Geogr., KS-Lehrer, Fachvorstand Geographie. – (Pr) Säge 4, CH-8852 Altendorf, Tel.: (055) 4421024. – (D) Kantonsschule, CH-8808 Pfäffikon, e-mail: emaissen@kspn.ch.

MALBURG-GRAF, Barbara (22-06-1963, Hermeskeil, Krs. Trier-Saarburg) Dipl.-Geogr., Wiss. Mitarb. am Institut für Geographie der Universität Stuttgart. – (Pr) Arminstr. 46, D-70178 Stuttgart – (D) Azenbergstr. 12, D-70174 Stuttgart, Tel.: (0711) 121-1407, e-mail: barbara.malburg@geographie.uni-stuttgart.de.

MANDL, Peter (3-9-1957, Klagenfurt) Mag. et Dr. rer. nat., Ass.Prof. am Inst. f. Geogr. und Regionalforschung d. Univ. Klagenfurt. – (Pr) Bad Stich Straße 21A, A-9021 Krumpendorf – (D) Universitätsstr. 65-67, A-9020 Klagenfurt, Tel.: (0463) 2700, DW -302, e-mail: peter.mandl@uni.klu.ac.at.

MANDL-MAIR, Irmgard (19-12-1961, Grieskirchen) Dipl.-Ing. – (D) Universitätsstr. 65-67, A-9020 Klagenfurt, Tel.: (0463) 2700 Kl. -301, Fax: 2700-305.

MANG, Reinhard (29-09-1950, Wien) Mag. rer. nat., Dr. rer. nat., Akadem. gepr. Geoinformationstechniker, Brigadier, Leiter Militärisches Geowesen u. Leiter des Instituts für Militärisches Gewesen, Institut f. Militärisches Geowesen. – (Pr) Anton-Baumgartner Str. 44/ B8/ 09, A-1230 Wien – (D) Roßauer Lände 1, A-1090 Wien, Tel.: (01) 5200-4088, Fax: 5200-17057.

MANI, Peter – (Pr) Seftigenstr. 46, CH-3664 Burgistein-Stat., Tel.: (033) 3564148 – (D) Geo7, Neufeldstr. 3, CH-3012 Bern, Tel.: (031) 3004433, Fax: 3027611.

MANNHART, Andreas, Dr. – (D) Informatik Post (IP5), Informations-Management, Gürtelstr. 24, Postfach, CH-7001 Chur, Tel.: (081) 2563108.

MANNSFELD, Karl (30-7-1939, Dresden) Prof. Dr. rer. nat. s.o. habil., Institut für Geographie, TU Dresden. – (Pr) Ahornweg 1, OT Pappritz, D-01474 Schönfeld-Weißig, Tel.: (0351) 2691315 – (D) Institut für Geographie der TU Dresden, Mommsenstr. 13, D-01062 Dresden, Tel.: (0351) 4633260.

MANSFELDT, Tim (26-8-1961, Eutin) Dr. sc. agr., Wiss. Assistent, Ruhr-Universität Bochum. – (D) Geographisches Institut, AG Bodenkunde und Bodenökologie, D-44780 Bochum, Tel.: (0234) 700-3439, Fax: 7094-469, e-mail: mansfeldt@geographie.ruhr-uni-bochum.de.

MANSHARD, Walther (17-11-1923, Hamburg) Prof. Dr. rer. nat. Dr. h.c., o. Prof. (em.) f. Kulturgeographie d. Univ. Freiburg, Mithrsg. Cahiers d'outre Mer, Bordeaux, Land-use Policy, London und Land Degradation and Development, Chichester, England. – (Pr) Schwarzwaldstr. 24, D-79189 Bad Krozingen, Tel.: (07633) 3488, Fax: 101253 – (D) Inst. f. Kulturgeogr. Univ., Werderring 4, D-79085 Freiburg, Tel.: (0761) 203-3571, Fax: 203-3575.

MANSKE, Dietrich Jürgen (21-4-1937, Eberswalde) Dr. phil., Prof. für Regionalgeographie, Univ. Regensburg, Hrsg. der Reihe Regensburger Beiträge zur Regionalgeographie und Raumplanung. – (Pr) Gartenstr. 4, D-93177 Altenthann, Tel.: (09408) 371 – (D) Universitätsstr. 31, D-93053 Regensburg, Tel.: (0941) 943-3610, Fax: 943-3354.

MANZ, Urs, Dipl. nat. – (Pr) Mettlenwaldweg 24, CH-3037 Herrenschwanden, Tel.: (031) 3019657 – (D) EMD, Heer, Zentrale Dienste, Papiermühlestr. 14, CH-3003 Bern, Tel.: (031) 324-2368, Fax: 324-2412.

MANZ, Kerstin (09-07-1971) Mag. art., Wiss. Mitarb., Institut für Länderkunde Leipzig. – (Pr) Gelbkestr. 7, D-04317 Leipzig, Tel.:

(0341) 6994865 – (D) Schongauerstr. 9, D-04329 Leipzig, Tel.: (0341) 255-6553, Fax: 255-6598, e-mail: manz@ifl.uni-leipzig.de.

MANZEL, Peter-Paul (15-11-1953, Bochum) Dr. rer. nat., Lehrbeauftragter, Fachgebiet Physische Geographie, Universität Bremen. – (Pr) Admiralstr. 15, D-28215 Bremen – (D) Postfach 33 04 40, D-28334 Bremen, Tel.: (0421) 218-3945, e-mail: manzel@zfn.uni-bremen.de.

MARANDON, Jean-Claude (23-2-1943) Dr. phil. (Paris), Prof., Fachbereich Außenwirtschaft, FH Reutlingen, Dr. habil. (Bochum), Priv.-Doz. Geogr. Institut, Univ. Tübingen. – (Pr) Alteburgstr. 150, D-72762 Reutlingen, Tel.: (07121) 271437 – (D) Hölderlinstr. 12, D-72074 Tübingen.

MARCINEK, Joachim (1-10-1931, Schwirz) Univ.-Prof. em., Dr. rer. nat. habil. – (Pr) Giesestr. 12/14, D-12621 Berlin, Tel.: (030) 5626645 – (D) Humboldt-Universität zu Berlin, Geographisches Institut, Sitz: Chausseestr. 86, Unter den Linden 6, D-10099 Berlin, Tel.: (030) 39875-671, Sekr.: 30875-610.

MARCINEK-KINZEL, Hella (8-4-1930, Neuruppin) Prof. em. Dr. sc. – (Pr) Giesestr. 12/14, D-12621 Berlin.

MAREK, Karl-Heinz (08-07-1938, Potsdam) Prof. Dr. habil., Geschäftsführer im Fernerkundungszenrum Potsdam, Stv. Vorsitzender Fernerkundungsverein Berlin-Brandenburg. – (Pr) D-14542 Glindow – (D) Berliner Str. 50, D-14467 Potsdam, Tel.: (0331) 279130, Fax: 2791350.

MARGRAF, Otti (10-5-1948, Erfurt) Dr. rer. nat., Wiss. Ref. f. GIS. – (Pr) Petunienweg 5, D-04824 Beucha, Tel.: (034292) 77322 – (D) Inst. f. Länderkunde e.V., Schongauerstr. 9, D-04329 Leipzig, Tel.: (0341) 255-6539, Fax: 255-6598.

MARK, Harald (25-01-1959, Bochum) Dr. rer. nat. – (Pr) Hasenwinkeler Str. 139, D-44879 Bochum, Tel: (0234) 495788 – (D) MSP Dr. Mark, Dr. Schewe & Partner GmbH, Beratgerstr. 36, D-44149 Dortmund, Tel.: (0231) 177-6868, Fax: 177-6879, e-mail: MSP.Dortmund@t-online.de.

MARKS, Robert (14-04-1948, Essen) Dr., Dipl.-Geogr., Städt. Oberverwaltungsrat und Leit er der unteren Landschaftsbehörde beim Umweltamt der Stadt Dortmund. – (Pr) Hinterm Rathaus 11, D-45239 Essen, Tel.: (0201) 406386 – (D) Katharinenstr. 12, D-44137 Dortmund, Tel.: (0231) 50-25539.

MARKUSE, Gerhard (5-7-1932, Klein-Methling) Prof. Dr. sc. nat. — (Pr) Strausberger Platz 9, D-10243 Berlin, Tel.: (030) 4295237.

MARQUARDT-KURON, Arnulf (12-11-1960, Leverkusen), Dipl.-Geogr., Schriftleiter der Zeitschrift STANDORT - Zeitschrift für Angewandte Geographie. – (Pr) Lessingstr. 38, D-53113 Bonn, Tel.: (0228) 212123, Fax: 9148849 – (D) Amt für Wirtschaftsförderung der Stadt Bonn, Rathausstr. 5-7, D-53103 Bonn, Tel.: (0228) 772077, e-mail: DVAG@uni-bonn.de.

MARR, Rudolf (23-7-1939) Prof., Dr. phil., a.o. Professor am Geogr. Inst. d. Univ. Basel, Konrektor d. Diplommittelschule Basel, Präs. d. Beratenden Komm. für den interkantonalen Schweizer Weltatlas. – (Pr) Clarahofweg 11, CH-4058 Basel, Tel.: (061) 68302 – (D) Klingelbergstr. 16, CH-4056 Basel, Tel.: (061) 3110872.

MARTENS, Robert (3-11-1934, Hamburg) Univ.-Doz. Dr. rer. nat., Dipl.-Geol. Hauptkustos im Inst. f. Geogr., Arbeitsbereich Physische Geographie, Univ. Hamburg, Chairman of Science and Technology Advisory Council (STAC Germany). – (Pr) Oderfelderstr. 7, D-20149 Hamburg, Tel.: (040) 46071391, Fax: 46071392 – (D) Geomatikum, Bundesstr. 55, D-20146 Hamburg, Tel.: (040) 4123-4947, Fax: 4123-5270, e-mail: martens@geowin.uni-hamburg.de.

MARTI-KÜHNEN, Hella (18-11-1958, Bonn) Dipl.-Geogr. – (Pr) Laubeggstr. 10, CH-3013 Bern, Tel./Fax: (031) 3333154 – (D) Geographisches Institut Univ. Bern, Hallerstr. 12, CH-3012 Bern, e-mail: asg@giub.unibe.ch.

MARTIN, Reinhard (12-9-1948, Maar/Vogelsbergkreis) Direktor, Pädagogischer Leiter. – (Pr) Dessauer Str. 8, D-65205 Wiesbaden, Tel.: (06122) 16242, Waldstr. 15, D-65626 Birlenbach, Tel.: (06432) 81236 – (D) Gesamtschule, D-65817 Eppstein, Tel.: (06198) 59260.

MARTIN, Richard (7-6-1923, Luzern) Dr. phil. II, Gymn.-Lehrer, Prorektor in Pension, Geographielehrer u. Landschaftsschutzplaner. – (Pr) Hünenbergstr. 31, CH-6006 Luzern, Tel.: (041) 4204388.

MARTIN, Thomas (22-5-1960, Darmstadt) Dr. rer. nat., Dipl.-Geol., Privatdozent, Institut für Paläontologie, Freie Universität Berlin. – (Pr) Urbanstr. 34, D-10967

Berlin – (D) Malteser Str. 74-100, D-12249 Berlin, Tel.: (030) 7792276, Fax: 7762070, e-mail: palaeont@zedat.fu-berlin-de.

MARXER, Peter (13-05-1965, Grabs/SG) Dipl.-Geogr. an der Sottostazione Sud delle Alpi – (Pr) Via Canonico Ghiringhelli 20B, CH-6502 Bellinzona, Tel.: (091) 8250731 – (D) Via Belsoggiorno 22, CH-6504 Bellinzona-Ravecchia, Tel./Fax: (091) 8215233, Internet: http://www.wsl.ch/, e-mail: peter.marxer@wsl.ch.

MARZINZIK, Jürgen (22-11-1950) OStR, Studienl. für Erdkunde am IPTS-Regionalseminar Süd, Abteilung für Gymnasien, Fachberater Erdkunde-Seminar Kiel. – (Pr) Mühlenredder 16a, D-24787 Fockbek, Tel.: (04331) 669950 – (D) Wrangelstr. 12-16, D-24539 Neumünster.

MARZOLFF, Irene (29-09-1968, Offenburg) Dr., Institut für Physische Geographie, Johann Wolfgang Goethe-Universität Frankfurt. – (Pr) Niddablick 32, D-60431 Frankfurt/M. – (D) Senckenberganlage 36, D-60325 Frankfurt/M., Tel.: (069) 798-28412, -28411, Fax: 798-28411, e-mail: marzolff@em.uni-frankfurt.de.

MASSOUD, Khamis (26-12-1934, Alexandria) Dipl.-Geogr. Otto-Hahn-Str. 230, D-40591 Düsseldorf , Tel.: (0211) 750951 – (D) Universitätsstr. 1, D-40225 Düsseldorf, Tel.: (0211) 8114-542.

MATHIESEN, Ingrid (12-10-1909, St. Petersburg) Dr. rer. nat. – (Pr) Kapuzinerstr. 15, D-84503 Altötting, Tel.: (08671) 13228.

MATOS WASEM, Rafael (3-1-1961, Caracas) B.A., licence en géographie, doctorant. – (Pr) 10, rue Dizerens, CH-1205 Genf, Tel.: (022) 3204476 – (D) Laboratory for Economic and Social Demography, University of Geneva, Uni Mail, CH-1211 Genf 4, Tel.: (022) 7057098, Fax: 3209125, Internet: http://www.unige.ch/ses/demog/, e-mail: matos@uni2a.unige.ch.

MATTES, Hermann (24-2-1949) Univ.-Prof. Dr. rer. nat. – (D) Biogeographie und Landschaftsökologie, Inst. f. Landschaftsökologie, Westfälische Wilhelms-Universität, Robert-Koch-Str. 26, D-48149 Münster, Fax: (0251) 83-38352, e-mail: mattesh@uni-muenster.de.

MATTHES, Siegfried (7-9-1913, Pausa / Vogtland) Prof. Dr. rer. nat. habil., em. o. Professor, Buchautor: Mineralogie, 5. Aufl. (‚Springer Lehrbuch') 1996, Institut f. Mineralogie Univ. Würzburg. – (Pr) Trautenauer Str. 52, D-97074 Würzburg, Tel.: (0931) 75635 – (D) Institut f. Mineralogie, Am Hubland, D-97074 Würzburg.

MATUSCHEWSKI, Anke (3-4-1967, Berlin) Dipl.-Geogr. Dr. – (Pr) Gartenstr. 44, D-76133 Karlsruhe, Tel.: (0721) 855768 – (D) Fraunhofer Institut Systemtechnik und Innovationsforschung, Breslauer Str. 48, D-76139 Karlsruhe, Tel.: (0721) 6809-318, Fax: 6809-131, e-mail: am@isi.fhg.de.

MATZAT, Wilhelm (19-10-1930, Tsingtau/China) Dr. phil. nat., Prof. – (Pr) Am Römerlager 1, D-53117 Bonn, Tel.: (0228) 675663 – (D) Meckenheimer Allee 166, D-53115 Bonn, Tel.: (0228) 737290.

MATZNETTER, Walter (8-4-1952) Ass. Prof., Mag. Dr. MSc., Institut für Geographie der Universität Wien. – (D) Universitätsstr. 7, Zimmer 571 A, A-1010 Wien I, Tel.: (01) 4277-48683, Fax: 4277-9486, e-mail: walter.matznetter@univie.ac.at.

MAUDER, Adolf (17-08-1938, Aussig/Elbe) Dr., OStR. – (Pr) Erlenberg 8, D-64354 Reinheim, Tel./Fax: (06161) 84442.

MAUDER, Karl (09-04-1935, Aussig/Elbe) Dr., Senior Lecturer a. D., Freiberufl. Geogr. – (Pr) Altkönigweg 6, D-65510 Idstein/Ts, Tel./Fax: (06126) 52267.

MAURER-WILDERMANN, Frederik (20–10–1941, Voerde) StD u. Fachleit. f. Erdkd. am Staatl. Stud. Seminar II Münster. – (Pr) Kolpingstr. 22, D-48147 Münster, Tel.: (0251) 232389.

MAURMANN, Karl Heinz (12-8-1944, Arnsberg) Dr. phil., StD. – (Pr) Crispinstr. 30, D-44229 Dortmund, Tel.: (0231) 731233.

MAUSER, Wolfram (7-7-1955, Innsbruck) Dr., o. Prof. am Inst. f. Geographie, Lehrstuhl für Geographie und geographische Fernerkundung, LMU München. – (Pr) Anton-Ferstl-Str. 11, D-82234 Weßling – (D) Luisenstr. 37, D-80333 München, Tel.: (089) 2180-6674, Fax: 2180-6675.

MAY, Andreas (06-05-1962, Dortmund) Dr., Institut für Geographie und ihre Didaktik, Universität Dortmund. – (Pr) Friedrich-List-Str. 66, D-59425 Unna – (D) Emil-Figge-Str. 50, D-44227 Dortmund.

MAY, Hans Erich (13-3-1927, Katzweiler/Pfalz) Dr. phil., StDir. a.D. – (Pr) Foltzring 19, D-67227 Frankenthal/Pfalz, Tel.: (06233) 24172.

MAY, Heinz Dieter (8-1-1942, Boxtal) Prof. Dr. phil. nat., Prof. am Geogr. Inst. d. Techn.Univ. Darmstadt. – (Pr) Waldstr.

91, D-64354 Reinheim, Tel.: (06162) 2915 – (D) Schnittspahnstr. 9/10, D-64287 Darmstadt, Tel.: (06151) 163719.

MAY, Ilka, Dipl.-Geogr., Wiss. Mitarb. TU Berlin, FB 07: Umwelt und Gesellschaft, Institut für Geographie. – (D) Rohrdamm 20-22, D-13629 Berlin, Tel.: (030) 38006-110, Fax: 38006-102.

MAYER, Eberhard (16-5-1933, Stuttgart) Prof. Dr. rer. nat., Prof. am Geogr. Inst. d. Univ. Bonn, Vorsitzender der Gesellschaft für Erd- und Völkerkunde zu Bonn. – (Pr) Erich-Böger-Str. 13, D-53127 Bonn, Tel.: (0228) 281791 – (D) Meckenheimer Allee 166, D-53115 Bonn, Tel.: (0228) 737896.

MAYER-LEIXNER, G. (07-01-1966, Reutlingen) Dr. rer. nat., Wiss. Assistent am Lehrstuhl f. Phys. Geographie, Kath. Universität Eichstätt. – (Pr) Schießstättberg 7, D-85072 Eichstätt, Tel.: (08421) 8654 – (D) Ostenstr. 26-28, D-85072 Eichstätt, Tel.: (08421) 93-1376, Fax: 93-1787, e-mail: gunther.mayer@ku-eichstaett.de.

MAYR, Alois (6-3-1938, Ahlen/Westf.) Prof. Dr. phil., Direktor des Instituts für Länderkunde e.V. Leipzig, Prof. (C4) für Regionale Geographie und Raumordnung am Institut für Geographie der Universität Leipzig, Ord. Mitgl. d. Deutschen Akademie für Landeskunde und d. Geogr. Kommission für Westfalen, Korr. Mitgl. d. Akademie für Raumforschung und Landesplanung, Mithrsg. der Berichte zur deutschen Landeskunde, der Forschungen zur deutschen Landeskunde, der Veröff. d. Instituts f. Länderkunde u.d. Geogr. Komm. f. Westfalen. – (Pr) Brühl 63, D-04109 Leipzig, Tel./Fax: (0341) 9805964 – (D) Institut für Länderkunde, Schongauerstr. 9, D-04329 Leipzig, Tel.: (0341) 255-6506, -6507, Fax: 255-6599, -6598, e-mail: mayr@ifl.uni.leipzig.de; oder: Institut für Geographie der Universität Leipzig, Johannisallee 19a, D-04103 Leipzig, Tel: (0341) 973-2797, -2790.

MAYSTRE, Tinetta (1961, Zürich) géographe lic.ès lettres. – (Pr) Av. du Château 9b, CH-1020 Renens/VD, Tel. /Fax: (021) 6341975.

MAZZEGA, Brigitte (3-10-1951) Lektorin. – (Pr) Salzwedelhey 21, D-38126 Braunschweig – (D) Georg-Westermann-Allee 66, D-38104 Braunschweig, Tel.: (0531) 708314.

MEFFERT, Ekkehard (14-1-1940, Berlin) Prof. Dr. phil. nat. habil. – (Pr) Kummenberg 10, D- 53332 Bornheim, Tel.: (02222) 1845 – (D) Gronewaldstr. 2, D-50931 Köln, Tel.: (0221) 470-4629, -4631.

MEIBEYER, Wolfgang (11-8-1938, Braunschweig) Prof. Dr. rer. nat. – (Pr) Ithstr. 1, D-38122 Braunschweig, Tel.: (0531) 871303 – (D) Langer Kamp 19c, D-38106 Braunschweig, Tel.: (0531) 391-5626 und Konstantin-Uhde-Str. 16, D-38106 Braunschweig, Tel.: (0531) 391-3459.

MEIER, Bernhard, Dr., Projektleiter Siedlung, Amt für Gemeinden und Raumordnung, Kantonsplanung. – (Pr) Mittlere Greibengasse 5, CH-4500 Solothurn, Tel.: (032) 6223108, e-mail: meieregg@solnet.ch – (D) Nydeggasse 11/13, CH-3011 Bern, Tel.: (031) 633-7760, Fax: 633-7751, e-mail: Bernhard.meier@jgk.be.ch.

MEIER, Erich H. (6-4-1954, Buchs) Dr. – (Pr) Gärtlistr. 15, CH-8172 Niederglatt – (D) Geographisches Institut der Universität Zürich-Irchel, Winterthurerstr. 190, CH-8057 Zürich, Tel.: (01) 635-5185, Fax: 635-6842, e-mail: emeier@rsl.geo.unizh.ch.

MEIER, Heinz (27-1-1951, Zürich), Lic. phil. nat. – (Pr) Weidweg 47, CH-3032 Hinterkappelen, Tel.: (031) 9010100 – (D) Bundesamt für Raumplanung, Einsteinstr. 2, CH-3003 Bern, Tel.: (031) 322-4072, Fax: 322-7869.

MEIER, Verena, Prof. Dr. – (Pr) Landhusweg 8, CH-8052 Zürich, Tel.: (01) 3011592 – (D) Geographisches Institut der technischen Universität München, Arcisstr. 21, D-80290 München, Tel.: (089) 28922-803, -812, Fax:28922-804, e-mail: verena.meier@geo.wiso.tu-muenchen. de.

MEIER-HILBERT, Gerhard (28-2-1943, Hildesheim) Dr. rer. nat., M.A., AOR mit der korp.-rechtl. Stellung eines Prof. am Inst. für Geogr. etc. d. Universität Hildesheim, Schriftleiter von „Geographie und ihre Didaktik“ (GUID). – (Pr) Sprengerstr. 31, D-31134 Hildesheim – (D) Marienburger Platz 22, D-31141 Hildesheim, Tel.: (05121) 883-545, Sekr. -407, Fax: 867558.

MEIER-ZIELINSKI, Stefan (30-04-1970, Rheinfelden) Dipl.-Geogr., Geograph. Institut der Universität Basel. – (Pr) Friedrichstr. 35, D-79713 Bad Säckingen, Tel.: (07761) 59837 – (D) Spalenring 145, CH-4055 Basel, Tel.: (061) 272-6632, Fax: 272-6923, e-mail: meierst@ubaclu.unibas.ch.

MEINCKE, Rolf (1-5-1932, Schwerin) Prof. Dr. paed. habil. – (Pr) Lärchenweg 8, D-17498 Potthagen, Tel.: (03834) 507810 – (D) Institut für Geographie, Fachrichtung Geowissenschaften der Ernst-Moritz-Arndt-Universität, Friedrich-Ludwig-Jahn-Str. 16, D-17489 Greifswald, Tel.: (03834) 864517.

MEINEL, Matthias (7-7-1951, Erlangen) Dipl.-Geogr., Lektor für Geographie im Schroedel Schulbuchverlag. – (Pr) Wöhlerstr. 9, D-30163 Hannover, Tel.: (0511) 661291 – (D) Hildesheimer Str. 202-206, D-30517 Hannover, Tel.: (0511) 8388-359.

MEISEL, Sofie (14-1-1922, Berlin) Dr. rer. nat. – (Pr) Hangweg 11, D-53545 Linz, Tel.: (02644) 3335.

MEISSL, Gertraud (17-09-1968) Dr. rer. nat., Projektmitarbeit an den Instituten für Geographie und Hochgebirgsforschung. – (D) Innrain 52, A-6020 Innsbruck, Tel.: (0512) 507-5418, Fax: 507-2895, e-mail: gertraud.meissl@uibk.ac.at.

MEISSNER, Horst-Alfons (3-5-1938, Cosel) Dr. rer. nat., Regierungsschuldirektor. – (Pr) Anne-Frank-Str. 2, D-49078 Osnabrück, Tel.: (0541) 444217 – (D) Bezirksregierung Weser-Ems, Außenstelle Osnabrück, Heger-Tor-Woll 18, D-49078 Osnabrück, Tel.: (0541) 314491.

MEISSNER, Wolfgang (14-11-1941, Hermsdorf, Kreis Waldenburg) Dipl.-Geogr., Dipl.-Ing. für Kartographie. – (Pr) Am Iflenacker 7, D-44287 Dortmund – (D) Stadt Dortmund, Vermessungs- und Katasteramt, D-44122 Dortmund, Fax: (0231) 5023784, e-mail: wolfgang.meissner@stadtdo.de.

MELLMANN, Peter (25-5-1940, Stuttgart) Prof., Dipl.-Ing. – (Pr) Rabenstr. 7, D-82223 Eichenau, Tel.: (08141) 70444 – (D) Fachhochschule München, Karlstr. 6, D-80333 München, Tel.: (089) 1265-2678, Fax: 1265-2698.

MENET, Urs (3-12-1953, Gais AR) Dr. – (Pr) Hasenweid 3, CH-4600 Olten, Tel.: (062) 326453 – (D) Sieber Cassina + Partner, Jurastr. 6, CH-4600 Olten, Tel.: (062) 321585.

MENNEL, Rainer (21-9-1938) Prof. Dr. rer. nat. habil., FB Geowissenschaften der FU Berlin (Anthropogeographie, Politische und Wirtschaftsgeographie, Stadtökologie). Gastdozent an der Bundesakademie für Wehrverwaltung und Wehrtechnik in Mannheim, Mitglied der Clausewitz-Gesellschaft, WIFIS (Wissenschaftl. Forum für Internat. Sicherheitspolitik an der Führungsakademie der Bundeswehr – (Pr) Machnower Str. 54, D-14165 Berlin, Tel.: (030) 8011213.

MENSCHING, Horst G. (5-6-1921, Möllbergen/Porta-Westf.) Dr. rer. nat., Dr. h.c., em. o. Prof. der Univ. Hamburg, Ord. Mitglied d. Akademie der Wissenschaften in Göttingen u. d. Leopoldina in Halle/Saale, Ehren-Mitglied d. Ungar. Akademie d. Wiss., Budapest, korr. Mitglied d. Österreichischen Akademie d. Wiss., Wien. – (Pr) Pulverhofsweg 46, D-22159 Hamburg, Tel./Fax: (040) 6431680.

MENSING, Klaus (15-8-1957, Hamburg) Dipl.-Geogr., Politikberater, Geschäftsführer bei CONVENT Planung und Beratung GmbH, Vorsitzender des Deutschen Verbands für Angewandte Geographie (DVAG). – (Pr) Ottenser Hauptstr. 26, D-22765 Hamburg, Tel.: (040) 393964 – (D) Hanbachstraße 74 D-22765 Hamburg, Tel.: (040) 4389964-13, Fax: 38612872, e-mail: convent@poweronline.net.

MENZ, Gunter (18-11-1956, Geislingen/Steige) Prof. Dr. rer. nat. habil., Institut für Geographie der Universität Bonn. – (Pr) Forststr. 12, D-53125 Bonn – (D) Mekkenheimer Allee 166, D-53115 Bonn, Tel.: (0228) 739-701, Fax: 739-702, e-mail: menz@rsrg.uni-bonn.de.

MENZ, Marius (10-09-1969, Basel) Dipl.-Geogr., Geograph. Institut der Unviersität Basel. – (D) Spalenring 145, CH-4055 Basel, Tel.: (061) 272-6632, Fax: 272-6923, e-mail: menz@ubaclu.unibs.ch.

MENZEL, Kornelia (18-05-1957) Kartographin/GF, MEWA Menzel GmbH. – (Pr) Brandenburger Str. 69, D-14542 Werder, Tel.: (03327) 70162 – (D) Am Neuen Palais 2 a, D-14469 Potsdam, Tel./Fax: (0331) 972691.

MERTINS, Günter (20-6-1936, Mülheim/Ruhr) Dr. rer. nat., Prof. – (Pr) Krokelstr. 30, D-35435 Wettenberg, Tel.: (0641) 82413 – (D) Deutschhausstr. 10, D-35037 Marburg, Tel.: (06421) 284267, Fax: 288950, e-mail: mertins@mailer.uni-marburg.de.

MESCHEDE, Winfried (21-5-1936, Sendenhorst) Dr. rer. nat., AOR am Inst. f. Geogr. d. Univ. Münster. – (Pr) Fürstenberger Str. 50, D-49479 Ibbenbüren, Tel.: (05455) 1444 – (D) Robert-Koch-Str. 26, D-48149 Münster.

MESSERLI, Bruno (17-9-1931, Längenbühl) Prof., Präsident IGU.

– (Pr) Brunnweid, CH-3086 Zimmerwald, Tel.: (031) 8193381, Fax: 8197681, e-mail: bmesserli@bluewin.ch – (D) Geographisches Institut, Hallerstr. 12, CH-3012 Bern, Tel.: (031) 631-8018, Fax: 631-8511, e-mail: messerli@giub.unibe. ch.

MESSERLI, Paul (20-8-1944) o. Prof., Dr. phil., Geographisches Institut d. Univ. Bern, Wirtschaftsgeographie/Regionalforschung und Quantitative Geographie. – (Pr) Etzelkofenstr. 84, CH-3308 Grafenried, Tel.: (031) 7677472 – (D) Hallerstr. 12, CH-3012 Bern, Tel.: (031) 631-8886, Fax: 631-8511, e-mail: mep@giub.unibe.ch.

MESSINGER, Christoph (06-08-1965, Berlin) – (Pr) Bredowstr. 35, D-10551 Berlin, Tel./Fax: (030) 3956827.

METTLER, Werner (5-9-1946) Dipl. nat., ETH/SIA, Kantonsplaner. – (Pr) Splügenstr. 10, CH-8200 Schaffhausen, Tel.: (052) 6247908 – (D) Planungs- und Naturschutzamt des Kantons Schaffhausen, CH-8201 Schaffhausen, Tel.: (052) 6327323.

METZ, Bernhard (15-12-1938, Frankfurt/Main) Dr. phil. nat., Prof., Albrecht-Dürer-Str. 12, D-79331 Teningen , Tel.: (07641) 1710 – (D) Werderring 4, D-79085 Freiburg, Tel.: (0761) 203-3534.

METZ, Roland (15-12-1954, Veitshöchheim) Dr. – (Pr) Tengstr. 6, D-80798 München, Tel.: (089) 2719834.

METZ, Rudolf (4-6-1923, Karlsruhe) Prof. Dr. rer. nat. –(Pr) Werrabronnerstr. 6a, D-76229 Karlsruhe, Tel.: (0721) 482953.

METZNER, Joachim (21-7-1940, Berlin) Dr. phil. habil. – (Pr) Ricarda-Huch-Str. 36, D-61350 Bad Homburg, Tel.: (06172) 969984 – (D) Postfach 51 80, D-65726 Eschborn, Tel.: (06196) 791177.

MEURER, Manfred (22-5-1947, Aachen) Prof. Dr. rer. nat., o. Prof., Wiss. Beirat „Geographische Rundschau", Hrsg. „Karlsruher Berichte zur Geographie und Geoökologie", Mithrsg. „Karlsruher Schriften zur Geographie und Geoökologie" am Inst. f. Geographie u. Geoökologie d. Univ. Karlsruhe, Institutsleiter, 1. Vors. der Geogr. Gesellschaft Karlsruhe, Mitgl. des Vorstandes des Verbandes der Geographen an Deutschen Hochschulen und der Deutschen Gesellschaft für Geographie sowie des Instituts für Regionalwissenschaft der Universität Karlsruhe. – (Pr) Am Bienwald 2, D-76779 Scheibenhardt, Tel./Fax: (07277) 8262 – (D) Kaiserstr. 12, D-76131 Karlsruhe, Tel.: (0721) 6084367, Fax:696761, e-mail: manfred.meurer@bio-geo.uni-karlsruhe.de.

MEURET, Philippe (30-03-1961) Dipl.-Geogr., Wiss. Ass. am Geogr. Inst. d. Univ. Zürich. – (Pr) Zürichstr. 2, CH-8606 Nänikon – (D) Winterthurerstr. 190, CH-8057 Zürich, Tel.: (01) 257-5163, Fax: 362-5227.

MEUSBURGER, Peter (14-3-1942, Lustenau) Prof. Dr. phil., Direktor des Geographischen Instituts, Mithrsg. der „Heidelberger Geographischen Arbeiten" und der „Heidelberger Geographischen Bausteine". – (Pr) Steubenstr. 26, D-69121 Heidelberg, Tel.: (06221) 474989 – (D) Im Neuenheimer Feld 348, D-69120 Heidelberg, Tel.: (06221) 564573, Fax: 544996, Internet: http://www.geog.uni-heidelberg.de, e-mail: c83@ix.urz.uni-heidelberg.de.

MEVENKAMP, Nils (8-6-1965, Bochum) Dipl.-Geogr., Wiss. Mitarbeiter, Universität Bremen. – (Pr) Fesenfeld 123, D-28203 Bremen – (D) Studiengang Geographie, FB 8, Universität Bremen, Bibliothekstraße, D-28359 Bremen, e-mail: nmev@uni-bremen.de.

MEY, Wolfgang (18-1-1941, Zella-Mehlis) Dr. sc. med., Dr. rer. nat. – (Pr) Wasserwerkstr. 21, D-98553 St. Kilan, OT Erlau – (D) Schleusinger Str. 122a, D-98527 Suhl, Tel.: (03681) 31391.

MEYER, Burghard (17-04-1964) Dipl.-Geogr. – (Pr) Fichtestr. 5, D-04275 Leipzig, Tel: (0341) 3918641 oder (0712) 6100851 – (D) Umweltforschungszentrum Leipzig-Halle GmbH, Permoserstr. 15, D-04318 Leipzig, Tel.: (0341) 235-2056.

MEYER, Günter (25-8-1946, Oldenburg i.O.) Dr. rer. nat. habil., Univ.-Prof. für Geographie, Geographisches Institut, Universität Mainz. – (Pr) Ameisenweg 14, D-55128 Mainz, Tel.: (06131) 366437 – (D) Geographisches Institut Univ.-Mainz, D-55099 Mainz, Tel.: (06131) 39-2701, Sekr. -3446, Fax: -4736, e-mail: davo@geo.uni-mainz.de.

MEYER, Hans-Heinrich (21-4-1953, Minden/Westf.) Prof. Dr. rer. nat., Fachhochschule Erfurt, Fachbereich f. Landschaftsarchitektur. – (D) Leipziger Str. 77, D-99085 Erfurt, Tel.: (0361) 6700-261.

MEYER, Hans-Karl (13-2-1931) Dr. phil., OStD a.D. – (Pr) Wacholderbogen 41, D-24944 Flensburg, Tel.: (0461) 30103.

MEYER, Heidi, Dipl.Geogr. – (Pr) Südbahnhofstr. 11, CH-3007 Bern.

MEYER, Jens. Dipl.-Ing., Freie und Hansestadt Hamburg, Wirtschaftsbehörde, Strom- und Hafenbau, Planung, Bau und

Instandhaltung der Infrastruktur des Hafens u.a.: Hydrologie. – (D) Dalmannstr. 1, D-20457 Hamburg, Tel. (040) 3285-0, Fax: 325-2881.

MEYER, Peter (7-1-1959) Dr. phil. II. – (D) Geographisches Institut der Universität, Winterthurerstr. 190, CH-8057 Zürich, Tel.: (01) 257-5148.

MEYER, Rolf (17-11-1935, Duisburg) Prof. Dr. rer. nat., Prof. f. Geographie, Just.-Liebig-Univ. Gießen, Geographisches Institut. – (Pr) Richard-Wagner-Str. 32, D-35415 Pohlhiem, Tel.: (06403) 68412 – (D) Senckenbergstr. 1, D-35390 Gießen, Tel.: (0641) 99-36250.

MEYER, Wilhelm (19-12-1932, Berlin) Dipl.-Geol. Dr. rer. nat., Univ.-Prof., Hrsg. der Bonner Geowissenschaftlichen Schriften (Martina Galunder-Verl. Wiehl) Geologisches Institut der Univ. Bonn. – (Pr) Heerstr. 16, D-53340 Meckenheim – (D) Nußallee 8, 53115 Bonn, Fax: (0228) 739037.

MEYER ZU ERBE, Fried (4-4-1964, Bremen) Dipl.-Ing. agr., Dr. rer. pol., Lehrbeauftragter, Universität Bremen, FB 8 (Geographie). – (Pr) Rasingstr. 8, D-28201 Bremen – (D) Univ. Bremen, Bibliotheksstraße, GW 2, c/o. Heidmann.

MEYER-HANSCHEN, Ulrike (26-03-1966), Dipl.-Geogr. – (Pr) Naunynstr. 46, D-10999 Berlin, Tel.: (030) 6141814.

MEYNEN, Henriette (11-2-1940, Berlin) Dr. phil. – (Pr) Mathildenstr. 10, D-50679 Köln, Tel.: (0221) 810147 – (D) Stadtkonservator Köln, Willy-Brandt-Platz 2, D-50679 Köln, Tel.: (0221) 22122-318.

MICHAEL, Anne (2-6-1968, Bautzen) Dipl.-Lehrerin, (Dipl.)-Umweltwissenschaftlerin, z.Z. selbständig (freiberuflich). – (Pr) Laubstr. 5, D-01309 Dresden.

MICHEEL, Monika (26-09-1964, Köln) Dipl.-Geogr., Wiss. Mitarb. d. Inst. f. Geographie, Universität Leipzig. – (Pr) Mariannenstr. 21, D-04315 Leipzig – (D) Johannisallee 19a, D-04103 Leipzig, Tel.: (0341) 97-38611, Fax: 97-32799, e-mail: micheel@rz.uni-leipig.de.

MICHELS-SCHWARZ, Eva, Dipl.-Geogr. – (Pr) Marienstr. 27, D-53639 Königswinter, Tel.: (02223) 23228 – (D) Abfallwirtschaftsbetriebe der Stadt Köln, Wiener Platz 2a, D-51065 Köln, Tel.: (0221) 22199-745, Fax: 22199-737.

MICHLER, Günther (30-12-1942, Falkenstein) Dr. rer. nat., Ak. Dir. am Inst. f. Geogr. d. Univ. München. – (Pr) Gröbenbachweg 27, D-82178 Puchheim, Tel.: (089) 803608, Fax: 803120 – (D) Luisenstr. 37, D-80333 München, Tel.: (089) 2180-6656, Fax: 2180-6664, e-mail: g.michler@geographie.uni-muenchen.de.

MICHNA, Rudolf (11-6-1944) Dr. rer. nat., Wiss. Angest. am Inst. f. Kulturgeogr. d. Univ. Freiburg. – (Pr) D-79183 Waldkirch, Tel.: (07681) 2803 – (D) Werderring 4, D-79085 Freiburg, Tel./Fax: (0761) 203-3569.

MIEHE, Georg (5-3-1952, Rockenhausen/Pfalz) Prof. Dr. rer. nat. habil., FRGS (Fellow of the Royal Geographical Society, London), Fachbereich Geographie, Phillips Universität Marburg. – (Pr) Salzköppel 13, D-35041 Marburg-Dagobertshausen, Tel.: (06421) 31516 – (D) Deutschhausstr. 10, D-35032 Marburg/Lahn, Tel.: (06421) 284263, Fax: 288950, e-mail: miehe@mailer.uni-marburg.de.

MIELITZ, Dagmar (9-10-1967, Berlin) Dipl.-Geogr., Doktorandin, Zentrum für Entwicklungsländer-Forschung (ZELF), Institut für Geogr. Wissenschaften der FU Berlin. – (D) Zentrum für Entwicklungsländer-Forschung, D-12165 Berlin, Tel.: (030) 838-4864.

MIELITZ, Gerd (23-12-1931, Berlin) Prof. Dr. rer. nat., Univ.-Prof. a. D. am Institut für Geographische Wissenschaften und am Institut für Tourismus der FU Berlin. - (Pr) Spanische Allee 77, D-14129 Berlin, Tel.: (030) 8034949.

MIELKE, Hans-Jürgen (14-10-1934, Potsdam) Dr. rer. nat. – (Pr) Hüsung 13, D-12359 Berlin, Tel.: (030) 6065810 – (D) Oberstufenzentrum Chemie, Physik und Biologie, Rudower Str. 184, D-12351 Berlin, Tel.: (030) 6611011.

MIGGELBRINK, Judith (19-7-1966, Hamminkeln) Dipl.-Geogr. – (Pr) Roßbachstr. 18, D-04315 Leipzig, Tel.: (0341) 6893082 – (D) Institut für Länderkunde, Schongauerstr. 9, D-04329 Leipzig, Tel.: (0341) 2556-509, Fax: 2556-598, e-mail: miggel@ifl.uni-leipzig.de.

MIKUS, Werner (19-11-1937, Lorenzdorf) Prof. Dr. rer. nat., Mithrsg. der „Revista Geografica de Valparaíso". – (Pr) Adalbert-Stifter-Str. 10, D-69151 Neckargemünd, Tel.: (06223) 6844 – (D) Im Neuenheimer Feld 348, D-69120 Heidelberg, Tel.: (06221) 544574, Fax: 544996, e-mail: L82@ix.urz.uni-heidelberg.de.

MILDE, Gerald (29-12-1932, Breslau) Dr. rer nat. habil., Dipl.-Geol., Prof. f. Hydrogeologie a. d. Universität Bonn, Direktor u.

Prof. am Bundesgesundheitsamt a.D. – (Pr) Berliner Str. 95, D-14169 Berlin.

MILLER, Hubert (03-04-1936, München) Dr. rer. nat., Professor für Allgem. u. Angew. Geologie, Ludwig-Maximilian-Universität München, Institut für Allgem. u. Angew. Geologie. – (D) Luisenstr. 37, D-80333 München, Tel.: (089) 5203-210, Fax: 5203-293, e-mail: hubert.miller@iaag.geo.uni-muenchen.de.

MINTEN, Hubert (11-1-1955, Sevelen) Dipl.-Geogr. – (Pr) Ritter-von-Visdomen-Str. 14, D-50769 Köln, Tel.: (0221) 707519 – (D) c/o EUROSENSE, Unnauer Weg 17, D-50767 Köln, Tel.: (0221) 79-8031, Fax: 79-6688.

MIOSGA, Manfred (21-12-1964, München) Dr., Dipl.-Geogr., Wiss. Mitarbeiter am Geogr. Institut der Technischen Univ. München. – (Pr) Winterweg 3a, D-82234 Weßling, Tel.: (08153) 4524 – (D) Arcisstr. 21, D-80333 München, Tel.: (089) 2892-8410, Fax: 2892-2804.

MIRUS, Hans (16-12-1927) Dr. habil., em. o. Professor, Methodik d. Geographieunterrichts. – (Pr) Gontardstr. 24, D-14471 Potsdam, Tel.: (0331) 972870.

MITTELSTÄDT, Fritz-Gerd (17-9-1948, Bielefeld) Dr. phil., StD, Lehrbeauftragter im Fachgebiet Geographie an der Universität Osnabrück. – (Pr) Krameramtsstr. 31, D-49324 Melle, Tel.: (05422) 1837 – (D) Gymnasium Melle, Grönenberger Str. 41, D-49324 Melle, Tel.: (05422) 2439, Fax: 48087.

MODING, Philip, Fil.Lic., Dir. – (D) Konsulent Kaab, Landbackegatan 3, S-21230 Malmö, Tel. (040) 49-0872, Fax: 49-4372.

MÖBIUS, Dina (Tiefenfurt) Prof. Dr. sc. nat. – (Pr) Str. d. Pariser Kommune 22, D-10243 Berlin, Tel.: (030) 5896566.

MÖLLER, Hans-Georg (16-9-1945, Bad Salzungen) Dr. rer. nat. habil., Privatdozent am Fachbereich Erdwissenschaften der Universität Hannover. – (Pr) Feldrain 17, D-32457 Porta Westfalica, Tel./Fax: (05722) 915565 – (D) Schneiderberg 50, D-30167 Hannover, Tel.: (0511) 762-4390.

MÖLLER, Ilse, Dr. rer. nat. – (Pr) Sierichstr. 73, D-22301 Hamburg, Tel.: (040) 275453 und Euroallee 3, D-27389 Fintel, Tel.: (04265) 8364 – (D) Geomatikum, Bundesstr. 55, D-20146 Hamburg, Tel.: (040) 4123, 4963 (Geschäftsstelle).

MÖLLER, Peter (22-12-1922) Dr. rer. nat., Wiss. Dir. a.D. – (Pr) Auf dem Köllenhof 57, D-53343 Wachtberg, Tel.: (0228) 342177.

MÖNCKE, Achim-F. (25-10-1933) Dr. phil., Reg. Dir. a. D., ehemals im Statistischen Bundesamt. – (Pr) Rossertstr. 40, D-65795 Hattersheim, Tel.: (06190) 4162.

MOHR, Bernhard (22-7-1938, Lauda) Dr. – (Pr) Andreasstr. 26, D-79252 Stegen, Tel.: (07661) 6744 – (D) Werderring 4, D-79085 Freiburg, Tel.: (0761) 203-3574.

MOHS, Gerhard (16-3-1923, Dessau) Prof. Dr. rer. oec. habil., o. Prof. für Geographie i.R. – (Pr) Am Schäferhügel 10, D-04457 Mölkau.

MOLDENHAUER, Klaus-Martin (20-07-1960) Dr. phil. nat., Dipl.-Geogr., Wiss. Ass. am Institut für Physische Geographie der Universität Frankfurt. – (Pr) Gutenbergstr. 43, D-64289 Darmstadt – (D) Senckenberganlage 36, D-60325 Frankfurt, Tel.: (069) 798-23822, Fax: 798-28382, e-mail: moldenhauer@em.uni-frankfurt.de.

MOLL, Peter (29-4-1938, Berlin) Dipl.-Geogr., Dr. phil., Prof., Min.-Rat im Ministerium für Umwelt, Energie und Verkehr des Saarlandes. – (Pr) Lortzingstr. 55, D-66125 Dudweiler, Tel.: (06897) 9725-09, Fax: 9725-11 – (D) Ministerium für Umwelt, Energie und Verkehr, Keplerstr. 18, D-66121 Saarbrücken, Tel.: (0681) 501-4621, Fax: 501-4601.

MOLTER, Traugott (16-3-1930, Düsseldorf) Dr. rer. nat., Oberkustos a.D. des Übersee-Museums Bremen, Lektor Jahrbuch des Übersee-Museums. – (Pr) Utrechter Str. 18, D-27753 Delmenhorst, Tel.: (04221) 81830.

MONBARON, Michel (15-8-1942, Reconvilier, BE), Dr. sc. nat. Professeur. – (Pr) 20, ch. de la Molleyre, CH-1731 Ependes (FR), Tel.: (026) 4133144 – (D) Institut de Géographie de l'Université, Pérolles, CH-1700 Fribourg, Tel.: (026) 300-9016, Fax: 300-9746, e-mail: michel.monbaron@unifr.ch.

MONHEIM, Heiner (7-5-1946, Aachen) Dr. phil., Prof. f. Angewandte Geographie/Raumentwicklung an der Universität Trier, FB VI Geowissenschaften. – (Pr) Kurfürstenstr. 13, D-53115 Bonn, Tel./Fax: (0228) 221538 – (D) Geozentrum, Behringstr, D-54286 Trier, Tel.: (0651) 201-4550, Fax + Sekr.: 201-4551. e-mail: monheim@uni-trier.de.

MONHEIM, Ingeborg (12-6-1915, Bochum) Dr. phil. – (Pr) Preusweg 70, D-52074 Aachen, Tel.: (0241) 75753.

MONHEIM, Rolf (26-12-1941, Bochum) Dr., Prof., Abt. Angewandte Stadtgeographie, Fachgruppe Geowissenschaften der Univ. Bayreuth, Schriftl. d. Schriftenreihe „Bayreuther Geowissenschaftliche Arbeiten". – (Pr) Schloßhof Birken 19, D-95447 Bayreuth, Tel.: (0921) 69767 – (D) Universitätsstr. 30, D-95447 Bayreuth, Tel.: (0921) 55-2273, Fax: 55-2231.

MOOG, Petra Maria (08-08-1967) Dipl.-Volksw., Seminar für Allgemeine Betriebswirtschaftslehre u. Personalwirtschaftslehre. – (D) Albertus-Magnus-Platz, D-50923 Köln, Tel.: (0221) 470-6313, Fax: 470-5078, e-mail: p.moog@uni-koeln.de.

MORF, Gilles, Dipl.-Geogr. – (D) Tscharnetstr. 5, CH-601 Kriens.

MORGENSCHWEIS, Gerd (23-8-1944) Dr. rer. nat. habil., Abt.-Ltr. Ruhrverband, Abt. Wasserwirtschaft. – Kronprinzenstr. 37, D-45128 Essen.

MORGENSTERN, Dieter, Prof. Dr.-Ing. – (Pr) Meckenheimer Allee 172, D-53115 Bonn.

MOSBRUGGER, Volker (12-07-1953, Konstanz) Prof. Dr. rer. nat., Lehrstuhl f. Allgemeine Paläontologie, Universität Tübingen, Geowissenschaftliche Fakultät, Institut für Geologie/Paläontologie, Sprecher des SFB 275 „Klimagekoppelte Prozesse". – (D) Sigwartstr. 10, D-72076 Tübingen.

MOSE, Ingo (2-7-1957, Bremen) Dr. phil. habil., Prof. f. Regionalwissenschaften am Institut für Umweltwissenschaften, Hochschule Vechta. – (Pr) Delmestr. 78, D-28199 Bremen, Tel.: (0421) 500863 – (D) Oldenburger Str. 9, D-49377 Vechta, Tel.: (04441) 859194, Fax: 922818, e-mail: Ingo.mose@uni-vechta.de.

MOSER, Hansruedi (21-1-1953, CH-Langenbruck BL) Dipl.-Geogr., Dr. phil. II. – (Pr) Gotthelfstr. 93, CH-4054 Basel, Tel.: (061) 3012466 – (D) Rheinstr. 44, CH-4410 Liestal, Tel.: (061) 9255046, e-mail: hansruedi.moser@bud.bl.ch.

MOSER, Samuel, Dr. – (Pr) M.-Paravicini-Str. 11, CH-4052 Basel, Tel.: (061) 3127065.

MOSER, Ulrich (20-7-1943) Dr. sc. techn., Dipl.-Bauing., Abt. Hydrologie am Geogr. Inst. ETH Zürich. – (Pr) Rebhaldenstr. 27, CH-8704 Herrliberg, Tel.: (01) 9150405 – (D) Geographie ETH, Abt. Hydrologie, Winterthurerstr. 190, CH-8057 Zürich, Tel.: (01) 635-5228, Fax: 362-5197.

MOSER, Werner (26-7-1946, Berlin) Dipl.-Geogr., Verwaltungsleiter des FB Geowissenschaften der Freien Universität Berlin. – (Pr) Argentinische Allee 37d, D-14163 Berlin, Fax: (030) 8011113 – (D) Malteser Str. 74-100, D-12249 Berlin, Fax: (030) 7762458.

MOSIMANN, Thomas (13-6-1951, CH-Basel) Dipl.-Geogr., Dr. phil. nat., Univ.-Prof., Osteroder Weg 8, D-30419 Hannover, Tel./Fax: (0511) 2715049 – (D) Schneiderberg 50, D-30167 Hannover, Tel.: (0511) 762-4493, Fax: 762-3984, e-mail: mosimann@geog.uni-hannover.de.

MOSTLER, Gerhard (4-6-1911) Dr. sc. nat., Prof. – (Pr) Weiße Hube 1B, D-30519 Hannover, Tel.: (0511) 831380 – (D) Bünteweg 13, D-30559 Hannover.

MOTSCHMANN, Siegfried (19-04-1941) Dr. paed., Volk und Wissen Verlag GmbH, Leiter der Redaktion Mathematik/Geographie. – (Pr) Stormstr. 23, D-15366 Neuenhagen, bei Berlin, Tel: (03342) 201365 – (D) Axel-Springer-Str. 54 b, D-10117 Berlin, Tel: (030) 20183-556, -557.

MOTZKO-LISY, Franz (12-4-1958, Oppeln), Dipl.-Geogr. – (Pr) Pappelweg 58, D-63263 Neu-Isenburg, Tel.: (06102) 320518, e-mail: motzko-lisy@t-online.de – (D) An der Gehespitz 50, IMS Ingenieurgesellschaft mbH, D-63263 Neu-Isenburg, Tel.: (06102) 453606, Fax: 453636, e-mail: ims.ffm@t-online.de.

MRAZEK, Johann (17-11-1939, Neustadt/Erzgeb.) Prof. Dr. sc. nat., Dipl.-Geologe, Ernst-Moritz-Arndt-Universität Greifswald, Institut für Geologische Wissenschaften. – (Pr) Dorfstraße 55, D-18519 Stahlbrode – (D) Jahnstraße 17 a, D-17489 Greifswald, Tel.: (03834) 864558.

MÜCKE, Erwin (18-2-1928) Prof. Dr. sc. nat. - (Pr) Kirchfährendorferstr. 46, D-06231 Bad Dürrenberg.

MÜCKENHAUSEN, Eduard (17-2-1907, Enzen) Prof. Dr. phil., Dr. rer. techn., Dr. rer. nat. h.c. – (Pr) Sandkeule 15, D-53111 Bonn – (D) Nußallee 13, D-53115 Bonn, Tel.: (0228) 731, Durchwahl 731/2778/80.

MÜHLGASSNER, Dietlinde (19-10-1939, Wien) Dr. phil., Wiss. OR. und Lektorin am Inst. f. Geographie d. Univ. Wien. – (Pr) Sachsenplatz 3/16, A-1200 Wien – (D) Universitätsstr. 7/V, A-1010 Wien, Tel.: (01) 4277-48684, Fax: 4277-9486, e-mail: dietlinde.muehlgassner@univie.ac.at.

MÜLLER, Alois (8-1-1954, Legau) Dr. rer. nat., OStR. – (Pr) Suttnerstr. 2, D-95447 Bayreuth, Tel.: (0921) 57368, Fax: 512319 - (D) Lehrstuhl für Didaktik der Geographie, Universität Bayreuth, D-95440 Bayreuth, Tel.: (0921) 55-2275, Fax: 55-2792, e-mail: alois.mueller @uni.bayreuth.de.

MÜLLER, Bernd (26-4-1948, Grumbach) Doz., Dr. sc. nat., Geschäftsführer GIMAS Gesellschaft für Informationsmanagement und Softwarevertrieb. – (Pr) Preußenstr. 29a, D-12524 Berlin, Tel.: 4275756 – (D) Lassenstr. 11-15, D-14193 Berlin, Tel.: (030) 89522148, Fax: 8266101, e-mail: mueller@wib-berlin.de.

MÜLLER, Bernhard (18-3-1952, Saarbrükken) Prof. Dr. rer. nat., Dr. rer. nat. habil., Univ.-Prof., Leiter des Lehrstuhls für Raumordnung am Institut für Geographie der TU Dresden, Vorstand u. Direktor des Inst. f. ökologische Raumentwicklung e.V. Dresden. – (Pr) Mendelssohnallee 28, D-01309 Dresden, Tel.: (0351) 3100-509, Tel./Fax: 3100-529, Fax: 3100-592 – (D) Lehrstuhl für Raumordnung, Institut für Geographie, TU Dresden, Mommsenstr. 13, D-01062 Dresden, Tel.: (0351) 463-5143, Fax: 463-7745; Inst. f. ökol. Raumentwicklung e.V., Weberplatz 1, D-01217 Dresden, Tel.: (0351) 467-9211, Fax: 467-9212. e-mail: bmueller@rcs1 .urz.tu-dresden.de.

MÜLLER, Bertram (14-03-1951, München) Dipl.-Ing (FH), Mitglied DGfK. – (Pr) Hauptstr. 95, D-82327 Tutzing – (D) MBM Landkartentechnik, Fürstenackerstr. 35, D-81477 München, Tel.: (089) 7915575, Fax: 74996630, e-mail: bertram.mueller@ planet-interkom.de.

MÜLLER, Dietrich O. (14-3-1937, Berlin) Prof. Dr. rer. nat., Prof. f. Geographie u. Kartographie im Studiengang Kartographie d. FB Geoinformationswesen d. Fachhochschule Karlsruhe, Hochschule f. Technik, Mitgl. d. Direktoriums d. (Forschungs-)Institutes f. Photogrammetrie u. Kartographie (IPuK) im Fb. Geoinformationswesen d. FH Karlsruhe, Mitgl. d. „Commission Nationale [Française] de Géographie de la Santé“, Mitglied d. „Comité“ d. Zeitschr. „Géographies Bull. de l'Association de Géographes français“, Mithrsg. d. „Karlsruher Geowissenschaftl. Schriften“. – (Pr) Feuerdornweg 13, D-76149 Karlsruhe, Tel.: (0721) 752154 – (D) Fachhochschule Karlsruhe, Hochschule f. Technik, FB. G, Studiengang Kartographie, Moltkestr. 30, D-76133 Karlsruhe, Tel.: (0721) 925-2923, -2922, -2590.

MÜLLER, Eckhard (18-4-1947, Leipzig) Dr. rer. nat., Wiss. Mitarbeiter. – (Pr) Kreuzstr. 39, D-04315 Leipzig – (D) Umweltforschungszentrum Leipzig-Halle GmbH, Permoserstr. 15, D-04318 Leipzig, Tel.: 235-2302.

MÜLLER, Evelin (29-11-1955, Schönhausen) Dr. rer. nat., Wiss. Mitarbeiter. – (Pr) Zingster Str. 15, D-04207 Leipzig – (D) Schongauerstr. 9, D-04329 Leipzig, Tel.: (0341) 255-6541, Fax: 255-6598, e-mail: mueller@ill.uni-leipzig.de.

MÜLLER, Ewald, Dr. – (Pr) Glaser-Str. 11, D-38518 Gifhorn.

MÜLLER, Franz-Volker (3-8-1950, Laaber), Dr.phil., Wiss. Ass., Inst. f. Geographische Wissenschaften der FU Berlin, Zentrum für Entwicklungsländer-Forschung (ZELF). – (Pr) Wilmersdorfer Str. 93, D-10629 Berlin, Tel.: (030) 8834606 - (D) Grunewaldstr. 35, D-10823 Berlin, Tel.: (030) 838-4340.

MÜLLER, Gerhard (15-10-1938, Fulda) Dr. rer. nat. – (Pr) Amselweg 5, D-33104 Paderborn, Tel.: (05254) 7921 – (D) Warburger Str. 100, FB 1, D-33098 Paderborn.

MÜLLER, German (9-2-1930, Schramberg) Dr. rer. nat., Dr. rer. nat. h.c., Ph.D. h.c., Univ.-Prof. em. (Ordinarius) C4, Universität Heidelberg, Institut für Umwelt-Geochemie. – (Pr) Silcherweg 4, D-69245 Bammental – (D) Univ. Heidelberg, Inst. f. Umwelt-Geochemie, Im Neuenheimer Feld 236, D-69120 Heidelberg.

MÜLLER, Guido (7-9-1937, Salzburg) Dr. phil., a.o. Prof. – (Pr) Favoritagasse 19, A-5020 Salzburg, Tel.: (0662) 422318 – (D) Hellbrunnerstr. 34, A-5020 Salzburg, Tel.: (0662) 8044-5208, -5200, Fax: 8044-525.

MÜLLER, Hans, Dr., Geograph, Reiseleiter. – (Pr) Oberhausweg 2, CH-3074 Muri bei Bern, Tel.: (031) 9511294.

MÜLLER, Hans-Martin (12-11-1941, Holzen) Dr. rer. nat. – (Pr) Mühlenkamp 2 b, D-48291 Telgte, Tel.: (02504) 8016.

MÜLLER, Hans-Niklaus (7-2-1948) Dr. phil., Dr. rer. nat., Dipl.-Geogr. Geogr. Inst. d. Univ. Karlsruhe. – (Pr) Büttenenhalde 67, CH-6006 Luzern, Tel.: (041) 3701731 – (D) Kaiserstr. 12, D-76128 Karlsruhe, Tel.: (0721) 6084367, Fax: 696761.

MÜLLER, Heidulf E. (5-8-1939, Insterburg) Prof. Dr. rer. nat. habil., Prof. am Inst. f. Hydrologie d. Univ. Freiburg. – (Pr) Zum Baumgarten 5a, D-79249 Merzhausen, Tel.: (0761) 407223 – (D) Fahnenbergplatz, D-79098 Freiburg, Tel.: (0761) 203 (1) 3532.

MÜLLER, Heinz (12-4-1914, Leipzig), Dipl.-Geogr. u. Kartograph. Historische Geographie, Kulturlandschaftsforschung, thematische Kartographie. – (Pr) Hans-Böckler-Str. 82, D-27578 Bremerhaven, Tel.: (0471) 60406.

MÜLLER, Helmut (27-10-1939, Volkmarsen) OStDir., Leiter des Studiensem. Hameln. - (Pr) Eichhörnchenweg 16, D-31789 Hameln, Tel.: (05151) 66479 – (D) Zentralstr. 1, D-31785 Hameln, Tel.: (05151) 44697, Fax: 21991.

MÜLLER, Heribert (11-8-1948, Würzburg) – (D) Inst. f. Geogr. Wiss. d. FU Berlin, Malteser Str. 74-100, Gebäude H, D-12249 Berlin, Tel.: (030) 7792-399.

MÜLLER, Holger (1965-10-08, Wuppertal) Dipl.-Geogr. – (Pr) Königsbrücker Platz 2, D-01097 Dresden – (D) Stat. Landesamt des Freistaates Sachsen, Macherstr. 31, D-01917 Kamenz, Tel.: (03578) 332130, Fax: 332499, e-mail: holger.mueller@statistic.sachsen.de.

MÜLLER, Karl (18-8-1909, Mainz) Dr. phil. StDir. i.R. – (Pr) An der Kirche 21, D-55130 Mainz.

MÜLLER, Karl-Heinz (9-5-1940) Dr., AOR am Geogr. Inst. d. Univ. Marburg, Fachbereich Geographie. – (Pr) Auf'm Gebrande 12, D-35041 Marburg, Tel.: (06421) 32575 – (D) Deutschhausstr. 10, D-35037 Marburg, Tel.: (06421) 28-4296, -4831.

MÜLLER, Konrad Jörg (19-2-1935, Berlin) Dr. rer. nat., Prof. f. Didaktik d. Geogr. und Landeskunde a. d. Techn. Univ. Berlin, Mithrsg. der Reihe „Beiträge und Materialien zur Regionalen Geographie". – (Pr) Kammgasse 14, D-13465 Berlin, Tel.: (030) 4013900 – (D) Rohrdamm 20-22, D-13629 Berlin.

MÜLLER, Manfred (20-08-1939, Frankfurt/Main) AOR und Fachvertreter Geographie und Geologie am Oberstufen-Kolleg des Landes Nordrhein-Westfalen an der Universität Bielefeld. – (D) Postfach 10 01 31, D-33501 Bielefeld, Tel: (0521) 106-2857, Fax: 106-2967.

MÜLLER, Manfred J. (24-4-1941, Lütjenburg/Holst.) Prof. Dr. phil., Dir. des Inst. f. Geogr. u. ihre Didaktik, Landeskunde und Regionalforschung d. Bildungswissenschaftlichen Hochschule Flensburg - Universität, Mithrsg. d. „Flensburger Regionalen Studien", Mitgl. des Vorstandes der Deutschen Akademie für Landeskunde, Leiter des Selbstverlages und federführender Hrsg. der Forschungen zur deutschen Landeskunde. – (Pr) Rudekamp 16, D-24960 Glücksburg, Tel.: (04631) 7061 – (D) Mürwiker Str. 77, D-24943 Flensburg, Tel.: (0461) 570-1320, Fax: 570-1312, e-mail: muellermj@gluecksburg-ostsee.de.

MÜLLER, Marion (20-7-1962, Berlin) Dipl.-Geogr., FU-Berlin, Institut für Geogr. Wissenschaften. – (Pr) Wegenerstr. 1, D-10713 Berlin – (D) Malteser Str. 74-100, Haus H, D-12149 Berlin, Tel.: (030) 7792344, Fax: 76706453.

MÜLLER, Paul (11-10-1940, Gersweiler) Prof. Dr. Dr. h.c. mult. – (Pr) Birkenstr. 22, D-66129 Bübingen, Tel.: (06805) 7819 – (D) Universität, Institut für Biogeographie, D-66123 Saarbrücken.

MÜLLER, Renate (15-8-1940, Mannheim) Dr. phil., AOR'in am Institut f. Wirtschafts- u. Sozialgeogr. d. Univ. Frankfurt/M., Schriftl. d. „Frankfurter Wirtschafts- und Sozialgeogr. Schriften". – (Pr) Nußgartenstr. 1, D-60389 Frankfurt, Tel.: (069) 472322 – (D) Dantestr. 9, D-60054 Frankfurt, Tel.: (069) 78923826.

MÜLLER, Theo (30-1-1911) Dipl.-Ing., Oberst. a.D. – (Pr) Rüdesheimer Str. 8, D-53175 Bonn, Tel.: (0228) 310364.

MÜLLER, Walter Alexander (02-04-1934, Wien) Dr. phil., em. (1.4.1999) Univ.-Prof. am Institut für Landschafts- und Pflanzenökologie - 320 -, FG Ökoklimatologie der Universität Hohenheim. – (Pr) Fridingerstr. 22, D-70619 Stuttgart.

MÜLLER, Wilhelm (28-2-1910, Bayreuth) Dr. phil. – (Pr) Amfortasweg 1, D-95445 Bayreuth, Tel.: (0921) 27679.

MÜLLER-BÖKER, Ulrike (12-8-1953) Dr. phil., Prof. am Geogr. Institut der Univ. Zürich-Irchel, Abt. Anthropogeographie. – (Pr) Freudenbergstr. 73, CH-8044 Zürich, Tel./Fax: (01) 2628200 – (D) Winterthurer Str. 190, CH-8057 Zürich, Tel.: (01) 63-55170, -55171, Fax: 63-56844, e-mail: boeker@geo.unizh.ch.

MÜLLER-FRANCK, Anneliese (17-8-1919, Mannheim) Dr. rer. pol., Dipl.-Kfm. – (Pr) Wilhelmstr. 8, D-69115 Heidelberg, Tel.: (06221) 22782.

MÜLLER-HAUDE, Peter (9-3-1957, Berlin) Dr. phil. nat., Dipl.-Geogr. – (Pr) Stresemannstr. 14, D-61462 Königstein, Tel.: (06174) 23098 – (D) WebDirekt, Dieselstr. 5, D-61476 Kronberg, Tel.: (06173) 935953, e-mail: pmh@webdirekt.de.

MÜLLER-HOHENSTEIN, Klaus (15-8-1936, Neusalz) Dr. rer. nat. habil., o. Prof. am Inst. f. Geowissenschaften d. Univ. Bayreuth (Lehrstuhl f. Biogeographie). – (Pr) Leopoldstr. 9, D-95444 Bayreuth, Tel.: (0921) 56282 – (D) Universitätsstr. 30, D-95447 Bayreuth, Tel.: (0921) 55-2270, Fax: 55-2315, e-mail: klaus.mueller-hohenstein@uni-bayreuth.de.

MÜLLER-KAMMIN, Michael (01-08-1959, Göttingen) Bibliotheksrat, Universitätsbibliothek und Technische Informationsbibliothek. – (Pr) Kompartsweg 2, D-37083 Göttingen – (D) Welfengarten 1 B, D-30167 Hannover.

MÜLLER-LEMANS, Hans, Dr. sc. nat. – (Pr) Bahnhofstr. 58, CH-8887 Mels – (D) Tergeso AG, Stadterwingert 4, CH-7320 Sargans.

MÜLLER-MAHN, Detlef (28-10-55, Göttingen) Prof. Dr., Geographische Institute der Universität Bonn. – (Pr) Dunckerstr. 16, D-10437 Berlin – (D) Meckenheimer Allee 166, D-53115 Bonn, Tel.: (0228) 73-7896, Fax: 73-5393, e-mail: mmahn@giub.uni-bonn.de.

MÜLLER-TEMME, Eduard (30-7-1920, Münster/Westf.) Prof. Dr. phil. – (Pr) Anton-Aulke-Str. 5, D-48231 Warendorf, Tel.: (02581) 1677.

MÜLLER-TERJUNG, Ursula (10-4-1944, Freiburg) Dr. phil. habil., Priv.-Doz., Lehrbeauftragte am Geogr. Seminar d. Univ. Duisburg - Gesamthochschule. – (Pr) Brunhildenweg 8, D-46537 Dinslaken – (D) Lotharstr. 1, D-47057 Duisburg, Tel.: (0203) 3790.

MÜLLER-WILLE, Ludger (15-3-1944, Göttingen) Dr. phil., Associate Prof. (Geogr., Northern Studies) im Dept. of Geography der McGill University. – (D) Department of Geography, McGill-University, 805 Ouest, rue Sherbrooke, Montréal, Québec, (Kanada) H3A 2K6, Tel.: (+1-514) 398-4960, Fax: (+1-514) 398-7437, e-mail: inmw@musicb.mcgill.com.

MÜNCHOW, Horst (23-7-1930, Brandenburg/Havel) Dr. phil., Lektor Unterrichtsmittel. – (Pr) Maybachstr. 5, D-14471 Potsdam, Tel.: (0331) 974320 – (D) Universität Potsdam, Institut für Geographie und Geoökologie, FB Geographiedidaktik, Universitätskomplex II, D-14476 Golm, Tel.: (0331) 977-2206.

MÜSCHENBORN, Sabine (21-11-1969) Dipl.-Geogr., Geograpisches Institut der Universität Heidelberg. – (Pr) Im Entenlach 33, D-69123 Heidelberg, Tel.: (06221) 707936 – (D) Im Neuenheimer Feld 348, D-69120 Heidelberg, Tel.: (06221) 544-576, Fax: 544-996, e-mail: smuesch@geo1.geog.uni-heidelberg.de.

MUGGLI, Hugo W. (23-5-1926) Dr. Mitgründer d. Schweiz. Gesellschaft für Angewandte Geographie. - (Pr) Bachofenstr. 6, CH-4053 Basel, Tel.: (061) 3612670, e-mail: hwmuggli@datacomm.ch.

MUSALL, Heinz (26-3-1939, Karlsruhe) Prof. Dr. phil., Prof. f. Kartogr. im FB Geoinformationswesen d. Fachhochschule Karlsruhe, Mithrsg. d. „Karlsruher Geowissenschaftl. Schriften". – (Pr) Bammentaler Str. 39, D-69251 Gaiberg, Tel.: (06223) 4382 – (D) Fachhochschule Karlsruhe - Hochschule für Technik, Moltkestr. 30, D-76133 Karlsruhe, Tel.: (0721) 925-2921, -2928, Fax: 925-2927.

MUUSS, Uwe (16-7-1921, Tating) Dr. rer. nat., Mithrsg. v. Topogr. u. Luftbildatlanten. – (Pr) Pappelweg 14, D-24161 Altenholz, Tel.: (0431) 321152.

MYLIUS, Klaus (24-8-1930, Berlin) Prof. Dr. phil. habil., Dr. rer. nat. – (Pr) Bergstr. 13, D-79288 Gottenheim, Tel./Fax: (07665) 6817.

N

NÄHRLICH, Werner (1-4-1932) Dr. rer. nat., Dipl.-Geogr., Regionalplaner i. d. Landesanstalt f. Umweltschutz Baden-Württ., Inst. f. Ökologie u. Naturschutz, Referent f. Regionalplanung-Landschaftsrahmenplanung. – (Pr) (07231) 23648 – (D) Bannwaldallee 32, D-76185 Karlsruhe, Tel.: (0721) 983-1434.

NAGEL, Christine (21-5-1945, Leipzig) Dr. rer. nat., Referentin, ab 1.2.98 Abt. Naturschutz/Landschaftspflege. – (Pr) Am Bahndamm 5, D-01723 Wilsdruff, Tel.: (035204) 61366 – (D) Sächsisches Staatsministerium für Umwelt und Landwirtschaft, W.-Buckstr. 2, D-01097 Dresden.

NAGEL, Erika (14-1-1924) Dr. phil. – (Pr) Ludwig-Beck-Str. 5, D-37075 Göttingen.

NAGEL, Frank Norbert (16-6-1943, Danzig) Dr. rer. nat., Prof. am Inst. f. Geographie

d. Univ. Hamburg, Hrsg. d. „Mitteilungen d. Geographischen Ges. in Hamburg". – (Pr) Harvestehuder Weg 96, D-20149 Hamburg, Tel.: (040) 457772 – (D) Universität Hamburg, Bundesstr. 55, D-20146 Hamburg, Tel.: (040) 42838-4978, Fax: 42838-4981, e-mail: dohr@geowiss.uni-hamburg.de.

NAGEL, Günter (26-02-1935, Friedberg), Dr. rer. nat., Prof. am Institut für Physische Geographie der Universität Frankfurt. – (Pr) Am Rehlingsbach 33d, D-61381 Friedrichsdorf, Tel.: (06172) 74166 – (D) Senckenberganlage 36, D-60325 Frankfurt, Tel.: (069) 798-22406, Fax: 798-28382.

NAGEL, Peter (8-2-1950, Landau/Pfalz) Dr., Prof. am Institut für Natur-, Landschafts- und Umweltschutz (NLU), Biogeographie, Universität Basel. – (D) St. Johanns-Vorstadt 10, CH-4056 Basel, Tel.: (061) 267-0800, Fax: 267-0801, e-mail: NAGELP@ubaclu.unibas.ch.

NAGL, Hubert (9-7-1940, Wien) Dr. phil., Univ. Wien (65), habil. (Uni Wien 75), a.o. Univ.-Prof. (78), Lektor TU Wien (77-94), Gastprof. UBW Klagenfurt (78-81), Inst.-Vorstand (88-92), Allg. beeid. gerichtl. Sachverst. (93). – (Pr) Lerchenfelder Str. 61/2/1, A-1070 Wien, oder Hechtgasse 8, CH-2095 Drosendorf, Tel./Fax: (02915) 2811 – (D) Inst. f. Geogr. Univ. Wien, Universitätsstr. 7, A-1010 Wien, Tel.: (01) 40103-2572 , -2578.

NARWELEIT, Gerhard (21.11.1931) Dipl.-Geogr., Mitarb. d. Abt. Zentrum f. Historische Sozialforschung im Zentralarchiv f. Empirische Sozialforschung an der Universität zu Köln. – (D) GESIS-Außenstelle, Schiffbauerdamm 19, D-10117 Berlin-Mitte, Tel.: (030) 30874-244.

NASS, Angelika (17-11-1947, Angermünde) Dr. rer.nat. – (Pr) Bruno-Baum-Str. 36, D-12685 Berlin – (D) Humboldt-Universität Berlin, Geogr. Institut, D-10099 Berlin, Unter den Linden 6, Sitz: Chausseestr. 86, Tel.: (030) 30875-642. Fax: 30875-644, e-mail: angelika=nasz@rz.hu-berlin.de.

NAUMANN, Michael (2-5-1953, Rüsselsheim) Dr., Dipl.-Geogr., Wiss. Mitarb. – (Pr) Riedweg 8, D-65474 Bischofsheim – (D) Amt für Umweltschutz der Stadt Leipzig, Nonnenstr. 5, D-04229 Leipzig, Tel.: (0341) 123-1662, Fax: 123-1655.

NEBE, Johannes Michael (17-4-1941, Greifswald) Dipl.-Geogr., Dr. rer. nat., Akad. Dir. Univ. Trier, Abt. Angewandte Geographische Raumentwicklung. – (Pr) Im Treff 24, D-54296 Trier – (D) Universitätsring 15, D-54286 Trier.

NEBEL, Jürgen (18-12-1941, Hildesheim) Dr. rer. nat., Prof. f. Geogr. u. ihre Didaktik der PH Karlsruhe, Mithrsg. d. „Geographiedidaktischen Forschungen". – (Pr) Eichbergstr. 16 A, D-79117 Freiburg, Tel.: (0761) 65334 – (D) Bismarckstr. 10, D-76133 Karlsruhe, Tel.: (0721) 925-4615.

NEFF, Christophe (10-06-1964, Tübingen) Dipl.-Geogr., Geogr. Inst. d. Universität Mannheim. – (Pr) Lärchenweg 63, D-78713 Schramberg, Tel.: (07422) 334992 – (D) Postfach, D-68131 Mannheim, Tel.: (0621) 292-1130, Fax: 292-3321, e-mail: neff@rumms.uni-mannheim.de.

NEHRING, Bodo (30-7-1938, Datteln) Dr. phil., Prof. a. d. Päd. Hochsch. Schwäbisch Gmünd. – (Pr) Uhlandstr. 2, D-73525 Schwäbisch Gmünd, Tel.: (07171) 64823 – (D) Oberbettringerstr. 200, D-73525 Schwäbisch Gmünd, Tel.: (07171) 983267, Fax: 983212, e-mail: bodo.nehring@ph-gmuend.de.

NELLNER, Werner (12-7-1912, Mellendorf/Schlesien) Dr. phil. nat., Ltd. Reg.-Dir. a.D., o. Mitgl. d. Akad. f. Raumforschung u. Landesplanung. – (Pr) Zanderstr. 56, D-53177 Bonn, Tel.: (0228) 331973.

NENZEL, Dietmar (5-5-1945, Friedewald) Dir. d. Gesellschaft f. Raumplanung u. Raumordnung. – (Pr) Herner-Str. 266, D-44809 Bochum, Tel.: (0234) 533607, 532372 – (D) An der Schule 15, D-38533 Vordorf, Tel.: (05304) 7126.

NERLICH, Horst (15-05-1936, Grünberg/Schles.) Dipl.-Geogr. — (Pr) Michelangelostr. 117, D-10409 Berlin, Tel.: (030) 4235600.

NESTMANN, Liesa (24-2-1920, Tjumen) Prof. Dr. i.R. – (Pr) Grüner Brink 13, D-37603 Holzminden, Tel.: (05536) 431.

NESTROY, Othmar (7-11-1933, Kapfenberg/Stmk) a.o. Univ.-Prof., Dipl.-Ing., Dr. nat. techn., Prof. a. Inst. f. Techn. Geologie und Angewandte Mineralogie d. TU Graz. – (Pr) Untere Teichstr. 26 c, A-8010 Graz.

NETZBAND, Maik (26-11-1965) Dr. rer. nat. – (Pr) Roßbachstr. 6, D-04315 Leipzig – (D) Institut für ökologische Raumentwicklung, Weberplatz 1, D-01217 Dresden, Tel.: (0351) 4679-274, e-mail: Maik.Netzband@pop3.tu-dresden.de.

NEUBAUER, Gerd (24-9-1954) Dipl.-Geogr. – (Pr) Am Dobben 146, D-28203 Bremen, Tel.: (0421) 335690 – (D) Handelskammer Bremen, Am Markt 13, D-28195 Bremen, Tel.: (0421) 363-7230, Fax: 363-7326, e-mail: neubauer@bremen.handelskammer.de.

NEUER, Birgit S. (Aalen) Wiss. Ang. am Institut für Kulturgeographie der Universität Freiburg. – (Pr) Von-Beethoven-Str. 3, D-79100 Freiburg, Tel.: (0761) 72161 – (D) Werderring 4, D-79085 Freiburg, Tel./Fax: (0761) 203-3572, Internet: http://www.uni-freiburg.de/kulturgeo/, e-mail: neuer@ruf.uni-freiburg.de.

NEUHOFF, Erhard (1-3-1941, Essen) Dr. phil., StDir., 2. Vors. d. Geogr. Ges. f. d. Ruhrgebiet, Essen. – (Pr) Prinzeß-Luise-Str. 143, D-45479 Mülheim, Tel.: (0208) 422986.

NEUKIRCH, Dieter (2-9-1927, Freiburg/Br.) Prof. Dr. phil. – (Pr) Adlerweg 6, OT Wißmar, D-35435 Wettenberg, Tel.: (06406) 1680 – (D) Inst. f. Didaktik d. Geogr., FB 16, Univ. Gießen, Karl-Glöckner-Str. 21, D-35394 Gießen, Tel.: (0641) 99-36301, -36306, Fax: 99-36309.

NEUMANN, Hans (8-7-1939, Lautawerk) Dr. sc. nat., Wiss. Mitarbeiter. – (Pr) Hausdorfer Str. 7, D-01920 Cunnersdorf – (D) USBECK GmbH - Büro für Stadt- und Regionalentwicklung, Richard-Lehmann-Str. 19, D-04275 Leipzig.

NEUMANN, Joachim (24-1-1936, Frankfurt/Main) Dr. rer. nat., Prof. a. d. Fachhochschule Karlsruhe. – (Pr) Schwarzwaldstr. 17, D-76337 Waldbronn.

NEUMANN, Peter (30-8-1964, Herford) Dipl.-Geogr., Wiss. Mitarbeiter am Inst. f. Geographie d. Univ. Münster. – (Pr) Mauritzstr. 20, D-48149 Münster, Tel.: (0251)4828418 – (D) Robert-Koch-Str. 26, D-48149 Münster, Tel.: (0251) 8333655, e-mail: neumanp@uni-muenster.de.

NEUMANN-MAHLKAU, Peter (27-8-1934, Graudenz) Prof. Dr.-Ing., Präs. des GLA, Geologisches Landesamt Nordrhein-Westfalen. – (D) De-Greiff-Str. 195, D-47803 Krefeld (Postfach 10 80, D-47710 Krefeld).

NEUMEISTER, Hans (16-1-1939, Hof) Prof. Dr. rer. nat. habil., Prof. am Inst. f. Geographie der Uni Leipzig. – (Pr) Silbermannstr. 5, D-04229 Leipzig, Tel.: (0341) 4772846 – (D) Johannisallee 19a, D-04317 Leipzig, Tel.: (0341) 9732-791, Fax: 9732-799.

NEUMEYER, Gerlinde (9-9-1935, Trebra) Dipl.-Geogr. – (Pr) Johannes-R.-Becher-Str. 4/014, D-04279 Leipzig, Tel.: (0341) 3303219.

NEWELS, Roswitha (16-8-1958) Dr., Doctorat d'Aménagement et d'Urbanisme (Paris-Sorbonne, 1984), United Nations Office for Project Services, 424 East 52nd, New York, NY 10022, USA, e-mail: roswithan@unops.org.

NEWIG, Jürgen (30-3-1941, Westerland) Dr. rer. nat. habil., Prof. f. Geogr. u. ihre Didaktik, Dir. der Abt. Geogr. im Inst. f. Kuturwiss. u. ihre Didaktik der Universität Kiel. – (Pr) Brückenstr. 4, D-24220 Flintbek, Tel.: (04347) 2218, Fax: 8390 – (D) Olshausenstr. 75, EWF der Universität Kiel, D-24118 Kiel, Tel.: (0431) 880-1257, Büro: 880-1190.

NICOLAS, G. (31-5-1932, Tunisie) Prof. honorzire, Université de Lausanne, Histoire et épistomologie de la géographie, Géopolitique – (Pr) Alfred de Musset 15, F-25300 Pontarlier.

NIEDERBÖSTER, Heinrich, Dr. rer. nat., Priv. Consultant, Freiberuf. Agrarjournalist – (Pr) Margeritenweg 7, D-21360 Vögelsen, Tel.: (04131) 121643.

NIEDERMEYER, Ralf-Otto (11.07.1950, Wolgast) Dr. rer. nat. habil., Privat-Dozent für Geologie, Schriftleitung „Greifswalder Geowissenschaftliche Beiträge". – Institut für Geologische Wissenschaften der Ernst-Moritz-Arndt-Universität Greifswald. – (Pr) Weidenweg 18, D-17493 Greifswald, Tel.: (03834) 842692 – (D) Friedrich-Ludwig-Jahn-Str. 17 a, D-17489 Greifswald, Tel.: (03834) 86-4557, Fax: 86-4572, e-mail: niederme@rz.uni-greifswald.de.

NIELSEN, Claudia (13-1-1962, Kreuzlingen) Lic. oec. publ., Ass. Wirtschaftsgeographie. – (Pr) Rotachstr. 50, CH-8003 Zürich.

NIEMANN, Heinz (29-10-1938, Siggelkow) Dr. phil. habil., Regionalplaner. – (Pr) Königstr. 26, D-01097 Dresden, Tel.: (0351) 8044629 – (D) Prof. Dr. Usbeck - Büro für Stadt- und Regionalentwicklung GmbH, Arnoldplatz 5a, D-04439 Engelsdorf, Tel.: (0341) 2514551.

NIEMEYER, Hans-Joachim (01-11-1954, Hamburg) Kaufmann. – (Pr) Ladestr. 16, D-22955 Hoisdorf, Tel.: (04107) 4681 – (D) Räth-Büro, Bahnhofstr. 49, D-22955 Hoisdorf.

NIEMZ, Hans-Günter (11-2-1928, Mückenberg) Dr., Univ.-Prof. am Inst. f. Didaktik d. Geogr. a. d. Univ. Frankfurt/M. – (Pr)

Meisenstr. 16, D-63263 Neu-Isenburg, Tel.: (06102) 53978 – (D) Schumannstr. 58, D-60054 Frankfurt, Tel.: (069) 798-23569, Fax: 798-22535.

NIEMZ, Klaus (1-2-1938, Falkenstein/Vogtl.) Dr. phil. nat., Wiss. Mitarbeiter im Institut für Angewandte Geodäsie, Wiss. OR. – (D) Richard-Strauss-Allee 11, D-60598 Frankfurt, Tel.: (069) 6333-315.

NIESEN, Wilfried (27-1-47, Schwabach) Dr. rer. nat., Wiss. Angest., AMS, Freie Universität Berlin. – (Pr) Eisenacher Str. 89, D-10781 Berlin – (D) Carl-Heinrich-Bekker-Weg 6-10, D-12165 Berlin, Tel.: (030) 838-71130, e-mail: fu2443amgzed@fu-berlin.de.

NIGGEMANN, Josef (9-2-1937, Paderborn) Dr. rer. nat., Prof. am Geogr. Inst. d. Ruhr-Univ. Bochum. – (Pr) Akazienweg 21, D-44799 Bochum, Tel.: (0234) 771353 – (D) Universitätsstr. 150, D-44801 Bochum, Tel.: (0234) 700-3375.

NILLER, Hans-Peter (22-04-1966, Prien am Chiemsee) Dr., Geogr. am Inst. f. Geographie der Univ. Regensburg. – (D) Universität, D-93040 Regensburg, Tel.: (0941) 943-3625, -3606 (Sekr.), Fax: 943-4004, e-mail: hans-peter.niller@geographie.uni-regensburg.de.

NINK, Werner (15-06-1943, Limburg) Dipl.-Ing., Dr. paed., Akad. Dir. am Institut für Didaktik der Geographie der Univ. Gießen. – (Pr) In den Olengärten 1, D-65599 Dornburg 1, Tel.: (06436) 2166 – (D) Karl-Glöckner-Str. 21G, D-35394 Gießen, Tel.: (0641) 99-36303, Fax: 99-36309.

NIPPER, Josef (6-11-1947, Vestrup) Dr. rer. nat., Prof. am Geogr. Inst. d. Universität zu Köln. – (Pr) Wehrstr. 37, D-53773 Hennef, Tel.: (02242) 83793 – (D) Albertus-Magnus-Platz, D-50923 Köln, Tel.: (0221) 470-3891, Fax: 470-971.

NISSEL, Heinz (3-10-1943) Dr. phil., Ass. am Institut f. Geogr. d. Univ. Wien. – (Pr) Hohenbergstr. 24-32/6/6, A-1120 Wien, Tel.: (01) 813-5785 – (D) Universitätsstr. 7/V, A-1010 Wien, Tel: (01) 4277-48623, Sekr.: -48601, -48603, Fax: 4277-9486, Internet: http://www.gis.univie.ac.at, e-mail: heinz.niessel@univie.ac.at.

NITZ, Bernhard (28-07-1934, Küstrin) Prof. Dr. sc. nat. — (Pr) Wendenstr. 14, D-12524 Berlin, Tel.: (030) 6721534 — (D) Humboldt-Universität zu Berlin, Geogr. Institut, Sitz: Chausseestr. 86, Unter den Linden 6, D-10099 Berlin, Tel.: (030) 30875-606, Sekr.: -607, Fax: 30875-644, e-mail: bernhard=Nitz@rz.hu-berlin.de.

NITZ, Hans-Jürgen (20-8-1929, Westerstede) Dr. phil., em. o. Prof. f. Geogr. a. Geogr. Inst. d. Univ. Göttingen, Mithrsg. v. „Siedlungsforschung, Archäologie-Geschichte-Geographie“, o. Mitgl. Braunschweig. Wiss. Ges. – (Pr) Kramberg 21, D-37120 Bovenden, Tel.: (05593) 643 – (D) Goldschmidtstr. 5, D-37077 Göttingen, Tel.: (0551) 398083.

NOACK, Helmut (03-10.1948, Bad Godesberg) Dipl.-Ing., Vermessungsdirektor am Landesvermessungsamt Rheinland-Pfalz. – (Pr) Eichendorffstr. 27, D-56075 Koblenz, Tel.: (0261) 32915 – (D) Ferdinand-Sauerbruch-Str. 15, D-56073 Koblenz, Tel.: (0261) 492-454, Fax: 492-492.

NOACK, Stefan (12-6-1936, Zug) Prof. Dr. rer. nat. habil. – (Pr) Alemannenstr. 15, D-01309 Dresden.

NÖRING, Friedrich, (06-08-1912, Niederrodenbach) Prof. Dipl.-Geol., Dr. rer. nat., Direktor i.R. – (Pr) Georg-Krücke-Str. 6, D-65195 Wiesbaden.

NOETZEL, Uwe (26-12-1964, Hamm) Dipl.-Geogr., Wiss. Mitarb. im Fachgebiet Geographie der Universität Osnabrück, Arbeitsgruppe Geoinformatik. – (Pr) Klusstr. 8, D-49074 Osnabrück, Tel.: (0541) 258489 – (D) Seminarstr. 19, D-49069 Osnabrück, Tel.: (0541) 969-4267 (Sekr.), -4647 (Durchw.), Fax: 969-4333.

NOHL, Walter (14-2-1930, Mainz) Dr. phil., Redakteur i.R., Süddeutsch. Rundfunk. – (Pr) Pilgersberg 3, D-55276 Oppenheim, Tel.: (06133) 2983.

NOLL, Evelyn, Leitd. Reg. Schul-Direktorin, Fachdezernentin für Erdkunde, vielfältige fachdid. Veröffentlichungen und Lehrbuchtätigkeiten, Vorsitz in unterschiedl. Lehrplangremien Erdkunde NRW. – (Pr) Kirchhörder Str. 17, D-44229 Dortmund – (D) Bezirksregierung Arnsberg, Dez. 43: Fachaufsicht Gymnasium, Laurentiusstraße 1, D-59821 Arnsberg.

NOLL, Hans-Peter (13-01-1959, Datteln/Westf.) Dr. rer. nat., Lehrbeauftragter am Geogr. Institut der Univ. Bochum, Geschäftsf. d. Montan-Grundstücksgesellschaft mbH, Mithrsg. der Zeitschrift „BrachFlächenRecycling/Recycling Derelict Land“, Mithrsg. Taschenbuch Brachflächenrecycling. – (Pr) Von-Velsen-Str. 19, D-44625 Herne – (D) Gladbecker Str. 413, D-45326 Essen, Tel. (0201) 3842-207, e-mail: hans-peter.noll@mgg.de.

NOLZEN, Heinz (15-1-1940, Bochum) Prof. Dr. rer. nat., Prof. a. d. Päd. Hochschule

Freiburg i. Br. – (Pr) Am Schloßpark 5, D-79252 Stegen, Tel.: (07661) 6922, Fax: 7179 – (D) Kunzenweg 21, D-79117 Freiburg, Tel.: (0761) 682-213, Fax: 682-402, e-mail: nolzen-stegen@t-online.de.

NORKOWSKI, Theo (12-5-1940, Bielefeld) Cornelsen Verlag, Abteilung Kartographie. – (Pr) Johanniskirchplatz 8, D-33615 Bielefeld, Tel.: (0521) 64899 – (D) Herbert-Hinnendahl-Str. 21, D-33602 Bielefeld, Tel.: (0521) 966380.

NÜESCH, Daniel R. (13-8-1943) Prof. Dr., Wiss. Abteilungsleiter am Geogr. Inst. d. Univ. Zürich. – (D) Geogr. Inst. d. Univ. Zürich-Irchel, Winterthurerstr. 190, CH-8057 Zürich, Tel.: (01) 6355132.

NÜSSER, Marcus (16-1-1964, Castrop-Rauxel) Dr. rer. nat., Geogr. Institute der Univ. Bonn. – (P) Alexanderstr. 20, D- 53111 Bonn, Tel. (0228) 696962 – (D) Meckenheimer Allee 166, D-53115 Bonn, Tel. (0228) 737206, Fax: 737506, e-mail: m.nuesser@uni-bonn.de.

NUHN, Helmut (22-12-1936, Marburg/Lahn) Dr. phil., Prof. am FB Geographie der Univ. Marburg, Mithrsg. d. Wirtschaftsgeographie, Arbeitsberichte zur Wirtschaftgeogr. Regionalforschung, Marburger Geographische Schriften. – (Pr) Uferstr. 6, D-35037 Marburg, Tel.: (06421) 63507 und Gemseneck 18, D-22527 Hamburg, Tel.: (040) 546613 – (D) Tel.: (06421) 284211.

NUTZ, Manfred (9-9-1958, Meschede) Priv.-Doz., Dr. rer. nat., Dipl.-Geogr., Dipl.-Ing., Ober.-Ass. am Geogr. Inst. d. Univ. zu Köln. – (Pr) Zülpicher Str. 315, D-50937 Köln, Tel.: (0221) 421253 – (D) Albertus-Magnus-Platz, D-50923 Köln, Tel.: (0221) 470-2591, Fax: 470-4917, e-mail: m.nutz@uni-koeln.de.

NYFFENEGGER, Claudia, Wissensladen S.O.P.H.L.A. – (Pr) Quellenstr. 31, CH-8005 Zürich, Tel./Fax: (01) 2732733, e-mail: sophia@access.ch.

O

OBENAUS, Hans (4-11-1937, Grünewalde) Dr. oec. habil., Priv.-Doz., Institut für Verkehr und Logistik an der Universität Rostock, Lehrgebiet Wirtschaftsgeographie. – (Pr) Korseltstr. 10, D-18069 Rostock – (D) Schröderstr. 23, D-18051 Rostock, Tel.: (0381) 498-2997, Fax: 398-2984.

OBERBECK, Gerhard (5-10-1925) Prof. Dr. rer. nat., o. Prof. em. am Inst. f. Geogr. d. Univ. Hamburg, Mitgl. d. Vorstandes d. Geogr. Ges. in Hamburg, Mithrsg. d. „Siedlungsforschung". – (Pr) Ginsterweg 4, D-25474 Ellerbek, Tel.: (04101) 31437 – (D) Geomatikum, Bundesstr. 55, D-20146 Hamburg, Tel.: (040) 4123-4912, -4963.

OBERBECK-JACOBS, Urselmarie (10-12-1927, Braunschweig) Dr. rer. nat., Studienrätin a.D. – (Pr) Ginsterweg 4, D-25474 Ellerbek, Tel.: (04101) 31437.

OBERMANN, Helmut, StD: – (Pr) Böcklerstr. 38, D-76275 Ettlingen, Tel.: (07243) 536918, Fax: 536919 – (D) Gymnasium, Bismarckstr. 10a, D-76133 Karlsruhe, Tel.: (0721) 925-5700, Fax: 925-5703.

OBST, Johannes (13-9-1931, Gleiwitz) Prof. Dr. phil., em. o. Prof. d. Geogr. (insbes. Wirtschafts- u. Sozialgeogr.) a.d. Univ.Regensburg, Hrsg. d. „Beiträge zur Geographie Ostbayerns". – (Pr) Agnesstr. 23, D-93049 Regensburg, Tel.: (0941) 24944 – (D) Universität, D-93040 Regensburg.

OEHLER, Wolfgang (23-10-1958, Hamburg) Dipl.-Geogr., Geschäftsführer d. Fa. CONVENT Planung und Beratung GmbH. – (Pr) Rübenhofstr. 20, D-22335 Hamburg, Tel.: (040) 598952 – (D) CONVENT, Hanbachstr. 74, D-22765 Hamburg, Tel.: (040) 389964-12.

OEKENTORP, Klemens (20-07-1935, Gelsenkirchen-Buer) Prof. Dr., Geologe, Forschungsstelle für Korallenpaläozoologie, Geologisch-Paläontologisches Museum, Westfälische Wilhelms-Universität. – (Pr) Am Steintor 21 e, D-48167 Münster – (D) Pferdegasse 3, D-48143 Münster.

OERTEL, Petra (06-03-1965, Brandenburg) Dr. rer. nat. – (Pr) Dorfstr. 9e, D-18439 Devin (Stralsund).

OESTERER, Martin (04-02-1968, Stuttgart), Dipl.-Geogr., Wiss. Mitarb. am Geogr. Institut der Univ. Heidelberg. – (D) Im Neuenheimer Feld 348, D-69120 Heidelberg, Tel.: (06221) 54-4335, e-mail: moestere@majestix.geog.uni-heidelberg.de.

OETTEL, Andreas (4-1-1956, Grünhainichen) Dr. rer. nat., Referent. – (Pr) Bautzner Str. 17, D-01917 Kamenz, Tel.: (03578) 305475 – (D) Statistisches Landesamt des Freistaates Sachsen, Macherstr. 31, D-01917 Kamenz, Tel.: (03578) 333150.

OGERMANN, Petra (16-09-1965) Dr. – (Pr) Dinkelbergstr. 10, D-79639 Grenzach-Wyhlen, Tel.: (07624) 7506.

OHMURA, Atsumu (13-1-1942) Prof. f. Phys. Geogr. (spez. Klimatologie) am Geogr. Inst. ETH Zürich, Präsident. Schweiz. Kommission für Klima u. Atmosphärenforschung, Mitgl. Int. Radiation Comm./ IAMAS, Direktor World Radiation Monitoring Centre / WCRP, Member Scientific Advisory Committee, International Arctic Research Center. – (Pr) Außerfeldstr. 125, CH-8708 Männedorf, Tel.: (01) 9211497 – (D) ETH Zürich, Winterthurerstr. 190, CH-8057 Zürich, Tel.: (01) 635-5220.

OHNESORGE, Klaus-Walther (23-7-1939, Wolfenbüttel) Dr. rer. nat., Dipl.-Geogr., AOR am Inst. f. Geogr. u. Geoökologie und am Seminar für Geographie und Geschichte und deren Didaktik d. Techn.Univ. Braunschweig. – (Pr) Ilsenburger Str. 2b, D-38302 Wolfenbüttel, Tel.: (05331) 75962 – (D) Langer Kamp 19c, D-38106 Braunschweig, Tel.: (0531)391-5629, Fax: 8170 und Pockelsstr. 11, D-38106 Braunschweig, Tel.: (0531) 391-3459, Fax: 2861.

OLBERT, Carsten (26-10-1967, Berlin) Dipl.-Inform., Wiss. Mitarb., Institut für Weltraumwissenschaften, Fachbereich Geowissenschaften, Freie Universität Berlin. – (Pr) Innsbrucker Str. 39, D-10825 Berlin, Tel.: (030) 7848441, Mobil: (0172) 3002856 – (D) Fabeckstr. 69, D-14195 Berlin, Tel.: (030) 838-6659, Fax: 832-8648, e-mail: olbert@zedat.fu-berlin.de.

OLDENBURG, Markus (29-09-1964, Bensberg) Dipl.-Ing., Kartograph, Mitglied der DGfK.– (Pr) Saarlandstr. 24, D-76187 Karlsruhe, Tel.: (0721) 566151, e-mail: oldenburg1@aol.com.

OLTERSDORF, Bernhard (24-7-1938, Königsberg) Dr. rer. nat., Univ.-Prof. Geographie und ihre Didaktik. – (Pr) Friedlandstr. 15b, D-57078 Siegen, Tel.: (0271) 8706013 – (D) Universität-GH Siegen, Fachbereich 1, Sohlbacher Str. 20, D-57068 Siegen, Tel.: (0271) 740-3915.

OMMEN, Eilert (30-8-1948) Dr. phil., Dipl.-Päd., Museumsleiter des Museums für die Grafschaften Hoya, Diepholz u. Wölpe e.V. in Nienburg/Weser. – (Pr) Kregelstr. 1, D-31582 Nienburg – (D) Leinstr. 48, D-31582 Nienburg, Tel.: (05021) 12461, Fax: 61356.

OPATZ, Gerd (27-5-1943, Köln) Dr. rer. nat., Dipl.-Geogr., Dezernent im Landesamt für Datenverarbeitung und Statistik Nordrhein-Westfalen in Düsseldorf. – (Pr) Hermann-vom-Endt-Str. 44, D-40595 Düsseldorf, Tel.: (0211) 7005354 – (D) Grafenberger Allee 114, D-40237 Düsseldorf, Tel.: (0211) 9449-5168, Fax: 9449-5798.

OPFERKUCH, Dieter (5-2-1946) Dr., Präs. Geographisch-Ethnologische Gesellschaft Basel. – (Pr) Dahlienstr. 24, CH-4416 Bubendorf, Tel./Fax: (061) 9312564.

OPITZ, Thomas (06-12-1963, Luckau) Dipl.-Ing. (TU) für Kartographie, Landesvermessungsamt Brandenburg. – (Pr) Torstr. ?, D-10115 Berlin. – (D) Heinrich-Mann-Allee 103, D-14473 Potsdam.

OPP, Christian (21-3-1954, Steinheidel-Erlabrunn) Dr. rer. nat. habil, Univ.-Prof. FB Geographie, Universität Marburg. – (Pr) Steinweg 18, D-04683 Klinga, Tel.: (034293) 35388, Fax: 35870 – (D) Deutschhausstr. 10, D-35037 Marburg, Tel.: (06421) 28-4254, Fax: 28-8950, e-mail: opp@mailer.uni-marburg.de.

ORMELING, Ferjan (20-11-42, Utrecht/Niederlande) Prof. Dr., Leiter Fachgruppe Kartographie, Vorsi. IKV Kommission Ausbildung, Schriftleiter „Kartografisch Tijdschrift" – Fachgruppe Kartographie, Fakultät Geographische Wissenschaften an der Universität Utrecht. – (Pr) Nijenheim 64-19, NL-3704 BN Zeist – (D) Postbus 80115, NL-3508 TC Utrecht, e-mail: f.ormeling@geog.uu.nl.

ORTNER, Reinhold (26-11-1930) Dr. phil., Dipl.-Psych., o. Prof. f. Grundschulpädagogik und Grundschuldidaktik, Univ. Bamberg. – (Pr) Birkenstr. 5, D-96117 Memmelsdorf, Tel.: (0951) 48848 – (D) Universität Bamberg.

OSSENBRÜGGE, Jürgen (15-1-1954, Stade) Dr. rer. nat., Prof. am Inst. f. Geogr. d. Univ. Hamburg. – (Pr) Eichenstr. 44, D-20255 Hamburg, Tel.: (040) 407133 – (D) Bundesstr. 55, D-20146 Hamburg, Tel.: (040) 4123-4909, -5221, Fax: 4123-4967, Internet: http://www.geowiss.uni-hamburg/de, e-mail: ossenbruegge@geowiss.uni-hamburg.de.

OSSENBRÜGGE, K., Dipl.-Geogr., Lehrstuhl Physische Geographie der Universität Tübingen. – (D) Hölderlinstr. 12, D-72074 Tübingen.

OTT, Thomas (04-11-1966, Speyer) Dr. phil., Dipl.-Geogr., Geogr. Institut, Universität Mannheim. - (Pr) Hübschstr. 3, D-69469 Weinheim, Tel./Fax: (06201)183028, e-mail: thott@oagis.com – (D) Postfach, D-68131 Mannheim, Tel.: (0621) 292-2062, Fax: 292-3321, e-mail: thott@rumms.uni-mannheim.de.

OTTMAR, Dietrich (30-7-1928, Stuttgart-Bad Cannstatt) Dr. rer. nat., Prof. i.R. – (Pr) Kainzweg 10, D-70563 Stuttgart, Tel.: (0711) 7356531.

OTTO, Karl-Heinz (11-3-1958, Legden) HDoz., Dr. rer. nat., Dipl.-Geogr., Institut f. Didaktik d. Geogr. d. FB 19 (Geowissenschaften) d. Westfälischen Wilhelms-Universität Münster. – (Pr) Fliegenmarkt 9, D-48739 Legden, Tel.: (02566) 96325, Fax: 96397 – (D) Robert-Koch-Str. 26, D-48149 Münster, Tel.: (0251) 83-39347, Fax: 83-39351, e-mail: ottokh@uni-muenster.de.

P

PACHNER, Heinrich (23-12-1945, Putschen) Prof. Dr. rer. nat., Dipl.-Geogr., Prof. für Wirtschaftsgeographie u. Regionalstudien am Geogr. Inst. d. Univ. Tübingen. – (Pr) Paul-Lincke-Str. 27, D-70195 Stuttgart, Tel.: (0711) 696144 – (D) Hölderlinstr. 12, D-72074 Tübingen, Tel.: (07071) 297-6084, Fax: 29-5318, e-mail: heinrich.pachner@uni-tuebingen.de.

PACHUR, Hans-Joachim (20-3-1937, Berlin) Prof. Dr. rer. nat., o. Prof. am Inst. f. Phys. Geogr. und des Geomorphologischen Laboratoriums. d. FU Berlin. – (Pr) Hunte-Str. 16a, D-14167 Berlin – (D) FU Berlin, Geomorphologisches Laboratorium, Altensteinstr. 19, D-14195 Berlin, Tel.: (030) 838-4888, Fax: 838-6263.

PAESLER, Reinhard (18-9-1942, Lehmwasser/Schlesien) Dr. phil., Akad. Dir. am Inst. f. Wirtschaftsgeogr. d. Univ. München, stellv. Vorstand des Seminars für Wirtschaftsgeographie und Tourismusforschung, Schriftleiter der „Münchner Studien zur Sozial- und Wirtschaftsgeographie", „WRU-Berichte" und der „Mitteilungen der Geographischen Gesellschaft in München". – (Pr) Wildmoosstr. 20a, D-82194 Gröbenzell, Tel.: (08142) 7862 – (D) Ludwigstr. 28, D-80539 München, Tel.: (089) 2180-3389, Fax: 2180-3809, e-mail: paesler@bwl.uni-muenchen.de.

PALASCHEWSKI, Thomas, Dr. rer. nat. – (Pr) Sommerfelder Weg 45, D-4329 Leipzig, Tel./Fax: (0341) 2520222 – (D) Wiederitzscher Weg 30, D-04159 Leipzig.

PALENCSAR, Friedrich (28-5-1950, Graz) Mag. Dr. phil., Prof. L1 am Inst. f. Geogr. d. Univ. Klagenfurt. – (Pr) Berthastr. 45/4, A-9201 Krumpendorf , Tel.: (04229) 2863 – (D) Universitätsstr. 65-67, A-9022 Klagenfurt, Tel.: (0463) 2700, Kl. 300.

PANCZA, André (27-3-1938, Hongrie) Dr., Chargé d'enseignement, Enseignant-Chercheur auprès du Centre de Géomorphologie du CNRS, Caen (France). – (Pr) Promenade 1, CH-2056 Dombresson, Tel.: (032) 8531630 – (D) Institut de Géographie de l'Université, Espace Louis-Agassiz 1, CH-2000 Neuchâtel, Tel.: (032) 7208237.

PÁPAY, Gyula (14-7-1939, Gyöngyös) Dr. rer. nat., Dr. phil. habil., Prof. am Institut für Geschichtswissenschaften und am Institut für Multimedia und Datenverarbeitung in den Geisteswissenschaften der Universität Rostock. – (Pr) Ahlbecker Str. 8/0501, D-18107 Rostock.

PAPE, Heinz (29-11-1927, Hohen-Neuendorf) Dr. rer. nat. habil., Prof. i.R. am Geographischen Inst. d. Univ. Bochum, Fachgebiet Kartographie. – (Pr) Klüsenerskamp 10, D-44225 Dortmund, Tel.: (0231) 713030.

PAPP, Alexander von (30-1-1944, Wurmlingen) Dipl.-Geogr., Dr. rer. nat., Kulturamt der Stadt Würzburg. – (Pr) Breite Länge 13, D-97078 Würzburg – (D) Rathaus, Rückermainstr. 2, D-97070 Würzburg, Tel.: (0931) 37-3208, -2422 Fax: 37-3399.

PARDEY, Karl (27-6-1921, Hannover) StDir. i.R., Dr. rer. nat. – (Pr) Rotdornweg 4, D-49716 Meppen, Tel.: (05931) 12959.

PARLOW, Eberhard (8-6-1952, Schönberg/Plön) Prof. Dr. rer. nat. habil., o. Prof. und Dir. am Departement Geographie, Institut für Meteorologie, Klimatologie und Fernerkundung, Hrsg. „stratus", editorial board „Geografiska Annaler". – (Pr) Bürgerwehrstr. 26, D-79102 Freiburg, Tel./Fax: (0761) 77021 – (D) Universität Basel, Spalenring 145, CH-4055 Basel, Tel.: (061) 272-6480, Fax: 272-6923, e-mail: parlow@ubaclu.unibas.ch.

PARTL, Florian (3-4-1952, Thüringen/Vorarlberg) Mag., Wiss. Ref. d. Geogr. Abt. d. Österr. Ost- und Südosteuropa-Inst. – (Pr) Markgraf Rüdiger-Str. 11/17, A-1150 Wien, Tel.: (01) 7896353 – (D) Josefsplatz 6, A-1010 Wien, Tel.: (01) 512-1895.

PARTZSCH, Dieter (11-6-1934, Jena) Dipl.-Geogr., Dr. rer. nat., Min.-Rat a.D. – (Pr) Rurweg 6, D-53129 Bonn, Tel.: (0228) 238425.

PASS, Hermann-Josef (26-2-1955) Dipl.-Geogr., ORR im Amt für Militärisches

Geowesen. – (Pr) Ellerbachsweg 5, D-53881 Euskirchen.

PATTEN, Hans-Peter (9-9-1937, Essen) Dr. rer. nat., Fachsem.-Leit. f. EK Gymnasien in Hamburg. – (Pr) Eichenbusch 61, D-21465 Reinbek, Tel.: (040) 7224599.

PATZELT, Gernot (18-5-1939) Dr. phil., a.o. Univ.-Prof., Leiter d. Forschungsinst. f. Hochgebirgsforschung, Univ. Innsbruck. – (D) Innrain 52, A-6020 Innsbruck, Tel.: (0512) 507, Kl. 2390, Fax: 507-2806.

PAULIG, Helge (14-4-1960, Görlitz) Dr. phil. Referent, Sächsisches Staatsministerium f. Kultus. — (Pr) Tel.: 4718398 – (D) Archivstr. 1, D-01097 Dresden.

PAULITSCH, Peter (3-5-1922, Graz) Dr. rer. nat., Univ.-Prof. f. Mineralogie-Lagerstätten, Röntgen Petrologie, Institut f. Mineralogie, Technische Universität Darmstadt. – (Pr) Landskronstr. 79, D-64285 Darmstadt – (D) Technische Universität Darmstadt, Institut für Mineralogie.

PAUS, Bernhard, Dipl.-Geogr./Hydrologe. – (D) CES Consulting Engineers Salzgitter GmbH, Nord-Süd-Str. 1, D-38259 Salzgitter.

PAVUZA, Rudolf (3-4-1955, Wien) Dr.phil., Wiss. Mitarb a.d. Karst- und höhlenkundl. Abt. d. Naturhist. Museums Wien. – (Pr) Krottenbachstr. 27/12, A-Wien, Tel.: (01) 3687568 – (D) Museumsplatz 1/Stg.10/1, A-1070 Wien, Tel.: (01) 5230418, Fax: 5230419-19, e-mail: speleo.austria@netway.at.

PELZER, Friedhelm (21-7-1937, Sensburg/Ostpr.) Dr. phil., AOR am Inst. f. Geogr. d. Univ. Münster. – (Pr) Großer Berg 19, D-48341 Altenberge, Tel.: (02505) 1668 – (D) Robert-Koch-Str. 26, D-48149 Münster, Tel.: (0251) 8333923.

PENZ, Hugo (20-3-1942, Obernberg/Brenner/Tirol) Dr. phil., Univ.-Doz., tit. a.o. Univ.-Prof., Ass.-Prof. am Inst. F. Geogr. d. Univ. Innsbruck. – (Pr) Maximilianstr. 3 h, A-6176 Völs – (D) Innrain 52, A-6020 Innsbruck, Tel.: (0512) 507-3102.

PETER, Andreas (11-4-1947, Goslar/Harz) StDir. u. Fachleiter f. Erdkunde a. Staatl. Studienseminar Wilhelmshaven, Schriftleiter von Gids' Nds. – (Pr) Brahmsstr. 38, D-26386 Wilhelmshaven, Tel.: (04421) 82754 – (D) Mühlenweg 6, D-26384 Wilhelmshaven, Tel.: (04421) 305153.

PETER, Kathrin, Dr. phil., Biologin, Puls. – (Pr) Spitarackerstr. 65, CH-3013 Bern – (D) Mühlemattstr. 45, CH-3007 Bern, Tel.: (031) 3722028, Fax: 3719046.

PETEREK, Andreas, Dr., Lehrstuhl für Geomorphologie, Universität Bayreuth. – (D) D-95440 Bayreuth, Tel.: (0921) 552267, Fax: 552314, e-mail: andreas.peterek@uni-bayreuth.de.

PETERMANN, Jürg (1958) Geograph, Informatikprojektleitung. – (Pr) Aebistr. 1, CH-3012 Bern.

PETERS, Jürgen (6-10-1934, Berlin) Dr. rer. nat. – (Pr) Rudolf-Seiffert-Str. 14, D-10369 Berlin, Tel.: (030) 9723315.

PETERS-KÜMMERLY, Barbara, Dr. phil. nat. – (Pr) Falkenweg 9, CH-3012 Bern, Tel.: (031) 3011717.

PETERSEN, Bernhard (22-8-1931, Bremerhaven) StDir. – (Pr) Händelstr. 22, D-26789 Leer, Tel.: (0491) 7865.

PETROWITZ, Walter (7-1-1925, Wien) Dr. phil., Gf., Firmengesellschafter. – (Pr) Heiderichstr. 14, A-1160 Wien, Tel./Fax: (01) 4849316.

PETRY, Daniel (01-07-1968, Köln) Dipl.-Geogr. am UFZ-Umweltforschungszentrum Leipzig-Halle GmbH, Sektion Angewandte Landschaftsökologie. – (D) Permoserstr. 15, D-04318 Leipzig, Tel.: (0341) 235-2041, e-mail: petry@alok.ufz.de.

PEUKERT, Hans-Georg (22-2-1935, Danzig) Dr. rer. nat., Studiendirektor, Lehrbeauftragter, Institut für Geographie, Universität Hamburg. – (Pr) Lottbeker Weg 131, D-22395 Hamburg – (D) Bundesstraße 55, D-20146 Hamburg.

PEULING, Johannes (5-11-1963, Gelsenkirchen-Buer) Dipl.-Geogr., Sprecher RAG Ruhrgebiet des DVAG, ISA Consult - Beratungsgesellschaft für Innovation, Strukturpolitik und Arbeit mbH. – (Pr) Graffring 14, D-44795 Bochum, Tel.: (0234) 474624 – (D) Brauhof 12, D-44866 Bochum, Tel.: (02327) 9828-52, Fax: 9828-19.

PEWS, Hans-Ulrich, Dr., Dipl.-Geogr., Oberrat a. D.,Vorstandsmitgl. d. Deutsch-Koreanischen Kulturgesellschaft e.V. Berlin. – (Pr) Esplanade 48, D-13187 Berlin, Tel./Fax: (030) 471-1093.

PEYKE, Gerd (27-6-1948, Cuxhaven) Prof., Dr. phil., Dr. rer. nat. habil. – (Pr) Fesenmayrstraße 6, D-86495 Eurasburg, Tel.: (08208) 312, Fax: 90007 – (D) Humboldt-Univ. zu Berlin, Geographisches Institut, Abt. Geoinformatik/Kartographie, Sitz: Chausseestraße 86, Postanschrift: Unter den Linden 6, D-10099 Berlin, Tel.: (030)

30875-600, -601, Fax: 30875-635, e-mail: gerd=peyke@geo.hu-berlin.de.

PEZ, Peter (1-11-1960, Flensburg) Priv.-Doz., Dr. rer. nat., Akad. Rat an d. Universität, Lüneburg. – (Pr) Rosenweg 2, D-21391 Reppenstedt, Tel.: (04131) 66136 – (D) Scharnhorststr. 1, D-21335 Lüneburg, Tel.: (04131) 7826-91, Fax: 7826-92, e-mail:pez@uni-lueneburg.de.

PFAFFENBACH, Carmella (12-01-1963, Aschaffenburg) Dr. phil., Wiss. Ass. am Geogr. Institut der Technischnen Univ. München. – (Pr) Jahnstr. 12, D-91054 Erlangen, Tel.: (09131) 204377 – (D) Arcisstr. 21, D-80333 München, Tel.: (089) 289-25382, Fax: 289-22804, e-mail:pfaffenbach@lrz.tum.de.

PFEFFER, Karl-Heinz (28-12-1939, Frankfurt/Main) Dr. phil. nat., o.Prof., Ordinarius für Physische Geographie, Universität Tübingen, Mithrsg. Tübinger Geographische Studien, Schriftleiter Zeitschrift für Geomorphologie. – (Pr) Max-Planck-Str. 5, D-72116 Mössingen, Tel.: (07473) 21727, Fax: 26767 – (D) Hölderlinstr. 12, D-72074 Tübingen, Tel.: (07071) 297200, 297297, Fax: 5318, e-mail: prof.pfeffer@t-online.de.

PFEIFER, Ruth, Wwe. von Prof. Dr. Gottfried Pfeifer, – (Pr) Adelhauser Str. 27, D-79098 Freiburg.

PFEIFER, Werner (20-7-1927, Rabertshausen) Dr. rer. nat., Leiter des Studienseminars 19 in Heppenheim Krs. Bergstraße a.D. – (Pr) Arnauerstr. 6, D-64625 Bensheim, Tel.: (06251) 2001.

PFEIFFER, Lothar (8-1-1961, Krefeld) Dr. rer. nat. – (Pr) Sieglarer Str. 110, D-53842 Troisdorf.

PFEIL, Frank (28–3–1960, Wittenberge) Dr. phil., Referent. – (Pr) Bäckerweg 11, D-01462 Gompitz – (D) Sächsisches Staatsministerium des Innern, D-01095 Dresden, Tel.: (0351) 564-3243.

PFISTER, Christian (23-8-1944, Bern) o. Prof., Dr. phil., Prof. für Wirtschafts-, Sozial- und Umweltgeschichte am Hist. Inst. d. Univ. Bern. - (Pr) Amselweg 11, CH-3303 Jegenstorf – (D) Unitobler, CH-3000 Bern 9.

PFLAUMER, Peter (30-4-1947, Herrenberg) Dr. rer. nat., Prof. – (Pr) Herzogweg 12, D-71083 Herrenberg, Tel.: (07032) 24689, Fax: (0831) 2523162, e-mail: peter.pflaumer@htw-kempten.de.

PFRIEM, Peter, Wiss. Ass. am Lehrstuhl für Didaktik der Geographie. – (D) Universität, Wittelsbacherplatz 1, D-97074 Würzburg, Tel.: (0931) 888-4806.

PFROMMER, Wilhelm L. (2-6-1929, Karlsruhe) Dipl.-Ing., Direktor und Prof. a.D. – (Pr) Philipp-Kremer-Str. 24, D-65779 Kelkheim, Tel.: (06195) 4167.

PIEKEN, Heinz (11-4-1923) Dr., StDir. i.R. – (Pr) An den Fuhren 6, D-28870 Ottersberg, Tel.: (04293) 272, e-mail: HPieken@aol.com.

PIEPENBRINK, Karl-Heinz, Dipl.-Geogr. – (Pr) Bismarckstraße 16, D-21465 Reinbek.

PIESBERGEN, Jens (16-10-1964) Dipl.-Geogr., Wiss. Ass. am Geogr. Inst. d. Univ. Zürich. – (D) Winterthurerstr. 190, CH-8057 Zürich, Tel.: (01) 257-5185, Fax: 362-5227, e-mail: piesi@geo.unizh.ch.

PILLEWIZER, Wolfgang (4-7-1911, Steyr, OÖ) Prof. Dr. phil. habil., em. o. Prof. am Inst. f. Kartographie u. Reproduktionstechnik a. d. TU in Wien. – (Pr) Preindlgasse 26/17, A-1130 Wien, Tel.: (01) 8770212 – (D) Karlsgasse 11, A-1040 Wien, Tel.: (01) 58801-4312.

PINI, Giuseppe (30-7-1948, Biasca/TI) Docteur, Chargé de cours Université Genève, chargé de cours Université Fribourg (CH). – (Pr) Chemin des Marais 79, CH-1255 Veyrier, Tel.: (022) 7840045 – (D) Département de Géographie de l'Université de Genève, Uni Mail, 102 boulevard Carl-Vogt, CH-1211 Genève 4, Tel.: (022) 705-8335.

PINKWART, Wolfgang (7-8-1940) Dr. rer. nat., ADir. am Geogr. Inst. d. Univ. Würzburg. – (Pr) Otto-Hahn-Str. 140, D-97218 Gerbrunn, Tel.: (0931) 700331 – (D) Am Hubland, D-97074 Würzburg, Tel.: (0931) 888-5581, Fax: 888-5556, e-mail: wolfgang. pinkwart@mail.uni-wuerzburg.de.

PINKAU, Guido (19-05.1964, Schleswig) M.A., Studienreiseleiter für Skandinavien und südliches Afrika, Reiseautor. – (Pr) Waldschmidtstr. 97a, D-94034 Passau, Tel.: (0851) 44574, Mobil: (0171) 8372983, Fax: (0851) 44574, e-mail: guido.pinkau@t-online.de.

PIOTROWSKY-FICHTNER, Manuela (05-08-1960, Bayreuth) M.A., Wiss. Mitarb. am Lehrstuhl Reg. Entwicklungsforschung der Universität Bayreuth. – (Pr) Jakob-Fuchs-Str. 26, D-95445 Bayreuth, Tel.: (0921) 42790 – (D) Universitätsstr. 30, D-95447 Bayreuth, Tel.: (0921) 5522-85, Fax: 5522-69, e-mail: Manuela.Piotrowsky-Fichtner @uni-bayreuth.de.

PIROTH, Marco (13-09-1969, Simmern/ Hunsrück) Dipl.-Geogr., Wiss. Mitarb. am LS Reg. Entwicklungsforschung der Universität Bayreuth. – (Pr) Sophienstr. 4, D-95444 Bayreuth, Tel.: (0921) 65838 – (D) Universitätsstr. 30, D-95447 Bayreuth, Tel.: (0921) 5522-57, e-mail: marco. piroth@uni-bayreuth.de.

PITERSKI, Dmitri (13-12-1955) Dipl.-Gogr., Dr. rer. nat., Wiss. Mitarbeiter am Institut für Länderkunde Leipzig. – (Pr) Schwantesstr. 77, D-04347 Leipzig, Tel.: (0341) 2324914 – (D) Schongauerstr. 9, D-04329 Leipzig, Tel.: (0341) 255-6501, Fax: 255-6598, e-mail: piters@ifl-leipzig.de.

PITZER, Paul (13-10-1927, Wadern-Bardenbach) Dr. phil., StDir. a.D., Ehrenvors. d. Verbandes d. Schulgeographen e.V. Landesverband Saarland. – (Pr) Bungertstr. 65, D-66798 Wallerfangen, Tel.: (06831) 6545.

PLAPPER, Wolfgang (30-12-1928, Hannover) Prof. Dr. rer. nat. – (Pr) Paetschstr. 18, D-12307 Berlin, Tel.: (030) 7448682.

PLATTEN, Helmut (28-06-1946, Panzweiler, LK Cochem-Zell) Dr. phil., M.A., Dipl.-Päd., Fachlehrer für Geographie, Lehrbeauftragter am Geogr. Institut der Univ. Koblenz. – (Pr) Buchenstr. 10, D-56865 Blankenrath, Tel.: (06545) 1403 – (D) Geographisches Institut Koblenz, Tel.: (0261) 9119-330.

PLATTNER, Rolf Michael (25-5-1942, Thun/ Schweiz) Dipl.-Arch., ETH/SIA, MCP, Lector für Stadt- und Raumplanung, Universität Basel. – (Pr) Dornachweg 40, CH-4144 Arlesheim – (D) c/o Plattner, Schulz, Partner AG, Steinenring 10, CH-4051 Basel.

PLETSCH, Alfred (25-5-1942, Büdingen) Prof. Dr., Hochschullehrer am Geogr. Inst. d. Univ. Marburg, 1. Vors. der Marburger Geogr. Gesellschaft. – (Pr) Körnerstr. 35, D-35039 Marburg, Tel.: (06421) 47523 – (D) Deutschhausstr. 10, D-35037 Marburg, Tel.: (06421) 284295, e-mail: Pletsch@mailer.uni-marburg.de.

PLEWKA, Ulrich (10-5-1943, Eberswalde) Dipl.-Geogr. im Ministerium f. Umwelt, Energie und Verkehr (Landesplanung). - (Pr) Marie Curie-Höhe 36, D-66740 Saarlouis, Tel.: (06831) 86685 – (D) Halbergstr. 50, D-66121 Saarbrücken, Tel.: (0681) 501-4622.

PLEY, Herbert (23-9-1919) Dr. phil., StDir. i.R. - (Pr) Gerhart-Hauptmann-Str. 14, D-40470 Düsseldorf.

POBANZ, Wolfram (8-7-1939, Dortmund) Dipl.-Geogr., Ing. (grad.) f. Landkartentechnik, Wiss. Mitarbeiter a. d. Freien Universität Berlin, Institut für Geographische Wissenschaften, Fachrichtung Kartographie. – (Pr) Apostel-Paulus-Str. 41, D-10823 Berlin, Tel.: (030) 7822397 – (D) Malteser Str. 74-100, D-12249 Berlin, Tel.: (030) 7792309, Fax: 76706451.

PÖHLMANN, Gerhard (28-11-1924, Gotha) Prof. Dr. rer. nat., Kartograph. – (Pr) Cimbernstr. 11/i, D-14129 Berlin, Tel.: (030) 8037124.

PÖLLMANN, Herbert (30-06-1956, Halle/ Saale) Prof. Dr., Dipl.-Mineraloge am Institut für Geologische Wissenschaften, Mineralogie/Geochemie, Universität Halle. – (Pr) Brandenburger Str. 7, D-06110 Halle/Saale.

PÖRTGE, Karl-Heinz (19-11-1946, Liekwegen) PD Dipl.-Geogr., Dr. rer. nat., (1) ADIR am Geogr. Inst. d. Univ. Göttingen (beurlaubt), Schriftleiter der Göttinger Geographischen Abhandlungen, (2) Vertreter d. Prof. f. Physische Geographie am Inst. f. Geogr. der Pädag. Hochschule Erfurt. – (Pr) Arberstr.5, D-86179 Ausburg, Tel./Fax: (0821) 882955 – (D) (1) Goldschmidtstr. 5, D-37077 Göttingen, Tel.: (0551) 398-034, Fax: 398-006, (2) Nordhäuser Str. 63, D-99089 Erfurt, Tel.: (0361) 737-1714, Fax: 737-1932.

POESCHEL, Hans Claus (5-1-1938, Münster(Westf.) Ak. Dir., Dr. rer. nat. a. d. Univ. Osnabrück. – (Pr) Haydnstr. 5, D-49124 Georgsmarienhütte, Tel.: (05401) 5389 – (D) Seminarstr. 19 A/B D-49069 Osnabrück, Tel.: (0541) 969-4280.

POETKE, Peter Michael (11-6-1942, Braunschweig) Dr. rer. nat., Dipl.-Geogr., Doz. – (Pr) An der Schule 15, D-38533 Vordorf, Tel.: (05304) 7126, Fax: 2566 – (D) Landkreis Gifhorn, Schloßplatz 1, D-38518 Gifhorn, Tel.: (05371) 82618, Fax: 82355.

POHL, Jürgen (8-10-1954, Landsberg/Lech) Dr.phil., Prof. am Geogr. Institut der Universität Bonn. – (D) Meckenheimer Allee 166, D-53115 Bonn, Tel.: (0228) 73-7382, Fax: 73-5393.

POHLAN, Jörg (29-3-1962, Bremen) Dr. rer. pol., Wiss. Mitarbeiter, Technische Universität Hamburg-Harburg. – (D) TU Hamburg-Harburg, Arbeitsbereich Stadt- und Regionalökonomie, Wellmerstr. 1, D-21071 Hamburg.

POHLE, Perdita (28-6-1958, Leverkusen) Priv. Doz. Dr. rer. nat., Oberass. am Geogr. Institut der Universität Gießen. – (Pr) Grabenstr. 11, D-35396 Gießen, Tel.: (0641) 51183 – (D) Senckenbergstr. 1, D-35390 Gießen, Tel.: (0641) 99-36252, Fax: 99-36219, e-mail: perdita.pohle @geo.uni-giessen.de.

POKORNY, Reiner (17-3-1955, Leegebruch) Dr. phil., Amtsleiter für Statistik, Stadtforschung u. Wahlen in der Stadtverwaltung Potsdam. – (Pr) Saarmunder Str. 81, D-14478 Potsdam, Tel.: (0331) 2891250.

POLENSKY, Thomas (28-5-1938, Berlin) Dr. rer. pol., Dipl.-Kfm., Akad. Dir. – (Pr) Werneckstr. 8, D-80802 München, Tel.: (089) 334333 – (D) Inst. f. Wirtschaftsgeogr. d. Univ. München, Ludwigstr. 28, D-80539 München, Tel./Fax: (089) 2180-2268, Internet: http://www.wigeo.bwl.uni-muenchen.de/personen/polensky/, e-mail: polensky@bwl.uni-muenchen.de.

POLIVKA, Heinz (12-4-1934, Basel) Dr. phil. II, Lehrbeauftragter, Cercle pédagogique d. Dreiländer-Regio, Vorstand Geogr.-Ethnolog. Gesellschaft Basel. – (Pr) Schützengraben 7, CH-4051 Basel, Tel.: (061) 2610194 – (D) Geogr. Institut der Universität Basel, Klingelbergstr. 16, CH-4056 Basel.

POLL, Kurt (7-5-1930, Münster/Westf.) Dr., o. Prof. em., Altlastensanierung, Baugrunduntersuchung, Prüflabor für Kontaminationen von Wasser und Boden, Geologisch-Paläontologisches Institut, Westf.-Wilhelms-Univ. Münster. – (Pr) Schlüterstr. 6, D-48149 Münster – (D) Correnstr. 24, D-48149 Münster.

POLLEX, Wilhelm (20-8-1922, Stolp) Prof. Dr. rer. nat., em. Prof. f. Geogr. – (Pr) Im Wiesengrund 26, D-24113 Molfsee, Tel.: (0431) 65583 – (D) Universität Kiel, EWF Abt. Geographie, Olshausenstr. 75, D-24118 Kiel.

PONTHÖFER, Lore (6-3-1928, Bochum) StDir'in, Fachl. f. Erdkde am Staatl. Studienseminar Bochum. – (Pr) Tippelspfad 3, D-44803 Bochum, Tel.: (0234) 350807 – (D) Ostring 23a, D-44787 Bochum, Tel.: (0234) 14755.

POPIEN, Ralf (12-4-1963, Köln) Dr., Dipl.-Geogr. – (Pr) Pestalozzistr. 40c, D-80469 München, Tel./Fax: (089) 267204, e-mail: ralf.popien@avl.de.

POPP, Herbert (16-3-1947, Bayreuth) Dr. rer. nat. habil., o. Prof. u. Dir. d. Geogr. Inst. d. Technischen Universität München, Obmann der Geogr. Gesellschaft in Deutschland, 1. Vorsitzender der Geogr. Gesellschaft München, Mitgl. in der Deutschen Akademie für Landeskunde, Mithrsg. d. „Geogr. Rundschau", d. „Geogr. Seminars" u. d. „Münchener Geogr. Hefte", Hrsg. d. „Maghreb-Studien". – (Pr) Gärtnerweg 8, D-94036 Passau, Tel.: (0851) 9862932, Fax: 9862933, e-mail: pa003425@pssau.baynet.de – (D) Arcisstr. 21, D-80290 München, Tel. (089) 2892-2801, Fax: 2892-2804, e-mail: herbert.popp@lrz.tu-muenchen.de.

POPP, Kilian (6-4-1947) Dr. rer. nat. – (Pr) Mainstr. 67, D-96103 Hallstadt, Tel.: (0951) 71955.

POSCHWATTA, Wolfgang (18-9-1943, Berlin) Priv.-Doz., Dr. phil., Dr. rer. nat. habil., Dipl.-Volksw., AOR a. Lehrstuhl f. Sozial- u. Wirtschaftsgeogr. d. Univ. Augsburg. – (Pr) Jakobiweg 6, D-86551 Aichach, Tel.: (88251) 826813 – (D) Universitätsstr. 10, D-86159 Augsburg, Tel.: (0821) 598-2288, -2282.

POSSEKEL, Anja (23-01-1967) Dipl.-Geogr., Wiss. Mitarb. am Institut für Geographie, Arbeitsbereich Wirtschaftsgeographie. – (D) Bundesstr. 55, D-20146 Hamburg, Tel.: (040) 4123-5217, Fax: 4123-4967, e-mail: possekel@geowiss.uni-hamburg.de.

POTSCHIN, Marion (17-1-62, Korntal-Münchingen) Dr. phil., Dipl.-Geogr., M.A., Wiss. Hochschulass. am Departement für Geographie der Universität Basel. – (D) Abt. Physiogeographie und Landschaftsökologie, Spalenring 145, CH-4055 Basel, Tel.: (061) 272-6928, Fax: 272-6923, e-mail: potschin@ubaclu.unibas.ch.

POTT, Richard (7-8-1951, Tecklenburg-Brochterbeck) Dr. rer. nat., Univ.-Prof., Dir. d. Instituts für Geobotanik, Universität Hannover. – (D) Nienburger Str. 17, D-30167 Hannover, Tel.: (0511) 762-3631, -3632, Fax: 762-3633.

PRANGE, Werner (12-07-1930, Lübeck) Dr. rer. nat., Wiss. Direktor i.R., Hrsg. Meyniana Bd. 15-45, Berichte-Reports, Geol.-Paläont. Inst. Univ. Kiel, 1-60, Geol.-Paläontolog. Inst. u. Museum d. Univ. Kiel. – (Pr) Bürgermeister-Drews-Str. 50, D-24119 Kronshagen – (D) Olshausenstr. 40, D-24118 Kiel.

PRASUHN, Volker (21-6-1959, Hameln) Dipl.-Geogr., Dr.phil.II, Wiss. Angest. am Institut für Umweltschutz und Landwirtschaft Liebefeld (IUL). – (Pr) Alpenstr. 21, CH-30184 Wabern, Tel.: (031) 9618310 – (D) Schwarzenburgstr. 155, CH-3003 Bern, Tel.: (031) 323-8462, e-mail: volker.prasuhn@iul.admin.ch.

PRATJE, Jürgen, Dr. Dr. – (D) Lauenburgische Akademie für Wissenschaft und Kultur, Hauptstr. 150, D-23879 Mölln, Tel.: (04542) 87-071, 87-000, Fax: 87-061.

PRECHTEL, Nikolas (10-4-1960, München) Dr. – (Pr) Tzschimmerstr. 24, D-01309 Dresden – (D) Inst. f. Kartographie, Mommsenstr. 13, D-01062 Dresden, Tel.: (0351) 463-3278, Fax: 463-7028, e-mail: prechtel@karst8.geo.tu-dresden.de.

PREISS, Brigitte (6-7-1950, Hannover) Dipl.-Geogr. – (Pr) Okerstr. 4a, D-38542 Leiferde, Tel.: (05373) 6759, Fax: 330001.

PRESCHER, Jürgen (13-8-1953, Großröhrsdorf) Dr. phil. Referatsleiter, IHK Dresden, Abt. Volkswirtschaft. — (Pr) Lugaer Str. 22, D-01259 Dresden – (D) Niedersedlitzer Str. 63, D-01257 Dresden, Tel.: (0351) 2802222.

PREU, Christoph (15-8-1950, Augsburg) Dr. rer. nat., Dr. rer. nat. habil., Prof. an der Universität Vechta. – (D) Universität Vechta, Postfach 15 53, D-49364 Vechta.

PREUSS, Johannes (15-7-1946, Eschwege/Werra) Prof. Dr. rer. nat., Univ.-Prof. am Geogr. Institut der Universität Mainz. – (Pr) Zeppelinstr.10, D-55131 Mainz, Tel.: (06131) 52753 – (D) Saarstr. 21, D-55099 Mainz, Tel.: (06131) 39-2466, Fax:39-4576.

PREUSSER, Hubertus (19-2-1939, Saarbrücken) Dr. phil., AOR, Fachbereich Sozial- u. Umweltwissenschaften, Fachrichtung Geogr. a. d. Univ. d. Saarlandes. – (Pr) Breslauer Str. 19, D-66121 Saarbrücken, Tel.: (0681) 813556 – (D) D-66041 Saarbrücken, Tel.: (0681) 302-2374, Fax: 302-2364.

PRIEBS, Axel (19-06-1956, Hamburg) Dr. rer. nat., Leiter des Fachbereichs Planung und Naherholung beim Kommunalverband Großraum Hannover, Honorarprofessor an der Universität Kiel, Mithrsg. der Kieler Arbeitspapiere zur Landeskunde und Raumordnung, Sprecher der FAG „Regionalentwicklung" im DVAG. – (Pr) Walter-Giesenking-Str. 1, D-30159 Hannover, Tel./Fax: (0511) 2831470 – (D) Arnswaldtstr. 19, D-30159 Hannover, Tel.: (0511) 3661-249, Fax: 3661-455, e-mail: a.priebs@hannover-region.de.

PRIES, Martin (3-5-1957, Flensburg) Dr. rer. nat., Akad. Rat d. Univ. Lüneburg. – (D) Wirtschafts- u. Sozialgeographie Universität Lüneburg, Scharnhorststr. 1, D-21335 Lüneburg, Tel. (04131) 78-2690, Fax: 78-2692.

PRIESMEIER, Klaus (25-4-1939, Hannover) Dr. rer. nat., AD am Inst. f. Geogr. d. Univ. München. – (Pr) Fichtenstr. 15a, D-85598 Baldham, Tel./Fax: (08106) 6728 – (D) Luisenstr. 37, D-80333 München, Tel.: (089) 2180-6657, e-mail: priesmeier@geographie.uni-muenchen.de.

PRIESNITZ, Kuno (6-4-1937, Breslau) Dipl.Geogr., Dr. rer. nat., AOR am Geogr. Inst. d. Univ. Göttingen. – (Pr) Hauptstr. 36, D-37434 Krebeck, Tel.: (05507) 7185 – (D) Goldschmidtstr. 5, D-37077 Göttingen, Tel.: (0551) 398051, e-mail: kpriesn@mail.uni-geog.gwdg.de

PRONK, Marco (25-05-1965) Dipl.-Geogr., Wiss. Mitarb. am Inst. f. Geogr. der FSU Jena. – (D) Sozialgeographie, Grietgasse 6, D-07743 Jena, Tel.: (03641) 9488-44, Fax: 9488-42, Internet: http://www.geogr.uni-jena.de, e-mail: C8prma@geogr.uni-jena.de.

PROTZE, Notburga (6-5-1944) Prof. Dr. paed. habil., Prof. f. Didaktik d. Geographie der Martin-Luther-Universität Halle-Wittenberg, Beisitzerin d. Hochschulverbandes f. Geographie und ihre Didaktik. – (Pr) Saalering 3, D-06120 Halle/Saale, Tel./Fax: (0345) 5500844 – (D) August-Bebel-Str. 13c, D-06108 Halle/Saale, Tel.: (0345) 552-6007, Sekr.: -6062, Fax: 552-7144, e-mail: protze@geographie.uni-halle.de.

PUDEMAT, Petra (16-07-1967, Lehrte) Dr. rer. nat., Wiss. Mitarb. a. d. Univ. Lüneburg. – (Pr) Bramfelder Str. 50, D-22305 Hamburg, Tel.: (040) 2991433 – (D) Scharnhorststr. 1, D-21335 Lüneburg, Tel.: (04131) 782689, Fax:782692, e-mail:pudemat@uni-lueneburg.de.

PUDOR, Jürgen (29-12-1938, Königsberg/Pr.) Referent im Landesplanungsamt, Stadtentwicklungsbehörde, Hamburg. – (Pr) Taubenstr. 24, D-25421 Pinneberg, Tel.: (04101) 65252 – (D) Alter Steinweg 4, D-20459 Hamburg, Tel.: (040) 3504-3079, Fax: 3504-3027.

PÜTZ, Robert (26-12-1964, Köln)Dr. Dipl.-Geogr., Wiss. Mitarbeiter, Geographisches Institut, Johannes-Gutenberg-Universität Mainz. – (Pr) Aspeltstr. 9, D-55118 Mainz, Tel.: (06131) 961652 – (D) Geogr. Institut, Joh.-Gutb.-Univ. Mainz, D-55099 Mainz, Tel.: (06131) 394-764, Fax: 394-736.

PUSTKOWSKI, Reginald (1-3-1932) Dipl.-Geogr., Dr. rer. nat. – (Pr) Kopernikusstr. 26, D-10245 Berlin, Tel./Fax: (030) 2916731.

Q

QUASTEN, Heinz (24-8-1936, Grevenbroich) Prof. Dr. phil., Fachrichtung Geogr. d. Univ. d. Saarlandes, Mithrsg. d. „Arbeiten aus dem Geogr. Inst. d. Univ. d. Saarlandes", Direktor d. Inst. f. Landeskunde im Saarland, Mithrsg. „Veröffentlichungen d. Inst. f. Landeskunde im Saarland", Mithrsg. „Geschichtlicher Atlas für das Land an der Saar", Hrsg. d. „Saarland-Hefte". – (Pr) Sebastianstr. 6, D-66440 Blieskastel, Tel.: (06842) 1398, Fax: 536859 – (D) Fachrichtung Geographie, Universität, D-66041 Saarbrücken, Tel.: (0681) 302-2714, Fax: 302-4778.

QUENZEL, Heinrich (21-09-1932, Waltershausen) Dipl.-Phys., Dr. rer. nat., Univ.-Prof. f. Meteorologie, Meteorologisches Institut der Univ. München. – (Pr) Eduard-Spranger-Str. 42, D-80935 München, Tel.: (089) 3135710 – (D) Theresienstr. 37, D-80333 München, Tel.: (089) 2394-4368, Fax: 2394-4381.

R

RABENSTEIN, Edmund (15-09-1940, Wien) Dipl.-Ing., Hofrat, OKK, Abteilungsleiter der Abt. Kartographie, Bundesamt für Eich- und Vermessungswesen. – (Pr) Auerwelsbachstraße 19, A-1230 Wien – (D) Krotenthallergasse 3, A-1080 Wien, Tel.: (01) 40146260.

RABSAHL, Eckehardt (11-3-1948, Wyk auf Föhr) StDir., Fachleiter am Studienseminar für das Lehramt an der Sekundarstufe II, Detmold. – (Pr) Gellernweg 5, D-32758 Detmold (Pivitsheide VL), Tel.: (05232) 89989 – (D) Im Orte 10, D-32760 Detmold (Berlebeck).

RACH, Diethard (14-9-1942, Marienwerder) Dipl.-Geogr., Wiss. Angest. d. Bundesforschungsanstalt f. Landeskunde u. Raumordnung. – (Pr) Auf der Höhe 9, D-53578 Windhagen, Tel.: (02645) 3708 – (D) Am Michaelshof, D-53177 Bonn, Tel.: (0228) 826 (1) / 308.

RACINE, Jean Bernard (1940, Neuchâtel) Docteur des lettres, Prof. ord. Institut de géographie, Faculté des Lettres et Hautes Etudes Commerciales de l'Université de Lausanne, Membre Comité éditorial „Espace géographique", „Géographie et culture". – (Pr) Av. du Grey 16, CH-1004 Lausanne, Tel.: (021) 6463407 – (D) Bâtiment des Facultés des Sciences Humaines noll, CH-1015 Lausanne/Dorigny, Tel.: (021) 692-3071, Fax: 692-3075.

RACK, Eberhard (19-6-1935, Gleiwitz) Dr. phil., em. o. Prof. f. Didaktik d. Geogr. – (Pr) Eschentüner 12, D-26524 Hage, Tel.: (04931) 7765.

RACK, Eduard (18-11-1960, Pforzheim) Dr. M.A., Geographielehrer am Friedrich-von Alberti-Gymnasium in Bad Friedrichshall, Lehrbeauftragter am Institut für Didaktik der Geographie der Univ. Frankfurt/M. – (Pr) Kapellenweg 1, D-69121 Heidelberg, Tel.: (06221) 411543 – (D) Schumannstr. 58, D-60054 Frankfurt/M., Tel.: (069) 798-28802, Fax: 798-22535, e-mail: rack@em.uni-frankfurt.de.

RADTKE, Ulrich (12-5-1955, Werther) Dr. rer. nat., Prof. am Geogr. Institut der Univ. zu Köln. – (Pr) Strandbadweg 9, D-42719 Solingen – (D) Albertus-Magnus-Platz, D-50923 Köln, Tel.: (0221) 470-5674, Fax: 470-5124, e-mail: u.radtke@uni-koeln.de.

RÄBER, Daniel (20-11-1958, Luzern) Dipl.-Geogr., Lehrer an der Kantonsschule Alpenquai (Gymnasium) Luzern. – (Pr) Wichlernstr. 20, CH-6010 Kriens, Tel.: (041) 3208806. – (D) Tel.: (041) 3946850.

RAFFESTIN, Claude (15-9-1936, Paris) Docteur ès sc. écon., Prof. ord. à l'Université de Genève, Département de géographie – (Pr) Rue Calvin 7, CH–1204 Genève, Tel.: (022) 3111726 – (D) Départ. de Géographie, Université de Genève, 102 bd. Carl-Vogt, CH-1211 Genève.

RAFIQPOOR, M. Daud (16-12-1949, Kabul, Afghanistan) Dr. rer. nat., Wiss. Mitarb. d. Komm. f. Erdwiss. Forschung d. Akad. d. Wiss. u. d. Literatur, Mainz (Arbeitsstelle Geoökologie, Bonn). – (Pr) Fuldastr. 18, D-53332 Bornheim-Hersel, Tel.: (02222) 82698 – (D) Meckenheimer Allee 166, D-53115 Bonn, Tel.: (0228) 73-7383, Fax: 73-5393, e-mail: D.Rafiqpoor @giub.uni-bonn.de.

RAGAZ, Cheri, Dr. phil., Assistentin – (D) Geographisches Institut der Universität Zürich-Irchel, Winterthurerstr. 190, CH-8057 Zürich, Tel.: (01) 257-5186.

RAMBOUSEK, Walter H. (22-1-1947, Zürich) Dr., Direktor UBS AG. – (Pr) Oberhägli 15, CH-5018 Erlinsbach, Tel.: (062) 8442570, Fax: 8440470 – (D) SUBS AG, Human Resources, Private Banking, Aeschenplatz 6, Postfach, CH-4002 Basel, Tel.: (061) 288-2482, Fax: 288-5921.

RAMMER, Christian (28-03-1966) Dr., Wiss. Angest., Geschäftsbereich Systemforschung Technik-Wirtschaft-Umwelt, Geschäftsfeld Regionalforschung. – (Pr) Custozzagasse 6/5, A-1030 Wien – (D) Österreichisches Forschungszentrum Seibersdorf, A-2444 Seibersdorf, Tel.: (02254) 780-3889, Fax: 780-3888, e-Mail: christian.rammer@arcs.ac.at.

RANGOSCH, Simone (19-11-1966, Stuttgart) Dr. phil., Projektmitarbeiterin, Universität Zürich-Irchel, Geograph. Institut, Abt. Wirtschaftsgeographie. – (Pr) Haldenmätteli 24, CH-5621 Zufikon Tel.: (056) 64085 – (D) Winterthurerstr. 190, CH-8057 Zürich, Tel.: (01) 6355245.

RASCHKE, Wolfgang (26-8-1953, Saßnitz) Dr. rer. nat. – (Pr) Fischerstecherstr. 26, D-06120 Halle – (D) Martin-Luther-Universität Halle, Tel.: (0345) 55-26050, Fax: 55-27157.

RASE, Wolf Dieter (27-5-1944, Saarbrükken) Dr. rer. nat., Dipl.-Geogr. – (Pr) Kastanienweg 29, D-53177 Bonn – (D) Bundesamt für Bauwesen und Raumordnung, Postfach 20 01 30, D-53131 Bonn, Tel.: (0228) 826-224,Fax: 826-266, Internet: http://www.t-online.de/howe/Wolf.Rase/, e-mail: rase@acm.org, wolf.rase@t-online.de.

RATTER, Beate (19-10-1962) Dr. rer. nat., Wiss. Hochschulass. am Institut für Geographie d. Univ. Hamburg. – (D) Arbeitsbereich Wirtschaftsgeographie, Bundesstraße 55, D-20146 Hamburg, Tel.: (040) 4123-5211, Fax: 4123-4967, e-mail: ratter@geowiss.uni-hamburg.de.

RATUSNY, Armin (25-8-1958, Krappitz/Schlesien) Priv.-Doz., Dr. phil., Oberass. a. Z. am Lehrstuhl I f. Geographie d. Univ. Passau. – (Pr) Am Seidenhof 8, D-94034 Passau, Tel.: (0851) 44862 – (D) Schustergasse 21, D-94032 Passau, Tel.: (0851) 509-2733, Fax: 509-2732, e-mail: qvratu01@fsuni.rz.uni-passau.de.

RAU, Rolf (25-6-1951, Neunkirchen) Dipl.-Geogr., Dr. rer. nat. – (Pr + D) Koloniestr. 28, D-85614 Kirchseeon, Tel.: (08091) 519880, 519881, Fax: 519882.

RAU, Frank (04-07-1966, Bremen) Dipl.-Geogr., Hydrologe, Wiss. Mitarb. am Inst. f. Physische Geographie der Universität Freiburg. – (Pr) Lehener Str. 33, D-79106 Freiburg – (D) Werderring 4, D-79085 Freiburg, Tel.: (0761) 203-3550, Fax: 203-3596, Internet: http://www.uni-freiburg.de/physgeo/, e-mail: frara@ipg.uni-freiburg.de.

RAUCH, Birgit (31-10-1964) Dipl.-Geogr. – (Pr) Ladewigstr. 23, D-16562 Bergfelde – (D) Rauch Consult, Ladewigstr. 23, D-16562 Bergfelde, Tel./Fax: (03303) 502850, Mobil: (0172) 3826464.

RAUCH, Theodor (17-7-1945, München) Priv.-Doz., Dr. rer. nat., Dipl.-Vw., GTZ Auslandsmitarbeiter, freiberuflicher Gutachter und Lehrbeauftragter.

RAUCHFUSS, Christian (05-10-1965) Dipl.-Geogr., Wiss. Mitarbeiter der EFTAS Fernerkundung Technologietransfer GmbH. – (D) Ostmarkstr. 92, D-48145 Münster, Tel.: (0251) 13307-0, Fax: 13307-33, e-mail: eftas@t-online.de.

RAUH, Jürgen (24-12-1961, Höchstadt/Aisch) Dr. phil., Dipl.-Geogr. a. d. Univ. Regensburg. – (Pr) Am Hang 8a, D-93161 Sinzing, Tel.: (0941) 380241 – (D) Universität Regensburg, Lehrstuhl f. Wirtschaftsgeographie, Postfach 10 10 42, D-93010 Regensburg, Tel.: (0941) 943-3617, Fax: 943-4951, e-Mail: juergen.rauh@geographie.uni-regensburg.de.

RAUSCHELBACH, Burghard (24-4-1947, Timmendorfer Strand, Eutin). – (Pr) Cottastr. 35, D-88048 Friedrichshafen, Tel.: (07541) 41007 – (D) Postfach 51 80, Deutsche Gesellschaft für Technische Zusammenarbeit (GTZ) GmbH, D-65726 Eschborn, Tel: (06196) 79-1174, Fax: 79-7151, e-mail:burghard.rauschelbach@gtz.de.

RAUSS, Raymond (12-10-1943, Nyon VD) Dr. – (Pr) 5, av. du Lignon, CH-1219 Le Lignon, Tel.: (022) 7966562.

REBETEZ BENISTON, Martine, Géographe. – (D) FNP Antenne romande, EPFL Ecublens, CP 96, CH-1015 Lausanne, Tel.: (021) 69339-38, -05, Fax: 69339-13, Internet: http://www.wsl.ch/wsidb.htm, e-mail: rebetez@wsl.ch.

RECK, Uwe (01-02-1964, Landau/Pfalz) Dipl.-Geogr., Mitarb. am Inst. f. Geopgraphie der Universität Koblenz-Landau, Abt. Landau. – (Pr) Schulstr. 14, D-76848 Wilgartswiesen, Tel.: (06392) 3635 – (D) Im Fort 7, D-76829 Landau, Tel.: (06341) 280-397, Fax: 280-398, e-mail: reck@uni-landau.de.

REDMER, Hartmut (18-9-1941, Berlin) St.Dir., Fachl. f. Geographie am Staatl. Studienseminar Leverkusen, Arbeitsschwerpunkte: Nordafrika, Sahara, Spanien, Lateinamerika, Didaktik der Geographie. – (Pr) Bergstr. 44, D-50321 Brühl, Tel.: (02232) 27582 – (D) Albert

Schweitzer Gymn., Sudetenstr. 37, D-50354 Hürth, Tel: (02233) 77008.

REEGER, Ursula (17-11-1965) Mag. phil., Wiss. Sachbearb. am Institut für Stadt- und Regionalforschung der Österr. Akademie der Wissenschaften. – (Pr) Radetzkystr. 25/1/4, A-1030 Wien – (D) Postgasse 7, A-1010 Wien, Tel.: (01) 51581-525.

REEH, Wolfgang (23-4-1950, Dillenburg) Dr. phil., Geschf. d. AS Reiseladen GmbH. – (Pr) Königsberger Str. 32, D-54516 Wittlich – (D) Postfach, D-54516 Wittlich, Tel.: (06571) 27061, Fax: 29082.

REGBER, Richard (12-4-1935, Weidenfließ) Dipl.-Math. – (Pr) Wartenburg 8, D-04159 Leipzig – (D) ArbeitsgruppeGeographie in KAI e.V., Talstr. 35, D-04103 Leipzig, Tel.: (0341) 716-5377.

REGENTROP, Thomas, Inst. f. Geographische Wissenschaften B.E.R.G., FU Berlin. – (D) Grunewaldstr. 35, D-12165 Berlin.

REH, Kurt (16-11-1928, Kaiserslautern) Prof. Dr. rer. nat., o. Prof. em. f. Geogr. a. d. Universität Koblenz-Landau, Abt. Landau. – (Pr) Sprangerstr. 5, D-67663 Kaiserslautern, Tel.: (0631) 23727 – (D) Im Fort 7, D-76829 Landau, Tel.: (06341) 280-150.

REHLING, Susanne (10-2-1964, Damme) Dipl.-Geogr., Wiss. Mitarbeiterin, Geographisches Instiut der Univ. Göttingen, Abt. Kartographie und Fernerkundung. – (Pr) Riemannstr. 8, D-37083 Göttingen – (D) Goldschmidtstraße 5, D-37077 Göttingen, Tel.: (0551) 39-7979, Fax: 39-8006.

REICHART, Thomas (02-09-1954, Nürnberg) Dipl. Kfm., Dipl.-Volkswirt, Dr. rer. pol., Univ.-Prof. am Lehrstuhl für Wirtschafts- und Sozialgeographie a. d. Wirtschafts- und Sozialwissenschaftlichen Fakultät der Univ. Erlangen-Nürnberg. – (Pr) Gartensteig 3, D-90491 Nürnberg, Tel: (0911) 5980371 – (D) Lange Gasse 20, Postfach 39 31, D-90020 Nürnberg, Tel: (0911) 530498, e-mail: Thomas.Reichart @wiso.uni-erlangen.de.

REICHE, Annemarie (22-2-1940, Krefeld) Dr. rer. nat., AOR'in. – (Pr) Malmedyweg 18, D-48149 Münster, Tel.: (0251) 81593 – (D) Univ. Dortmund, Institut für Geographie und ihre Didaktik, Emil-Figge-Str. 50, D-44227 Dortmund, Tel.: (0231) 755-2809.

REICHERT, Dagmar (8-11-1957) M.A., Mag. phil., Geogr. Institut ETH Zürich. – (Pr) Schürbungert 41, CH-8057 Zürich, Tel.: (01) 3637302 – (D) Winterthurerstr. 190, CH-8057 Zürich, Tel.: (01) 257-5212, -5211.

REICHHARDT, Eva (21-04-1967, Frankfurt/M.) Dipl.Geogr., Wiss. Mitarbeiterin am Inst. f. Kulturgeographie, Stadt- und Regionalforschung d. Univ. Frankfurt/M. – (Pr) Schleidenstr. 24, D-60318 Frankfurt/Main, Tel.: (069) 553090 – (D) Senckenberganlage 36, D-60325 Frankfurt/M., Tel: (069) 798-22411.

REIFF, Karin (14-09-1960, Kirrlach) Dipl.-Geogr., Abt. Landschaftsökologie am Institut für Geographie der Universität Göttingen. – (Pr) Otto-Lauffer-Straße 14b, D-37077 Göttingen, Tel./Fax: (05519) 378037, e-Mail: kreiff@t-online.de – (D) Goldschmidtstr. 5, D-37077 Göttingen, Tel.: (0551) 39-8032.

REIMANN, Elisabeth (27-6-1955, Stendal) Dr. phil., Wiss. Assistentin. — (Pr) Gerbergrundbruck 30, D-1728 Gaustritz – (D) Techn. Universität Dresden, Fak. Forst-, Geo- und Hydrowissenschaften, Fachrichtung Geowissenschaften, Institut für Geographie, Mommsenstr. 13, D-01062 Dresden, Tel.: (0351) 463-6485.

REIMERS, Frank (20-8-1956, Berlin) Dr. rer. nat. Dipl.-Geogr., Fachreferent für Geowissenschaften an der Universitätsbibliothek Freiburg i. Br. – (Pr) Fichtenstr. 15a, D-79194 Gundelfingen – (D) Werthmannplatz 2, D-79098 Freiburg i. Br., Tel.: (0761) 203-3949, Internet: http.//www.ub.uni-freiburg.de/personen/reimers.html, e-mail:reimers@ub.uni-freiburg.de.

REIMITZ, Klaus (26-8-1934, Schwerin) Prof., Fachl. am Sem. f. Schulpädagogik (Gymnasien) Heidelberg. – (Pr) Barlachstr. 13, D-69168 Wiesloch, Tel.: (06222) 1084 – (D) Keplerstr. 87, D-69120 Heidelberg, Tel.: (06221) 477651.

REINDKE, Gisela (1-7-1927, Berlin) Prof. Dr. rer. nat., Dipl.-Geogr., em. o. Prof. f. Geographie und ihre Didaktik a.d. FU Berlin. – (Pr) Lohmeyerstr. 23, D-10587 Berlin , Tel.: (030) 3413873 – (D) Malteser Str. 74-100, D-12249 Berlin, Tel.: (030) 7792-489.

REINEKE, Thomas (03-02-1968, Paderborn) Dipl.-Geogr., Wiss. Mitarb. am Geogr. Institut d. RWTH-Aachen, – (P) Roermonder Str. 81, D-52072 Aachen Tel.: (0241) 872142 – (D) Templergraben 55, D-52056 Aachen, Tel.: (0241) 806052, Fax: 8888-

157, e-mail: Thomas.Reinecke@geo.RWTH-Aachen.de.

REINER, Ernst (18-10-1914, Offenbach/Main) Dr. rer. nat. – (Pr) Reininghauserstr. 6, D-51643 Gummersbach, Tel.: (02261) 23400.

REINERS, Herbert (25-2-1932, Mönchengladbach) Dr. phil., Min.-Rat a.D., koresp. Mitgl. d. Akad. f. Raumforschung u. Landesplanung. – (Pr) Peter-Grams-Straße 8, D-41169 Mönchengladbach, Tel./Fax: (02161) 556164.

REINHARD, Eugen (28-2-1937, Lörrach) Dr. phil., Hon.-Prof. d. Univ. Karlsruhe, Ltd. Reg.-Dir., Leit. d. Abt. Landesforschung und Landesbeschreibung in der Landesarchivdirektion Baden.-Württemberg. – (Pr) Virchowstr. 6, D-76133 Karlsruhe, Tel.: (0721) 855665 – (D) Eugenstr. 7, D-70182 Stuttgart, Tel.: (0711) 212-4278.

REINHARDT, Karl-Heinz (23-5-1943, Königswinter/Rh.) Dr. phil., Prof. f. Erziehungswiss. u. f. Did. d. Geogr., FB 06 Erz.-Wiss. d. Univ. Hamburg, 2. Vors. d. „Vereinigung zur Förderung geographischen Unterrichts e.V.". – (Pr) Reichenberger Str, 113, D-25421 Pinneberg, Tel.: (04101) 73546 – (D) Von-Melle-Park 8, D-20146 Hamburg, Tel.: (040) 4123-4452, -2159, Fax: 4123-2112.

REINHARDT-DRISCHLER, Luise (20-5-1937, Lüneburg) Dr. rer. pol., Dipl.-Hdl., Ltd. Regierungsschuldirektorin. – (Pr) Friedrich-Ludwig-Jahn-Str. 19, D-21335 Lüneburg, Tel.: (04131) 43866.

REINIRKENS, Peter (21-12-1957, Hamm/Westf.) Dr. rer. nat. – (Pr) Halfmannswiese 53f, D-44879 Bochum, Tel.: (0234) 491395, Fax: 497555 – (D) Institut für Stadtökologie und Bodenschutz, FEZ, Alfred-Herrhausen-Str. 44, D-58455 Witten, Tel.: (02302) 915186, e-mail: reinirkens@citgweb.de.

REINWARTH, Oskar, Dr. rer. nat. h.c., Dipl.-Met., Mitgl. d. Kommission f. Glaziologie d. Bayerischen Akademie der Wissenschaften. – (D) Marstallplatz 8, D-80539 München, Tel.: (089) 23031-195.

REMMEL, Frank (13-7-1960, Bergneustadt) M.A., Historischer Geogr., Historische Kulturlandschaftsforschung, Museums- und Landschaftsdidaktik. – (Pr) Dorfstr. 2, D-51647 Gummersbach, Tel./Fax: (02261) 57924.

REMPFLER, Armin (2-7-59, Appenzell) Dr. phil. II, Dipl.-Geogr. – (Pr) Domherrenstr. 566, CH-4622 Egerkingen, Tel.: (004162) 3982218 – (D) Kantonsschule Olten, Hardwald, CH-4600 Olten, Tel.: (004162) 2962426.

RENNER, Erich (14-9-1949) Dipl.-Geogr., Dozent u. Wiss. Mitarb. a. d. Forschungsstelle f. Wirtschaftsgeographie und Raumplanung, FWR-HSG, Universität St. Gallen. – (Pr) Moserwies 9, CH-9032 Engelburg,Tel.: (071) 2777137, Fax: 2229379 – (D) Postfach 67, CH-9011 St. Gallen, Tel.: (071) 2242582, e-mail: erich.renner@unisg.ch.

RENNERT, Reinhold, Dipl.-Geoökol., Wiss. Mitarb. am Inst. f. Geographie, TU Berlin, Fachgebiet Physische Geographie. – (D) Rohrdamm 20-22, D-14629 Berlin, Tel.: (030) 314-25413, Fax: 314-25194, Internet: http://www.sun-ipx1.bg.tu-berlin.de, e-mail: renn0739@mailszrz.zrz.tu-berlin.de.

RENTSCH, Hermann, Dipl.-Ing., Wiss.Mitarbeiter, Kommission für Glaziologie der Bayer. Akademie der Wissenschaften. – (D) Marstallplatz 8, D-80539 München, Tel.: (089) 23031-195.

REPP, Gertraud (24-11-1915, Wien) Dr. phil., Dr. habil., tit. a.o. Univ.-Prof. d. Univ. Wien, Angewandte Ökologie, Wiss. OR und Lehrbeauftr. f. Wirtschaftsgeogr. d. D. Entwicklungsländer, Wirtschaftsuniversität Wien, UN-Adviser UNESCO/FAO. – (Pr) Prinz-Eugen-Str. 36/1, A-1040 Wien IV, Tel.: (01) 5056117 – (D) Peter Jordanstr. 6, A-1190 Wien, Tel.: (01) 3692099.

RESSKE, Fritz (20-4-1915, Berlin) Dr. rer. nat., OStDir., Lehrbeauftr. a. Inst. f. Geographie d. Univ. Hamburg. – (Pr) Oldenburger Str. 38, D-26434 Hooksiel, Tel.: (04425) 799 – (D) Bundesstr. 55, D-20146 Hamburg.

REUBER, Paul (11-12-1958, Lennestadt), Priv.-Doz., Dr. rer. nat., Mitarb. am Geogr. Institut der Universität Heidelberg. – (Pr) Kalkuhlstr. 24, D-53227 Bonn, Tel.: (0228) 445261 – (D) Universität Heidelberg, Geographisches Institut, Im Neuenheimer Feld 348, D-69120 Heidelberg, Tel.: (06221) 544579, Fax: (06221) 545585.

REUTER, Bernd (11-3-1941, Landsberg/Berlin) Dr. rer. nat. habil., Prof. – (D) Ingenieurbüro Hanke, Kirchgasse 3a, D-04827 Machern, Tel.: (0341) 4777304.

RHODE-JÜCHTERN, Tilman (07-02-1946, Bielefeld) Dr. rer. nat., Univ.-Prof. für Didaktik der Geographie, Universität Jena, Institut für Geographie. – (Pr) Heidbrede 30, D-33829 Borgholzhausen, Tel./Fax: (05425) 6780 – (D) Löbdergraben 32, D-

07743 Jena, Tel.: (03641) 9488-90, -31 (Sekr.), Fax: 9488-32, e-mail: c9rhti @geogr.ini-jena.de.

RICHTER, Dieter (18-9-1935, Bad Schmiedeberg) Dr. rer. nat., StDir., Fachl. f. Erdkunde am Staatl. Studiensem. 1, Hannover, Ehrenvors. des Verbandes Deutscher Schulgeographen. – (Pr) Breslauer Straße 26, D-30938 Burgwedel, Tel.: (05139) 1205, Fax: 2646.

RICHTER, Gerd (01-12-1939, Leipzig) Dipl.-Ing., Prokurist, Chefkartograph, Mitgl. d. Deutschen Gesellschaft für Kartographie, Vors. Prüfungsausschuß Kartographie, Mairs Geographischer Verlag – (Pr) Hölderlinstr. 1, D-72765 Neuhausen – (D) D-73760 Ostfildern.

RICHTER, Gerold (23-12-1932, Böhmisch-Leipa) Prof. em. Dr. rer. nat., o. Prof. f. Phys. Geogr. a. d. Univ. Trier, Präs. der Europäischen Gesellschaft für den Schutz des Bodens (ESSC). – (Pr) Zum Lorenzberg 4, D-54318 Mertesdorf, Tel.: (0651) 52460, Fax: 9950574 – (D) Universität Trier, D-54286 Trier, Tel.: (0651) 201-4513, -4514, Fax: 201-3976.

RICHTER, Hans Georg (24-12-1924, Annaberg/Erzgeb.) em. Prof., Dr. rer. nat. habil., Mitgl. der Deutschen Akademie der Naturforscher Leopoldina, Halle-Kurator i.Institut für Länderkunde Leipzig.– (Pr) Naunhofer Str. 18, D-04299 Leipzig, Tel.: (0341) 8780562 – (D) Fachb. Geowissenschaften, Geographisches Institut der Martin-Luther-Univ., Halle-Wittenberg, Domstraße 5, D-06108 Halle/Saale.

RICHTER, Karin (24-4-1952, Greifswald) Dr. paed. – (Pr) Ringstr. 01, D-17498 Hinrichshagen, Tel.:(03834) 508398 – (D) Institut für Geographie der Ernst-Moritz-Arndt-Universität, Friedrich-Ludwig-Jahn-Str. 16, D-17489 Greifswald, Tel.: (03834) 864513.

RICHTER, Karl-Gerd (21-2-1956, Hürth-Hermühlheim) Dipl.-Meteo., Dr.-Ing. – (D) Ingenieurbüro Dr. Ludwig, Herrenstr. 14, D-76133 Karlsruhe,Tel.: (0721) 9125140.

RICHTER, Michael (22-9-1946, Bonn) Prof. Dr. rer. nat., Prof. am Institut für Geographie, Friedrich-Alexander-Universität Erlangen. – (Pr) Eichenring 48, D-91341 Röttenbach, Tel.: (09195) 6667 – (D) Kochstr. 4/4, D-91054 Erlangen, Tel.: (09131) 85220-15, Fax: 85220-13, e-mail: mrichter@geographie.uni-erlangen.de.

RICHTER, Waltraud (18-06-1935, Wien) Dr., Dipl.-Kfm. – (Pr) Thaliastr. 30/V, A-1160 Wien.

RICHTER, Werner (8-7-1937, Duisburg) Dr. rer. nat., Priv.-Doz. – (Pr) Odenwaldstr. 9, D-53332 Bornheim, Tel.: (02227) 2150.

RICHTER, Wolf-Andreas (09-01-1965, Stuttgart) Dipl.-Geogr., Wiss. Mitarb. am Institut für Geographie der Univ. Stuttgart. – (D) Azenbergstr. 12, D-70174 Stuttgart, Tel.: (0711) 121-1407, Fax: 121-472.

RICHTER, Wolfgang (17-6-1954) Dr., Dipl.-Geogr., Wiss. Mitarb., Allgemeiner Deutscher Fahrrad-Club - Landesverband NRW e.V. – (Pr) Gleueler Str. 272, D-50935 Köln, Tel.: (0221) 4302089 – (D) ADFC Landesverband NRW e.V., Birkenstr. 48, D-40233 Düsseldorf, Tel.: (0211) 6870821, Fax: 660248.

RICHTER-JAKOB, Barbara (26-12-1966, Braunschweig) Dipl.-Geogr., Wiss. Mitarb. am Institut für Geographie der Universität Stuttgart. – (D) Azenbergstr. 12, D-70174 Suttgart, Tel.: (0711) 121-1454.

RIECHELMANN, Lutz (04-12-1968, Braunschweig) MSc., Universität Kiel, EWF, Abt. Geographie. – (Pr) Pöttgerbrink 11, D-38112 Braunschweig, e-mail: riechelmann@bigfoot.de – (D) Olshausenstr. 75, D-24118 Kiel.

RIECKEN, Guntram (29-11-1942, Niedorf, Gnesen) Oberstudienrat i.H., Institut für Geographie und ihre Didaktik an der Bildungswiss. Hochschule Flensburg - Universität – (Pr) Hisselholm 8, D-24975 Hürup , Tel.: (04634) 732 – (D) Bildungswissenschaftliche Hochschule Flensburg-Universität, Mürwiker Str. 77, D-24943 Flensburg, Tel.: (0461) 570-1323.

RIEDEL, Christian (14-09-1965, Nürnberg) M.A., Wiss. Angest. am Inst. f. Geographie der Univ. Erlangen. – (Pr) Otto-Goetze-Str. 5, D-91054 Erlangen, Tel.: (09131) 209104 – (D) Kochstr. 4/4, D-91054 Erlangen, Tel.: (09131) 852-2008, Fax: 852-2013, e-mail: criedel@geographie.uni-erlangen.de.

RIEDEL, Heiko (29-4-1957, Detmold) Dr. phil., Dipl.-Geogr., Dipl.-Psych. – (Pr) Hellwigstr. 19, D-66121 Saarbrücken, Tel.: (0681) 64575, e-mail: h.riedel @topmail.de.

RIEDEL, Uwe (3-8-1941, Bad Warmbrunn) Dr., Prof. – (Pr) Wielandstr. 18, D-28203 Bremen, Tel.: (0421) 76138 – (D) Neustadtswall 30, D-28199 Bremen, Tel.: (0421) 5905170.

RIEDEL, Wolfgang (5-5-1942, Braunschweig) Dipl.-Geogr., Dr. rer. nat., Univ.-

Prof., Direktor des Instituts für Landschaftsplanung und Landschaftsökologie im Fachbereich Landeskultur und Umweltschutz der Univ. Rostock, Stellv. Vors. des Wissenschaftsverbands Umwelt der Univ. Rostock, Prorektor der Univ. Rostock. – (Pr) Birkenweg 29, D-24944 Flensburg, Tel.: (0461) 32111, Gerhart-Hauptmann-Str. 3, D-18055 Rostock, Tel.: (0381) 4903635 – (D) Justus-von-Liebig-Weg 6, D-18051 Rostock, Tel.: (0381) 498-2187, Fax: 498-2188.

RIEDERER, Josef (29-12-1939, München) Prof. Dr., Direktor, Rathgen-Forschungslabor, Staatliche Museen zu Berlin.– (Pr) Am Waldpark 12, D-13467 Berlin – (D) Schloßstr. 1a, D-14059 Berlin, Tel.: (030) 32091297, Fax: 3221614.

RIEDL, Andreas (03-10-1965, Waidhofen/Th.) Mag. rer. nat., Univ.-Ass. am Inst. f.Geogr. der Univ. Wien. – (Pr) Festgasse 6/12, A-1160 Wien, Tel.: (01) 4812662 – (D) Universitätsstr. 7/V, A-1010 Wien, Tel.: (01) 4277-48642, Fax: 4277-9486.

RIEDL, Helmut (22-6-1933, Wien) o. Univ.-Prof. f. Geogr., Dr. phil. am Geogr. Inst. d. Univ. Salzburg, Hrsg. der „Salzburger Geographische Arbeiten", u. „Salzburger Geographische Materialien", Begründer der Alpinen Forschungsstation Samer Alm. – (Pr) Haunspergstr. 25/8, A-5020 Salzburg, Tel.: (0662) 871374 – (D) Hellbrunnerstr. 34/III, A-5020 Salzburg, Tel.: (0662) 8044-5200, Fax: 8044-5214.

RIEGER, Walter (10-8-1946, Ludwigshafen) Dr. rer. nat., Dipl.-Geogr. – (Pr) Magnikirchstr. 1, D-38100 Braunschweig, Tel.: (0531) 18673.

RIES, Johannes Bernhard (13-12-1961, Freiburg i. Brsg.) Dr. rer. nat., Wiss. Assistent am Institut für Physische Geographie, FB Geowissenschaften der Univ. Frankfurt. – (Pr) Paquetstr. 54, D-60431 Frankfurt/M., Tel.: (069) 95294853, Fax: 95294854 – (D) Postfach 11 19 32, Senckenberganlage 36, D-60054 Frankfurt/M., Tel.: (069) 798-22849, Fax: 798-28382, e-mail: j.b.reis@em.uni-frankfurt.de.

RIETH, Dietrich (15-4-1920) Dr. phil., OStR i.R. – (Pr) Dörfflerstr. 7, D-35037 Marburg, Tel.: (06421) 25705.

RIETHER, Norbert (1-7-1955, Duisburg) Dr. rer. nat. – (Pr) Benjaminstr. 11-13, D-50679 Köln (Postfach 21 09 51, D-50533 Köln), Tel.: (0221) 883247 – (D) c/o Umlandverband Frankfurt, Referat Digitale Karte, Am Hauptbahnhof 18, D-60329 Frankfurt, Tel.: (069) 25771517.

RINGEL, Gudrun (18-5-1949, Großdeuben) Prof. Dr. sc. paed. – (Pr) Lindenring 79, D-79189 Bad Krozingen, Tel./Fax: (07633) 405594 – (D) Pädagogische Hochschule Freiburg, Institut f. Biologie, Chemie, Geographie, Physik, Kunzenweg 21, D-79117 Freiburg, Tel.: (0761) 682214.

RINSCHEDE, Gisbert (8-10-1941, Drewer, Krs. Lippstadt) Dr. rer. nat., o. Prof., Lehrstuhl f. Didaktik d. Geogr., Inst. f. Geogr., Univ. Regensburg, Mithrsg. „Regensburger Beiträge zur Didaktik der Geographie", Mithrsg. der religionsgeogr. Schriftenreihe „Geographia Religionum", Mithrsg. „Regensburger Geogr. Schriften", Resource Editor „Annals of Tourism Research" (Stout/Wisconsin), Corresp. Editor „The National Geographical Journal of India" (Varanasi), Editorial Board „Pilgrimage Studies" (Allahabad). – (Pr) Käthe-Dorsch-Weg 22, D-93055 Regensburg, Tel.: (0941) 7000474, Fax: 706916 – (D) Inst. f. Geogr., Universität, D-93040 Regensburg, Tel.: (0941) 943-4396, -4374, Fax: 943-4949, e-mail: gisbert.rinschede@geographie.uni-regensburg.de.

RITTER, Gert (12-7-1934, Essen) Prof. Dr. phil., o. Prof. f. Geogr. u. ihre Didaktik a. d. Universität Köln. – (Pr) Renatastr. 27, D-45130 Essen, Tel.: (0201) 777835 – (D) Gronewaldstr. 2, D-50931 Köln, Tel.: (0221) 470-4633.

RITTER, Wigand (14-5-1933, Scheibbs, NÖ) Dipl.-Kfm., Dr. rer. oec., em. o. Prof. f. Wirtschafts- u. Sozialgeogr. a. d. Wirtschafts- u. Sozialwissenschaftl. Fakultät d. Univ. Erlangen-Nürnberg, Mithrsg. d. „Nürnberger Wirtschafts- und Geogr. Arbeiten", „Tourism-Recreation-Research" (Lucknow/Indien). – (Pr) Hirschelgasse 11, D-90403 Nürnberg – (D) Lange Gasse 20, D-90403 Nürnberg, Tel.: (0911) 53-02, -321.

RIVET, Manuela (26-04-1969, Brühl) Wiss. Mitarb. am Geogr. Institut der Univ. Bonn. – (Pr) Mühlenstr. 3-5, D-50321 Brühl – (D) Meckenheimer Allee 166, D-53115 Bonn, Tel.: (0228) 73-2096, Fax: 73-7230, e-mail: uzs78c@uni-bonn.de.

RODE, Joachim (18-07-1923, Berlin) Dipl.-Ing., Techn. Reg. Oberamtsrat (TROA) i.R. – (Pr) Griesstr. 40, D-20535 Hamburg.

RÖDER, Matthias (5-10-1960, Dresden) Dr. rer. nat., Wiss. Angest. – (D) Sächs. Akad. d. Wissenschaften, Neustädter Markt 19, D-01097 Dresden, Tel.: (0351) 81416-806, Fax: 81416-820, Internet: http://www.tu-dresden.de/fghgig/saw/dresden.htm, e-mail: roeder-m@rcs.urz.tu-dresden.de.

ROEDER, Elmar (08-07-1937, Kitzingen) Prof. Dr. phil. – (Pr) Grundberg 10, D-82229 Seefeld – (D) Fachhochschule München, FB 13, Allgemeinwissenschaften, Lothstr. 34, D-80335 München.

RÖGNER, Konrad J. (27-10-1948, Heidelberg) Prof. Dr. rer. nat., M. A., Prof. f. Phys. Geogr. a. Insitut für Geographie der LMU München, Schriftleiter „Mitteilungen des Geogr. Gesellschaft in München". – (D) Ludwig-Maximilians-Universität, Luisenstr. 37, D-80333 München, Tel.: (089) 2180-6651, Fax: 2180-6664, e-mail: K.ROEGNER@geographie.uni-muenchen.de.

RÖHL, Dietmar (7-10-1950, Dresden) Dr. rer. nat., Referatsleiter Raumordnung im Regierungspräsidium Leipzig. – (Pr) Rotfuchsstr. 21, D-04329 Leipzig, Tel.: (0341) 2520971, e-mail: Dietmar.Roehl@t-online.de – (D) Braustr. 2, D-04107 Leipzig, (Postfach 15 29, D-04257 Leipzig), Tel.: (0341) 977-6600, Fax: 977-6099, e-mail:Dietmar@A6.rpl.sachsen.de.

RÖHM, Helmut (16-3-1913, Untersteinbach/Württ.) Prof. Dr. agr., o. Prof. em. f. Allgem. Agrarpolitik u. Agrarstrukturpolitik a. d. Univ. Hohenheim. – (Pr) Welfenstr. 48B, D-70599 Stuttgart, Tel.: (0711) 453466.

RÖHRIG. Axel (13-51957, Niederkleen) Dipl.-Geogr., Planungsbüro für Angewandte Geologie. – (D) Asternweg 4, D-74906 Bad Rappenau, Tel.: (07264) 3520, Fax: 3548.

RÖMER, Wolfgang, Dr. phil. – (D) Geographisches Institut der Techn. Hochschule Aachen, Templergraben 55, D-52062 Aachen.

RÖMHILD, Georg (1-1-1943, Berlin) Dr. phil., M.A., AOR a. d. Univ. (Gesamthochschule) Paderborn, FB 1, Fach Geographie. – (Pr) Sebastianstr. 8, D-33178 Dörenhagen – (D) Warburgerstr 100, Geb.N, D-33098 Paderborn, Tel.: (05251) 60-2382, -2384, Fax: 60-4214, e-mail: ageos1@hrz.uni-paderborn.de.

RÖSNER, Ulrike (6-11-1955, Bamberg) Dr. rer. nat., Priv.-Doz. am Inst. f. Geographie der Univ. Erlangen. – (Pr) Hauptstr. 28, D-91315 Höchstadt, Tel.: (09193) 3926 – (D) Kochstr. 4, D-91054 Erlangen, Tel.: (09131) 85-22638, e-mail: uroesner@geographie.uni-erlangen.de.

RÖSSLER, Mechtild (11-6-1959) Dr. rer. nat. – (Pr) 19, Rue Rousselet, F-75007 Paris, Tel.: (1) 43061491 und Weidenallee 23, D-20357 Hamburg, Tel.: (040) 438292 – (D) UNESCO, World Heritage Centre, 7, Place de Fontenoy, F-75732 Paris, Cedex 07 SP, Tel.: (1) 45681891, Fax:45685570.

RÖSSNER, Thomas (20-3-1958, Erfurt) Dr. phil., z.Zt. Schulleiter d. Deutschen Schule in Kroondal, Südafrika. – (Pr) Waldweg, D-04416 Leipzig, Tel.: (0341) 3581772 – (D) Deutsche Schule Kroondal, P.O. Box 98, Kroondal 0350, Südafrika, Tel.: 002714-5363106.

RÖTHLISBERGER, Hans (01-02-1923, CH-Langnau BE) Prof. Dr. em., Glaziologe. – (Pr) Seestrasse 263, CH-8713 Uerikon.

RÖTHLISBERGER-LEHMANN, Friedrich (20-4-1947, Aarau) Dr., PD Wasserökologe, Projektierung und Bau von Naturkläranlagen. – (Pr+D) Vorstadt 25, CH-3380 Wangen a. A., Tel.: (Pr) (032) 631-2979, (D) 631-2972, Fax: 631-2973.

ROGGENTHIN, Heike (02-01-1966) M.A., Wiss. Ass. am Geogr. Institut der Univ. Mainz. – (Pr) Kurt-Schumacher-Weg 51, D-55124 Mainz – (D) Becherweg 21, D-55099 Mainz, Tel.: (06131) 392927.

ROHDENBURG, Margot (22-3-1945, Bad Berneck) M.A., Managing Editor Advances of GeoEcology, Textbooks in GeoEcology, Nof Harim 7, apt. 8. Jerusalem 96190, Tel./Fax: 0097226412376 ISRAEL – (Pr) Can Bouxède, F-66150 Arles s/Tech, Tel./Fax: (033) 468390654 – (D) Catena Verlag, Ärmelgasse 11, D-35447 Reiskirchen, Tel./Fax: (06408) 64978.

ROHLEDER, Andreas (03-04-1961, Olsberg) Dipl.-Geogr., freier Stadtentwicklungs- und Flächennutzplaner. – (Pr) Sülzgürtel 71, D-50937 Köln, Tel.: (0221) 432757.

ROHN, Ralf (06-09-1966, Gießen) Dipl.-Geogr. – (Pr) Sudetenstr. 19a, D-35440 Linden, Tel.: (06403) 75178, e-mail: RalfRohn@aol.com.

ROHN, Walter (28-4-1957) Dr. phil., Wiss. Mitarbeiter am Institut für Stadt- und Regionalforschung d. Österr. Akademie der Wissenschaften. – (Pr) Stockerauerstr. 38, A-2100 Korneuburg, Tel.: (02262) 30675 – (D) Postgasse 7, A-1010 Wien, Tel.: (01) 51581-523.

ROHNER, Jürg (4-3-1944, Basel) Dr. phil., selbst. Berater/Übersetzer. – (Pr + D) Fichtenwaldstr. 11, Postfach, CH-4142 Münchenstein 1, Tel./Fax: (061) 4111421, e-mail: rohnerconsult@datacomm.ch.

ROHR, Götz H.-G. v. (7-7-1944, Wiesbaden) Dr. rer. nat., Dipl.-Geogr., Prof. am Geogr. Institut der Univ. Kiel. – (Pr) Grenzweg 50, D-21244 Buchholz, Tel./Fax: (04181) 31276 – (D) Geographisches Institut der Christian-Albrechts-Universität, Ludewig-Meyn-Str. 14, D-24098 Kiel, Tel.: (0431) 880-2942, Fax: 880-4658, e-mail: G.v.rohr@geographie.uni-Kiel.de.

ROHRER, Josef (4-8-1954, Ch-Stans/NW) Dipl.-Geogr., Dr. – (Pr) Falkensteinerstr. 8, CH-4053 Basel, Tel.: (061) 3318350.

ROHRER, Mario (4-3-1958, Zürich) Dr. sc. nat., GTH Wiss. Mitarb. – (Pr) Riedtstr. 8B, CH- 8903 Birmensdorf ZH, Tel. (01) 7374214 – (D) Mebeodat GmbH, Technoparkstr. 1, CH-8005 Zürich, Tel: (01) 4453420, Fax: 4453424, e-mail: rohrer@mebeodat.ch.

ROLFES, Manfred (29-10-1960, Haren/Ems) Wiss. Angest., Dr. phil., Universität Osnabrück, Fachbereich Kultur- und Geowissenschaften, Fachgebiet Geographie. – (Pr) Heinrichstr. 5, D-49080 Osnabrück, Tel.: (0541) 86974 – (D) Seminarstr. 19ab, D-49069 Osnabrück, Tel.: (0541) 969-4248, -4267, Fax: 969-4333, e-mail: m.rolfes@geographie.uni-osnabrueck.de.

ROLSHOVEN, Marianne, Dr. rer. nat., Akad. Dir., Kath. Universität Eichstätt. – (Pr) Am Weinberg 14, D-85072 Eichstätt – (D) D-85071 Eichstätt, Tel.: (08421) 931308, Fax: 931787.

ROMANN, Hans-Peter, AR. – (Pr) Pfarrgarten 36, D-37586 Dassel, Tel.: (05562) 8728.

ROOS, Klaus-Dieter (12-2-1955) Dr. rer. nat., Geschäftsführer, Lehrbeauftr. an der Berufsakademie Mannheim, Fachbereich Öffentliche Wirtschaft. – (Pr) Am Badischen Hof 5, D-74821 Mosbach, Tel.: (06261) 63031 – (D) Freizeitbad AQUatoll, Am Wilfenseeweg, D-74172 Neckarsulm, Tel. (07132) 2052.

ROPPELT, Tanja (17-08-1970) M.A., Wiss. Mitarb. am Lehrstuhl I für Geographie der Univ. Bamberg. – (Pr) Pödeldorfer Str. 25, D-96052 Bamberg, Tel.: (0951) 33811 – (D) Am Kranen 12, D-96045 Bamberg, Tel.: (0951) 863-2314.

ROSCHER, Sabine, Zentralstelle für Agrardokumentation und -information. – (D) Villichgasse 17, D-53177 Bonn, Tel.: (0228) 9548-132, e-mail: Roscher@ZADI.de.

ROSE, Sabine (21-08-1969, Bremen) Dipl.-Geogr., Wiss. Mitarb. in der ZWE „Arbeit und Region", Universität Bremen. – (Pr) Borsteler Hauptstr. 47, D-28832 Achim, Tel.: (04207) 62387 – (D) Parkallee 39, D-28209 Bremen, Tel.: (0421) 218-3168, e-mail: srose@kua.uni-bremen.de.

ROSENBOHM, Günter (22-2-1923, Oldenburg i.O.) Dr. rer. nat. – (Pr) Am Willigloh 26, D-58509 Lüdenscheid, Tel.: (02351) 22274.

ROSENTHAL, Harald (9-6-1937, Berlin) Prof. Dr. rer. nat., Dr. h.c. mult. habil., Abt. Fischereibiologie, Institut für Meereskunde an der Univ. Kiel. – (D) Düsternbrooker Weg 20, D-24105 Kiel, Tel.: (0431) 597-3916, Fax: 565-876.

ROSNER, Hans-Joachim (25-9-1958) Dr. rer. nat., Univ. Tübingen, Geographisches Institut. – (D) Hölderlinstr. 12, D-72074 Tübingen, Tel.: (07071) 29-74894, Fax: 29-5318, e-mail: hans-joachim.rosner@uni-tuebingen.de.

ROSSE, Francis (27-6-1961, Basel) Dr. phil. II, Geograph. – (Pr) Gerechtigkeitsgasse 23, CH - 8002 Zürich, Tel.: (01) 2811952 – (D) Gartenbauamt Zürich, Postfach, CH-8023 Zürich, Tel: (01) 2165111.

ROSSIER, Colette, Lic., Aménagiste, Membre de la Société Suisse de Géographie Appliquée. – (Pr) Rue de Simplon 35, CH-1800 Vevey.

ROSSNER, Reinhold (26-10-1944, Erlangen) Dr. rer. nat., Dr. rer. nat. habil., Prof., Hrsg. Geologische Blätter für Nordostbayern, Mitgl. Deutsche Bodenk. Ges., Deusche Geol. Ges. – (Pr) Königsberger Str. 21, D-91058 Erlangen – (D) Inst. f. Geologie und Mineralogie, Univ. Erlangen-Nürnberg, Schloßgarten 5, D-91054 Erlangen, Tel.: (09131) 8522625, Fax: 8529295.

ROST, Karl Tilman (23-7-1959, Goslar), Priv.-Doz. Dr. rer. nat., Dipl.-Geogr. – (Pr) Hochgreverstr. 2, D-38640 Goslar, Tel.: (0551) 374126, (05321) 4919 – (D) c/o Geogr. Inst. Univ. Göttingen, Goldschmidtstr. 5, D-37077 Göttingen, Tel.: (0551) 39-8029, Fax: 39-8006, e-mail: krost@gwdg.de.

ROSTOCK, Uwe (02-10-1947, Elmshorn) StD, Dr. phil., Fachleiter Geographie am

Staatlichen Seminar für Schulpädagogik (Gymnasien) Esslingen. – (Pr) Bruckstr. 2/2, D-73066 Uhingen, Tel.: (07161) 39252 – (D) Flandernstr. 101, D-73732 Esslingen, Tel.: (0711) 3974900.

ROTEN, Michel (1933, Sion) Dr. Professeur titulaire f. Klimatol. am Geogr. Inst. d. Univ. Fribourg (Freiburg), Professeur extraordinaire. Instituté de géogr. Université de Lausanne. – (Pr) La Muraz, CH-1950 Sion, Tel.: (027) 253264 – (D) Institut de Géographie, Faculté des sciences, Université, CH-1700 Fribourg, Tel.: (037) 299014.

ROTERMUND, Sascha (02-11-1965) Dipl.-Geographin, Wiss. Mitarb. der Eftas Fernerkundung Technologietransfer GmbH – (Pr) Homannstr. 36, D-48167 Münster, Tel.: (0251) 615867 – (D) Ostmarkstr. 92, D-48145 Münster, Tel.: (0251) 13307-0, Fax: 13307-33, e-mail: eftas@t-online.de.

ROTH, Christa (21-2-62, Schramberg). – (Pr) Bredowstr. 35, D-10551 Berlin, Tel./Fax: (030) 3956827.

ROTH, Rudolf (21-8-1933, Liestal), Mittellehrer. – (Pr) Hinter den Gärten 11, CH-4452 Itingen, Tel.: (061) 9714843.

ROTH, Ulrich (8-3-1947, Menziken/AG) Dipl.-Natw. ETH, Raumplaner ETH NDS, Programmleiter des Nationalen Forschungsprogramms Klimaänderungen und Naturkatastrophen in der Schweiz. – (Pr) Hauptstr. 26, CH-3422 Alchenflüh, Tel.: (034) 4454568 – (D) Sigmaplan, AG f. Raumplanung, Umwelt u. Verkehr u. Informatik, Thunstr. 91, CH-3012 Bern, Tel.: (031) 3566-565, Fax: 3566-560.

ROTHE, Peter (2-8-1936) Dr. rer. nat., o. Prof. für Geologie, Schriftleiter der Zeitschrift Jahresberichte und Mitteilungen des oberrheinischen geologischen Vereins, Univ. Mannheim, Lehrstuhl für Geologie. – (Pr) Eichendorffstr. 25, D–69493 Hirschberg-Leutershausen – (D) Geograph. Institut, L 9, 1-2, D-68131 Mannheim, Fax: (0621) 292-3321, e-mail: rothe@rumms.uni-mannheim.de.

ROTHER-HOHENSTEIN, Bärbel, (9-11-1936, Nürnberg) ehem. StR'in. – (Pr) Dachsbergstr. 8, D-94113 Tiefenbach, Tel.: (08509) 424.

ROTHER, Klaus (29-8-1932, Chemnitz) Prof. Dr. rer. nat., o. Prof. f. Geogr. an der Univ. Passau, Mithrsg. d. „Passauer Schr. z. Geogr." u.d. „Geogr. Seminars". – (Pr) Dachsbergstr. 8, D-94113 Tiefenbach, Tel.: (08509) 424 – (D) Schustergasse 21, D-94032 Passau, Tel.: (0851) 509-2730, Fax: 509-2732, e-mail: qvroth01@fsuni.rz.uni-passau.de.

ROTHER, Lothar (29-1-1939, Breslau) Prof. Dr. a. d. Päd. Hochschule Schwäbisch-Gmünd. – (Pr) Am Schapfenbach 56, D-73529 Schwäbisch-Gmünd, Tel.: (07171) 83121 – (D) Neubau, Oberbettringer Str., D-73525 Schwäbisch-Gmünd, Tel.: (07171) 983261, Fax: 983212.

ROTHGANG, Erwin (7-6-1943, Crailsheim) Dipl.-Geogr., Seniormanager Umweltschutz und Qualitätsmanagement. – (Pr) Fingscheid 3, D-42269 Wuppertal, Tel.: (0202) 84953 – (D) Stadt Wuppertal, D-42269 Wuppertal, Tel.: (0202) 563-5915, Fax: 563-8453.

ROUBITSCHEK, Walter (8-3-1929, Böhm. Leipa) Prof. Dr. rer. nat. habil., Prof. i.R. f. Geogr., insbes. Agrargeographie. – (Pr) Ernestusstr. 27, D-06114 Halle/Saale, Tel.: (0345) 5231055.

RUCKERT, Hans-Jürgen (13-8-1938, Stralsund) Dr. phil., AOR, Schriftl. d. „Bonner Geogr. Abhandlungen", „Arbeiten zur Rheinischen Landeskunde", „Colloquium Geographicum". – (Pr) Im Wasserblech 11, D-51107 Köln, Tel.: (0221) 862641 – (D) Meckenheimer Allee 166, D-53115 Bonn, Tel.: (0228) 737233.

RUDOLF, Bertold (6-2-1919) Prof. f. Geogr. (Didaktik u. Methodik) a. d. Päd. Hochschule Karlsruhe. – (Pr) Friedlanderstr. 3, D-76139 Karlsruhe, Tel.: (0721) 681696 – (D) Bismarckstr. 10, D-76133 Karlsruhe, Tel.: (0721) 23991.

RUDOLPH, Rudolf (8-6-1927) Dr. phil., RD a.D. - (Pr) Rhönstr. 3, D-65396 Walluf, Tel.: (06123) 71645.

RÜDISÜHLI, Kaspar (2-7-1935, Basel) Dr. phil. – (Pr) Höhenweg 66, CH-4102 Binningen, Tel.: (061) 3026006.

RÜPKE, Nico (24-06-1916, Hamburg), Dipl.-Ing. Senator E.h. – (Pr) Schloßgarten 65, D-22043 Hamburg, Tel.: (040) 684445, Fax: 688317.

RUETTIMANN-SCHNEUWLY, Simone (30-3-1960) Lic. phil. nat. Geographin. – (Pr + D) Raum- und Umweltplanung, Dorfstr. 62, CH-3184 Wünnewil, Tel.: (026) 4962306.

RUF, Michael (12-8-1960, Nürnberg) Dipl.-Geogr., Wiss. Mitarbeiter, Stadt Nürnberg, Wirtschaftsreferat - Stab Stadtentwicklung. – (Pr) Wiesentalstr. 13, D-90419 Nürnberg – (D) Unschlittplatz 7a, D-90317 Nürnberg.

RUHREN, Norbert von der (19-10-1936, Kleve) StDir., Fachl. f. Erdkde am Staatl. Studienseminar in Aachen, Hrsg. von „Geographie und Schule".– (D) Malmedyer Str. 61, D-52066 Aachen, Tel.: (0241) 62098.

RUNGE, Freya, geb. Mestmacher (04-11-1959) Dr. rer. nat., Dipl.-Geogr. – (Pr) Zur Wulwerkuhle 6, D-33184 Altenbeken-Schwaney, Tel: (05255) 7564 – (D) FB 1: Geographie, Universität-GH-Paderborn, D-33095 Paderborn, Tel: (05251) 60-2363, Tel./Fax: 60-2365, e-mail: rrunge@hrz.nw.uni-paderborn.de.

RUNGE, Jürgen (1-2-1962) Dipl.-Geogr., Dr. rer. nat. – (Pr) Zur Wulwerkuhle 6, D-33184 Altenbeken-Schwaney, Tel: (05255) 7564 – (D) FB 1 - Physische Geographie, Universität-GH-Paderborn, D-33095 Paderborn, Tel.: (05251) 60-2367, -2365, Internet: http://www.geo.uni-paderborn.de, e-mail: arung1@hrz.uni-paderborn.de.

RUPPERT, H.-Rasso P. (24-10-1943, Deggendorf) Prof. Dr. rer. pol., Dipl.-Kfm., Dipl.-Hdl., Lehrstuhl für Wirtschafts- und Sozialgeographie d. Wiso-Fakultät der Univ. Erlangen-Nürnberg, Dir. der Gesellschaft für Regionalforschung und Angewandte Geographie (GERAG) e.V., Mithrsg. der Nürnberger Wirtschafts- und Sozialgeographischen Arbeiten. – (Pr) Winzelbürgstr. 8, D-90491 Nürnberg, Tel.: (0911) 593857 – (D) Lange Gasse 20, D-90403 Nürnberg, Tel.: (0911) 5302-343, Fax: 5302-409.

RUPPERT, Helmut (18-1-1941, Marktredwitz) Prof. Dr. rer. nat., Dr. phil. h.c., o. Prof. f. Did. d. Geogr. am Inst. f. Geowissenschaften d. Univ. Bayreuth, (z.Zt. beurlaubt), Präs. der Univ. Bayreuth 1997-2003, Mithrsg. v. „Geographie heute". – (Pr) Elbering 5, D-95445 Bayreuth, Tel.: (0921) 43337 – (D) Universitätsstr. 30, D-95440 Bayreuth, Tel.: (0921) 552-275, Fax: 552-792.

RUPPERT, Karl (15-1-1926, Offenbach) Univ.-Prof., Dr. rer. nat., em. o. Univ.-Prof., Prof. a. d. Hochsch. f. pol. Wiss., München, ordentl. Mitglied d. Akad. f. Raumforschung u. Landesplanung, Hrsg. d. „Münchner Studien z. Sozial- u. Wirtschaftsgeogr.", „WGI-Berichte zur Regionalforschung", „WRU-Berichte", „Stadt und Region". – (Pr) Kemptener Str. 60, D-81475 München, Tel.: (089) 753754 – (D) Ludwigstr. 28, D-80539 München, Tel.: (089) 2180, 2231.

RUSAM, Hermann (20-01-1941) StD Dr. rer. nat., Hon.-Prof. Universität, FB Erziehungswissenschaften, Didaktik der Geographie. – (Pr) Lutzstr. 8, D-90491 Nürnberg, Tel.: (0911) 592264 – (D) Regensburger Str. 160, D-90478 Nürnberg, Tel.: (0911) 5302-587.

RUSSIG, Heidemarie (9-3-1961, Karl-Marx-Stadt) Dr. phil., Leiterin der Regionalen Planungsstelle. – (Pr) Steinbacher Weg 105, D-01640 Coswig – (D) Regionale Planungsstelle beim Staatlichen Umweltfachamt Radebeul, Wasastr. 50, D-01445 Radebeul.

RUST, Uwe (21-5-1940, Magdebug) Prof. Dr. rer. nat., Prof. am Inst. f. Geogr. LM Univ. München. – (Pr) Wartburgplatz 6, D-80804 München, Tel.: (089) 362727 – (D) Luisenstr. 37, D-80333 München, Tel.: (089) 2180-6681.

RUTZ, Werner (9-9-1930, Berlin) Dr. rer. nat., Ing. (grad.) f. Kartogr., pens. Prof. am Geogr. Inst. d. Ruhr-Univ. Bochum. – (Pr) Tel.: (0234) 770405 – (D) Universität, Poststr. 1B, D-44780 Bochum, Tel.: (0234) 7004787, Fax: 7094152.

RYBORSCH, Reinhard (05-10-1939, Offenbach a.M.) Dipl.-Ing. f. Kartographie, Verleger, Mitglied in der Deutschen Gesellschaft für Kartographie. – (Pr) Anzengruberstr. 12, D-63073 Offenbach – (D) Kartographischer Verlag R. Ryborsch, Laubenstr. 3, D-63179 Obertshausen bei Frankfurt/M.

RYSER, Martin (08-04-1957) Dr. phil. nat., Dipl.-Geogr., Gymn.Lehrer, Zeichner. – (Pr) Waldried, CH-3765 Oberwil i./S, Tel.: (033) 7832014, Internet: http://www.hotmail.com, e-mail: martinryser@hotmail.com.

S

SABEL, Karl Josef (8-3-1950, Großholbach) Prof., Dr. rer. phil., Geologieoberrat, Hessisches Landesamt für Bodenforschung. – (Pr) Kassernstr. 8, D-65719 Hofheim – (D) Leberberg 9, D-65193 Wiesbaden.

SABELBERG, Elmar (12-12-1943, Garmisch-Partenkirchen) Dr. rer. nat., Priv.-Doz. am Geogr. Inst. d. Univ. Düsseldorf. – (Pr) Curieweg 16, D-40591 Düsseldorf, Tel.: (0211) 750849 – (D) Universitätsstr. 1, D-40225 Düsseldorf, Tel.: (0211) 311-2045.

SABELBERG, Udo (7-11-1941, Köln) Dr. rer. nat. – (Pr) Kasernenstr. 26, D-38106 Braunschweig, Tel.: (0531) 332117.

SABOTTKE, Siegfried (16-12-1928, Falkensee) Dr. sc. phil., Lektor i.R. – (Pr) Feuerbachstr. 31, D-14612 Falkensee, Tel.: (03322) 244005.

SACHS, Klaus (06-12-1959, Duisburg) Dr. phil., Wiss. Assistent am Geogr. Inst. der Univ. Heidelberg. – (Pr) Görresstr. 11, D-69126 Heidelberg, Tel.: (06221) 303864 – (D) Im Neuenheimer Feld 348, D-69120 Heidelberg, Tel.: (06221) 54-4575, Fax: 54-5585, e-mail: klaus.sachs@urz.uni-heidelberg.de.

SACHWEH, Michael (17-11-1958, Köln) Dr. rer. nat., Dipl.-Geogr., Wiss. Mitarbeiter am Meteorolog. Inst. d. Univ. München, Lehrbeauftragter f. Klimatologie am Inst. f. Geogr., Univ. München und am LS f. Phys. Geogr., Univ. Augsburg. – (Pr) Alfred-Schmidt-Str. 20, D-81379 München, Tel.: (089) 74298452 – (D) Theresienstr. 37, D-80333 München, Tel.: (089) 2394-4564.

SADIK, Fouzia (15-11-1954, Casablanca/Maroc) Lic. geogr., Assitante. – (D) Département de Géographie de l'Université, route de Drize 7, CH-1227 Carouge/Genève, Tel.: (022) 439510.

SADLER, Wolfgang (20-12-1947, NizËkov) Dr. rer. nat. – (Pr) Konrad-Wolf-Str. 66a, D-13055 Berlin – (D) Stiftung Stadtmuseum Berlin, Naturwissenschaftliche Sammlungen, Schloßstr. 69a, D-14059 Berlin, Tel.: (030) 3425030.

SAENGER, Wolfgang (24-7-1923, Blankenhain) Dr. phil., Reg.-Dir. a.D. – (Pr) Kurzestr. 9, D-72072 Tübingen, Tel.: (07071) 74251.

SAHR, Wolf-Dietrich, Prof. am Departamento de Geografia, Universidade Federal do Paraná – (Pr) Praça General Osório 455/95, CEP 80020-010 Centro - Curitiba, PR-Brasilien, Tel.: (0055 41) 2245764 und (0055 42) 2252760 – (D) CEP 81531.990 Centro Politécnico - Jardim das Américas - Curitiba, PR Brasilien, Tel./Fax: (0055 41) 3613244, e-mail: sahr@geog.ufpr.br.

SAILER-FLIEGE, Ulrike (26-1-1956, Baienfurt) Prof. Dr. phil., Prof. am FB Geographie der Universität Marburg. – (Pr) Falkenweg 7, D-35041 Marburg, Tel.: (06421) 36522 – (D) Deutschhausstr. 10, D-35037 Marburg, Tel.: (06421) 284265.

SAJAK, Dieter (21-1-1939, Himmelwitz, Krs. Gr.Strehlitz) AOR, Univ. Hannover, FB Erziehungswissenschaften (Geographie u. ihre Didaktik). – (Pr) Lindenweg 65, D-30966 Hemmingen, Tel.: (05101) 3121 – (D) Bismarckstr. 2, D-30173 Hannover, Tel.: (0511) 762-8536.

SALM, Bruno (1-1-1932, Bern) Dr. sc. techn., Dipl.-Bauingenieur ETHZ, Präs. Gletscher Kommission SANW, Dozent Schnee u. Lawinen ETHZ, Eidgen. Inst. Schnee- und Lawinenforschung. – (Pr) Quaderstr. 19, CH-7205 Zizers – (D) Flüelastr. 11, CH-7260 Davos-Dorf, Tel.: (081) 4170-251, Fax: (081) 4170-110.

SALZWEDEL, Ute Charlotte (3-5-1964, Berlin) Dipl.-Geographin, Wiss. Mitarbeiterin, Freie Univ. Berlin, FB Geographie. – (D) Inst. f. Geograph. Wissenschaften, FR Physische Geographie, Geomorphologisches Laboratorium, Altensteinstr. 19, D-14195 Berlin, Tel: (030) 838-4883, Fax: (030) 838-6263.

SAMIMI, Cyrus (26-2-1963, Nürnberg) Dr. rer. nat., Wiss. Ass., Institut für Geographie, Univ. Erlangen-Nürnberg. – (Pr) Heisterstr. 37, D-90441 Nürnberg, Tel.: (0911) 422405 – (D) Kochstr. 4/4, D-91054 Erlangen, Tel.: (09131) 852-2016, Fax: 852-2013, e-mail: csami@geographie.uni-erlangen.de.

SANDER, Hans-Jörg (25-6-1941, Cuxhaven) Prof. Dr. phil., AOR am Seminar für Geogr. u. ihre Didaktik, Universität Köln. – (Pr) Königstr. 61, D-53115 Bonn, Tel.: (0228) 210163 – (D) Gronewaldstr. 2, D-50931 Köln, Tel.: (0221) 470-4629, -4631, Fax: 470-5174.

SANDER, Heinz (23-10-1963, Leverkusen) Dr.phil., Wiss. Mitarb. am Geogr. Institut der Universität Köln. – (Pr) Am Weingarten 20, D-51371 Leverkusen, Tel.: (0214) 25886 – (D) Albertus-Magnus-Platz, D-50923 Köln, Tel.: (0221) 470-2261, Fax: 470-4971.

SANDLER, Beate (21-12-1967) Dipl.-Geogr. – (Pr) Schmitthennerstr. 41, D-69124 Heidelberg – (D) Geographisches Institut, Im Neuenheimer Feld 348, D-69120 Heidelberg, Tel.: (06221) 544576, Fax: 544996, e-mail: Gi4@ix.urz.uni-heidelberg.de.

SANDMEYER-HAUS, Ulrike, Freie Planerin. – (Pr) Kirschenallee 6, D-96152 Burghaslach – (D) Steierwald Schönharting & Partner GmbH, Bahnhofstr. 13-15, D-90402 Nürnberg.

SANDNER, Eberhard (16-1-1938, Markneukirchen) Dr. habil. rer. nat., Arbeitsstellenleiter, Priv.-Doz. – (D) AS „Naturhaushalt und Gebietscharakter" der Sächsischen Akademie der Wissenschaften zu Leipzig, Neustädter Markt 19 (Blockhaus), D-01097 Dresden, Tel.: (0351) 81416-807, Fax: 81416-820.

SANDNER, Gerhard (19-3-1929, Keetmanshoop/Namibia) Prof. Dr. phil., Prof. em. am Inst. f. Geogr. d. Univ. Hamburg. – (Pr) Im Wiesengrund 15, D-25474 Ellerbek, Tel.: (04101) 32174 – (D) Geomatikum, Bundesstr. 55, D-20146 Hamburg, Tel.: (040) 4123-4909, Fax: 4123-4967.

SAUBERER, Michael (5-9-1942, Wien) Dr. phil., o. Univ.-Prof. am Inst. f. Geographie u. Regionalforschung d. Univ. Klagenfurt, Geschäftsführer des Arbeitskreises für Regionalforschung. – (Pr) Haselbachweg 40, A-9073 Klagenfurt, Tel.: (0463) 292973 – (D) Universitätsstr. 65-67, A-9020 Klagenfurt, Tel.: (0463) 2700-312, Fax: 2700-305.

SAUERBORN, Petra (10-7-1967) Dr. rer. nat., Dipl.-Geogr., StudR'in i.H., Sem. f. Geographie und ihre Didaktik d. Univ. Köln. – (Pr) Münsterberger Weg 6, D-53119 Bonn, Tel./Fax: (0228) 669659, e-mail: sautz@aol.com – (D) Gronewaldstr. 2, Postfach 41 07 20, D-50931 Köln, Tel.: (0221) 470-4634, Fax: 470-5174, e-mail: sauerb@ew.uni-koeln.de.

SAUERWEIN, Martin, Dr. rer. nat. – (Pr) Ernst-Eckstein-Straße 16, D-06110 Halle, Tel.: (0345) 1206950 – (D) Martin-Luther-Universität Halle-Wittenberg, FB Geowissenschaften, Institut für Geographie, Domstr. 5, D-06108 Halle, Tel./Fax: (0345) 55-26063, Fax: 55-27175.

SAUL, Harald (14-03-1946, Göttingen) StDir., Fachl. f. Geogr. am Studienseminar Stade für das Lehramt an Gymnasien. – (Pr) Neue-Stücken-Feld 13, D-21684 Stade-Hagen, Tel.: (04141) 64433 – (D) Bahnhofstr. 5, D-21682 Stade, Tel.: (04141) 935200.

SAUPE,Gabriele (13-8-1944, Wittenberg) Dr. phil. habil, apl. Prof., Wiss. Oberass., Siedlungs- und Bevölkerungsgeographie, Freizeitgeographie, Regionalentwicklung. – (Pr) Gontardstr. 38, D-14471 Potsdam, Tel.: (0331) 974594 – (D) Universität Potsdam, Institut für Geographie, Postfach 60 15 53, D-14415 Potsdam, Tel.: (0331) 9772-281, Fax: 9772-717,e-mail: gsaupe@rz.uni-potsdam.de.

SAURER, Helmut (7-2-1960) Dr. rer. nat., Wiss. Ang. d. Albert-Ludwigs-Univ. Freiburg. – (D) Institut für Physische Geographie, Werderring 4, D-79085 Freiburg, Tel.: (0761) 203-3537, Fax: 203-3596, e-mail: hesa@ipg.uni-freiburg.de.

SAUTER, Joseph, Geogr., Raumplaner. – (Pr) Heimstr. 4, CH-7000 Chur, Tel.: (081) 3531556 – (D) Firma Hartmann + Sauter, Postfach, CH-7002 Chur, Tel.: (081) 2537313, e-mail: hartmann@sautergs pin.ch.

SCALA, Michel (14-6-1951, Naples, I) Lic. ès Lettres, Enseignant. – (Pr) Rue de l'Ancienne Poste 17, CH-1337 Vallorbe.

SCHAAF, Thomas (22-3-1958, Freiburg) Dr. rer. nat., Programm-Spezialist des UNESCO Programmes „Der Mensch und die Biosphäre (MAB)". – (Pr) 19, rue Rousselet, F-75007 Paris, Tel.: (1) 47835955 – (D) Division of Ecological Sciences, UNESCO, 7, Place de Fontenoy, F-75700 Paris, Tel.: (1) 4568-4065, Fax: 4568-5804, e-mail: t.schaaf@ unesco.org.

SCHACHER, Felix (13-5-1949) Dipl. phil. II., Meteorologe, Chefprognostiker SMA. – (Pr) Rebweg 4, CH-8302 Kloten – (D) SMA, Krähbühlstr. 58, CH-8044 Zürich, Tel.: (01) 2569111.

SCHACHT, Siegfried (13-4-1939, Osterwitt) Dr. rer. nat., AOR am Geogr. Inst. der Rhein.-Westf. Techn. Hochsch. Aachen. – (Pr) Am Weißenberg 2, D-52074 Aachen, Tel.: (0241) 84868 – (D) Templergraben 55, D-52062 Aachen, Tel.: (0241) 806054, e-mail: Siegfried.Schacht @geo.rwth-aachen.de.

SCHADLBAUER, Friedrich Günther (7-12-1939, Wien) M.A., Dr. phil. – (Pr) Reumannplatz 17/2/11, A-1100 Wien, Tel.: (01) 6034376, Fax: 60343764.

SCHÄBITZ, Frank (2-9-1956) Dr. phil. habil., Oberass. am Lehrstuhl II f. Geographie a. d. Univ. Bamberg. – (Pr) Viktor-von-Scheffel-Str. 33, D-96049 Bamberg – (D) Am Kranen 2, D-96045 Bamberg. Tel.: (0951) 863-2382, Fax: 863-5379, e-mail: Frank.Schaebitz@ggeo.uni-bamberg.de.

SCHÄFER, Alois (3-1-1948, Saarbrücken) Prof. Dr., apl. Prof. Fachrichtung Biogeographie, Universität des Saarlandes. – (Pr) Keltenweg 39, D-66125 Saarbrücken – (D) Postfach 11 50, D-66041 Saarbrücken, Tel./Fax: (06897) 798115, e-mail: schaefer@rz.uni-sb.de.

SCHÄFER, Dieter W. (7-7-1927, Offenbach) Hon.-Prof. Dr. phil., IHK Hauptgeschäftsführer a.D., korr. Mitgl. Akad. f. Raumforschung Hannover, Bayer. Landesanstalt f. neue Medien, München, Vors. d. Fernsehausschusses, Kuratoriumsmitglied Dr. Otto Schäfer Bibliothek Schweinfurt, Win. Beirat Water Raymond Stiftung Köln. Vorstandsmitgl. Universitätsbund Würzburg. – (Pr/D) Lortzingstraße 39, D-97074 Würzburg, Tel.: (0931) 881747, Fax: 77200.

SCHÄFER, Gisela (23-2-1928, Essen) Dr. paed. – (Pr) Hedwig-Dransfeld-Platz 5, D-45143 Essen, Tel.: (0201) 626682.

SCHÄFER, Heinrich (27-1-1936, Altenahr) Dr. phil., Wiss. OR a.D. – (Pr) Goethestr. 15, D-53474 Bad Neuenahr-Ahrweiler, Tel.: (02641) 34933.

SCHAEFER, Ingo (5.12.1915, Krassnoborsk) Prof. Dr. rer. nat., em. o. Prof. d. Geogr. a. d. Univ. Regensburg. – (Pr) Maria-Eich-Str. 120, D-82166 Gräfelfing, Tel.: (089) 855485 – (D) Geogr. Inst. d. Universität Regensburg, Tel.: (0941) 3622.

SCHÄTZL, Ludwig (17-1-1938, Ruhpolding) Dr. oec. publ., Prof., L. f. Wirtschaftsgeogr. am Geogr. Inst. d. Univ. Hannover. – (Pr) Im Eichholz 49, D-30657 Hannover, Tel.: (0511) 652260 – (D) Schneiderberg 50, D-30167 Hannover, Tel.: (0511) 762-35 36, -4496, Fax: 762-3051.

SCHAFFER, Franz (12-11-1937, Chodau) Dr. rer. nat., o. Prof., Ordinarius für Sozial- und Wirtschaftsgeographie, Lehrstuhl für Sozial- und Wirtschaftsgeographie, Universität Augsburg, Hrsg. der „Angewandten Sozialgeographie ASG-Beiträge“ im Selbstverlag des Lehrstuhls. – (Pr) Radaustr. 75, D-86199 Augsburg, Tel.: (0821) 92733 – (D) Universitätsstr. 10, D-86135 Augsburg, Tel.: (0821) 598-665.

SCHAFFNER-SUTTER, Peter. – (Pr) Chasernweg 10, CH-8302 Kloten.

SCHALLA, Andrea (31-08-1961, Hamburg) Wiss. Mitarb. am Inst. f. Geographie, Arbeitsbereich Kulturgeographie, Univ. Hamburg. – (Pr) Krochmannstr. 82c, D-22297 Hamburg, Tel.: (040) 518538 – (D) Geomatikum, Bundesstr. 55, D-20146 Hamburg, Tel.: (040) 4123-4961, Fax: 4123-4981, e-mail: schalla@geowiss.uni-hamburg.de.

SCHALLER, Igo (11-07-1968, Altdorf UR/ Sursee LU) Dr. rer. nat., Dipl.-Geogr., Kantonschule Willisau/CH. – (Pr) Chirbelmatt 6, CH-6130 Willisau, Tel.: (041) 9700178 – (D) Schlossfeld, CH-6130 Willisau, Tel.: (041) 9702727, e-mail: ISchaller@KSWillisau.ch.

SCHALLHORN, Eberhard (4-7-1945, Berlin) Dr. rer. nat., StD., Fachber. OSA Karlsruhe, 1. Vors. Verb. Dt. Schulgeogr. e.V. – (Pr) Breslauer Str. 34, D-75015 Bretten, Tel.: (07252) 957336, Fax: 957337, e-mail: Schallhorn@erdkunde.com.

SCHALLREUTER, Roger (23-09-1937, Harrow on the Hill, Middlesex) Dipl.-Geol., Dr. rer. nat. habil., Priv.-Doz., Universität Hamburg, Geologisch-Paläontologisches Institut und Museum, Mithrsg. Zeitschrift „Geschiebekunde aktuell“ Hamburg, „Archiv für Geschiebekunde“ Hamburg. – (Pr) Schröderstiftstr. 23, D-20146 Hamburg – (D) Bundesstr. 55, D-20146 Hamburg, Tel.: (040) 4123-4990, Fax: 4123-5007, e-mail: schallreuter@geowiss.uni-hamburg.de.

SCHAMP, Eike W. (14-1-1941, Frankfurt/M.) Dr. rer. pol., Dipl.-Volksw., Prof. Institut für Wirtschafts- und Sozialgeographie der Univ. Frankfurt, Federf. Hrsg. „Geographische Zeitschrift“, Mithrsg. „Wirtschaftsgeographie“, „Frankfurter Wirtschafts- und Sozialgeographische Schriften“. – (P) Am Holzweg 25, D-65843 Sulzbach/Ts., Tel.: (06196) 74417 – (D) Dantestr. 9, D-60054 Frankfurt, Tel.: (069) 798-28338, Fax: 798-23548, e-mail: schamp@em.uni-frankfurt.de.

SCHANZ, Günter (30-1-1942, Stuttgart) Dr. phil., StDir., Fachl. f. Geogr. am Staatl. Sem. f. Schulpädagogik. – (Pr) Pfalzhaldenweg 14, D-72070 Tübingen, Tel.: (07071) 40677 – (D) Nauklerstr. 35, D-72074 Tübingen, Tel.: (07071) 5608-0, Fax: 5608-88.

SCHAPPELWEIN, Karl (1-10-1940, Wiener-Neustadt) Dr. phil., OR an der Geogr. Abt. d. Österr. Ost- u. Südosteuropa-Instituts. – (Pr) Liebenstr. 35/2/12, A-1120 Wien – (D) Josefsplatz 6, A-1010 Wien, Tel.: (01) 512-1895, -1843, Fax: 512-1895, 1853.

SCHARFE, Wolfgang (13-6-1942) Dr., Univ.-Prof., FU Berlin, FB Geowissenschaften, Institut für Geographische Wissenschaften, Fachrichtung Kartographie. – (Pr) Weimarische Str. 4, D-10715 Berlin, Tel.: (030) 8533386 – (D) Malteser Str. 74-100, D-12249 Berlin, Tel.: (030) 7792-330, Fax: 7670-6451, e-mail: scharfe@geog.fu-berlin-de.

SCHARLACH, Holger (20-06-1973, Langenfeld) Dipl.-Geograph, Ruhr-Universität

Bochum, Geographisches Institut, Arbeitsgruppe Kartographie / Fernerkundung. – (Pr) Hofsteder Str. 19, D-44791 Bochum, Tel.: (0234) 5839766 – (D) Universitätsstr. 150, D-44801 Bochum, Tel.: (0234) 700-4791, e-mail: holger.scharlach @ruhr-uni.bochum.de.

SCHARMANN, Ludwig (23-4-1957, Unna/ Westf.) Dr. rer. nat., Dipl.-Geogr., Referent, Sächsische Staatskanzlei, Abt. Ressortkoordinierung. – (Pr) Kickerlingsberg 4, D-04105 Leipzig, Tel./Fax: (0341) 3918695 – (D) Archivstr. 1, D-01097 Dresden, Tel.: (0351) 564-1251, Fax: 564-1269, e-mail: Ludwig.Scharmann@dd. sk.sachsen.de.

SCHARNOW, Ulrich (4-10-1926, Zicher) Prof. Dr. rer. nat. habil. – (Pr) Gartenstr. 78, D-18119 Rostock.

SCHARPENSEEL, Hans-Wilhelm (5-6-1923, Münster/Westfalen) Prof. Dr. (Prof. em.) Dipl.-Agraring., Deutsche und Internationale Bodenkundliche Gesellschaft (ISSS) 1982-1986 Vizepräs., International Humic Substances Society, 1986-1994 Mitglied des Board of Management IRRI (Int. Rice Reseach Inst.) 1978-1983 Member of Board of Trustees, Inst. für Bodenkunde der Universität Hamburg. – (Pr) Billeweg 19, D-21465 Wentorf b. Hamburg – (D) Allendeplatz 2, D-20146 Hamburg.

SCHAUB, Daniel (6-11-1958, Basel) Dr. phil. II, Dipl.-Geogr., Forschungsinstitut für biologischen Landbau (FiBL). – (Pr) Nenzlingerstr. 5, CH-4107 Ettingen, Tel.: (061) 7218210 – (D) Ackerstraße, Postfach, CH-5070 Frick, Tel.: (062) 8657-252, Fax: 8657-273, e-mail: daniel.schaub@fibl.ch.

SCHAUP-WEINBERG, Wilhelm (29-11-1919, Salzburg) Dr. phil., Prof. em., Gf. d. Salzburger Inst. für Raumforschung, Mitgl. Schweizer Ges. f. Kartographie. – (D) Strada di Gandria 39, CH-6976 Castagnola, Tel.: (091) 9717288.

SCHAUSER, Ulf-Henning (23-9-1957, Flensburg) Dr. rer. nat., freiberufl. Landschaftsplaner. – (Pr) Gudewerdtstr. 35, D-24340 Eckernförde – (D) Landschaftsplanung, Langebrückstraße 24, D-24340 Eckernförde, Tel.: (04351) 6405, Fax: 6403.

SCHELL, A., Dipl.-Geogr., Lehrstuhl Physische Geographie der Universität Tübingen. – (D) Hölderlinstr. 12, D-72074 Tübingen.

SCHELL, Günther (14-3-1937, Mainz) Dr. phil., Oberst a.D. – (Pr) Assessorenweg 44, D-53489 Sinzig, Tel.: (02642) 45601.

SCHELL, Ute (12-5-1940, Olmütz/Mähren) OStR'in a.D. – (PR) Assessorenweg 44, D-53489 Sinzig, Tel.: (02642) 45601.

SCHELLER, Jens Peter (01-11-1965) Dipl.-Geogr., Wiss. Mitarb. am Inst. f. Kulturgeographie, Stadt- und Regionalforschung d. Univ. Frankfurt/M. – (Pr) Saalburgstr. 13, D-61350 Bad Homburg v.d.H. – (D) Senckenberganlage 36, D-60325 Frankfurt, Tel.: (069) 798-23668, Fax: 798-28173, e-mail: Jens.Scheller@em. uni-frankfurt.de.

SCHELLMANN, Gerhard (10-12-1957) Dr. rer. nat. habil, Hochschulddoz. Universität GH Essen, FB 9 Bio- u. Geowissenschaften, Institut für Geographie (Physiogeographie). – (Pr) Zonser Str. 24, D-40223 Düsseldorf – (D) D-45117 Essen, Tel.: (0201) 183-3523.

SCHELLNHUBER, Hans-Joachim, Prof. Dr., Direktor des Potsdam-Instituts für Klimafolgenforschung e.V. – (D) Telegrafenberg, D-14473 Potsdam (Postadresse: Postfach 60 12 03, D-14412 Potsdam), Tel.: (0331) 288-2501, Fax: 288-2510.

SCHEMANN, Bernhard (8-7-1939, Köln) Dr. rer. nat., StDir. und stellv. Schulleiter am Gymnasium Köln-Pesch, Schatzmeister der Ges. f. Erdkunde zu Köln, Lehrbeauftragter an der Universität zu Köln. – (Pr) Graseggerstr. 112, D-50737 Köln, Tel.: (0221) 747068 – (D) Schulstr. 14, D-50767 Köln, Tel.: (0221) 590-2058, Fax: 590-2050.

SCHENK, Winfried (6-10-1956, Gemünden a.Main) Dr. rer. nat., Dr. rer. nat. habil., Prof. für Anthropogeographie/Landeskunde Südwestdeutschlands am Geogr. Institut der Univ. Tübingen. – (Pr) Scheffelstr. 15a, D-97072 Würzburg, Tel.: (0931) 870238 – (D) Hölderlinstr. 12, D-72074 Tübingen, Tel.: (07071) 29-73953, Fax: 29-5318, e-mail: winfried.schenk@uni-tuebingen.de.

SCHENKER, André (5-3-1951, Basel) Dipl.-Geogr., SVU/SIA. – (Pr) Gartenstr. 4, CH-4142 Münchenstein – (D) Gruner AG, Gellertstr. 55, CH-4020 Basel, Tel.: (061) 312-6161, Fax: 312-4009.

SCHERELIS, Günther (28-6-1956, Fallersleben) Dipl.-Geogr., Leiter Wirtschaftspublizistik und Medienanalyse, Volkswagen AG. – (Pr) Im Winkel 9, D-38533 Vordorf , Tel.: (05304) 901351, Fax: 901331, e-mail: 100546.2343@compuserve. com – (D) D-38436 Wolfsburg, Tel.: (05361) 921241, Fax: 973128.

SCHERER, Dieter (09-07-1960, Kenzingen) Dr.phil., Dipl.-Phys., Dept. Geogr. d. Univ. Basel MCR Lab. – (Pr) Karlstr. 15, D-79618 Rheinfelden, Tel.: (07623) 62981 – (D) Spalenring 145, CH-4055 Basel, Tel.: (061) 272-6480, Fax: 272-6923, e-mail: scherer1@ubaclu.unibas.ch.

SCHERF, Konrad (11-3-1935, Nauen) Prof. i.R., Dr. sc. phil. – (Pr) Forstweg 18e, D-14656 Brieselang, Tel.: (033232) 36078.

SCHERM, Georg (25-8-1951, Augsburg) Dr. phil., Dipl.-Geogr., o. Kons. b. Ministerium für Umwelt und Verkehr. – (Pr) Schenkenstr. 19, D-70771 Leinfelden-Echterdingen, Tel.: (0711) 7978344 – (D) Hauptstätter Str. 67, D-70182 Stuttgart, Tel.: (0711) 126 -1372.

SCHERMANN-RICHTER, Ulrike (27-03-1956) Mag. rer. nat., Dr. phil. – (Pr) Ramperstorffergasse 35/1/16, A-1050 Wien – (D) Bundesministerium für Arbeit, Gesundheit und Soziales, Stubenring 1, A-1010 Wien.

SCHETELIG, Kurt (29-07-1936, Hamburg) Dr. rer. nat., Dipl.-Geologe, Univ.-Prof., Stellvertretender Vors. der Fachsektion Ingenieurgeologie, Mitgl. der GEO-Kommission der DFG, Lehrstuhl für Ingenieurgeologie und Hydrogeologie der RWTH Aachen. – (Pr) Pannesheider Str. 73, D-52134 Herzogenrath, Tel.: (02407) 8936 – (D) Lochnerstr. 4-20, D-52056 Aachen, Tel.: (0241) 80-5740, Fax: 8888-280.

SCHEUERBRANDT, Arnold (21-7-1937, Berlin-Spandau) Dr. phil., Akad. Oberrat, Schriftleiter der Zeitschrift „Kraichgau“ Beiträge zur Landschafts- und Heimatforschung (ab Folge 10, 1987). – (Pr) Schloßberg 2, D-74906 Bad Rappenau-Grombach, Tel.: (07266) 1385 – (D) Geogr. Institut, Universität Heidelberg, Im Neuenheimer Feld 348, D-69120 Heidelberg, Tel.: (06221) 545543.

SCHICK, Manfred (21-9-1924, Halle/Saale) Prof. Dr. rer. nat., em. Prof. am Geogr. Inst. d. Techn. Hochsch. Darmstadt. – (Pr) Röderstr. 55, D-64367 Mühltal, Tel.: (06151) 147110 – (D) Schnittspahnstr. 9, D-64287 Darmstadt, Tel.: (06151) 162719.

SCHICKHOFF, Irmgard (8-2-1943, Bochum) Dr. rer. nat., Prof. am Inst. f. Kulturgeogr., Stadt- u. Regionalforschg. d. Universität Frankfurt/Main, Mithrsg. d. „Rhein-Mainischen Forschungen“. – (Pr) Schumannstr. 24-26, D-60325 Frankfurt/M., Tel.: (069) 748003 – (D) Senckenberganlage 36, D-60325 Frankfurt, Tel.: (069) 798-22409.

SCHICKHOFF, Udo (26-10-1960, Neheim-Hüsten) Dr. rer. nat. – (Pr) Hauptstr. 5, D-23820 Pronstorf, Tel./Fax: (04506) 892298 – (D) Geographisches Institut, Universität Bonn, Meckenheimer Allee 166, D-53115 Bonn, Tel.: (0228) 73-2101, Fax: 73-7506, e-mail: Udo.Schickhoff@t-online.de.

SCHIDLOWSKI, Manfred (13-11-1933, Stettin) Prof. Dr. rer. nat. habil., Dipl.-Geologe, Freie Universität Berlin, Habilitation (Mineralogie) Univ. Heidelberg. – (Pr) Weinbergstraße 19, D-55268 Nieder Olm, Tel.: (06136) 44213 – (D) Max-Planck-Institut für Chemie (Otto-Hahn-Institut), Postfach 30 60, D-55020 Mainz, Tel.: (06131) 305256.

SCHIEBER, Michael (22-12-1946, Amberg) Dipl.-Geogr., Dr. rer. nat., Leiter des Rieskrater-Museums Nördlingen. – (D) Rieskrater-Museum Nördlingen, Eugene-Shoemaker-Platz 1, D-86720 Nördlingen, Tel.: (0981) 273822-0, Fax: 273822-20.

SCHIEFERDECKER, Uwe (28-8-1959, Leipzig) Dr. rer. nat., Dipl.-Geogr., Publizist. – (Pr) Blumenstr. 75, D-01307 Dresden, Tel.: (0351) 4419041 – (D) Brandenburgische Stadterneuerungsgesellschaft mbH, Tel.: (0331) 27168-19.

SCHILLIG, Dietmar (8-3-1935, Weingarten) Dr. rer. nat., Prof., Pädagogische Hochschule Weingarten. – (Pr) Brunnenweg 6, D-88250 Weingarten. – (D) Kirchplatz 2, D-88250 Weingarten.

SCHILLING-KALETSCH, Ingrid, Dipl.-Geogr. Wirtschaftsbehörde der Hansestadt Hamburg. – (D) Alter Steinweg 4, D-20459 Hamburg, Tel.: (040) 3504-1788, Fax: 3504-1620, Internet:http://www.hamburg.de.

SCHILTER, René Ch. (25-10-1943, Genf) Dipl. natw., Wiss. Mitarbeiter. – (Pr) Riedhofstr. 301, CH-8049 Zürich, Tel.: (01) 3419211 – (D) ORL-Institut, ETH-Hönggerberg, CH-8093 Zürich, Tel.: (01) 633-2984, Fax: 633-1102, e-mail: Schilter@orl.arch.ethz.ch.

SCHIMANKE, Evelyn (22-12-1958, Großbreitenbach) Dr. phil. — (Pr) Winckelmannstr. 37, -D-01728 Bannewitz.

SCHINDLER, Jörg-Wolfram (20-12-1950, Giengen/Brenz) Dipl.-Geogr., Dr. phil., Oberregierungsrat, Referat Geographie, Schwerpunkte: Bevölkerungsgeographie, Siedlungsgeographie u. Regionale Geographie Südwestdeutschlands. – (Pr) Peter-Sprung-Str. 9, D-79102 Freiburg, Tel.: (0761) 72318 – (D) Landesarchivdirektion Baden-Württemberg, Abt. Landesforschung u. Landesbeschreibung, Außenstelle Freiburg, Colombistraße 4, D-79098 Freiburg, Tel.: (0761) 3806043.

SCHINDWOLF, Kristin, Dipl.-Ing. (FH). – (Pr) 131 a, Route de Lyon, F-67400 Illkirch – (D) Stadtmessungsamt, Grabenstr. 15, D-89522 Heidenheim.

SCHIPULL, Klaus (20-6-1939, Guben) Dr. rer. nat., Wiss. Ang. am Inst. f. Geographie d. Univ. Hamburg. – (Pr) Hagenwisch 10, D-25469 Halstenbek, Tel.: (04101) 46991 – (D) Geomatikum, Bundesstr. 55, D-20146 Hamburg, Tel.: (040) 4123-4952, Fax: 4123-4981.

SCHIRMER, Hans (29-6-1920, Oldenburg) Prof., Dipl.-Met., Abt.-Präs. a.D., ehem. Leit. d. Klima-Abt. d. Dt. Wetterdienstes, o. Mitgl. d. Akad. f. Raumforschung u. Landesplanung. – (Pr) Körnerstr. 51, D-63067 Offenbach, Tel.: (069) 884608.

SCHIRMER, Wolfgang (9-2-1938, Amberg/Opf.) Dr., Prof. am Geogr. Institut, Abt. Geologie d. Univ. Düsseldorf. – (Pr) Hüttenstr. 3, D-41542 Dormagen , Tel.: (02133) 73331 – (D) Universitätsstr. 1, D-40225 Düsseldorf, Tel.: (0211) 8112042, Fax: 8113955, e-mail: schirmer@uni-duesseldorf.de.

SCHIRRMEISTER, Lutz (19-02-1960, Berlin) Dr. rer. nat. – (Pr) Ehrenfelsstr. 40, D-10318 Berlin, Tel.: (030) 5090615 – (D) Alfred-Wegener-Institut für Polar- und Meeresforschung, Forschungsstelle Potsdam, Telegrafenberg A 43, D-14473 Potsdam (Postadresse: Postfach 60 01 49, D-14401 Potsdam) Tel.: (0331) 288-2157, Fax: 288-2137, -2122, e-mail: lschirrmeister@awi-potsdam.de.

SCHLARB, Auguste (14-4-1920, Bonn) Prof. Dr. phil. nat., em. o. Univ.-Prof. f. Heimatkde. u. Didaktik d. Erdkde u. em. Dir. d. Sem. f. Geographie und ihre Didaktik d. Päd. Fakultät d. Rhein. Friedrich-Wilhelms-Univ. Bonn. – (Pr) Augustastr. 23, D-53173 Bonn, Tel./Fax: (0228) 352176, e-mail: Gschlarb@t-online.de.

SCHLEGEL, Walter (2-4-1931, Schwenningen/Neckar) Univ.-Prof., Dr. phil., em. Prof. f. Geogr. u. ihre Didaktik a. d. Univ.-Gesamthochschule Paderborn, FB 1 Fach Geographie. – (Pr) Nikolaus-Groß-Str. 11, D-33106 Paderborn, Tel.: (05254) 5976 – (D) Warburger Str. 100, Gebäude N, Postfach 16 21, D-33098 Paderborn, Tel.: (05251) 60-2380 Sekr.

SCHLEICH, H. Hermann, Prof. Dr. habil., Dr. rer. nat., Museumsdirektor, Vorsitzender ARcO-Nepal e.V., Geschäfsführer Förderverein Fuhlrott-Museum. – (D) Fuhlrott-Museum, Auer Schulstr. 20, D-42103 Wuppertal.

SCHLESER, Gerhard Hans (15-8-1940, Wilhelmshaven) Dr. rer. nat., Physiker, Mitglied der DPG, Deutschen Gesellschaft für Biophysik, Arbeitsgemeinschaft Stabile Isotope, Deutsche Bodenk. Ges., Arb. M.S. – (Pr) Am Sternenfeld 2B, D-41238 Mönchengladbach – (D) Forschungszentrum Jülich, Inst. für Chemie & Dynamik der Geosphäre, D-52425 Jülich.

SCHLIEBE, Klaus (3-5-1940, Hannover) Dr. phil., Dipl.-Geogr., Wiss. Dir., Referatsleit. im Bundesamt für Bauwesen und Raumordnung. – (Pr) Am Bismarckturm 4, D-53177 Bonn, Tel.: (0228) 359780 – (D) Bad Godesberg, Am Michaelshof 8, D-53177 Bonn, Postfach 20 01 30, D-53131 Bonn, Tel.: (0228) 826281, Fax: 826282.

SCHLIEPHAKE, Konrad (2-5-1944, Würzburg) Dr. rer. nat., Dipl.-Geogr., AOR am Inst. f. Geogr. d. Univ. Würzburg. Mithrsg. Würzburger Geograph. Manuskripte. – (Pr) Mittlerer Steinbachweg 13, D-97082 Würzburg, Tel.: (0931) 82423 – (D) Am Hubland, D-97074 Würzburg, Tel.: (0931) 888-5548, Fax: 888-5556.

SCHLIESTEDT, Manfred (25-07-1952, Braunschweig) Prof. Dr., Priv.-Doz., Institut für Mineralogie, Universität Hannover. – (Pr) Grund 13, D-31636 Linsburg. – (D) Welfengarten 1, D-30167 Hannover.

SCHLIETER, Erhard (3-6-1934, Elbing) Dr. rer. nat., Direktor von KölnTourismus Office. – (P) Caesarstr. 27, D-50968 Köln, Tel./Fax: (0221) 385325 – (D) Unter Fettenhennen 19, D-50667 Köln, Tel.: (0221) 221-3336, -3341, Fax: 221-3320, -4848, Internet: http://www.koeln.de, e-mail: Erhard.Schlieter@x400.koelntourismus.koeln.lion.de.

SCHLIMM, Reinhold (03-07-1965, Wuppertal) Dipl.-Geogr., Wiss. Mitarb., Westermann Schulbuchverlag GmbH. – (Pr) Ekkehardstr. 5, D-12437 Berlin, Tel.: (030) 5340340 – (D) Georg-Westermann-Allee 66, D-38104 Braunschweig, Tel.: (0531) 708-326.

SCHLÖDER, Kathrin (6-5-1961, Koblenz) M.A. – (Pr) Burgstr. 3, D-54340 Longuich, Tel.: (06502) 994111, Fax: 994112.

SCHLOTTMANN, Antje (08-02-1970), M.A., Wiss. Mitarb. am Inst. f. Geogr. d. FSU Jena. – (Pr) Kahlaische Str. 2, D-07745 Jena – (D) Sozialgeographie, Grietgasse

6, D-07743 Jena, Tel.: (03641) 9488-45, Fax: 9488-42, Internet: http://www.geogr.uni-jena.de, e-mail: C8scan@geogr.uni-jena.de.

SCHLÜCHTER, Christian, Prof. Dr. – (Pr) Bahngässli 17, CH-3053 Münchenbuchsee.

SCHLÜSSEL, Peter (13-3-1957, Brunsbüttelkoog) Dr. rer. nat., Univ.-Prof., Universität München, Meteorologisches Institut. – (D) Theresienstr. 37, D-80333 München, Tel.: (089) 2394-4210, Fax: 2394-4381.

SCHLÜTER, Heinz (28-4-1925, Berlin) Dr. rer. nat. habil., Forschungsgruppenleiter i.R. – (Pr) Schillbachstr. 39, D-07743 Jena, Tel.: (03641) 447361.

SCHMELMER, Karin (06-11-1963, Köln) Dipl.-Geogr., Wiss. Mitarb. am Inst. f. Bodenkunde d. Univ. Bonn. – (Pr) Odenthaler Str. 109, D-51069 Köln, Tel.: (0228) 73-2614, Fax: 73-2782.

SCHMERLER, Wolfgang (5-9-1902, Dresden) Dr. phil., OStR i.R. – (Pr) Rehbenitzwinkel 12, D-24106 Kiel, Tel.: (0431) 333562.

SCHMID, Ingobert C. (12-5-1936, Stuttgart) Prof. Dr.-Ing., Univ.-Prof., Inst.-Leiter, Mitgl. VDI, Mitgl. ISTVS (International Society for Terrain Vehicle Systems). – (Pr) Kielmannseggstr. 48, D-22043 Hamburg – (D) Universität der Bundeswehr Hamburg, Institut für Kraftfahrwesen und Kolbenmaschinen IKK, Holstenhofweg 85, D-22043 Hamburg.

SCHMID, Peter (14-11-1954) Dipl. Geogr ., GIS & Remote Sensing Konsulent. – (Pr) Nordstr. 183, CH-8037 Zürich, Tel.: (01) 3501771 – (D) Geographisches Institut der Universität, Winterthurerstr. 190, CH-8057 Zürich, Tel.: (01) 257-5248.

SCHMID, Peter (29-11-1926, Hamburg) Prof. Dr. phil., Ltd. wiss. Dir. i.R. d. Niedersächs. Institut für historische Küstenforschung, Hon-Prof. (Ur- u. Frühgesch.) a.d. Univ. Göttingen, Mitgl. d. Deutschen Archäol. Inst., Mitgl. d. Königl. Niederländ. Akademie d. Wissenschaften. – (Pr) Thomas-Mann-Str. 17, D-26386 Wilhelmshaven, Tel.: (04421) 60646 – (D) Niedersächs. Inst. f. hist. Küstenforschung, Viktoriastr. 26/28, D-26382 Wilhelmshaven, Tel.: (04421) 915-0.

SCHMID, Peter (7-3-1962, Regensburg) Dipl.-Geogr., Oberregierungsrat, Höhere Landesplanungsbehörde der Regierung von Niederbayern. – (Pr) Johann-Strauß-Str. 5, D-84088 Neufahrn i. NB., Tel.: (08773) 1543 – (D) Regierungsplatz 540, D-84028 Landshut, Tel.: (0871) 808-1804, Fax: 808-1859, e-mail: abteilung8@reg-nb.bayern.de.

SCHMID, Rolf (11.12.1937, Bern/Schweiz) Priv.-Doz., Dr., Chairman der IUGS Subcommission on the Systematics of Metamorphic Rocks. – (Pr) Tüfwisstr. 17, CH-8185 Winkel – (D) Institut für Mineralogie, ETH-Zentrum, CH-8092 Zürich.

SCHMID-KELLER, Susanne (27-7-1956) Dipl.-Geogr., Wiss. Mitarb. a. d. Forschungsstelle f. Wirtschaftsgeographie und Raumplanung, Hochschule St. Gallen. – (Pr) Wenigerstr. 18 b, CH-9011 St. Gallen, Tel.: (071) 2208435 – (D) Postfach 67, CH-9011 St. Gallen, Tel.: (071) 2242582, e-mail: susanne.schmid-keller@unisg.ch.

SCHMIDBAUER, Sabine (03-09-1966, Kernen i. R.) Dipl.-Ing.(FH) für Kartographie. – (Pr) Lerchenweg 1, D-71394 Kernen i. R.

SCHMIDT, Carola (30-04-1962, Neustrelitz) Dr. rer. nat. – (Pr) Roßmühlenstr. 19, D-17489 Greifswald, Tel.: (03834) 897455 – (D) Amt für Raumordnung und Landesplanung Vorpommern, Am Gorzberg, Haus 14, D-17489 Greifswald, Tel: (03834) 558-630, Fax: 558-301.

SCHMIDT, Ernst (5-7-1927, Detmold) Dr. rer. nat., StDir. i. R., Vorst.: Histor. Raddampfer „KAISER WILHELM“ im Ver. z. Förderung d. Lauenburger Elbschiffahrtsmuseums e.V. und Arbeitsgemeinschaft f. Binnenschiffahrtsgeschichte. – (Pr) Eichenweg 6, D-22927 Großhansdorf, Tel.: (04102) 61735.

SCHMIDT, Hannelore (26-7-1929) Dr. paed., Lehrer im HS-Dienst i.R. – (Pr) Geschw.-Scholl-Str. 27, D-14471 Potsdam.

SCHMIDT, Hans (20-11-1956, Affottern a.A.) Dipl.-Geogr., Informatiker. – (Pr) Alte Hofstetterstr. 8, CH-4112 Flüh.

SCHMIDT, Hartmut (5-5-1943, Castrop-Rauxel) Dr., Prof., Fachhochsch. München, Fachbereich Vermessungswesen und Kartographie. – (Pr) Theodor-Heuß-Str. 19, D-85764 Oberschleißheim – (D) Karlstr. 6, D-80333 München, Tel.: (089) 1265-2682, Fax: 1265-2698.

SCHMIDT, Helga (7-4-1939, Leipzig) Prof. Dr. rer. nat. habil., Prof. für Anthropogeographie am Institut für Geogr. der Univ. Leipzig, Institutsdirektorin, Vors. des Wissenschaftlichen Beirates im Institut für

Länderkunde, Mitgl. im Vorstand des Verbandes der Geographen an Deutschen Hochschulen, Federf. Hrsg. d. „Berichte zur deutschen Landeskunde“. – (Pr) August-Bebel-Str. 24, D-04275 Leipzig, Tel.: (0341) 3917742 – (D) Johannisallee 19a, D-04103 Leipzig, Tel.: (0341) 9732791, Fax: 9732799.

SCHMIDT, Ingrid (14-7-1938, Berlin) Dr. rer. nat., Referentin. – (D) Braustr. 2, D-04277 Leipzig, Tel.: 977-6630.

SCHMIDT, Jürgen (14-08-1952) Prof. Dr. rer. nat., Prof. f. Boden- u. Gewässerschutz d. TU Bergakademie Freiberg. – (Pr) Kesselgasse 9c, D-09599 Freiberg/Sa. – (D) Agricolastr. 22, D-09599 Freiberg/Sa., Tel.: (03731) 39-2681, Fax: 39-2502, e-mail: jschmidt@orion.hrz.tu-freiberg.de.

SCHMIDT, Karl Ludwig (21-5-1936, Zweibrücken) Dr. phil., Prof. – (Pr) Albrecht-Dürer-Ring 25, D-67227 Frankenthal, Tel.: (06233) 41498.

SCHMIDT, Karl-Heinz (12-3-1947, Lüdenscheid) Dr. rer. nat., Prof., Lehrstuhl f. Physische Geogr., Institut für Geogr., Martin-Luther-Univ. Halle-Wittenberg, Vors. des Deutschen Arbeitskreises für Geomorphologie. – (Pr) Im Mühlenfelde 30, D-14167 Berlin, Tel.: (030) 8118850 – (D) Domstr. 5, D-06108 Halle, Tel.: (0345) 552-6042, Fax: 552-7174, e-mail: schmidt@geographie.uni-halle.de.

SCHMIDT, Olaf (5-8-1951, Forchheim) Dr. phil., Wiss. Ass. — (Pr) An der Flutrinne 37, D-01139 Dresden, Tel./Fax: (0351) 8588257 – (D) Technische Universität Dresden, Institut für Geographie, Lehrstuhl Raumordnung, Mommsenstr. 13, D-01062 Dresden, Tel.: (0351) 463-3146, -3764, Fax: 463-7745, e-mail: oschmidt@rcs.urz.tu-dresden.de.

SCHMIDT, Ralf (21-2.1939, Liebertwolkwitz) Dr. sc. nat., Projektleiter. – (Pr) Am Sonneneck 8, D-04207 Leipzig – (D) Institut für ökologische Raumentwicklung e.V., Weberplatz 1, D-01217 Dresden, Tel.: (0351) 4679-248, Fax: 4679-212.

SCHMIDT, Ralph (24-7-1953) Prof. Dr. M.A., Forschungsagentur für Informationsstrategien: RAIS. – (D) Fachhochschule Hamburg, FB Bibliothek und Information, Grindelhof 30, D-20146 Hamburg, Tel.: (040) 44195-2488, Fax:446671.

SCHMIDT, Reinhard-Günter (26-7-1945, Berlin) Dipl.-Geogr., Dr. phil., Akad.Oberrat im FB VI, Phys. Geogr. d. Univ. Trier. – (Pr) Keuneweg 66, D-54295 Trier, Tel.: (0651) 12423 – (D) Universität Trier, FB VI, Physische Geographie, D-54286 Trier, Tel.: (0651) 201-4523, Fax: 201-3976, e-mail: schmidt@uni-trier.de.

SCHMIDT, Rolf (19-10-1936), Dipl. Geogr., Dr. rer. nat. habil., Prof. für Landschaftsökologie und Landnutzungsplanung am FB Landschaftsnutzung und Naturschutz der FH Eberswalde. – (Pr) Teuberstr. 26, D-16225 Eberswalde – (D) Möllerstr. 1, D-16225 Eberswalde, Tel.: (03334) 657307, Fax: 236316.

SCHMIDT, Rolf Diedrich (15-2-1916) Dr. rer. nat., Wiss. Dir. a.D. – (Pr) Deutschherrenstr. 42, D-53177 Bonn, Tel.: (0228) 330574.

SCHMIDT, Werner (6-11-1934, Frankenthal, Sa.) Dr. rer. nat. i.R. – (Pr) Kohlenstr. 48, D-01189 Dresden.

SCHMIDT-FALKENBERG, Heinz (26-09-1926, Falkenberg) Prof. Dr.-Ing., Dr. rer. nat. h.c., Hon.-Prof. a. d. Universität Karlsruhe. – (Pr) Frühlingstr. 7 B, D-83308 Trostberg.

SCHMIDT-KALLERT, Einhard (1949) Priv.-Doz. am Institut für Geographie und ihre Didaktik der Universität Dortmund. – (Pr) Braunschweiger Str. 17, D-45145 Essen, Tel.: (0201) 755875 – (D) Agrar- u. Hydrotechnik GmbH, Postfach 10 01 32, D-45001 Essen, Tel.: (0201) 2016-293, Fax: 2016-211, e-mail: Schmidt@aht-inter.com.

SCHMIDT-KOEHL, Werner (29-1-1939) StDir., Fachleit. f. Spanisch am Staatl. Studiensem. Saarbrücken, Vorsitzender b. Wiss. Prüfungsamt (1. Staatsexamen) im Fach Spanisch. Vors. der Landesfachkonferenz Spanisch. – (Pr) Im Königsfeld 6, D-66130 Saarbrücken, Tel.: (0681) 872395 – (D) Ludwigsgymnasium und Staatl. Studiensem. Saarbrücken, D-66117 Saarbrücken.

SCHMIDT-KUNDERT, Cornelia (09-06-1958) Dipl.-Geogr., ESRI AG. – (D) Beckenhofstr. 72, CH-8006 Zürich, Tel.: (01) 3641964, Fax: 3641969, e-mail: C.Schmidt@esri-suisse.ch.

SCHMIDT-VOGT, Dietrich (18-3-1954) Priv.-Doz., Dr. rer. nat., Hochschuldoz., Inst. f. Geographie, Südasien-Institut der Universität Heidelberg. – (D) Im Neuenheimer Feld 330, D-69120 Heidelberg, Tel.: (06221) 548961, Fax: 545926, e-mail: dsv@www.sai.uni-heidelberg.de.

SCHMIDT-WALTHER, Peer (19-7-1944) Dr. rer. nat., freier Fachjournalist, Pressebüro PSW am Suud (Geo-Themen, Schiffahrt, Reisen, Umwelt) – (Pr) Heilgeistkloster 7, D-18439 Stralsund, Tel: (03831) 295481, 294595, Mobil: (0172) 3222243, Fax: (03831) 295481.

SCHMIDT-WULFFEN, Wulf-D. (18-8-1941, Kreuznach) Dr. phil., Prof. Univ. Hannover, FB Erziehungswiss., Institut f. Didaktik der Sozialwiss. – (Pr) Bischofsholer Damm 76, D-30173 Hannover, Tel.: (0511) 815186 – (D) Bismarckstr. 2, D-30173 Hannover, Tel.: (0511) 807-8536, e-mail: Schmidt-Wulffen@uni.hannover.de.

SCHMIDTKE, Kurt-Dietmar (28-2-1943, Danzig) StDir. a. d. Erziehungswissenschaftl. Fakultät der Christian-Albrechts-Universität zu Kiel. – (Pr) Dorfstr. 12, D-24109 Melsdorf, Tel.: (04340) 9024 – (D) Olshausenstr. 75, D-24118 Kiel, Tel.: (0431) 880-01, Fax: 880-1588.

SCHMIDTKE, Volker (11-10-1942, Köln) StDir., Fachl. f. Erdkunde am Studienseminar f. d. Lehramt f. d. Sek.-St. II Köln I. – (Pr) Badstr. 2, D-50226 Frechen, Tel.: (02234) 31730 – (D) Albertus-Magnus-Gymnasium, Ottostr. 87, D-50823 Köln, Fax: (0221) 55920-30.

SCHMIED, Doris (08-07-1955, Bayreuth), Priv.-Doz., Dr. rer. nat., z. Zt. Vertretung einer Professur an der Universität-GH Paderborn. – (Pr) Matzenbergweg 15, D-95447 Bayreuth, Tel./Fax: (0921) 30611 – (D) Warburger Str. 100, Geb. N, D-33098 Paderborn, Tel.: (05251) 602383, Fax: 604214, e-mail: aschm2@hrz.uni-paderborn.de, doris.schmied@uni-bayreuth.de.

SCHMIEDECKEN, Wolfgang (2-4-1943, Waldbröl) AOR am Geogr. Inst. d. Univ. Bonn. – (Pr) Burgweg 37, D-53123 Bonn, Tel.: (0228) 6476 01 – (D) Meckenheimer Allee 166, D-53115 Bonn, Tel.: (0228) 73-7481, -7290, Fax: 73-5393. e-mail: schmie@slide.giub.uni-bonn.de.

SCHMITT, Elisabeth (13-8-1960) PD, Dr. rer. nat., Geographisches Institut der Universität Gießen. – (D) Senckenbergstr. 1, D-35390 Gießen, Tel.: (0641) 9936215.

SCHMITT, Hans-Michael (1956) Dipl.-Ing., Landschaftsplaner BSLA/SIA, Geschäftsleiter METRON Landschaftsplanung AG. – (Pr) Im Löh 19, CH-5243 Mülligen, Tel.: (056) 2251683 – (D) Stahlrain 2, Postfach, CH-5201 Brugg, Tel.: (056) 460-9111, Fax: 460-9100.

SCHMITT, Thomas (18-3-1958) PD, Dr. rer. nat., Geographisches Institut der Universität Gießen. – (D) Senckenbergstr. 1, D-35390 Gießen, Tel.: (0641) 9936215.

SCHMITZ, Stefan (12-10-1958, Viersen) Dr. rer. nat., Leiter der Geschäftsstelle URBAN 21 im Bundesamt für Bauwesen und Raumordnung, Wiss. Oberrat. – (P) Heinrich-von-Kleist-Str. 16, D-53113 Bonn, Tel.: (0228) 263515 – (D) Am Michaelshof 8, D-53177 Bonn, Tel.: (0228) 826-233, Fax: 826-315.

SCHMITZ, Werner (30-10-57) Dipl.-Geogr., Wiss. Ang., Statistikstelle der Stadt Bonn. – (D) Stadthaus, Bottler Platz 1, D-53111 Bonn, Tel.: (0228) 274276.

SCHMUDE, Jürgen (12-9-1955) Prof. Dr. am Institut für Geographie, Lehrstuhl III. – (Pr) Westenriederstr. 21, D-80331 München – (D) Universität Regensburg, Universitätsstr. 31, D-93053 Regensburg, Tel.: (0941) 943-3617, -3618, Fax: 943-4951, e-mail: juergen.schmude@geographie.uni-regensburg.de.

SCHMUKI, Jörg (11-4-1957, Uznach SG) Dipl.-Geogr., Mittelschullehrer. – (Pr) Casa Uaul, Caschuarz, CH-7180 Disentis/Mustér, Tel.: (081) 9474214 – (D) Klosterschule Disentis, CH-7180 Disentis/Mustér, Tel.: (081) 9296900.

SCHNALL, Uwe (01-05-1941, Bielefeld) Dr. phil., Hrsg. der Zeitschrift „Deutsches Schiffahrtsarchiv" und der wiss. „Schriften des Deutschen Schiffahrtsmuseums". – (Pr) Am Schönortsmoor 13, D-27612 Loxstedt – (D) Deutsches Schiffahrtsmuseum, Hans-Scharoun-Platz 1, D-27568 Bremerhaven, Tel.: (0471) 4820728, Fax: 4820755.

SCHNEIDER, Christian (17-10-1969, Oberhausen) Dipl.-Geogr., Wiss. Angest. bei Junker und Kruse, Stadtforschung · Stadtplanung. – (Pr) Harpenerstr. 22, D-44791 Bochum, Tel.: (0234) 500158 – (D) Markt 5, D-44137 Dortmund, Tel.: (0231) 557858-0, Fax: 557858-50, e-mail: mailbox@junker-kruse.do.uunet.de.

SCHNEIDER, Christoph (27-02-1965, Blaustein), Dr., Wiss. Ang. am Institut für Physische Geographie d. Universität Freiburg. – (Pr) Bürgerwehrstr. 13, D-79102 Freiburg – (D) Werderring 4, D-79085 Freiburg i. Br., e-mail: christoph.schneider@ipg.uni-freiburg.de.

SCHNEIDER, Götz (9-1-1934, Dresden) Prof. Dr. rer. nat. habil., Univ.-Prof., Fach Geophysik, Institut für Geophysik, Universität Stuttgart. – (Pr) Gerokstr. 58, D-70184 Stuttgart, Tel.: (0711) 2364390.

SCHNEIDER, Hans F. (3-7-1953, Zürich) Dipl.-Geogr., Sektionsleiter, Amt für Landschaftspflege und Naturschutz Graubünden. – (Pr) Dorfstr. 25, CH-7202 Says, Tel.: (081) 3539504 – (D) Rohanstr. 5, CH-7001 Chur, Tel.: (081) 2572934.

SCHNEIDER, Hanspeter, Leiter des Inventars historischer Verkehrswege der Schweiz (IVS). – (Pr) Matten, CH-3472 Wynigen, Tel.: (034) 4151122 – (D) Finkenhubelweg 11, CH-3012 Bern, Tel.: (031) 631-3535, Fax: 631-3540.

SCHNEIDER, Helke Christa (26-12-1965, Saarlouis) Dipl.-Geogr., Universität Trier. – (Pr) Am Schießberg 14, D-54313 Zemmer, Tel.: (06580) 8342 – (D) Univ. Trier, FB VI Bodenkunde, D-54286 Trier, Tel.: (0651) 201-2242, Fax: 201-3809, e-mail: schneider@uni-trier.de.

SCHNEIDER, Helmut (21-2-1951, Butzbach) Dr. phil., Wiss. Angest. am Geographischen Institut d. Heinrich-Heine-Universität Düsseldorf. – (Pr) Millrather Str. 50, D-40591 Düsseldorf, Tel.: (0211) 785422 – (D) Universitätsstr. 1, D-40225 Düsseldorf 1, Tel.: (0211) 81-12052, Fax: 81-12040, e-mail: schneide@uni-duesseldorf.de.

SCHNEIDER, Jean F. (19-5-1945, Luzern) Dr. sc. nat. ETH, Ingenieurgeologe, Dozent ETH-Z, Präsident Ingenieurgeologen (SFIG), Ingenieurgeologie. – (Pr) Schulstr. 6, CH-5430 Wettingen, Tel./Fax: (056) 261313 – (D) ETH-Hönggerberg, CH-8093 Zürich, Tel.: (01) 633-2521, Fax: 633-1108.

SCHNEIDER, Manfred (13-1-1941, Dresden) Dr. rer. nat., Akad.Dir. am Inst. f. Geogr. d. Univ. Erlangen-Nürnberg. – (Pr) Hauptstr. 28, D-91315 Höchstadt, Tel.: (09193) 3926 – (D) Kochstr. 4, D-91054 Erlangen, Tel.: (09131) 852-2645, Fax: 852-2013, e-mail: mschneid@geographie.uni-erlangen.de.

SCHNEIDER, Martin (7-3-1933, Dresden) Dipl.-Geogr., ORR a. D. im Statist. Bundesamt Wiesbaden (Bibliothek, Archiv). – (Pr) Georg-Krücke-Str. 22, D-65195 Wiesbaden, Tel.: (0611) 401153.

SCHNEIDER, Martin (07-02-1966) Dr. Mag., Ass. am Institut für Wirtschafts- u. Sozialgeographie der Wirtschftsuniv. Wien. – (Pr) Rüdigergasse 8/15, A-1050 Wien – (D) Augasse 2-6, A-1090 Wien, Tel.: (01) 31336-4820, Fax: 31336-703, e-mail: martin.schneider@wu-wien.ac.at.

SCHNEIDER, Peter (9-3-1912) Prof. Dr. phil., em. Prof. f. Didaktik d. Erd- u. Heimatkunde a.d. Univ. Essen-GHS, Mitarb. d. Zentralstelle f. Umwelterziehung im FB 9 d. Univ. Essen-GHS. – (Pr) Renteilichtung 8-10, D-45134 Essen, Tel.: (0201) 4315516.

SCHNEIDER, Sigfrid (14-2-1915, Berlin) Prof. Dr. rer. nat., Hon.-Prof. a.d. Univ. d. Saarlandes, Wiss. Dir. a.D., korresp. Mitgl. d. Akad. f. Raumforschung und Landesplanung, Ehrenmitgl. Dt. Ges. f. Photogram. u. Fernerkundung. – (Pr/D) Kastanienweg 5, D-53177 Bonn, Tel.: (0228) 321428.

SCHNEIDER, Stefan, Dipl.-Geogr., Mitinhaber Planungsbüro Jud AG. – (Pr) Kaltensteinstr. 19, CH-8127 Forch, Tel.: (01) 9182548 – (D) Bolleystr. 29, CH-8006 Zürich, Tel.: (01) 262-1144, Fax: 252-1208, e-mail: 100557.1420@compuserve.com.

SCHNEIDER, Thaddäus. – (Pr) Friedrich-Ebert-Ring 27, D-56068 Koblenz.

SCHNEIDER, Thomas (9-10-1953) Dr. rer. nat, Akad. Rat, LSt. f. Did. d. Geogr. Univ. Augsburg. – (Pr) Pfaustr. 9, D-86179 Augsburg, Tel.: (0821) 811851 – (D) Universitätsstr. 10, D-86159 Augsburg, Tel.: (0821) 598-2272.

SCHNEIDER-SLIWA, Rita (28-10-1953, Oberhausen/NRW) Prof. Dr. phil. habil., o. Prof. u. Dir. d. Geogr. Inst. Univ. Basel, Mithrsg. d. „Geographica Helvetica“, „Regio Basiliensis“, Delegierte d. ASG, „Konferenz Oberrhein. Regionalplaner“ – (D) Klingelbergstr. 16, CH-4056 Basel, Tel./Fax: (061) 267-3645 (Sekr.), e-mail: SchneiderS@ubaclu.uniba.ch.

SCHNELL, Peter (21-7-1941, Havixbeck) AOR, Dr. rer. nat. am Inst. f. Geogr. d. Univ. Münster. – (Pr) Im Hagenfeld 30, D-48147 Münster, Tel.: (0251)233982 – (D) Robert-Koch-Str. 26, D-48149 Münster, Tel.: (0251) 83-33903.

SCHNÜTGEN, Achim (8-10-1936, Neuwied/Rh.) Dr. rer. nat., AOR am Geogr. Inst. d. Univ. Köln. – (Pr) Nesselrodeweg 6, D-50354 Hürth, Tel.: (02233) 77506 – (D) Albertus-Magnus-Platz, D-50931 Köln, Tel.: (0221) 470-3472, Fax: 470-5124.

SCHNURR, Hans-Ewald, Dr. rer. nat., Lehrbeauftragter am Institut für Geographie der Universität Hamburg. – (Pr) Blumenthalstr. 9, D-28209 Bremen – (D) Statistisches Landesamt Bremen, An der Weide 14-16, D-28195 Bremen, Tel.: (0421) 361-6480, Fax: 361-4310.

SCHÖN, Karl Peter, Dr. – (D) Bundesforschungsstelle für Landeskunde und Raumordnung, Postfach 20 01 30, D-53131 Bonn.

SCHÖNBICHLER, Franz (14-9-1937, Blindenmarkt, NÖ) Leiter d. Bibliothek des Österr. Inst. f. Raumplanung. – (Pr) Leibnizgasse 16/13, A-1100 Wien – (D) Franz-Josefs-Kai 27, A-1010 Wien.

SCHOENBORN, Dorothea (7-4-1940, Remscheid) StDir'in, Fachl. f. Erdkunde am Staatl. Bezirksseminar Wuppertal I. – (Pr) Katernbergerstr. 149, D-42115 Wuppertal, Tel.: (0202) 312392 – (D) Richard-Wagner-Str. 7, D-42115 Wuppertal, Tel.: (0202) 303444.

SCHOENEICH, Philippe (30-4-1959, Luzern) Dr. ès lettres, Assistant. – (Pr) Rue du Crêt 5, CH-1006 Lausanne, Tel.: (021) 6161219 – (D) Institut de Géographie de l'Université, BFSH 2 - Dorigny, CH-1015 Lausanne, Tel.: (021) 692-3151, Fax: 692-3075, e-mail: philippe.schoeneich@igul.unil.ch.

SCHÖNFELDER, Günther (28-3-1948) Doz., Dr. rer. nat. habil. – (Pr) E.-v.-Harnack-Hof 6, D-06120 Halle, Tel.: (0345) 5504247 – (D) Sächsische Akademie der Wissenschaften zu Leipzig, Kommission für Sächsisch-thüringische Landeskunde, Karl-Tauchnitz-Straße 1, D-04107 Leipzig, Tel.: (0341) 711-5339, Fax: 711-5344.

SCHÖNINGH, Ferdinand (2-9-1953) Verleger. – (Pr) Jühenplatz 1, D-33098 Paderborn, Tel.: (05251) 127-5, Fax: 127-860.

SCHÖNWIESE, Christian-Dietrich (7-10-1940, Breslau) Dr., Prof. f. Meteorol. Umweltforschung, Klimatologie, J.W. Goethe-Universität, Institut für Meteorologie und Geophysik. – (Pr) Weißkirchener Str. 34, D-61440 Oberursel – (D) Postfach 11 19 32, D-60054 Frankfurt/M., Tel.: (069) 798-23440, -22280, Fax: 798-22482, e-mail: schoenwiese@meteor.uni-frankfurt.de.

SCHÖPKE, Henning (13-05-1940, Celle) OStR. – (Pr) Wilhelmstr. 22, D-31582 Nienburg, Tel./Fax: (05021) 63715.

SCHOLTEN, Thomas, Dr. rer. nat. – (D) Institut für Bodenkunde und Bodenerhaltung, Justus-Liebig-Universität Gießen, Wiesenstr. 3-5, D-35390 Gießen, Tel.: (0641) 9937112, Fax: 9937109, e-mail: Thomas.Scholten@agrar.uni-giessen.de.

SCHOLZ, Dieter (12-11-1934, Leipzig) Prof. Dr. habil., FB Geowissenschaften. – (Pr) Thomaskirchhof 21, D-04109 Leipzig, Tel.: 9607676 – (D) Martin-Luther-Universität Halle, Heinrich-und-Thomas-Mann-Str. 26, D-06108 Halle, Tel.: (0345) 55-26000.

SCHOLZ, Fred (22-5-1939, Liegnitz) Dr. rer. nat., Univ.-Prof., Zentrum für Entwicklungsländer-Forschung (ZELF), Inst. f. Geogr. Wissenschaften d. FU Berlin, Mitwirk. Hrsg. d. Zeitschr. „Sociologus" u. „Erdkundliches Wissen". – (P) Mommsenstr. 41, D-10629 Berlin, Tel.: (030) 3246105, Fax: 32704974, e-mail: fredsch@zedat.fu-berlin.de – (D) Malteser Str. 74-100, Haus K, D-12249 Berlin, Tel.: (030) 7792-224, -223, Fax: 76706445, e-mail: scholz@geog.fu-berlin.de.

SCHOLZ, Ulrich (19-12-1941, Bolkenhain / Schlesien) Prof. Dr. phil., Geogr. Inst. d. Univ. Gießen. – (Pr) Wilhelm-Leuschner-Str. 9, D-35440 Linden, Tel.: (06403) 2183 – (D) Senckenbergstr. 1, D-35390 Gießen, Tel.: (0641) 99-36200, Fax: 99-3620, -36209, e-mail: ulrich.scholz@geo.uni-giessen.de.

SCHOOP, Wolfgang (4-6-1940, Aachen) Prof. Dr. rer. nat., Leiter der Fach- und Grundsatzabteilung bei MISEREOR, Aachen. – (Pr) Damaschkestr. 25, D-52066 Aachen, Tel.: (0241) 63468 – (D) MISEREOR, Mozartstr. 9, D-52064 Aachen, Tel.: (0241) 4420, Fax: 442188, e-mail: schoop@misereor.de.

SCHORB, Achim (18-4-1951, Wertheim a. M.) Dr. rer. nat., Lehrbeauftragter, Institut für Energie- und Umweltforschung, Heidelberg. – (Pr) Dompfaffenweg 7, D-69123 Heidelberg – (D) Wilckensstr. 3, D-69120 Heidelberg, Tel.: (06221) 4767-0, Fax: 4767-19, e-mail: a.schorb@fb2.ifeu.de.

SCHORER, Marcell (21-11-1964, Pforzheim) Dr. rer. nat., Dipl.-Geogr., Wiss. Mitarb. Universität Trier, FB VI, Hydrologie. – (Pr) Zum Römersprudel 128, D-54294 Trier – (D) Univ. Trier, FB VI, Hydrologie, Universitätsring 15, D-54286 Trier, Tel.: (0651) 201-2165, Fax: 201-3978.

SCHORM, Heribert, Doz. f. Geographie u. Sozialkunde, Akademie für Lehrerfortbildung. – (Pr) Hubertusstr. 3, D-86637 Wertingen, Tel.: (08272) 5939 – (D) Postfach, D-89401 Dillingen, Tel.: (09071) 53-136, Fax: 53-200.

SCHRADER, Walter (17-5-1927) Dr. phil., OStDir. i.R. – (Pr) Max-Planck-Str. 29, D-34131 Kassel, Tel.: (0561) 37047.

SCHRADER, Frank (14-5-1945, Berlin) Prof. Dr. habil, Leiter Umweltplanung. – (Pr) Semmelweisstr. 49, D-14482 Potsdam, Tel.: (0331) 7480643 – (D) Lahmeyer International, Niederlassung Berlin, Sachsendamm 3, D-10829 Berlin, Tel.: (030) 78099612, Fax: 788-4811.

SCHRADER, Manfred (1-2-1938, Einbeck) Dr. rer. nat., AOR am Geogr. Inst. d. Univ. Hannover. – (Pr) Yorckstr. 5, D-31275 Lehrte, Tel.: (05132) 3145 – (D) Schneiderberg 50, D-30167 Hannover, Tel.: (0511) 762-3534, Fax: 762-3051.

SCHRAMKE, Wolfgang (1-8-1947, Stadthagen) Dr. rer. nat. habil., Prof. für Geographiedidaktik, Studiengang Geographie, FB 8, Universität Bremen. – (Pr) Oederstr. 25, D-26121 Oldenburg, Tel.: (0441) 87154 – (D) Bibliotheksstraße, D-28359 Bremen, Tel.: (0421) 218-4464, -4047 (Sekr.), Fax: 218-7183, e-mail: schramke@uni-bremen.de.

SCHRAMM, Matthias (7-9-1951) Dr. rer. nat. – (Pr) Bela-Bartok-Weg 10, D-06862 Roßlau – (D) Institut für Regionalplanung und Projektentwicklung, Büro Dessau, Rennstr. 5, D-06842 Dessau, Tel.: (0340) 2202981.

SCHRAND, Hermann (9-2-1938, Spahn/Hümmling) Dr., AOR am Inst. für Didaktik der Geographie im FB 19 der Westfäl. Wilhelms-Universität Münster. – (Pr) Waldweg 62, D-48163 Münster, Tel.: (0251) 71578 – (D) Robert-Koch-Str. 26, D-48149 Münster, Tel.: (0251) 839370, e-mail: schranh@uni-muenster.de.

SCHREIBER, Karl-Friedrich (9-7-1926, Deutsch-Krone) em. Prof. Dr. agr., ehem. Dir., o. Prof. f. Geogr.-Landschaftsökologie a. d. Univ. Münster. – (Pr) Pröbstingstr. 77, D-48157 Münster, Tel.: (0251) 324646 – (D) Institut für Landschaftsökologie, Robert-Koch-Str. 26, D-48149 Münster.

SCHREIBER, Theo (18-12-1927, Düsseldorf) Prof. Dr. rer. nat., em.Univ.-Prof., Vorstand d. Maas-Rhein Instituts f. Angewandte Geographie e.V., c/o RWTH Aachen, Geogr. Institut, Mithrsg. d. Informationen und Materialien zur Geographie der EUREGIO Maas-Rhein. – (Pr) Kölner Str. 71, D-50859 Köln, Tel.: (02234) 72788 – (D) Templergraben 55, D-52062 Aachen, Tel.: (0241) 80-3639-3640, Fax: 8888-309.

SCHRENK, Georg J.A. (22-7-1957, Oberhausen) Dipl.-Geogr., Fachreferent des Deutschen Verbandes für Wasserwirtschaft und Kulturbau e.V. (DVWK). – (Pr) Ahrweiler Weg 11 a, D-53501 Grafschaft-Leimersdorf, Tel.: (02641) 202947 – (D) Gluckstr. 2, D-53115 Bonn, Tel.: (0228) 983-8716, Fax: 983-8733, e-mail: schrenk@drwk.de.

SCHRETTENBRUNNER, Helmut (7-9-1941, München) Dr. phil., Dr. phil. habil., Prof. a. d. Univ. Erlangen-Nürnberg, Hrsg. d. „Geographiedidaktischen Forschungen". – (Pr) Hubertusstr. 10, D-90491 Nürnberg, Tel.: (0911) 592367 – (D) Regensburger Str. 160, D-90478 Nürnberg, Tel.: (0911) 530-2523, -2524 oder -587, Fax: 4010-212, e-mail: schrett@ewf.uni-erlangen.de.

SCHRÖDER, Bernt, Prof. Dr., Institut für Geologie an der Ruhr-Universität Bochum. – (D) Universitätsstr. 150, NA 2, D-44801 Bochum, Tel.: (0234) 7003230, Fax: 7094572.

SCHRÖDER, Ernst-Jürgen (27-6-1956, Tübingen) Dipl.-Volksw., Dr. rer. nat., Priv.-Doz., Hochschuldoz. a. Inst. f. Kulturgeogr. Freiburg. – (Pr) Erwinstr. 48, D-79102 Feiburg, Tel.: (0171) 8122365 – (D) Werderring 4, D-79085 Freiburg, Tel.: (0761) 203-3559.

SCHRÖDER, Frank (11-09-1966, Bremerhaven) Dipl.-Geogr., Wiss. Mitarb. am Geogr. Institut der Technischen Universität München. – (Pr) Klenzestr. 52a, D-80469 München, Tel.: (089) 2605172 – (D) Arcisstr. 21, D-80333 München, Tel.: (089) 289-28369.

SCHRÖDER, Hilmar (2-3-1953, Kleinwirschleben/Anhalt) Prof. Dr., Prof. am Institut für Geographie an der Friedrich-Alexander-Universität Erlangen-Nürnberg. – (Pr) Eichenring 26, D-91341 Röttenbach, Tel.: (09195) 50289 – (D) Kochstraße 4, D-91054 Erlangen, Tel.: (09131) 8522014.

SCHRÖDER, Karl Heinz (17-6-1914, Lunden/Holstein) Prof. Dr. phil., em. o. Prof. f. Geogr. Europas u. bes. Berücksichtigung Südwestdeutschlands a. d. Univ. Tübingen, Mithrsg. d. „Schriften zur südwestdeutschen Landeskunde", ehrenamtliche Tätigkeiten: 1945-1960 Leiter der Verwaltung d. Schlosses Hohentübingen mit Universitätsinstituten („Schloßvogt"), 1965-1975 Vors. d. Arbeitsgr. Tübingen d. Alemannischen Instituts, 1954-1962 Korresp. Mitgl. der Kommission für geschichtliche Landeskunde in Baden-Württemberg, Stuttgart (Mitgl. seit 1962, im Vorstand 1961-1997), 1961-1988 Vors. d. Ausschusses dieser Kommission zur

Herausgabe d. Historischen Atlasses v. Baden-Württemberg, Mitgl. d. Ausschusses der Kommission zur Herausgabe des „Handbuchs der baden-württembergischen Geschichte". – (Pr) Im Schönblick 20, D-72076 Tübingen, Tel.: (07071) 63180 – (D) Geogr. Inst., Hölderlinstr. 12, D-72074 Tübingen.

SCHROEDER, Klaus (6-1-1925, Plau/Mecklenburg) Dr. rer.nat., Staatssekr. a.D.,em. Mitglied d. Hist. Komm. zu Berlin. – (Pr) Menzer Weg 6, D-14165 Berlin, Tel.: (030) 8018895.

SCHRÖDER, Peter (7-8-1943, Oppenau) Dipl.-Geogr. – (Pr) Dobelstr. 21, D-71229 Leonberg, Tel.: (07152) 59421. – (D) Tel.: (07152) 59421.

SCHRÖDER, Wilfried, Dr., Wiss. Sekretär des Arbeitskreises Geschichte der Geophysik. – (Pr + D) Hechelstr. 8, D-28777 Bremen.

SCHRÖDER, Winfried (19-8-1958, Kiel) Dr. rer. nat. habil., M.A., Univ.-Prof. am Institut für Umweltwissenschaften der Hochschule Vechta. – (Pr) Starnberger Str. 24, D-24146 Kiel, Tel.: (0431) 789809 – (D) Postfach 15 53, D-49364 Vechta, Tel.: (04441) 15-0, e-mail: winfried.schroeder @uni.vechta.de.

SCHROEDER-LANZ, Hellmut (14-4-1934, Kassel) Prof. Dr. nat. i.R. – (Pr) Am Sportplatz 1, D-54298 Welschbillig, Tel./Fax: (06506) 8424.

SCHROTT, Lothar (21-01-1962, Ulm) Dr. rer. nat., Wiss. Ass. am Geographischen Institut der Universität Bonn. – (Pr) Rittershausstr. 20, D-53113 Bonn, Tel.: (0228) 212624 – (D) Meckenheimer Allee 166, D-53115 Bonn, Tel.: (0228) 73-7507, -7234, Fax: 73-9099, -5393, e-mail: lothar.schrott@slide.giub.uni-bonn.de.

SCHRUEFER, Gabriele (14-01-1968, Pegnitz) Wiss. Ass. am Lehrstuhl f. Didaktik d. Geographie d. Univ. Bayreuth. – (Pr) Königsberger Str. 10, D93413 Cham – (D) Universitätsstr. 30, D-95440 Bayreuth, Tel.: (0921) 552274.

SCHUBERT, Rudolf (16-11-1940, Plauen) Dr. phil., Lehrer im HS-Dienst, Math. Methoden in der Geographie. – (Pr) Wiesenhof 6, D-14478 Potsdam, Tel.: (0331) 810922 – (D) Universität Potsdam, Institut für Geographie und Landschaftsökologie, Abt. Physische Geographie u. Landschaftsökologie, D-14415 Golm, Tel.: (0331) 977-2153.

SCHUCH, Klaus (28-02-1963) Mag., Leiter des Referats für Drittlandkooperationen des Büros für Internationale Forschungs- und Technologiekooperationen. – (Pr) Leithastr. 22/1/4, A-1200 Wien. – (D) Wiedner Hauptstr. 76, A-1040 Wien, Tel.: (01) 5811616/210, Fax: 5811616/19, e-mail: schuch@bit.ac.at.

SCHÜEPP, Walter (2-3-1919, Allschwil/BL) Dr. phil., Priv.-Doz. f. Meteorologie. – (Pr) Bruderholzstr. 49, CH-4153 Reinach/BL – (D) Bernoullianum, Klingelbergstr. 16, CH-4056 Basel, Tel./Fax: (061) 2673645.

SCHÜLER, Mechthild (14-4-59, Duisburg) Dipl.-Geogr., Bibl.-Oberrätin, Leit. d. Kartenabt. u. Fachref. Geogr. a.d. Niedersächs. Staats- u. Univ.-Bibl. Göttingen. – (D) Platz der Göttinger Sieben 1, D-37073 Göttingen, Tel.: (0551) 395278, e-mail: schueler@mail.sub.uni-goettingen.de.

SCHUEPBACH, Evi (15-06-1958, Mühlethurnen) Dipl.-phil. nat., Ph.D., Oberass. – (D) Geographisches Institut der Universität, Hallerstr. 12, CH-3012 Bern, Tel.: (031) 631-8843, Fax: 631-8511, e-mail: evi@giubunibe.ch.

SCHÜRMANN, Heinz (5-2-1947, Bielefeld) Dr. habil., apl. Univ.-Prof. am Geogr. Inst. d. Joh. Gutenberg-Univ. Mainz. – (Pr) Wahlheimer Hof 21, D-55278 Hahnheim, Tel.: (06737) 1870 – (D) Saarstr. 21, D-55099 Mainz, Tel.: (06131) 39-4495, Fax: 39-4736.

SCHÜRMANN, Heinz W. (4-2-1921, Elberfeld) Dr. phil., Geschäftsführer i.R., ehem. Vors. d. Geogr. Ges. f. d. Bergische Land (Wuppertal), zuletzt Gf. d. Deutsch-Indischen Handelskammer Düsseldorf-Bombay. – (Pr) Quettinger Straße 167, D-51381 Leverkusen-Opladen, Tel.: (02171) 56278.

SCHÜTT, Brigitta (30-04-1963, Rees) Dr., Wiss. Angest. – (Pr) Franzenheimer Str. 23, D-54296 Trier – (D) Universität Trier, Physische Geographie, FB VI, D-54286 Trier, Tel: (0651) 201-4557, Fax: 201-3976, e-mail: schuett@uni-trier.de.

SCHÜTTLER, Adolf (26-2-1912, Langenberg/Rhld.) Dr. phil., o. Prof. em. f. Heimatkde u. Didaktik d. Erdkde a. d. Unv. Bielefeld. – (Pr) Römerweg 9-720, D-31760 Detmold, Tel.: (05231) 984-720, -528 – (D) Universitätsstr. 2, D-33615 Bielefeld, Tel.: (0521) 1063365.

SCHÜTZ, Joachim (11-03-1956, Heilbronn) Dr. rer. pol., Oberass. am Geographischen Institut der ETH. –(D) Winterthurerstr. 190, CH-8057 Zürich, Tel.: (01) 257-5218.

SCHUHMACHER, Peter (14-4-1957, Aarau) Dr. sc. nat. ETH, Betriebswissenschaftler BWI/ETH, Mitinh. der GEO Consulting Group AG. – (D) Baumackerstr. 24, CH-8050 Zürich, Tel.: (01) 311-2728, Fax: 311-2807, e-mail: geg.@swissonline.ch.

SCHUHMACHER, Rolf (9-10-1953) Dr. rer. nat. OBibl.-Rat, Leiter der Kartenabt. – (D) Bayerische Staatsbibliothek, Ludwigstr. 16, D-80539 München, Tel.: (089) 28638-346, Fax: 28638-293.

SCHUKRAFT, Gerd (13-11-1953) Laborleiter im Labor für Geomophologie und Geoökologie, Geogr. Institut, Univ. Heidelberg. – (Pr) Gießhübelstr. 4, D-67346 Speyer, Tel.: (06232) 26161 – (D) Im Neuenheimer Feld 348, D-69120 Heidelberg, Tel.: (06221) 544576.

SCHUKRAFT, Silva (28-1-63, Auerbach/Opf.) Dipl.-Geogr. – (Pr) Gießhübelstr. 4, D-67346 Speyer.

SCHULER, Martin (6-12-1946) – (Pr) Route de Bossière 102, CH-1095 Lutry – (D) EPFL-IREC, 14 Eglise Anglaise, case postale 555, CH-1001 Lausanne, Tel.: (021) 693-3424, Fax: 693-3840.

SCHULTE, Achim (14-12-1959), Dr. rer. nat., Dipl.-Geogr., Wiss. Ass. am Geographischen Institut der Universität Heidelberg. – (Pr) Bruchhäuser Weg 15, D-69124 Heidelberg, Tel.: (06221)78699 – (D) Im Neuenheimer Feld 348, D-69120 Heidelberg, Tel.: (06221) 544577, Fax: 544996, e-mail: c42@ix.urz.uni-heidelberg.de.

SCHULTE-DERNE, Friedrich (23-1-1955, Dortmund) Dipl.-Geogr., Wiss. Mitarb. an der Univ. GH Essen, Vorstandsmitgl. der Geogr. Ges. für das Ruhrgebiet, Essen. – (Pr) Wittbräucker Str. 205, D-44269 Dortmund, Tel.: (0231) 480448 – (D) Universität GH Essen, FB 9 Geowissenschaften, Zentralstelle für Umwelterziehung, D-45117 Essen, Tel.: (0201) 183-2431, Fax: 183-3981.

SCHULTIS, Joachim B. (10-2-1943, Sindelfingen) Dr. phil., Dipl.-Geogr., Hon.-Prof. (für Angewandte Anthropogeographie, u. bes. Berücksichtigung der Stadtplanung) der Univ. Tübingen u. Heidelberg, Erster Bürgermeister und Baudezernent der Stadt Heidelberg. – (D) Palais Graimberg, Kornmarkt 5, D-69117 Heidelberg, Tel.: (06221) 58-2020, -2021, Fax: 58-2290.

SCHULTZ, H. -D. (19-02-1947, Gronau/Leine), Dr. rer. nat., Dr. phil. habil., Prof. f. Didaktik der Geographie. – (Pr) Lilienthalstr. 18, D-10965 Berlin, Tel.: (030) 6929310 – (D) Geogr. Inst. d. HU zu Berlin, Sitz: Chausseestr. 86, Post: Unter den Linden 6, D-10099 Berlin, Tel.: (030) 30875-601, -602.

SCHULTZ, Jürgen (20-8-1934, Soltau/Hann.) Univ.-Prof., Dr. rer. nat., Prof. für Phys. Geographie, insbes. Geoökologie, am Geogr. Inst. d. RWTH Aachen. – (Pr) Maria-Theresia-Allee 215, D-52074 Aachen, Tel.: (0241) 77834 – (D) Geogr. Inst. d. RWTH Aachen, Templergraben 55, D-52062 Aachen, Tel.: (0241) 806049 / 7, Fax: 8888-157.

SCHULTZE, Arnold (12-9-1930, Jever/Oldenburg) Prof. Dr. phil., Univ.-Prof. i.R. f. Geogr. u. ihre Didaktik a.d. Universität Lüneburg, Mithrsg. d. „Geographiedidaktischen Forschungen“. – (Pr) Dömitzer Str. 7, D-21339 Lüneburg, Tel./Fax (04131) 32966 – (D) Universität Lüneburg, D-21332 Lüneburg.

SCHULTZE, Hans-Peter (13-08-1937, Swinemünde) Prof. Dr. rer. nat., Direktor am Institut für Paläontologie, Museum für Naturkunde der Humboldt-Universität Berlin, Hrsg. „Handbuch of Paleoichthyology“ und der Zeitschrift „Mitteilungen aus dem Museum für Naturkunde in Berlin, Geowissenschaftliche Reihe“. – (Pr) Türkenstr. 17, D-13349 Berlin – (D) Invalidenstr. 43, D-10115 Berlin, Tel.: (030) 2093-8864.

SCHULTZE-RHONHOF, Friedrich-Carl (18-3-1925, Heidelberg) Dr. phil., Ltd. Städt. Dir. – (Pr) Sauerländer Weg 33, D-48145 Münster, Tel.: (0251) 34695.

SCHULZ, Christian (04-06-1967, Saarlouis) Dr.phil., Dipl.-Geogr., Wiss. Mitarb. am Geographischen Institut der Universität zu Köln. – (D) Albertus-Magnus-Platz, D-50923 Köln, Tel.: (0221) 470-6102, Fax: 470-4971, e-mail: ch.schulz@uni-koeln.de.

SCHULZ, Dietrich (21-2-1938, Blumberg) Dr. rer. nat., AOR a. d. Päd. Hochsch. Schwäbisch Gmünd. – (Pr) Altmühlweg 10, D-73529 Schwäbisch-Gmünd, Tel.: (07171) 81293 – (D) Oberbettringer Straße 200, D-73525 Schwäbisch Gmünd, Tel.: (07171) 983-262.

SCHULZ, Georg 23-1-1938, Stop/Pommern) Ing. (grad.), Priv.-Doz., Dr. rer. nat., Univ.-Oberrat, wiss. Kartogr. a. Inst. f. Geogr. Wiss. d. FU Berlin, WE 2, FB 24, Geowissenschaften. – (Pr) Geitnerweg 31 B,

D-12209 Berlin, Tel.: (030) 7111324 – (D) Malteser Str. 74-100, H131, D-12249 Berlin, Tel.:(030) 7792401.

SCHULZ, Günter, Dipl.-Geophys., ORR am Erdmagn. Observatorium d. Bundesamtes für Seeschiffahrt und Hydrographie Hamburg. – (D) Am Olymp 13, D-21789 Wingst, Tel.: (04778) 812110, Fax: 812150.

SCHULZ, Heinz (31-10-1921, Berlin) Prof., Dr. sc. nat., Hochschullehrer i.R. – (Pr) Drachenfelsstr. 5, D-10318 Berlin.

SCHULZ, Ines (20-1-1961) Dr. rer. nat. — (Pr) Stollbergerstr. 31, D-12627 Berlin – (D) Humboldt-Universität Berlin, Geographisches Institut, Unter den Linden 6 (Chausseestr. 86), D-10099 Berlin, Tel.: (030) 30875-640, -641, e-mail: ines.schulz@rz.hu-berlin.de.

SCHULZ, Marlies (13-4-1944, Bad Landeck) Univ.-Prof., Dr. rer. nat., Prof. für Angewandte Geographie am Geographischen Institut der Mathematisch-naturwissenschaftlichen Fakultät II der Humboldt-Univ. zu Berlin. – (Pr) Meyerbeerstr. 107, D-13088 Berlin, Tel.: (030) 92799160, Fax: 92799170 – (D) Humboldt-Universität zu Berlin, Geographisches Institut, Chausseestraße 86, D-10099 Berlin, Tel.: (030) 30875-611, Fax: 30875-646, e-mail: Marlies=Schulz@rz.hu-berlin.de.

SCHULZE, Hartmut, Dr. rer. nat., Fachleiter für Erdkunde am Studienseminar II f. d. Lehramt an Gymnasien. – (Pr) Am unteren Krümmershof 4 a, D-34132 Kassel – (D) Studienseminar II für das Lehramt an Gymnasien, Humboldtstr. 1a, D-34117 Kassel.

SCHULZE, Helmut (29-3-1925, Leipzig) Dr. rer. nat. – (Pr) Emil-Nolde-Weg 3, D-71065 Sindelfingen, Tel.: (07031) 84929.

SCHULZE, Monika (28-11-1969, Paderborn) Wiss. Mitarb., Institut für Länderkunde Leipzig. – (Pr) Wichernstr. 4, D-04318 Leipzig, Tel.: (0341) 6995304 – (D) Schongauerstr. 9, D-04329 Leipzig, Tel.: (0341) 255-6501, Fax: 255-6598, e-mail: schulze@ifl.uni-leipzig.de.

SCHUMACHER, Reinhold (01-11-1947, Stuttgart) Dr. rer. nat., Prof. an der Fachhochschule München, Studiengang Vermessungswesen und Kartographie. – (Pr) Moosstr. 9, D-82362 Weilheim, Tel.: (0881) 41337 – (D) Fachhochschule München, FB 08, Karlstr. 6, D-80333 München, Tel.: (089) 1265-2635.

SCHUMACHER, Ulrich (23-10-1955, Merseburg) Dipl.-Ing. oec. – (D) Institut für ökologische Raumentwicklung e.V., Weberplatz 1, D-01217 Dresden, Tel.: (0351) 4679-255, Fax: 4679-212, e-mail: Ulrich.Schumacher@POP3.tu-dresden.de.

SCHUMANN, Hans-Joachim von (2-10-1906) Dr. med., Dr. phil. habil., Medizin. Geogr., Soz.-G. Griechenland, Kreta, Japan, Salzburg, Toskana, Tunesien, Venetien u. Teneriffa, Dir. d. Privatklinik f. Psychotherapie. – (D) Rembrandt-Str. 30, D-40237 Düsseldorf, Tel.: (0211) 660232.

SCHUMANN, Walter (26-7-1926, Tilsit) Dr. rer. nat., Prof. i.R. – (Pr) Slezakstr. 1a, D-81247 München, Tel.: (089) 8112379, Fax: 8144139.

SCHURIG, Walter (8-9-1916, Lübeck) Dr. phil., Ehrenvors. d. Geogr. Ges. zu Lübeck, Hrsg. d. „Mitteilungen d. Geographischen Gesellschaft zu Lübeck". – (Pr) Kuckucksruf 23, D-23562 Lübeck, Tel.: (0451) 595016.

SCHWAB, Max (1-3-1932) Prof., Dr. rer. nat. habil. i.R. – (Pr) Talstr. 37 c, D-06120 Halle/S., Tel.: (0345) 5507492 – (D) FB Geowissenschaften der Martin-Luther-Universität Halle-Wittenberg, Institut für Geologische Wissenschaften und Geiseltalmuseum, Domstr. 5, D-06108 Halle, Tel.: (0345) 5526106, Fax: 5527178.

SCHWABE, Erich (19-12-1914, Basel) Dr., Ehrendoz. – (Pr) Breichtenstr. 18, CH-3074 Muri (BE), Tel.: (031) 9511549 – (D) Geographisches Institut der Universität, Klingelbergstr. 16., CH-4056 Basel, Tel.: (061) 267-3644.

SCHWACKHÖFER, Wolfgang (10-9-1923, Wien) Dipl.-Ing., Dr., HR. – (Pr) Aufham 9, A - 4864 Attersee.

SCHWARZ, Karl (17-9-1917, Ludwigshafen) Dr. rer. pol., Dir. u. Prof. d. Bundesinst. f. Bevölkerungsforschung i.R. – (Pr) Klopstockstr. 14, D-65187 Wiesbaden, Tel./Fax: (0611) 811710.

SCHWARZ, Reiner (10-11-1939) Prof. Dr. rer. nat., Prof. für Geogr. m. d. Schwerpunkt Physische Geographie am Institut für Geographie d. Univ. Hamburg. – (Pr) Alsterufer 38, D-20354 Hamburg, Tel.: (040) 4504908 – (D) Geomatikum der Universität, Bundesstr. 55, D-20146 Hamburg, Tel.: (040) 42838-4960.

SCHWARZ, Uwe (1-6-1955, Zwickau), Dipl.-Geogr. – (Pr) Marienstr. 27, D-53639 Königswinter, Tel.: (02223) 23228 – (D) Kölnisches Stadtmuseum, Zeughausstr. 1-

3, D-50667 Köln, Tel.: (0221) 221-25789, Fax: 221-24154.

SCHWARZ, Wolfgang (18-2-1942) Dr. phil., Wiss. Sachbearb. d. Abt. RU2 (Raumordnung und Regionalpolitik) d. Amtes d. Niederösterr. Landesregierung, Leiter der Geschäftsstelle des Landes Niederösterreich für EU-Regionalpolitik, Lehrbeauftragter am Inst. f. Geographie der Univ. Klagenfurt. – (Pr) Pappelweg 1/RH 26, A-1220 Wien, Tel.: (01) 2802342 – (D) Landhausplatz 1, A-3109 St. Pölten, Tel.: (02742) 200-4190, -4230, Fax: 200-4170.

SCHWARZ-LANGER, Christine (31-8-1920, Deutsch Liebau, Krs. Mähr.-Schönberg) Dr. phil., OStR'in a.D. – (Pr) Keltenweg 14, D-61231 Bad Nauheim, Tel.: (06032) 5667.

SCHWARZ - v. RAUMER, Hans-Georg (21-2-1959, Triberg) Dr. rer. nat., Wiss. Ang. am Institut für Landschaftsplanung und Ökologie d. Univ. Stuttgart. – (Pr) Am Wiesenacker 24, D-76228 Karlsruhe, Tel.: (0721) 450972 – (D)Keplerstr. 11 D, D-70174 Stuttgart, Tel.: (0711) 121-4142, Fax: 121-3381, e-mail: svr@ilpoe.uni-stuttgart.de.

SCHWARZE, Christian (14-12-1949, Chemnitz) Dipl.-Geogr., Staatliches Umweltfachamt, Regionale Planungsstelle. – (Pr) Terrassenstr. 26, D-09131 Chemnitz – (D) Stephanplatz 3, Postfach 10 23, D-09010 Chemnitz, Tel.: (0371) 358219.

SCHWARZE, Thomas (13-6-1961, Braunschweig) Dipl.-Geogr. Dr., Wiss. Ass. – (Pr) Robert-Koch-Str. 44, D-48149 Münster, Tel.: (0251) 81407 – (D) Institut für Geographie, Robert-Koch-Str. 26, D-48149 Münster, Tel.: (0251) 833-3991, -3696, Fax: 833-8352.

SCHWEBEL, Marianne, geb. Kalähne, verw. Rubow-Kalähne (14-11-1921, Stendal) Dr. rer. nat. – (D) Weißenburger Str. 23, D-28211 Bremen, Tel.: (0421) 443858.

SCHWEDE, Dieter (5-4-1939, Cosel) StDir., Fachl. f. Erdkde a. Staatl. Studienseminar Leverkusen. – (Pr) Löwenburgstr. 12, D-50939 Köln, Tel.: (0221) 462143 – (D) Weiherstr. 11-13, D-51373 Leverkusen.

SCHWEDLER, Hans-Uve (3-6-1951, Mühlanger) Dr., Geschäftsführer der Europäischen Akademie für städtische Umwelt. – (Pr) Jägerstr. 11, D-12209 Berlin – (D) Bismarckallee 46-48, D-14193 Berlin, Fax: (030) 895999-19.

SCHWEDLER, Frank (3-7-1965, Itzehoe) Dipl.-Geogr. am Geogr. Inst. der Universität Kiel, Projekt Historischer Atlas Schleswig-Holstein. – (Pr) Kleiststr. 26, D-24105 Kiel, Tel.: (0431) 8950536, Internet: http://www.frank.schwedler.net, e-mail: frank@schwedler.net – (D) Ludewig-Meyn-Str. 14, D-24098 Kiel, Tel.: (0431) 880-7408, Fax: 880-4658, Internet: http://www.uni-kiel.de:8080/Geographie/Schwedler/Frank.htm, e-mail: schwedler@geographie.uni-kiel.de.

SCHWEDLER, Ulrike (29-3-1967, Itzehoe) Dipl.-Geogr. am Geogr. Inst. der Universität Kiel, Projekt Historischer Atlas Schleswig-Holstein. – (Pr) Kleiststr. 26, D-24105 Kiel, Tel.: (0431) 8950536, Internet: http://www.ulrike.schwedler.net, e-mail: ulrike@schwedler.net – (D) Ludewig-Meyn-Str. 14, D-24098 Kiel, Tel.: (0431) 880-7408, Fax: 880-4658, Internet: http://www.uni-kiel.de:8080/Geographie/Maag/Ulrike.htm, e-mail: maag@geographie.uni-kiel.de.

SCHWEIKART, Jürgen, Prof. Dr. – (D) Technische Fachhochschule Berlin, Fachbereich III: Bauingenieur- und Geoinformationswesen, Luxemburger Str. 10, D-13353 Berlin, Tel.:(030) 4504-2038, Fax: 4504-2632, e-mail: schweikart@tfh-berlin.de.

SCHWEINFURTH, Ulrich, Prof. Dr. rer. nat., em. o. Prof. Inst. f. Geogr. am Südasien-Inst. d. Univ. Heidelberg, Hrsg. Geoecological Research. – (D) Im Neuenheimer Feld 330, D-69120 Heidelberg, (Postfach 10 30 66, D-69020 Heidelberg) Tel.: (06221) 54-8951.

SCHWEINFURTH, Wilfried (19-7-1949, Schwetzingen) Dr., Umwelt- und Abfallberater. – (Pr) Luisenstr. 20, D-68723 Schwetzingen.

SCHWEINFURTH-MARBY, Heidrun, Dr. phil., c./o Inst. f. Geogr. am Südasien-Inst. d. Univ. Heidelberg. – (D) Im Neuenheimer Feld 330, D-69120 Heidelberg (Postfach 10 30 66, D-69020 Heidelberg), Tel.: (06221) 54-8951.

SCHWEIZER, Günther (7-3-1938, Ebingen) Prof. Dr. rer. nat., o. Prof. a. Geogr. Inst. d. Univ. Köln. – (Pr) Wiesenrain 6, D-51503 Rösrath, Tel.: (02205) 1204 – (D) Geogr. Inst. d. Univ. Köln, Albertus-Magnus-Platz, D-50923 Köln Tel.: (0221) 470-5618, Fax: 470-4917, e-mail: g.schweizer@uni-koeln.de.

SCHWEIZER, Thomas, Dipl.-Geogr., Atelier Stern und Partner. – (D) Tobeleggweg 19, CH-8049 Zürich, Tel.: (01) 3416161.

SCHWENZER, Brigitte (14-4-1940, Liegnitz) Dr. phil. nat. – (Pr) Westerwaldstr. 8, D-56337 Arzbach Tel./Fax.: (02603) 8657.

SCHWERDTFEGER, Peter (23-12-1935, Göttingen) Prof. f. Meteorologie, 70 Veröffentlichungen in der Gletscherkunde, Meteorologie und den umweltverbundenen Wissenschaften, zwei Bücher: Physical Principles of Meteorol. Measurements und Mitautor in „Dynamic Meteorology". – (Pr) P.O.Box 150, Crafers, SA, 5152 Australien – (D) Airborne Research Australia, Flinders University, GPO Box 2100, Adelaide, SA, 5001 Australien.

SCHYMIK, Franz (4-3-1944, Kattowitz) Dr. phil., AOR am Inst. f. Kulturgeogr., Stadt- u. Regionalforschung. d. Univ. Frankfurt/M., Schriftl. d. Schriftenreihen „Rhein-Mainische Forschungen" und „Materialien". – (Pr) Ebersheimstr. 11, D-60320 Frankfurt, Tel.: (069) 5602307 – (D) Senckenberganlage 36, D-60325 Frankfurt, Tel.: (069) 798-22416, Fax: 798-28173, e-mail: Schymik@em.uni-frankfurt.de.

SEDLACEK, Peter (25-2-1945, Oelde) Dr. phil., Univ. Prof. am Inst. f. Geographie d. FSU Jena. – (Pr) Lange Str. 30, D-48165 Münster, Tel.: (0172) 9757733 – (D) Löbdergraben 32, D-07740 Jena, Tel.: (03641) 948830, Fax: 948832, e-mail: p.sedlacek@geogr.uni-jena.de.

SEDLMEIER, Anton (4-2-1957) Dipl.-Geogr. – (Pr) Posener Str. 35, D-93057 Regensburg, Tel.: (0941) 647343 – (D) Amt für Stadtentwicklung, Stadt Regensburg, Postfach 11 06 43, D-93019 Regensburg, Tel.: (0941) 507-1661, Fax: 507-4668.

SEDLMEIER, Jutta geb. Lermer (27-3-1958) Dipl.-Geogr. – (Pr) Posener Str. 35, D-93057 Regensburg, Tel.: (0941) 647343.

SEEBER, Christian (20-10-1957, Leipzig) Dr. rer. nat. — (Pr) Friedrichstr. 5, D-16556 Borgsdorf, Tel./Fax: (03303) 500729, e-mail: christian.seeber@usa.net – (D) Schule für Touristik - Weigand GmbH, Tauentzienstr. 14, D-10789 Berlin, Tel.: (030) 21473-366, Fax: 21474-368, Internet: http://www.school-of-tourism.de, e-mail: berlin@school-of-tourism.de.

SEEBER, Gerd Günter (10-2-1941, Rastenburg/Ostpreußen) Dr.-Ing., Univ.-Prof., Institut für Erdmessung, Universität Hannover, Autor von „Satellite Geodesy", Editor von „Journal of Geodesy, Marine Geodesy". – (Pr) Röddinger Str. 23, D-30823 Garbsen – (D) Schneiderberg 50, D-30167 Hannover, Tel.: (0511) 762-2475, Fax: 762-4006, e-mail: Seeber@mbox.ife.uni-hannover.de.

SEEDORF, Hans Heinrich (20-9-1923, Sittensen) Prof. Dr. rer. nat. a.D., Prof. am Geogr. Inst. d. Univ. Hannover. – (Pr) Otto-Wehner-Str. 29, D-31832 Springe, Tel.: (05041) 4871 – (D) Universität, Schneiderberg 50, D-30167 Hannover, Tel.: (0511) 762-2133.

SEEL, Karl August (23-4-1933, Diez/Lahn) Dr. phil., Militärgeograph, Oberstleutnant a.D., Mitgl. des „Ständigen Ausschuß f. geographischer Namen" (StAGN). – (Pr) Schillerstr. 64, D-53489 Sinzig, Tel.: (02642) 41687 – (D) StAGN, Richard-Strauss-Allee 11 (BKG), D-60598 Frankfurt/M.

SEELE, Enno (19-9-1931, Minden) Prof. Dr. rer. nat. habil., em. o. Univ.-Prof. f. Geogr. u. ihre Didaktik im Fachgebiet Geographie der Hochschule Vechta. – (Pr) Fr.-Kenkel-Str. 2, D-49377 Vechta, Tel.: (04441) 6080 – (D) Driverstr. 22, D-49377 Vechta, Tel.: (04441) 15–1, Fax: 15–444.

SEEMANN, Reinhold (7-11-1936, Oldenburg i.O.) StDir. a. D., (Fachl. f. Geogr).– (Pr) Kiefernstr. 25, D-66129 Saarbrücken, Tel.: (06805) 7009 – (D) Neugrabenweg 66 D-66123 Saarbrücken, Tel.: (0681) 3908986.

SEGER, Gerhard (11-4-1919, Altvalm) Dr. rer. nat., AOR a.D. – (Pr) Kaiserkorso 4, D-12101 Berlin, Tel.: (030) 7858720.

SEGER, Martin (27-1-1940, Mödling/NÖ) Mag. rer. nat., Dr. phil., o. Univ.-Prof. am Inst. f. Geogr. u. Regionalforschung d. Univ. Klagenfurt (Geogr. mit besond. Berücksichtigung d. Didaktik II). – (Pr) Goritschitzenweg 5, A-9073 Klagenfurt, Tel.: (0463) 281748 – (D) Universitätsstr. 65-67, A-9020 Klagenfurt, Tel.: (0463) 2700-310, Fax:2700-305, e-mail:martin.seger@uni-klv.ac.at.

SEHER, Uwe (8-1-1964, Ibbenbüren) Dr. rer. nat., Dipl.-Geogr. – (Pr) Brunnenstraße 7, D-54316 Hockweiler, Tel.: (06588) 3029 – (D) Ingenieurbüro NET - Neue Energietechnik, Capricano, Theis & Seher, Brunnenstr. 7, D-54316 Hockweiler, Tel.: (06588) 992-606, Fax: 992-607, e-mail: useher@t-online.de und Wilhelm-von-Nassau-Str. 11, D-65582 Diez, Tel.: (06432) 3086, Fax: 7010, e-mail: ing.net@t-online.de.

SEIDEL, Werner (30-5-1910) Dr. phil. i.R. – (Pr) Güldengossaer Str. 11, D-04299 Leipzig.

SEIDL, Albert (15-9-1960) Wiss. Ass. a. d. Univ. Erlangen-Nürnberg, Schriftleiter d. „Geographiedidakt. Forschungen". – (Pr) Wielandstr. 7, D-90419 Nürnberg, Tel.: (0911) 331533 – (D) Regensburger Str. 160, D-90478 Nürnberg, Tel.: (0911) 5302524, Fax: 4010212, e-mail: atseidl@ewf.uni-erlangen.de.

SEIF, Ulrich (14-06-1961, Schwäbisch Gmünd) Dr. rer.nat., Geogr. – (Pr) Remsstr. 87, D-73614 Schorndorf, Tel.: (07181) 62265.

SEIFERT, Siegrid (4-7-1941, Wildberg) Dr. rer. nat. — (Pr) Kernerstr. 5, D-13125 Berlin, Tel.: (030) 9430773. — (D) Humboldt-Universität zu Berlin, Geographisches Institut, Chausseestraße 86, D-10099 Berlin, Tel.: (030) 30875-637.

SEIFERT, Volker (25-2-1940, Sondershausen) Dr. rer. nat., Prof., Hochschullehrer am Geograph. Institut, Justus-Liebig-Univ. Gießen, Angewandte Geographie, Gemeindeentwicklungs- u. Regionalplanung. – (Pr) Am Kirschenberg 9, D-35463 Fernwald, Tel.: (0641) 42373, Fax: 47796 – (D) Schloßgasse 7, D-35390 Gießen, Tel.: (0641) 99-3640, Fax: 99-36219, e-mail:volker.seifert@geo.uni-giessen.de.

SEILER, Wolfgang (22-1-1940, Remscheid) Prof. Dr., Direktor, AGU, Fraunhofer-Institut für Atmosphärische Umweltforschung (IFU). – (Pr) Karwendelstraße 25a, D-82467 Garmisch-Partenkirchen – (D) Kreuzeckbahnstraße 19, D-82467 Garmisch-Partenkirchen.

SEIMETZ, Hans-Jürgen (14-3-1953) Dr. phil., RD, Dipl.-Geogr. u. Mag. rer. publ., Lehrbeauftragter am Geographischen Institut der Johannes Gutenberg-Univ. Mainz u. an der Univ. Kaiserslautern. – (Pr) Lincolnstr. 35, D-67434 Neustadt, Tel.: (06321) 34158 – (D) Bezirksregierung Rheinhessen-Pfalz, Obere Landesplanungsbehörde, Friedrich-Ebert-Str. 14, D-67433 Neustadt, Tel.: (06321) 99-2234, Fax: 99-2260.

SELKE, Welf (8-12-1943, Königsberg i.Pr.) Dr. rer. nat., Dipl.-Geogr., Referatsleiter. – (Pr) Waldstr. 31a, D-53177 Bonn, Tel.: (0228) 319676 – (D) Ministerialrat im Bundesministerium für Verkehr, Bau- und Wohnungswesen, Bonn.

SEMMEL, Arno (5-8-1929, Selchow/Pommern) Dr. phil. nat., Dr. rer. nat. h.c., Prof. i.R. – (Pr) Theodor-Körner-Str. 6, D-65719 Hofheim a. Ts., Tel.: (06192) 5376.

SENDLER, Gerhard (16-12-1927, Breslau) Prof. Dr. rer. nat., Inst. f. Geogr.d. Univ. Hamburg. – (Pr) Roonallee 2 b, D-22926 Ahrensburg, Tel.: (04102) 53687 – (D) Geomatikum, Bundesstr. 55, D-20146 Hamburg, Tel.: (040) 4123-4969.

SEUFFERT, Otmar (8-2-1933, Kitzingen/Main) Dr. rer. nat., Prof. am Geogr. Inst. d. Techn. Hochsch. Darmstadt, Full member d. IGU Commission Landdegradation and Desertification, Hrsg. „Petermanns Geographische Mitteilungen" / „Geoökodynamik" / „Geoökoplus" / „Geoökotest" / Mithrsg. „Darmstädter Geographische Studien", 1. Vors. „Verein für Erdkunde zu Darmstadt". – (Pr) Mainstr. 50, D-64625 Bensheim, Tel.: (06251) 690282, Fax: 65553 – (D) Schnittspahnstr. 9, D-64287 Darmstadt, Tel.: (06151) 162919.

SEVRUK, Boris (8-5-1938) Dr., Dipl.-Bauing., Abt. Hydrologie am Geogr. Inst. ETH Zürich, Rapp. Hydrol. Komm. WMO. – (Pr) Imbissbühlstr. 133, CH-8049 Zürich, Tel.: (01) 3411424 – (D) Uni-Irchel, Winterthurerstr. 190, CH-8057 Zürich, Tel.: (01) 257-5235, Fax: 362-5197.

SICK, Wolf-Dieter (31-5-1925, Neunkirchen, NÖ) Prof. Dr. phil., em. o. Prof. am Inst. f. Kulturgeogr. d. Univ. Freiburg, Vors. d. Alemannischen Instituts Freiburg. – (Pr) Markgrafenstr. 7, D-79211 Denzlingen , Tel.: (07666) 2196 – (D) Werderring 4, D-79085 Freiburg i. Br., Tel.: (0761) 203-3565.

SIEBER, René (21-4-1958, Au/SG) .Geogr., Dr. phil. II. – (Pr) Sattleracherstr. 32, CH-8413 Neftenbach, Tel.: (052) 3151457 – (D) Institut für Kartographie, ETH Hönggerberg, CH-8093 Zürich, Tel.: (01) 633-3035, Fax: 633-1153, e-mail: rsieber @geod.ethz.ch.

SIEBERT, Burkhard (18-6-1959, Soltau) Dipl.-Geogr., Leiter Logistik TIGER Eurocopter Deutschland GmbH, Abt.D-GST. – (Pr) Sudetenstr. 13, D-85521 Ottobrunn, Tel./Fax: (089) 6091468 – (D) Eurocopter Deutschland GmbH, Abt.D-GST, D-81663 München, Tel.: (089) 6000-4478.

SIEBERT, Elisabeth (14-8-1947, Isernhagen b. Hannover) Dr. phil. – (Pr) Lange-Hop-Str. 131, D-30559 Hannover, Tel.: (0511) 524393.

SIEBERTZ, Helmut (20.11.1946) Dipl.-Geogr., (phys.), Dr. rer. nat., öffentl. best. u. vereid. Sachverständiger der Landwirtschaftskammer Rheinland. – (Pr) Alte Schulstr. 16, D-53229 Bonn-Bechlinghoven, Tel.: (0228) 431749.

SIECHAU, Michael (13-05-1951, Recklinghausen) Fachleiter für Erdkunde am Studienseminar für das Lehramt für die Sekundarstufe II, Gelsenkirchen II. – (Pr) Chemnitzer Str. 3, D-45699 Herten – (D) Herforder Str. 7, D-45892 Gelsenkirchen.

SIEGBURG, Werner (15-6-1952) Dr., Studienreferendar, Studienseminar Sek. II. – Zeithstr. 182, D-53721 Siegburg, Tel.: (02241) 69545.

SIEGLERSCHMIDT, Jörn (13-10-1945, Parchim) Privatdozent, Dr., Oberkonservator, Landesmuseum für Technik und Arbeit. – (Pr) Hainstraße 20, D-67435 Neustadt – (D) Museumsstraße 1, D-68165 Mannheim, Tel.: (0621) 4298-881, Fax: 4298-754, e-mail: sieglerj@rumms.uni.-mannheim.de.

SIEGMUND, Alexander (21-6-1968, Hüfingen) Dipl.-Hdl., Wiss. Mitarb. am Geogr. Inst. d. Univ. Mannheim, Mitgl. des Verbandes Deutscher Hochschulgeograhen, des Hochschulverbandes für Geographie und ihre Didaktik, der Deutschen Meteorologischen Gesellschaft und des Verbandes für Angewandte Geographie. – (Pr) Zähringer Str. 31, D-78183 Hüfingen-Fürstenberg, Tel./Fax: (0771) 61980 – (D) Lehrstuhl für Physische Geographie und Länderkunde, D-68131 Mannheim, Tel.: (0621) 292-2484, Fax: 292-3321.

SIEGRIST, Sabine (14-7-1965, Aarau) Dipl.-Geogr., WWF Schweiz, Abt. Jugend & Umwelt. – (D) Hohlstr. 110, CH-8010 Zürich, Tel.: (01) 297-2121, Fax: 297-2100, e-mail: sabine.siegrist@wwf.ch.

SIELEMANN, Marion (27-2-1960, Detmold) Dipl.-Geogr. – (Pr) Mittelstr. 6, D-53051 Grafschaft.

SIEVERS, Angelika (28-9-1912, Stolp) Prof. Dr. phil., M.A., o. Prof. em. f. Geogr. u. ihre Didaktik a. d. Hochschule Vechta. – (Pr) Römerstr. 118/3308, D-53117 Bonn, Tel.: (0228) 5563308 – (D) Driverstr. 22, D-49377 Vechta.

SIMKO, Dusan (27-04-1945, Kosice/Slowakei) Priv.-Doz., Dr., Dipl.-Geol. – (Pr) Petersgraben 24, CH-4051 Basel, Tel./Fax: (061) 2614360, e-mail: dsim@datacomm.ch – (D) Geographisches Institut der Universität, Klingelbergstr. 16, CH-4056 Basel, Tel.: (061) 267-3645, Fax: 267-3651.

SIMON, Theo (16-4-1947, Rothenberga) Dr. rer. nat., Obergeologierat, Landesamt für Geologie, Rohstoffe und Bergbau Baden-Württemberg. – (Pr) Gehrendshalde 42, D-74427 Fichtenberg – (D) Landesamt für Geologie, Rohstoffe und Bergbau Baden Württemberg, Zweigstelle Stuttgart, Urbanstraße 53, D-70182 Stuttgart.

SINNHUBER, Karl A. (10-1-1919, Salzburg) Mag. et. Dr. phil., em. o. Univ.-Prof., ehem. Vorst. Inst. f. Wirtschafts- u. Sozialgeogr. d. Wirtschaftsuniv. Wien. – (Pr) Maierhof 13, Schmiede zu Maierhof, A-4816 Gschwandt, O.Ö., Tel.: (07612) 70604 – (D) Abt. f. Praxisorientierte Wirtschaftsgeographie und Räumliche Integrationsforschung, WU-Wien, Peter Jordan Str. 6, A-1190 Wien, Tel.: (01) 3692099.

SIOLI, Harald (25-8-1910, Köthen) Prof. Dr. phil., em. Dir. am Max-Planck-Inst. f. Limnologie, Abt. Tropenökologie. – (Pr) Rautenbergstr. 56, D-24306 Plön – (D) Aug.-Thienemann-Str. 2, Postfach 165, D-24302 Plön, Tel.: (04522) 763-204, Fax: 763-281.

SITTE, Christian (20-1-1954) Mag. et Dr. phil., Univ.-Lektor für Fachdidaktik am Inst. f. Geographie d. Univ. Wien, Lehrer an einer Allgemeinbild. höheren Schule (Gymnasium) und einem „Schulversuch Mittelschule“ in Wien, Mitbegr. d. Zeitschrift „GW-Unterricht“ und Mitarb. d. Zeitschrift „Wissenschaftliche Nachrichten“. – (Pr) Freyung 6/4/9, A-1010 Wien, Tel.: (01) 5358393, e-mail: csitte@grg1.asn-wien.ac.at. – (D) Universitätsstr. 7/5, A-1010 Wien.

SITTE, Wolfgang (12-12-1925, Wien) Mag. phil., em. Prof. a. d. Päd. Akad. Wien und em. Univ.-Lektor am Inst. f. Geogr. d. Univ. Wien, Begründer u. Redaktionsmitgl. der Zeitschrift „GW-Unterricht“, Redakteur d. v. österr. Unterrichtsministerium herausgegebenen „Wissenschaftlichen Nachrichten“, Regionaler Korrespondent d. Commission Geographical Education (IGU). – (Pr) Andreas Rohracher Str. 5, A-5020 Salzburg, Tel.: (0662) 826107.

SKORUPINSKI, Thomas (29-2-1964) Dipl.-Geogr., Wiss. Mitarbeiter im SFG 268 am Inst. f. Physische Geographie, Universität Frankfurt, Feldbergstr. 42 04.06.1997 – (Pr) Höchster Weg 7, D-63607 Wächtersbach, Tel.: (06053) 70138 – (D) Postfach 11 19 32, D-60054 Frankfurt, Tel.: (069) 798-24834, Fax: 798-23718.

SKOWRONEK, Armin (10-8-1946, Würzburg) Dipl.-Geogr., Dr. rer. nat. habil., Prof. am Inst. f. Bodenkunde d. Univ. Bonn. – (Pr) Trierer Str. 153, D-53115 Bonn, Tel.: (0228) 282106 – (D) Nußallee 13, D-53115 Bonn, Tel.: (0228) 73 - 2773, Fax: 73-2782.

SLOBODDA, Siegfried (7-1-1943, Königsberg) Dr. rer. nat. habil., Referent Landschaftsökologie, Sächsisches Landesamt für Umwelt und Geologie. — (Pr) Budapester Str. 67, D-01069 Dresden – (D) Zur Wetterwarte 11, D-01109 Dresden.

SLUPETZKY, Heinz (17-1-1940, Wien) Dr. phil., Univ.-Prof. am Inst. f. Geogr. d. Univ. Salzburg. Leiter der Hochgebirgs- und Nationalparkforschungsstelle Rudolfshütte (Stubachtal, Hohe Tauern) der Univ. Salzburg und der Abt. f. Schnee- und Gletscherkunde. – (Pr) Bräumühlweg 35, A-5101 Bergheim b. Salzburg, Tel.: (0662) 452782 – (D) Hellbrunnerstr. 34, A-5020 Salzburg, Tel.: (0662) 8044-5201, -5200, Fax: 8044-525, e-mail: heinz.slupetzky@sbg.ac.at.

SLUPETZKY, Werner (17-1-1940, Wien) Dr. phil., NÖ Landesbeamter i.R. – (Pr) Adalbert Stifter-Str. 35/4, A-1200 Wien, Tel.: (01) 3504371, oder Rosental 198, A-5741 Neukirchen am Großvenediger, Tel.: (06565) 6081.

SMOLKA, Peter P. (18-12-1960, Münster) Dr., Dipl.-Geologe, 1) AGID, 2) Co-leader UNESCO Project IGCP-341, Geologisch-Paläontologisches Institut. – (Pr) Isolde-Kurz-Straße 85, D-48161 Münster, Tel.: (02533) 4401 – (D) Corrensstr. 24, D- 48149 Münster, Tel.: (0251) 83-3989, Fax: 83-3968.

SOB, Michael (19-3-1965, Wien) Mag., Grafotech Beratungs- und Planungsgesellschaft. – (Pr) Dr.-Rieger-Str. 40, A-2340 Mödling – (D) Evn-Platz, A-2344 Maria Enzersdorf.

SOEDERSTROEM, Ola (20-10-1959, Schweden) Dr. ès lettres, Chercheur. – (D) Institut de Géographie de l'Université, BFSH 2-Dorigny, CH-1015 Lausanne, Tel.: (021) 692-3064.

SOKOLIUK, Thomas (30-9-1955, Straubing) Dr. rer. nat., Dipl.-Biol., Institut für Geographie, Universität Erlangen-Nürnberg. – (Pr) Bunsenstraße 21, D-91058 Erlangen – (D) Kochstraße 4, D-91054 Erlangen, Tel.: (09131) 856684, e-mail: tsok@geographie.uni-erlangen.de.

SOMMERHOFF, Gerd (16-6-1941, Attendorn) Prof. Dr., Prof. f. Phys. Geogr. am Geogr. Inst. d. Techn. Univ. München. – (Pr) Elzerberg 10, D-82541 Münsing, Tel.: (08177) 1374 – (D) Arcisstr. 21, D-80333 München, Tel.: (089) 2105-2814.

SOOSTEN, Hans-Peter von (2-6-1941, Dresden) Dr. rer. nat., StDir., Fachleiter f. Geogr. am Stud.-Sem. I, Frankfurt. – (Pr) Völklinger Weg 85, D-60529 Frankfurt, Tel.: (069) 350870 – (D) Kollwitzstr. 3, D-60488 Frankfurt.

SOULAS DE RUSSEL, Dominique-Jean (29-3-1949, Orléans / F) RA Dr. iur., Dr. phil., Prof., Vorsitzender der PIMALI und der Geo-Ethnographischen Arbeitsgemeinschaft, Ministerialbeauftragter (geogr. Abt.), z.Zt. GTZ, Présidence de la République du Niger Niamey NIGER. – (Pr) Rümelinstraße 31, D-72622 Nürtingen – (D) GTZ, Postfach 51 80, D-65760 Eschborn.

SOYEZ, Dietrich (12-12-1941, Berlin) Fil. Dr., Univ.-Prof., Geographisches Institut der Universität zu Köln. – (Pr) Berliner Ring 30 a, D-50321 Brühl, Tel.: (02232) 35743 –(D)Albertus-Magnus-Platz, D-50923 Köln, Tel.: (0221) 470-2548, e-mail: d.soyez@uni-koeln.de.

SPACHMÜLLER, Bernhard (18-02-1965, Schwabach) Dipl.-Ing.(FH) für Kartographie, Mitgl. Deutsche Gesellschaft für Kartographie (DGfK) und Fränkische Geographische Gesellschaft (FGG), Ingenieurbüro für Kartographie. – (D) Lorbeerstr. 16, D-91126 Schwabach, Tel.: (09122) 934900, Fax: 934901, e-mail: BSpachmueller@compuserve.com.

SPAETH, Christian (17-8-1936, Hannover) Dr. rer. nat., Univ.-Prof., Univ. Hamburg, Geologisch-Paläontologisches Institut und Museum. – (Pr) Marschweg 36, D-22559 Hamburg (Rissen), Tel.: (040) 813210 – (D) Bundesstraße 55, D-20146 Hamburg, Tel.: (040) 4123-5025.

SPÄTH, Hans-Joachim (3-10-1944, Stralsund) Prof. Dr. rer. nat., o. Prof. f. Geographie, Dept. of Geography und Direktor des Inst. for Dryland Development, The University of Oklahoma. – (D) 100 E Boyd, Suite 622, Norman/Oklahoma 73069-8808, USA, Tel.: (001 405) 325-5325, Fax: (001 405) 325-6090.

SPANG, Rolf (31-3-1953, Idar-Oberstein) Dr. phil. – (Pr) Liebigstr. 23, D-90766 Fürth, Tel.: (0911) 9732349, e-mail: rolf.spang @nbgm.siemens.de.

SPEHS, Peter (7-10-1949, Wetzlar) Wiss. Mitarb., Geogr. Inst. d. Joh. Gutenberg-Univ. Mainz. – (Pr) Wahlheimer Hof 21, D-55278 Hahnheim, Tel.: (06737)1782, Fax: 9938 – (D) D-55099 Mainz, Tel.: (06131) 39-5050, Fax: 39-5051.

SPENGLER, Rüdiger, (1933), Dr. – (D) Landesamt für Umweltschutz LSA, Reideburger Str. 47-49, D-06116 Halle/Saale.

SPERLING, Walter (26-7-1932, Groß-Gerau) Prof. Dr. phil., Prof. em. f. Geogr. u. ihre Didaktik, Mitgl. d. Deutschen Akademie für Landeskunde, o. Mitgl. des J.-G. Herder Forschungsrates, Mitgl. d. Wissenschaftlichen Arbeitskreises für Mitteldeutschland, Mitgl. im Ständigen Ausschuß für Geographische Namen (StAGN), Mitgl. der Kommission für sächsisch-thüringische Landeskunde der Sächsischen Akademie der Wissenschaften, Mitgl. des Wissenschftlichen Ausschusses des Georg-Eckert-Instituts für Internationale Schulbuchforschung, Braunschweig, Mitgl. des Collegium Carolinum. – (Pr) Kreuzflur 11, D-54296 Trier, Tel.: (0651) 16448, Fax: 9992132 – (D) Universität Trier, Postfach 38 25, D-54286 Trier, Tel.: (0651) 2014663, e-mail: sperling@uni-trier.de.

SPIELMANN, Hans O. (18-9-1938) Dr. rer. nat., Prof. a. d. Wirtschaftsgeogr. Abt. d. Inst. f. Geogr. d. Univ. Hamburg. – (Pr) Langelohstr. 111, D-22609 Hamburg, Tel.: (040) 803406 – (D) Geomatikum, Bundesstr. 55, D-20146 Hamburg, Tel.: (040) 41235208.

SPIESS, Ernst (28-2-1930, Rapperswil SG), em. Prof. Dr. h.c. Dipl.-Ing., Professor für Kartographie. – (Pr) Langacherstrasse 4 B, CH-8127 Forch.

SPITZER, Heinz (11-10-1932, Berlin) Doz., Dr. sc. nat. — (Pr) Wilhelm-Wolff-Str. 28, D-13156 Berlin, Tel.: (030) 4828317 — (D) Humboldt-Universität Berlin, Fachbereich Geographie, Universitätsstr. 3b, D-10117 Berlin, Tel.: (030) 203-15404.

SPÖNEMANN, Jürgen (20-2-1931, Dömitz/Mecklenburg) Dr. rer. nat., Prof. i.R., Geogr. Inst. d. Univ. Göttingen. – (Pr) Tilsiter Str. 24, D-37120 Bovenden, Tel.: (0551) 8984.

SPOHN, Tilman (13-6.1950) Dr. phil. nat., Prof., Institut für Planetologie, Westf. Wilherlms-Universität Münster. – (D) W. Klemmstr. 10, D-48149 Münster.

SPRECKELS, Bernd, Expeditionslogistik. Dipl.-Geogr., Wissenschaftl. Expeditionen u. Exkursionen mit Spezial-LKWs. – (Pr) Schopstr. 17, D-20255 Hamburg, Tel.: (040) 4919832 und (04162) 7943, Fax: (040) 4903227, e-mail: Bgeotars@aol.com.

SPRENGEL, Udo (7-5-1941, Wehlau/Ostpr.) Dr. rer. nat., AR am Geogr. Inst. d. Univ. Hannover. – (Pr) Havelser Str. 21, D-30823 Garbsen, Tel. (05131) 476715 – (D) Schneiderberg 50, D-30167 Hannover, Tel.: (0511) 762-3364.

SPRINGHORN, Rainer (23-9-1948, Düsseldorf) Prof. Dr. rer. nat., Dipl.-Geologe, Museumsdir., Mithrsg. Lippische Mitteilungen zur Geschichte und Landeskunde. – (Pr) Am Rautenberg 15, D-32760 Detmold, Tel.: (05231) 48728 – (D) Lippisches Landesmuseum Detmold, Ameide 4, D-32756 Detmold, Tel.: (05231) 9925-0, Fax: (05231) 9925-25 sowie Geologisches Institut der Universität Freiburg i. Br., Albertstr. 23 B, D-79140 Freiburg i. Br., Tel.: (0761) 203-6479.

SPYCHER, Boris (31-03-1966, Köniz (BE)) Dipl.-Geogr., Dr. – (Pr) Mülhauserstr. 69, CH-4056 Basel, Tel.: (061) 3811702.

STABERNAK, Volker (29-9-1954) Dipl.-Geogr., selbst., Büro Stadt-, Regionalplanung, Statistik und Wirtschaftsforschung. – (Pr + D) 4, rue Verdi, L-2664 Luxembourg, Tel.: (00352) 297549 oder 423113633, Fax: 434431, e-mail: v.stabernak@wsel.lu.

STADEL, Christoph (6-6-1938, Donaueschingen) Prof. Dr. phil., Institut für Geographie der Universität Salzburg. – (Pr) Egg 44, A-5303 Thalgau, Tel.: (06235) 5569 – (D) Hellbrunner Str. 34, A-5020 Salzburg, Tel.: (0662) 8044-5205, Fax: 8044-525, e-mail: christoph.stadel@sbg.ac.at.

STADELBAUER, Jörg (14-8-1944, Wurzen) Dr. phil., o. Prof. u. Dir. am Institut für Kulturgeographie d. Universität Freiburg. – (Pr) Marie-Juchacz-Weg 10, D-79111 Freiburg, Tel.: (0761) 4763763, Fax: 443324 – (D) Werderring 4, D-79085 Freiburg, Tel.: (0761) 203-3577, Fax: 203-3575, e-mail: stadel@ruf.uni-freiburg.de.

STADER, Ursula (6-1-1922, Wiesbaden) StDir'in i.R. – Elfstr. 2, D-53177 Bonn, Tel.: (0228) 322051.

STÄNZ, Karl (1-10-1947) Dr. phil. II, Research Scientist am Canada Centre for Remote Sensing. – (Pr) 171, Willand Lane, Woodlawn, Ontario / Canada – (D) Canada Centre for Remote Sensing, 588 Booth Street, Ottawa, Ontario, Canada, KIA 0Y7.

STAHEL, Roland (30-12-1956, Winterthur), Dipl.-Geogr., Vizedirektor Zürich Tourismus / VV Zürich. – (Pr) Rümikerstr. 11, CH-8352 Räterschen, Tel.: (052) 3632539 – (D) Tel.: (01) 2111256.

STAHR, Karl (5-5-1945, Neumarkt), Prof. Dr. Dipl.-Geol. am Institut für Bodenkunde und Standortslehre der Univ. Hohenheim, Deutsche Bodenkundl. Gesellschaft, Internat. Bodenkdl. Gesellschaft, Hrsg. Hoh. Bodenkundl. Hefte, Hrsg. Handbuch der Bodenkunde, Ecomed Verlag. – (Pr) Altenbergstr. 43D, D-70180 Stuttgart – (D) Schloß Hohenheim, D-70593 Stuttgart, Tel: (0711) 459-3980, Fax: 459-3117.

STAIB, Birgit (19-1-1970, Ulm) Kartographin, (M) DGfK, Stadt Ulm, Abteilung Vermessung. – (Pr) Hasslerstr. 16, D-89077 Ulm.

STALDER, Peter, Dr. phil. II., Mittelschullehrer, KS Hottingen. – (Pr) Museumstr. 7, CH-8400 Winterthur, Tel.: (052) 2425142 – (D) Minervastr. 14, CH-8032 Zürich, Tel.: (01) 2665757, Fax: 2665758.

STAMMHERR, Willi (22-10-1939 Zürich) Dr. phil., Gymnasiallehrer KS Wattwil. – (Pr) Waisenhausstr. 15, CH-9630 Wattwil, Tel.: (071) 9882422.

STAMS, Werner (25-12-1927, Leipzig) Dipl.-Geogr., Dr. sc. techn., Hochschuldozent i.R., Mitgl. der Red.-Komm. des „Atlas zur Geschichte und Landeskunde von Sachsen" – (Pr) An der Jägermühle 26, D-01445 Radebeul, Tel.: (0351) 8303753, Fax: 4031069.

STANDL, Harald (2-1-1959, Selb) Dr.phil., Lehrstuhl I f. Geographie d. Univ. Bamberg. – (Pr) Bühlring 18a, D-95500 Heinesreuth, Tel.: (0921) 42883, Fax: 7412236, e-mail: bt2048@bayreuth.baynet.de – (D) Am Kranen 12, D-96045 Bamberg, Tel.: (0951) 8632-314, Fax: 8632-317, e-mail: harald.standl@ggeo.uni-bamberg.de.

STANEK, Norbert (4-8-1941, Wien) Dr. phil., Geograph u. wiss. Autor. – (Pr) Münzwardeingasse 4, A-1060 Wien und Unterloiben 29, A-3601 Dürnstein – (D) Wiss. Landesakademie F. NÖ., Dr. Karl Dorrekstrasse 30, A-3500 Krems-Stein.

STANG, Friedrich (12-4-1926, Königswinter) Prof. Dr. phil., em. o. Prof. d. Geographie an d. RWTH Aachen. – (Pr) Hauptstr. 533, D-53639 Königswinter, Tel.: (02223) 22156 – (D) Geographisches Institut, RWTH Aachen, Templergraben 55, D-52062 Aachen, Tel.: (0241) 803639, 806047.

STANI-FERTL, Roman (12-10-1959, Klosterneuburg) Mag., freiberufl. Kartenredakteur und Kartograph, Universitätslektor für Atlaskartographie am Geograph. Institut der Univ. Wien, Mitgl. d. Arbeitsgemeinschaft f. kartograph. Ortsnamenschreibung d. Österr. Geogr. Ges. (ÖGG). – (Pr + D) Hauptstr. 118/10, A-3420 Kritzendorf, Tel.: (02243) 31520.

STAUDACHER, Christian (29-5-1944) Univ.-Doz., Dr. phil., Ass.-Prof., Abteilungsleiter der Abt. f. Praxisorientierte Wirtschaftsgeographie und Räuml. Integrationsforschung am Inst. f. Wirtschafts- u. Sozialgeogr. d. Wirtschaftsuniv. Wien. – (Pr) Seitenberggasse 20/30, A-1160 Wien, Tel.: (01) 4859655 – (D) Peter Jordan-Str. 6, A-1190 Wien, Tel.: (01) 3692-099/14, Fax: 3692-999/18.

STAUFER, Petra (07-12-1964) Dr., Akad.-G. Geoinformationstechnikerin, Ass. am Institut für Wirtschafts- und Sozialgeographie der Wirtschaftsuniv. Wien – (Pr) Antonigasse 9/11, A-1180 Wien – (D) Augasse 2-6, A-1090 Wien, Tel.: (01) 31336-4205, Fax: 31336-703, e-mail: petra.staufer@wu-wien.ac.at.

STAUSS, Thomas (3-5-1957, Basel) Dipl.-Geogr., Bodenkunde/Bodenkartierung, Techn. Redaktor. – (Pr) Byfangweg 31, CH-4051 Basel, Tel./Fax: (061) 2718382 – (D) E+H Flowtec AG, Kägenstr. 7, CH-4153 Reinach.

STEFFEN, Max (23-4-1924, Winterthur) Dr. phil., a. Prof. a. D., Kantonsschule Im Lee, Winterthur. – (Pr) Im Grafenhag 14, CH-8404 Winterthur, Tel.: (052) 2422884.

STEGMANN, Daniele (03-03-1967, Kiel) Dipl.-Geogr., Schriftleitung der Kieler Arbeitspapiere zur Landeskunde und Raumordnung. – (Pr) Tel./Fax: (0431) 330068 – (D) Geogr. Inst. d. Univ. Kiel, Ludewig-Meyn-Str. 14, D-24098 Kiel, Tel.: (0431) 880-3433, Fax: 880-4658.

STEIDTEN, Petra (14-7-1956, Magdeburg) Dr. paed., Fachleiterin Geographie. — (Pr) Wolfshügelstr. 8, D-01324 Dresden, Tel.: (0351) 2684750 – (D) Staatl. Seminar für das Höhere Lehramt an Gymnasien, Altroßthal 2A, D-01169 Dresden, Tel.: (0351) 4140310.

STEIGER, Johannes, Dr. – (D) University of Birmingham, School of Geography and Environmental Sciences, Edgbaston, Birmingham B15 2TT, UK, Tel.: (0121) 693-2888, Fax: 693-2889, e-mail: j.s.steiger@bham.ac.uk.

STEIN, Bernd (22-3-1962, Frankfurt/M.) Diplom-Geograph, Universität Bamberg. – (Pr) Kirchberg 7, D-96120 Bischberg, Tel.: (0951) 64969 – (D) Am Kranen 1, D-96045 Bamberg, Tel.: (0951) 863-2376.

STEIN, Christoph (22-8-1941) StD., Dr., Fachl. f. Geogr. am Staatl. Studienseminar und Leiter des Regionalen Umweltbildungszentrums Wolfsburg. – (Pr) Rembrandtstr. 4, D-38442 Wolfsburg, Tel.: (05362) 4642 – (D) An den Boldwiesen 11, D-38442 Wolfsburg, Tel.: (05361) 33155.

STEIN, Gabriele (4-3-1957) Dipl.-Geogr. – (Pr) Daimlerstr. 8, D-84144 Geisenhausen, Tel.: (08743) 426, Fax: 7327.

STEIN, Norbert (17-3-1941) Prof. Dr. phil., Prof. am Inst. f. Phys. Geogr. d. Univ. Frankfurt/M. – (Pr) Rosbacher Weg 16 A, D-61206 Wöllstadt, Tel.: (06034) 1557 – (D) Institut für Physische Geographie, Universität Frankfurt, Senckenberganlage 36, D-60329 Frankfurt, Tel.: (069) 798-22401.

STEIN, Robert (7-8-1965) Dipl.-Geogr. Wiss. Mitarb. der EFTAS Fernerkundung Technologietransfer GmbH. – (Pr) Oberlau 49, D-48727 Billerbeck, Tel.: (02543) 270025, e-mail: elro.stein@t-online.de – (D) EFTAS GmbH, Ostmarkstr. 92, D-48145 Münster, Tel.: (0251) 13307-0, Fax: 13307-33, e-mail: info@eftas.com.

STEINBACH, Josef (10-5-1941, Wien) Dr. phil., Prof. f. Wirtschaftsgeogr., Kathol. Univ. Eichstätt. – (Pr) Adalbert Stifter Gasse 54, A-3400 Klosterneuburg, Tel.: (02243) 54864 – (D) Ostenstr. 26, D-85078 Eichstätt, Tel.: (08421) 931-306, -302, Fax: 931-787, e-mail: josef.steinach@ku-eichstaett.de.

STEINBERG, Heinz Günter (13-3-1927, Merseburg) Prof. Dr. rer. nat., em. Prof. f. Geogr. am Geogr. Inst. d. Univ. Düsseldorf, Mithrsg. d. „Düsseldorfer Geogr. Schriften" und der „Düsseldorfer Schriften zur Neueren Landesgeschichte". - (Pr) Ruschheide 15, D-48157 Münster-Gelmer, Tel.: (0251) 329288 – (D) Universitätsstr. 1, D-40225 Düsseldorf, Tel.: (0211) 311-3955.

STEINECKE, Karin (19-04-1965, Saarbrükken) Dr. rer. nat., Wiss. Ass., Universität Bremen, FB 8, Studiengang Geographie, Abt. Physiogeographie. – (Pr) Auf dem Kamp 61, D-28865 Lilienthal, Tel./Fax: (04298) 6355 – (D) Postfach 33 04 40, D-28334 Bremen, Tel.: (0421) 218-4174, -7401, Fax: 218-9265, e-mail: kstein@zfn.uni-bremen.de.

STEINECKE, Albrecht (16-7-1948) M.A., Dr. phil., Dr. rer. nat. habil., o. Professor für Wirtschafts- und Fremdenverkehrsgeographie. – (Pr) Fasanenweg 7, D-54329 Konz, Tel: (06501) 7307, Fax: 2738 – (D) Universität-Gesamthochschule Paderborn, Fachbereich 1, Lehrstuhl für Wirtschafts-und Fremdenverkehrsgeographie, D-33095 Paderborn, Tel.: (05251) 602384, Fax: 604214.

STEINER, Dieter (21-9-1932, Menziken AG) em. Prof. Dr. phil., Geograph. – (Pr) Frohburgstr. 130, CH-8057 Zürich, Tel.: (01) 3616726, Fax: 3625197, e-mail: humeco@geo.umnw.efhz.ch.

STEINER, Rolf, lic. phil., Verkehrsplaner / Planungsamt. – (Pr) Kirchbergerstr. 31, CH-3008 Bern, Tel.: (031) 3716578 – (D) CH-3098 Köniz, Tel.: (031) 9709391.

STEINGRUBE, Wilhelm (14-5-1951, Zeven) Prof. Dr. rer. pol., Prof. am Inst. für Geographie d. Universität Greifswald, Wirtsch.- u. Sozialgeographie. – (Pr) Nekkarstr. 119, D-65479 Raunheim Tel.: (06142) 46724, Fax: 998164 – (D) Friedrich-Ludwig-Jahn-Str. 16, D-17487 Greifswald, Tel.: (03834) 864500, Fax: 864501.

STEINHÄUSER, Karin, Dr. phil., AOR'in am Fach Geographie an der Gerhard Mercator Universität Gesamthochschule Duisburg. – (Pr) Groschenweg 8e, D-50859 Köln, Tel.: (02234) 942515, Fax: 942810, e-mail: Karin.Steinhaeuser@t-online.de – (D) Universität GH Duisburg FB 6 Geographie, Lotharstr. 1, D-47057 Duisburg, Tel.: (0203) 379-2255 oder -2250 (Sekr.), Fax: 379-3516.

STEINHARDT, Uta (9-6-1964, Wolfen) Dr. rer. nat., Wiss. Mitarbeiter (PostDoc) Landschaftsökologie, Geofernerkundung. – (Pr) Wiesenstraße 11, D-04651 Bad Lausick – (D) Umweltforschungszentrum Leipzig-Halle GmbH, Sektion Angewandte Landschaftsökologie, Permoserstraße 15, D-04318 Leipzig, Tel.: (0341) 235-2678, e-mail: stein@alck.ufz.de.

STEINHAUSER, Viktor, Dipl.-Mittelschullehrer. – (Pr) Talstr. 5, CH-6403 Küssnacht am Rigi, Tel./Fax: (041) 8505374, e-mail: steinh@zugernet.ch.

STEINHOFF-HAVERLAND, Barbara (16-1-1960, Soest) Geographie und Informations-Grafikerin. – (Pr) Walburgerstr. 49, D-59494 Soest, Tel.: (02921) 17130.

STEINICKE, Ernst (24-12-1954, Innsbruck) Mag. phil., Dr. rer. nat., Univ.-Doz., a. Prof. am Inst. f. Geogr. d. Univ. Innsbruck. – (Pr) Vogeltennen 6, A-6111 Volders, Tel.: (05224) 54846 – (D) Innrain 52, A-6020 Innsbruck, Tel.: (0512) 507-5408, Fax: 507-2895, e-mail: ernst.steinicke@uibk.ac.at.

STEINLE, Peter (4-10-1940, Linz a. d. Donau) Dipl.-Ing., Mitglied im DVW und DGfK und DGPF, Leitender Vermessungsdirektor am Landesamt für Flurneuordnung und Landentwicklung Baden-Württemberg. – (Pr) Am Wasserfall 9, D-71636 Ludwigsburg, Tel.: (07141) 462241, Fax: 464269, e-mail: Steinle@csi.com – (D) D-70803 Kornwestheim, Tel.: (07154) 139-303, e-mail: steinle@lfl.bwl.de.

STEINRÜCKE, Jürgen (2-8-1959, Remscheid-Lennep) Dr., Privatdoz. am Geogr. Institut der Ruhr-Universität Bochum, Wiss. Referent für Städtebau/Wohnungswesen, Verkehr und die Enquête-Kommission „Zukunft der Mobilität" der CDU Landtagsfraktion NRW. – (Pr) Schlüterweg 33, D-44799 Bochum, Tel./Fax: (0234) 380269 – (D) Landtag NRW, Platz des Landtages 1, D-40221 Düsseldorf, Tel.: (0211) 884-2351, Fax: 884-3339, e-mail: juergen.steinruecke@landtag.nrw.de.

STELZER, Kerstin (5-1-1971, Hamburg) Dipl.-Geogr., Wiss. Mitarb. Universität Trier, Physische Geographie. – (D) FB VI, D-54286 Trier, Tel.: (0651) 201-4525, Fax: 201-3976, e-mail: stel6001@uni-trier.de.

STENGEL, Ingrid (30-10-1963), Dr. rer. nat., Dipl.-Geogr., Wiss. Mitarb. (DFG-habil.-Stip.) am Geogr. Inst. d. Univ. Würzburg. – (Pr) Am Schleifweg 4, D-97222 Rimpar, Tel./Fax: (09365) 89546 – (D) Am Hubland, D-97074 Würzburg, Tel.: (0931) 88855-55, Fax: 88855-44.

STENZEL, Malvine (22-9-1916, Wien) Dr. phil., Ass.-Prof, i. P. Inst. für Geographie Univ. Salzburg. – (Pr) Johann-Herbst-Str. 11, A-5061 Elsbethen, Tel.: (0662) 630138 – (D) Hellbrunnerstr. 34/III, A-5020 Salzburg, Tel.: (0662) 8044.

STENZEL, Rüdiger (7-10-1915, Straßburg) Prof., Fachl. i.R. – (Pr) Mozartstr. 13, D-76275 Ettlingen, Tel.: (07243) 12875.

STERNBERG, Rolf (10-8-1959) Dr. rer. nat., Univ.-Prof., Wirtschafts- u. Sozialgeograph. Inst. d. Univ. zu Köln. – (Pr) Kapellenweg 3, D-50389 Wesseling, Tel./Fax: (02232) 49923 – (D) Albertus-Magnus-Platz, D-50923 Köln, Tel.: (0221) 470-2372, Fax: 470-5009, e-mail: Sternberg@wiso.uni-koeln.de.

STERR, Horst (2-3-1948, Regensburg) Prof. Dr., o.Prof.u. Dir. am Geogr. Institut der Christian Albrecht Univ. zu Kiel, Lehrstuhl für Physische Geographie und Küstengeographie, Leiter der Abteilung Küstengeographie am Forschungs- u.Technlogiezentrum Westküste in Büsum. – (Pr) Osteweg 7, D-26180 Rastede-Wahnbek, Tel.: (04402) 81840 – (D) Olshausenstr. 40, D-24098 Kiel, Tel.: (0431) 880-2944, Fax: 880-4658.

STETS, Johannes (30-11-1932, Köln) Prof., Dr. rer. nat., Dipl.-Geologe, Geologisches Institut der Rheinischen Friedrich-Wilhelms-Universität Bonn. – (Pr) Leibnizstr. 61, D-53177 Bonn – (D) Nußallee 8, D-53115 Bonn.

STEUER, Michael (5-6-1947, Mittenwald) Dipl.-Geogr./MS, Leitung Karten und Atlanten, ADAC Verlag. – (Pr) Gabelsbergerstr. 48b, D-80333 München, Tel.: (089) 526213 – (D) Am Westpark 8, D-81373 München, Tel.: (089) 7676-2699, Fax: 7676-4150, e-mail: michael.steuer@zentrale.adac.de.

STEWIG, Reinhard (25-2-1929, Breslau) Prof. Dr. phil., Univ.-Prof. am Geogr. Inst. d. Univ. Kiel. – (Pr) Esmarchstr. 44, D-24105 Kiel, Tel.: (0431) 82644 – (D) Univ. Kiel, Tel.: (0431) 880-2950.

STIEHL, Eckart (10-2-1939, Kassel) Dr. rer. nat., Akad. Dir. am Geogr. Inst. d. Univ. Bonn. – (Pr) Jülicher Ring 78 a, D-53913 Swisttal, Tel.: (02255) 1708, Fax: 2729 – (D) Meckenheimer Allee 166, D-53115 Bonn, Tel.: (0228) 73-7235.

STIENS, Gerhard (20-3-1939) Dipl.-Geogr., Prof. Dr. rer. nat., Wiss. Dir., Referatsleiter i. Bundesamt für Bauwesen und Raumordnung (BBR), Abt. 1 Raumordnung und Städtebau, Honorarprof. a. d. Universität Trier. – (Pr) Theodor-Brinkmann-Str. 22, D-53115 Bonn, Tel.: (0228) 628741 – (D) Bonn, Tel.: (0228) 826-1, -322, Fax: 826-266.

STIERLI, Arthur (9-4-1962, Bern) Dipl.-Geogr. – (Pr) Gewerbestr. 29, CH-3012 Bern, Tel.: (031) 3027125 – (D) Amt für Gemeinden und Raumordnung, Reiterstr. 11, CH-3011 Bern, Tel.: (031) 633-3228, Fax: 633-3280.

STIGLBAUER, Karl (14-7-1927, Drösing/NÖ) Mag. Dr. phil., wirkl. Hofrat a. D., em. o. Univ.-Prof. f. Kulturgeogr., Inst. f. Geogr. d. Univ. Wien. – (Pr) Ortsstr. 47, A-2362 Biedermannsdorf, Tel.: (02236) 71174 – (D) Universitätsstr. 7/V, A-1010 Wien, Tel.: (01) 4277-48602.

STINGL, Helmut (6-6-1936, Bad Königswart/CSR) Prof. Dr. rer. nat., Lehrstuhl f. Geomorphologie d. Univ. Bayreuth. – (Pr) Am Sommeracker 10, D-95367 Trebgast,

Tel.: (09227) 4494 – (D) Postfach 10 12 51, D-95440 Bayreuth, Tel.: (0921) 55-2265, -2266.

STOBBE, Keith (18-5-1944, D-77830 Bühlertal) Studiendirektor, Fachleiter für Geographie, StAatl. Seminar für Schulpädagogik (Abt. Gymnasien). – (Pr) Spitzwegstr. 8, D-69168 Wiesloch – (D) Keplerstr. 87, D-69120 Heidelberg, Tel.: (06221) 477-651, Fax: 477-436.

STOCKER, Hans-Erich (16-8-1942, Steinfeld/Drautal) Dr. phil., Univ.-Doz., a.o. Prof. am Inst. f. Geogr. d. Univ. Salzburg. – (Pr) Clemens-Krauss-Str. 19/10, A-5020 Salzburg, Tel.: (0662) 645450 – (D) Inst. f. Geogr., Hellbrunnerstr. 34, A-5020 Salzburg, Tel.: (0662) 8044-5211, e-mail: Erich.Stocker@sbg.ac.at.

STOCKMANN, Hans-Ulrich (7-12-1940, Hannover) Dipl.-Geogr. – (Pr) Helstorfer Str. 25, D-30625 Hannover, Tel.: (0511) 555358.

STÖBER, Georg (4-11-1949, Altena) Dr. rer. nat., Georg-Eckert-Institut für Internationale Schulbuchforschung Braunschweig. – (D) Celler Str. 3, D-38114 Braunschweig, Tel.: (0531) 590-9955, Fax: 590-9999, e-mail: stoeber@gei.de.

STÖCKEL, Jens (13-12-1961, Burgstädt), Referent für Raumbeobachtung. — (Pr) Talmühlenstr. 5a, D-01737 Kurort Hartha – (D) Sächsisches Landesamt für Umwelt und Geologie, Halsbrücker Str. 31a, D-09599 Freiberg, Tel.: (03731) 294177.

STÖTTER, Johann (4-1-1956, München) Prof., Dr. rer. nat. Dipl.-Geogr., Institut für Geographie, Universität Innsbruck. – (Pr) Starkenbühel 300, A-6073 Sistrans – (D) Innrain 52, A-6020 Innsbruck, Tel.: (0512) 507-5403, Fax: 507-2895, e-mail: Hans.Stoetter@uibk.ac.at.

STOFFERS, Johannes (16-1-1939, Halle/Saale) Dr. phil., Vortr. Leg. Rat, Stellvertr. Leiter d. Referats Bibliothek, Dokumentation, Geographischer Dienst d. Auswärtigen Amts. – (Pr) Altenberger Str. 21a, D-53859 Niederkassel, Tel.: (02208) 1710 – (D) Adenauerallee 99-103, D-53113 Bonn, Tel.: (0228) 173602, Fax: 1753602.

STOLL, Gernot (29-5-1962, Kusel/Pfalz) M.A., Geogr. Wiss. Ang. – (Pr) Ulmenstr. 4, D-55413 Weiler bei Bingen am Rhein, Tel.: (06721) 34139.

STOLZMANN, Hartmut (28-9-1946, Ostiem/LKrs. Friesland) Dipl.-Geogr., Marketingreferent bei der Helaba – Landesbank Hessen-Thüringen. – (Pr) Birkenweg 17 A, D-64295 Darmstadt, Tel.: (06151) 311428, e-mail: h.stolzmann@foni.net – (D) Junghofstr. 18-26, D-60311 Frankfurt, Tel.: (069) 9132-2367, Fax: 9132-4101, e-mail: hartmut.stolzmann@helaba.de.

STONJEK, Diether (26-5-1939, Teplitz) Dr. rer. nat., Hochschuldozent für Geographie und ihre Didaktik am FB Kultur- und Geowissenschaften d. Univ. Osnabrück, Mithrsg. d. „Osnabrücker Studien zur Geographie (OSG)", Sprecher der Fachgruppe Geographie und ihre Didaktik an Niedersächsischen Hochschulen. – (Pr) Mozartstr. 10, D-49124 Georgsmarienhütte, Tel.: (05401) 43679 – (D) Seminarstr. 20, D-49069 Osnabrück, Tel.: (0541) 969-4268, Fax: 969-4333, e-mail: dstonjek@uos.de.

STORCK, K.-L., Dr. rer. nat., PD Dr. rer.pol. habil., SIEMENS Business Services GmbH&Co OHG (SBS IS 3 EM), Einführungsmanagement SAP R/3, Fachgebiete: Wirtschaftsgeographie, Geoinformatik, Informationssysteme, Datenbanksysteme. – (Pr) Kaiserwaldstr. 2e, D-91083 Baiersdorf, Tel.: (09133) 3973, Fax: 789352, Mobil: (0171) 4540396.

STRÄSSER, Manfred (15-11-1934, Hammermühle) Prof. Dr., Prof. a. d. Univ. Duisburg-GHS. – (Pr) Am Pferdskamp 9, D-40882 Ratingen, Tel.: (02102) 51003 – (D) Lotharstr. 1, D-47057 Duisburg, Tel.: (0203) 379-2250.

STRAHL, Erwin (25-3-1950, Hannover) Dr. phil., Wiss. Oberr. am Niedersächs. Institut für historische Küstenforschung. – (Pr) Hegelstr. 2, D-26384 Wilhelmshaven – (D) Viktoriastr. 26/28, D-26382 Wilhelmshaven, Tel.: (04421) 915116, Fax: 915110, e-mail: strahl@nihk-terramare.fh-wilhelmshaven.de.

STRAKA, Herbert (14-7-1920, Brünn/Mähren) Prof. Dr. rer. nat., Dr. h.c., Univ.-Prof. em. am Botanischen Inst. d. Univ. Kiel. Ritter des madagassischen Nationalordens, Assoz.Mitgl. der Académie des Sciences d'Outre-Mer, Paris. – (Pr) Forstweg 47, D-24105 Kiel, Tel.: (0431) 83432 – (D) Olshausenstr. 40, D-24118 Kiel, Tel.: (0431) 880-4300.

STRAMBACH, Simone (26-1-1961) Dr. phil., Dipl.-Geogr., Wiss. Mitarbeiterin am Institut für Geographie der Universität Stuttgart. – (Pr) M 2,1, D-68161 Mannheim, Tel.: (0621) 152825 – (D) Azenbergstr. 12, D-70174 Stuttgart, Tel.: (0711) 121-

1458, Fax: 121-1455, e-mail: Simone. Strambach@po.uni-Stuttgart.de.

STRASSEL, Jürgen (1-9-1941, Luwigshafen/Rhein) Dr. phil., Prof. a. d. Univ. Oldenburg, FB 3. – (Pr) Ackerstr. 18, D-26121 Oldenburg, Tel.: (0441) 83117 – (D) Ammerländer Heerstr. 67-69, D-26129 Oldenburg, Tel.: (0441) 798-2922, Fax: 798-3769, Internet: http://www.uni.oldenburg.de/fb 3/geographie/strassel.

STRATHMANN, Frank-W. (25-7-1954, Dortmund) Dipl.-Geogr., Dr. rer. nat., Leiter der Technologietransferstelle der Universität München, Lehrbeauftragter am Institut für Wirtschaftsgeogr. der Univ. München, Vors. des GründerRegio M e.V. – (Pr) Eschenstr. 39, D-83607 Holzkirchen – (D) Geschwister-Scholl-Platz 1, D-80539 München, Tel.: (089) 2180-6302, Fax: 2180-6304, e-mail: strathmann@lrz.uni-muenchen.de.

STRAUB, Rudolf (24-10-1951) Dr. rer. nat., Dipl.-Geogr., Mitarb. Forschungszentr. Jülich Projektträger Biologie, Energie, Ökologie. – (Pr) Geusenstr. 28, D-52457 Aldenhoven, Tel.: (02464) 7343 – (D) Postfach 19 13, D-52425 Jülich, Tel.: (02461) 61-4460, Fax: 61-2730.

STRAUBE, Immo (15-5-1934, Jena) Dipl.-Geogr., Fachredakteur f. Geowissenschaften. – (Pr) Brennerstr. 32, D-82194 Gröbenzell, Tel.: (08142) 9186.

STRAUCH, Friedrich (23-11-1935, Homberg/Rh.) Prof. Dr., Univ.-Prof. f. Paläontologie, Altpräs. und Mitgl. des Präsidiums der Alfred-Wegener-Stiftung, o.Mitgl. Akad.Wiss. Lit. Mainz, Westfälische-Wilhelms-Universität, Geologisch-Paläontologisches Institut u. Museum. – (D) Corrensstraße 24, D-48149 Münster, Fax: (0251) 833-3968, e-Mail: straucf@uni-muenster.de.

STRAUMANN, Hans Peter (18-6-1935, Basel) Gymnasiallehrer, Naturhistorisches Museum Basel. – (Pr) Bodenackerstr. 15, CH-4410 Liestal.

STREBEL, Bruno, Dr. phil. II (Bio-Geograph), Büro Entwicklungsfragen und angewandte Ökologie. – (Pr + D) Sonnenhof 10, CH-6232 Geuensee, Tel.: (041) 9213824, Fax: 9219934, e-mail: strebel.bruno @bluewin.ch.

STREIT, Ulrich (6-2-1944, Neustrunz/Schlesien) Dr. rer. nat., Prof., Geschf. Direktor des Instituts für Geoinformatik der Universität Münster, Dir. des Instituts für Agrarinformatik an der Universität Münster. – (Pr) Am Hofgarten 10, D-48249 Dülmen, Tel.: (02594) 81637 – (D) Inst. f. Geoinformatik, Robert-Koch-Str. 28, D-48149 Münster, Tel.: (0251) 833081, 833083, e-mail: streit@uni-muenster.de.

STREMPEL, Klaus Dieter, Ass. d. L. – (Pr) Am Zinken 22, D-76149 Karlsruhe, Tel.: (0721) 7836716.

STRENZ, Wilfried (11-4-1931) Dr. phil., Dipl.-Geogr., Historische Geographie / Geographische Wirtschaftsgeschichte. – (Pr) Märkische Allee 348, D-12689 Berlin-Marzahn, Tel.: (030) 9378049.

STROBL, Josef (2-9-1958, Wien) Mag. rer. nat., Dr. rer. nat., Univ.-Doz. am Geogr. Inst. d. Univ. Salzburg. – (D) Hellbrunnerstr. 34, A-5020 Salzburg, Tel.: (0662) 8044-5203, Fax: 8044-525, e-mail: josef.strobl@sbg.ac.at.

STRÖHLEIN, Gerhard (29-3-1937, Ansbach/Mfr.) Dr. phil., Prof., Geogr. Inst. d. Univ. Göttingen. – (Pr) Fichtenweg 1, D-37077 Göttingen, Tel.: (0551) 35395 – (D) Goldschmidtstr. 5, D-37077 Göttingen, Tel.: (0551) 398078.

STRÖHM, W., Dr. Ministerium des Innern. – (D) Schillerplatz 3-6 D-55116 Mainz.

STROPPE, Werner (20-7-1939) Dipl.-Geogr. – (Pr) Am Höhacker 15, D-82229 Seefeld, Tel.: (08152) 70220.

STRUCK, Ernst (14-8-1951, Mülheim/Ruhr) Dr. phil. habil., Prof. am Geograph. Inst. d. Universität Würzburg. – (Pr) Dr.-Karl-Fuchs-Str. 8a, D-94034 Passau, Tel.: (0851) 45210, e-Mail: ernst.struck @passau.netsurf.de – (D) Am Hubland, D-94074 Würzburg, Tel.: (0931) 888-5567, Fax: 888-5556, e-mail: ernst.struck @mail.uni-wuerzburg.de.

STRÜBER, Inge, Dipl.-Geogr. – (D) Universität Münster, Geogr. Inst., R.-Koch-Str. 28, D-48149 Münster.

STRÜMPLER, Helmut (12-12-1938, Osnabrück) Fachleiter. – (Pr) Auf d. Dohnhorst 6, D-27726 Worpswede, Tel.: (04792) 7731 – (D) Landesinstitut für Schule, Am Weidedamm 20, D-28215 Bremen, Tel.: (0421) 3979141.

STRUNK, Horst (27-6-1952, Euskirchen) Dr. rer. nat. Dr. phil. habil., Priv.-Doz. und AOR am Geogr. Inst. d. Univ. Regensburg. – (Pr) Thomas-Dehler-Weg 5, D-93051 Regensburg, Tel.: (0941) 999504 – (D) Universitätsstr. 31, D-93040 Regensburg, Tel.: (0941) 943-3609, Fax: 943-4004.

STÜVE, Peter (3-11-1947, Osnabrück) Dr., Angestellter, Dezernent f. Abfall- und Wasserwirtschaft, Naturschutz, Staatliches Amt für Umwelt und Natur. – (Pr) Prälank Kalkofen 1 a, D-17235 Neustrelitz, Tel.: (03981) 206287 – (D) Blücherstr. 8, D-19386 Lübz, Tel.: (038731) 35211.

STUMBÖCK, Max (19-2-1959, Augsburg) Dr. rer. nat. habil., Geographisches Institut der Universität Mainz. – (Pr) Holunderweg 43, D-55128 Mainz, Tel.: (06131) 35699 – (D) Geographisches Institut der Universität Mainz, D-55099 Mainz, Tel.: (06131) 392770.

STURM, Berthold, OStud.Dir. – (Pr) Lohnken 8, D-29494 Trebel, Tel.: (05848) 1200 – (D) Gymnasium Lüchow, Amtsfreiheit 7, D-29439 Lüchow (Wendland), Tel.: (05841) 3128, Fax: 70818.

STURM, Hans-Jürgen (30-3-1960) Dr. rer. nat., Dipl.-Geogr., Wiss. Mitarbeiter im Sonderforschungsbereich 268 „Westafrikanische Savanne" der Universität Frankfurt. – (Pr) Friedlebenstr. 12, D-60433 Frankfurt/M. – (D) Botanisches Institut, Siesmayerstr. 70, D-60323 Frankfurt/M., Tel.: (069) 798-24753, Fax: 798-24702, e-mail: H.J.Sturm@em.uni-frankfurt.de.

SUCHY, Gottfried (18-3-1939, Aussig/Elbe) Dr. rer. nat., Dipl.-Geogr., wiss. Mitarbeiter und Lehrbeauftragter für Stadtentwicklungsplanung und Planungskartographie. – (Pr) Dolgenseestr. 12, D-10319 Berlin, Tel.: (030) 5122291 – (D) Wirtschaftsforschung Berlin, Treskowallee 8, D-10313 Berlin, Tel.: (030) 5019-2454.

SÜSS, Günter, Leiter der Redaktion. – (Pr) Kurmainzer Str. 25, D-65817 Eppstein.

SÜSSENBERGER, Erich (13-2-1911, Undenheim/Rhh.) Dr. phil. nat., Präs. d. Dt. Wetterdienstes a.D. – (Pr) Tempelseestr. 61, D-63071 Offenbach, Tel.: (069) 853919.

SUIDA, Hermann (27-4-1944, Wien) Dr. phil., Ass.-Prof. am Inst. f. Geogr. d. Univ. Salzburg. – (Pr) Erlenstr. 13, A-5020 Salzburg – (D) Hellbrunnerstr. 34, A-5020 Salzburg, Tel.: (0662) 8044-5204, Fax: 8044-525, e-mail: hermann.suida@sbg.ac.at.

SULGER, Ellen (8-2-1935, Breslau) Dr. phil., Prof. am Inst. f. Didaktik d. Geogr. d. Univ., Ass. d. L. Frankfurt. – (D) Schumannstr. 58, D-60325 Frankfurt, Tel.: (0611) 798-3569.

SULSER, Hans Ulrich (11-7-1928, Solothurn) Dr. rer. pol., ehem. Leiter WWZ-Bibliothek und Schweizerisches Wirtschaftsarchiv. – (Pr) Oberalpstr. 21, CH-4054 Basel, Tel.: (061) 3020775.

SULZER, Wolfgang (6-10-1962) Mag. rer. nat., V. Ass., Institut für Geographie der Universität Graz, Abt. f. Angewandte Geographie. – (D) Heinrichstraße 36, A 8010 Graz, Tel.: (0316) 380-5149, Fax: 380-9886, e-mail: wolfgang.sulzer@4funigraz.ac.at.

SUTER, Jürg, Dr., Hauptabteilungsleiter Amt für Gewässerschutz und Wasserbau. – (Pr) Alpenblickstr. 38, CH-8630 Rüti.

SUTER, Martin (1-11-1966) Dipl.-Geogr., Wiss. Ass. am Geogr. Inst. d. Univ. Zürich. – (Pr) Pfaffensteinstr. 70, CH-8118 Pfaffhausen – (D) Winterthurerstr. 190, CH-8057 Zürich, Tel.: (01) 257-5163, Fax: 362-5227, e-mail: Suter@rst.geogr.unizh.ch.

SWIACNY, Frank (10-5-1967, Lampertheim) Dipl.-Geogr., Geogr. Inst. Univ. Mannheim. – (Pr) Wolfstr. 7, D-68642 Bürstadt, Tel.: (06206) 75833 – (D) Postfach, D-68131 Mannheim Tel.: (0621) 292-2062, Fax: (0621) 292-3321, e-mail: frank@rumms.uni-mannheim.de.

SWOBODA, Jan (28-1-1961) Dr.phil. nat., Dipl.-Geogr. – (Pr) Rathausstr. 22, D-61184 FKarben, Tel: (06039) 46247.

SYMADER, Wolfhard (15-8-1946) Prof. Dr. habil., Prof. für Hydrologie an der Univ. Trier. – (D) Postfach 38 25, D-54228 Trier, Tel.: (0651) 201-2232.

SYRBE, Ralf-Uwe (04-07-1963, Suhl) Dr. rer. nat., Wiss. Mitarbeiter an der Sächs. Akademie der Wissenschaften zu Leipzig, AG Naturhaushalt und Gebietscharakter. – (Pr) Tornaer Str. 72, D-01239 Dresden – (D) Neustädter Markt 19, D-01097 Dresden, Tel.: (0351) 81416805, Fax: 81416820, Internet: http://rcswww.urz-tu-dresden.de/~syrbe/ralf.htm, e-mail: syrbe@rcs.urz.tu-dresden.de.

SZÖCS, Andreas (08-05-1965, Salzgitter), Dr. rer. nat., Dipl.-Geogr., Wiss. Angest., Geographisches Institut, Johannes-Gutenberg-Univ. Mainz. – (Pr) Alfred-Mumbächer-Str. 67c, D-55128 Mainz, Tel.: (06131) 338453 – (D) Geographisches Institut, Johannes-Gutenberg-Universität Mainz, D-55099 Mainz, Tel.: (06131) 39-2898, -4332, Fax: 39-4735, e-mail: a.szoecs@geo.uni-mainz.de.

T

TAEGE, Günter (20-7-1931, Magdeburg) Dipl.-Geogr., Dr. rer. nat. – (Pr) Im Sonnenschein 3, D-14822 Borkheide (Landkreis Potsdam-Mittelmark), Tel.: (033845) 41075.

TÄUBERT, Heidemarie (30-4-1942, Gera). – (Pr) Goetheweg 8A, D-17509 Lubrnin, Tel.: (038354) 30117 – (D) Institut für Geographie der Ernst-Moritz-Arndt-Universität, Ludwig-Jahn-Str. 16, D-17489 Greifswald, Tel.: (03834) 864517.

TÄUMER, Udo (6-4-1950, Schwarzburg) Dr. paed., Lehrer im HS-Dienst, Unterrichtsmethodik Sekundarstufen. – (Pr) Maulbeerallee 3, D-14469 Potsdam, Tel.: (0033) 910518 – (D) Brandenburgische Landeshochschule Potsdam, Fachbereich Geographie, Schulgeographisches Institut, Am Neuen Palais, D-14469 Potsdam, Tel.: (0033) 910663.

TAINZ, Peter (10-1-1961, Berlin) Dr. rer. nat., Wiss. Assistent, Universität Trier, FB VI/ Abt. Kartographie. – (Pr) Zur Mühle 5, D-54296 Trier, Tel.: (0651) 18619 – (D) D-54286 Trier, Tel.: (0651) 201-4563, Fax: 201-3981, e-mail: tainz@uni-trier.de.

TAMÁSY, Christine (16-1-1968) Dr. rer. nat., Wiss. Assistentin, Wirtschafts- u. Sozialgeographisches Inst. d. Universität zu Köln. – (Pr) Ägidiusstr. 57, D-50937 Köln, Tel.: (0221) 424559 – (D) Albertus-Magnus-Platz, D-50923 Köln, Tel: (0221) 470-2641, Fax: 470-5009, e-mail: TAMASY@wiso.uni-koeln.de.

TANNER, Rolf Peter, Dipl.-Geogr., Gymnasiallehrer. – (Pr) Chlyrotstr. 26, CH-4917 Melchnau.

TAUBERT, Karl (21-6-1937, Duisburg) Dr. rer. nat., AK. Dir. i.R. a. d. Universität Lüneburg, Fach Geographie. – (Pr) Schieranger 14, D-31832 Springe, Tel.: (05045) 7597.

TAUBMANN, Wolfgang (14-3-1937, Schney / Lichtenfels) Prof. Dr. phil., Prof. f. Kulturgeographie, Studiengang Geographie, FB 8, Univ. Bremen, Honorarprof. am Geogr. Institut der Academia Sinica, Beijing, Vors. d. Committee for the IGU of the Federal Republic of Germany. – (Pr) Barbarossastr. 47, D-28329 Bremen, Tel.: (0421) 441525 – (D) Bibliothekstraße, D-28359 Bremen, Tel.: (0421) 218-3682, Fax: 218-7183, e-mail: taubmann @uni-bremen.de.

TAUBNER, Heidi, Dr., Dipl.-Geoök., Wiss. Mitarb. an der Universität Bremen, FB 8, Geographie. – (D) UFT Abt. Bodenkunde, Leobenerstr., D-28359 Bremen, Tel.: (0421) 218-7879, e-mail: htaubner@uni-bremen.de.

TAUCHÉ, Bruno (22-10-1941) Dr. rer. nat. – (Pr) Asegarden, D-06679 Kreischau, Tel.: (034441) 23739 – (D) Institut für Geographie der Martin-Luther-Universität Halle-Wittenberg, Heinrich- und Thomas-Mann-Str. 26, D-06108 Halle/Saale, Tel.: (0345) 5526010.

TECH, Jan (25-12-1940, Dortmund) Dipl.-Ing., Institut für Landes- und Stadtentwicklungsforschung. – (Pr) Markbauernstr. 72, D-44267 Dortmund, Tel.: (0231) 485040 – (D) Königswall 38-40, D-44137 Dortmund, Tel.: (0231) 9051140.

TEKÜLVE, Maria (6-10-1958, Marbeck) Dipl.-Geogr., Dr. – (Pr) Konrad-Broßwitz-Str. 26, D-60487 Frankfurt, Tel.: (069) 70793178, e-mail: mtekuelve@aol.com.

TEMLITZ, Klaus (12-12-1941, Berlin) Dr. rer. nat., Wiss. Referent u. Gf. d. Geogr. Komm. f. Westfalen. – (Pr) Tischlerweg 21, D-48161 Münster, Tel.: (02534) 2177 – (D) Robert-Koch-Str. 26, D-48149 Münster, Tel.: (0251) 833929.

TENT, Fritz (5-11-1926, Korbach/Waldeck) Dr. phil., StDir. a.D. – (Pr) Leipziger Str. 7, D-35039 Marburg, Tel.: (06421) 46722.

TETZLAFF, Gerd (29-5-1943, Berlin) Prof. Dr., Hrsg. Meteorologische Zeitschrift, 2. Vors. der Deutschen Meteorologischen Gesellschaft; Institut für Meteorologie der Universität Leipzig. – (Pr) Seitenstr. 19a, D-04827 Machern – (D) Stephanstr. 3, D-04103 Leipzig.

THANNHEISER, Dietbert (8-1-1937, Hof/ Saale) Dr. rer. nat., Prof. am Inst. f. Geogr. d. Univ. – (Pr) Hasengrund 8c, D-21224 Rosengarten, Tel.: (04108) 415148, Fax: 415149 – (D) Bundesstr. 55, Geomatikum, D-20146 Hamburg.

THARUN, Elke (4-3-1941, Eberswalde) Dr. phil. nat., Prof. am Inst. f. Kulturgeogr., Stadt- u. Regionalforschg. d. Univ. Frankfurt/M., Mithrsg. d. „Rhein-Mainischen Forschungen“. – (Pr) Am Emsbach 5 A, D-61479 Glashütten, Tel.: (06082) 3282 – (D) Senckenberganlage 36, D-60325 Frankfurt, Tel.: (069) 798-22405, Fax: 798-28173, e-mail: tharun@em.uni-frankfurt.de.

THAUER, Walter (1-6-1920, Langerringen) Dr. phil.nat., Wiss. Geogr., Redaktionsleiter i.R. – (Pr) Friedhofstr. 116, D-33659 Bielefeld, Tel.: (0521) 491180

THEENS, Dietmar K. (16-12-1934, Altona-Blankenese) Dr. rer. nat., Geogr. – (Pr) Hermann-Berndt-Str. 5, D-24582 Wattenbek, Tel.: (04322) 9366.

THEISSEN, Ulrich (1-5-1944, Stettin) Dr. phil., AOR am Inst. f. Geogr. u. ihre Didaktik a. d. Univ. Dortmund, FB 16, Mithrsg. „Schulgeographie in der Praxis" u. „Geographie heute". – (Pr) Hennetwiete 6, D-44287 Dortmund, Tel.: (0231) 487278, Fax: 7248710 – (D) Emil-Figge-Str. 50, D-44227 Dortmund, Tel.: (0231) 755-2821.

THELEMANN, Monika (10-12-1940, Düsseldorf) Wiss. Angest. am Geogr. Inst. d. Univ. Köln. – (Pr) Virchowstr. 33, D-50935 Köln, Tel.: (0221) 434474 – (D) Albertus-Magnus-Platz, D-50923 Köln, Tel.: (0221) 470-2544, Fax: 470-4917, e-mail: hohnvehl@orion1.ggr.uni-koeln.de.

THELIN, Gilbert (1946) Dr. phil. nat. – (Pr) Hangweg 21, CH-3098 Köniz, Tel.: (031) 8090253 – (D) Bundesamt für Umwelt, Wald und Landschaft, CH-3003 Bern, Tel.: (031) 322-8097.

THEVOZ, Laurent, Lic. ès sc. nat., diplôme en sciences administratives (IDHEAP), Chargé de recherche, CEAT-Lausanne. – (Pr) c/o Madeleine Thévoz, Archives 6, CH-1700 Fribourg.

THIELE, Dagmar (8-1-1944, Demmin) Dr. rer. nat., Regierungsschuldirektorin. – (Pr) Robert-Bosch-Str. 97, D-70192 Stuttgart, Tel.: (0711) 2576878 – (D) Ministerium für Kultur, Jugend und Sport Baden-Württemberg, Postfach 10 34 42, D-70029 Stuttgart, Tel.: (0711) 279-2681.

THIELE, J., Dipl.-Geogr., Lehrstuhl Physische Geographie der Universität Tübingen. – (D) Hölderlinstr. 12, D-72074 Tübingen.

THIEM, Wolfgang (24-5-1941, Neudamm/Neumark) Dr. rer. nat., Akad. Dir. am Geogr. Inst. d. Univ. Hannover. – (Pr) Elsternbusch 6, D-30657 Hannover, Tel.: (0511) 650471 – (D) Schneiderberg 50, D-30167 Hannover, Tel.: (0511) 762-4488, Fax: 762-3984.

THIEME, Günter (22-2-1945, Zwönitz/Erzg.) Prof. Dr. phil. am Institut für Geographie u. i. D. d. Univ. Dortmund. – (Pr) Pützbungert 26, D-53639 Königswinter, Tel.: (02244) 870110 – (D) Emil-Figge-Str. 50, D-44227 Dortmund, Tel.: (0231) 755-2811, -2810, Fax: 755-2918, e-mail: thieme@pop.uni-dortmund.de.

THIEME, Karin (6-11-1957, Bensheim) Priv.-Doz. Dr. rer. nat., Dr. rer. nat. habil., Wiss. Angest., Schriftleiterin „Angewandte Sozialgeographie ASG-Beiträge", Mithrsg. Schriften zur Raumordnung und Landesplanung SRL, Lehrstuhl für Sozial- und Wirtschaftsgeographie, Universität Augsburg. – (Pr) Nebelhornstraße 1, D-86343 Königsbrunn – (D) Universitätsstraße 10, D-86135 Augsburg, Tel.: (0821) 598-2284, Fax: 598-2291, e-mail: karin.thieme@geo.uni-augsburg.de.

THIEME, Karlheinz (26-1-1932, Leipzig) Dipl.-Geogr. – (Pr) Ahornallee 66, D-33330 Gütersloh, Tel.: (05241) 38767.

THIEME, Siegfried (19-1-1942, Proschwitz) Dr. phil. habil., PD, Region. Geographie Deutschlands, Agrargeographie. – (Pr) Wolfgang-Staudte-Str. 4, D-14480 Potsdam, Tel.: (0331) 610323 – (D) Universität Potsdam, Institut für Geographie, Postfach 60 15 53, D-14476 Golm, Tel.: (0331) 977-2282, Fax: 977-2717.

THIEMEYER, Heinrich (20-8-1955, Wiesbaden) Prof. Dr., Dipl.-Geogr., Prof. für Bodenkunde am Institut für Phys. Geographie der Univ. Frankfurt/M. – (Pr) Kirchhainer Str. 70, D-60433 Frankfurt, Tel.: (069) 53059551 - (D) Senckenberganlage 36, D-60054 Frankfurt, Tel.: (069) 798-25061, Fax: 798-28969, e-mail: thiemeyer @em.uni-frankfurt-de.

THIERFELDER, Christina (24-9-1969) Dipl.-Geogr., Wiss. Mitarb. im FG Geographie, Phil.Fak. der TU Chemnitz. – (Pr) Galilei-Str. 14, D-51645 Gummersbach, Tel.: (02261) 22136.

THÖNE, Maternus (13-5-1959, Düsseldorf) Dipl.-Geograph/Umwelt- u. Wissenschaftsjournalist. – (D) Redaktionsbüro tk-script, Annagraben 31, D-53111 Bonn, Tel.: (0228) 692447, Fax: 692486, e-mail: tk-script.bonn@t-online.de.

THÖNEBÖHN, Franz, Dr. – (Pr) Nöckerberg 82a, D-45257 Essen.

THÖNNESSEN, Manfred (10-10-1960, Stommeln) Dipl.-Geogr., Wiss. Mitarb. am Geographischen Institut der Universität Köln. – (Pr) Auf den Steinen 24, D-40221 Düsseldorf, Tel.: (0211) 397916 – (D) Albertus-Magnus-Platz, D-50923 Köln, Tel.: (0221) 470-3518, Fax: 470-5124.

THOMALE, Eckhard (15-3-1941) Dr. rer. nat., AOR Pädagogische Hochschule Karlsruhe. – (Pr) Friedrichstr. 53 c, D-76351 Linkenheim, Tel.: (07247) 1230. – (D) Bismarckstr. 10, D-76133 Karlsruhe, Tel.: (0721) 925-4623.

THOMAS, Axel (15-11-1958, Darmstadt) Dr. rer.nat., Habilitierender am Geographischen Inst. der Universität Mainz. – (Pr) Ebersheimer Str. 5 B, D-55268 Nieder-Olm – (D) D-55099 Mainz, Fax: (06131) 39-4735, e-mail: a.thomas@geo.uni-mainz.de.

THOMI, Walter (7-5-1950, Jörlfeld) Dr. habil., Prof. für Wirtschaftsgeogr., Geographisches Institut der Universität Mannheim. – (Pr) Im Wingertsgrund 132, D-61449 Steinbach / Ts., Tel.: (06171) 86537 – (D) L9,1-2, D-68131 Mannheim, Tel./Fax: (0621) 292-5372, e-mail: thomi@rumms.uni-mannheim.de.

THOMI, Bernhard (3-4-1951, Köniz) Kartograph. – (Pr) Buolistr. 12, CH-8458 Dorf – (D) BTKartografie/Kartografie + Geo-Daten-Visualisierungen, Hauptstr. 14, Postfach, CH-8416 Flaach, Tel./Fax: (052) 3182453, e-mail: BTKarto@swissonline.ch.

THOMSEN, Jörg (6-1-1969, Berlin) Dipl.-Geogr., DGfK., MapMedia-Kartographie und raumbezogene Informationssysteme. – (Pr) Bayernring 33, D-12101 Berlin. – (D) Am Borsigturm 42, D-13507 Berlin.

THOST, Gerhard (8-12-1923, Altenberg/Erzgebirge, Krs. Dippoldswalde) Dr. rer. nat., StDir. Lehrauftrag f. geologische Vorlesung: Einführung in die allgemeine u. historische Geologie unter bes. Berücksichtigung d. Ulmer Raumes, Betreuer der geologischen Abt. d. Heimatmuseums der Stadt Neu-Ulm. – (Pr) Illerholzweg 18, D-89231 Neu-Ulm, Tel.: (0731) 86581.

THÜMMLER, Heinzpeter (1-10-1932) Dr. rer. oec., Dipl.-Wirtschaftler, Mitarb. d. Abt. Zentrum für Historische Sozialforschung (ZHSF) im Zentralarchiv für Empirische Sozialforschung an der Universität zu Köln, Außenstelle Berlin. – (D) Schiffbauerdamm 19, D-10117 Berlin, Tel.: (030) 30874-245.

THÜRAUF, Gerhard (10-1-1940, München) Dr. oec. publ., Dipl.-Kfm., MR im Bayerischen Staatsministerium f. Landesentwicklung und Umweltfragen, Lehrbeauftr. am Wirtschaftsgeogr. Inst. d. Univ. München, – (Pr) Georg-Queri-Str. 3, D-82131 Stockdorf, Tel.: (089) 8574576 – (D) Rosenkavalierplatz 2, D-81925 München.

TIBORSKI, Klaus (11-2-1955, Solingen) Dr. phil., M.A. – (Pr) M.-v.-Richthofen-Str. 25, D-48145 Münster. – (D) Arbeitsgemeinschaft Angewandte Geographie Münster, Robert-Koch-Str. 26, D-48149 Münster.

TICHY, Franz (16-7-1921, Marburg/Lahn) Prof. Dr. phil., em. o. Prof. d. Inst. f. Geogr. d. Univ. Erlangen-Nürnberg. – (Pr) Spardorfer Str. 51, D-91054 Erlangen, Tel.: (09131) 23795 – (D) Kochstr. 4, D-91054 Erlangen.

TIEDEMANN, Dirk (14-3-1940, Stade) StDir., Studienleiter am Seminar Kiel für Gymnasien. – (Pr) Wippen 2, D-24107 Kiel, Tel.: (0431) 313750 – (D) Schreberweg 5, IPTS, D-24119 Kronshagen.

TIEFENTHALER, Helmut (4-5-1941) Dr.phil., Landesbeamter für Raumplanung. – (D) Amt der Vorarlberger Landesregierung, Römerstr. 15, A-6900 Bregenz, Tel.: (05574) 5112722.

TIETZE, Wolf (8-10-1924, Chemnitz) Dr. rer. nat., Vis.Full Prof. CSCLA u. UCLA, Mithrsg. „Geogr. Rdsch." (1961–66), Gründungshrsg. „Geowissenschaften in unserer Zeit", Hrsg. „Westerm. Lex. d. Geogr.", „GeoColleg", „Urbanisierung d. Erde", Ed. (1977-1995), „GeoJournal", „GeoJournal Library". – (Pr + D) Magdeburger Str. 17, D-38350 Helmstedt, Tel./Fax: (05351) 7233.

TIGGEMANN, Rolf (20-7-1943) Dr. rer. nat., Dipl.-Geogr., Stadtentwicklungsplaner. – (Pr) Bonhoefferstr. 15 d, D-44803 Bochum, Tel.: (0234) 360578 – (D) LEG Landesentwicklungsgesellschaft Nordrhein-Westfalen GmbH, Am Seestern 4, D-40547 Düsseldorf, Tel.: (0211) 4568-420,-438, Fax: 4568-430, Mobil: (0172) 2001770.

TILLMANN, Frank (30-7-1960, Bedburg) Dipl.-Geogr., freiberufl. Verkehrsplaner. – (Pr) Hubertusstr. 46, D-56745 Rieden (Eifel), Tel.: (02655) 2813 , Fax: 1053, e-mail: f-tillmann@t-online.de.

TIMMERMANN, Otto Friedrich (29-9-1910, Ostönnen) Dr. phil., em. o. Prof. – (Pr) Mörikestr. 3, D-50968 Köln, Tel.: (0221) 374677.

TIPPKÖTTER, Rolf (30-1-1946) Dr. rer. nat. habil., Prof. für Bodenkunde, Studiengang Geographie, FB 8, Universität Bremen – (Pr) Danziger Str. 24, D-30855 Langenhagen – (D) UFT Abt. Bodenkunde, Leobener Str., D-28359 Bremen, Tel.: (0421) 218-7588, -7657 (Sekr.), Fax: 218-7816, e-mail: rtipp@uft.uni-bremen.de.

TOECHE-MITTLER, Annette, geb. Richter (7-8-1942) OStR'in. – (Pr) Henri-Spaak-Str. 88, D-53347 Alfter.

TOECHE-MITTLER, Friedrich W. (28-7-1938) Dipl.-Geogr., ORR im Militärgeogr.

Amt. – (Pr) Henri-Spaak-Str. 88, D-53347 Alfter.

TÖNNIES, Gerd (8-5-1947, Hamburg) Dr. rer. nat., Wiss. Ref. in der Akad. f. Raumforschung und Landesplanung. – (Pr) Rehrkamp 9, D-29308 Winsen – (D) Hohenzollernstr. 11, D-30161 Hannover, Tel.: (0511) 34842-23.

TOEPFER, Helmuth (11-10-1943) Univ.-Prof., Dr., Inst. f. Wirtschaftsgeogr. d. Univ. Bonn. – (Pr) Mehlemer Str. 48c, D-53343 Wachtberg, Tel.: (0228) 346930 – (D) Meckenheimer Allee 166, D-53115 Bonn, Tel.: (0228) 735597, Fax: 739671, e-mail: toepfer@giub.uni-bonn.de.

TOLLMANN, Alexander (27-06-1928, Wien) Dr., Univ.-Doz., Univ.-Prof., emer. o. Univ.-Prof., langjähriger Hrsg. der umweltpolitischen Zeitschrift „Neue Argumente“ und Mithrsg. der „Mitteilungen der Österreichischen Geologischen Gesellschaft“. – (Pr) Scheibenbergstr. 53/9, A-1180 Wien und A-3613 Albrechtsberg 1 – (D) Institut für Geologie d. Universität Wien, Althanstr. 14, A-1090 Wien.

TOMASONI, Walter (29-7-1943, Zürich) Dr. sc. techn. ETH, Dipl.-Natw. ETH (Geograph), Raumplaner ETH/NDS. – (Pr) Oberer Mühlestettenweg 51, CH-4450 Sissach, Tel.: (061) 9716057 – (D) Amt für Orts- und Regionalplanung Kanton Basel-Landschaft, Rheinstr. 29, CH-4410 Liestal, Tel.: (061) 9255935.

TOPEL, Theo (28-12-1933) Dipl.-Geogr. – (Pr) Masurenweg 12, D-38112 Braunschweig, Tel.: (0531) 51024, Fax: 51991.

TORKLER, Frank, Dipl.-Geogr. am Fachbereich Landschaftsnutzung und Naturschutz, Fachhochschule Eberswalde, Fernerkundung GIS. – (Pr) Pallasstr. 12, D-10781 Berlin – (D) Schicklerstr. 3-5, D-16225 Eberswalde, Tel.: (03334) 657444, Fax: 236316, e-mail: ftorkler@fh-eberswalde.de.

TORRICELLI, Gian Paolo (14-12-1957, Lugano) Dr. ès S.E.S. – (Pr) Via Bruni 4, CH-6504 Bellinzona, Tel.: (091) 8259363 – (D) Istituto di Ricerche Economiche, Universite della Svizzera Italiana CP, CH-6904 Lugano, Tel.: (091) 912-4661, -4670, e-mail: gianpaolo.torricelli@lu.unisi.ch oder: gpt@adhoc.ch.

TRACHSLER, Heinz (25-2-1946) Dr. phil., Dipl.-Geogr. – (Pr) Neuwis 14 B, CH-8700 Küsnacht, Tel.: (00411) 9107394 – (D) Koordinationsstelle für Umweltschutz, Baudirektion des Kantons Zürich, CH-8090 Zürich, Tel.: (01) 259-2415, Fax: 259-5126, e-mail: heinz.trachsler@zh.ch.

TRAUTMANN, Wolfgang (26-11-1940, Königsberg) Dr. phil. habil., apl. Prof. u. Akad. Oberrat. am Geogr. Institut der Univ. Essen – Gesamthochschule, Mithrsg. d. „Essener Geogr. Arbeiten“. – (Pr) Brigittastr. 42, D-45130 Essen – (D) Universitätsstr. 5, D-45141 Essen, Tel.: (0201) 183-3104.

TREFFLER, Peter (23-08-1955, Hildburghausen) Dipl.-Ing., Umweltbundesamt. – (Pr) Nollendorfstr. 40, D-10783 Berlin. – (D) Postfach 33 00 22, D-14193 Berlin.

TRETER, Uwe (22-4-1940, Cuxhaven) Prof. Dr. rer. nat., o. Prof., Vorst. d. Geogr. Inst. Erlangen. – (Pr) Espenweg 8, D-91058 Erlangen, Tel.: (09131) 65938 – (D) Kochstr. 4/4, D-91054 Erlangen, Tel.: (09131) 8522633, Fax: 8522013.

TREUDE, Erhard (28-11-1940, Münster/Westf.) Dr. phil., Prof. f. Wirtschaftsgeographie a. d. Univ. Bamberg, Leiter d. Forschungsstelle „Geographie d. Polarländer“ b. Fach Geographie d. Univ. Bamberg, Hrsg. d. „Bamberger Wirtschaftsgeogr. Arb.“, Schriftl. d. Zeitschr. „Polarforschung“. – (Pr) Mußstr. 23a, D-96047 Bamberg, Tel.: (0951) 64958, Fax: 603831 – (D) Am Kranen 12, D-96045 Bamberg, Tel.: (0951) 863-2363, Fax: 863-2364.

TRIMMEL, Hubert (12-10-1924, Wien) tit. ao. Univ.-Prof., Mag. rer. nat., Dr. phil.,Ehrenpräsident d. Intern. Union f. Speläologie, Red.: „Die Höhle“. – (Pr) Draschestr. 77, A-1230 Wien, Tel.: (01) 6155845.

TROEGER, Sabine, Dr. rer. phil., Wiss. Assistentin am Lehrstuhl f. Didaktik d. Geographie d. Univ. Bayreuth. – (Pr) Heinrich-Heine-Str. 2a, D-95447 Bayreuth, Tel.: (0921) 512730 – (D) Universitätsstr. 30, D-95447 Bayreuth, Tel.: (0921) 552274, e-mail: sabine.troeger@uni.bayreuth.de.

TRÖGER, Karl-Armin (30-11-1931, Melún/Dép. Seine et Marne, Frankreich) Dr. rer. nat. habil., Dipl.-Geol., Prof. i. R., Geologisches Institut der Bergakademie Freiberg (TU), Mitglied: Deutsche Akademie der Naturforscher Leopoldina, Paläontologische Gesellschaft, Gesellschaft Geol. Wiss., Geol. Vereinigung, Isis. – (Pr) Mendeleyewstr. 40, D-09599 Freiberg / Sachsen – (D) Zeunerstraße, D-09596 Freiberg/Sachsen.

TROEGER-WEISS, Gabi (29-5-1958, Hof/Saale) Dr. rer. nat., Dr. rer. nat. habil., Priv.-Doz., Dipl.-Geogr., Oberregierungsleiterin im Bayer. Staatsminist. f. Landesentwicklung u. Umweltfragen, Geschäftsf. der Euregio Egrensis, Arbeitsgem. Bayern e.V. – (Pr) Kastanienweg 5, D-95445 Bayreuth, Tel.: (0921) 46171 – (D) Bayer. Staatsministerium f. Landesentwicklung u. Umweltfragen, Rosenkavalierplatz 2, D-91825 München, Tel.: (09221) 60463, Euregio Egrensis, Arbeitsgemeinschaft Bayern e.V., Fikentscherstraße 24, D-95615 Marktredwitz, Tel.: (09231) 66920, Fax: 669229.

TRUFFER, Bernhard (16-11-1961, Wangen bei Olten) Dipl.-géogr., Wiss. Mitarbeiter. – (Pr) Bruchmattrain 9, CH-6003 Luzern, Tel.: (041) 2410685 – (D) EAWAG, CH-6047 Kastanienbaum, Tel.: (041) 349-2115, Fax: 349-2162, e-mail: truffer@eawag.ch.

TSCHANZ, Michael (14-5-1947) Dr. phil. II, Gym.-Lehrer. – (Pr) Georg-Kempf-Str. 29, CH-8046 Zürich, Tel.: (01) 3711358 – (D) Kantonsschule Oerlikon, Birchstr. 107, CH-8050 Zürich, Tel.: (01) 3172-337, 3172-300 (Sekr.), Fax: 3172-393.

TSCHOCHNER, Bernd (19-9-1948, Angermünde) Dr. rer. nat., Wiss. Mitarbeiter am Institut für Geographie und Geoökologie, Abt. Geoökologie der Universität Potsdam. – (Pr) Wolfgang-Staudte-Str. 6, D-14480 Potsdam – (D) D-14415 Potsdam.

TSCHUMI, Rudolf (27-6-1943, Solothurn) Dr. phil. nat., Rektor. – (Pr) Alpenstr. 2, CH-4573 Lohn-Ammannsegg (SO), Tel.: (032) 6771695 – (D) Kantonsschule Solothurn, Herrenweg, CH-4504 Solothurn, Tel.: (032) 6234323, e-mail: rtschumi@spectraweb.ch.

TUFTE, Lars (8-8-1970, Bad Neustadt/Saale) Dipl.-Geogr., Wiss. Mitarbeiter am Institut für Strukturforschung und Planung in agrarischen Intensivgebieten (ISPA), Hochschule Vechta, Abt. GIS/Fernerkundung. – (Pr) Dehlenkamp 34, D-49377 Vechta – (D) Postfach 1553, D-49364 Vechta, Tel.: (04441) 15422, Fax: 15445, e-mail: /tufte@ispa.uni-vechta.de.

TURBA-JURCZYK, Brigitte (8-1-1956, Kassel) Dr. phil. nat., Wiss. Mitarbeiterin am Geogr. Inst. d. Univ. Gießen. – (Pr) Kasseler Hof 29, D-34317 Habichtswald, Tel.: (05606) 6628 – (D) Senckenbergstr. 1, D-35390 Gießen, Tel.: (0641) 9936200, Fax: 9936209, e-mail: b.turba-jurczyk@t-online.de.

TUROLLA, Flavio (1951) Dipl.-Geogr., Wiss. Beamter Koordinationsstelle für Umweltschutz des Kantons Bern. – (Pr) Falkenriedweg 46, CH-3032 Hinterkappelen, Tel.: (031) 9012241 – (D) Reiterstr. 11, CH-3011 Bern.

TYRAKOWSKI, Konrad (1-1-1945, Brandenburg/Havel) Dr. rer. nat. habil., apl. Prof. a. d. Kath. Univ. Eichstätt. – (Pr) Westenstr. 115, D-85072 Eichstätt – (D) Ostenstr. 18, D-85071 Eichstätt, Tel.: (08421) 93-1378, Fax: 93-1787, e-mail: konrad.tyrakowski@ku-eichstaett.de.

TZSCHASCHEL, Sabine (8-2-1951, Leipzig) Dr., Hrsg. Rundbrief Geographie. – (Pr) Geisslerstr. 14, D-04315 Leipzig – (D) Institut für Länderkunde, Schongauer Str. 9, D-04329 Leipzig, Tel.: (0341) 255-6545, e-mail: tzscha@ifl.uni-leipzig.de.

U

UBBENS, Wilma (8-5-1939, Scharrel/Oldenburg) Dr. phil., AOR'in. – (Pr) Am Venusberg 33, D-73547 Lorch – (D) Päd. Hochschule, Ludwigsburg, Tel.: (07141) 140394.

UHLENBROCK, Oliver, Dipl.-Geogr., GIS-Projektmanagement/Anwenderbetreuung). – (Pr) Osterkampsweg 176, D-26131 Oldenburg, Tel.: (0441) 5600294.

UHLENWINKEL, Anke (28-03-1963) StR, WiMi an der Universität Bremen, FB 8: Sozialwissenschaften (Geographiedidaktik), Redaktionsbeirat ‚Praxis Geographie' – (Pr) Tel.: (0421) 4987962 – (D) Postfach 330440, D-28334 Bremen, Tel.: (0421) 218-4906

UHLIG, Lotar (13-10-1935, Gotha) Dr. rer. nat., Leiter der Regionalen Planungsstelle beim Staatl. Umweltfachamt Leipzig. – (Pr) Moschelesstr, 2, D-04109 Leipzig, Tel.: (0341) 9833254 – (D) Bautzner Str. 67, D-04347 Leipzig, Tel.: (0341) 2421-142, -643, Fax: 2421-316.

ULLRICH, Christiane (19-6-1964, Saarburg) Dipl.-Geogr., Inhaberin: Bioplan, Büro für Umweltplanung und Landschaftspflege. – (Pr + D) Lerchenweg 15, D-66798 Wallerfangen, Tel./Fax: (06831) 69362, e-mail: 0683169362-0001@t-online.de.

ULLRICH, Dieter (25-10-1953, Wallerfangen) Dipl.-Geogr., Techn. Beamter der FR Naturschutz und Landschaftspflege. – (Pr) Lerchenweg 15, D-66798 Wallerfangen, Tel./Fax: (06831) 69362, e-mail:

0683169362-0001@t-online.de – (D) Landkreis Merzig-Wadern, Umweltamt - Untere Naturschutzbehörde, Bahnhofstr. 44, D-66663 Merzig, Tel.: (06861) 80-222, Fax: 80-335.

ULLRICH, Elmar (26-3-1939) OStDir., Leiter StSem. f. d. Lehramt a. Gymnasien Bensheim. – (Pr) Tassilostr. 2, D-64653 Lorsch, Tel.: (06251) 51787 – (D) Wilhelmstr. 52, D-64625 Bensheim, Tel.: (06251) 61942.

ULRICH, Bernhard (17-3-1926, Herrenberg) Prof. em. Dr. agr. Drs. h.c., o. Prof. am Inst. f. Bodenkunde u. Waldernährung, Göttingen. – (Pr) Am Hirtenberg 16, D-37136 Waake, Tel.: (05507) 856 – (D) Büsgenweg 2, D-37077 Göttingen, Tel.: (0551) 39-3507, Fax: 39-3310.

ULRICH, Johannes (24-8-1925, Dresden) Dr. rer. nat., Wiss. Dir. und Kustos a. D. – (Pr) Pottbergkrug 5, D-24146 Kiel, Tel.: (0431) 783041.

UNGER, Monika (10-3-1952, Balingen) Fachredakteurin Bertelsmann Lexikon Verlag. – (D) Avenwedder Str. 55, D-33311 Gütersloh, Tel.: (05241) 802366, Fax: 73075.

UNGER, Wolfgang (6-9-1947, Elsingk) Dipl.-Lehrer. – Tel.: (030) 5427594 – (D) Humboldt-Universität zu Berlin, Sektion Geographie, Universitätsstr. 3b, D-10117 Berlin, Tel.: (030) 203-15404.

UNTERSEHER, Erich (27-2-1962, Lörrach) Dr. phil. (Geographie), Dipl.-Ing. agr. (FR Umweltsicherung und Landentwicklung), Bezirksstelle für Naturschutz und Landschaftspflege Freiburg. – (Pr) Rebgasse 3, D-79540 Lörrach – (D) Werderring 14, D-79098 Freiburg, Tel.: (0761) 20799-0, Fax: 20799-26.

UPPENBRINK, Martin, Prof. Dr., Präs. d. Bundesamtes f. Umweltschutz – (D) Konstantinstr. 110, D-53179 Bonn.

URBANKE, Reinhard (21-11-1952, Stadtilm) Dipl.-Ing., OStR Johannes-Gutenberg-Schule. – (Pr) Erlenweg 3/1, D-71394 Kernen-Stetten i. R., Tel.: (07151) 47168 – (D) Rostocker Str. 25, D-70376 Stuttgart, Tel.: (0711) 954622-0, Fax: 954622-20.

URBANKE, Sabine (9-2-1956, Stuttgart) Dipl.-Ing., Obervermessungsrätin, Landesvermessungsamt Baden-Württemberg. – (Pr) Erlenweg 3/1, D-71394 Kernen-Stetten i.R., Tel.: (07151) 47168 – (D) Büchsenstr. 54, D-70174 Stuttgart.

USBECK, Hartmut (10-5-1948, Tambach-Dietharz) Prof. Dr. sc. nat. – (Pr) Arnoldplatz 5 a, D-04439 Engelsdorf, Tel.: (0341) 2513327 – (D) Büro f. Stadt- und Regionalentwicklung GmbH (Usbeck GmbH), Arnoldplatz 5a, D-04439 Engelsdorf, Tel.: (0341) 2514-551, Fax: 2514-556, e-mail: usbeck@aol.com.

USINGER, Walter (31-5-1925, Rheindürkheim) StDir. a.D. – (Pr) Closweg 2, D-67346 Speyer (Postfach 14 83, D-67324 Speyer).

UTHE, Anne-Dore (31-8-1957, Lemgo) Dr. rer. nat., Freie Universität Berlin, Institut für Geographische Wissenschaften, Fachrichtung Kartographie. – (D) Arno-Holz-Str. 12, D-12165 Berlin, Tel.: (030) 838-3892.

UTHOFF, Dieter (11-10-1939, Hildesheim) Prof. Dr. phil., Dipl.-Geogr., Prof. am Geogr. Inst. d. Univ. Mainz. – (Pr) Römerberg 11, D-55442 Stromberg, Tel.: (06724) 3659 – (D) Saarstr. 21, D-55099 Mainz, Tel.: (06131) 3928469, Fax: 394736.

V

VAHRSON, Wilhelm-Günther (2-5-1955) Dr. rer. nat., Prof. habil., Rektor der FH Eberswalde. – (Pr) Danckelmannstr. 23, D-16225 Eberswalde – (D) Möllerstr. 1, D-16225 Eberswalde, Tel.: (03334) 65419, 65420, Fax: 236316, e-mail: gvahrson@fh-eberswalde.de.

VALENTIN, Ingrid, Wwe von Prof. Dr. Hartmut Valentin. – (Pr) Paulsenstr. 53, D-12163 Berlin, Tel.: (030) 8241010.

VALSANGIACOMO, Antonio (18-3-1956, Castel San Pietro) Dr. phil. – (Pr) Berchtoldstr. 15, CH-3012 Bern – (D) Fachdidaktik Biologie, Erlchastr. 9a, CH-3012 Bern, Tel.: (031) 631-4548, e-mail: valsan@sis.unibe.ch.

VARTMANN, Christof (27-5-1964, Ahlen/Westf.) Dipl.-Geogr. – (Pr) Freiherr-v.-Stein-Str. 16, D-45657 Recklinghausen, Tel.: (02361) 186958.

VAVRUCH, Stefan (20-9-1957, CH-Marly/FR) Dr., Dipl.-Geogr. – (Pr) Rudolfstr. 44, CH-4054 Basel, Tel.: (061) 3020244.

VENZKE, Jörg-Friedhelm (25-5-1952, Hannover) Prof. Dr. rer. nat., Universität Bremen, FB 8, Studiengang Geographie, Abt. Physiogeographie. – (Pr) Lessingstraße 6, D-27367 Sottrum – (D) Postfach 33 04 40, D-28334 Bremen, Tel.: (0421) 218-2004, -7401, Fax: 218-9265, e-mail: jfvenzke@uni-bremen.de.

VERGINIS, Spyridon (12-8-1944) Univ. Prof., Dr. rer. nat., Dr. phil., Dipl.-Geol., a.o. Prof. am Inst. f. Geogr. d. Univ. Wien. – (Pr) Neulinggasse 34-36/1/2/8, A-1030 Wien, Tel./Fax: (01) 7145185 – (D) Universitätsstr. 7/V, A-1010 Wien, Tel.: (01) 4277-48670, Fax: 4277-48671.

VERNEX, Jean-Claude (11-11-1940, Annecy, France) Prof. Dr., Professeur ordinaire. – (Pr) Route des Bains, F-74290 Menthon St. Bernard, Tel.: (04) 50600243 – (D) Département de Géographie, Université de Genève, UNI MAIL, 102, Bd. Carl-Vogt, CH-1211 Genève 4, Tel.: (022) 705-8339, -8332 (secrét.).

VETTER, Friedrich (3-4-1940, Parchwitz/Schlesien) Dr. rer.nat., M.S., Priv.-Doz. am 1. Geogr. Inst. d. FU Berlin. – (Pr) Spanische Allee 95c, D-14129 Berlin, Tel.: (030) 8036159 – (D) Malteser Str. 74-100, D-12249 Berlin, Tel.: (030) 7792-0, -399, außerdem: Bundeszentrale für politische Bildung Berlin, Deutschlandhaus, Stresemannstr. 90, D-10963 Berlin, Tel.: (030) 254504-13, -14, -15, -26 (Sekr. sowie Informations- und Publikationszentrum).

VETTER, Thomas (4-4-1958, Backnang) Dr. rer. nat., Wiss. Assistent am Institut für Geographie der Martin-Luther-Universität Halle-Wittenberg. – (Pr) Feuerbachstr. 8, D-06114 Halle/Saale – (D) Domstraße 5, D-06108 Halle/Saale.

VETTER, Werner (11-4-1913, Sonneberg/Thüringen) Dr. phil., Min.-Rat a.D. – (Pr) Unterwimpersing, D-94424 Arnstorf, Tel.: (08723) 1017.

VETTIGER-GALLUSSER, Barbara, Dr., Mittelschullehrerin, Raumplanerin NDS HTL, Fachdidaktikerin. – (Pr) Holzweg 286, CH-4814 Bottenwil, Tel.: (062) 7214201.

VIEHRIG, Hans (18-5-1935, Pirna) Dr. phil. habil., Hochschuldozent, Region. Geogr. der GUS. - (Pr) Zeppelinstr. 168, D-14471 Potsdam, Tel.: (0331) 963607 – (D) Universität Potsdam, Institut für Geographie, D-14415 Golm, Tel.: (0331) 977-2286.

VIELHABER, Christian (1-6-1948) Mag. rer. nat., Dr. phil., a.o. Univ. Prof. am Inst. f. Geographie d. Univ. Wien. – (Pr) Benjowskig. 52/5, A-1220 Wien, Tel.: (01) 2806869 – (D) Universitätsstr. 7, A-1010 Wien, Tel.: (01) 4277-48633, Fax: 4277-9486, e-mail: christian.vielhaber@univie.ac.at.

VILLWOCK, Gerd (30-8-1955) Doz., Dr. rer. nat., Dr. habil. – (Pr) Gödewitzer Weg 54, D-06198 Fienstedt – (D) Geologische Forschung und Erkundung GmbH Halle, Köthener Str. 34, D-06118 Halle, Tel.: (0345) 5244-234, Fax: 5244-264.

VÖGELI KELLER, Annalies, Dr. – (Pr) Harzerstr. 9, CH-8704 Herrliberg.

VÖLK, Hellmut (10-3-1933, Donauwörth) Dr. math. et phys., Prof. am Geogr. Inst. d. Univ. Heidelberg. – (Pr) Im Hassel 41, D-69122 Dossenheim, Tel./Fax: (06221) 860176 – (D) Im Neuenheimer Feld 348, D-69120 Heidelberg.

VÖLKEL, Jörg (3-1-1959, Siegen) Prof. Dr. rer. nat., Dipl.-Geogr./Biol. – (D) Universität Regensburg, Abt. Bodenkunde, Inst. f. Geographie, D-93040 Regensburg, Tel.: (0941) 943-3628, -3606 (Sekr.), -4692 (Labor), Fax: 943-2387. e-mail: joerg.voelkel@geographie.uni-regensburg.de.

VOGEL, Andreas (27-11-1947, Eilshausen) Dr. rer. nat., Landschaftsökologe/Botaniker. – (D) Westfälische Wilhelms-Universität Münster, Inst. f. Landschaftsökologie, Robert-Koch-Str. 26, D-48149 Münster, Tel: (0251) 83-33698, Fax: 83-38352, e-mail: voghild@uni-muenster.de.

VOGEL, Harald (27-12-1958, Gießen) Lektor der WBG für Geographie. – (Pr) Klappacher Str. 42, D-64285 Darmstadt – (D) Hindenburgstr. 40, D-64295 Darmstadt, Tel.: (06151) 3308-156, Fax: 3308-212.

VOGEL, Helmer (14-5-1952, Oberlauingen) Dr. rer. nat., Dipl.-Geogr., AR am Lehrstuhl f. Didaktik d. Geogr. am Institut f. Geographie d. Univ. Würzburg. – (Pr) Heinrich Lübke Straße 2, D-97273 Kürnach, Tel.: (09367) 2858 – (D) Wittelsbacher Platz 1, D-97074 Würzburg, Tel.: (0931) 888-4807.

VOGEL, Helmut (7-9-1946, Crailsheim) Dr. phil., Prof. f. Kommunalwissenschaft an der Universität Trier. –(Pr) Zum Wingertsberg 13, D-54296 Trier, Tel. : (0651) 1700111, Fax: 1700112.

VOGEL, Ilse (18-2-1927, Bottrop) Dr. rer. pol., Dipl.-Hdl., Ob.-Schulrätin, Leit. Reg.-Schul-dir'in i.R. – (Pr) Dürener-Str. 186, D-50931 Köln, Tel.: (0221) 402833.

VOGELSANG, Roland (10-10-1939) Prof. Dr. rer. nat., apl. Prof. Univ. –GHS – Paderborn, FB I / Geographie. Wiss. Mitarb. am Inst. f. Kanada-Studien der Univ. Augsburg, Mithrsg. d. Schriftenreihe „Kanada-Studien" u. „Beiträge zur Kanadistik". – (Pr) Bussardweg 8, D-86399 Bobingen, Tel.: (08234) 41617 – (D) Institut f. Kanada-Studien, Univ. Augsburg, Universitätsstr. 10, D-86159 Augsburg, Tel.:

(0821) 598–5869, -5177, Fax: 598-669, e-mail: vogelsang@geo.uni-augsburg.de.

VOGG, Reiner (29-10-1950, Kochersteinsfeld) Prof., Dr. rer. nat. habil., apl. Prof., Geschäftsführer B.I.G.-Beratende Ingenieure und Geowissenschaftler; Gschf. GBF-Gesellschaft für Bodenmanagement und Flächenrecycling. – (Pr) Gartenstraße 18, D-71711 Steinheim 3, Tel.: (07144) 890296 – (D1) Monreposstr. 55, D-71634 Ludwigsburg, Tel.: (07141) 2247-0, (D2) Institut für Geographie der Universität Stuttgart, Abt. Physische Geographie, Azenbergstr. 12, D-70174 Stuttgart, Tel.: (0711) 121-1410.

VOGLER, Lutz (2-7-1941, Waldenburg) Dr. rer. nat., OStD, Schulleiter an der Dathe-Oberschule (Gymnasium) Berlin, Bezirk Friedrichshain. – (Pr) Sybelstr. 62, D-10629 Berlin, Tel.: (030) 883-5300 – (D) Helsingforser Str. 11-13, D-10243 Berlin, Tel.: (030) 2969813, Fax: 2962126.

VOGLER, Manuel, Geograph, Chef Informatik Bundesamt f. Umwelt, Wald und Landschaft. – (Pr) Dählenweg 22, CH-3095 Spiegel, Tel.: (031) 9721639 – (D) Bundesamt f. Umwelt, Wald und Landschaft, CH-3003 Bern, Tel.: (031) 3247867, Fax: 3230368, e-mail: manuel.vogler@buwal.admin.ch.

VOGT, Henri (19-3-1930, Strasbourg) Prof. hon. – (Pr) Beiertheimer Allee 23, D-76137 Karlsruhe, Tel. (0721) 3844794 – (D) UNITE d. Geogr, Univ. Louis-Pasteur, Strasbourg, 3, rue de l'Argonne, F-67 083 Strasbourg Cedex, Tel.: (0388) 456417, Fax: 411359.

VOGT, Joachim (21-10-1955, Berlin) Dr. rer. nat., PD am Geogr. Inst. d. Univ. Tübingen, Wiss. Mitarb. am Inst. f. Geogr. u. Geoökologie d. Univ. Karlsruhe. – (Pr) Bronnackerstraße 17, D-72072 Tübingen, Tel.: (07071) 791488 – (D) Hölderlinstr. 12, D-72074 Tübingen, Tel.: (07071) 2976095 – Kaiserstr. 12, D-76128 Karlsruhe, Tel.: (07071) 608-3482, Fax: 696761.

VOGT, Klaus-Dieter (5-8-1928, Reußendorf) Prof. Dr. rer. nat. – (Pr) Am Paulshof 8, D-53127 Bonn, Tel.: (0228) 285395.

VOGT, Matthias (10-1-1961, Essen) Dr.-Ing., Leiter Informations-Technologie. – (D) ERM Layhmeyer International GmbH, Konrad-Adenauer-Str. 3, D-63263 Neu-Isenburg, Tel.: (06102) 206-123, Fax: 206-203, Internet: http://www.erm-li.de, e-mail: mv@erm-li.de.

VOIGT, Hartmut (19-1-1944, Köln) Dr. paed., Dipl.-Päd., Schulrat. – (Pr) Drosselweg 10, D-58802 Balve, Tel.: (02375) 910313, Fax: 910315, e-mail: hvoigt@altavista.net.

VOLK, Andreas (1957, Nürnberg) lic. phil. I, Wiss. Mitarbeiter, Hrsg. der Zeitschrift „Soziographie" (Seismo Verlag Zürich) Universität Zürich, Geographisches Institut. – (D) Winterthurer Str. 190, CH-8057 Zürich, Tel.: (01) 257-5243, Fax: 362-4852.

VOLK, Martin (11-7-1964, Hausen/Kr. Gießen) Dr. rer. nat., Umweltforschungszentrum Leipzig-Halle GmbH. – (Pr) Käthe-Kollwitz-Siedlung 13, D-06618 Naumburg/Saale – (D) Permoserstr. 15, D-04318 Leipzig, Tel.: (0341) 235-2856, Fax: 235-2511, e-mail: volk@alok.ufz.de.

VOLL, Dieter (18-2-1942, Dölau) Dr. rer. nat., StR. – (Pr) Iburger Ufer 4, D-10587 Berlin, Tel.: (030) 3413981.

VOLLMAR, Rainer (26-9-1938, Königsberg) Dipl.-Geogr., Dr., Prof. apl., J.F. Kennedy Inst. f. Nordamerikastudien, Abt. Geographie, Freie Universität Berlin. – (Pr) Bregenzer Str. 15, D-10707 Berlin, Tel.: (030) 8887874 - (D) Lansstraße 5-9, D-14195 Berlin, Tel.: (030) 8382869, Fax: 8382882, e-mail: voll38@zedat.fu-berlin.de; Inst. f. Geogr. Wissenschaften, Malteser Str. 74-100, D-12249 Berlin, Tel.: (030) 7792216.

VOLLRATH, Heinrich (11-7-1929, Wunsiedel) Prof. a.D., Honorarprof. an der Univ. Gesamthochschule Kassel, FB 13, ehem. Leiter des Instituts für Grünlandsoziologie an der Hessischen Landwirtschaftlichen Lehr- und Forschungsanstalt Eichhof in Bad Hersfeld. – (Pr) Moritzhöfen 15, D-95447 Bayreuth, Tel.: (0921) 514930.

VOLZ, Richard, Dr., Adjunkt Buwal/Eidg. Forstdirektion. – (Pr) Enggisteinstr. 42, CH-3076 Worb. – (D) CH-3003 Bern, Tel.: (031) 324-7786, Fax: 324-7789, e-mail: richard.volz@buwal.admin.ch.

VOPPEL, Götz (10-7-1930, Leipzig) Prof. Dr. rer. pol., Dipl.-Volksw., em. o. Prof. – (Pr) Neckarstr. 58, D-51149 Köln, Tel./Fax: (02203) 12359 – (D) Albertus-Magnus-Platz, D-50931 Köln, Tel.: (0221) 470-2372, Fax: 470-5009.

VORLAUFER, Karl (15-9-1937, Bremen) Univ.-Prof. Dr. phil. nat., Inhaber des Lehrstuhls Kulturgeographie und Entwicklungsforschung des Geogr. Inst. d. Heinrich-Heine-Univ. Düsseldorf, Federf. Hrsg.

d. „Zeitschrift für Wirtschaftsgeographie", Mithrsg. d. „Düsseldorfer Geogr. Schriften". – (Pr) Heidenfeldstr. 11, D-65812 Bad Soden, Tel./Fax: (06174) 3730 – (D) Universitätsstr. 1, D-40225 Düsseldorf, Tel.: (0211) 81-12047, Fax: 81-12040, e-mail: vorlaufe@uni-duesseldorf.de.

VORNDRAN, Gerhard (22-9-1937, Erlangen) Dr. rer. nat., Prof. f. Phys. Geogr., insbes. Geomorphologie u. Hydrologie a. d. Univ. Augsburg. – (Pr) Ob. Leitenweg 16, D-82418 Murnau – (D) Universitätsstr. 10, D-86159 Augsburg, Tel.: (0821) 598-2262, Fax: 598-2264.

VOSS, Frithjof (13-2-1936) o. Prof. Dr. rer. nat., Institut für Geographie der Techn. Univ. Berlin, Mithrsg. „Berliner Geographische Studien". – (D) Str. des 17. Juni 136, D-10623 Berlin, Tel.: (030) 314-22148, -22151, Fax: 314-25194.

VOSSEN, Joachim (28-4-58, Aachen) Dr. phil., Wiss. Ass. am Lehrstuhl für Didaktik der Geogr., Inst. für Geogr., Universität Regensburg. Mithrsg. Pazifik-Forum, Mithrsg. „Regensburger Beiträge zur Didaktik der Geographie", Schriftleitung Geographia Religionum. – (Pr) Holzwiesenweg 8 a, D-93053 Regensburg, Tel./ Fax: (0941) 947845 – (D) Inst. f. Geogr., Universität Regensburg, D-93040 Regensburg, Tel.: (0941) 943-3597, Fax: 943-4949.

VOSSHAGE, Hans-Dieter (17-2-1924, Hagen i. Westf.) Dr. rer. nat., OStDir. i.R. – (Pr) Kamenerstr. 260, D-59077 Hamm, Tel.: (02307) 10701.

VOSSMERBÄUMER, Herbert (20-4-1940, Kiel) Dr. rer. nat., Univ.-Prof., Geologie, Z. dt. geol. Ges. (Schriftleiter), GEOKONFERENZ (Stv. Vors.), Alfred-Wegener-Stiftung (Vizepräsident). – (D) Institut für Geologie der Universität, Pleicherwall 1, D-97070 Würzburg, Tel.: (0931) 31-2567, Fax: 31-2378, e-mail: vbgeol@geologie.uni-wuerzburg.de.

W

WACHTER, Daniel (10-12-1961, Zürich) PD Dr. – (D) Bundesamt für Raumplanung, Stabsstelle für Raumökonomie, Einsteinstr. 2, CH-3007 Bern, Tel.: (031) 3241450.

WÄHLISCH, Marita (13-04-1955, Liebenwalde) Dipl.-Physikerin, DLR Berlin-Adlershof. – (Pr) Neustrelitzer Str. 28, D-13055 Berlin – (D) Rudower Chaussee 5, D-12489 Berlin.

WÄLTY, Samuel (3-9-1952) Dr., Wiss. Mitarb. und Lehrbeauftragter. – (Pr) Wildbachstr. 80, CH-8008 Zürich – (D) Nachdiplomstudium für Entwicklungsländer (NADEL), ETH Zentrum, Voltastr. 24, CH-8092 Zürich, Tel.: (01) 632-5097, Fax: 632-1207, e-mail: waelty@nadel.ethz.ch.

WAFFENSCHMIDT, Christian (30-3-1970, Rheinfelden, Baden) Dipl.-Geogr., Assistent am Departement für Geographie, Universität Basel, Abteilung Physiogeographie und Landschaftsökologie. – (D) Spalenring 145, CH-4055 Basel, e-mail: waffenschmidt@ubaclu.unibas.ch.

WAGENER, Kira (1-2-1967, Düsseldorf) Dipl.-Geogr., Stadtstrukturplanerin am Planungsamt der Stadt Köln. – (Pr) Oderstr. 32, D-41469 Neuss, Tel.: (02137) 3344 – (D) Gürzenichstr. 6-16, D-50667 Köln, Tel.: (0221) 221-3570.

WAGNER, Erika (10-1-1920, Gelsenkirchen) Prof. Dr. phil., o. Prof. em. f. Geogr. u. ihre Didaktik a. d. Gerhard-Mercator-Univ.-GHS-Duisburg, Mithrsg. d. „Duisburger Geogr. Arbeiten". – (Pr) Neue Str. 5, D-55629 Weitersborn, Tel.: (06754) 96016 – (D) Geogr. Sem. d. Univ., Lotharstr. 1, D-47057 Duisburg, Tel.: (0203) 379-2250 (Sekr.).

WAGNER, Gerhard (4-4-1942, Buseck bei Gießen) Dipl.-Geogr., Dr. – (Pr) Rothwiesenweg 10, D-53229 Bonn, Tel.: (0228) 431412 – (D) Bundesamt für Bauwesen und Raumordnung, Postfach 20 01 30, D-53131 Bonn, Tel.: (0228) 826–309.

WAGNER, Günther A. (16-6-1941, Mittweida) Prof. Dr. rer. nat., Geologe. – (Pr) Schiessbuckel 20, D-69434 Hirschhorn – (D) Forschungsstelle Archäometrie d. Heidelb. Akademie der Wissenschaften am Max-Planck-Institut für Kernphysik, Saupfercheckweg 1, D-69117 Heidelberg, Tel.: (06221) 516-289, Fax: 516-633, e-mail: gwagner@goanna.mpi-hd.mpg.de.

WAGNER, Herbert (20-9-1948, Schüttorf) Dipl.-Päd., Dr.phil., Lehrer (abgeordnet) a. d. Fachgr. Geographie d. Univ. Osnabrück, Vors. d. FISB e.V. – (Pr) Erlenweg 4, D-48455 Bad Bentheim, Tel.: (05922) 6744, Fax: 6746 – (D) Universität Osnabrück, FB Kultur- und Geowissenschaften, Seminarstr. 19a/b, D-49069 Osnabrück, Tel.: (0541) 969-4891, Fax: 969-4333.

WAGNER, Horst-Günter (19-5-1935) Prof. Dr. rer. nat., o. Prof. für Wirtschaftsgeogr. am Geogr. Inst. d. Univ. Würzburg. – (Pr) An der Sternwarte 6, D-97074 Würzburg, Tel.: (0931) 83644 – (D) Am Hubland, D-97074 Würzburg, Tel.: (0931) 888-5550, Fax: 888-5544.

WAGNER, Jean-Frank (15-3-1957, Luxemburg), Dr. phil. habil., C-4 Prof. für Geologie, Fachbereich VI, Universität Trier. – (D) Fach Geologie, FB VI, Universität Trier, Universitätsring 15, D-54286 Trier.

WAGNER, Juan-Manuel (9-7-1957, Saarbrücken) Dr. phil., Dipl.-Geogr., Wiss. Assist., Fachrichtung Geogr. d. Univ. d. Saarlandes. – (Pr) Steinstraße 6, D-66265 Heusweiler-Holz, Tel.: (06806) 82291 – (D) Universität des Saarlandes, Fachrichtung Geographie, Bau 11, Postfach 15 11 50, D-66041 Saarbrücken, Tel.: (0681) 302-2670, Fax: 302-2364, e-mail: wagner@geo.uni.sb.de.

WAGNER, Klaus (6-4-1961, Wien) Dipl.-Ing., Regionalforscher (Rpl). – (Pr) Fasang. 20, A-7064 Oslip – (D) Bundeanstalt f. Agrarwirtschaft, Schweizertalstr. 36, A-1133 Wien, Tel.: (01) 877-3651.

WAGNER, Petra (14-6-1967) Mag., Wiss. Ang., Geschäftsbereich Systemforschung Technik-Wirtschaft-Umwelt, Geschäftsfeld Regionalforschung, Österr. Forschungszentrum Seibersdorf. – (Pr) Kärchergasse 15/10, A-1030 Wien – (D) A-2444 Seibersdorf, Tel.: (02254) 780-3891, Fax: 780-3888, e-mail: petra.wagner@arcs.ac.at.

WAGNER, Wolfgang (27-9-1954, Trier) Dr. rer. nat., Dipl.-Geologe, Lehrbeauftragter Abt. Geologie Fachbereich VI Geographie/Geowissenschaften, nebenamtl. öffentl. bestellter und vereidigter Sachverständiger für Schiefer und Schieferbergbau. – (D) Rathscheck Schiefer- und Dachsystem KG, D-53727 Mayen, Tel.: (02651) 9550 – GF Schiefer-Fachverband in Deutschland e.V., Annastr. 67-71, D-50969 Köln.

WAKONIGG, Herwig (17-7-1942, St. Margarethen b. Knittelfeld) Dr. phil., o. Univ.-Prof. am Inst. f. Geogr. d. Univ. Graz. – (Pr) Forstweg 7, A-8045 Graz, Tel./Fax: (0316) 694941 – (D) Heinrichstr. 36, A-8010 Graz, Tel.: (0316) 380-5142, Fax: 380-9886, e-mail: wakon@kfunigraz.ac.at.

WALDAU, Eberhard (28-9-1936, Müllrose) Dr., OStDir. – (Pr) Schulenburgring 130, D-12101 Berlin, Tel.: (030) 7866951.

WALLER, Peter P. (12-4-1935, Neuburg/Donau) Dr. oec. publ., apl. Prof. (Geographie) a. d. FU Berlin, stellvertr. GF. d. DIE Berlin. – (Pr) Akazienallee 52, D-14050 Berlin, Tel.: (030) 3047636 – (D) Deutsches Inst. f. Entwicklungspolitik, Hallerstr. 3, D-10587 Berlin, Tel.: (030) 390730.

WALLOSSEK, Christoph (6-6-1954, Bergisch Gladbach) Dr. rer. nat., Wiss. Mitarb. am Geographischen Institut der Universität Köln. – (Pr) An der Alten Post 17, D-50858 Köln – (D) Albertus-Magnus-Platz, D-50923 Köln, Tel.: (0221) 470-6247, Fax: 470-4917, e-mail: christoph.wallossek@uni-koeln.de.

WALOSSEK, Wolfgang (7-1-1940) Dr. rer. nat. – (Pr) Heinrich-Heine-Str. 8, D-06114 Halle, Tel.: (0345) 5233062 – (D) Fachbereich Geowissenschaften der Martin-Luther-Universität Halle-Wittenberg, Institut für Geographie, Heinrich- und Thomas-Mann-Str. 26, D-06108 Halle, Tel.: (0345) 5526011.

WALTER, Berthold (2-8-1927, Bingen) Dr. agr., Prof. am Inst. f. Bodenkunde der Universität Trier, Ldw. Dir., Dipl.-Ldw., Inst.-Leit., Mitgl. der Deutschen Bodenkundlichen Gesellschaft, Mitgl. d. Verb. d. Deutschen Ldw. Untersuchungs- u. Forschungsanstalten (VDLUFA). – (Pr) Caspar-Olevianstr. 92, D-54295 Trier, Tel.: (0651) 33415 – (D) Inst. f. Bodenkunde, Egbertstr. 18/19, D-54295 Trier, Tel.: (0651) 49061.

WALTER, Hans Hubert (10-8-1938, Brilon/Westf.) Dr. rer. nat., AOR am Inst. für Didaktik der Geogr., FB 19, Westfälische-Wilhelms-Universität Münster, Leiter der Fachstelle Geographische Landeskunde im Westfäl. Heimatbund Münster. – (Pr) Dorfstr. 48, D-48268 Greven-Gimbte, Tel./Fax: (02571) 51660 – (D) Fliednerstr. 21, D-48149 Münster, Tel.: (0251) 83-9353, Fax: 83-9351.

WALTHER, Michael (22-5-1951, Braunschweig) Dipl.-Geogr. – (D) Ministerium für Raumordnung und Umwelt des Landes Sachsen-Anhalt, Olvenstedter Str. 4, D-39108 Magdeburg.

WALTHER, Michael (10-4-1952, Hann. Münden) Dr. rer. nat., Priv.-Doz. am Institut für Geographische Wissenschaften der Freien Universität Berlin. – (Pr) Berlepschstr. 68, D-14165 Berlin – (D)Malteser Str. 74-100, D-12249 Berlin, Tel.: (030) 76706447, Fax: 76706437.

WALUGA, Stefan (15-5-1953) Dr.phil., Dipl.-Geogr., Akad. Oberrat am Geogr. Institut der Ruhr-Universität Bochum (EDV/GIS). – (Pr) Constantinstr. 12, D-44809 Bochum, Tel.: (0234) 531172 – (D) Geogr. Institut der RUB, Universitätsstr. 150, D-

44801 Bochum, Tel.: (0234) 700-3358, Fax: 709-4180.

WALZ, Ulrich, Dipl.-Geogr. – (Pr) An der Huhle 21, D-01259 Dresden – (D) Inst. f. ökologische Raumentwicklung e.V. (IÖR),Weberplatz 1, D-01217 Dresden, e-mail: Ulrich.Walz@POP3.tu-dresden.de.

WANDELT, Birgit (25-7-1966, Berlin) Dipl.-Geogr. – (D) Universität zu Köln, Albertus-Magnus-Platz, D-50923 Köln, Tel.: (0221) 470-5738, Fax: 470-5124, e-mail: birgit.wandelt.@uni-koeln.de.

WANKE, Ulrich (9-9-1944, Lübben) StD, Fachleiter f. Erdkde am Studienseminar f. d. Lehramt am Gymnasium und SII/SI Aachen/Eschweiler und Jülich. – (Pr) Asternstr. 37, D-52353 Düren, Tel./Fax: (02421) 82198 – (D) Brückmannstr. 2, D-52351 Düren, Gymnasium am Wirteltor, Tel.: (02421) 2525-14, -16.

WANNER, Heinz (25-9-1945, Meinisberg) Dr. phil. nat., Prof. f. Phys. Geogr., insbes. Klimatologie und Meteorologie, Geogr. Inst. d. Univ. Bern. – (Pr) Oberfeldstr. 38F, CH-3067 Boll, Tel.: (031) 8394122 – (D) Hallerstr. 12, CH-3012 Bern, Tel.: (031) 631-8859, Fax: 631-8511, e-mail: wanner@giub.unibe.ch.

WANNER, Herbert, Dr., Human Resources Manager. – (Pr) Schnellberg, CH-8561 Ottoberg, Tel.: (071) 6224774 – (D) Mythenquai 50/60, CH-8022 Zürich, Tel.: (01) 2856929.

WARDENGA, Ute (6-5-1957, Geislingen/Steige) Dr. phil., Wiss. Mitarb., Schriftleiterin der „Berichte zur deutschen Landeskunde“ – (Pr) An der Feuerwache 14a, D-48329 Havixbeck, Tel.: (02507) 4284; Hermelinplatz 4, D-04329 Leipzig, Tel: (0341) 2514140 – (D) Institut für Länderkunde, Schongauerstr. 9, D-04329 Leipzig, Tel.: (0341) 25565-10, Fax: 25565-98, e-mail: wardenga@ifl.uni-leipzig.de.

WARTHORST, Alfred (5-1-1938, Gütersloh/Westf.) Dr. rer. nat., OStR am Gymnasium Paulinum, Münster. – (Pr) Paul-Gerhardt-Str. 11, D-48161 Münster – (D) Am Stadtgraben 30, D-48143 Münster, Tel.: (0251) 42023.

WASTL-WALTER, Doris (20-7-1953) Mag. et Dr. phil., Prof. am Geogr. Inst. d. Universität Bern. – (Pr) Länggassstr. 34A, CH-3012 Bern – (D) Hallerstraße 12, CH-3012 Bern, Tel.: (031) 631-8016, Fax: 631-8511.

WEBER, Emil (2-1-1911) Prof. u. Fachl. i.R. – (Pr) Bühlerstr. 1, D-69126 Heidelberg, Tel.: (06221) 301240.

WEBER, Hans-Ulrich (16-9-1942, Quierschied/Saar) Dipl.-Geogr., Dr. rer.nat., AOR. – (Pr) Graffweg 45, D-45276 Essen, Tel.: (0201) 512135 – (D) Universitätsstr. 150, D-44801 Bochum, Tel.: (0234) 700-3434.

WEBER, Jost (7-1-1935, Neuburg/Donau) Dr. phil., Wiss. Dir. Refrat I/ - Bibliothek im Bundesamt für Bauwesen und Raumordnung. – (Pr) Auf dem Köllenhof 54, D-53343 Wachtberg, Tel.: 341260 – (D) Postfach 20 01 30, D-53131 Bonn, Tel.: (0228) 826275.

WEBER, Klaus (4-12-1936, Finsterwalde) Dr. rer. nat., Prof. f. Geologie, Dipl.-Geologe, Hrsg. der Zeitschrift „Geotektonische Forschungen“, Institut für Geologie und Dynamik an der Lithosphäre (IGDL). – (Pr) Thomas Dehler Weg 18, D-37075 Göttingen – (D) Universität Göttingen, Goldschmidtstr. 3, D-37077 Göttingen, Tel.: (0551) 397930-31, Fax: 399700, e-mail: kweber@gwag.de.

WEBER, Peter (13-11-1935, Attendorn) Dr. rer. nat., o. Prof. a. Inst. f. Geogr. d. Univ. Münster. – (Pr)Herkentruper Str. 16, D-48329 Havixbeck, Tel.: (02507) 571909 – (D) Robert-Koch-Str. 26, D-48149 Münster, Tel.: (0251) 833-3696, Fax: 833-8352.

WEBER, Wolfgang (8-6-1963, Weiden/OPf.) Dr., Dipl.-Geogr., Referatsleiter an der Fachhochschule Amberg-Weiden. – (Pr) Fichtenweg 15, D-92721 Störnstein, Tel.: (09602) 639601 – (D) Kaiser-Wilhelm-Ring 23, D-92224 Amberg, Tel.: (09621) 482197.

WEBER-WOYWOD, Marion, Dr. sc. nat., Softwareentwicklerin, Geografin. – (Pr) Wiedenstr. 16, CH-8505 Pfyn.

WEDDELING, Hiltrud (30-8-1968) Dipl.-Geogr., Wiss. Mitarb. am Institut für Geographie, TU Berlin. – (Pr) Dietrich-Bonhoeffer-Str. 3, D-10407 Berlin, Tel.: (030) 4236241 – (D) TU Berlin, Department of Geography, Rohrdamm 20-22, D-13629 Berlin, Tel.: (030) 38006-107, Fax: 38006-102, e-mail: hiltgghe@mailszrz.zrz.tu-berlin.de.

WEGENER, Karl-A. (19-8-1931, Goldberg, Krs. Lübz) Dipl.-Geogr., Ing. (grad.) f. Kartographie. – (Pr) Wacholderweg 10, D-63874 Dammbach.

WEGMANN, Susanne (22-10-1955, Aarau) Dr., Journalistin BR. – (Pr + D) Hasenweid 3, CH-4600 Olten, Tel./Fax: (062) 2126453, e-mail: wegmet@blnewin.ch.

WEHLING, Hans-Werner (28-2-1949, Einbeck) Dr. phil., Prof., FB 9 – Institut für Geographie, Geographische Landeskunde von Altindustrieländern Univ. Essen, Mithrsg. d. „Essener Geogr. Arbeiten" und d. „Essener Geogr. Schriften". – (Pr) Nollendorfstr. 39, D-45472 Mülheim – (D) Univ. Essen, Universitätsstr. 15, D-45141 Essen, Tel.: (0201) 183-3159, Fax: 183-2811.

WEHMEIER, Eckhard (23-1-1944, Steinheim/Westf.) Dr. rer. nat., Wiss. Ass. am Geogr. Inst. d. Univ. Stuttgart. – (Pr) Schützenbühlstr. 19, D-70435 Stuttgart, Tel.: (0711) 8262688 – (D) Azenbergstr. 12, D-70174 Stuttgart, Tel.: (0711) 121-1468, Fax: 121-1472, e-mail: wehmeier @geographie.uni-stuttgart.de.

WEHMEYER, Carsten (26-5-1966, Lemgo) Dipl.-Geogr., Wiss. Mitarb. der Abt. Wirtschaftsgeographie am Geogr. Institut der Humboldt-Universität zu Berlin. – (Pr) Babelsberger Str. 13, D-10715 Berlin – (D) Unter den Linden 6 (Chausseestr. 86), D-10099 Berlin, Tel.: (030) 30875-659, Fax: 30875-656.

WEHNER, Wilfried (8-12-1937, Frankenau) Prof. Dr. rer. nat. phil. habil. – (Pr) Pöppelmannstr. 5, D-01307 Dresden, Tel.: (0351) 4594647.

WEHRHAHN, Rainer (14-8-1962, Oldenburg/Holst), Dr. rer. nat., Hochschulass. am Geogr. Inst. d. Univ. Kiel. – (Pr) Hammerfestweg 21a, D-24109 Kiel, Tel.: (0431) 525487 – (D) Ludewig-Meyn-Str. 14, D-24118 Kiel, Tel.: (0431) 880-2183, Fax: 880-4658, e-mail: wehrhahn@geographie.uni-kiel.de.

WEHRLE, Reinhold, Dr. – (Pr) Weingartenstr. 230, CH-4524 Günsberg, Tel.: (032) 6371463.

WEIBEL, Robert (29-11-1959, Hallau SH) Dr. phil., Ass.-Prof. am Geogr. Inst. Univ. Zürich. – (Pr) Rotachstr. 8, CH-8003 Zürich, Tel.: (01) 4637818 – (D) Geographisches Institut der Universität Zürich-Irchel, Winterthurerstr. 190, CH-8057 Zürich, Tel.: (01) 635-5152, e-mail: weibel@geo.unizh.ch.

WEICHART, Günter (10-6-1929, Berlin) Prof. Dr. rer. nat., Dipl.-Chem., Prof. für Meereschemie (Universität Hamburg). – (Pr) Erlenweg 32, D-25469 Halstenbek, Tel.: (04101) 41987.

WEICHBRODT, Ernst (8-10-1940, Danzig) Dr., Leiter d. Volkshochschule Höxter. – (Pr) Hermann-Korb-Str. 10, D-32676 Lügde, Tel.: (05283) 8757, e-mail: weichbrodt@hoexter-netsurf.de – (D) Möllinger Str. 9, D-37671 Höxter, Tel.: (05271) 963182, e-mail: vhs-hx@hoexter-online.de.

WEICHHART, Peter (21-2-1947, Wien) Ao. Univ.-Prof., Univ.-Doz., Dr. phil. am Inst. f. Geogr. d. Univ. Salzburg, Leiter der Abteilung für Humanökologie, Vorstandsvors. des „Salzburger Instituts für Raumordnung und Wohnen" (SIR), Mitgl. des Wissenschftl. Rates der ARL. – (Pr) Lerchenfeld 32, A-5202 Neumarkt a. Wallersee, Tel.: (06216) 5252 – (D) Hellbrunnerstr. 34, A-5020 Salzburg, Tel.: (0662) 8044-5209, Fax: 8044-525, Internet: http://www.sbg.ac.at/ges/leute/weichhart.htm, e-mail: Peter.Weichhart@sbg.ac.at.

WEICK, Clemens (9-10-1967, Bruchsal) Dr.phil., Wiss. Ang., Geographisches Institut der Universität Heidelberg. – (D) Im Neuenheimer Feld 348, D-69120 Heidelberg, Tel.: (06221) 56-4372, Fax: 56-4996.

WEICKEN, Hans-Michael (18-10-1945, Detmold) Dr. rer. nat., AOR am Lehrstuhl Physikalische Geographie der Fachrichtung Geographie der Universität des Saarlandes. – (D) Universität des Saarlandes, Fachrichtung Geographie, D-66123 Saarbrücken, Tel.: (06897) 798203.

WEIDENFELLER, Michael (15-6-1960, Holler, Westerwald) Dr., Dipl.-Geogr., Obergeologierat. – (D) Geologisches Landesamt Rheinland-Pfalz, Emy-Roeder-Str. 5, D-55129 Mainz-Hechtsheim, Fax: (06131) 9254-123.

WEIER, Michael (30-11-1956) Dipl.-Geogr., Inhaber. – (D) ConTour - Tourismusagentur: Wir zeigen Ihnen das Ruhrgebiet, Gärtnerstr. 32, D-45128 Essen, Tel.: (0201) 234796, Fax: 234020.

WEIGEL, Gerolf (11-4-1953) Dr. – (D) Président Représentative SDC, Embassy of Switzerland, P.O. Box 1073, Islamabad, Pakistan.

WEIGT, Ernst (12-8-1907, Marburg/Lahn) Prof. Dr. phil., em. ao. Prof. u. ehem. Dir. d. Inst. f. Wirtschafts- u. Sozialgeogr. d. Univ. Erlangen-Nürnberg, Hrsg. d. Reihe „Das Geogr. Seminar", „Westermann's Lexikon d. Geographie" u. d. „Nürnberger Wirtschafts- u. Sozialgeogr. Arbeiten". – (Pr) Lohengrinstr. 23, D-90461

Nürnberg, Tel.: (0911) 468108 – (D) Lange Gasse 20, D-90403 Nürnberg, Tel.: (0911) 5302-342.

WEILAND, Mathias (7-8-1956, Leipzig) Dipl.-Geogr., Dezernatsleiter am Landesamt für Umweltschutz Sachsen-Anhalt. – (Pr) Anhalter Str. 13, D-06108 Halle/Saale, Tel.: (0345) 2839946 – (D) Reideburger Str. 47, D-06116 Halle/Saale, Tel. (0345) 5704356, Fax: 5704190.

WEILINGER, Hermann (22-2-1939, Bernhardsthal/NÖ) Prof., Mag. rer. nat., Prof. a. d. Päd. Akademie der Erzdiözese Wien und Lehrer an einer AHS, Schulbuchautor. – (Pr) Freytaggasse 4/16/9, A-1210 Wien, Tel.: (01) 2713412, Fax: 4084432 – (D) Mayerweckstr. 1, A-1210 Wien, Tel.: (01) 29108-115 und Freyung 6, A-1010 Wien, Tel.: (01) 53498238.

WEIN, Norbert (5-4-1939, Breslau) o. Prof. Dr., Univ. Düsseldorf. – (Pr) Salmweg 2, D-41564 Kaarst, Tel.: (02131) 603285 – (D) Geogr. Inst. d. Univ., Universitätsstr. 1, D-40225 Düsseldorf, Tel.: (0211) 811-2040, Tel./Fax: 811-3463, e-mail: wein@uni-duesseldorf.de.

WEINGARTNER, Herbert (15-1-1954, Kirchdorf) PD, Dr. phil., AO Univ.-Prof., Univ.-Doz. am Inst. f. Geogr. d. Univ. Salzburg. – (Pr) Am Weinberg, Panoramastraße 20, A-5201 Seekirchen – (D) Hellbrunnerstr. 34, A-5020 Salzburg, Tel.: (0662) 8044-5212.

WEINGARTNER, Rolf (6-3-1954, Luzern) PD, Dr., Projektleiter „Hydrologischer Atlas der Schweiz", Gruppenleiter Hydrologie. – (Pr) Kirchweg, CH-3658 Merligen – (D) Geographisches Institut der Universität Bern, Hallerstr. 12, CH-3012 Bern, Tel.: (031) 631-8874, Fax: 631-8511, e-mail: wein@giub.unibe.ch.

WEIS, Dieter (9-12-1921, Magdeburg) Dr. rer. nat., Hon.-Prof. a. d. Universität GH Essen, Ltd. Städt. Verwaltungsdir. a.D., Ehrenvors. d. Geogr. Ges. f. d. Ruhrgebiet, Essen. – (Pr) Auf dem Holleter 31, D-45138 Essen, Tel.: (0201) 263863.

WEIS, Hans (10-5-1911, Wien) Dr. phil., ao. Univ.-Prof. f. Geogr. a. d. Univ. Wien, OStR, Prof. f. Geschichte u. Geogr. an Höheren Schulen i.R., Mitgl. d. Österr. Geogr. Ges. u. d. Österr. Nationalkom. d. IGU, Ehrenpräs. der Österreichischen Orientgesellschaft Hammer-Purgstall. – (Pr) Weißgerberlände 40, A-1030 Wien, Tel.: (01) 7399715 – (D) Dominikanerbastei 6, A-1010 Wien.

WEISS, Ernst H., em. Univ.-Prof. Dr., Institut für Angewandte Geologie, Universität für Bodenkultur. – (D) Peter-Jordan-Str. 70, A-1190 Wien.

WEISS, Günther (10-2-1962) Dr.phil., Studienrat i.H., Sem. f. Geographie u. ihre Didaktik d. Univ. Köln. – (Pr) Dellbrücker Str. 169, D-51469 Bergisch Gladbach – (D) Gronewaldstr. 2, D-50931 Köln, Tel.: (0221) 470-4627, Fax: 470-5174.

WEISS, Wolfgang (21-11-1954, Stendal) Privatdoz., Dr. rer. nat. habil. – (Pr) Hauptstr. 37, D-18516 Kreutzmannshagen, Tel.: (038332) 311 – (D) E.-M.-Arndt-Universität, Institut für Geographie, F.-L.-Jahn-Str. 16, D-17489 Greifswald, Tel.: (03834) 8645-32, Fax: 8645-37, e-mail: weiss@uni-greifswald.de – Institut für sozialwissenschaftliche Regional- u. Umweltforschung, Hauptstr. 37, D-18516 Kreutzmannshagen, Tel.: (038332) 80334, Fax: 80335.

WEISSE, Roland (18-5-1927) Prof. Dr. habil., em. a.o. Prof., Hochschuldoz., Quartärgeologie/Geomorphologie. – (Pr) Auf dem Kiewitt 27/41, D-14471 Potsdam, Tel.: (0331) 972856.

WEISSÖRTEL, Gerhard (16-10-1948) OStR. – (Pr) Eichenstr. 13, D-85122 Hitzhofen, Tel.: (08406) 1371.

WEIXLBAUMER, Norbert (4-7-1959, Gmunden) Ing., Dr. phil., Univ.-Doz. am Inst. f. Geographie a. d. Univ. Wien, Schriftleitung d. „Geographischen Jahresberichtes aus Österreich". – (Pr)Römerweg 56, A-2722 Winzendorf – (D) Universitätsstr. 7/V, A-1010 Wien, Tel.: (01) 4277-48624, Fax: 4277-9486, e-mail: Norbert.Weixelbaumer@univie.ac.at.

WELGE, Hartmut (30-1-1945) OStR, Heinrich-Heine-Gymnasium. – (Pr) D-24253 Probsteierhagen, Tel.: (04348) 8146 – (D) Schulredder, D-24226 Heikendorf.

WELLER, Wolfgang (4-2-1950, Koblenz) Schulleiter, Lehrbeauftr. f. Geographie am Geographischen Institut der Universität Koblenz. – (Pr) An der Fähre 3, D-56072 Koblenz, Tel./Fax: (0261) 21719.

WELLER, Helmut (15-6-1943, Zwickau) Dr. rer. nat. habil., Privatdoz. am Institut für Geologische Wissenschaften der Ernst-Moritz-Arndt-Universität Greifswald. – (Pr) Feldstraße 25 b, D-17509 Kemnitz – (D) Friedrich-Ludwig-Jahn-Str. 17 a, D-17489 Greifswald, Tel.: (03834) 864568, e-mail: weller@rz.uni-greifswald.de.

WELLMER, Friedrich-Wilhelm (23-6-1940, Lübeck) Prof. Dr.-Ing., Geologe, Mitgl. in zahlreichen in- und ausländ. wissenschaftl. Vereinigungen; Bundesanstalt für Geowissenschaften und Rohstoffe, Niedersächsisches Landesamt für Bodenforschung. – (Pr) Möwenkamp 7, D-30916 Hannover. – (D) Stilleweg 2, D-30655 Hannover.

WELZ, Ferdinand (24-9-1914, Posen) StDir. i.R. – (Pr) Martin Luther-Str. 106, D-42853 Remscheid, Tel.: (02191) 76016.

WENDLING, Wilhelm (22-8-1934, Altenahr) Dr. phil., Wiss. OR a.D. – (Pr) Am Weiher 11, D-53505 Altenahr, Tel./Fax: (02643) 7599.

WENDT, Werner (29-11-1951, Berlin) Dr. phil., Lehrer im HS-Dienst, Bevölkerungsgeographie, Reg.Geographie westeuropäischer Länder. – (Pr) Liliensteig 23, D-14542 Werder – (D) Brandenburgische Landeshochschule Potsdam, FB Geographie, Institut für Wirtschafts- und Sozialgeographie, Am Neuen Palais, D-14469 Potsdam, Tel.: (0033) 910473.

WENGLER-REEH, Gisela (25-2-1956, Mannheim) Dr., Dipl.-Geogr., Geschäftsleitung, Verkehrskonzepte. – (Pr + D) Königsberger Str. 32, D-54516 Wittlich, Tel.: (06571) 96271.

WENK, Hans-Günther (14-10-1934, Heiligenbeil) Dr. phil., AOR am Geogr. Inst. d. Univ. – (D) Universität, Ludewig-Meyn-Str. 14, D-24118 Kiel, Tel.: (0431) 880-2949.

WENKE, Ingo-Gerald (26-4-1941, Magdeburg) Dr. rer. nat., Dipl.-Geogr. – (Pr) Am Langen Hahn 31, D-33100 Paderborn, Tel.: (05293) 931103, Fax: 931104, – (D) FIT-Verlag, Fachbereich 1/Geographie, Universität-GH Paderborn, Postfach, D-33095 Paderborn, e-mail: rwenke@hrz.uni-paderborn.de.

WENZEL, Alfred (19-11-1933, Sczepanowitz) Dr. rer. nat., Dipl.-Ing. AOR am Inst. f. Kartographie und Topographie d. Univ. Bonn. – (Pr) Am Römerlager 29, D-53117 Bonn, Tel.: (0228) 671551 – (D) Meckenheimer Allee 172, D-53115 Bonn, Tel.: (0228) 733524.

WENZEL, Christine (18-4-1965, Wuppertal) Redakteurin von „geographie heute". – (Pr) Kiefernstr. 39e, D-45525 Hattingen, Tel./Fax: (02324) 55819 – (D) Friedrich Verlag, Im Brande 17, D-30926 Seelze, Tel.: (0511) 40004-128, Fax: 40004-219.

WENZEL, Hans-Joachim (24-2-1938, Ortelsburg/Ostpreußen) Dr. rer. nat., Prof. f. Sozialgeogr. a. d. Univ. Osnabrück. – (P) Bramkamp 20, D-49076 Osnabrück, Tel.: (0541) 125757 – (D) Neuer Graben/Schloß, Universität, FB Kultur- und Geowiss., D-49069 Osnabrück, Tel.: (0541) 969-4271, -4267.

WENZENS, Gerd (20-3-1941, Darmstadt) Dr. phil. nat., Prof. am Geogr. Inst. d. Univ. Düsseldorf. – (Pr) Auf'm Pilgerweg 13, D-41363 Jüchen, Tel.: (02181) 44278, Fax: 40605 – (D) Universitätsstr. 1, D-40225 Düsseldorf, Tel.: (0211) 811-2048.

WERLE, Otmar (18-2-1940, Trier) Dr. phil., Prof. f. Didaktik d. Geogr. am Inst. f. Didaktik d. Geogr., Univ. Gießen. – (Pr) Adolf-Kolping-Str. 12, D-54295 Trier, Tel.: (0651) 33188 – (D) Karl-Glöckner-Str. 21, D-35394 Gießen, Tel.: (0641) 9936301.

WERLEN, Benno (10-10-1952, Münster) Dr. phil., Prof. am Inst. f. Geogr. der FSU Jena. – (Pr) Rathausgasse 2, D-07743 Jena, Tel.: (03641) 822416 – (D) Lehrstuhl für Sozialgeographie, Grietgasse 6, D-07743 Jena, Tel.: (03641) 9488-40, -41, Internet: http://www.geogr.uni-jena.de, e-mail: C6webe@geogr.uni-jena.de.

WERLER, Kristine (14-1-1940, Leipzig) – (Pr) Johanniskirchplatz 6, D- 08523 Plauen. – (D) Regionale Planungsstelle beim Staatlichen Umweltfachamt, Bahnhofstr. 46/48, D-08523 Plauen, Tel.: (03741) 206-184.

WERNER, Christian (31-7-1935, Irvine, CA), Dr. rer. nat., Professor and Acting Dean, Editorial Board, Geographical Analysis. – (D) University of California, School of Social Sciences, Irvine, CA., P.O. Box 5747, Irvine, CA, 92716.

WERNER, Dietrich J. (31-1-1935, Erlangen) Prof. Dr. rer. nat., o. Prof. am Geogr. Inst. d. Univ. Köln, Mithrsg. d. „Kölner Geogr. Arbeiten". – (Pr) Neufeldweg 20, D-51427 Bergisch-Gladbach, Tel.: (02204) 61649 – (D) Albertus-Magnus-Platz, D-50923 Köln, Tel.: (0221) 470-2549, Fax: 470-4917, e-mail: dj.werner@uni-koeln.de.

WERNER, Ekkehard (12-7-1941) Dr. phil., Prof. am Lehrstuhl für Kulturgeographie a. d. Univ. Regensburg. – (D) Universität, Postfach 10 10 42, D-93040 Regensburg, Tel.: (0941) 943-3629, Fax: 943-9433.

WERNER, Frank (27-8-1938, Dresden) Dr. rer. nat., Lehrk. f. bes. Aufg. d. Osteuropa-Inst. d. FU Berlin. – (D) Garystr. 55,

D-14195 Berlin, Tel.: (030) 838-2085, Fax: 838-2072.

WERNER, Julius (28-2-1937, Wesel) Dr. rer. nat., Prof. am Inst. f. Landschaftsökologie d. Univ. Münster. – (Pr) Eli-Marcus-Weg 7, D-48159 Münster, Tel.: (0251) 213681 – (D) Robert-Koch-Str. 26, D-48149 Münster, Tel.: (0251) 833-3917, -3907 (FB-Dekan), Fax: 833-8312.

WERNER, Matthias (17-12-1955, Ludwigshafen/Rh.) Dipl.-Geogr., Innovations-Assistent bei K.E.S.S. GmbH Bad Dürkheim. – (Pr) Enzianstr. 62, D-68309 Mannheim, Tel.: (0621) 7273010, Fax: 7273011, Internet: http://pweb.uunet.de/werner.ma/, e-mail: matthias.werner@werner.ma.uunet.de – (D) In der Nonnenhecke 9, D-67098 Bad Dürkheim, Tel.: (06202) 18568, Fax: 26109, Internet: http://www.kess-gmbh.de/, e-mail: matthias.werner@kess-gmbh.de.

WERNER, Michael von (2-2-1965, Berlin) Dr. rer. nat., Dipl.-Geograph, TU-Bergakademie Freiberg, Interdisziplinäres Ökologisches Zentrum. – (Pr) Nassauische Str. 38a, D-10717 Berlin – (D) Agricolastr. 22, D-09599 Freiberg.

WERNER, Wolfgang (21-1-1953) Prof. Dr. rer. nat. habil., apl. Prof. – (Pr) Lieselottestr. 4, D-69168 Wiesloch, Tel./Fax: (06222) 81216, Fax: 381210, e-mail: WolfgangLWerner@compuserve.com.

WESSEL, Karin (16-10-1960, Bremen) Dr.rer.nat., Dipl.-Geogr., Hochschulass. der Abt. Wirtschaftsgeographie am Geogr. Institut der Humboldt-Universität zu Berlin. – (Pr) Belfaster Str. 15, D-13349 Berlin, Tel.: (030) 4515181 – (D) Unter den Linden 6 (Chausseestr. 86), D-10099 Berlin, Tel.: (030) 30875-657, Fax: 30875-656, Internet: http://www2.rz.hu-berlin.de/geo/intex.htm, e-mail: Karin=Wessel @rz.hu-berlin.de.

WESSELS, Klaus (5-11-1966, Münster) Dipl.-Geogr., Wiss. Mitarb. im Fachgebiet Geographie der Universität Osnabrück, Arbeitsgebiet Geoinformatik und Fernerkennung. – (Pr) Friedrich-Ebert-Straße 82, D-48153 Münster – (D) Seminarstr. 19, D-49069 Osnabrück, Tel.: (0541) 969-4233, Fax: 969-4333, e-mail: klaus.wessels@vos.de.

WETZEL, Karl-Friedrich (23-7-57, Osnabrück) Dr. rer. nat., Dipl.-Geogr., Wiss. Ass. am Lehrstuhl für Physische Geographie der Univ. Augsburg. – (Pr) Kastanienweg 4, D-85598 Baldham, Tel.: (08106) 31567 – (D) Universitätsstr. 10, D-86135 Augsburg, Tel.: (0821) 598-660.

WETZEL, Klaus (18-1-1932, Böhlen b. Leipzig) Prof. Dr. habil., Dr. sc. nat., Dipl.-Chemiker, Aussenstelle Sachsen der Ingenieur- und Wirtschaftsakademie ‚Johann Eckmann‘ e.V. – (Pr + D) Schaddeler Dreieck 12, D-04668 Großbothen.

WETZLER, Herbert (11-9-1940, Horb a. N.) AOR a. d. Päd. Hochschule Freiburg i. Br. – (Pr) Münstertälerstr. 24, D-79219 Staufen, Tel.: (07633) 8460 – (D) Kunzenweg 21, D-79117 Freiburg, Tel.: (0761) 682223, e-mail: wetzlerh@ruf.uni-freiburg.de.

WICK, Peter, Geograph, Direktor d. Gletschergarten-Museums. – (D) Denkmalstr. 4, CH-6006 Luzern, Tel.: (041) 410-4340, Fax: 410-4310, e-mail: wick @gletschergarten.ch.

WIDMER, Thomas, Dipl. phil., Wirtschaftsprüfer und -berater. – (Pr) Rebwiesenstr. 2, CH-8406 Winterthur, Tel.: (052) 233191.

WIEBE, Dietrich (19-9-1938, Danzig-Langfuhr) Prof. Dr. rer. nat. habil., Geogr. Inst. d. Univ. Kiel. – (Pr) Alte Schule, D-24326 Stocksee, Tel.: (04526) 8588 – (D) Neue Universität, Olshausenstr. 40, D-24118 Kiel, Tel.: (0431) 880-2221.

WIECZOREK, Ulrich (20-6-1945) Prof. Dr., Lehrstuhl f. Didaktik der Geogr. der Universität Augsburg. – (Pr) Kolpingstr. 13, D-85276 Pfaffenhofen, Tel.: (08441) 84360 – (D) Universitätsstr. 10, D-86159 Augsburg, Tel.: (0821) 598-2261, Fax: 598-5504, e-mail: ulrich.wieczorek@geo.uni-augsburg.de.

WIEG, Margot – (D) BSM Beratungsgesellschaft für Stadterneuerung und Modernisierung mbH, Abt. Gebietsbeauftragte, Katharinenstr. 19-20, D-10711 Berlin, Tel.: (030) 896003-203.

WIEGAND, Jens W. (25-3-1961, Remscheid) Der. rer. nat., Wiss. Assistent, Universität GH Essen, FB 9-Geologie. – (Pr) Emmastr.23, D-45130 Essen – (D) Universitätsstraße, D-45141 Essen, Tel.: (0201) 183-3103.

WIEGANDT, Claus-Christian (29-6-1958, Wuppertal) Dr., Dipl.-Geogr., WOR. – (Pr) Karl-Finkelnburg-Str. 29, D-53173 Bonn – (D) BBR, Am Michaelshof 8, D-53177 Bonn, Tel.: (0228) 826230, e-Mail: ccwiegandt@compuserve.com.

WIEGELMANN, Günter (31-1-1928, Essen) Prof. Dr. rer. nat., Dr. h.c., em. o. Prof. f. Volkskde. – (Pr) Frauenburgstr. 39, D-48155 Münster., Tel.: (0251) 315247 –

(D) Volkskundl. Seminar d. Univ., Domplatz 23, D-48143 Münster.

WIEGELMANN-UHLIG, Edith, Dr. rer. nat. – (Pr) Parkstr. 23, D-76131 Karlsruhe, Tel./ Fax: (0721) 693239 – (D) Amt für Stadtentwicklung, Statistik und Stadtforschung, Zähringer Str. 61, D-76124 Karlsruhe, Tel.: (0721) 133-1227, e-mail: afsta @karlsruhe.de.

WIEGER, Axel (15-5-1946, Gelsenkirchen) Prof. Dr. phil. am Geogr. Inst. d. Techn. Hochsch. Aachen. – (Pr) Hertzstr. 37, D-41836 Hückelhoven-Baal, Tel.: (02435) 1752 – (D) Templergraben 55, D-52062 Aachen, Tel.: (0241) 806056, Fax: 8888-157, e-mail: axel.wieger@geo.rwth-aachen.de.

WIENEKE, Friedrich, Prof. Dr., Institut für Geographie der Universität München – (D) Luisenstr. 37, D-80333 München, Tel.: (089) 2180-6667.

WIENEKE, Günter, Stabsstellenleiter, Dezernat für Wirtschaft und Stadtentwicklung. – (D) Augustinerstr. 10, D-50667 Köln, Tel.: (0221) 221-6018.

WIESE, Bernd (29-8-1939, Köln) apl. Prof., Dr. rer. nat. Geogr. Inst. Univ. zu Köln. – (Pr) Robert Koch Str. 43, D-50931 Köln, Tel: (0221) 443648,Fax: 9414503, e-mail: wiesegeo@t-online.de – (D) Albertus-Magnus-Platz, D-50923 Köln, Tel.: (0221) 470-2547, Fax: 470-5124.

WIESMANN, Urs (19-5-1952, Horgen) Dr. phil. nat., Privatdozent – (Pr) Oberdorf, CH-3255 Rapperswil, Tel.: (031) 8791323 – (D) Centre for Development and Environment (CDE), Geogr. Inst. Universität Bern, Hallerstr. 12, CH-3012 Bern, Tel.: (031) 631-8869, e-mail: wiesmann@giub.unibe.ch.

WIESNER, Klaus-Peter, Dr., M.A., Universitätsbibliothek Mannheim. – (Pr) Angelweg 41, D-69121 Heidelberg, Tel.: (06221) 439542 – (D)Schloß-Ostflügel, D-68131 Mannheim, Tel.: (0621) 2922-033.

WIESSNER, Reinhard (30-5-1953, Hof) Dr. phil. Prof. am Institut für Geographie der Universität Leipzig. – (Pr) Blumenweg 1a, D-04416 Markkleeberg, Tel.: (0341) 3583312 – (D) Johannisallee 19a, D-04103 Leipzig, Tel.: (0341) 973-2961, Fax: 973-2968, e-mail: wiessner@rz.uni-leipzig.de.

WIKTORIN, Dorothea (26-11-1964, Bonn) Dipl.-Geogr., Wiss. Mitarb. am Seminar für Geographie und ihre Didaktik der Universität zu Köln. – (Pr) Markomannenstr. 8, D-50679 Köln, Tel: (0221) 882715 – (D) Gronewaldstr. 2, D-50931 Köln, Tel.: (0221) 470-4626.

WILCZEWSKI, Norbert (20-2-1938, Göttingen) Dipl.-Geol. Dr., Akad. Oberrat, Dozent für Ingenieurgeologie, Inst. f. Geologie und Dynamik der Lithosphäre (IGDL) Universität Göttingen. – (D) Goldschmidtstr. 3, D-37077 Göttingen.

WILDE, Volker (5-1-1956, Unna/Westf.)PD Dr., Diplom-Geologe, Forschungsinstitut Senckenberg, Paläobotanik. – (Pr) Ohlystraße 37, D-64285 Darmstadt – (D) Senckenberganlage 25, D-60325 Frankfurt/ M, Tel.: (069) 97075-160, Fax: 97075-137, e-mail: vwilde@sngkw.uni-frankfurt.de.

WILDENAUER, Marion (18-8-1961, Bayreuth) Dipl.-Geogr., Wiss. Mitarb. im Fachgebiet Geographie, Phil. Fakultät der Techn. Universität Chemnitz. – (Pr) Reichenhainer Str. 52, D-09126 Chemnitz, Tel.: (0371) 5614363 – (D) Reichenhainer Str. 39, D-09107 Chemnitz, Tel.: (0371) 531-4056.

WILFERT, Ingeborg (1-3-1939) Prof. Dr.-Ing., Technische Universität Dresden, Institut für Kartographie. – (Pr) Steinbachstr. 7, D-01445 Radebeul – (D) Techn. Universität Dresden, D-01062 Dresden, Tel.: (0351) 463-5422, e-mail: wilfert@karst9.geo.tu-dresden.de.

WILHELM, Friedrich, Prof. Dr. rer. nat., em. Prof. am Inst. f. Geogr. d. Univ. München. – (D) Luisenstr. 37/III, D-80333 München, Tel.: (089) 2180-6661.

WILHELM, Otto (22-7-1906, Kassel) Dr. phil., ORR a.D., Leiter d. ehem. Dezernates Niedersächs. Kreisbeschreibungen. – (Pr) Torstr. 2, D-30169 Hannover, Tel.: (0511) 883455.

WILHELMI, Volker (30-5-1959, Gütersloh/ Westf.) Dr. rer. nat., Studiendirektor, Lehrbeauftragter, Fachleiter Erdkunde, Staatl. Studienseminar Bad Kreuznach, Universität Mainz, Geographisches Institut.

WILHELMY, Herbert (4-2-1910, Sondershausen) Prof. Dr. phil., em. o. Prof. f. Geographie am Geogr. Inst. d. Univ. Tübingen, Mithrsg. d. „Tübinger Geogr. Studien", d. „Geogr. Seminars", „Mundus" u. d. „Erde". – (Pr) Bohnenbergerstr. 6, D-72076 Tübingen, Tel.: (07071) 61215.

WILKE, Bernd (25-3-1948, Itzehoe) Dipl.-Ing.-Vermessung, DGfK-Mitglied. – (Pr) Heinrich-Rave-Str. 17, D-25524 Itzehoe.

WILKE, Berndt-Michael (11-5-1947, Berlin) Dr. agr., Dr. rer. nat. habil., Prof. Institut für Landschaftsentwicklung, FG Abfallbelastung der Landschaft, TU Berlin. – (Pr) Sulzaer Str. 11, D-14199 Berlin – (D) Albrecht-Thaer-Weg 4, D-14195 Berlin, Tel.: (030) 314-71193, Fax: 314-71431.

WILKE, Klaus (24-4-1948, Herford) Unternehmensberatung Wilke, Geschäftsleitung. – (Pr + D) Lemkenweg 27, D-32051 Herford, Tel./Fax: (05221) 32542.

WILL, Hagen, Dr. – (D) Institut für Geographie der Martin-Luther-Universität Halle-Wittenberg, Domstr. 5, D-06108 Halle/Saale, Tel.: (0345) 5526021, Fax:5527168, e-mail: will@geographie.uni-halle.de.

WILLE, Max (28-7-1960) Dipl.-Geogr., Consultinggesellschaft für Umwelt und Infrastruktur. – (Pr) Fichtestraße 5, D-06114 Halle, Tel.: (0345) 5222071 – (D) CUI Halle, Eisenbahnstraße 10, D-06132 Halle, Tel.: (0345) 7742765, Fax: 7742709, e-mail: cui.halle@t-online.de.

WILLE, Peter Christian (24-1-1936, Königsberg) Prof. Dr., Direktor der Forschungsanstalt der Bundeswehr für Wasserschall und Geophysik. – (D) Klausdorfer Weg 2-24, D-24148 Kiel.

WILLE, Volker, Dr., Dipl.-Geogr., Wiss. Referent und Leiter des Ref. Natürliche Grundlagen, Ökologie der Akademie für Raumforschung und Landesplanung. – (Pr) Platanenhof 23, D-30659 Hannover, Tel.: (0511) 652823; Geschäftsführer des Arbeitskreises der Landschaftsanwälte e.V. Tel.: (0511) 9055996 Fax: 9055983 – (D) Hohenzollernstr. 11, D-30161 Hannover, Tel.: (0511) 348-4222, Fax: 348-4241, e-mail: wille@mbox.arl.uni-hannover.de.

WILLER, Johannes. – (Pr) Josenburger Weg 1, D-25541 Brunsbüttel. .

WINCK, Gerhard, Dipl.-Geogr. – (D) Statist. Landesamt Schl.-Holstein Fröbelstr. 15-17, D-24113 Kiel.

WINDHORST, Hans.-Wilhelm (20-5-1944, Oppenwehe) Prof., Dr. phil. habil., Prof. f. Angewandte Wirtschaftsgeographie/Strukturforschung im Fach Geographie Hochschule Vechta, Geschäftsf. Direktor d. Institutes für Strukturforschung und Planung in agrarischen Intensivgebieten (ISPA), Mithrsg. d. Schriftenr. „Vechtaer Studien zur Angewandten Geographie und Regionalwissenschaft" und der Reihe „Wiss. Paperbacks Geographie". – (Pr) Am Dachsbau 16, D-49377 Vechta, Tel.: (04441) 3177 – (D) Driverstraße 22, D-49377 Vechta, Postfach 15 53, D-49364 Vechta, Tel.: (04441) 15-348, Fax: 15-445, e-mail: hwindhorst@ispa.uni-vechta.de.

WINIGER, Matthias (24-3-1943, Bern) Dr. phil. nat., o. Prof. u. Dir. d. Geogr. Inst. d. Univ. Bonn, Mithrsg. „Erdkunde", „Bonner Geographische Abhandlungen", Vors. IGU-Commission on „Mountain Geoecology and sustainable Development". – (Pr) Rheinaustr. 188, D-53225 Bonn 3, Tel.: (0228) 479287 – (D) Meckenheimer Allee 166, D-53115 Bonn, Tel.: (0228) 737239, Fax: 737506.

WINISTOERFER, Jorg (26-8-1940, Zürich) Dr. phil., Prof. für Physische Geographie und Quartärmorphologie. – (D) Institut de Geographie, CH-1015 Lausanne, Tel.: (021) 692-4565, Fax: 692-4498.

WINKLER, Erhart (12-4-1921, Wien) Prof. Dr. phil., em. o. Univ.-Prof. f. Wirtschaftsgeogr. Inst. f. Wirtschafts- u. Sozialgeogr. d. Wirtschafts-Univ. Wien. – (Pr) Schelleingasse 31, A-1040 Wien, Tel.: (01) 505-6010.

WINKLER, Gabriela (12-3-1953, Zürich) Dipl. sc. nat. ETH, Inhaberin Gabriela Winkler, Kommunikationsberatung. – (Pr) Birchweg 13, CH-8154 Oberglatt, Tel.: (01) 8510920, Fax: 8504692, e-mail: winklercom.de.@bluewin.ch.

WINKLER, Justin, PD Dr., Forschungsleiter am Geogr. Inst. der Universität Basel. – (D) Klingelbergstr. 16, CH-4056 Basel, Fax: (061) 2673645, e-mail: justin.winkler@lettres.unine.ch, Schweiz. Volksliedarchiv, Postfach, CH-4001 Basel, Tel./Fax: (061) 2671163, Forum für Klanglandschaft, Hammerstraße 14, CH-4058 Basel, Fax: (061) 6910064.

WINTER, Wolfgang Christian (31-8-1943, Gallenfels/Slowenien) StD, Dr. phil., Fachleiter für Geographie am Staatlichen Studienseminar für das Lehramt an höheren Schulen. – (Pr) Krokusstr. 62, D-49716 Meppen, Tel.: (05931) 85031, 14274, Fax: 85032 – (D) Nagelshof 79, D-49716 Meppen, Tel.: (05931) 12515.

WINTGES, Theodor (24-11-1947, Dresden) Dr. rer. nat., Prof. an der Fachhochschule München, Studiengang Kartographie, Präsident der Deutschen Gesellschaft für Kartographie (DGfK). – (Pr) Friedenstr. 38e, D-82178 Puchheim, Tel.: (089) 805459 – (D) Fachhochschule München, FB 08, Karlstraße 6, D-80333 München, Tel.: (089) 1265-2635.

WIPPERMANN, Joachim (23-4-1931, Unna/Westf.) StDir., Fachleit. f. Erdkunde, Studienseminar f. d. Lehramt für die Sekundarstufe II, Dortmund u. Studienseminar Dortmund für die Sekundarstufe I. – (Pr) Hebbelstr. 14, D-58423 Unna, Tel.: (02303) 14866 – (D) Schönhauser Str. 16, D-44135 Dortmund, Tel.: (0331) 571007 und Lindemann Str. 8, D-44137 Dortmund, Tel.: (0231) 125069.

WIRTH, Eugen (12-5-1925, Würzburg) Prof. Dr. phil., Dr. h.c., em. o. Prof. am Geogr. Inst. d. Univ. Erlangen-Nürnberg. – (Pr) Membacher Weg 41, D-91056 Erlangen – (D) Kochstr. 4/4, D-91054 Erlangen, Tel.: (09131) 8522633, 8522643, Fax: 8522013.

WIRTH, Peter (3-1-1959, Zeulenroda) Dr. rer. nat., Projektleiter. – (Pr) Am Steinbruch 16, D-01900 Großröhrsdorf – (D) Institut für ökologische Raumentwicklung e.V., Weberpl. 1, D-01217 Dresden, Tel.: (0351) 4679-232, Fax: 4679-212.

WIRTHMANN, Alfred (30-12-1927, Nüdlingen/Ufr.) Prof. Dr. rer. nat., em. o. Prof., Inst. f. Geographie und Geoökologie. d. Univ. Karlsruhe, Mitgl. d. Komm. f. Geomorphologie d. Bayer. Akad. d. Wiss. – (Pr) Gartenstr. 14a, D-76744 Wörth, Tel.: (07271) 41964 – (D) Kaiserstr. 12, D-76131 Karlsruhe, Tel.: (0721) 608-3480.

WISLER, Peter (21-6-1955) Dipl.-Geograph, eidg. dipl. Natur- und Umweltfachmann. – (Pr) Bim Hasel 5, CH-3052 Zollikofen,Tel: (031) 9114618 - (D) Info-Plan Wisler, Bim Hasel 5, CH-3052 Zollikofen, Tel./Fax:(031) 9114618, Natel: (079) 6071635, e-mail: infoplan@bluewin.ch.

WITMER, Urs (30-4-1948, Solothurn) Dr. phil. nat., Geograph, Wiss. Adjunkt. – (Pr) Schaufelgrabenweg 26, CH-3033 Wohlen, Tel.: (031) 8292320 – (D) Eidg. Finanzverwaltung, Bernerhof, CH-3000 Bern, Tel.: (031) 3225413.

WITSCHEL, Christian (21-6-1959, Heidelberg) Dr. rer. nat., Programmplaner c/o Springer Verlag, Programmplanung Geowissenschaften. – (Pr) Wilckensstr. 8, D-69120 Heidelberg – (D) Tiergartenstr. 17, D-69121 Heidelberg.

WITT, Knut-Hermann (22-2-1935, Hannover) Dr. rer. nat., OStR. – (Pr) Grootredder 30, D-24629 Kisdorf, Tel.: (04193) 3496.

WITT, Werner (14-1-1906, Hohendrosedow/Pommern) Dr. phil., Dr.-Ing. E.h., Min.-Rat a.D., o. Mitgl. d. Akad. f. Raumforschung u. Landesplanung, korresp. Mitgl. d. Österr. Akad. d. Wiss., Ehrenmitgl. d. Österreich. Geogr. Ges. u. d. Dt. Ges. f. Kartographie. – (Pr) Graf-Spee-Str. 39, D-24105 Kiel, Tel.: (0431) 82512.

WITTENBERG, Wilfried (6-11-1948, Opladen) Dr. rer. nat., AOR am Institut für Regionalwissenschaft Univ. Karlsruhe (TH). – (Pr) Traminerstr. 6, D-76228 Karlsruhe, Tel.: (0721) 473352 – (D) Kaiserstr. 12, D-76128 Karlsruhe, Tel.: (0721) 608-3862, Fax: 608-2888.

WITTIG, Eduard (10-10-1937, Coburg) Dr. phil., OStDir. i.H. – (Pr) Karl-Muck-Str. 16 b, D-95445 Bayreuth, Tel.: (0921) 81471 – (D) Universitätsstr. 30, D-95447 Bayreuth, Tel.: (0921) 55-2285.

WITTKAMPF, Peter (30-1-1948) StD, Fachberater für das Fach Erdkunde bei der Bezirksregierung Münster. – (Pr) Robert-Schumann-Str. 30, D-48291 Telgte, Tel.: (02504) 5629 – (D) Gymn. Paulinum, Am Stadtgraben 30, D-48143 Münster, Tel.: (0251) 42023.

WITTMANN, Hans Friedrich (14-6-1944, Celle) Dipl.-Geogr., MinRat im Ministerium für Wirtschaft und Mittelstand, Technologie und Verkehr des Landes NRW – (Pr) Wollenhausweg 24, D-40822 Mettmann – (D) Haroldstraße 4, D-40213 Düsseldorf, Tel.: (0211) 837-2708, Fax: 837-2756.

WITTMANN, Peter (10-1-1961, Stuttgart) Dipl.-Geogr., Wiss. Mitarb. am Institut für Geographie der Universität Stuttgart. – (Pr) Tel.: (0711) 650788 – (D) Azenbergstr. 12, D-70174 Stuttgart, Tel.: (0711) 121-1467.

WITTROCK, Ole (20-6-1968, Heidelberg) Dipl.-Geogr. – (Pr) Täubchenweg 83, D-04317 Leipzig, Tel.: (0341) 6899628 – (D) Institut für Länderkunde, Schongauerstr. 9, D-04329 Leipzig, Tel.: (0341) 255-6542, Fax: 255-6598, e-mail: wittrock@ifl.uni-leipzig.de, Redaktion Rundbrief Geographie, e-mail: rgeo@ifl.uni-leipzig.de.

WODINSKI, Martin (27-7-1956, Berlin) Dipl.-Geograph, Wiss. Mitarbeiter, BIFAU - Berliner Institut für Analytik und Unmweltforschung e.V. – (Pr) Zweibrücker Str. 86, D-13583 Berlin – (D) Obentrautstr. 60-62, D-10963 Berlin.

WÖHLKE, Wilhelm (5-1-1925, Berlin) Prof. Dr. phil., em. Univ.-Prof. mit besond. Berücks. d. Landeskde. Osteuropas, Visit.Prof. Lanzhou Univ./VR China, Mithrsg. „Berliner Geogr. Abhandlungen“.

– (Pr) Heimat 61a, D-14165 Berlin, Tel.: (030) 8151628.

WÖLFEL, Wolfgang (5-9-1935, Apolda) Dr. rer. nat. – (Pr) Heinrich-Heine-Str. 1A, D-17489 Greifswald.

WOHLSCHLÄGL, Helmut (28-8-1949, Wien) Univ.-Prof., Mag. rer. nat., Dr. phil. habil., Vorstand des Inst. f. Geogr. d. Univ. Wien, Hrsg. d. „Geographischen Jahresberichts aus Österreich" u. d. „Abhandlungen zur Geographie und Regionalforschung", Mithrsg. „Beiträge zur Bevölkerungs- und Sozialgeographie", „Materialien zur Didaktik der Geographie und Wirtschaftskunde". – (Pr) Hegelgasse 17/12, A-1010 Wien, Tel./Fax: (01) 5131999 – (D) Universitätsstr. 7/V, A-1010 Wien, Tel.: (01) 4277-48630, Fax: 4277-9486, e-mail: helmut.wohlschlaegl@univie.ac.at.

WOLF, Christian (8-2-1969, Bad Endorf) Dipl.-Ing. Kartographie (FH). – (Pr) Rebenweg 4, D-83099 Bad Endorf – (D) Nelles Verlag, Schleißheimer Str. 371 b, D-80925 München.

WOLF, Helmut, Dr., Diplom-Geologe, Museumsdirektor, Lehrbeauftragter für Geologie a.d. Univ. Regensburg, Hrsg.: Schriftenreihe des Bergbau- und Industriemuseums Ostbayern, Bezirk Oberpfalz. – (D) Bergbau- und Industriemuseum Ostbayern, Schloß Theuern, Portnerstr. 1, D-92245 Kümmersbruck, Tel.: (09624) 832, Fax: 2498, Internet: Museum: http://Web>Museen.de./Theuern/BIMO, Strommuseum: http://www.OBAG.de/papes/portrait/theuern.htm, Bayerische Eisenstraße: http://WebMuseen.de/Bayerische-Eisenstrasse, e-mail: Museum Theuern @t-online.de.

WOLF, Klaus (13-12-1938, Gießen) Dr. phil., Prof. am Inst. f. Kulturgeogr., Stadt- und Regionalforschg. d. Univ. Frankfurt am Main, Vizepräs. der Akademie für Raumforschung und Landesplanung, stellvertr. Vors. der Deutschen Akademie für Landeskunde e. V., Mithrsg. d. „Rhein-Mainischen Forschungen". – (Pr) Grünwiesenweg 32, D-61440 Oberursel – (D) Senckenberganlage 36, D-60325 Frankfurt am Main, Tel.: (069) 798-22404, Fax: 798-28173, e-mail: kl.wolf@em.uni-frankfurt.de.

WOLF, Manfred (20-3-1931, Weissenborn) Dipl.-Ing., Dr. rer. nat. habil., Dr. h.c., o. Professor em. für Ökonom. Geologie, (vormals) TU Bergakademie Freiberg, Mitgl. Gesellschaft Deutscher Berg- und Hüttenleute, Deutsche Mineralogische Gesellschaft, Gesellschaft Geologischer Wissenschaften. – (Pr) Chemnitzer Str. 20, D-09599 Freiberg/Sachsen, Tel.: (03731) 248048.

WOLF, Monika (10-8-1932, Plauen/Vogtl.) Dr. rer. nat., Univ.-Prof. i.R., Lehrstuhl für Geologie, Geochemie und Lagerstätten des Erdöls und der Kohle, RWTH Aachen. – (Pr) Mergelskull 29, D-47802 Krefeld,Tel.: (02151) 562886, Fax: 561169 – (D) Lochnerstr. 4-20, D-52056 Aachen.

WOLF, Wilfried (28-3-1943, Reichenberg/CSFR jetzt Liberec) Dr. rer. nat. — (Pr) Hiddenseerstr. 1, D-10437 Berlin – (D) Humboldt-Universität Berlin, Geographisches Institut, Chauseestr. 86, D-10099 Berlin, Tel.: (030) 30875-631.

WOLFER, Werner (11-10-1956, Karlsruhe) M.Sc. – (Pr) Friedenstaler Str. 8, D-71723 Großbottwar.

WOLLKOPF, Hans-Friedrich (10-7-1939, Osterode/Ostpr.) o. Prof. f. Agrargeographie u. Raumordnung am Inst. f. Agrarökonomie u. Agrarraumgestaltung, Landwirtschaftl. Fakultät, Geschäftsf. Institutsdirektor. – (Pr) Tauchaer Str. 15, D-04357 Leipzig – (D) Martin-Luther-Universität Halle-Wittenberg, Institut für Agrarökonomie und Agrarraumgestaltung, Adam-Kuckhoff-Str. 15, D-06108 Halle, Tel.: (0345) 5522-440, -441, Fax: 5527114, e-mail: wollkopf@landw.uni-halle.de.

WOLLKOPF, Meike (15-9-1944, Leipzig) Dr. rer. nat., Inst. f. Länderkunde. – (Pr) Tauchaer Str. 15, D-04357 Leipzig, Tel.: (0341) 6011374 – (D) Schongauer Str. 9, D-04329 Leipzig, Tel.: (0341) 255-6544, Fax: 255-6598.

WOLPERT, Peter, Dipl.-Geogr., Projektleiter Umweltplanung. – (Pr) Memelstr. 8, D-86381 Krumbach – (D) Kling Consult Ing.Gesellschaft für Bauwesen mbH, D-86381 Krumbach, Tel.: (08282) 94137.

WOLPERT, Sigrid-Elke, Dr., Stud.Ref., Seminar für Schulpädagogik Stuttgart. – (Pr) Memelstr. 8, D-86381 Krumbach.

WOLTERING, Michael (23-11-1969, Rheine) Doktorand an der Universität Osnabrück, FB Kultur- und Geowissenschaften, Schwerpunkt Arbeitsmarkt- und Migrationsforschung. – (Pr) Ulmenstr. 21, D-48465 Schüttorf, Tel.: (05923) 6482 – (D) Seminarstr. 19, D-49069 Osnabrück, Tel.: (0541) 969-4900.

WONKA, Erich (25-10-1947, Villach) Dr., Mag. rer. nat., Ref. Kartographie im Österr. Stat. Zentralamt. – (Pr) Hölzlg. 3,

A-3400 Klosterneuburg, Tel.: (02243) 26930 – (D) Hintere Zollamtstr., A-1030 Wien, Tel.: (01) 71128.

WOOD, Gerald (12-6-1957, Barwick-in-Elmet, GB) Dr. phil., Akad. Rat a. d. Gerhard Mercator Univ.-GH-Duisburg, FB 6/ Geographie, korr. Mitgl. der Deutschen Akademie für Landeskunde, Mitgl. des Vorst. des Verbandes der Geographen an Deutschen Hochschulen, Schriftführer der Deutschen Gesellschaft für Geographie. – (Pr) Theodor-Storm-Str. 4, D-26131 Oldenburg, Tel.: (0441) 5040772, Fax: 503956 – (D) Lotharstr. 1, D-48057 Duisburg, Tel.: (0203) 379-4375, Fax: 379-3516, e-mail: g.wood@uni-duisburg.de.

WOPFNER, Helmut (26-6-1924, Innsbruck) Dr. phil., Univ.-Prof. i.R., Verco-Medaille Royal Soc. S. Australia 1973; distinguished Member Petroleum Exploration Society Australia. – (Pr) Brambach 5, D-51491 Overath.

WÜNNEMANN, Bernd (6-7-1951, Paderborn) Dr. rer. nat., Wiss. Ass., Inst. f. Geogr. Wissenschaften, FU Berlin. – (Pr) Grainauer Str. 11, D-10777 Berlin – (D) Altensteinstr. 19, D-14195 Berlin, Tel.: (030) 838-4887, Fax: 838-6263, e-mail: wuenne@zedat.fu-berlin.de.

WÜRZ, Axel (4-3-1957, Köln) Dr. rer. nat. – (Pr) Sülzgürtel 28, D-50937 Köln, Tel: (0221) 449922, Fax: 428550.

WÜTHRICH, Christoph (29-3-1963, Basel) Dr. phil. nat. – (Pr) Hauptstr. 19, CH-4146 Hochwald, Tel.: (061) 7511540 – (D) Geographisches Institut der Universität Basel, Spalenring 145, CH-4055 Basel, Tel.: (061) 272-6919, Fax: 272-6923.

WUETHRICH TREUBIG, Michael (27-5-1960, Trub/Schweiz) Dr. phil. nat., Dipl.-Geogr. – (Pr) Thiersteinerrain 167, CH-4059 Basel, Tel: (061) 3617335, e-mail: wuethrichmi@ubaclu.unibas.ch.

WUNDERLICH, Jürgen (5-11-56, Arolsen) Priv.Doz., Dr. rer. nat., Institut für Physische Geographie d. Univ.Frankfurt/M. - (P) Goethestr. 33, D-35043 Marburg, Tel.:(06421) 45813 - (D) Senckenberganlage 36, D-60325 Frankfurt, Tel.: (069) 798-22407, Fax: 798-24718, e-mail: j.wunderlich@em.uni-frankfurt.de.

WYL-FANGER, Edy von (20-4-1937, Sarnen) Kantonsschullehrer. – (Pr) Kreuzmatte, CH-6056 Kägiswil, Tel.: (041) 6605769 – (D) Kantonsschule, Rütistr, CH-6060 Sarnen, Tel.: (041) 6604844.

WYZUJAK, Frank (26-2-1969, Bochum) Dipl.-Geogr./ Softwarekundenberater, EnergieSysteme GmbH. – (Pr) Im Großen Busch 23, D-44795 Bochum, Tel.: (0234) 474971, e-mail: wyzujak@aol.com – (D) Universitätsstr. 140, D-44799Bochum, Tel.: (0234) 97133-12, Fax: 97133-99.

Y

YARAMANCI, Ugur (12-11-1950, Istanbul/ Türkei) Prof. Dr., Diplom-Geophysiker, Deutsche Geophysikalische Gesellschaft, European Association of Exploration Geophysicists, Institut für Angewandte Geophysik, Technische Universität Berlin. – (Pr) Siebensternweg 13, D-38678 Clausthal-Zellerfeld – (D) Ackerstr. 71-76, D-13355 Berlin.

Z

ZACH, Wolf-Dieter (17-4-1939, Berlin) Dr. rer. nat., Dipl.-Geogr. – (Pr) Kilstetter Str. 48a, D-14167 Berlin, Tel.: (030) 8112605 – (D) Leiter des Fachbereichs Pharmazie der Freien Univ. Berlin, Schweinfurthstr. 63, D-14195 Berlin, Tel.: (030) 838-3277.

ZAFARPOUR, Schapour (12-2-1950) Mag., Dr., Ass. am Inst. f. Wirtschafts- u. Sozialgeographie der Wirtschaftsuniversität Wien. – (Pr) Webgasse 14/24, A-1060 Wien – (D) Peter Jordan-Str. 6, A-1190 Wien.

ZAGHOW, Günter (14-7-1934, Frankfurt/M.) Dipl.-Ing. (FH), Städt. Verm.-Dir., Abteilungsleiter Kartographie, Mitglied der DGfK – Stadt Bochum, Vermessungs- und Katasteramt. – (Pr) Karl-Legien-Str. 26, D-58456 Witten – (D) Hans-Böckler-Str. 19, D-44777 Bochum.

ZAHN, Ulf (27-3-1937) Dr. rer. nat., Westermann-Schulbuchverlag GmbH, Leiter der Kartographie. – (Pr) Braunschweiger Straße 39b, D-38179 Schwülper, Tel.: (05303) 5606 – (D) Georg-Westermann-Allee 66, D-38104 Baunschweig, Tel.: (0531) 708310.

ZAHNEN, Barbara (12-6-1970, Trier) Dipl.-Geogr., Geogr. Institut der Humboldt-Universität Berlin. – (D) Chauseestr. 86, D-10099 Berlin (PA: Unter den Linden 6, D-10099 Berlin), Tel.: (030) 30875-641, Fax: 30875-644, e-mail:barbara=zahnen@rz.hu-berlin.de.

ZARSTECK, Ralf (10-6-1962, Bremen) Dr. rer. pol., Dipl.-Geogr., Abteilung Stadtentwicklung, Senator für Bau, Verkehr und Stadtentwicklung Bremen. – (Pr) Rutenstr. 30, D-28203 Bremen – (D) Hanseatenhof 5, D-28195 Bremen, Tel.: (0421) 361-9314, Fax: 361-10875, e-mail: Zarsteck@uni-bremen.de.

ZAUMSEIL, Lutz (7-4-1948, Naumburg) Dr. rer. nat. — (Pr) Allee der Kosmonauten 167, D-12685 Berlin – (D) Geographisches Institut, Abtl. Regionale Geographie Deutschlands, Chausseestr. 86, Postadr.: Unter den Linden 6, D-10099 Berlin, Tel.: (030) 30875-647, -610.

ZECH, Wolfgang (30-7-1937, Rosenheim) Dr. rer. nat., Univ. Prof. am Lehrstuhl f. Bodenkunde u. Bodengeogr. d. Univ. Bayreuth. – (Pr) Elbering 13, D-95445 Bayreuth, Tel.: (0921) 43513 – (D) Postfach 10 12 51, D-95440 Bayreuth, Tel.: (0921) 55-2248, Fax: 55-2246, Internet: http://www.geo.uni-bayreuth.de/bodenkunde/welcome.htm, e-mail: wolfgang.zech@uni-bayreuth.de.

ZEESE, Reinhard (19-4-1944, Pardubitz/CSFR) Priv.-Doz. Dr. rer. nat., AOR am Geogr. Inst. d. Univ. Köln. – (P) Fasanenweg 6, D-50996 Köln, Tel.: (02236) 61420 – (D) Albertus-Magnus-Platz, D-50923 Köln, (0221) 470-2551.

ZEHNDER, Ursula, Geographin, Lehrbeauftragte Kantonsschule Hohe Promenade. – (Pr) Langgrütstr. 174, CH-8047 Zürich, Tel.: (01) 4924670.

ZEHNER, Klaus (4-10-1957) Wiss. Mitarbeiter am Geogr. Institut der Univ. zu Köln. – (Pr) Kölnstr. 38, D-50999 Köln, Tel.: (02236) 67725 – (D) Geographisches Institut der Universität zu Köln, Albertus-Magnus-Platz, D-50931 Köln, Tel.: (0221) 470-4142.

ZEPP, Harald (22-7-1955, Köln) Prof. Dr. rer. nat., am Geographischen Institut der Ruhr-Universität Bochum, Mitglied d. Vorstands d. Deutschen Akademie für Landeskunde, Mithrsg. d. Berichte z. dt. Landeskunde. – (Pr) Füllenkamp 24a, D-45279 Essen, Tel.: (0201) 506262 – (D) Universitätsstr. 150, D-44780 Bochum, Tel.: (0234) 700-3313, Fax: 7094-469, e-mail: Zepp@geographie.ruhr-uni-bochum.de.

ZERRAHN, Klaus A. (24-11-1938, Schleswig) StDir., Studienleiter f. Geogr. am IPTS-Regionalseminar Nord, Abteilung für Gymnasien. – (Pr) Styrtom Engvej 11, DK-6200 Aabenraa, Tel.: (0045) 74626537 – (D) Lütke-Namensweg 2, D-2390 Flensburg, Tel.: (0461) 26252, Fax: 180132.

ZICKENHEIMER, Georg-Wilhelm (19-1-1924, Lübeck) Dr. rer. nat., Prof. – (Pr) Ganghoferstr. 10, D-85567 Grafing, Tel.: (08092) 7760.

ZIEGELER, Gert (7-8-1933, Schladen/Harz) Dipl.-Geogr., Akad. Direktor a. D. am Geogr. Inst. d. Univ. zu Köln, Schriftf. d. Ges. f. Erdkunde zu Köln. – (Pr) Kästnerstr. 67, D-50767 Köln , Tel.: (0221) 5902706 – (D) Albertus-Magnus-Platz, D-50923 Köln, Tel.: (0221) 470-3699, Fax: 470-4971.

ZIEHEN, Wolfgang (30-4-1935, Frankfurt/Main) Dr. rer. nat., Wiss. Mitarb. – (Pr) Georg-Philipp-Gail-Str. 11, D-35394 Gießen, Tel./Fax: (0641) 492601, e-mail: wziehen@eol.com.

ZIENER, Karen (24-6-1963, Blankenburg) Dr. phil., Wiss. Assistentin, Raumordnung, Siedlungsgeographie, Regionalentwicklung Tourismus in Nationalparken u. Biosphärenreservaten. – (Pr) Kopernikusstr. 7, D-14482 Potsdam – (D) Universität Potsdam, Institut für Geographie, Anthropogeographie, Postfach 60 15 53, D-14415 Potsdam, Tel.: (0331) 977-2210, Fax: 977-2217.

ZIENERT, Adolf (15-4-1928) Dr. phil., Priv.-Doz. Univ. Heidelberg. – (Pr) Gerbodoweg 7, D-69123 Heidelberg, Tel.: (06221) 834559.

ZIERATH, Reinhard (22-2-1950, Keula) Dr. rer. nat. – (Pr) Friedrich-Naumann-Str. 5, D-04860 Torgau.

ZIERHOFER, Wolfgang, Dr. sc. nat. – (D) Geogr. Inst. ETH Zürich, Winterthurerstr. 190, CH-8057 Zürich, Tel.: (01) 6355215, Fax: 3625197, e-mail: zierhofer@geo.umnw.ethz.ch.

ZIFFERMAYER, Stefan. – (Pr) Route de Schiffenen 15, CH-1700 Fribourg.

ZIKANDELOFF, Wassil (21-12-1935, Petritzsch/Bulg.) Dr. rer. nat., Lektor. — (Pr) Gottfried-Keller-Str. 69, D-01157 Dresden, Tel.: (0051) 4328309 — (D) Päd. Hochschule Dresden, Sektion Geographie, Wigardstr. 17, D-01097 Dresden, Tel.: (0051) 59900.

ZILLBACH, Käthe (24-1-1952, Köln) Dr. rer. nat., Dipl.-Geogr., Wiss. Mitarb. am Inst. f. Phys. Geogr., Geomorphologisches Laboratorium d. FU Berlin. – (Pr) Grunewaldstr. 91, D-10823 Berlin , Tel.: (030) 7815476 – (D) Altensteinstr. 19, D-14195 Berlin, Tel.: (030) 838-4889.

ZIMM, Alfred (25-8-1926, Berlin) Prof., Dr. sc. oec., Prof. für Ökonomische Greographie, 1979-1991 Hrsg. von „Petermanns Geographische Mitteilungen". – (Pr) Karl-Liebknecht-Str. 136, D-16548 Glienicke, Tel.: (033056) 77346.

ZIMMER, Dietrich M. (10-2-1935, Lötzen) Dr. phil., M.A., Akad. Dir., Wiss. Mitarb. d. Fachgr. Geogr./Geowiss. im Fachber. VI d. Univ. Trier. – (Pr) Fürstenhofenstr. 44, D-54329 Konz, Tel.: (06501) 15997 – (D) Geo-Zentrum, Behringstr. 19, D-54286 Trier, Tel.: (0651) 201-4636, -4537, Fax: 201-3980, e-mail: zimmer@uni-trier.de.

ZIMMER, Volker (25-1-1970) Wiss. Mitarb., Inst. f. Geogr. Arbeitsbereich Kulturgeographie, Universität Hamburg. – (Pr) Kaiser-Friedrich-Ufer 15, D-20253 Hamburg, Tel.: (040) 4224045 – (D) Geomatikum, Bundesstr. 55, D-20146 Hamburg, Tel.: (040) 42838-4962, Fax: 42838-4981.

ZIMMER, Werner (1-10-1927) Dr., Reg.-Dir. i.R., Hon.-Prof. an der Fachhochschule Wiesbaden, i.R., verabschiedet SS 1994. – (Pr) Gutenbergstr. 56, D-64289 Darmstadt, Tel.: (06151) 76627.

ZIMMERMANN, Friedrich (11-11-1951, Villach) o.Univ.-Prof. Dr., Vorstand des Instituts f. Geogr. der Universität Graz. Vors. d. wiss. Beirates von Joanneum Research, Graz, Vors. d. Steiermärkischen Fachhochschulbeirates, Hrsg. d. „Arbeiten aus dem Geogr. Institut der Karl-Franzens-Universität Graz", Leiter der „Sommeruniversität Europäische Regionalforschung und Regionalentwicklung", Mithrsg. von Tourism Geographies, An International Journal of Tourism Space, Place and Environment, Routledge, Mithrsg. von Tourism, Culture an Communication, Studies of Culture and Communication in Tourism and Hospitality, Cognizant Communication. – (P) Elisabethstr. 28, A-8010 Graz, Tel.: (066) 43200292 – (D) Heinrichstr. 36, A-8010 Graz, Tel.: (031) 63805135, Fax: 63809886, e-mail: friedrich.zimmermann @kfunigraz.ac.at.

ZIMMERMANN, Gerd R. (18-9-1940, Hokkenheim) M.A., Dr. phil., Hochschuldozent mit korporationsrechtl. Stellung eines Professors am Institut f. Geographie und Geoökologie d. TU Braunschweig, Leiter der Abt. Wirtschafts- und Sozialgeographie und Regionale Geographie. – (Pr) Goethestr. 1, D-38122 Braunschweig – (D) Langer Kamp 19c, D-38106 Braunschweig, Tel.: (0531) 391-5625, Fax: 391-8170.

ZIMMERMANN, Josef (27-5-1916, Erftstadt-Bliesheim) Dr. phil., Ltd. Reg.-Dir. a. D. – (Pr) Sermer Weg 41, D-40472 Düsseldorf, Tel.: (0211) 425133.

ZIMMERMANN, Markus, Dr. phil. nat. – (Pr) Birchernstr. 17, CH-3145 Niederscherli, Tel./Fax: (031) 8490123 – (D) Geo7, Geowiss. Büro, Neufeldstr. 3, CH-3012 Bern, Tel.: (031) 3004433, Fax: 3027611, e-mail: 106117.1604@compuserve.com.

ZIMMERMANN, Wolf Haio (23-7-1941, Budweis) Dr. phil., Wiss. Direktor am Niedersächs. Institut für historische Küstenforschung. – (Pr) Vor der Burg 26, D-26345 Bockhorn, Tel.: (04453) 71781 – (D) Viktoriastr. 26/28, D-26382 Wilhelmshaven, Tel.: (04421) 915113, Fax: 915110.

ZINKE, Günter (8-5-1940) Dr. rer. nat. – (Pr) Staßfurter Str. 3, D-06132 Halle – (D) Fachbereich Geowissenschaften der Martin-Luther-Universität Halle-Wittenberg, Institut für Geographie Heinrich und Thomas Mann-Str. 26, D-06108 Halle, Tel.: (0345) 5526017, Fax: 5527279.

ZÖBL, Dorothea, Klausenerpl. 14, D-14059 Berlin.

ZÖGNER, Lothar (27-5-1935, Eisenach) Dr. rer. nat., Bibl.-Dir., Leit. d. Kartenabt. d. Staatsbibliothek Preuß. Kulturbesitz, Leit. d. Arbeitskreises Bibliographie d. Kartogr. Schrifttums und Kartenkuratoren der DGfK, Hrsg. d. Schriftfolge „Kartensammlung u. Kartendokumentation", Hrsg. d. „Bibliographia Cartographica", Mithrsg. v. "Bibliographien zur Reg. Geogr. u. Landeskunde", Corresp. Ed. v. „Imago Mundi". Vors. v. FID/C 91 Geogr., National Corresp. of LIBER-Groupe de cartothécaire. – (Pr) Burgherrenstr. 7, D-12101 Berlin, Tel.: (030) 7855213, Vizepräsident d. Freundeskreis für Cartographica in der Stiftung Preußischer Kulturbesitz – (D) Potsdamer Str. 33, D-10785 Berlin, Tel.: (030) 266-2419, Fax: 266-2814.

ZÖLITZ-MÖLLER, Reinhard (1-10-1953, Flensburg) Dr. rer. nat., Prof. f. Kartographie und Geographische Informationssysteme am Geographischen Institut der Univ. Greifswald – (Pr) Berliner Ring 25, D-24582 Wattenbek, Tel.: (04322) 54 11. – (D) Jahnstr. 16, D-17487 Greifswald, Tel.: (03834) 86-4502, Fax: 86-4501.

ZOELLER, Ludwig (11-5-1953, Kirchen/Sieg) Dr. – (Pr) Am Ebertsrott 14 B, D-69126 Heidelberg, Tel.: (06221) 382709 – (D) Geogr. Institute der Universität Bann, Meckenheimer Allee 166, D-53115 Bonn, Tel.: (0228) 735398, Fax: 735393, Internet: http://slide.giube.uni-bonn.de, e-mail: zoeller@slide.giub.uni-bonn.de.

ZÖTL, Josef (25-8-1921, Gutau) ao. Prof. i.R. TU Graz, Dr. phil., Univ.-Doz. f. Phys. Geogr. a. d. Geogr. Inst. d. Univ. Graz, Senior-Dir. d. Inst. f. Geothermie und Hydrogeologie am Forschungszentrum Graz. W. Mitglied der Österr. Akademie der Wissenschaften. – (Pr) St. Leonhard-erstr. 7, A-4293 Gutau, Tel.: (07946) 6601.

ZOLLER, Heinrich, Prof. Dr. – (Pr) Claragraben 31, CH-4058 Basel, Tel.: (061) 8920801 – (D) Botanisches Institut der Universität, Schönbeinstr. 6, CH-4056 Basel, Tel.: (061) 26735-00, -01.

ZOLLINGER, Gaby (30-1-1955, Saarbrücken)PD Dr. rer. nat., Wiss. Mitarb. Institut für Physische Geographie d. Uni. Freiburg. – (Pr) Friedrichstr. 58, D-79098 Freiburg i.Br. – (D) Werderring 4, D-79085 Freiburg, Tel.: (0761) 2033552.

ZSCHECH, Friedemann (6-9-1941, Rudolstadt) Dr. rer. nat. habil. – (Pr) Böllstr. 22, D-01217 Dresden, Tel./Fax: (0351) 4012671.

ZSCHOCKE, Reinhart (10-2-1929, Köln) Univ.-Prof., Dr. rer. nat., Geogr. Inst. d. Techn. Hochschule Aachen, Mithrsg. d. „Aachener Geogr. Arbeiten" und „Naturschutz und Freizeitgesellschaft". – (Pr) Merkelstr. 57, D-37085 Göttingen, Tel.: (0551) 531020.

ZSILINCSAR, Walter (4-3-1942, Graz) Dr. phil., Univ.-Prof., Leiter d. Abt. f. Angewandte Geogr. am Inst. f. Geogr. d. Univ. Graz. – (Pr) Urschastr. 9 A-8063 Eggersdorf b. Graz – (D) Heinrichstraße 36, A-8010 Graz, Tel.: (0316) 380-5138, Fax: 380-8853,-9886.

ZUBER-SEIFERT, Franz (30-5-1940, Willomitz) Diplom-Lehrer, Wirtschaftsfachreferent. – (Pr) Hufelandstr. 22, D-18059 Rostock, Tel.: (0381) 448332.

ZUCKERMANN, Brigitta (15-4-1927, Frankfurt/O.) Dr. phil. habil., em. Hochschuldoz. – (Pr) Beerenweg 12, D-15236 Frankfurt (Oder), Tel.: (0335) 534231.

ZUMBÜHL, Heinz-Jürg (10-2-1943) PD Dr. phil. nat., Lehrbeauftragter am Geogr. Inst. der Universität Bern. – (Pr) Halen 34, CH-3037 Herrenschwanden/Bern, Tel.: (031) 3019609 – (D) Geogr. Inst. d. Univ. Bern, Hallerstrasse 12, CH-3012 Bern, Tel. (031) 631-8551.

ZUPKE, Günter (19-6-1926, Deutsch Eylau) StDir. a.D., Lehrer an einem Gymnasium. – (Pr) Matth.-Claudius-Str. 37, D-23909 Ratzeburg, Tel.: (04541) 4253 – (D) Lauenburgische Gelehrtenschule, Bahnhofs-Allee, D-23909 Ratzeburg.

ZURBRIGGEN, Bernhard (13-10-1943, Saas Grund) Dr. phil., Leiter Didaktisches Zentrum Freiburg/CH. – (Pr) Elswil 70, CH-3184 Wünnewil, Tel.: (026) 496-1703.

ZYLKA, Hans-Jürgen (22-1-1940, Berlin) Prof. Dipl.-Geogr., Dipl.-Ing. f. Lkt., Prof. f. Kartographie im Fachbereich Geoinformationswesen d. Fachhochschule Karlsruhe - Hochschule für Technik, Mithrsg. d. „Karlsruher Geowissenschaftl. Schriften". – (Pr) Kirchplatz 2a, D-76337 Waldbronn, Tel.: (07243) 68531 – (D) Fachhochschule Karlsruhe - Hochschule für Technik, FB G, Moltkestr. 30, D-76133 Karlsruhe, Tel.: (0721) 925-2922, -2928, Fax: 925-2927.

Namenregister
zu Seite 79 bis 251

C

G

Namenregister

L

M

Namenregister

T

U

V

W

X

Y

Z